2026 최신개정판

새롭게 변경된 출제기준(2026~2029) 적용

건축설비 산업기사 필기

이론/문제

기술사 조성안
이석훈 편저

Since 1999
건축설비분야 **최고 판매량**

이 책의 특징

- NCS 교육과정 대비
- 과목별 예상문제 및 상세한 해설 수록
- SI 단위 적용에 의한 해설 수록
- 변경된 건축설비 관계법규 수록
- 변경된 출제기준에 따른 기출모의고사 수록
- 과년도 출제문제 상세 해설

최고의 적중률

기출모의고사
(최신 출제경향 반영)

과년도 출제문제(CBT)
(2023년~2025년)

 저자 질의응답 카페 주소
http://cafe.daum.net/kimoonsa

www.kimoonsa.co.kr

머리말

　지금 건설 분야는 초고층화, 기계화, 고급화, 자동화(IBS), 에너지절약형 친환경 건축물화, 지능형 건물로 급속히 진행되고 있습니다. 이러한 추세의 중추적인 역할을 하는 건축설비 분야에 종사하고자 하는 설비 기술인은 신기술 연마에 더 많은 노력이 요구됩니다. 이에 부응하기 위해 건축설비 분야의 기술 인력을 양성하고자 건축설비 산업기사 자격검정이 시행되고 있습니다.

　건축설비 산업기사 시험을 준비하고 이 분야에 종사하고자 하는 수험생을 위하여 저자의 강의경험과 현장경험을 최대한 살려서 수험생 여러분의 이해와 숙달을 돕고 자격검정 시험에 도움을 주고자 최선을 다해서 만들었습니다.

　본 교재는 건축설비 계획, 건축설비 설계, 건축설비 관련 법규 3과목의 출제기준에 맞추어 새롭게 분석·편집하였으며 본서의 특징을 다음과 같습니다.

첫째, 새롭게 변경된 출제기준에 맞추어 핵심내용을 요약·정리하고, 이에 맞추어 예상문제와 모의고사 문제를 총정리하여 편집하였습니다.

둘째, 각 편마다 출제기준에 맞춰 핵심 내용을 간명하게 요약 정리하였습니다.

셋째, 각 편마다 출제기준에 맞춰 적중 예상문제를 수록하였습니다.

넷째, 지금까지의 기출문제를 새롭게 편집하여 변경된 출제기준에 맞게 모의고사 형식으로 수록하였습니다.

다섯째, 건축설비 관련 법규는 시험 준비에 편리하도록 중요한 부분만 발췌하여 효율적이고 합리적으로 학습할 수 있도록 편집하였습니다.

끝으로 본 교재를 통하여 건축설비 산업기사를 준비하는 수험생들의 목적하는 바가 성취되길 기원하며, 더욱 더 노력하여 건축설비 분야의 유능한 기술인이 되기를 부탁하는 바입니다.

앞으로의 시대는 이론과 함께 실질적인 능력을 가진 자가 경쟁력 있는 인재이며 꾸준히 노력하여 자기 자신을 개발하고 창의력을 키우는 능동적이고 스마트한 사람만이 인정받고 성공할 수 있다는 냉엄한 현실을 직시하여 수험준비와 함께 실무기술을 연마하는데도 최선을 다하시기 바랍니다.

이 책이 나오기까지 물심양면으로 수고하신 기문사 편집부와 제작자 여러분께 감사의 뜻을 표합니다.

편저자 씀

건축설비 산업기사 출제기준

직무분야	건설	중직무분야	건축	자격종목	건축설비 산업기사	적용기간	2026.1.1~2028.12.31

• **직무내용**: 건축물의 조건에 적합하게 열원설비, 공기조화설비, 환기설비 및 위생설비 등의 설계, 시공, 유지관리 및 에너지계획을 수행하는 직무이다.

필기검정방법	객관식	문제수	60문제	시험시간	1시간 30분

필기과목명	문제수	주요항목	세부항목	세세항목
건축설비 계획	20	1. 건축설비 기초 지식	1. 건축환경에 관한 기초 지식	1. 열 환경 2. 빛 환경 3. 공기 환경 4. 음 환경
			2. 열역학에 대한 기초 지식	1. 열역학의 기초사항 2. 열역학의 기본법칙
			3. 유체역학에 대한 기초 지식	1. 유체의 물리적 성질 2. 유체 역학의 기초사항
		2. 설비설계 계획	1. 설계조건 검토	1. 공기조화설비 설계조건 2. 환기설비 설계조건 3. 위생설비 설계조건
			2. 설비시스템 계획	1. 설비시스템 공간계획 2. 조닝계획
			3. 공기조화설비 계획	1. 현열부하와 잠열부하 2. 습공기선도 3. 냉난방부하의 종류 4. 냉난방부하량 산정
			4. 환기설비 계획	1. 건축물의 실내공기질 2. 오염물질의 종류 및 기준농도 3. (추가) 건축물의 필요환기량
		3. 설비시스템 검토	1. 열원시스템 검토	1. 열원방식의 특성 2. 건물의 용도 및 조닝별 열원방식
			2. 공기조화시스템 검토	1. 냉난방방식의 특성 2. 건물의 용도 및 조닝별 공기조화방식
			3. 환기시스템 검토	1. 환기방식의 특성 2. 건물의 용도 및 조닝별 환기방식
			4. 급배수시스템 검토	1. 수원 및 수질 2. 급수방식의 특성 3. 급탕방식의 특성 4. 오배수, 통기시스템의 특성
			5. 설비자재 검토	1. 배관 및 덕트재료 2. 배관 및 덕트 부속기기 3. 배관 및 덕트의 이음, 접합방법
		4. 설계도서 작성	1. 설비도서 작성	1. 설비도서의 종류 2. 설비설계도면의 작도법

필기 과목명	문제 수	주요항목	세부항목	세세항목
			2. 제도 통칙 및 표시방법 이해	1. KS제도 통칙 2. 도면의 표시방법
		5. 설비적산	1. 열원, 공조 및 환기설비 적산	1. 열원설비 적산 2. 공기조화설비 적산 3. 환기설비 적산
			2. 위생설비 적산	1. 급수설비 적산 2. 급탕설비 적산 3. 오배수·통기설비 적산
건축설비 설계	20	1. 열원설비 설계	1. 열원시스템 설계	1. 냉동기 2. 보일러 3. 냉온수기 4. 열펌프 5. 냉각탑 6. 지역냉난방시스템
		2. 공기조화설비 설계	1. 공조시스템 설계	1. 공기조화기 2. 펌프 3. 송풍기 4. 배관 및 덕트
		3. 환기설비 설계	1. 환기시스템 설계	1. 환기시스템 2. 열교환기기
		4. 위생설비 설계	1. 급수시스템 설계	1. 급수량 및 배관설계 2. 기기용량 산정 3. 급수 구성기기
			2. 급탕시스템 설계	1. 급탕량 및 배관설계 2. 기기용량 산정 3. 급탕 구성기기
			3. 오배수시스템 설계	1. 오배수량 및 배관설계 2. 기기용량 산정 3. 통기배관설계 4. 트랩
			4. 위생기구 선정하기	1. 위생기구의 종류 2. 위생기구 설치방법
건축설비 관련 법규	20	1. 관련 법규 검토	1. 건축법, 시행령, 시행규칙	1. 총칙 2. 건축물의 건축 3. 건축물의 구조 및 재료 등 4. 건축설비 5. 보칙
			2. 기타 규칙	1. 건축물의 설비기준에 관한 규칙 2. 건축물의 피난·방화구조 등의 기준에 관한 규칙
			3. 기계설비법, 시행령 및 시행규칙	1. 총칙 2. 기계설비 안전관리를 위한 조치 등 3. 기계설비 유지관리 등 4. 기계설비성능점검업
		2. 에너지계획 수립	1. 에너지 관련 설계 기준	1. 건축물의 에너지절약 설계기준 2. 건축물의 냉방설비에 대한 설치 및 설계 기준
			2. 제로 에너지건축물 인증에 관한 규칙	1. 제로 에너지건축물 인증에 관한 규칙 2. 제로 에너지건축물 인증기준
			3. 녹색건축 인증에 관한 규칙	1. 녹색건축 인증에 관한 규칙 2. 녹색건축 인증기준
			4. 지능형건축물의 인증에 관한 규칙	1. 지능형건축물의 인증에 관한 규칙 2. 지능형건축물 인증 기준

건축설비 관련 단위 총정리

건축설비 관련 각종 단위와 공식은 독자를 위하여 SI 단위로 정리했습니다. 특히 건축설비 실기 계산문제는 단위가 복잡하므로 충분한 연습과 숙달이 필요합니다.

1. 기본적인 환산 단위

1kJ=1000J, 1J/s=1W, 1kW=1kJ/s=1000W

1W=1J/s=3600J/h=3.6kJ/h

1kJ/h=1000J/h=1000J/3600s=(1/3.6)J/s=(1/3.6)W

2. 공기 가열량(질량과 풍량)

1) 표준상태에서 공기밀도는 $1m^3 = 1.2kg$, 비열은 C=1.01kJ/kgK 이므로

2) 가열, 냉각열량 (공기질량 m(kg/h, 또는 kg/s) 풍량Q(m^3/h, 또는 m^3/s)

   q=mC△T=m×1.01×△T=1.2Q×1.01×△T=1.21×Q×△T

   (m이 kg/h일 때 q=kJ/h, m이 kg/s일 때 q=kJ/s=kW

   풍량 Q가 m^3/h일 때 q=kJ/h, Q가 m^3/s일 때 q=kJ/s=kW)

3. 물 가열량(물은 표준상태에서 1L=1kg으로 간주한다)

1) q=mC△T=4.19m△T=4.2m△T (kJ/s=kW)

   (질량 m=kg/s=L/s, 비열C=4.19kJ/kgK, 또는 4.2kJ/kgK)

2) q=mC△T=4.19m△T=4.2m△T (kJ/h)

   (질량 m=kg/h=L/h, 비열C=4.19kJ/kgK, 또는 4.2kJ/kgK)

4. 벽체 관류열량

1) 관류열량 q=KA△T (W) (열관류율 K=W/m²K)

2) 열관류율 $\dfrac{1}{K} = \dfrac{1}{\alpha_0} + \dfrac{l_1}{\lambda_1} + \dfrac{l_2}{\lambda_2} + \dfrac{1}{\alpha_i}$

   K(열관류율)-W/m²K

   λ_1, λ_2(열전도율)-W/mK

   l_1, l_2(벽체 두께)-m

   α_o, α_i(표면 열전달률)-W/m²K

5. 증발잠열

1) 100℃ 물 증발잠열

   SI 단위 2257kJ/kg

2) 0℃ 물 증발잠열

   SI 단위 2501kJ/kg

6. 습공기 엔탈피(h)

   h=CpT+x(γ +CvT)=1.01T+x(2501+1.85t)=kJ/kg

7. 극간풍 부하(극간풍량 : Q, 질량 : m, 공기체적비열 : 1.21kJ/m^3K)

   현열 qs=mC△T=1.21Q△T(kJ/h)

   qs=mC△T=0.34Q△T(W)   (0.34=1.2×1.01×1000/3600)

   잠열 qL=γ m△x=2501m△x(kJ/h)

   qL=γ m△x=Q△x(834+Cv△T)≒834Q△x(W)

   Cv : 수증기 비열(1.85kJ/kgK),   (834=1.2×2501×1000/3600)

8. 배관 마찰손실 수두[압력단위는 수두(mAq, mmAq)와 압력(Pa, kPa) 단위가 병용된다.]

   1) Pa 단위(수두로 계산할 때는 위 공학단위와 같으며 수두 (mAq)와 압력(Pa)을 병용한다.

   △P=$f\dfrac{Lv^2}{d\times 2}\rho$=Pa($\rho$: 물 밀도 1000kg/m³, L : 배관 길이)

   2) mmAq 단위

   h=$f\dfrac{Lv^2}{d\times 2g}\gamma$ =mmAq(f : 배관마찰손실계수, γ ; 물 비중량 1000kgf/m³, v : 유속, d : 배관경)

   3) 배관 손실수두는

   h=$f\dfrac{Lv^2}{d\times 2g}$=mAq 비중량을 생략하고 보통 m 수두로 계산

9. 덕트 동압(수주 1mmAq=9.8Pa이므로) [압력단위는 수두(mAq, mmAq)와 압력(Pa, kPa) 단위가 병용된다.]

   1) Pa 단위 Pv=$\dfrac{v^2}{2}\rho$ (Pa) ρ : 공기 밀도 1.2kg/m³ [수주(mmAq)와 압력(Pa) 병용]

   2) mmAq 단위   Pv=$\dfrac{v^2}{2g}\gamma$ (mmAq) γ : 공기 비중량 1.2kgf/m³

10. 덕트 마찰손실(직관)[수주(mmAq)와 압력(Pa) 병용]

    1) Pa 단위

    △P=$f\dfrac{Lv^2}{d\times 2}\rho$=Pa ρ : 공기 밀도 1.2kg/m³, L : 덕트길이

    2) mmAq 단위

    △P=$f\dfrac{Lv^2}{d\times 2g}\gamma$ =mmAq γ : 공기 비중량 1.2kgf/m³, v : 풍속, d : 덕트경

11. 덕트 마찰손실(국부)[수주(mmAq)와 압력(Pa) 병용]

    1) Pa 단위

    △P=$\zeta\dfrac{v^2}{2}\rho$=Pa ρ : 공기 밀도 1.2kg/m³, ζ : 국부저항계수

    2) mmAq 단위

    △P=$\zeta\dfrac{v^2}{2g}\gamma$=mmAq γ : 공기 비중량 1.2kgf/m³, v : 풍속, ζ : 국부저항계수

12. 펌프 축동력(수두(mAq)와 압력(kPa) 단위가 병용되고 있음)

1) 양정(kPa단위) $kW = \dfrac{Q \times P}{60 \times 1000 E}$ 유량(Q) : L/min, 양정(압력) P : kPa

2) 양정(m 단위) $kW = \dfrac{QH}{60 \times 102 E}$ Q : L/min, H : m

3) 양정(m 단위) $kW = \dfrac{QgH}{60 \times 1000 E}$ Q : L/min, H : m, g : 중력가속도($9.8 m/s^2$)

(위 2)에서 1/102은 중력가속도 g와 W를 kW로 환산하기 위한 1/1000에서 나온 것이며, 결국 g/1000=1/102이다. 결국 2)와 3)은 같은 공식이다)

13. 송풍기 축동력(압력수두(mmAq)와 압력(Pa) 단위가 병용되고 있음)

1) (Pa 단위) $W = \dfrac{Q \triangle P}{60 \times E}$ (W)   풍량 Q : m³/min, △P : 전압, 정압(Pa)   E : 효율

2) (Pa 단위) $kW = \dfrac{Q \triangle P}{60 \times 1000 \times E}$ (kW)   Q : m³/min, △P : 전압, 정압(Pa)   E : 효율

3) (mmAq 단위) $kW = \dfrac{Q \triangle P}{60 \times 102 E}$ Q : m³/min, △P : 전압 mmAq

(수주단위 1mmAq=9.8Pa이고 W를 kW로 고치기 위해 1000으로 나누면 9.8/1000=1/102이 된다.)

14. 냉동톤

1RT=3.86kW=3,860W

1USRT=3.52kW

15. 표준방열량

- 온수 : 1m² EDR=0.523kW/m²=523W/m²
- 증기 : 1m² EDR=0.756kW/m²=756W/m²

16. 상당 증발량(Ge)

Ge(kg/h)=Gs(h_2-h_1)/2257 (2257kJ/kg : 100℃ 증발잠열)

- 실제증발량 : Gs(kg/h)   발생증기 엔탈피 : h_2(kJ/kg)   급수엔탈피 : h_1

17. 압력단위

1) 1mAq=1000mmAq=9800N/m²=9800Pa=9.8kPa

2) 표준 대기압 760mmHg=10.332mAq=101,325Pa=1,013hPa=1,013mb

3) 1MPa=102mAq≒100mAq,   1mmAq=9.8Pa≒10Pa

차 례

제1과목 건축설비 계획

제1편 건축설비 기초지식 · 15

제1장 건축환경에 관한 기초지식 · 15
    1. 열 환경_15   2. 빛 환경_18
    3. 공기 환경_22   4. 음 환경_23

제2장 열역학에 대한 기초지식 · 28
    1. 열역학의 기초사항_28   2. 열역학의 기본법칙_31

제3장 유체역학에 대한 기초지식 · 35
    1. 유체의 물리적 성질_35   2. 유체 역학의 기초사항_36

■ 예상문제/38

제2편 설비설계 계획 · 64

제1장 설비설계 조건 검토 · 64
    1. 공기조화설비 설계 조건_64   2. 환기설비 설계조건_70
    3. 위생설비 설계조건_71

제2장 설비시스템 계획 · 73
    1. 설비시스템 공간계획_73   2. 조닝계획_74

제3장 공기조화설비 계획 · 76
    1. 현열부하와 잠열부하_76   2. 습공기 선도_77
    3. 냉난방부하의 종류_79   4. 냉난방부하량 산정_82

제4장 환기설비 계획 · 85
    1. 건축물의 실내공기질_85
    2. 실내공기 오염물질의 종류 및 기준농도_87
    3. 건축물의 필요환기량_87

■ 예상문제/89

제3편 설비시스템 검토 · 116

제1장 공기조화시스템 검토 · 116
    1. 냉난방 방식의 특성_116
    2. 건물의 용도 및 조닝별 공기조화방식_121

제2장 열원시스템 검토 · 130
    1. 열원방식의 특성_130
    2. 건물의 용도 및 조닝별 열원방식_131

제3장 환기시스템 검토 · 132
    1. 환기방식의 특성_132   2. 건물의 용도 및 조닝별 환기방식_132

제4장 급배수시스템 검토 · 134
    1. 급수설비의 수원 및 수질_134   2. 급수방식의 특성_137
    3. 급탕방식의 특성_141   4. 오배수, 통기시스템의 특성_144

제5장 설비자재 검토 · 148
    1. 배관 및 덕트재료_148   2. 배관 및 덕트 부속기기_153
    3. 배관 및 덕트의 접합방법_156

■ 예상문제/159

제4편 설계도서 작성 ········· 213

제1장 설비도서 작성 · 213
    1. 설비도서 종류_213   2. 설비설계도면의 작도법_214

제2장 제도 통칙 및 표시방법 이해 · 218
    1. KS제도 통칙_218   2. 도면의 표시방법_220

■ 예상문제/225

제5편 설비 적산 ········· 232

제1장 공조, 열원 및 환기설비 적산 · 232
    1. 공기조화설비 적산_232   2. 열원설비 적산_238
    3. 환기설비 적산_239

제2장 위생설비 적산 · 241
    1. 급수설비 적산_241   2. 급탕설비 적산_243
    3. 오배수·통기설비 적산_244

■ 예상문제/245

제2과목 건축설비 설계

제1편 열원설비 설계 ········· 255

제1장 열원시스템 설계 · 255
    1. 냉동기_255   2. 보일러_258   3. 냉온수기_262
    4. 열펌프_265   5. 냉각탑_267   6. 지역냉난방 시스템_268

■ 예상문제/270

제2편 공기조화설비 설계 ········· 284

제1장 공기조화기 · 284
    1. 공기조화기 구성_284   2. 공조기의 유지관리_287

제2장 펌프 · 289
    1. 펌프 특성_289   2. 펌프 관리_290

제3장 송풍기 · 293
    1. 송풍기 분류_293   2. 송풍기 계산식_293
    3. 공조설비 송풍량 계산법_293

제4장 배관 및 덕트 · 294
    1. 공조용 관재료 종류 및 특징_294   2. 배관관경 설계_296
■ 예상문제/301

제3편 환기설비 설계 ········ 341

제1장 환기시스템 설계 · 341
    1. 환기시스템_341   2. 열교환기기_344
■ 예상문제/350

제4편 위생설비 설계 ········ 358

제1장 급수시스템 설계 · 358
    1. 급수량 및 배관설계_358   2. 급수 기기용량 산정_359
    3. 급수 구성기기(펌프설계)_362

제2장 급탕시스템 설계 · 364
    1. 급탕량 및 배관설계_364   2. 기기용량 산정_365
    3. 급탕 구성기기_367

제3장 오배수시스템 설계 · 371
    1. 오배수량 및 배관설계_371   2. 우수배관 설계_374
    3. 통기배관 설계_377   4. 배수트랩 설계_378

제4장 위생기구 선정하기 · 380
    1. 위생기구의 설계_380   2. 위생기구 설치방법_382
■ 예상문제/384

제3과목 건축설비 관련 법규

제1편 건축법 관련 법규 ········ 408

건축법 · 408
건축법 시행령 · 419
건축법 시행규칙 · 445
건축물의 설비기준 등에 관한 규칙 · 450
건축물의 피난 · 방화구조 등의 기준에 관한 규칙 · 461
기계설비법 · 474
기계설비법 시행령 · 476

기계설비법 시행규칙 · 484
- 예상문제/488

제2편 에너지계획 수립 관련 법규 ·· 526

건축물의 에너지절약 설계기준 · 526
건축물의 냉방설비에 대한 설치 및 설계기준 · 539
녹색건축 인증에 관한 규칙 · 541
녹색건축 인증기준 · 545
제로에너지건축물 인증에 관한 규칙 · 547
제로에너지건축물 인증기준 · 553
지능형 건축물의 인증에 관한 규칙 · 558
지능형 건축물 인증기준 · 561

- 예상문제/568

부록 1 건축설비산업기사 기출모의고사(최신 출제경향 반영)

제1회 기출모의고사 · 587   제2회 기출모의고사 · 600
제3회 기출모의고사 · 613   제4회 기출모의고사 · 626
제5회 기출모의고사 · 639   제6회 기출모의고사 · 652
제7회 기출모의고사 · 665   제8회 기출모의고사 · 678
제9회 기출모의고사 · 691   제10회 기출모의고사 · 705
제11회 기출모의고사 · 719   제12회 기출모의고사 · 733
제13회 기출모의고사 · 747   제14회 기출모의고사 · 760
제15회 기출모의고사 · 774

부록 2 건축설비산업기사 과년도 출제문제

- 2023년 1회(CBT) · 791   ■ 2023년 2회(CBT) · 807
- 2023년 4회(CBT) · 821
- 2024년 1회(CBT) · 834   ■ 2024년 2회(CBT) · 848
- 2024년 3회(CBT) · 863
- 2025년 1회(CBT) · 877   ■ 2025년 2회(CBT) · 891
- 2025년 3회(CBT) · 907

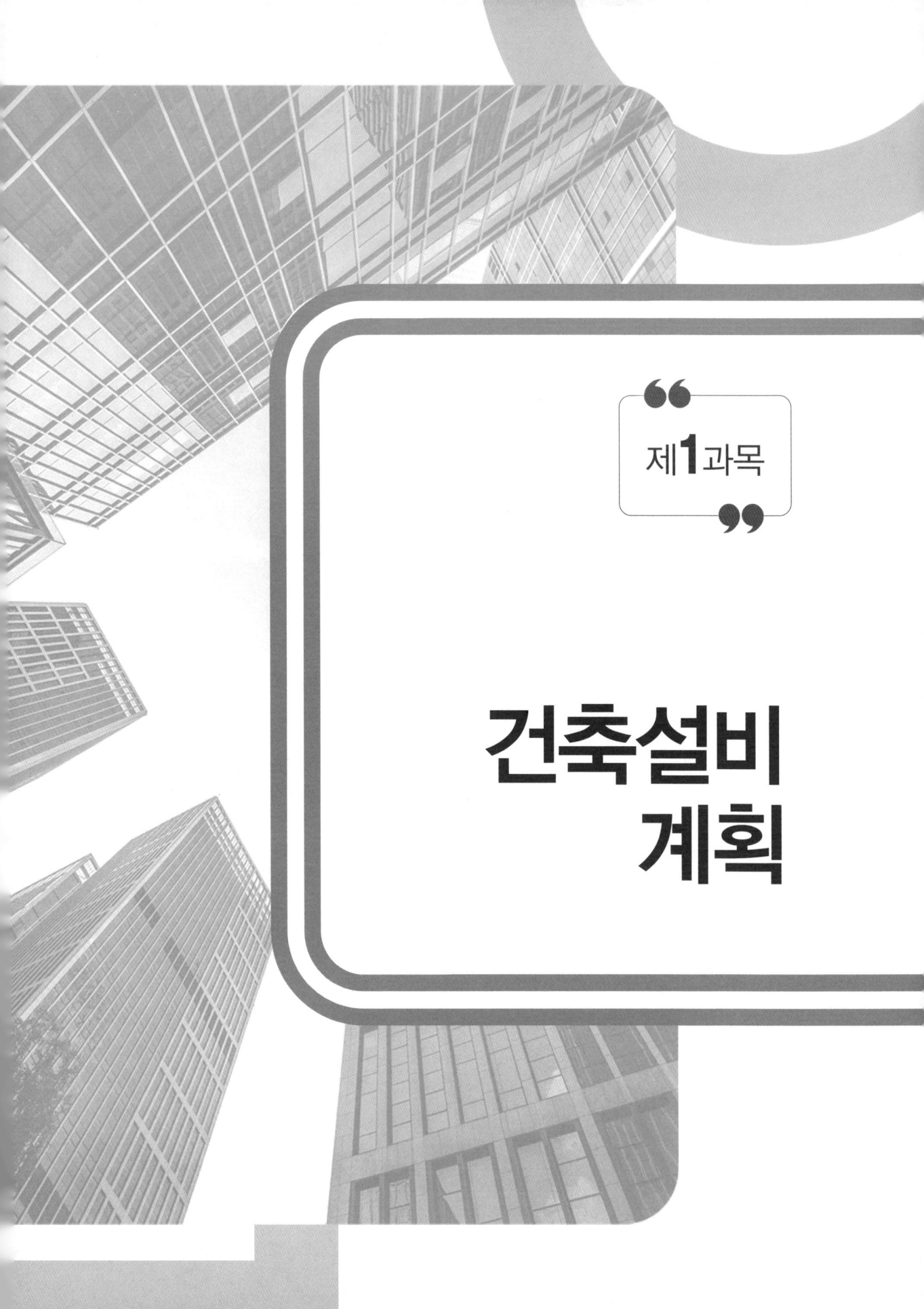

제**1**과목

건축설비 계획

제1편 | 건축설비 기초지식

제1장 건축환경에 관한 기초지식

1. 열 환경

1) 인체의 열환경

(1) **인체의 열평형과 쾌적 상태**
① 체온조절 기능으로 인체는 약 37도를 유지한다.
② **인체 열생산** 음식물의 소화와 신진대사로 인체의 열을 생산한다.
③ **인체 열방출** 체표면 열복사, 대류, 땀 분비, 호흡 등으로 열을 발산한다.

(2) **인체 열생산** 주로 신진대사(기초대사와 근육대사)로 열을 생산하며 기타 외부로부터 전도(더운 물체와 접촉), 대류(더운 공기), 복사(뜨거운 물체로부터)로 열을 취득한다.

(3) **인체 열손실** 증발(물기나 땀의 증발), 전도(찬 물체와 접촉), 대류(찬 공기), 복사(찬 물체) 등으로 열이 발산된다.

(4) **인체의 열평형** Met(대사)-Evp(증발)±Cnd(전도)±Cnv(대류)±Rad(복사)=0일 때 가장 쾌적하며, 체온하강<0<체온상승(열량이 축적)

2) 인체의 열환경과 주위환경과의 열교환

(1) **인체 열평형 관련 요소** 대사량, 피부온도, 땀 분비, 착의 상태(clo), 평균복사온도, 기온, 습도, 인체 유효표면적 등이 있다.

(2) **인체의 쾌적 환경 범위** 기온과 평균복사온도, 습도, 기류 간의 관계를 조합하여 다수의 성인이 쾌적하다고 느끼는 환경의 범위로 개인차, 생리적, 심리적 특성, 활동상태에 좌우된다.

(3) **온열환경의 물리적 변수(Physical Variables)**
① **기온(건구온도)** 열적 쾌감에 가장 큰 영향을 미친다.(여름 : 24~26도, 겨울 : 20~24도 정도)
② **기류(실내기류)** 대류에 의해 인체의 열 손실을 증가시킨다.(쾌적기류 0.25~0.5m/s)
③ **습도** 인체의 호흡과 땀의 증발력에 영향을 미친다.(여름 : 40~70%, 겨울 : 40~50%)
④ **평균복사온도(MRT)** 인체가 실내의 어느 위치에서 느끼는 균일한 주위온도를 의미한다.

(4) **온열환경의 개인적 변수(Personal Variables)**
① **활동량(Met)** 표준체격인 사람이 열적으로 쾌적한 상태에서 의자에 앉아 안정을 취하고 있을 때의 대사량을 기준한다.(1Met=58.2W/m^2)
② **착의량(Clo)** 의복의 단열성으로 1Clo는 인체표면으로부터의 방열량이 1Met의 활동량과 평형한 착의 상태를 말한다. 1Clo=0.155m^2°C/W
③ **나이** 나이가 많을수록 활동량이 감소하고, 냉온감에 영향을 받기 쉽다.
④ **남녀 성별** 일반적으로 여성은 피부온도가 남성보다 낮고, 피부 표면에서의 증발에 의한 열 손실이 남성보다 작다.

3) 인체 열쾌적지표(Thermal Comfort Index)

(1) **열쾌적지표** 어떤 조건에서 사람들이 느끼는 열적 쾌적대를 정확히 산정하는 것은 어려운 일이다. 그 이유는 사람마다 느끼는 쾌적함의 정도가 다르기 때문이다. 그러므로 표준상태에서 평균적인 쾌적감을 산정하는데, 물리적 변수(4요소)+개인적 변수(2요소활동량, 착의량)을 조합하여 하나의 지표로 표시한 것으로 불쾌지수, ET, SET, PMV, PPD 등이 있다.
(2) **불쾌지수(Discomfort Index, DI)** 기온과 습도의 영향을 고려한 불쾌감 지수로 70 미만에서 쾌적함을 느낀다.
(3) **유효온도(ET)** 온도, 습도, 기류의 영향을 종합한 쾌감온도이다.
(4) **신유효온도(ET*)** 가벼운 옷차림, 의자에 앉은 상태로 습도 50%, 기류 0m/s에서 온도, 습도, 기류의 영향을 종합한 쾌감온도를 습공기선도에 표현한 것이다.
(5) **표준유효온도(SET*)** 신유효온도를 발전시킨 것으로 상대습도 50%, 풍속 0.125m/s (아주 약한 공기 흐름)에서 활동량 1Met(작업 시 대사량 58W/m^2), 착의량 0.6Clo(가벼운 실내 평상복장)일 때 온냉감의 표시이다.
(6) **수정유효온도(CET)** 기온, 습도, 기류, 복사의 네 가지 요소를 조합한 쾌적도이다.
(7) **작용온도(효과온도 OT)** 기온, 복사열, 기류를 조합한 지표로 습도 영향을 제외한 것이다.
(8) **예상온열감(Predicted Mean Vote, PMV)** 인체의 열적 평형을 이룰 때의 열적 감각을 투표에 의한 수치로 표시한다.(쾌적대 −0.5<PMV<+0.5)
(9) **예상불만족률(Predicted Percentage of Dissatisfied, PPD)** PMV의 온열감을 전체 피험자 수에 대한 백분율로 계산한 지표로 실내 열환경의 불만족도를 나타낸다.

[표 1-1] 온열환경지표

온열환경지표	기온(DB)	상대습도(RH)	기류(V)	열방사(MRT)	대사량(Met)	착의량(Clo)
유효온도(Effective Temperature)	O	O	O		앉은 작업 가벼운 작업	약 1Clo
흑구온도(Globe Temperature)	O		O	O		
합성온도(Resultant Temperature)	O	O	O	O	가벼운 작업	평상복
등가온도(Equivalent Temperature)	O	O	O	O	안정 시	평상복
수정유효온도(Corrected Effective Temperature)	O	O	O	O	앉은 작업 가벼운 작업	평상복

온열환경지표	기온(DB)	상대습도(RH)	기류(V)	열방사(MRT)	대사량(Met)	착의량(Clo)
작용온도(Operative Temperature)	○		○	○		
습작용온도(Humid Operative Temperature)	○	○	○	○	○	○
신유효온도(New Effective Temperature)	○	○	○	○	1Met	0.6Clo
불쾌지수(Discomfort Index)	○	○				
생체기후도(Bioclimatic Chart)					앉은 작업	1Clo
예상온열감(Predicted Mean Vote)	○	○	○	○	○	○
평균쾌적도 결과(Resultant Mean Vote)	○	○	○	○	○	○

4) 전열과 온도계

(1) 온도계 종류

① **Glove 온도계** 실내의 복사와 대류에 의한 영향을 측정하는데 이용한다.(흑구온도계)
② **Kata 온도계** 매초 1m 이하 실내 미세기류를 측정하는 풍속 측정기구로 냉각을 기준으로 체감온도를 측정한다.
③ **건습구 온도계** 건구온도계와 습구온도계(감온부를 젖은 헝겊으로 싼다.)를 조합한 것이다.

(2) 전열

① **열전도율(λ)** 두께 1m의 균일재에 대하여 양측의 온도차가 1℃일 때 1m²의 표면적을 통과 하는 열량이다.(단위는 W/mK)
   ※ 열전도열량(q)=$\lambda \times (t_1 - t_2) \times A$
② **열전달률(α)** 고체 표면과 이에 접하는 유체 사이의 대류에 의한 열이동(단위는 W/m²K)
③ **열통과율(K)** 벽체를 사이에 둔 양 유체 사이의 열이동(열전달-열전도-열전달)(단위는 W/m²K)
   ※ 열관류열량(q)=$K \times (t_1 - t_2) \times A$(W, J/s, kJ/h)

$$K = 열관류율 = \cfrac{1}{\cfrac{1}{\alpha_1} + \cfrac{d_1}{\alpha_1} + \cfrac{d_2}{\alpha_2} + \cfrac{d_3}{\alpha_3} + \cfrac{1}{\alpha_2}}$$

λ=열전도율(W/mK), d=두께(m), $t_1 - t_2$=온도차, A=면적(m²), α=열전달률(W/m²K)

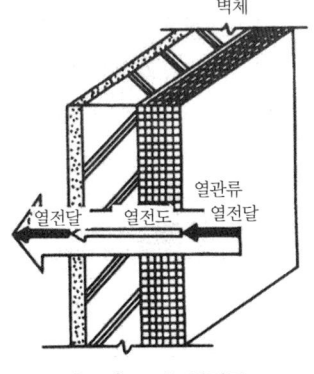

[그림 1-1] 열관류

5) 건물에서 결로 현상

(1) 결로 현상이 일어나기 쉬운 장소
① 벽체의 열관류율이 크고 틈 사이가 큰 건물(열이 잘 흐르는 건물)에서 잘 일어난다.
② 철근콘크리트 건물이 목조건물보다 심하다.
③ 야간 저온에서 실내 습도가 높을 때 잘 일어난다.
④ 북향벽 또는 최상층의 천장에서 잘 일어난다.

(2) 실내의 결로방지 방법
① 자주 환기를 시킨다.
② 벽체를 단열하여 실내 측 벽면온도를 높인다.
③ 수증기의 발생을 억제하여 실내 습도를 낮춘다.
④ 외부와 면하는 구조체는 투습저항이 내부에 면한 방향으로 크게 구성한다.
⑤ 단열층 온도가 높은 쪽에 방습층을 설치하는 것이 효과적이다.
⑥ 단열재는 실외 측에 두어 실내 표면의 노점온도를 높인다.
⑦ **외단열** 실온변동이 작다. 열교부분의 단열보호 처리가 용이하며, 표면결로가 적다. 단열재와 외장재의 경계면이 결로되기 때문에 방습층을 설치한다.
⑧ **내단열** 벽체 축열이 적어 실온변동은 외단열보다 크다. 국부결로가 발생하며 표면결로 방지가 어렵다. 방의 사용기간이 짧은 경우의 난방에 유리하다.

2. 빛 환경

1) 빛 환경과 건물계획

(1) 건물계획에서 빛의 이용
건물의 형태, 아트리움, 광정, 중정 등을 통하여 자연광(주광)을 최대한 이용하며 주광을 이용하기 위하여 건물의 두께를 줄이고 건물 전체에 충분한 주광을 받아들이는데, 이때 건물형태로 L형, U형, 도넛형, 계단형, 선형의 형태가 이용된다.

(2) 건물 선형 형태
① 건물의 길이와 폭의 비가 같지 않으므로 폭이 좁은 경우 측창채광을 이용한다.
② 건물의 길이가 동서방향이면 자연채광은 계절적으로 자연형 난방, 냉방에 부합한다.
③ 창호의 위치는 방위와 기후, 바람, 주광과 태양열 취득, 환기 등을 효율적으로 조절할 수 있도록 각각의 입면에서 다르게 다루어야 한다.

(3) 건물 중심 형태
① 내부코어를 갖는 중심 형태의 깊이는 아트리움, 광정, 중정 등을 삽입하여 주요한 시각적 휴식공간 기능을 하도록 계획한다.
② 최상부에는 천창채광이 효과적이며 내부로 초점이 모아지고 외부에 대한 조망이 가능하게 한다.

(4) 건물 군집 형태
① 빛 환경 계획 측면에서 다양한 형태의 일련의 작은 매스로 구성하여 많은 외부의 면적에서 천창채광, 측창채광이 가능하도록 한다.
② 내외부의 어느 공간이나 주변으로부터 빛을 이용할 수 있도록 깊이가 작고 다층적인 구조로 빛의 접근이 용이하도록 한다.

2) 자연채광 기법
(1) **자연채광의 목적** 자연채광의 사용을 극대화하여 건물의 에너지 소비를 최소화하며, 양질의 조명을 이용하도록 한다.
(2) 자연채광의 효율적인 적용을 위해서는 초기설계 단계에서 디자인이 필요하고 마감재의 선정은 초기에 검토되어야 한다.
(3) 기본적으로 주광의 분포와 유입을 위해 밝은 마감이 필요하고 천창은 높은 반사율, 바닥은 낮은 반사율을 적용한다.
(4) 자연채광을 위하여 창문의 크기, 위치, 종류, 투과율, 건물의 형태, 건물의 방향, 실내마감재 구성요소 등을 계획한다.

3) 자연채광 방식의 종류

(1) 측창채광(Lateral Lighting)
① 벽면에 대해 수직인 창에 의한 채광으로 편측채광과 양측채광으로 구분한다.
② **편측채광** 실내로 채광이 한쪽에서만 들어오기 때문에 실의 조도분포가 균일하지 않으며 시각적으로 수평방향으로 외부를 본다.
③ **양측채광** 조도 측면에서 유리하고 주광선이 2개가 있어 그림자와 실공간의 분위기가 양분된다.
④ **측창채광의 특징** 구조 및 시공이 용이하고, 누수의 우려가 적고 개폐 및 기타 조작이 간단하고, 통풍, 단열에 유리하나 글레어 방지를 위해 적정한 차양장치나 루버의 설치가 필요하다.

(2) 천창채광(Top Lighting)
① 천창채광에는 천창, 모니터창(경사진 창), 클리어 스토리창(고측창) 등이 있고 균일하고 높은 조도레벨을 제공한다.
② 다층건물에는 적용이 불가하고 조망과 방위조절에 대한 요구를 만족시키지 못한다.
③ 천창은 일부의 경우 눈부심을 야기하며 빛을 천장으로 반사시키거나 차폐장치를 사용하여 광원을 가려서 현휘의 문제를 해결할 수 있다.
④ 지붕에 수평 또는 약간 경사진 개구부를 설치하면 재실자는 외부하늘을 볼 수 있고 높은 레벨의 조도를 유도할 수 있고 반투명 유리를 사용하면 조도를 조절할 수도 있다.

(3) 정측창채광(Top Side Lighting)
① 정측광채광은 천창채광과 측창채광의 효과를 얻기 위해 지붕면에 수직이나 수직에 가까운 창에 의한 채광이다.
② 미술관(전시공간의 벽면에 높은 조도가 필요), 공장(넓은 작업면에 주광율 분포가 일정) 등에 사용하며 분위기 있는 효과를 얻을 수 있다.

4) 자연채광의 설계 시 유의사항
① 직사일광의 직접 유입은 차단하며 반사되어 들어오는 빛을 이용한다.
② 주 업무공간이 아닌 곳은 직사일광의 이용도 가능하다.
③ 나무나 차양장치를 이용하여 강한 직사일광을 조절하거나 차폐하여 부드럽게 확산되는 빛을 이용한다.
④ **채광의 방향** 남쪽은 강한 일사로 조도가 매우 높고 북쪽은 일사량이 비교적 낮으므로 통합적인 설계(통풍, 광선반, 인공조명등)를 통하여 균일한 조도를 계획한다.
⑤ **창호의 유리재료** 맑은 유리, 색유리, 열 흡수유리, 반사유리, 반투명유리, 빛유도 유리블록 등 적정한 유리재료의 선택으로 자연채광을 적정하게 이용하도록 설계한다.

5) 인공조명
(1) **조명의 4요소** 명도, 크기, 대비, 노출시간
(2) 빛의 단위
  ① **cd(칸델라)** 발광체의 표면밝기를 나타내는 것으로 광원에서 발하는 광속이 단위입체각당 1lm(루멘)일 때의 광도를 1cd(칸델라)라 한다.
  ② **lx(룩스)** 조도의 단위(작업면-피조면에 도달하는 광속의 밀도)이다.
   ※ 조도[$E = I/d^2$ (I=광도, d=거리)] : 조도는 광도에 비례하고 거리의 제곱에 반비례한다.
  ③ **광속** 빛에너지가 단위입체각을 통과하는 비율, 단위는 루멘(lm)이다.
  ④ **휘도** 어떤 물체의 표면 밝기의 정도, 광원이 빛나는 정도. 단위는 sb(스틸브)이다.
(3) 주광률=지점의 조도/전천공 조도
  채광에 의한 실내의 조도로 전천공 조도에 대한 실내 한 지점의 작업면 조도의 백분율이다.
(4) 조명률=피조면의 광속/광원의 광속
(5) 연색성
  광원의 색 연출성을 말하며, 자연광의 색상에 가까울수록 연색성이 좋다고 보며 크세논등, 백열등이 연색성이 좋다.
  ※ **조명기구 연색성** 크세논등＞백열등＞메탈할로이드등＞형광등＞수은등＞나트륨등
(6) 조명방식의 특징
  ① **직접조명**
   가. 조명의 효율이 높다.
   나. 천장 반사율의 영향이 적다.(반사갓을 이용하기 때문)
   다. 조명기구의 유지와 전기배선이 쉽다.
   라. 간접조명보다 음영(그림자)이 많이 생긴다.

② **간접조명**
　　가. 조명효율이 낮다.
　　나. 조명방식 중 조도가 가장 균일한 조명이다.
　　다. 설비비가 비싸다.
(7) 실내조명의 설계 시 조명설계 순서
　　소요 조도의 결정 → 전등의 종류 결정 → 조명방식과 조명기구 선정 → 광속 계산 → 조명기구 배치
(8) 건물 내에서 전등의 설치 방법
　① **천장에 매다는 방법**　펜던트(파이프 펜던트, 체인 펜던트, 코드 펜던트)
　② **천장에 직접 붙여 대는 방법**　직부등(실링라이트), 매입등(다운라이트)
　③ **벽이나 기둥에 설치하는 방법**　브래킷(bracket) 라이트
(9) 건축화 조명
　　건축화 조명이란 조명이 건축물과 일체가 되고, 건물의 일부가 광원의 역할을 하는 것으로 쾌적 환경을 만들 수 있다. 발광면이 크고 균일한 조도 및 음영을 부드럽게 하나 청소는 어렵고 조명효율이 직접조명에 비해 낮다.
　① **광천장 조명**　반투명 플라스틱판이나 루버로 천장을 만든 후 내부에 광원을 넣어 천장면이 빛나는 방식의 조명이다.
　② **코브 조명(cove light)**　천장에 턱을 만들고 턱을 따라 광원을 눈 가림판 등으로 가려 천장에 반사시키는 간접 조명이다.
　③ **코니스 조명**　광원을 코너에 배치하고 벽면에 빛이 반사되도록 한 조명이다.
　④ **다운라이트(down light)**　광원을 천장의 구멍 속에 배치하여 직하 부분만 비추도록 한 간접 조명이다.
　⑤ **루버 조명**　광원 아래에 루버를 설치하여 글래어 존에서는 광원이 직접 보이지 않도록 한 조명이다.
　⑥ **밸런스 조명**　광원을 벽면 중간에 배치하고 상하로 빛을 분산시키는 간접 조명이다.
　⑦ **캐노피 조명**　벽면이나 천장의 일부가 돌출하도록 설치하는 조명이다.
　⑧ **코퍼 조명**　기구를 매입하고 반사갓으로 반사시켜 간접조명을 유도하는 조명이다.
　⑨ **확산차폐 조명**　젖빛유리 등의 반투명막을 이용하여 빛을 확산시키는 조명이다.
(10) 조명설계
　① $NF(총광속) = \dfrac{E \times A \times D}{U}$

　　※ **광속계산 요소**　소요조도(E), 실면적(A), 감광보상률(D), 조명률(U), 광원수(N), 광속(F)
　② 벽과 광원 사이의 간격(H는 광원과 작업면 사이의 높이)
　　⇒ 벽면부 사용 시 $1/3H$, 벽면부 미사용 시 $1/2H$
　③ 광원 간의 배치간격 : $S \leq 1.5H$(직접), $S \leq 1H$(반직접)(S=거리, H=광원의 높이)
(11) 빛의 파장
　　도르노선(건강선) : 290~320nm, 자외선 : 380nm 이하, 가시광선(채광) : 380~780nm, 적외선(열환경) : 780nm 이상

(12) 균제도(휘도나 조도, 주광률 등의 분포를 나타내는 지표이다.)
균제도=주광률의 최소치(가장 어두운 주광)/주광률의 평균치(평균 주광)
(13) 조명기구 효율
나트륨등＞메탈할로이드등＞형광등＞수은등＞백열등
조명기구 효율은 연색성에 반비례하는 편이다.
(14) 루버의 종류
① **수직루버** 동, 서면에 좋다.
② **수평루버** 남, 북면에 좋다.
③ **격자루버** 수평, 수직의 혼합형이다.
④ **가동루버** 태양의 위치에 따라 일조량이 변한다.

3. 공기 환경

1) 실내공기 환경의 중요성

(1) **실내공기 환경** 현대인이 하루의 80% 이상을 건축물 내에서 생활하므로 실내공기 환경은 사람들의 건강과 직결된다. 그러므로 실내공기 환경의 개선이 필요하다.
(2) 실내공기 오염물질의 특성
① **실내공기의 오염물질** 부유분진, 이산화질소, 일산화탄소, 이산화탄소, 라돈, 폼알데하이드, 석면, 휘발유기용제, 미생물, 악취 등이 있다.
② 이산화탄소의 농도에 따른 인체의 영향

농 도	인체에 미치는 영향
1,000ppm(0.1%)	실내공기의 허용한도
2,000~5,000ppm	경미한 두통
10,000ppm(1%)	호흡기, 순환기, 대뇌의 기능 저하
40,000ppm(4%)	귀울림, 두통, 혈압상승
80,000ppm(8%)	10분 후 격심한 호흡곤란, 의식혼미

※ 21세기 한국 등 지구표면의 표준 대기상태의 CO_2 농도 : 400ppm 내외

2) 새집증후군과 헌집(병든집)증후군

(1) **새집증후군(SBS, Sick Building Syndrome)** 건물 완성 후 새집에서 발생하는 공기 오염은 주로 건축자재의 인공적인 재질(콘크리트, 접착제(휘발성 유기화합물), 페인트, 플라스틱재질 등)로 인한 것이며, 고단열, 고기밀화의 증가로 환기 부족이 주원인이며 건축자재 및 사무기기 등의 오염물질 농도 증가도 원인이다.
(2) **헌집(병든집)증후군(Sick House Syndrome)** 습기 찬 벽지와 벽 안의 곰팡이, 오래된 집의 누수나 구조적인 문제에서 발생하는 곰팡이, 세균번식, 악취, 유해 가스상 등의 오염물질이 원인이다.

3) 실내 공기질의 개선방법

(1) **건축자재 인증제도(Labelling) 도입** 환경마크(환경표지), HB마크, KS마크 등이 있다.

(2) **친환경 건축자재 사용** 복합건축자재는 다량의 휘발성 유기화합물을 실내공기로 방출하고 있어 실내 환경오염의 주된 원인이며, 내장재료가 실내공기의 질에 큰 영향을 미친다.

(3) **베이크 아웃(Bake-Out)** 새집에서 실내공기 오염물질을 신속하게 제거하는 방법으로 비거주 상태에서 난방시스템을 최대한 가동하여 충분한 시간 동안 실내온도를 35~40도로 올린 후 문과 창문을 1~2시간 개방하여 실내공기 오염물질을 방출시키는 것이다.

(4) **환기** 오염공기를 실외로 제거해서 청정한 외기와 교체하는 것이다.

4) 공기 환경과 환기횟수

(1) **실내공기 오염의 지표** 이산화탄소(CO_2)의 농도-탄산가스의 함유량이 실내공기 오염의 척도로 사용되는 것은 탄소함유량에 실내오염 정도가 비례하기 때문이다.

(2) **환기횟수** 1시간에 이루어지는 환기량을 실용적으로 나눈 값이다.

(3) **실내환기의 원동력** 공기의 온도차, 풍압의 압력차, 공기의 밀도차이다.

5) 공기의 성질

(1) **절대습도** 단위중량(1kg)의 건조공기 중에 포함되어 있는 수증기 중량의 비이다.

(2) **상대습도** 습공기 중의 수증기압과 포화수증기압에 대한 백분율이다.

(3) **공기선도의 요소** 건구온도, 습구온도, 상대습도, 절대습도, 엔탈피, 현열비 등이 있다.

(4) 공기를 가열할 때 상대습도는 낮아지고, 절대습도는 변하지 않고, 건구온도는 증가하고, 비체적은 증가하고, 엔탈피도 증가한다.

6) 굴뚝효과(연돌효과)

실내공기의 정지 상태에서 실내 상하 온도차에 의한 밀도차로 환기를 유발시키는 효과이다. 온도차가 클수록 높이차가 클수록 연돌효과는 크다. 그러므로 건물 설계 시 중심코어(아트리륨) 등을 적절하게 계획하여 굴뚝효과에 의한 자연환기를 유도하여 실내공기질을 향상시킨다.

4. 음 환경

1) 실내소음의 평가와 음 환경

(1) **소음평가 방법** 최근 아파트 생활에서 층간 소음은 사회적 문제로 확대되고 있으며 생활에 불편을 주지 않는 적정한 소음 수준의 평가도 중요해지고 있다. 소음평가에 다음과 같은 방법을 이용한다.

① **음압레벨(SPL)** 공기의 진동으로 생기는 단위면적에 작용하는 소리의 힘(dB)이다.

$$SPL = 20\log\left(\frac{P}{P_0}\right)$$

P_0 : 기준음압

② **NC(Noise Criteria Curves) 곡선** 소음을 옥타브(주파수별) 분석한 결과를 NC곡선으로 Plot하여 실시하는 것으로 가청 주파수별로 분석한 것이다.

③ **NR곡선(Noise Rating Curves)** 1,000Hz의 옥타브 밴드레벨이 평가곡선의 NR수와 일치하도록 임의의 소음의 NR수는 각 옥타브 밴드레벨의 NR수에서 구한 최댓값을 취한다. (ISO가 정한 소음평가 곡선)
④ **주택의 허용 옥외소음** NR-30~NR-40을 기준으로 한다.

2) 벽체의 차음성능과 흡음성능

(1) **차음** 구조체가 음을 반사, 흡수하여 그 입사된 음이 투과 하는 것을 막는 것으로 구조체 표면에서 음을 흡수하며 투과율, 음압레벨차, 음향투과손실 등으로 표현한다.
(2) **차음 영향인자** 차음은 질량과 강성이 큰 콘크리트벽이 합판보다 투과손실이 훨씬 크다.
   ① **강성지배영역(공진영역)** 저주파 영역에서 공진현상이 발생한다.
   ② **질량영역** 중간 주파수 영역, 질량법칙에 의해 투과손실이 결정된다.
   ③ **일치효과 영역** 고주파 영역, 임계주파수 부근에서 차음재료의 임계주파수는 고유주파수에 의해 결정된다.
   ④ 질량법칙은 벽체의 질량이나 주파수가 두 배가 되면 투과손실이 6dB씩 증가한다.
   ⑤ **일치효과(Coincidence Effect)** 벽에 입사되는 입사음의 파장과 굴곡파의 파장이 일치될 때 공진상태가 발생하여 입사음의 대부분의 에너지가 벽체를 통과하여 차음성능이 현저하게 저하되는 현상이다.
(3) **차음대책** 두 실 간의 소음전달을 감소시키는 것을 차음이라 하며 차음 감소량 결정에는 벽체의 투과손실(TL), 벽면적(S), 수음실의 흡음력(A)과 관련한다.
(4) 효과적인 차음대책 수립을 위한 차음재료 선정
   ① 질량법칙에 의해 벽체의 면밀도(질량)가 큰 재료를 선택한다.
   ② 벽체에 틈이나 파손된 곳이 없도록 기밀하게 한다.
   ③ 소리가 발생하는 음원 쪽에 흡음재를 붙인다.
   ④ 진동이 큰 곳에는 차음벽의 탄성지지, 방진처리, 제진처리가 필요하다.
   ⑤ 중공층을 갖는 이중벽이 효과적이나 일치효과와 공명주파수에 유의한다.
   ⑥ 콘크리트 블록의 차음벽에는 표면 모르타르 마감이 더욱 효과적이다.
(5) **흡음과 차음의 차이** 흡음은 소음 발생실에서 음을 제거하는 것이며, 차음은 인접실로 음이 투과되는 것을 차단하는 것으로 이 두 가지가 조합되어야 효과적이다.
(6) 흡음력과 잔향시간(sabin의 잔향이론)

$$R_t = k\left(\frac{V}{A}\right)$$

R_t : 잔향시간, k : 상수(0.162), V : 실의 용적, A : 흡음력

(7) **바닥충격음** 최근 건축물(아파트)에서 바닥충격음으로 인한 층간 소음이 문제가 되고 있다. 물체가 낙하하거나 사람의 보행 시 바닥에 가해지는 충격에 의해 바닥구조가 진동해 발생하는 소음으로 관계되는 주요원인은 바닥구조에 기인하며 충격소음에 대한 대책으로 바닥면의 구조를 견고히 하고 중간 충격 흡수층 설치 등 다양한 보완 대책들이 검토, 추진되고 있다.

3) 건물 음향 설계 프로세스

(1) 건물 음향과 홀 형태 설계
실의 사용 목적에 적합한 특성을 고려하여 홀의 형태와 크기를 결정해 가는 설계이다. 반향, 음의 초점 등 홀에서 발생하는 음향 결함 현상의 원인이다.

(2) 잔향 설계
홀에 가장 적합한 최적 잔향시간을 만족하도록 실내 흡음력을 고려하여 마감재료를 선정하고 그 소요량과 배치를 음향적 관점에서 결정해 가는 것이다. 잔향 설계는 홀의 음향특성을 평가하는 중요한 요소이다.
① 홀의 목적, 용도에 부적합한 형태를 갖는 경우는 음향적인 결함이 발생하지 않도록 하는 것이 중요하다.
② 건축 음향 설계에 있어서 중요한 것은 홀의 형태, 구조와 크기, 좌석, 천장 형태, 벽면의 재질감, 흡음, 반사 정도 등 음질에 직·간접적으로 영향을 미치는 모든 요소를 고려하는 것이다.

(3) 건물 음향의 각종 현상
홀의 목적 및 용도에 맞는 실의 형태, 크기, 천장, 바닥, 벽, 확산판, 반사판 등의 계획이 아주 중요하다. 음향 설계에서 음향결함(반향, 플러터 에코, 음의 집점, 속삭이는 회랑 등)이 발생하지 않도록 계획해야 한다.
① **반향(Echo)** 직접음이 들린 뒤 이어서 반사음이 들리는 것으로 에코 현상이라 하며 에코는 명료도를 저하시키고, 음악의 리듬을 다르게 하여 실내 음향 장해 중 가장 치명적이다.
② **반향 현상** 반사음이 직접음보다 30~50ms 이상 늦게 도달하면 직접음이 들린 뒤 반사음이 들리는 현상이다.
③ **Echo 제거** 음원과 반사면과의 거리를 5~8.5m 이하로 반사면을 흡음면으로 대치시킨다.
④ **플러터 에코(Flutter Echo)** 매우 짧은 시간 간격으로 에코가 반복해서 발생되는 반향이다.
⑤ **음의 집점(Sound Focus)** 음이 파장에 비해 훨씬 큰 오목면에 반사되면 어느 한 곳에 집중되어 음압이 상승하는 현상으로 실내 음압분포를 나쁘게 한다. 방지책으로 홀의 형태를 불규칙하게 하여 음이 한쪽에 집중되지 않고 확산되게 설계한다.
⑥ **Creep와 속삭이는 회랑(Whispering Gallery)** 반사면이 큰 오목면을 이루고 있으며 음은 그 면의 주위를 진행하여 몇 번이고 반사하고, 속삭이는 소리를 멀리까지 명료하게 들을 수 있는 현상이다.

(4) 건물 음향과 평면 계획
① **정방형 평면** 대형 홀에 사용하는 일반적인 평면의 형태로 실의 길이는 폭의 1.2~2배 정도가 적당하며 객석을 음원에 가까이 할 수 있으며, 규모가 큰 정방형 실에서 무대 측면에 있는 소리는 듣기가 부적절하다.

② **타원, 원형 평면** 음이 집점을 일으킬 수 있으므로 음향 시뮬레이션을 통한 검토가 필요하다.
③ **부채꼴형(측벽이 확산되는 평면형)** 음원과의 거리를 근접시키고 평행면을 피할 수 있으므로 음향적인 장점이 있으나 부채꼴형의 뒷벽은 음이 집중되므로 에코의 위험이 있다.
④ **부정형, 비대칭형 평면** 홀의 설계가 까다롭고 어렵지만 객석 전체에 음을 균일하게 확산시키는 바람직한 형태이다.

4) 건물 음향계획

(1) 음의 성질
① **회절** 음이 진행 중 장애물이 있을 때 직진하지 못하고 돌아가는 현상이다.
② **확산** 음파가 요철면에 부딪쳐 여러 개의 작고 약한 파형으로 나뉘는 현상이다.
③ **공명** 음의 진동수가 벽이나 천장의 고유 진동수와 일치되어 같이 소리를 내는 현상이다.

(2) 효과적인 음향계획
① 음이 실내에 고루 분산되도록 한다.
② 강연 때보다 음악을 연주할 때에는 잔향시간이 다소 긴 편이 좋다.
③ 청중이 많을수록 음을 흡수하여 잔향시간은 짧아진다.
④ 반사음이 한 곳으로 집중되지 않도록 한다.

(3) 음의 가청주파수 범위 : 20~20,000Hz
① 소리의 높이란 사람의 청각에 의해 느껴지는 소리의 주파수를 말한다.
② 음의 파장(λ)=v(음속)/f(주파수)
③ **dB** 순음의 음압레벨이며, phon은 음의 감각적 크기를 보다 직접적으로 표시하기 위해 사용하는 음의 단위이다.
④ **주파수의 표준음** 63, 125(저음), 500(중음), 1,000(청각의 표준음), 2,000(고음)
⑤ 소리의 최대가청음은 130dB, 일반적 표준음은 120dB이다.
- **100dB(데시벨)** 단시간 노출되어도 청감이 일시적으로 저하되며 장시간 노출될 경우 회복이 어려운 청각손실을 주는 음의 세기이다.
- **120dB** 귀에 괴로움과 고통을 느끼기 시작하는 유해 음의 세기이다.
⑥ **음압레벨(SPL)** 공기의 진동으로 생기는 단위면적에 작용하는 소리의 힘이다.

$$\text{SPL} = 20\log\left(\frac{P}{P_0}\right) \text{dB} \qquad P_0 : 기준음압$$

⑦ **음의 세기(PWL)** 음파의 방향에 직각이 되는 단위면적을 통하여 1초 간에 전파되는 음의 에너지량이다.

$$\text{PWL} = 10\log\left(\frac{W}{W_0}\right) \text{dB} \qquad W_0 : 기준음 에너지량(10^{-12}\text{W/m}^2)$$

(4) 잔향시간

음의 에너지가 100만분의 1로 감소될 때까지의 시간(실내 음에너지가 60dB까지 감소될 때까지 걸리는 시간)

① **잔향시간에 영향을 주는 요소** 실내 마감재료, 실의 용적에 비례. 흡음력, 실의 표면적에 반비례한다.
② **세이빈(Sabine)의 잔향식** RT(잔향시간)=$0.162 \times V$(실의 용적)$/A$(실내 흡음률)
③ **코펜하겐리브** 넓은 강당, 극장, 등의 안벽에 S자형 흡음 벽체를 사용하여 음향조절 효과를 낸다.
④ **잔향** 실내에서 발생된 음의 음원이 정지된 후에도 잠시 동안 남는 현상이다.
  가. 음악 감상실에는 적당한 잔향이 필요하다.
  나. 최적 잔향시간의 주파수 특성은 저음영역에서 길어지는 것은 어느 정도 허용된다.
  다. 음성의 명료도를 높이기 위해서는 잔향시간을 비교적 짧게 하는 것이 좋다.
  라. 전기음향설비 설치 시에는 잔향시간을 짧게 한다.

(5) 흡음재의 종류

① **다공성 흡음재** 암면, 글라스울 등은 고주파에 대한 흡음률이 크며 재료의 두께나 공기층의 두께를 증가시키면 저주파에 대한 흡음률을 증가시킬 수 있다.
② **판상 흡음재** 합판, 하드보드, 석면시멘트판 등은 판의 진동에너지로 음을 흡수하며 저주파용으로 공기층의 두께를 증가시키면 저주파의 흡음률이 증가된다.
③ **공명성 흡음재** 머플러 등과 같이 구멍을 뚫어 음이 구멍으로 통과하는 사이 진동과 마찰로 흡음되도록 한다.

(6) 반향(에코)이 생기는 음의 경로

직접음과 반사음과의 거리 17m 이상, 시간차는 0.05초 이상에서 에코현상이 발생한다.

(7) 마스킹(masking) 효과

2가지 음이 동시에 귀에 들어와서 한쪽의 음 때문에 다른 쪽의 음이 작게 들리는 현상이다.

(8) 정재파 현상

같은 주파수음의 간섭에 의해서 입사음파가 반사음파와 중첩되어서 음압의 변동이 고정되는 현상이다.

제2장 열역학에 대한 기초지식

1. 열역학의 기초사항

1) 온도

온도란 물체를 구성하는 분자의 운동에너지의 단위량 값을 수치로 표시하는 물리량으로 차갑고 따뜻한 정도를 나타내는 것이다. 그러므로 온도는 열량에 비례한다 할 수 없고 종량성 성질이 아닌 강도성 성질이다.

(1) 섭씨 온도(℃, Centigrade의 약자)

표준 대기압 상태 하에서 순수한 물의 빙점(어는점)을 0, 비점(끓는 점)을 100으로 하여 100등분한 한 눈금을 1℃로 본다.

(2) 화씨 온도(°F, Fabrenheit의 약자)

표준 대기압 상태 하에서 빙점을 32, 비점을 212로 잡고 그 사이를 180 등분한 한 눈금을 1°F로 본다.

※ 100℃눈금=180°F 눈금이므로 환산식은 다음과 같다.

$$°F = \frac{9}{5}℃ + 32, \quad ℃ = \frac{5}{9}(°F - 32)$$

(3) 절대 온도(K, Kelvin의 약자)

절대온도는 모든 물체의 분자 운동에너지가 0인 상태를 0도로 본다. 즉, 열역학적으로 최저온도를 0도로 본다. 이때 캘빈 절대온도(K) 0도는 -273℃이다.

∴ K=273+℃, R=460+°F, K : kelvin 절대온도, R : Rankine 절대온도

2) 열량과 동력

(1) 에너지(동력과 일, 열량)

동력은 단위 시간당의 일량(일률)을 나타내는 것으로 동력과 그 작용한 시간과의 곱은 일량 즉, 전달된 에너지 양을 표시한다. SI단위에서는 J, kJ, W[watt], kW, J/s를 사용하며 1W는 1초 사이에 1[J] 일을 하는 경우의 동력이다.

① 열에너지와 일에너지

공학단위에서는 열에너지(kcal)와 일에너지(kW)를 구분하여 표기하였으나 국제단위(SI단위)에서는 모든 에너지의 단위를 통일(J, kJ, W, kW)하여 사용한다.

　a) 1J/s=1W
　b) 1kW=1kJ/s=3,600kJ/h

② 동력(W)과 일(W)

$$1[W] = 1[J/s] = 1[N \cdot m/s]$$

$1[kW] = 1,000[J/s] = 3.6 \times 10^6[J/h]$
한편 일은 동력×시간이므로
$1[kWh] = 3,600[kW \cdot s] = 3,600[kJ]$

③ 힘(N)과 일(W)

힘 $F[N]$이 작용하여 시간 $t[s]$ 사이에 $S[m]$이동할 때 발생하는 동력 $P[W]$는 다음과 같다.

$$P = \frac{F(N) \times S(m)}{t(\sec)} = F(N) \times v(m/s) \, [W]$$

1J/s=1W(※ 참고 : 공학단위 1kcal=4.19kJ, 1kg중=9.8N)
1kW=1kJ/s=3,600kJ/h

(2) 비열(specific heat)

어떤 물질 1kg을 1K(1℃) 올리는데 필요한 열량을 비열이라 한다. 비열에는 정압 비열과 정적 비열이 있다.

① 정압 비열(Cp)

압력을 일정하게 하면서 요구되는 열량을 말하며 이때는 보통 유체가 팽창하기 때문에 팽창 중에 외부에 대하여 하는 일만큼 에너지가 더 필요하게 되어 정적 비열보다 값이 커진다. 건축설비에서 취급하는 것은 일반적으로 대기압 상태의 정압을 기준으로 해석한다.
(공기 Cp=1.01kJ/kgK, 물 Cp=4.19kJ/kgK)

② 정적 비열(Cv)

체적을 일정하게 한 상태에서 비열을 말한다.(공기 Cv=0.71kJ/kgK) 이때 정적 비열보다 정압 비열이 항상 크므로 이들의 비(Cp/Cv)를 비열비라 한다. 공기 비열비는 1.4이다.

③ 용적(체적) 비열

공기의 단위 부피당(m³) 비열로 공기의 경우 1.01×1.2=1.21kJ/m³K이다. 정적 비열은 거의 사용하지 않으나 공기조화 등에서 용적(체적) 비열은 많이 다룬다.

④ 열용량(heat quantity)

열용량이란 어떤 재료가 축적하고 있는 열량을 말한다. 열용량=질량×비열=kJ/K. 어떤 물질의 열용량은 물의 양으로 환산한 열량 값이 되므로 열용량을 물당량이라고도 한다.
(예 : 철 9.35kg의 열용량은 9.35×0.448=4.19kJ/℃인데 온도변화 시 철 9.35kg은 물 1kg과 같은 열량이 요구된다. 이때 철 9.35kg을 물당량 1kg이라 한다.)

(3) 현열과 잠열, 전열

① 현열(sensible heat)

물체에 출입되는 열량 중 온도변화에 따라 관계하는 열을 현열이라 한다.
(예 : 10℃ 물→80℃ 물, 100℃ 증기→130℃ 증기)

② 잠열(latent heat)

온도 변화는 없고 물체의 상태변화에 관계하는 열을 잠열이라 한다.
(예 ; 100℃ 물→100℃ 증기, 0℃ 얼음→0℃ 물)

③ 전열(total heat)

물체에 출입하는 현열과 잠열의 합을 전열이라 한다.

(4) 상태변화와 열량

① 융해열(응고열)

고체가 액체로 변화할 때 필요한 열을 융해잠열이라 한다. 응고잠열은 액체가 고체로 변할 때 제거해야 하는 열량인데 이 둘의 값은 같다.
(0℃ 얼음이 0℃ 물로 녹을 때는 335kJ/kg의 열이 필요하다)

② 증발(기화), 응축열(액화)

액체가 기체로, 기체가 액체로 변화할 때 흡수, 발산하는 열을 기화, 응축열이라 한다.
※ 100℃ 물이 100℃ 증기로 기화할 때 증발잠열은 2,257kJ/kg이다.
0℃ 물 증발 잠열은 2,501kJ/kg의 열을 흡수한다.

③ 승화열

기체가 고체로 고체가 기체로 변화할 때 관계하는 열을 승화열이라 하며 이들 상태변화에 관계한 열은 모두 잠열이다.(dryice의 승화열은 574kJ/kg이다)

3) 이상기체 상태방정식

(1) 상태방정식

$$Pv=RT$$
$$PV=mRT(v=V/m)$$
$$PV=nKT$$

v : 비체적(m^3/kg), P : 절대압력(kPa), m : 기체질량
V : 기체체적, R : 기체상수(kJ/kg·K)
K : 일반기체상수=8.314kJ/kmol·K, n : 기체몰수(kmol)

(2) 아보가드로 법칙

모든 기체는 0℃, 1atm 상태 하에서 1mol의 부피는 같으며 그 부피는 22.4L이고, 무게는 분자량과 같다. 그러므로 수소(H_2)는 2g이 22.4L이고 산소(O_2)는 32g이 22.4L이다.

(3) 습공기의 절대습도(x)와 상태습도(Φ)

$$\text{절대습도 } x = \frac{\text{수증기 중량}}{\text{건공기 중량}} = \frac{G_w}{G_a} = \frac{P_w/R_w}{P_a/R_a}(PV = GRT)$$
$$= 0.622\frac{P_w}{P-P_w} = 0.622\frac{\Phi P_s}{P-\Phi P_s}$$

P_w : 수증기 분압(Pa), P_s : 포화수증기압(Pa), Φ : 상대습도

4) 설비관련 제 단위

(1) 압력

단위면적당 작용하는 힘 $P = \frac{W}{A}(Pa)$

① 표준대기압
  1atm=760mmHg=101.3kPa=1,013hPa=1.0332kg/cm^2=10.332mAg=1.013bar=1,013mb
② 절대압력=대기압+게이지압=대기압-진공압
③ 1Pa(N/m^2)=0.098mmAq≒0.1mmAq
④ 1kPa(kN/m^2)=1,000Pa=98mmAq≒0.1mAq(1mAq≒10kPa)
⑤ 1MPa(MN/m^2)=1,000kPa≒100mAq

(2) 밀도(ρ)

단위체적당 질량 $\rho = \frac{m}{V}(kg/m^3)$ m : 질량(kg), V : 체적(m^3)

(3) 비중량(Y)

단위체적당 중량 $Y = \frac{w}{V}(N/m^3)$ w : 중량(N), V : 체적(m^3)

(4) 비체적(v)

단위질량당 체적 $v = \frac{V}{m}(m^3/kg)$ V : 체적(m^3), m : 질량(kg)

2. 열역학의 기본법칙

1) 열역학 제1법칙

(1) 에너지 보존의 법칙으로 열과 일의 관계를 나타낸 것이다. 이 법칙은 1843년에 J·P Joule에 의해서 실험적으로 확인된 법칙으로 "열도 일도 에너지의 한 형태로 열과 일은 서로 교환할 수 있다"라고 한다.
(2) **제1종 영구기관** 열역학 제1법칙을 위반하는 기관을 말하는 것으로 외부로부터 에너지를 공급받지 않으면서 영구히 운동을 계속하는 장치를 말한다.

(3) 내부에너지(Internal Energy)
  ① **내부에너지 정의** 내부에너지란 그 물체 내에 보유하고 있는 에너지를 말한다. 즉, 물체에 저장된 전 에너지에서 역학적 에너지를 뺀 값으로 열역학 제1의 법칙의 내용을 식의 형태로 나타내기 위한 값이라 할 수 있다.
  ② **열량과 내부에너지** 물체를 가열하면 내부에너지는 증가하고 물체는 온도가 상승함과 더불어 팽창한다. 여기서 가열량 dq를 가하면 내부에너지 증가량은 dU, 압력 P하에서 체적을 dV 만큼 증가하게 된다. 이로 인하여 외부에 대해서 팽창에 의한 기계적 일량을 $dW(dW=pdv)$라 하면

$$dQ = dU + dW \, [J] \quad \rightarrow \quad dq = du + dw \, [J/kg] \quad \rightarrow \quad \boxed{dq = du + pdv}$$

  → 열역학 제1 기초식이 된다.

(4) 엔탈피(Enthalpy)
  ① **유체가 가지는 에너지** 개방계에서 압력 P인 유체가 임의 단면을 통하여 체적 V로 흐를 때 유체는 하류의 유동에 대하여 PV의 일을 하게 되는데 이를 유동일이라고 한다. 계를 유체가 통과할 때 세 가지 부분으로 나눌 수 있다 즉, 유체 자체의 역학적 에너지(위치에너지, 운동에너지), 내부에너지, 그리고 유체 자체가 보유하지 않고 흐름에 의해서 생기는 유동에너지(유동일)로 나눌 수 있다.
  ② **엔탈피 정의** 유체 흐름에서 에너지는 항상 내부에너지(U)와 유동일(PV)이 결합하여 나오고 있어서 $U+PV$를 새로운 물리량 H라 정의하고 엔탈피라 한다. 즉,
  전엔탈피 $H = U + PV \, [kJ]$
  단위 엔탈피 $h = u + Pv \, [kJ/kg]$
  위 식을 미분하면 $dh = du + d(P \cdot v) = du + Pdv + vdP = dq + vdP$

$$\boxed{\therefore dq = dh - vdP \, [kJ/kg]} \quad \rightarrow \text{열역학 제2 기초식이 된다.}$$

  H : 엔탈피[kJ], U : 내부에너지[kJ], P : 압력[KPa]
  V : 체적[m³], h : 비엔탈피[kJ/kg], u : 비내부에너지[kJ/kg], v : 비체적[m³/kg]

(5) **열량과 내부에너지 엔탈피 관계식**

$$dq = du + pdv$$
$$dh = du + Pdv + vdP = dq + vdP$$
$$\therefore dq = dh - vdP \, [kJ/kg]$$

2) 열역학 제2법칙

(1) **열역학 2법칙 정의(켈빈 설)** 자연계에 어떤 변화도 남기지 않고 어느 열원의 열을 계속하여 일로 변화시키는 것은 불가능하다. 즉 어떤 열을 전부 일로 변화시킬 수는 없다. 즉 열효율 100%의 열기관은 없다.(Kelvin Plank)

(2) **열역학 2법칙 정의(클라우지우스 설)** 열은 자연 상태에서 고온물체로부터 저온 물체로 스스로 이동하는데 그 자체로 외부에서 어떤 일이나 열에너지를 가하지 않고 저온부에서 고온부로 열을 이동시킬 수는 없다.(Clausius)

(3) 열역학 제1의 법칙은 열과 일은 에너지로 등가·동등이고 서로 변환할 수 있다는 것(에너지 보존법칙)을 설명한 법칙이지만 열역학 제2법칙은 열과 일 사이의 변환에는 제한이 있다(열이동의 방향성)는 것을 설명한다.

(4) **제2종 영구기관** 어느 고열원에서 열을 흡수하여 그 모두를 연속적으로 일로 변환하여, 다른 어떤 변화도 남기지 않도록 한 열기관(열효율 100%)으로 열역학 제2법칙을 위반한 기관을 말한다. 즉, 열효율 100%의 열기관을 제2종 영구기관(perpetual motion of the second kind)이라 부른다.

(5) **클라우지우스(Clausius)의 부등식**

클라우지우스는 "계(系)가 사이클을 이룰 때 사이클에 연관된 dQ/T의 적분(cycle integral of dQ/T)은 0과 같거나 0보다 적다"라고 하였다.

① 가역 사이클 $\oint \dfrac{dQ}{T} = 0$

② 비가역 사이클 $\oint \dfrac{dQ}{T} < 0$

③ 가역, 비가역 사이클 $\oint \dfrac{dQ}{T} \leq 0$

(6) **엔트로피(Entropy)**

① **비엔트로피** 절대온도가 T[K]인 물체가 가역변화 하는 사이에 열량 dQ[J]을 받았을 때 그 물체의 엔트로피 증가량(dS) 및 비엔트로피 증가량(ds)은 각각 다음 식으로 정의된다.

$dS = \dfrac{dQ}{T}$ [J/K] 및 $ds = \dfrac{dq}{T}$ [J/kg·K]

$\Delta S = \dfrac{\Delta Q}{T}$ [J/K] 및 $\Delta s = \dfrac{\Delta q}{T}$ [J/kg·K]

일반적으로 $\dfrac{\Delta Q}{T}$, $\dfrac{\Delta q}{T}$을 환산열량(reduced heat quantity)이라 부르는데 가역변화시의 환산열량이 엔트로피 및 비엔트로피이다.

② 2물체 A에서 B로 열이 이동할 때 A가 잃은 엔트로피를 $\Delta q/T_1$, B가 얻은 엔트로피는 $\Delta q/T_2$로 하면 열역학 제2법칙은 T_1(고온) $> T_2$(저온)로 되어 $\dfrac{\Delta q}{T_2} - \dfrac{\Delta q}{T_1} > 0$,

∴ $dS_2 > dS_1$로 된다.

이 때문에 「자연계에서 물질의 엔트로피는 증대하는 방향으로 변화가 진행된다.」고 말하는 것이다. 즉, 엔트로피는 가역변화에서는 일정하게 유지되며, 비가역변화에서는 증가한다.

> 엔트로피 변화 $\Delta S = S_2 - S_1 \geq 0$[kJ/k]

3) 열역학 제0의 법칙

열평형의 법칙으로 "2개의 물체가 접촉하지 않고도 동일한 온도이면 그것은 열평형에 있다"라는 것으로 이 법칙에 의거하여 우리는 온도계를 매개로 객관적으로 온도를 측정하고 있다.

4) 열역학 제3의 법칙

한 계(系)내에서 물체의 상태를 변화시키지 않고 절대 온도, 즉 '0[K]로 도달할 수 없다. 즉, 절대온도 0[K]에서는 모든 완전한 결정 물질의 절대 엔트로피는 0이다.'라는 법칙이 Nernst에 의하여 수립되었다.

제3장 유체역학에 대한 기초지식

1. 유체의 물리적 성질

1) 물의 성질

물은 급수, 배수, 급탕, 난방, 공조 등 설비에서 가장 많이 다루는 매체로 물의 기본적인 성질을 이해하고 익혀두면 설비의 모든 공부가 수월해진다.

(1) 질량과 부피

건축설비에서 다루는 물은 표준상태에서 1기압 4℃일 때를 기준으로 한다. 이때 물은 가장 무겁고 부피가 최소이며 밀도가 $1g/cm^3$이다.

$1m^3 = 10^6 cm^3 = 10^6 g = 10^3 kg = 1ton$

$1cm^3 = 1cc = 1mL = 1g$

$1L = 10^{-3} m^3 = 10^3 mL = 10^3 cc = 10^3 g = 1kg$

(2) 팽창과 수축

$$\Delta V = \left(\frac{\rho_1}{\rho_2} - 1\right) \cdot V$$

ΔV : 팽창량, V : 전체 물의 양(ρ_1 시),

ρ_1 : 최초의 물의 밀도, ρ_2 : 온도 변화 후 물의 밀도

※ **팽창량 별해**

$\Delta V = \left(\frac{1}{\rho_2} - \frac{1}{\rho_1}\right) \cdot V$ 이때 전체 물의 양 V는 4℃에서 부피를 의미한다. 전체 물의 양을 4℃인지, 운전정지 시(최초)인지 조건을 구분하면 두 가지 식을 구분해야 하지만 일반적으로 $\rho_1 = 1$ 정도이므로 위 두 가지 식을 구분하지 않고 병용한다.

2) 수압과 수두

(1) $1Pa(N/m^2) = 0.098mmAq \fallingdotseq 0.1mmAq$

(2) $1kPa(kN/m^2) = 1,000Pa = 98mmAq \fallingdotseq 0.1mAq$

(3) $1MPa(MN/m^2) = 1,000kPa \fallingdotseq 100mAq$

(4) 수압 P=ρgH(Pa)　　　　　　　ρ : 밀도(kg/m^3), g : 중력가속도(9.8m/s^2)

∴ 수압 P(MPa)≒0.01H　　H : 수두(m)

(5) 수압 1mAq=9.8kPa 즉 1mAq 수두는 압력으로 9.8kPa이지만 실무에서는 1mAq=10kPa로 환산한다.

(6) 수압 1MPa=102mAq 즉 수두로 정확히 102m이지만 공학적으로 약 100mAq로 환산한다. 수압 1kPa=0.098mAq 즉 수두로 정확히 0.098m이지만 공학적으로 약 0.1mAq로 환산한다.

3) 공기의 성질

(1) 부피와 질량
공기는 질소(78%)와 산소(21%)로 구성된 기체로 공조설비에서는 공기 중의 습도를 주로 다룬다. 표준상태에서 공기의 부피와 질량관계는 $1m^3=1.2kg$, $1kg=0.83m^3$이다.

(2) 공기의 팽창과 수축
공기도 온도와 압력에 따라 팽창, 수축을 하지만 공조설비에서 다루는 공기는 대기압에서 이용되므로 팽창과 수축은 무시하는 편이다.

(3) 공기의 밀도
공기는 온도에 따라 밀도가 변화하는데 저온에서 밀도가 증가하여 무겁고, 고온에서 밀도가 감소하여 가벼워진다. 냉방 시 취출구 위치는 상부에 두어 무거운 공기가 하강하도록 하며 난방 시는 취출구를 하부에 두어 가벼운 온풍이 상승하도록 고려해야 한다.

2. 유체 역학의 기초사항

1) 연속의 법칙
유량이 충만하여 흐르는 관로 내의 임의 2개의 단면적에서 2개의 면적을 통과하는 유량은 서로 같다.

$$\therefore Q = AV, \quad Q_1 = Q_2 \text{이고}, \quad Q = \frac{\pi}{4}D^2 \cdot V \text{이므로} \quad A_1V_1 = A_2V_2$$

$$\therefore D = \sqrt{\frac{4Q}{\pi V}}$$

2) 베르누이 방정식
관속의 유체가 정상상태라고 가정할 때, 그 관속을 흐르는 압력수두, 속도수두, 위치수두의 합 즉 에너지의 합은 일정하다. 베르누이 방정식은 공학단위는 m 수두(mAq), SI 단위는 J/kg이다.

공학 단위 $\frac{P}{\gamma} + \frac{V^2}{2g} + Z =$ 일정

SI 단위 $\frac{P}{\rho} + \frac{V^2}{2} + Zg =$ 일정

3) 마찰손실수두

(1) **마찰손실수두** 관속을 흐르는 유체는 관벽의 마찰, 굴곡부저항, 기구류저항 등에 의하여 마찰저항으로 압력이 손실된다.

(2) **달시 와이스바하식에 의해 마찰손실수두(H_L)**
마찰손실은 관습에 따라 공학단위의 수두 단위(mmAq, mAq)와 SI단위(Pa, kPa, MPa)가 모두 이용된다.

① SI 단위 $\triangle P = f\dfrac{L \times v^2}{d \times 2}\rho\,(Pa)$

ρ : 유체 밀도, L : 배관 길이

② 수두 단위 $H_L = f \cdot \dfrac{L}{d} \cdot \dfrac{v^2}{2g} \cdot r\,(mmAg)$

r : 비중량(kg/m³)

(3) 배관(물)인 경우 일반적으로 아래 손실수두식(mAq)으로 계산한다.

① SI 단위 $\triangle P = f\dfrac{L \times v^2}{d \times 2}\rho\,(Pa) = f\dfrac{L \times v^2}{d \times 2}\,(kPa)$

ρ : 물 밀도 1,000kg/m³, L : 배관 길이(m)

② 수두 단위 $H_L = f \cdot \dfrac{L}{d} \cdot \dfrac{v^2}{2g} \cdot r\,(mmAg) = f \cdot \dfrac{L}{d} \cdot \dfrac{v^2}{2g}\,(mAg)$

r : 물 비중량(1,000kg/m³)

(4) 덕트(공기)인 경우 일반적으로 아래 압력강하식(Pa)을 주로 이용한다.

① SI 단위 $\triangle P = f\dfrac{L \times v^2}{d \times 2}\rho\,(Pa)$

ρ : 공기 밀도 1.2kg/m³, L : 덕트 길이(m)

② 수두 단위 $H_L = f \cdot \dfrac{L}{d} \cdot \dfrac{v^2}{2g} \cdot r\,(mmAg)$

r : 공기 비중량(1.2kg/m³)

예상문제 제1편 | 건축설비 기초지식

001 다음 중 습공기 선도에 직접 표현되지 않는 상태값은?
① 비체적
② 엔탈피
③ 열용량
④ 상대습도

■ 습공기 선도는 건구온도, 습구온도, 노점온도, 엔탈피, 비체적, 상대습도, 절대습도, 수증기분압, 현열비, 열수분비로 구성된다.

002 실내의 환기량 산정에서 1인당의 환기량을 나타내는 방법으로 옳은 것은?
① $g/m^3 \cdot$ 인
② $m^2/h \cdot$ 인
③ $kg/m^3 \cdot$ 인
④ $m^3/h \cdot$ 인

■ 실내의 환기량 산정은 실의 용도와 인원수, 용적, 목표 공기질 정도에 따라 달라지며 1인당의 환기량은 대략 20~100($m^3/h \cdot$ 인) 정도이다.

003 인공조명에서 상품에 악센트를 주며 상품전시를 대상으로 하여 스포트라이트로 사용되는 조명을 무엇이라 하는가?
① 직접조명
② 간접조명
③ 국부조명
④ 반간접조명

■ 할로겐 조명등을 이용하여 상품전시에서 주변보다 밝게 하여 상품을 돋보이게 악센트를 주는 조명을 국부조명이라 한다.

004 조명 설계에서 연색성이 의미하는 것으로 옳은 것은?
① 인공광원의 빛의 세기
② 인공광원의 눈부심
③ 인공광원의 명암
④ 사물의 색상에 대한 인공광원의 구현능력

■ 연색성은 조명 설계에서 색상을 연출하는 성질 즉, 색상 구분능력을 말하며 자연광에 가까울수록 연색성이 우수하다 말하는데, 미술관, 사진 작업실 등에서는 연색성이 중요하며, 운동장이나 도로 가로등에서는 경제성을 중시한다.

해답 1.③ 2.④ 3.③ 4.④

005 습공기 선도에서 상대습도 100%일 때 다음 온도 중 같지 않은 것은?
① 건구온도 ② 습구온도
③ 유효온도 ④ 노점온도

■ 습공기 선도에서 상대습도 100%일 때 건구온도, 습구온도, 노점온도가 모두 같다.

006 간접조명의 특징에 관한 설명으로 옳지 않은 것은?
① 조명효율이 좋다. ② 음영이 적다.
③ 음산한 감을 주기 쉽다. ④ 물건에 입체감을 주기 어렵다.

■ 간접조명은 빛이 반사되어 비추는 것으로 음영은 부드러우나 조명효율은 나쁜 편이다.

007 다음 중 유효온도의 구성요소로 옳은 것은?
① 온도, 습도, 복사열 ② 온도, 습도, 기류
③ 온도, 습도, 착의량 ④ 온도, 기류, 복사열

■ 유효온도(ET)란 일종의 체감온도로 온도, 습도, 기류의 영향을 종합한 것이다.

008 화장실 및 호텔의 주방에 일반적으로 채용되는 환기방식은?
① 자연급기-강제배기 ② 자연급기-자연배기
③ 강제급기-자연배기 ④ 강제급기-강제배기

■ 자연급기와 배기팬(강제배기)의 조합으로 구성된 3종환기는 실내가 부압(-)으로 주변실에 냄새 확산을 막을 수 있어 화장실 및 주방에 일반적으로 채용되는 환기방식이다.

009 건물에서의 열전달에 관련된 용어의 단위 중 옳지 않은 것은?
① 열전도율 : $W/(m^2 \cdot K)$ ② 대류 열전달률 : $W/(m^2 \cdot K)$
③ 열저항 : $(m^2 \cdot K)/W$ ④ 열관류율 : $W/(m^2 \cdot K)$

■ 열전도율의 단위는 $W/m \cdot K$이다.

010 표면결로 방지 대책으로 옳지 않은 것은?
① 습한 공기를 제거하기 위해 환기가 잘 되게 한다.
② 벽의 단열성을 좋게 하여 열관류 저항을 크게 한다.
③ 실내 수증기압을 낮추어 실내공기의 노점온도를 낮게 한다.
④ 방습재는 저온측(실외)에, 단열재는 고온측(실내)에 배치한다.

■ 표면결로 방지 대책에서 방습재는 습도가 높은 고온측(실내)에, 단열재는 온도가 낮은 저온측(실외)에 배치한다.

해답 5.③ 6.① 7.② 8.① 9.① 10.④

011 음환경에서 정의하는 음압(sound pressure)의 단위로 옳은 것은?

① 폰(phon)   ② 손(sone)
③ 주파수(Hz)   ④ 데시벨(dB)

■ 음압(sound pressure)의 단위는 Pa이나 손(sone)을 사용하며 음압레벨의 단위는 데시벨(dB)이나 폰(phon)을 사용한다.

012 열교(thermal bridge)현상에 관한 설명으로 옳지 않은 것은?

① 벽이나 바닥, 지붕 등의 건축물 부위에 단열이 연속되지 않는 부분이 있을 때 생긴다.
② 열교현상을 줄이기 위해서는 콘크리트 라멘조의 경우 가능한 한 내단열로 시공한다.
③ 열교현상이 발생하는 부위는 표면온도가 낮아져서 결로가 쉽게 발생한다.
④ 열교현상이 발생하면 전체 단열성이 저하된다.

■ 열교현상이란 열이 전달되는 경로(다리)가 발생하는 것으로 이를 줄이기 위해서는 콘크리트 라멘조의 경우 가능한 한 외단열로 시공하여 저온과 접촉하는 외부에서부터 열이동을 차단한다.

013 소음조절을 위한 건축계획에 관한 설명으로 옳지 않은 것은?

① 부지경계선에 장벽을 설치한다.
② 아파트는 경계벽을 중심으로 다른 종류의 방을 배치한다.
③ 소음원 쪽에 건물의 배면이 향하도록 배치한다.
④ 침실, 서재 등은 소음원의 반대쪽에 배치한다.

■ 아파트는 경계벽을 중심으로 동일한 종류의 방을 배치하는 것이 소음조절에 유리하다.

014 실내 음환경에서 잔향시간에 관한 설명으로 옳은 것은?

① 음향 청취를 목적으로 하는 공간에서의 잔향 시간은 음성 전달을 목적으로 하는 공간에서의 잔향 시간보다 짧아야 한다.
② 음의 잔향 시간은 실의 용적에 비례하며 벽면의 흡음력에 따라 결정된다.
③ 실의 형태를 변경하면 잔향시간은 조정이 가능하다.
④ 영화관은 전기 음향 설비가 주가 되므로 잔향 시간은 길수록 좋다.

■ 음향(음악) 청취를 목적으로 하는 공간의 잔향 시간은 음성 전달 목적 공간의 잔향 시간보다 일반적으로 길다. 음의 잔향 시간은 실의 용적에 비례하며 벽면의 흡음력에 따라 결정된다. 실의 형태와 잔향시간은 큰 관계가 없으며, 영화관은 전기 음향 설비가 주가 되므로 잔향 시간은 약간 짧게 한다.

015 광속이 3,000[lm]인 백열전구로부터 1m 떨어진 책상에서 조도가 400[lx]로 측정되었다. 이 책상을 백열전구로부터 2m 떨어진 곳에 놓았을 때 조도는?

① 200[lx]   ② 100[lx]
③ 50[lx]   ④ 40[lx]

■ 조도는 거리의 제곱에 반비례하므로($E = \dfrac{I}{r^2}$) 거리가 2배이면 조도는 처음 조도(400lx)의 1/4인 100lx가 된다.

해답 11.② 12.② 13.② 14.② 15.②

016 결로의 원인으로 보기 어려운 것은?

① 생활습관에 의한 잦은 환기 실시
② 시공직후 콘크리트, 모르타르 등의 미건조 상태
③ 실내와 실외의 큰 온도차
④ 실내 습기의 과다 발생

■ 결로는 막힌 공간에서 발생하기 쉬우므로 생활습관에 의한 잦은 환기 실시는 오히려 결로를 방지한다.

017 태양으로부터 방사되는 전 에너지 중 46%를 차지하며 파장이 약 380~760nm 범위에 있는 것은?

① 가시광선　　　　　　② 자외선
③ 적외선　　　　　　　④ X선

■ 광선의 파장은 가시광선(약 380~760nm), 적외선(약 700nm~1mm), 자외선(약 100~400nm) 이며 파장이 짧을수록 광선이 가지는 에너지는 크다.

018 다음에서 설명하는 빛의 단위는?

> 빛 에너지가 단위 입체각을 통과하는 비율로서, 단위는 루멘(lm)을 사용한다.

① 조도　　　　　　　　② 광도
③ 광속　　　　　　　　④ 휘도

■ 조도 단위는 룩스(lx), 광도 단위는 칸델라(cd) 광속 단위는 루멘(lm), 휘도 단위는 cd/m^2이다. 광속은 광원의 빛의 양을 의미한다.

019 건물 에너지 절약을 위하여 고려하여야 할 사항으로 옳지 않은 것은?

① 고기밀·고단열 창호의 적용
② 주광을 적극적으로 이용하는 조명방식
③ 열전도율이 높은 단열재 사용
④ 자연 에너지의 이용

■ 에너지 절약을 위해서는 열전도율이 낮은 단열재(고 단열)를 사용한다.

020 일사에 의한 복사열의 흡수로 불투명한 벽면 또는 지붕면에서의 외표면 온도는 차츰 상승하게 되는데 냉방부하계산에서 이와 같은 효과로 상승되는 온도에 외기온도를 가산한 값을 의미하는 것은?

① 유효온도　　　　　　② 상당외기온도
③ 습구온도　　　　　　④ 효과온도

■ 상당외기온도는 냉방 시 일사에 의한 복사열로 벽면이나 지붕면에서 외표면 온도가 상승하여 냉방부하가 증가하게 되는데 이와 같은 효과로 상승되는 온도를 외기온도로 가산(환산)한 값을 의미한다.

021 2가지 음이 동시에 귀에 들어와서 한쪽의 음 때문에 다른 쪽의 음이 작게 들리는 현상을 무엇이라 하는가?

① 명료도 ② 정재파 현상
③ 마스킹 효과 ④ 반향

■ 마스킹 효과란 어떤 음을 듣고 있을 때, 다른 음이 어느 정도 크게 들리면 원음이 감도가 줄어들거나 들리지 아니하는 현상이며, 명료도는 공연장 등에서 어떤 음이 분명하게 들리는 정도이며, 반향이란 어떤 음이 반사면에 부딪쳐 되돌아 나오는 현상을 말한다.

022 실표면의 총 흡음량이 160m²이고, 실의 크기가 10m×18m×4m인 학교 교실에서 세이빈(Sabine)의 공식을 이용하여 구한 잔향시간으로 알맞은 것은?

① 0.42초 ② 0.52초
③ 0.62초 ④ 0.72초

■ sabine의 잔향식 $RT_{60} = \dfrac{0.16\,V}{A} = \dfrac{0.16 \times (10 \times 18 \times 4)}{160} = 0.72초$

sabine의 잔향식에서 A : 실표면의 총 흡음량(160m²), V : 실의 크기(10m×18m×4m)

023 5kg의 물을 20℃에서 60℃로 올리는데 필요한 열량 값은?(단, 물의 비열은 4.2kJ/kg·℃이다.)

① 420kJ ② 630kJ
③ 840kJ ④ 1,050kJ

■ $q = mC\Delta t = 5 \times 4.2(60-20) = 840\,kJ$

024 실내 환기 횟수의 정의로 옳은 것은?

① 환기량(m^3/h)×실용적(m^3) ② 환기량(m^3/h)×실용적(m^3)×2
③ $\dfrac{환기량(m^3/h)}{실용적(m^3)}$ ④ $\dfrac{실용적(m^3)}{환기량(m^3/h)}$

■ 환기횟수란 1시간 동안에 실용적의 몇 배의 공기를 환기하는가를 말한다.

환기횟수 = $\dfrac{환기량(m^3/h)}{실용적(m^3)}$

025 장소별 최적의 잔향시간에 관한 설명으로 옳지 않은 것은?

① 실의 사용목적과 실 용적에 의하여 최적의 잔향시간을 결정한다.
② 강연이나 연극이 이루어지는 실에서는 잔향시간을 비교적 짧게 한다.
③ 음향설비를 이용하는 경우에는 잔향시간을 최적치보다 짧게 한다.
④ 오케스트라나 뮤지컬 등 음악감상이 이루어지는 실에서는 잔향시간을 비교적 짧게 하여 명료도를 높인다.

■ 오케스트라 뮤지컬 등 음악감상이 이루어지는 실에서는 잔향시간을 비교적 길게 하여 음의 청각을 우선하여 울림을 강조한다.

026 천창채광방식에 관한 설명으로 옳지 않은 것은?
① 통풍과 차열에 불리하다.
② 조도 분포가 균일하다.
③ 채광량 면에서 매우 우수하다.
④ 구조와 시공이 용이하며, 빗물처리에 탁월한 효과가 있다.

■ 천창채광방식은 지붕면에 창을 설치하여 채광하는 것으로 구조와 시공이 어렵고, 빗물처리가 곤란하다.

027 Sabine의 잔향시간(RT)을 구하는 식으로 옳은 것은?(단, V : 실의 용적, A : 실내 총 흡음력)
① $0.16\dfrac{A}{V}(초)$
② $0.16\dfrac{V}{A}(초)$
③ $1.6\dfrac{A}{V}(초)$
④ $1.6\dfrac{V}{A}(초)$

■ Sabine의 잔향시간은 용적(V)에 비례하고 흡음력(실표면 흡음량 A)에 반비례한다.

028 잔향시간이란 음원으로부터 발생되는 소리가 정지했을 때 음에너지 양이 몇 dB 감쇄하는데 소요되는 시간인가?
① 40dB
② 50dB
③ 60dB
④ 70dB

■ 잔향시간이란 음원이 정지했을 때 음에너지 양이 60dB 감쇄하는데 소요되는 시간이다.

029 여러 음이 혼합적으로 들리는 경우에서도 대화 상대의 소리만을 선택적으로 들을 수 있는 것과 관련된 현상은?
① 칵테일파티 효과
② 마스킹 효과
③ 간섭 효과
④ 코인시던스 효과

■ 혼합음에서 특정 주파수의 음을 선택적으로 들을 수 있는 것은 칵테일파티 효과라 한다.

030 환기횟수의 의미를 옳게 설명한 것은?
① 한 시간 동안에 창문을 여닫는 횟수를 의미한다.
② 하루 동안에 공조기를 작동하는 횟수를 의미한다.
③ 하루 동안의 환기량을 창의 면적으로 나눈 것을 의미한다.
④ 한 시간 동안의 환기량을 실의 용적으로 나눈 것이다.

■ 환기횟수 = $\dfrac{시간당 환기량}{실용적}$

031 건축물에서 창에 설치하는 루버장치의 주된 역할로 옳은 것은?
① 외관상 변화를 준다.　　② 자연환기를 돕는다.
③ 태양광선의 직사를 차단한다.　　④ 비와 눈을 막아준다.

■ 창문에 설치하는 루버는 일사를 차단하며 개구부에 설치하는 루버는 공기는 통하고 비와 눈을 막아준다.

032 도서관 내부의 서고 채광에 관한 설명으로 옳지 않은 것은?
① 서고 조명은 서가 표면 통로를 균등하게 조명한다.
② 서고 통로는 충분하게 조명하며 눈이 부시지 않게 한다.
③ 서고 조명기구는 파손이 적고 취급이 용이한 기구를 사용한다.
④ 서고 내부는 자연채광으로 하는 편이 좋다.

■ 서고 내부는 수장 도서의 변질을 막기 위하여 자연채광을 피하고 인공채광을 채택하는 편이 좋다.

033 실내의 표면 결로 방지법으로 옳지 않은 것은?
① 벽체를 내단열로 시공한다.　　② 벽체 내부에 방습층을 설치한다.
③ 벽체 표면을 환기시킨다.　　④ 실내의 온도를 상승시킨다.

■ 표면 결로 방지를 위해서는 벽체를 외단열로 시공한다. 내단열은 벽체 내부에서 결로가 발생할 수 있다.

034 광도 1,200cd인 전등으로부터 2m 떨어진 면에서 조도를 측정하였더니 300lx이었다. 이 면을 전등으로부터 4m 떨어진 곳에 놓으면 그 면에서의 조도는?
① 100lx　　② 75lx
③ 50lx　　④ 25lx

■ 조도는 거리의 제곱에 반비례하므로 거리가 2배면 조도는 1/4이다.
300(1/4)=75lx

035 냉·난방 시의 경제성을 고려한 실내 최적 온도는?
① 여름 : 20℃, 겨울 : 25℃　　② 여름 : 28℃, 겨울 : 18℃
③ 여름 : 20℃, 겨울 : 20℃　　④ 여름 : 25℃, 겨울 : 25℃

■ 실내최적온도는 냉방 시 26℃~28℃, 난방 시 18℃~20℃ 정도이며 경제적 온도는 냉방 : 28℃, 난방 : 18℃이다.

036 냉·난방 시 실내의 적절한 상대습도는?
① 20~30%　　② 30~50%
③ 40~60%　　④ 60~80%

■ 상대습도는 50%(40~60%)가 적합하다. 경제성을 고려하면 여름철 60%, 겨울철 40% 정도로 한다.

037 다음과 같은 조건에서 실내측 벽면의 표면온도는?

- 벽체의 크기 : 1×1[m^2], 벽체의 두께 : 100[mm], 외기 온도 : 12℃
- 실내공기온도(평균치) : 20℃, 벽체열관류율 : 2.0W/m^2·K, 실내열전달률 : 8W/m^2·K

① 18℃ ② 19℃
③ 20℃ ④ 21℃

■ 벽체 열관류량과 실내측 표면 열전달량은 같으므로
KAΔT=α AΔT 단위면적당 식은 KΔT=α ΔT 조건을 대입해보면
2(20-12)=8(20-Ts)
∴ Ts=18℃

038 온도, 기류 및 복사열의 조합과 체감과의 관계를 나타내는 열환경 지표는?

① 유효온도 ② 불쾌지수
③ 등온지수 ④ 작용온도

■ 작용온도(OT)란 온도 기류, 복사열의 종합한 온도로 복사난방시 체감온도이다. 또한 온도, 습도, 기류의 종합온도를 유효온도(ET)라 한다.

039 냉방 설계 시 실내 온도와 외기 온도와의 차는 인체공학적인 측면에서 어느 정도가 적당한가?

① 3℃ 이내 ② 5℃ 이내
③ 7℃ ④ 10℃ 이내

■ 인체공학적으로 실내외 온도차가 5℃ 이상이면 실내에 들어올 때 냉충격(cool shock), 외부로 나갈 때 열충격(heat shock)을 받을 수 있다.

040 빛이 인체에 미치는 효과가 아닌 것은?

① 적외선에 의한 열효과 ② 가시광선에 의한 광효과
③ 자외선에 의한 살균효과 ④ 마이크로파에 의한 화학효과

■ 자외선에 의한 살균효과가 화학적 효과이며 마이크로파는 인체에 직접 영향을 미치지 않는다.

041 일조율이란 무엇인가?

① 일조율 = $\dfrac{일조시간}{24}$ ② 일조율 = $\dfrac{일조시간}{가조시간}$

③ 일조율 = $\dfrac{일조시간}{일조시간}$ ④ 일조율 = $\dfrac{24}{일조시간}$

■ 가조시간이란 일출부터 일몰까지를 말하며 일조 시간이란 햇빛이 구름 등에 의하여 차단되지 않고 지면에 쬐는 시간을 말한다. 일조율은 가조시간에 대한 일조시간의 비(일조시간/가조시간)이다.

해답 37.① 38.④ 39.② 40.④ 41.②

042 다음 재료 중에 열전도율이 큰 순서로 된 것은?

① 구리-납-철-유리-얼음
② 구리-철-납-얼음-유리
③ 구리-얼음-유리-철-납
④ 구리-유리-얼음-납-철

■ 〈열전도율(W/mK)〉 구리 : 372, 철 : 72, 납 : 35, 얼음 : 2.2, 유리 : 0.78

043 건축물에서의 열손실량과 관계가 없는 것은?

① 실내외의 온도차
② 벽체, 천장 등의 열관류율
③ 창틈 사이의 환기량
④ 바닥, 벽, 천장의 열용량

■ 열손실은 면적, 온도차, 열관류율, 환기량과 관계($q = KA\triangle t$)한다. 열용량은 열손실과 직접관계가 없으며 열손실이 생길 경우 시간지연 효과를 준다.

044 고체 표면과 이에 접촉하는 유체 사이의 대류에 의한 열이동을 무엇이라 하는가?

① 열전도율
② 열관류율
③ 열전달률
④ 열전도 저항

■ 열전달률은 고체 표면과 이에 접촉하는 유체 사이의 대류에 의한 열이동이며, 열전도율은 고체 내부의 열이동이고, 열관류율은 고체벽을 사이에 둔 양 유체 사이의 열이동이고, 열전도 저항은 열전도율의 역수이다.

045 결로에 대한 설명 중 잘못된 것은?

① 결로온도는 노점 온도보다 높다.
② 대기 중의 수증기압이 높을수록 결로 온도는 높아진다.
③ 공기를 냉각시키면 결로 온도에서 상대습도가 100%이다.
④ 공기를 결로온도 이하로 냉각시키면 절대습도가 감소한다.

■ 노점온도에서 결로가 발생한다.(결로온도=노점온도) 공기를 결로 온도 이하로 냉각하면 수증기가 응축되어 절대습도가 감소한다.

046 결로온도에서의 상대 습도는 얼마인가?

① 0%
② 50%
③ 80%
④ 100%

■ 결로온도에서 상대습도가 100%(포화상태)이며, 이때 건구온도, 습구온도, 노점온도가 같다.

047 실내 공기의 오염도를 측정하는 데는 CO_2 농도를 많이 사용한다. 많은 사람이 장시간 체류할 경우 CO_2 농도는 얼마 이하로 하는 것이 좋은가?

① 100ppm
② 500ppm
③ 700ppm
④ 1,000ppm

■ 일반적인 CO_2 허용도는 1,000ppm이지만 다수인이 장시간 체류 시는 700ppm 이하로 한다.

048 결로 방지 대책 중 잘못된 것은?
① 되도록 벽 근처의 공기층은 안정시킨다.
② 벽두께를 두껍게 하여 열관류 저항을 크게 한다.
③ 실내의 습도는 낮춘다.
④ 적절한 환기를 한다.

■ 벽 근처의 공기 온도를 낮추지 않기 위하여 안정시키지 말고 유동시키는 것이 좋다. 결로는 커튼 뒤, 장롱 뒤 등의 정체 구역에서 많이 발생한다.

049 체감온도에 대한 설명 중 잘못된 것은?
① 체감온도는 온도, 습도, 풍속에 따라 변한다.
② 기온이 높은 여름에는 습도가 높은 것이 쾌적하다.
③ 기온이 낮은 겨울에는 습도가 낮은 것이 더 춥다.
④ 온도가 일정하더라도 습도에 따라 체감 온도는 다르다.

■ 기온이 높은 여름에는 습도가 낮은 것이 쾌적하다. 또한 습도가 낮으면 유효온도가 감소하여 겨울에는 더 춥다.

050 실내 공기 오염 척도로 CO_2 농도가 많이 이용되는데 가장 적합한 이유는?
① CO_2 농도에 따라 호흡 곤란이 생기므로
② CO_2 농도에 따라 피부 자극이 생기므로
③ CO_2 농도에 따라 악취가 생기므로
④ CO_2 농도에 따라 실내 오염 정도가 비례하므로

■ CO_2 농도 자체는 크게 인체에 해롭지 않으나 CO_2 농도에 따라 실내 오염 정도가 비례하기 때문에 CO_2 농도를 오염지표로 삼는다.

051 환기에 관한 설명 중 틀린 것은?
① 중성대란 중력 환기에서 실내외의 압력이 같아지는 면을 말한다.
② 실외의 풍속이 커지면 환기량은 많아진다.
③ 환기 측면에서 미서기창이 유리하다.
④ 실내외의 온도차가 작을수록 환기량은 작아진다.

■ 환기는 바닥근처에서 실내로 유입되고 천장근처에서 유출하므로 미서기창보다 상하로 개구부가 형성되는 오르내리창이 유리하다.

052 많은 사람이 모이는 집회장에 환기를 하는 이유 중 가장 거리가 먼 것은?
① 습도 증가 억제   ② 온도 상승 억제
③ 악취 제거   ④ 산소 부족

■ 공기 중 산소는 20% 정도로 많은 사람이 모인다 하여도 산소부족 현상은 거의 없다. 공기 중 산소 농도 15% 정도만 유지되어도 괜찮다. 산소 공급은 일반적인 환기의 주목적은 아니다.

해답 48.① 49.② 50.④ 51.③ 52.④

053 실의 개구부 총면적이 일정할 때 유입구에 대한 유출구의 비가 얼마일 때 환기량이 최대인가?

① 1.0   ② 1.5
③ 2.0   ④ 3.0

■ 개구부 면적이 일정하다면 유입구와 유출구를 같게 하는 것(면적비 : 1)이 환기에 좋다.

054 상향 환기법에 관한 설명 중 가장 거리가 먼 것은?

① 주로 냉방 시 많이 이용한다.
② 환기만을 목적으로 하는 식당, 다방 등에 유효하다.
③ 기류가 상승하므로 먼지가 재실자의 호흡을 방해한다.
④ 취출구는 벽면 하부에 배기구는 벽면 상부나 천정에 만든다.

■ 환기할 때 공기의 밀도차를 이용하므로 냉방 시 하향 환기가, 난방 시 상향 환기가 일반적이다. 자동차 에어컨 풍향은 냉방 시 상부 토출이 좋고, 난방 시 히터는 하향 토출이 좋다.

055 가솔린을 다량으로 사용하는 공장에 기계 환기를 할 경우 배기공의 위치는?

① 바닥 근처   ② 처마 끝
③ 지붕   ④ 지붕 꼭대기

■ 가솔린은 비중이 1.6 정도로 바닥에 가라앉는다. 그러므로 배기공은 바닥 근처가 좋다.

056 열의 이동에 관한 설명 중 옳지 않은 것은?

① 열은 온도가 높은 곳에서 낮은 곳으로 이동한다.
② 열은 열량이 큰 곳에서 열량이 작은 곳으로 이동한다.
③ 벽과 같은 고체를 사이에 두고 유체에서 유체로 열이 이동하는 것을 열통과(열관류)라 한다.
④ 고체 내부에서의 열의 이동은 열전도라 한다.

■ 열은 온도가 높은 쪽에서 낮은 쪽으로 흐를 뿐 열이동은 열량이 크고 작고와는 직접적인 관계가 없다.

057 음의 3요소에 들지 않는 곳은?

① 소리의 세기   ② 소리의 크기
③ 소리의 높이   ④ 음색

■ 음의 3요소는 소리의 크기, 높이, 음색이다. 소리의 세기는 에너지량으로 진폭과 진동수의 제곱에 비례한다.

058 벽체 흡음 재료가 아닌 것은?

① 다공성 흡음 재료   ② 판진동 흡음 재료
③ 재생 흡음 재료   ④ 공명성 흡음 재료

■ 흡음 재료란 음의 에너지를 소비시키는 것으로 다공성, 판진동, 공명성을 이용한다.

해답 53.① 54.① 55.① 56.② 57.① 58.③

059 다음의 음에 관한 설명 중 부적당한 것은?
① 음의 지속시간이 짧아질 때 높낮이의 감각은 둔해진다.
② 음의 세기는 데시벨(dB) 단위를 쓴다.
③ 어느 점에서 특정 방향으로 단위 시간에 수직 단위 면적당 통과하는 음의 에너지를 음의 세기라 한다.
④ 평면파는 오직 평면에서만 전파 방향을 갖는 것을 말한다.

■ 평면파도 회절, 굴절 등에 의해 공간 속으로 전파된다.

060 실내 음향 계획에서 고려할 사항으로 가장 거리가 먼 것은?
① 실의 크기
② 실내 기온
③ 벽체의 구조
④ 실내 마감 재료

■ 실내의 기온에 의한 음향 변화는 무시할만하다.

061 연설을 할 경우 강당의 실내 여운시간으로 적합한 것은?
① 1초
② 2초
③ 3초
④ 4초

■ 연설 공간에서 최적 잔향시간(여운시간)은 강당에서 1초 정도이다.

062 다음 중 명료도와 무관한 것은?
① 실내의 소음
② 실내 수용 인원
③ 잔향 시간
④ 방의 형태

■ 명료도는 강연자 음성 레벨, 방의 형태, 잔향 시간, 소음 등에 영향을 받는다.

063 다음 음의 차단인 차음재의 설명으로 가장 거리가 먼 것은?
① 중량이 큰 것
② 공기를 통과시키지 않는 것
③ 콘크리트, 석재, 벽돌, 철판 등의 재료
④ 유리 섬유, 솜, 연질 섬유판, 펠트 등의 재료

■ 차음재는 에너지를 차단 저지하는 효과가 있는 재료로써 중량이 크고 공기를 통과시키지 않는 재료일수록 차음 효과, 즉 감음도와 투과 손실이 크다. 유리섬유, 솜, 펠트 등은 다공질로 흡음재에 속한다.

064 실내에서 반향 방지에 가장 유효한 내부 마감 재료는?
① 돌부침
② 회반죽
③ 어커스틱(aucoystic)
④ 모르타름 바름

■ 반향(에코)방지를 위해서는 흡음력이 우수해야 하며, 어커스틱이란 흡음 타일로써 흡음 성능이 좋다.

해답 59.④ 60.② 61.① 62.② 63.④ 64.③

065 빛에 관한 설명 중 가장 거리가 먼 것은?

① 조도는 광속을 표면적으로 나눈 값이다.
② 휘도는 투영 면적당의 광도이다.
③ 조도는 광속에 비례하고 거리에 반비례한다.
④ 조도는 기울어진 각이 θ 일 때 cosθ 에 비례한다.

■ 조도는 거리의 제곱에 반비례한다.
$I = \frac{E}{r^2} \cos\theta$ I : 조도, E : 광속(광도), r : 거리, θ : 각도

066 음원이 정지되고 완전히 소리가 정지할 때까지의 시간을 잔향 시간이라고 하는데 음원이 정지된 뒤 소리가 정지한 순간의 음의 세기는 몇 dB 정도 감소할 때까지의 시간인가?

① 30dB
② 60dB
③ 300dB
④ 600dB

■ 음이 정지되고 처음 음의 세기보다 1/10 정도로 감소할 때 음이 정지한 걸로 보는데 이는 실내음의 평균 레벨이 60dB 정도 감소할 때까지의 시간으로 보며 이를 잔향 시간이라 한다.

067 흡음재의 사용 목적에 적합하지 않은 것은?

① 실내의 반향(echo)을 가급적 적게 하기 위하여
② 음의 명료도를 높이기 위하여
③ 실의 적당한 잔향 시간을 갖게 하기 위하여
④ 투사음을 소실시키기 위하여

■ 흡음재는 반사음을 작게 하기 위하여 사용되며 투사음의 차단에는 차음재가 쓰인다.

068 빛의 단위에 대한 설명 중 틀린 것은?

① 광속이란 단위 시간당 방사되는 빛의 양을 말하며 단위는 루멘(lm)이다.
② 광도란 빛의 밝기를 말한다.
③ 조도란 빛을 받는 면의 밝기이다.
④ 광도의 단위는 룩스(Lux)이다.

■ 광도의 단위는 칸델라(cd)이고, 조도의 단위가 룩스(lux=lx)이다.

069 색채에 관한 내용 가운데 옳지 않은 것은?

① 건축 색채에서 일반적으로 요구되는 느낌은 차분함과 포근함이다.
② 건축 색채는 전경과 배경의 관계에서 우선이 되는 경우가 대부분이다.
③ 색채 계획에서 중요도와 선택의 순위는 형태-재료-색채의 순이다.
④ 건축 색채는 주위 환경과 대비되어서는 안 되며 유사한 색으로 배색되는 것이 원칙이다.

■ 건축색채는 주변과 유사한 색보다는 대비되는 배색을 우선 고려하고 조화시킨다.

해답 65.③ 66.② 67.④ 68.④ 69.④

070 건축조명계획에서 조도의 단위는 무엇인가?
① lm ② cd
③ W   ④ lux

■ a) 광속 : lm(루멘), b) 조도 : lux(룩스), c) 광도 : cd(칸델라), d) 방사속 : W(와트)

071 건축조명계획에서 휘도의 단위는 무엇인가?
① 칸델라(Cd)   ② 룩스(lux)
③ 스틸브(Sb)   ④ 루멘(Lm)

■ 휘도란 광원이나 빛을 받는 면의 밝기로서 눈부심의 정도이다. 단위는 스틸브(sb), 람버트, nt, cd/m^2 등이다.

072 건축조명계획에서 어느 점의 조도와 전천공 조도의 비를 무엇이라고 하는가?
① 일반 조도   ② 일광률
③ 주광률   ④ 소광률

■ 주광률=조도/전천공 조도

073 건축조명계획에서 균제도란 무엇인가?
① 균제도 = $\dfrac{가장 어두운 주광율}{가장 밝은 주광율}$ ② 균제도 = $\dfrac{가장 어두운 주광율}{평균 주광율}$
③ 균제도 = $\dfrac{가장 밝은 주광율}{평균 주광율}$ ④ 균제도 = $\dfrac{가장 밝은 주광율}{가장 어두운 주광율}$

■ 균제도란 조도의 균일한 정도를 의미한다. 균제도=주광률의 최소치(가장 어두운 주광률)/주광률의 평균치(평균 주광률)

074 건축조명계획에서 광원에 대한 설명 중 잘못된 것은?
① 같은 광속을 얻는데 소비 전력은 형광등보다 백열등이 작다.
② 수명은 백열등이 형광등보다 짧다.
③ 발열량은 백열등이 형광등보다 많다.
④ 형광등은 점멸회수가 많아지면 수명이 짧아진다.

■ 전통적인 형광등은 광속이 많아 소비전력이 적고 백열등보다 경제적이나 차갑고 연색성이 나쁘고 깜박거림이 있다.

075 태양열을 이용한 건물의 장점이 아닌 것은?
① 공해가 없고 안전하다.   ② 에너지원이 많다.
③ 건축 초기의 시설비가 싸다.   ④ 반영구적이다.

■ 태양열 시스템은 초기 시설비가 비싸다. 현재의 화석연료가 고갈되고 화석 연료값이 상승할수록 태양열 이용 설비의 경제성은 좋아질 수 있다.

해답 70.④ 71.③ 72.③ 73.② 74.① 75.③

076 직접조명과 간접조명에 대한 비교 중 잘못된 것은?

① 직접조명의 조명 효율이 높다.
② 시설비는 직접 조명이 많이 든다.
③ 간접조명 방식은 실내 분위기가 부드럽다.
④ 직접조명은 눈이 쉬 피로하다.

■ 전통적인 간접조명이 효율이 낮아 비경제적이고 동일 조도를 얻기 위하여 조명 기구가 많이 설치되어 시설비가 많이 든다.

077 다음 설명 중 가장 부적당한 것은?

① 빛을 받는 면의 단위 면적당 입사하는 광속을 조도라고 한다.
② 주간 보조 조명은 깊이가 깊은 방에 있어서 인공조명을 상시 보조적으로 이용하는 것을 의미한다.
③ 실내 음영의 차이가 클수록 실내 분위기의 단조로움을 개선할 수 있다.
④ 전반 국부 병용 조명에서 전반 조도는 국부 조도보다 커야 한다.

■ 전반 국부 병용 조명에서 전반 조도는 국부 조도보다 작고 국부조명의 조도가 높다.

078 차양 장치에 대한 설명 중 틀린 것은?

① 수평 차양은 남향 창에 설치하는 것이 유리하다.
② 외부 차양 장치보다 내부 차양 장치가 유리하다.
③ 수직 차양은 남향보다 동, 서향의 창에서 유리하다.
④ 차양 장치를 적절히 이용하면 자연 채광을 유효하게 활용할 수 있다.

■ 외부 차양 장치가 직사광선을 차단하고 일사부하의 실내유입 방지에 유리하다. 내부차양장치는 일사가 실내로 유입될 수 있다.

079 창문의 채광능률에 가장 영향이 적은 요소는?

① 창문의 크기
② 창문의 위치
③ 개폐 방식
④ 창문의 높이

■ 창문 개폐 방식은 채광능률과는 큰 관계가 없으며 환기능력과 연관된다.

080 빛의 이용률이 높고 경제적이며 가장 보편적인 조명 방식은?

① 직접 조명
② 간접 조명
③ 반직접 조명
④ 전반 조명

■ 공장, 교실 등에서 직접 조명이 경제적이고 가장 보편적이지만 사무환경을 중시할수록 간접 조명을 겸해야 한다.

081 간접 조명의 단점이 아닌 것은?
① 기구 효율이 나쁘다.　　② 기구 설치가 복잡하다.
③ 균일한 조도를 얻기 힘들다.　　④ 먼지가 앉기 때문에 조명률이 떨어진다.

■ 간접 조명은 비경제적이지만 균일한 조도를 얻을 수 있다.

082 실내조명 설계 시 가장 먼저 결정되어야 할 사항은?
① 조명 방식의 결정　　② 개략적 조도 계산
③ 소요 조도의 결정　　④ 전등의 종류 결정

■ 조명 설계의 순서는 소요 조도의 결정 → 조명 방식의 결정 → 개략적 조도 계산 → 조명기구 수량 산정 → 조명 기구의 배치 순이다.

083 건축화 조명에 관한 기술 중 잘못된 것은?
① 공사비나 유지비가 싸다.　　② 눈부심이 적으며 명쾌한 감각을 준다.
③ 조명 능률이 높다.　　④ 발광면이 크기 때문에 음영이 부드럽다.

■ 건축화 조명이란 건축물의 일부(천정, 보, 벽체 등)에서 발광하도록 한 것으로 비경제적(조명능률이 낮다) 이지만 분위기 연출과 시환경에 좋다.

084 조명계획에서 눈부심에 관한 기술 중 잘못된 것은?
① 불쾌감을 주고 피로하며 시력의 감퇴를 초래한다.
② 눈에 입사하는 광속이 너무 클 때 눈부심이 일어난다.
③ 조도가 높은 쪽에서 낮은 쪽을 볼 때 눈부심이 일어난다.
④ 어두운 곳에서 밝은 곳으로 갑자기 이동할 때 눈부심이 일어난다.

■ 조도가 낮은 곳에서 높은 곳을 볼 때 눈부심이 일어난다. 눈부심이 일어나는 구역인 글래어존(glare zone) 내에는 광원배치를 피한다.

085 열관류율 K=2.5W/m²K인 벽체의 양쪽 기온이 각각 20℃ 및 0℃라고 할 때 이 벽체 1m²당 1시간당 통과하는 열량(kJ/h)은 얼마인가?
① 20　　② 50
③ 180　　④ 240

■ $q = K \cdot A \cdot \Delta t = 2.5 \times 1 \times (20-0) = 50W = 50J/s = 50 \times (3,600/1,000) = 180kJ/h$

086 다음 식 중 열관류량을 계산하는 공식은?
① $Q = AWR$　　② $Q = nh$
③ $Q = KA(t_2 - t_1)$　　④ $Q = dcpv(t_2 - t_1)$

■ $Q = KA(t_2 - t_1)$
Q : 열관류량(W), A : 면적(m²), K : 열관류율(W/m2K), t1, t2 : 양측 온도

해답　81.③　82.③　83.③　84.③　85.③　86.③

087 홀 용적 5,000m³ 잔향시간 1.6초인 실에서 잔향시간을 1초로 만들기 위해 필요한 여분 흡음력은 얼마인가?

① 약 250m² ② 약 275m²
③ 약 300m² ④ 약 450m²

■ 잔향시간(T)=$0.164 \times \frac{실용적(m^3)}{흡음력(m^2)}$ 에서 1.6초일 때 $1.6 = 0.164 \times \frac{5,000}{A}$ ※ 흡음력 A=513m²

잔향시간이 1초일 때 $1 = 0.164 \times \frac{5,000}{A}$, 흡음력 A=820m²

∴ 여분흡음력=820−513 ≒ 307m²

088 두께 15cm 콘크리트 벽체(열전도율 λ=156W/mK)에 있어서 내벽 표면온도 20℃ 외벽 표면온도 5℃일 때 벽체를 통과하는 열량(kW/m²)은?

① 12 ② 15.6
③ 22.5 ④ 30

■ $Q = \frac{\lambda}{l} \cdot \Delta t = \frac{156}{0.15}(20-5) = 15,600 \, W/m^2 = 15.6 \, kW/m^2$

만약 문제에서 단위를 (kJ/h)로 준다면 15.6kW=15.6kJ/s=56,160kJ/h

089 가시광선의 파장크기로 옳은 것은?

① 200~3080mm ② 380~780mm
③ 700~1,500mm ④ 1,500~3,000mm

■ 빨강 : 780mm, 보라 : 380mm(가시광선이란 눈에 보이는 광선으로 빨강부터 보라까지이며 빨강보다 파장이 큰 것을 적외선, 보라보다 파장이 짧은 것을 자외선이라 한다.)

090 건축 음향에 대한 설명 중 잘못된 것은?

① 명료도는 소음이 증가하면 저하한다.
② 명료도는 잔향시간이 증가하면 증대한다.
③ 음의 세기에 의한 명료도는 음압레벨이 70~80dB에서 가장 좋다.
④ 음압에서 폰(phon)척도는 귀의 감각적 변화를 고려한 주관적인 척도이다.

■ 명료도는 잔향시간이 길수록 감소한다.

091 실내에 있는 사람이 느끼는 온열감각에 영향을 미치는 물리적 열환경 요소를 조합한 것으로 가장 옳은 것은?

① 열관류율, 열전도, 대류열, 복사열 ② 온도, 습도, 기류, 복사열
③ 온도, 습도, 기류, 대류열 ④ 열관류율, 열전도, 기류, 복사열

■ 거주자가 느끼는 물리적 열환경은 온도, 습도, 기류, 복사열의 종합된 온도이며 이를 수정유효온도(CET)라 한다. 개인적인 환경은 착의(clo), 활동량(met) 등이다.

092 조명에 관한 설명 중 옳지 않은 것은?
① 조도의 균제도를 높이기 위해서는 작은 전등을 여러 개 사용하는 것보다 대형의 전등을 적게 설치하는 것이 불리하다.
② 작업면상의 조도분포는 균제도가 낮은 것이 좋다.
③ 음영은 장시간의 재실자에게 작업능률을 향상시키는 작용도 한다.
④ 제도실은 음영을 만들지 않는 것이 좋다.

■ 조도분포는 균제도가 높은 것이 좋다.

093 습도가 생활환경에 주는 영향과 관계가 적은 것은?
① 습도가 낮고 고온인 경우 더 무덥고 답답하다.
② 습도가 낮고 저온인 경우 더 쌀쌀하게 느껴진다.
③ 습도가 높으면 결로현상이 발생하기 쉽다.
④ 습도가 낮으면 높을 때보다 호흡기 질환이 발생하기 쉽다.

■ 고온인 경우 동일한 조건에서 습도가 낮으면 덜 무덥다.

094 두께 20cm인 벽돌벽에서 내벽표면온도 18℃, 외벽표면온도 −2℃일 때 벽체의 통과 열량은?(단, 벽체 열전도율 λ=1.4W/mK)
① $36kJ/m^2h$
② $80kJ/m^2h$
③ $140kJ/m^2h$
④ $504kJ/m^2h$

■ $q = \dfrac{\lambda}{l} \cdot \Delta t = \dfrac{1.4}{0.2}(18-(-2)) = 140\,W/m^2 = 140 \times 3{,}600\,J/m^2h = 504kJ/m^2h$

095 실내 음향 계획에 대한 설명 중 맞지 않는 것은?
① 음의 계속시간이 길어지면 높이 감각은 둔해진다.
② 음은 실내에 동일하게 전달되도록 한다.
③ 음은 계획상 멀리 전달되게 하기도 하고 가까이에 소멸되도록 하기도 한다.
④ 청중이 많을수록 흡음력이 커서 잔향 시간이 적어진다.

■ 음의 계속시간이 짧아지면 높이 감각이 둔해진다.

096 단열에 관한 설명 중 옳지 않은 것은?
① 일반적으로 열전도율이 작은 재료를 사용하는 것이 단열효과가 좋다.
② 공기층은 기밀성이 떨어져도 단열효과에는 영향이 없다.
③ 단열재에 수분이 침투하면 단열성이 매우 나빠진다.
④ 10cm 공기층을 1개 층 설치하는 것보다 5cm 공기층을 2개 층 설치하는 것이 단열에 유리하다.

■ 공기층은 기밀성이 중요하며, 기밀성이 떨어지면 단열효과도 떨어진다.

해답 92.② 93.① 94.④ 95.① 96.②

097 다음 중 음에 관한 설명으로 옳은 것은?

① 발음체의 진동수와 같은 음파를 받게 되면 자기도 진동하여 음을 내는 현상을 잔향이라 한다.
② 잔향시간은 실흡음력이 클수록 길어지고, 실용적이 클수록 짧아진다.
③ 60폰의 음을 70폰으로 높이면 10폰의 증가에 의해 사람은 음의 크기가 대략 2배 커진 것으로 지각한다.
④ 외부공간에서 음의 전달은 온도, 습도, 바람 등의 외부 기후조건과 무관하다.

■ 발음체의 진동수와 같은 음파에 자기도 진동음을 내는 현상을 공진이라 하고 잔향시간은 실흡음력이 클수록 작아지고, 실용적이 클수록 길어진다. 음의 전달은 온도, 습도, 바람 등의 외부 기후조건에 따라 달라진다.

098 실크기 10×10×10m인 A실과 5×5×5m인 B실에서 실내마감이 모두 같을 때 A실은 B실 잔향시간의 몇 배인가?

① 8배
② 4배
③ 2배
④ 1배

■ 잔향시간(T)=$1.6\dfrac{V}{S\alpha'}$ V: 실체적, S: 실표면적(한 면의 크기 10×10, 5×5에 비례한다)

$T_A = 1.6\dfrac{10^3}{10^2\alpha'}$　$T_B = 1.6\dfrac{5^3}{5^2\alpha'}$　α': 흡음계수

$T_A : T_B = 10 : 5 = 2 : 1$

099 실내외의 공기유출의 방지효과와 아울러 출입인원의 조절을 목적으로 설치하는 문은?

① 셔터
② 망사문
③ 회전문
④ 자재문

■ 회전문은 침입외기를 최소화하고 출입인원을 일정하게 조절한다.

100 그림과 같은 수직벽의 양쪽에 수위가 다른 물이 있다. 벽면에 붙인 오리피스(orifice)를 통하여 수위가 높은 탱크에서 낮은 탱크로 물이 유출되고 있을 때의 속도(V_t)는 몇 m/s인가?(단, Z_1=10m, Z_2=5m이다.)

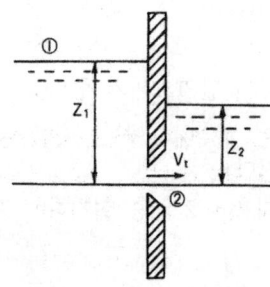

① 7.0m/sec
② 9.9m/sec
③ 14.0m/sec
④ 19.8m/sec

■ $V_t = \sqrt{2gH} = \sqrt{2 \times 9.8 \times (10-5)} = 9.9 m/s$

해답　97.③　98.③　99.③　100.②

101 대기압 하에서 일반적인 펌프의 실제 흡상 높이(흡입양정)는 얼마 정도인가?

① 약 6m ② 약 10m
③ 약 15m ④ 약 20m

■ 펌프는 표준 대기압에서 이론상 흡상 높이는 10m(0℃)~0m(100℃)이며 마찰손실 등을 고려하면 실제 흡상 높이는 6m 정도이다.

102 지하의 수조에게 매시간 27[m³]의 물을 고가수조에 퍼올리려 할 때 유속을 1.5[m/s]로 하면 필요한 펌프의 이론적인 구경은?

① 40[mm] ② 50[mm]
③ 65[mm] ④ 80[mm]

■ $Q = AV$에서 $Q = \dfrac{\pi d^2}{4} V$

$\therefore d = \sqrt{\dfrac{4Q}{\pi V}} = \sqrt{\dfrac{4 \times 27}{3.14 \times 1.5 \times 3,600}} = 0.0798[m] ≒ 80[mm]$

103 펌프설치 시 유효흡입양정을 고려하는 이유는?

① 서어징을 방지하기 위해서이다. ② 캐비테이션을 방지하기 위해서이다.
③ 고 양정을 얻기 위해서이다. ④ 대 유량을 얻기 위해서이다.

■ 유효흡입양정이 작은 경우 캐비테이션 발생 우려가 높다. 유효흡입양정을 높이기 위하여 물의 온도를 낮게 하고 펌프를 낮은 위치에 설치하고 배관저항을 줄인다.

104 다음 중 펌프에서 공동현상(cavitation)을 방지하기 위한 가장 유효한 방법은?

① 흡입양정을 낮춘다. ② 토출양정을 낮춘다.
③ 토출관의 마찰손실수두를 줄인다. ④ 토출관의 직경을 굵게 한다.

■ 캐비테이션을 방지하기 위해서는 흡입양정을 낮추고, 물의 온도를 낮추고, 흡입관 마찰손실을 작게 한다. 그러므로 대형 펌프실은 지하 낮은 곳에 위치한다.

105 유량과 관의 지름과의 관계에서 관의 지름은 어느 것인가?(단, Q는 유량, v는 유속, d는 관지름이다.)

① $d = \sqrt{\dfrac{4\pi v}{Q}}$ ② $d = \sqrt{\dfrac{\pi v}{Q}}$
③ $d = \sqrt{\dfrac{2Q}{\pi v}}$ ④ $d = \sqrt{\dfrac{4Q}{\pi v}}$

■ 유량=단면적×유속이므로 $Q = \dfrac{\pi d^2}{4} \times v$

$\therefore d = \sqrt{\dfrac{4Q}{\pi v}}$

해답 101.① 102.④ 103.② 104.① 105.④

106 0℃의 물이 0℃의 얼음으로 되면 체적의 변화를 가져온다. 바르게 설명한 것은?

① 체적이 9% 줄어든다.　　② 체적이 9% 늘어난다.
③ 체적이 5% 줄어든다.　　④ 체적이 5% 늘어난다.

■ a) 4℃물→100℃ 물 : 4.3% 팽창(온수는 가벼워서 밀도차가 발생하고 이 밀도차를 이용한 온수순환을 자연(중력) 순환이라 한다.)
　b) 0℃물→0℃얼음 : 9% 팽창(물이 얼음으로 얼 때 팽창하므로 가벼워져서 얼음은 물에 9%만큼 뜬다. 빙산의 일각이란 이 물위에 뜨는 약 10%를 말하는 것이다.)

107 공업상 취급되는 물의 성질에 대한 설명 중 틀린 것은?

① 10L의 무게는 10kg이다.　　② 4℃에서 밀도가 최대이다.
③ 100cc의 무게는 100mg이다.　　④ $1cm^3$의 무게는 1g이다.

■ 물에서 100cc는 $100cm^3$이고 100g이다.

108 단면적이 $314cm^2$인 관에 매분 $4.5m^3$의 물을 공급하려고 할 때 물의 속도는 얼마가 되는가?

① 0.014m/s　　② 0.00024m/s
③ 143.3m/s　　④ 2.39m/s

■ $Q = A \times V$, $Q = 4.5m^3/\min = 0.075m^3/s$, $A = 314cm^2 = 0.0314m^2$, $v = \dfrac{Q}{A} = \dfrac{0.075}{0.0314} = 2.385 m/s$

109 1기압 하에서 물이 끓는 온도는 다음 중 어느 것인가?

① 173K　　② 180°F
③ 273K　　④ 672R

■ 1기압 하에서 물이 끓는 온도는 100℃=212°F
100℃=100+273K=373K(캘빈온도)
212°F=212+460R=672R(랭킨온도)
※ 1기압에서 물의 끓는 온도 100℃=212°F=373K=672R

110 물은 용기 내의 압력에 관계없이 몇 도 이상이면 항상 증기가 되는가?

① 300℃에서 증기가 된다.　　② 임계온도 이상이면 증기가 된다.
③ 200℃에서 증기가 된다.　　④ 100℃에서 증기가 된다.

■ 대기압 하에서는 100℃에서 증기가 되지만 압력에 무관하게 증기 상태인 것은 임계온도(물 374.15℃ 이 때의 임계압력은 22.56MPa이다.) 이상에서이다.

111 물의 오염농도인 ppm의 단위와 같은 값을 표시하는 것은?

① mg/m^3　　② g/cm^3
③ mg/L　　④ mg/cm^3

■ ppm=mg/L=g/m^3(백만분율)

해답　106.② 107.③ 108.④ 109.④ 110.② 111.③

112 다음은 비열에 관한 설명이다. 틀린 것은 어느 것인가?

① 비열은 모든 유체가 항상 일정하다.
② 비열이 크면 열용량은 커지며 열매로서도 유리하다.
③ 어떤 물질 1kg을 1℃ 올리는데 필요한 열량을 말한다.
④ 비열의 단위는 kJ/kgK이다.

■ 비열은 물 4.19kJ/kgK, 공기 1.01kJ/kgK로 유체마다 다르다.

113 대기압 하에서 펌프의 흡상 높이는 이론적으로 약 얼마인가?

① 3m ② 6m
③ 10m ④ 15m

■ 펌프의 흡상 높이 : 펌프의 이론상 흡입 양정은 표준 대기압에 상당하는 수두로서 10.33m이나 대기압의 상태(해발 높이 및 수온)에 따라 다르다.

114 다음 중 파스칼의 원리를 이용한 것은?

① 마노미터 ② 송수관
③ 간장통 호스 ④ 수압기

■ a) 파스칼의 원리는 밀폐된 용기 안의 압력은 모든 방향으로 동일하게 작용하여 큰 피스톤에서 큰 힘을 얻을 수 있는 것으로 수압기나 유압기에 이용된다.
b) 송수관, 간장통 호스 : 사이펀 작용 원리
c) 마노미터 : 적은 압력을 측정할 때 이용

115 다음 중 수량을 측정하는 방법이 아닌 것은?

① 구형 노치 ② 마노미터
③ 피토관 ④ 벤추리관

■ 마노미터는 덕트에서 압력을 측정하여 풍속을 구할 수 있다.

116 대기압 상태에서 현열과 잠열에 관한 설명이다. 틀린 것은?

① 5℃의 물을 증기로 만들기 위해서는 현열과 잠열이 필요하다.
② 현열은 상태 변화에 따라 출입한 열을 말한다.
③ 현열은 온도 변화에 따라 출입한 열을 말한다.
④ 100℃의 물을 증기로 만들기 위하여 가한 열을 잠열이라 한다.

■ 상태변화에 따라 출입한 열은 잠열이다.

117 다음 건공기의 용적 조성 중 틀린 것은?

① Ar : 3% ② CO_2 : 0.03%
③ N_2 : 78% ④ O_2 : 20.95%

■ 공기는 질소 78%와 산소 21%, Ar : 0.93% 등으로 구성된다.

해답 112.① 113.③ 114.④ 115.② 116.② 117.①

118 100℃의 물이 100℃의 증기로 변하면 체적이 약 몇 배로 팽창하는가?

① 1,500배
② 1,300배
③ 200배
④ 1,700배

■ 100℃ 물 1L=$\frac{1,000}{18}$ M(몰)

1kg 0℃ 증기부피=22.4×$\frac{1,000}{18}$ L=1,244L

100℃ 증기부피는 $\frac{V}{T}=\frac{V'}{T'}$ 에서 V=1,244×$\frac{373}{273}$≒1,700L

100℃ 물 1L는 100℃ 증기 1,700L가 된다.

119 물의 팽창에서 4℃의 물의 밀도를 1kg/L, 100℃의 물의 밀도를 0.958634kg/L일 경우 팽창한 체적의 비율로 맞는 것은?

① 4.315%
② 2.782%
③ 6.423%
④ 0.0413%

■ $\Delta V=\left(\frac{\rho_1}{\rho_2}-1\right)\cdot V=\left(\frac{1}{0.958634}-1\right)×100\%=4.315\%$

ΔV : 온수의 팽창량(L), ρ_1 : 온도변화 전의 물의 밀도(kg/L)
ρ_2 : 온도변화 후의 물의 밀도(kg/L), V : 장치 내 전수량(L)

120 유체 흐름에서 정압, 전압 및 동압에 관한 설명 중 틀린 것은?

① 동압은 흐름의 에너지에 의한 압력이다.
② 흐르는 유체는 동압과 정압이 작용한다.
③ 정압은 흐르는 방향에 관계없는 압력이다.
④ 전압은 정압과 동압의 차를 말한다.

■ 전압은 정압과 동압의 합이다.

121 100℃의 수증기 1kg이 응축수로 변할 때 얼마만큼의 응축열을 내놓는가?

① 419kJ
② 2,257kJ
③ 2501kJ
④ 2,686kJ

■ a) 100℃ 물의 엔탈피 419kJ/kg, 100℃ 증기의 응축잠열 2,257kJ/kg, 100℃ 수증기의 엔탈피는 419+2,257=2,676kJ/kg
b) 그러므로 100℃ 수증기의 응축잠열은 2,257kJ/kg이다.
c) 또한 0℃를 기준하면, 물의 0℃ 증발잠열 2,501kJ/kg, 0℃ 증기를 100℃로 가열하면 100℃ 수증기의 엔탈피는 2,501+1.85×100=2,686kJ/kg
c) 여기서 100℃ 수증기의 엔탈피는 2,676kJ/kg과 2,686kJ/kg의 2가지 값이 나오는데 소수점처리에서 발생하는 것으로 증기열역학에서는 2,676kJ/kg을, 공기조화에서는 2,686kJ/kg을 주로 사용한다.

122 관의 내경이 200mm인 배관용 탄소 강관 속을 0.05m³/s로 흐르고 있을 경우 배관길이 100m에 작용하는 관 내 마찰손실수두 값으로 맞는 것은?(단 마찰손실계수 f=0.016으로 한다.)

① 1.03mAq ② 2.03mAq
③ 3.03mAq ④ 4.03mAq

■ $H_f = f \cdot \dfrac{l}{d} \cdot \dfrac{v^2}{2g}$ f : 손실계수, L : 관의 길이(m), d : 관경(m), g : 중력가속도

$v = \dfrac{Q}{A} = \dfrac{0.05}{\dfrac{\pi}{4}(0.2)^2} = 1.59 m/s$

$H_f = 0.016 \times \dfrac{100}{0.2} \times \dfrac{(1.59)^2}{2 \times 9.8} = 1.03 mAq$

※ 위 문제를 마찰손실 압력(kPa)으로 구해보면

$H = f \cdot \dfrac{l}{d} \cdot \dfrac{V^2}{2} \rho = 0.016 \times \dfrac{100 \times 1.59^2 \times 1{,}000}{0.2 \times 2} = 10{,}112 Pa = 10.1 kPa$

환산해보면 1.03mAq=1.03×9.8=10.1kPa(∵ 1mAq=9.8kPa, 1mmAq=9.8Pa)

123 90℃의 물 500kg과 30℃의 물 1,000kg을 혼합하면 혼합 온도는 몇 ℃인가?

① 50℃   ② 40℃
③ 30℃   ④ 10℃

■ 혼합 후의 온도를 tm으로 하면 잃은 열과 얻은 열은 같으므로 $G_1(t_m - t_1) = G_2(t_2 - t_m)$

$t_m = \dfrac{G_1 t_1 + G_2 t_2}{G_1 + G_2} = \dfrac{1{,}000 \times 30 + 500 \times 90}{1{,}000 + 500} = 50$

124 40℃ 습공기의 노점온도가 25℃이었다. 이때의 포화 압력이 각각 40℃에서 7.38kPa, 25℃에서 3.16kPa이라면 상대습도는 얼마인가?

① 78%   ② 76%
③ 56%   ④ 43%

■ 상대습도 = $\dfrac{수증기압}{포화수증기압} = \dfrac{현수증기압}{40℃ 포화수증기압} = \dfrac{노점온도(25℃)포화수증기압}{40℃ 포화수증기압} = \dfrac{3.16}{7.38} = 0.43$

125 "자연계에 어떠한 변화도 남기지 않고 일정 온도의 열을 계속해서 일로 변환시킬 수 있는 기관은 존재하지 않는다"를 의미하는 열역학 법칙은?

① 열역학 제0법칙   ② 열역학 제1법칙
③ 열역학 제2법칙   ④ 열역학 제3법칙

■ 열역학 제2법칙
Kelvin-Planck 표현 : 자연계에 어떠한 변화도 남기지 않고 일정 온도의 열을 계속해서 일로 변환시킬 수 있는 기관은 존재하지 않는다. 즉, 열기관에서 작동유체가 외부에 일을 할 때에는 그 보다 더욱 저온의 물체를 필요로 한다는 것으로 저온의 물체에 열의 일부를 버릴 필요가 있다는 것을 설명하고 있다.

126 표준 대기압은 압력수두 얼마에 해당하는가?
① 10.55mAq　　② 10.33mAq
③ 10.13mAq　　④ 1.033mAq

■ 표준대기압 1atm=10.33mAq=0.1MPa=101.3kPa=1013hPa

127 바다 밑 200m의 깊이에 있는 물고기는 해수로부터 몇 기압의 압력을 받고 있는가?(단, 대기압은 무시한다.)
① 2기압　　② 20기압
③ 21기압　　④ 200기압

■ 수심 10m=1기압, 해심 10m(해수 밀도=1.03)=10.3mAq=약 1기압
해심 200m=약 20기압

128 비열에 관한 설명으로 옳은 것은?
① 비열이 큰 물질일수록 빨리 식거나 빨리 더워진다.
② 비열의 단위는 kJ/kg이다.
③ 비열이란 어떤 물질 1kg을 1K 높이는데 필요한 열량(kJ)을 말한다.
④ 비열비는 $\dfrac{정압비열}{정적비열}$로 표시되며 그 값은 R-22가 암모니아 가스보다 크다.

■ ① 비열이 작은 물질일수록 빨리 식거나 빨리 더워진다.
② 비열의 단위는 kJ/kg·K 이다.
④ 비열비 = $\dfrac{정압비열}{정적비열}$로 표시되며, 암모니아는 1.313, R-22는 1.18로 암모니아 가스가 크다.

129 온도 30℃, 절대습도 0.0271kg/kg인 습공기의 엔탈피는?(단 공기비열은 1.01kJ/kgK, 0℃ 증발잠열은 2,501kJ/kg, 수증기비열 1.85kJ/kgK이다.)
① 99.58 kJ/kg　　② 47.88 kJ/kg
③ 23.73 kJ/kg　　④ 11.98 kJ/kg

■ $h = C_{pa}t + x(\gamma + C_{pv}t) = 1.01 \times 30 + 0.0271(2,501 + 1.85 \times 30) = 99.58 \text{kJ/kg}$

130 결로현상에 관한 설명으로 틀린 것은?
① 건축 구조물을 사이에 두고 양쪽에 수증기의 압력차가 생기면 수증기는 구조물을 통하여 흐르며, 실제 수증기 분압이 포화 수증기 분압 이상이 되면 응결하여 발생된다.
② 결로는 습공기의 온도가 노점온도까지 강하하면 공기 중의 수증기가 응결하여 발생된다.
③ 응결이 발생되면 수증기의 압력이 상승한다.
④ 결로방지를 위하여 방습막을 사용한다.

■ 결로 현상으로 응결이 발생되면 절대습도가 감소하고 수증기의 압력(분압)도 감소한다.

해답　126.②　127.②　128.③　129.①　130.③

131 온도가 20[℃], 절대압력이 1[MPa]인 공기의 밀도[kg/m³]는?(단, 공기는 이상기체이며, 기체상수(R)는 0.287[kJ/kg·K]이다.)

① 9.55   ② 11.89
③ 13.78   ④ 15.89

■ 이상기체 상태방정식 $Pv = RT$에서
$$v = \frac{RT}{P} = \frac{0.287 \times (273+20)}{1,000} = 0.0841 [m^3/kg]$$
$$\rho = \frac{1}{v} = \frac{1}{0.0841} = 11.89 [kg/m^3]$$
밀도(ρ)는 비체적(v)의 역수이다.

132 조건을 참고하여 산출한 이론 냉동사이클의 성적계수는?

㉠ 증발기 입구 냉매엔탈피 : 250[kJ/kg]	㉡ 증발기 출구 냉매엔탈피 : 390[kJ/kg]
㉢ 압축기 입구 냉매엔탈피 : 390[kJ/kg]	㉣ 압축기 출구 냉매엔탈피 : 440[kJ/kg]

① 2.5   ② 2.8
③ 3.2   ④ 3.8

■ $COP = \dfrac{냉동효과}{압축일} = \dfrac{q_2}{w} = \dfrac{증발기\ 출구 - 증발기\ 입구}{압축기\ 출구 - 압축기\ 입구} = \dfrac{390-250}{440-390} = 2.8$

133 다음 중 실내 환경기준 항목이 아닌 것은?

① 부유분진의 양   ② 상대습도
③ 탄산가스 함유량   ④ 메탄가스 함유량

■ 실내 환경기준 항목에 메탄가스 함유량은 없다.

134 20℃ 습공기의 대기압이 100kPa이고, 수증기의 분압이 1.5kPa이라면 주어진 습공기의 절대습도(kg/kg′)는?

① 0.0095   ② 0.0112
③ 0.0129   ④ 0.0133

■ $x = 0.622 \dfrac{p_v}{p_o - p_v} = 0.622 \dfrac{1.5}{100-1.5} = 0.0095 kg/kg$

135 실제기체가 이상기체의 상태식을 근사적으로 만족하는 경우는?

① 압력이 높고 온도가 낮을수록   ② 압력이 높고 온도가 높을수록
③ 압력이 낮고 온도가 높을수록   ④ 압력이 낮고 온도가 낮을수록

■ 실제기체가 이상기체의 상태식을 근사적으로 만족하는 경우는 압력이 낮고 온도가 높을 경우(저압, 고온)이다. 이때 기체 분자간 거리가 멀고 입자 크기를 무시할 수 있다.

해답 131.② 132.② 133.④ 134.① 135.③

제2편 | 설비설계 계획

제1장 설비설계 조건 검토

1. 공기조화설비 설계 조건

1) 공기조화의 정의
(1) 공기조화(Air Conditioning)란, 주어진 실내의 온도, 습도, 청정도, 기류를 조절하여 실내의 사용목적에 알맞은 상태로 유지하고 거주자를 쾌적하게 하는 것을 말한다.
(2) 공기조화설비(Air Conditioning Equipment)란, 공기조화를 목적으로 사용하는 장치를 말한다. 넓은 의미로는 공기조화(Air-Conditioning)와 실내에 방열기를 설치하는 직접난방설비(Heating) 및 환기설비(Ventilation)까지 포함되므로 공기조화설비를 HVAC(Heating Ventilation and Air-Conditioning System)라고도 표현한다.
(3) 공기조화의 가장 큰 기능은 여름철에는 저온, 저습의 공기를 보내 실내 열을 제거하고 감습(냉방)하며, 겨울철에는 고온, 고습의 공기를 보내 실내를 따뜻하고 필요한 습도를 유지하는 것(난방)이다.

2) 공기조화의 4요소
(1) 실내공기의 온도, 습도, 청정도, 기류를 공기조화의 4요소라고 한다.
(2) 실내의 사용목적에 따라 공기의 4요소를 적합하게 조절하기 위한 실내 쾌적도가 결정되고 이를 달성하기 위한 열원설비와 공기조화 방식이 결정된다.
(3) 실제 쾌적도 평가 시에는 물리적인 외적 요소(온도, 습도, 기류, 복사열)와 주관적인 내적 요소(착의량, 활동량 등)를 종합하여 온열환경지표(불쾌지수, 유효온도, 수정유효온도 등)와 청정도, 소음, 진동 등을 복합적으로 검토한다.

3) 보건공조 및 산업공조
공조는 보건공조와 산업공조로 나누어진다.
(1) **보건공조** : 쾌적용 공기조화(Comfort Air conditioning)를 말하며 인간의 생활을 대상으로 주로 보건, 활동성, 쾌적성이 목적이며 주택, 사무소 등의 일반 건축물에 해당된다.

(2) **산업공조** : 산업의 제조공정 및 원료, 제품의 저장, 포장, 수송 등의 생산 관리를 대상으로 제품의 품질향상, 생산량의 증가, 원가절감을 목적으로 하는 공기조화를 말하며 클린룸, 냉동창고, 섬유공장 등 제품이나 공정을 대상으로 한 공조를 말한다.

4) 공기의 상태변화 관계식

(1) 가열

습공기를 가열만 하면 절대습도가 일정한 상태에서 건구온도가 증가한다. 따라서 상대습도는 감소한다.

① 가열량은 수분량의 열량값이 작으므로 일반적으로 가열량(현열)으로 구하는 것이 보통이다.

$$q = h_2 - h_1 = C_{Pa}(t_2 - t_1) + x \cdot C_{Pv}(t_2 - t_1)$$

q : 가열량(kJ/kg), C_{Pa} : 건공기 비열(1.01kJ/kgK),
C_{Pv} : 수증기 비열(1.85kJ/kgK), t_2 : 가열 후 온도(℃),
t_1 : 가열 전 온도(℃), x : 절대습도, h_1, h_2 : 가열 전후 엔탈피

② 수분량의 열량값(잠열)이 작으므로 일반적으로 아래 식 현열식으로 구하는 것이 보통이다.

$$q = C_{Pa}(t_2 - t_1) = 1.01(t_2 - t_1)(\text{kJ/kg})$$
$$\text{총열량} \quad q = m \cdot C(t_2 - t_1) = 1.01m(t_2 - t_1)(\text{kJ/h})$$

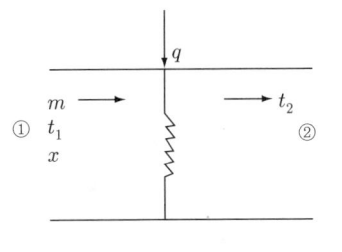

a) 가열 계통도

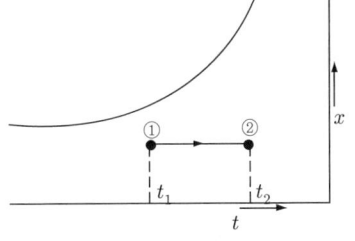

b) 가열 선도

[그림 1-2] 가열 계통도 및 선도

(2) 냉각(현열)

습공기를 냉각하면 포화상태에 도달하기 전까지는 절대습도가 일정하고 건구온도가 감소하지만 포화상태에 도달한 후부터는 절대습도도 감소한다. 이때 절대습도가 일정하고 냉각만 시키는 코일을 건코일이라 하고 응축에 의한 감습이 일어나는 경우 습코일이라 한다. 냉각열량은 q는 가열 시와 같이 구한다.

$$q = h_1 - h_2 = C_{Pa}(t_1 - t_2) + x \cdot C_{Pv}(t_1 - t_2), \quad \text{총열량} \quad q = m(h_1 - h_2)$$
$$\text{일반적으로 현열만일 경우,} \quad q = 1.01(t_1 - t_2)(\text{kJ/kg})$$

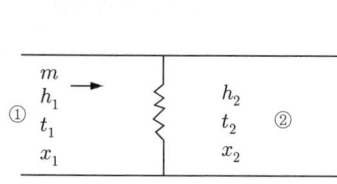
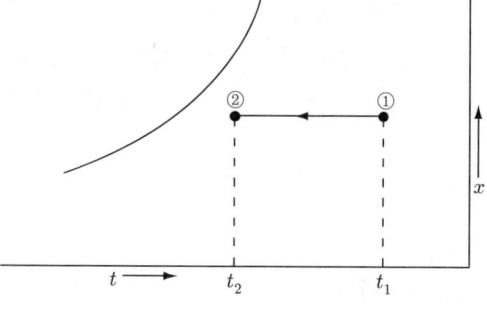

a) 냉각(현열) 계통도 b) 냉각 선도

[그림 1-3] 냉각 계통도 및 선도

(3) 가습

온도가 일정한 상태에서 가습만 하는 경우는 실제상으로는 거의 이용하지 않으며 가열·가습 또는 냉각·가습이 되며 이론상 가습량이다.

$$L = m(x_2 - x_1)$$

L : 가습량(kg/h), m : 공기량(kg/h), x_2 : 가습 후 절대습도, x_1 : 가습 전 절대습도

(4) 냉각 감습

노점 온도 이하로 냉각하면 감습도 이루어진다. 결로가 발생하므로 이러한 코일을 습코일이라 한다.

$$\text{제거 열량} \quad q = m(h_2 - h_1) - G_w \cdot h_w$$

h_w : 응축수 엔탈피, 응축수량 $G_w = m(x_1 - x_2)$

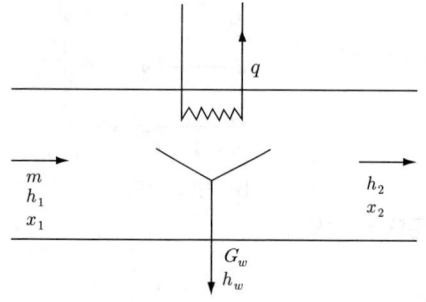
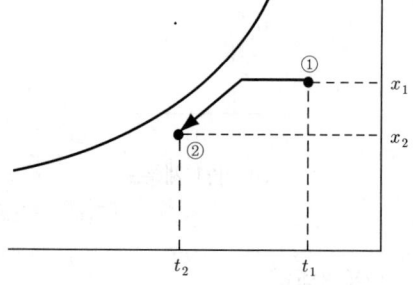

[그림 1-4] 냉각감습

(5) 가열 가습 과정

① 가열기+온수분무 시스템을 사용하는 경우

가열량 $q = m(h_2 - h_1) = m \cdot 1.01(t_2 - t_1)$

온수 분무량 $G_w = m(x_3 - x_2)$

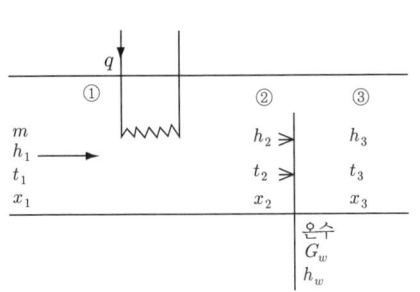 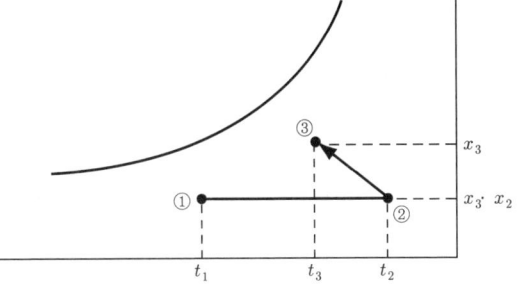

[그림 1-5] 가열 가습(온수 분무)

② 가열기+증기분무 사용(증기분무 단독 사용도 가능)

가열량 $q = m(h_2 - h_1) = m \cdot 1.01(t_2 - t_1)$

증기 분무량 $G_w = m(x_3 - x_2)$

열평형식 $m \cdot h_1 + q + G_w \cdot h_w = m \cdot h_3$ h_w : 증기엔탈피

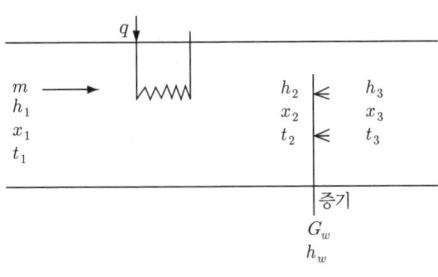 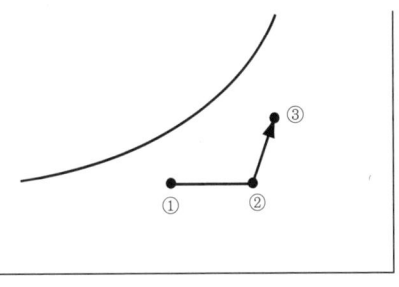

[그림 1-6] 가열 가습(증기 분무)

(6) 단열 혼합
성질이 다른 공기를 열의 출입이 없이 혼합할 때 혼합 공기 상태는 다음과 같다.

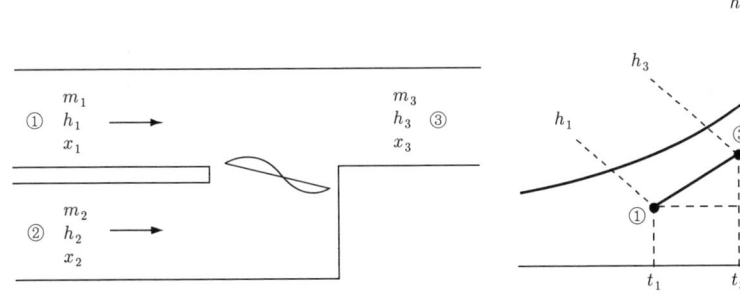

[그림 1-7] 단열 혼합

① 물질 평형식 $m_1 + m_2 = m_3$ ············ 1)

열평형식 $m_1 \cdot h_1 + m_2 \cdot h_2 = m_3 \cdot h_3$ ········ 2)

1)을 2)에 대입하면

$m_1 \cdot h_1 + m_2 \cdot h_2 = (m_1 + m_2)h_3$

$$m_1(h_3-h_1) = m_2(h_2-h_3)$$

$$\therefore \frac{m_1}{m_2} = \frac{(h_2-h_3)}{(h_3-h_1)}$$

그러므로 $m_1 : m_2 = m : n$ 이라면 ② ~ ③ : ③ ~ ①=m : n

② 물질 평형식 $m_1 + m_2 = m_3$ ············ 1)

수분평형식 $m_1 \cdot x_1 m_2 \cdot x_2 = m_3 \cdot x_3$ ······ 2)

위에 동일한 방법으로 $\dfrac{m_1}{m_2} = \dfrac{x_2-x_3}{x_3-x_1}$

(7) 단열 변화(순환수 분무)

순환수를 계속 분무하면 수온은 입구 공기의 습구 온도와 같아지고 이 수온의 물을 단열 분무(순환수 분무)한다면 냉각 · 가습이 이루어진다.

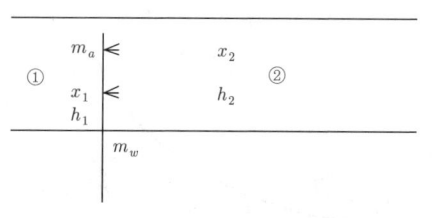 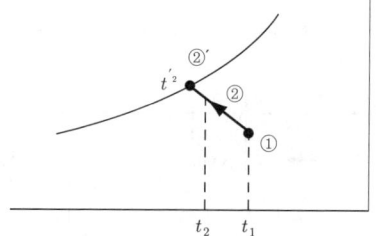

[그림 1-8] 단열 변화

위 그림과 같이 단열 분무하는 경우 ①의 공기 상태로부터 습구온도 선을 따라 ②까지 변한다.

이때 완전 포화 상태일 때 ②'까지 변할 수 있다. 그러나 실제로는 ②까지 변화한다.

그러므로 에어와셔의 바이패스 계수(BF), 콘택계수(CF)

$$\text{BF} = \frac{②②'}{①②'}, \quad \text{CF} = \frac{①②}{①②'}$$

분수량 $m_w = m_a(x_2 - x_1)$, 이때에 ②'까지 변화한다면 단열포화 변화라 한다. 무한히 긴 에어 와셔 속에서 단열 분무시키면 포화상태가 된다.

(8) 현열비(Sensible Heat Factor)

어느 실내의 취득 열량 중 현열의 전열에 대한 비를 현열비(SHF)라 한다.

$$SHF = \frac{q_s}{q_s + q_L} = \frac{q_s}{q_r}$$

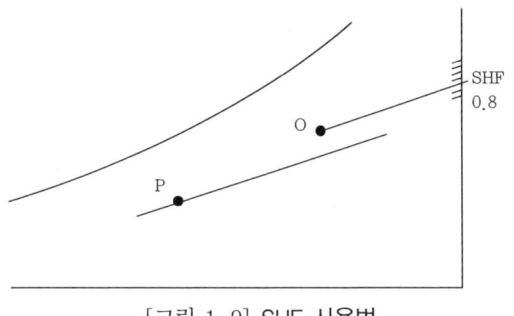

[그림 1-9] SHF 사용법

어느 상태점 P로부터 현열비 0.8인 상태 선을 구하자면 기준점(O)에서 SHF 0.8을 긋고 여기에 평행한 선을 P로부터 긋는다.

q_s : 현열, q_L : 잠열, q_T : 전열

(9) 열수분비

실내의 변화 수분량에 대한 변화 열량의 비를 열수분비(μ)라 한다.

$$\mu = \frac{m(h_2 - h_1)}{m(x_2 - x_1)} = \frac{\triangle h}{\triangle x}$$

열량 : △h(kJ/kg), 수분량 : △x(kg/kg)

에어와셔 내를 통과하는 공기의 열수분비 $\mu = \frac{\triangle h}{\triangle x}$에서 μ가 구해지면 공기의 상태 변화 선을 구하는 방법은 아래와 같다. 기준점(O)으로부터 열수분비 μ를 연결한 선에 평행선을 입구 공기상태(①)로 긋는다. 이때 ②점이 포화상태의 에어와셔 출구상태이다.(100℃ 증기 μ=2,686kJ/kg)

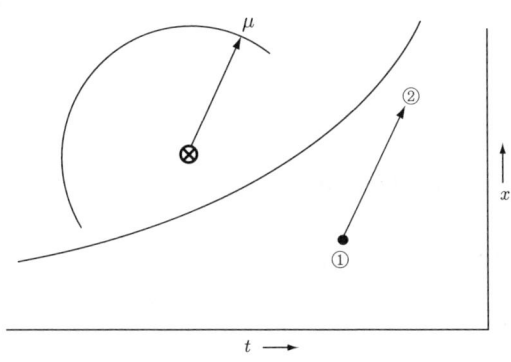

[그림 1-10] 열수분비

(10) 바이패스 계수(BF)와 콘택 계수(CF)

BF란 코일에 의해 공기를 조화(가열, 냉각)하는 경우 코일에 접촉하지 않고 통과하는 공기의 비율을 말하며 이것은 비효율(1-효율)과 같은 의미이다. 공기를 냉각하는 경우 ①의 공기를 ②의 노점온도를 갖는 냉각코일에 통과시킬 때 ③의 출구 공기를 얻었다면

$BF = \dfrac{②③}{①②}$

※ 콘택트 계수(CF)는 접촉하는 비율로 BF+CF=1 그러므로 위에서 CF=$\frac{①③}{①②}$

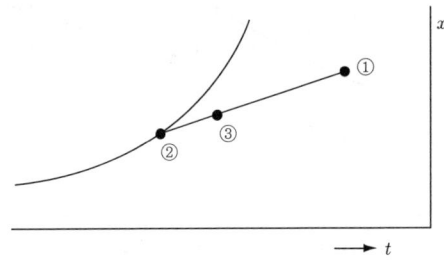

[그림 1-11] 바이패스 계수

2. 환기설비 설계조건

1) 환기 필요성

(1) **환기 필요성** : 거주 구역에 대한 쾌적성을 확보하기 위하여 실내 공기질을 적정상태로 유지해야하며 실내 발생 오염 물질에 따라 적절한 환기가 필요하다.

(2) **환기 종류 및 특징**

환기종류	특징	환기설비
전반환기 (희석환기)	실내 전반에 걸쳐 오염물질이 발생하는 경우 급기와 배기를 통하여 실 전체를 환기하는 방식	급기팬+배기팬
국부환기	오염물질이 실내 일부에서 발생하는 경우 오염물질을 포섭(후드이용)하여 배출하는 방식으로 환기량이 적어져 경제적이다.	후드+배기팬
치환환기	전반환기의 일종이지만 기류를 혼합하지 않고 층류상태(하부 유입-상부 배출 등) 유입 배출하여 환기량을 적게 할 수 있다.	저속 (급기팬+배기팬)

2) 환기량 계산(Qm^3/h)

① 실내 발열량에 의한 환기량(전산실, 보일러, 변전실 등에 적용)

$$Q = \frac{Hs}{\rho \cdot Cp \cdot (t_r - t_o)}(m^3/h)$$

Hs : 실내 발열량(kJ/h)
Cp : 공기정압비열(1.01kJ/kgK)
ρ : 밀도(1.2kg/m^3)
t_r : 실내허용온도
t_o : 신선공기온도

② 유해가스에 의한 환기량(화학공장 등에 적용)

$$Q = \frac{M}{p_i - p_o}(m^3/h)$$

M : 발생유해가스량(m^3/h)
p_i : 실내허용농도(농도비로 할 것)
p_o : 신선공기농도

③ CO_2 농도에 의한 환기량(많은 사람이 장시간 체류)

$$Q = \frac{K}{C_i - C_o} (m^3/h)$$

K : 실내 CO_2 발생량(m^3/h)
C_i : 실내 CO_2 농도 비율
C_o : 신선 CO_2 농도 비율

④ 수증기 발생이 있는 경우

$$Q = \frac{L}{\rho \cdot (x_i - x_o)} (m^3/h)$$

L : 실내 수증기 발생량(kg/h)
x_i : 실내허용 절대습도
x_o : 신선공기 절대습도
ρ : 공기의 밀도

3. 위생설비 설계조건

1) 급수 오염 방지

(1) 교차연결(크로스 커넥션)

위생 기구는 급수 계통과 배수 계통의 접점에 설치하는 것으로 오수가 역류하여 상수를 오염시킬 우려가 있다. 아래 그림에서 수조의 청소, 수리 및 기타 이유로 A밸브를 닫은 다음, C수전을 열어 놓으면 진공압으로 B와 D에서 오수를 빨아들인다. 또, E의 살수전은 보통 흙 속에 묻혀 있어 이곳에서 오수를 유입할 위험이 있다. 이렇게 급수계통에 오수가 유입되어 오염되도록 배관된 것을 크로스 커넥션(교차 연결)이라 한다.

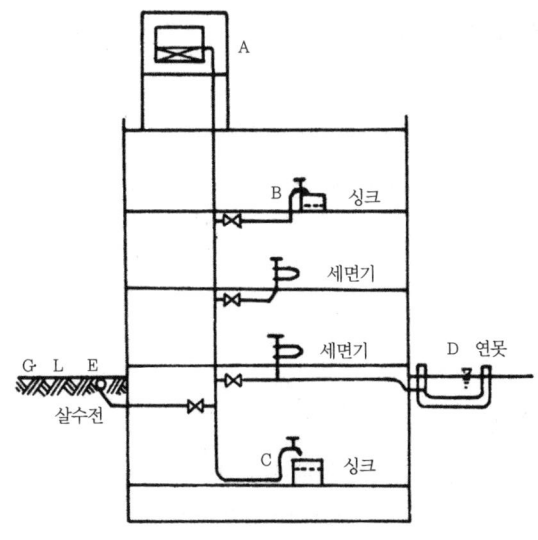

[그림 1-12] 급수 계통도

(2) 급수배관 오염 방지

급수배관에서 오염 방지의 기본은 충분한 토수구의 공간을 확보하는 것이다. 토수구의 공간(3cm 이상)을 취하는 일은 일반 수전뿐만 아니라, 모든 물을 사용하는 기기에 대하여 요구되는 점이다. 그러나 공간을 확보할 수 없는 기기도 많으며, 이 경우에는 역류 방지 밸브(플러그 밸브)나 플러시 밸브에서와 같이 진공 방지기(vacuum breaker)를 설치하게 된다.

2) 급수배관 설계 시 유의 사항

① 배관 구배는 적절히 잘 잡아서 퇴수 시에 물이 정체되지 않도록 직선 배관을 하도록 한다.
② 지수 밸브(stop valve)를 적절히 달아서 국부적 단수로 처리하고 수량 및 수압을 조정할 수 있도록 한다.
③ 수격 작용(water hammering)이 생기지 않도록 배관 설계를 해야 한다.
④ 바닥 또는 벽을 관통하는 배관은 슬리브(sleeve-덧관)배관을 한다.
⑤ 부식하기 쉬운 곳은 방식 도장을 한다.
⑥ 겨울과 여름철에 대비하여 방동 및 방로 피복을 해야 한다. 관경 15~50mm는 20~25mm 두께로, 관경 50~150mm는 25~30mm 정도로 피복한다.
⑦ 배관 공사가 끝난 다음은 반드시 수압 시험을 행한다. 공공 수도직결관은 1.7MPa, 탱크 및 급수관의 경우는 1MPa에 견디어야 하며 시간은 최소 60분이다.
⑧ 상수도 배관 계통은 물이 오염되지 않도록 하고 물탱크 등에서는 수질 오염이 일어나지 않도록 해야 한다.
⑨ 초고층 건물은 과대한 급수압이 걸리지 않도록 적절히 조닝을 한다.
⑩ 음료용 급수관과 기타 배관을 교차 연결(크로스 커넥션)해서는 안 된다.
⑪ 급수배관 최소 관경은 15mm이다.

3) 수격작용(water hammering)

급수관 내의 유속의 급변에 의한 충격압은 소음·진동을 유발하고 기구 파손의 우려도 있다. 이와 같은 현상을 수격 작용이라 한다.

(1) 수격작용 원인
① 유속의 급정지 시에 충격압에 의해 발생한다.
② 관경이 적을 때
③ 수압 과대, 유속이 클 때
④ 밸브의 급조작 시
⑤ 플러시 밸브, 콕 사용 시

(2) 수격작용 방지 대책
① 공기실(Air chamber) 설치 : 공기실의 완충작용으로 수격작용을 방지하며, 공기실은 공기가 물에 용해되어 소멸되므로 최근에는 중요부에 밀폐형의 수격방지기(Water Hammer Cushion)를 주로 쓴다.
② 관경을 확대하고, 수압을 감소한다.
③ 밸브 조작을 서서히 한다.
④ 도피 밸브(바이패스 밸브)를 사용한다.

제2장 설비시스템 계획

1. 설비시스템 공간계획

1) 설비시스템 공간계획 필요성

건축물에서 설비는 위생설비, 공조설비, 전기설비, 소화설비, 통신설비 등 건물 특성에 따라 다양한 설비로 구성되는데 특히 공조설비(덕트 시스템)가 차지하는 공간이 큰 편이다. 그러므로 계획단계에서부터 기계실, 냉각탑, 물탱크, 천장고, 파이프샤프트 등에 대하여 건축계획 시 충분한 공간을 계획해야 한다. 설비 공간이 부족할 경우 기계실에서는 장비배치가 협소하여 유지관리 공간이 부족해지고, 덕트나 배관 배치가 불량하여 성능저하 및 유지관리가 어려워진다.

(1) **공조기 설치 방식** 공조기 배치는 공간계획의 기본으로 중앙 공조기 방식(중앙기계실), 각 층 공조기 방식(각 층 공조실), 개별 공조기 방식(각 실 개별공조기) 등이 있다.

(2) **공조방식 선정** 공조방식은 초기설비비, 유지관리 운전비, 설치면적 및 스페이스, 온·습도 제어성, 실내요구 쾌적도(환기성능), 유지관리 전문성 등 요소를 종합적으로 고려하여 계획한다.

2) 설비시스템 설계 단계별 고려사항

(1) 기획설계 단계

기획설계는 설계의 초기단계로 설비 계획의 기초가 정립되는 시기로 설계범위, 내용, 설계기간, 설계비 등의 설계조건을 결정하고, 건축주의 요구사항 정리, 기초조사, 조사된 자료를 분석, 종합하며, 특히 공간프로그램과 건축물 이미지가 설정되고, 설계 원칙을 수립하는 단계로 기획설계에서의 설계업무는 구체적인 도면제작보다는 보고서 형식의 성과물이 만들어진다.

(2) 기본설계 단계

기획설계단계에서 제시된 각종 설계자료, 프로그램된 물리적 자료, 기본적인 설계원칙과 책정된 사업비의 범위 내에서 디자인을 발전시키며, 건축주와 협의를 통해 구체적으로 결정해가는 시기이다. 이때 디자인 개요, 콘셉트 및 스케치, 투시도 등의 3차원 이미지와 평면도, 천정도, 입면도, 일반 단면도 등이 결정되는데 이 과정에서 설비 공간을 충분히 확보해야 한다.

(3) 실시설계 단계

기본설계 단계에서 결정된 디자인을 견적, 입찰, 시공 등 설계 이후의 후속작업과 시공을 위한 제반 설계도서(시방서, 각종도면, 각종산출서, 공사비 내역서 등)를 제작하는 과정으로 객관화된 일정한 도서 표기 방식에 의거 설계도면이 제작되어야 한다.

(4) 현장설계(시공상세도)

설계도면을 기본으로 시공과정에서 현장조건에 따라 시공상세도를 작성하여 변화되는 상황과 설계도서 납품 이후에 발생하는 변경내용을 반영하고 시공 품질관리를 위하여 감리와 감독자의 승인을 얻어 현장시공자가 수행한다.

2. 조닝계획

건축설비 설계 시 조닝계획이란 위생설비(급수, 급탕 등)에서는 건물 높이에 따른 수압의 차이를 조정하기 위한 층별 조닝과 요구 수압이나, 수질, 사용 구역의 동질성을 고려하여 동일 특성을 갖는 구역으로 나누어 시스템을 구성하는 것이며, 공조설비에서는 주로 부하 특성을 고려하여 내주부와 외주부 등으로 나누어 시스템을 구성하는 것을 말한다.

1) 공조설비 조닝계획

(1) **공조설비 조닝 필요성** 공조설비 계획에서 부하특성이 비슷한 구역끼리 동일한 공조 구역으로 나누어 조닝하면 에너지가 절약되고, 거주자에게 쾌적함을 줄 수 있다. 하지만 너무 상세한 조닝 계획은 설비 비용을 부담 시키므로 적정한 조닝이 필요하다. 조닝의 방법에는 다음과 같은 목적으로 구성된다.

① **부하별 조닝(방위별)** 주로 내주부 외주부 등으로 나누어지며 방위에 따라 시간대별 부하특성이 변화하므로 방위별로 조닝한다.

② **사용시간별** 사용 시간대가 다른 구역을 동일 공조 공간으로 하는 경우 일부 구역의 공조를 위하여 전 구역에 불필요한 공조를 하는 경우가 있다(예를 들면 24시간 운영하는 숙직실 등). 이러한 에너지 낭비를 막기 위해 사용시간대별 조닝을 한다.

③ **사용목적별, 사용자별** 실의 사용 목적이나 사용자가 다르면 실내 공조 조건도 달라지므로 이를 구분하여 조닝한다.

2) 에너지 절약 공조 방식

공조설비에서 에너지 절약을 위하여 주로 사용하는 설계 기법은 조닝, 가변풍량 방식(VAV) 방식, 가변 유량 방식(인버터 펌프), 회전수제어, 열원장치 대수제어, 열회수장치(전열교환기, 히트파이프, 히트펌프), 외기냉방(온습도 낮은 외기 도입) 등이다.

3) 공기조화 방식

에너지절약과 실내 쾌적성 향상을 위하여 건물 특성에 알맞은 공조방식을 선정한다.

(1) **중앙식 또는 개별식의 선정** 건물 규모나 특성에 따라 개별식과 중앙식을 적절하게 조합하여 공조 시스템을 구성한다.

(2) **공조방식의 선정**

① **전공기 방식** 정풍량 단일덕트 방식, 변풍량 단일덕트 방식, 2중 덕트 방식(정풍량 또는 변풍량) 단일덕트 재열방식, 바닥 공조방식 등이 있다.

② **수·공기 겸용 방식** 팬코일유니트(덕트겸용), 재열기 겸용 정풍량 방식, 재열기 겸용 변풍량 방식, 수열원히트펌프 겸용 변풍량 덕트방식, 콘벡타 겸용 변풍량 덕트 방식, 팬파워유니트 겸용 변풍량 덕트방식, 인덕션유니트 겸용 변풍량 덕트방식이 있다.

③ **개별식(냉매 방식)** 최근에는 PAC(패케이지공조기)가 다양하게 공급되고 있어(각종 시스템에어컨) 중규모 건물까지도 개별식 공조방식을 선호하는 편이다.

4) 조닝과 공조설비등급 계획

(1) **개별온도 제어성능** 존별 온도제어를 세밀히 할수록(조닝계획의 정밀화) 각 실 온도제어는 양호하나 초기 설비비증가와 공조 운전이 번잡해지므로 적절한 조닝(통상 100㎡ 내외)을 한다.

(2) **내·외주부의 조닝** 내주부와 외주부의 공조 존 구획은 세밀할수록 에너지는 절약되나 설비비가 증가하므로 보통 실의 깊이가 6~12m 이내까지는 내·외부를 동일계통으로 공조하고 그 이상일 때 내외주부로 구분한다.

(3) **각 실 온도제어 편차** 보통 각실 온도편차는 1~2℃ 정도로 한다.

(4) 공조배관 방식은 대규모이고 고급시스템일 때 4파이프 시스템, 중급일 때 2파이프 시스템을 적용한다.

(5) **공조 운전시간** 연간운전방식, 기간공조(중간기는 비공조 또는 외기공조)방식, 일간 운전방식이 있다.

5) 급수, 급탕설비 조닝계획

급수, 급탕설비에서 조닝은 수압조절이나 유지관리를 위해 일정 구역별로 독립적인 배관 계통을 구성한다.

(1) 급수설비 조닝

고층건물에서 급수설비 조닝방법에는 층별식, 중계식 조압펌프식이 있으며, 이들을 조합하여 적용하기로 한다. 최근에는 조압펌프식(존별 펌프방식)을 주로 사용한다.

(2) 급탕설비 조닝

급탕설비의 조닝은 급수설비와 병행(같은 계통 적용)하여 적용한다.

제3장 공기조화설비 계획

1. 현열부하와 잠열부하

1) 현열부하

현열부하란 냉난방 부하에서 온도차로 발생하는 부하를 의미하며 주로 벽체나 유리창 부하에서 실내외 온도차에 의한 관류부하 형태로 발생한다.

(1) **벽체의 열부하**

$$Q = K \cdot A \cdot \Delta t (W)$$

K : 열관류율(W/m^2K), A : 벽체면적, Δt : 실내외 온도차

(2) **유리창의 열부하** 유리창 열부하에는 일사부하와 전도부하가 있으며 이들은 모두 현열부하이다.

$$Q_{GR}(일사부하) = I_{GR}(일사량) \times A(면적) \times K_s(차폐계수)$$
$$Q_{GT}(전도부하) = K_G(유리열통과율) \times A(면적) \times \Delta t(온도차)$$

(3) **틈새바람부하(극간풍부하)** 틈새바람부하에는 현열부하와 잠열부하가 있으며 온도차로 발생하는 부하가 현열부하이다.

$$Q_s(현열부하) = 1.2 \times 1.01 \times Q \times (t_0 - t_1)(kJ/h) \quad Q : 극간풍량(m^3/h)$$

(4) **인체열부하** 인체부하에는 현열부하와 잠열부하가 있다.

$$q_s = N(인원수) \cdot hs(작업\ 상태\ 시\ 1인\ 현열\ 발생량 : kJ/h \cdot 人)$$

(5) **기구열부하** 조명기구(백열등, 형광등) 전열기구에서 발생하는 열부하중에 온도차에 의한 열부하는 현열부하이다.

(6) **공조기기열부하** 주로 훼, 배관, 덕트 등에 의해 생기며 현열부하이다.

(7) **재열부하** 냉방 시 공기 중 수분제거를 위해 노점 온도 이하로 냉각시켰다가 다시 취출온도까지 가열할 때 이를 재열부하라 하며 이는 현열부하이다.

$$재열부하(Q_{RH}) = 1.01 \times G(송풍량 : kg/h) \times \Delta t(온도차)(kJ/h)$$

(8) **외기부하** 외기부하는 실내청정도를 유지하기 위해 외기를 도입 시 발생하는 부하로 현열부하와 잠열부하가 있으며 온도차로 발생하는 부하가 현열부하이다.

$$Q_{FS} = 1.01 \times 1.2 \times Q(m^3/h) \times \Delta t(온도차)(kJ/h) \quad Q : 도입외기량(m^3/h)$$

2) 잠열부하

잠열부하란 냉난방 부하에서 습도차로 발생하는 부하를 의미하며 주로 극간풍부하, 외기부하, 인체부하, 전열기구(수증기 발생기구)에서 발생한다.

(1) **틈새바람부하(극간풍부하)** 틈새바람부하에는 현열부하와 잠열부하가 있으며 수증기 유입(유출)으로 발생하는 부하가 잠열부하이다.

$$Q_l(잠열) = 1.2 \times 2501 \times Q \times \Delta x (실내외 \ 절대습도차) \ (kJ/h)$$

(2) **인체열부하** 인체부하에는 현열부하와 잠열부하가 있으며 수증기발생(호흡, 땀)에 의한 부하가 잠열부하이다.

$$q_L = N(인원수) \cdot h_L(작업 \ 상태 \ 시 \ 1인 \ 잠열 \ 발생량 : kJ/h \cdot 人)$$

(3) **기구열부하** 전열기구중 수증기 발생과 관련한 기구(커피포트, 전기국솥 등)에서 발생하는 수증기에 의한 열부하는 잠열부하이다.

(4) **외기부하** 외기부하는 실내청정도를 유지하기 위해 외기를 도입 시 발생하는 부하로 현열부하와 잠열부하가 있으며 절대습도로 발생하는 부하가 잠열부하이다.

$$Q_{FL} = 2501 \times 1.2 \times Q(m^3/h) \times \Delta x(절대습도차)(kJ/h)$$

2. 습공기 선도

1) 습공기 성질

(1) **건구온도** 일반온도계로 측정한 온도이다.
(2) **습구온도** 감온부를 물에 젖은 헝겊으로 적셔 증발할 때 잠열에 의한 냉각온도이다.
(3) **노점온도** 일정한 수분을 함유한 습공기의 온도를 낮추면 어떤 온도에서 포화상태가 되는 온도이다.(이슬점 온도)
(4) **상대습도** 공기 중의 수증기 분압을 포화수증기분압에 대한 비율로 표시한 값이다.

$$상대습도(\Phi) = \frac{온도의 \ 수증기압}{그 \ 온도의 \ 포화수증기압} \times 100\%$$

$$포화도(\Phi) = \frac{수증기중량}{포화수증기중량}$$

$$습공기 \ 전압력 = 건공기 \ 압력 + 수증기압력$$

(5) **절대습도** 건공기 1kg 중에 함유된 수증기 중량(kg)을 말한다.

$$절대습도(x) = \frac{수증기중량}{건공기중량}, \ 포화도 = \frac{절대습도}{포화절대습도}$$

(6) **엔탈피** 건공기와 수증기의 전열량을 말한다.

습공기의 엔탈피(kJ/kg)
=건공기의 엔탈피(kJ/kg)+절대습도(x)·수증기의 엔탈피(kJ/kg)
=건공기정압비열·습공기온도+절대습도(2,501+수증기정압비열·습공기온도)
= $C_{pa}t + x(\gamma + C_{pv}t) = 1.01t + x(2,501 + 1.85t)$ (kJ/kg)

C_{pa} : 건공기 비열(1.01kJ/kgK), C_{pv} : 수증기 비열(1.85kJ/kgK)

(7) **비중량** 공기 $1m^3$의 중량, 표준상태에서 $1.2kg/m^3$

(8) **비체적** 공기 1kg의 체적, 표준상태에서 $0.83m^3/kg$

(9) **잠열** 0℃ 잠열 $\gamma=2,501kJ/kg$, 100℃ 잠열($2,257kJ/kg$)

2) 습공기 선도

공기의 성질을 한 선도에 모두 표현한 것을 습공기 선도라 하며, 일반적으로 i-x선도, t-x선도 등이 있으며 i-x선도를 주로 이용한다.

(1) 습공기 선도의 구성(i-x선도)

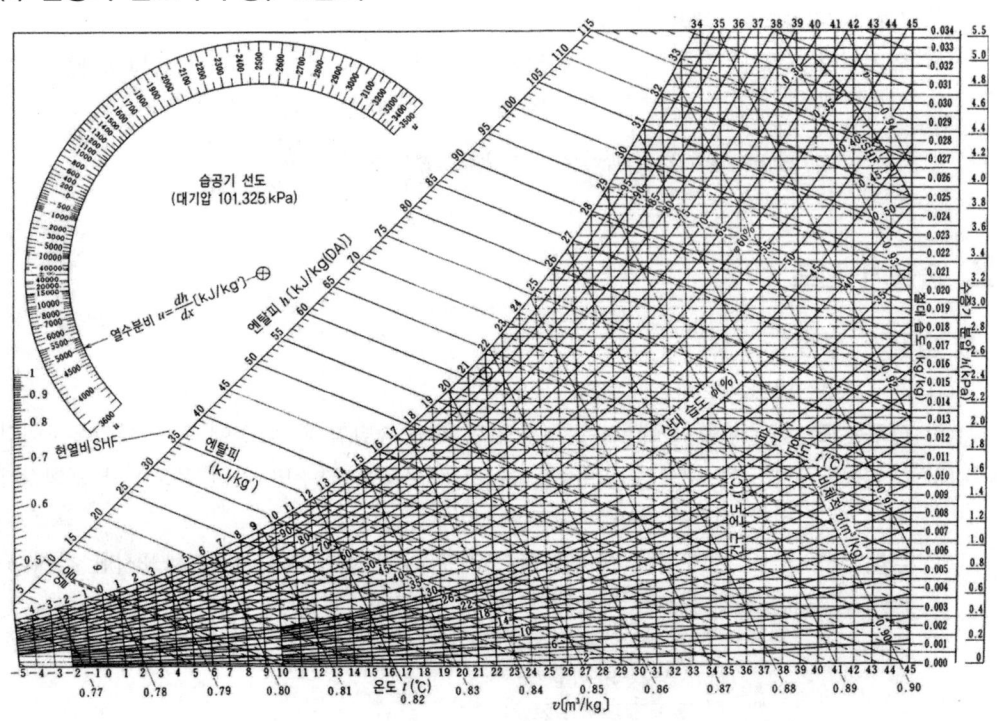

[그림 1-13] 습공기 선도(i-x선도)

횡축에 건구온도(t), 종축에 절대습도(x), 습구온도(t'), 노점온도(t"), 엔탈피(i), 상대습도(%), 포화도(%), 비체적(v), 수증기분압(Pv) 그리고 현열비(SHF), 열수분비(μ)가 별도로 표기된다.

(2) 습공기 선도 사용법

습공기의 어떤 상태를 한 점으로 선도 상에 표시하려면 최소한 2가지 조건을 알아야 한다.(단, 절대 습도와 노점 온도로는 불가능하다.) 한 점이 결정되면 나머지 상태값을 모두 알 수 있다. 또한 현열비와 열수분비는 상태선이 결정되어야 알 수 있다. 한 점에서 다른 상태 점까지 변화하는 상태선은 조건에 따라 선도 상에 도식할 수 있다.

① 상태점 : A 상태점이 결정되면 건구온도 등 상태값을 알 수 있다.
② 상태선 : A-C와 같은 상태선이 결정되면 현열비 열수분비 등을 알 수 있다.

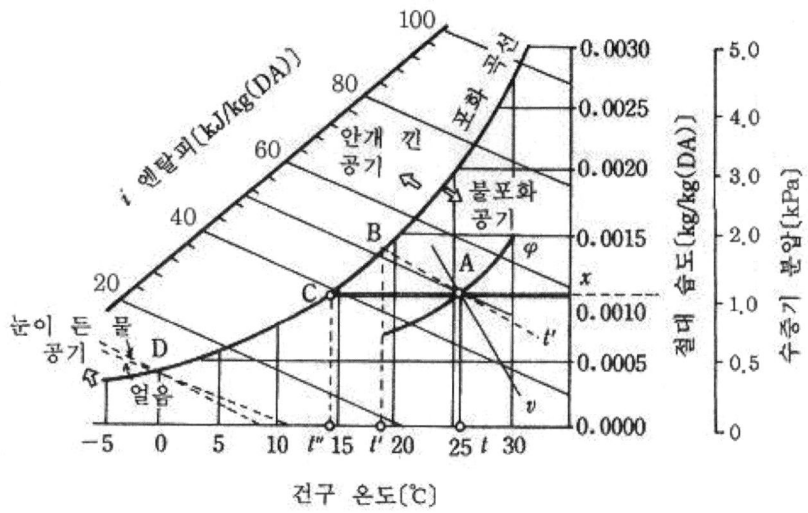

[그림 1-14] 습공기 선도(SI 선도)

(3) 습공기 선도에서 공기의 상태 변화

공기 상태 변화는 가열, 냉각, 가습, 감습, 냉각감습, 가열가습, 단열혼합 등이 있다.
① **가열** 온도 증가, 절대습도 일정, 상대습도 감소, 엔탈피 증가
② **냉각** 온도 감소, 절대습도 일정, 상대습도 증가, 엔탈피 감소
③ **가열가습** 온도 증가, 절대습도 증가, 상대습도 증가, 엔탈피 증가
④ **냉각감습** 온도 감소, 절대습도 감소, 상대습도 감소, 엔탈피 감소

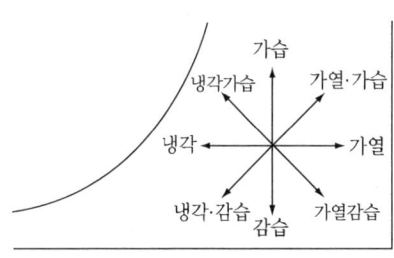

[그림 1-15] 습공기 상태 변화

3. 냉난방부하의 종류

1) 개요

공기조화 부하란 실내를 일정 상태로 유지하기 위한 공급 혹은 제거 열량을 말한다. 난방부하와 냉방부하가 있으며 이것은 각각 현열부하와 잠열부하를 갖는다. 열의 이동은 전도, 대류, 복사에 의해 이루어지며 건축설비의 열이동은 대분은 다음과 같은 열관류에 의해 전열된다.

(1) 열관류율

이 벽체 전체의 열관류율(K)은

$$\frac{1}{K} = \frac{1}{a_0} + \frac{l_1}{\lambda_1} + \frac{l_2}{\lambda_2} + \frac{l_3}{\lambda_3} + \frac{1}{a_i}$$

$\lambda_1, \lambda_2, \lambda_3$: 재료의 열전도율(W/mK)

l_1, l_2, l_3 : 재료의 두께(m)

α_i, α_0 : 실내, 실외측 표면 열전달률(W/m²K)

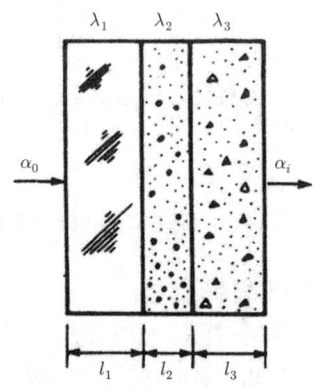

[그림 1-16] 벽체 열관류 모식도

(2) 관류열량

이 벽체를 통한 열손실량(Q)은

$$Q = K \cdot A \cdot \Delta t$$

Q : 관류열량(W), K : 열관류율(W/m²K), A : 벽체 면적(m²), Δt : 벽체 내외 온도차(℃)

① **열전달** 고체표면과 이에 접촉하는 유체 사이의 대류에 의한 열 이용
② **열전도** 고체 내부에서의 열 이동
③ **열관류** 고체벽을 사이에 둔 양유체 사이의 열 이동, 열전달과 열전도의 조합
④ **열복사** 중간 매체 없이 열전자의 직접 이동에 의한 열 이동
⑤ **열관류저항** 열관류율 값의 역수도 열 이동을 방해하는 성질(m²K/W)

2) 냉난방부하

(1) TAC 온도

부하계산에서 선결되어야 할 문제가 실내·외 온도 설정 문제이다. 실내 온도는 목적에 따라 다르게 설정되며, 외기 온도는 TAC 위험률을 몇 %로 잡느냐에 따라 달라진다.

※ TAC(미국 공조협회 ASHRAE의 기술자문위원회 Technical Adversory Committee) 2.5% 온도란 위험률 2.5% 온도로 냉방, 난방 설계 시 외기온도 설계기준을 위험률을 안고 설정하는 것이다. 냉방 시에는 총냉방시간 중 2.5%에 해당하는 시간이 냉방설계 온도를 벗어나도록 설정한다.

(2) 냉방부하의 종류
① **실내취득열량** 벽체, 유리, 극간풍, 인체, 기구 등의 취득열량이다.(현열, 잠열을 구분하되 수증기가 관련된 극간풍, 인체부하는 잠열부하가 있다.)
② **장치 내 취득열량** 송풍기, 덕트에 의한 취득열량이다.(현열부하)
③ **재열부하** 가열코일에 의한 부하이다.(현열부하)
④ **신선공기부하** 외기도입 부하이다.(현열, 잠열)

(3) 난방부하의 종류
① **벽체손실부하** 벽체, 유리창 등의 전열 손실부하[$Q = K \cdot A \cdot \triangle t(W)$]이다.
② **틈새바람부하** 냉방 시와 동일하며 잠열을 무시하는 경우가 많다.
③ **외기부하** 덕트를 통한 공조에서 외기를 도입하는 경우 발생하는 부하이다.
④ **가습부하** 난방 시 가습하는 경우 발생하는 부하이다.

3) 공조부하 계산법

공조부하 계산의 목적은 설비용량 산정이나 운전비 계산을 정확히 하기 위한 것이다. 이의 계산 방법에는 연속부하 시의 계산법과 간헐부하 시의 계산법이 있으며, 일반적으로 연속부하 계산법을 적용하며 연속부하 계산법으로는 최대부하 계산법과 기간부하 계산법이 있다.

(1) 최대부하 계산법
① 난방부하든 냉방부하든 최대부하 시를 계산(설비용량 및 송풍량 산정 때 이용)하는 것으로 상당온도차법, CLTD법, TETD법 등 일반적인 냉방부하를 말한다.
② 이 최대부하 산출값은 송풍량 및 공조설비 용량을 산정할 때 이용된다.

(2) 기간부하 계산법
일정 기간의 부하를 계산하는 것으로 계산방법이 까다롭다. 간단한 계산법으로 난방도일법 등이 있으며 이 계산법은 연료소비량 및 운전비용 등을 산출하는데 이용되며 다음과 같은 방법이 있다.
① **동적 열부하 계산법** 구조체의 축열 성능까지 고려한 것으로 모든 변동하는 요소를 대입하여 컴퓨터에 의해 계산한다.
② **난방도일법** 난방시간을 일수(day)로 하고 온도차를 곱하여 구한다.(도일=온도×day)
③ **확장도일법** 난방도일법에서 일사와 내부 발열을 고려한 도일법이다.
④ **전산기법** 일정 기간의 여러 요소를 대입하고 프로그램을 이용한 부하 계산법이다.
⑤ **표준빈(bin)법** 건물의 순간 에너지를 계산하고 일정 기간의 발생 빈도수를 곱하여 계산한다.
⑥ **수정빈법** 표준빈법에 구조체 축열효과를 고려한 부하 계산법이다.

(3) 간헐부하 계산법
24시간 연속 운전되지 아니한다고 가정하고 계산하는 것으로 예열부하, 여열부하 등을 적용하는 부하 계산법으로 현실적이다.

4. 냉난방부하량 산정

1) 냉방부하 계산법

(1) 벽체의 열부하
① 일사영향 무시 $Q = K \cdot A \cdot \triangle t(W)$

   K : 열관류율(W/m^2K), $\triangle t$: 실내외 온도차

② 일사영향 고려 $Q = K \cdot A \cdot \triangle te(W)$

   $\triangle te$: 상당 온도차 = 상당외기온도 - 실내온도

(2) 유리창의 열부하(QG)

$$Q_G = Q_{GR} + Q_{GT}$$

Q_{GR}(일사부하) $= I_{GR}$(일사량)$\times A$(면적)$\times K_s$(차폐계수)
Q_{GT}(전도부하) $= K_G$(유리열통과율)$\times A$(면적)$\times \triangle t$(온도차)

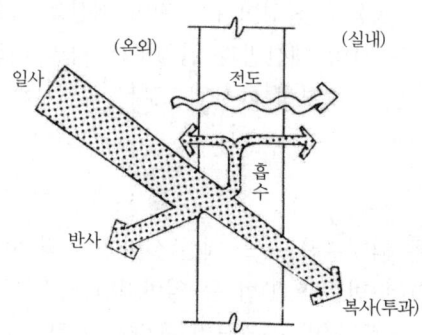

[그림 1-17] 유리면을 통한 열취득

(3) 틈새바람부하(극간풍부하)
① Q_s(현열) $= 1.2 \times 1.01 \times Q \times (t_0 - t_1)(kJ/h)$
② Q_l(잠열) $= 1.2 \times 2,501 \times Q \times (x_0 - x_1)(kJ/h)$
③ 극간풍량($Q = m^3/h$) 계산법
   가. 크랙길이법 $Q = L$(크랙길이)$\times K$(크랙 길이당 극간풍량 : $m^3/m \cdot h$)
   나. 면적법 $Q = A$(창문면적)$\times B$(면적당 극간풍량 : $m^3/m^2 \cdot h$)
   다. 환기횟수 $Q = n$(환기횟수)$\times V$(실내용적 : m^3)

(4) 인체열부하
$q_s = N$(인원수)$\cdot h_s$(작업 상태 시 1인 현열 발생량 : $kJ/h \cdot$人)
$q_L = N$(인원수)$\cdot h_L$(작업 상태 시 1인 잠열 발생량 : $kJ/h \cdot$人)

(5) 조명기구열부하
백열등 $1kW = 1kJ/s$, 형광등 $1kW = 1.2kJ/s$(안정기 부하 20% 가산)

(6) 전동장치 열부하(모터+기계)

① 모터와 기계가 실내에 있는 경우(p : 모터정격출력 kW)

$$q = p(모터정격출력) \times fe(부하율 = \frac{실제출력}{정격출력}) \cdot \frac{1}{y(모터효율)} \times 3,600 (kJ/h)$$

② 기계만 실내에 있는 경우

$$q = p(정격출력) \times fe(부하율) \times 3,600 (kJ/h)$$

③ 모터만 실내에 있는 경우

$$q = p(정격출력) \times fe(부하율) \left\{ \frac{1}{y(효율)} - 1 \right\} \times 3,600 (kJ/h)$$

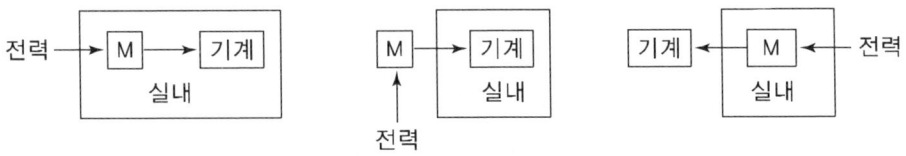

(7) 공조기기열부하
주로 휀, 배관, 덕트 등에 의해 생기며 실내취득 부하의 10~20%로 산정한다.

(8) 재열부하
공기 중 수분제거를 위해 노점 온도 이하로 냉각시켰다가 다시 취출온도까지 가열할 때 이를 재열부하라 한다. 여름철 북측 존의 습도제거 등에서 주로 발생한다.

$$재열부하(Q_{RH}) = 1.01 \times m(송풍량 : kg/h) \times \Delta t(온도차)(kJ/h)$$
$$= 1.01 \times 1.2 \times Q(송풍량 : m^3/h) \times \Delta t(온도차)(kJ/h)$$

(9) 외기부하
실내청정도를 유지하기 위해 외기를 도입할 때 발생한다.

$$Q_F(외기부하) = Q_{FS}(현열외기부하) + Q_{FL}(잠열외기부하)$$

$Q_{FS} = 1.01 \times 1.2 \times Q(m^3/h) \times \Delta t(온도차)(kJ/h)$
$Q_{FL} = 2,501 \times 1.2 \times Q(m^3/h) \times \Delta x(절대습도차)(kJ/h)$

2) 난방부하 계산법

(1) 전열손실부하(q)
① 열관류율 계산법(K)

$$\frac{1}{K} = \frac{1}{\alpha_0} + \frac{L_1}{\lambda_1} + \frac{L_2}{\lambda_2} + \ldots + \frac{1}{\alpha_i} + \frac{1}{C}$$

K(열관류율)-W/m²K
λ_1, λ_2(벽체재료의 열전도율)-W/mK
L_1, L_2(벽체 재료의 두께)-m
α_1, α_2(실내, 실외측 표면 열전달률)-W/m²K
C(공기층의 열전달률)-W/m²K

② 손실열량 q=K(열관류율)×A(면적)·Δt(실내외온도차)·k(방위계수)(W)

(2) 틈새바람부하
냉방 시와 동일하며 잠열을 무시하는 경우가 많다.

(3) 외기부하
냉방 시와 동일하다.

(4) 가습부하
실내습도를 일정하게 유지하기 위한 부하이다.
① 가습량 G={도입외기량+틈새바람(m³/h)}×1.2×Δx(kg/h)
　Δx(실내외 절대습도차 : kg/kg)
② 가습부하(증기가습)=G · 2,686(kJ/h)
　(100℃ 증기 엔탈피 2,686(kJ/kg)과 0℃ 증발잠열 2,501(kJ/kg)은 구별해야 한다)

(5) 난방도일(HD)
어느 지방의 추운정도를 표시하는 지표로 연료 소비량을 추정하는 데 편리하다.

$$연료사용량(G) = \frac{24 \cdot Q \cdot HD}{\Delta t \cdot F \cdot y}$$

HD : 난방도일, F : 연료저위발열량, y : 보일러 효율, Q : 손실열량

3) 공조 송풍량 계산법
① 실내송풍량(냉방, 난방)

$$m = \frac{q_s}{1.01 \times \Delta t}(kg/h)$$

qs : 실내 현열 부하(kJ/h), △t : 취출온도차=취출온도-실내온도

$$Q = \frac{q_s}{1.01 \times 1.2 \times \Delta t}(m^3/h)$$

② 취출공기온도(냉방기준)

$m = \dfrac{q_s}{1.01 \times \Delta t}(kg/h)$ 에서 $\Delta t = \dfrac{q_s}{1.01 \times m}$

∴ $t_d = t_r - \dfrac{q_s}{1.01m}$　(t_d : 취출온도, t_r : 실내온도)

제4장 환기설비 계획

1. 건축물의 실내공기질

1) 건축물 설비기준 환기량

건축물 설비기준 제11조제1항의 규정에 의한 신축공동주택 등의 건축물에 대한 환기횟수를 확보하기 위하여 설치되는 기계환기설비의 설계·시공 및 성능평가방법은 다음 각 호의 기준에 적합하여야 한다.

(1) 기계환기설비의 환기기준은 시간당 실내공기 교환횟수(환기설비에 의한 최종 공기흡입구에서 세대의 실내로 공급되는 시간당 총체적 풍량을 실내 총체적으로 나눈 환기횟수를 말한다.)로 표시하여야 한다.

(2) 하나의 기계환기설비로 세대 내 2 이상의 실에 바깥공기를 공급할 경우의 필요 환기량은 각 실에 필요한 환기량의 합계 이상이 되도록 하여야 한다.

(3) 세대의 환기량 조절을 위하여 환기설비의 정격풍량을 최소·적정·최대의 3단계 또는 그 이상으로 조절할 수 있는 체계를 갖추어야 하고, 적정 단계의 필요 환기량은 신축공동주택등의 세대를 시간당 0.5회로 환기할 수 있는 풍량을 확보하여야 한다.

(4) 기계환기설비는 신축공동주택등의 모든 세대가 규정에 의한 환기횟수를 만족시킬 수 있도록 24시간 가동할 수 있어야 한다.

(5) 기계환기설비는 다음 각 목의 어느 하나에 해당되는 체계를 갖추어야 한다.
  가. 바깥공기를 공급하는 송풍기와 실내공기를 배출하는 송풍기가 결합된 환기체계
  나. 바깥공기를 공급하는 송풍기와 실내공기가 배출되는 배기구가 결합된 환기체계
  다. 바깥공기가 도입되는 공기흡입구와 실내공기를 배출하는 송풍기가 결합된 환기체계

(6) 바깥공기를 공급하는 공기공급체계 또는 바깥공기가 도입되는 공기흡입구는 다음 각 목의 요건을 모두 갖춘 공기여과기 또는 집진기 등을 갖춰야 한다.
  가. 입자형·가스형 오염물질을 제거 또는 여과하는 성능이 일정 수준 이상일 것
  나. 여과장치 등의 청소 및 교환 등 유지관리가 쉬운 구조일 것
  다. 공기여과기의 경우 한국산업표준(KS B 6141)에 따른 입자 포집률이 계수법으로 측정하여 60퍼센트 이상일 것

기계환기설비를 구성하는 설비·기기·장치 및 제품 등의 효율 및 성능 등을 판정함에 있어 이 규칙에서 정하지 아니한 사항에 대하여는 해당 항목에 대한 한국산업표준에 적합하여야 한다.

기계환기설비는 환기의 효율을 극대화할 수 있는 위치에 설치하여야 하고, 바깥공기의 변동에 의한 영향을 최소화할 수 있도록 공기흡입구 또는 배기구 등에 완충장치 또는 석쇠형 철망 등을 설치하여야 한다.

기계환기설비는 주방 가스대 위의 공기배출장치, 화장실의 공기배출 송풍기 등 급속 환기설비와 함께 설치할 수 있다.

공기흡입구 및 배기구와 공기공급체계 및 공기배출체계는 기계환기설비를 지속적으로 작동시키는 경우에도 대상 공간의 사용에 지장을 주지 아니하는 위치에 설치되어야 한다.
기계환기설비에서 발생하는 소음의 측정은 한국산업규격에 따르는 것을 원칙으로 한다. 측정위치는 대표길이 1미터(수직 또는 수평 하단)에서 측정하여 소음이 40dB 이하가 되어야 하며, 암소음(측정대상인 소음 외에 주변에 존재하는 소음을 말한다.)은 보정하여야 한다. 다만, 환기설비 본체(소음원)가 거주공간 외부에 설치될 경우에는 대표길이 1미터(수직 또는 수평 하단)에서 측정하여 50dB 이하가 되거나, 거주공간 내부의 중앙부 바닥으로부터 1.0~1.2미터 높이에서 측정하여 40dB 이하가 되어야 한다.

(7) 외부에 면하는 공기흡입구와 배기구는 교차오염을 방지할 수 있도록 1.5미터 이상의 이격거리를 확보하거나, 공기흡입구와 배기구의 방향이 서로 90도 이상 되는 위치에 설치되어야 하고 화재 등 유사 시 안전에 대비할 수 있는 구조와 성능이 확보되어야 한다.

(8) 기계환기설비의 에너지 절약을 위하여 열회수형 환기장치를 설치하는 경우에는 한국산업표준에 따라 시험한 열회수형 환기장치의 유효환기량이 표시용량의 90퍼센트 이상이어야 하고, 열회수형 환기장치의 안과 밖은 물 맺힘이 발생하는 것을 최소화할 수 있는 구조와 성능을 확보하도록 하여야 한다.

(9) 기계환기설비는 송풍기, 열회수형 환기장치, 공기여과기, 공기가 통하는 관, 공기흡입구 및 배기구, 그 밖의 기기 등 주요 부분의 정기적인 점검 및 정비 등 유지관리가 쉬운 체계로 구성되어야 하고, 제품의 사양 및 시방서에 유지관리 관련 내용을 명시하여야 하며, 유지관리 관련 내용이 수록된 사용자 설명서를 제시하여야 한다.

실외의 기상조건에 따라 환기용 송풍기 등 기계환기설비를 작동하지 아니하더라도 자연환기와 기계환기가 동시 운용될 수 있는 혼합형 환기설비가 설계도서 등을 근거로 필요환기량을 확보할 수 있는 것으로 객관적으로 입증되는 경우에는 기계환기설비를 갖춘 것으로 인정할 수 있다. 이 경우, 동시에 운용될 수 있는 자연환기설비와 기계환기설비가 법규정의 환기기준을 각각 만족할 수 있어야 한다.

중앙관리방식의 공기조화설비(실내의 온도·습도 및 청정도 등을 적정하게 유지하는 역할을 하는 설비를 말한다.)가 설치된 경우에는 다음 각 목의 기준에도 적합하여야 한다.

가. 공기조화설비는 24시간 지속적인 환기가 가능한 것일 것. 다만, 주요 환기설비와 분리된 별도의 환기계통을 병행 설치하여 실내에 존재하는 국소 오염원에서 발생하는 오염물질을 신속히 배출할 수 있는 체계로 구성하는 경우에는 그러하지 아니하다.

나. 중앙관리방식의 공기조화설비의 제어 및 작동상황을 통제할 수 있는 관리실 또는 기능이 있을 것

2. 실내공기 오염물질의 종류 및 기준농도

1) 중앙식 공기조화설비의 실내 환경 기준

[표 1-2] 중앙식 공기조화설비의 실내 환경 기준

부유 분진량	공기 $1m^3$에 대하여 0.15mg 이하
일산화탄소의 함유율	백만분의 10 이하(10ppm 이하)
탄산가스(CO_2)의 함유율	백만분의 1,000 이하(1,000ppm 이하)
온도	17℃ 이상 28℃ 이하
상대습도	40% 이상 70% 이하
기류	0.5m/s 이하

2) 실내공기질 기준

실내공기질 관리법 시행규칙 제4조에서 권장하는 다중이용시설의 오염물질 항목과 그 기준은 다음과 같다.

[표 1-3] 실내공기질 권고기준(실내공기질 관리법 시행규칙 제4조 관련)

오염물질 항목 다중이용시설	이산화질소 (ppm)	라돈 (Bq/m^3)	총휘발성 유기화합물 ($\mu g/m^3$)	곰팡이 (CFU/m^3)
가. 지하역사, 지하도상가, 철도역사의 대합실, 여객자동차터미널의 대합실, 항만시설 중 대합실, 공항시설 중 여객터미널, 도서관·박물관 및 미술관, 대규모점포, 장례식장, 영화상영관, 학원, 전시시설, 인터넷컴퓨터게임시설제공업의 영업시설, 목욕장업의 영업시설	0.1 이하	148 이하	500 이하	–
나. 의료기관, 산후조리원, 노인요양시설, 어린이집, 실내 어린이놀이시설	0.05 이하		400 이하	500 이하
다. 실내주차장	0.30 이하		1,000 이하	–

3. 건축물의 필요환기량

1) 오염물질별 환기량 계산

① 실내 발열량에 의한 환기량(전산실, 보일러, 변전실 등에 적용)

$$Q = \frac{Hs}{\rho \cdot Cp \cdot (t_r - t_o)} (m^3/h)$$

Hs : 실내 발열량(kJ/h)
Cp : 공기정압비열(1.01kJ/kgK)
ρ : 밀도($1.2kg/m^3$)
t_r : 실내허용온도
t_o : 신선공기온도

② 유해가스에 의한 환기량(화학공장 등에 적용)

$$Q = \frac{M}{p_i - p_o} (m^3/h)$$

M : 발생유해가스량(m^3/h)
p_i : 실내허용농도(농도비로 할 것)
p_o : 신선공기농도

③ CO2 농도에 의한 환기량(많은 사람이 장시간 체류)

$$Q = \frac{K}{C_i - C_o} (m^3/h)$$

K : 실내 CO_2 발생량(m^3/h)
C_i : 실내 CO_2 농도 비율
C_o : 신선 CO_2 농도 비율

④ 수증기 발생이 있는 경우

$$Q = \frac{L}{\rho \cdot (x_i - x_o)} (m^3/h)$$

L : 실내 수증기 발생량(kg/h)
x_i : 실내허용 절대습도
x_o : 신선공기 절대습도
ρ : 공기의 밀도

2) 각 건축물의 필요환기량(건축물 설비기준 11조0

구분		필요환기량(㎥/인·h)	비고
가. 지하시설	1) 지하역사	25 이상	
	2) 지하도상가	36 이상	매장(상점) 기준
나. 문화 및 집회시설		29 이상	
다. 판매시설		29 이상	
라. 운수시설		29 이상	
마. 의료시설		36 이상	
바. 교육연구시설		36 이상	
사. 노유자시설		36 이상	
아. 업무시설		29 이상	
자. 자동차 관련 시설		27 이상	
차. 장례식장		36 이상	
카. 그 밖의 시설		25 이상	

비고
가. 제1호에서 연면적 또는 바닥면적을 산정할 때에는 실내공간에 설치된 시설이 차지하는 연면적 또는 바닥면적을 기준으로 산정한다.
나. 필요 환기량은 예상 이용인원이 가장 높은 시간대를 기준으로 산정한다.
다. 의료시설 중 수술실 등 특수 용도로 사용되는 실(室)의 경우에는 소관 중앙행정기관의 장이 달리 정할 수 있다.
라. 제1호자목의 자동차 관련 시설의 필요 환기량은 단위면적당 환기량(㎥/㎡·h)으로 산정한다.

예상문제 제2편 | 설비설계 계획

001 건공기 10kg의 엔탈피는 몇 kJ인가?(단 공기온도 10℃이고 비열은 1.01kJ/kg K 이다.)

① 24kJ
② 48kJ
③ 88kJ
④ 101kJ

■ 0℃ 공기 엔탈피를 0kJ로 본다. 건공기 엔탈피는 $h = mCT = 10 \times 1.01 \times 10 = 101 kJ$

002 Yaglow씨 등에 의해 제안된 온도, 습도 및 기류 속도의 3가지 조합에 의한 온열 환경의 평가 지표는?

① 유효온도
② 효과온도
③ 불쾌지수
④ 신유효온도

■ 유효온도(ET)는 온도, 습도 및 기류의 3가지 조합에 의한 체감온도를 의미하고 수정유효온도(CET)는 온도, 습도 및 기류, 복사열의 4가지 조합에 의한 온열 환경의 평가 지표이며 신유효온도(ET*)는 50%, 20cm/s 이하에서 0.6clo 착의상태와 1met 활동 상태의 쾌적도를 의미한다.

003 아래의 t-x선도와 같이 공기를 혼합하여 냉각한 후에 실내로 송풍한다. 4→2로 가는 과정에서의 현열비는?(엔탈피(h) 단위는 kJ/kg이다.)

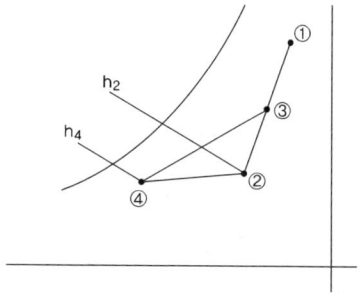

① $\dfrac{1.01(t_2-t_4)}{h_2-h_4}$
② $\dfrac{1.21(t_2-t_4)}{h_2-h_4}$
③ $\dfrac{x_2-x_4}{1.01(t_2-t_4)}$
④ $\dfrac{x_2-x_4}{1.21(t_2-t_4)}$

■ 현열비 = $\dfrac{\text{현열}}{\text{전열}} = \dfrac{1.01(t_2-t_4)}{(h_2-h_4)}$

해답 1.④ 2.① 3.①

004 다음 중 유효온도가 높아질 수 있는 조건은?
① 습구온도 감소
② 풍속 감소
③ 상대습도 감소
④ 건구온도 감소

■ 유효온도는 건구온도, 습구온도, 상대습도가 증가하고 풍속이 감소할 때 증가한다.

005 10℃ 공기 20kg과 50℃공기 80kg을 혼합했을 때 혼합 공기 온도는?
① 15℃
② 25℃
③ 42℃
④ 46℃

■ $t = \dfrac{m_1 t_1 + m_2 t_2}{m_1 + m_2} = \dfrac{20 \times 10 + 80 \times 50}{20 + 80} = 42℃$

006 습공기를 증기 가습할 경우 습공기선도상에서 공기 상태변화 과정을 나타내는 요소로 적당한 것은?
① 바이패스 팩터
② 열수분비
③ 에어워셔
④ 어프로치

■ 습공기를 증기 가습할 때 상태변화는 열수분비를 따라서 변화한다. 예를 들어 100℃ 증기(증발잠열은 2,257kJ/kg이고 엔탈피는 2,686kJ/kg)를 분무하는 경우 열수분비($\mu = \dfrac{\Delta h}{\Delta x}$=2,686kJ/kg)를 따라 변화한다.

007 온도 35℃, 절대습도 0.018kg/kg'인 공기 15kg과 온도 15℃, 절대습도 0.008kg/kg'인 공기 20kg을 단열혼합할 때 혼합공기의 상태는?
① 온도 24.8℃, 절대습도 0.014kg/kg'
② 온도 24.8℃, 절대습도 0.012kg/kg'
③ 온도 23.6℃, 절대습도 0.014kg/kg'
④ 온도 23.6℃, 절대습도 0.012kg/kg'

■ $t = \dfrac{m_1 t_1 + m_2 t_2}{m_1 + m_2} = \dfrac{15 \times 35 + 20 \times 15}{15 + 20} = 23.6℃$

$x = \dfrac{m_1 x_1 + m_2 x_2}{m_1 + m_2} = \dfrac{15 \times 0.018 + 20 \times 0.008}{15 + 20} = 0.012 kg/kg'$

008 다음의 습공기에 관한 설명 중 옳지 않은 것은?
① 습공기를 가열하면 엔탈피가 증가한다.
② 습공기를 가열하면 상대습도는 감소한다.
③ 습공기를 냉각하면 비체적은 감소한다.
④ 습공기를 냉각하면 절대습도는 증가한다.

■ 습공기를 냉각할 때 노점온도 이상에서는 수평으로 냉각되어 절대습도가 일정하고 노점온도 이하에서는 수증기 응축으로 결로가 일어나며 절대습도가 감소한다.

009 공기 중에 포화 수증기의 양은 어떻게 변화하는지 다음 설명 중 맞는 것은?
① 일정압력에서 온도가 상승하면 감소한다.
② 일정압력에서 온도가 상승하면 증가한다.
③ 온도와는 관계없다.
④ 압력과 온도에 관계없다.

■ 온도가 상승하면 포화 수증기의 양(수증기 분압)은 증가한다.

010 포화상태 공기가 아닌 일반상태의 공기의 건구온도를 t_1, 습구온도를 t_2, 노점온도를 t_3라 할 때 관계식이 바른 것은?
① $t_1 > t_2 > t_3$
② $t_1 > t_3 > t_2$
③ $t_3 > t_2 > t_1$
④ $t_3 > t_1 > t_2$

■ 습공기 선도에서 어느 상태점의 공기는 건구온도>습구온도>노점온도 순이다.

011 다음 습도에 대한 설명 중 틀린 것은?
① 건조공기의 상대습도는 0%이고 포화공기는 100%이다.
② 상대습도와 비교습도는 0%와 100%에서만 일치한다.
③ 노점온도를 알면 수증기 분압을 알 수 있다.
④ 상대습도는 습공기 1kg 중의 수증기량 x(kg)을 말한다.

■ 상대습도(ϕ) = $\dfrac{\text{온도의 수증기압}}{\text{그 온도의 포화수증기압}} \times 100\%$
절대습도는 건공기 1kg 중의 수증기량 x(kg)을 말한다.

012 다음 중 용어 설명 중 옳지 않은 것은?
① 서한도란 환기를 계획하는 경우에 실내에서 허용되는 오염도의 한계를 말하며 %나 ppm으로 나타낸다.
② 불쾌지수란 건구온도와 습구온도에 의해 사람이 느끼는 불쾌감을 숫자로써 나타내고자 한 것이다.
③ 환기횟수는 실용적에 상당하는 공기가 1시간에 몇 번 바뀌게 하는가를 나타내는 것이다.
④ 축열이란 물체가 열을 축적하는 것을 말하며, 비열이 적은 물체일수록 축열 효과가 크게 된다.

■ 물체의 비열이 클수록, 중량이 클수록 축열 효과가 크다.

013 습공기에 대한 설명 중 틀린 것은?
① 대기 중에 존재하는 공기는 건공기 상태이다.
② 건공기란 수분을 포함하지 않은 상태이며 습공기는 수분을 포함한 상태이다.
③ 건공기 중의 산소함량은 표준상태에서 용적비 21%, 중량비 23% 정도이다.
④ 건공기 중에 가장 많이 함유된 성분은 질소이다.

■ 대기 중의 공기는 수증기를 포함하는 습공기 상태이다.

014 습구 온도에 대한 설명 중 가장 옳은 것은?
① 습구 온도는 공기 중에 수분이 많을수록 낮다.
② 습구 온도는 반드시 건구 온도보다 높다.
③ 건구 온도와 습구 온도 차가 클수록 공기 중의 습도는 높은 것이다.
④ 습구 온도는 감온부를 젖은 헝겊으로 감싸 물의 증발 정도에 따라 감온부의 온도가 변화할 때 온도를 측정한다.

■ 습구온도는 건구온도보다 낮으며 건구 온도와 차이가 클수록 습도는 낮다. 습구온도와 건구온도가 같을 때(포화상태) 상대습도는 100%이다.

015 일정한 수분을 함유한 습공기의 온도를 낮추면 어느 온도에서 포화 상태가 되어 이슬이 맺히기 시작하는데 이때의 온도를 무엇이라 하는가?
① 냉각 온도   ② 노점 온도
③ 습구 온도   ④ 건구 온도

■ 공기를 노점 온도 이하로 냉각하면 결로가 일어난다.

016 다음 설명 중 가장 적합한 것은?
① 어느 일정한 수분을 함유한 공기를 냉각하면 상대습도는 감소한다.
② 습공기를 가열하면 절대습도는 증가한다.
③ 습공기를 노점 온도 이하로 냉각하면 절대습도는 감소한다.
④ 습공기를 노점 온도 이하로 냉각하면 상대습도는 감소한다.

■ 습공기를 가열할 때 절대습도는 일정하며 냉각할 때 상대습도는 증가한다. 노점온도 이하로 냉각하면 결로로 절대습도가 감소하며 상대습도는 95~100% 정도로 상승한다.

017 습공기 상태를 표시하는 용어 중 그 단위가 잘못된 것은?
① 절대습도 : kg/kg DA   ② 엔탈피 : kJ/kgK
③ 상대습도 : %   ④ 비체적 : m^3/kg

■ 엔탈피 : kJ/kg, 비열 : kJ/kgK

018 대기압 P(kPa)의 상태에서 습공기에 함유되어 있는 수증기의 분압을 Pw(kPa) 건조공기의 분압을 Pa(kPa)라고 할 때 절대습도 X를 나타내는 식은?(단, 상수 a=0.622)
① $X = a \cdot \dfrac{Pw}{P-Pw}$ ② $X = a \cdot \dfrac{Pa}{P-Pa}$
③ $X = a \cdot \dfrac{Pa}{Pa-Pw}$ ④ $X = a \cdot \dfrac{Pw}{Pa-Pw}$

■ 습공기의 절대 습도(X) $X = 0.622 \dfrac{Pw}{Pa} = 0.622 \dfrac{Pw}{P-Pw}$
  P : 대기압(kPa), Pa : 습공기의 건기 분압, Pw : 습공기의 수증기 분압(kPa)

해답 14.④ 15.② 16.③ 17.② 18.①

019 습공기 선도 상에 나타낼 수 없는 것은 무엇인가?
① 노점 온도　　② 현열비
③ 풍속　　　　④ 수증기 분압

■ 습공기 선도에는 ①, ②, ④ 외에 건구 온도, 습구 온도, 비체적, 엔탈피 등이 있다.

020 습공기 선도의 구성이 잘못된 것은?

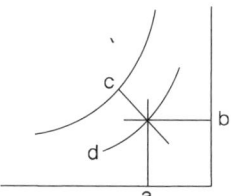

① a : 건구 온도
② b : 절대 습도
③ c : 습구 온도
④ d : 엔탈피

■ d : 상대습도

021 습공기 선도에 대한 설명 중 틀린 것은?
① 횡축에 건구 온도, 경사축에 엔탈피, 종축에 절대습도를 잡아 i-x선도라고도 한다.
② 절대습도와 노점 온도를 알면 상태점을 찾아낼 수 있다.
③ 현열비와 열 수분비는 두 점의 상태점이 결정되어야 구할 수 있다.
④ 상대습도 100%인 상태에서는 건구온도, 습구 온도, 노점온도가 모두 같다.

■ 절대습도와 노점온도는 서로 평행하므로 상태점을 찾을 수 없다.

022 냉방을 위한 공조 장치에서 공기의 상태 변화과정을 그림과 같이 도시하였다. 공조기의 출구에서 공기의 상태는 어느 점인가?

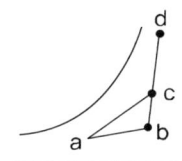

① a
② b
③ c
④ d

■ a : 공조기 출구에서의 공기 상태, b : 환기(실내), c : 외기와 환기의 혼합, d : 외기

023 그림과 같은 장치도에서 공기량 2,000kg/h일 때 가열기 부하를 구하시오.

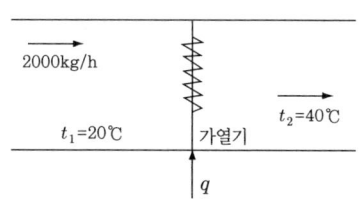

① 9,600kJ/h
② 20,200kJ/h
③ 40,400kJ/h
④ 60,600kJ/h

■ $q = m \cdot C \cdot \Delta t = 2,000 \times 1.01 \times (40-20) = 40,400$ kJ/h

024 바이패스 팩터(by pass factor)의 옳은 설명은 무엇인가?
① 냉각·가열 코일과 접촉하지 않고 통과하는 공기 비율
② 코일과 접촉하고 통과하는 공기 비율
③ 외기와 환기의 혼합비율
④ 송풍 공기 중의 습공기의 비율

■ ① : 바이패스 팩터(BF), ② : 콘택 팩터(CF)

025 ① 상태에서 ② 상태로 냉각되는 과정에서 현열비는 얼마인가?

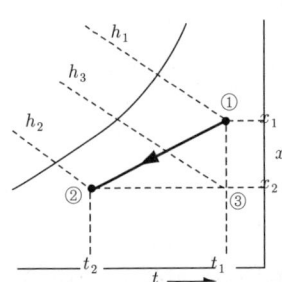

① $\dfrac{x_1 - x_2}{t_1 - t_2}$

② $\dfrac{h_1 - h_3}{h_1 - h_2}$

③ $\dfrac{h_3 - h_2}{h_1 - h_2}$

④ $\dfrac{x_1 - x_2}{h_1 - h_2}$

■ 현열비 = $\dfrac{현열}{전열}$ = $\dfrac{h_3 - h_2}{h_1 - h_2}$

①→② 변화 중의 현열은 ③→②이고, 잠열은 ①→③이다.

026 34℃의 외기와 27℃의 환기를 1 : 3으로 혼합하여 코일표면 온도 15℃인 냉각코일을 통과시키면 코일을 통과한 출구공기온도는?(단, 냉각코일의 바이패스 팩터 BF=0.2이다)
① 28.75℃ ② 24.62℃
③ 22.43℃ ④ 17.75℃

■ 혼합온도를 구하면 $t = \dfrac{34 \times 1 + 27 \times 3}{1 + 3} = 28.75℃$
코일출구온도=코일온도+BF(입구온도-코일온도)=15+0.2(28.75-15)=17.75

027 결로 현상에 대한 설명 중 틀린 것은?
① 건축물·구조물을 사이에 두고 양쪽 공기 사이에 수증기의 압력차가 생기면 수증기는 냉각되고 공기 포화 압력 이하가 되면 응결하여 결로가 발생한다.
② 결로는 습공기의 온도가 노점 온도까지 강하하면 공기 중의 수증기가 응결하기 시작한다.
③ 습공기가 노점온도까지 강하하여 응결이 시작되면 수증기의 분압이 상승한다.
④ 결로 방지를 위하여 방습층을 사용할 때에는 반드시 수증기압이 높은 쪽의 구조물 표면에 두도록 한다.

■ 공기 중의 수증기가 응축 결로하면 수증기의 양이 감소하며 따라서 수증기의 분압도 감소한다.

028 바이패스 팩터가 증가하는 이유 중 틀린 것은?

① 코일 표면적이 증가할 때
② 코일 열수가 감소할 때
③ 콘택 팩터가 감소할 때
④ 코일 튜브 간격이 증가할 때

■ 바이패스 팩터가 증가하는 이유는 코일과 공기 사이에 열교환 효율이 감소할 때이며 ②, ③, ④ 외에 다음과 같은 이유가 있다. ① 코일 표면적이 감소할 때, ② 송풍량이 증가할 때, ③ 냉온수 순환량이 감소할 때 등이다.

029 어떤 코일이 1열인 경우 바이패스 팩터가 0.6일 때, 4열인 경우의 바이패스 팩터는?

① 0.24
② 0.15
③ 0.36
④ 0.13

■ BF=(1열 BF)^{열수}=(0.6)^4=0.13
코일열수가 증가할수록 바이패스 팩터(BF)는 감소한다.

030 공기 세정기(air washer)에 대한 설명 중 틀린 것은?

① 공기 세정기에 의하여 입구공기의 냉각, 가습, 가열, 감습 등이 가능하다.
② 분사되는 수온이 입구공기 습구 온도보다 낮고, 노점 온도보다 높은 경우 감습이 이루어진다.
③ 분사되는 수온이 입구공기 습구 온도와 같은 경우 엔탈피 변화가 없는 단열변화가 된다.
④ 분사되는 수온이 습구 온도와 건구 온도 사이에 있는 경우 공기의 엔탈피는 증가하고 온도는 감소한다.

■ Air washer에 의한 감습은 노점온도 이하의 물을 충분히 분무해야 한다.

031 다음 그림 (A)~(D)는 습공기선도 상에 나타낸 공기조화 과정의 기본형이다. 다음 보기를 그림의 상태에 맞게 나열한 것은?

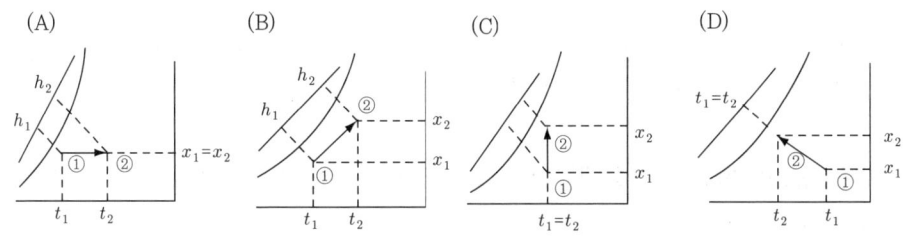

〈보기〉 ① 가열, ② 가습, ③ 가열가습, ④ 단열변화

① (A)—①, (B)—②, (C)—③, (D)—④
② (A)—①, (B)—③, (C)—②, (D)—④
③ (A)—④, (B)—③, (C)—②, (D)—①
④ (A)—②, (B)—③, (C)—④, (D)—①

■ (A) 가열, (B) 가열가습, (C) 가습, (D) 단열분무

032 상대습도 60%인 공기의 건구 온도를 t, 습구 온도를 t', 노점 온도를 t"라 할 때 관계식이 옳은 것은?

① t > t' > t"
② t > t" > t'
③ t" > t' > t
④ t" > t > t'

■ 일반적으로 t > t' > t" 관계가 성립하며 포화상태(상태습도 100%)일 때만 t=t'=t"가 성립한다.

033 공기량 m=200kg/h, 절대습도 x_1=0.008kg/kg인 공기를 x_2=0.016kg/kg까지 가습하는 경우 공급 수분량을 구하시오.

① 3.2kg/h
② 1.6kg/h
③ 0.8kg/h
④ 0.4kg/h

■ 가습량 L = m · △x = 200(0.016−0.008) = 1.6kg/h

034 상대습도 ø, 포화 수증기압 Ps, 대기압 P일 때 절대습도 x의 관계식이 옳은 것은?

① $x = 0.622 \dfrac{ø}{P-Ps}$
② $x = 0.622 \dfrac{P}{P-øPs}$
③ $x = 0.622 \dfrac{P-øPs}{P}$
④ $x = 0.622 \dfrac{øPs}{P-øPs}$

■ $X = 0.622 \dfrac{Pw}{Pa} = 0.622 \dfrac{Pw}{P-Pw} = 0.622 \dfrac{\phi Ps}{P-\phi Ps}$

수증기 분압 = Pw = 상대습도 × 포화수증기압 = øPs

035 일반적인 주거용 건물의 경우 실내환경 오염 척도의 기준으로 가장 많이 사용되는 것은?

① CO_2 함유량
② CO 함유량
③ SO_2 함유량
④ 분진량

■ CO_2 농도는 그 자체가 해로운 것은 아니나 일반적으로 CO_2 농도에 비례하여 실내 오염도가 변화하므로 주거용 건물의 오염척도로 CO_2 농도를 사용한다.

036 탄산가스의 함유량이 실내공기의 오염 정도를 판단하는 척도로 쓰이는 이유는?

① 유독하기 때문에
② 공기와 잘 분리되기 때문에
③ 함유량에 비례하여 산소 함유량이 줄기 때문에
④ 탄산가스의 함유량에 비례하여 다른 오염물질도 증가하기 때문이다.

■ 일반적으로 사람이 거주하는 실내에서 사람의 호흡작용으로 탄산가스의 농도가 증가하고 탄산가스 함유량에 비례하여 다른 오염물질도 증가하기 때문이다.

037 벽체를 통과하는 관류열량에 대한 기술 중 옳은 것은?

① 벽체의 열저항이 클수록 커진다.
② 주변풍속의 증가에 따라서 증가한다.
③ 표면 열전달률이 작을수록 증가한다.
④ 실내외 온도차에는 관계가 없다.

■ 벽체의 관류열량은 q=KA△T에서
① 벽체의 열저항이 클수록 K는 작아지고
② 풍속이 클수록 열전달률이 증가하여 K는 커지고 관류열량 증가
③ 열전달률이 작을수록 K는 작아지고 관류열량 감소
④ 실내외 온도차(△T)가 클수록 관류열량도 커진다.

038 다음 중 가장 우선적으로 전공기방식을 적용해야 하는 것은?

① 교실
② 아파트
③ 사무소 건축의 외부 존
④ 사무소 건축의 내부 존

■ 전공기 방식은 환기량이 충분하기 때문에 실내오염도가 높은 존이나 자연환기가 어려운 존에 적용한다. 그러므로 내부존(인테리어존)이나 환기가 중요시되는 실(극장, 회의실, 식당 등) 등에 적용한다.

039 공조되고 있는 실내 열환경을 평가하는 지표의 하나로서 유효온도(effective temperature)를 이용한다. 다음 열환경 요소로써 유효온도에 고려되어 있지 않은 것은?

① 온도
② 습도
③ 기류속도
④ 복사열

■ ▶ 불쾌지수요소 : 온도, 습도
▶ 수정유효온도(CET) : 온도, 습도, 기류, 복사열
▶ 공기조화의 4요소 : 온도, 습도, 기류, 청정도
▶ 유효온도(ET)의 요소 : 온도, 습도, 기류
▶ 작용온도(OT) : 온도, 기류, 복사열

040 인체의 쾌적 조건에 대한 설명 중 옳은 것은?

① 사람에게 쾌적한 상태는 열의 발산이 적을수록 좋다.
② 일반적인 공조 조건은 여름 26℃ DB, 50% RH, 겨울 20℃ DB, 50% RH 정도이다.
③ 불쾌지수는 모든 사람에게 똑같이 영향을 준다.
④ 불쾌지수는 건구 온도, 습구 온도, 풍속의 영향으로 결정된다.

■ 쾌적한 상태란 인체의 신진대사와 열 발산이 적당해야 하며 불쾌지수는 온도, 습도의 영향을 종합한 것으로 사람마다 느낌이 다르다.

041 유효온도(effective temperature)에 대한 설명 중 틀린 것은?

① 체감온도라고도 하며 사람이 느끼는 온냉감을 나타낸다.
② 온도, 습도, 압력의 영향을 지표화한 것이다.
③ 100% RH, 풍속 0m/s인 상태의 온도로 환산한 값이다.
④ 유효온도 20℃란 건구온도가 20℃란 말은 아니며 야그로우 선도에 나타내고 있다.

■ 유효온도는 온도, 습도, 기류의 영향을 종합하여 온냉감으로 나타낸다.

해답 37.② 38.④ 39.④ 40.② 41.②

042 수정유효온도의 요소는 무엇인가?

① 습구온도, 건구온도
② 습구온도, 건구온도, 기류
③ 상대습도, 습구온도, 복사열
④ 온도, 습도, 기류, 복사열

■ 수정유효온도란 유효온도의 좀 더 정확한 체감온도를 얻기 위한 것으로 주변 복사열의 영향을 추가한다. ①는 불쾌지수, ②는 유효온도 요소이다.

043 최근 미국공조협회(ASHRAE)에서 제안한 신유효온도에서 기류의 조건은 얼마인가?

① 0.2m/s
② 0.5m/s
③ 1m/s
④ 1.5m/s

■ 신유효온도는 온냉감을 실제조건에 가깝게 한 것으로 착의상태 0.6clo, 기류 0.2m/s 이하에서 가장 쾌적한 영역을 습공기 선도상에 표기한 것이다.

044 다음 중 공기조화 시 조절대상이 되는 환경요소가 아닌 것은?

① 습도
② 복사열
③ 공기의 청정도
④ 기류 속도

■ 공기조화 대상은 온도, 습도, 기류, 청정도이다. 공기조화 대상요소(청정도 포함)와 온냉감의 요소(청정도 제외)를 잘 구분해야 한다.

045 공기조화(air condisioning)에 대한 설명 중 옳은 것은?

① 공기조화란 온도를 일정히 하는 것을 말한다.
② 공기조화의 대상이란 온도, 습도, 기류, 청정도이다.
③ 보건공조란 물건을 대상으로 공기조화를 하는 것이다.
④ 산업공조란 산업 현장에서 작업 인부의 쾌적한 상태를 유지하는 것이다.

■ 보건공조란 사람을, 산업공조란 제품이나 제조공정을 대상으로 한 것이다.

046 공기조화에 대한 설명 중 틀린 것은?

① 공기조화란 온도, 습도, 공기의 정화, 실내기류 등 4가지의 항목을 만족한 상태로 처리하는 과정을 말한다.
② 공기조화란 실내 또는 어떤 특정 장소의 공간을 사용목적에 맞게 조정하는 것으로 보건용 공조와 산업용 공조로 분류할 수 있다.
③ 보건용 공조에서는 인간의 쾌감이나 보건을 목적으로 하기 때문에 실내의 기류 속도나 공기의 청정도 유지보다 항온항습이 필요하다.
④ 산업용 공조는 물품의 생산이나 저장을 위한 목적과 온·습도 및 공기의 청정도를 유지하기 위한 것이다.

■ 항온항습은 문서고, 전시관 등의 산업공조에 적용한다.

해답 42.④ 43.① 44.② 45.② 46.③

047 공기조화 계획 시 고려할 사항 중 거리가 먼 것은?

① 대상건물의 특성　　② 건물 시공 시기
③ 경제적 조건　　　　④ 에너지 조건

■ 건물 시공 시기는 공조계획과 직접적인 관계가 없다.

048 다음과 같은 조건의 단일덕트 변풍량 방식에서 송풍량(m^3/h)을 구하시오.

- 실내 현열 취득 열량 : 30kW
- 실내온도 : 27℃
- 송풍 공기 온도 : 16℃
- 정압 비열 : 1.01kJ/kgK
- 체적 비열 : 1.21kJ/m^3K

① 11,360m^3/h　　② 8,114m^3/h
③ 7,513m^3/h　　④ 6,260m^3/h

■ 문제조건에서 체적비열(1.21kJ/m³k)을 주었으므로
$$Q = \frac{q_s}{C \cdot \Delta t} = \frac{30 \times 3,600}{1.21(27-16)} = 8,114 m^3/h$$

※ 참고
정압비열을 이용하여 계산할 수도 있으나 그러면 공기 밀도를 알아야 한다. 일반적인 공기밀도(1.2kg/m^3)를 적용하여 계산하면 아래와 같으나 이 문제는 조건에 따라 체적비열을 적용하여 계산하면 좋다.

$$m = \frac{q_s}{C \cdot \Delta t} = \frac{30 \times 3,600}{1.01(27-16)} = 9,721 kg/h$$

$$Q = \frac{m}{\rho} = \frac{9,721}{1.2} = 8,101 m^3/h$$

049 일반적인 주거용 건물의 경우 실내 환경 오염척도의 기준으로 많이 사용되는 것은?

① CO_2　　　② CO
③ SO_2　　　④ 분진량

■ 공기 오염도와 CO_2 양은 비례하므로 CO_2의 양을 오염 척도의 기준으로 삼는다.

050 공기조화에 관한 다음 설명 중 가장 적합한 것은?

① 유인 유니트방식은 팬과 코일만으로 구성되어 있다.
② 패키지형 공조기는 냉동기, 팬 및 코일을 내장하고 있다.
③ 유니트 히터는 냉동기 및 코일을 냉장하고 있다.
④ 팬 코일 유니트에는 배관과 덕트가 연결되어 있다.

■ ① 유인 유니트 : 배관과 코일, 덕트(1차 공기공급)로 구성
② 패키지형 : 냉동기 및 팬과 코일로 구성
③ 유니트 히터 : 팬과 가열코일로 구성
④ 팬코일 유니트 : 팬과 코일만으로 구성

해답　47.②　48.②　49.①　50.②

051 다음 기술 중 가장 적당한 것은?

① 각 층 유니트 방식은 임대 사무소 건물에 적합하다.
② VAV 시스템은 선택 온·습도 제어에 불리하다.
③ 팬 코일 유니트 방식은 다른 공조 방식에 비해 실온 제어에 불리하다.
④ 멀티존 유니트 방식은 에너지 절약상 유효하다.

■ 각 층 유니트 방식은 층마다 공조기가 별도로 제어되므로 층별로 운전시간대가 다른 임대 빌딩 등에 적당하다. VAV 시스템은 선택 온·습도 제어가 유리하고, 팬 코일 유니트 방식은 다른 공조 방식에 비해 실온 제어가 유리하며, 멀티존 유니트 방식은 이중덕트식 다음으로 에너지 소비가 많다.

052 공기조화 방식 중 실내에 설치되어 있는 말단 유니트까지 냉온수 배관이 연결되는 것은?

① VAV   ② 각 층 유니트
③ 유인 유니트   ④ 이중덕트

■ 실내 유니트까지 냉온수 배관이 연결되는 것은 수공기방식인 팬코일 유니트(FCU), 유인 유니트식(IDU) 등이다.

053 유인 유니트 방식에서 유인비(k)란 무엇인가?

① $k = \dfrac{2차 공기}{1차 공기}$ ② $k = \dfrac{1차 공기 + 2차 공기}{1차 공기}$

③ $k = \dfrac{2차 공기}{1차 공기 + 2차 공기}$ ④ $k = \dfrac{1차 공기}{2차 공기}$

■ 유인비란 기계실에서 공급되는 1차 공기에 대한 유니트에서 유인되는 2차 공기(실내에서 유인되는 공기)와 1차 공기의 합의 비이다.

054 다음 중 전공기 방식에 대한 설명 중 적합하지 않는 것은?

① 전공기식은 1500m² 이상의 대규모 빌딩에 적용하면 층고를 낮출 수 있다.
② 타 방식에 비하여 덕트 스페이스가 커진다.
③ 극장과 같이 재실밀도가 높아서 대풍량이 요구되는 곳에 적합하다.
④ 병원의 수술실과 같이 높은 공기 청정도를 요구하는 곳에 적합하다.

■ 전공기식은 대규모가 되면 덕트 스페이스가 커져 층고가 높아진다.

055 건물의 냉방부하 계산결과 현열이 36,000kJ/h이고, 잠열이 9,000kJ/h이었다. 실내조건은 27℃, 50%이고 외기조건은 30℃, 60%일 때, 건물부하의 현열비로 옳은 것은?

① 0.5   ② 0.6
③ 0.7   ④ 0.8

■ 현열비 = $\dfrac{현열}{전열} = \dfrac{36,000}{36,000 + 9,000} = 0.8$

056 Cold draft의 원인이 아닌 것은?

① 기류의 속도가 클 때
② 인체 주위의 공기온도가 너무 낮을 때
③ 습도가 높을 때
④ 주위 벽면의 온도가 낮을 때

■ Cold draft는 차가운 공기가 체표면에 직접 접촉하는 것으로 겨울철 외벽과 같이 주위벽면온도가 낮거나, 냉방 시 취출구 근처에서 기류 속도가 클 때 발생한다.

057 외기온도 30℃, 실내온도 25℃, 유리면적 10m²일 때 유리를 통해 들어오는 관류 열량은?(단, 유리는 2중 유리이며 열관류율은 3.5W/m²K)

① 175W
② 350W
③ 630W
④ 975W

■ $Q = KA\Delta T = 3.5 \times 10 \times (30-25) = 175W$
문제에서 요구하는 답의 단위에 따라 W, J/s, kJ/h 등으로 환산할 줄 알아야 한다.
∴ 175W = 175J/s = 630kJ/h

058 교실면적이 480m²인 경우 조명기구로부터 취득열량(kJ/h)을 구하면?(단, 필요조명 전력은 13W/m²이며 점등률은 0.5, 축열부하계수 SLFe=0.9, 조명기구는 천장매립형 형광등이며 형광등 안정기 발열량은 20%를 가산한다.)

① 3,370kJ/h
② 6,065kJ/h
③ 12,130kJ/h
④ 14,360kJ/h

■ 발열량(W) = 조명전력×점등률×축열부하계수×안정기계수
= 480×13×0.5×0.9×1.2 = 3,370W = 12,130kJ/h

059 냉방 시 일사를 받는 외벽의 전열부하계산과 가장 관계가 깊은 것은?

① 유효온도차
② 상당외기온도차
③ 벽면 양쪽 공기온도차
④ 대수평균온도차

■ 냉방부하 계산 시 외벽의 일사에 의한 영향으로 외벽이 가열되어 침투하는 열량을 계산하기 위하여 외기온도를 보상하여 환산한 외기온도를 상당외기온도라 하고 이때의 실내외 온도차를 상당외기온도차(ETD)라 한다.

060 공조장치의 용량을 계산할 때 가장 일반적으로 사용되며 공기조화 부하와 함께 알아야 하는 것으로 실내부하의 특성을 의미하는 것은?

① 현열비
② 열수분비
③ 비열
④ 비용적

■ 실내 현열비(SHF)는 실내부하 특성을 알 수 있는 것으로 이에 따라 취출 공기상태, 공기량 등이 결정된다. 가끔은 열수분비도 현열비와 같이 이용된다.

해답 56.③ 57.① 58.③ 59.② 60.①

061 난방설계용 실내온도를 가장 높게 설정해야 할 건물 공간은?
① 학교강당　　　　　　② 공장
③ 체육관　　　　　　　④ 수영장

■ 난방설계용 실내온도 : 강당(18℃ 내외), 공장(16℃ 내외), 체육관(16℃ 내외), 수영장(30℃ 내외)

062 다음 중 냉방 시 잠열부하의 원인이 되지 않는 것은?
① 재열부하　　　　　　② 인체에서 발생하는 열
③ 환기부하　　　　　　④ 조리기구로부터의 취득열

■ 재열부하는 가열만 하므로 현열부하이다. 잠열부하는 수증기가 어떤 형태로든 관여한다.

063 난방 시 옆방과의 온도차가 5℃일 때 벽체면적 20m^2을 통해 이동되는 관류열량(kW)은?(단, 벽체의 열관류율은 0.5W/m^2K이다.)
① q_s=0.05kW　　　　② q_s=0.5kW
③ q_s=5kW　　　　　④ q_s=50kW

■ $q_s = K \cdot A \cdot \Delta t$ =0.5×20×5=50W=0.05kW=180kJ/h
벽체 손실열량을 kJ/h, kW, W 단위로 환산할 줄 알아야 한다.

064 난방 시 벽체의 관류손실열량을 계산할 때 일반적으로 방위계수를 가장 적게 취하는 방위는?
① 북쪽　　　　　　　　② 동쪽
③ 남서쪽　　　　　　　④ 남쪽

■ 방위계수는 난방부하 계산 시 그늘의 영향을 고려하여 보정하는 계수이며 남쪽을 1로, 북쪽을 1.2, 동서쪽을 1.1 정도로 보며 따라서 남쪽이 가장 작다.

065 7m×5m×3.5m 사무실의 환기에 의한 현열만의 손실열량은 얼마인가?(단, 실내온도 20℃, 옥외온도 5℃, 사무실의 환기횟수 2회/시간)
① 724kJ/h　　　　　　② 925kJ/h
③ 2,045kJ/h　　　　　④ 4,454kJ/h

■ 환기량은 Q=환기회수×실용적=2×(7×5×3.5)=245m^3/h
손실열량 q=1.01×1.2Q△t=1.01×1.2×245×(20-5)=4,454kJ/h

066 겨울철 건물의 외벽체를 통한 손실열량을 감소시키는 방법으로 틀린 것은?
① 벽체의 열관류율을 작게 한다.　　② 벽체의 면적을 작게 한다.
③ 실내 설계기준 온도를 높인다.　　④ 동서로 긴 평면형태로 설계한다.

■ 손실열량은 온도차에 비례하므로 실내 설계온도를 높이면 온도차(실내온-외기온)가 커져서 손실열량이 많아진다.

해답　61.④　62.①　63.①　64.④　65.④　66.③

067 냉방부하 중 현열부하와 잠열부하가 복합된 것은?
① 태양 복사열
② 조명에서의 발생열
③ 인체에서의 발생열
④ 간벽, 바닥, 천장을 통과하는 전도열

■ 현열부하와 잠열부하가 복합된 것은 수분이 관계된 것으로 인체에서는 주변과의 온도차에 의한 현열부하와 땀과 호흡에서 발생하는 수분에 의한 잠열부하가 발생된다.

068 결로현상을 설명한 것 중 가장 옳지 않은 것은?
① 건축구조물을 사이에 두고 양쪽에 수증기의 압력차가 생기면 수증기는 구조물을 통하여 흐르며 실제 수증기 분압이 포화 수증기 분압 이상이 되면 응결하여 발생한다.
② 결로는 습공기의 온도가 노점온도까지 강하하면 공기 중의 수증기가 응결하여 시작된다.
③ 습공기가 노점온도까지 강하하면 응결이 시작되며 응결이 발생되면 수증기의 분압이 상승한다.
④ 결로방지를 위하여 방습층을 사용할 때는 반드시 수증기압이 높은 쪽의 구조물 표면에 두도록 한다.

■ 습공기가 노점온도까지 강하하면 응결이 시작되며 응결이 시작되면 수증기가 응축 제거되어 수증기분압이 감소한다.

069 다음 냉방부하의 요소를 나열한 것 중 잠열을 고려하지 않아도 되는 것은?
① 인체로부터의 발생열량
② 커피포트로부터의 발생열량
③ 일사에 의한 취득열량
④ 틈새바람에 의한 취득열량

■ 잠열부하는 수증기와 관계되므로 인체, 커피포트, 틈새바람에는 수증기가 있어 잠열부하가 있으나 일사부하나 조명부하는 잠열부하가 없다.

070 난방도일(Degree-day)을 이용하여 예측할 수 있는 것은?
① 난방운전시간
② 외기온도
③ 순간최고온도
④ 난방 에너지량

■ 난방도일은 일정 기간 동안의 기간부하로써 난방 시 에너지 소비량을 추정할 수 있다.

071 전동기로 구동되는 기계로부터 발생되는 열량이 실내 부하에 가장 큰 영향을 미치는 경우는?
① 전동기와 기계가 모두 실내에 있을 때
② 전동기는 실외에 있고, 기계는 실내에 있을 때
③ 전동기는 실내에 있고, 기계는 실외에 있을 때
④ 전동기와 기계가 모두 실외에 있을 때

■ 실내 취득 부하량은 전동기와 기계가 모두 실내에 있을 때 가장 크고 기계만 실내에 있을 때, 전동기만 실내에 있을 때, 모두 실외에 있을 때 순이다.

해답 67.③ 68.③ 69.③ 70.④ 71.①

072 실내 취득현열량이 184,360kJ/h, 잠열량이 36,000kJ/h일 때 실내의 온도를 26℃로 유지하려면 실내에 공급하여야 할 풍량은 얼마인가?(단, 공기의 비열은 1.01 kJ/kgK, 공기의 밀도는 1.2kg/m³이고 실내에 공급되는 공기의 온도는 12℃이다.)

① 3,860m³/h ② 9,860m³/h
③ 10,865m³/h ④ 13,860m³/h

■ $Q = \dfrac{q_s}{\gamma \times C_P \times \Delta t} = \dfrac{184,360}{1.2 \times 1.01(26-12)} = 10,865(m^3/h)$

073 실내 취득현열량이 20kW, 잠열량이 5kW일 때 실내의 온도를 26℃로 유지하려면 실내에 공급하여야 할 풍량은 얼마인가?(단, 공기의 비열은 1.01kJ/kgK, 공기의 밀도 1.2kg/m³이고 실내에 공급되는 공기의 온도는 12℃이다.)

① 3,860m³/h ② 4,243m³/h
③ 6,365m³/h ④ 8,060m³/h

■ $q_s = mC\Delta t$ 에서 $Q = \dfrac{q_s}{\rho C \Delta t} = \dfrac{20 \times 3,600}{1.2 \times 1.01(26-12)} = 4,243 m^3/h$
※ 이 문제는 1kW=1kJ/s=3,600kJ/h를 이용한다.

074 정풍량 단일덕트 방식에서 실내의 냉방현열부하가 2,000kJ/h일 때 실내건구 온도와 송풍온도의 차(취출온도차)가 10℃이었다면 동일한 조건에서 현열 부하가 1,600kJ/h로 줄었을 때의 취출온도차는 얼마인가?

① 6℃ ② 7℃
③ 8℃ ④ 9℃

■ $q_s = mC\Delta t$ 에서 풍량이 일정할 때 취출온도차(Δt)는 부하에 비례한다.
$\Delta t = 10(\dfrac{1,600}{2,000}) = 8℃$

075 냉방부하의 종류에 속하지 않는 것은?

① 실내 취득 열량 ② 재열부하
③ 기기부하 ④ 가습부하

■ 가습부하는 난방부하에 포함한다.

076 냉방부하 중 실내 취득열량에 속하는 것만 열거한 것은?

① 유리일사부하, 극간풍부하, 인체발생열량, 기구발생부하
② 유리전도부하, 송풍기 취득열량, 인체발생열량
③ 형광등 발생부하, 극간풍부하, 재열부하
④ 외기부하, 재열부하, 기기부하

■ 실내취득열량은 벽체, 유리창, 극간풍, 인체, 기구 부하이다. 외기부하는 외기를 도입할 때 발생하며, 송풍기 취득열량은 공조기기부하이고, 재열부하는 재열할 때 발생하는 부하이다.

077 상당외기 온도차에 대한 설명 중 옳은 것은?

① 시간과 방위에 따라 다르게 나타난다.
② 일사량이 클수록 상당 온도차는 작아진다.
③ 겨울철 난방부하 계산에 이용된다.
④ 내벽의 상당 온도차는 외벽보다 값이 크다.

■ 상당외기 온도차는 냉방부하 시 외벽에 대하여 일사의 영향을 고려한 것으로 시각, 방위, 위도 등에 따라 달라진다. 일사량이 큰 정오 시간에 상당온도차는 커진다. 내벽은 상당온도차 적용에서 제외된다.

078 극간풍에 의한 부하계산 방법에 속하지 않는 것은?

① 재실 인원수에 의한 방법
② 크랙 길이법에 의한 방법
③ 창문면적법
④ 환기횟수법

■ 재실인원수와 극간풍은 직접적인 관계가 없다. 극간풍량 계산법에 크랙길이법, 환기횟수법, 창문면적법이 있다.

079 다음 중 기간 부하를 산정하기 위한 방법이 아닌 것은?

① 빈 방법(bin method)
② 디그리 데이(degree day)
③ 동적 열부하 계산법
④ 최대 열부하 계산법

■ 최대 열부하 계산법(CLTD법, TETD법 등)은 시간 최대 부하 계산법이다.

080 냉방부하에서 재열부하에 대한 설명으로 옳은 것은?

① 가열코일에서 한번 가열한 것을 재차 가열할 때의 가열부하를 재열부하라 한다.
② 냉각코일에서 한번 냉각시킨 공기를 취출 온도까지 가열할 때 부하를 재열부하라 한다.
③ 단일덕트 터미널 리히트 방식에서 온수에 의한 가열부하를 말하는 것이다.
④ 침입외기를 가열 할 때 부하를 재열부하라 한다.

■ 냉방시스템에서 제습(수분제거)을 위해 취출온도 이하까지 냉각할 경우 다시 취출온도까지 가열하는 것은 재열이라 하며 이때 가열부하를 재열부하라 한다.

081 냉방부하에서 기기 열부하는 어떤 부하이며 얼마 정도인가?

① 공조기기(팬, 펌프, 덕트 등)에 의한 부하이며 실내 취득열량의 10~20%로 보아준다.
② 형광등, 백열등의 전열기에 의한 부하이며 냉방부하의 10~20%로 보아준다.
③ 예열기의 부하를 말하며 외기부하이다.
④ 모터, 전열기 등의 부하를 말하며 실내 취득열량의 70~80%를 차지한다.

■ 냉방 시 공조 설비에 관련한 fan, pump, duct 등에서의 열취득을 기기부하라 하며, 보통 실내 취득열량의 10~20%로 보아준다.

해답 77.① 78.① 79.④ 80.② 81.①

082 방위별 조닝을 한 대형 사무소 건물에서 재열부하가 발생하기 가장 쉬운 경우는?
① 추분의 건물 남쪽 존
② 동지의 건물 북쪽 존
③ 하지의 건물 남쪽 존
④ 장마철의 건물 북쪽 존

■ 재열부하는 제습을 위해 냉각된 공기를 다시 가열하여 온도만을 상승시키는 현열부하이다. 그러므로 재열부하는 냉방 시 제습이 필요한 존에서 발생하며 장마철 북쪽 존처럼 수분발생이 많은 곳에 적용한다.

083 실내 온도가 26℃, 외기 온도가 33℃일 때 상당외기 온도차를 구하라.(단, 표에서 설계 실내 기준 온도 27℃, 외기온도 32℃일 때 상당 온도차는 14.5℃이다.)
① 13.5℃
② 14.5℃
③ 15.5℃
④ 16.5℃

■ 상당외기 온도차 보정 $\Delta t_e = \Delta t + (t_0' - t_0) - (t_r' - t_r)$ =14.5+(33-32)-(26-27)=16.5℃
설계 실내 기준온도보다 현재 실내온도가 낮을 때 상당온도는 증가하고, 현재 외기온도는 설계온도보다 높을 때 증가한다.

084 실내 설계조건 t=20℃, 상대습도 φ=50%인 어떤 실의 난방부하를 계산한 결과 현열부하 q_s=628,500kJ/h, 잠열부하 q_L=12,570kJ/h였다. 실내 송풍량이 100,000 kg/h라 하면 이때 필요한 취출공기의 온도는?(단 공기비열은 $1.01 kJ/kg\,K$, 밀도는 $1.2 kg/m^3$이다.)
① 6.2℃
② 13.8℃
③ 26.2℃
④ 28.8℃

■ $q_s = mC\Delta t$에서 취출온도차 Δt는 $\Delta t = \dfrac{q_s}{mC} = \dfrac{628,500}{100,000 \times 1.01} = 6.22℃$
난방 시 취출온도는 실내온도보다 높으므로 취출온도=20+6.22=26.2℃
〈이 문제에서 잠열부하와 공기밀도는 계산과 무관한 함정이다〉

085 난방부하를 바르게 표현한 것은?
① 벽전열부하, 극간풍부하, 인체발열량, 기구발열량
② 벽전열부하, 재열부하, 외기부하
③ 벽전열부하, 유리 취득열량, 인체발열량
④ 벽전열부하, 극간풍부하, 외기부하

■ 난방부하는 벽전열부하, 극간풍부하, 외기부하, 가습부하 등이며 난방부하에서 실내 발열량은 보통 무시한다.

086 난방 시 천장고 5m인 실내 평균 온도를 구하라.(단, 바닥면 1.5m에서의 온도는 18℃이다.)
① 18℃
② 19.2℃
③ 19.8℃
④ 20.4℃

■ $t_m = t + 0.05t(h-3)$ =18+0.05×18(5-3)=19.8℃

해답 82.④ 83.④ 84.③ 85.④ 86.③

087 난방 시 천장고 6m인 고천장 실내 평균 온도가 21℃일 때 바닥면 1.5m에서의 온도는 얼마 정도인가?

① 18.3℃   ② 19.2℃
③ 19.8℃   ④ 20.4℃

■ $t_m = t + 0.05 \cdot t(h-3)$ 에서 $21 = t + 0.05t(6-3)$
$1.15t = 21$
$t = 18.3℃$

088 난방부하 계산 시 방위 계수를 적용해야 할 곳은?

① 바닥   ② 내벽
③ 층과 층 사이   ④ 외벽

■ 보정(방위) 계수 : 난방 시 외벽은 방위에 따라 일사와 풍속이 다르고 자연히 열전달량이 차이가 나며, 응달에 의한 열손실 등을 고려하여 방위계수를 산정하며 일반적인 방위계수는 다음과 같다.

항목	동서	남	북	서북동서	남서동남	지붕	바람 강한 곳	고립
방위계수	1.1	1.0	1.2	1.15	1.05	1.2	1.2	1.15

089 냉각 코일부하에 포함되지 않는 것은?

① 인체 열부하   ② 덕트 열부하
③ 배관 열부하   ④ 송풍기 열부하

■ 배관부하는 냉각코일 부하에는 포함되지 않고 냉동기 부하에 포함된다.

090 하루 24시간 동안 난방하지 않고 출퇴근 시간 동안만 난방할 때 구하는 난방부하는 무엇인가?

① 최대부하 계산법   ② 최소부하 계산법
③ 기간부하 계산법   ④ 간헐부하 계산법

■ 간헐적인 난방 시 부하를 간헐 부하라 하며 벽체 열용량이 고려된다.

091 어느 실의 실내 취득 현열량이 24,000kJ/h인 경우, 공조 기계의 용량부족으로 15℃의 냉풍을 1,670m³/h씩 송풍하고 있다. 실내 온도를 몇 ℃로 유지할 수 있는가?(단, 최초 설계 시 실내온도는 25℃이고, 공기비열은 $1.01 kJ/kg\,K$, 밀도는 $1.2 kg/m^3$이다.)

① 25.86℃   ② 26.86℃
③ 27.86℃   ④ 28.86℃

■ 취출 온도차 $\Delta t = \dfrac{q_s}{\rho \cdot CQ} = \dfrac{24,000}{1.2 \times 1.01 \times 1,670} = 11.86℃$
실내 온도 $t_r = 15 + \Delta t = 15 + 11.86 = 26.86℃$
설계온도 25℃를 유지하지 못하고 실내온도 26.86℃를 유지하고 있다.
여기서 당초 설계 실내온도는 문제 풀이와 관계없다.

해답 87.① 88.④ 89.③ 90.④ 91.②

092 어느 실의 냉방 시 현열부하가 36,000kJ/h인 경우 송풍 공기량은 몇 m³/h인가?(단, 실내 온도 27℃, 실내 송풍공기 온도 15℃, 외기 온도 32℃, 공기비열은 $1.01 kJ/kgK$, 밀도는 $1.2 kg/m^3$이다.)

① 12,500m³/h ② 12,000m³/h
③ 10,912m³/h ④ 2,475m³/h

■ $Q = \dfrac{q_s}{\gamma \cdot C_{pa} \cdot \triangle t} = \dfrac{36,000}{1.2 \times 1.01 \times (27-15)} = 2,475 m^3/h$

093 겨울철 손실 열량이 20kW인 경우 실내를 20℃로 유지하기 위한 송풍공기량(kg/h)을 구하라.(단, 외기 온도 3℃, 송풍 공기 온도 34℃)

① 2,778kg/h ② 4,960kg/h
③ 5,092kg/h ④ 5,952kg/h

■ $Q = \dfrac{q_s}{1.01 \cdot \triangle t} = \dfrac{20 \times 3,600}{1.01(34-20)} = 5,092 kg/h$

$\triangle t$: 취출온도차, 여기에서 외기온도는 문제풀이와 관계없다.

094 어느 실의 실내 취득 현열부하와 송풍량이 일정할 때, 16℃의 냉풍을 2,000m³/h씩 송풍하여 실내 온도를 26℃로 유지하고 있다. 이때 냉각코일의 용량부족으로 18℃ 냉풍을 송풍한다면 실내온도는 몇 도를 유지할 수 있는가? (단, 공기비열은 $1.01kJ/kgK$, 밀도는 $1.2kg/m^3$이다.)

① 26.℃ ② 27.℃
③ 28.℃ ④ 29.℃

■ 취출 온도차 $\triangle t = \dfrac{q_s}{\rho \cdot C \cdot Q}$ 식에서 실내부하와 송풍량이 같다면 취출온도차는 일정하다.
취출온도차가 10℃이므로 실내 온도 $t = 18 + 10 = 28℃$

095 공조방식 중 각층 유닛방식에 관한 설명으로 틀린 것은?

① 송풍 덕트의 길이가 짧게 되고 설치가 용이하다.
② 사무실과 병원 등의 각 층에 대하여 시간차 운전에 유리하다.
③ 각 층 슬래브의 관통덕트가 없게 되므로 방재상 유리하다.
④ 각 층에 수배관을 설치하지 않으므로 누수의 염려가 없다.

■ 각 층 유닛방식은 각 층에 수배관을 설치하며 누수의 우려가 있다. 각 층에 공조기를 설치하는 공조실을 두기 때문에 소음 방진에 유의해야 한다.

096 다음 공조방식 중에 전공기 방식에 속하는 것은?

① 패키지 유닛 방식 ② 복사 냉난방 방식
③ 팬 코일 유닛 방식 ④ 2중덕트 방식

■ 전공기 방식에는 2중덕트 방식, 단일덕트 정풍량, 변풍량방식 등이 있다. 패키지 유닛 방식은 냉매방식이며, 복사 냉난방 방식은 수공기식, 팬 코일 유닛 방식은 전수식에 속한다.

097 아래 그림은 공기조화기 내부에서의 공기의 변화를 나타낸 것이다. 이 중에서 냉각코일에서 나타나는 상태변화는 공기선도상 어느 점을 나타내는가?

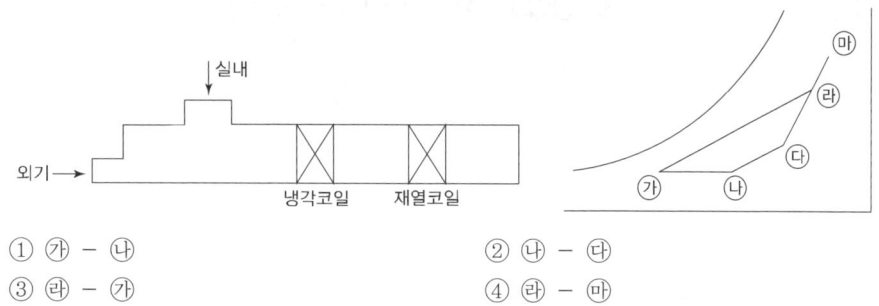

① 가 - 나
③ 라 - 가
② 나 - 다
④ 라 - 마

■ 공기선도상 재열기가 있는 냉방시스템으로 외기(마)와 환기(다)를 혼합하여(라) 냉각한 후(가) 재열하여 (나)취출하는 것이다. 냉각코일에서는 혼합공기(라)가 (가)로 냉각된다.

098 대사량을 나타내는 단위로 쾌적상태에서의 안정 시 대사량을 기준으로 하는 단위는?
① RMR
② clo
③ met
④ ET

■ met는 대사량(활동성)을 나타내는 단위로 쾌적상태에서의 안정 시 대사량을 1met로 정한다.

099 일정한 건구온도에서 습공기의 성질 변화에 대한 설명으로 가장 거리가 먼 것은?
① 비체적은 절대습도가 높아질수록 증가한다.
② 절대습도가 높아질수록 노점온도는 높아진다.
③ 상대습도가 높아지면 절대습도는 높아진다.
④ 상대습도가 높아지면 엔탈피는 감소한다.

■ 일정한 건구온도(현열 일정)에서 상대습도가 높아지면(잠열증가) 엔탈피는 증가한다.

100 복사난방에 관한 설명으로 가장 적합한 것은?
① 고온식 복사난방은 강판제 패널 표면의 온도를 100[℃] 이상으로 유지하는 방법이다.
② 파이프 코일의 매설 깊이는 균등한 온도분포를 위해 코일 외경과 동일하게 한다.
③ 온수의 공급 및 환수 온도차는 가열면의 균일한 온도분포를 위해 10[℃] 이상으로 한다.
④ 방이 개방상태에서도 난방효과가 있으나 동일 방열량에 대해 손실량이 비교적 크다.

■ 복사난방에서 고온식 복사난방은 패널 표면 온도를 100[℃] 이상으로 유지하며, 파이프 코일의 매설 깊이는 균등한 온도분포를 위해 코일 외경의 1.5배 이상으로 하고, 온수의 공급 및 환수 온도차는 가열면의 균일한 온도분포를 위해 5[℃] 이내로 한다. 복사난방은 방이 개방상태에서도 난방효과가 있으며(고천장, 개방공간에 유리) 동일 방열량에 대해 열손실량이 비교적 적어서 에너지 절약적이다.

해답 97.③ 98.③ 99.④ 100.①

101 어느 실의 냉방장치에서 실내취득 현열부하가 40,000W, 잠열부하가 15,000W인 경우 송풍공기량은?(단, 실내온도 26℃, 송풍 공기온도 12℃, 외기온도 35℃, 공기밀도 1.2kg/m³, 공기의 정압비열은 1.01kJ/kg·K이다.

① 1.65m³/s　　② 2.28m³/s
③ 2.36m³/s　　④ 3.25m³/s

■ 현열부하 40,000W를 40kW로 환산하여 계산한다.
$$Q = \frac{q_s}{\rho C \Delta t} = \frac{40,000 \div 1,000}{1.2 \times 1.01(26-12)} = 2.36 \text{m}^3/\text{s}$$

102 다음 공기조화 장치 중 실내로부터 환기의 일부를 외기와 혼합한 후 냉각코일을 통과시키고, 이 냉각코일 출구의 공기와 환기의 나머지를 혼합하여 송풍기로 실내에 재순환시키는 장치의 흐름도는?

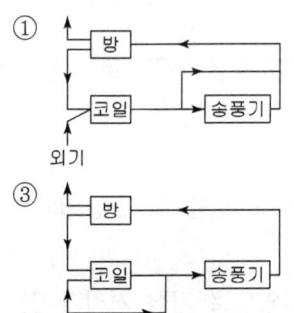
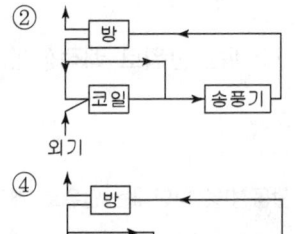
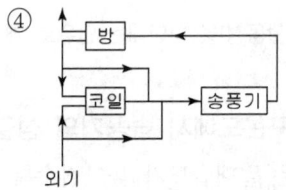

■ 흐름도 ②는 환기의 일부와 외기를 혼합하여 코일을 통과시킨 공기와 환기 중 일부를 바이패스시켜 혼합한 후 송풍기로 실내에 급기하는 계통도이다.

103 아래의 그림은 공조기에 ① 상태의 외기와 ② 상태의 실내에서 되돌아온 공기가 공조기로 들어와 ⑥ 상태로 실내로 공급되는 과정을 습공기 선도에 표현한 것이다. 공조기 내 과정을 알맞게 나열한 것은?

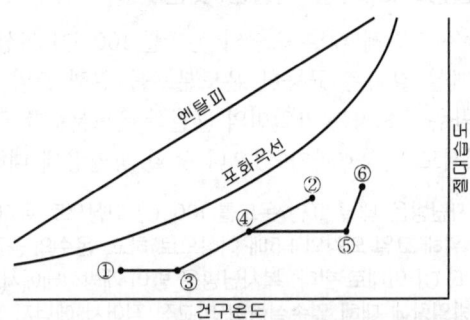

① 예열 – 혼합 – 증기가습 – 가열
② 예열 – 혼합 – 가열 – 증기가습
③ 예열 – 증기가습 – 가열 – 증기가습
④ 혼합 – 제습 – 증기가습 – 가열

■ 선도는 외기 ①을 예열하여 ③으로 만든 후 실내공기 ②와 혼합하여 ④로 하고 가열하여 ⑤로 만든 후 증기가습하여 ⑥으로 만들어 실내에 급기한다.

해답　101.③　102.②　103.②

104 멀티 존 유닛 공조방식에 대한 설명으로 옳은 것은?
① 이중덕트 방식의 덕트 공간을 천장속에 확보할 수 없는 경우 적합하다.
② 멀티 존 방식은 비교적 존 수가 대규모인 건물에 적합하다.
③ 각 실의 부하변동이 심해도 각 실에 대한 송풍량의 균형을 쉽게 맞춘다.
④ 냉풍과 온풍의 혼합 시 댐퍼의 조정은 실내 압력에 의해 제어한다.

■ 멀티 존 유닛 공조방식은 이중덕트 방식보다 덕트 스페이스가 적어서 덕트 공간을 확보할 수 없는 경우에 적합하며, 비교적 존 수가 작은 건물에 적합하다. 각 실의 부하변동이 심하면 송풍량의 균형을 잡기 어렵고 존별로 송풍량의 균형을 잡을 수 있다. 냉풍과 온풍의 혼합 시 댐퍼의 조정은 실내 온도에 의해 제어한다.

105 냉방 시의 공기조화 과정을 나타낸 것이다. 그림과 같은 조건일 경우 냉각코일의 바이패스 팩터는?(단, ① 실내공기의 상태점, ② 외기의 상태점, ③ 혼합공기의 상태점, ④ 취출공기의 상태점, ⑤ 코일의 장치노점온도이다.)

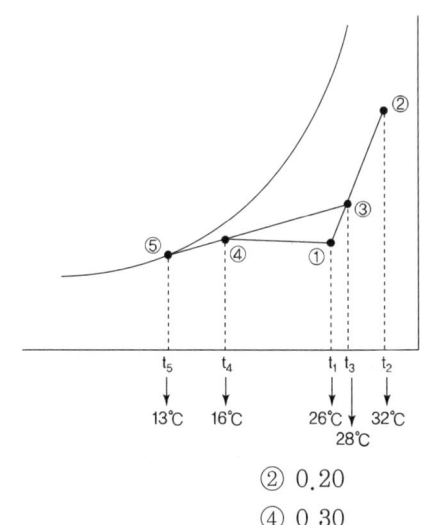

① 0.15   ② 0.20
③ 0.25   ④ 0.30

■ 바이패스 팩터(BF) = $\dfrac{\text{코일출구} - \text{장치노점온도}}{\text{코일입구} - \text{장치노점온도}} = \dfrac{④ - ⑤}{③ - ⑤} = \dfrac{16 - 13}{28 - 13} = 0.2$

106 전공기 방식에 의한 공기조화의 특징에 관한 설명으로 가장 거리가 먼 것은?
① 실내공기의 오염이 적다.
② 계절에 따라 외기냉방이 가능하다.
③ 수배관이 없기 때문에 물에 의한 장치부식 및 누수의 염려가 없다.
④ 덕트가 소형이라 설치공간이 줄어든다.

■ 전공기 방식은 덕트가 대형이고 설치공간이 커서 천장 속 공간이 커지므로 고층건물에서 층고와 건물 높이가 증가한다.

107 여름철을 제외한 계절에 냉각탑을 가동하면 냉각탑 출구에서 흰색 연기가 나오는 현상이 발생할 때가 있다. 이 현상을 무엇이라고 하는가?

① 스모그(smog) 현상　　② 백연(白煙) 현상
③ 굴뚝(stack effect) 현상　　④ 분무(噴霧) 현상

■ 냉각탑 출구 주변공기 온도가 습공기의 노점온도 보다 낮을 경우 흰색 안개가 발생하는 현상을 백연현상이라 한다.

108 아래 습공기 선도에 나타낸 과정과 일치하는 장치도는?

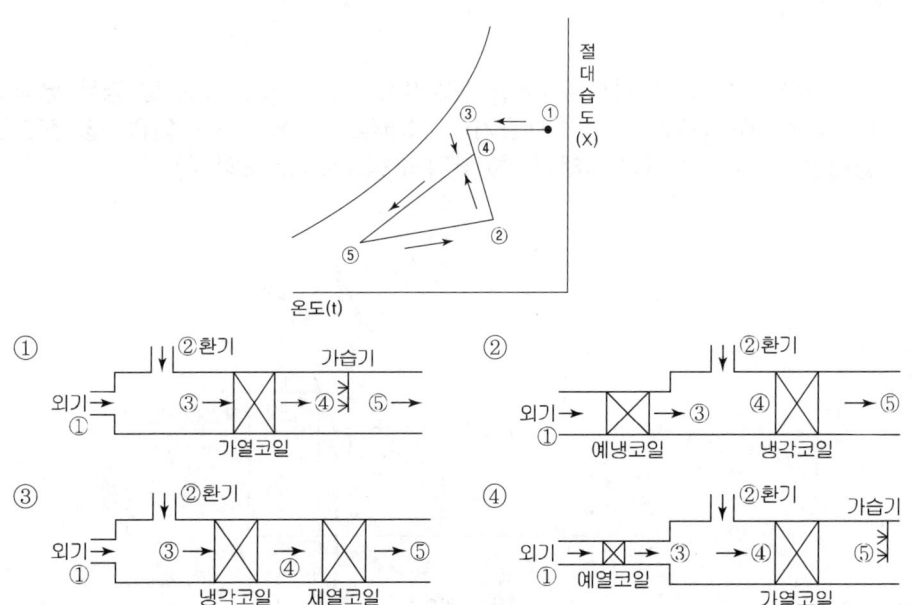

■ 습공기 선도는 외기(①)를 예냉한 후(③) 환기(②)와 혼합한 후(④) 냉각코일로 냉각하여(⑤) 실내에 취출한다.

109 단일덕트 방식에 대한 설명으로 틀린 것은?

① 단일덕트 정풍량 방식은 개별제어에 적합하다.
② 중앙기계실에 설치한 공기조화기에서 조화한 공기를 주 덕트를 통해 각 실내로 분배한다.
③ 단일덕트 정풍량 방식에서는 재열을 필요로 할 때도 있다.
④ 단일덕트 방식에서는 큰 덕트 스페이스를 필요로 한다.

■ 단일덕트 정풍량 방식은 부하 변동에 대응하기가 어려워 개별제어에는 부적합하다.

110 팬코일유닛에 대한 설명으로 옳은 것은?

① 고속덕트로 들어온 1차 공기를 노즐에 분출시킴으로써 주위의 공기를 유인하여 팬코일로 송풍하는 공기조화기이다.
② 송풍기, 냉온수 코일, 에어필터 등을 케이싱 내에 수납한 소형의 실내용 공기조화기이다.
③ 송풍기, 냉동기, 냉온수코일 등을 기내에 조립한 공기조화기이다.
④ 송풍기, 냉동기, 냉온수코일, 에어필터 등을 케이싱 내에 수납한 소형의 실내용 공기조화기이다.

■ ①-유인유닛 방식, ②-팬코일유닛 방식, ③, ④-패키지에어컨

111 다음은 어느 공조 방식에 대한 설명인가?

- 각 실이나 존의 온도를 개별제어하기 쉽다.
- 일사량 변화가 심함 페리미터 존에 적합하다.
- 실내부하가 적어지면 송풍량이 적어지므로 실내 공기의 오염도가 높다.

① 정풍량 단일덕트방식　　② 변풍량 단일덕트방식
③ 패키지방식　　　　　　　④ 유인유닛방식

■ 변풍량 단일덕트방식(VAV)은 각 실이나 존의 온도를 개별제어하기 쉬우나 실내부하가 적어지면 송풍량이 적어지므로 실내 공기의 오염도가 높다.

112 다음 습공기 선도의 공기조화과정을 나타낸 장치도는?(단, ①=외기, ②=환기, HC=가열기, CC=냉각기이다.)

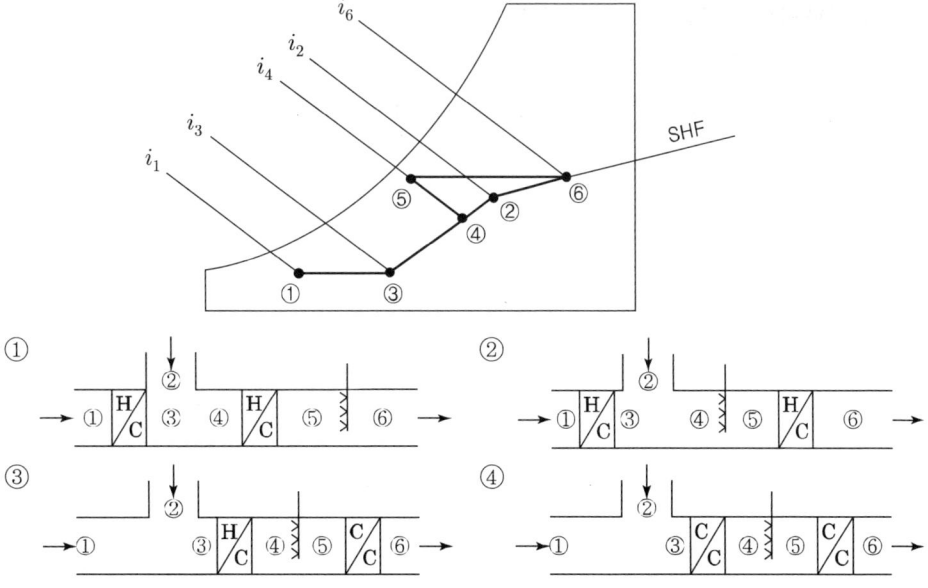

■ 습공기 선도에서 조화과정은 외기(①)를 예열(③)하여 환기(②)와 혼합(④)하고 가습(⑤)한 후 가열(⑥)하여 취출한다. 그러므로 ②번이 답이다.

해답　110.②　111.②　112.②

113 다음의 공기조화 장치에서 냉각코일 부하를 올바르게 표현한 것은? (단, G_F는 외기량(kg/h)이며, G는 전풍량(kg/h)이다.)

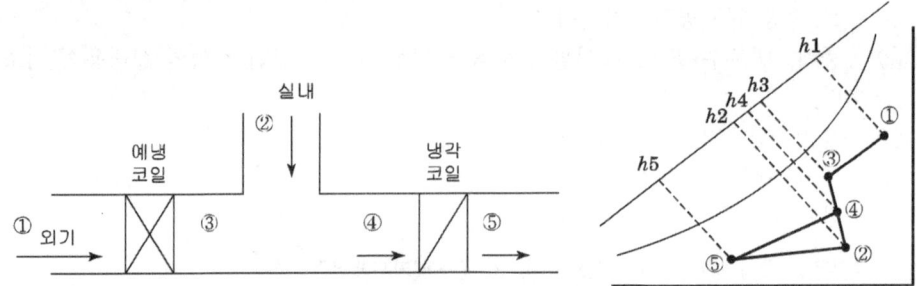

① $G_F(h_1-h_3)+G_F(h_1-h_2)+G(h_2-h_5)$
② $G(h_1-h_2)-G_F(h_1-h_3)+G_F(h_2-h_5)$
③ $G_F(h_1-h_2)-G_F(h_1-h_3)+G(h_2-h_5)$
④ $G(h_1-h_2)+G_F(h_1-h_3)+G_F(h_2-h_5)$

■ 장치도에서 냉각코일부하는 $G(h_4-h_5)$이며
$G(h_4-h_5)$ = 외기부하+실내부하 = $G_F(h_1-h_2)-G_F(h_1-h_3)+G(h_2-h_5)$
여기서 예냉코일 부하는 포함시키지 않는다.

114 공조기와 덕트 설치 시 검토 사항으로 가장 부적합한 것은?
① 공조기의 형식은 공조실의 면적·높이 등을 고려하여 가장 적절한 형식 선정(수평형, 수직형, 조합형, return fan내장형, 슬림형 등) - 공조기 상세와 일치 여부를 확인한다.
② fan의 설치방법 (토출방향 등)은 공조기 위치, 공조실의 높이 등을 고려하여 원활한 덕트가 되도록 설치한다.
③ 여름철 외기냉방이 가능하도록 외기 및 배기덕트 크기를 검토한다.
④ 공조실 자체의 플레넘(plenum) 챔버를 검토한다.

■ 외기냉방은 외기조건이 실내조건보다 온도가 낮을 때 사용하므로 중간기(봄, 가을)에 적용한다.

115 아래 그림에 나타낸 장치를 표의 조건으로 냉방운전을 할 때 A실에 필요한 송풍량 (m³/h)은?(단, A실의 냉방부하는 현열부하 8.8kW, 잠열부하 2.8kW이고, 공기의 정압비열은 1.01kJ/kg·K, 밀도는 1.2kg/m³이며, 덕트에서의 열손실은 무시한다.)

지점	온도(DB), ℃	습도(RH), %
A	26	50
B	17	–
C	16	85

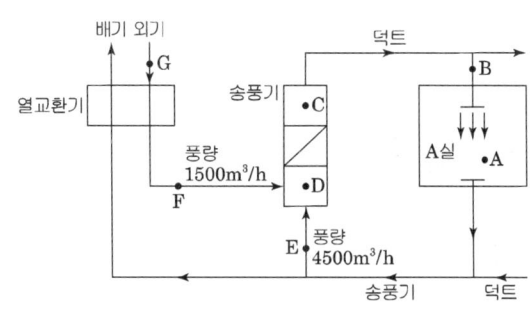

① 924
② 1,847
③ 2,904
④ 3,831

■ A실의 급기 송풍량은 실내 현열부하와 취출온도차로 구한다.

$q = mC\Delta t$ 에서 $m = \dfrac{q}{C\Delta t} = \dfrac{8.8\text{kW} \times 3,600}{1.01(26-17)} = 3,485 \text{kg/h} = 2,904 \text{m}^3/\text{h}$

$8.8\text{kW} = 8.8\text{kJ/s}$ 이므로 공기량(m)은 kg/s가 된다. 여기서 3,600으로 시간으로 환산한 것이다. 급기량 kg/h는 밀도 1.2로 나누면 m³/h 가 된다.

제3편 | 설비시스템 검토

제1장 공기조화시스템 검토

1. 냉난방 방식의 특성

1) 공조 냉방 방식 분류

- 중앙식
  - 전공기식 : 단일덕트식, 이중덕트식, 멀티존 유니트식
  - 수공기식 : 각층 유니트식, FCU(덕트병용), 유인 유니트식, 복사패널식(덕트)
  - 전수식 : 팬코일 유니트식
- 개별식 : 패케이지 방식(냉매 방식)

2) 난방 방식 분류

(1) 난방의 분류

- 개별난방 : 난로, 온풍로, 개별보일러
- 중앙난방
  - 직접난방 : 증기난방, 온수난방
  - 간접난방 : 온풍난방
  - 복사난방 : 복사난방

(2) 중앙난방

① **직접난방** 증기, 온수난방 등으로 방열기에 열매를 공급하여 실내공기를 직접 가열하여 난방한다.(온도조절 가능, 습도조절 불가능)
② **간접난방** 일정 장소에서 외부 공기를 가열하여 덕트를 통해 실내에 공급하여 난방한다.
③ **복사난방** 실내의 벽 및 바닥, 천장에 코일파이프를 배관하여 열매를 공급한다.(쾌감도가 좋음)
④ **지역난방** 다량의 고압증기 또는 고온수를 이용하여 어느 한 일정 지역을 공급하는 방식이다.

(3) 난방 방식 비교

① **쾌감도** 복사난방>온수난방>증기난방
② **열용량** 복사난방>온수난방>증기난방

③ **설비비** 복사난방>온수난방>증기난방
④ **제어성** 온수난방은 비례제어성이 있지만 증기난방은 ON-OFF 제어만 가능하다.

3) 증기난방

(1) 장단점
① 증기잠열을 이용하므로 열운반 능력이 크며 예열시간이 짧고 증기 순환이 빠르다.
② 설비비가 싸고 방열면적과 관경이 적어도 된다.
③ 쾌감도가 나쁘며 소음(스팀 해머)이 많이 난다.
④ 부하변동에 대응이 곤란하며 실내온도 조절이 어렵고 보일러 취급 시 기술자가 필요하다.

(2) 응축수 환수에 의한 분류
중력환수, 기계환수, 진공환수(대규모)

(3) 증기압력에 의한 분류
① 저압증기 난방 0.1MPa 이하(일반적 15~35kPa 사용)
② 고압증기 난방 0.1MPa 이상

(4) 증기난방 설계순서
난방부하 계산 ⇒ 필요방열면적 산출 ⇒ 각 실 방열기 배치(layout) ⇒ 배관관경 결정 ⇒ 보일러 용량 산출 ⇒ 부속기기 결정

(5) 증기난방 배관법
단관식(선상향구배), 복관식

4) 온수난방

(1) 장단점
① 부하변동에 대응하여 방열량을 조절할 수 있으며, 여열이 오래 간다.
② 방열기 표면온도가 낮아 쾌감도가 좋다.
③ 예열시간이 길어 간헐난방에 부적합하며 관경이 커져 설비비가 비싸다.
④ 한랭지에서 난방정지 시 동결 우려가 있으며, 대규모에서는 수압 때문에 일정 높이 이하로 제한을 받는다.

(2) 온수순환방식에 의한 분류
중력환수식, 기계환수식(순환핌프방식)

(3) 온수 온도에 따른 분류
보통온수식(100℃ 이하, 개방형, 밀폐형 팽창탱크)
고온수식(100℃ 이상, 밀폐형 팽창탱크)

(4) 배관방식에 의한 분류
단관식, 복관식(직접환수식, 리버스 리턴방식)

(5) 팽창탱크
① 온수팽창량(ΔV)

$$\Delta V = \left(\frac{\rho_1}{\rho_2} - 1\right) \cdot V$$

V : 전수량(L)
ρ_1 : 가열 전 물의 밀도
ρ_2 : 가열 후 물의 밀도

② 개방형 팽창탱크 용량 $V = (1.5 \sim 2.0) \cdot \Delta V$

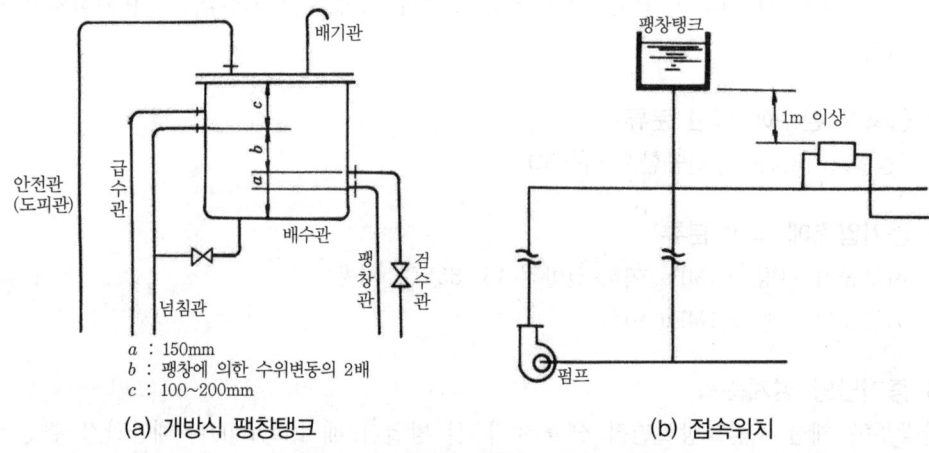

a : 150mm
b : 팽창에 의한 수위변동의 2배
c : 100~200mm

(a) 개방식 팽창탱크 　　　　　　　　 (b) 접속위치

[그림 1-18] 개방식 팽창탱크와 접속위치

③ 밀폐형 팽창탱크

$$\text{탱크용량} \quad V = \frac{\Delta V}{1 - Po/Pm}$$

Po : 팽창탱크 최저 절대압력(MPa)
Pm : 최고사용 절대압력(MPa)

(6) 설계순서
난방부하 결정 ⇒ 배관방식 결정 ⇒ 방열기 입출구 수온 및 온수순환량 결정 ⇒ 방열기 배치 ⇒ 관경 결정 ⇒ 후 보일러 용량 및 부속기기 결정

5) 난방용 방열기
난방 시 실내에 방열하기 위한 방열기로서 온수방열기, 증기방열기 등이 있다.

(1) 방열기 종류
① **주형방열기**   2주, 3주, 3세주, 5세주형
② **벽걸이형 방열기**   세로형, 가로형
③ **길드방열기**   휜 튜브를 붙인 것으로 전열면적 확대
④ **대류방열기(컨벡터)**   대류작용을 촉진시키기 위해 상자 속에 방열기를 넣은 구조이다.
⑤ **베이스보드형**   컨벡터를 무릎 높이로 낮게 설치한 것으로 의자로 사용이 가능하다.

⑥ 관방열기 파이프를 연결하여 현장 등에 사용하는 것으로 고압에도 잘 견디나 효율은 낮다.

(2) 표준방열량
① 증기난방(증기온도 102℃ 실온 18.5℃)
  증기 : $1m^2 EDR = 0.756 kW/m^2 = 756 W/m^2$
② 온수난방(온수온도 80℃ 실온 18.5℃)
  온수 : $1m^2 EDR = 0.523 kW/m^2 = 523 W/m^2$

(3) 상당방열면적(EDR, m^2)
① 증기난방 EDR=손실열량(kW)÷0.756
② 온수난방 EDR=손실열량(kW)÷0.523

(4) 증기방열기 응축수량 Q(kg/h)
Q=방열기 방열량(kJ/h)÷증기증발잠열(2,257kJ/kg)

(5) 방열기절수(N)
① 증기난방 N=방열기(kW)÷0.756÷1절당 방열면적
② 온수난방 N=방열기(kW)÷0.523÷1절당 방열면적

(6) 방열기 표시법

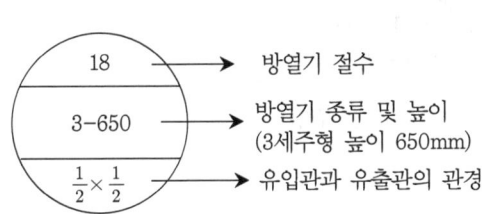
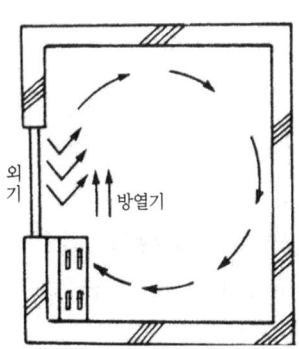

[그림 1-19] 방열기 배치와 대류작용

(7) 방열기 설치 방법
방열기는 실내 온도 분포가 균등하도록 설치해야하며, 따라서 틈새바람이 많은 창문 아래에 설치하여 창문에서 내려오는 냉기류를 가열하여 대류 작용으로 실내 온도가 균등하여 찬 공기가 거주자에게 직접 부딪히는 콜드드래프트를 방지해야 한다.
(벽과 방열기는 5~6cm 이격시켜 대류 작용을 원활하게 한다.)

6) 복사난방

(1) 장단점
① 쾌감도가 좋으며 바닥 이용도가 높다.
② 고천장인 경우에도 상하 온도차가 적고, 열손실이 적어 난방효과가 좋다.

③ 예열시간이 길며 코일 매입 시공이 어려워 설비비가 고가이다.
④ 고장 시 수리가 어렵고 열손실을 막기 위해 단열층이 필요하다.

(2) 복사패널의 종류
바닥패널(30℃ 이내), 천장패널(50℃~100℃까지 가능), 벽패널

(3) 코일배관방식
밴드식(유량균일, 온도차 커짐), 그리드식(유량불균형, 온도차 균일)

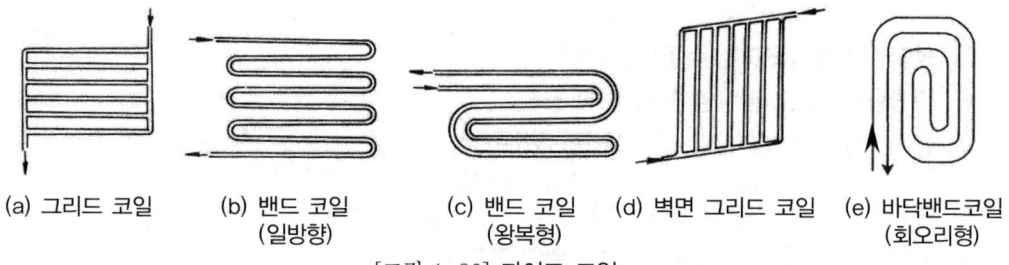

(a) 그리드 코일　　(b) 밴드 코일　　(c) 밴드 코일　　(d) 벽면 그리드 코일　　(e) 바닥밴드코일
　　　　　　　　　　　(일방향)　　　　　(왕복형)　　　　　　　　　　　　　　　　　　　(회오리형)

[그림 1-20] 파이프 코일

(4) 코일의 매설 깊이 h
h는 코일직경(d)의 (1.5~2.0)d

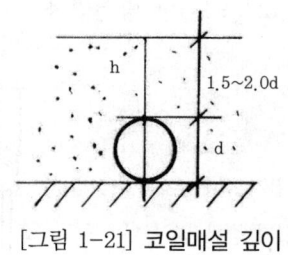

[그림 1-21] 코일매설 깊이

(5) 평균복사온도(MRT)
복사난방에서 복사면 평균온도

$$MRT = \frac{\Sigma A \cdot t}{\Sigma A}$$

7) 온풍난방

(1) 장단점
① 예열시간이 필요 없고 송풍온도가 높아 덕트관경이 작아진다.
② 신선공기를 공급할 수 있고 설비비가 싸다.
③ 시공이 간편하며 열효율이 높고 누수동결 우려가 없다.
④ 온도분포가 균등되지 않고 쾌감도가 나쁘며 소음이 많다.

(2) 종류

온풍로식, 코일식

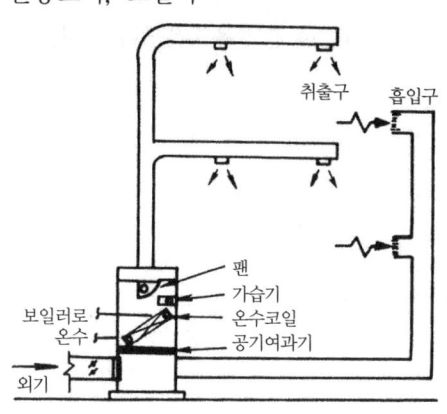
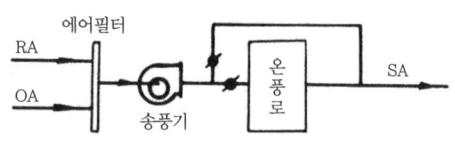

[그림 1-22] 코일식 온풍 난방기   [그림 1-23] 송풍기와 온풍로의 레이아웃 예

2. 건물의 용도 및 조닝별 공기조화방식

1) 실내 환경

인체의 신진대사는 섭취한 음식물에 의한 에너지 공급과 외부로의 에너지 소비가 평형을 이룬다. 또한 사람은 일정한 체온을 유지할 때 가장 편안하므로 열의 방산이 알맞도록 해주는 것이 냉방과 난방의 목적이다.

(1) 인체의 쾌적 조건

사람에게 가장 쾌적한 상태란 체내 생산 열량과 방산 열량이 평형을 이룰 때이므로 착의 상태, 심리상태 등의 특성에 따라 쾌적영역이 달라진다. 이 쾌적도를 지표화시킨 것에 불쾌지수, 유효 온도, 수정유효온도, 신유효온도들이 있다. 일반적으로 공조에서 사용하는 실내조건은 여름철 26℃ DB, 50% RH, 겨울철 20℃ DB, 50% RH 정도로 본다.

(2) 불쾌지수

불쾌지수는 열환경에 의한 영향만 고려한 것으로 건구 온도와 습구 온도에 의하여 구한다.

$$DI = 0.72(t+t') + 40.6$$

t : 건구 온도, t' : 습구 온도

- DI 불쾌지수(Discomfort Index)
- DI 75 이상 반수 이상 불쾌
- DI 68 정도 쾌적
- DI 86 이상 대부분 불쾌감을 느낌
- DI 70 이상 불쾌감 느끼기 시작

불쾌지수 값은 개인적 특성에 따라 달라지며 위의 수치는 미국인 평균치이다.

(3) 유효온도(ET : Effective Temperature)

체감온도라고도 하며 〈기온, 습도, 기류〉의 3요소가 인체에 미치는 영향을 100% RH, 풍속 0m/s인 상태의 건구 온도로 환산한 온도이다. 유효온도 선도를 일명 야그로우 선도라고도 하며 건구온도와 습구온도를 잡고 연결선 상의 기류와 교차점의 유효온도를 읽는다.

(4) 수정유효온도(CET : Corrected Effective Temperature)
유효온도에는 벽체로부터의 열복사를 고려하지 않는 값이므로 흑구 온도계를 이용 복사열에 대한 영향을 고려한 〈기온, 습도, 기류, 복사열〉지표를 수정유효온도라 한다.

(5) 신유효온도(ET*)
최근 미국 공조협회에서 제안한 것으로 습공기 선도 상에 복사 온도는 기온과 같게 잡고 착의상태 clo 0.6, 활동상태 1met, 상대습도 50%, 기류는 20cm/s 이하로 한 경우 쾌적도를 나타낸 것이다.

(6) 효과온도(작용온도 : OT : Operative Temperature)
습도의 영향이 무시되고 〈온도, 기류, 복사열〉의 영향을 종합한 온도이다. 복사 냉난방의 열환경 지표로 이용된다.

2) 공기조화 방식

(1) 공조설비의 구성
① **공기조화의 정의** 공기조화란 어느 장소의 공기상태(온도, 습도, 기류, 청정도)를 사용목적에 알맞도록 유지하는 것을 말한다.
② **공기조화의 대상** 공기조화란 공기의 온도, 습도, 청정도, 기류를 조절하는 것이다.
③ **공기조화의 분류**
　가. **쾌적공조(보건공조)** 실내의 사람을 대상으로 한 공기조화
　나. **산업공조** 생산, 저장되는 물건을 대상으로 한 공기조화
④ 공조장치의 구성은 다음과 같다.

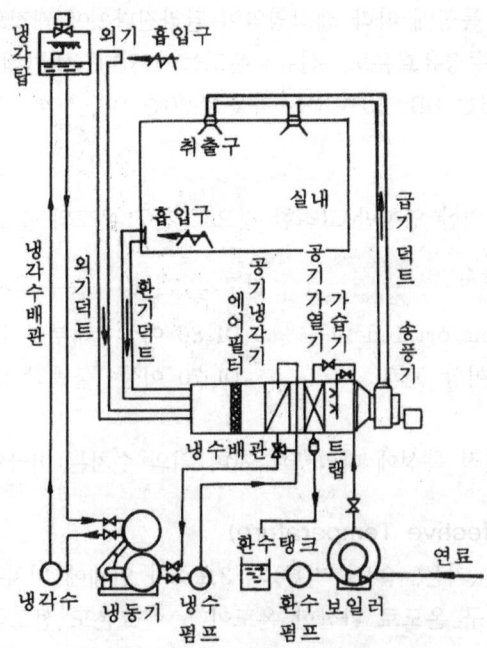

[그림 1-24] 공조설비의 기본 구성도

가. **열원장치** 보일러, 냉동기
나. **공기조화기** 에어필터, 가열기, 냉각코일, 에어와셔 등
다. **운반, 분배장치** 팬, 덕트, 배관, 펌프, 취출구 등
라. **자동제어 장치** 실내조건을 유지하기 위해 공조 설비를 자동으로 조절

(2) 공기조화 계획

① **공기조화 실내 환경기준** 공기조화에 있어서 대상건물의 특성, 경제사정, 입지조건, 에너지조건 등을 고려하여 가장 알맞은 공조시스템을 결정해야 한다. 특히 공조계획은 건축계획의 초기 단계에서부터 구조, 의장과 함께 설비 계획도 포함시켜 효율적인 건축물이 되도록 한다.

[표 1-4] 중앙식 공기조화설비의 실내 환경 기준

부유 분진량	공기 $1m^3$에 대하여 0.15mg 이하
일산화탄소의 함유율	백만분의 10 이하(10ppm 이하)
탄산가스(CO_2)의 함유율	백만분의 1,000 이하(1,000ppm 이하)
온도	17℃ 이상 28℃ 이하
상대습도	40% 이상 70% 이하
기류	0.5m/s 이하

② **공기조화 계획 절차**

기 획	⇨	기본 계획	⇨	기본 설계(중간 설계)	⇨	실시 설계
• 건물의 목적, 기능, 규모 • 구조 • 예산 • 공기		• 공조 범위 • 실내 환경의 정도 • 공조 방식의 검토 • 공조의 개략 예산 • 자료 수집 • 기계실의 위치 • 덕트·배관 layout • 기본계획도 • 개략 사양·예산서		• 공조방식의 검토와 결정 • 열원방식의 검토와 결정 • 개략 부하 계산 • 각 장치의 배치계획 • 단열, 보의 관통, 방음 • 건축 계획과 조화 • 실시 계획도 • 개략 사양서 • 개략 예산서		• 부하계산 • 풍량산출 • 장치부하산출 • 기기선정 • 덕트 배관설계 • 제도 • 사양서 • 실시 예산서

[그림 1-25] 공기조화 계획의 순서

(3) 공기조화 방식의 분류

- 중앙식
  - 전공기식 : 단일덕트식, 이중덕트식, 멀티존 유니트식
  - 수공기식 : 각층 유니트식, FCU(덕트병용), 유인 유니트식, 복사패널식(덕트)
  - 전수식 : 팬코일 유니트식
- 개별식 : 패케이지 방식(냉매 방식)

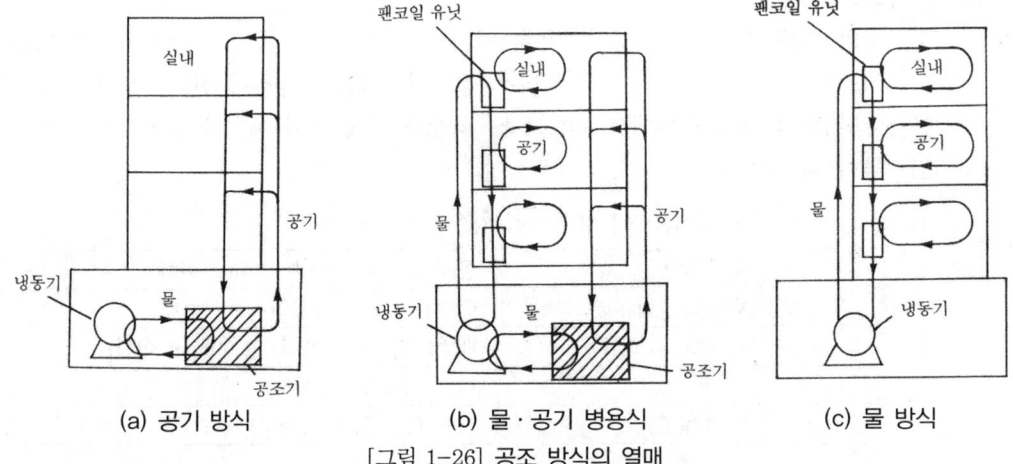

[그림 1-26] 공조 방식의 열매

① **전공기식의 특징**
  - 가. 덕트 설비가 증가하고 동력비가 증가하며 배열회수장치를 이용하기 쉽다.
  - 나. 외기도입이 쉬워 실내 청정도가 높고 설비가 기계실에 집중되어 운전, 보수, 유지관리가 용이하다.
  - 다. 외기냉방이 가능하고 고성능 필터 사용이 가능하고, 겨울철 가습이 용이하다.

② **전수식의 특징**
  - 가. 덕트 스페이스가 작고 반송동력이 작다.
  - 나. 실내청정도가 떨어지고, 보수관리가 곤란하다.
  - 다. 바닥유효면적이 감소하며 실내에서 누수 우려, 동력공급 등이 필요하다.

③ **수공기식의 특징** 전공기식과 전수식의 조합된 특징이다.

(4) 단일덕트 방식

단일덕트식은 극장, 체육관, 공장 등과 같이 단일 공간에 합리적이다.

① **정풍량 방식(CAV)** 개별제어가 곤란하나 설비비가 저렴하다. 에너지 소비가 크고, 청정도가 높으며 운전, 보수가 용이하다.

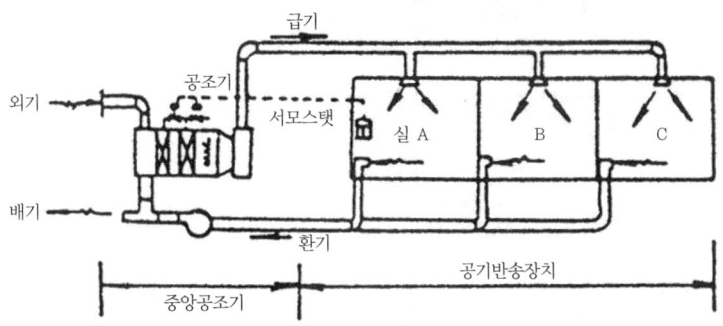

[그림 1-27] 단일덕트 정풍량 방식

② **터미널리히트 방식** 단일덕트 정풍량 방식을 개선한 것으로 실내 쾌감도가 정풍량에 비해 우수하고 개별 제어가 가능하며, 설비비는 단일덕트와 이중덕트의 중간 정도이다.

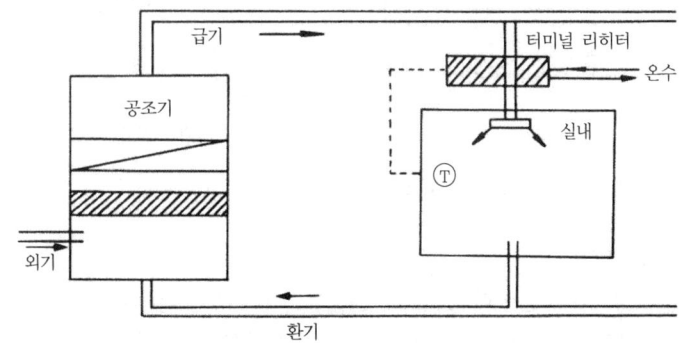

[그림 1-28] 터미널 리히트 방식

③ **변풍량 방식(VAV)** 각 실 변풍량 유닛으로 풍량을 조절하여 개별 및 존별 제어가 가능하며 송풍량이 적어 에너지 절약형이나 제어용 기기가 비싸 설비비가 고가이며, 유지관리에 기술력이 필요하다.

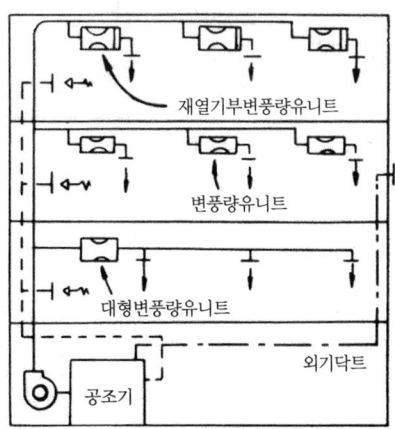

[그림 1-29] 변풍량 방식 계통도

(5) 이중덕트 방식

냉풍과 온풍을 따로 공급하여 실내 혼합상자에서 혼합하여 취출, 온도제어 특성이 공조방식 중 가장 우수하나 에너지 소비가 가장 많다.

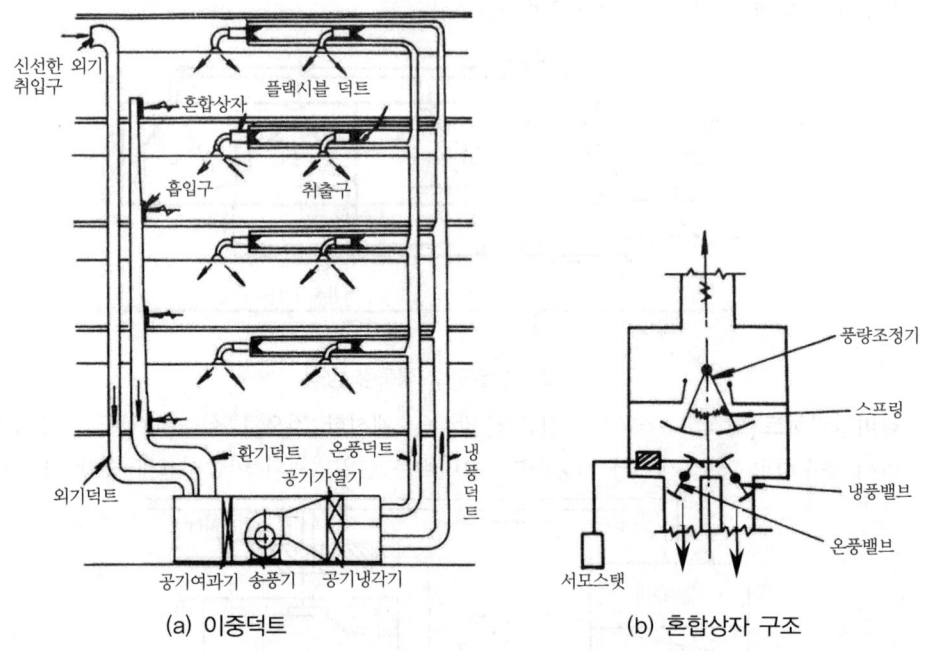

[그림 1-30] 이중덕트 방식 및 혼합상자 구조

(6) 멀티존 유니트 방식

다수의 존으로 구획하여 존마다 냉풍과 온풍을 기계실서 혼합하여 송풍하며 단일덕트와 이중덕트의 중간적인 시스템으로 소규모빌딩에 적합하나 존별 부하변동이 심할 때 밸런스가 맞지 않는다.

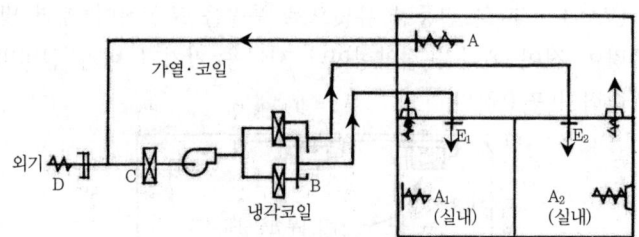

[그림 1-31] 멀티존 방식

(7) 팬코일 유니트 방식

덕트가 없는 전수식과 덕트를 병용하는 수공기식으로 나누어지며, 덕트 스페이스가 작고 실별 제어가 양호하며, 열매 운송동력이 적어 가장 경제적이다. 실내유효면적이 작아지고 공기의 청정도가 떨어지며 전기배선설비가 필요하다. 자연환기가 가능한 학교, 외주부, 콘도 등에 적합하다.

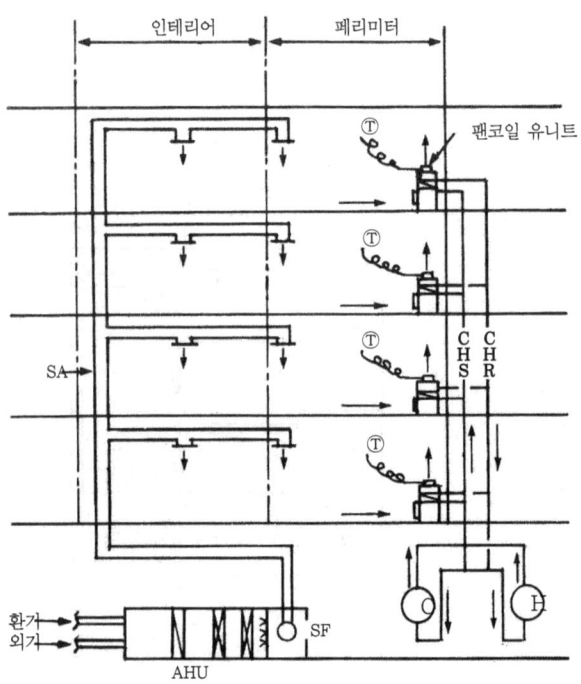

[그림 1-32] 팬코일 유니트 방식(덕트병용)

(8) 유인 유니트 방식

1차 공기에 의한 2차 공기의 유인작용으로 급기하여 동력장치가 필요없고 개별제어가 가능하나 소음이 크고 고성능 필터 설치가 곤란하여 청정도가 떨어진다.

(9) 각 층 유니트 방식

층마다 공조실을 두어 송풍덕트가 짧고 층별 개별운전이 용이하여 중대규모 임대빌딩에 적합하다. 시설비가 고가이고 유지관리가 어렵다. 슬라브를 관통하는 수직덕트가 없어 방재계획상 유리하다.

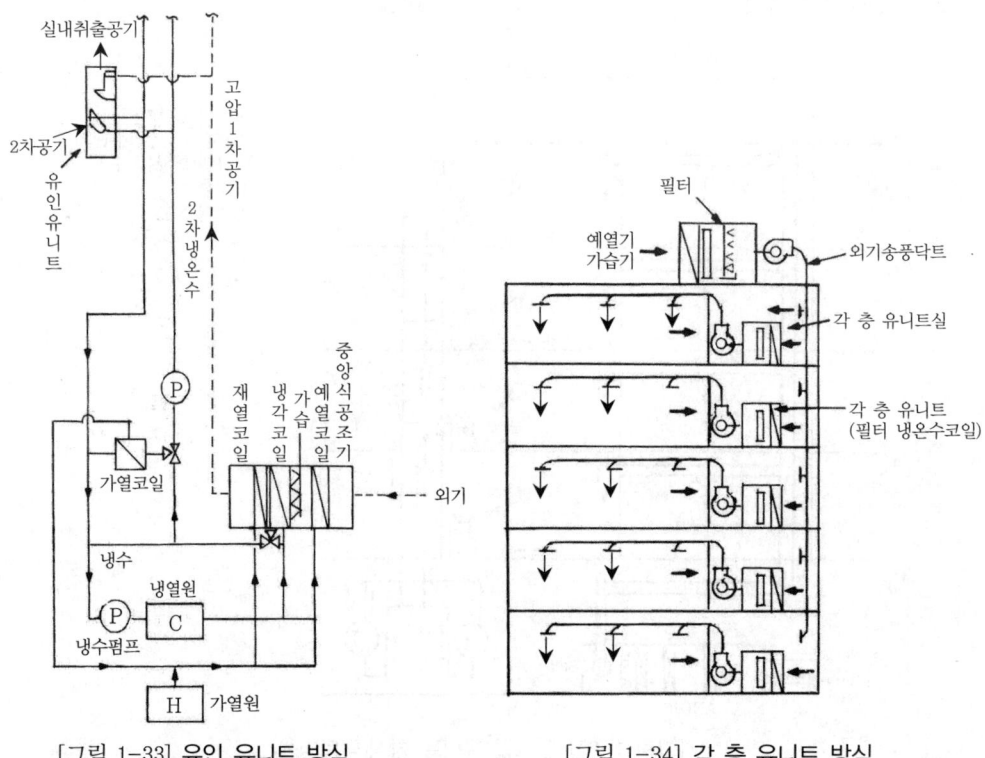

[그림 1-33] 유인 유니트 방식   [그림 1-34] 각 층 유니트 방식

(10) 복사패널, 덕트병용 방식

복사열을 이용하므로 쾌감도가 좋으며 고천장에 유효하고 공간의 이용도가 높으나, 설비비가 많이 들고, 여름철 바닥면에서 결로의 우려가 있다.

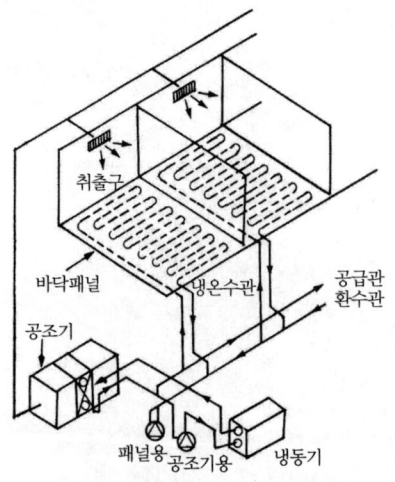

[그림 1-35] 복사패널 방식

(11) 패키지 방식(냉매 방식)

패키지방식의 실내기와 실외기는 현장설치가 용이하며 기존건물에 설치하기 쉽고 시설비가 저렴하고 개별운전이 우수하여 소규모에 많이 적용되나, 대규모인 경우 설치대수가 많아져서 설비비가 증가할 수 있고 유지관리가 어렵다.

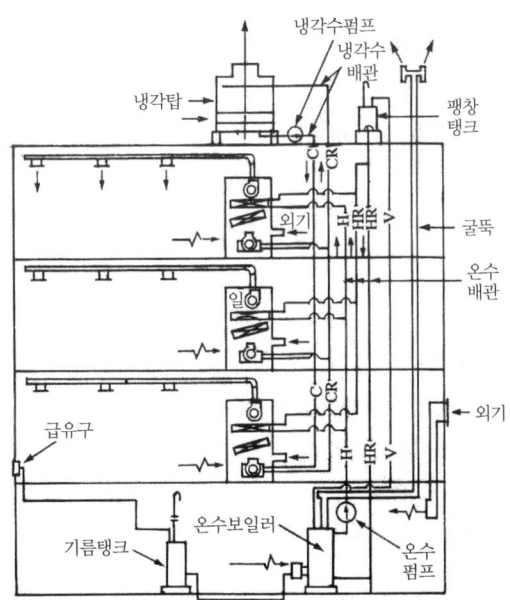

[그림 1-36] 수냉식 패키지 공조기 방식

제2장 열원시스템 검토

1. 열원방식의 특성

1) 열원방식 결정 시 조사사항
   (1) **공급가능 에너지원의 파악**   전력, 오일, 도시가스, 지역난방열원
   (2) **자연 에너지원의 이용 가능성 파악**   태양열, 지열, 지하수, 온천수, 호소수, 하천수
   (3) **배열 이용 가능성 파악**   목욕탕 배수, 변전소 및 발전기배열, 공업용 냉각수

2) 냉난방 열원 방식
   (1) **열원방식의 분류**
   ① 가스직화식 냉온수기+보일러(증기, 온수)
   ② 심야전력 이용 빙축열방식+증기보일러
   ③ 2중 효용 흡수식 냉동기+증기보일러
   ④ 지역난방 열원이용(온수+ 흡수식 냉동기)
   ⑤ 열병합 발전시스템(전력+냉난방)
   ⑥ EHP(냉난방)
   ⑦ 상기방식의 혼합

   (2) **열원방식 결정시 검토기준**
   ① 공급가능 에너지원, 자연 에너지원의 이용 가능성
   ② 설치면적, 시설규모, 초기투자비, 설비비, 운전비
   ③ 용량제어성, 유지관리성, 소음, 진동
   ④ 법적 규제에 대한 적법성

3) 열원열매종류
   (1) **열매의 종류**
   ① **증기**   고압, 중압, 저압
   ② **온수**   고온수, 중온수, 저온수
   ③ **냉수**   브라인, 5℃, 7℃
   (2) **냉온수 온도차**   펌프 동력비를 절감하기 위하여 가능한 한 온도차를 크게 선정한다.
   ① **온수** $\Delta t = 5℃, 10℃, 15℃, 20℃$
   ② **냉수** $\Delta t = 5℃, 7℃, 8℃, 10℃$

2. 건물의 용도 및 조닝별 열원방식

1) 열원장비 에너지절약 시스템

(1) **대수분할과 회전수제어 방식**
① **시간대별 최대부하 및 저부하** 효율적이고 에너지 절약적 운전을 위하여 사용시간대 및 용도별 최대부하와 최소부하 용량을 검토하여 적정한 대수분할을 한다.
② 용도별 최대부하 및 저부하에 대응한 회전수제어 등 비례제어방식을 선정한다.
③ 연중 24시간 사용부하의 유무에 따른 건물 조닝을 통해 에너지를 절약한다.

(2) **대수분할방식** 병렬식, 직렬식, 직·병렬 혼합식

2) 기계실조닝과 열원방식

(1) **열원공급실(POWER PLANT)의 위치에 따른 분류**
① **중소규모 건물** 지하기계실, 지상기계실, 옥상기계실, 별동기계실 기계실 1개소방식
② **대규모 건물** 지하기계실+지상기계실+옥상기계실, 별동기계실 등 기계실 분산방식 또는 냉/온 열원기계실의 분리 설치

(2) **건물 조닝 및 열원방식**
① **수직 조닝** 건물을 1개 존으로 구성, 2-3개 존으로 구성(저층부, 중층부, 고층부) 수직 조닝은 대부분 초고층 건물에서 수압 분산을 위한 조닝을 한다.
② **수평 조닝** 내주부, 외주부, 독립존 등
  가. **내주부** 내주부는 신선공기 공급을 위하여 전공기방식(단일덕트, 변풍량방식 등)을 선정한다.
  나. **외주부** 외피부하 증가에 대응한 전수식(FCU)이나 수공기방식을 선정한다.

제3장 환기시스템 검토

1. 환기방식의 특성

1) 환기의 종류

(1) 자연환기
풍압, 온도차 등에 의한 개구부에서의 급기, 배기로 환기량이 일정치 않다.
① **풍력환기** 바람에 의한 환기

   풍량(m^3/s)=환기계수(E)×유효개구 단면적(A)×풍속(V. m/s)

   풍압(Pw) : $Pw = C \dfrac{V^2}{2g} \cdot \gamma (mmAg)$

   ∴ C : 풍압계수, V : 자유풍속(m/s), r : 공기비중량($1.2kg/m^3$)

② **중력환기** 공기의 온도차와 밀도에 의한 환기

(2) 기계환기
송·배풍기, 급기구, 배기구를 이용하여 환기목적을 달성한다.
① **1종환기** 송풍기와 배풍기를 사용하여 환기한다.(보일러실, 변전실 등)
② **2종환기** 송풍기만 설치하고 배기구를 설치한다.(수술실, 청정실)
③ **3종환기** 배풍기만 설치하고 급기구를 설치한다.(화장실, 조리장)

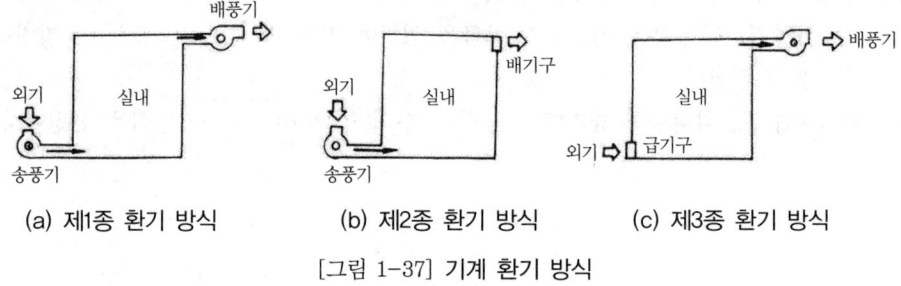

(a) 제1종 환기 방식   (b) 제2종 환기 방식   (c) 제3종 환기 방식

[그림 1-37] 기계 환기 방식

2. 건물의 용도 및 조닝별 환기방식

1) 전반환기와 국부환기
(1) **전반환기** 거주구역을 전반적으로 이용하는 일반적인 건물에서는 전반환기방식을 선정한다.
(2) **국부환기** 주택의 주방이나 공장 등과 같이 국부적으로 오염물질이 발생하는 건물은 후드 등을 설치하여 국부 환기방식을 선정한다.

2) 건물 용도별 환기방식

송·배풍기를 이용하여 건물용도에 따라 적합한 환기방식을 적용하여 환기목적을 달성한다.

(1) **1종 환기** 대규모 사무실이나 보일러실, 변전실 등에서 송풍기와 배풍기를 사용하여 전반환기를 적용할 때 1종환기라 하며 일반적으로 적용한다.

(2) **2종 환기** 클린룸, 소규모 변전실, 배양실 등에서 급기송풍기만 설치하고 배기구를 설치하여 실내를 양압(+)으로 유지하여 실내로 외부 오염물질이 유입되지 않게 한다.

(3) **3종 환기** 화장실, 조리장, 실험실 등에서 실내 발생 오염물질이 외부로 유출되지 않게 실내를 부압(-)으로 유지하기 위하여 배풍기만 설치하고 급기구로 자연 급기되도록 한다.

(4) **4종 환기(자연환기)** 풍압, 온도차, 밀도차에 의한 개구부에서 자연환기는 극간풍이라고도 하며 환기량이 일정하지 않다.

제4장 급배수시스템 검토

1. 급수설비의 수원 및 수질

급수설비라 함은 넓은 의미로는 수원으로부터 취수하여 도수, 정수, 송수, 배수, 등의 과정을 거쳐 소비자에게 물을 공급하는 전 과정을 말하며 좁은 의미로는 수도본관으로부터 사용처까지의 배관설비를 급수설비라 한다. 건축설비에서 다루는 급수설비는 좁은 의미의 급수에 관하여 설명한다.

1) 수원의 종류

(1) **상수** 보통 지표수를 정수처리하여 공급하며 음용, 목욕, 공업용수 등에 쓰인다.
(2) **정수(우물물)** 취수 방법에 따라 관정호, 굴정호로 나누고 깊이에 따라 천정호, 심정호로 나누어지며, 일반적으로 철분 등을 많이 함유하여 경도가 높아 변기세척, 소화용수, 냉각수 등으로 쓰인다.
(3) 건물에서 시수와 정수의 사용비율은 연면적 $3000m^2$ 이하인 경우는 시수만 쓰는 것이 경제적이며 건물연면적 $3000m^2$ 이상인 경우에는 지하수 개발 여건에 따라 시수와 정수를 7 : 3 정도로 운영하는 것이 좋다.

2) 먹는 물 수질기준

(1) 미생물에 관한 기준

① 일반 세균은 1mL 중 100CFU(Colony Forming Unit)를 넘지 아니할 것. 다만, 샘물의 경우 저온 일반세균은 20CFU/mL, 중온 일반세균은 5CFU/mL를 넘지 아니하며, 먹는 샘물의 경우 병에 넣은 후 4℃를 유지한 상태에서 12시간 이내에 검사하여 저온 일반세균은 100CFU/mL, 중온 일반세균은 20CFU/mL를 넘지 아니할 것
② 총대장균군은 100mL(샘물 및 먹는 샘물의 경우 250mL)에서 검출되지 아니할 것. 다만, 제4조제1항제1호의 나목 및 다목의 규정에 의하여 매월 실시하는 총대장균군의 수질검사시료수가 20개 이상인 정수시설의 경우에는 검출된 시료수가 5%를 초과하지 아니할 것.
③ 대장균, 분원성 대장균군은 100mL에서 검출되지 아니할 것. 다만, 샘물 및 먹는 샘물의 경우에는 그러하지 아니한다.
④ 본원성 연쇄상구균, 녹농균, 살모넬라 및 쉬겔라는 250mL에서 검출되지 아니할 것. (샘물 및 먹는 샘물의 경우에 한한다.)
⑤ 아황산환원혐기성 포자형성균은 50mL에서 검출되지 아니할 것.(샘물 및 먹는 샘물의 경우에 한한다.)
⑥ 여시니아균은 2L에서 검출되지 아니할 것.(먹는 물 공동시설의 경우에 한한다.)

(2) 건강상 유해영향 무기물질에 관한 기준

① 납은 0.01mg/L를 넘지 아니할 것
② 불소는 1.5mg/L(샘물 및 먹는 샘물의 경우 2.0mg/L)를 넘지 아니할 것
③ 비소는 0.01mg/L(샘물, 염지하수 0.05mg/L)를 넘지 아니할 것
④ 세레늄은 0.01mg/L를 넘지 아니할 것
⑤ 수은은 0.001mg/L를 넘지 아니할 것
⑥ 시안은 0.01mg/L를 넘지 아니할 것
⑦ 크롬은 0.05mg/L를 넘지 아니할 것
⑧ 암모니아성 질소는 0.5mg/L를 넘지 아니할 것
⑨ 질산성 질소는 10mg/L를 넘지 아니할 것
⑩ 카드뮴은 0.005mg/L를 넘지 아니할 것
⑪ 붕소는 1.0mg/L를 넘지 아니할 것

(3) 심미적 영향물질에 관한 기준

① 경도는 1000mg/L(수돗물의 경우 300mg/L, 먹는 염지하수 및 먹는 해양심층수의 경우 1200mg/L)를 넘지 아니할 것. 다만, 샘물 및 염지하수의 경우에는 적용하지 아니한다.
② 과망간산칼륨 소비량은 10mg/L를 넘지 아니할 것
③ 냄새와 맛은 소독으로 인한 냄새와 맛 이외의 냄새와 맛이 있어서는 아니 될 것
④ 동은 1mg/L를 넘지 아니할 것
⑤ 색도는 5도를 넘지 아니할 것
⑥ 세제(음이온 계면활성제)는 0.5mg/L를 넘지 아니할 것. 다만, 샘물 및 먹는 샘물의 경우에는 검출되지 아니할 것
⑦ 수소이온 농도는 pH 5.8 내지 8.5이어야 할 것
⑧ 아연은 3mg/L를 넘지 아니할 것
⑨ 염소이온은 250mg/L를 넘지 아니할 것
⑩ 증발잔류물은 500mg/L를 넘지 아니할 것. 다만, 샘물의 경우에는 그러하지 아니하며, 먹는 샘물의 경우에는 미네랄 등 무해성분을 제외한 증발잔류물이 500mg/L를 넘지 아니할 것
⑪ 철 및 망간은 각각 0.3mg/L를 넘지 아니할 것. 다만, 샘물의 경우에는 그러하지 아니한다.
⑫ 탁도는 1NTU(Nephelometirc Turbidity Unit)를 넘지 아니할 것. 다만, 광역상수도 및 지방 상수도의 수돗물의 경우에는 정수처리에 관한 기준에서 정하는 기준을 적용하고, 기타 수돗물의 경우에는 0.5NTU를 넘지 아니할 것. 다만, 수돗물의 경우에는 0.5NTU를 넘지 아니할 것
⑬ 황산이온은 200mg/L를 넘지 아니할 것
⑭ 알루미늄은 0.2mg/L를 넘지 아니할 것

3) 경도(hardness)

물 속에 용해되어 있는 Ca^{++}, Mg^{++}, Fe^{++} 등과 같은 2가 양이온들의 총합을 말하는 것으로 경도가 높은 물은 세탁에 방해가 되고, 보일러 등에 스케일을 형성하고 다량인 경우 음료용으로 부적당하여 물의 성질 중 건축설비에서 중요하게 다루는 요소이다.

(1) 경도의 계산

경도는 물 속의 +2이온들의 양을 $CaCO_3$로 환산한 값이다. $\dfrac{Ca^{++}}{20} \times 50 + \dfrac{Mg^{++}}{12} \times 50 = $ 총 경도

※ 물 속의 경도는 +2이온이면 모두 발생하지만 Ca^{++}과 Mg^{++} 거의 대부분(98% 이상)을 차지하므로 경도하면 일반적으로 Ca^{++}과 Mg^{++}만을 해석한다.

(2) 물의 분류

① **연수(soft water)** 단물이라고도 하며 비누가 잘 풀리는 물로 세탁, 공업용수 등에 쓰인다.(경도 90mg/L 이하)
② **적수(경도 90mg/L~110mg/L)** 먹는 물에 적합한 경도 성분을 가진 물이다.
③ **경수(hard water)** 센물이라 하며 광물질의 함량이 많아서 세탁, 공업용수에 부적합하다.(경도 110mg/L 이상)
  - **연수** 순수한 빗물, 지표수
  - **경수** 지하수

(3) 경도의 영향

① 세탁이 잘되지 않는다.
② 보일러 등의 접촉면에 스케일(scale)을 형성한다.
③ 열교환면에 열전도가 낮아져 열효율이 감소한다.
④ 보일러 등이 과열되어 파손될 우려가 있다.
⑤ 자동차 라디에이터 등에는 연수를 써야 하므로 지하수보다는 지표수(하천, 저수지, 수돗물)를 사용한다.

4) 수처리

원수의 성질과 사용수의 요구 조건에 따라서 수처리 방식은 여러 가지가 있지만, 일반적으로 물리적, 화학적 방법을 이용하여 처리한다.
① **물리적 처리** 침전, 여과, 침사 등
  화학적 처리 응집, 중화, 산화, 환원 등
② 원수를 정수하는 대략적인 과정은 아래와 같다.
  취수 → 침사지 → 응집조 → 침전지 → 여과조 → 소독조 → 공급
③ 물속에 철분 등이 많이 함유되어 있을 때는 폭기시켜 철분을 산화하여 산화철로 만들어 침전(여과)하여 제거시키는 폭기 침전법(여과)이 쓰이기도 한다.

2. 급수방식의 특성

건물 내의 급수 방식에는 수도직결 방식, 고가탱크(옥상탱크) 방식, 압력탱크 방식, 조압 펌프식(탱크 없는 부스터식) 등이 있고 각기 단독 혹은 병용되어 급수한다.

1) 수도직결 방식

일반적으로 도로 밑의 배수관말(수도본관)에서 분기하여 건물 내에 직접 급수하는 방식으로 주택 등의 소규모 건물에 적합하다. 최근에는 수질을 고려하여 수도본관의 수압을 높여서 수도직결식을 적극 도입하고 있다.

(1) 수도직결식의 특징
① 구조가 간단하고 설비비가 싸다.
② 정전 시 급수가 가능하다.
③ 단수 시 급수가 전혀 불가능 하다.
④ 오염 우려가 타 방식에 비하여 적다.
⑤ 소요지의 상황에 따라 급수압의 변동이 있다.(일반적으로 4층 이상에는 부적합하다.)
⑥ 규모가 커질 경우 수압이 떨어져 대규모에는 부적당하다.
⑦ 운전 관리비가 필요 없고 고장이 없다.

(2) 수도본관의 필요수압(MPa)

$$P \geq P_1 + \frac{H_f}{100} + \frac{H}{100}$$

P : 수도본관 최저 필요압력(MPa)
P_1 : 기구별 소요압력(MPa)
H_f : 마찰 손실 수두(mAq) $(1MPa = 100mAq)$
H : 수도본관에서 최고층 수전까지 높이(m)

2) 고가탱크 방식(elevated tank system)

대규모 시설에서 일정한 수압을 얻고자 할 때 많이 이용되며 수돗물을 저수탱크(receving tank)에 모은 후 양수 펌프에 의하여 고가탱크에 양수하여 탱크에서 급수관에 의해 급수한다. 고가탱크식은 옥상 탱크식과 같은 말이다.

(1) 고가탱크식의 특징
① 항상 일정한 수압을 얻을 수 있다.
② 정전, 단수 시 탱크에 받은 물을 사용할 수 있다.
③ 옥상 탱크 때문에 건물의 구조계산 시 하중을 고려해야 하며 건축비가 증가한다.
④ 탱크에서 오염 우려가 있고 수시로 청소해야 한다.
⑤ 운전비는 압력 탱크식이나 부스터식에 비하여 적다.
⑥ 화재 시 소화용수를 사용할 수 있다.

(2) 고가탱크 설치 높이

$$H \geq P_1 \times 100 + H_f + H_h$$

H : 고가 탱크 높이 (m)
P_1 : 최고층 수전 필요수압 (MPa)
H_f : 고가 탱크에서 수전까지의 마찰손실수두 (mAq)
H_h : 최고층 급수전까지 높이

(3) 옥상탱크의 구조 및 크기
① **구조** 오버플로우 관경은 양수관경의 2배 이상으로 한다.
② **크기** 정전으로 인한 단수, 저수 탱크 크기, 건물 구조의 하중 등을 고려하여 결정한다.

$$V = 피크로드(peak\ load) \times (1\sim3)시간$$

V : 옥상 탱크 용량,

피크로드 : 1일 사용수량의 15~20%, 1~3시간 : 대규모 1시간 분, 소규모 3시간 분
③ 플로트 스위치(전극봉)를 설치하여 양수펌프를 제어한다.
④ 탱크의 재질은 FRP, STS 등이 주로 쓰인다.

(4) 양수펌프
① **양수량** 옥상 탱크의 유량을 30분에 양수할 수 있는 능력
② **펌프양정**

$$H = H_s + H_d + H_f + P$$

H : 전 양정 (m)
H_s : 흡입양정 (m)
H_f : 마찰 손실 수두 (mAq)
H_d : 토출 양정 (m)
P : 출구 수압(출구측 동압) (mAq)

③ **펌프소요동력(kW)**

$$kW = \frac{Q \cdot g \cdot H}{1000 \times E}$$

Q : 양수량 (kg/s)
g : 중력가속도
H : 전양정 (mAq)
E : 펌프 효율

가. 공학단위 $kW = \dfrac{QH}{60 \times 102E}$ Q : L/min, H : m

나. SI단위 $kW = \dfrac{QgH}{60 \times 1,000E}$ Q : L/min, H : m

※ 공학단위의 1/102은 중력가속도 g와 W를 kW로 환산하기 위한 1/1,000에서 나온 것이다. 결국 g/1,000=1/102이다.

3) 압력탱크 방식(pressure tank system)
고가탱크식과 같이 저수탱크에 저장된 물을 급수 펌프로, 압력탱크 내로 공급하면 가압된 공기압에 의하여 건물 상부로 급수된다.

(1) 압력탱크식의 특징
① 공기압축기 등의 시설비와 관리비가 많이 든다.
② 특정 부위의 고압이 요구될 때 적합하다.

③ 옥상탱크식에 비하여 건축 구조물 보강이 필요 없다.
④ 정전, 고장 시 즉시 급수가 중단된다.
⑤ 수압 변동이 심한 편이다.(기계적 특성상 고저압의 차를 적게 하기가 곤란하다.)

(2) 압력탱크의 최고 최저 압력
① 최저 압력

$$P_L = \frac{H}{100} + P_1 + \frac{H_f}{100}$$

P_L : 최저 압력 (MPa)
H : 압력 탱크에서 최고층 수전 수직 높이 (m)
P_1 : 기구별 필요 압력 (MPa)
H_f : 탱크에서 수전까지 마찰 손실 수두 (mAq)

② **최고 압력** $P_H = P_L + (0.07 \sim 0.14 MPa)$

(3) 압력 탱크 설계
① 탱크용적

$$V = \frac{V_e}{A-B}$$

V_e : 유효저수량 = 시간 최대급수량 $\times \frac{1}{3}$
A : 최고 압력일 때 탱크 내 수량비
B : 최저 압력일 때 탱크 내 수량비

② 양수 펌프 양수량   Q=2×시간 최대 급수량
③ 펌프의 전양정   H=(P_H×100+흡입양정)×1.2(m)
④ 탱크 강판 두께

$$t = \frac{P_H D}{2\sigma}$$

t : 두께 (cm)
D : 탱크 내경 (cm)
P_H : 탱크 사용 최고 압력 (MPa)
σ : 재료 허용 응력 (MPa)

4) 펌프 직송 부스터 방식(tankless booster system)

저수탱크에 물을 받은 후 펌프에 의하여 수전까지 직송하는 방식으로 옥상탱크나 압력탱크에 비하여 장소를 적게 차지하는 장점이 있지만 설비비가 고가이고 고장 시 수리가 어렵다는 단점이 있다. 사용량의 변화에 대응하여 토출량을 변화시키기 위해 자동제어반이 요구되는 고급설비로 최근 건축설비 급수방식으로 가장 널리 보급되고 있다.

(1) 특징
① 옥상탱크나 압력탱크가 필요 없다.
② 정전이나 단수 시 압력탱크와 동일하다.
③ 설비비가 고가이다.
④ 자동제어 시스템이어서 고장 시 수리가 어렵다.
⑤ 인버터 방식(회전수제어)을 채택하여 에너지 절약적이다.

(2) 종류
① **정속 방식**   여러 대의 펌프를 병렬로 설치하고 펌프의 회전속도를 일정하게 하고 토출관의 압력변화를 감지하여 몇 대의 펌프를 ON-OFF시키는 자동제어 시스템이다.

② **변속 방식** 1대의 펌프를 설치하고 토출관의 압력변화에 따라 변속전동기(VVVF, 인버터) 또는 변속장치를 통하여 펌프의 회전수를 변화시켜 양수량을 조정하는 시스템이다.
③ **부스터 방식** 변속(회전수제어) 방식 펌프를 2~4대 병렬접속하여 부하에 대응하여 유량을 제어하며 최근 급수설비로 널리 이용되고 있다.

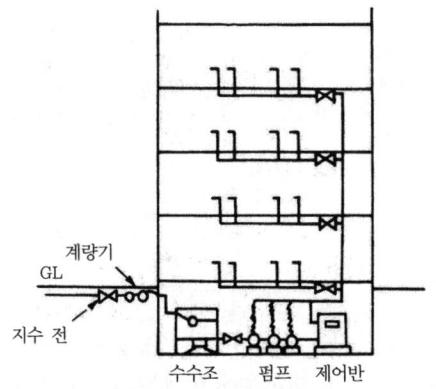

[그림 1-38] 펌프 직송 부스터(booster) 방식

(3) 급수의 조닝

고층 건물에 있어서 위의 급수방식 중 어느 한 계통으로 배관할 경우, 최상층과 최하층의 수압차가 커져 수격작용(water hammering)이나 밸브류의 고장 등을 발생시키므로 7~10층마다 구역으로 나누어 급수하는 zoning이 필요하다.

이때 급수압력은 APT의 경우 0.3~0.4MPa, 사무소 빌딩의 경우 0.4~0.5MPa 이하가 되도록 조정한다. 조닝방법에는 층별식, 중계식, 압력 조정 펌프식, 압력 탱크식, 감압밸브식 등이 있고 필요에 따라 복합하여 사용할 수도 있다.

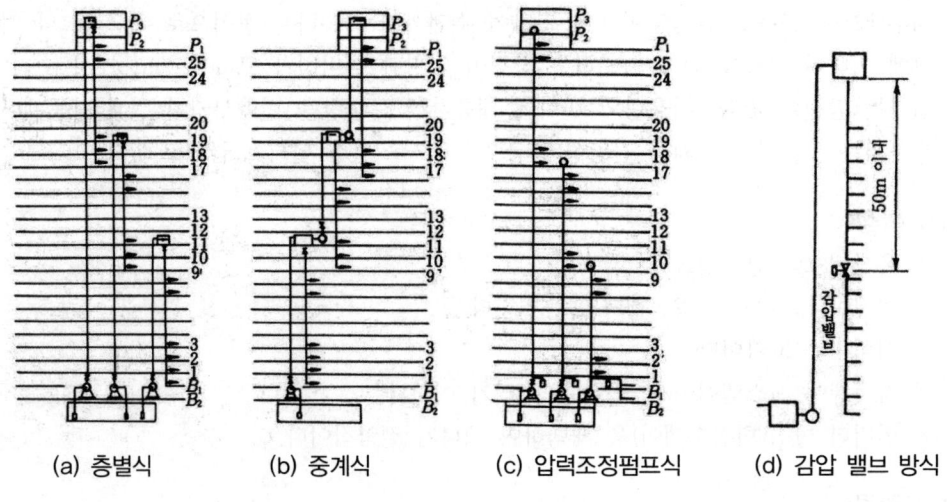

[그림 1-39] 급수 조닝(Zoning)

3. 급탕방식의 특성

급탕 공급방식을 크게 개별식과 중앙식 그리고 태양열 이용방식으로 나눌 수 있는데 설비 형식에 따라 구분이 애매한 경우도 있다. 본서에서는 기수혼합식은 개별식으로 분류한다.

1) 개별식

주택이나 이용소 등 소규모 건축물에서 사용장소에 급탕기를 설치하여 간단히 온수를 얻을 수 있다.

개별식 급탕방식의 특징은 다음과 같다.
① 배관 열손실이 적다.
② 급탕 개소가 적을 경우 시설비가 싸다
③ 가열기 열효율은 낮은 편이다.
④ 최근 가스연료의 공급과 급탕기 효율증대 및 제어효율증대로 보급이 확대되고 있다.

(1) 순간 온수기(즉시 탕비기)

일반적으로 가스 또는 전기를 열원으로 하고 구조는 [그림 1-40]와 같고 원리는 수전을 열면 벤츄리관에서 동압차가 생겨 다이아프램 밸브를 작동시켜 가스가 버너에 공급되면 항상 점화되어 있는 파일럿 플레임에 의하여 연소 되고 가열 코일에서 즉시 가열된다. 최근에는 물 사용을 감지하여 작동하는 전자식도 널리 사용되고 있다.

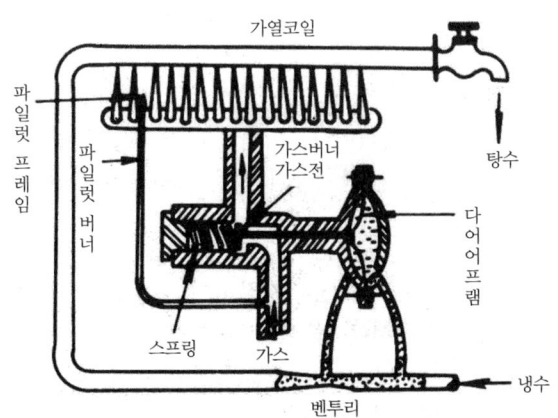

[그림 1-40] 자동 연소장치 원리

특징은 다음과 같다.
① 급탕온도를 60~70℃까지 얻는다.
② 처음에는 찬물이 나온다.
③ 적은 양의 탕을 필요로 하는 곳에 직접 공급하기에 적합하다.

(2) 저탕형 탕비기

항상 일정량의 탕이 저장되어 있어 학교, 공장, 기숙사 등과 같이 일정시간에 다량의 온수를 요하는 곳에 적합하다.

특징은 다음과 같다.
① 비등점(100℃)에 가까운 온수를 얻는다.
② 서모스탯에 의하여 항상 일정한 온도의 탕을 공급한다.
※ 서모스탯(thermostat) : 제어 대상의 온도를 검출하여 바이메탈이나 벨로즈를 이용하여 접점을 on-off시킨다. 결국 일정한 온도를 유지하는 자동온도 조절기이다.
③ 처음부터 온수가 나온다.

(3) 기수 혼합식

병원이나 공장에서 증기를 열원으로 하는 경우, 증기를 직접 물 속에 불어 넣어 가열하는 방식으로 사용개소에 따라 개별식과 중앙식으로 분류가 가능하다.

특징은 다음과 같다.
① 열효율이 100%이다.
② 증기 주입 시 소음이 나고 소음제거를 위해 S형, F형 등 스팀 사일렌서(steam silencer)를 사용한다.

2) 중앙식

중앙식 급탕법은 중앙 기계실에서 보일러에 의해 가열된 온수를 배관을 통하여 각 사용소에 공급하는 방식으로 연료는 석탄, 중유, 가스, 등을 사용한다.

중앙식 급탕법의 특징은 다음과 같다.
① 연료비가 적게 든다.
② 대규모이므로 열효율이 좋다.
③ 건설비는 비싸지만 운전비는 싸다.
④ 대규모인 경우 개별식보다 경제적이다.
⑤ 호텔, 병원, 아파트 등과 같이 급탕개소가 많은 대규모 건축물에 적합하다.

(1) 직접 가열식

온수 보일러에서 가열된 온수를 저탕조에 저장하여 급탕관에 의해 각 기구에 공급한다. 주철제 보일러인 경우 고층빌딩에서는 높은 수압이 걸리므로 사용이 곤란하다.

특징은 다음과 같다.
① 난방 보일러 이외 별도 보일러가 필요하다.
② 대규모 건물에는 높은 수압으로 부적당하다.
③ 냉수가 보일러에 직접 공급되므로 보일러 온도 변화가 심하고 수명이 짧다.
④ 보일러에 스케일이 많이 형성되어 과열 위험이 있고, 전열 효율이 저하한다.
⑤ 간접 가열식에 비해 열효율은 좋다.
⑥ 팽창탱크(중력탱크) 위치는 최상수전과 5m 이상 높이에서 수전에 적당한 수압을 준다.

(2) 간접 가열식

증기 보일러에서 공급된 증기로 열교환기에서 냉수를 가열하여 온수를 공급한다. 이때 저장 탱크(storage tank)에 설치된 서모스탯에 의해 증기 공급량이 조절되어 일정한 온도의 온수를 얻을 수 있다.

특징은 다음과 같다.
① 난방 보일러로 동시에 급탕이 가능하다.
② 건물 높이에 따른 수압이 보일러에 작용하지 않으므로 저압 보일러로도 가능하다.
③ 대규모 설비에 적합하다.
④ 스케일 형성이 적어 전열효율이 우수하고 보일러 수명이 길다.

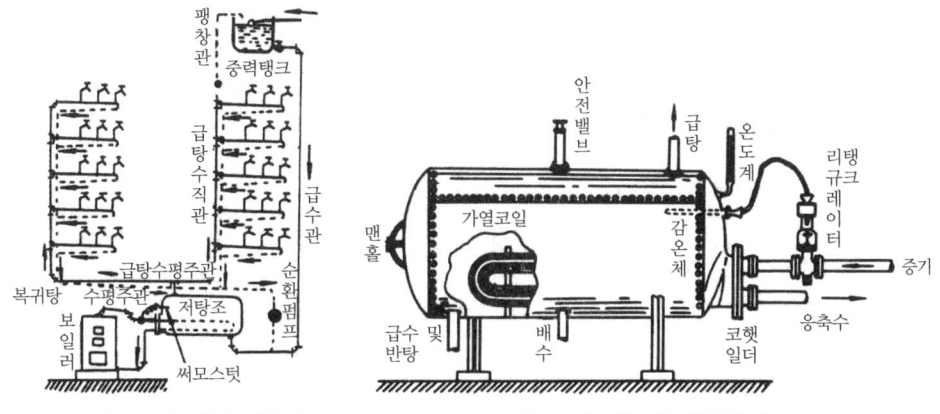

[그림 1-41] 간접 가열식 　　　　　[그림 1-42] 열교환기(저탕조)

3) 태양열 이용방식

태양열에 의한 급탕은 주택, 수영장, 골프장 등에 다양하게 이용되고 있는데 이때 일사량 취득에 대한 충분한 검토가 필요하다. 구성요소는 집열판, 축열조, 순환펌프, 이용부이고 보조 보일러가 필요하다. 집열판에는 평판형, 진공형 등이 있다.

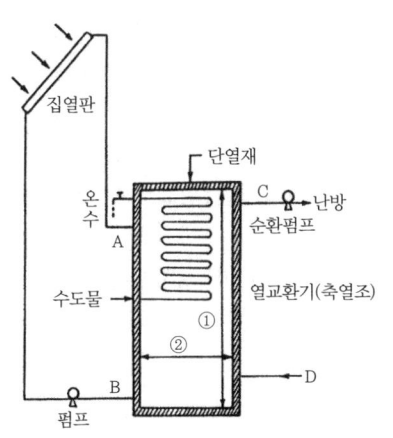

①, ②의 비는 대류현상에 의한 온도층을 형성하도록 2배 이상으로 하는 것이 좋으며, A와 D는 상단 및 하단 1/4 정도의 위치에 오게 하는 것이 좋다.

(a) 태양열 이용 시스템

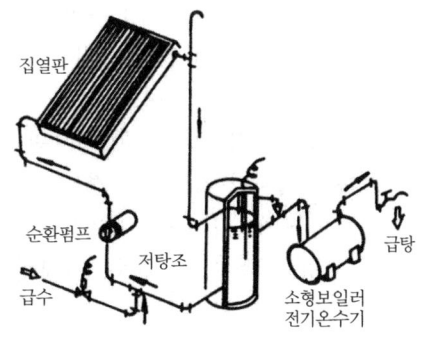

(b) 강제순환에 의한 저탕조 가열방식

[그림 1-43] 태양열 이용 급탕방식

4. 오배수, 통기시스템의 특성

배수설비란 건물에서 발생한 각종 오수 및 잡배수를 신속히 밖으로 배출시키는 배관을 말하며 이를 원활히 수행하기 위하여 통기 설비가 부수된다.

1) 오배수설비

오배수설비는 배수 성질에 따라 오수(대변기, 소변기 배수)와 배수(세면기, 싱크대, 목욕배수 등)로 나누어지고, 배관 계통에 따라 옥내배수, 옥외배수 설비, 공공하수관거로 나누어지며 배수의 종류에는 오수, 잡배수, 우수, 특수배수 등이 있다.

(1) 공공하수도(옥외배수 설비)

건물의 외벽으로부터 1m외부 경계선 밖의 부지 내 배수설비를 옥외배수라 한다. 혹은 경계선으로부터 공공하수관, 정화조까지의 배수설비를 말한다. 공공하수도는 합류식과 분류식으로 나누어진다.

① **합류식** 우수와 하수를 합류시켜 배수하는 것으로 청전 시에는 오수만 흐르고 강우 시에는 우수와 오수가 합류하여 흐르므로 차집시설을 통하여 일정량의 오수를 차집하여 하수종말처리장으로 유입시킨다. 기존의 도시 하수관거에 주로 적용하고 있다.

② **분류식** 오수관과 우수관을 별개로 계획하는 것으로 최근의 도시 계획은 분류식을 주로 적용하는 편이다.

(2) 옥내 오배수 설비(개인하수처리시설)

오수를 배출하는 건물·시설 등을 설치하는 자는 단독 또는 공동으로 개인하수처리시설을 설치하여야 한다. 다만, 다음 각 호의 어느 하나에 해당하는 경우에는 그러하지 아니하다.

　가. 「수질환경보전법」 제48조의 규정에 따른 폐수종말처리시설로 오수를 유입시켜 처리하는 경우

　나. 오수를 흐르도록 하기 위한 분류식하수관거로 배수설비를 연결하여 오수를 공공하수처리시설에 유입시켜 처리하는 경우

　다. 공공하수도 관리청이 환경부령이 정하는 기준·절차에 따라 하수관거정비구역으로 공고한 지역에서 합류식하수관거로 배수설비를 연결하여 공공하수처리시설에 오수를 유입시켜 처리하는 경우

　라. 건물 외벽 외부 1m 경계선으로부터 내수 배수 설비를 옥내 배수 설비라 하며 배수 방식에는 중력 배수, 기계배수가 있다.

① **오배수 방식에 의한 분류**

　가. **중력배수** 중력에 의하여 자연 배수하는 방식으로 공공하수관보다 높은 곳의 배수에 적용한다.

　나. **기계배수** 지하층에서의 배수 등에 사용하며 배수 탱크에 모았다가 펌프로 공공하수관에 배출시킨다.

② **오배수의 성질에 의한 종류**
   가. **오수** 대변기, 소변기, 비데 등에서의 배설물에 관련한 배수
   나. **잡배수** 세면기, 욕조, 싱크대 등에서의 배수
   다. **우수** 옥상, 마당 등의 빗물
   라. **특수 배수** 공장, 실험실 등에서의 폐수, 화학 물질 배수
③ **오배수 접속 방식에 의한 분류**
   가. **직접배수** 각 기구에서의 배수를 배수관에 직접 접속시키는 것으로 세면기, 대변기, 욕조, 싱크대 등이 여기에 속하며 배수관의 악취 유입을 막기 위해 트랩이 설치된다.
   나. **간접배수** 배수를 배수관에 직접 접속시키지 않고 공간을 두고 배수하는 것으로 냉장고, 세탁기, 음료기 등의 배수, 식품 저장용기의 배수, 탱크 오버 플로우관, 각종 드레인관 등이 여기에 속한다.

2) 통기설비

봉수파괴 원인 중 압력차에 의한 봉수파괴를 방지하기 위하여 통기관을 설치하며 또한 배수관 내의 흐름을 원활히 하고 배수관의 환기를 목적으로 통기관을 설치한다.

(1) 통기관 설치 목적
① 트랩의 봉수 보호
② 배수 흐름의 원활과 압력 변동 방지
③ 배수관 환기 및 청결 유지

(2) 통기 방식의 분류
① **배관 방식에 따라**
   가. **1관식** : 별도의 통기관 없이 배수관이 통기의 기능을 겸하도록 한 것으로 신정통기관, 섹스티아 방식, 소벤트 방식이 이에 속한다.
   나. **2관식** : 배수관과 별도로 통기관을 두는 것으로 대규모 건물에 주로 쓰인다.
② **통기 계통에 따라**
   가. **각개통기** 위생기구마다 통기관을 접속시킨다.
   나. **환상통기** 여러 개의 위생기구를 묶어 통기관 1개를 접속시킨다.

(3) 통기관 종류
① **각개통기관** 위생기구마다 통기관을 설치하는 것으로 가장 이상적인 방법이나 경비가 많이 소요되어 사용이 적다.
② **회로통기관(환상통기관)** 2개 이상의 트랩을 보호하기 위하여 최상류 기구 바로 아래에서 통기관을 세워 통기수직관에 연결한다. 회로 통기 1개가 담당할 수 있는 최대 기구수는 8개 이내이며 배수관 길이는 7.5m 이내가 되게 한다.
③ **도피통기관** 루프통기관에서 8개 이상의 기구를 담당하거나 대변기가 3개 이상 있는 경우 통기 능률을 향상시키기 위하여 배수 횡지관 최하류와 통기수직관을 연결한다. 이때의 통기관을 도피통기관이라 한다.

④ **신정통기관** 배수수직관 상부를 그대로 연장하여 옥상 등에 개구시킨 것을 신정통기관이라 하며 간단한 통기설비로 많은 효과를 얻는다.
⑤ **습식(습윤) 통기관** 통기와 배수의 역할을 동시에 하는 통기관이다.
⑥ **결합통기관** 고층 건물에서 통기 효과를 높이기 위해 5층마다 통기수직관과 배수수직관을 연결한 관을 말한다. 결합 통기관경은 50mm 이상으로 한다.
⑦ **특수 통기 방식(1관식 통기시스템)**
　가. **소벤트 방식** 배수 수직관에 층마다 공기 주입장치(aerator fitting)를 설치하여 배수에 공기를 주입함으로써 유속을 감소시키고 완충 작용으로 봉수를 보호한다.
　나. **섹스티아 방식** 배수 수직관에 섹스티아 이음쇠를 통하여 선회류를 주어 수직관에 공기 코어를 형성하여 통기 역할을 하도록 한다.

3) 오수정화처리

(1) 개요

오물 정화조는 수세식 화장실에 반드시 갖추어야 하는데 최근 분류식 하수도에서는 정화조를 생략한다. 일반적으로 1인 1일 분뇨 배출량은 1.0~1.3L 정도이며 수세식 화장실의 경우 세정수를 포함하여 1일 배출수량을 40~60L/cd 정도로 보고 있다. 분뇨 정화조인 경우는 분뇨량만 생각하면 되지만 오수 정화조인 경우 잡배수까지 처리해야 하므로 BOD 부하 계산 시 참고해야 한다. 항목별 BOD부하는 표와 같다.

[표 1-5] 주택의 하수량과 BOD(예)

종류	오수량(m^3/인·일)	BOD농도(g/m^3)	BOD부하량(g/인·일)
수세식 변소 오수	0.05	260	13
주방 배수	0.03	600	18
목욕탕, 세탁배수	0.12	75	9
계	0.20	200(평균)	40

(2) 오수처리 방식

① **호기성 처리** 호기성 미생물을 이용하여 처리, 산소공급 필요, 동력비 증가, 적은공간을 차지 표준활성오니법, 접촉산화법, 살수여상법, 회전원판법 등
② **혐기성 처리** 혐기성 미생물을 이용하여 처리, 산소공급 불필요, 처리시간 증가, 많은 공간을 차지, 악취발생, 설비용량이 크다. 임호프탱크, 부패탱크 방식

(3) 정화조 설계순서

방류수 주변상황조사 → 처리대상인원 산출 → 오수정화성능 결정 → 오수량, 수질, 특성 검토 → 처리방식 결정 → 정화조용량 산정 → 세부설계

(4) 오수정화시설 및 정화조 방류수 수질기준

방류수 수질기준은 하수도법에 따른다.

구분	생물화학적 산소요구량 (BOD) (mg/L)	화학적 산소요구량 (COD) (mg/L)	부유 물질량 (SS) (mg/L)	총질소 (T-N) (mg/L)	총인 (T-P) (mg/L)	대장균 군수 (개/mL)
1일 500m³ 이상 (I지역)	5 이하	20 이하	10 이하	20 이하	0.2 이하	3,000 이하
1일 50m³ 미만	10 이하	40 이하	10 이하	40 이하	4 이하	

(5) BOD 제거율

① BOD란 생물 화학적 산소 요구량(Biochemical Ocygen Demand)의 약자로 오수 중의 오염 물질이 되는 유기물이 오수 중에서 이것과 공존하는 미생물에 의해 분해하여 안정화하는 과정에서 소비되는 용존 산소의 감소를 20℃, 5일간 시료를 방치해서 측정한 값이며, 수중오염 물질의 지표치이다.

② BOD의 제거율이란 오물 정화조의 유입수와 유출수 사이의 BOD의 차를 유입수의 BOD로 나눈 값이다.

$$BOD 제거율(\%) = \frac{유입수 BOD - 유출수 BOD}{유입수 BOD} \times 100$$

제5장 설비자재 검토

1. 배관 및 덕트재료

1) 배관재료 구비 조건
(1) 관내 흐르는 유체의 화학적 성질
(2) 관내 유체의 사용압력에 따른 허용압력 한계
(3) 관외 외압에 따른 영향 및 외부 환경조건
(4) 유체의 온도에 따른 열영향
(5) 유체의 부식성에 따른 내식성
(6) 열팽창에 따른 신축 흡수
(7) 관의 중량과 수송조건 등

2) 배관 종류 및 특징

(1) 강관(鋼管, Steel Pipe)

강관은 일반적으로 건축물, 공장, 선박 등의 급수, 급탕, 냉난방, 증기, 가스 배관 외에 산업설비에서의 압축 공기관, 일반 배관용으로 광범위하게 사용된다.

① 강관의 특징
   가. 공조배관에 널리 사용되나 부식 우려가 있다.
   나. 연관, 주철관에 비해 가볍고 인장강도가 크다.
   다. 용접, 나사이음 등 관의 접합방법이 용이하고 내충격성 및 유연성이 크다.
   라. 주철관에 비해 내압성이 양호하다.

② 강관 표시방법

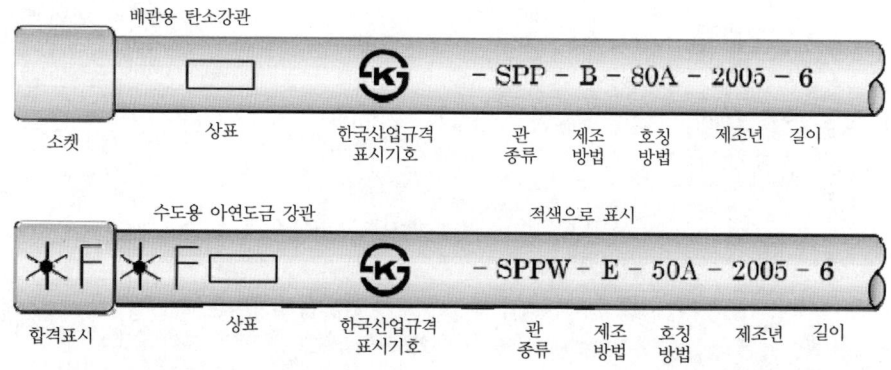

③ 강관 종류
   가. SPPW 수도용 아연도금 강관(수두압 100m 이하)
   나. SPPS 압력배관용 탄소강관(수두압 1000m 이하)
   다. SPPH 고압배관용 탄소강관(수두압 1000m 이상)

라. **SPHT** 고온배관용 탄소강관(350℃ 이상)

마. **SPLT** 저온배관용 탄소강관(0℃ 이하)

(2) 주철관(鑄鐵管, Cast Iron Pipe : CIP관)
① 주철관은 순철에 탄소가 일부 함유되어 있는 것으로 내압성, 내마모성이 우수하고, 특히 강관에 비하여 내식성, 내구성이 뛰어나므로 수도용 급수관(수도본관), 가스 공급관, 공업용배관, 건축설비 오배수배관 등에 광범위하게 사용한다.

② 재질상 분류

가. **보통 주철관** 내구성과 내마모성은 고급주철관과 같으나 외압이나 충격에 약하다.

나. **고급 주철관(덕타일 주철관, DCIP)** 주철 중의 흑연 함량을 적게 하고 강성을 첨가하여 금속조직을 개선한 것으로 기계적 성질이 좋고 강도가 크다.

③ 주철관의 특징

가. 내구력이 크다.

나. 내식성이 커 지하 매설배관에 적합하다.

다. 다른 배관에 비해 압축강도가 크나 인장강도는 약하다.(취성이 크다.)

라. 충격에 약해 크랙(Crack)의 우려가 있다.

마. 압력이 낮은 저압(0.7MPa~1MPa 정도)에 사용한다.

(3) 스테인리스 강관(Stainless Steel Pipe)
스테인리스 강관은 내식성이 커서 상수도, 기계설비 등에 이용도가 증대되고 있다.

① 스테인리스 강관의 종류

가. 배관용 스테인리스 강관(STS)

나. 보일러 열교환기용 스테인리스 강관(STS-TB)

다. 위생용 스테인리스 강관

라. 배관용 아크용접 대구경 스테인리스 강관

마. 일반배관용 스테인리스 강관(박막 Su배관)

바. 구조 장식용 스테인리스 강관

② 스테인리스 강관의 특징

가. 내식성이 우수하고 위생적이다.

나. 강관에 비해 기계적 성질이 우수하다.

다. 두께가 얇아 가벼워 운반 및 시공이 용이하다.

라. 저온에 대한 충격성이 크고, 추운 곳에도 배관이 가능하다.

마. 나사식, 용접식, 프레스식, 플랜지이음 등 시공이 용이하다.

(4) 동관(銅管, Copper Pipe)
동(銅)은 전기 및 열전도율이 좋고 내식성이 뛰어나며 전연성이 풍부하고 연성 가공도 용이하여 판, 봉, 관 등으로 제조되어 전기재료, 열교환기, 급수관, 급탕관, 공조설비배관, 냉매배관, 연료관 등 널리 사용되고 있다.

❶ 동관의 분류

두께별 분류	K-type	가장 두껍다.
	L-type	두껍다.
	M-type	보통
	N-type	얇은 두께(KS규격은 없음)

❷ 동관의 특징
  가. 전기 및 열전도율이 좋아 열교환용으로 우수하다.
  나. 전·연성이 풍부하여 가공이 용이하고 동파의 우려가 적다.
  다. 내식성 및 알칼리에 강하고 산성에는 약하다.
  라. 무게가 가볍고 마찰저항이 적다.
  마. 아세톤, 에테르, 프레온가스, 휘발유 등 유기약품에 강하다.

(5) 연관(鉛管, Lead Pipe)
일명 납(Pb)관이라 하며, 연관은 용도에 따라 1종(화학공업용), 2종(일반용), 3종(가스용)으로 나눈다. 연질이고 가요성이 커서 도기 연결부에 쓰이나 최근에는 사용실적이 적다. 접합법에는 플라스턴 접합을 한다.

(6) 알루미늄관(Al관)
은백색을 띠는 관으로 구리 다음으로 전기 및 열전도성이 양호하며 전·연성이 풍부하여 가공이 용이하며 건축재료 및 화학공업용 재료로 널리 사용된다. 알루미늄은 알칼리에는 약하고, 특히 해수, 염산, 황산, 가성소다 등에 약하다.

(7) 플라스틱관(Plastic Pipe : 합성수지관)
합성수지관은 석유, 석탄, 천연가스 등으로부터 얻어지는 에틸렌, 프로필렌, 아세틸렌, 벤젠 등을 원료로 만들어진 관으로 널리 이용되고 있다.

① **경질염화비닐관(PVC관 : Poly Vinyl-Chloride)** 염화비닐을 주원료로 압축가공하여 제조한 관으로 내식성이 크고 산·알칼리, 해수 등에도 강하다. 전기절연성이 크고 마찰저항이 적다.

② **폴리에틸렌관(PE관 : Poly-Ethylene Pipe)** 에틸렌에 중합체, 안전체를 첨가하여 압출 성형한 관으로 화학적, 전기적 절연 성질이 염화비닐관보다 우수하고, 내충격성이 크고 내한성이 좋아 −60℃에서도 취성이 나타나지 않아 한랭지 배관으로 적합하나 인장강도가 작다.

③ **폴리부틸렌관(PB관 : Poly-Butylene Pipe)** 폴리부틸렌관은 강하고 가벼우며, 내구성 및 자외선에 대한 저항성, 화학작용에 대한 저항 등이 우수하여 온수온돌의 난방배관, 음용수 및 온수배관, 농업 및 원예용 배관, 화학배관 등에 사용된다.

④ **가교화 폴리에틸렌관(XL관 : Cross-Linked Polyethylene Pipe)** 폴리에틸렌 중합체를 주체로 하여 적당히 가열한 압출성형기에 의하여 제조되며 일명 엑셀파이프라고도 하며, 온수온돌 난방코일용으로 가장 많이 사용한다.

⑤ PPC관(Poly-Propylene Copolymer관) 폴리프로필렌 공중합체를 원료로 하여 열변형 온도가 높아 굴곡가공으로 시공이 편리하며 녹이나 부식으로 인한 독성이 없어 많이 사용된다.

(8) 원심력 철근 콘크리트관(흄관)
원통으로 조립된 철근형틀에 콘크리트를 주입하여 고속으로 회전시켜 균일한 두께의 관으로 성형시킨 것으로 상하수도, 배수관에 사용된다.

(9) 석면 시멘트관(에터니트관)
석면과 시멘트를 1:5 정도의 중량비로 배합하고 물을 혼합하여 롤러로 압력을 가해 성형시킨 관으로 금속관에 비해 내식성이 크며 특히 내알칼리성이 좋고, 수도용, 가스관, 배수관, 공업용수관 등의 매설관에 사용되며 재질이 치밀하여 강도가 강하다.

3) 보온재의 분류

(1) 유기질 보온재
① **펠트** 양모펠트와 우모펠트가 있으며 -60℃ 정도까지 유지할 수 있어 보냉용에 사용하며 곡면 부분의시공이 가능하다.
② **코르크** 액체, 기체의 침투를 방지하는 작용이 있어 보냉, 보온효과가 좋다. 냉수, 냉매배관, 냉각기, 펌프 등의 보냉용으로 사용된다.
③ **텍스류** 톱밥목재펄프를 원료로 해서 압축판 모양으로 제작한 것으로 실내벽, 천장 등의 보온 및 방음용으로 사용한다.
④ **기포성 수지(고무발포)** 합성수지 또는 고무질 재료의 다공질 제품으로 열전도율이 극히 낮고 가벼우며 흡수성이 좋고 굽힘성은 풍부하여 가공성이 우수하다. 보온성, 보냉성이 좋아서 널리 쓰이고 있다.

(2) 무기질 보온재
① **석면(石綿)** 아스베스트질 섬유로 되어 있으며 파이프, 탱크, 노벽 등의 보온재로 적합하다. 최근 석면은 발암물질로 사용을 억제한다.
② **암면(Rock Wool, 岩綿)** 안산암, 현무암에 석회석을 섞어 용융하여 섬유모양으로 만든 것으로 비교적 값이 싸지만 섬유가 거칠고 유연성이 부족하다. 보냉용으로 사용할 때에는 방습을 위해 아스팔트 가공을 한다.
③ **규조토** 규조토에 석면을 섞어 물반죽하여 시공하며 500℃ 이하의 파이프, 탱크, 노벽 등에 사용하며 진동이 있는 곳에 사용을 피한다.
④ **탄산마그네슘($MgCO_3$)** 염기성 탄산마그네슘 85%와 석면 15%를 배합하여 물에 개어서 사용할 수 있고, 200℃ 이하의 파이프, 탱크 보냉용으로 사용된다.
⑤ **규산칼슘** 규조토와 석회석을 주원료로 한 것으로 열전도율이 낮고, 사용온도 범위는 600℃까지이다.
⑥ **유리섬유(Glass Wool)** 용융상태인 유리에 압축공기 또는 증기를 분사시켜 짧은 섬유모양으로 만든 것으로 흡수성이 높아 습기에 주의하여야 하며 단열, 내열, 내구성이 좋고 가격도 저렴하여 많이 사용한다.

⑦ **폼그라스(발포초자)** 유리분말에 발포제를 가하여 가열 용융 발포 경화시켜 만들며 기계적 강도와 흡습성이 크며 판이나 통으로 사용하고 사용온도는 300℃ 정도이다.
⑧ **펄라이트** 진주암 등을 고온가열하여 팽창시킨 것으로 가볍고 흡습성이 크며 내화도가 높고, 열전도율은 작으며 사용온도는 650℃ 정도이다.
⑨ **실리카파이버** SiO_2(이산화규소)를 주성분으로 압축성형한 것으로 안전사용온도는 1,100℃로 고온용이다.
⑩ **세라믹파이버** ZrO_2(지르코늄 옥사이드)를 주성분으로 압축성형한 것으로 안전사용온도는 1,300℃로 고온용이다.
⑪ **금속질 보온재** 금속 특유의 열 반사특성을 이용한 것으로 대표적으로 알루미늄박이 사용된다.

4) 패킹(Packing)

패킹재는 이음부나 회전부의 기밀을 유지하기 위한 것으로 나사용, 플랜지, 그랜드 패킹 등이 있다.

(1) 나사용 패킹

① **페인트** 페인트와 광명단을 혼합하여 사용하며 고온의 기름배관을 제외하고는 모든 배관에 사용할 수 있다.
② **일산화연** 냉매배관에 많이 사용하며 빨리 응고되어 페인트에 일산화연을 조금 섞어서 사용한다.
③ **액상합성수지** 화학약품에 강하고 내유성이 크며, 내열범위는 -30~130℃ 정도로 증기, 기름, 약품배관 등에 사용한다.

(2) 플랜지 패킹

① **고무패킹** 탄성이 우수하고 흡수성이 없으며 산·알칼리에 강하나 열과 기름에는 침식된다.
② **석면 조인트 시트** 광물질의 미세한 섬유로 450℃까지의 고온배관에도 사용된다.
③ **합성수지 패킹** 테플론은 가장 우수한 패킹 재료로서 약품이나 기름에도 침식되지 않으며 내열범위는 -260~260℃이지만 탄성이 부족하여 석면, 고무, 금속 등과 조합하여 사용한다.
④ **금속패킹** 납, 구리, 연강, 스테인리스강 등이 있으며 탄성이 적어 누설의 우려가 있다.
⑤ **오일실 패킹** 한지를 일정한 두께로 겹쳐서 내유 가공한 것으로 내열도는 낮으나 펌프, 기어박스 등에 사용한다.
⑥ **그랜드 패킹** 펌프나 밸브의 회전부분에 사용하여 기밀(수밀)을 유지하는 역할을 한다.
⑦ **석면 각형패킹** 석면을 각형으로 짜서 흑연과 윤활유를 침투시킨 것으로 내열, 내산성이 좋아 대형 밸브에 사용한다.
⑧ **석면 야안 패킹** 석면실을 꼬아서 만든 것으로 소형밸브에 사용한다.
⑨ **아마존 패킹** 면포와 내열고무 콤파운드를 가공하여 성형한 것으로 압축기에 사용한다.
⑩ **몰드 패킹** 석면, 흑연, 수지 등을 배합 성형하여 만든 것으로 밸브, 펌프 등에 사용한다.

5) 덕트 재료

(1) **덕트 재료** 덕트는 주로 아연도 철판(함석)을 사용하며 용도에 따라 스테인리스철판, 동판, PVC판 등을 사용한다.

(2) **덕트 규격별 철판 두께**(아연도강판, 강판의 경우)

구분	규격(mm)	두께(mm)
원형 덕트	지름이 500 이하	0.5
	510~700	0.6
	710~1,000	0.8
	1,010~1,200 이상	1.0
	1210 이상	1.2
각형 덕트	긴 변이 450 이하	0.5
	460~750	0.6
	760~1,500	0.8
	1,510~2,200	1.0
	2,210이상	1.2

(3) **DUCT 재질**(반송 물질의 종류에 따라 구분)

이송물질	재질
유기용제	아연도금강판
강산과 염소계 용제	스테인리스스틸, 강판
알칼리	강판
주물사, 고온가스	흑피강판
전리방사선	중질콘크리트 닥트
화장실 정화조 배기	PVC (합성수지)

(4) **DUCT 반송 속도**

이 송 물 질	적 용 예	반송속도 (m/s)
가스, 증기, 흄 및 극히 가벼운 물질	각종 가스와 증기, 산화아연 산화알루미늄의 흄, 목재분진 및 솜먼지 등	10
가벼운 건조 물질	원사, 대패밥, 고무분진, 베크라이트 분진 등	15
일반공업물질	털, 샌드블라스팅 발생먼지, 클라인더 작업 시 먼지 등	25
무거운 물질	납분진, 주조 후 모래털기 작업 시 먼지,	25
무겁고 비교적 큰 젖은 입자먼지	선반작업에서의 먼지 등 젖은 납분진, 젖은 주조작업에서의 발생먼지 등	25 이상

2. 배관 및 덕트 부속기기

1) 냉온수 배관 계통

(1) 배관의 조닝방법이 적합한지 확인한다.(방위별, 용도별, 실별, 용량 등)
(2) 냉온수 겸용코일인 경우, 냉온수의 유량차이가 클 경우에 적정한 제어방법이 필요하다.
(3) 층별로 유량을 균등하게 분배할 수 있도록 배관방식의 선정 또는 정유량 밸브를 설치한다.

(4) 각 유량분배 방식별 장단점을 검토 후 배관계통을 결정한다.
   ① 정유량 방식
   ② 변유량 방식
   ③ 1차 펌프 방식
   ④ 1~2차 펌프 방식
(5) 4-pipe방식의 필요성을 검토한다.
(6) 밀폐배관의 압력 유지 계획이 적정한지 검토한다.
(7) 팽창탱크의 위치가 적정한지 확인한다.
(8) 차압밸브의 용량산정이 적합한지 검토한다.

2) 증기 계통
(1) 감압밸브를 설치한 경우, 최종 사용처의 증기소요압력이 확보되는지 검토한다.
(2) 용도별로 증기의 압력이 적정한지 확인한다.
(3) 가습의 경우 특수실은 조절밸브를 사용하지만, 일반실의 경우는 전자밸브(on/off밸브)를 사용한다.
(4) 적정한 트랩을 선정한다.(float trap, bucket trap 등)

3) 냉각수 계통
(1) 연간공조의 경우 냉각수의 과냉에 대한 제어가 가능 하도록 온도제어시스템이 구성되어 있는지 확인한다.(3-way, 2-way, fan on/off 등)
(2) 몇 개의 냉각탑을 병렬로 운전하는 경우
   ① 균등관의 설치를 확인한다.(입구관과 동일한 크기로)
   ② 각 입구수량의 조절기능 유무를 확인한다.(정유량밸브 또는 조절밸브)
   ③ 출구주관은 입구주관보다 2단계 큰 헤더를 설치한다.
   ④ 각 출구관과 출구헤더는 저항이 작은 구조(45° 엘보우 사용)로 연결한다.
   ⑤ 이와 관련된 펌프도 냉각탑의 운전대수에 따라 합당하게 대수제어가 되고 있는지 확인한다.

4) 덕트 부속기기

(1) 풍량조절댐퍼(VD)

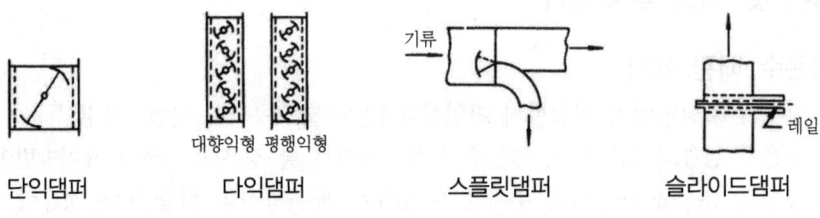

[그림 1-44] 풍량 조절 댐퍼

① **단익댐퍼** 버터플라이 댐퍼라고도 하며 기류가 불안정, 소형덕트에만 쓰인다.
② **다익댐퍼** 날개가 여러 장으로 루버댐퍼라고도 하며, 기류가 안정되고, 대형덕트에 사용한다.(평행익형, 대향익형)
③ **스플릿댐퍼** 덕트의 분기부에서 풍량조절에 이용한다.
④ **슬라이드댐퍼** 덕트 도중 홈 틀을 만들어 1장의 철판을 수직으로 삽입하며 주로 개폐용이다.
⑤ **클로드댐퍼** 댐퍼에 철판대신 섬유질 재질을 사용하여 소음을 감소하고 기류를 안정시킨다.

(2) 방화댐퍼(FD)
화재발생 시 차단 화염이 덕트를 통해 다른 실로 옮겨가는 것을 방지(일반용 휴즈 용융온도 72℃)하며 덕트 내 온도를 감지하여 차단한다.

(3) 방연댐퍼(SD)
방화댐퍼와 마찬가지로 연기의 이동을 막기 위하여 연기를 감지하여 차단한다.(설비비가 고가)

(4) FSD
방화방연댐퍼이다.(2가지 기능 복합)

(5) 가이드베인
덕트의 곡부에서 기류안정을 목적으로 부착하는 안내 날개이다.(터닝베인 : 좁은 날개를 여러 장 붙인 것으로 직각덕트에 쓰인다.)

(6) 취출구 종류
① 도달거리와 강하도
　가. **도달거리** 취출구에서 나온 기류가 0.25m/s 정도로 감소할 때까지 이동한 수평거리를 도달거리라 한다.
　나. **강하도** 취출구에서 나온 기류가 도달거리 지점까지의 수직 이동거리를 강하도(상승도)라 한다.
② 취출구 종류

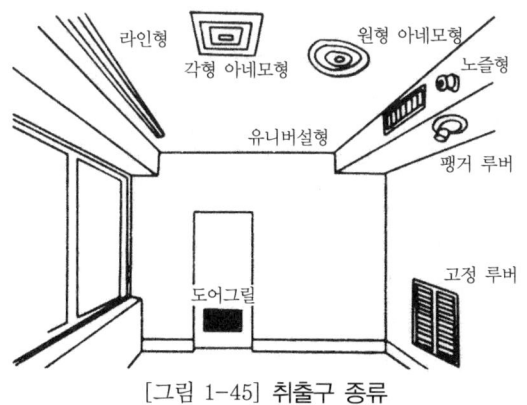

[그림 1-45] 취출구 종류

가) **천장** 아네모스탯형, 팬형, 슬롯형, 노즐형, 라인디퓨저, 다공판
나) **벽면** 유니버설형, 그릴형, 슬롯형, 노즐형, 라인디퓨저, 다공판
다) **머쉬룸형** 극장 바닥 등에 설치하는 흡입구, 취출구

3. 배관 및 덕트의 접합방법

1) 배관이음공법

(1) **나사이음** 강관, STS 배관의 소구경(50A 이하) 등에서 가장 일반적인 이음으로 배관에 숫나사를 내어 암나사를 가진 부속류(엘보 티이 등)와 나사결합하여 접속한다. 유지관리 시 자유단에서 분해도 가능하다.

(2) **용접이음** 대부분의 금속배관(강관, STS 등)에서 용접기로 모재를 용해하여 결합하는 방식으로 수밀성, 구조적 내구성이 우수하나 분해는 불가하다.

(3) **소켓이음** 주철관, PVC, 콘크리트관 등에서 주로 적용하며 수구(숫놈)와 삽구(암놈)를 끼워 맞춤하는 방식이다. 최근에는 주로 고무패킹을 사용한다.

(4) **플랜지이음** 강관, 주철관등 금속 배관에서 분해가 가능한 접합 방법으로 배관에 플랜지를 붙이고(용접이나 나사이음) 플랜지끼리 볼트 접합한다.

(5) **납땜이음** 동관에서 주로 사용하는 접합법으로 모재는 용해하지 않고 용접봉으로 모세관현상으로 결합(연납땜, 경납땜)하는 것이다. 분해는 불가하다.

(6) **메커니컬조인트** 주철관에서 수구와 삽구를 결합하는 것으로 볼트결합한다. 유지관리 시 분해가 가능하다.

(7) **노허브이음** 배수 주철관에서 주로 사용하며 소켓(수구, 삽구)이 없이 배관을 서로 맞대기 접속하고 밴드로 체결한다.

(8) **신축이음** 냉온수 배관에서 온도차에 의한 신축을 흡수하기위해 일정 간격마다 설치하며 밸로즈형, 슬리브형, 신축곡관, 볼죠인트, 스위블조인트 등이 있다.

2) 덕트이음공법

① **시임** 재료 자체를 접어 연결하여 강도가 큰 편이다.
　가. **피츠버그 스냅록** 각 부의 접합 시 겹으로 접은 판 사이에 싱글로 접은 판을 끼워 넣고 때려 누른 형식, 견고하고 공기누설을 막을 수 있어 현장에서 주로 사용한다.
　나. **보턴펀치 스냅록** 더블로 접은 곳에 싱글로 접은 것을 끼워 넣기만 하고 때리지는 않으며 싱글의 돌출부(펀치)가 더블의 접은 면에 걸리도록 하여 시공이 간편하여 공기 단축효과를 노린다.

② **슬립** 슬립에 재료를 끼워 넣는 방식으로 강도가 약해 소형덕트에 활용되며 시공이 쉽고 재료도 절약할 수 있다.

③ **덕트의 보강** 대형덕트에서 강도를 보완하기위하여 다이아몬드 브레이크, 리브홈을 두어 강도를 높인다. 덕트 내외부에 스티프너(앵글보강)를 접속하거나 보강용 봉(로드)을 수직으로 덧대어 결합하기도 한다.

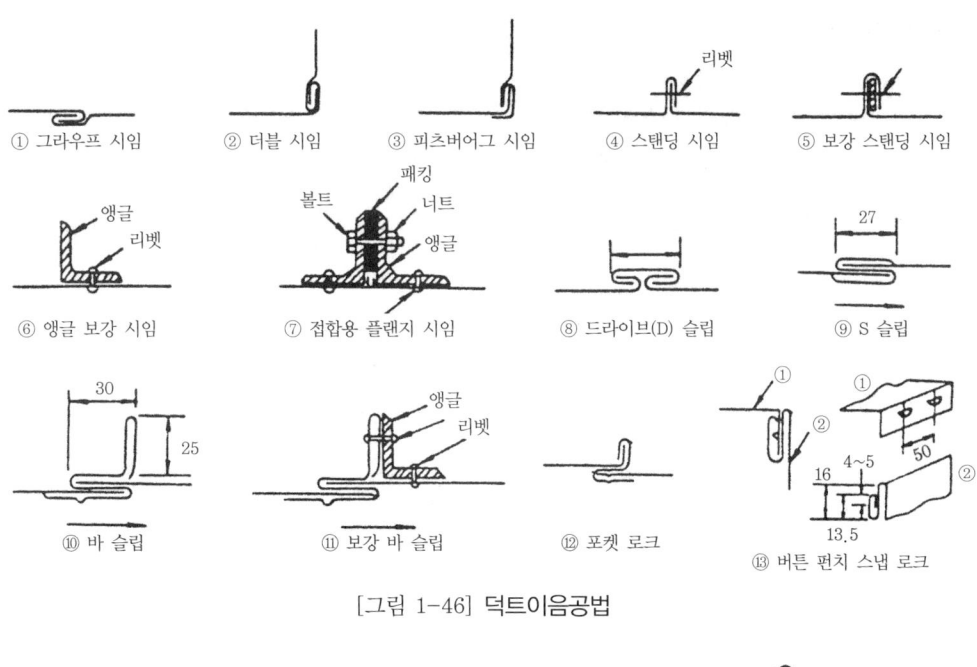

[그림 1-46] 덕트이음공법

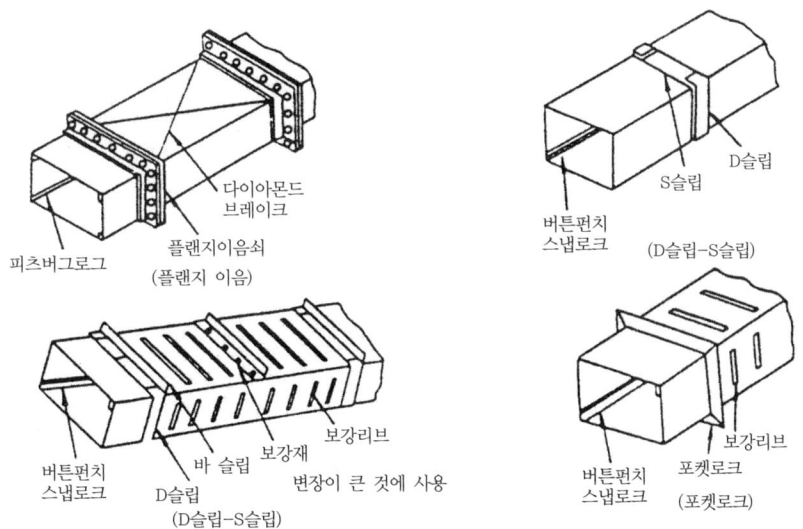

[그림 1-47] 장방형 덕트의 공법

3) 덕트의 시공

(1) 확대 · 축소

① **단면적이 75% 이상인 경우** 직접 확대 · 축소
② **단면적이 75% 이하인 경우**
　가. **저속덕트** 확대 15° 이하, 축소 30° 이하
　나. **고속덕트** 확대 8° 이하, 축소 15° 이하로 서서히 확대 · 축소

(2) 엘보의 분기

① A≧8W에서 분기(A≦8W일 경우 가이드 베인 설치)
② **A≦4W일 경우** 상하 분할분기
   W : 덕트폭, A : 덕트 중심에서 분기 중심까지 거리

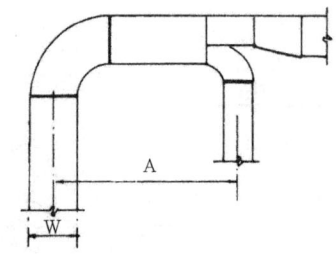 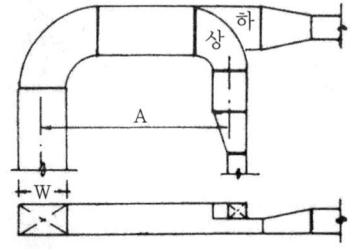

(a) A≦8W일 경우 엘보에 가이드 베인 설치   (b) A≦4W일 경우 상하 분할 분기

[그림 1-48] 장방형 덕트의 엘보 직후의 분기

> 예상문제 제3편 | 설비시스템 검토

001 전열면적이 크고 고압 대용량에 적합하지만 고도의 수처리가 요구되는 보일러는?
① 주철제 보일러　　　　　　② 관류 보일러
③ 가스 보일러　　　　　　　④ 수관식 보일러

■ 수관식 보일러는 수관 내에 물이 흐르며 가열되고, 전열면적이 넓어 고압 대용량이고, 고효율, 고도의 수처리가 요구되는 보일러이다.

002 강판제 보일러에서 설치면적이 작고 설치가 비교적 용이하기 때문에 소규모 난방에 많이 사용되며, 전열면적 30[m^2] 정도, 증기압력 1MPa 정도까지에 적합한 보일러로 맞는 것은?
① 랭카샤 보일러　　　　　　② 입형(관류형) 보일러
③ 수관식 보일러　　　　　　④ 주철제 보일러

■ 입형(관류형) 보일러는 설치면적이 작고 설치가 비교적 용이하기 때문에 중소규모 건물 등 소규모 난방에 많이 사용된다.

003 보일러 중 수처리가 가장 엄밀하게 요구되는 것은?
① 주철제 보일러　　　　　　② 입형 보일러
③ 노통연관 보일러　　　　　④ 수관 보일러

■ 보일러는 고온도로 운전되어 물속의 경도 성분이 스케일로 전열면에 부착되어 전열효율을 감소시키므로 수처리가 필요하다. 특히 수관 보일러는 작은 관속에 물이 흘러서 구조가 복잡하고 관내면에 스케일이 끼면 전열효율이 현격히 감소하고 스케일 제거 등 청소가 어렵고, 수명이 짧아져서 교체해야 하므로 보일러수의 엄밀한 수처리가 중요하다.

004 다음의 보일러 종류 중 효율이 가장 높은 것은?
① 주철제 보일러　　　　　　② 수관 보일러
③ 노통연관보일러　　　　　　④ 입형 보일러

■ 보일러 중에서 효율은 수관식이 가장 좋으며 많은 관으로 구성되어 구조가 복잡하여 양호한 수처리가 필요하다.

해답　1.④　2.②　3.④　4.②

005 난방설비에 관한 설명으로 가장 적합한 것은?
① 온수난방은 증기난방에 비해 예열시간이 길어서 충분한 난방감을 느끼는데 시간이 걸린다.
② 증기난방은 실내 상하 온도차가 적어 유리하다.
③ 복사난방은 급격한 외기 온도의 변화에 대해 방열량 조절이 우수하다.
④ 온수난방의 주 이용열은 온수의 증발잠열이다.

■ 증기난방은 온도가 높아서 실내 상하 온도차가 크며, 복사난방은 구조체를 가열하므로 급격한 외기온도의 변화에 대해 방열량 조절이 곤란하다. 온수난방은 온수의 현열을 이용하고 증기난방은 증기의 잠열을 이용한다.

006 난방기기에서 사용되는 방열기 중 강제대류형 방열기에 해당하는 것은?
① 유닛히터   ② 길드 방열기
③ 주철제 방열기   ④ 베이스보드 방열기

■ 유닛히터는 가열코일과 팬을 조합한 것으로 강제 대류형 가열장치로 넓은 공간의 난방에 이용된다.

007 보일러의 용량 표시법이 아닌 것은?
① 연료 연소량(kg/h)   ② 발생 열량(kJ/h, kW)
③ 환산 증발량(kg/h)   ④ 상당 방열면적(㎡)

■ 보일러 용량은 발생 열량(kJ/h, kW), 환산 증발량(kg/h, ton/h), 상당 방열면적(EDR, ㎡), 보일러 마력 등으로 표시한다.

008 다음의 증기난방에 대한 설명 중 가장 거리가 먼 것은?
① 예열시간이 온수난방보다 짧다.
② 실내의 상하온도차가 온수난방에 비하여 크다.
③ 온수난방에 비해 쾌감도가 좋다.
④ 방열면적이 온수난방에 비해 적어도 된다.

■ 증기난방은 방열온도가 높아서(100℃ 이상) 실내온도 분포가 나쁘고 먼지 상승 등으로 온수난방에 비해 쾌감도가 나쁘다.

009 다음의 방열기 트랩 종류 중에서 디스크타입으로 주로 고압증기의 관말 트랩으로 사용되는 것은?
① 열동식 트랩   ② 버킷형 트랩
③ 플로트형 트랩   ④ 충격식 트랩

■ 충격식 트랩(써모다이나믹 트랩, 디스크 트랩) : 유체(증기, 응축수)의 흐름에 의한 베르누이의 정리에 의해 압력차로 작동하며, 구조가 간단하고 소형이며, 구경에 비해 응축수 용량이 크다. 고압 및 과열 증기에서 사용이 가능하며, 작동 부분이 디스크 하나라서 고장이 적고 정비 보수가 용이하다.

010 진공환수식 증기 배관에서 진공환수 시에 입상배관에서 리프트 이음(lift fitting) 1단의 흡상 높이는?

① 1.5m 이내
② 2.0m 이내
③ 4.5m 이내
④ 10.0m 이내

■ 증기 배관에서 진공 환수 시 아래쪽의 응축수를 흡상하기 위해서는 리프트 피딩을 이용하는데 1단의 높이는 1.5m 이내로 하며 그 이상의 높이일 때는 2단, 3단을 직렬로 연결하여 이용한다.

011 증기주관에서 트랩이 없는 입상 분기관을 접속시키고자 한다. 가장 적합한 위치는 증기주관의 단면에서 볼 때 어디인가?

① 윗면
② 아래면
③ 우측면
④ 좌측면

■ 증기주관과 입상관의 연결은 상면(윗면)에 위치해야 증기주관의 응축수에 의한 증기 공급장애를 방지할 수 있다. 만일 증기관 바닥면(아래면)에 입상관을 연결한다면 응축수가 입상관에 고여서 증기공급을 막을 수 있고, 증기가 공급될 때 스팀 해머를 유발한다.

012 온수 난방장치에서 물의 팽창을 흡수하여 배관 내의 이상압력 상승을 방지하고 물의 수축 시 배관 내에 진공압으로 공기침입을 방지하기 위해 필요한 장치는?

① 하트포드 접속
② 공기빼기 밸브
③ 안전관
④ 팽창수조

■ 팽창수조(탱크)는 수방식에서 물의 팽창과 수축을 흡수하여 배관 내의 이상압력을 방지한다.

013 31℃의 외기와 25℃의 환기를 1:2의 비율로 혼합하고 바이패스 팩터가 0.16인 코일로 냉각 제습할 때의 코일 출구온도는?(단, 코일의 표면온도는 14℃이다.)

① 약 14℃
② 약 16℃
③ 약 27℃
④ 약 29℃

■ 1:2로 혼합한 공기 온도 $t = \dfrac{31 \times 1 + 25 \times 2}{1+2} = 27$

27℃ 공기를 14℃ 코일에 통과시킬 때
출구 온도 $= t_c + BF(t - t_c) = 14 + 0.16(27 - 14) = 16.08℃$

014 증기보일러에서 진공환수식을 적용할 때 설명으로 옳은 것은?

① 증기주관은 선하향 구배로 설치한다.
② 환수관은 습식 환수관을 사용한다.
③ 리프트 피팅의 1단 흡상고는 3m로 설치한다.
④ 리프트 피팅은 펌프부근에 2개 이상 설치한다.

■ 진공환수식에서 증기주관은 선하향 구배로 하여 증기 공급방향으로 응축수가 배출되도록 하고, 환수관은 건식 환수관을 사용하며, 리프트 피팅은 수직환수배관이 1.5m 이상일 때 1단 흡상고는 1.5m 이내로 하여 설치한다.

015 펌프의 흡입 배관 설치에 관한 설명으로 틀린 것은?

① 흡입관은 가급적 길이를 짧게 한다.
② 흡입관의 하중이 펌프에 직접 걸리지 않도록 한다.
③ 흡입관에는 펌프의 진동이나 관의 열팽창이 전달되지 않도록 신축이음을 한다.
④ 흡입 수평관의 관경을 확대시키는 경우 동심 리듀서를 사용한다.

■ 흡입 수평관의 관경을 확대시키는 경우 편심 리듀서를 사용하여 배관 윗면을 일치시켜서 공기가 고이지 않게 한다.

016 난방용 온수배관 설계 순서에 있어서 가장 먼저 하여야 할 것은?

① 배관경의 결정
② 난방부하 계산
③ 온수순환펌프의 결정
④ 각 구간별 온수 순환량 산출

■ 온수배관 설계순서는 난방부하 계산>구간별 온수 순환량 산출>배관경의 결정>온수순환펌프의 결정으로 이루어진다.

017 복사 냉난방 방식의 장점이 아닌 것은?

① 쾌감도가 좋다.
② 현열부하 처리가 크다.
③ 이용공간이 넓다.
④ 냉방 시 결로의 염려가 있다.

■ 복사 냉난방은 천정이나 바닥에 코일 등을 매설하고 냉온수를 순환시켜 복사열에 의해 냉난방을 실시하는 것으로 쾌감도가 우수하고 현열부하 처리에 효과적이며 특히 바닥에 기구가 노출되지 않아 바닥 이용도가 크다. 하지만 냉방 시에는 패널에 냉수가 흐르고 노점온도 이하에서 패널에 결로가 생길 염려가 있는 것은 단점이다.

018 다음 중 일반적으로 가장 쾌적한 실내 열환경을 제공할 수 있는 난방방식은?

① 고온수난방
② 증기난방
③ 온돌난방
④ 온풍난방

■ 온돌난방은 바닥, 천정, 벽 등에 코일을 설치하고 온수를 통과하여 난방하는 복사난방으로 실내온도분포가 균등하여 쾌감도가 높다.

019 다음 중 송풍기를 내장한 방열기는?

① 컨벡터(convector)
② 주철제 방열기(cast iron heater)
③ 유니트 히터(unit heater)
④ 베이스 보드히터(base board heater)

■ ▶ 컨벡터 : 원형, 각형 휜(fin)을 커버로 막아서 내부에서 대류(convect)현상을 일으켜 방열하므로 콘벡터라 한다.
▶ 주철제 방열기 : 주철제로 만든 조립식 방열기로 커버가 없다.
▶ 유니트 히터(unit heater) : 가열코일과 팬을 조합한 강제 통풍식 히터.
▶ 베이스 보드히터 : 컨벡터를 바닥에 낮게 설치한 것으로 의자로 사용되기도 한다.

020 동일한 조건의 난방을 하는 경우 난방방식 중 실내 상하온도차가 가장 적은 것은?
① 천장패널식 복사난방 ② 증기난방
③ 온수난방 ④ 온풍난방

■ 복사난방은 열복사를 이용하는 것으로 실내 공기를 직접 가열하는 대류난방(증기난방, 온수난방, 온풍난방)에 비해 대류현상이 적게 일어나므로 실내 상하 온도차가 적다.

021 복사난방의 장점이 아닌 것은?
① 실내공기의 온도분포가 좋다. ② 같은 방열량에 대해서 손실열량이 적다.
③ 예열시간이 짧다. ④ 천장이 높은 실에 유리하다.

■ 복사난방은 바닥, 벽 등의 구조체 내에 코일을 매설하여 구조체를 가열하므로 구조체 열용량이 커서 예열시간은 길다.

022 온수배관의 시공 시 주의사항으로 옳은 것은?
① 각 방열기에는 필요시에만 공기배출기를 부착한다.
② 배관 최저부에는 배수밸브를 설치하며, 하향구배로 설치한다.
③ 팽창관에는 안전을 위해 반드시 밸브를 설치한다.
④ 배관 도중에 관 지름을 바꿀 때에는 편심이음쇠를 사용하지 않는다.

■ 각 방열기에는 공기배출기를 부착하며 팽창관에는 밸브를 설치하지 않는다. 배관 도중에 관 지름을 바꿀 때에는 편심이음쇠를 사용하여 배관 윗면을 일치시켜 공기가 고이지 않게 한다.

023 주철제 증기 방열기의 표준 방열량에 대한 증기 응축수량은?(단, 증기의 증발잠열은 2,257kJ/kg이다.)
① $0.8kg/m^2 \cdot h$ ② $1.0kg/m^2 \cdot h$
③ $1.2kg/m^2 \cdot h$ ④ $1.4kg/m^2 \cdot h$

■ 증기 방열기 $1m^2$= 756W 이므로 응축수량= $\frac{756 \times 3,600}{1,000 \times 2,257} = 1.21 kg/m^2h$ 이다.
(756W=756×3,600÷1,000kJ/h, W를 kJ/h로 환산하여 증발잠열 kJ/kg과 계산한다.)

024 상당방열면적(EDR)이란 무엇을 의미하는가?
① 방열기의 실제표면적을 m^2로 표시한 것이다.
② 보일러의 전열 면적을 말한다.
③ 보일러의 전열 면적을 말한다.
④ 방열기의 방열량을 표준상태($1m^2$=0.756kW 증기)로 환산한 방열기 면적 값이다.

■ 상당방열면적(EDR-Equivalent Direct Radiation)이란 어떤 방열량을 표준방열면적으로 환산한 것으로 온수 방열기 $1m^2$EDR=0.523kW, 증기 방열기 $1m^2$EDR=0.756kW이다.

해답 20.① 21.③ 22.② 23.③ 24.④

025 온수 순환량이 560kg/h인 난방설비에서 방열기의 입구온도가 80℃, 출구온도가 72℃라고 하면 이때 실내에 발산하는 현열량은?(단 물의 비열은 $4.2kJ/kg\,K$이다.)

① 16,820kJ/h
② 17,820kJ/h
③ 18,816kJ/h
④ 19,880kJ/h

■ $q = WC\triangle t = 560 \times 4.2(80-72) = 18,816 kJ/h$

026 다음 난방 방식 중에서 동일한 조건에서 간헐 난방(운전과 정지를 반복하는 것)에 적합한 것은?

① 온수난방
② 증기난방
③ 복사난방
④ 고온수난방

■ 운전, 정지에 대한 응답이 빠른(열용량이 적은) 증기난방이 간헐난방에 적합하다.

027 일반적으로 난방 설비비가 가장 많은 것은 어느 것인가?

① 온수난방
② 복사난방
③ 온풍난방
④ 증기난방

■ 설비비 : 복사 난방>온수난방>증기난방>온풍난방

028 컨벡터 방열기는 방열량 중에서 복사 열량이 약 몇 %를 차지하는가?

① 15%
② 40%
③ 70%
④ 90%

■ 컨벡터는 케이싱 안에서 대류작용을 이용하므로 복사 열량이 10~20%, 대류열량 80~90%이며, 주철제 방열기는 복사열량이 30~40%, 대류열량이 60~70% 정도 차지한다.

029 다음 중에서 증기 발생기 라고도하며 수관보일러의 일종으로 중소형 증기 보일러로 많이 이용되는 보일러는?

① 주철제 보일러
② 연관 보일러
③ 관류 보일러
④ 수관 보일러

■ 관류보일러는 증기 발생용으로 중·소규모 증기발생기에 널리 쓰이고 있다.

030 증기난방의 장점에 속하지 않는 것은?

① 예열 시간이 짧고 증기 순환이 빠르다.
② 잠열을 이용하므로 쾌감도가 좋다.
③ 열의 운반 능력이 크다.
④ 설비비가 온수난방에 비하여 싸다.

■ 증기난방은 온도가 높아 쾌감도는 낮다.

031 증기난방의 분류 중 방열기의 위치에 제한을 받지 않는 방식은?

① 중력 환수식 ② 기계 환수식
③ 진공 환수식 ④ 건식 환수식

■ 진공 환수식은 리프트 휘딩에 의해 낮은 곳의 응축수도 흡상하므로 방열기 위치에 구속되지 않는다. 중력환수, 기계환수 방식은 응축수 탱크 상부에 방열기를 설치한다.

032 환수주관을 보일러 수면보다 높은 위치에 배관하는 환수방식은 어느 것인가?

① 습식 환수방식 ② 강제 환수방식
③ 건식 환수방식 ④ 진공 환수방식

■ 환수주관을 보일러 수면보다 높은 위치에 배관하면 환수 주관에 응축수가 고이지 않으므로 건식이다. 습식은 보일러 수면 아래에 환수 주관이 설치되어 배관 내에 항상 응축수가 만수되어 있다.

033 온수난방의 장점이 아닌 것은?

① 부하 변동에 따라 온도 조절이 가능하다.
② 예열 시간이 길어 간헐 운전에 적합하다.
③ 표면 온도가 낮고 현열을 이용하므로 쾌감도가 좋다.
④ 난방을 정지하여도 여열이 오래간다.

■ 온수난방은 예열시간이 길어 간헐운전에 부적합하다.

034 어느 실내에 설치된 온수 방열기의 방열면적이 $10m^2$ EDR일 때의 방열량(W)은?

① 4,500 ② 6,500
③ 7,558 ④ 5,230

■ 온수방열기 $1m^2 EDR = 523W$ 그러므로 $10 \times 523 = 5230W$
증기방열기라면 $1m^2 EDR = 756W$

035 고온수 난방 배관에 관한 설명으로 옳은 것은?

① 장치의 열용량이 작아 예열시간이 짧다
② 대량의 열량공급은 용이하지만 배관의 지름은 저온수 난방보다 크게 된다.
③ 관내 압력이 높기 때문에 관내면의 부식문제가 증기난방에 비해 심하다.
④ 공급과 환수의 온도차를 크게 할 수 있으므로 열수송량이 크다.

■ 고온수 난방은 장치의 열용량이 커서 예열시간이 길고, 대량의 열량공급이 가능하고 배관의 지름은 저온수 난방보다 작게 된다. 관내 압력이 높으나 관내면의 부식문제는 증기난방에 비해 작다. 공급과 환수의 온도차를 크게 할 수 있으므로 열수송량이 크다.

해답 31.③ 32.③ 33.② 34.④ 35.④

036 증기난방에 비하여 온수난방의 성질을 설명한 것 중 틀린 것은?
① 쾌감도가 좋다.　　　　② 시설비가 고가이다.
③ 동결 우려가 있다.　　　④ 대규모 건물에 적합하다.

■ 온수난방은 대규모 건물에서 저층에서 높은 수압(정수두)을 받으므로 부적합하다.

037 보통 온수식과 고온수식의 성질 중 틀린 것은?
① 보통 온수식은 지역난방에 주로 이용된다.
② 고온수식은 밀폐형 팽창 탱크를 사용한다.
③ 보통 온수식은 개방형 팽창 탱크를 사용할 수 있다.
④ 고온수식은 고압이므로 주철제 보일러의 사용이 곤란하다.

■ 지역난방에는 주로 고온수식이 이용된다.

038 온수난방에서 배관이 복잡해질 경우, 균등한 유량 분배를 위하여 채택하는 배관방식은?
① 단관식　　　　　　　② 복관식
③ 리버스리턴 방식　　　④ 직접 환수식

■ 리버스리턴(Reversed Return) 방식은 각 방열기마다 배관 순환길이를 같게 하여 유량 분배가 균등하다.

039 복사 난방의 장점 중 틀린 것은?
① 열용량이 크기 때문에 예열 시간이 길다.
② 바닥 이용도가 높다.
③ 방을 개방 상태로 하여도 난방효과가 좋다.
④ 열손실이 적다.

■ 복사난방에서 "열용량이 크기 때문에 예열 시간이 길다"는 단점이다.

040 다음 난방 방식 중 출입의 빈도가 잦아 틈새 바람에 의한 열손실이 비교적 많은 경우의 적합한 난방 방식은?
① 온풍난방　　　　　　② 온수난방
③ 증기난방　　　　　　④ 복사난방

■ 틈새바람이 많고 천장고가 높은 경우 복사난방이 유리하다.

041 복사 난방의 단점에 속하지 않는 것은?
① 시공이 어려워 설비비가 많이 든다.　② 고장 시 발견이 어렵고 수리가 곤란하다.
③ 덕트 스페이스를 필요로 한다.　　　　④ 단열층 시공이 필수적이다.

■ 단독 복사난방은 덕트설비가 필요 없다. 덕트병용 복사난방은 공조설비에 속한다.

해답　36.④　37.①　38.③　39.①　40.④　41.③

042 출입구로부터 들어오는 침입외기에 콜드 드래프트(cold draft)의 영향을 최소화하기 위한 다음방법 중 부적당한 것은?

① 천장노즐을 설계하여 온풍을 바닥면까지 도달시킬 수 있도록 한다.
② 바닥면을 패널히팅으로 설계하여 복사에 의한 온감을 높일 수 있도록 고려한다.
③ 에어커튼을 설치하여 출입구에서의 틈새바람을 최소화할 수 있도록 고려한다.
④ 출입구에 자동개폐문을 설치할 수 있도록 고려한다.

■ 차가운 외기가 실내 거주자에 직접 접촉되는 현상을 콜드 드래프트라 하며, 자동 개폐문보다 회전문이 침입외기를 막는다.

043 다음 중 복사 난방 공간의 열환경을 평가하기 위한 지표로서 가장 적합한 것은?

① 글로브 온도(globe temperature)
② 작용온도(operate temperature)
③ 카타 냉각력(kata cooling power)
④ 유효온도(effective temperature)

■ 작용온도는 온도, 기류, 복사열의 영향을 종합한 효과온도로 복사난방의 열환경 지표로 이용된다.

044 MRT란 무엇인가?

① 상당 방열 온도
② 평균 복사 온도
③ 상당 증발량
④ 복사 난방 효율

■ MRT : mean radiant temperature(평균 복사 온도)는 복사난방하는 공간의 벽체 복사 평균 온도를 의미한다.

045 온풍난방의 장점에 속하지 않는 것은?

① 예열 시간이 짧다.
② 신선 공기 공급이 가능하다.
③ 누수 동결 우려가 없다.
④ 쾌감도가 좋다.

■ 온풍난방은 직접 가열된 공기가 순환되어 난방되므로 먼지가 많이 날리어 쾌감도가 나쁘다.

046 다음은 고온수난방의 배관에 관한 설명이다. 가장 적합한 것은?

① 고온수로 실내에 직접 공급하는 것이 일반적이다.
② 대량의 열량 공급은 용이하지만 배관의 지름은 저온수난방보다 크게 된다.
③ 관내 압력이 높기 때문에 관내 면의 부식 문제가 증기난방에 비해 심하다.
④ 가압 장치로는 질소가스가압, 증기 가압 등의 방식이 이용된다.

■ 고온수 난방의 특징 : 지역난방과 같이 고온수(130~180℃)를 이용하여 대량의 열을 넓은 지역에 걸쳐 공급하는 방식으로 100℃ 이상의 유지하기위해 대기압이상의 고압으로 가압하며, 동일 난방부하에서 온수량이 작으므로 배관 구경을 적게 할 수 있다. 이때 고온수는 2차측 열교환기를 통하여 온도를 낮추어 보통 온수로 사용한다. 고온수 배관 부식은 증기난방보다 적다.

해답 42.④ 43.② 44.② 45.④ 46.④

047 증기난방에서 실의 열손실이 24,000kJ/h인 경우, 방열기에서 발생하는 응축 수량을 구하라(단, 응축 잠열은 2,286kJ/kg이다.)

① 10.5kg/h ② 11.5kg/h
③ 12.3kg/h ④ 13.3kg/h

■ 응축수량은 응축수 1kg당 2,286kJ을 방열하므로 $G = \frac{24,000}{2,286} = 10.5 kg/h$

048 복사 난방에서 배관 방식 중 밴드식과 그리드식을 비교한 설명 중 틀린 것은?

① 밴드식은 코일에 순환되는 유량이 일정하다.
② 밴드식은 코일전체에 온도가 거의 일정하다.
③ 그리드식은 코일에 순환되는 유량이 불균일하다.
④ 그리드식은 코일마다 온도차가 균일한 편이다.

■ 밴드식은 1개 코일을 밴딩하여 유량이 일정한 반면 입구와 출구의 온도차가 높다. 그리드식은 여러 개 코일을 병렬연결하여 각 코일 간 유량은 불균등하나 온도는 균등한 편이다.

049 벽체의 열관류율(W/m²K)값을 감소시키기 위한 방법 중에서 잘못된 것은?

① 열전도율이 작은 재료를 사용한다.
② 흡수성이 큰 재료를 사용한다.
③ 동일 재료일 때는 두꺼울수록 좋다.
④ 중간에 공기층을 두면 좋다.

■ 재료가 흡수성이 클 경우 열전도가 증가하고 겨울철 내부 결빙이 일어난다.

050 방열기 설치 시 벽과 이격거리는 얼마인가?

① 5~6mm ② 30~40mm
③ 50~60mm ④ 70~80mm

■ 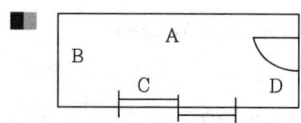 방열기는 창문아래쪽에 벽과 5~6cm를 이격시켜 대류효과를 증대시키고 콜드 드래프트를 방지한다. 옆 그림의 C 위치 창문 아래에 설치한다.

051 다음 신축이음 중에서 방열기 주변 가지 배관에 적용하는 방식은 무엇인가?

① 슬리브형 ② 벨로즈형
③ 스위블형 ④ 루프형

■ 수평배관에서 방열기로의 가지배관은 엘보를 사용한 밴딩으로 신축을 흡수하는 스위블형을 사용하며, 이때 수평배관의 신축을 스위블조인트가 흡수하여 방열기에 영향을 주지 않게 한다.

052 방열기 트랩의 종류에 들지 않는 것은?
① 드럼 트랩 ② 버킷 트랩
③ 플로트 트랩 ④ 열동식 트랩

■ 드럼 트랩은 배수 트랩의 일종이다.

053 주철제 온수 보일러의 압력수두 측정계기는 무엇인가?
① 압력계 ② 액면계
③ 수고계 ④ 유량계

■ 증기보일러 증기압은 압력계로, 수위는 액면계로, 온수보일러 압력은 수고계로 측정한다.

054 다음 중 온도 조절식(thermostatic type) 트랩에 속하는 것은?
① 플로트 트랩(float trap) ② 벨로즈 트랩(bellows trap)
③ 상향 버킷 트랩(open bucket trap) ④ 하향 버킷 트랩(inverted bucket trap)

■ 벨로즈 트랩(bellows trap)은 열동식 트랩으로 증기와 응축수의 온도차에 의해 작동한다. 플로트 트랩이나 버킷트랩(상향, 하향)은 응축수 수위에 의한 부력을 이용하여 작동하는 기계식 트랩이다.

055 증기난방에서 스팀 햇더를 사용하는 이유는 무엇인가?
① 증기 압력을 증가시키기 위하여
② 증기 압력을 감소시키기 위하여
③ 응축수 발생을 감소시키기 위하여
④ 증기를 각 계통별로 원활히 공급하기 위하여

■ 증기보일러에서 발생한 증기를 스팀 햇더에 모은 후 계통별로 원활하게 공급한다.

056 진공 환수식 증기난방에서 사용되는 리프트 피팅은 1단으로 몇 m 정도 끌어올릴 수 있는가?
① 1m ② 1.5m
③ 2m ④ 2.5m

■ 리프트 피팅(lift fitting) : 진공 환수식 난방 장치에 있어서 부득이 방열기보다 높은 위치에 환수관을 배관해야 할 경우 리프트 이음으로 배관하며 1단은 1.5m 이내로 하고 2~3단을 직렬로 사용할 수 있다.

057 스트레이너(strainer)의 설치 위치로서 적당하지 않은 것은?
① 트랩(trap)의 앞 ② 온도 조절 밸브의 뒤
③ 감압 밸브의 앞 ④ 펌프의 흡입측

■ 스트레이너(strainer)는 찌꺼기를 제거하는 여과기로 펌프나 증기 트랩, 제어 밸브 등 보호하고자 하는 기기 앞에 설치한다.

058 에너지절약의 효과와 사무자동화(OA)에 의한 건물에서 내부발생열의 증가와 부하변동에 대한 제어성이 우수하기 때문에 대규모 사무실 건물에 적합한 공기조화 방식은?

① 정풍량(CAV) 단일덕트 방식 ② 유인 유니트 방식
③ 가변풍량(VAV) 단일덕트 방식 ④ 이중덕트 방식

■ VAV방식은 부하변동에 대응하여 송풍량을 조절하므로 제어성이 우수하고 에너지 절약의 효과가 크다.

059 단일덕트 가변풍량 방식을 설명한 것이다. 틀린 것은?

① 운전비를 절감할 수 있다.
② 정풍량 방식에 비해 설비비가 저렴하다.
③ 중간기의 외기냉방이 가능하다.
④ 송풍량을 조절함으로써 부하변동에 대처한다.

■ 단일덕트 가변풍량 방식은 VAV 유니트, 제어설비 등 설비비가 고가이나 운전비는 저렴하다.

060 공기조화 방식 중 각실 실내에 설치되어 있는 말단 유니트까지 냉온수 배관이 연결되어야만 하는 것은?

① VAV 방식 ② 각층 유니트 방식
③ 유인 유니트 방식 ④ 이중덕트 방식

■ 공조방식은 크게 나누면 전공기 방식, 수공기 방식, 전수식으로 분류하며 이때 수공기 방식인 유니트 방식(유인 유니트·FCU)은 실내에 설치된 유니트까지 냉·온수배관이 필요하다. 각층 유니트 방식은 각층 공조실 AHU까지 냉온수 배관이 필요하다.

061 다음 중 외주부(perimeter zone)의 부하변동에 가장 효과적으로 대응할 수 있는 공기조화방식은?

① 팬코일 유니트 방식 ② 단일덕트 방식
③ 다중 유니트 방식 ④ 멀티존 유니트 방식

■ 외주부의 부하변동에 대응하는 데는 전수식으로 열공급 능력이 우수한 FCU(팬코일 유니트 방식)가 적합하다.

062 공기조화설비 계획 시 조닝을 하는 목적으로 부적합한 것은?

① 부하 특성별 구분을 위해
② 실 사용시간대의 차이를 고려하기 위해
③ 실 사용용도에 따른 구분을 위해
④ 에너지 소비량 차이에 따른 구분을 위해

■ 조닝(zoning)은 공조 대상 구역을 성격이 비슷한 구역끼리 나누는 것으로 외주부의 부하 특성별 조닝 또는 내주부실 사용시간대의 편차 및 용도에 따른 구분을 위해 적용한다.

해답 58.③ 59.② 60.③ 61.① 62.④

063 다음 중 에너지 비용을 줄이기 위한 건축적 방법이 아닌 것은?
① 단열을 강화한다.　　　　　② 기밀창을 설치한다.
③ 층고를 높게 한다.　　　　　④ 창의 외부에 루버를 설치한다.

■ 층고를 높이는 것은 면적이 증대하여 열손실이 커지고 대류현상에 의한 상하 온도차로 에너지 비용이 증대한다.

064 전공기 공조방식 중 가장 에너지 절약적인 방식은?
① 단일덕트 정풍량 방식　　　② 단일덕트 변풍량 방식
③ 이중덕트 정풍량 방식　　　④ 이중덕트 변풍량 방식

■ 단일덕트 변풍량 방식은 부하에 따라 풍량을 조절해서 공급하므로 에너지가 가장 절약된다. 에너지가 가장 많이 소모되는 것은 이중덕트 정풍량 방식이다.

065 공기조화 설비 중 에너지 손실이 가장 큰 방식은?
① 이중덕트 방식　　　　　　② VAV 방식
③ 멀티존 유니트 방식　　　　④ 팬코일 유니트 방식

■ 에너지 측면에서 가장 유리한 것은 전수식인 팬코일 유니트 방식과 VAV 방식이며 가장 불리한 것은 냉풍과 온풍을 동시에 공급하기 때문에 혼합 손실이 발생하는 이중덕트 방식이다.

066 전 공기방식의 공조에서 환기에 일정량의 외기를 혼합하여 공조기를 거치게 하는 이유는?
① 에너지 절감　　　　　　　② 온도조절
③ 습도조절　　　　　　　　　④ 오염도 희석

■ 전공기 방식에서 실내 리턴공기(환기)에 외기를 혼합하는 이유는 오염도(이산화탄소, 분진, 취기 등)를 희석하고 산소도 공급하기 위한 것이다. 외기를 많이 혼합할수록 오염도는 감소하나 에너지, 온도, 습도면에서는 불리하다. 그러므로 외기혼합 비율은 오염도를 희석시킬 정도로 최소(보통 20~30%)로 하는 게 경제적이다.

067 단열된 공기세정기 내에서 ①점 상태의 입구공기에 분무수를 냉각하거나 가열하지 않고 순환하며 스프레이할 때의 상태변화를 나타내는 과정은?

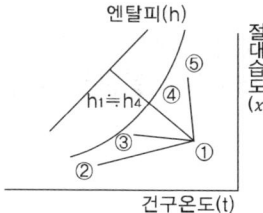

① ① → ②
② ① → ③
③ ① → ④
④ ① → ⑤

■ ① ① → ② : 노점온도 이하의 냉수 분무
② ① → ③ : 노점온도 이상의 냉수 분무
③ ① → ④ : 단열분무 시(순환수 분무) 등엔탈피선을 따라 변화한다.
④ ① → ⑤ : 온수 분무 시

해답　63.③　64.②　65.①　66.④　67.③

068 쾌적한 실내환경을 유지하기 위한 방법으로 건축적인 방법에 속하지 않는 것은?
① 온수난방 ② 단열벽 시공
③ 블라인드(blind) 설치 ④ 기밀창 사용

■ 실내를 쾌적한 상태로 하기 위해서는 건축적인 방법과 설비적인 방법이 있으며 단열벽, 이중창, 블라인드 등은 건축적 방법이고 난방설비, 환기설비 등은 설비적 방법이다. 특히 온수난방은 증기난방보다 실내가 쾌적하다.

069 각 층 유니트 방식에 대한 설명 중 틀린 것은?
① 각 층마다 부분운전이 가능하다. ② 1차 공기용 중앙장치나 덕트가 작아도 된다.
③ 소음이나 진동의 우려가 있다. ④ 유지보수 측면에서 유리하다.

■ 각 층 유니트 식은 중규모 이상의 빌딩에서 각 층마다 공조실을 두어 각 층 개별 운전이 용이하고, 1차 공기가 적어도 되며, 각 층마다 공조실을 설치하므로 소음에 유의해야 하고 유지관리는 중앙기계실 방식에 비하여 어려운 편이다.

070 다음의 공기조화방식 중 공기-수방식에 해당되는 것은?
① 팬코일 유니트 방식 ② 단일덕트 변풍량 방식
③ 유인 유니트 방식 ④ 2중덕트 방식

■ ▶ 팬코일 유니트 방식 : 전수식
▶ 단일덕트 변풍량 방식, 2중덕트 방식 : 전공기식
▶ 유인 유니트 방식 : 수 공기식

071 단말기 재열 방식(terminal reheated system)에 대한 설명 중 옳은 것은?
① 온도 조절이 곤란하므로 부하변동에 대처할 수 없다.
② VAV 방식에 비하여 에너지 손실이 크다.
③ 취출구 말단에 전동 댐퍼를 설치한다.
④ 실내 쾌감도가 단일덕트 방식보다 나쁘다.

■ 단말기 재열 방식은 취출구 말단에 가열코일을 설치하여 송풍온도를 조절하여 부하변동에 대처한다. VAV식보다 에너지 손실은 크며 취출구 말단에 전동댐퍼를 달아 풍량을 조절하는 것은 변풍량 방식이며 실내 쾌감도는 단일덕트보다 유리하다.

072 어떤 방의 냉방시 취득 현열량이 2360W로 측정될 때 실내온도를 28℃로 유지하기 위하여 16℃의 공기를 취출하기로 계획한다면 실내로의 송풍량은 얼마가 적합한가?(단, 공기의 밀도는 1.2kg/m³, 정압비열은 1.01kJ/kg·K이다.)
① 426m³/h ② 467m³/h
③ 584m³/h ④ 613m³/h

■ $q = mC\triangle t$에서 송풍량 2,360W은 3.6을 곱하여 kJ/h로 환산
$$Q = \frac{m}{\gamma} = \frac{q}{1.2 C \triangle t} = \frac{2,360 \times 3.6}{1.2 \times 1.01(28-16)} = 584 m^3/h \, m^3/h$$

073 가변 풍량 방식에 대한 설명으로 옳은 것은?

① 실내온도제어는 부하변동에 따른 송풍온도를 변화시켜 제어한다.
② 부분부하 시 송풍기 제어에 의하여 송풍기 동력을 절감할 수 있다.
③ 동시 사용률을 적용할 수 없으므로 설비용량을 줄일 수 없다.
④ 시운전시 취출구의 풍량조절이 복잡하다.

■ 가변 풍량 방식은 실내온도제어는 부하변동에 따른 송풍량을 변화(가변풍량)시켜 제어한다. 부분부하 시 송풍기 제어에 의하여 송풍기 동력을 절감할 수 있고 동시 사용률을 적용할 수 있으므로 설비용량을 줄일 수 있다. 자동으로 풍량이 조절되는 변풍량 유닛을 사용하므로 시운전 시 취출구의 풍량조절이 간단하다.

074 공조방식 중에서 열매의 운송동력비가 가장 적게 드는 것은?

① 단일덕트 정풍량 방식
② FCU 방식
③ 덕트 병용 FCU 방식
④ 단일덕트 변풍량 방식

■ 같은 냉난방 부하에서 운송동력비는 수방식일수록 유리하며 FCU 방식이 전수식으로 가장 유리하고 그 다음이 수공기식인 덕트병용 FCU 방식이며 전공기식 중에서는 단일덕트 변풍량 방식이 단일덕트 정풍량 방식보다 풍량이 적어 유리하다.

075 조닝에 관한 다음 사항 중 옳지 않은 것은?

① 방위별 조닝은 내부 존(인테리어)에 적용하는 계획이다.
② 외부 존은 외벽에서 실내로 깊이 6m 이내로 하는 경우가 많다.
③ 외부 존은 시각별로 부하 변동이 심하다.
④ 소규모 건물에서는 내부 존과 외부 존을 구분하지 않을 수도 있다.

■ 방위별 조닝은 시간대별로 부하가 변화하는 외부 존(페리미터)에 적용하는 계획이다.

076 공기조화 장치의 구성과 종류의 조합 중 틀린 것은?

① 열원기기 : 보일러, 냉동기
② 공기조화기 : 에어와셔, 에어필터, 히터, 쿨러
③ 운반장치 : 덕트, 콘베이어
④ 자동제어장치 : 서모스탯, 전동모터 등을 이용하여 실내조건을 자동으로 조절

■ 공조설비 운반 장치에는 펌프, 송풍기, 덕트, 배관 등이다. 콘베이어는 물건 이송장치이다.

077 유인 유닛(IDU)방식에 대한 설명으로 틀린 것은?

① 각 유닛마다 제어가 가능하므로 개별실 제어가 가능하다.
② 송풍량이 많아서 외기 냉방효과가 크다.
③ 냉각, 가열을 동시에 하는 경우 혼합손실이 발생한다.
④ 유인 유닛에는 동력배선이 필요 없다.

■ 유인 유닛(IDU)방식은 수공기 방식으로 송풍량이 적어서 외기 냉방효과는 적다.

해답 73.② 74.② 75.① 76.③ 77.②

078 다음 중 공기조화 방식 중 전공기 방식에 속하지 않는 것은?
① 단일덕트 방식 ② 이중덕트 방식
③ 멀티존 유니트 방식 ④ 팬코일 유니트 방식

■ FCU(팬코일 유니트 방식)은 전수식이며 덕트를 병용하면 공기수방식이다.

079 매 시간마다 50ton의 석탄을 연소시켜 압력 8MPa, 온도 500℃의 증기 320ton을 발생시키는 보일러의 효율은?(단, 보일러 급수 엔탈피는 505kJ/kg, 발생증기 엔탈피 3,413kJ/kg, 석탄의 저위발열량은 23,100kJ/kg이다.)
① 78% ② 81%
③ 88% ④ 92%

■ 보일러효율 = $\dfrac{\text{출력}}{\text{입력}} = \dfrac{320 \times 1,000(3,413-505)}{50 \times 1,000 \times 23,100} = 0.806 = 81\%$

080 공기조화 방식에서 변풍량 유닛방식(VAV unit)을 풍량제어 방식에 따라 구분할 때, 공조기에서 오는 1차 공기의 분출에 의해 실내공기인 2차 공기를 취출하는 방식은 어느 것인가?
① 바이패스형 ② 유인형
③ 슬롯형 ④ 교축형

■ 변풍량유닛의 가장 일반적인 형태는 슬롯형(교축형, 벤트리형)이며 1차 공기에 의한 2차 공기의 유인작용을 이용하는 것은 유인형(인덕션형)이다.

081 다음 조건과 같은 냉온수 배관계통에서 순환펌프 양정(mAq)을 구하시오.

> 냉온수 계통에 공조기 3대 병렬 설치, 가장 먼 공조기까지 배관 직관 순환 길이 120m, 공조기 코일저항 각각 6mAq, 국부저항은 직관저항의 50%로 하며 기타 손실은 무시한다. 배관경 선정 시 마찰저항은 30mmAq/m 이하로 한다.

① 3.6mAq ② 5.4mAq
③ 11.4mAq ④ 15.8mAq

■ 냉온수계통 순환펌프 양정은 배관저항과 기기저항의 합(저항이 가장 큰 1개 루트의 마찰저항)으로 구한다.
1) 배관저항 : 직관 배관에 대한 마찰저항은 1m당 30mmAq저항이 걸리므로
   직관부 저항 = 120 × 30 = 3,600mmAq = 3.6mAq
   국부저항 = 3.6 × 0.5 = 1.8mAq
2) 공조기저항은 3대 병렬설치조건이므로 1대(6mAq)만 계산한다.
3) 전체마찰저항 = 순환펌프양정 = 3.6 + 1.8 + 6 = 11.4mAq

해답 78.④ 79.② 80.② 81.③

082 다음 중 개방식 팽창탱크에 반드시 필요한 요소가 아닌 것은?

① 압력계 ② 수면계
③ 안전관 ④ 팽창관

■ 개방식 팽창탱크는 대기압상태에서 운전되므로 압력계는 설치하지 않는다.

083 난방부하의 변동에 따른 온도조절이 쉽고, 열용량이 커서 실내의 쾌감도가 좋으며, 공급온도를 변화시킬 수 있고, 방열기 밸브로 방열량을 조절할 수 있는 난방방식은?

① 온수난방 방식 ② 증기난방 방식
③ 온풍난방 방식 ④ 냉매난방 방식

■ 온수난방은 온수의 열용량이 커서 난방부하의 변동에 따른 온도조절이 쉽고, 온도가 낮아 실내의 쾌감도가 좋으며, 온수 공급온도를 변화시킬 수 있고, 방열기 밸브로 유량을 조절하여 방열량을 조절할 수 있다.

084 다음 공조 방식 중에서 중앙 공조 방식에 해당되는 것은?

① 팬코일 유니트 방식 ② 룸 쿨러 방식
③ 패키지 방식 ④ 멀티유니트형 룸 쿨러 방식

■ 팬코일 유니트 방식은 중앙공조방식 중 전수식에 속하는 것으로 학교, 휴양지 숙박시설(콘도) 등 자연환기가 가능한 건물에 효과적이다.

085 다음 보기와 같은 조건을 갖춘 공기조화 방식은 무엇인가?

> ① 중앙 기계실에서 1개의 덕트를 통하여 냉풍 혹은 온풍을 공급한다.
> ② 관리가 용이하며 외기냉방이 가능하다.
> ③ 종류에는 정풍량 방식, 정풍량 재열 방식, 변풍량 방식 등이 있다.

① 팬코일 유니트 방식 ② 멀티존 유니트 방식
③ 단일덕트 방식 ④ 이중덕트 방식

■ 위 조건의 공조방식은 전공기 방식 중 가장 간단하며 대공간에 적용이 용이한 단일덕트 방식이다.

086 공기조화 설비의 계획 시 조닝(zoning)을 하는 이유로서 부적당한 것은?

① 설비비의 경감 ② 부하 특성에 대한 대처
③ 양호한 실내 환경의 유지 ④ 에너지 절약

■ 조닝(zoning)은 공조구역을 나누어 각 구역마다 적합한 공조계통을 설정하는 것으로 다음과 같은 특성을 가진다.
㉠ 존별로 양호한 실내 환경 유지
㉡ 부하특성의 다양한 변화에 대하여 대처가 용이
㉢ 존별 부하특성에 알맞게 대응하여 에너지 절약
㉣ 초기 설비비가 증가하는 반면 유지비(운전비) 절감

해답 82.① 83.① 84.① 85.③ 86.①

087 CAV 방식을 VAV 방식에 비교한 것 중 틀린 것은?
① 개별제어는 VAV 방식이 유리하다.
② 시설비는 CAV 방식이 크다.
③ 송풍량은 CAV 방식이 크다.
④ 에너지 절약 효과는 VAV 방식이 유리하다.

■ CAV 방식은 총풍량이 많아 송풍설비 용량은 크나, 전체 시설비는 변풍량 유니트 등 제어설비가 필요한 변풍량방식이 크다.

088 송풍기의 토출측과 흡입측에 설치하여 송풍기의 진동이 덕트나 장치에 전달되는 것을 방지하기 위한 접속법은?
① 크로스 커넥션(cross connection)
② 캔버스 커넥션(canvas connection)
③ 서브 스테이션(sub station)
④ 하트포드(hartford) 접속법

■ 캔버스 커넥션(플렉시블이음)은 송풍기와 덕트의 이음에 이용하여 송풍기의 진동이 덕트로 전달되는 것을 차단한다.

089 공조 방식 중 송풍온도를 일정하게 유지하고 부하변동에 따라서 송풍량을 변화시킴으로써 실온을 제어하는 방식은?
① 멀티 존 유닛 방식
② 이중덕트 방식
③ 가변풍량 방식
④ 패키지 유닛 방식

■ 공조방식 중 송풍온도를 일정하게 유지하고 부하변동에 따라서 송풍량을 변화(변풍량)시킴으로써 실온을 제어하는 방식은 가변풍량 방식(VAV방식)이며, 부하변동에 따라서 송풍온도를 변화시키면서 송풍량은 일정하게 제어하는 방식은 정풍량 방식(CAV)이다.

090 혼합 상자(mixing box)가 필요한 공조 방식은 어느 것인가?
① 유인 유니트 방식
② 이중덕트 방식
③ 팬코일 유니트 방식
④ 단일덕트 변풍량 방식

■ 이중덕트 방식은 냉풍과 온풍을 혼합하여 실내에 취출하므로 실내 서모스탯에 의해 작동되는 혼합상자가 있다.

091 멀티존 유니트 방식에 대한 특징 중 부적당한 것은?
① 각 존마다 냉풍과 온풍을 공급한 후 실내의 취출구에서 혼합하여 취출한다.
② 대상 건물을 4~5개 정도로 나누어서 공조한다.
③ 이중덕트식에 비하여 덕트 스페이스가 작다.
④ 단일덕트에 비하여 덕트 스페이스가 크다.

■ 멀티존 유니트 방식은 냉풍과 온풍을 기계실에서 혼합한 후 개별 덕트로 존마다 송풍한다. 존별로 냉풍과 온풍을 공급한 후 취출 직전 혼합하는 것은 이중덕트식이다.

092 다음 공기조화 방식 중 에너지의 혼합손실이 가장 많은 방식은?
① 유인 유니트 방식 ② 변풍량 단일덕트 방식
③ 이중덕트 방식 ④ 정풍량 단일덕트 방식

■ 이중덕트 방식은 냉풍과 온풍을 혼합하여 송풍하고 다시 환기를 냉풍, 온풍으로 만들기 위한 에너지의 손실이 크다.

093 각종 공조 방식에 대한 설명 중 적당하지 않은 것은?
① 이중덕트 방식은 냉온수 배관이 필요 없으며 실내에 유니트가 노출되지 않는다.
② 팬코일 유니트 방식은 냉·온수를 중앙기계실로부터 각 유니트에 공급하여 팬과 코일을 통하여 실내 공기를 조화한다.
③ 유인 유니트 방식은 중앙공조실에서 1차 공기를 유니트에 공급하고 실내에서 유인되는 2차 공기와 함께 실내에서 공급된다.
④ 각 층 유니트 방식은 덕트가 슬라브(바닥)를 통과하므로 화재 발생 시 확산 속도가 타 방식에 비해 크다.

■ 각 층 유니트 방식은 각 층 공조실에 공조기(AHU)를 설치한 후 냉·온수를 공조실까지 공급하므로 수직 덕트는 슬라브를 통과하지 않고 해당 층 내에서 수평덕트로만 설치되므로 타 방식에 비하여 화염 확산속도가 적어 화재 발생 시 유리하다.

094 변풍량(VAV) 방식의 풍량제어 방식 중 동력 절감률이 제일 높은 제어 방식은?
① 회전수 제어 방식 ② 흡입 댐퍼 제어 방식
③ 토출 댐퍼 제어 방식 ④ 베인 제어(Vane control) 방식

■ 변풍량 방식은 풍량변화에 대응하여 FAN의 송풍량을 조절하도록 해야 하며 회전수 제어방식이 가장 동력이 절감되고 다음은 가변피치 방식이고 토출댐퍼 방식이 동력이 가장 많이 소요된다.

095 다음의 공조 방식 중 운전에너지 절약을 위해 사용되는 방식이 아닌 것은?
① 변풍량(VAV) 공조 방식 ② 변유량(VWV) 송수 방식
③ 외기 냉방 방식 ④ 이중덕트 방식

■ a) 변유량(VWV) 송수 방식 : 공조 배관계를 흐르는 물의 양을 단말 공조기 등에 걸리는 부하에 따라 변화시키는 방식으로 운전대수 제어에 의하는 경우가 많으며 반송 동력을 줄여 에너지가 절약된다.
b) 이중덕트 방식 : 냉온풍을 각 실까지 공급하여 혼합 취출하므로 실내 온도제어는 양호하나 에너지 낭비가 크다.
c) 외기 냉방 방식 : 환절기(봄, 가을)에 외기를 도입하여 냉방하는 것으로 실내외 온도차가 적어 송풍량이 많이 요구되므로 전공기방식에서 가능하다.

096 유인 유니트 방식에서 유니트의 유인비는 대략 얼마인가?
① 1~2 ② 3~4
③ 5~6 ④ 7~8

■ 유인비는 1차 공기에 대한 전공기량(1차+2차)의 비이며, 3~4 정도가 적합하다.

097 FCU의 배관 방식 중 냉수 및 온수관이 각기 있어서 혼합 손실이 가장 적은 배관 방식은?

① 1관식　　　　　　　　　② 2관식
③ 3관식　　　　　　　　　④ 4관식

■ 냉수 공급관, 환수관, 온수 공급관, 환수관을 각각 설치하는 4관식은 냉수와 온수가 혼합되지 않으므로 혼합손실이 적으나 배관 설비비는 크다.

098 공조 방식 중에서 복사패널 덕트병용 방식에 대한 설명 중 틀린 것은?

① 실내 잠열 부하는 1차 공기로 처리하며 현열부하는 패널로 처리한다.
② 실내에 유니트가 노출되지 않아 미관상 좋고 바닥이 이용도가 높다.
③ 실내 물배관이 필요하며 결로의 우려가 있다.
④ 타 방식에 비해 쾌감도가 나쁘다.

■ 복사패널 덕트병용 방식은 복사열을 이용하므로 쾌감도가 우수한 편이다.

099 다음의 공기조화 방식 중 일반적으로 덕트 속의 풍압이 변화하기 때문에 주덕트 내에 정압 제어를 필요로 하는 것은?

① 변풍량 단일덕트 방식　　② 패키지 유니트 방식
③ 정풍량 이중덕트 방식　　④ 유인 유니트 방식

■ 가변 풍량 유니트의 슬롯(교축)형은 열 부하 감소에 따라 송풍량을 줄이므로 덕트 내의 풍압 변화에 대한 정압 제어가 필요하다.

100 극장, 집회장 등 대공간인 건물에 알맞은 공조 방식은?

① 팬코일 유니트식　　　　② 유인 유니트식
③ 각층 유니트식　　　　　④ 단일덕트 방식

■ 유니트 방식은 각 실마다, 또는 존별로 유니트를 설치하여 공조하므로 실이 많은 곳에 적합하며, 단일덕트 방식은 각 실 제어가 곤란하므로 단일 대공간에 적합하다.

101 다음 중 팬코일 유니트 방식의 특징 중 틀린 것은?

① 수배관을 각 실마다 해야 한다.
② 고성능 필터 사용으로 공기청정도가 높다.
③ 팬을 가동하기 위해 유니트마다 동력을 공급해야 한다.
④ 외기 송풍량을 크게 하기 곤란하다.

■ 팬코일 유니트 방식은 유니트에 설치된 소용량 팬(소형시로코팬)에 의해 송풍하므로 필터 사용에 제한을 받는다.

102 다음 A항의 공조 방식과 B항의 특성을 연결한 것 중 옳은 것은?

> A. ⓐ 이중덕트 방식
> ⓑ 팬코일 유니트 방식
> ⓒ 유인 유니트 방식
> ⓓ 멀티존 유니트 방식
> B. ㉠ 냉풍과 온풍을 공급하여 혼합 상자에서 각 실에 알맞은 공기를 혼합하여 송풍한다.
> ㉡ 중소규모 건물에서 다수의 존으로 나누어 각 존 마다 단독의 덕트로 송풍한다.
> ㉢ 기존 건물에 설치하기가 용이하고 유니트에 동력 공급을 한다.
> ㉣ 중앙기계실로부터 1차 공기를 고속 덕트를 통해 유니트에 공급한다.

① ⓐ-㉠, ⓑ-㉡, ⓒ-㉢, ⓓ-㉣
② ⓐ-㉠, ⓑ-㉢, ⓒ-㉣, ⓓ-㉡
③ ⓐ-㉠, ⓑ-㉣, ⓒ-㉡, ⓓ-㉢
④ ⓐ-㉠, ⓑ-㉢, ⓒ-㉡, ⓓ-㉣

■ a) 이중덕트 방식 : 냉풍과 온풍을 각 실에 설치한 혼합상자에서 혼합하여 송풍한다.
  b) 팬코일 유니트 방식 : 실내에 유니트를 설치하고 전력을 공급하여 팬을 가동하고 수배관으로 공조가 이루어지므로 기존건물에 설치가 용이하다.
  c) 유인 유니트 방식 : 1차 공기에 의해 실내 공기를 유인하여 송풍하므로 팬이 필요 없다.

103 방위별 조닝을 한 대형 사무소 건물에서 재열부하가 발생하기 가장 쉬운 경우는?

① 추분의 건물 남쪽 존(zone)
② 동지의 건물 북쪽 존
③ 하지의 건물 남쪽 존
④ 장마철의 건물 북쪽 존

■ 재열부하란 냉방 시 습도를 제어하기 위하여 노점온도 이하로 냉각하여 수분을 제거한 뒤 다시 가열하여 급기할 때의 부하로써 여름 장마철의 북쪽 존은 습도가 높아 재열부하 발생이 가장 쉽다.

104 물의 경도는 물속에 녹아있는 칼슘, 마그네슘 등의 염류의 양을 무엇의 농도로 환산하여 나타내는 것인가?

① 탄산칼슘
② 염화칼슘
③ 탄산마그네슘
④ 염화나트륨

■ 경도는 염류(Ca^{+2}, Mg^{+2})의 양을 탄산칼슘($CaCO_3$)으로 환산하여 mg/L 단위로 표시한다.

105 사람들의 먹는 물 기준으로 탄산칼슘($CaCO_3$)의 함유량이 90ppm 이하인 물은?

① 연수
② 잡용수
③ 경수
④ 적수

■ 물속의 경도 성분(Ca^{+2}, Mg^{+2} 등)은 탄산칼슘($CaCO_3$)로 환산하여 경수, 연수를 판단하는데 음용수기준으로 연수(단물) : 경도 90ppm 이하, 적합수 : 90~110ppm, 경수(센물) : 110ppm 이상으로 분류한다. 보통 공업용에서 말하는 연수란 경도 20~30ppm 이하 정도의 연수를 말한다. 극연수란 경도 0ppm 내외의 경도 성분이 거의 없는 것을 의미한다.

해답 102.② 103.④ 104.① 105.①

106 급수방식 중 에너지 소비가 가장 큰 방식은?
① 압력탱크식　　　　　　② 탱크가 없는 부스터방식
③ 수도직결식　　　　　　④ 고가탱크식

■ 이론적인 에너지 소비량은 탱크가 없는 부수터방식>압력탱크식 급수방식>고가탱크식>수도직결식이나 최근의 에너지 절약형 회전수 제어방식의 부수터방식이 많이 보급되면서 압력탱크식이 에너지 소모량이 가장 큰 편이다.

107 위생설비 급수단위 1F.U(Fixture U-nit)의 소요 순간 급수량은 얼마 정도인가?
① 14L/min　　　　　　② 30L/min
③ 50L/min　　　　　　④ 60L/min

■ 급수부하단위 1FU=14L/min, 배수부하단위 1FU=30L/min가 원칙이나 모두가 세면기를 기준으로 선정한 것으로 급수, 배수 모두 1FU=30L/min를 쓰기도 한다.

108 다음 급수방식 중 위생성 및 유지, 관리 측면에서 가장 바람직한 방식으로서 정전으로 인한 단수의 염려가 없는 것은?
① 압력수조 방식　　　　　② 펌프직송 방식
③ 고가수조 방식　　　　　④ 수도직결 방식

■ 수도직결 방식은 위생적으로 안전하고 관리가 편리하고 단수, 정전에 영향이 없어 최근에 적극적으로 도입되고 있다.

109 다음 중 수도직결 방식의 특징을 설명한 것이다. 틀린 것은?
① 수도본관 압력에 따라 급수압이 변화한다.
② 단전 시에도 급수가 가능하다.
③ 수질오염의 가능성이 다른 방식보다 높다.
③ 설비비가 저렴하다.

■ 급수방식은 수도직결식, 고가수조식, 압력탱크식, 부스터식(펌프직송식)이 있으며 수도직결식의 특징은
▶ 배관직결이므로 수질오염 가능성이 가장 작고
▶ 배관 이외의 설비가 없어 설비비가 저렴하고
▶ 펌프설비가 없어서 정전 시에도 급수가 가능한 장점이 있으나
▶ 중간 탱크가 없어서 피크 부하 시에 수압변동이 심하다.

110 급수배관을 설치할 때 벽체 관통부에서 슬리브(Sleeve)를 설치하는 이유로 가장 적당한 것은?
① 동파방지　　　　　　② 수격작용방지
③ 부식방지　　　　　　④ 관의 수리 시 교체의 용이

■ 배관이 바닥이나 벽을 관통하는 경우에는 배관 슬리브(Sleeve)를 미리 넣어 두고 그 속에 배관을 설치하여 수리 시 교체가 쉽게 하며, 급탕배관에서는 온도차에 따른 배관 신축이 자유롭게 한다.

해답　106.①　107.①　108.④　109.③　110.④

111 음료용 급수관으로 사용이 곤란한 관은?
① 스테인리스관 ② 동관
③ 아연도금강관 ④ 플라스틱관

■ 아연도금강관은 부식되어 녹물 발생우려로 현행 급수배관 재료로 부적합하다.

112 급수관에서 수격작용이 생기는 직접적인 원인으로 가장 적합한 것은?
① 관의 휨 ② 과대한 유속
③ 관지름의 축소 ④ 관내 유수의 급정지

■ 수격작용은 밸브 급조작이나 펌프 정지 등 유속의 급변으로 발생한다.

113 급수방식 결정 시 고려할 사항과 가장 관계가 먼 것은?
① 공급수압 ② 건물용도
③ 단수대비 ④ 배수방식

■ 급수방식 결정 시 배수방식은 관계가 없다.

114 다음 중 기구별 소요 압력이 가장 낮은 것은?
① 대변기 세정탱크형 ② 대변기 세정밸브
③ 압력식 샤워기 ④ 세정밸브형 소변기

■ 기구별 최소 급수압력

기구명	필요압력(kPa)	기구명	필요압력(kPa)
세면기, 욕조, 싱크	55	소변기(밸브)	100
샤워기(일반)	70	대변기(세정밸브)	100
샤워기(압력식, 온도감지식)	130	대변기(세정탱크)	55

115 초고층 건물의 급수계통 조닝(Zoning) 방식과 관련 없는 것은?
① 층별식 ② 중계식
③ 조압펌프식 ④ 압력수조식

■ 초고층 건물에서 수압 조정을 위하여 조닝을 하며 층별식, 중계식, 조압펌프식, 감압밸브식 등이 있으며, 압력수조식은 주로 단독 급수방식에 쓰인다.

116 급수펌프 전동모터의 회전수의 변화에 따라 달라지지 않는 것은?
① 양수량 ② 토출양정
③ 흡입양정 ④ 소요마력

■ 펌프 회전수 변화는 유량(회전수에 비례), 양정(회전수 제곱에 비례), 동력(회전수 3제곱에 비례)의 변화를 가져오지만 흡입양정은 펌프 능력과 무관하다.

해답 111.③ 112.④ 113.④ 114.① 115.④ 116.③

117 건축물의 급수방식 중 압력수조식의 특징이 아닌 것은?

① 시스템 구조상 급수압력의 변동이 크다.
② 국부적으로 고압을 얻기에 적합하다.
③ 설비비가 저렴하다.
④ 압력탱크 설치로 기계실의 면적을 많이 필요로 한다.

■ 압력탱크, 펌프설비 등 설비비는 고가이나 국부적으로 고압을 얻기에 적합하다.

118 고가탱크 방식의 급수를 위한 고가탱크에 필요 없는 것은?

① 플로우트 스위치　② 안전밸브
③ 맨홀　　　　　　④ 넘침관

■ 고가탱크는 개방형이므로 이상압력을 받지 않는다. 안전밸브는 밀폐형 탱크에서 설계압 이상의 압력 시 밸브를 개방하여 탱크를 보호한다.

119 급수배관 시 분기점마다 스톱밸브(지수변)를 설치하는데 그 이유로 거리가 먼 것은?

① 급수계통마다 수량조절용으로 사용한다.
② 급수계통의 오염을 방지하기 위하여 사용한다.
③ 일부의 고장은 일부분의 단수로 수리할 수 있도록 설치한다.
④ 각주관의 분기점 등 절단기구의 분기점에 설치한다.

■ 스톱밸브는 계통(zone)별로 수량조절 및 수리 시 단수하기 위해 분기부에 설치한다. 이 지수변은 오염방지와는 관계가 없다.

120 대규모 건축물의 급수설비에서 일반적으로 우물물보다 수돗물을 사용해야 하는 곳은?

① 냉각 용수　　② 보일러 용수
③ 소화 용수　　④ 변기의 세정 용수

■ 보일러 용수는 스케일 형성을 방지하기 위해 경도가 낮은 물이 좋으며 우물물은 수돗물보다 경도가 높아서 부적합하며 중대형 보일러에서는 상수 사용 시에도 수처리가 필요하다.

121 건물 내의 급수방식 중 수질오염 가능성이 가장 큰 것은?

① 탱크가 없는 부수터방식　② 압력탱크식
③ 고가수조식　　　　　　　④ 수도직결식

■ 동일한 조건에서 중간 탱크가 크고 많을수록 수질오염 가능성은 커진다. 고가수조식이 탱크가 많다. 오염 가능성은 고가수조식>압력탱크식>탱크가 없는 부수터방식>수도직결식이다.

122 경도가 높은 물을 보일러 용수로 사용하지 않는 이유는?

① 물때(스케일)가 많이 발생하므로　② 자동 온도조절이 되지 않으므로
③ 일반 세균이 많기 때문에　　　　　④ 비등점이 낮아 물의 증발량이 많아서

■ 경도성분은 고온에서 스케일을 형성하여 전열면에서 전열효율을 저하시키고 열효율을 감소시킨다.

123 일반적인 급수 배관방식 중 상향급수 배관방식으로만 조합된 것은?

① 수도직결식, 고가수조식 ② 옥상수조식, 압력수조식
③ 고가수조식, 부스터방식 ④ 압력수조식, 부스터방식

■ 배관방식은 탱크의 위치에 따라 상향배관과 하향배관이 결정되나 일반적으로
  ▶ 고가수조식 : 하향급수
  ▶ 수도직결식, 압력탱크식, 부스터식 : 상향급수

124 지하수(정수)를 사용하기에 가장 곤란한 용수는?

① 소화 용수 ② 세탁 용수
③ 변기 세척 용수 ④ 청소 용수

■ 세탁에는 연수가 적합하므로 지하수는 경도가 높아 세탁용수로는 곤란하다.

125 먹는 물 수질 기준 중 틀린 것은?

① 일반세균은 1mL 중 100CFU를 넘지 아니할 것
② 총대장균군은 100mL(샘물 및 먹는 샘물의 경우 250mL)에서 검출되지 아니할 것.
③ 불소는 5mg/L를 넘지 아니할 것
④ 경도는 1,000mg/L(수돗물의 경우 300mg/L, 해양심층수의 경우 1,200mg/L)를 넘지 아니할 것

■ 불소는 1.5mg/L를 넘지 아니할 것

126 먹는 물 수질 기준 중 틀린 것은?

① 비소는 0.01mg/L를 넘지 아니할 것
② 암모니아성 질소는 5mg/L를 넘지 아니할 것
③ 질산성 질소는 10mg/L를 넘지 아니할 것
④ 크롬은 0.05mg/L를 넘지 아니할 것

■ 암모니아성 질소는 0.5mg/L를 넘지 아니할 것

127 먹는 물 수질 기준에서 탁도는 어떻게 규제하는가?

① 1NTU를 넘지 아니할 것 ② 2NTU를 넘지 아니할 것
③ 3NTU를 넘지 아니할 것 ④ 4NTU를 넘지 아니할 것

■ 먹는 물 기준에서 탁도는 1NTU를 넘지 아니할 것. 단 수돗물은 0.5NTU 넘지 아니할 것

128 경도란 물속의 어떤 이온에 의한 영향인가?

① +2이온 ② +3이온
③ -2이온 ④ -3이온

■ 경도유발물질 : Ca^{++}, Mg^{++} 등 +2이온

해답 123.④ 124.② 125.③ 126.② 127.① 128.①

129 다음 경도에 대한 설명 중 틀린 것은?

① 경도 유발 물질로 대표적인 이온은 Ca^{++}, Mg^{++} 등이다.
② 경도에는 일시 경도와 영구 경도가 있는데 끓이면 제거되는 경도를 일시 경도라 한다.
③ 경도는 물속의 경도 유발 이온의 영향을 탄산칼슘($CaCO_3$)량으로 환산한 값이다.
④ Ca^{++}이온 40mg/L의 경도는 Mg^{++}이온 40mg/L의 경도와 그 값이 같다.

■ 경도 발생은 성분의 당량에 비례하므로 Ca^{++}이온 40mg/L의 경도와 Mg^{++}이온 24mg/L의 경도는 같다.

130 급수 방식 중 시설비와 유지비가 가장 저렴한 것은?

① 수도직결식　　　　　　② 옥상탱크식
③ 압력탱크식　　　　　　④ 부스터식

■ 수도직결식은 시설비, 유지비가 적어 가장 경제적이며 수질오염도 적다.

131 급수 설비의 배관으로 방로 피복이 가장 필요한 것은?

① 옥상 수조의 노출관　　② 일층 바닥 밑 수평관
③ 일층 바닥 콘크리트 매입관　④ 천장 속의 횡주관(수평관)

■ 방로 피복이란 수도관의 냉수와 관 주변 공기와의 온도 차에 의해 생기는 결로를 방지하기 위한 피복을 말한다. 천장 속과 같이 관로 주변에 온도와 습도가 높을수록 방로 피복은 필요하다. 옥외 노출관은 겨울에 대비하여 방동피복을 한다.

132 연면적 800m²인 사무소 건물의 시간당 평균 예상 급수량이 1,000L/h일 때 시간 최대 예상 급수량은 대략 얼마정도인가?

① 500~1,000L/h　　　　② 1,000~1,500L/h
③ 1,500~2,000L/h　　　④ 2,000~3,000L/h

■ 시간 최대 급수량은 시간 평균 급수량의 1.5~2배 정도이다. Q_m : 시간 최대 급수량, Q_h : 시간 평균 급수량(L/h)일 때 $Q_m = (1.5 \sim 2.0)Q_h(L/h) = 1,000L/h \times (1.5 \sim 2.0) = 1,500 \sim 2,000 L/h$

133 고가수조식 급수 방식에서 옥상 수조의 오버 플로우관은 양수관 크기의 몇 배 이상으로 설계하여야 안전한가?

① 2배　　　　　　　　　② 3배
③ 4배　　　　　　　　　④ 5배

■ 양수관은 펌프 양정에 의해 토출압의 영향으로 토출량이 많고, 오버 플로우관은 중력에 의해 배수되므로 2배 이상의 관경으로 설계한다.

134 회전차(impeller)의 바깥둘레에 안내깃(guide vane)이 달린 펌프는?

① 볼류트 펌프　　　　　② 터빈 펌프
③ 베인 펌프　　　　　　④ 피스톤 펌프

■ 안내깃이 있는 터빈 펌프는 고양정에 주로 쓰이고, 안내깃이 없는 원심 펌프는 볼류트 펌프이다.

135. 급수압력의 변동이 비교적 큰 급수 방식은?

① 수도직결식 ② 압력수조식
③ 고가수조식 ④ 부스터식

■ 압력수조식은 구조상 최고압과 최저압 사이에서 운전되므로 고저압의 압력차가 있다. 최근에는 부스터 펌프의 사용으로 압력수조식은 현장에서 적용이 감소하고 있다.

136. 급수 방식 중 압력탱크식에 대한 설명으로 적합한 것은?

① 시설비와 관리비가 저가이다.
② 특정 부위에 고압이 요구될 때 사용이 용이하다.
③ 항상 일정한 수압을 얻을 수 있다.
④ 정전시 급수가 가능하다.

■ 압력탱크방식은 시스템 구조상 정해진 고저압의 사이에서 작동하므로 수압이 불규칙하며 정전 시에 급수가 불가능하고 시설비, 유지비가 고가인 편이나 국부적인 고압을 필요로 할 때 적합하다.

137. 일반적인 정수처리의 최종 과정은?

① 침전 처리 ② 여과 처리
③ 폭기 처리 ④ 염소 소독

■ 일반적인 정수과정 : 침전-폭기-여과-소독이나 최근에는 고도 정수처리를 위하여 오존처리, 활성탄처리 등을 추가하는 경향이다.

138. 압력수조식 급수 방식에서 압력 수조의 용량을 결정하기 위해 압력을 구하는 항목 중 관계가 없는 것은?

① 배관 계통 중 최고 위치의 수전과 압력 수조와의 고저차에 상당하는 정수압
② 수전에 있어 필요로 하는 요구 수압
③ 배관 도중에서의 마찰 손실 수두
④ 급수 펌프의 수압

■ 급수 펌프의 수압은 압력수조 필요압력(①+②+③)으로부터 구한다.

139. 세정밸브식 대변기에 사용하는 급수관의 관경은 얼마 이상이어야 하는가?

① 15mm ② 20mm
③ 25mm ④ 30mm

■ 대변기 세정 급수장치의 관경
  1. 세정탱크식 ① 하이 탱크식-급수관경 : 15A, 변기세정관경 : 32A
              ② 로우 탱크식-급수관경 : 15A, 변기세정관경 : 50A
  2. 세정밸브식 급수관경 : 25A

해답 135.② 136.② 137.④ 138.④ 139.③

140 건물의 사용급수량은 그 건물의 사용목적에 따라 달라지는데 급수량 산정과 관련이 없는 것은?
① 급수대상 인원수 ② 건물의 유효면적
③ 시설된 위생기구수 ④ 마찰저항선도

■ 급수량은 인원수와 급수 기구수에 의해 구한다. 마찰저항선도는 관경결정에 관련된다.

141 고층 건물에서의 급수량 산정 시 가장 부적합한 것은?
① 위생기구수 ② 연면적
③ 사용인원수 ④ 실용적

■ 급수량의 산정은 건물의 종류에 따른 인원수(연면적 산출)에 의한 방법, 기구수에 의한 방법을 사용하며 실용적으로 구하지는 않는다.

142 증기압을 이용한 보일러의 예비 급수용으로 사용되는 펌프는?
① 플런저 펌프 ② 에어리프트 펌프
③ 워싱턴 펌프 ④ 기어 펌프

■ 워싱턴 펌프는 증기압을 이용한 보일러 급수 펌프로 정전 시 증기압을 이용하는 비상용 펌프이다. 증기압을 이용한 예비급수장치에는 인젝터가 있다.

143 깊은 우물물을 양수하기에 적당한 펌프는?
① 워싱턴 펌프 ② 플런저 펌프
③ 수중 펌프 ④ 볼류트 펌프

■ 보통 펌프는 7~8m 이상 흡입할 수 없으므로 깊은 우물물(관정 호)은 펌프가 물속에 있는 수중 펌프를 적용한다.

144 0℃ 물의 이론상 흡상 높이는 얼마인가?
① 0m ② 10m
③ 20m ④ 30m

■ 흡상높이(양정)은 이론상 0℃일 때 10.33m, 100℃일 때 0m이다. 실제로는 상온인 경우에 마찰 등을 고려하면 5~7m 정도이다.

145 급수방식 중 하향 급수 배관방식으로 된 것은?
① 고가수조식 ② 수도직결식
③ 탱크리스 가압식 ④ 압력수조식

■ 급수배관 방식
a) 상향급수 : 수도직결식, 압력탱크식, 부스터식
b) 하향급수 : 고가(옥상)탱크식

146 급수배관에 쓰이는 주철관의 접합법에 해당되지 않는 것은?

① 플라스턴 접합(plastern joint)　② 소켓 접합(socket joint)
③ 플랜지 접합(flange joint)　　④ 메커니컬 접합(mechanical joint)

■ 플라스턴 접합 : 연관 접합에 사용된다.

147 급수 배관에 대한 설명이다. 가장 적합한 것은?

① 주관에서 각 분기관의 분기점에는 지수 밸브를 설치하여 수리 시 용이하게 한다.
② 배관의 하부에는 에어 밸브를 설치하여 공기를 제거해 준다.
③ 배관의 상부에는 찌꺼기가 많이 고이므로 드레인 밸브(배니 밸브)를 설치한다.
④ 급수 배관 시 구배를 잡아주는 주목적은 공기제거이다.

■ 급수배관 하부에는 드레인 밸브, 상부에는 에어 밸브를 두며, 급수배관 구배의 주목적은 수리 시 물빼기를 위해서이다.

148 수압시험을 위해 배관의 말단에 막을 때 사용하는 부속은?

① 부싱　　　② 플러그
③ 유니언　　④ 니플

■ ① 부싱-관경이 서로 다른 관과 부속을 접속할 때(레듀서와 유사)
② 플러그-배관 말단에서 관 끝을 막을 때 사용(캡과 기능이 같다.)
③ 유니언-직관 접합 시 최종 조립부에 사용하는 부속품
④ 니쁠-부속과 부속의 직선 연결(소켓과 유사)

149 옥상탱크식에서 급수 펌프의 실양정을 올바르게 설명한 것은?(단, 옥상탱크 양수관 출구는 수면 아래에 잠긴 경우이다.)

① 저수조 수면에서 옥상탱크 바닥까지의 수직 높이
② 저수조 바닥에서 옥상탱크 바닥까지의 수직 높이
③ 펌프에서 옥상탱크 바닥까지의 수직 높이
④ 저수조 수면에서 옥상탱크 수면까지의 수직 높이

■ 이론상 저수조 수면에서 옥상탱크 수면까지의 수직 높이가 정확한 실양정이며, 수조에 물이 바닥근처까지 간다면 대략적인 값으로 실양정을 저수조 바닥에서 옥상탱크 바닥까지의 수직 높이로 보기도 한다.

150 수격작용을 방지하기 위한 조치는?

① 공기실(air chamber) 설치　② 신축 곡관 설치
③ 슬리브 설치　　　　　　　　④ 작은 관을 사용한다.

■ 수격 작용의 방지는 유속을 서서히 변화시키도록 해야 하나 실제로는 어려운 문제이므로 대책으로 완충작용을 하도록 공기실 또는 수격방지기(WHC)를 설치한다.

해답　146.① 147.① 148.② 149.④ 150.①

151 급수 배관의 수격작용의 주된 원인은?
① 급수관을 너무 크게 설계했다.
② 급수관의 유속이 너무 작다.
③ 배관 내에서 유속의 변동이 심하다.
④ 버터플라이 밸브를 사용하여 시공했다.

■ 수격작용은 세정밸브의 작동 등으로 유속이 급변할 때 발생한다.

152 급탕설비에서 관 내에서 분리된 공기를 배출하고 물의 팽창에 따른 위험을 예방하기 위하여 설치하는 탱크는?
① 팽창탱크
② 압력탱크
③ 순환탱크
④ 보조탱크

■ 팽창탱크는 물의 팽창을 흡수하므로 시스템 전체 물의 팽창량을 이용하여 팽창탱크 용량을 계산한다.

153 중앙식 급탕방식의 특징에 관한 설명 중 틀린 것은?
① 최초의 시설비가 많이 든다.
② 관리가 편리하다.
③ 가열장치의 열효율이 나쁘다.
④ 비교적 연료비가 싸게 든다.

■ 중앙식 급탕설비는 개별식에 비하여 장비용량(보일러, 가열장치)이 커져서 열효율이 양호하고 연료비도 저렴하다.

154 건물의 급탕량 산정에 관계없는 것은?
① 용도별 사용온도
② 기구수
③ 사용인원
④ 건물의 용도

■ 급탕량은 인원(건물 용도에 따라 인원이 달라진다.)이나 기구수로 구하며 사용온도와는 무관하다.

155 국소식 급탕법의 특징이 아닌 것은?
① 소규모 주택 등 급탕개소가 한정된 건물에 적합하다.
② 유지관리가 용이하고 열손실이 적다.
③ 설비규모가 크고 복잡하기 때문에 초기 설비비가 비싸다.
④ 급탕개소마다 가열기의 설치 스페이스가 필요하다.

■ 국소식 급탕(미장원의 순간온수기 등)은 탕이 필요한 장소에 가열기를 직접 설치하는 것으로 배관길이가 짧고 설비 규모가 작은 곳에 적용하므로 초기 설비비는 적다.

156 다음 중 급탕배관에서 ㄷ자형(∩) 배관을 피해야 하는 가장 주된 이유는?
① 물속의 공기가 분리되어 ㄷ자형 배관부에 괴어 온수의 순환을 저해하므로
② 급탕배관에서 ㄷ자형은 공사하기가 어려우므로
③ 열에 의한 팽창으로 파손되기 쉬우므로
④ ㄷ자형 배관은 미관상 보기가 흉하므로

■ 급탕배관 중 공기가 분리되어 곡관(∩)상부에 고여 온수 순환을 방해하기 때문에 ㄷ자 배관을 피해야 하며 어쩔 수 없는 경우는 곡관(∩)상부에 공기빼기 밸브(Air Vent)를 설치한다.

해답 151.③ 152.① 153.③ 154.① 155.③ 156.①

157 급탕설비 중 기수혼합법에 대한 설명으로 틀린 것은?
① 열효율이 100%이다.
② 학교나 공장 등의 욕조에 많이 쓰인다.
③ 소음이 없다.
④ 사용증기압은 0.1~0.4MPa가 적당하다.

■ 기수혼합식은 0.1~0.4MPa 정도의 증기를 욕조 안의 물에 직접 분사하여 증기가 물에 100% 흡수되는 과정에서 증기 잠열에 의해 물을 가열하므로 열효율 100%이고 가열속도가 빠르나 증기의 물에 대한 흡수과정에서 소음이 크기 때문에 소음을 줄이기 위해 스팀 사일렌서(S형, F형)를 부착한다.

158 급탕설비에서 서모스탯(thermostat)은 어떤 용도로 사용되는가?
① 안전밸브 역할
② 유량분배 조절
③ 온수온도 조절
④ 체적팽창 흡수

■ 급탕설비는 직접가열식, 간접가열식, 기수혼합식, 저탕식으로 나누어지고 저탕식이나 간접가열식은 저탕조 내에 일정온도의 탕을 보유하여 일시에 다량의 급탕을 요구하는 곳에 적합한 방식으로 저탕조 내의 온수온도를 일정하게 유지하기 위하여 서모스탯(자동온도 조절기)을 설치한다.

159 급탕방법 중 간접가열식의 특징이 아닌 것은?
① 대규모에 적합하며 보일러는 고압이어야 한다.
② 저탕조 내 가열장치를 두는 내장형과 외부에 두는 외장형이 있다.
③ 직접가열식에 비하여 가열장치에 스케일 형성의 염려가 적다.
④ 직접가열식에 비하여 대규모 급탕설비에 알맞다.

■ 급탕방식은 직접가열식과 간접가열식으로 구분되며 간접가열식의 특징은
▶ 보일러가 저압이어도 된다 : 보일러 열매는 열교환기에서 가열만 하므로 공급 압력과 무관하다.
▶ 열교환기(저탕조)가 필요하며 동관 등으로 구성된 전열관을 갖는다.
▶ 보일러의 관수는 보일러와 열교환기만 순환하므로 보일러의 스케일 형성이 적다.
▶ 대규모 급탕설비에 간접가열식이 주로 이용된다.

160 급탕설비의 배관방식 중 각 층 온도차를 줄이기 위하여 층마다 순환길이가 같도록 배관한 방식은?
① 하향식
② 상하 혼용식
③ 리버스 리턴방식
④ 상향식

■ 리버스 리턴 배관방식은 기계실에서 층마다 배관 순환길이를 동일하게 하면→ 마찰저항 동일하고→ 순환량 동일하여→ 각 층 급탕온도가 일정하도록 한다. 이때 배관길이는 길어지므로 설비는 증가한다.

161 중앙식 급탕법에서 급탕수의 가열방법과 관계 없는 것은?
① 직접가열식
② 간접가열식
③ 진공흡인방식
④ 기수혼합식

■ 급탕법에는 직접가열식, 간접가열식, 기수혼합식, 저탕식이 있다. 진공흡인 방식은 증기 시스템에서 환수방식의 일종이다.

해답 157.③ 158.③ 159.① 160.③ 161.③

162 증기 가열코일이 있는 저탕조의 배관 및 부속품으로 저탕조 상부(고온부)에 부착하지 않는 것은?

① 급탕관　　　　　　　　　② 급수관
③ 팽창관　　　　　　　　　④ 온도계

■ 증기가열코일 저탕조에서 급수관은 하부에 부착하여 저탕조 하부로 공급된 저온의 급수가 가열되어 상부에서 고온 상태로 급탕되게 한다.

163 급탕설비에 대한 설명 중 거리가 먼 것은?

① 급탕설비란 욕실, 주방 등에 온수를 공급하여 소비하는 설비이다.
② 급탕설비의 배관방식에는 단관식과 복관식이 있다.
③ 급탕설비의 사용 용도는 난방용, 목욕용 등이 있다.
④ 급탕설비는 개별식과 중앙식이 있다.

■ 급탕은 온수(급탕)를 공급하여 소비하는 것이며, 난방은 온수를 공급하여 열만을 이용하고 환탕은 순환하는 것이다.

164 중앙급탕 방식에서 건축물 에너지절약 설계기준에 따르면 저탕조 저탕온도를 얼마 이하로 권장하는가?

① 80℃　　　　　　　　　② 65℃
③ 55℃　　　　　　　　　④ 45℃

■ 급탕온도가 높을수록 급탕량은 적어져서 배관 시설비는 경제적이나 온도가 높을수록 탱크와 배관에서의 열손실은 증가한다. 건축물 에너지절약 설계기준에서는 55℃ 이하를 권장한다.

165 건물종류별 1인당 1일 급탕량 중 가장 적은 것은?

① 호텔　　　　　　　　　② 아파트
③ 주택　　　　　　　　　④ 사무실

■ 호텔, 아파트, 주택 : 75~150L/c·d, 사무실 : 7.5~11.5L/c·d

166 가스 사용 순간 온수기에 대한 설명 중 틀린 것은?

① 수전(급수밸브)을 열면 벤츄리관에서 압력차가 생긴다.
② 벤츄리관에서 생긴 압력차는 다이아프램을 작동시켜 가스밸브를 연다.
③ 가스가 버너에 공급되면 파이롯 플레임에 의하여 점화된다.
④ 순간 온수기는 비등점 가까운 온수를 쉽게 얻을 수 있다.

■ 순간 온수기는 60~70℃ 정도 이상의 온수를 얻기 힘들다. 최근에는 파이롯 플레임 불꽃 방식이 아닌 전자식(방전식) 점화장치도 많이 이용한다.

해답　162.② 163.③ 164.③ 165.④ 166.④

167 급탕방식 중 개별식의 특징 중 거리가 먼 것은?
① 배관 열손실이 적다.
② 급탕 개소가 많을 경우 시설비가 싸다.
③ 가열기 열효율이 낮다.
④ 기존 건물에 설치가 용이하다.

■ 개별식 급탕방식은 급탕개소가 많을 경우 각 개소마다 가열기를 설치하므로 시설비가 비싸진다. 최근 아파트에서는 이용의 편리성, 개인 성향 등으로 인해 개별 보일러(급탕, 난방) 사용이 증가하고 중앙식 적용이 감소하는 편이다.

168 개별식 급탕설비 중 저탕형에 대한 설명 중 해당되는 것은?
① 수전을 틀면 처음에는 찬물이 나온다.
② 급탕온도는 최고 60~70℃까지 얻을 수 있다.
③ 주택, 이용원 등 소규모에 알맞다.
④ 서모스탯을 이용하여 일정한 급탕온도를 유지한다.

■ 저탕형 급탕설비는 서모스탯을 이용하여 설정한 온도의 급탕(처음부터 100℃까지의 뜨거운 물도 가능)이 나올 수 있다. 학교 식당 등의 중규모설비에서 일시에 다량의 급탕을 요구하는 곳에 쓰인다.

169 다음 중 일반적인 급탕방식에 속하지 않는 것은?
① 직접가열식
② 간접가열식
③ 진공가열식
④ 기수혼합식

■ 진공가열식은 급탕방식으로 이용하지 않는다.

170 중앙식 급탕법의 개별식 급탕법에 대한 특징 중 잘못된 것은?
① 대규모이므로 열효율이 좋다.
② 배관 열손실이 적다.
③ 호텔, 아파트 등 급탕개소가 많은 곳에 경제적이다.
④ 관리가 용이하다.

■ 중앙식은 배관을 통하여 급탕하므로 배관 열손실은 개별식(급탕을 소비하는 곳에 가열기를 설치하므로 배관길이는 짧다.)보다 크나 보일러의 규모는 커서 열효율이 우수하다.

171 중앙식 급탕법의 간접가열식과 비교한 직접가열식에 대한 설명이다. 틀린 것은?
① 보일러 내면에 스케일 형성이 크다.
② 대규모 건물에 적당하다.
③ 보일러 수의 온도 변화가 심하고 팽창 수축이 크다.
④ 간접가열식에 비하여 열효율이 좋다.

■ 직접가열식은 스케일형성이 크므로 가열면의 열전달이 나쁘며 건물 높이에 상당하는 정수압을 받으므로 고층 건물에는 부적합하다. 하지만 열교환기가 없어서 시스템이 간단하여 전체 열효율은 좋다.

172 급탕관 관경에 비하여 복귀관 관경은 얼마가 적당한가?

① 급탕관의 1/4 ② 급탕관의 1/3
③ 급탕관의 1/2 ④ 급탕관의 2/3

■ 급탕량 중에서 대부분은 소비하고 환탕량은 급탕량의 일부이며 그 양이 적으므로 복귀관은 급탕관의 2/3 정도가 적당하다. 급수 급탕설비에서 급탕량은 급수량의 3/4 정도로 한다. 이 2가지를 구분하여 숙지하세요.

173 중앙식 급탕법의 간접 가열식에 대한 설명 중 틀린 것은?

① 난방용 보일러가 설치되어 있는 경우 급탕용 보일러를 별도로 설치할 필요가 없다.
② 대규모 건물인 경우 고압 보일러가 필요하다.
③ 열교환기와 저탕조가 필요하다.
④ 저탕조에는 안전밸브를 설치할 필요가 있다.

■ 간접가열식에서 건물높이에 대한 수압과 보일러는 독립된 계통이므로 대규모 건물도 저압 보일러로 가능하다.

174 개별식 급탕법 중 열매(기수)혼합식에 대한 설명 중 틀린 것은?

① 증기를 쉽게 얻을 수 있는 곳에 알맞다.
② 증기 분사 시 열효율은 높이기 위하여 사일렌서를 부착한다.
③ 열효율은 100%이다.
④ 기수 혼합식에 이용되는 증기압력은 0.1~0.4MPa가 알맞다.

■ 사일렌서는 물속에 증기를 분사할 때 발생하는 소음과 진동을 감소하기 위한 장치이다.

175 증기를 열원으로 하는 간접가열식 급탕설비와 관계가 먼 것은?

① 가열코일 ② 열동 트랩
③ 집열판   ④ 서머스탯

■ 집열판은 태양열 시스템에 이용되며 열동 트랩은 공급된 증기로 가열코일에서 발생한 응축수를 제거한다.

176 간접가열식 급탕설비에서 100℃ 증기를 공급하여 시간당 3,000L의 급탕을 10℃로부터 60℃로 공급할 경우 열교환기에서 발생하는 응축수량은?(물의 비열은 4.19kJ/kg·K이며, 100℃ 증기를 이용하고 증발잠열은 2,257kJ/kg이다.)

① 390kg/h   ② 278kg/h
③ 400kg/h   ④ 334kg/h

■ 응축수량 $G = \dfrac{\text{가열량}}{\text{증기 응축잠열}} = \dfrac{3,000 \times 4.19(60-10)}{2,257} = 278 kg/h$

해답 172.④ 173.② 174.② 175.③ 176.②

177 태양열 이용 급탕설비의 구성요소에 들지 않는 것은?
① 집열판　　　　　　　　② 보조 보일러
③ 응축수 탱크　　　　　　④ 저탕조

■ 응축수 탱크는 증기 설비에 필요하며 태양열 이용 시스템에서는 관련이 없다.

178 급탕설비에서 단관식의 특징 중 틀린 것은?
① 호텔 등의 중규모 이상 건물에 적합하다.
② 처음에는 찬물이 나온다.
③ 보일러에서 탕전까지는 15m를 넘지 않도록 한다.
④ 시설비가 싸다.

■ 단관식은 처음에 찬물이 나오고 사용이 불편하므로 소규모 건물(주택 등)에서 사용한다.

179 2관식 급탕설비가 1관식 급탕설비에 비하여 좋은 점은?
① 보일러의 압력이 작아도 된다.
② 연료비가 적게 든다.
③ 탕 스케일 등에 의한 고장이 적다.
④ 급탕전을 열면 즉시 온수를 사용할 수 있다.

■ 2관식(복관식)은 관 내의 탕이 항상 순환하고 있으므로 즉시 온수가 공급된다. 단관식은 탕을 사용하지 않을 때 관 내의 탕이 냉각되어 처음에 찬물이 나온다. 그러므로 배관길이가 짧은 소규모 설비나 연속적으로 사용하는 급탕설비는 단관식도 가능하다.

180 복관식(two pipe system) 급탕설비의 설명 중 잘못된 것은?
① 공급관과 환수관을 별도로 배관하는 방식이다.
② 순환펌프는 양정이 높은 것을 급탕 공급측에 설치한다.
③ 환수관 최말단의 저탕조 유입구 측에 순환펌프를 설치한다.
④ 배관이 긴 경우에는 탕의 순환이 나쁘므로 순환펌프를 사용한다.

■ 순환펌프는 저양정(0.5~2m)의 축류 펌프를 배관 계통 중에서 온도가 가장 낮은 환탕관 유입구 측에 설치한다.

181 온수의 각 순환경로의 길이에 따라서 관 내 마찰저항의 차이가 크게 되고 온수순환량이 불균등해지는 것을 방지하기 위해서 적용하는 배관 방법은?
① 각개 입하방식　　　　　② 각개 입상방식
③ 리버스 리턴 방식　　　　④ 수평 배관방식

■ 역환수(reverse return) 배관 : 환수관을 역방향으로 배관한 후 다시 되돌아오게 한 배관 방식으로, 역환수식에서는 각 기기를 연결하는 배관 경로의 길이가 같아 마찰저항이 같고 온수 순환이 균등해져서 온수 온도가 균등하다. 하지만 배관 설비비가 증가한다. 최근에는 존별로 유량조절 밸브를 사용하여 밸런스를 맞추기도 한다.

해답　177.③　178.①　179.④　180.②　181.③

182 급탕설비 시공 시 주의 사항이다. 틀린 것은?
① 관이나 저탕조는 규조토, 글래스울, 마그네샤 등으로 보온한다.
② 온도가 10℃ 상승할 때마다 부식은 2배 정도 심해진다.
③ 행거나 서포트는 신축이음쇠로부터 멀리 설치한다.
④ 배관 완성 후 수압 시험은 최고 사용압력 1.5배 이상으로 30분 이상 실시한다.

■ 신축이음쇠의 중량을 견뎌내고 수평도를 유지하기 위해 신축이음쇠 가까이에 행거나 서포트를 둔다.

183 관 이음쇠의 종류에 따른 용도의 연결로 가장 거리가 먼 것은?
① 와이(Y) – 분기할 때
② 벤드 – 방향을 바꿀 때
③ 플러그 – 직선으로 이을 때
④ 유니온 – 분해, 수리, 교체가 필요할 때

■ 플러그는 관 말단을 막을 때 사용하며, 배관을 직선으로 이을 때는 소켓이나, 플랜지를 사용한다.

184 급탕배관 시공 시 배관 구배에 대한 설명 중 옳지 않은 것은?
① 중력 순환식 배관 구배는 1/50 정도가 좋다.
② 강제 순환식의 구배는 1/200 정도가 좋다.
③ 상향 공급 방식일 때 급탕 수평 주관은 선상향 구배가 좋다.
④ 하향 공급 방식일 때 급탕관, 복귀관은 모두 선하향 구배가 좋다.

■ 배관 구배 중력 순환식 : 1/150, 강제 순환식 : 1/200

185 관을 곡관으로 만들어 배관의 신축을 흡수시키고 구조가 간단하며 내구성이 좋은 신축이음은?
① 슬리브형(sleeve type)
② 벨로우즈형(bellows type)
③ 볼 조인트(ball joint)
④ 루프형(loop type)

■ 루프형 신축이음(신축곡관)은 관 자체를 벤딩하여 신축을 흡수하는 것으로 고압에 적합하며 고장이 거의 없으나 공간을 많이 필요로 한다.

186 신축이음에 대한 설명 중 틀린 것은?
① 신축곡관은 고압에 잘 견딘다.
② 신축곡관은 파이프 샤프트 내 배관에 알맞다.
③ 스위블 조인트는 2개 이상의 엘보를 사용한다.
④ 누수 위험은 스위블 조인트＞슬리브형＞벨로우스형＞신축곡관 순이다.

■ 파이프 샤프트 내에는 배관을 직선으로 배치해야 하는데 벤딩하여 설치하는 신축곡관은 공간을 많이 차지하여 샤프트 내에 설치는 어렵다. 신축곡관은 옥외배관이나 천장 속 수평 공간이 충분한 장소에 설치한다.

해답 182.③ 183.③ 184.① 185.④ 186.②

187 급탕배관에서 구배를 잡아주는 주목적은 무엇인가?
① 물이 잘 흐르도록 하기 위하여
② 찌꺼기가 흘러내리도록 하기 위하여
③ 발생한 공기나 증기가 제거되도록 하기 위하여
④ 열팽창을 제거하기 위하여

■ 급탕배관 중의 공기는 순환을 방해하므로 공기를 제거하기 위해 구배를 둔다.

188 급수, 급탕 배관에서 공기빼기 밸브를 설치해야 할 곳은?
① 배관에 물매를 잡은 곳
② 배관이 山(∩)형으로 배치된 곳
③ 유니언이나 플랜지를 사용한 곳
④ 지수변(게이트 밸브)을 설치한 곳

■ 공기가 고이는 산(∩)형 부분에 에어 벤트를 설치한다.

189 신축이음쇠의 종류가 아닌 것은?
① 슬리브형(sleeve type)
② 스위블 조인트(swivel joint)
③ 볼 조인트(ball joint)
④ 유니언 이음쇠(union joint)

■ 유니언 이음쇠는 배관의 최종 조립 부속이다.

190 다음 급탕기구 중 기구 1개에 대한 1시간당 급탕량이 가장 적은 것은?
① 욕조
② 세면기
③ 샤워
④ 싱크대

■ 시간당 급탕량 : 샤워>욕조>싱크대>세면기

191 다음 개소 중 급탕온도가 가장 높아야 하는 곳은?
① 샤워
② 음료용
③ 수영장
④ 접시 세정용

■ 접시 세정 시 행구기용은 건조와 위생상 70~80℃가 적당하다. 급탕온도가 55℃ 정도로 공급되면 부스터 히터를 이용하여 가열한다.

192 간접가열식 급탕설비에서 트랩 장치를 이용하는 이유로 맞는 것은?
① 응축수를 증기와 구별하여 보일러에 환수시키기 위하여
② 보일러에서 역류하는 악취를 방지하기 위하여
③ 신축을 흡수하기 위하여
④ 배관 내의 소음을 줄이기 위하여

■ 중앙식 급탕 방법 중 간접 가열식에서 저탕조 안의 가열 코일 속에 증기를 공급하여 물을 가열한 후 응축된 응축수만을 보일러로 환수하기 위해서는 트랩 장치가 필요하다.

해답 187.③ 188.② 189.④ 190.② 191.④ 192.①

193 학교, 공장, 기숙사 등 특정 시간에 다량의 온수를 사용하는 장소에 적당한 급탕방식은?

① 즉시 탕비기
② 저탕형 탕비기
③ 기수 혼합식
④ 순간 온수기

■ ① 즉시 탕비기 : 한정된 범위의 소규모 급탕용
② 저탕형 탕비기 : 특정 시간에 다량의 온수를 필요로 하는 장소인 공장, 학교, 기숙사 등
③ 기수 혼합식 : 증기를 열원으로 하는 병원이나 공장 등

194 위생설비에서 배수용 트랩(trap)의 구비조건에 대한 설명 중 옳지 않은 것은?

① 봉수가 파괴되지 않는 구조일 것
② 배수 시에 자기세정 기능이 있을 것
③ 가동부분에 봉수를 형성하도록 구조가 복잡할 것
④ 내식성이 크고 내구성이 있을 것

■ 배수용 트랩은 막히지 않도록 가동부분이 없고 구조가 간단할 것

195 배수관의 트랩 기능에 관계가 없는 사항은?

① 배수의 역류방지
② 침전물의 제거
③ 악취의 역류방지
④ 해충의 침입방지

■ 배수 트랩은 관 트랩과 포집기(interceptor)로 나누어지고
  ▶ 관 트랩은 악취 역류방지와 해충의 침입방지를 주목적으로 하며
  ▶ 포집기는 악취 역류방지와 모래, 머리카락, 기름기 등 침전물을 제거하며 배수의 역류 방지기능은 없다.

196 트랩의 봉수를 보호하는 방법으로 가장 좋은 것은?

① 배수펌프를 설치한다.
② 증발되지 않는 구조로 한다.
③ 2중 트랩을 설치한다.
④ 통기관을 설치한다.

■ 통기관은 트랩의 봉수를 보호하는 것이 주목적이다.

197 배수입관의 상단을 연장시켜 대기 중에 개구시키는 통기관은?

① 각개통기관
② 신정통기관
③ 루프통기관
④ 결합통기관

■ 통기관의 종류는 각개통기, 공용통기, 루프통기, 도피통기, 습식통기, 결합통기, 신정통기, 통기헤다 등이 있다.
  ▶ 각개통기관 : 위생기구마다 개별적으로 통기관을 연결한 것
  ▶ 신정통기관 : 배수입관의 상단을 연장시켜 대기 중에 개구시킨 것
  ▶ 루프통기관 : 회로 통기, 환상통기라고도 하며 배수 횡지관의 최상부 기구 바로 아래에서 통기관을 연결한 것으로 일반 빌딩에 주로 적용한다.
  ▶ 결합통기관 : 배수 입상관과 통기 입상관을 5개층 정도마다 서로 연결한 것

해답 193.② 194.③ 195.① 196.④ 197.②

198 배수관 지름을 정할 때 배수 부하단위(FU)를 사용하는데 부하단위가 가장 큰 것은?

① 대변기
② 샤워헤드(아파트용)
③ 청소수채
④ 욕조(주택용)

■ 대변기(WC) : 8(fu), 샤워(아파트용) : 3(fu), 청소수채(SS) : 3(fu), 욕조(주택용) : 2~3(fu)

199 배수통기관(vent pipe)의 배관 설치 중 기술이 잘못된 것은?

① 바닥 아래의 통기관은 가능한 금지해야 한다.
② 통기수직관과 빗물관은 겸용해서는 안 된다.
③ 싱크대가 연합으로 2개 설치 시 2중 트랩을 설치한다.
④ 대변기 배수관이 수평지관과 연결 시 수직보다는 Y형 연결이 좋다.

■ 싱크대가 연합으로 설치될 때는 각각 1개의 트랩을 설치하며 이중 트랩은 피한다.

200 배수용 횡주관은 배수 중의 물과 오물이 자연 유하하여 신속히 관 내를 흐를 수 있도록 계획함이 좋다. 이를 위한 배수관 내의 일반적 유속으로 적당한 것은?

① 0.5~0.8m/sec
② 0.6~1.6m/sec
③ 1.8~2.5m/sec
④ 2.5~2.8m/sec

■ 배수관 내의 배수 유속은 너무 느려도 침전물이 발생하고 너무 빨라도 고형물이 분리 침전하므로 0.6~1.6m/sec 정도로 적합하게 기울기를 둘 때 자기세정 작용이 우수하다.

201 간접배수에 대한 설명으로 가장 알맞은 것은?

① 건물외벽 1m부터 공공하수에 이르는 배수
② 옥내배수를 공공하수에 연결시켜주는 장치
③ 오수의 역류를 방지하기 위한 배수장치
④ 건물외벽 1m 이내의 배수시설

■ ①-옥외배수, ②-오수받이, ③-간접배수, ④-옥내배수, 간접배수란 세탁기나 냉장고처럼 토출구가 배수관에 직접 연결되지 않고 대기 중에 배출한 후 하수관에 배출시키는 것으로 역류를 방지할 수 있고 배출 상태를 확인할 수 있다.

202 통기관 배관에서 당해층 바닥밑 횡주 통기배관을 금지하는 이유는?

① 배수배관이 막히기 쉽다.
② 배관시공이 어렵고 공사비가 많이 든다.
③ 통기관 관경이 커진다.
④ 배수관이 막혔을 경우 통기관에 배수가 유입되어 막힐 수 있다.

■ 통기관은 배수관과 연결 되어 있으므로 배수관이 막혔을 때 배수관을 통하여 통기관으로 배수가 유입되고 통기관에 물이 고이면 통기 기능을 상실하기 때문에 바닥밑 수평 통기배관은 금지하고 그 층의 배수 오버플로우면보다 150mm 이상으로 입상하여 통기 수직관에 접속하도록 한다. 하지만 현장에서는 바닥아래 통기배관이 불가피한 경우가 있으므로 이때에는 바닥아래 수평배관을 입상피트에서 오버플로우면보다 150mm 이상으로 입상하여 통기 수직관에 접속하여 시공하기도 한다.

해답 198.① 199.③ 200.② 201.③ 202.④

203 다음 중 옥내배수와 부지배수 계통의 경계는 일반적으로 외벽으로부터 부지 쪽으로 몇 m 정도인가?

① 0.5m ② 1m
③ 1.5m ④ 2m

■ 외벽으로부터 밖으로 1m 이내의 배수관을 옥내배수(설비)라 하고, 외벽으로부터 1m 이외의 부지 내 배수관을 옥외배수(부지배수-토목)라 한다. 하지만 현장여건에 따라 조정할 수 있다.

204 배수관 청소구의 설치장소 중 옳지 않은 것은?

① 배수 수직관의 최하단부
② 수평 지관의 최상단부
③ 배관이 45° 이상의 각도로 구부러지는 곳
④ 100㎜ 이하 수평관의 경우 직진거리 30m 이내마다 1개소씩

■ 청소구는 막힐 우려가 있는 곳에 설치하여 유지관리 시 이용하는데 배수 수평관 청소구는 100㎜ 이하일 때 15m 이내마다, 100㎜ 초과 시 30m 이내마다 둔다.

205 통기 및 배수배관에서 배관방식이 가장 적합한 것은?

① 오물정화조의 배기관은 일반통기관과 연결하여도 좋다.
② 통기수직관은 빗물수직관과 연결한다.
③ 2중 트랩을 만들어 연결하면 좋다.
④ 공기조화기 등의 배수는 간접배수를 하여야 한다.

■ ▶ 오물정화조의 통기관은 단독으로 입상하여 건물의 다른 통기관에 정화조 악취가 유입되지 않도록 한다.
▶ 통기관에는 배수 또는 우수가 유입되지 않도록 통기수직관은 빗물수직관과 연결 배관하지 않는다.
▶ 배수관의 2중 트랩은 배수 흐름을 방해 하므로 2중 트랩은 피한다.
▶ 탱크 오버플로우관, 공기조화기 배수, 세탁기 배수 등은 간접배수하여야 한다.

206 옥내배수 수평주관의 말단에 부착하여 공공하수관으로부터의 해로운 하수가스 유입을 방지하는 트랩은?

① P트랩 ② U트랩
③ S트랩 ④ 벨트랩

■ ▶ P트랩 : 세면기나, 소변기에서 기구 배수관이 벽체 수직관과 연결할 때 주로 P트랩 사용
▶ U트랩 : 옥내배수 수평주관의 말단에 부착하여 공공하수관으로부터의 악취가 가옥 내로 유입하는 것을 방지하는 것으로 하우스트랩(가옥트랩)이라고도 한다.
▶ S트랩 : 세면기 하부에서 바닥 배관에 연결할 때 사용, 대변기 내부에 S트랩을 두어 S트랩에서의 사이펀 작용으로 분뇨를 배출하는 세정력을 얻는다.
▶ 벨트랩 : 바닥배수에 사용
▶ 드럼트랩 : 주방 싱크대에 사용

207 통기관의 관경에 대한 설명으로 틀린 것은?

① 건물의 배수탱크에 설치하는 통기관의 관경은 50mm 이상으로 한다.
② 신정통기관의 관경은 배수수직의 관경보다 크게 해서는 안 된다.
③ 결합통기관의 관경은 통기수직관과 배수수직관 중 작은 쪽 관경 이상으로 한다.
④ 각개통기관의 관경은 그것이 접속되는 배수관 관경의 1/2 이상으로 한다.

■ 신정통기관은 배수수직관경보다 작게 하지 않는다.

208 통기관의 말단 개구가 건물의 문이나 창에서 수평방향으로 얼마 이상 떨어져야 하는가?

① 0.6[m]   ② 1[m]
③ 2[m]   ④ 3[m]

■ 통기관의 말단이 그 건물 및 인접 건물의 출입구 창, 환기구 등의 부근에 있을 때에는 이들 환기용 개구부의 상단에서 수직으로 600[mm] 이상 높여서 대기 중에 개구하거나 수평으로 3[m] 이상 격리시켜야 한다.

209 트랩의 봉수파괴 원인 중 가장 많은 것은?

① 자기 사이펀작용   ② 증발
③ 모세관현상   ④ 흡출작용

■ 봉수파괴 원인 중 가장 일반적인 봉수파괴 원인은 자기 사이펀작용이다.

210 최상층에서 배수수직관을 그대로 연장시켜 통기관으로 사용하는 부분은?

① 공용통기관   ② 도피통기관
③ 신정통기관   ④ 결합통기관

■ 배수수직관을 그대로 연장시켜 외부로 개구하는 신정통기관은 배수수직관을 관통하여 통기하는 것으로 설치에 비해 통기 효과가 크다.

211 다음 중 통기관을 설치하는 목적으로 옳지 않은 것은?

① 트랩의 봉수를 보호하기 위해서
② 배수관 내의 물의 흐름을 원활하게 하기 위해서
③ 배수관의 워터해머(water hammering)를 방지하기 위하여
④ 배수관 내의 환기를 위하여

■ 통기관은 배수관을 대기압에 개방하여 배수 흐름 시 압력변화를 막아 봉수를 보호하고 배수흐름을 원활히 하기 위한 것이다. 워터해머와는 거리가 멀다.

해답 207.② 208.④ 209.① 210.③ 211.③

212 지하실 등 공공하수관보다 낮은 곳의 배수에 적당한 배수 방법은?
① 중력 배수식　　② 기계 배수식
③ 트랩 배수식　　④ 피트 배수식

■ 공공하수관보다 낮은 지하실 배수는 펌프를 이용하여 공공하수관에 배수한다.(기계배수, 강제배수)

213 배수관의 관경을 결정할 때는 무엇을 기준으로 하는가?
① 배수관의 위치　　② 피크아워
③ 단위 시간당 최대 유량　　④ 급수량

■ 배수관의 관경은 단위시간(min)당 최대유량에 의해 배수부하단위(fu)를 구하고 이로부터 관경을 결정한다.

214 배수관 관경 결정에 이용되는 기구배수 부하단위(fu)는 무엇을 기준(1)으로 하는가?
① 소변기　　② 세면기
③ 대변기　　④ 수세기

■ 소변기 f.u=4, 세면기 f.u=1, 대변기 f.u=8, 수세기 f.u=0.5

215 대변기의 일반적인 배수 관경은 얼마인가?
① 50A 이상　　② 65A 이상
③ 100A 이상　　④ 125A 이상

■ 대변기의 최소관경은 75A 이상, 일반적인 관경은 100A 이상이다.

216 배수 재이용 계획 시 고려 사항이 아닌 것은?
① 경제성　　② 요구수량과 수질에 알맞은 처리 시설
③ 재 이용수의 수량과 수질의 안정성　　④ 세정 용수를 냉각배수에 이용한다.

■ 재이용되는 배수를 중수라 하며 경제성, 수량과 수질의 안정성 등을 고려하되 세정용수를 냉각배수로 이용하지는 않으며 냉각배수를 세정용수로 이용한다.

217 간접배수 방식을 사용하는 것은?
① 소변기배수　　② 냉장고배수
③ 욕조배수　　④ 대변기배수

■ 간접배수란 각 기구에서의 배수를 일반 배수 계통에 직결하지 않고 물받이 공간을 두고 배수하는 방식으로 트랩이 없다. 그 예로는 냉장고, 탱크 오버 플로우관, 세탁기, 탈수기, 음수기, 각종 드레인관 등이다.

해답 212.② 213.③ 214.② 215.③ 216.④ 217.②

218 배수 설비의 트랩이란?

① 배수관에서 발생하는 찌꺼기를 제거한다.
② 배수관 내 배수 흐름을 원활히 한다.
③ 배수관 내 유속을 조정한다.
④ 배수관 내의 악취가 실내로 역류함을 방지한다.

■ 트랩이란 배수관 도중에 봉수(50~100mm)를 만들어 악취가 실내로 역류되는 것을 방지한다.

219 배수트랩의 구비조건 중 틀린 것은?

① 봉수가 파괴되지 않는 구조일 것
② 내식성, 내구성 재료로 만든 것일 것
③ 자체 유수로 세정할 수 있을 것
④ 구조가 복잡하여 배수 속도를 조절할 것

■ 트랩의 구조는 간단하여 저항이 적도록 하고 자기 세정작용을 할 것

220 배수트랩과 통기관에 대한 설명 중 틀린 것은?

① 트랩을 설치하면 배수 능력이 크게 촉진된다.
② 통기관은 배수 능력을 크게 향상시킨다.
③ 통기관의 끝은 건물 외부로 개방시킨다.
④ 트랩의 역할은 불순물과 침전물 등의 분리기능도 있다.

■ 트랩을 설치하면 저항이 커져 배수 능력이 떨어진다. 그러므로 트랩 봉수 깊이는 50~100mm 정도로 한다.

221 배수트랩의 용도에 대한 설명 중 틀린 것은?

① 드럼 트랩은 세면기에 알맞다.
② U트랩은 가옥 트랩이라고도 하며 가옥 배수 본관과 공공하수관 연결 부위에 설치한다.
③ 벨 트랩은 바닥 배수에 많이 쓰인다.
④ 가솔린 트랩은 차고나 세차장에서 휘발성분 제거에 쓰인다.

■ 드럼 트랩은 싱크대 등에 쓰이며 세면기에는 S트랩, P트랩이 쓰인다.

222 그리스 트랩이 사용되는 것은?

① 대변기와 같이 고형물이 많은 곳
② 미장원과 같이 머리카락이 많은 곳
③ 자동차 정비공장과 같이 그리스를 많이 쓰는 곳
④ 호텔 주방 등과 같이 기름기(지방분)가 많이 배출 되는 곳

■ 그리스 트랩은 식물성, 동물성 지방분 제거용이다. 대변기와 같이 고형물이 많으면 S트랩을 사용하여 자기 사이펀 작용에 의해 고형물을 제거토록 하며, 미장원은 헤어 트랩, 자동차 정비공장은 가솔린 트랩을 쓴다.

해답 218.④ 219.④ 220.① 221.① 222.④

223 배수트랩 중에서 바닥 배수에 가장 적합한 것은?
① 벨 트랩
② S트랩
③ 그리스 트랩
④ 드럼 트랩

■ 바닥 배수에는 벨 트랩을 주로 사용한다.

224 자동차 수리공장에 설치하는 저집기(interceptor)는?
① 그리스 저집기
② 가솔린 저집기
③ 샌드 저집기
④ 헤어 저집기

■ 저집기란 트랩의 기능과 제거기능을 동시에 갖는 것으로 가솔린 저집기는 휘발성 기름을, 샌드 저집기는 모래, 흙 등을 제거한다.

225 배수트랩에서 침전과 파괴를 고려할 때 봉수(seal water)의 일반적인 깊이는?
① 50~100mm
② 100~150mm
③ 150~200mm
④ 200~300mm

■ 봉수의 깊이가 낮으면 파괴되기 쉽고, 봉수의 깊이가 깊을수록 저항은 크고 봉수 파괴는 덜 된다. 그러므로 50~100mm 정도 깊이로 한다.

226 다음 위생기구와 트랩과의 조합 중 알맞은 것은?

| A : ㉠ 대변기 | ㉡ 바닥배수 | ㉢ 호텔주방 | ㉣ 가옥 배수 말단 |
| B : ⓐ S트랩 | ⓑ 벨 트랩 | ⓒ 그리스 트랩 | ⓓ U트랩 |

① ㉠-ⓑ
② ㉡-ⓓ
③ ㉢-ⓒ
④ ㉣-ⓐ

■ 대변기 : S트랩, 바닥배수 : 벨 트랩, 호텔주방 : 그리스 트랩, 가옥배수 : U트랩

227 배수수직관 가까이에 위생기구를 설치할 경우 수직관 상부에서 일시에 다량의 물이 낙하하면 그 수직관과 수평관과의 연결부 부근에 순간적으로 진공이 생길 때가 있어 그 결과 배수트랩 내의 물을 흡인하는 배수트랩의 봉수 파괴현상을 무엇이라 하는가?
① 자기 사이펀 작용
② 모세관 현상
③ 분출 작용
④ 흡출 작용(유인 사이펀 작용)

■ 유인 사이펀 작용 : 수직관 내에 접근하여 기구를 설치할 경우 수직관 상부에서 일시에 다량의 물이 낙하하면 그 수직관과 수평관과의 연결 부근에 순간적으로 베르누이 정리에 의한 압력차로 부압이 생겨 트랩 내의 봉수가 흡인되는 작용을 말한다. 흡인 작용, 흡출 작용이라 한다.

해답 223.① 224.② 225.① 226.③ 227.④

228 배수관에 대한 기술 중 틀린 것은?
① 옥내 배수관의 적당한 배관재는 강관이다.
② 배수관의 구배는 관경에 따라 달라져야 한다.
③ 배관과 주관의 접속부에는 Y관 혹은 TY관을 사용한다.
④ 배수관의 굴곡부에는 청소구를 설치해야 한다.

■ 옥내 배수관은 주로 주철관, 경질 비닐관을 사용한다.

229 다음 용어 중 배수 설비에 관계된 것은?
① air chamber   ② sealing water
③ ball tap   ④ drencher

■ • air chamber(공기실) : 급수 설비
 • sealing water(봉수) : 배수 트랩에 고인 물
 • ball tap(볼탭) : 급수 설비, drencher(드렌처) : 소화 설비

230 배수트랩의 봉수 파괴 원인에 해당하지 않는 것은?
① 흡인 작용   ② 역압 작용
③ 모세관 현상   ④ 공동 현상

■ 봉수 파괴 원인
 a) 자기 사이펀 작용   b) 흡인 작용(흡출작용)   c) 역압 작용(분출 작용)
 d) 모세관 현상   e) 증발   f) 자기 운동량에 의한 관성

231 배수관 S트랩에서 잘 일어나며 관 내에 배수가 가득 차서 흐를 경우 발생하는 봉수파괴 현상은?
① 자기 사이펀 작용   ② 분출 작용
③ 모세관 현상   ④ 운동량에 의한 관성

■ 자기 사이펀 작용은 배수가 가득 차서 흐를 때 주로 발생하며, 대변기의 S트랩은 이 사이펀 작용을 이용하여 세정능력을 얻는다.

232 배수관 계통에 통기관을 설치하는 주목적은?
① 배관 내의 소음을 방지하기 위하여   ② 배수관의 수명을 연장하기 위하여
③ 트랩의 봉수를 보호하기 위하여   ④ 배수관의 결로방지를 위하여

■ 통기관의 설치 목적
 ① 트랩의 봉수를 보호한다.(사이펀 작용, 분출 작용, 흡인 작용)
 ② 배수의 흐름을 원활하게 한다.
 ③ 배수관 내의 악취를 실외로 배출하여 청결을 유지한다.

해답 228.① 229.② 230.④ 231.① 232.③

233 통기관의 역할 중 가장 중요한 것은?
① 트랩의 봉수 파괴 방지이다. ② 배수 유속을 조절한다.
③ 배수관 내의 악취를 제거한다. ④ 트랩의 봉수에 물을 공급한다.

■ 봉수 파괴 원인 중 자기 사이펀 작용, 흡출 작용, 분출 작용은 통기관에 의해 대처가 된다.

234 통기관의 종류에 속하지 않는 것은?
① 각개통기 ② 이중통기
③ 회로통기 ④ 신정통기

■ 통기관 종류는 ①, ③, ④ 외에 도피통기관, 습윤통기관, 결합통기관 등이 있다. 특수 통기방식에 소벤트식, 섹스티아 식이 있다.

235 통기관을 설치함으로써 방지되는 봉수 파괴 현상이 아닌 것은?
① 자기 사이펀 현상 ② 흡인 작용
③ 역압 작용 ④ 자기 운동량에 의한 관성

■ 통기관은 압력차로 발생하는 봉수 파괴를 막을 수 있으며, 자기 운동량에 의한 관성은 배수관 내 압력차와 무관하다.

236 회로 통기 방식을 설명한 것 중 맞는 것은?
① 각 기구마다 통기관을 빼내는 형식
② 배수 수평관 최상부 기구 바로 아래에서 통기하는 방식으로 기구수 8개 이내로 한다.
③ 통기 주관과 최상층 기구까지의 거리는 10m 이내
④ 신정통기관이라고도 한다.

■ 회로 통기방식은 배수횡지관을 통기하는 것으로 최상부 기구 바로 아래에서 통기하는 방식이며 접속 기구수는 8개 이하, 통기관 길이 7.5m 이내까지 허용된다.

237 배수 트랩과 관련이 없는 것은?
① U트랩 ② 드럼 트랩
③ 관말 트랩 ④ 벨 트랩

■ 관말 트랩은 증기 난방용 트랩으로 증기주관 말단에 설치한다.

238 통기설비에서 도피통기관에 대한 설명으로 가장 적합한 것은?
① 배수수직관 상부를 연장하여 대기 중에 개구시킨다.
② 배수 통기 역할을 겸한다.
③ 통기 입관 가까이 설치되며 회로 통기를 돕는다.
④ 배수관에서의 악취를 도피시킨다.

■ 회로통기가 허용치 이상의 부하가 걸리면(8개 이상, 7.5m 이상) 도피통기를 설치하여 회로통기를 돕는다.
① : 신정통기, ② : 습식통기

해답 233.① 234.② 235.④ 236.② 237.③ 238.③

239 배수관에 관한 기술 중 가장 거리가 먼 것은?

① 수직 배수관 내에서 배수 유속은 증가하다 일정 유속을 유지하게 되는데 이 속도를 종국유속이라 한다.
② 배수 관경 결정법에는 정상 유량법과 기구 단위법이 있다.
③ 기구 단위법에서는 최대 배수 시 유량을 채택하고 있다.
④ 배수관 내의 물이 바닥 횡주관까지의 도달 거리를 종국장이라 한다.

■ 수직관에서 배수가 유하를 시작하여 종국유속에 도달할 때까지의 유하거리를 종국장이라 하며 3~6m 정도이고 이때 종국유속은 5~12m/s 정도이다.

240 100~200mm 배수관의 표준 구배는?

① 1/10~1/20
② 1/20~1/50
③ 1/50~1/100
④ 1/100~1/150

■ 배수관의 구배는 너무 완만하거나 너무 급하게 하면 배수능률을 감소시킨다. 일반적인 구배는 75mm 이하는 1/25~1/50, 100mm 이상은 1/50~1/100 정도를 표준 구배로 한다.

241 옥내배수관의 유속은 얼마가 적당한가?

① 0.6~1.2m/s
② 1.2~2m/s
③ 2~3m/s
④ 3~5m/s

■ 배수관 내 유속은 0.6~2.4m/s 정도이나 옥내배수관은 0.6~1.2m/s 정도가 적당하다.

242 다음 기구 중 배수 부하단위(f.u)가 가장 큰 것은?

① 욕조
② 대변기
③ 바닥배수
④ 소변기

■ 1회 전체 배수량은 욕조가 크나 단위시간당 배수량(배수 부하단위)은 대변기가 크다.

243 배수 및 통기 배관의 설치공사에서 기구를 연결한 후 최종적으로 실시하는 시험은?

① 통수시험
② 수압시험
③ 기압시험
④ 연기시험

■ 배수 통기관 시험 순서 : 수압시험>기압시험>연기시험>통수시험

244 배수 및 통기 배관의 시험에 대한 설명 중 틀린 것은?

① 시험 시에는 모든 수전은 개방 상태여야 한다.
② 수압시험은 3mAq 압력에 30분간 이상이 없어야 한다.
③ 기압시험은 35kPa 압력에서 15분간 압력 변화가 없어야 한다.
④ 최종 시험으로 연기 시험과 박하시험을 한다.

■ 시험 시 모든 수전은 폐쇄하여 밀폐시킨다. 이때 수압, 기압시험 시에는 수전이 설치되기 이전이므로 폐쇄수전(testing plug)으로 밀폐시킨다.

해답 239.④ 240.③ 241.① 242.② 243.① 244.①

245 트랩 및 기구배수관의 최소관경으로 적당하게 짝지어진 것은?

① 양식 욕조 : 50mm
② 바닥배수 : 50mm
③ 소변기(벽걸이형) : 20mm
④ 세면기 : 15mm

■ 최소관경 ① 양식 욕조 : 50mm, ② 바닥배수 : 75mm, ③ 소변기 : 40mm, ④ 세면기 : 30mm

246 배수 통기 배관의 시험법에 대한 설명 중 잘못된 것은?

① 수압시험은 배관의 최고 개구까지 물을 채워 3m 이상의 수두로 30분 이상 지속하여야 한다.
② 기압시험은 배관 내 기압을 35kPa으로 15분간 이상 지속하여야 한다.
③ 연기시험은 자극성 연기를 채워 수주 25mmAq에 상당하는 기압으로 15분 이상 지속하여야 한다.
④ 박하향 시험은 주관에 약 57g의 박하유를 넣고 약 3.8L의 온수를 부어 시험한다.

■ 연기시험 : 종이나 천을 태워 그 연기를 팬으로 배관에 밀어 넣고 최상부 개구부에 연기가 나오면 밀폐하고 압력(25mmAq)을 가해 15분간 기밀 상태를 확인한다.

247 다음 중 배수 설비에만 이용되는 것은?

① S트랩
② 역지 밸브
③ 볼 탭
④ 지수전

■ ① S트랩 : 봉수를 형성하여 배수관 내의 악취가 역류하는 것을 방지하기 위해 대변기, 소변기 등의 위생기구에 사용
② 역지 밸브(check valve) : 물이 역류하는 것을 방지하기 위해 사용
③ 볼 탭(balltap) : 물탱크 수면에 설치된 부자(볼)가 탱크 내 물의 수위에 따라 밸브를 작동하여 탱크 내의 수위를 일정하게 하는 기구
④ 지수전 : 통수량을 가감하거나 단수하기 위해 급수관로에 설치하는 밸브

248 청소구(clean out)를 설치할 장소에 대한 기술 중 틀린 것은?

① 가옥배수관과 부지하수관이 접속되는 곳
② 배수수직관의 최하단부
③ 배수수평지관의 최상단부
④ 배수수평관 5m마다

■ 배수수평관의 경우 배수관의 관경이 100mm 이하인 경우 15m 이내마다 100mm 초과인 경우 30m 이내마다 청소구를 설치한다.

249 정화조 중 유입된 오수를 혐기성 균에 의하여 소화작용으로 분리침전이 이루어지도록 하는 곳은?

① 부패조
② 여과조
③ 산화조
④ 소독조

■ 혐기성 균 소화작용 – 부패조, 호기성 균 산화 – 산화조

해답 245.① 246.③ 247.① 248.④ 249.①

250 생물화학적 산소요구량(BOD) 제거율을 바르게 나타낸 관계식은?

① $\dfrac{\text{유출수의 BOD} - \text{유입수의 BOD}}{\text{유입수의 BOD}} \times 100$

② $\dfrac{\text{유입수의 BOD} - \text{유출수의 BOD}}{\text{유입수의 BOD}} \times 100$

③ $\dfrac{\text{유입수의 BOD} - \text{유출수의 BOD}}{\text{유출수의 BOD}} \times 100$

④ $\dfrac{\text{유출수의 BOD} - \text{유입수의 BOD}}{\text{유출수의 BOD}} \times 100$

■ 산소요구량(BOD) 제거율이란 유입수의 BOD에 대한 제거된(유입-유출) BOD의 백분율이다.

251 부패탱크식 정화조의 정화순서로 맞는 것은?

① 부패-산화-여과-소독
② 부패-여과-산화-소독
③ 부패-여과-소독-산화
④ 부패-산화-소독-여과

■ 정화조 구성은 부패조(혐기)-여과조-산화조(호기)-소독

252 오수 정화시설을 호기성 생물학적 처리방법으로 구분한 것으로 활성 오니법에 속하는 것은?

① 장기폭기 방법
② 접촉산화 방법
③ 살수여상 방법
④ 회전원판 접촉 방법

■ 오수 정화시설은 호기성 처리와 혐기성 처리로 나누어지고 호기성 처리는 다시 활성 오니법과 생물막법이 있으며, 활성 오니(슬러지)법은 표준활성 오니법, 고율활성 오니법, 장기폭기법 등이 있고, 생물막법은 살수여상법, 접촉산화법(현수 생물막법 등), 회전원판법 등이 있다.

253 오물 정화조 설계 시 1인 1일 분뇨 배출량(a)과 1인 1일 배출수량(b)의 조합으로 가장 가까운 것은?

① a=3~4L/c.d, b=30~40L/c.d
② a=2~3L/c.d, b=40~50L/c.d
③ a=1~2L/c.d, b=60~80L/c.d
④ a=1~1.3L/c.d, b=40~60L/c.d

■ 1인당 분뇨발생량은 1~1.3L/d, 세정수를 포함한 분뇨오수량 50L/d, 정도이며 주방, 목욕배수를 포함한 총 오수량은 200L/d 정도이다.

254 정화조에서 오물 처리 시 혐기성처리에 비교한 호기성 처리에 대한 설명 중 틀린 것은?

① 처리 시간이 비교적 짧다.
② 처리 비용이 많이 든다.
③ 넓은 공간을 필요로 한다.
④ 처리수의 수질이 양호하다.

■ 호기성 처리는 처리시간이 짧아 시설규모가 작고, 적은 공간에 설치 시 유리하며 산소를 공급하기 위해 연속적으로 폭기해야 하므로 동력비가 많이 든다.

해답 250.② 251.② 252.① 253.④ 254.③

255 정화조에서 호기성 처리에 대한 혐기성 처리의 특징 중 틀린 것은?
① 혐기성 미생물에 의한 분해과정이므로 산소공급이 불필요하다.
② 처리 공간을 많이 차지한다.
③ 처리 기간을 많이 차지한다.
④ 병원균이 사멸되며 악취 발생이 없어 좋다.

■ 혐기성 처리는 악취 발생이 문제점이다.

256 혐기성 처리에 속하는 설비는?
① 활성 슬러지법　　　　② 살수여상법
③ 임호프 탱크식　　　　④ 회전원판법

■ 혐기성 처리방식에는 부패탱크, 임호프 탱크 등이 있다.

257 오수 처리 공법 선택 시 고려 사항 중 잘못된 생각은?
① 설치 공간이 넉넉할 때는 혐기성 처리를 고려한다.
② 오수처리 공간을 확보하기 곤란할 때는 호기성 처리를 고려한다.
③ 호기성 처리를 설계할 때는 유지비가 많이 소요된다.
④ 도심 한복판과 같이 악취가 발생되면 곤란한 곳에서는 혐기성 처리를 고려한다.

■ 혐기성 처리는 악취 발생이 문제점이다.

258 임호프 탱크는 무슨 작용에 의하여 오수를 처리하는가?
① 침전, 소화　　　　② 여과, 분해
③ 침전, 화학반응　　　④ 여과, 화학반응

■ 임호프 탱크는 침전작용과 소화작용(혐기성 분해)에 의해 처리한다.

259 활성 오니법을 살수여상 방식에 비교한 다음 내용 중 틀린 것은?
① 활성 오니법은 벌킹(bulking)현상이 일어나 운전에 장해를 준다.
② 활성 오니법은 살수여상 방식에 비하여 동력비가 적다.
③ 살수여상 방식은 여상파리가 발생할 수 있다.
④ 활성 오니법과 살수여상 방식 모두 호기성 미생물에 의한 처리법이다.

■ 활성 오니법은 강제 폭기시키는데 비해 살수여상법은 자연통풍으로 산소공급을 하기 때문에 살수여상법이 동력비가 적다.

260 수질오염에 관계된 용어 설명 중에서 틀린 것은?
① BOD : 생물화학적 산소 요구량　　② COD : 화학적 산소 요구량
③ SS : 부유물질　　　　　　　　　④ ppm : 천분율(‰)

■ ppm : 백만분율, mg/L : 수질에서는 ppm 대신 mg/L 단위를 쓴다.

해답　255.④　256.③　257.④　258.①　259.②　260.④

261 정화조 크기 결정 시 가장 합리적인 방법은?
① 건축면적　　　　　　　② 건축 연면적
③ 대소변기 수　　　　　　④ 수세식 변소 사용인원

■ 정화조 크기는 수세식 변소 사용인원에 의해 구한다. 개략적인 인원은 연면적으로 구한다.

262 오물 정화조의 유출수 오염 정도를 측정하는데 주로 무엇을 기준으로 하는가?
① BOD　　　　　　　　② COD
③ DO　　　　　　　　　④ SS

■ 정화조의 처리 성능은 BOD로 구한다.

263 오수처리 설비에서 오물 지표에 대한 기술 중 틀린 것은?
① BOD는 생물 화학적 산소 요구량(mg/L)을 의미한다.
② COD는 화학적 산소 요구량을 의미한다.
③ SS는 오수 중의 용존 산소량을 mg/L로 나타낸 것이다.
④ mg/L는 농도를 나타내는 하나의 단위이다.

■ SS(Suspended) : 부유물질량으로 mg/L로 나타내며, DO(Dissolved Ocygen)는 용존 산소량이다.

264 수평면의 빗물을 모아서 우수관에 유도하는 것으로 예를 들면 옥상 등에서 빗물을 모아 수직관에 유도하는 목적에 쓰이는 것은 무엇인가?
① 루프 드레인　　　　　　② 우수 수평관
③ 우수 수직관　　　　　　④ 트랩

■ 루프드레인은 일종의 빗물받이로 화장실에 바닥배수(플로어 드레인 FD)가 있듯이 옥상에는 빗물을 모으는 루프 드레인이 있다.

265 급탕 배관 설계 시 관 내를 흐르는 물의 온도변화에 따른 관의 신축 등을 흡수하기 위해 사용하는 배관 부속품으로 맞는 것은?
① 리듀서　　　　　　　　② 부싱
③ 스위블 이음　　　　　　④ 소켓 이음

■ a) 신축이음(expansion joint)-스위블 이음, 신축곡관, 슬리브형, 벨로즈형
b) 리듀서, 부싱, 소켓은 배관접속 부속이다.

266 급탕 배관에서 신축이음의 종류가 아닌 것은?
① 리프트 피딩　　　　　　② 스위블 조인트
③ 슬리브형　　　　　　　④ 벨로즈형

■ 리프트 피딩은 진공환수식 증기배관에서 하부의 응축수를 흡상하기 위한 배관으로 1단의 높이는 1.5m 이내로 한다.

해답　261.④　262.①　263.③　264.①　265.③　266.①

267 공조설비에서 배관재료 선택 시 고려할 사항으로 가장 거리가 먼 것은?
① 유체의 화학적 성질
② 유체의 생물학적 성질
③ 유체 최고 사용 온도 및 압력
④ 열팽창 및 추측

■ 배관재료 선택은 물리적, 화학적 성질을 고려한다.

268 주철관에 대한 설명 중 틀린 것은?
① 내식성, 내구성이 뛰어나다.
② 저압관, 중압관, 고압관으로 나뉘며 고압관은 1MPa까지 사용된다.
③ 접합 방법은 소켓 접합, 플랜지 접합, 메카니컬 조인트 등이 있다.
④ 가볍고 내인장, 내충격이 나쁘다.

■ 주철관은 무겁고, 내인장 강도, 내충격성이 나쁘다.

269 강관의 종류 중 고온 배관용 탄소강관은 어느 것인가?
① SPP
② SPPS
③ SPPH
④ SPHT

■ SPP : 배관용 탄소강관
SPPS : 압력 배관용 탄소강관, SPPH : 고압 배관용 탄소강관
SPHT : 고온 배관용 탄소강관, SPLT : 저온 배관용 탄소강관

270 폴리 염화비닐관을 열간가공할 때 적당한 온도는?
① 70℃
② 90℃
③ 130℃
④ 350℃

■ PVC 열간가공 시 적정온도 110~130℃이며, 그 이하 온도에서는 확관이 잘 안 되어 가공이 어렵고, 그 이상의 온도에는 복원력이 약하고 경화 현상이 일어난다.

271 다음은 배관 재료와 그 용도를 나타낸 것이다. 적당하게 연결된 것은?
① 경질 염화 비닐관 : 냉매
② 동관 : 증기
③ 경질 염화 비닐 라이닝강관 : 급수
④ 스테인리스 강관 : 가스

■ ① 경질 염화 비닐관 : 저온, 고온에서 강도가 약하여 냉매배관으로 부적합함
② 동관 : 온수관, 급수, 급탕에 적당하며 증기배관에는 일반적으로 사용하지 않는 편이다.
③ 경질 염화 비닐 라이닝 강관 : 수도, 냉온수관
④ 스테인리스 강관 : 급수, 급탕, 냉온수에 주로 쓰이며 가스배관에는 사용하지 않는 편이다.

272 유연성이 좋고 내식성 및 열전도율이 크고 특히 산에 대한 내식성이 큰 관재료는 무엇인가?
① 연관
② 강관
③ 동관
④ 주철관

■ 동관은 기계적 성질(전연성, 내식성 등)이 우수하여 가공이 용이하다.

273 다음은 배관회로 방식을 설명한 것이다. 옳지 않은 것은?
① 개방회로 방식 : 배관부식이 심해 아연도 강관을 사용한다.
② 밀폐회로 방식 : 팽창탱크 설치가 필요하다.
③ 직접환수 방식 : 균일한 유량의 조절을 위한 정유량밸브가 필요하다.
④ 역환수 방식 : 배관 스페이스가 적고 설비비가 저렴

■ 역환수 방식은 균일한 유량조절을 위해 배관의 길이를 균등하게 만든 것으로 배관의 길이가 길어지는 설비비가 증가한다.

274 신축성이 풍부하여 대·소변기 연결부, 수도 인입관 등에 이론적으로 가장 적합한 관 재료는?
① 강관　　　　　　　　　② 주철관
③ 동관　　　　　　　　　④ 연관

■ 연관은 신축성이 풍부하여 이론적으로 도기 위생기구와 금속관의 접속부에 가장 적합하나 최근에는 합성수지 계열로 대체되고 있다.

275 플레어 기구에 의한 압착으로 연결하는 플레어링 방법을 이용하는 관재료는?
① 연관　　　　　　　　　② 동관
③ PVC관　　　　　　　　④ 콘크리트관

■ 분해 조립이 요구되는 부분에 플레어링 조인트를 사용하는 것은 관의 연질성을 이용하는 동관이다.

276 플라스틱관에 대한 설명 중 가장 거리가 먼 것은?
① 접합 방법은 냉간가공, 열간가공, 용융접합 등이 있다.
② 종류로는 PVC관, 폴리에틸렌관, 고무호스 등이 있다.
③ 가볍고 내식성이 뛰어나며 특히 유기용매에 강하다.
④ 마찰손실이 적고 열전도가 작다.

■ 플라스틱관은 유기용매에 약하다.

277 관 이음 중 고체나 유체를 수송하는 배관, 밸브류, 펌프, 열교환기 등 각종 기기의 접속 및 관을 자주 해체 또는 교환할 필요가 있는 곳에 사용되는 접합법은?
① 용접접합　　　　　　　② 플랜지 접합
③ 나사접합　　　　　　　④ 플레어 접합

■ 플랜지 접합은 관의 최종 접합, 분해가 자유로워서 수리를 위해서 해체할 필요가 있는 위치에 설치한다.

278 연관 접합 시에 이용되는 플라스턴 용접봉은 무엇의 합금인가?
① Pb+Ni ② Ni+Sn
③ Sn+Mn ④ Pb+Sn

■ 플라스턴 접합은 연관 이음에 이음되며 플라스턴 용접봉은 Pb와 Sn의 합금이다.

279 증기 난방 배관에서 고정 지지물의 고정방법(앙카링)에 관한 설명으로 가장 거리가 먼 것은?
① 신축 이음이 있을 때에는 배관의 양끝을 고정하고 중간에 가이드를 설치한다.
② 배관이 짧아 신축 이음이 없을 때에는 배관의 중앙부를 고정한다.
③ 주관의 분기관이 접속되었을 때에는 그 분기점을 고정한다.
④ 고정 지지물의 설치 위치는 시공 상 큰 문제가 되지 않는다.

■ 고정 지지물의 설치 위치는 하중이나 응력 등 구조상 문제가 없는 곳으로 한다.

제4편 | 설계도서 작성

제1장 설비도서 작성

1. 설비도서 종류

1) 설비도서의 종류
건설공사에서 최종 설비 관련 설계도서는 다음과 같다.
(1) 설비 관련 공사시방서(위생설비, 공조설비, 장비설치 등)
(2) 설비 관련 설계도면(장비일람표, 냉온수계통도, 덕트계통도, 위생배관도, 덕트도면, 냉온수배관도 등)
(3) 설비 관련 전문시방서(각종 장비 시방서)
(4) 설비 관련 표준시방서(국토부 건설기술정보시스템 표준시방서)
(5) 설비 관련 산출내역서(도면상 각종(배관, 덕트, 장비) 수량 산출, 국토부 고시 표준품셈에 의거 공량산출)
(6) 각종 기계설비 계산서(냉난방부하계산, 장비용량 계산서 등)
(7) 승인된 상세시공도면(설계도면에 의거 시공에 필요한 시공상세도(Shop'D))
(8) 설계시공설명서, 입찰유의서 등 관계법령의 유권해석
(9) 기타 감리자의 지시사항 등

2) 설비도면 표기 사항

(1) 도면 표기 일반
① 장비기호 및 제 용량
② 배관 용도 및 배관경
③ 건축치수선 및 key plan
④ 단면 표시기호 : X, Y측 및 주요부분
⑤ 유량제어 밸브 일람표를 작성하고 자동제어 도면상의 내용과 일치 여부를 확인한다.
⑥ 배관의 구분 : 동일 종류의 배관이 많을 경우 계통 및 Zone별로 구분토록 하고 전체 도면상(평면, 계통, 상세도)에서 일관성을 유지한다.

(2) 공조기계실

① 외기인입구 및 배기그릴
② 소음, 방진 대책 : 공조실의 흡음 및 차음대책을 수립한다.
③ 공조기 설치 : 공조기의 형식(수평형, 수직형, 조합형, return fan내장형, 슬림형 등)
④ 덕트 fan의 설치방법(토출방향 등)은 공조기 위치, 공조실의 높이 등을 고려하여 원활한 공기 급기와 환기, 배기가 되도록 덕트를 설치한다.
⑤ 중간기 외기냉방이 가능하도록 외기 및 배기덕트 크기를 검토한다.
⑥ 공조실 자체의 플레넘(plenum)챔버 검토, 각종 댐퍼의 정확한 설치위치를 확인한다.
⑦ 코일 수리, 필터 교체 등의 유지관리 space를 확보한다.
⑧ PAC 등 직팽식 공조기가 설치된 공조실은 반드시 환기시킨다.

2. 설비설계도면의 작도법

1) 공조 설비 계통도

공조설비 계통도에는 존별로 부하 특성에 알맞게 배관계통, 덕트계통을 구성하고 유량과 관경, 풍량, 덕트경을 결정한다.

(1) 건축물의 냉방설비에 대한 설치 및 설계기준과 에너지 절약 설계기준에 대한 부합성을 검토한다.
(2) 경제적이고 신뢰성 있는 시스템을 선정한다.(운전비, 초기투자비, 투자회수기간 등을 고려한 시스템의 결정)
(3) 열원설비에 대한 에너지원(1차 연료)에 대한 타당성을 확인한다.(지역성, 정부시책 등에 따라 재생에너지, 빙축열, GHP 등 적용 여부)
(4) 부분부하에 쉽게 대응할 수 있도록 시스템을 결정한다.(대수제어 회전수제어 등)
(5) 용도 및 사용시간대별로 구분한 적절한 죠닝 구성을 확인한다.
(6) 각 유량 및 관경의 적정성을 확인한다.
(7) 흐름도(계통도)상의 장비일람표, 밸브 및 트랩의 일람표를 작성한다.
(8) 자동제어설비(시스템 구성도, 관제점 일람표)

2) 공조설비 장비도면

(1) 장비배치 확인

① 에너지 이용 합리화법 "보일러설치 검사 기준"에 의한 이격거리를 고려한다.
② **고압가스 안전관리법에 의한 보안거리의 확보** 보일러와 냉동기의 보안거리(2m)
③ 장비반입 및 유지관리 동선을 고려한다.
    가. 장비반입구를 확보한다.
    나. 반입동선상의 지장물은 최대한 배제시킨다.(바닥노출배관 및 트렌치)
    다. 증발기 응축기 등 코일 인출을 위한 space를 확보한다.
④ 장비기초의 치수는 X, Y축별로 각각 기입토록 하고, 수선의 기입을 건축 구조물 중의 고정점을 기준으로 한다.

(2) 장비주변 배관 확인
① 냉동기, 냉온수 배관
   가. 점검, 수리를 위한 배수밸브를 최저부에 설치하고 배관 및 장치의 탈착을 위한 플렌지를 설치한다.
   나. 공기정체가 쉬운 부분에 대한 공기빼기 밸브를 설치한다.(입상배관의 최상부, 수온이 올라가는 곳, 수압이 내려가는 곳, 물의 방향이 바뀌는 곳 등)
   다. 기기 및 유량제어용 밸브 상류측에는 스트레이너를 설치한다.
   라. 배관의 신축 및 하중이 장비에 전달되지 않도록 배관의 지지방법을 고려한다.
   마. 장비진동의 전달방지를 위한 방진대책을 수립한다.(방진상세도와 부분상세도를 일치시킬 것)
   바. 흡수식 냉동기의 증기공급은 유량제어밸브 입구의 압력이 표준사용압력이 되도록 하고 유량제어밸브는 흡수식 냉동기와 1 : 1 대응이 되도록 구성한다.
   사. 본체의 냉온수계, 냉각수계는 사용최대압력 이상이 걸리지 않게 펌프 및 팽창탱크의 설치위치를 고려한다.
② 순환 펌프 주변 배치 확인
   가. 밸브 레벨, 흡입 토출측 부속류 설치 위치를 검토한다.
   나. 흡입구에는 부압이 형성되지 않는지 확인한다.
      - 펌프를 향해 1/50~1/100 상향구배를 유지한다.
      - 레듀샤는 수평으로 설치한다.(레듀샤는 편심을 사용하고, 저항은 가능한 한 적게 되도록 하고 필요 시 한 치수 크게 할 것)
   다. 펌프의 맥동에 의한 진동, 소음이 우려될 경우 펌프 토출측 배관부분의 0.5~1.0m 정도 길이를 2치수 큰 배관을 설치한다.
   라. 펌프 토출구로부터 15m까지는 방진행가를 설치한다.

3) 배관도면(공조배관 덕트 표시법)

(1) 공조배관도면 계통도 검토
① 배관도면 범례에 준한 표기의 정확성 확인 : 배관, 장비
② 입상관 표시기호의 일관성 유지 : 계통도, 평면도, 샤프트 상세도
③ 장비의 배치 및 배관입상의 위치가 건물배치와 동일하도록 계통도를 작성한다.
④ 횡주관 및 입상주관의 관경, 유량, 공급압력을 명기한다.
⑤ 입상관에 대한 앙카 및 신축이음은 유체별로 신축량을 구분하여 설치한다.
⑥ 분기부에는 원칙적으로 분기밸브를 설치한다.
⑦ 옥외에 노출되거나 외기의 영향을 받기 쉬운 곳에 설치되는 배관은 동파대책과 열화대책을 확보한다.
⑧ 정지 시/운전 시의 배관계통내의 압력분포를 파악하여 최고압에 대한 내압성능이 확보되었는지 확인하고 요구내압을 명기한다.
⑨ 배관계통 및 구역별로 물 채움배관 및 배수배관을 설치한다.
⑩ 장비 보급수 계통에서 보급에 필요한 적절한 급수압 및 요구수질을 확보한다.

⑪ 계통 내에 유입된 이물질의 제거기능을 확보한다.
⑫ 배관의 종류, 유체의 흐름방향을 요소요소에 정확히 표현한다.
⑬ 냉온수 겸용코일인 경우 냉온수의 유량 차이가 클 경우에 적정한 제어방법을 선정한다.
⑭ 층별로 유량을 균등하게 분배할 수 있도록 배관방식(역환수방식)을 선정 또는 정유량 밸브를 설치한다.
⑮ 각 유량분배 방식별 장단점 검토 후 최적 방식을 결정한다.(정유량, 변유량, 1차 펌프 방식, 1~2차 펌프 방식)
⑯ 건물특성 고려하여 동시에 냉난방 필요시 4-pipe 방식의 필요성을 검토한다.
⑰ 밀폐배관의 압력 유지 계획이 적정한지 검토한다.
⑱ 팽창탱크의 위치와 초기 압력 적정한지 확인한다.
⑲ 차압밸브의 용량산정이 합당한지 검토한다.
⑳ 유량제어밸브(2-way, 3-way, 차압변)의 설치위치 및 유량제어 범위, 배관계통 구성을 확인한다.

(2) 배관관경 산출

① **공조배관 도면에서 표기 사항을 확인** 배관의 종류, 관경, 유체의 흐름방향, 설치장비 기호 및 수량 신축이음(고정앙카 위치 등)
② **배관관경 산출** 배관경은 공급 유량을 만족해야 하며 배관 허용마찰손실수두($mmAq/m$)를 고려하여 균등표나 배관저항선도에서 구한다.

(3) 덕트 도면 작성 및 검토

① 덕트도면 작성 순서
    가. 냉난방 부하계산으로부터 송풍량을 결정한다.
    나. 취출구와 흡입구 위치를 결정한다.
    다. 덕트 경로를 결정한다.
    라. 원형덕트 치수를 결정한다.(기본적으로 정압법($1\,Pa/m$) 적용)
    마. 각형덕트로 환산한다.(층고 고려 종횡비 적용)
    바. 덕트저항 계산 송풍기를 결정한다.
    사. 설계도를 작성한다.

② 공조기 설치, 덕트 설치 검토
    가. 공조기의 형식은 공조실의 면적·높이 등을 고려하여 가장 적절한 형식 선정(수평형, 수직형, 조합형, return fan 내장형, 슬림형 등) – 공조기 상세와 일치 여부를 확인한다.
    나. fan의 설치방법(토출방향 등)은 공조기 위치, 공조실의 높이 등을 고려하여 원활한 덕트가 되도록 설치한다.
    다. 공조실 내 공조덕트의 경우는 공조덕트 도면의 공통사항을 참조한다.
    라. 중간기 외기냉방이 가능하도록 외기 및 배기덕트, 바이패스 덕트의 크기를 검토한다.
    마. 공조실 자체의 플레넘(plenum)챔버를 검토한다.

바. 각종 댐퍼의 정확한 설치위치를 확인한다.
사. 공조기·fan 연결덕트의 규정에 맞게 설계한다.

③ 공조덕트 도면 검토 사항
가. 덕트의 형상 : 덕트의 굴곡, 변형, 확대, 축소, 분기, 합류 시 덕트 내 공기저항이 최소가 되도록 설계되었는가 확인한다.
나. 덕트 방식별(저속·고속)적정 풍속 유지 및 사각, 원형, 타원형 덕트 등 최적덕트를 선정한다.
다. 덕트의 표기방법(split damper을 사용하지 않고 cone식으로 분지)을 확인한다.
라. VAV system의 경우 VAV unit 1차측 접속 덕트의 직관부 확보, FMS 설치 기준, 최소환기량 확보, 동시사용률을 고려한 덕트치수 결정, VAV unit의 작동 압력을 확인한다.(fan 정압계산 시 반영 여부 확인)
마. 덕트의 경로 확인 : 덕트 길이는 최단거리로 연결하고, 균등한 정압 손실이 되도록 설계다. 천장 내 space는 최소로 덕트 경로를 확인하고, 덕트의 열손실·열획득 경로를 피한다.
바. 공용덕트 내 풍속은 억제하고(5m/s 이하), 역류방지 대책을(BDD 또는 MVD) 마련한다.
사. 내화구조, 방화구획 내 덕트 통과를 방지한다.(전기실, 비상용 ELEV의 승강 로비, 특별 피난계단의 부속실)
아. 덕트의 소음 및 방진 대책을 수립한다.(소음기, 소음엘보, 소음챔버, 라이닝덕트, 흡음 flexible 등)
자. 회의실, 중역실 등 특별히 소음대책이 필요한 곳은 별도의 소음대책을 마련한다.
차. 취출구 흡입구의 위치 및 선정 시 온도의 균일성, 공기분포, 기류의 유인성(Cold draft 방지), 도달거리(난방 시 기준으로 선정), 상하온도차(draft 발생), 발생소음을 확인한다.
카. 취출기류가 드레프트를 형성하지 않도록 하고, 흡입구에 의해 short circuit이 되지 않도록 위치를 선정한다.(실내 열부하를 제어하지 못함)

제2장 제도 통칙 및 표시방법 이해

1. KS제도 통칙

1) 건축물의 설계도서 작성기준

(1) **목적**

이 기준은 「건축법」 제23조제2항에 따라 설계자가 건축물을 설계함에 있어 이에 필요한 설계도서의 작성기준 등을 정하여 양질의 건축물을 건축하도록 함을 목적으로 한다.

(2) **용어의 정의**

① "설계도서"라 함은 건축물의 건축 등에 관한 공사용의 도면과 구조계산서 및 시방서 기타 다음 각 호의 서류를 말한다.
  가. 건축설비계산 관계서류
  나. 토질 및 지질 관계서류
  다. 기타 공사에 필요한 서류

② "설계"라 함은 건축사가 자기책임하에(보조자의 조력을 받는 경우를 포함한다.) 건축물의 건축·대수선, 용도변경, 리모델링, 건축설비의 설치 또는 공작물의 축조를 위한 설계도서를 작성하고 그 설계도서에서 의도한 바를 설명하며 지도·자문하는 행위를 말한다.

③ "기획업무"라 함은 건축물의 규모검토, 현장조사, 설계지침 등 건축설계 발주에 필요하여 건축주가 사전에 요구하는 설계업무를 말한다.

④ "건축설계업무"라 함은 건축주의 요구를 받아 수행하는 건축물의 계획(설계목표, 디자인 개념의 설정), 연관분야의 다각적 검토(인, 허가 관련 사항 포함), 계약 및 공사에 필요한 도서의 작성 등의 업무를 말하며, "계획설계", "중간설계", "실시설계"로 구분된다.

⑤ "계획설계"라 함은 건축사가 건축주로부터 제공된 자료와 기획업무 내용을 참작하여 건축물의 규모, 예산, 기능, 질, 미관 및 경관적 측면에서 설계목표를 정하고 그에 대한 가능한 계획을 제시하는 단계로서, 디자인 개념의 설정 및 연관분야(구조, 기계, 전기, 토목, 조경 등을 말한다. 이하 같다.)의 기본시스템이 검토된 계획안을 건축주에게 제안하여 승인을 받는 단계이다.

⑥ "중간설계(건축법 제8조제3항에 의한 기본설계도서를 포함한다. 이하 같다.)"라 함은 계획설계 내용을 구체화하여 발전된 안을 정하고, 실시설계 단계에서의 변경 가능성을 최소화하기 위해 다각적인 검토가 이루어지는 단계로서, 연관분야의 시스템 확정에 따른 각종 자재, 장비의 규모, 용량이 구체화된 설계도서를 작성하여 건축주로부터 승인을 받는 단계이다.

⑦ "실시설계"라 함은 중간설계를 바탕으로 하여 입찰, 계약 및 공사에 필요한 설계도서를 작성하는 단계로서, 공사의 범위, 양, 질, 치수, 위치, 재질, 질감, 색상

등을 결정하여 설계도서를 작성하며, 시공 중 조정에 대해서는 사후설계관리업무 단계에서 수행방법 등을 명시한다.
⑧ "사후설계관리업무"라 함은 건축설계가 완료된 후 공사시공 과정에서 건축사의 설계의도가 충분히 반영되도록 설계도서의 해석, 자문, 현장여건 변화 및 업체선정에 따른 자재와 장비의 치수·위치·재질·질감·색상·규격 등의 선정 및 변경에 대한 검토·보완 등을 위하여 수행하는 설계업무를 말한다.
⑨ "설계자"란 자기의 책임(보조자의 도움을 받는 경우를 포함한다.)으로 설계도서를 작성하고 그 설계도서에서 의도하는 바를 해설하며, 지도하고 자문에 응하는 자를 말한다.

(3) **설계도서의 작성**

설계도서는 [별표]에서 정하는 설계도서 작성방법에 의하여 작성하되, 「건축법」제15조에 따른 설계자와 건축주 간의 설계계약서에서 정하는 바에 따라 그 범위를 조정한다.

(4) **설비자재의 표기**
① 건축물에 사용하는 설비재료는 성능 및 품명, 규격, 재질, 질감, 색상 등을 설계도면에 구체적으로 표기함을 원칙으로 한다.
② 설계도면에 표기할 수 없는 재료의 성능 및 재질 등에 관한 사항은 공사시방서에 표기한다.

(5) **공사시방서의 작성**
① 공사시방서에는 중간 설계 및 실시설계도면에 구체적으로 표시할 수 없는 내용과 공사수행을 위한 시공 방법, 자재의 성능·규격 및 공법, 품질시험 및 검사 등 품질관리, 안전관리, 환경관리 등에 관한 사항을 기술한다.
② 공사시방서는 표준시방서 및 전문시방서를 기본으로 하여 작성하되, 공사의 특수성·지역여건·공사방법 등을 고려하여 작성한다.

(6) **설계도서 해석의 우선순위**

설계도서·법령해석·감리자의 지시 등이 서로 일치하지 아니하는 경우에 있어 계약으로 그 적용의 우선 순위를 정하지 아니한 때에는 다음의 순서를 원칙으로 한다.

공사시방서 → 설계도면 → 전문시방서 → 표준시방서 → 산출내역서 → 승인된 상세시공도면 → 관계법령의 유권해석 → 감리자의 지시사항

(7) 「건축법 시행령」제91조의3제2항에 따라 연면적이 1만제곱미터 이상인 건축물(창고시설은 제외한다.) 또는 에너지를 대량으로 소비하는 건축물로서 「건축물의 설비기준 등에 관한 규칙」제2조의 규정에서 정하는 건축물은 다음 각 호의 구분에 따른 관계전문기술자의 협력을 받아야 한다.
① **전기, 승강기(전기 분야만 해당한다.) 및 피뢰침** 「기술사법」에 따라 등록한 건축전기설비기술사 또는 발송배전기술사
② **가스(제3호에 따른 가스설비는 제외한다)·급수·배수(配水)·배수(排水)·환기·난방·소화·배연·오물처리 설비 및 승강기(기계 분야만 해당한다)** 「기술사법」에 따라 등록한 건축기계설비기술사 또는 공조냉동기계기술사

③ 국토교통부령으로 정하는 범위 및 방법에 따라 바닥이나 벽 등에 매립 또는 매몰하여 설치하는 가스설비 「기술사법」에 따라 등록한 가스기술사

(8) **수량산출조서의 작성**
설계도면을 작성·완료한 후에는 공종별로 재료의 수량산출내역서를 작성할 수 있다.

(9) **건축제도 통칙의 적용**
① 이 기준에서 규정한 사항 이외에 설계도서의 작성에 필요한 사항은 한국산업규격 KS F 1501 건축제도 통칙이 정하는 바에 의한다.
② BIM(Building Information Modeling)을 활용한 설계의 경우 이 기준과 한국산업규격 KS F 1501 건축제도 통칙에서 규정한 사항 이외에 설계도서의 작성에 필요한 사항은 국토교통부에서 별도로 정하여 공고하는 지침에 따라 작성할 수 있다.

2. 도면의 표시방법

1) 배관 도시기호

(1) **치수 기입법**
① EL 표시 지평선을 기준으로 배관 높이를 표시한다.
② BOP(Bottom Of Pipe) 관의 높이를 외경 아래 면까지로 표시한다.
③ TOP(Top Of Pipe) 관의 높이를 외경 윗면까지로 표시한다.
④ GL(Ground level) 포장된 지표면을 기준으로 배관 높이를 표시한다.
⑤ FL(Floor Level) 1층 바닥면을 기준으로 배관 높이를 표시한다.

(2) **유체의 종류 표시기호**

[표 1-6] 유체의 종류와 기호 및 도시법

유체의 종류	기호	유류	O
공기	A	수증기	S
가스	G	물	W

[표 1-7] 물질의 종류와 식별색

종류	식별색	종류	식별색
물	청색	산·알칼리	회자색
증기	진한 적색	기름	진한 황적색
공기	백색	전기	엷은 황적색
가스	황색		

[표 1-8] 관 및 밸브류 도시기호

종류	도시기호	종류	도시기호
접속되지 않은 상태		밸브(일반)	
접속된 상태		앵글밸브	
분기 접속		체크밸브	
관 A가 도면에 대해서 직각으로 앞으로 구부러진 상태		스프링 안전밸브	
		추안전밸브	
관 B가 도면에 대해서 직각으로 뒤로 구부러진 상태		수동밸브	
		일반 조작밸브	
관 C가 앞에서 도면에 대해 직각으로 구부러져 관 D에 접속된 상태		전동식 조작밸브	
		전자식 조작밸브	

관이음 일   반
    플랜지형
    암 수 형
    유니언형
		일반도피밸브	

		공기빼기밸브	
		콕(cock)	

신축이음 슬리브형
    벨로스형
    곡 관 형
		3방콕	

		닫힌 밸브	
엘보 또는 벤드		닫힌 콕	
티(tee)		압력계	
크로스(cross)		온도계	
막힘 플랜지			

2) 배관 및 덕트 관련 도시기호

(1) 덕트류

기 호		명 칭	Description	Code
덕 트 일 반					
		급기 덕트	SUPPLY AIR DUCT SECTION	DD001
		환기 덕트	RETURN AIR DUCT SECTION	DD002
		배기 덕트	EXHAUST AIR DUCT SECTION	DD003
		외기 덕트	FRESH AIR DUCT SECTION	DD004
		급기 덕트	SUPPLY AIR DUCT SECTION	DD005
		환기 덕트	RETURN AIR DUCT SECTION	DD006
		배기 덕트	EXHAUST AIR DUCT SECTION	DD007

기 호	명 칭	Description	Code
덕 트 일 반			
⊗	외기 덕트	FRESH AIR DUCT SECTION	DD008
-----SA-----	급기 덕트	SUPPLY AIR DUCT	DD009
-----RA-----	환기 덕트	RETURN AIR DUCT	DD010
-----EA-----	배기 덕트	EXHAUST AIR DUCT	DD011
-----OA-----	외기 덕트	FRESH AIR DUCT	DD012
	점검구	ACCESS DOOR	DD013
	덕트 슬리브	DUCT SLEEVE	DD014
	취출구	SUPPLY DIFFUSER	DD015
	흡입구	RETURN DIFFUSER	DD016
	노즐	NOZZLE DIFFUSER	DD017

(2) 덕트부속류

기 호	명 칭	Description	Code
덕 트 부 속 류			
V.D	풍량 조절 댐퍼	VOLUME DAMPER	DF001
F.D	방화 댐퍼	FIRE DAMPER	DF002
F.V.D	풍량 조절 및 방화 댐퍼	FIRE VOLUME DAMPER	DF003
S.D	전자식 개폐 댐퍼	SOLENOID DAMPER	DF004
M.D	전동 풍량 조절 댐퍼	MOTORIZED VOLUME DAMPER	DF005
B.D	역류 방지 댐퍼	BACKDRAFT DAMPER	DF006
	캔버스 이음	CANVAS DUCT CONNECTION	DF007
	플렉시블 덕트	FLEXIBLE DUCT	DF008
	원형 디퓨저	ROUND TYPE DIFFUSER	DF009
	각형 디퓨저	SQUARE TYPE DIFFUSER	DF010

기호	명 칭	Description	Code
덕트부속류			
	라인 디퓨저	LINE DIFFUSER	DF011
	레지스터 및 그릴	REGISTER OR GRILLE	DF012
	루버	LOUVER	DF013
V.A.V	가변 풍량 유니트	VARIABLE AIR VOLUME UNIT	DF014
C.A.V	정풍량 유니트	CONSTANT AIR VOLUME UNIT	DF015
	흡음 라이닝	ACOUSTICAL LINING	DF016
S.D	분할 덕트	SPLIT DUCT	DF017
	덕트의 분기	BRANCH SUPPLY OR RETURN	DF018
TV	터닝베인	TURNING VANE	DF019
	흡음 엘보	ACOUSTICAL ELBOW	DF020
	흡음 챔버	ACOUSTICAL CHAMBER	DF021
	챔버	DUCT CHAMBER FAN	DF022

(3) 배관 및 덕트 관련 도시기호(공조배관)

기 호	명 칭	Description	Code
공조배관			
-/-/-/- SS-----	고압 증기 공급관	HIGH PRESSURE STEAM SUPPLY	PA001
-/-/-/- SR-----	고압 증기 환수관	HIGH PRESSURE STEAM RETURN	PA002
--/-/-- SS-----	중압 증기 공급관	MEDIUM PRESSURE STEAM SUPPLY	PA003
--/-/-- SR-----	중압 증기 환수관	MEDIUM PRESSURE STEAM RETURN	PA004
---/-- SS-----	저압 증기 공급관	LOW PRESSURE STEAM SUPPLY	PA005
---/-- SR-----	저압 증기 환수관	LOW PRESSURE STEAM RETURN	PA006
---- HTS ----	고온수 공급관	HIGH TEMPERATURE WATER SUPPLY	PA007
---- HTR ----	고온수 환수관	HIGH TEMPERATURE WATER RETURN	PA008
---- MTS ----	중온수 공급관	MEDIUM TEMPERATURE WATER SUPPLY	PA009
---- MTR ----	중온수 환수관	MEDIUM TEMPERATURE WATER RETURN	PA010
----- HS -----	온수 공급관	HOT WATER SUPPLY	PA011
----- HR -----	온수 환수관	HOT WATER RETURN	PA012
---- CHS ----	냉온수 공급관	HOT & CHILLED WATER SUPPLY	PA013
---- CHR ----	냉온수 환수관	HOT & CHILLED WATER RETURN	PA014
----- CS -----	냉수 공급관	CHILLED WATER SUPPLY	PA015

기 호	명 칭	Description	Code
공 조 배 관			
----- CR -----	냉수 환수관	CHILLED WATER RETURN	PA016
---- CWS ----	냉각수 공급관	CONDENSER WATER SUPPLY	PA017
---- CWR ----	냉각수 환수관	CONDENSER WATER RETURN	PA018
----- ED -----	장비 배수관	EQUIPMENT DRAIN	PA019
----- E -----	팽창관	EXPANSION	PA020
-----RG-----	냉매 가스관	REFRIGERANT SUCTION	PA021
-----RL-----	냉매 액관	REFRIGERANT LOQUID	PA022
----HPWS----	열원수 공급관	HEAT PUMP WATER SUPPLY	PA023
----HPWR----	열원수 환수관	HEAT PUMP WATER RETURN	PA024
-----CD-----	응축 배수관	CONDENSATED DRAIN	PA025
---- DOS ----	경유 공급관	DIESEL OIL SUPPLY	PA026
---- DOR ----	경유 환유관	DIESEL OIL RETURN	PA027
---- DOV ----	경유 통기관	DIESEL OIL VENT	PA028
---- BOS ----	중유 공급관	BUNKER "C" OIL SUPPLY	PA029
---- BOR ----	중유 환수관	BUNKER "C" OIL RETURN	PA030
---- BOV ----	중유 통기관	BUNKER "C" OIL VENT	PA031
-----AV-----	통기관	AIR VENT	PA032
----BFW----	보일러 보급수관	BOILER FEED WATER	PA033
-----BS-----	브라인 공급관	BRINE SUPPLY	PA034
-----BR-----	브라인 환수관	BRINE RETURN	PA035
---- BBD ----	블로우 다운관	BOILER BLOW DOWN	PA036

(4) 배관 및 덕트 관련 도시기호(위생배관)

기 호	명 칭	Description	Code
위 생 배 관			
----- ○ -----	급수관	DOMESTIC COLD WATER	PP001
---- ○○ ----	급탕관	DOMESTIC HOT WATER SUPPLY	PP002
--- ○○○ ---	환탕관	DOMESTIC HOT WATER RETURN	PP003
----- + -----	정수관	WELL WATER	PP004
----- E -----	팽창관	EXPANSION	PP005
-----RW-----	중수관	RECYCLED WATER	PP006
----- IW -----	공업 용수	INDYSTRIAL WATER	PP007
----- D -----	배수관	DRAIN	PP008
----- S -----	오수관	SOIL	PP009
-----V-----	통기관	VENT	PP010
---- DWS ----	음용수 공급관	DRINKING WATER SUPPLY	PP011
---- DWR ----	음용수 환수관	DRINKING WATER RETURN	PP012
----- KD -----	주방 배수관	KITCHEN DRAIN	PP013
----- PD -----	주차장 배수관	PARKING DRAIN	PP014
----- RD -----	우수 배수관	ROOF DRAIN	PP015
-----WD-----	폐수관	WASTE DRAIN	PP016
-----WV-----	폐수 통기관	WASTE VENT	PP017
-----P°-----	급수 양수관	PUMPING COLD WATER SUPPLY	PP018
----- P+ -----	정수 양수관	PUMPING WELL WATER SUPPLY	PP019

예상문제 제4편 | 설계도서 작성

001 배관 도시기호 치수 기입법에서 포장된 지표면을 기준으로 배관 높이를 표시하는 법은?
① BOP   ② TOP
③ GL   ④ FL

■ BOP : 배관 밑면을 기준으로 배관높이 표기
　TOP : 배관 상부면을 기준으로 배관높이 표기
　GL : 지표면을 기준으로 배관높이 표기
　FL : 건축 당해층 바닥면을 기준으로 배관높이 표기

002 설계도면 작성에서 유체의 종류와 기호의 연결 중 잘못된 것은?
① 공기 : A   ② 가스 : G
③ 수증기 : V   ④ 물 : W

■ 수증기 : S

003 설계도면 작성에서 유체의 종류와 식별색의 연결 중 잘못된 것은?
① 공기 : 백색   ② 가스 : 진한 황적색
③ 물 : 청색   ④ 증기 : 진한 적색

■ 가스 : 황색

004 그림과 같은 주형 방열기 호칭법에서 틀린 것은?

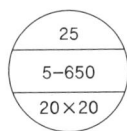

① 형식 : 5주형   ② 절수 : 25절
③ 높이 : 650mm   ④ 유입 관경 : 20mm

■ 방열기 표기의 5 : 5세주형, 3 : 3세주형, Ⅲ : 3주형

해답 1.③ 2.③ 3.② 4.①

005 방열기 도시기호 중 벽걸이식 가로(수평)형 기호는?

① W-H
② W-V
③ V-H
④ Ⅱ-V

■ 벽걸이(W)-수평형(H), 벽걸이(W)-수직형(V)

006 위생기구 기호 표시 중 틀린 것은?

① 대변기 : WC
② 세면기 : FU
③ 소변기 : V
④ 욕조 : BT

■ 세면기 : Lav, 비데 : B, 음수기 : F, 샤워 : S

007 공조 배관 도면 검토 시 확인사항으로 가장 부적합한 것은?

① 장비의 배치 및 배관입상의 위치가 건물배치와 동일하도록 계통도를 작성할 것
② 옥외에 노출되거나 외기의 영향을 받기 쉬운 곳에 설치되는 배관은 동파대책과 열화대책을 확보할 것
③ 입상관에 대한 앵카 및 신축이음은 유체별로 신축량을 구분하여 설치
④ 분기부에는 원칙적으로 체크밸브를 설치할 것

■ 분기부에는 원칙적으로 분기밸브를 설치할 것

008 다음과 같은 증기 난방배관에 관한 설명으로 옳은 것은?

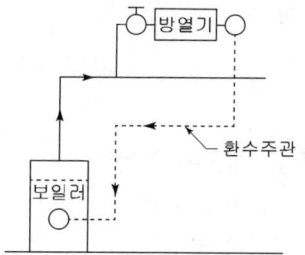

① 진공환수방식으로 습식 환수방식이다.
② 중력환수방식으로 건식 환수방식이다.
③ 중력환수방식으로 습식 환수방식이다.
④ 진공환수방식으로 건식 환수방식이다.

■ 환수주관이 보일러 수위보다 위에 위치하므로 건식이며 급수펌프가 없는 중력환수식이다.

009 다음과 같이 압축기와 응축기가 동일한 높이에 있을 때, 압축기 토출측 배관 방법으로 가장 적합한 것은?

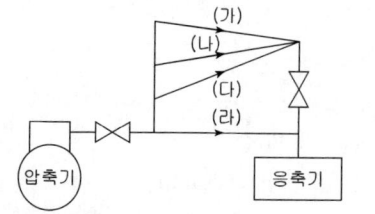

① (가)
② (나)
③ (다)
④ (라)

■ 배관에서 발생하는 응축 냉매가 응축기로 회수되도록 (가)처럼 응축기 쪽으로 선하향 기울기(순구배)를 주어 배관한다.

해답 5.① 6.② 7.④ 8.② 9.①

010 공조배관 도면에서 일반적으로 표기할 사항으로 가장거리가 먼 것은?
① 배관의 종류   ② 관경
③ 유체의 흐름방향   ④ 배관 작용 압력

■ 일반적으로 도면에 배관 작용 압력은 표기하지 않는다.

011 파이프 내 흐르는 유체가 "물"임을 표시하는 기호는?

① ![A]   ② ![O]
③ ![S]   ④ ![W]

■ 물 : W, 공기 : A, 오일 : O, 증기 : S

012 다음 도시 기호가 의미하는 밸브는 무엇인가?

① 체크 밸브   ② 글로브 밸브
③ 슬루스 밸브   ④ 앵글 밸브

■ 체크 밸브(역지밸브)이다.

013 다음 그림의 난방 설계도에서 콘벡터(Convector)의 표시 중 F가 가진 의미는?

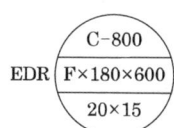

① 케이싱 길이   ② 높이
③ 형식   ④ 방열면적

■ C-800은 컨벡터 길이이고, F(FAN 강제 대류형)는 형식, 180은 폭, 600은 높이, 20×15는 유입 유출 관경이다.

014 다음 중 엘보를 용접이음으로 나타낸 기호는?

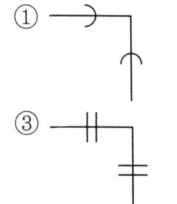
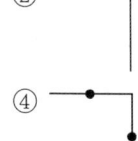

■ ① : 소켓, ③ : 플랜지, ④ : 용접

015 냉동장치 배관도에서 다음과 같은 부속기기의 기호는 무엇을 나타내는가?

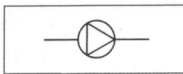

① 송풍기   ② 응축기
③ 펌프   ④ 체크밸브

■ 펌프 도시기호이다.

016 다음 배관 도시기호 중 레듀서 표시는 무엇인가?

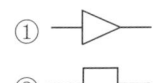   

■ ① : 레듀서, ② : 플랜지, ③ : 슬리브형 신축이음, ④ : 슬리브형 신축이음

017 다음 그림에서 ㉠과 ㉡의 명칭으로 바르게 설명된 것은?

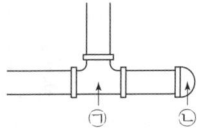

① ㉠ : 크로스, ㉡ : 트랩   ② ㉠ : 소켓, ㉡ : 캡
③ ㉠ : 90°Y티, ㉡ : 트랩   ④ ㉠ : 티, ㉡ : 캡

■ ㉠은 분기하는 티이며, ㉡은 관 말단을 막는 캡이다.

018 다음 그림의 방열기 도시기호 중 'W-H'가 나타내는 의미는 무엇인가?

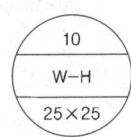

① 방열기 쪽수   ② 방열기 높이
③ 방열기 종류(형식)   ④ 연결배관의 종류

■ 방열기 도시기호에서 W-H는 방열기 형식 종류(W : 벽걸이, H : 수평형)이며, 10은 (방열기 쪽수=절수), 25×25는 방열기 입구 출구관경이다.

019 주철관에 대한 설명 중 틀린 것은?

① 내식성, 내구성이 뛰어나다.
② 저압관, 중압관, 고압관으로 나뉘며 고압관은 1MPa까지 사용된다.
③ 접합 방법은 소켓 접합, 플랜지 접합, 메카니컬 조인트 등이 있다.
④ 가볍고 내인장, 내충격이 나쁘다.

■ 주철관은 무겁고, 내인장, 내충격이 나쁘다.

020 다음은 배관 재료와 그 용도를 내타낸 것이다. 적당하게 연결된 것은?
① 경질 염화 비닐관 : 냉매
② 동관 : 증기
③ 경질 염화 비닐 라이닝강관 : 급수
④ 스테인리스 강관 : 가스

■ ① 경질 염화 비닐관 : 저온, 고온에서 강도 약함, 배수관
② 동관 : 냉온수관, 급수, 급탕에 적당
③ 경질 염화 비닐 라이닝 강관 : 상수도용, 급수
④ 스테인리스 강관 : 냉온수, 급수, 급탕

021 강관의 종류 중 고온 배관용 탄소강관은 어느 것인가?
① SPP
② SPPS
③ SPPH
④ SPHT

■ SPP : 배관용 탄소강관
SPPS : 압력 배관용 탄소강관, SPPH : 고압 배관용 탄소강관
SPHT : 고온 배관용 탄소강관, SPLT : 저온 배관용 탄소강관

022 펌프의 특성이 아닌 것은?
① 펌프의 축동력은 회전수의 제곱에 비례하여 증가 또는 감소한다.
② 흡입양정이 증가할수록 펌프의 성능은 나빠진다.
③ 펌프는 회전수에 따라 양수량이 크게 변동한다.
④ 양정은 회전수 변화의 제곱에 비례해서 감소 또는 증가한다.

■ 축동력은 회전수의 3제곱에 비례하며 양정은 회전수의 제곱에 비례하고 유량은 회전수에 비례한다.

023 위생설비공사에 따른 관 재료의 조합 중 현장에서 사용하기에 가장 거리가 먼 것은?
① 주철관 – 옥내 급수관
② 강관 – 가스관
③ 흄관 – 철도부지 하수관
④ 주철관 – 화장실 배수관

■ 건축설비에 이용되는 배관은 강관, 동관, 스테인리스관, 주철관, 합성수지관 등이며 용도와 주변 여건에 알맞게 선정해야 한다.
▶ 주철관 : 옥외 급수관, 배수관에 주로 쓰이며, 옥내급수관에는 일부에서만 사용하고 있다.
▶ 옥내 급수관 : 동관, 스테인리스관, 합성수지관 등에 사용한다.
▶ 흄관 : 주로 하수도관으로 이용되며 특히 철도부지 등에서는 전기적 성질로 주철관이나 강관보다 우수하다.
▶ 연관 : 배관 자체의 연성으로 화장실 배수관에서 위생 도기류의 접속관으로 가장 우수하나 최근에는 합성수지관으로 대체되어 이용예가 적다.

024 건축설비에 사용하는 금속관 중 용도에 따라 부식이 가장 빠른 배관은?
① 급탕배관(아연도강관)
② 급수배관(아연도강관)
③ 오수배관(주철관)
④ 소화배관(아연도강관)

■ 급탕배관은 온도가 높고 흐르는 물이므로 부식 속도가 빠르다. 아연은 60°C에서 용출(부식)이 가장 심한 것으로 알려지고 있다.

해답 20.③ 21.④ 22.① 23.① 24.①

025 특수 절연구조로 된 급수용 펌프로 저수위의 물을 양수하기에 적합하고, 흡입양정의 제한을 받지 않는 펌프는 무엇인가?

① 수중 모터 펌프(Submersible motor pump)
② 보아 홀 펌프(Bore hole pump)
③ 터어빈 펌프(Turbine pump)
④ 젯트 펌프(Jet pump)

■ 수중 모터 펌프는 수중에 모터와 펌프가 일체형으로 특수 절연 구조체로 깊은 우물물을 양수하기에 적합하여 최근에 지하수 및 집수정 펌프로 널리 사용되고 있다.

026 배관 도시기호 중 신축조인트의 일반적인 표시기호는?

① 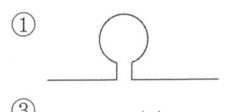 ②
③ ④

■ ①-루프형 신축곡관, ②-역지변, ③-플랜지, ④-유니온

027 유체의 저항손실이 가장 큰 밸브는?

① 슬루스 밸브　　　② 버터플라이 밸브
③ 글로우브 밸브　　④ 체크 밸브

■ 글로브 밸브의 상당장은 14m 정도로 마찰저항이 가장 크며 마찰저항은 글로우브 밸브>버터플라이 밸브>체크 밸브>슬루스 밸브 순이다.

028 저양정으로 비교적 많은 양수량을 필요로 할 때 사용되는 펌프는?

① 볼류트 펌프　　　② 다단터빈 펌프
③ 수중모터 펌프　　④ 기어 펌프

■ ▶ 볼류트 펌프 : 저양정의 중대유량
　▶ 다단터빈 펌프 : 고양정의 저중유량
　▶ 수중모터 펌프 : 바닥 아래의 깊이 있는 물을 흡상할 때
　▶ 기어 펌프 : 일정량의 액체를 수송할 때(오일 펌프 등)

029 양수 유량이 200[L/min], 전양정이 50[m], 효율이 60[%]인 급수 펌프의 축동력은 몇 [kW]인가?

① 1.63[kW]　　　② 2.72[kW]
③ 3.70[kW]　　　④ 4.22[kW]

■ $kW = \dfrac{QH}{102 \times \eta} = \dfrac{200 \times 50}{102 \times 0.6 \times 60} = 2.72 kW$

030 배관 내를 흐르고 있는 유체에 발생하는 마찰저항에 관한 내용 중 맞는 것은?

① 관 직경이 증가하면 마찰저항의 크기도 증가한다.
② 관 내를 흐르는 유체의 평균유속이 증가하면 마찰저항의 크기는 감소한다.
③ 상당관길이가 증가하면 마찰저항의 크기도 증가한다.
④ 유량이 증가하면 마찰저항의 크기는 감소한다.

■ ① 관경이 커지면 마찰저항은 감소한다.
② 유속 증가 시 마찰저항은 유속의 제곱에 비례하여 증가한다.
③ 상당관길이가 증가하면 배관길이가 증가하는 것이므로 마찰저항의 크기도 증가한다.
④ 유량증가 시 유속이 증가하므로 마찰저항이 증가한다.

031 관경이 100mm, 길이가 50m인 동관으로 된 급탕 횡주관에 급탕이 공급되어 관의 온도가 10℃에서 90℃까지 온도가 상승된 경우 배관의 증가길이는?(단, 동의 선팽창률 $\alpha = 1.66 \times 10^{-5}$ 이다.)

① 0.66cm
② 6.64cm
③ 0.747cm
④ 7.47cm

■ 배관의 팽창량은 배관길이, 선팽창률, 온도차에 비례한다.
$\Delta L = L \cdot \alpha \cdot \Delta t = 50 \times 1.66 \times 10^{-5} \times (90-10) = 0.0664\text{m} = 6.64\text{cm}$

032 배관의 지지철물에서 구배조정이 용이한 지지법으로 적당한 것은?

① 초롱밴드
② 셔틀밴드
③ 로울러밴드
④ 바닥밴드

■ 셔틀밴드(턴버클)는 배관을 메어달 때 사용하는 것으로 나사의 회전으로 높낮이가 조절되어 배관의 구배를 조정하기 용이하다. 로울러밴드는 배관을 로울러로 지지하는 것으로 배관이 신축에 따라 이동할 때 유리하다. 초롱밴드도 길이를 조절할 수는 있으나 셔틀밴드만큼 정밀하지는 않다.

033 동관의 특징으로 옳지 않은 것은?

① 암모니아에 심하게 부식한다.
② 전기전도율과 열전도율이 높다.
③ 열팽창률이 철보다 크다.
④ 증류수나 극연수에 부식되지 않는다.

■ 동관은 가볍고, 시공이 용이하고, 전기전도율과 열전도율이 우수하고, 부식에 비교적 강하여 공조 및 위생배관으로 널리 이용된다. 하지만 동관(청동, 황동)은 극연수에 잘 부식된다.

해답 30.③ 31.② 32.② 33.④

제5편 | 설비 적산

제1장 공조, 열원 및 환기설비 적산

1. 공기조화설비 적산

1) 공기조화설비 자재 및 노무비 산출

(1) 적산 개념

적산이란 공조 설비 분야의 설계 시공 과정에서 도면이 완성되면 → 공사에 필요한 배관, 덕트, 자재 등의 수량을 산출하고 → 자재비, 인건비(자재단가표, 노임단가, 품셈표, 일위대가표등 적용)를 산출하여 직접공사비(직접재료비, 직접노무비)를 계산하고 → 각종 제경비(간접노무비, 경비, 보험료, 일반관리비, 이윤 등)을 계상하여 → 원가계산서에 의한 총공사금액을 산출하는 것을 말한다.

① 적산의 뜻

일반적으로 공사비를 산출하는 일을 적산 또는 견적이라 말하고 있는데 관습상 적산은 금액으로 환산하기 이전의 재료의 수량산출 수단과 그 경과를 말하고, 견적이란 적산으로 결관된 요소를 금액으로 환산한 것을 의미한다.

② 적산의 중요성

건축 산업의 특성은 도급 제도에 의한 수주 생산, 대량 생산이 아닌 개별적인 제품, 불안정한 입지 조건, 작업 환경, 노무중심적 생산 등을 갖는다. 따라서 건축물을 주문 생산하기 위한 수주자는 적산을 잘하지 않으면 기업의 사활이 좌우된다. 그러므로 건축 산업에서는 적산이 타 분야와는 달리 아주 중요한 역할을 한다.

③ 적산 순서

가. 공사 내용을 파악한다.(공사 내용을 확실하게 파악한다.)
나. 기기, 재료의 수량을 산출한다.(누락되지 않게 한다.)
다. 수량 산출 근거서를 작성한다.(품셈표에 의거)
라. 내역서에 기입한다.
마. 단가를 기입한다.
바. 직접 공사비를 산출한다.(직접노무비, 직접재료비, 경비)

사. 제경비를 산출한다.(간접재료비, 간접노무비, 경비, 일반관리비, 이윤)
아. 총원가를 산출한다.(순공사 원가+일반관리비+이윤)

2) 공조 배관 부속류 분류

(1) **관의 방향을 바꿀 때** 엘보, 벤드 등
(2) **관을 도중에 분기할 때** 티, 와이, 크로스 등
(3) **동일 지름의 관을 직선연결할 때** 소켓, 유니온, 플랜지, 니플(부속연결) 등
(4) **지름이 다른 관을 연결할 때** 리듀서(이경소켓), 이경엘보, 이경티, 부싱 (부속연결) 등
(5) **관의 끝을 막을 때** 캡, 막힘(맹)플랜지, 플러그 등
(6) **관의 분해, 수리, 교체를 하고자 할 때** 유니온, 플랜지 등

3) 배관 부속류 형태 및 명칭

엘보	45도 엘보	이경엘보	티이	이경티이
이경티이	편심이경티이	크로스	소켓	리듀서
부싱	캡	플러그	니쁠	이경니쁠
유니언	플랜지	90도 밴드	45도 밴드	리턴밴드

4) 배관 지지철물

(1) 행거(Hanger)

천장 배관 등의 하중을 위에서 달아매어 받치는 지지기구이다.

① **리지드 행거(Rigid Hanger)** 철골 등에 턴버클을 이용하여 배관을 지지한 것으로 상하 방향에 변위가 없는 곳에 주로 사용한다.
② **스프링 행거(Spring Hanger)** 턴버클 대신 스프링을 사용한다.
③ **콘스턴트 행거(Constant Hanger)** 배관의 상하이동에 관계없이 관지지력이 일정한 것으로 중추식과 스프링식이 있다.

(2) 서포트(Support)

바닥 배관 등의 하중을 밑에서 위로 떠받치는 지지기구이다.

① **파이프 슈(Pipe Shoe)** 관에 직접 접속하는 지지기구로 수평배관과 수직배관의 연결부에 사용된다.
② **리지드 서포트(Rigid Support)** H빔이나 I빔으로 받침을 만들어 지지한다.
③ **스프링 서포트(Spring Support)** 스프링의 탄성에 의해 상하 이동을 허용한 것이다.
④ **롤러 서포트(Roller Support)** 관의 축 방향의 이동을 허용한 지지기구이다.

(3) 레스트레인트(Restraint)

열팽창에 의한 배관의 상하·좌우 이동을 구속 또는 제한하는 것이다.

① **앵커(Anchor)** 리지드 서포트의 일종으로 관의 이동 및 회전을 방지하기 위하여 지지점에 완전히 고정하는 장치이다.
② **스톱(Stop)** 배관의 일정한 방향과 회전만 구속하고 다른 방향은 자유롭게 이동하게 하는 장치이다.
③ **가이드(Guide)** 배관의 곡관부분이나 신축 조인트 부분에 설치하는 것으로 회전을 제한하거나 축방향의 이동을 허용하며 직각방향으로 구속하는 장치이다.

(4) 브레이스(Brace)

펌프, 압축기 등에서 발생하는 기계의 진동, 서징, 수격작용 등에 의한 진동, 충격 등을 완화하는 완충기이다. 방진스프링, 플렉시블조인트가 이에 속한다.

5) 밸브의 종류 및 특징

밸브는 유체의 유량조절, 흐름의 단속, 방향전환, 압력 등을 조절하는데 사용한다.

(1) 제수밸브(스톱밸브)

밸브(Valve, 변)는 유체의 유량을 조절, 흐름을 단속, 방향을 전환, 압력 등을 조절하는데 사용하는 것으로 재료, 압력범위, 접속방법 및 구조에 따라 여러 종류로 나눈다.

① **게이트밸브, 슬루스 밸브(Gate Valve, Sluice Valve, 사절변)** 개폐용으로 가장 많이 사용하는 밸브로서 유체의 흐름을 차단(개폐)하는 대표적인 밸브로서 가장 많이 사용하며 개폐시간이 길다.
② **글로브 밸브(Glove Valve, Stop Valve, 옥형변)** 밸브시트에서 유체의 흐름방향이 바뀌게 되어 유량조절이 용이하지만 유체의 마찰저항이 크다.
③ **니들밸브(Needle Valve, 침변)** 디스크의 형상이 원뿔모양으로 유체가 통과하는 단면적이 극히 적어 고압 소유량의 조절에 적합하다.
④ **앵글밸브(Angle Valve)** 글로브 밸브의 일종으로 유체의 입구와 출구의 각이 90°로 되어 있는 것으로 유량의 조절 및 방향을 전환시켜주며 주로 방열기의 입구 연결밸브나 보일러 수증기 밸브로 사용한다.

⑤ **체크밸브(Check Valve, 역지변)** 유체를 한쪽으로만 흐르게 하여 역류를 방지하는 역류방지밸브로서 밸브의 구조에 따라 다음과 같이 구분할 수 있다.
  가. **스윙형(Swing Type)** 수직, 수평배관에 사용한다.
  나. **리프트형(Lift Type)** 수평배관에만 사용한다.
  다. **풋형(Foot Type)** 펌프 흡입관 선단의 여과기와 역지변을 조합한다.
⑥ **볼밸브(Ball Valve)** 구의 형상을 가진 볼에 구멍이 뚫려 있어 구멍의 방향에 따라 개폐 조작이 되는 밸브이며 90° 회전으로 개폐 및 조작도 용이하여 게이트 밸브 대신 많이 사용된다.
⑦ **버터플라이 밸브(Butterfly Valve)** 일명 나비밸브라 하며 원통형의 몸체 속에 밸브봉을 축으로 하여 원형 평판이 회전함으로써 밸브가 개폐된다. 밸브의 개도를 알 수 있고 조작이 간편하며 경량이고, 설치공간을 작게 차지하므로 설치가 용이하여 최근에 많이 사용한다. 작동방법에 따라 레버식, 기어식 등이 있다.
⑧ **콕(Cock)** 콕은 원통 혹은 원뿔에 구멍을 뚫고 축을 회전시켜 개폐하는 것으로 플러그 밸브라고도 하며 90° 회전으로 급속한 개폐가 가능하나 기밀성이 좋지 않아 고압 대유량에는 적당하지 않다.

(2) 조정밸브(콘트롤밸브)

조정(제어)밸브는 배관계통에서 장치의 냉온열원의 부하 경감 시 자동으로 밸브의 열림을 조절하여 유량이나 압력 등을 조절하는 제어밸브류를 말하는 것으로 다음과 같은 종류가 있다.

① **감압밸브(Pressure Reducing Valve : PRV)** 감압밸브는 고압의 압력을 저압으로 일정하게 유지하여 주는 밸브로서 사용유체에 따라 물과 증기용으로 분류된다.
② **안전밸브(Safety Valve)** 고압의 유체를 취급하는 고압용기나 보일러, 배관 등에서 규정압력 이상으로 되면 자동적으로 밸브가 열려 장치나 배관의 파손을 방지하는 밸브로서 스프링식과 중추식, 지렛대식이 있다.
③ **전자밸브(Solenoid Valve)** 전자코일에 전류를 흘려서 전자력에 의한 플런저가 들어올려지는 전자석의 원리를 이용하여 밸브를 개폐(ON-OFF)시키는 것으로 솔레노이드 밸브라 한다.
④ **전동밸브(Modutrol Motor)** 모터로 작동되는 밸브로 이방밸브(2-Way Valve)와 삼방밸브(3-Way Valve)가 있으며 이방변은 유량을 변화시켜 제어하고(변유량), 3방변은 유량을 방향을 조절(정유량)하여 제어한다.
⑤ **공기빼기밸브(Air Vent Valve : AVV)** 배관이나 기기 중의 공기를 제거할 목적으로 사용되며, 배관의 최상단에 설치한다.
⑥ **온도조절밸브(Temperature Control Valve : TCV)** 열교환기나 급탕탱크, 가열기기 등의 내부온도를 감지하여 일정한 온도로 유지시키기 위하여 증기나 온수공급량을 자동적으로 조절하여 주는 자동 밸브이다.
⑦ **정유량 조절밸브** 팬코일 유닛이나 방열기 등에서 각 배관계통이나 기기로 일정량의 유량이 공급되도록 하는 자동밸브이다.
⑧ **차압조절밸브(Differential Pressure Control Valve)** 공급배관과 환수배관 사이에 설치하여 공급관과 환수관의 압력차를 일정하게 유지시켜 주는 밸브이다.

6) 공기조화설비 적산

> 공기조화설비 적산은 공조배관경 산정문제로 내용을 대신합니다. 배관관경 산정과정을 이해해 두세요.

예제 그림과 같은 냉방 시스템에서 각 실의 냉방부하를 냉각코일로 제거하며 배관의 마찰손실을 $50mmAq/m$로 하는 경우 ②구간 관경을 구하시오.(단 물 비열은 4.2kJ/kgK, 입구 출구 수온 7℃, 12℃)

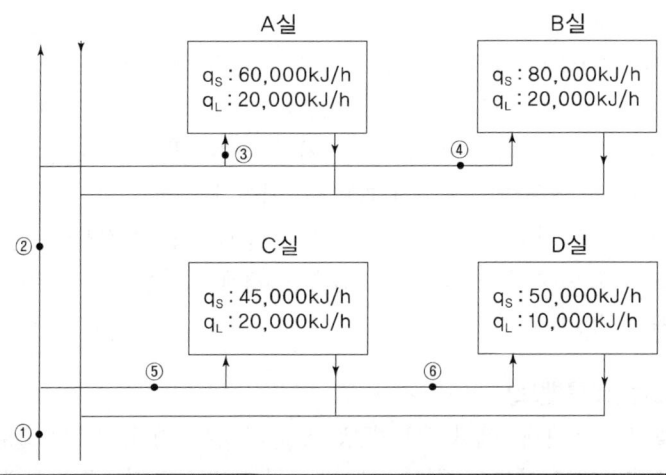

해설) 우선 ②구간은 A, B실을 담당하므로 유량을 구하는데 이때 냉각코일은 현열과 잠열을 모두 제거하므로

$q_T = WC\Delta t$ 에서

$$W = \frac{q_T}{C\Delta t} = \frac{60,000+20,000+80,000+20,000}{4.2(12-7)}$$

$= 8,571.43 L/h = 142.86 L/\min$

첨부 배관선도에서 유량 $142.86 L/\min$과 마찰손실 $50mmAq/m$ 교점을 찾으면 선도에서 관경 50A에 딱 걸리는 정도이다. 만약 50A를 조금만 넘어가도 65A를 선택해야 하는데 이 정도면 50A를 선정한다.

답) 50A

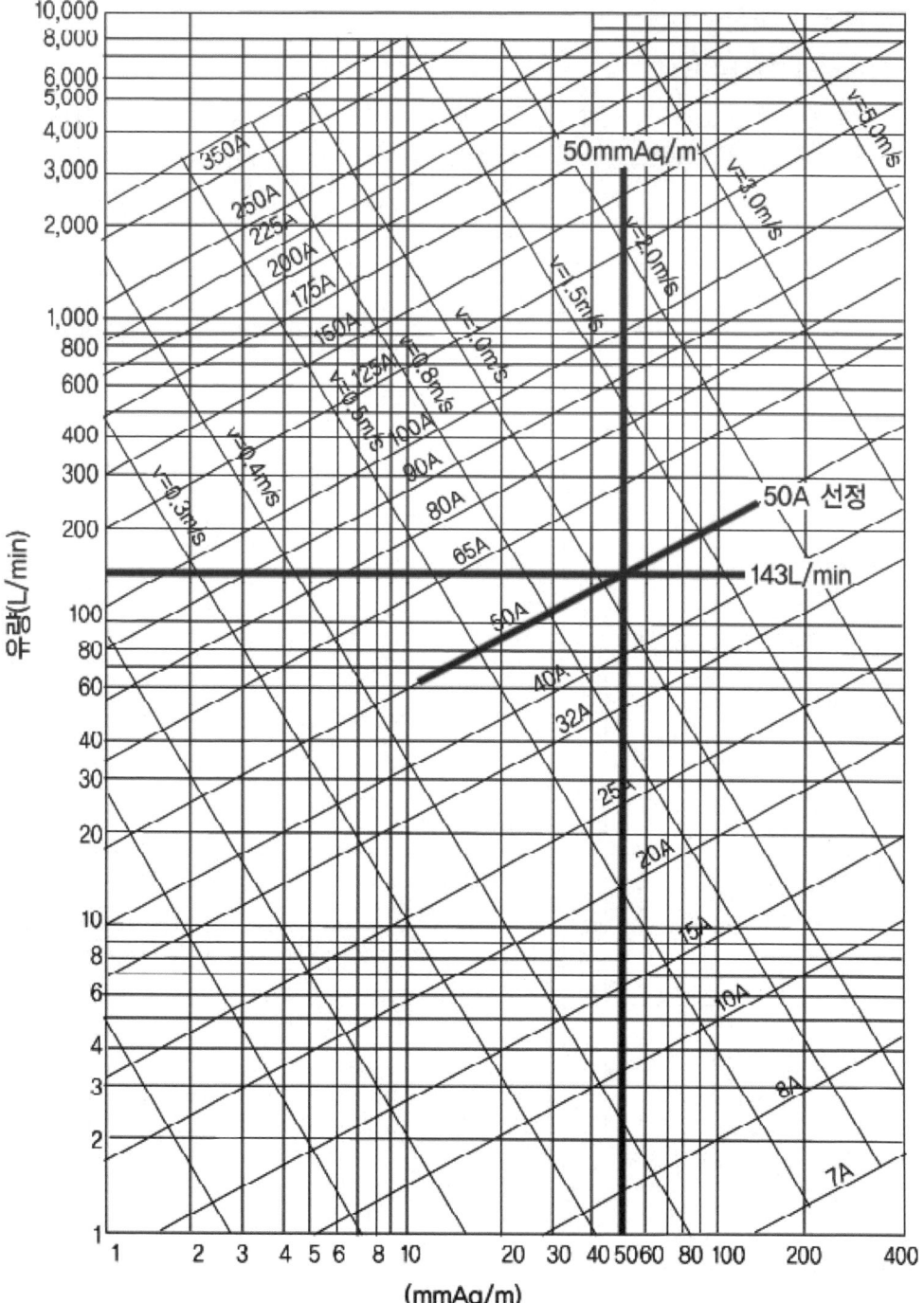

2. 열원설비 적산

1) 열원설비 적산순서

① 열원설비 용량 산정(진공온수보일러 200kW) → 수량산출 → 집계표 작성 → 단가산정
② 설치공량 등 산정(품셈표 근거) → 노무비산정(노임단가) → 내역서 작성(재료비, 노무비, 경비, 합계)
③ 총공사비 원가계산(간접비, 이윤 등 제경비 적용)

품명	규격	단위	수량	재료비 단가	재료비 금액	노무비 단가	노무비 금액	경비 단가	경비 금액	합계 단가	합계 금액	비고
0101 장비설치공사												
진공온수보일러	200kW	대	1	14,300,000	14,300,000					14,300,000	14,300,000	
시수저수조 (SMC격판)	65TON	대	1	27,418,000	27,418,000					27,418,000	27,418,000	
소화저수조 (SMC)	33.75TON	대	1	20,540,000	20,540,000					20,540,000	20,540,000	
밀폐형팽창탱크	200LIT	대	1	1,150,000	1,150,000					1,150,000	1,150,000	
급탕탱크 (STS304)	3000LIT	대	1	8,500,000	8,500,000					8,500,000	8,500,000	
급수부스타펌프 (인버터)	(155*3)LPM*65M *4KW*3대	SET	1	15,000,000	15,000,000					15,000,000	15,000,000	
대류순환펌프 (라인형)	50LPM*5M *0.4KW	대	2	80,000	160,000					80,000	160,000	
급탕순환펌프 (라인형)	50LPM*10M *0.55KW	대	2	110,000	220,000					110,000	220,000	
기계실배수펌프 (수중형)	300LPM*8M *1.5KW	대	2	430,000	860,000					430,000	860,000	
항온항습기 (공냉식-상향)	냉:8.1kW/ 난:10.5kW	대	1	6,300,000	6,300,000					6,300,000	6,300,000	
노무비	기계설비공	인	47.9			86,521	4,144,355			86,521	4,144,355	
노무비	보일러공	인	3			89,899	269,697			89,899	269,697	
노무비	보통인부	인	3.5			68,965	241,377			68,965	241,377	
노무비	특별인부	인	1.2			84,404	101,284			84,404	101,284	
공구손료	인력품의 3%	식	1	142,701	142,701					142,701	142,701	
[합 계]					107,985,001		4,756,713				112,741,714	

※ 장비설치공사와 내역서 참조

3. 환기설비 적산

덕트 적산 순서는 규격별 철판면적산출 → 품셈표에서 공량산출 → 재료비 노무비산출 → 내역서작성 → 원가계산(총공사비산정) 순이다.

> **예제 1** 아래 덕트(저속덕트) 평면도를 보고 0.5t 철판 면적을 산출하시오.(단 덕트 장변길이 450mm 이하 : 0.5t, 750mm 이하 : 0.6t, 1,500mm 이하 : 0.8t 적용덕트 철판 재료 할증률은 28% 적용)

해설) 0.5t는 장변 450mm 이하이며 도면에서 400×200 덕트만 해당한다.
400×200 덕트 총길이는 6m가 4개이므로 24m이다.
400×200 덕트는 둘레길이가 (0.4+0.2)×2=1.2m이고 길이가 24m이므로
덕트 면적=1.2×24=$28.8m^2$
철판 면적은 28% 할증조건이므로 할증 후 철판면적=28.8×1.28=$36.86m^2$

> **예제 2** 위 1번 덕트(저속덕트) 평면도에서 0.6t 철판 면적을 산출하시오.(기타조건 동일)

해설) 위 평면도에서 0.6t는 장변 750mm 이하이며 도면에서 600×250 덕트만 해당한다.
600×250 덕트 총길이는 12m, 1개이므로 12m이다.
600×250 덕트는 둘레길이가 (0.6+0.25)×2=1.7m이고 길이가 12m이므로
덕트 면적=1.7×12=$20.4m^2$
철판 면적은 28% 할증 후 면적=20.4×1.28=$26.11m^2$

예제 3 1번 덕트(저속덕트) 평면도에서 0.8t 철판 면적을 산출하시오.(조건 동일)

해설) 위 평면도에서 0.8t는 장변 1,500mm 이하이며 도면에서 800×250 덕트만 해당한다.
800×250 덕트 총길이는 12m, 1개이므로 12m이다.
800×250 덕트는 둘레길이가 (0.8+0.25)×2=2.1m이고 길이가 12m이므로
덕트 면적=2.1×12=25.2m^2
철판 면적은 28% 할증 후 면적=25.2×1.28=32.26m^2

예제 4 1번 덕트(저속덕트) 평면도에서 0.5t 철판 제작설치에 필요한 직접재료비와 직접인건비를 산출하시오.(단 덕트공 단가 45,000원/인)
- 덕트 금속판의 재료할증률 28% 적용
- 덕트 제작설치의 공량할증률 20% 적용
- 덕트 크기별 철판두께는 저속덕트 기준
- 덕트 제작 설치에 필요한 재료비(철판면적 m^2당)

철판두께(mm)	0.5	0.6	0.8
재료비(원)	5,400	6,000	6,800

- 덕트 제작 설치에 필요한 공량(철판면적 m^2당)

철판두께(mm)	0.5	0.6	0.8
공량(인)	0.44	0.48	0.50

해설) 1) 0.5t는 450 이하이며 도면에서 400×200 덕트만 해당한다.
재료비는 철판면적(1에서 구한 28% 할증 후 36.86m^2)과 재료비(5,400원/m^2)로 구한다.
직접재료비= 36.86m^2×5,400=199,044원

2) 노무비(인건비)를 구하려면 공량을 산출해야 하는데 공량이란 덕트 제작설치를 위한 덕트공수이다.
위 1번 풀이에서 덕트 면적=1.2×24=28.8m^2인데 여기서 주의할 점은 덕트 공량산출은 할증 전 덕트면적을 기준한다. 즉 철판면적은 덕트를 제작할 때 손실되는 부분 때문에 할증을 주지만 공량은 손실되는 부분에 인력을 공급하지는 않기 때문에 공량은 할증 전 덕트 면적만 적용한다. 단 공량할증(여기서 20%)은 덕트 설치 위치가 어렵다거나 할 때 주는 할증이다. 여기서 면적할증과 공량할증을 명확히 구분해야 한다.(공량할증은 줄 때만 적용한다.)
철판 면적 28.8m^2에 대한 공량 0.44인/m^2와 20% 공량할증하면
28.8m^2×0.44×1.2=15.21공
직접인건비=15.21×45,000=684,450원

답) 직접재료비 199,044원, 직접인건비 684,450원

제2장 위생설비 적산

1. 급수설비 적산

1) 유체의 종류와 표시 기호

[표 1-9] 유체의 종류와 기초 및 도시법

유체의 종류	공기	가스	유류	수증기	물
기호	A	G	O	S	W

[표 1-10] 물질의 종류와 식별색

종류	식별색	종류	식별색
물	청색	산, 알칼리	회자색
증 기	진한 적색	기 름	진한 황적색
공 기	백색	전 기	엷은 황적색
가 스	황색		

2) 관 및 밸브 도시 기호

① 관 A가 지면에 대하여 직각으로 구부러져 앞으로 나온 상태 :
② 관 A가 지면에 대하여 직각으로 뒤로 구부러진 상태 :
③ 나사이음 :
④ 플랜지형 이음 :
⑤ 암수형 이음 :
⑥ 유니언형 이음 :
⑦ 신축이음
  ㉠ 슬리브형 :
  ㉡ 벨로즈형 :
  ㉢ 신축 곡관 :
  ㉣ 스위블 조인트 :
⑧ 체크 밸브(역지 밸브) :
⑨ 급수관 :
⑩ 배수관 :
⑪ 통기관 :
⑫ 막힘 플랜지 :
⑬ 캡 :
⑭ 플러그 :
⑮ 급탕관 :
⑯ 반탕관 :
⑰ 바닥위 청소구 :
⑱ 볼탭 :
⑲ 샤워 :
⑳ 송수구 :

예제 다음과 같은 급수 계통과 조건을 참조하여 균등관법으로 (e)구간의 급수 관경을 구하시오.

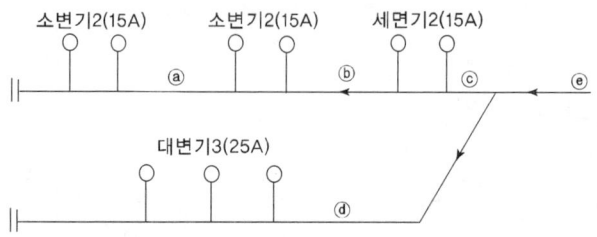

[상당관표]

관경	15A	20A	25A	32A	40A
15A	1				
20A	2	1			
25A	3.7	1.8	1		
32A	7.2	3.6	2	1	
40A	11	5.3	2.9	1.5	1
50A	20	10	5.5	2.8	1.9
65A	31	15	8.5	4.3	2.9

[동시사용률]

기구수	2	3	4	5	6	7	8	9	10	17
%	100	80	75	70	65	60	58	55	53	46

해설) 균등관(상당관)법은 모든 위생기구의 접속관경을 15A로 환산(상당관)한다. 상당관 표에서 대변기25A는 15A로 3.7개이다.

그러므로 (e)구간 상당수(15A) 합계는 2+2+2+(3×3.7)=17.1

동시사용률은 기구수로 구하고 기구는 9개이므로 표에서 55%를 적용하면

동시개구수(15A)=17.1×0.55=9.4

다시 상당관표에서 15A, 9.4는 직상 11개항에서 40A를 선정

답) e)구간의 급수 관경 : 40A

2. 급탕설비 적산

> **예제** 급탕배관 수량산출과 공량산출 단가대비를 통하여 다음과 같이 재료비, 직접노무비가 주어질 때 제경비율을 참조하여 이윤과 총공사금액을 구하시오.
>
> - 재료비 : 175,000,000원
> - 노무비 : 직접노무비+80,000,000원, 간접노무비는 직접노무비의 15%
> - 경비 : 23,000,000원
> - 일반관리비 : 순공사원가의 5.5%
> - 이윤 : 관련 항목의 15%

해설) 1) 이윤=(노무비+경비+일반관리비)에서

　　　일반관리비=(재료비+노무비+경비)5.5%=순공사비×5.5%

　　　－순공사비=(175,000,000+80,000,000×1.15+23,000,000)=290,000,000

　　　　일반관리비=290,000,000×0.055=15,950,000

　　　　이윤=(노무비+경비+일반관리비)0.15

　　　　　　=(80,000,000×1.15+23,000,000+15,950,000)0.15=19,642,500원

　　2) 총공사원가=순공사비+일반관리비+이윤

　　　　　　=290,000,000+15,950,000+19,642,500=325,592,500원

답) 이윤=19,642,500

　　총공사금액=325,592,500

3. 오배수·통기설비 적산

예제 허브타입 주철관을 사용하는 배수관 공사에서 자재 수량산출이 아래 표와 같을 때 공량산출을 위한 규격별 수구수를 구하시오. (단 소제구는 수구수 산출에서 제외한다.)

	규격	단위	수량
직관	150∅×160L	개	5
	100∅×1000L	개	3
	100∅×600L	개	4
90° 곡관	100∅	개	3
45° 곡관	100∅	개	2
Y-T관	150∅×100∅	개	1
Y관	100∅	개	2
소제구	100∅	개	3

① 100ϕ 15개, 150ϕ 5개 　② 100ϕ 17개, 150ϕ 6개
③ 100ϕ 20개, 150ϕ 7개 　④ 100ϕ 22개, 150ϕ 7개

해설) 허브타입(소켓형) 주철관 접속법은 전통적인 납코킹 방식과 플랜지 방식이 있으며 최근에는 플랜지 방식이 선호된다. 수구수란 수구(암놈)와 삽구(숫놈)를 끼워 맞춤하는 개소를 말하며 소켓방식에서는 수량산출의 기초가 된다. 직관은 1개당 수구 1개소이며, Y관 Y-T관은 1개당 수구 2개소(규격별)로 산출한다. 수구수는 배관길이와는 관계 없다.

　① 100ϕ 수구수 : 직관(3+4개소), 곡관(3+2개소), Y-T관(100ϕ 1개소), Y관(2×2 개소)
　② 150ϕ 수구수 : 직관(5개소), Y-T관(150ϕ 1개소)
　③ 그러므로 수구수는 100ϕ : 3+4+3+2+1+(2×2)=17개소
　　　　　　　　　　　　150ϕ : 5+1=6 개소

예상문제 제5편 | 설비 적산

001 아래 공조설비 배관 평면도를 보고 부속 수량을 구하시오.

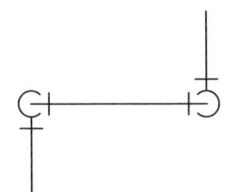

① 엘보 2개, 티이 1개
② 엘보 3개, 티이 2개
③ 엘보 4개
④ 엘보 5개

■ 위 평면도를 겨냥도(입체도)로 그려보면 아래와 같고 부속류는 엘보이고 수량은 4개이다.

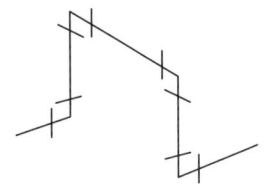

002 아래와 같은 동관 배관 평면도에서 동관 용접개소는 몇 개소인가?

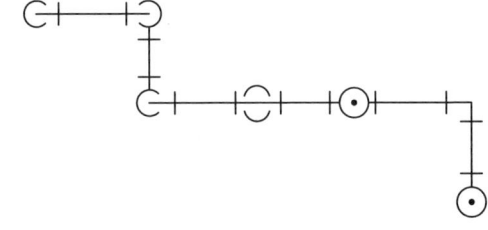

① 9개소   ② 16개소
③ 20개소   ④ 28개소

■ 위 평면도를 겨냥도(입체도)로 그려보면 엘보는 7개이고 티이는 2개이며 엘보 1개당 용접 2개소, 티이 1개당 3개소이므로 용접개소는 총 20개소이다.

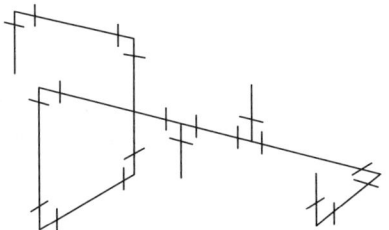

해답 1.③ 2.③

003 아래 상당관표와 동시사용률을 이용하여 조건과 같은 급수 배관 본관 관경을 구하시오.

급수 배관 본관에 세정밸브 대변기(25A) 8대가 연결되는 경우 본관의 관경 선정

[상당관표]

관경	15A	20A	25A	32A	40A
15A	1				
20A	2	1			
25A	3.7	1.8	1		
32A	7.2	3.6	2	1	
40A	11	5.3	2.9	1.5	1
50A	20	10	5.5	2.8	1.9
65A	31	15	8.5	4.3	2.9

[동시사용률]

기구수	2	3	4	5	6	7	8	9	10	17
%	100	80	75	70	65	60	58	55	53	46

① 20A　　　　　　　　　　② 25A
③ 40A　　　　　　　　　　④ 50A

■ 대변기 1대(25A)는 15A상당관으로 3.7개이며 8대인 경우 누계는 3.7×8=29.6이다. 동시사용률은 기구수 8대일 때 58%이므로 동시개구수는 29.6×0.58=17.2이다. 다시 상당관표에서 15A, 17.2는 직상으로 20항에서 50A를 선정한다.

004 아래 버킷형 증기트랩(25×20×25) 주변 바이패스배관에서 A-B구간에 대한 부속류 수량산출에서 잘못된 것은?

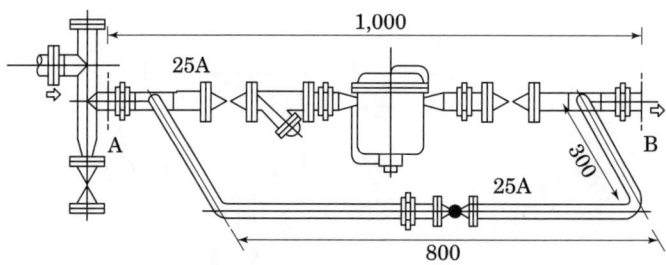

① 레듀서(25×20A) 2개　　　② 유니언(25A) 5개
③ 스트레이너(20A) 1개　　　④ 티이(25A) 2개

■ 버킷형 증기트랩(25×20×25) 주변 바이패스배관에서 트랩은 20A이므로 트랩 양단에 레듀서(25×20A)를 사용한다. 스트레이너는 레듀서 외측이므로 (25A, 1개)이며, 증기트랩은 (20A) 1개이고, 글로브밸브 (25A) 1개, 플랜지(25A) 7개, 유니언 5개이다. 이 도면은 부속류 수량 산출을 위하여 인위적으로 플랜지와 유니언을 혼합하여 도면화한 것으로 실제 플랜지 타입에서는 플랜지에서 분해 조립이 가능하여 유니언은 사용하지 않는 편이다.

005 아래 버킷형 증기트랩(25×20×25) 주변 바이패스배관에서 A-B구간에 대한 배관 수량산출로 적합한 것은?(단 부속 길이는 무시한다.)

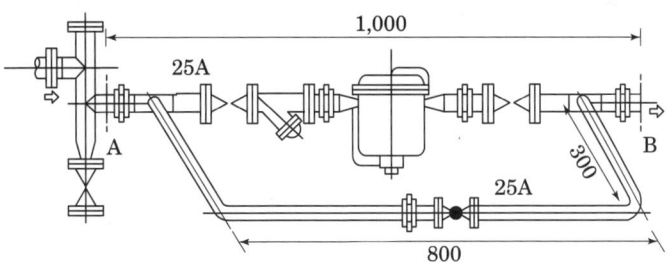

① 25A : 2,400mm, 20A : 600mm ② 25A : 2,400mm, 20A : 0mm
③ 25A : 2,100mm, 20A : 200mm ④ 25A : 1,800mm, 20A : 200mm

■ 버킷형 증기트랩(25×20×25) 주변 바이패스배관에서 25A는 증기공급관 1,000mm 바이패스관 300+300+800=1,400mm
합계 1,000+1,400=2,400mm이며 20A는 증기트랩과 연결되기 때문에 배관 물량은 없다.

006 아래 덕트(저속덕트) 평면도를 보고 0.5t 철판 면적을 산출하시오.(단 덕트 장변길이 450mm 이하 : 0.5t, 750mm 이하 : 0.6t, 1,500mm 이하 : 0.8t 적용, 덕트 철판 재료 할증률은 28% 적용)

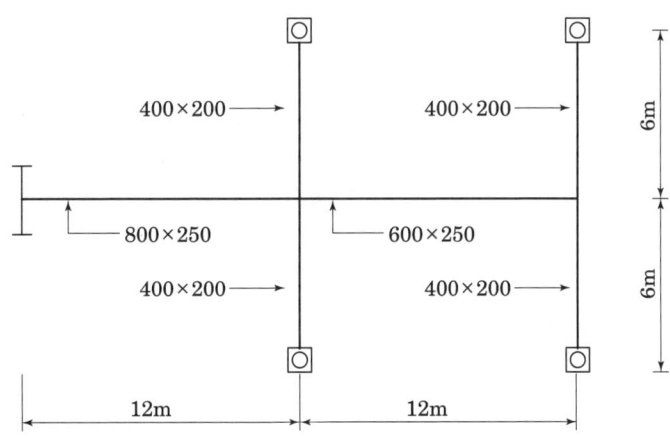

① 0.5t=28.80m² ② 0.5t=32.86m²
③ 0.5t=36.86m² ④ 0.5t=46.86m²

■ 0.5t는 장변 450 이하이며 도면에서 400×200 덕트만 해당한다.
400×200 덕트 총길이는 6m가 4개이므로 24m이다.
400×200 덕트는 둘레길이가 $(0.4+0.2) \times 2 = 1.2 m$ 이고
길이가 24m이므로 덕트 면적= $1.2 \times 24 = 28.8 m^2$
철판 면적은 28% 할증= $28.8 \times 1.28 = 36.86 m^2$

007 아래 덕트(저속덕트) 평면도를 보고 0.6t 철판 면적을 산출하시오.(단 덕트 장변길이 450mm 이하 : 0.5t, 750mm 이하 : 0.6t, 1,500mm 이하 : 0.8t 적용, 덕트 철판 재료 할증률은 28% 적용)

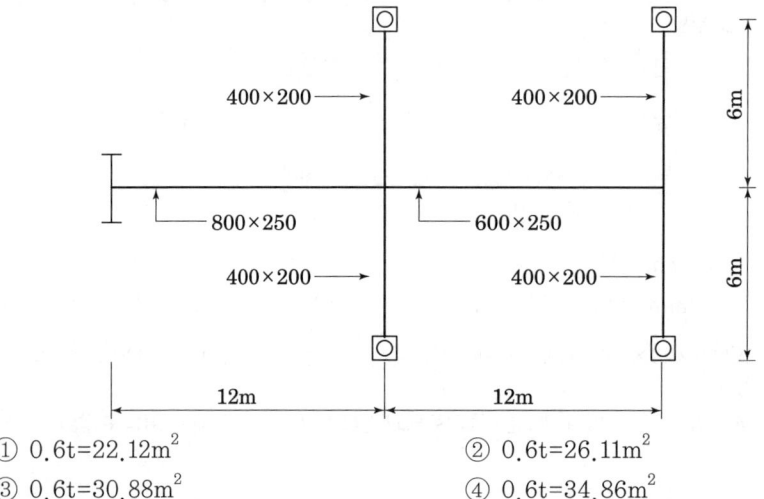

① 0.6t=22.12m² ② 0.6t=26.11m²
③ 0.6t=30.88m² ④ 0.6t=34.86m²

■ 0.6t는 장변 451~750 사이이며 도면에서 600×250 덕트만 해당한다. 덕트 총길이는 12m이다.
600×250 덕트는 둘레길이가 $(0.6+0.25)\times 2 = 1.7\text{m}$ 이고
길이가 12m이므로 덕트 면적= $1.7 \times 12 = 20.4\text{m}^2$
철판 면적은 28% 할증= $20.4 \times 1.28 = 26.11\text{m}^2$

008 호칭 지름 20A의 관을 그림과 같이 나사 이음할 때, 배관 중심 간의 길이가 200mm라 하면 실제 소요되는 강관 길이(mm)는 얼마인가?(단, 이음쇠의 중심에서 단면까지의 길이는 32mm, 나사가 물리는 최소의 길이는 13mm이다.)

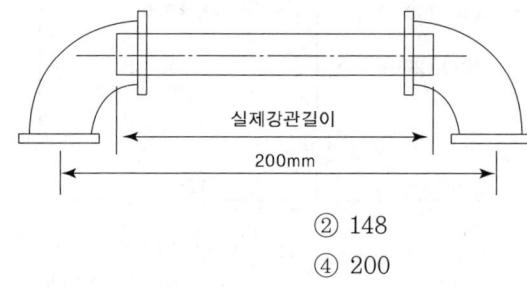

① 136 ② 148
③ 162 ④ 200

■ 양쪽으로 이음쇠(엘보)의 중심에서 단면까지의 길이(32mm)와 나사가 물리는 최소의 길이(13mm)의 차(32-13=19mm)를 빼 준 값이다.
$L = 200 - 2(32-13) = 162\text{mm}$

009 펌프 주위의 배관도이다. 각 부품의 명칭으로 틀린 것은?

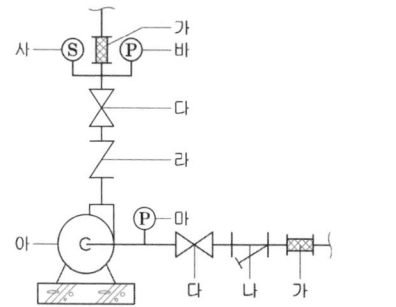

① 나 : 스트레이너
② 가 : 플랙시블조인트
③ 라 : 글로브 밸브
④ 사 : 온도계

■ 가 : 플랙시블조인트, 나 : 스트레이너, 다 : 게이트 밸브, 라 : 체크 밸브, 마 : 연성계(진공계), 바 : 압력계, 아 : 펌프

010 공조설비 공사에서 수량산출에 의한 재료비, 직접노무비가 아래와 같을 때 순공사비를 구하시오.

- 재료비 : 175,000,000원
- 노무비 : 직접노무비=80,000,000원, 간접노무비는 직접노무비의 15%
- 경비 : 23,000,000원

① 순공사비 = 278,000,000
② 순공사비 = 290,000,000
③ 순공사비 = 330,000,000
④ 순공사비 = 390,000,000

■ 순공사비=재료비+노무비(직노+간노)+경비
= (175,000,000 + 80,000,000 × 1.15 + 23,000,000) = 290,000,000

011 공조설비 공사에서 수량산출에 의한 재료비, 직접노무비가 아래와 같을 때 제경비율을 참조하여 이윤과 총공사금액을 구하시오.

- 재료비 : 175,000,000원
- 노무비 : 직접노무비=80,000,000원, 간접노무비는 직접노무비의 15%
- 경비 : 23,000,000원
- 일반 관리비는 순공사원가의 5.5%
- 이윤은 관련항목의 15%로 한다.

① 이윤 = 19,642,500, 총공사금액 = 325,592,500
② 이윤 = 19,642,500, 총공사금액 = 290,000,000
③ 이윤 = 15,950,000, 총공사금액 = 325,592,500
④ 이윤 = 15,950,000, 총공사금액 = 290,000,000

■ (1) 이윤=(노무비+경비+일반관리비)15%에서
일반관리비=순공사비×5.5%=(재료비+노무비+경비)5.5%=(290,000,000)0.055=15,950,000
순공사비=(175,000,000 + 80,000,000 × 1.15 + 23,000,000) = 290,000,000
이윤=(노무비+경비+일반관리비)0.15=(80,000,000×1.15+23,000,000+15,950,000)0.15
= 19,642,500원
(2) 총공사원가=순공사비+일반공사비+이윤= 290,000,000 + 15,950,000 + 19,642,500 = 325,592,500원

012 허브타입 주철관을 사용하는 배수관 공사에서 자재 수량이 아래표와 같을 때 규격별 수구수를 구하시오.(단, 소제구는 배관 수구수에 포함하지 않는다.)

	규격	단위	수량
직관	150∅×160L	개	5
	100∅×1000L	개	3
	100∅×600L	개	4
90° 곡관	100∅	개	3
45° 곡관	100∅	개	2
Y-T관	150∅×100∅	개	1
Y관	100∅	개	2
소재구	100∅	개	3

① 100∅ 15개, 150∅ 5개
② 100∅ 17개, 150∅ 6개
③ 100∅ 20개, 150∅ 7개
④ 100∅ 22개, 150∅ 7개

■ 허브타입(소켓형) 주철관 접속법은 전통적인 납코킹 방식과 플랜지 방식이 있으며 최근에는 플랜지 방식이 선호된다. 수구수란 수구(암놈)와 삽구(숫놈)를 끼워 맞춤하는 개소를 말하며 소켓방식에서는 수량산출의 기초가 된다. 직관은 1개당 수구 1개소이며, Y관, Y-T관은 1개당 수구 2개소(규격별)로 산출한다. 수구수는 배관길이와는 관계 없다.
- 100∅ : 직관(3+4개소), 곡관(3+2개소), Y-T관(100∅ 1개소), Y관(2×2개소)
  그러므로 수구수는 100∅ : 3+4+3+2+1+(2×2)=17개소
- 150∅ : 직관(5개소), Y-T관(150∅ 1개소)
  그러므로 수구수는 150∅ : 5+1=6개소

013 아래 증기 배관 평면도에 대한 부속 수량산출로 알맞은 것은?

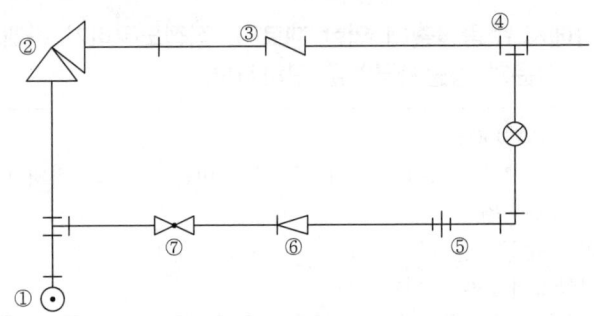

① 엘보 : 2개
② 앵글밸브 : 2개
③ 글로브밸브 : 2개
④ 티이 : 3개

■ ①-엘보(오른쪽 1개 포함) 2개, ②-앵글밸브 1개, ③-체크밸브 1개, ④-티이(왼쪽 1개 포함) 2개
⑤-유니언 1개, ⑥-레듀서 1개, ⑦-글로브밸브 1개
①은 수직배관이 엘보로 90도 전환하여 수평배관에 연결한 것이다.

014 다음과 같은 급수 계통과 조건(상당관표, 동시사용률)을 참조하여 균등관법으로 (e)구간의 급수 관경을 구하시오.

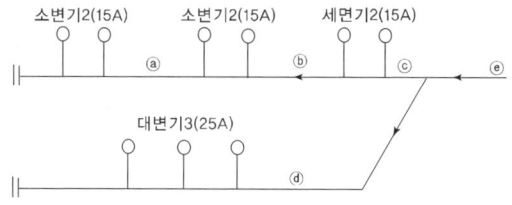

[상당관표]

관경	15A	20A	25A	32A	40A
15A	1				
20A	2	1			
25A	3.7	1.8	1		
32A	7.2	3.6	2	1	
40A	11	5.3	2.9	1.5	1
50A	20	10	5.5	2.8	1.9
65A	31	15	8.5	4.3	2.9

[동시사용률]

기구수	2	3	4	5	6	7	8	9	10	17
%	100	80	75	70	65	60	58	55	53	46

① 20A ② 25A
③ 32A ④ 40A

■ 균등관(상당관)법은 모든 급수관경을 15A로 환산한다. 대변기 25A는 15A로 3.7개이다.
그러므로 (e)구간 상당수(15A) 합계는 2+2+2+(3×3.7)=17.1
동시사용률은 기구수로 구하고 기구는 9개이므로 55%일 때 동시개구수는 상당수 합계와 동시사용률로 구한다. 동시개구수=17.1×0.55=9.4
다시 상당관표에서 15A, 9.4는 11개항에서 40A를 선정

015 아래 급수 배관 평면도에 대한 부속 산출에서 티이는 몇 개인가?

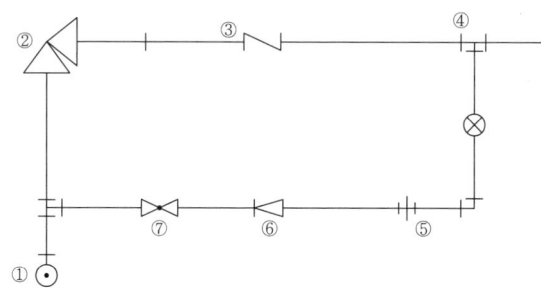

① 1개 ② 2개
③ 3개 ④ 4개

■ ①-엘보(오른쪽 1개 포함) 2개, ②-앵글밸브 1개, ③-체크밸브 1개, ④-티이(왼쪽 1개 포함) 2개
⑤-유니언 1개, ⑥-레듀서 1개, ⑦-글로브밸브 1개

016 다음 평면도와 같이 엘보를 이용하여 배관(20A)을 구성하고자 할 때 실제 소요되는 배관길이 A,B를 각각 구하시오.(단 엘보에 삽입되는 배관길이는 10mm이고, 엘보 중심에서 단면까지 길이는 25mm이다.)

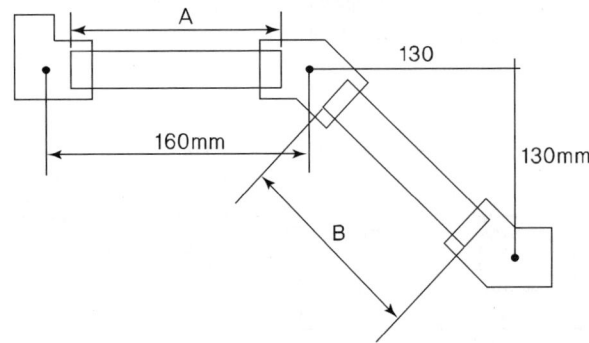

① A : 123mm, B : 145mm
② A : 130mm, B : 183.8mm
③ A : 130mm, B : 153.8mm
④ A : 153mm, B : 165.6mm

■ A를 구하기 위해 엘보 중심에서 배관끝단까지 길이는 25-10=15mm
그러므로 배관길이는 A=160-(2×15)=130mm
B를 구하기 위해 엘보 중심에서 중심까지 길이는 $\sqrt{2} \times 130 = 183.8mm$
배관끝단까지 길이는 25-10=15mm
그러므로 배관길이는 B=183.8-(2×15)=153.8mm

017 아래 덕트 평면도에서 600×200단면을 300×200으로 축소하는 덕트길이 1,000mm에 대하여 철판면적을 산출하시오.(할증은 무시한다.)

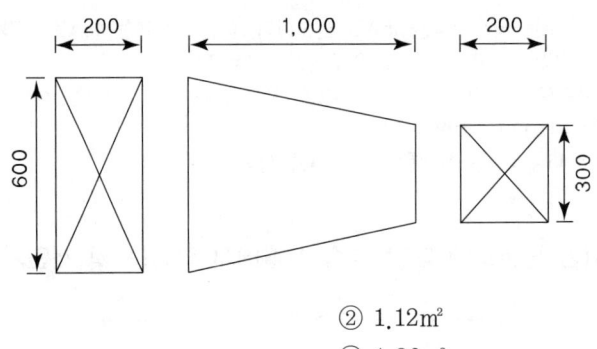

① 0.86㎡
② 1.12㎡
③ 1.24㎡
④ 1.30㎡

■ 덕트 높이는 200mm이며 길이는 1,000mm이고 폭은 600에서 300으로 축소(레듀싱)되고 있을 때 위와 같이 축소된 덕트 면적산출은 폭을 중간값(450mm)으로 계산한다.
즉 덕트 규격 450×200×1,000mm에서 450×200 덕트는 둘레길이가 (0.45+0.2)×2=1.3m이고 길이가 1m이므로 덕트 면적=1.3×1=1.3㎡

제1편 | 열원설비 설계

제1장 열원시스템 설계

공기조화설비는 공기를 적절한 상태로 조화하기 위한 기기들로서는 열원기기, 공기조화기, 공기 반송장치 등이 있다.
① **열원기기** 보일러, 냉동기 및 냉각탑, 히트펌프
② **공기조화기** 에어필터, 에어와셔, 가열기, 냉각기, 가습기, 감습기
③ **공기 반송장치** 덕트, 송풍기, 흡입구, 취출구
④ **기타** 펌프, 방열기, 열교환기, 공기정화장치, 자동제어 등

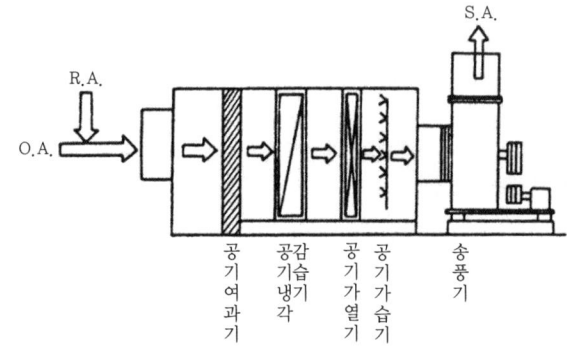

[그림 2-1] 공기조화기의 기본 구성

1. 냉동기

1) 냉동원리

냉동이란 어느 물체나 계를 주위 온도보다 낮게 유지하는 것을 말하며 방법으로는 액체의 기화 시 잠열을 이용하는 증기 압축식이나 흡수식이 많이 이용된다.
① **융해열 이용** 아이스박스의 얼음에 의한 냉동
② **증발잠열 이용** 증기 압축식, 흡수식, 증기분사식
③ **승화열 이용** 드라이아이스
④ **압축 기체 팽창(현열)** 공기압축기
⑤ **펠티어 효과** 전자 냉동기

2) 증기압축식 냉동기

일반적인 냉동기이며, 압축기에 의해 냉매증기를 압축하여 액화시킨다.

(1) 증기압축식 냉동기 4대 구성요소

압축기 → 응축기 → 팽창밸브 → 증발기

(2) 증기압축식 냉동기 기능

① **압축기** 증발된 냉매가스를 고압으로 압축하여 응축기로 보낸다.
② **응축기** 압축된 냉매가스를 냉각시켜 다시 액화한다.
③ **팽창밸브** 고압의 냉매액은 팽창밸브를 지나며 증발이 용이한 저온저압의 액체가 되어 증발기로 유입된다.
④ **증발기** 저온 저압의 냉매가 주위열을 흡수하며 증발하여 냉동효과를 얻는다.

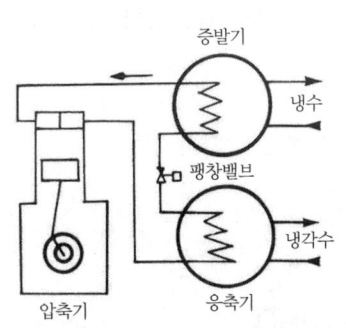

[그림 2-2] 왕복동식 냉동기

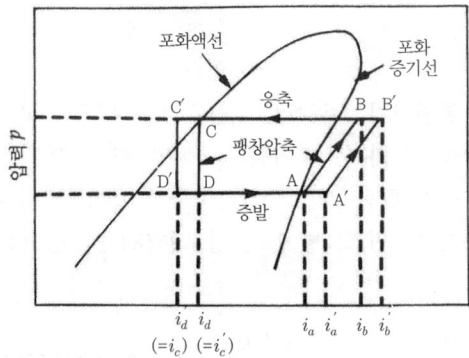

[그림 2-3] 냉동 사이클

(3) 증기압축식 냉동기 구성요소

증기압축식 냉동 사이클의 구성요소는 아래 그림과 같이 압축기, 응축기, 수액기, 팽창밸브, 증발기 등으로 구성되어 그 내부를 냉매가 압축→응축→팽창→증발의 상태변화를 반복하여 냉동작용을 행한다.

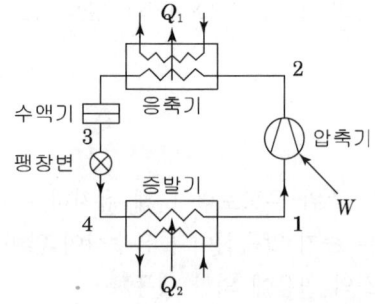

[그림 2-4] 증기압축식 냉동장치 구성도

(4) 증기압축식 냉동기 사이클

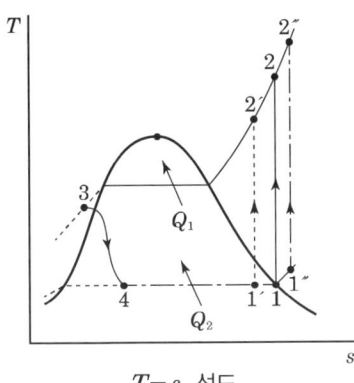

$T-s$ 선도

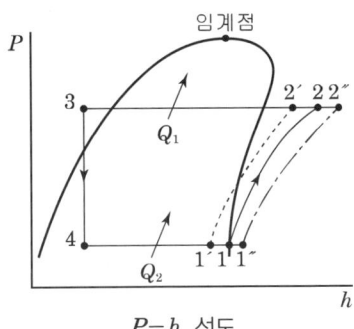

$P-h$ 선도

① 1→2과정 단열압축(압축기에서 등엔트로피 변화로 압축되어 고온, 고압의 과열증기 (2점)로 된다.)
② 2→3과정 등압방열(과열증기가 등압 하에서 응축기에서 냉각되어 과냉각액(3점)으로 되는 과정이다.)
③ 3→4과정 교축작용(과냉각액은 팽창변을 통하여 교축팽창하여 등엔탈피 변화를 하고 온도와 압력이 강하되어 습증기(4점)가 되는 과정이다.)
④ 4→1과정 증발기에서 등압 하에서 증발하여 외부로부터 열을 흡수하여 냉동효과를 발휘한다.

> ※ 압축기 흡입증기 상태에 따른 사이클의 분류
> ① 건압축 냉동 사이클 : 압축기 입구의 냉매상태(1점)가 건조포화증기인 사이클(12341)
> ② 습압축 냉동 사이클 : 압축기 입구의 냉매상태(1′점)가 습포화증기인 사이클(1′2′341′)
> ③ 과열압축 냉동 사이클 : 압축기 입구의 냉매상태(1″점)가 과열증기인 사이클(1″2″341″)

(5) 냉동효과 q_2

$q_2 = h_1 - h_4$(건압축), $q_2 = h_{1'} - h_4$(습압축), $q_2 = h_{1''} - h_4$(과열압축)[kJ/kg]

(6) 응축기 방열량 q_1

$q_1 = h_2 - h_3$(건압축), $q_1 = h_{2'} - h_3$(습압축), $q_1 = h_{2''} - h_3$(과열압축)[kJ/kg]

(7) 압축일 w

$w = h_2 - h_1$(건압축), $w = h_{2'} - h_{1'}$(습압축), $w = h_{2''} - h_{1''}$(과열압축)[kJ/kg]

(8) 성능계수 COP

① 냉동기 성능계수

$$COP_R = \frac{h_1 - h_4}{h_2 - h_1} \text{(건압축)}$$

$$COP_R = \frac{h_{1'} - h_4}{h_{2'} - h_{1'}} \text{(습압축)}$$

$$COP_R = \frac{h_{1''} - h_4}{h_{2''} - h_{1''}} \text{(과열압축)}$$

② 열펌프 성능계수

$$COP_H = \frac{h_2 - h_3}{h_2 - h_1} \text{(건압축)}$$

$$COP_H = \frac{h_{2'} - h_3}{h_{2'} - h_{1'}} \text{(습압축)}$$

$$COP_H = \frac{h_{2''} - h_3}{h_{2''} - h_{1''}} \text{(과열압축)}$$

2. 보일러

1) 보일러 분류

보일러는 재질에 따라 강판재와 주철재로 나누며, 형식으로 분류하면 동체 축방향에 따라 입형과 횡형으로 나눌 수 있고, 연소실 구조에 따라 원통형, 수관식으로 나누고, 본체 구조에 따라 노통식, 연관식으로 나누고, 사용압력에 따라 저압보일러와 고압보일러로 구분되는데, 일반적으로 건축물에 사용되는 산업용 보일러는 노통연관 보일러 및 수관식 보일러(수관 보일러, 관류식 보일러)가 주로 쓰이고 등이며, 가정용 소형 보일러는 입형 관류식보일러(가스사용)가 주로 쓰인다.

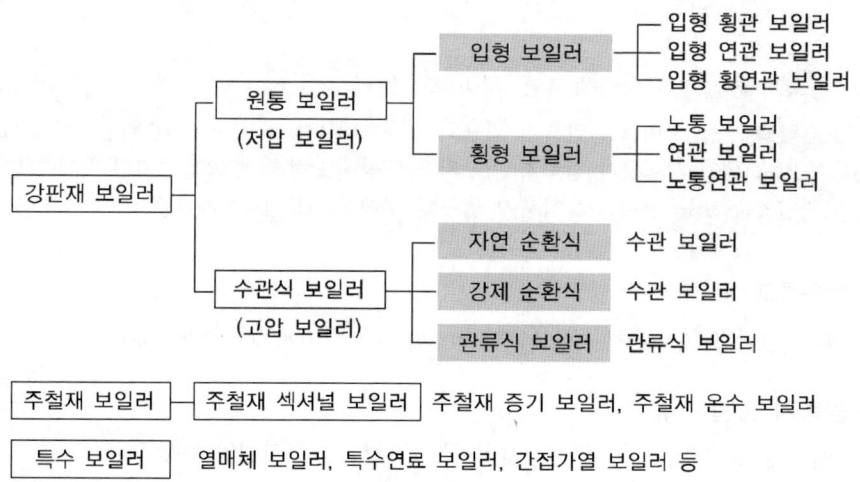

2) 보일러의 종류 및 특징

(1) 가정용 보일러

아파트나 일반 가정에서는 주택의 난방과 급탕 사용을 위해 지역난방이 보급되는 일부 지역을 제외하고는 대부분 소형보일러(입형 관류보일러)가 설치되어 있다. 가정용 보일러는 대부분 지역에서 도시가스의 공급이 보편화되어 있기 때문에 가스보일러가 주를 이루고, 도시가스 공급이 힘든 지방이나 농어촌 지역에서는 기름보일러나 심야전기를 이용한 전기 온수보일러가 아직도 많이 사용되는 추세이다.

(2) 노통 연관보일러

① 지름이 큰 동체를 몸체로 하여 그 내부에 노통과 연관을 동체 축에 평행하게 설치하고, 노통을 지나온 연소가스가 연관을 통해 연도로 빠져나가도록 되어있는 보일러이다.

② 노통보일러와 연관보일러를 조합한 형태로 연소실에서 화염은 1차적으로 노통 내부에서 열전달을 한 후 2차적으로 연소가스는 연관 속으로 흘러가면서 내부에 있는 보일러수와 열전달을 한 후 연도로 배출된다.

③ 보통 10~15ton/h 내외의 중–소형 보일러에서 가장 많이 사용되고 있으며, 노통 연관식 보일러는 보일러 노통 내부에 보유하고 있는 수량이 많아 급격한 부하 변동에도 공급압력이나 수위의 변화가 적어 안정적인 보일러 운전이 가능하다.

④ 보일러 노통 내부에 보유하고 있는 수량이 많아 가동 초기에 예열과 증기발생까지의 소요시간이 많이 필요하며, 가동 시 저부하 운전의 시간이 길거나 빈도가 많을 경우에는 효율이 떨어진다.

⑤ 노통연관식 보일러는 노통(연소실)과 연관(연소가스관)이 동시에 있어 전열면적이 증가되므로 노통 보일러와 연관 보일러에 비해 효율이 가장 높지만, 구조가 복잡하므로 청소 및 수리, 점검이 불리하고, 증발속도가 빨라 과열로 인한 스케일 부착이 쉬우며, 급수처리가 까다롭다.

⑥ 증기보일러에서 고압보일러와 저압보일러의 구분은 1.6MPa을 기준한다.

(3) 수관식 보일러

① 수관식 보일러는 상부 드럼과 하부 드럼 사이에 작은 구경의 많은 수관을 설치한 구조로, 관 내부에 물이 흐르고 관 외부를 연소가스로 가열해 증기를 발생시키는 구조로 제작된다.

② 물이 수관 내에만 채워지는 구조이기 때문에 높은 운전압력(용기 허용 내압력은 직경에 반비례하므로 수관 내에서 허용 압력은 크다)으로 보일러 제작이 가능하고, 수관의 길이나 수량에 의해 용량의 증대가 가능하여 중–대용량 및 고압용 보일러로 주로 사용된다.

$$강판두께\ t = \frac{PD}{2\sigma}$$

P : 내압력, D : 통 직경, σ : 강판 인장강도

③ 수관식 보일러는 내부의 구조가 복잡하고 스케일로 인해 과열되기 쉬우므로 급수의 철저한 수질관리(연수장치)가 필요하다.

④ 연소실 내부의 수관 외부 표면은 구조상 청소가 힘들어 효율이 떨어질 수 있으며, 수관 내부 표면의 스케일은 드럼 내부 공간으로 들어가 주기적으로 세관작업을 해주어야하는 불편함이 있다.

⑤ 수관식 보일러는 대부분 중·대용량인 경우가 많기 때문에 부품을 현장으로 운반하여 현장에서 조립한 뒤 설치하는 사례가 많고, 이로 인해 제작기간이 다소 소요되고 장비의 가격도 고가이다.

⑥ 수관식 보일러는 부품별로 반입하여 보일러의 신설이나 교체가 용이하다는 장점이 있다.
⑦ 고온 및 고압에 적당하고 발생열량이 크며, 용량에 비하여 크기가 작아 설치면적이 적고 전열면적은 넓어서 효율이 매우 높다
⑧ 보유수량이 적어서 증기 발생 시간이 빠르며, 파열 시 피해가 적다
⑨ 구조가 복잡하여 청소 및 수리 등 불편하며, 제작이 어렵고 고가이다.
⑩ 수관 계통에 스케일 생성이 우려되므로 급수처리가 매우 까다롭고 보유수량이 적고 전열면적이 크므로 부하변동에 대응하기 어렵다.

(4) 관류보일러

① 관류보일러는 수관식 보일러에서 드럼없이 수관만으로 설계한 강제순환식 보일러로 급수가 공급될 때 수관의 예열부→증발부→과열부를 순차적으로 통과하면서 증기가 발생하게 된다.
② 연소실 주위에 다수의 수관이 병렬로 연결되어 헤더에서 분류 또는 합류되는 구조로 이루어져있어 다관식 보일러라고도 불린다.
③ 수관만으로 이루어져 있기 때문에 고압에 잘 견디고 관을 자유로이 배치할 수 있어 전체를 소형화하여 제작할 수 있다. 최근에는 상하 개량형 드럼을 설치한 수관형 관류보일러도 널리 보급되고 있다.
④ 주로 소용량이나 저압에 적합하도록 개발되어 보급되고 있는데, 최근에 일반건물에서 널리 사용되고 있으며, 소규모의 건물 난방, 급탕용이나 식당의 주방, 상가의 증기 공급용으로 주로 사용되고 있다.
⑤ 관류 보일러는 작은 구경의 관내에서 물을 증발시키기 때문에 불순물이 관 내에 부착하기 쉽기 때문에 수질관리가 매우 중요하다.
⑥ 관류 보일러는 드럼이 필요가 없고, 전열면적 크므로 효율이 높으며, 고압으로 증기의 열량이 높고 기동부하가 짧아 부하 측에 대응하기 쉬우며, 단점은 소형이고 내부구조가 복잡하여 청소 및 검사 수리가 어렵고, 양질의 급수 사용으로 완벽한 급수처리가 되어야 한다.

(5) 진공식 온수보일러

① 진공식 온수보일러는 보일러 내부가 진공상태로 유지되면서 화염으로부터 열을 받아 온수를 가열해 주는 열매체로 물을 사용하며 정상적인 상태에서는 열매의 손실은 없다.
② 보일러 내부가 진공상태로 새로운 보충수의 공급이 거의 필요없고 외부의 공기와도 완전히 차단되어 있기 때문에 스케일이나 부식의 발생이 매우 적어 수명이 가장 긴 편이다.
③ 2차 측의 급탕이나 온수의 오염만 없다면 일반적으로 전열관의 세관작업도 필요없다.
④ 보일러 상부에 설치되는 열교환기를 용도에 따라 설치할 수 있기 때문에 1대의 보일러로 난방과 급탕이 동시에 가능하다.

(6) 무압식 온수보일러

① 무압식 온수보일러는 동체 내부가 대기압의 압력에서 운전되는 보일러로, 대기개방형 보일러라고도 불린다.
② 무압식 보일러는 내부를 열매체인 물로 완전히 채워져 있는데, 보일러 운전 시 자연대류만으로는 열교환기 내의 온수와 충분한 전열을 기대하기 어렵기 때문에 대부분 순환펌프를 설치하여 보일러 내부의 물을 강제 순환시킨다.
③ 무압식 보일러의 상부에는 팽창탱크가 설치되어 있는데, 이 팽창탱크는 보일러 내부에 과압이 걸리거나 오버플로우될 때 이를 방출하는 역할을 하고 저수위에는 보충수를 공급하기도 한다.
④ 무압식 온수보일러는 새로운 보충수가 소량이고 연수처리되어 공급되기 때문에 증기보일러에 비해 부식이나 스케일이 적게 발생하여 수명이 긴 편이다.
⑤ 무압식 온수보일러는 진공식 온수 보일러와 마찬가지로 열교환기의 설치 수량에 따라 난방과 급탕을 동시에 할 수 있으며, 증기의 공급은 불가능한 온수전용 보일러이다.
⑥ 보일러의 구조가 간단하고 제작이 쉽기 때문에 용량에 비해 보일러의 단가가 저렴한 편이다.
⑦ 운전효율은 다른 보일러에 비해 낮고 보유수량도 많아 2차측 온수의 가열에도 다소 시간이 소요된다.

(7) 열매체 보일러

① 열매체 보일러는 노통연관식이나 수관식 보일러와는 달리 특수한 열적 성질을 가지고 있는 전열 열매유를 열매체로 이용하기 때문에 저압력(1~3대기압)에서도 200℃ 이상의 높은 온도로 2차측 유체를 가열하는 것이 가능하다.
② 열원이 고온이므로 부하 대응성이 좋고 열교환기가 소형화되어도 되며, 운전압력이 저압력이어서 장비의 구조적 안정성 측면에서 유리하기 때문에 보일러의 설계와 제작이 용이하다.

(8) 캐스케이드 보일러

① 캐스케이드 보일러는 여러 대의 소형 온수보일러를 병렬로 조합하여 필요한 용량에 대응하도록 구성하고, 난방이나 급탕 부하의 변동에 따라 대수제어를 하여 고효율의 운전이 가능하도록 패키지 형태로 만든 보일러다.
② 보통 가정용으로 사용되는 콘덴싱 보일러를 병렬로 조합하여 중대형 용량을 구현하도록 한 경우가 많은데, 한 대의 보일러 대신에 여러 대의 소형 보일러를 패키지화한 제품도 판매되고 있다.

(9) 주철제 보일러

① 섹셔널 보일러(sectional boiler)라고도 하며, 주철을 주조 성형하며 1개의 섹션(쪽)을 각각 만들어 보일러 용량에 맞추어 약 5개 내지 18개 정도의 섹션을 조립하여 사용하는 저압 보일러로 전열면적이 크고 효율이 높아 주로 난방에 사용되며 증기 보일러와 온수 보일러가 있다.

② 주물 제작으로 복잡한 구조 제작이 가능하고, 전열면적 크고 효율이 높다.
③ 주철특성상 내식성·내열성이 우수하고, 섹션 증감 제작으로 용량 조절이 가능하다.
④ 저압으로 사고 시 피해가 적고, 섹션별 조립식이어서 조립 해체가 용이하여 좁은 기계실에 반입 또는 반출이 용이하다.
⑤ 주철제 특성상 인장강도 및 충격에는 약하고, 고압 대용량에는 부적합하다.
⑥ 구조가 복잡하여 청소 및 검사가 곤란하고 열에 의한 부동팽창으로 균열이 생기기 쉽고, 열 충격에 약하다

3) 보일러 효율

보일러 효율은 입열량(연료연소열)에 대한 출력(보일러 발생열)의 비율로 표시하며 출력은 상당증발량이나 EDR(상당방열면적)로 보통 표현한다.

$$\text{효율 E} = \frac{출력}{입력} = \frac{상당증발량 \times 2,257(kJ/h)}{연료량 \times 발열량(kJ/h)} = \frac{EDR \times 표준방열량}{연료량 \times 발열량}$$

4) 보일러 용량 표시법

① **상당증발량(Ge)** 보일러출력을 100℃ 증기 발생량으로 환산한 값

$$Ge = \frac{출력}{2,257} = \frac{G(h_2 - h_1)}{2,257}$$

G : 발생 증기량(kg/h), h_2 : 보일러 발생 증기 엔탈피(kJ/kg), h_1 : 급수 엔탈피
100℃ 증기 증발 잠열 : 2,257kJ/kg

② **상당방열면적(EDR)** 보일러출력을 EDR($1m^2$=756W)로 환산한 표시법
③ **발생 출력(kJ/h)** 보일러출력을 열량(kJ/h, kW)으로 표시한 것
④ **보일러 마력** 1시간에 100℃ 물 15.65kg을 전부 증기로 증발시키는 능력(전열면적 : $0.929m^2$, 방열면적 : $13m^2$)=15.65(kg/h)×2,257kJ/kg≒35,320kJ/h

5) 보일러 출력(kJ/h, kW)

① **정격출력** 난방부하+급탕부하+배관부하+예열부하
② **상용출력** 난방부하+급탕부하+배관부하
③ **정미출력** 난방부하+급탕부하

6) 보일러 용량 산정 순서

난방부하 계산 ⇒ 방열기용량 계산 ⇒ 배관열손실 계산 ⇒ 상용출력 계산 ⇒ 정격출력 계산

3. 냉온수기(흡수식 냉동사이클)

냉매증기의 압축과정을 압축기로 하는 대신에 냉매 흡수용액의 농도차로 압축작용을 행하는 사이클을 흡수냉동사이클이라 한다. 흡수식냉동기는 열원으로 증기나 고온수를 사용하였으나 최근에는 냉온수기 안에서 가스를 직접 연소시켜 열원을 얻는 직화식 냉온수기

를 많이 사용한다. 이 냉온수기의 구성요소는 아래 그림과 같이 증기 압축냉동 사이클과 비교하여 증발기, 응축기, 팽창밸브와 압축기 대신에 흡수기와 재생기가 설치되어 있다.

1) 냉매와 흡수제
흡수식 냉동사이클은 공조용에서 주로 물을 냉매로 취화리튬을 흡수제로 사용한다.

냉매	흡수제
물(H_2O)	염화리튬(LiCl), 취화리튬(LiBr)
물(H_2O)	수산화칼륨(KOH), 수산화나트륨(NaOH)
물(H_2O)	황산(H_2SO_4)
암모니아(NH_3)	물(H_2O)

2) 흡수식 냉동사이클
암모니아를 냉매로 하고 수용액을 흡수제로 작동한다고 하면, 암모니아와 물의 혼합물은 "흡수기 → 순환펌프 → 발생기 → 교축밸브 → 흡수기"의 경로로 움직이는 용액과 "발생기 → 응축기 → 팽창밸브 → 증발기 → 흡수기 → 순환펌프 → 발생기"의 경로로 움직이는 냉매증기로 나뉜다.

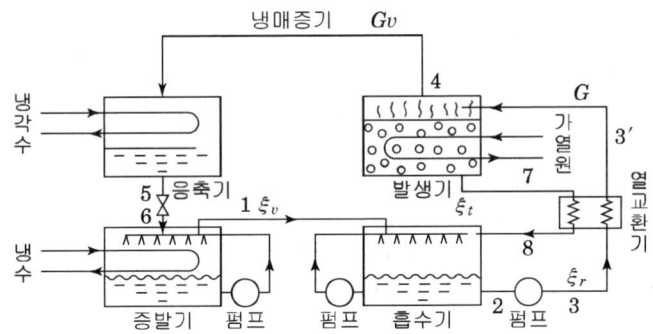

[그림 2-5] 흡수식 냉동기의 구성도

3) 흡수식 냉동사이클 순환비
순환비란 냉매증기 1kg을 만들기 위한 농용액의 양을 나타낸다.

$$G \cdot \xi_r = G_v \cdot \xi_v + (G - G_v) \cdot \xi_l$$

여기서 G : 발생기에 유입하는 묽은 용액(흡수제)의 유량[kg/h]
G_v : 발생기에서 송출된 냉매증기의 유량[kg/h]
ξ_r : 발생기에 유입되는 묽은 용액의 냉매(물) 농도[kg/h]
ξ_v : 발생증기의 냉매 농도
ξ_l : 발생기에서 송출되는 진한 용액의 냉매 농도

따라서, 순환비 $f = \dfrac{G}{G_v} = \dfrac{\xi_v - \xi_l}{\xi_r - \xi_l}$

4) 순환펌프의 소요일량 w_p

$$w_p = f(h_3 - h_2) \text{ [kJ/kg]}$$

h_3, h_2 : 순환펌프의 출구 및 입구의 엔탈피[kJ/kg]

5) 발생기 가열량 q_g

발생기에서의 열평형식 $G \cdot h_{3'} + q_g = G_v \cdot h_4 + (G - G_v)h_7$

q_g : 발생기의 발열량[kJ/h]이며,

냉매증기 1kg에 대해서는 $f \cdot h_3 + q_g = h_4 + (f-1)h_7$

여기서 q_g는 냉매증기 1kg당의 발생기의 가열량(kJ/kg, 냉매증기)이다.

$$\therefore q_g = (h_4 - h_7) + f(h_7 - h_{3'})$$

$h_{3'}$: 발생기 입구 엔탈피
h_4 : 발생기 출구 냉매 엔탈피
h_7 : 발생기 출구 진한 용액 엔탈피

6) 흡수기에서의 냉각열량(q_a)

흡수기로 유입하는 희박용액 및 증기의 엔탈피를 각각 h_8, h_1이라 하고, 흡수기에서 송출되는 농용액의 엔탈피를 h_2라 하면, 흡수기에서의 열수지는

$$G_v \cdot h_1 + (G - G_v)h_8 = q_a + G \cdot h_2$$
$$h_1 + (f-1)h_8 = q_a + f \cdot h_2$$

여기서, q_a는 한 시간에 흡수기를 냉각하는 열량으로써, q_a는 냉매증기 1kg당의 흡수기의 냉각 열량이다.

$$q_a = (h_1 - h_8) + f \cdot (h_8 - h_2)$$

7) 교축과정

팽창밸브 전후의 냉매증기의 엔탈피는 $h_5 = h_6$로 된다.

8) 응축열량

발생증기 1kg당의 응축열량 q_1은 응축기입구 및 출구에서의 혼합증기의 엔탈피를 h_4 및 h_5라 하면,

$$q_1 = (h_4 - h_5)$$

9) 냉동열량 및 열수지

① 발생증기 1kg당의 냉동열량 q_2는 증발기 입구 및 출구에서의 혼합증기의 엔탈피를 h_6 및 h_1라 하면,

$$q_2 = (h_1 - h_6)$$

② 흡수식 냉동기의 열수지는 $q_2 + w_p + q_g = q_1 + q_a$

즉, 냉동열량+펌프일량+발생기 가열량=응축열량+흡수기 냉각열량

10) 흡수식 냉동기의 성능계수(COP)

성적 계수는 냉동사이클 공급열량[가열량(q_g)+펌프일(w_p)]에 대한 냉동열량(q_2)의 비이다. 펌프일을 무시하면 가열량에 대한 냉동열량 비이다.

$$COP = \frac{q_2}{q_g + w_p} \fallingdotseq \frac{q_2}{q_g}$$

4. 열펌프

냉동기는 냉각 이외에 가열의 수단으로 사용할 수 있다. 이와 같은 경우를 열펌프라 한다. 그 원리는 냉동기와 같으며, 다만 그 목적이 다를 뿐이다. 열량으로서는 많으나 온도가 낮아 이용할 수 없는 열원(heat source)을 냉동기에 의해 온도를 높여 이용(승온열 이용)하는 것이 열펌프이다.

냉동기와 열펌프 사이클은 같으며, 냉동기는 저온부 냉동열을 이용하고 열펌프는 고온부 방열량을 이용한다. 냉동기와 히트펌프 사이클에서는 작동유체의 압축행정이 필요한데, 압축을 압축기에 의해 기계적으로 행하는 증기 압축식 냉동사이클과 수용액의 농도 와 농도에 의해 증기압의 변화를 이용하는 흡수식 냉동사이클로 나눈다.

1) 열펌프의 성능계수 COP_H

증기압축식의 열펌프의 이론 사이클을 냉매의 증기선도에 표시하면 그림과 같다. 이때 열펌프는 응축부(2→3)의 방열량을 이용한다.

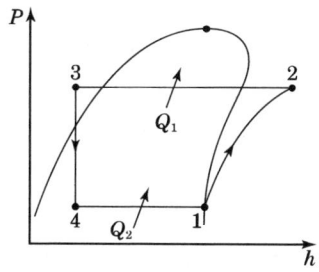

[그림 2-6] P-h선도에서의 열펌프 사이클

(1) 그 성능계수는 압축일(w)에 대한 응축일($2 \rightarrow 3$)로 다음과 같이 표시된다.

$$COP_H = \frac{q_1}{w} = \frac{h_2 - h_3}{h_2 - h_1}$$

(2) 열펌프(heat pump)의 가장 이상적인 경우로서 역 카르노 사이클을 생각하면 이때의 성능계수는 다음과 같이 나타낸다.

$$COP_H = \frac{q_1}{w} = \frac{T_1}{T_1 - T_2}$$

여기서, T_1 : 고열원의 절대온도[K], T_2 : 저열원의 절대온도[K]

2) 성능계수(coefficient of performance, COP) : 냉동기와 열펌프의 효율

① 냉동기 성능계수 $COP_R = \dfrac{Q_2}{W} = \dfrac{Q_2}{Q_1 - Q_2}$

② 열펌프 성능계수 $COP_H = \dfrac{Q_1}{W} = \dfrac{Q_1}{Q_1 - Q_2} = COP + 1$

Q_2 : 냉동능력, W : 압축일, Q_1 : 응축일(발열량)

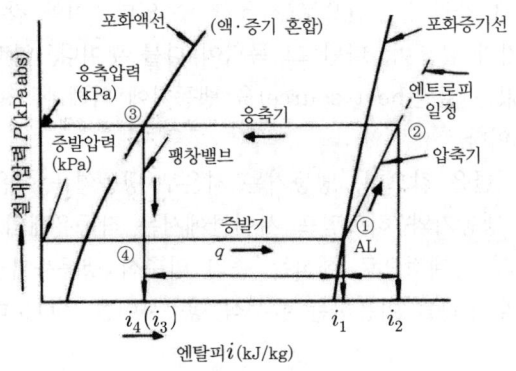

[그림 2-7] 몰리에르 선도상의 냉동 사이클

3) 열펌프의 특징

열역학적인 관점에서 본 열펌프의 특징은

(1) 저열원(heat source)에 있는 열을 온도를 높여서 이용한다는 것, 비록 소요 온도보다 낮은 온도라도 그것이 충분한 열량을 가지고 있으면 열펌프의 열원으로 사용할 수 있다.

(2) 운전에 소비한 에너지보다 많은 열에너지를 얻을 수 있다. 즉, 성능계수가 1보다 커진다는 것이다.

(3) 히트펌프는 한 장치로 4방밸브를 이용하여 냉각 및 가열에 모두 이용할 수 있다. 공조설비에 이용되는 히트펌프는 냉난방에 모두 이용되고 있다.

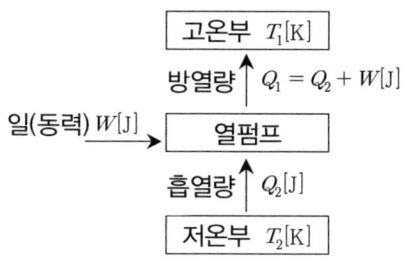

[그림 2-8] 히트펌프(열펌프)의 원리

5. 냉각탑

1) 냉각탑 원리

응축기의 냉각수를 냉각탑 안에서 분사하여 강제통풍에 의한 증발잠열로 냉각수를 냉각시킨 뒤 응축기에 순환시킨다. 결국 냉각탑은 증발기 흡수열량과 압축열량을 대기 중에 방출하는 것이다.

2) 냉각탑 종류

냉각방식에는 분무식, 충전식(일반적임), 밀폐식이 있으며 물과 공기의 접촉 방법에 따라 대향류형, 평행류형, 직교류형이 있으며 대향류형이나 직교류형을 일반적으로 적용한다.

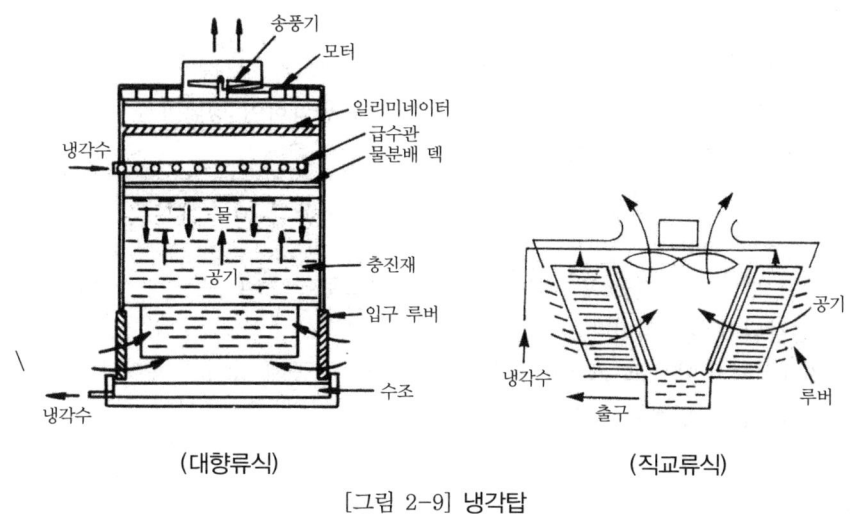

[그림 2-9] 냉각탑

3) 냉각탑 용량=냉동부하+압축기 동력(압축식)

냉각탑 용량=냉동부하+발생기부하(흡수식)

※ 흡수식이 압축식보다 발생기 가열 부하 때문에 냉각탑 용량이 크다.

4) 냉각탑 순환수량
냉각탑 용량(kJ/h)으로 냉각수량을 구한다.

$$Q_w = \frac{냉각탑\ 용량}{60 \times 4.19\ \Delta t}\ (L/min)$$

∴ Δt : 냉각탑 입출구 수 온도차(쿨링레인지)

5) 보급수량
냉각탑 보급수량은 증발량, 비산량, 블로우다운(드레인)을 합한 양이며 보통 냉각수 순환량의 2% 내외이다.

6) 쿨링레인지
냉각수 입출구의 온도차(약 5℃ 정도)이며, 쿨링레인지는 클수록 냉각탑 냉각 능력이 양호한 것이다.

7) 쿨링어프로치
냉각수 출구온도와 입구 외기 습구온도의 차이며 쿨링어프로치는 작을수록 좋다.

6. 지역냉난방 시스템
지역냉난방이란 중앙식 냉난방의 일종으로 일정한 장소의 기계실(power plant)에서 넓은 지역 내의 여러 건물에 증기나 고온수 혹은 냉수를 공급하여 냉난방을 하는 방식이다. 주로 고온수방식을 채택하고 있다.

1) 장점
① 건물별로 냉난방 시설을 할 때보다 적은 용량으로 고효율 운전이 가능하여 에너지 비용이 절감되어 경제적이다.
② 중앙기계실에서 대규모 고효율 보일러를 운전하여 공해 방지가 용이하다.
③ 각 건물의 유효 면적이 증가한다.

2) 단점
① 배관의 길이가 길기 때문에 배관 열손실이 크다.
② 초기 시설 투자비가 높다.
③ 열의 사용량이 적으면 기본요금이 높아진다.

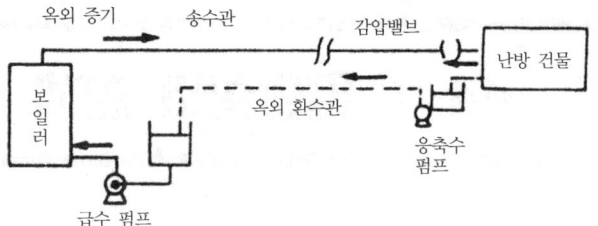

(a) 증기공급 → 응축수 환수

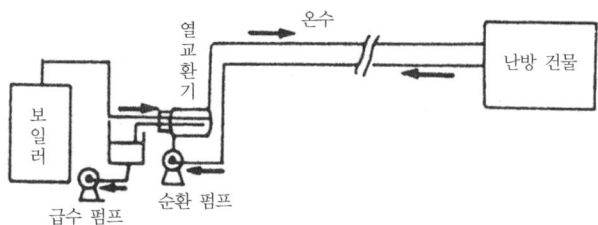

(b) 고온수공급 → 열교환기 → 온수공급

[그림 2-10] 지역난방의 배관방식

예상문제 제1편 | 열원설비 설계

001 주철제 보일러에 대한 설명 중 가장 거리가 먼 것은?
① 부식이 작다.
② 고압에 잘 견딘다.
③ 조립식이므로 분할 반입이 용이하다.
④ 구조가 복잡하여 청소 검사가 어렵다.

■ 주철제 보일러는 주철의 특성으로 충격에 약하므로 증기에서 0.1MPa 이하, 온수에서 0.3MPa 이하에 쓰인다.

002 전열면적이 크고 고압 대용량에 적합하지만 고도의 수처리가 요구되는 보일러는?
① 주철제 보일러   ② 노통연관 보일러
③ 수관식 보일러   ④ 관류 보일러

■ 수관식 보일러는 많은 수의 수관 내에 물이 흘러 전열면적이 크고 고압 대용량에 쓰이지만 물과 배관의 접촉 면적이 넓어서 스케일형성이 많아서 고도의 수처리가 필요하다.

003 다음 각종 보일러에 대한 설명 중 틀린 것은?
① 주철제 보일러는 일명 섹셔널 보일러라 한다.
② 노통연관 보일러는 수관식에 비하여 제작비가 고가이다.
③ 수관식 보일러는 부하변동에 따라 증기압력변화가 크다
④ 관류 보일러는 하나의 긴 관에서 예열, 가열, 증발, 과열 중기를 얻는다.

■ 수관식은 수관의 복잡한 구조로 제작이 어려우나 열효율은 우수하고, 보유수량이 적어 부하변동에 따라 증기압력변화가 크다. 노통연관식에 비하여 고가이다.

004 보일러의 상당 증발량을 바르게 설명 한 것은?
① 보일러에서 실제로 발생한 증기량이다.
② 보일러에서 발생하는 증기량을 표준상태(100℃)의 증기량으로 환산한 값이다.
③ 급수 엔탈피 값이 클수록 상당증발량은 커진다.
④ 상당 증발량은 항상 실제 증발량보다 작다.

■ 상당 증발량이란 보일러 발생열(출력)을 100℃ 증기량(증발잠열 2,257kJ/kg)으로 환산한 것이다.

해답 1.② 2.③ 3.② 4.②

005 보일러의 상용출력을 바르게 표시한 것은?
① 상용출력=난방부하+급탕부하
② 상용출력=난방부하+급탕부하+배관부하
③ 상용출력=난방부하+급탕부하+배관부하+예열부하
④ 상용출력=난방부하+급탕부하+정격출력

■ 상용출력=난방부하+급탕부하+배관부하
  정격출력=난방부하+급탕부하+배관부하+예열부하

006 보일러의 성능을 표시하는 정격출력이란 무엇인가?
① 난방부하+배관부하
② 난방부하+급탕부하+예열부하
③ 난방부하+급탕부하+배관부하+과부하
④ 난방부하+급탕부하+배관부하+예열부하

■ 보일러의 용량을 표시하는 방법은 상용출력과 정격출력이 있으며
▶ 상용출력=난방부하+급탕부하+배관부하
▶ 정격출력=난방부하+급탕부하+배관부하+예열부하
▶ 과부하출력=난방부하+급탕부하+배관부하+과부하

007 보일러 연소장치에서 연료유에 적정량의 물을 연속적으로 첨가하여 연소시킴으로써 완전 연소를 촉진시키고 공해 물질의 발생을 방지하는 집진 방식은 다음 중 어느 것인가?
① 사이클론식
② 물 주입식
③ 세정식
④ 자석식

■ 석유계열의 연료에 물을 혼합 에멀전(물 주입식)을 형성시키면 연소면적이 증가하여 완전연소를 촉진시킨다.

008 냉동기 용량이 동일할 때 냉각수량을 가장 많이 필요로 하는 냉동기는?
① 왕복동식
② 터보식
③ 스크류식
④ 흡수식

■ 흡수식 냉동기는 발생기(재생기)의 가열량 때문에 증기압축식에 비하여 응축기부하가 50% 정도 증가하며 냉각수량도 그만큼 증가된다.

009 증기압축식 냉동기의 주요 구성장치 중에서 우리가 이용하고자 하는 냉수나 차가운 공기를 실제로 만드는 부분은?
① 압축기
② 응축기
③ 팽창장치
④ 증발기

■ 증발기에서 냉수가 만들어지며(칠러) 응축기에서 제거된 열은 냉각수를 통해 냉각탑에서 대기 중으로 열을 방출한다.

010 직교류형 냉각탑의 특징을 대향류형 냉각탑의 특징과 비교하여 설명한 내용 중 옳지 않은 것은?
① 직교류형 냉각탑은 높이가 낮아 보수점검이 용이하다.
② 직교류형 냉각탑은 냉각탑의 높이가 낮다.
③ 직교류형 냉각탑은 탑내 기류분포가 나쁘다.
④ 직교류형 냉각탑은 수조내 수온이 일정하다.

■ 기계식 냉각탑은 평행류형, 직교류형과 대향류형으로 나누어지며 일반적으로 대향류형이나 직교류형을 적용한다. 직교류형은 높이가 낮아 미관이 간결하고 배치가 용이하며 보수가 용이하나 물과 기류가 직교하면서 접촉길이가 짧아 기류분포가 나쁘고 냉각능력이 떨어지며 수조 내 온도분포가 나쁘다.

011 수냉식 냉각탑의 순환수량 L(kg/h)을 구하시오.(단, 냉각탑 쿨링랜지는 5℃이며, 쿨링어프로치는 8℃이다. 물비열은 4.19kJ/kgK, 응축기 냉각 열량은 160,000kJ/h이다.)
① 약 3,830L/h ② 약 4,750L/h
③ 약 7,640L/h ④ 약 9,660L/h

■ 냉각탑에서 q=WCΔt이며
$$W = \frac{q}{C(tw_1-tw_2)} = \frac{160,000}{4.19 \times 5} = 7,637 kg/h = 7,637 L/h$$
냉각탑에서 쿨링랜지가 입출구 온도차이며 냉각능력은 이온도차를 적용한다. 쿨링어프로치는 입구공기습구온도와 출구수온 온도차이며 냉각탑 냉각효율을 판단하는 지표이다.

012 냉각탑 설치 시 고려해야 할 사항 중 옳지 않는 것은?
① 설치장소는 통풍이 잘 될 것
② 냉각탑에서 배출된 공기가 다시 냉각탑 내로 흡입되지 않도록 할 것
③ 측벽과 냉각탑의 간격은 적어도 냉각탑 높이의 1/2 이하로 이격할 것
④ 연소가스를 흡입하지 않도록 굴뚝 정상과의 거리는 가능한 떨어지게 설치할 것

■ 냉각탑 주변의 통풍을 양호하게 하기 위하여 측벽과 냉각탑의 간격은 냉각탑 높이의 1/2 이상 이격이 필요하다.

013 흡수식 냉동기에 관한 다음 기술 중 가장 적당한 것은?
① 흡수식 냉동기의 냉동사이클은 압축 → 응축 → 증발 → 팽창의 순이다.
② 흡수식 냉동기는 압축식 냉동기에 비해 소음진동이 적다.
③ 설비비의 면에서는 압축식 냉동기가 흡수식에 비해서 불리하다.
④ 흡수식 냉동기는 전기가 주에너지원이다.

■ ▶ 흡수식 냉동기는 증발기, 흡수기, 재생기, 응축기의 4가지로 구성되고 압축기가 없어서 소음이 적다.
▶ 동일한 용량의 냉동기에서 설비비는 흡수식이 더 많이 소요된다.
▶ 흡수식 냉동기는 에너지원으로 외부에서 공급하는 증기나 고온수 또는 직접 연소열(직화식)을 사용하며, 왕복동식은 전기가 주에너지원이다.

해답 10.④ 11.③ 12.③ 13.②

014 흡수식 냉동기에서 동작물질로 물과 LiBr을 사용할 때의 냉매는?
① LiBr
② H_2O
③ NH_3
④ $LiBr-H_2O$

■ 공조용(냉매 : H_2O, 흡수액 : LiBr), 산업용(냉매 : NH_3, 흡수액 : H_2O)

015 흡수식 냉동기의 구성기기가 아닌 것은?
① 응축기
② 재생기
③ 증발기
④ 압축기

■ 흡수식 냉동기는 증발기 → 흡수기 → 재생기(고온 재생기-저온 재생기) → 응축기로 구성되며 압축기는 증기 압축식 냉동기에 있다.

016 냉동기에 관한 설명으로 옳은 것은?
① 터보식 냉동기보다 흡수식 냉동기가 성적계수와 운전비면에서 유리하다.
② 흡수식 냉동기는 증발기, 흡수기, 재생기(또는 발생기), 응축기의 4가지로 구성된다.
③ 원심식 냉동기는 에너지원으로써 증기를 이용한다.
④ 기계압축식 냉동기가 흡수식 냉동기에 비해 일반적으로 보수관리가 용이하다.

■ 냉동기는 크게 증기 압축식 냉동기와 흡수식 냉동기로 나누어지며 증기 압축식 냉동기는 압축기 종류에 따라 다시 터보식, 왕복동식, 스크류식, 회전식, 스크롤식으로 나눈다.
▶ 터보식(원심식) 냉동기는 성적 계수가 우수하여 흡수식 냉동기보다 운전비가 적게 드나 전력 소비가 커서 대형 냉동기는 여름철 전력 수급상 적용을 억제한다.
▶ 흡수식 냉동기 4대 구성요소는 증발기, 흡수기, 재생기, 응축기이다.
▶ 원심식 냉동기는 에너지원이 전기이고 흡수식 냉동기 에너지원이 증기나 고온수를 사용한다.
▶ 기계압축식 냉동기는 기계적 요소가 많고 복잡하므로 보수관리가 어렵다.

017 냉동기의 성적계수에 관한 설명 중에서 옳지 않은 것은?
① 일반적으로 냉동기의 성적계수는 1보다 크다.
② 냉동기의 냉동능률은 성적계수 값이 클수록 좋아진다.
③ 냉동기의 성적계수는 증발온도가 낮을수록 커진다.
④ 냉동기의 성적계수는 응축온도가 커질수록 작아진다.

■ 냉동기의 성적계수는 증발온도가 낮고 응축온도가 높을수록 압축일량이 증가하기 때문에 작아진다.

018 빙축열 시스템의 제빙방식에 의한 분류에서 정적제빙형이 아닌 것은?
① 관내착빙형
② 캡슐형
③ 액체식 빙생성형
④ 관외착빙형

■ 일반적으로 빙축열 시스템은 정적제빙형으로 관외착빙형(아이스온코일형), 관내착빙형, 캡슐형, 아이스랜즈형 등이 있으며, 슬러리형태(얼음물)의 액체식 빙생성형은 동적 제빙형에 속한다.

해답 14.② 15.④ 16.② 17.③ 18.③

019 공기조화 설비 구성 요소 중 틀린 것은?
① 열원기기 : 보일러, 냉동기
② 공기조화기 : 에어필터, 가열기, 가습기
③ 공기 반송장치 : 에어와셔, 송풍기, 덕트
④ 제어장치 : 서모스탯, 전동모터

■ 에어와셔는 공기를 가열, 가습, 냉각, 감습 등을 수행하는 공기조화기이다.

020 열이용 방법에 의한 냉동원리에 속하지 않는 것은?
① 융해잠열 이용   ② 증발잠열 이용
③ 승화잠열 이용   ④ 주울의 법칙에 의한 전기열 이용

■ 냉동은 대부분 증발잠열을 이용하고 펠티어 효과에 의한 전자 냉동법이 있다. 주울의 법칙에 의한 전기열 이용은 가열장치에 이용된다.

021 냉동방법 중 증발잠열을 이용하는 것이 아닌 것은?
① 흡수식   ② 증기압축식
③ 공기압축식   ④ 증기분사식

■ 공기압축식은 공기의 압축 – 냉각 – 팽창 과정의 저온의 현열을 이용한다.

022 증기압축 냉동 사이클을 구성하고 있는 다음의 구성요소의 기기들 중에서 냉매의 엔탈피가 일정값을 유지하는 곳은 어디인가?
① 압축기   ② 응축기
③ 증발기   ④ 팽창밸브

■ 냉동 사이클의 구성
① 증발과정 : 엔탈피 증가   ② 압축과정 : 엔탈피 증가, 엔트로피 일정
③ 응축과정 : 엔탈피 감소   ④ 팽창과정 : 엔탈피 일정

023 다음 그림은 응축기의 방열을 이용하는 히트 펌프 사이클의 이론 p-i 선도이다. 히트펌프 성적계수 정의로 옳은 것은?

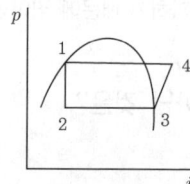

① $\dfrac{(i_4-i_3)}{(i_4-i_1)}$ ② $\dfrac{(i_4-i_1)}{(i_4-i_3)}$

③ $\dfrac{(i_3-i_2)}{(i_4-i_3)}$ ④ $\dfrac{(i_4-i_3)}{(i_3-i_2)}$

■ 히트펌프는 응축기 방열량을 이용하므로 성적계수는 압축일에 대한 응축기 방열량이다.

$$COP_h = \frac{q_H}{AW} = \frac{(h_4-h_1)}{(h_4-h_3)}$$

해답 19.③ 20.④ 21.③ 22.④ 23.②

024 증기압축식 냉동기에 대한 설명 중 틀린 것은?

① 4대 구성 장치는 압축기, 증발기, 응축기, 수액기이다.
② 응축기에서는 고압증기 냉매가 액화하면서 열을 방출한다.
③ 증발기에서는 냉매액이 증발하면서 주위 증발잠열을 이용하여 냉동효과를 얻는다.
④ 응축기의 방열량은 증발기 흡수 열량 과 압축동력의 합과 같다.

■ 증기압축식 냉동기 4대 구성요소는 압축기, 응축기, 팽창밸브, 증발기이다.

025 흡수식 냉동기에 대한 설명 중 잘못 된 것은?

① 증발잠열을 이용한 냉동기이다.
② 발생기에서는 고온 증기에 의한 가열이나 가스 연소열에 의한 가열이 이루어진다.
③ 냉매는 리튬브로마이드(LiBr), 흡수제는 물(H_2O)의 조합이 이용된다.
④ 흡수기 에서는 냉각수를 사용하여 냉각시킨다.

■ 냉매와 흡수제의 조합은 냉매(NH_3)+흡수제(H_2O)와 냉매(H_2O)+흡수제(LiBr)가 많이 이용된다.

026 다음 중 열펌프 성능 계수 COP_h와 냉동기 성능 계수 COP와의 관계를 바르게 나타낸 것은?

① $COP_h = 1 - COP$
② $COP_h = 1 + COP$
③ $COP_h = COP - 1$
④ $COP_h \times COP = 1$

■ $COP_h = \dfrac{\text{응축 방열}}{\text{압축일}} = \dfrac{\text{증발열}+\text{압축일}}{\text{압축일}} = \dfrac{\text{증발열}}{\text{압축일}} + \dfrac{\text{압축일}}{\text{압축일}} = COP + 1$

027 다음 공조설비에 대한 설명 중 가장 거리가 먼 것은?

① 1냉동톤(RT)은 0℃, 1,000kg의 물을 1시간 동안 0℃의 얼음으로 만드는 냉동능력을 말한다.
② 엔탈피는 공기조화에 있어서 공기가 갖는 현열과 잠열의 합계를 말하며 전열량이라고도 한다.
③ 열용량은 비열과 무게의 곱을 말하며, 단위는 kJ/K이다.
④ 노점온도는 공기가 냉각될 때 공기 중의 수증기가 응축하기 시작하는 온도이다.

■ 1냉동톤은 0℃ 1ton 물을 24시간 동안에 0℃ 얼음으로 만드는 능력으로 1RT=3.86kW이다.

028 1USRT와 1냉동톤(RT)을 바르게 나열한 것은?

① 1USRT=3.52kW, 1RT=3.86kW
② 1USRT=3.86kW, 1RT=3.52kW
③ 1USRT=3.52kJ/h, 1RT=3.86kJ/h
④ 1USRT=3.86kJ/h, 1RT=3.52kJ/h

■ 1USRT=3.52kW, 1RT=3.86kW, 1USRT가 1RT보다 작다.

029 냉각탑(cooling tower)에 대한 설명 중 잘못된 것은?
① 냉각탑은 응축기에서 냉각수가 제거한 열을 공기 중에서 방열하는 것이다.
② 냉각탑 용량은 증발기 냉동능력과 같다.
③ 쿨링레인지는 냉각탑에서의 냉각수 입·출구 수온차이다.
④ 보급 수량은 증발 수분량과 비산량 그리고 블로우 다운량을 합한 것이다.

■ 냉각탑 용량은 응축부하와 같으며 냉동능력과 압축기 동력의 합이다. 비산은 증발되지 않고 날라가는 양이며 블로우 다운(blow down)은 오염된물을 버리는 양이다.

030 냉각탑에서 쿨링어프로치란 무엇인가?
① 냉각수 입구수온-외기 습구온도
② 냉각수 출구수온-입구외기 습구온도
③ 냉각수 입구수온-냉각수출구 수온
④ 외기습구 온도-냉각수입구 온도

■ 이론적으로 냉각수 출구 수온은 입구 공기 습구온도까지 냉각될 수 있어서 이들이 얼마나 접근했는가를 어프로치라 하고 어프로치가 작을수록 냉각탑 효율이 좋은 것이다. 냉각수 입출구 수온차는 쿨링랜지이다.

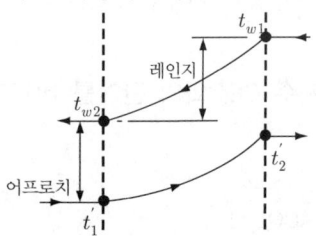

tw1, tw2 : 냉각수 입·출구 수온
t1′, t2′ : 외기(입구공기) 습구온도, 냉각탑 출구 습구온도

031 열펌프에 대한 설명 중 옳은 것은?
① 열펌프는 펌프를 가동하여 열을 내는 기관이다.
② 열펌프의 성적계수는 냉동기 성적계수보다 1 작다.
③ 열펌프는 증발기에서 내는 열을 이용한다.
④ 열펌프는 응축기에서의 방열을 온열원(난방)으로 이용하는 것이다.

■ 열펌프는 응축기의 방열을 난방으로 이용하며 냉동기 성적계수보다 1 크다.

032 다음 중 수관식 보일러 특성과 가장 가까운 것은?
① 지름이 큰 동체를 몸체로 하여 그 내부에 노통과 연관을 동체 축에 평행하게 설치하고, 노통을 지나온 연소가스가 연관을 통해 연도로 빠져나가도록 되어있는 보일러이다.
② 상부 드럼과 하부 드럼 사이에 작은 구경의 많은 수관을 설치한 구조로 고온 및 고압에 적당하고 발생열량이 크며, 용량에 비하여 크기가 작아 설치면적이 적고 전열면적은 넓어서 효율이 매우 높다.
③ 드럼없이 수관만으로 설계한 강제순환식 보일러로 급수가 공급될 때 수관의 예열부 → 증발부 → 과열부를 순차적으로 통과하면서 증기가 발생하게 된다.
④ 보일러 내부가 진공상태로 유지되면서 화염으로부터 열을 받아 온수를 가열해 주는 열매체로 물을 사용하며 정상적인 상태에서는 열매의 손실은 없다.

■ ①-노통연관 보일러, ③-관류보일러, ④-진공식 온수보일러

해답 29.② 30.② 31.④ 32.②

033 10냉동톤의 능력을 갖는 역카르노 사이클이 적용된 냉동기의 고온부 온도가 25℃, 저온부 온도가 -20℃일 때, 이 냉동기를 운전하는데 필요한 동력은?(단, 1RT= 3.86kW이다.)

① 1.8kW
② 3.1kW
③ 6.9kW
④ 9.4kW

■ COP= $\dfrac{Q_2}{W}=\dfrac{T_2}{T_1-T_2}$ 에서 역카르노사이클 성적계수는

COP= $\dfrac{T_2}{T_1-T_2}=\dfrac{-20+273}{25-(-20)}=5.62$

$W=\dfrac{Q_2}{COP}=\dfrac{10\times3.86}{5.62}=6.9kW$

034 공기조화 설비에 사용되는 냉각탑에 관한 설명으로 옳은 것은?

① 냉각탑의 어프로치는 냉각탑의 입구 수온과 그때의 외기 건구온도와의 차이다.
② 강제통풍식 냉각탑의 어프로치는 일반적으로 약 5℃정도이다.
③ 냉각탑을 통과하는 공기량(kg/h)을 냉각탑의 냉각수량(kg/h)으로 나눈 값을 수공기비라 한다.
④ 냉각탑의 쿨링레인지는 냉각탑의 출구 공기온도와 입구 공기온도의 차이다.

■ 냉각탑의 어프로치는 냉각탑의 출구 수온과 그때의 외기 습구온도와의 차이며, 강제통풍식 냉각탑의 어프로치와 쿨링레인지는 일반적으로 약 5℃ 정도이다. 냉각탑의 냉각수량(kg/h)과 냉각탑을 통과하는 공기량(kg/h)의 비를 수공기비라 하며, 냉각탑의 쿨링레인지는 냉각탑의 입출구 냉각수 온도의 차이다.

035 다음 중 보일러 부속품으로 가장 거리가 먼것은?

① 압력계
② 수면계
③ 고저수위경보장치
④ 차압계

■ 차압계는 공조기에서 필터 오염에 따른 필터 전후단 압력차를 측정하는 계기로서 필터 교체(세정) 시기를 알 수 있는 계기이다.

036 냉동용 스크루 압축기에 대한 설명으로 틀린 것은?

① 왕복동식에 비해 체적효율과 단열효율이 높다.
② 스크루 압축기의 로터와 축은 일체식으로 되어 있고, 구동은 수 로터에 의해 이루어진다.
③ 스크루 압축기의 로터 구성은 다양하나 일반적으로 사용되고 있는 것은 수 로터 4개, 암 로터 4개 조합을 가장 많이 사용한다.
④ 흡입, 압축, 토출과정인 3행정으로 이루어진다.

■ 스크루 압축기는 깊은 홈이 있는 여러 개의 치형을 갖는 수 로터(male rotor)와 암 로터(female rotor)로 구성되어 있고 최근 널리 사용되고 있는 치형 조합은 수 로터의 잇수+암 로터의 잇수 조합이 4+5, 4+6, 5+6, 5+7 Profile 등이 있다.

037 기계적인 냉동방법 중 물을 냉매로 쓸 수 있는 냉동방식이 아닌 것은?

① 증기분사식　　　　　　② 공기압축식
③ 흡수식　　　　　　　　④ 진공식

■ 공기압축식 냉동방법은 공기의 압축과 팽창을 이용한 냉동법으로 공기를 냉매로 사용하다.

038 냉동기 운전 중 응축압력이 상승하는 경우 원인으로 가장 거리가 먼 것은?

① 응축기 냉각수 유량이 부족하거나 온도가 높다.
② 냉각수 계통에 공기가 있다.
③ 응축기내 튜브가 오염되었다.
④ 냉매계통에 냉매액의 존재

■ 응축기에서 응축압력이 상승하는 원인은 응축이 불량하기 때문이다. 냉매계통에 냉매액의 존재는 정상적인 운전으로 응축이 양호하다는 의미이며 응축이 양호하면 응축압력은 상승하지 않는다. 냉매계통에 불응축가스가 존재하는 경우 응축압력은 상승할 수 있다.

039 냉동장치의 부속기기에 관한 설명으로 옳은 것은?

① 드라이어 필터는 프레온 냉동장치의 흡입배관에 설치해 흡입증기 중의 수분과 찌꺼기를 제거한다.
② 수액기의 크기는 장치내의 냉매순환량만으로 결정한다.
③ 운전 중 수액기의 액면계에 기포가 발생하는 경우는 다량의 불응축가스가 들어있기 때문이다.
④ 프레온 냉매의 수분 용해도는 작으므로 액 배관 중에 건조기를 부착하면 수분제거에 효과가 있다.

■ ① 드라이어 필터는 프레온 냉동장치의 냉매 액관에 설치해 냉매 중의 수분과 찌꺼기를 제거한다.
② 수액기의 크기는 장치내의 냉매 충전량으로 결정하고 수리할 때에 냉매액의 대부분을 회수할 수 있는 크기로 하고, 회수하는 용량은 내용적의 80% 이내로 한다.
③ 운전 중 수액기의 액면계에 기포가 발생하는 경우는 냉매의 일부의 증발현상 때문이다.

040 다음과 같은 특징을 가지는 보일러로 가장 알맞은 것은?

> 지름이 큰 동체를 몸체로 하여 그 내부에 노통과 연관을 동체 축에 평행하게 설치하여 연소실에서 화염은 1차적으로 노통 내부에서 열전달을 한 후 2차적으로 연소가스는 연관 속으로 흘러가면서 내부에 있는 보일러수와 열전달을 한 후 연도로 배출되는 구조이다.

① 주철제 보일러　　　　② 노통연관식 보일러
③ 수관식 보일러　　　　④ 캐스케이드 보일러

■ 노통연관식 보일러는 지름이 큰 동체를 몸체로 하여 그 내부에 노통과 연관을 동체 축에 평행하게 설치하여 연소실에서 화염은 1차적으로 노통 내부에서 열전달을 한 후 2차적으로 연소가스는 연관 속으로 흘러가면서 내부에 있는 보일러수와 열전달을 한 후 연도로 배출되는 구조이다.

041 표준 냉동 사이클에서 팽창밸브를 냉매가 통과하는 동안 변화되지 않는 것은?
① 냉매의 온도　　　　　　　② 냉매의 압력
③ 냉매의 엔탈피　　　　　　④ 냉매의 엔트로피

■ 표준 냉동장치에서 팽창밸브의 냉매 통과 과정은 교축팽창과정으로 엔탈피 변화가 없고 온도는 하강하고 엔트로피는 약간 상승한다.

042 수관식 보일러에 관한 설명으로 틀린 것은?
① 보일러의 전열면적이 넓어 증발량이 많다.
② 고압의 증기를 얻기에 적당하다.
③ 설계과정에서 비교적 자유롭게 전열 면적을 넓힐 수 있다.
④ 구조가 간단하여 내부 청소가 용이하다.

■ 수관식 보일러는 구조가 복잡하여 내부 청소가 어렵고 고도의 수처리가 필요하다.

043 냉동부하가 30RT이고, 냉각장치의 열통과율이 7W/m²K, 브라인의 입·출구 평균 온도 10℃, 냉매의 증발온도가 4℃일 때 냉각장치 전열면적은?
① 1,825m²　　　　　　　　② 2,757m²
③ 2,932m²　　　　　　　　④ 3,123m²

■ 냉각능력 $Q_2 = KA\Delta t$ 에서

전열면적 $A = \dfrac{Q_2}{K\Delta t} = \dfrac{30 \times 3.86 \times 10^3}{7 \times (10-4)} \fallingdotseq 2,757[m^2]$

여기서, Q_2 : 냉동능력[W]
　　　　K : 열통과율[W/m²K]
　　　　Δt : 브라인 입·출구 평균온도와 증발온도차

위 계산식에서 냉동능력과 열통과율은 단위를 W나 kW로 통일해야 하며, 분자에 10^3을 곱하여 W로 환산하였다.

044 다음과 같은 특징을 가지는 보일러로 가장 알맞은 것은?

> 드럼없이 수관만으로 설계한 강제순환식 보일러로 급수가 공급될 때 수관의 예열부→증발부→과열부를 순차적으로 통과하면서 증기가 발생하며 수관만으로 이루어져 있기 때문에 고압에 잘 견디고 관을 자유로이 배치할 수 있어 전체를 소형화하여 제작할 수 있어서 최근에 일반건물에서 소규모의 건물 난방, 급탕용이나 식당의 주방, 상가의 증기 공급용으로 주로 사용되고 있다.

① 주철제 보일러　　　　　　② 노통연관식 보일러
③ 수관식 보일러　　　　　　④ 관류 보일러

■ 관류보일러는 드럼없이 수관만으로 설계한 강제순환식 보일러로 급수가 공급될 때 수관의 예열부→증발부→과열부를 순차적으로 통과하면서 증기가 발생하며 전체를 소형화하여 제작할 수 있어서 최근에 일반건물에서 소규모의 건물 난방, 급탕용이나 식당의 주방, 상가의 증기 공급용으로 주로 사용되고 있다.

해답　41.③　42.④　43.②　44.④

045 흡수식 냉동기에 관한 설명으로 옳은 것은?

① 초저온용으로 사용된다.
② 비교적 소용량보다는 대용량에 적합하다.
③ 열교환기를 설치하여도 효율은 변함없다.
④ 물 – LiBr식에서는 물이 흡수제가 된다.

■ ① 흡수식 냉동기는 냉매로 주로 물을 사용하므로 0℃ 이하에서는 사용할 수 없다. 암모니아(NH3)를 냉매로 사용하는 공업용 흡수식 냉동기도 암모니아의 대기압에서의 비등점이 −33.3℃로 초저온용으로는 사용할 수 없다.
③ 흡수식 냉동기는 효율이 낮은 냉동기로 효율을 높이기 위해 각종 열교환기를 이용하고 있다.
④ 물 – LiBr식에서는 물이 냉매, LiBr(취화리튬)이 흡수제이다.

046 냉각수 입구온도 33℃, 냉각수량 800L/min인 응축기의 냉각면적이 100㎡, 그 열통과율이 870W/㎡K이며, 응축온도와 냉각수온도의 평균온도 차이가 6℃일 때, 냉각수의 출구온도는?(단 냉각수 비열 4.2[kJ/kgK])

① 36.5℃   ② 38.9℃
③ 42.3℃   ④ 45.5℃

■ 응축기 방열량 Q_1
$Q_1 = mC(t_{w2} - t_{w1}) = KA\triangle t_m$ 에서 응축기 열량을 구하면
$Q_1 = KA\triangle t_m = 870 \times 100 \times 6 = 522{,}000W = 522kW$
냉각수량기준 $Q_1 = mC(t_{w2} - t_{w1}) = mC\triangle t$에 대입하면

$$\triangle t = \frac{Q_1}{mC} = \frac{522}{\left(\frac{800}{60}\right) \times 4.2} = 9.32℃$$

∴ 냉각수 출구온도=33+9.32=42.32℃

여기서, m : 냉각수량 [L/s]
C : 냉각수 비열 4.2[kJ/kgK]
t_{w1}, t_{w2} : 냉각수 입구 및 출구 온도[℃]
K : 열통과율[W/㎡K]
A : 전열면적[㎡]
$\triangle t_m$: 응축온도와 냉각수 온도와의 평균온도차[℃]

047 냉각탑에서 응축기로 물을 보내기 위한 배관의 명칭은 무엇인가?

① 냉각수 공급관   ② 냉각수 환수관
③ 냉수 공급관   ④ 냉수 환수관

■ ▶ 냉각수 공급관 : 냉각수는 응축기와 냉각탑을 순환하는 것으로 응축기 기준으로 냉각탑에서 응축기로 가는 관이 냉각수 공급관
▶ 냉각수 환수관 : 응축기에서 냉각탑으로 환수되는 냉각수관이 환수관
▶ 냉수 공급관 : 냉동기에서 공급 햇다(부하측)로 나가는 냉수관
▶ 냉수 환수관 : 리턴 햇다(부하측)에서 냉동기로 들어오는 관

해답 45.② 46.③ 47.①

048 다음 그림에서 나타낸 배관시스템 계통도는 냉방설비의 어떤 열원방식을 나타낸 것인가?

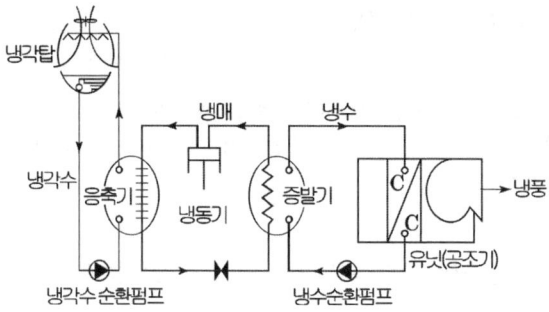

① 냉수를 냉열매로 하는 열원방식   ② 가스를 냉열매로 하는 열원방식
③ 증기를 온열매로 하는 열원방식   ④ 고온수를 온열매로 하는 열원방식

■ 냉동기(칠러)에서 냉수를 생산하여 공조기에 공급하여 냉각코일에서 냉풍을 생산하여 급기하는 냉방설비이다.

049 하나의 장치에서 4방밸브를 조작하여 냉·난방 어느 쪽으로도 사용할 수 있는 공기조화용 장치를 무엇이라고 하는가?

① 열펌프   ② 냉각펌프
③ 원심펌프   ④ 왕복펌프

■ 열펌프(Heat Pump)는 냉동기를 이용하여 냉난방을 할 수 있는 장치로 최근에 많이 이용된다. 전기방식은 EHP, 가스방식은 GHP라한다.

050 공조설비에 사용되는 일반적인 직교류형 및 대향류형 냉각탑에 관한 설명으로 가장 거리가 먼 것은?

① 직교류형은 물과 공기 흐름이 직각으로 교차한다.
② 직교류형은 냉각탑의 충진재 표면적이 크다.
③ 대향류형 냉각탑의 효율이 직교류형보다 나쁘다.
④ 대향류형은 물과 공기 흐름이 서로 반대이다.

■ 대향류형 냉각탑이 공기와 물의 접촉시간이 길어서 효율이 직교류형보다 좋다.

051 이론적인 냉동사이클을 기준으로 한 냉동장치의 작동에 관한 설명으로 옳은 것은?

① 냉동능력을 크게 하려면 압축비를 높게 운전하여야 한다.
② 팽창밸브 통과 전후의 냉매 엔탈피는 변하지 않는다.
③ 냉동장치의 성적계수 향상을 위해 압축비를 높게 운전하여야 한다.
④ 대형 냉동장치의 암모니아 냉매는 수분이 있어도 아연을 침식시키지 않는다.

■ ① 동일한 조건에서 압축비가 증대하면 체적효율 감소로 냉매 순환량이 감소하여 냉동능력은 감소한다.
③ 압축비가 상승하면 소요동력의 증대에 의해 냉동장치의 성적계수는 감소한다.
④ 암모니아 냉매는 수분이 혼입하면 냉동기유의 유화(乳化)나, 금속재료의 부식의 원인이 된다.

해답 48.① 49.① 50.③ 51.②

052 수냉식 응축기를 사용하는 냉동장치에서 응축압력이 표준압력보다 높게 되는 원인으로 가장 거리가 먼 것은?

① 공기 또는 불응축 가스의 혼입
② 응축수 입구온도의 저하
③ 냉각수량의 부족
④ 응축기의 냉각관에 스케일이 부착

■ 응축압력의 상승은 응축이 불량하다는 의미이며 응축수 입구온도의 저하는 수냉식 응축기에서 응축압력이 오히려 저하현상을 일으킨다. 따라서 수냉식 응축기를 사용하는 냉동장치의 응축압력이 높게 되는 원인과 가장 거리가 멀다.

053 조건을 참고하여 산출한 흡수식 냉동기의 성적계수는?

| ㉠ 응축기 냉각열량 : 20,000[kJ/h] | ㉡ 흡수기 냉각열량 : 25,000[kJ/h] |
| ㉢ 재생기 가열량 : 21,000[kJ/h] | ㉣ 증발기 냉동열량 : 24,000[kJ/h] |

① 0.88
② 1.14
③ 1.34
④ 1.52

■ 흡수식 냉동기의 성적계수 COP
$$COP = \frac{출력}{입력} = \frac{증발기\ 냉동열량}{재생기\ 가열량} = \frac{24,000}{21,000} = 1.14$$

054 어떤 냉매의 액이 30[℃]의 포화액 상태로 팽창밸브로 공급되어 증발기로부터 5[℃]의 포화증기가 되어 나올 때 1냉동톤당 냉매의 양[kg/h]은?(단, 5[℃]의 포화증기 엔탈피는 589.5[kJ/kg], 30[℃]의 포화액엔탈피는 450.6[kJ/kg]이다.)

① 100
② 50
③ 30
④ 20

■ $Q_2 = G \cdot q_2$ 에서 냉동효과는 증발기 출구−입구=5℃포화증기엔탈피−30℃포화액엔탈피
$$G = \frac{Q_2}{q_2} = \frac{3.86 \times 3,600}{589.5 - 450.6} = 100[kg/h]$$

055 다음과 같은 특징을 가지는 보일러로 가장 알맞은 것은?

주철을 주조 성형하여 1개의 섹션(쪽)을 각각 만들어 보일러 용량에 맞추어 여러 개의 섹션을 조립하여 사용하는 저압 보일러로 복잡한 구조 제작이 가능하고, 전열면적 크고 효율이 높아 주로 난방에 사용되며 증기 보일러와 온수 보일러가 있다.

① 주철제 보일러
② 노통연관식 보일러
③ 수관식 보일러
④ 관류 보일러

■ 주철제 보일러는 섹셔널 보일러(sectional boiler)라고도 하며, 주철을 주조 성형하여 1개의 섹션(쪽)을 각각 만들어 보일러 용량에 맞추어 약 5개 내지 18개 정도의 섹션을 조립하여 사용하는 저압 보일러로 주물 제작으로 복잡한 구조 제작이 가능하고, 전열면적이 크고 효율이 높아 주로 난방에 사용되며 증기 보일러와 온수 보일러가 있다.

056 다음 압축기의 종류 중 압축 방식이 다른 것은?

① 원심식 압축기　　② 스크류 압축기
③ 스크롤 압축기　　④ 왕복동식 압축기

■ 일반적으로 압축기는 용적식과 원심식으로 나누어지며
용적(체적)식 : 왕복식 압축기, 회전식 압축기, 스크류식 압축기, 스크롤식 압축기
원심식 : 원심식(turbo) 압축기

057 2원 냉동 사이클에서 중간열교환기인 캐스케이드 열교환기의 구성은 무엇으로 이루어져 있는가?

① 저온측 냉동기의 응축기와 고온측 냉동기의 증발기
② 저온측 냉동기의 증발기와 고온측 냉동기의 응축기
③ 저온측 냉동기의 응축기과 고온측 냉동기의 응축기
④ 저온측 냉동기의 증발기와 고온측 냉동기의 증발기

■ 2원 냉동 사이클의 목적은 저온측의 초저온을 이용하고자 함이며, 다음 그림과 같은 특성을 갖고 독립적으로 작동하는 고·저온 측 냉동사이클로 구성되는데, 저온측 냉동기의 응축기(④-①)가 고온측 냉동기의 증발기(②'-③')에 의해 냉각되도록 되어 있다. 이때 저온측 냉동기의 응축기와 고온측 냉동기의 증발기를 캐스케이드 열교환기라고 한다.

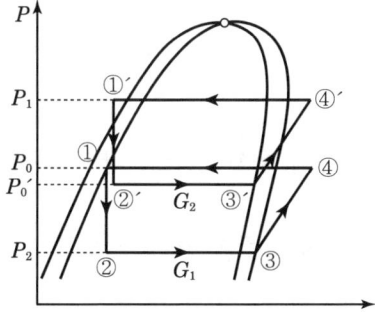

해답　56.①　57.①

제2편 | 공기조화설비 설계

제1장 공기조화기

1. 공기조화기 구성

공기조화기는 에어필터, 에어와셔, 가열코일, 냉각코일, 가습기, 송풍기 등으로 구성된다.

1) **에어필터**
   (1) **설치목적** 공기 중 매연, 부진, 가스 등 인체에 해로운 물질을 제거하기 위해 설치한다.
   (2) **집진원리** 중력집진, 관성력집진, 원심력집진, 세정집진, 여과집진, 전기집진, 음파집진
   (3) **종류**
   ① **점착식 여과기** 기름에 담근 글라스울, 금속울 등에 풍속 1.5m/s 정도로 통과시켜 여재표면에 점착되어 제거한다..
   ② **건식 여과기** 스폰지, 합성수지섬유 등 건조섬유층을 풍속 1m/s 정도로 통과시켜 여과한다.
   ③ **습식 여과기** 공기세정기라 하며 케이싱 안에 물을 분무시키고 공기를 통과시켜 여과한다.(먼지가스에 효과가 높다.)
   ④ **전기집진식** 공기 중의 입자를 대전시켜 다른 전극에 의해 부착시켜 제거한다.
   (4) **여과효율**

   $$여과효율(y) = \frac{C_1 - C_2}{C_1} \times 100(\%)$$

   C_1 : 여과기 입구 농도(mg/m³), C_2 : 여과기 출구 농도(mg/m³)

   (5) **여과기 성능검사법**
   ① 질량법 : 저성능필터(프리필터)에 적용한다.
   ② 비색법 : 중성능필터(미디엄필터)에 적용한다.
   ③ 계수법 : 고성능필터(HEPA, ULPA-초고성능)에 적용한다.

2) 에어와셔(공기세정기)

(1) **원리** 노즐에서 물방울을 분사 시키고 공기를 통과시켜 여과, 가열, 가습, 냉각, 감습 작용을 한다.

(2) **구조** 엘리미네이터, 플러딩노즐, 입구루버(분무압력 0.05MPa, 풍속 2.5~3.5m/s)

① **엘리미네이터** 물방울이 세정기 밖으로 빠져나가지 않게 한다.

② **플러딩노즐** 엘리미네이터의 먼지를 씻어 낸다.

③ **입구루버** 세정기 내의 유입공기를 평행하게 한다.

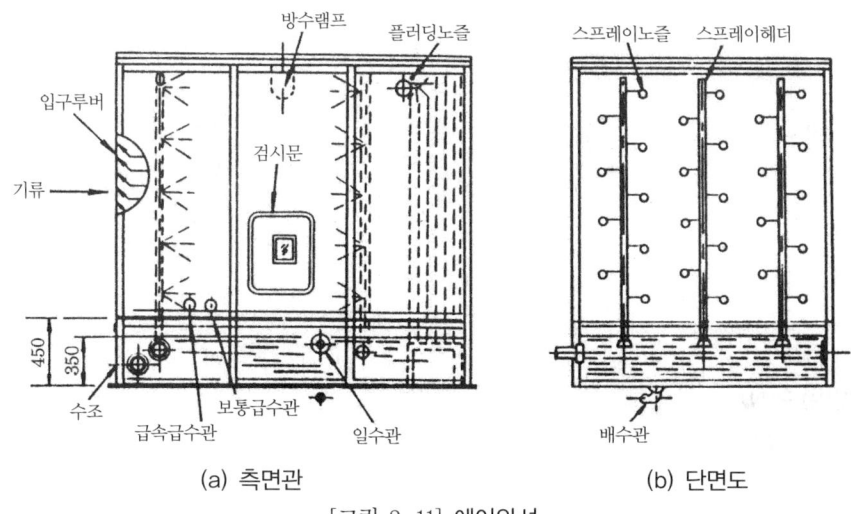

[그림 2-11] 에어와셔

3) 공기가열기(가열코일)

(1) **원리**

공기를 가열하기 위한 장치로 온수와 증기를 사용한다.(평행류, 향류, 직교류 등)
일반적으로 대향류에 이용한다.

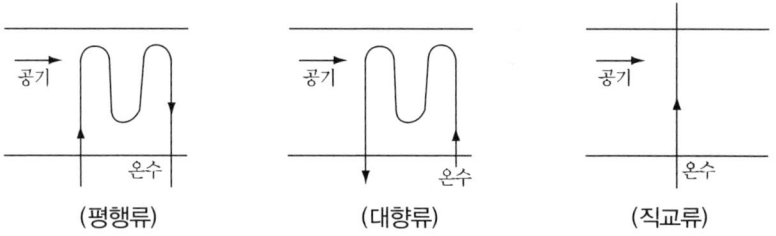

(2) **코일 통과 면적(A)**

$$A = \frac{Q}{V \times 3,600} = \frac{G}{1.2 \times 3,600 \times V} = \frac{G}{4,320 \times V}$$

Q : 풍량(m³/s), G : 풍량(kg/h), V : 풍속(m/s)(가열코일 : 3~4m/s, 냉각코일 : 2~3m/s)

(3) 코일전열면적(S)

$$S = \frac{q(1,000/3,600)}{K \cdot \Delta t}$$

q : 가열량(kJ/h), K : 열통과율(W/m²K), Δt : 공기-온수온도차

① **산술 평균 온도차** 공기 평균온도와 온수 평균온도와의 차
② **대수평균 온도차**(MTD)

$$MTD = \frac{\Delta 1 - \Delta 2}{\ln \frac{\Delta 1}{\Delta 2}}$$

$\Delta 1$: 출구 물의 온도-입구 공기 온도=$t_{w2}-t_1$
$\Delta 2$: 입구 물의 온도-출구 공기 온도=$t_{w1}-t_2$

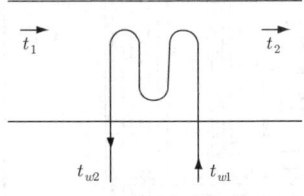

(4) 코일열수(N)

$q = K \cdot A \cdot MTD \cdot N$ 에서

$$N = \frac{q(1,000/3,600)}{K \cdot A \cdot MTD}$$

MTD : 공기, 열매의 대수평균온도차
A : 코일 1열당 전열면적(m²)
K : 열관류율(W/m²K)-전열면적에 대한 열관류율

4) 냉각코일

코일 표면온도가 공기노점온도보다 높은 건코일식과 노점온도보다 낮은 습코일식이 있다. 원리 및 기기용량산정은 가열코일과 같다.

5) 가습기, 감습기

(1) **가습방법(겨울철)** 공기세정기, 증기분무, 증발접시, 원심식가습기, 압축공기에 의한 물분무, 초음파가습기 등
  ▶ **수분무식** 원심식, 초음파식, 노즐분무식(물)
  ▶ **증기식** 전열식, 적외선식, 노즐분무식(증기)
  ▶ **기화식** 회전식, 모세관식, 적하식
(2) **감습방법(여름철)** 냉각코일 방법, 냉수분사 공기세정기, 실리카겔, 알루미나 등 고체 흡착제 이용방법과 액체 흡수제 이용방법이 있으나 주로 냉각코일 냉각제습법을 사용한다.

2. 공조기의 유지관리

1) 공조기 구성 및 구조

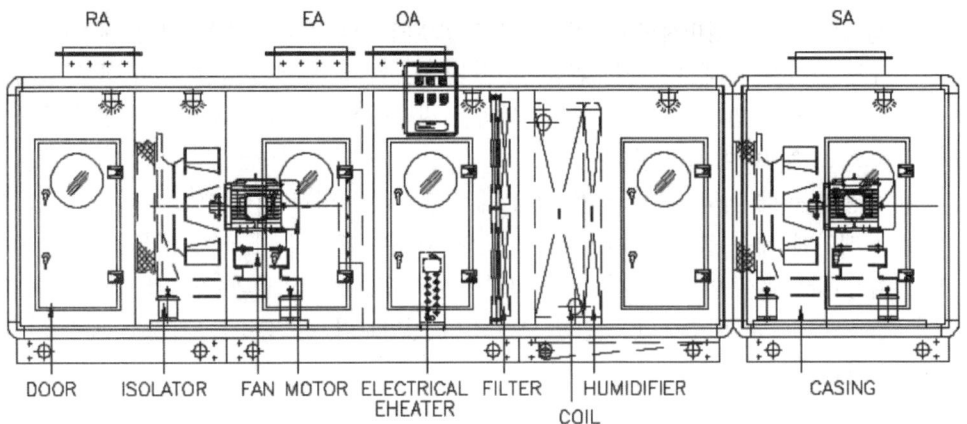

2) 공조기 구성요소별 특징

공조기는 일반적으로 케이싱, 송풍기(모터), 열교환기(코일), 가습기, 필터류, 댐퍼류, 드레인팬(트랩), 방진설비, 점검구 등으로 구성되며 그 특징과 관리 방법은 다음과 같다.

① **케이싱** 케이싱은 다양한 재료로 제작되며 최근에는 공장제작 현장 조립형을 주로 사용한다. 일반적으로 〈케이싱 외부강판+내부 보온재+다공판〉형식이 주로 사용된다.
② **베이스** C형강 + 이중 케이싱으로 바닥마감을 한다.
③ **드레인 팬** 스테인레스 스틸 강판으로 제작한다.
④ **프레임** 철제 프레임 형강 또는 각형관(Square Pipe)을 사용하며, 프레임 알루미늄 압출물(Sash) + 모서리 마감재(Conner)에 사용한다.
⑤ **송풍기** 원심식으로 다익형(Forward Curved 송풍기), 후곡익형(Backward Curved 송풍기) 익형(Air Foil 송풍기)을 주로 사용하고 축류식으로 고정익형이나 가변익형 송풍기를 사용한다.
⑥ **열교환기(Coil)** 냉수코일(Cooling Water Coil), 직팽코일(Direct Expasion Coil), 온수코일(Hot Water Coil), 증기코일(Steam Coil), 전기코일(Electric Coil)을 사용한다. 대부분 플레이트핀 코일형 열교환기를 사용하며, 동관 또는 강관에 알루미늄 박판을 압착한 것이다. 냉각과 가열을 병용하는 냉·온수 코일을 주로 사용한다.
⑦ **가습기(Humidifier)** 증기분사식, 인젝션형(Steam Injection), 그리드형(Steam Grid) 증발식, 기화식(Glass-Fiber), 물분무식이 있으나 주로 증기분사식을 사용한다.
⑧ **공기여과기(Ai rFilter)** 전처리 Filter(Pre)는 부직포를, 중간 Filter(Medium)는 Glass Fiber를, 고효율 Filter(Hepa)로 구성되며 필요에 따라 적합하게 조합한다. 일반 가정용 에어컨에는 Pre-Filter만 적용한다.
⑨ **댐퍼(Damper)** SA, RA, OA, EA용 댐퍼는 일반형, 정풍량형, Air Tight 등이 있다.
⑩ **기타 부속설비** 점검구, 방진설비 등이 있다.

3) 공조기 구성요소별 점검 사항

공조기 구성 요소 중 점검이 필요한 부분은 주로 코일, 송풍기, 댐퍼류, 드레인팬 배수불량 등이다.

(1) **냉·온 코일의 정비사항 및 방법** 냉각코일의 냉각능력 감소는 코일 내 잔여 공기가 유체 흐름을 방해하여 열교환을 저해하거나, 헤더 배관 구성상 튜브 상부 공기 잔류 또는 코일 전면에 오염으로 공기 통과를 방해하여 국부적으로 코일의 전열 효율 감소 등으로 점검하여 조치한다.

(2) **송풍기 풍량 저하** 필터 막힘(필터 세정 및 교환) 벨트 이완(벨트 장력 조정 및 교환)

(3) **드레인팬 배수 불량** 배수트랩 역류 및 응축수 배출이 안 되는 경우 트랩의 봉수 높이가 확보되지 않아, 드레인 팬 부분이 부압인 경우 외부의 공기가 기내로 역류하는 경우 배수 팬 배수구의 배관은 송풍기의 정압보다 큰 봉수를 가지는 배수용 트랩을 설치한다.

(4) **수격현상 발생** 관내를 물의 유속이 급격히 변화하여 워터해머 영향으로 코일파손 우려되는 경우 배관 내 유속을 낮추거나 수격압 흡수장치(WHC)를 급수배관 내에 설치한다.

(5) 기타 코일 핀 오염(핀 세정), 배관 내 스트레이너 막힘(점검 후 청소), 증기 코일 능력저하(공기가 우회(By-Pass) 될 경우 차단판 설치), 이상소음 발생(베어링 결함, 벨트 결함, 베어링부 구리스 주입 및 교환, 장력 조정) 베어링의 과열(정격하중과 한계회전속도 초과 시-정격베어링으로 교체, 정렬되지 않은 베어링 사용-정렬된 베어링 사용과 축의 평형도 확인) 등을 점검한다.

제2장 │ 펌프

1. 펌프 특성

(1) **왕복동펌프** 송수압 변동이 심함, 수량조절이 어렵다. 양수량이 적고 양정이 클 때 적합하다.(피스톤, 플런저, 워싱턴 펌프)

(2) **원심펌프** 고속회전에 적합하며, 양수량 조절이 용이하다. 양수량이 많고 고저양정에 사용한다.(일반적으로 볼류트 펌프는 저양정에, 터빈펌프는 고양정에 쓰인다.)

1) 왕복동펌프의 양수량(Q)

$$Q = A \cdot L \cdot N \cdot E_V$$

Q : 양수량(m^3/min), A : 피스톤단면적(m^2), L : 행정(m), N : 회전수(rpm), E_V : 용적 효율

2) 펌프의 전양정(HT)

전양정=흡입양정+토출양정+마찰손실수두+출구 측 수압수두

3) 펌프의 소요동력

$$kW = \frac{Q \times \gamma \times H}{60 \times 102 \times y} = \frac{Q \times \gamma \times g \times H}{60 \times 1000 \times y}$$

Q : 유량(m^3/min), γ : 비중량(kg/m^3), H : 전양정(m), y : 펌프효율

4) 비교회전도

비교회전도란 그 펌프와 유사한 펌프가 1m^3/min의 양수량에 대하여 1m의 양정을 가질 때 회전수(rpm)를 말한다. 비교회전도가 클수록 축류펌프에 속하며 작을수록 고양정 터빈펌프에 속한다.

$$N_s = N \cdot \frac{Q^{1/2}}{H^{3/4}}$$

N_s : 비회전도(rpm), N : 회전수(rpm), Q : 유량(m^3/min), H : 양정(m)

5) 유효흡입양정(NPSH)

물은 이론상 0℃에서 10.33m, 100℃에서 0m를 흡입양정으로 할 수 있지만 실제 상온에서 6~7m밖에 흡입할 수 없다. 그 이상에서는 캐비테이션(공동 현상)이 일어나 양수할 수 없다. 이때 흡입 가능한 높이를 유효흡입양정이라 한다.

(1) 펌프설비에서 얻어지는 유효흡입양정(NPSH)

$$NPSH = \frac{P_0}{\gamma} - (\frac{P_v}{\gamma} + Z + H_f)$$

P_0 : 대기압(kg/m²), γ : 비중량(kg/m³), P_v : 수온 포화증기 압력(kg/m²),
Z : 흡입양정(m), H_f : 흡입관 마찰 손실수두(m)

(2) 캐비테이션을 막기 위해서는 설비에서 얻어지는 유효 NPSH가 펌프의 필요 NPSH보다 커야 한다.
※ 유효NPSH ≥ 1.3 필요NPSH

6) 펌프 설치 시 주의사항
① 펌프와 전동기는 일직선상에 배치한다.
② 되도록 흡입양정을 낮춘다.(유효흡입양정-NPSH를 크게 한다.)
③ 흡입구는 수면위 관경의 2배 이상 잠기게 한다.
④ 소화펌프는 화재 시 불의 접근을 막도록 구획한다.

7) 펌프의 과부하 운전조건
① 원동기와 펌프의 연결이 불량할 때
② 이물질 유입 및 베어링 마모가 심할 때
③ 회전수가 증가할 때
④ 흡입양정이 감소할 때

2. 펌프 관리

1) 펌프 종류별 특징
펌프는 크게 2종류로 나누어지며 양수용의 급수펌프와 순환용의 순환펌프(라인펌프)로 나누어진다. 양수용(위생용 급수펌프, 보일러 급수펌프 등)은 양정이 큰 편이고 순환펌프(급탕 순환, 냉온수순환 등)는 양정이 작은 편이다.

2) 급수용 원심펌프 구조와 특징
(1) 수평형 및 수직형 원심펌프는 베드의 휨 또는 처짐이 발생하지 않도록 주의하여 기초 위에 수평 또는 수직으로 고정하고 기초볼트의 조임은 균일하여야 한다.
(2) 펌프와 모터와의 직결 주축은 정확하게 직선이 되도록 조정한다.
(3) 펌프는 지지대 위에 수평으로 설치하고 필요에 따라 방진기초를 한다.
(4) 라인형 원심펌프는 제조회사 설치기준에 따라 펌프축이 상호 수평 또는 수직이 되도록 설치하며 펌프 양단에 플랜지를 접속하는 배관은 강재 베드 등으로 지지한다.
(5) 펌프에 밸브 및 관을 부착할 때는 그 하중이 직접 펌프에 걸리지 않도록 충분히 지지한다.
(6) 펌프는 흡입수면 바닥 및 옆 벽면과 충분한 거리를 두어 공기흡입과 소용돌이 발생을

방지한다. 단, 거리는 펌프의 크기, 형식 등에 따라 달라지므로 펌프 제조회사와 사전에 충분히 협의하여야 한다.
(7) 토출관에 설치하는 게이트밸브 및 체크밸브는 조작이 용이한 위치에 부착한다.
(8) 펌프와 양수관은 플랜지 이음을 하여 분리하기 쉽게 한다.

3) 급수펌프 구성 부속품
① 보일러 급수펌프 부속품(예)

명칭	적용	수량
압력계		1개
공기빼기 콕		각 1개
배수용 콕		1개
축이음 보호용 덮개(강판제)		1조
상대플랜지		1식
방진장치	볼트, 너트, 패킹 붙임.	1식
기초볼트	특기에 따른다.	1식

4) 순환펌프 구조 및 특징
(1) 펌프는 전동기와 축이음으로 직결하여, 주철제 또는 강제의 공통베드에 설치한 것으로서 케이싱은 회 주철품, 임펠러 및 안내깃은 청동 주물 또는 회 주철품에 따른다.
(2) 펌프는 서어징이 없고 유류가 혼입되지 않는 구조로 하고, 운전이 원활히 되도록 하며, 각부의 진동은 경미하고 소음이 적으며, 물에 유류가 혼입되지 않는 것으로 한다. 그리고 온수 순환펌프의 축 받침 부분은 온수 온도에 의한 영향을 받지 않는 것으로 한다.
(3) 전동기와 펌프가 일체구조로 된 것으로 축봉부에 공기가 고이는 것을 방지하는 기능을 갖추고 수리 시에는 배관을 떼어내지 않고 분해 조립할 수 있도록 플랜지이음 등을 사용한다.

5) 순환펌프 부속품(예)
순환펌프 용량과 특징에 따라 추가, 생략될 수 있다.

명칭	적용	수량	
		개방 회로	밀폐 냉각수
게이트밸브		2개	2개
첵 밸브		1개	1개
스트레이너		1개	1개
압력계 또는 연성계		2개	2개
공기빼기 콕		1개	1개
배수용 콕(주철제 또는 강판제)		1개	1개
흡입구 덮개(주철제 또는 강판제)		1조	-
축이음 보호덮개(강판제)		1조	1조
상대 플랜지		1식	1식
방진 이음	볼트, 너트, 패킹 붙임.	2개	2개
방진 장치		1식	1식
기초볼트	특기에 따른다.	1식	1식

6) 펌프 설치 운영 시 점검사항

(1) 흡입 foot valve strainer의 설치 깊이를 검토한다.
　① 바닥면의 이물질 흡입방지를 위해 바닥면에서 최소 200mm 이격한다.
　② 소용돌이 등으로 인한 공기의 유입을 방지하기 위해 벽면에서는 3D(관경) 이상 이격시킨다.
(2) 흡입 배관은 부압이 형성되지 않는지 NPSH를 확인한다.
(3) 흡입배관은 펌프를 향해 1/50~1/100 상향구배를 유지하여 공기가 정체하지 않게 한다.
(4) 흡입배관 레듀샤는 편심레듀샤를 상부가 수평으로 설치한다.(저항은 가능한 한 적게 되도록 하고 필요시 한 치수 크게 할 것)
(5) 펌프의 맥동에 의한 진동, 소음이 우려될 경우 펌프 토출측 배관부분의 0.5~1.0m 정도 길이를 2치수 큰 배관으로 설치를 검토한다.
(6) 펌프 토출구로부터 15m까지는 방진 행가를 설치한다.

제3장 송풍기

1. 송풍기 분류

(1) **블로워** 토출정압 10kPa~100kPa
(2) **팬** 토출정압 10kPa 미만

2. 송풍기 계산식

(1) **송풍기전압** $Pa(P_T)$=송풍기정압+송풍기동압
(2) **송풍기 소요동력**

$$kW = \frac{Q \cdot P_T}{60 \times 1,000 \times y_T}$$

Q : 공기량(m^3/min), y_T : 전압효율, P_T : 송풍기전압(Pa)

(3) **송풍기상사법칙**

$$\frac{Q_2}{Q_1} = \left(\frac{N_2}{N_1}\right)\left(\frac{D_2}{D_1}\right)^3, \quad \frac{P_2}{P_1} = \left(\frac{N_2}{N_1}\right)^2\left(\frac{D_2}{D_1}\right)^2, \quad \frac{L_2}{L_1} = \left(\frac{N_2}{N_1}\right)^3\left(\frac{D_2}{D_1}\right)^5$$

Q : 풍량, N : 회전수, D : 직경, P : 정압, L : 동력

3. 공조설비 송풍량 계산법

(1) **실내송풍량(냉방, 난방)** m(kg/h), Q(m^3/h)

$$m = \frac{q_s}{1.01 \times \Delta t}(kg/h)$$

q_s : 실내 현열 부하(kJ/h), Δt : 취출온도차=취출온도-실내온도
공기비열 : 1.01kJ/kgK

$$Q = \frac{q_s}{1.01 \times 1.2 \times \Delta t}(m^3/h)$$

공기밀도 : 1.2kg/㎥

(2) **취출공기온도(냉방기준)**

$m = \dfrac{q_s}{1.01 \times \Delta t}(kg/h)$ 에서 $\Delta t = \dfrac{q_s}{1.01 \times m}$

$$td = tr - \frac{q_s}{1.01m}$$

td : 취출온도, tr : 실내온도

제4장 배관 및 덕트

1. 공조용 관재료 종류 및 특징

1) 배관재료 선택 시 고려조건
① 관내 유체 최고 사용온도, 최고사용 압력
② 유량 및 유속
③ 유체의 화학적 성질
④ 열팽창과 수축 및 마찰저항

2) 스케줄 번호(Sch)
관의 두께를 표시하는 것으로 10~160 사이를 정하여 두며 일반적으로 사용되는 것은 30, 40, 80이다. Sch 80이 Sch 40보다 관 두께가 2배 정도이다.

$$Sch = 10 \times \frac{P}{S}$$
P : 사용압력(kg/cm^2), S : 관재료 허용 응력(kg/mm^2)

$$Sch = 1,000 \times \frac{P}{S}$$
P : 사용압력(MPa), S : 관재료 허용 응력(MPa)

3) 주철관
(1) **특징** 내구성, 내식성, 내압성이 뛰어나 위생설비, 가스배관, 지중배관에 사용된다.
(2) 종류는 사용 정수두에 따라 저압관(0.45MPa 이하), 중압관(0.75MPa), 고압관(1MPa 이하)으로 나누고 재질에 따라 보통주철관, 고급 주철관, 구상흑연 주철관(원심력 덕타일 주철관) 등이 있다.
(3) 접합 방법은 소켓 접합, 플랜지 접합, 메카니컬 조인트, 빅토릭 조인트, 노허브 타입, 타이톤링 조인트 등이 있다.

4) 강관
(1) **특징** 가볍고 내충격, 내인장이 뛰어나고 굴곡성이 좋으며 접합도 용이하며 배관 중에서 가장 많이 이용되나 부식성이 커서 내구연한이 짧은 것이 결점이다.
② 종류는 [표 2-1]과 같으며 일반적으로 SPP가 주로 쓰인다.
③ 접합 방법은 나사 이음, 용접 이음, 플랜지 이음 등이 이용된다.

5) 동관
(1) **특징** 유연성이 좋고 내식성 및 열전도율이 크다. 특히 산에 대한 내식성이 크며 저온 취성이 없으므로 저온장치 등에 쓰인다.

(2) 종류는 인탈산동 이음매 없는 관(D CuP), 터프피치동 이음매 없는 관(T CuP), 무산소동 이음매 없는 관(T CuO) 등이 있다.

(3) 접합 방법은 납땜, 용접 및 플레어링 이음이 있으며 분해가 요구되는 곳은 플레어링 이음한다.

6) 스테인리스관

부식에 강하고 인장강도가 높으며, 마찰 손실도 적어 최근 동관과 함께 널리 쓰인다. 접합법으로는 용접, 기계식 이음 등이 있다.

[표 2-1] KS에 정해진 강관재질 및 용도별 분류

종류		규격기호	용도
배관용	배관용 탄소 강관	SPP	사용 압력이 낮은(1MPa 이하) 증기, 물, 기름, 공기 등의 배관용, 호칭 지름 15~500A
	압력 배관용 탄소강 강관	SPPS	350℃ 이하에서 사용하는 압력 배관용 관의 호칭은 호칭 지름과 두께(스케줄 번호)에 의하여 호칭 지름은 6~500A
	고압 배관용 탄소강 강관	SPPH	350℃ 이하에서 사용 압력이 높은 고압 배관용 관의 지름은 6~168.3mm 정도이나 특별한 규정이 없다.
	고온 배관용 탄소강 강관	SPHT	350℃ 이상의 배관용(350~450℃) 관의 호칭은 호칭 지름과 스케줄 번호에 의한다. 호칭 지름은 6~500A
	배관용 아아크용접 탄소강 강관	SPW	사용 압력 1MPa의 낮은 증기, 물, 기름, 가스, 공기 등의 배관용, 호칭 지름 350~1500A
	배관용 합금강 강관	SPA	주로 고온 배관용, 호칭지름 6~500A, 두께는 스케줄 번호로 표시
	배관용 스텐레스 강관	STS-TF	내식용 및 내열용 고온 배관용, 저온 배관용에도 사용, 호칭 지름 6~500A, 두께는 스케줄 번호로 표시
	저온 배관용 강관	SPLT	빙점이라 특히 저온도 배관용, 호칭 지름은6~500A, 두께는 스케줄 번호로 표시
수도용	수도용 아연도금 강관	SPPW	정두수 100m 이하의 수도로서 주로 급수 배관용, 호칭 지름 10~300A
	수도용 도복장 강관	STPW	정두수 100m 이하의 수도로서 주로 급수 배관용, 호칭 지름 80~2,400A
열전달용	보일러 열교환기용 탄소강 강관	STH	관의 내외에서 열의 수수를 행함을 목적으로 하는 장소에 사용된다. 보일러의 수관, 연관, 과열관, 공기 예열관, 화학 공업·석유 공업의 열교환기, 가열로관 등에 사용
	보일러 열교환기용 합금강 강관	STHA	
	보일러 열교환기용 스테인리스 강관	STS-TB	
	저온열교환기용 강관	STLT	빙점 이하의 특히 낮은 온도에서 관의 내외에서 열의 수수를 행하는 열교환기관, 콘덴서관
구조용	일반구조용 탄소강 강관	SPS	토목, 건축, 철탑, 지주와 기타의 구조물용
	기계구조용 탄소강 강관	STM	기계, 항공기, 자동차, 자전차 등의 기계 부분품용
	구조용 합금강 강관	STA	항공기, 자동차, 기타의 구조물용

7) 연관

(1) **특징** 산에 강하며 신축성이 풍부하여 대소변기 연결부, 수도 인입관 등에 많이 쓰인다. 단, 무겁고 비싸서 최근에는 건축설비 배관으로는 거의 사용되지 않는다.
(2) **종류** 1종(화학공업용), 2종(일반용), 3종(가스용)으로 나뉜다.
(3) 접합 방법은 납땜, 용접, 플라스턴 접합이 있는데 주로 플라스턴 용접봉(Pb+Sn 합금)을 이용한 플라스턴 접합을 한다.

8) 플라스틱관

(1) **특징** 가볍고 내식성이 뛰어나며 마찰손실이 적고 열전도가 작은 반면 열에 약하고 유기용매에 쉽게 침식되며 충격에 약하고 저온취성이 크다.
(2) **종류** 경질 염화 비닐관(일반관 VP, 박육관 VU)과 폴리에틸렌관, 폴리프로필렌관, 폴리부틸렌관, 고무호스 등이 있다.
(3) 접합 방법은 냉간가공(접합체 사용)과 열간 가공이 있으며 융용 접합도 이용된다. 열간 가공의 적당한 온도는 110~130℃ 정도이다.

9) 콘크리트관(흄관)

(1) **특징** 외부 압력에 잘 견디며 쉽게 제작 가능하여 옥외 배수관 청도, 부지 하수관 등에 이용된다.
(2) **종류** 원심력 철근 콘크리트관(흄관), 철근콘크리트관, 석면 시멘트관(에터니트관) 등이 있다.
(3) **접합 방법** 모르타르 조인트(철근콘크리트), 칼라 조인트 소켓접합(흄관), 기보울트 조인트(석면 시멘트관) 등이 쓰인다.

2. 배관관경 설계

배관관경 결정요소 : 유량, 유속, 마찰저항

1) **온수관경** 유량과 압력강하를 구하여 유량 관경표에서 결정
   (1) **순환수량(kg/s)** 방열량(kJ/s)÷(4.19×방열기 입출구온도차(Δt))
      - 온수 : $1m^2 EDR = 0.523 kW/m^2$ ($0.523 = 450 \times 4.19/3,600$)
   (2) 압력강하(R)

   $$R = \frac{H \times 1,000}{L(1+k)} (mmAq/m)$$

   H : 순환펌프양정(m), L : 보일러에서 최원방열기의 왕복순환 길이(m)
   k : 국부저항 계수

2) **증기관경** EDR(증기량)과 압력강하로 구한다.
   (1) **증기** $1m^2 EDR = 0.756 kW/m^2$

   $$증기 EDR(상당방열면적) = \frac{방열량(kJ/s)}{0.756} (m^2)$$

(2) 증기배관 압력강하(R)

$$R = \frac{\Delta P \cdot 100}{L(1+k)} (kPa/100m)$$

ΔP : 보일러와 최원방열기 사이의 증기 압력차(kPa)
L : 보일러에서 최원방열기까지 거리(m), k : 국부저항 계수

3) 기기주변 배관

(1) **하트포트 배관** 저압증기 난방의 보일러 주변배관으로 보일러 수면이 안전수위 이하로 내려가지 않게 하기 위한 안전장치이다.
(2) **관말트랩 배관** 증기주관에서 발생하는 응축수를 제거하기 위해 설치한다.(**냉각래그** 1.5m 이상, 보온하지 않음)
(3) **리프트 휘팅** 진공환수식에서 환수관보다 방열기가 낮은 위치에 있을 때 응축수를 끌어올리기 위하여 설치한다.(1개 높이 1.5m 이내)
(4) **스위블 조인트** 방열기주변 배관 시 배관의 신축이 방열기에 영향을 주지 않도록 배관(2개 이상 엘보 사용)하는 신축이음이다.
(5) **감압 밸브** 증기압을 감압하기 위해 사용한다.(벨로즈형, 다이어프램형, 피스톤형)
(6) **증기 트랩** 공기관 내 생긴 응축수만을 보일러에 환수시키기 위해 설치한다.(열교환기 최말단부, 방열기 환수부에 설치)
  - **종류** 방열기트랩, 버킷트랩, 플로트트랩, 충동식 트랩 등
(7) **이중서비스 밸브** 한랭지에서 하향급기증기관의 경우 입상관내 응축수가 고여 동결하는 경우에 이를 방지하는 밸브이다.(방열기 밸브와 열동트랩을 결합)
(8) **공기빼기 밸브** 배관 내부의 공기를 제거하기 위해 배관의 굴곡부(⌐¬) 위에 설치한다.
(9) **인젝터** 증기압을 이용한 예비용 급수장치이다.

4) 배관의 부식

(1) **부식의 종류(원인)**
① **금속의 이온화 경향에 이한 부식** 이온화 경향이 큰 금속이 부식한다.
  ※ K > Na > Ca > Mg > Al > Zn > Fe > Ni > Sn > Pb > H > Cu > Hg > Ag > Pt > Au
② **이종금속 간의 전기작용 부식(갈바닉부식)** 이온화 경향이 큰 재료가 부식한다.
③ **누설전류에 의한 부식** 전식이라 하며 전철, 지하철의 주변배관에서 발생한다.
④ 토양 및 수분의 고유저항치의 차이에 의해 부식한다.
⑤ 화학현상에 의해 부식한다.

(2) **부식의 종류(현상)**
전면부식, 국부부식, 선택부식, 입계부식, 응력부식 등

(3) **방식법**
절연부속을 사용, 도장법, 음극보호법(희생양극법, 외부전원법) 등 방식장치를 사용한다.

5) 배관의 보온, 보냉 및 방로

온수, 냉수배관은 열손실을 막고 결로를 방지하기 위하여 적절한 보온 피복을 해야 한다.

(1) 보온재 구비 조건
① 내식성 및 내열성이 있어야 한다.
② 비중이 적고 흡수성이 적어야 한다.
③ 온도 변화에 따른 균열 신축이 적어야 한다.
④ 열전도율이 적어야 한다.
⑤ 기계적 강도가 크고 시공성이 좋아야 한다.

(2) 온도에 따른 구분
① 내화 단열재 : 1,300℃ 이상에 견뎌야 한다.
② 단열재 : 850℃~1,200℃에 견뎌야 한다.
③ 보온재 : 200℃ 이하에 견디는 유기질과 300~800℃에 견디는 무기질이다.
④ 보냉재 : 100℃ 이하의 냉온을 유지해야 한다.

(3) 보온재 종류
(1) 유기질 보온재 보온 능력이 우수하고 가격이 저렴하다.
  ① **펠트** 양모·우모 등이 있고 -60℃까지의 보냉재로 쓰인다.
  ② **기포성수지** 폴리우레탄, 폴리스텔렌 등으로 발포수지라 하며 널리 쓰인다.
  ③ **탄화 코르크** 탄력성이 풍부하여 냉각수 펌프 등의 보냉에 쓰인다.
(2) 무기질 보온재 불연성, 내열성이며 기계적 강도가 크다.
  ① **탄산마그네슘** 최고 사용 온도 250℃
  ② **유리면(glass wool)** 최고 사용 온도 250℃~350℃
  ③ **석면** 최고 사용 온도 350~550℃
  ④ **암면** 최고 사용 온도 400~600℃
  ⑤ **규조토** 최고 사용 온도 500℃
  ⑥ **세라믹 화이버** 최고 사용 온도 1300℃
  ※ 석면은 발암성 물질로 규정되어 사용규제를 받고 있다. 유리면, 암면 등도 비슷한 수준의 위험성 물질이므로 시공 및 유지관리에 주의를 요한다.

(4) 배관의 표준 보온 두께
① 온수관, 증기관, 유관(주위 온도 20℃일 때)

보온재 두께(mm)

관경(A) 관내 온도	15	20	25	50	100	200	300
100℃	20	20	20	20	25	40	50
150℃	20	20	25	25	30	40	50
보온재	록울 보온통, 글라스울 보온통, 규산 칼슘 보온통 2호, 펄라이트 보온통 1호						

② 냉수 배관의 표준 보온 두께

관내 온도	주위 상대습도 \ 관경(A)	15	20	25	50	100	200	300
5℃	85%	30	30	30	40	40	40	50
	90%	25	25	25	30	30	40	50
10℃	85%	40	40	40	50	65	65	65
	90%	30	40	40	40	50	50	50
보온재		록 울 보온통, 글라스 울 보온통, 품 폴리스티렌 보온통 3호							

6) 덕트 관경 설계

예제 그림과 같은 각형 덕트에 대하여 정압법(마찰손실 $1Pa/m$)으로 빈칸을 채우시오.(풍속은 $5m/s$ 이하로 하며 원형 덕트경, 각형 덕트 크기는 $50mm$ 단위로 한다.

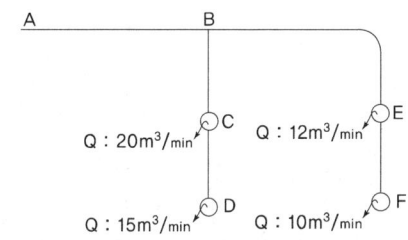

구간	풍량(m^3/min)	원형덕트경(cm)	각형덕트(cm)	각형덕트 풍속(m/s)
A−B			( )×30	
B−C			( )×20	
C−D			( )×20	
B−E			( )×20	
E−F			( )×20	

해설)

구간	풍량(m^3/min)	풍량(m^3/h)	원형덕트경 선도(cm)	원형덕트경 선정($5cm$)	각형덕트(cm)	각형덕트 풍속(m/s)
A−B	57	3,420	50(a)	50(a')	(75)×30	4.2
B−C	35	2,100	40(b)	40(b')	(75)×20	3.9
C−D	15	900	27(c)	30(c')	(40)×20	3.1
B−E	22	1,320	31(d)	35(d')	(55)×20	3.3
E−F	10	600	23(e)	25(e')	(30)×20	2.8

1) 이 문제는 정압법(마찰손실 $1Pa/m$)으로 설계한다. 덕트 선도나 공기관련 압력계산에서 이렇게 $mmAq/m$ 단위와 Pa/m 단위가 병행하여 적용되고 있으므로 이 2가지 단위를 이용한 2가지 선도를 모두 숙지할 필요가 있다. 선도를 보고 풍량 단위가 다르면 환산해야 한다.

2) 문제풀이에서 풍량은 구간별로 합하여 구하고 덕트 선도에서 원형 덕트경을 구하는데 이해를 돕기 위하여 교점과 5cm 선정점을 모두 표시하였다. 각형 덕트는 환산표

에서 구하며 각형 덕트 풍속은 계산으로 구한다. 이때 덕트 선도에서 일부 구간(a, b, d)의 풍속은 $5m/s$ 이상이므로 이 구간은 $5m/s$ 등속선을 따라 구해야 한다.

3) $A-B$ 구간 풍속 계산법 $v = \dfrac{Q}{A} = \dfrac{3,420}{0.75 \times 0.3} = 15,200 m/h = 4.22 m/s$

4) 풀이에는 선도에 원형 덕트경($a \sim e$)과 선정 덕트경($a' \sim e'$)을 참고로 주었으나 실제 답안에는 선도를 보고 답을 찾아 빈칸만 채우면 된다. 각형 덕트의 풍속은 계산으로 구한다.

[덕트 선도 작도]

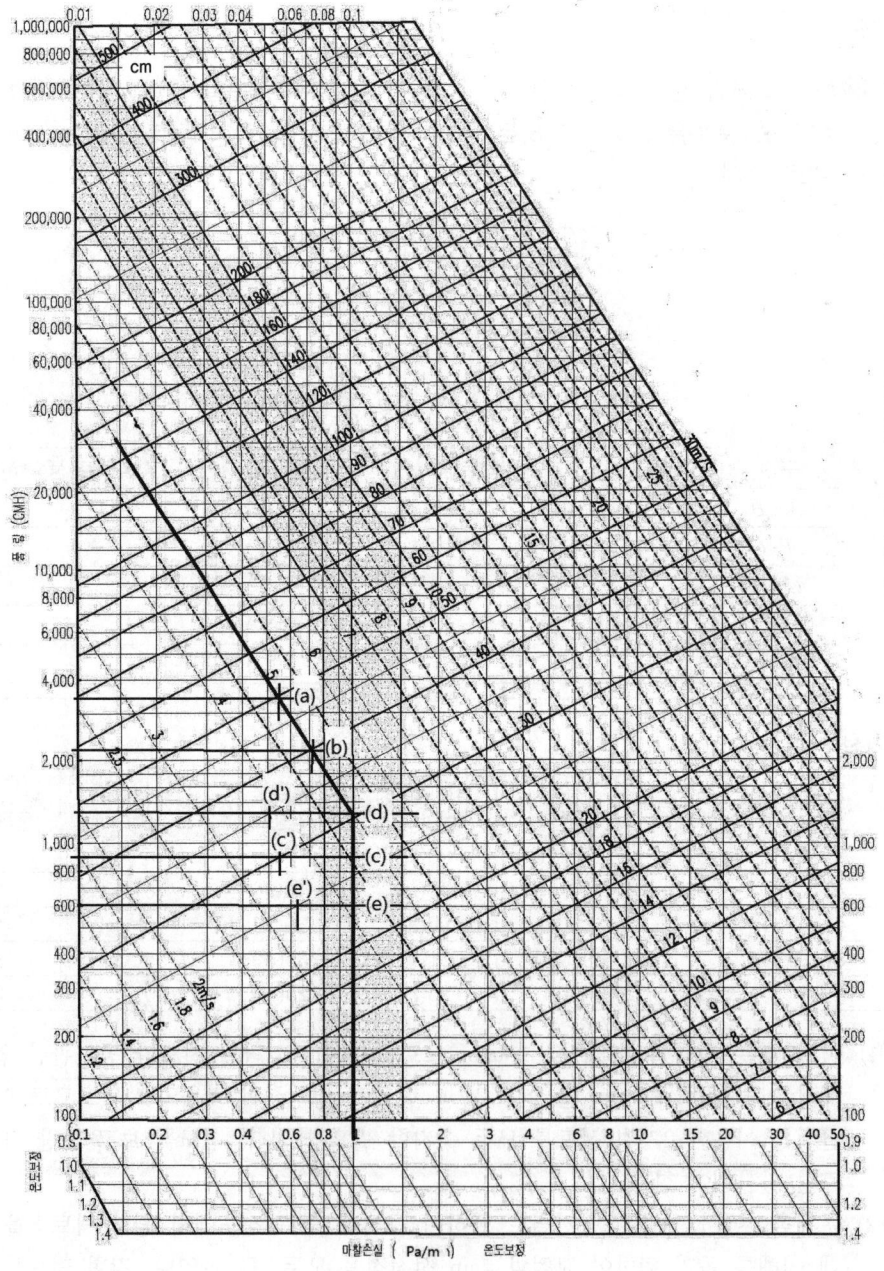

예상문제 제2편 | 공기조화설비 설계

001 공기여과기에서 집진원리로 분류한 것 중 세정집진 방법을 설명한 것은?
① 먼지를 함유한 가스 속의 입자를 중력에 의해 자연 침강시킨다.
② 먼지를 함유한 가스에 선회력을 주어 원심력으로 제거한다.
③ 먼지를 함유한 가스를 세정상자(에어와셔) 속을 통과시켜 물방울 표면에 먼지가 부착되어 제거된다.
④ 합성섬유를 사용하여 가스 속의 입자를 충돌 여과 분리한다.

■ 세정집진이란 습식여과 방식으로 오염물질(분진, 가스 등)을 함유한 가스를 세정상자(에어와셔) 속을 통과시켜 물방울 표면에 먼지나 가스(용해)가 부착되어 제거된다.
① : 중력집진, ② : 원심력집진(사이클론), ④ : 여과집진(대부분 공조기에 적용)

002 여과방식에 의한 여과기 분류에서 입자를 대전시켜 제거하는 것으로 $0.1\mu m$ 정도의 작은 입자와 세균도 제거가 가능하여 병원 등에 많이 쓰이는 여과기는?
① 점착식 여과기
② 습식 여과기
③ 건식 여과기
④ 전기 집진기

■ 전기 집진기는 제거대상 입자를 (+)로 대전시켜(대전부) (-)집진부에서 부착 제거하므로 병원균 가스성 입자까지 제거가 가능하며 시설비는 고가인 편이다.

003 공기여과기(필터)를 통과하기 전의 오염농도 $C_1=0.45mg/m^3$ 통과 후 농도 $C_2=0.12mg/m^3$이다. 이 여과기의 효율(%)은?
① 35%
② 42%
③ 53%
④ 73%

■ 여과효율(E) $E = \dfrac{C_1 - C_2}{C_1} = \dfrac{0.45 - 0.12}{0.45} = 0.73$

004 보수관리에 따른 여과기의 분류 중 여재를 기름 탱크에 침적시켜 연속적으로 운전하며 청소하는 방식은?
① 유니트 교환형
② 여재 교환형
③ 자동 갱신형
④ 자동 세정형

■ 자동 세정형은 하부 세정 탱크에 침적시키는 방식과 노즐에 의한 분무세정 방식이 있다. 일반적인 공조기 필터 유지관리 방식은 필터를 세정하거나 유니트를 교체한다.

해답 1.③ 2.④ 3.④ 4.④

005 일반적인 공기조화기(AHU)의 내부 구성을 공기의 흐름 순서에 따라 바르게 조합시킨 것은?

① 가습기-팬-에어필터-냉·온수 코일
② 냉·온수 코일-에어필터-팬-가습기
③ 팬-가습기-냉·온수 코일-에어필터
④ 에어필터-냉·온수 코일-가습기-팬

■ 공기조화기의 구성 : 혼합박스(설치하는 경우)→ 에어필터→ 냉·온수 코일→ 가습기→ 팬

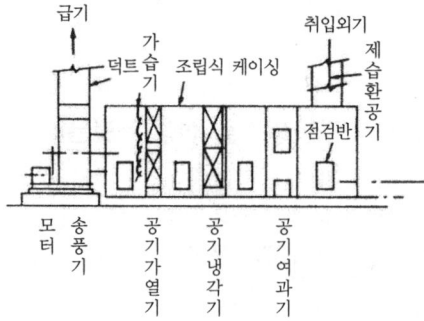

006 다음 중 수평형 공조기(Horizontal AHU)의 특징으로 옳은 것은?

① 천장이 낮은 기계실에 알맞다. ② 공기 유동 저항이 적다.
③ 냉방용으로만 사용한다.   ④ 변풍량 방식에 사용한다.

■ 수평, 수직 공조기는 설치 조건(기계실 면적, 층고)에 따라 결정되며 수평형은 층고가 낮고 넓은 면적일 때 적용

007 건구온도 34℃, 습구온도 26℃의 신선외기 1,800㎥/h를 실내로 도입하여 실내공기를 26℃(DB), 50%(RH)의 상태로 유지하는 공조설비에서 외기와 실내공기의 엔탈피를 구하시오?(단, 34℃, 습구온도 26℃일 때 절대습도는 0.0191kg/kg, 실내 26℃, 50% 에서의 절대습도는 0.0111kg/kg, 공기의 밀도는 1.2kg/㎥, 비열은 1.01kJ/kgK, 0℃에서 수증기 증발잠열 2,501kJ/kg이다.)

① 외기 h=82.12kJ/kg, 실내 h=54.02kJ/kg
② 외기 h=80.12kJ/kg, 실내 h=52.02kJ/kg
③ 외기 h=78.12kJ/kg, 실내 h=50.02kJ/kg
④ 외기 h=76.12kJ/kg, 실내 h=48.02kJ/kg

■ 1) 외기 엔탈피
$h = C_{pa}t + x(2,501 + C_{pv}t)$ 에서 $C_{pv}t$ 를 무시하면
$h = 1.01 \times 34 + 0.0191(2501) = 82.12 kJ/kg$

2) 실내공기 엔탈피 $h = C_{pa}t + x(2,501) = 1.01 \times 26 + 0.0111(2,501) = 54.02 kJ/kg$

※ 엔탈피 계산에서 수증기 현열($C_{pv}t$)은 조건이 없으면 무시하는 경우와 계산하는 경우가 있는데, 전체 엔탈피에서 차지하는 비중이 작기 때문에(1~2%)일반적으로 무시한다.

008 건구온도 32℃, 습구온도 26℃의 신선외기 1,800㎥/h를 실내로 도입하여 실내공기를 27℃(DB), 50%(RH)의 상태로 유지하기 위해 외기에서 제거해야 할 외기부하(W)는 얼마인가?(단, 32℃, 27℃에서의 절대습도는 각각 0.0189kg/kg, 0.0112kg/kg이며, 공기의 밀도는 1.2kg/㎥, 비열은 1.01kJ/kgK이다. 0℃에서 수증기 증발잠열 2,501kJ/kg이다.)

① 약 14,580W ② 약 15,580W
③ 약 16,580W ④ 약 17,580W

■ 1) 외기 엔탈피
$h = C_{pa}t + x(2,501 + C_{pv}t)$ 에서 $C_{pv}t$ 를 무시하면
$h = 1.01 \times 32 + 0.0189(2,501) = 79.6 kJ/kg$
2) 실내공기 엔탈피 $h = C_{pa}t + x(2,501) = 1.01 \times 27 + 0.0112(2,501) = 55.3 kJ/kg$
3) 외기부하 $= m_o \triangle h = 1,800 \times 1.2(79.6 - 55.3) = 52,488 kJ/h = \dfrac{52,488 \times 1,000}{3,600} = 14,580W$

※ 부하량을 구할 때 단위는 W와 kJ/h를 함께 사용하므로 자연스럽게 환산할 줄 알아야 한다.

009 다음 그림의 A공기를 C코일에 통과시켜 B공기를 얻는 습공기 선도 약도에 대한 설명으로 가장 거리가 먼 것은?

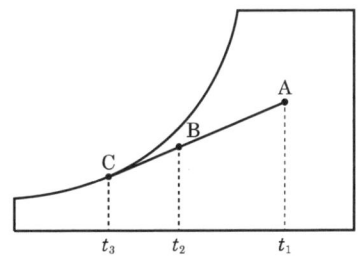

① A → B는 냉각감습 과정이다.
② 바이패스팩터(BF)는 $\dfrac{t_2 - t_3}{t_1 - t_3}$ 이다.
③ 코일의 열수가 증가하면 BF는 증가한다.
④ 일반적으로 BF가 작으면 공기의 통과저항이 커져 송풍기 동력이 증대될 수 있다.

■ 코일의 열수가 증가하면 BF는 감소한다. BF가 작으려면 열수를 증가시켜야 하며 그때 열수가 증가할 때 공기의 통과저항이 커져 송풍기 동력이 증대될 수 있다.

010 냉방부하 계산 시 상당외기온도차를 이용하는 경우는?

① 유리창의 취득열량 ② 내벽의 취득열량
③ 침입외기 취득열량 ④ 외벽의 취득열량

■ 냉방조건에서 외벽의 취득열량 계산 시 일사에 의한 취득열량 증가분을 외기온도에 환산하여 구한 외기온도차를 상당외기온도차라 한다.

011 공기조화 설비에서 단일덕트 정풍량 방식의 특징에 관한 설명으로 가장 잘못된 것은?
① 여러 개의 실에 적용하는 경우 각 실이나 존의 부하변동에 즉시 대응할 수 있다.
② 보수관리가 용이하다.
③ 외기냉방이 가능하고 전열교환기 설치도 가능하다.
④ 고성능 필터 사용이 가능하다.

■ 단일덕트 정풍량 방식은 일정 풍량을 각 실에 공급하므로 각 실이나 존의 부하변동에 대응하기에는 부적합하다.

012 아래 조건과 같은 평행류형 냉각코일의 대수평균온도차는?

	입구	32℃
공기온도	출구	18℃
냉수코일온도	입구	10℃
	출구	15℃

① 8.74℃
② 9.54℃
③ 12.33℃
④ 13.10℃

■ 평행류는 공기와 냉수의 흐름이 같은 방향이므로 공기 입구와 냉수 입구 온도차를 $\triangle 1 = 32 - 10 = 22$
공기 출구와 냉수 출구 온도차를 $\triangle 2 = 18 - 15 = 3$

$$MTD = \frac{\triangle 1 - \triangle 2}{\ln \frac{\triangle 1}{\triangle 2}} = \frac{22 - 3}{\ln \frac{22}{3}} = 9.54$$

※ 만약 대향류라면 대수평균온도차는 공기와 냉수의 흐름이 반대 방향이므로 공기 입구와 냉수 출구 온도차를 $\triangle 1 = 32 - 15 = 17$
공기 출구와 냉수 입구 온도차를 $\triangle 2 = 18 - 10 = 8$

$$MTD = \frac{\triangle 1 - \triangle 2}{\ln \frac{\triangle 1}{\triangle 2}} = \frac{17 - 8}{\ln \frac{17}{8}} = 11.94$$

013 팬코일유닛 방식의 배관 방법에 따른 특징에 관한 설명으로 틀린 것은?
① 3관식에서는 손실열량이 타방식에 비하여 거의 없다.
② 2관식에서는 냉·난방의 동시운전이 불가능하다.
③ 4관식은 혼합손실은 없으나 배관의 길이가 증가하여 공사비 등이 증가한다.
④ 4관식은 동시에 냉·난방운전이 가능하다.

■ 팬코일유닛 방식의 배관 방법에 2관식, 3관식, 4관식이 있으며 3관식 팬코일유닛은 냉온수가 각각 공급(2관)되고 환수는 공통으로 1개 관에서 이루어지므로 3관식이며 이때 환수관에서 냉수와 온수가 혼합되면서 혼합 손실이 발생한다.

014 각종 난방 설비에 관한 설명으로 옳은 것은?
① 온수난방은 온수의 현열과 잠열을 이용한 것이다.
② 온풍난방은 온풍의 현열과 잠열을 이용한 것이다.
③ 증기난방은 증기의 현열을 이용한 대류 난방이다.
④ 복사난방은 열원에서 나오는 복사에너지를 이용한 것이다.

■ 온수난방은 온수의 현열을 이용하고, 온풍난방은 온풍의 현열을 이용하며 증기난방은 증기의 잠열을 이용한 대류 난방이다.

015 다음 그림에 대한 설명으로 가장 거리가 먼 것은?(단, 여름철 공기조화 과정이다.)

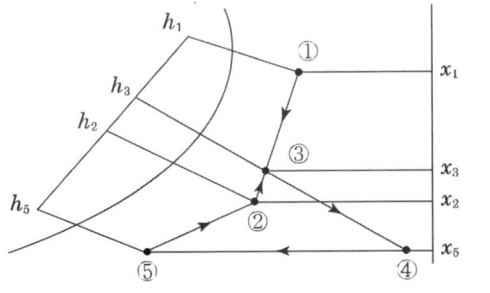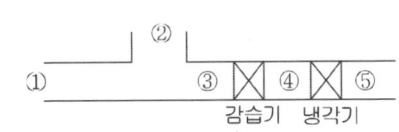

① ③을 감습기에 통과시키면 엔탈피 변화 없이 감습된다.
② ④는 냉각기를 통해 엔탈피가 감소되며 ⑤로 변화된다.
③ 냉각기 출구 공기 ⑤를 취출하면 실내에서 취득열량을 얻어 ②로 변화한다.
④ 실내공기 ①과 외기②를 혼합하면 ③이 된다.

■ 위 공조프로세스는 외기 ①과 실내공기 ②를 혼합하면 ③이 되고 ③을 감습기에 통과시키면 수분은 감소하고 온도는 상승하여 엔탈피 변화 없이 ④로 감습된다. ④는 냉각기를 통해 온도와 엔탈피가 감소되며 ⑤로 냉각 변화된다. 냉각기 출구 공기 ⑤를 실내에 취출하면 실내부하(취득열량)를 얻어 ②에 이른다.

016 실내 취득 현열량 및 잠열량이 각각 3kW, 1kW이며, 장치 내 취득열량이 550W이다. 실내 온도를 25°C로 냉방하고자 할 때, 필요한 송풍량은 약 얼마인가?(단, 냉각코일 출구 온도는 15°C, 공기비열 1.0kJ/kgK, 공기밀도 1.2kg/m³이다.)

① 105.6 L/s ② 150.8 L/s
③ 295.8 L/s ④ 346.6 L/s

■ 냉각코일 출구 온도와 실내온도를 이용하여 송풍량을 계산할 때는 실내 취득 현열량(3kW)과 장치취득열량(550W)을 제거 열량으로 적용해야 한다.

$$Q = \frac{q_s}{\gamma C \Delta t} = \frac{3,000+550}{1.2 \times 1.0 \times 10} = 295.8 \text{L/s}$$

※ 이 문제는 단위를 조심해야 하는데 현열부하가 kW이면 풍량은 m³/s이고 W이면 풍량은 L/s이다. 분자 현열부하를 3.55kW로 하면 송풍량이 m³/s가 되어 1,000을 곱하면 L/s가 되므로 같은 답을 얻게 된다.

017 습공기 선도상에서 ①의 공기가 온도가 높은 다량의 물과 접촉하여 가열, 가습되고 ③의 상태로 변화한 경우를 나타내는 것은?

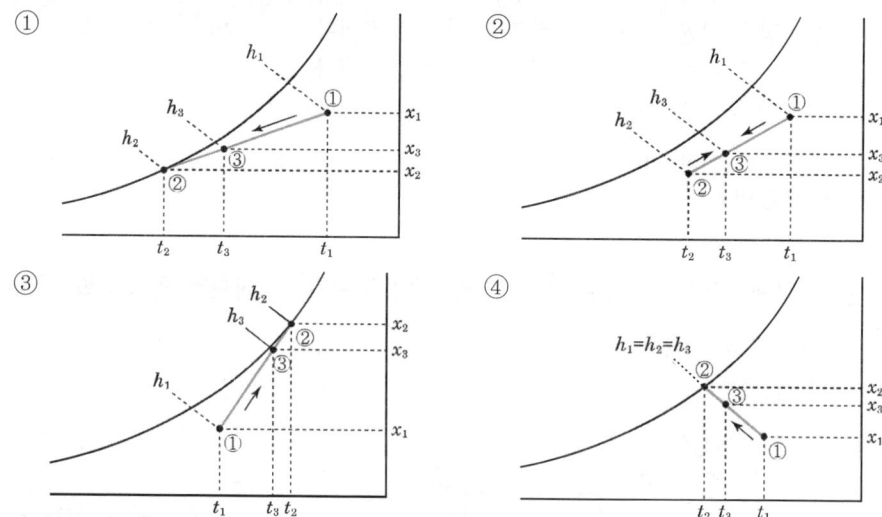

- ①은 ①공기를 ② 코일에 통과시킬 때 ③의 상태로 냉각 감습되는 공정이고
- ②는 ①공기와 ②공기를 혼합하여 혼합공기③이 된다.
- ③은 ①공기를 고온다습한 다량의 ②온수를 분무하면 가열 가습된 ③공기가 된다.
- ④는 ①공기를 단열분무(순환수분무)하는 것으로 ②상태의 순환수를 분무하면 ③공기가 된다.

018 아래 조건과 같은 대향류형 냉각코일의 대수평균온도차는?

	입구	32℃
공기온도	출구	18℃
냉수코일온도	입구	7℃
	출구	12℃

① 8.74℃
② 9.54℃
③ 13.31℃
④ 15.05℃

- 대향류에서 대수평균온도차는 공기와 냉수의 흐름이 반대 방향이므로 공기 입구와 냉수 출구 온도차를 $\Delta 1 = 32 - 12 = 20$, 공기 출구와 냉수 입구 온도차를 $\Delta 2 = 18 - 7 = 11$

$$MTD = \frac{\Delta 1 - \Delta 2}{\ln \frac{\Delta 1}{\Delta 2}} = \frac{20 - 11}{\ln \frac{20}{11}} = 15.05$$

> ※ 만약 평행류(병행류)라면 공기와 냉수의 흐름이 같은 방향이므로 공기 입구와 냉수 입구 온도차를
> $\Delta 1 = 32 - 7 = 25$, 공기 출구와 냉수 출구 온도차를 $\Delta 2 = 18 - 12 = 6$
>
> $$MTD = \frac{\Delta 1 - \Delta 2}{\ln \frac{\Delta 1}{\Delta 2}} = \frac{25 - 6}{\ln \frac{25}{6}} = 13.31$$

019 외기도입 없이 환기만 냉각하여 취출하는 실내 설계온도 26℃인 사무실의 실내유효 현열부하는 20.42kW, 실내유효 잠열부하는 4.27kW이다. 냉각코일의 장치노점온도는 13.5℃, 바이패스 팩터가 0.1일 때, 송풍량(m^3/h)은?(단, 공기의 밀도는 1.2kg/m^3, 정압비열은 1.01kJ/kg·K이다.)

① 1.50　　　　　　　　② 1,503
③ 5,391　　　　　　　　④ 13,532

■ 송풍량은 실내현열부하와 취출온도차(취출온도−실내온도)로 구한다.
취출온도(t_d)는 환기(26℃)가 코일(장치노점온도 13.5℃, 바이패스 팩터 0.1)을 통과할 때
$t_d = 13.5 + 0.1(26 - 13.5) = 14.75$
송풍량(L/s)= $\dfrac{\text{현열부하}}{\text{밀도}\times\text{비열}\times\text{취출온도차}}$ = $\dfrac{20.42\text{kW}}{1.2\times1.01(26-14.75)}$ = $1.4976\text{m}^3/\text{s} = 5,391\text{m}^3/\text{h}$

※ 조건에서 유효현열부하란 외기도입 시 외기가 냉각코일을 바이패스하면서 발생하는 부하를 실내부하와 합하여 말한 것으로 이 문제에서는 실내부하와 같이 취급하면 된다.

020 인접실, 복도, 상층, 하층이 공조되지 않는 일반 사무실의 빗금 친 문을 제외한 남측 내벽(A)의 손실 열량[W]은?(단, 설계조건은 실내온도 20[℃], 실외온도 0[℃], 비공조실의 온도는 중간온도로 하며 내벽 열통과율[K]은 1.6[W/m^2 K]로 한다.)

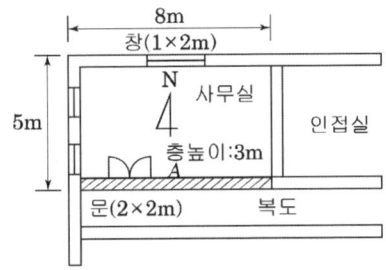

① 320　　　　　　　　② 872
③ 1,193　　　　　　　　④ 2,937

■ 복도가 공조되지 않는 실이면 실내온도와 외기의 중간온도이므로 10[℃]이다.
$q = KA\Delta t = 1.6 \times [(3\times8)-(2\times2)] \times (20-10) = 320\text{W}$
내벽 부하계산에서 문 부분 부하(제외)는 별도 계산한다.

021 습공기 5,000m^3/h를 바이패스 팩터 0.2인 냉각코일에 의해 냉각시킬 때 냉각코일의 냉각열량(kW)은?(단, 코일 입구공기의 엔탈피는 64.5kJ/kg, 밀도는 1.2kg/m^3, 냉각코일 표면온도는 8℃이며, 8℃의 포화습공기 엔탈피는 25kJ/kg이다.)

① 38　　　　　　　　② 52.7
③ 138　　　　　　　　④ 165

■ 우선 냉각코일 출구 엔탈피(h_2)를 BF를 고려하여 구하면(냉각코일 엔탈피(h_c)는 25kJ/kg이다.)
$h_2 = h_c + BF(h_1 - h_c) = 25 + 0.2(64.5 - 25) = 32.9$
냉각코일 제거열량은
$q = m\Delta h = 5,000 \times 1.2(64.5 - 32.9) = 189,600\text{kJ/h} = 52.7\text{kW}$

022 공조기 내에 흐르는 냉·온수 코일의 유량이 많아서 코일 내에 유속이 너무 빠를 때 사용하기 가장 적절한 코일은?

① 풀서킷 코일(full circuit coil)　　② 더블서킷 코일(double circuit coil)
③ 하프서킷 코일(half circuit coil)　　④ 슬로서킷 코일(slow circuit coil)

■ 코일에서 더블서킷 코일은 유량이 2배로 흐를 수 있어서 유량이 많은 경우에 유속이 낮다.

023 냉방부하의 종류 중 현열만 존재하는 것은?

① 외기의 도입으로 인한 취득열　　② 유리를 통과하는 전도열
③ 문틈에서의 틈새바람　　　　　　④ 인체에서의 발생열

■ 냉방부하에는 현열과 잠열부하가 있으며 현열부하는 온도차에 의한 부하이며 잠열부하는 수분(공기중 습도, 인체 발생수분 등)에 의한 부하이다. 유리를 통과하는 전도열은 현열부하만 있다.

024 주로 소형 공조기에 사용되며, 증기 또는 전기 가열기로 가열한 온수 수면에서 발생하는 증기로 가습하는 방식은?

① 초음파형　　② 원심형
③ 노즐형　　　④ 가습팬형

■ 공조기에서 전기 가열기로 가열한 온수 수면에서 발생하는 증기로 가습하는 방식은 가습팬형이다.

025 공기조화기 냉각코일의 전면 풍속(face velocity)으로 적당한 것은?

① 1~2m/sec　　② 2~3m/sec
③ 3~4m/sec　　④ 4~5m/sec

■ 냉각코일 : 풍속 2~3m/sec, 가열코일 : 풍속 3~4m/sec, 코일 내 수속 : 1m/s 정도

026 공조기 팬에서 모터를 4극, 60Hz의 전원으로 운전하는 경우 모터 회전수는?(단 슬립은 5%이다.)

① 900rpm　　② 1,200rpm
③ 1,710rpm　　④ 1,800rpm

■ $rpm = \dfrac{120 \cdot f(1-S)}{P} = \dfrac{120 \times 60(1-0.05)}{4} = 1,710 rpm$
f : 주파수(Hz), P : 극수, S : 슬립

027 다음은 공기조화기 내의 냉각 코일 또는 가열 코일에 걸리는 열부하 요소에 대한 것이다. 해당하지 않은 것은?

① 외기부하　　　　　　　　② 실내 발생열
③ 덕트 계통에서의 열부하　　④ 배관 계통에서의 열부하

■ 공조기 코일부하는 공기가 순환되는 과정의 부하를 제거하므로 실내부하+외기부하+기기(팬+덕트)부하이며, 배관계통의 열부하는 코일을 통과한 냉온수에 가해져 냉동기로 순환하므로 냉동기부하에 포함된다.

해답　22.②　23.②　24.④　25.②　26.③　27.④

028 가습기에 의해 1,500kg/h의 공기가 t_1 : 25℃, x_1 : 0.004kg/kg′의 상태에서 가습되어 t_2 : 25℃, x_2 : 0.018kg/kg′로 된다. 가습기의 분무량은 몇 kg/h인가?(단 가습기 가습효율은 20%이다.)

① 15kg/h
② 17kg/h
③ 21kg/h
④ 105kg/h

■ 가습량 $L = m(x_2 - x_1) = 1,500(0.018 - 0.004) = 21 kg/h$
분무량 $= \dfrac{가습량}{가습효율} = \dfrac{21}{0.2} = 105 kg/h$
가습량은 분무량 중에서 공기에 전달되는 량이고 분무량은 가습기 노즐에서 분무되는 양이다.

029 다음 중 공기를 가습하는 방법으로서 부적당한 것은?

① 직접 팽창코일의 이용
② 공기세정기의 이용
③ 증기의 직접분무
④ 온수의 직접분무

■ 직팽코일(DX코일)은 냉각코일로 감습에 이용된다.

030 에어와셔의 구성기기 중 엘리미네이터의 역할은?

① 물을 미세하게 분사시켜 준다.
② 케이싱으로 유입되는 공기를 평행류로 유도한다.
③ 제수판에 붙은 먼지를 세척하여 준다.
④ 분무된 물방울이 덕트로 넘어가지 않도록 제거한다.

■ ① : 분무노즐, ② : 입구루버, ③ : 플러딩노즐
엘리미네이터는 제수판으로 에어와셔 내의 작은 물방울이 덕트 쪽으로 빠져나가는 걸 막아준다.

031 다음 그림과 같은 공조 장치에서 가열기(HC)에 의한 가열량 q_H(kJ/h)은?(단, m는 가열기 통과 전공기량(kg/h), h는 각 점의 엔탈피(kJ/kg)이다.)

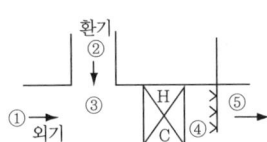

① $q_H = m(h_5 - h_3)$
② $q_H = m(h_3 - h_2)$
③ $q_H = m(h_5 - h_2)$
④ $q_H = m(h_4 - h_3)$

■ $q_H = m(h_4 - h_3) = 1.2Q(h_4 - h_3) = m\, 1.01(t_4 - t_3) = 1.21Q(t_4 - t_3)\,(kJ/h)$
가열코일 가열량은 위 식처럼 엔탈피와 온도와 비열 등 여러 가지로 표현될 수 있다.

032 공기 가열기에서 일반적으로 이용하는 형식은?

① 평행류
② 향류
③ 직교류
④ 병류

■ 냉각코일, 가열코일은 향류형(대향류, 역류)이 가장 일반적이다.

033 에어와셔에 통과하는 공기량 5,000kg/h, 통과풍속 2m/s일 때 에어와셔 단면적은 얼마인가?(공기 밀도는 1.2kg/m³)

① 0.58m²
② 0.69m²
③ 0.76m²
④ 0.86m²

■ $A = \dfrac{Q}{V} = \dfrac{5,000 \div 1.2}{3,600 \times 2} = 0.58 m^2$

단면적과 풍속에 의한 공기량 계산은 풍량(m³)으로 한다.
※ 열량(비열, 엔탈피)과 관계된 공기량은 kg을 사용하고 덕트, 송풍기 등 공기 체적과 관계된 공기량은 m³을 사용하므로 조건마다 알맞은 공기량을 적용해야 한다.

034 입구공기 온도 30℃를 냉각하는 대향류 냉각코일에서 입구 수온 10℃, 출구수온 16℃이다. 냉각된 출구 공기 온도 20℃일 때 공기와 냉각수의 대수평균 온도차는 얼마인가?

① 11.9℃
② 12.3℃
③ 12.8℃
④ 13.2℃

■ 향류이므로 입구공기와 출구 수온이 △1, 냉각출구공기와 입구수온이 △2가 된다.
$MTD = \dfrac{\triangle 1 - \triangle 2}{\ln \dfrac{\triangle 1}{\triangle 2}} = \dfrac{14-10}{\ln \dfrac{14}{10}} = 11.9$ (△1 = 30 − 16 = 14, △2 = 20 − 10 = 10)

035 입구공기 온도 30℃를 냉각하는 대향류 냉각코일에서 입구 수온 10℃, 출구수온 16℃이다. 냉각된 출구 공기 온도 20℃일 때 공기와 냉각수의 산술평균 온도차는 얼마인가?

① 11.7℃
② 12.0℃
③ 12.8℃
④ 13.2℃

■ 산술평균온도차는 공기평균온도와 냉수 평균온도와의 온도차이므로
공기평균온도 $= \dfrac{30+20}{2} = 25$, 냉수평균온도 $= \dfrac{10+16}{2} = 13$
산술평균온도차=25−13=12℃
※ 산술평균온도차는 평행류와 대향류에서 같다. 대수평균온도차는 평행류와 대향류에서 서로 달라진다.

036 어떤 송풍기에서 송풍량 2,600m³/h, 송풍기 전압 40mmAq, 전압 효율 60%일 때의 송풍기 소요 동력(kW)을 구하시오.

① 0.47kW
② 1.24kW
③ 2.86kW
④ 4.68kW

■ 전압 단위가 mmAq일 때는 아래 식을 사용한다.
$K_w = \dfrac{Q \cdot P_r}{102 \cdot y_r} = \dfrac{2,600 \times 40}{3,600 \times 102 \times 0.6} = 0.472 kW$

송풍기와 펌프 동력 계산은 수두(mAq, mmAq)와 압력(Pa, kPa)단위를 모두 정리하세요!!

해답 33.① 34.① 35.② 36.①

037 송풍기에 대한 설명 중 가장 잘못된 것은?
① 송풍기 동압은 출구측 풍속에 의하여 결정된다.
② 송풍기 정압은 송풍기 전압과 동압의 합이다.
③ 송풍기 전압은 출구측 전압과 입구측 전압의 차이다.
④ 송풍기 전압은 입·출구측 덕트 마찰저항과 같다.

■ 송풍기정압=송풍기 전압−송풍기 동압

038 공기 가열코일을 통과하는 적당한 풍속은 얼마 정도인가?
① 0.5~1m/s   ② 1~2m/s
③ 2~3m/s   ④ 3~4m/s

■ 가열기 통과 풍속은 3~4m/s 정도, 냉각코일은 2~3m/s 정도가 좋다. 냉각코일이 공기와 냉수의 온도차가 작아서 풍속이 약간 적다.

039 어떤 송풍기에서 송풍량 3,600m³/h, 송풍기 전압 400Pa 전압 효율 60%일 때의 송풍기 소요 동력을 구하시오.
① 0.67kW   ② 1.68kW
③ 2.68kW   ④ 3.68kW

■ 전압 단위가 Pa일 때는 아래 식을 사용한다.
$$kW = \frac{Q \cdot P_t}{1,000 \cdot y_t} = \frac{3,600 \times 400}{3,600 \times 1,000 \times 0.6} = 0.67 kW$$
송풍기 동력 계산에서 P=m³/s×Pa=m³/s×N/m²=Nm/s=J/s=W
그러므로 풍량(m³/s) 곱하기 압력(Pa)이 곧 W가 된다. kW로 구할 때는 1,000으로 나누면 된다.

040 어떤 송풍기에서 송풍량 5,600m³/h, 송풍기 정압 60mmAq, 정압 효율 60%일 때의 송풍기 축동력을 구하시오.
① 0.47kW   ② 1.53kW
③ 2.86kW   ④ 4.68kW

■ 정압 단위가 mmAq일 때는 아래 식을 사용한다. 송풍기에서는 정압과 전압을 혼용하여 이용하는데 보통 정압은 축동력을 전압은 소요동력(공기동력)을 구할 때 사용한다.
$$K_w = \frac{Q \cdot P_r}{102 \cdot y_r} = \frac{5,600 \times 60}{3,600 \times 102 \times 0.6} = 1.53 kW$$
송풍기와 펌프 동력 계산은 수두(mAq, mmAq)와 압력(Pa, kPa)을 모두 이해하세요!!

041 송풍기 상사법칙에 대한 설명 중 잘못된 것은?
① 송풍량은 회전수에 비례한다.
② 정압은 회전수의 제곱에 비례한다.
③ 송풍량은 직경의 제곱에 비례한다.
④ 소요 동력은 회전수의 삼제곱(삼승)에 비례한다.

■ 송풍량은 회전수에 비례하고 직경의 삼제곱에 비례한다.

해답 37.② 38.④ 39.① 40.② 41.③

042 원심 송풍기의 번호가 No.6일 경우 날개의 직경은 얼마인가?

① 600mm ② 720mm
③ 900mm ④ 1,200mm

■ 원심 송풍기 회전 날개(임펠러)의 지름은 번호×150mm이다.(축류 송풍기 임펠러 지름은 번호×100mm)
그러므로 원심 송풍기 No.6일 때, $D = 6 \times 150mm = 900mm$

043 축류 송풍기 회전 날개의 지름이 900mm이다. 이 송풍기의 번호(No)는?

① 9 ② 6
③ 4.5 ④ 3

■ 축류 송풍기 임펠러 지름은 번호×100mm이므로
축류 송풍기의 경우 $No = \dfrac{\text{회전 날개의 지름}(mm)}{100mm} = \dfrac{900}{100} = 9$
원심 송풍기는 임펠러 지름을 150mm로 나누어 번호를 준다.

044 동일 송풍기에서 회전수를 2배로 했을 경우 풍량, 정압 및 소요 동력의 변화량에 대해 옳은 것은?

① 풍량 1배, 정압 2배, 소요 동력 2배
② 풍량 1배, 정압 2배, 소요 동력 4배
③ 풍량 2배, 정압 4배, 소요 동력 4배
④ 풍량 2배, 정압 4배, 소요 동력 8배

■ 회전속도($N_1 \rightarrow N_2$)를 2배로 하면

a) 풍량은 회전수에 비례하고 $Q_2 = Q_1 \dfrac{N_2}{N_1} = 2Q_1$

b) 정압은 제곱에 비례하고 $P_2 = P_1 \left(\dfrac{N_2}{N_1}\right)^2 = 4P_1$

c) 동력은 3제곱에 비례한다. $L_2 = L_1 \left(\dfrac{N_2}{N_1}\right)^3 = 8L_1$

045 동일 송풍기에서 임펠러 직경을 20% 키우면 풍량, 정압 및 소요 동력의 변화량에 대해 옳은 것은?

① 풍량 1.2배, 정압 2배, 소요 동력 4배
② 풍량 1.44배, 정압 4배, 소요 동력 6배
③ 풍량 1.73배, 정압 1.44배, 소요 동력 2.49배
④ 풍량 2배, 정압 4배, 소요 동력 8배

■ 임펠러 직경을 $D_1 \rightarrow D_2$ 변화시키면

a) 풍량은 직경의 삼제곱에 비례하고 $Q_2 = Q_1 \left(\dfrac{D_2}{D_1}\right)^3 = Q_1(1.2)^3 = 1.73$배

b) 정압은 직경의 제곱에 비례하고 $P_2 = P_1 \left(\dfrac{D_2}{D_1}\right)^2 = P_1(1.2)^2 = 1.44$배

c) 동력은 직경의 5제곱에 비례한다. $L_2 = L_1 \left(\dfrac{D_2}{D_1}\right)^5 = L_1(1.2)^5 = 2.49$배

해답 42.③ 43.① 44.④ 45.③

046 어떤 실에 각각 음압레벨이 80dB과 82dB인 2대의 송풍기를 동시에 운전할 때 음압레벨은?(단, 실내의 암소음은 무시한다.)
① 80dB
② 82dB
③ 84dB
④ 162dB

■ 2소음(SPL_1과 SPL_2)의 합성 소음을 SPL_3이라 하면,
$SPL_3 = 10 \log(10^{SPL1/10} + 10^{SPL2/10}) = 10\log(10^{80/10} + 10^{82/10}) = 84dB$

047 다음 중 소리의 공명에 의한 소음을 제거하는 소음기는 어느 것인가?
① 플레이트형 소음기
② 머플러형 소음기
③ 엘보
④ 소음 챔버

■ 머플러형 소음기의 내부에 여러 장의 격벽을 설치하면 공명 주파수를 여러 가지로 바꿀 수 있어 소음 효과를 높일 수 있다. 소음 챔버는 다공성의 흡음재를 이용한다.

048 펌프의 NPSH(유효 흡입 양정)에 관한 다음 설명 중 옳지 않은 것은?
① 펌프 설비에서 얻어지는 NPSHav는 기압의 영향을 받는다.
② 펌프 설비에서 얻어지는 NPSHav는 흡입양정, 수온, 마찰 손실 등에 의해 결정된다.
③ 펌프의 캐비테이션 계수는 비교 회전수의 함수이다.
④ 펌프가 필요로 하는 NPSHre보다 펌프 설비 흡입배관에서 얻어지는 NPSHav를 작게 한다.

■ 펌프 설비 배관에서 얻어지는 NPSHav는 펌프가 필요로 하는 NPSHre보다 커야 캐비테이션이 일어나지 않는다.

049 다음 중 원심 펌프의 구경(직경)과 관련 있는 것은?
① 유량
② 양정
③ 동력
④ 비교 회전도

■ $d = \sqrt{\dfrac{4Q}{V\pi}}$ d : 구경(m), Q : 유량(m³/sec), V : 유속(m/sec)

050 다음 그림과 같은 펌프의 배치방식은?

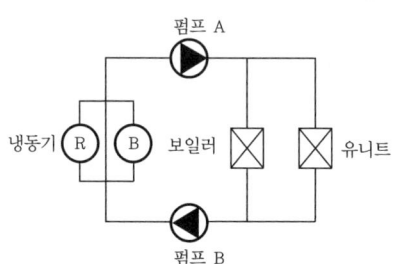

① 주펌프(main pump) 방식
② 존 펌프(zone pump) 방식
③ 부스터 펌프(booster pump) 방식
④ 바이패스(by pass) 방식

■ 공급측 주관과 환수측 주관에 각각 펌프가 직렬로 연결된 방식을 부스터 펌프방식이라 하며, 펌프 A, B 중 하나는 주펌프이고, 하나는 부스터 펌프이다. 부스터펌프 방식은 위 그림처럼 주관에 직렬로 연결하는 방식과 존별로 부스터펌프를 연결하는 방식이 있다.

해답 46.③ 47.② 48.④ 49.① 50.③

051 유량 360L/min, 전양정 20mAq, 펌프효율 70%인 경우, 축동력(kW)은 얼마인가?
① 1.68kW   ② 2.68kW
③ 3.68kW   ④ 4.68kW

■ $kW = \dfrac{Q \times H}{102 \times y} = \dfrac{360 \times 20}{60 \times 102 \times 0.7} = 1.68 kW$

052 유량 20m³/h, 전양정 0.2MPa, 펌프효율 70%인 경우, 축동력(kW)은 얼마인가?
① 0.59kW   ② 1.48kW
③ 3.59kW   ④ 4.59kW

■ Pa단위에서는 유량Q(m³/s)과 양정P(Pa)을 곱하여 W로 구한 후 1,000으로 나누어 kW로 구한다.
$kW = \dfrac{Q \times P}{1,000 \times y} = \dfrac{20 \times 200,000}{3,600 \times 1,000 \times 0.75} = 1.48 kW$ Q : m³/s, P : 양정(Pa), 0.2MPa=200,000Pa

053 다음 중 양정이 가장 높은 용도에 사용되는 펌프는?
① 축류 펌프   ② 사류 펌프
③ 벌류트 펌프 ④ 터빈 펌프

■ 펌프의 비교 회전수가 낮으면 주로 저유량·고양정에서 사용되는데, 비교 회전수의 순서는 터빈펌프<벌류트 펌프<사류 펌프<축류 펌프 순이며, 대유량·저양정에는 축류펌프가 주로 쓰인다.

054 다음은 펌프의 운전 중에 발생하는 수격작용을 예방하기 위한 조치들이다. 가장 거리가 먼 것은?
① 회전체의 관성 모멘트를 크게 한다.
② 조압수조(surge tank)를 관로에 설치한다.
③ 펌프의 토출구에 역지변을 달아 역류를 막는다.
④ 안전밸브 또는 관로에서 일부 고압수를 방출한다.

■ 펌프 송출측의 역지밸브는 펌프 정지 시에 물의 역류를 방지하여 펌프를 보호하기 위한 것으로 체크밸브 자체는 수격작용을 조장할 수 있으므로 체크밸브를 달 때는 충격완화용 체크밸브(스모렌스키 체크밸브)를 사용한다.

055 펌프 특성 곡선에 관한 설명으로 부적당한 것은?
① 특성곡선은 가로축에 유량을 잡고 세로축에 양정, 효율, 축동력을 잡아 그린 것이다.
② 일반적으로 최대 유량점에서 양정도 최대가 된다.
③ 펌프 특성곡선을 그리는 목적은 펌프 효율 최대점에서 운전점을 잡도록 하기 위한 것이다.
④ 토출밸브를 닫고 운전할 때 양정을 체절양정이라 한다.

■ 일반적으로 대부분의 펌프(원심형, 축류형)에서 펌프의 양정은 대체로 저유량쪽에서 최대가 되며 유량이 증가할수록 양정은 감소한다.

056 비교회전도(비속도)를 구하는 공식에서 문자에 대한 단위 중 잘못된 것은?

$$N_s = \frac{Q^{1/2}}{H^{3/4}} \cdot N$$

① N_S : 비회전도(rpm)
② N : 펌프의 회전수(rpm)
③ H : 펌프 양정(m)
④ Q : 펌프 유량(L/min)

■ 비속도 식에서 펌프유량 Q는 m³/min를 적용한다.

057 냉수 코일에 대한 설명 중 옳은 것은?

① 통과 풍속은 2~3m/s로 억제한다.
② 입구 냉수 온도는 10℃ 이상으로 한다.
③ 관내의 물의 유속은 4m/s 전후로 취한다.
④ 병류형으로 하는 것이 보통이다.

■ 냉수 코일
① 코일의 통과 풍속 : 2~3m/s의 범위 내가 가장 경제적이다.
② 냉수의 입구 온도는 5~8℃ 정도 사용, 공기 출구 측에서 공기와 물의 온도차가 5℃ 이하로 작아지면 열교환이 불량하므로 코일의 열수가 많아진다.
③ 관내 냉수의 속도는 보통 1m/s 전후가 사용되며 물의 온도 상승은 보통 5℃ 전후로 취한다.
④ 열전달 효과를 높이기 위해서는 역(향)류로 하고 대수 평균 온도차(MTD)를 크게 한다.

058 에너지 절약을 위한 공기 조화의 열회수 방법 중에서 폐열을 열교환에 의해 직접 이용하는 방식이 아닌 것은?

① 히트 파이프
② 런 어라운드 코일
③ 전열 교환기
④ 더블 번들 콘덴서

■ ① 히트 파이프 : 급기와 배기의 폐열을 회수하여 현열과 잠열을 교환시킨다.
② 런 어라운드 코일 : 예열기와 재열기 사이에서 폐열을 열교환시킨다.
③ 전열 교환기 : 외기와 배기사이에서 폐열을 회수하기위해 전열을 교환시킨다.
④ 더블 번들 콘덴서 : 2중 응축기 방식으로 열펌프를 이용하는 승온방식으로 고온을 얻는데 적합하다.

059 전열교환기에 대한 설명으로 틀린 것은?

① 회전식과 고정식 등이 있다.
② 현열과 잠열을 동시에 교환한다.
③ 전열교환기는 공기 대 공기 열교환기라고도 한다.
④ 동계에 실내로부터 배기 되는 고온·다습공기와 한냉·건조한 외기와의 열교환을 통해 엔탈피 감소효과를 가져온다.

■ 전열교환기는 동계(겨울)에 실내로부터 배기 되는 고온·다습공기와 한랭·건조한 외기와의 열교환을 통해 엔탈피 증가효과를 가져오고, 하계(여름)에 실내로부터 배기 되는 저온·건조공기와 고온·다습한 외기와의 열교환을 통해 엔탈피 감소효과를 가져온다.

060 공기조화 설비에서 코일의 설명으로 옳지 않은 것은?
① 직접팽창코일은 코일 내에서 냉매를 직접 팽창시킨다.
② 예열코일은 공기가 가열되면서 가습효율을 낮춘다.
③ 더블서킷코일은 유량이 많아 유속이 클 때 사용한다.
④ 습코일이란 코일표면온도가 공기의 노점온도보다 낮을 때 결로로 코일에 물방울이 맺히는 것을 의미한다.

■ ▶ 직접팽창코일(DX 코일)은 관 내에 냉매가 직접 팽창하여 공기를 냉각하는 것으로 패키지 에어콘의 증발기가 DX 코일이다.
▶ 예열코일은 난방 시스템에서 외기를 예열하면 상대습도가 감소하여 뒤에 오는 가습기의 가습효율을 높여준다.
▶ 더블서킷코일은 유량이 많을 경우 코일을 2배로 하여 유속을 감소시킨다.
▶ 습코일은 코일표면온도가 공기의 노점온도보다 낮을 경우 코일 표면에 이슬이 맺혀 습코일이 되기 때문에 결로에 의한 비산에 유의한다.

061 공장제작형 공조기의 특징이 아닌 것은?
① 초대형의 제품도 구입이 용이하다.   ② 공장에서 제작하여 현장에 반입한다.
③ 규격화되어 있다.   ④ 설치작업이 간단하다.

■ 최근의 대부분의 공조기는 공장에서 유니트로 제작되고 현장에서는 간단한 조립만하는 추세이다. 초대형 공조기는 운반·반입이 곤란하여 현장에서 가공조립(built up)한다.

062 병원의 수술실에 공기조화를 할 경우 적절한 공기여과기(air filter)는?
① 점착식 공기여과기   ② 에어와셔
③ 습식 공기여과기   ④ 고성능필터(HEPA)

■ 공기여과기 종류는
▶ 위치에 따라 : 프리 필터(앞), 미디엄 필터(중), 에프터 필터(후)
▶ 처리 성능에 따라 : 저성능 필터, 중성능 필터(미디엄 필터), 고성능 필터(HEPA), 초고성능(ULPA)
▶ 여과 방식에 따라 : 건식, 습식, 점착식, 원심식, 전기식,
▶ 수술실은 세균까지도 집진이 가능한 고성능필터나 전기 집진기가 적합하다.

063 산업용 클린룸·바이오클린룸의 공기여과기에 사용되며 세균이나 SO_2, NO_2의 제거에도 효과가 좋고 0.3[μm]입자의 제진효율이 99.9[%] 이상의 성능을 가진 필터는 어느 것인가?
① 활성탄 필터   ② HEPA 필터
③ 미디엄 필터   ④ 프리필터

■ 공기여과기(air filter) : 에어필터는 공기 중의 진애, 유해가스 등의 제거를 목적으로 하는 공기정화장치로 공기조화장치의 일부로써 이용된다. 클린룸 등에 고성능 필터(HEPA 필터)가 이용되며 고도의 클린룸에는 초고성능 필터(ULPA 필터)가 쓰인다.

해답 60.② 61.① 62.④ 63.②

064 펌프 특성 곡선에서 펌프의 효율적인 운전상태는 어느 점인가?

① 전양정 최대점 ② 축마력 최대점
③ 펌프효율 최대점 ④ 축마력 최소점

■ 펌프의 효율적인 운전상태는 펌프효율이 최대인 점이다.

065 건구온도 30℃, 엔탈피 63kJ/kg인 습공기 3,000㎥/h를 바이패스팩터 0.2인 냉각코일로 냉각 감습하는 경우 냉각되는 전열량은?(단, 습공기의 밀도=1.2kg/㎥, 냉각코일의 표면온도=10℃, 10℃ 포화습공기의 엔탈피=29kJ/kg)

① 67,920kJ/h ② 77,920kJ/h
③ 87,920kJ/h ④ 97,920kJ/h

■ 냉각코일의 냉각열량은 공기량과 엔탈피차로 구한다.
 $q = m \cdot \Delta h (1-BF) = 3,000 \times 1.2 (63-29) \times (1-0.2) = 97,920$ kJ/h
 단위를 환산해보면 97,920kJ/h=97,920/3,600=27.2kJ/s=27.2kW
 ※열량 계산에서 W, kW, kJ/h 단위는 조건에 따라 정확하게 환산할 줄 알아야한다.

066 단열된 공기세정기 내에서 ①점 상태의 입구 공기에 분무수를 냉각하거나 가열하지 않고 순환하여 스프레이할 때(단열 분무)의 상태변화를 나타내는 과정은?

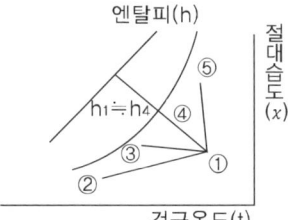

① ① → ②
② ① → ③
③ ① → ④
④ ① → ⑤

■ ① → ② : 노점온도 이하의 냉수를 분무하는 경우로 냉각 감습도 가능하다.
 ① → ③ : 노점온도 이상의 냉수를 분무하는 것으로 냉각 가습이다.
 ① → ④ : 가장 일반적으로 적용하며 단열 분무(순환수 분무)하는 것으로 엔탈피 선을 따라 변화하며 냉각 가습이 이루어진다.
 ① → ⑤ : 가열하여 분무하는 것으로 약간의 냉각과 가습이 이루어진다.
 ※ 참고사항 : 온수 분무 시에는 증발잠열 때문에 아무리 온도가 높아도 가열되기는 어렵고 가열, 가습하기 위해서는 증발된 증기를 분무해야 한다.

067 공기세정기(에어워셔) 속의 플러딩 노즐(flooding nozzle)의 역할은?

① 분무수의 분무 ② 균일한 공기흐름 유지
③ 물방울의 기류에 혼입방지 ④ 엘리미네이터 청소

■ ① 분무 노즐-분무수의 분무
② 유입루버-균일한 공기흐름 유지
③ 엘리미네이터-세정기 출구에서 공기 중의 물방울을 차단하여 기류에 혼입방지
④ 플러딩 노즐-세정기 출구 측의 엘리미네이터는 먼지 등이 많이 묻으므로 플러딩 노즐로 물을 분무하여 청소한다.

해답 64.③ 65.④ 66.③ 67.④

068 다음의 전열 교환기에 관한 설명 중 옳지 않은 것은?

① 현열뿐 아니라 공기 중의 잠열도 교환한다.
② 고정형과 회전형이 있다.
③ 외기 측과 배기 측의 풍량이 동일한 경우 풍속이 빠르면 효율도 증가한다.
④ 공조기에 공급되는 외기를 버려지는 배기로 예열(냉각)하여 에너지 절감을 할 수 있다.

■ 전열 교환기는 풍속이 빠르면 효율은 감소한다.

069 다음은 배관 내를 흐르는 유체의 마찰에 의해 발생되는 압력손실에 관한 설명이다. 옳은 것은?

① 유체의 밀도에 반비례한다.   ② 유체속도의 제곱에 반비례한다.
③ 관 내경에 반비례한다.   ④ 관 길이에 반비례한다.

■ 배관 마찰손실은 관 길이, 속도의 제곱, 유체의 밀도에 비례하고, 관 내경에 반비례한다.
$$\triangle h = \frac{f \times L \times v^2}{d \times 2g} \times \rho$$

070 개방회로 배관과 밀폐회로 배관의 특성에 관한 설명에서 옳지 않은 것은?

① 순환펌프의 양정을 계산할 때 밀폐회로의 경우 정수두는 양정에 관계가 없다.
② 개방회로 배관보다 밀폐회로에서는 배관 부식이 심하므로 관지름을 약간 크게 결정할 필요가 있다.
③ 밀폐회로에서는 개방회로 배관보다 물의 흐름이 안정되어 있다.
④ 개방형 팽창 탱크를 설치한 배관계는 개방회로 배관으로 간주한다.

■ 개방형이든 밀폐형이든 팽창탱크를 설치한 배관계는 밀폐회로로 간주한다. 개방회로 배관은 팽창탱크가 불필요하다.

071 2m/sec의 유속으로 20L/min의 유량을 송수하는 배관의 관경을 계산하여 결정한 것으로 옳은 것은?

① 15A   ② 20A
③ 25A   ④ 32A

■ $Q = AV$에서 유량 Q는 ㎥/s로 환산한다.
$d = \sqrt{\frac{4Q}{\pi V}} = \sqrt{\frac{4 \times 20 \times 10^{-3}}{60 \times \pi \times 2}} = 0.0146m = 15mm$

072 계산된 냉온수량을 수송하기 위한 적정 관지름을 마찰저항 선도를 사용하여 선정할 때 우선 정해져야 할 값은?

① 레이놀드수나 배관길이   ② 수력반지름이나 유체의 동점성 계수
③ 배관길이나 사용배관재의 조도   ④ 제반손실을 고려한 관마찰 저항이나 유속

■ 유량이 결정되면 마찰저항 선도에서 마찰저항(R)이나 유속(V) 중 한 가지만 결정되어도 관경을 구할 수 있다.

073 어떤 실의 난방부하가 16,000kJ/h이면 증기난방을 적용할 때 방열기의 상당방열면적 EDR(m²)은?

① 4.14m² ② 5.87m²
③ 6.15m² ④ 8.89m²

■ 증기난방에서 1EDR=0.756kW/m²이므로
난방부하 16,000kJ/h=16,000/3,600=4.44kW

$$EDR = \frac{q}{\text{표준방열량}} = \frac{4.44}{0.756} = 5.87\text{m}^2$$

※ 또는 증기 방열기 표준 방열량은 1m² EDR=0.756kW/m²=2,724kJ/m²h이므로

$$N = \frac{16,000}{2724} = 5.87\text{m}^2$$

※ 위 2가지 계산법이 모두 가능하나 주로 1m² EDR=0.756kW/m²=756W/m²을 이용하므로 위 식을 잘 정리하세요.
※ 방열기 표준방열량(문제에서 주어지는 경우가 많지만 기본적으로 숙지하세요)
  - 온수 1m² EDR=0.523kW/m²
  - 증기 1m² EDR=0.756kW/m²

074 전 손실열량 15,130W인 사무실에 설치할 증기 난방용 방열기의 필요 섹션수는? (단, 방열기 섹션 1개의 방열면적은 0.20m²로 한다.)

① 80섹션 ② 90섹션
③ 100섹션 ④ 120섹션

■ 손실열량과 방열기 방열량은 같으므로(증기 1m² EDR=756W/m²)

$$EDR = \frac{15,130}{756} = 20\text{m}^2, \text{ 섹션수 } S = \frac{20}{0.2} = 100\text{쪽}$$

075 그림과 같은 온수 방열기에서 입출구 온도가 조건과 같을 때 방열기의 방열량이 104,750W라면 방열기에 필요한 온수량(L/min)은 얼마인가?(단 물의 비열 4.19 kJ/kgK이다.)

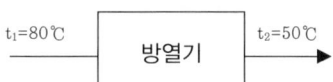

① W=40L/min ② W=50L/min
③ W=60L/min ④ W=70L/min

■ 온수 방열기 방열량은 물의 비열 4.19kJ/kgK일 때

q=WC(t₁-t₂)에서 $W = \frac{q}{C(t_1-t_2)} = \frac{104,750 \div 1,000}{4.19(80-50)} = 0.8333 L/s = 50 L/min$

※ 방열량 단위가 W이므로 1,000으로 나누어 kW(kJ/s)로 환산하여 계산한다.

076 그림과 같은 온수 방열기에서 조건과 같이 입출구 온수가 흐를 때 방열기의 방열량은?(단, 온수량 W=50L/min, 물의 비열 4.19kJ/kgK이다.)

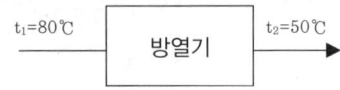

① 424,650kJ/h ② 377,100kJ/h
③ 298,650kJ/h ④ 242,560kJ/h

■ 온수 방열기 방열량은 물의 비열 4.19kJ/kgK일 때
$q = WC(t_1 - t_2) = 50 \times 60 \times 4.19 \times (80-50) = 377,100 kJ/h$

077 어떤 사무실의 난방부하가 37,710kJ/h일 때, 증기방열기와 온수방열기의 소요방열면적(EDR)은 각각 몇 m^2인가?

① 증기 : 13.86m^2, 온수 : 20.03m^2
② 증기 : 16.86m^2, 온수 : 24.03m^2
③ 증기 : 21.86m^2, 온수 : 28.03m^2
④ 증기 : 31.86m^2, 온수 : 32.03m^2

■ 표준방열량 온수 1m^2 EDR=0.523kW/m^2, 증기 1m^2 EDR=0.756kW/m^2
난방부하= 37,710kJ/h=37710/3600=10.475kW
증기 EDR=10.475/0.756=13.86m^2
온수 DER=10.475/0.523=20.03m^2

078 온수난방장치 내의 전체 물의 체적은 1,200L이다. 이 장치의 온수 운전 조건을 최저 5℃(밀도 0.99999kg/L)와 80℃(밀도 0.97183kg/L) 사이로 제한할 때 개방식 팽창탱크의 필요체적은 얼마인가?(단, 팽창탱크의 용량은 온수팽창량의 2배로 한다.)

① 34.8L ② 69.5L
③ 78.4L ④ 88.2L

■ 물의 체적 팽창량은 $\Delta V = (v_2-v_1)W = \left(\dfrac{1}{\rho_2}-\dfrac{1}{\rho_1}\right)W = \left(\dfrac{1}{0.97183}-\dfrac{1}{0.99999}\right)1,200 = 34.77L$
∴ 팽창탱크용량 $= 34.77 \times 2 = 69.5L$

079 가동 전의 물의 온도는 10℃(ρ=0.9997g/cm^3)이고 운전 중의 온수 온도는 80℃(ρ=0.9866g/cm^3)일 때, 온수 보일러의 팽창수량(L)을 구하라.(단, 보일러 내의 가동 전의 물의 온도 10℃일 때 전수량은 1,000L이다.)

① 3.8L ② 9.8L
③ 13.3L ④ 16.9L

■ $\Delta v = \left(\dfrac{\rho_1}{\rho_2}-1\right) \cdot V = \left(\dfrac{0.9997}{0.9866}-1\right)1,000 = 13.3L$

물의 체적 팽창량은 위 문제 식과 아래 식 2가지가 이용되는데 전수량이 가동 전 체적일 때는 위 식을 이용하고 특별한 조건이 없을 때(4℃ 기준)는 일반적으로는 아래 식을 사용한다.
$\Delta V = (v_2-v_1)W = \left(\dfrac{1}{\rho_2}-\dfrac{1}{\rho_1}\right)W$

해답 76.② 77.① 78.② 79.③

080 밀폐형 팽창 탱크에서 탱크 용량을 구할 때 관계없는 것은?
① 탱크 직경
② 만수 시 절대 압력
③ 최고 사용 압력
④ 온수 팽창량

■ 탱크용량 $V = \dfrac{\Delta V}{P_a \left(\dfrac{1}{P_0} - \dfrac{1}{P_m}\right)}$

P_a : 만수 시 절대 압력, P_0 : 팽창 탱크 초기 가압 절대 압력, P_m : 최고 사용 압력, ΔV : 온수 팽창량 이며 탱크 직경은 탱크 용량 결정 후 탱크 규격결정 시 고려사항이다.

081 온수 보일러에서 개방형 팽창 탱크의 경우에 탱크 위치는 최고 방열기로부터 얼마 이상 상부에 설치하는가?
① 1m
② 3m
③ 5m
④ 2m

■ 개방형 팽창 탱크는 최고 방열기로부터 최소한 1m 이상 되게 하며 강제순환식인 경우 배관 도중에서 최저압이 부압이 되지 않도록 팽창탱크 높이를 결정한다.

082 개방형 팽창 탱크에서 넘침관(오버 플로우관)은 일반적으로 급수관 직경보다 얼마나 커야 하는가?
① 급수관의 1배
② 급수관의 2배
③ 급수관의 5배
④ 급수관의 4배

■ 개방형 팽창 탱크에서 급수관은 수압을 받고 넘침관은 대기압에서 배수하므로 넘침관은 급수관보다 2배 이상으로 한다.

083 배관에 설치하여 관속에 흐르는 유체에 섞여 있는 모래 등 이물질을 제거하기 위하여 설치하는 부속류는?
① 트랩
② 스트레이너
③ 밸브
④ 볼조인트

■ 스트레이너는 관 내의 유체에 혼입된 이물질을 제거하여 기기를 보호하는 부속으로 펌프전단, 트랩이나 제어밸브 전단에 설치한다.

084 유체의 흐름 방향을 90°로 전환할 수 있는 밸브를 무엇이라 하는가?
① 체크 밸브
② 볼 밸브
③ 앵글 밸브
④ 게이트 밸브

■ 앵글 밸브는 90°로 전환할 수 있는 밸브이고, 가정에서 세면기 아래 벽측에 붙은 밸브이다. 볼 밸브는 90° 회전으로 개폐가 되는 밸브이다.

085 배관부속 중 사용목적이 서로 다른 것과 연결된 것은?

① 플러그(plugs)-캡(Caps)
② 유니온(Unions)-플랜지(Flanges)
③ 부싱(bushing)-이경소켓(Reducing Socket)
④ 티이(Tees)-레듀서(Reducer)

■ 티이는 분기 부속이고, 레듀서는 이경소켓이다. 플러그와 캡은 배관 말단을 막을 때 사용하며, 유니언과 플랜지는 분해가 가능한 조립이고, 부싱과 이경소켓은 관경이 다른 이경관 조립에 쓰인다.

086 배관지지 철물의 구비요건 중 옳지 않은 것은?

① 배관의 신축을 허용하지 않고 움직이지 않게 할 것
② 배관진동을 구조체에 전달되지 않게 할 것
③ 외부에서 진동이나 충격에 견딜 것
④ 배관의 자중, 유체의 하중 등에 견딜 것

■ 배관 지지철물은 배관 신축이 자유롭도록 유동적이어야 한다.

087 공조배관에서 보온 및 보냉을 하지 않는 관은?

① 냉각수관　　　　　　② 냉수관
③ 온수관　　　　　　　④ 증기관

■ 냉각수관은 냉동기 운전 시 30℃ 내외의 물이 냉각탑 쪽으로 흐르고 있으며 자연 상태에서 냉각되는 것이 유리하므로 보온하지 않고 나관상태로 둔다.

088 관내 공기를 제거하는 방법으로 옳지 않은 것은?

① 물의 흐름방향으로 앞올림 구배로 한다.
② 방열기 출구에 리턴 콕을 설치한다.
③ 배관의 최정상부에 공기 배출밸브를 설치한다.
④ 팽창수조에 연결되어 공기 배출관을 설치한다.

■ 온수 난방 등에서 배관 내의 공기는 물의 흐름을 방해하므로 이를 제거하기 위하여 물흐름 방향으로 앞올림 구배를 주어 공기를 배관 최상부로 유도한 다음 공기밸브나 팽창수조에서 제거한다. 리턴콕은 온수방열기 출구 등에 설치하는 유량제어용 밸브이다.

089 다음 중 워터해머의 방지법으로 부적당한 것은?

① 신축곡관을 설치한다.　　② 관 내 유속을 가급적 느리게 한다.
③ 펌프에 플라이 휠을 설치한다.　　④ 체크밸브를 설치한다.

■ 워터해머의 방지책으로 신축곡관은 관계가 없으며 체크밸브는 스모렌스키 체크밸브, 완폐형 체크밸브를 부착한다.

해답　85.④　86.①　87.①　88.②　89.①

090 다음 중 펌프의 비교회전수가 가장 적은 것은?
① 축류펌프　　　　　　　② 사류펌프
③ 볼류트펌프　　　　　　④ 터빈펌프

■ 비교회전수는 원심형일수록 적고 비교회전수가 적을수록 고양정에 쓰인다.
터빈펌프<볼류트펌프<사류펌프<축류펌프

091 다음 펌프 중 양정이 가장 높은 경우에 적합한 형식은?
① 축류형　　　　　　　　② 사류형
③ 원심형　　　　　　　　④ 양흡입형

■ 양정의 대소 관계는 반경류형(Radial Flow Type, 원심식)>사류형>축류형(Axial Flow)의 순이며 편흡입형, 양흡입형은 흡입구 형태에 따른 분류로 대용량에서 양흡입형을 쓴다.

092 펌프의 공동현상을 방지하기 위하여 고려하여야 할 사항 중 옳지 않은 것은?
① 유효흡입양정(NPSH)을 크게 하여 펌프를 설치한다.
② 펌프의 회전수를 크게 운전한다.
③ 흡입관로에서의 유속을 작게 배관한다.
④ 흡입관로에서의 손실수두를 적게 배관한다.

■ 펌프의 공동 현상(캐비테이션)이란 흡입 측의 압력이 물의 포화 증기압 이하로 감소하여 물이 증발 기화하는 것으로 흡입 측 마찰손실이 클수록, 유속이 클수록, NPSH가 작을수록 펌프의 회전수를 크게 할수록, 캐비테이션 현상이 더 심해진다.

093 디스크 상하운동으로 유로를 완전히 닫기 위한 목적으로 사용되는 개폐용 밸브는?
① 게이트 밸브(gate valve)　　　　② 글로브 밸브(globe valve)
③ 체크 밸브(check valve)　　　　④ 버터플라이 밸브(butterfly valve)

■ ▶ 게이트 밸브 : 디스크의 수직 상하운동으로 개폐용으로 사용되며 개폐시간이 길다.
　▶ 글로브 밸브 : 수평 디스크의 조정으로 유량조절용이다.
　▶ 체크 밸브 : 물이 한 방향으로만 흐르도록 제어하는 것으로 스윙형, 리프트형, 볼밸브형이 있다.
　▶ 버터플라이 밸브 : 가볍고 설치공간이 적어 최근에 많이 사용되며 디스크의 90° 회전으로 유량조절과 개폐용으로 이용된다.

094 유효흡입양정(NPSH)에 관한 설명 중 옳지 않은 것은?
① 흡입 측 배관압력은 물의 포화증기압력 이상으로 유지해야 한다.
② 표준대기압 하에서 물을 흡입할 수 있는 이론적인 높이는 10m이다.
③ 유효흡입양정보다 흡입배관이 길게 되면 cavitation이 발생한다.
④ 유효흡입양정을 구할 때 흡입배관양정은 항상 양의 값을 가진다.

■ 흡입양정은 흡상일 때, 즉 수면이 펌프 아래에 있을 때는 (+)로, 압입일 때, 즉 수면이 펌프 위에 있을 때는 (−)가 된다.

해답　90.④　91.③　92.②　93.①　94.④

095 다음의 단어 중 펌프와 관련성이 없는 것은?
① 하트포드 접속   ② 특성곡선
③ 비교회전수   ④ 유효흡입양정(NPSH)

■ 하트포드 접속은 증기 보일러 주변 배관으로 보일러 안전 수위를 유지하기 위한 안전장치의 일종이다.

096 개방회로 배관과 밀폐 회로 배관의 특성에 관한 설명 중 옳지 않은 것은?
① 순환 펌프의 양정을 계산할 때 개방회로 배관의 경우 정수두를 포함한다.
② 일반적으로 밀폐회로 배관은 배관 부식이 심하므로 관경을 약간 크게 결정할 필요가 있다.
③ 밀폐 회로 배관에서는 펌프 양정이 작으므로 물의 흐름이 안정되어 있다.
④ 개방형 팽창 수조를 설치한 배관계는 밀폐회로 배관으로 간주한다.

■ 밀폐회로보다 개방회로에서 부식이 심하여 관경을 한 단계 증가시킨다. 개방형이든 밀폐형이든 팽창탱크를 설치한 배관계는 밀폐회로 배관계로 본다. 개방회로는 대기압에 개방되어 있으므로 팽창탱크가 필요 없다.

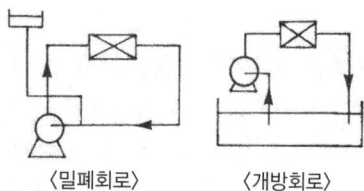
〈밀폐회로〉 〈개방회로〉

097 온도변화로 인한 배관의 수축이나 팽창이 주변 배관이나 장치에 영향을 주지 않도록 신축을 흡수하기 위해 사용되는 이음쇠로서 적당하지 않은 것은?
① 벨로스형(bellows)   ② 굴절 이음쇠(flexible joint)
③ U벤드(U-bend)   ④ 플랜지(flange)

■ 플랜지는 분해조립용 이음쇠로 신축흡수 효과는 없다.

098 감압 밸브 주변 배관도에서 감압 밸브 앞에 스트레이너를 부착하는 이유는?
① 증기 압력을 조절하기 위해서이다.
② 압력계가 정확히 작동하도록 돕는다.
③ 감압 밸브에 찌꺼기(불순물)가 침입되지 않도록 제거한다.
④ 감압 밸브 수리 시 이용한다.

■ 감압 밸브의 니들밸브에 이물질이 끼면 밸브가 닫히지 않으므로 작동이 곤란하다.

099 배관의 부식현상에서 틈새나 점등에서의 부식으로 부식 속도가 빠르고 위험한 종류는?
① 전면 부식   ② 국부 부식
③ 선택 부식   ④ 응력 부식

■ 틈새나 점 등의 특정 부분에서 발생하는 국부 부식은 속도가 빨라 위험하다. 배관 전체에서 일어나는 전면 부식의 위험이 오히려 가장 적다.

100 다음 그림의 냉각수 펌프에서 양정은 몇 mAq인가?(단 배관 마찰손실 수두는 10mAq, 응축기 저항손실수두는 10mAq이며 속도수두는 무시한다.)

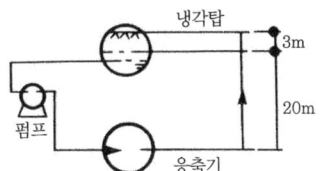

① 23mAq
② 33mAq
③ 43mAq
④ 63mAq

■ 전양정(H) H=$H_a+H_p+H_s$ H_a : 실양정, H_p : 배관 마찰 손실 수두, H_s : 기기 저항 수두
H=3+10+10=23mAq(실양정은 23m가 아니고 3m임을 주의한다.)

101 배관 작업 시 부식을 방지하기 위한 방법으로 잘못된 것은?

① 유체나 찌꺼기가 고이지 않도록 둥글게 한다.
② 볼트 등에 의한 결합 시 배관재질이 양전기성 금속이어야 한다.
③ 이종 금속과 결합 시 전기적으로 절연시킨다.
④ 용접 시 응력풀림 열처리를 실시한다.

■ 배관 재질은 양극(양전기)에서 부식이 심하므로 음전기성(음극화) 금속이어야 한다. 이렇게 보호하고자 하는 대상 배관을 음극화하는 방식법을 음극보호법이라 한다.

102 다음은 배관회로 방식을 설명한 것이다. 옳지 않은 것은?

① 개방회로 방식 : 배관부식이 심해 백관을 사용
② 밀폐회로 방식 : 팽창탱크 설치가 필요
③ 직접환수 방식 : 균일한 유량의 조절을 위한 밸브 필요
④ 역환수 방식 : 배관 스페이스가 적고 설비비가 저렴

■ 역환수 방식은 균일한 유량조절을 위해 배관의 길이를 같게 만든 것으로 배관의 길이가 길어지는 설비비가 증가한다.

103 플레어 기구에 의한 압착으로 연결하는 플레어링 방법을 이용하는 관재료는?

① 연관
② 동관
③ PVC관
④ 콘크리트관

■ 분해 조립이 요구되는 부분에 플레어링 조인트를 사용하는 것은 관의 연한성질을 이용하는 동관이다.

104 플라스틱관에 대한 설명 중 잘못된 것은?

① 접합 방법은 냉간가공, 열간가공, 용융접합 등이 있다.
② 종류로는 PVC관, 폴리에틸렌관, 고무호스 등이 있다.
③ 가볍고 내식성이 뛰어나며 특히 유기용매에 강하다.
④ 마찰손실이 적고 열전도가 작다.

■ 플라스틱관은 유기용매에 약하다.

105 1.5m/sec의 유속으로 30L/min의 유량을 송수하는 배관의 관경을 계산하여 결정한 것 중 맞는 것은?

① 15A   ② 20A
③ 25A   ④ 32A

■ $d = \sqrt{\dfrac{4Q}{v\pi}} (m)$ Q : 양수량(m³/s), v : 유속(m/s)

$d = \sqrt{\dfrac{4 \times (\dfrac{30}{1,000 \times 60})}{1.5 \times 3.14}} = 0.021m = 21mm \rightarrow 25A$

106 다음은 배관 내를 흐르는 유체의 마찰에 의해 발생되는 압력 손실에 관한 설명이다. 적당한 것은?

① 유체의 비중량에 반비례한다.   ② 유체속도의 제곱에 반비례한다.
③ 관 내경에 반비례한다.   ④ 관 길이에 반비례한다.

■ $Hf = \lambda \cdot \dfrac{l}{d} \cdot \dfrac{v^2}{2g} \cdot r$

λ : 손실 계수, L : 관의 길이(m), d : 관경(m), g : 중력 가속도, r : 비중량
※ 마찰손실수두는 관 내경(d)에 반비례 한다.

107 L(m)인 냉각수관이 수평으로 설치되어 있다. 이 관의 마찰손실압력 P(Pa)는 얼마인가?[단, 마찰계수는 λ, 관경은 d(m), 유속은 w(m/s), 물의 밀도 ρ(kg/m³)]

① $P = d \cdot \dfrac{l}{\lambda} \cdot \dfrac{w^2}{2} \cdot \rho$ ② $P = \lambda \cdot \dfrac{l}{d} \cdot \dfrac{w^2}{2g}$

③ $P = \lambda \cdot \dfrac{l}{d} \cdot \dfrac{w^2}{2} \cdot \rho$ ④ $P = \dfrac{l}{\lambda \cdot d} \cdot \dfrac{w^2}{2} \cdot \rho$

■ 마찰손실식은 수두공식(mmAq)과 압력 공식(Pa)이 병용되므로 두 식을 잘 정리하세요!!
$h = \lambda \cdot \dfrac{l}{d} \cdot \dfrac{w^2}{2g} \cdot \gamma$ (mmAq), $P = \lambda \cdot \dfrac{l}{d} \cdot \dfrac{w^2}{2} \cdot \rho$ (Pa)

108 관 길이 150m, 내경 80mm인 원 관 속에서 유속 1.5m/s로 물이 흐르고 있을 때 마찰손실압력은 몇 kPa인가?(단, 마찰계수는 0.03이며 배관도중에는 상당 길이 10.7m인 앵글 밸브가 1개, 상당 길이 13m인 스트레이너가 1개가 있다. 기타 손실은 무시한다. 물의 밀도는 1,000kg/m³)

① 1.15kPa   ② 50.93kPa
③ 73.3kPa   ④ 107.1kPa

■ $H_L = f \dfrac{L}{d} \cdot \dfrac{v^2}{2} \cdot \rho = 0.03 \times \dfrac{(150 + 10.7 + 13)}{0.08} \times \dfrac{(1.5)^2}{2} \times 1,000 = 73,279.7 Pa = 73.3 kPa$

배관 총상당장=직관길이+부속상당장=150+10.7+13

해답   105.③   106.③   107.③   108.③

109 관 길이 150m, 내경 80mm인 원관속에서 유속 1.5m/s로 물이 흐르고 있을 때 마찰손실수두는 몇 mAq인가?(단, 마찰계수는 0.03이며 배관도중에는 상당 길이 10.7m인 앵글 밸브가 1개, 상당 길이 13m인 스트레이너가 1개가 있다. 기타 손실은 무시한다. 물의 밀도는 1,000kg/m³)

① 1.15mAq ② 50.93mAq
③ 73.3mAq ④ 107.1mAq

■ $H_L = f \dfrac{l}{d} \cdot \dfrac{V^2}{2g} = 0.03 \times \dfrac{(150+10.7+13)}{0.08} \times \dfrac{(1.5)^2}{2 \times 9.8} = 7.48 mAq$

> ※ 마찰손실수두 공식은 아래와 같이 사용함이 원칙인데 물인 경우 관습상 밀도 1,000을 무시하고 mAq로 직접 유도한다. 그러므로 밀도가 1,000이 아닌 경우 아래 식을 적용해야 한다.
>
> $H_L = f \dfrac{l}{d} \cdot \dfrac{V^2}{2g} \times \rho = 0.03 \times \dfrac{(150+10.7+13)}{0.08} \times \dfrac{(1.5)^2}{2 \times 9.8} \times 1,000 = 7477.5 mmAq = 7.48 mAq$

110 온수난방에서 순환펌프 양정 2.4mAq, 보일러에서 최원방열기까지 왕복길이 80m 국부저항계수 k=0.8인 경우 배관설계 시 적용하는 허용 압력 강하(R)는 얼마 이하인가?

① 20.6mmAq/m ② 19.2mmAq/m
③ 18.1mmAq/m ④ 16.7mmAq/m

■ $R = \dfrac{\text{펌프양정}}{\text{배관상당장}} = \dfrac{H}{L(1+k)} = \dfrac{2.4 \times 1,000}{80(1+0.8)} = 16.7 mmAq/m$

111 증기 배관에서 증기 유속의 설명 중 옳은 것은?

① 저압 증기관 최저 35m/s, 고압 증기관 최저 45m/s
② 저압 증기관 최저 35m/s, 고압 증기관 최대 45m/s
③ 저압 증기관 최대 35m/s, 고압 증기관 최저 45m/s
④ 저압 증기관 최대 35m/s, 고압 증기관 최대 45m/s

■ 저압 증기관 최대 유속 35m/s, 고압 증기관 최대 유속 45m/s

112 배관회로 중 환수방식에서 역환수방식이 직접환수방식보다 우수한 점은?

① 배관길이가 짧아져서 재료를 절약할 수 있다.
② 배관수가 작아져서 배관설치 공간을 절약할 수 있다.
③ 존별로 유량을 균등하게 배분시킬 수 있다.
④ 순환양정이 작아져서 순환펌프의 동력을 줄일 수 있다.

■ 역환수방식은 존별 균등한 유량 분배를 위해 배관의 길이를 같게 만든 것으로 배관의 길이가 길어지며 재료비, 설치공간, 펌프동력이 모두 증가한다.

해답 109.③ 110.④ 111.④ 112.③

113 증기 보일러에서 보일러 안전수위를 유지하기 위한 보일러 주변 배관을 무엇이라 하는가?
① 리프트 피딩　　　　　　② 리버스리턴 배관
③ 쿨링레그　　　　　　　　④ 하트포트 배관

■ 하트포트 배관은 증기관과 환수관의 압력을 밸런스시켜 환수관으로의 누출을 막아 보일러의 안전수위를 유지한다.

114 관말 트랩에 설치하는 냉각다리(cooling leg)에 대한 설명 중 가장 거리가 먼 것은?
① 관말트랩에 냉각된 확실한 응축수를 보내어 트랩의 작동을 원활히 한다.
② 냉각다리 부분은 보온 피복하지 않는다.
③ 압력 손실을 막기 위해 관경은 굵고 짧게 한다.
④ 1.5m 이상 되게 한다.

■ 증기 배관에서 트랩 출구의 압력을 낮추기 위해 압력손실을 크게 하도록 관경을 한 단계 작고 길게(1.5m 이상) 한다.

115 방열기 주변 배관에서 파이프의 신축이 방열기에 영향을 주지 않도록 하는 배관 법은?
① 리프트 피딩　　　　　　② 쿨링 레그
③ 스위블 조인트　　　　　④ 신축 곡관

■ 스위블 조인트는 2개 이상의 엘보를 사용하여 방열기와 배관을 접속한 것으로 엘보의 밴딩으로 신축을 흡수한다.

116 다음 중 신축이음의 종류가 아닌 것은?
① 벨로스형　　　　　　　　② 슬리브형
③ 루프형　　　　　　　　　④ 리프트형

■ 신축이음(expansion joint)
① 신축곡관(expansion loop)-루프　② 스위블 이음(swivel joint)
③ 슬리브형(sleeve type)　　　　　　④ 벨로스 형(bellows type)
리프트 이음은 진공환수식 증기 배관에 쓰인다.

117 리프트 피팅에 대한 설명 중 가장 거리가 먼 것은?
① 진공환수식에서 낮은 곳의 응축수 회수를 위한 것이다.
② 방열기의 위치가 보일러보다 낮을 때는 사용할 수 없다.
③ 진공펌프를 사용한다.
④ 리프트 피팅 1개의 높이는 1.5m 이내로 한다.

■ 진공환수식에서 리프트 피팅은 방열기가 보일러보다 낮을 때 사용한다.

해답　113.④　114.③　115.③　116.④　117.②

118 무기질 보온재 중에서 최고 사용 온도가 350~550℃인 것으로 최근 발암성 물질로 사용이 규제되고 있는 보온재는?

① 석면
② 암면
③ 탄산마그네슘
④ 규조토

■ 석면은 천연의 안산암으로 만들어지는데 발암물질로 알려지면서 사용이 제한되고 있다.

119 배관에 사용하는 보온재 구비 조건 중 틀린 것은?

① 비중이 적고 흡습성이 적을 것
② 내식성 및 내열성이 있을 것
③ 열전도율이 클 것
④ 균열, 신축이 적을 것

■ 보온재는 열전도율이 작을수록 우수하다.

120 다음 보온재 중에서 열전도율이 가장 적은 것은?

① 우레탄 폼
② 퍼어라이트
③ 폴리스틸렌 폼
④ 그래스 울

■ 우레탄폼(0.028W/m²K), 폴리스틸렌(0.037W/m²K), 그래스울(0.04W/m²K)

121 무기질 보온재 중 최고 사용 온도가 가장 높은 것은?

① 탄산마그네슘
② 석면
③ 규조토
④ 세라믹 화이버

■ 최고 사용 온도 탄산마그네슘(250℃), 석면(350~550℃), 규조토(500℃), 세라믹 화이버(1,300℃)

122 다음 장치 중 일반적으로 보온·보냉을 필요로 하는 것은?

① 방열기 주변 배관
② 환기용 덕트
③ 냉각수 배관
④ 냉·온수 배관

■ 냉·온수 배관은 열원(보일러, 냉동기)과 유니트(AHU, FCU, IDU 등) 사이의 배관으로서 주위로부터 열의 출입을 방지하기 위해 단열 시공한다. 방열기 주변 배관, 환기용 덕트, 냉각수 배관은 보온하지 않는다. 냉각수는 방열되어 냉각될수록 이롭다.

123 다음 중 천장고가 높은 대형 공간에 가장 적합한 취출구는?

① 팬형(pan type)
② 아네모형(anemostat)
③ 노즐형(nozzle type)
④ 슬롯형(slotted outlet)

■ 노즐형은 도달거리가 길어 고천장 등 대형 공간에 적용하고 일반실은 아네모스탯형, 슬롯형, 팬형이 쓰이며 팬형은 아네모형과 유사하나 미관은 우수하고 기류분포특성은 떨어진다.

해답 118.① 119.③ 120.① 121.④ 122.④ 123.③

124 송풍기의 토출구 풍속이 6m/s일 때, 송풍기 동압은?

① 2.2mmAq ② 3.4mmAq
③ 3.8mmAq ④ 4.1mmAq

■ 동압 $Pv = \dfrac{V^2}{2g} \cdot \gamma = \dfrac{6^2}{2 \times 9.8} \times 1.2 = 2.2 \text{mmAq}$

> ※ SI 단위에서 송풍기동압은 위 공학단위와 같이 mmAq로도 구하고 또는 Pa로도 구한다. 아래 SI 공식으로 Pa로 구한 뒤 환산(수주 1mmAq=9.8Pa)관계도 이해하시오.
> 동압 $Pv = \dfrac{v^2}{2}\rho = \dfrac{6^2}{2} \times 1.2 = 21.6 Pa$ ρ : 공기 밀도 1.2kg/㎥
> 환산해 보면 21.6Pa=21.6/9.8=2.2mmAq(1mmAq=9.8Pa)

125 확산형 취출구로, 몇 개의 콘(cone)으로 구성되어서 1차 공기에 의한 2차 공기의 유인성능이 좋고, 확산 반지름이 크고, 도달거리가 짧기 때문에 천장 취출구로 많이 사용되는 것은 다음 중 어느 것인가?

① 아네모스탯(anemostat)형 ② 팬(pan)형
③ 노즐(nozzle)형 ④ 펑커(punka)형

■ 확산성능이 좋아 가장 일반적인 천장형 취출구인 아네모스탯형은 원형, 각형이 있다. 팬형은 아네모스탯형과 비슷하나 1개의 콘으로 구성된다.

126 다음 흡입구 중 바닥 설치형은?

① 라인형 ② 라이트 트로퍼형
③ 격자형 ④ 머쉬룸형

■ 바닥설치형 흡입구인 머쉬룸형은 바닥의 먼지가 흡입되지 않도록 만들어진 구조의 버섯모양의 흡입구이다.

127 다음 중 원심식 송풍기가 아닌 것은?

① 다익 송풍기 ② 터보 송풍기
③ 리밋로드 송풍기 ④ 프로펠러 팬

■ 프로펠러 팬은 축류형이다.

128 다음 중 취출구 및 흡입구에서의 최대 풍속을 제한하는 가장 주된 이유는?

① 덕트크기의 제한 ② 기류확산
③ 소음제어 ④ 송풍동력 절감

■ 취출구 등에서 풍속의 최고치를 제한하는 이유는 소음제어와 먼지 비산 등 거주공간의 불편함 때문이며 최저치를 제한하는 이유는 기류확산을 고려하여 결정한다.

해답 124.① 125.① 126.④ 127.④ 128.③

129 덕트 재료 중 고온의 공기 및 가스가 통과하는 덕트 및 방화댐퍼, 보일러 연도 등의 재료로써 적당한 것은?

① 아연도금 강판
② 열간압연 박강판
③ 알루미늄판
④ 글라스울

■ 일반 공조용 덕트재료는 아연도 강판이 주로 쓰이고, 고온용에는 열간압연 강판이 쓰인다.

130 천장 취출구의 한 종류로 취출구 주위의 천장면이 검게 더러워지는 스머징현상이 발생하는 취출구 종류는?

① 아네모스탯형
② 팬형
③ 다공판형
④ 라이트 트로퍼형

■ 스머징현상은 취출기류가 취출구 날개 끝에서 와류현상으로 맴돌이가 형성되어 먼지가 끼는 것으로 아네모스탯형에서 주로 발생한다.

131 다음은 덕트설비의 댐퍼에 대한 설명이다. 옳지 않은 것은 어느 것인가?

① 평행 익형 댐퍼는 닫혔을 때 공기의 누설이 많다.
② 버터플라이 댐퍼는 개폐조절에 큰 힘이 필요하다.
③ 방화 댐퍼의 종류는 루버형, 피봇형 등이 있다.
④ 풍량조절 댐퍼의 종류에는 슬라이드형과 스윙형이 있다.

■ 평행 익형 날개는 대향익형에 비해 기류분포는 불량해도 공기 누설이 적다.

132 원형 덕트와 4각 덕트(a : 장변, b : 단변)와의 관계식으로 옳은 것은 어느 것인가?

① $d = 1.3 \left[\dfrac{(a \cdot b)^2}{(a+b)^2} \right]^{1/8}$
② $d = 1.3 \left[\dfrac{(a \cdot b)^5}{(a+b)^2} \right]^{1/8}$
③ $d = 1.3 \left[\dfrac{(a+b)^5}{(a \cdot b)^2} \right]^{1/8}$
④ $d = 1.3 \left[\dfrac{(a+b)^2}{(a \cdot b)^2} \right]^{1/8}$

■ $d = 1.3 \left[\dfrac{(a \cdot b)^5}{(a+b)^2} \right]^{1/8}$ d : 원형덕트 직경, a : 각형덕트 장변, b : 각형덕트 단변

133 다음 중 덕트의 소음방지법이 아닌 것은?

① 송풍기 출구 부근에 플리넘 챔버를 설치한다.
② 덕트 도중에 흡음재를 설치한다.
③ 풍속을 낮게 유지한다.
④ 가이드 베인을 설치한다.

■ 덕트 소음방지법은 송풍기 출구에 플리넘 챔버를 설치하는 것, 덕트 도중에 흡음재를 설치하는 소음엘보, 흡음 공명판, 머플러형 등이 있고, 풍속을 낮게 유지하면 소음이 감소된다. 가이드 베인은 덕트의 곡부에서 공기흐름을 평행하게 해주어 와류를 막는 것으로 주로 마찰손실을 적게 할 목적으로 사용하며 가이드 베인의 날개에서 오히려 소음이 발생한다.

해답 129.② 130.① 131.① 132.② 133.④

134 덕트 내의 정압을 Ps, 동압을 Pv라고 할 때 전압 Pt는 얼마인가?

① $P_t = P_s + P_v$
② $P_t = P_s - P_v$
③ $P_t = (P_s + P_v) \div 2$
④ $P_t = (P_s + P_v) \times 1.2$

■ 전압=정압+동압

135 덕트 치수 결정법 중 각 구간마다 압력손실이 다르고, 송풍기 용량을 구하기 위해 전체구간의 압력손실을 구해야 하며, 주로 분진이나 산업용 분말 등의 이송에 알맞은 방법은?

① 등속법
② 등압법
③ 등마찰손실법
④ 정압재취득법

■ 덕트 설계법은 정압법, 정속법, 정압재취득법, 전압법 등이 있으며
▶ 정압법(등압법, 등마찰손실법) : 덕트 각 구간의 마찰손실을 일정하게 설계하는 것으로 전체구간의 마찰손실을 구할 때 덕트길이만 알면 되므로 설계가 편리하여 덕트 설계 시 일반적으로 적용한다.
▶ 등속법 : 전 구간의 풍속을 일정하게 적용하는 것으로 분진이나 산업용 분말 등의 이송은 속도의 변화가 없이 이송해야 되므로 등속법이 적용된다.
▶ 정압재취득법 : 정압법에서 덕트 말단으로 갈수록 풍속은 감소하고 이때 풍속 감소만큼의 정압이 상승하게 되는데 이 정압 상승분을 마찰손실에 상쇄시켜 각 취출구의 정압을 일정하게 설계하는 것으로 정압법보다 향상된 설계법이다.
▶ 전압법 : 각 취출구의 전압을 일정하게 설계하는 덕트 설계법이다.

136 다음 중 풍량조절용 댐퍼가 아닌 것은?

① 스플릿 댐퍼
② 슬라이드 댐퍼
③ 가이드베인
④ 루버 댐퍼

■ ▶ 가이드베인은 덕트 곡부에서 기류 안정판으로 와류를 방지하여 소음과 손실을 감소시킨다.
▶ 스플릿 댐퍼 : 덕트 분기부에서 풍량조절
▶ 슬라이드 댐퍼 : 덕트에 수직으로 끼워넣는 판으로 주로 개폐용이다.
▶ 루버댐퍼 : 여러 개의 평행판으로 구성된 댐퍼로 대형 덕트의 풍량조절 댐퍼에 쓰인다.

137 풍량 1,200㎥/min, 전압력 245Pa인 송풍기의 전동기 소요전력 출력은 얼마인가?(단, 송풍기의 전압효율은 75%, 전동효율은 95%, 여유계수는 0.15로 한다.)

① 2.2kW
② 6.2kW
③ 7.9kW
④ 9.6kW

■ kW= $\dfrac{Q \times P \times k}{1,000 \times Ef \times Em}$ = $\dfrac{1,200 \times 245 \times 1.15}{60 \times 1,000 \times 0.75 \times 0.95}$ = $7.91 kW$

(Q : 풍량(㎥/s), P : 전압(Pa))
팬동력 계산에서 압력은 mmAq 단위와 Pa 단위를 모두 사용한다.
(여기서 1mmAq=9.8Pa, 1MPa=100mAq 관계 숙지)

해답 134.① 135.① 136.③ 137.③

138 내경 300mm인 덕트에 12m/s의 공기가 흐르고 있다. 덕트길이 50m의 직관부 마찰손실은 약 몇 [Pa]인가?(단, 덕트 마찰계수는 0.02, 공기 밀도 1.2kg/㎥이다.)
① 88Pa   ② 188Pa
③ 288Pa   ④ 388Pa

■ 덕트 마찰손실을 Pa로 구하면 마찰손실(Pa) = $\dfrac{f \times L \times v^2}{d \times 2} \times \rho = \dfrac{0.02 \times 50 \times 12^2 \times 1.2}{0.3 \times 2}$ = 288Pa

139 덕트의 재료로 가장 많이 사용되는 것은?
① PVC관   ② 알루미늄
③ 강관   ④ 아연도금철판

■ 덕트재료로는 0.5t, 0.6t, 0.8t, 1.0t, 1.2t 등의 아연도 철판이 일반적이며 그 외 PVC, STS 등이 있다.

140 덕트에 대한 설명 중 잘못된 것은?
① 덕트의 형상은 삼각형과 사각형이 가장 많이 쓰인다.
② 사각덕트(장방형)는 좁은 장소에 많이 이용된다.
③ 원형덕트는 설치공간을 많이 차지하지만 고속 덕트에 이용된다.
④ 사각덕트는 고압에 부적당하다.

■ 덕트형상은 장방형과 원형이 일반적이며 장방형은 덕트 높이를 낮출 수 있어 고층건물에서 건물높이를 낮춘다.

141 덕트를 배치상태에 따라 분류할 때 해당되지 않는 것은?
① 이중덕트 방식   ② 간선덕트 방식
③ 개별덕트 방식   ④ 환상덕트 방식

■ 이중덕트 방식은 공조방식에 속한다.

142 실별 제어에 알맞고 덕트 스페이스는 커지며 설비비는 비싸지고 송풍상태가 원활한 덕트 방식은?
① 간선덕트 방식   ② 개별덕트 방식
③ 환상덕트 방식   ④ 장방형 덕트

■ 개별덕트 방식은 존마다 단독덕트를 배치한 것으로 송풍상태를 원활히 할 수 있다.

143 덕트 이음 공법에서 슬립(slip) 이음에 대한 설명 중 잘못된 것은?
① 재료를 절약할 수 있다.   ② 대형 덕트인 경우 강도가 크다.
③ 소형 덕트에 많이 사용된다. ④ 시공이 간편하여 공기가 단축된다.

■ 슬립 조인트는 시공이 간편하나 강도가 약해 소형 덕트에 쓰인다. 공조덕트에는 피츠버그록이나 보턴펀치 스냅록의 시임이음이 일반적으로 이용된다.

해답 138.③ 139.④ 140.① 141.① 142.② 143.②

144 풍속에 따라 덕트를 분류할 때 고속덕트는?
① 6~10m/s 이상 ② 10~15m/s 이상
③ 20~25m/s 이상 ④ 30~40m/s 이상

■ 고속덕트(20~25m/s 이상)는 동력소모가 크나 덕트 스페이스는 작다. 저속덕트는 15m/s 이하를 적용한다.

145 다음은 덕트설비에 관한 기술이다. 가장 적당한 것은?
① 천장에 설치하는 다공판 취출구 방식은 청정 공간용으로 적합하다.
② 천장 속을 지나는 덕트는 단열을 하지 않아도 좋다.
③ 보를 관통하는 덕트는 가능한 한 기둥 근처부분을 통과하도록 한다.
④ 덕트의 종횡비는 1 : 6 이상이 바람직하다.

■ 1) 천장에 설치하는 다공판 취출구 방식은 풍량이 많고 취출 분포 특성이 양호하여 클린룸 등 청정 공간용으로 적합하다.
2) 천장 속을 지나는 급기덕트는 단열이 필요하다.
3) 보를 관통하는 덕트가 기둥 근처 부분을 통과하면 보의 강도가 떨어지므로 피한다.
4) 덕트의 종횡비는 1 : 4 이내로 한다.

146 덕트에서 가장 많이 이용되는 이음 공법으로 강도가 요구될 때 사용하는 것은?
① 용접이음 ② 납땜이음
③ 시임이음 ④ 슬립이음

■ 공조덕트에서 가장 일반적으로 적용되는 이음은 피츠버그시임이음, 버튼펀치시임이음 등이다.

147 대형 덕트에서 덕트의 강도를 높이기 위해 덕트의 옆면철판에 주름을 잡아주는 것을 무엇이라 하는가?
① 보강 앵글 ② 다이아몬드 브레이크
③ 댐퍼 ④ 슬립

■ 덕트 평면에 대각선 주름(다이아몬드 브레이커)혹은 직선의 주름(리브홈)을 잡아 강도를 높인다.

148 원형덕트에서 90° 엘보우를 그림과 같이 4피스로 제작할 경우, 절단각(α)은 얼마인가?

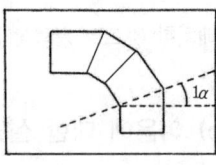

① 30° ② 20°
③ 15° ④ 11.25°

■ 밴딩 3군데서 90°가 벤딩되므로 한 군데의 회전각, $\theta=90/3=30°$, 이때 절단각 $\alpha=30/2=15°$

149 덕트 내의 풍속이 20m/s일 때 동압(mmAq, Pa)은 얼마인가?

① 16.4mmAq, 24.5Pa
② 20.4mmAq, 24.5Pa
③ 24.5mmAq, 240Pa
④ 28.5mmAq, 240Pa

■ 동압 $P_v = \dfrac{V^2}{2g} \cdot \gamma = \dfrac{20^2}{2 \times 9.8} \times 1.2 = 24.5 \text{mmAq}$

$P_v = \dfrac{V^2}{2} \cdot \rho = \dfrac{20^2}{2} \times 1.2 = 240 Pa$

150 덕트 이음 공법 중 더블로 접은 곳에 싱글로 접은 것의 돌출부가 걸리도록 끼워 넣은 형태로 공기 누설의 우려는 있으나 공기단축 효과를 노릴 수 있는 공법은?

① 다이아몬드 브레이크
② 피츠버그 스냅로크
③ 보턴 펀치 스냅로크
④ 글로우브 시임

■ a) 피츠버그 스냅록 : 각부의 접합 시 겹으로 접은 판 사이에 싱글로 접은 판을 끼워 넣고 때려 누른 형식으로 견고하고 공기누설을 막는다.

 b) 보턴펀치 스냅록 : 싱글의 돌출부(펀치)가 더블의 접은 면에 걸리도록 하여 시공이 간편하여 공기 단축효과를 노린다. 보턴펀치 스냅로크는 현장 조립이 간편하며 접합부에 코킹(seal)을 하면 공기누설을 막을 수 있다.

151 덕트 내의 정압이 12mmAq이고 풍속이 30m/s인 경우의 전압을 구하시오.

① 42mmAq
② 50mmAq
③ 55mmAq
④ 67mmAq

■ 전압은 정압과 동압의 합이므로

동압을 구하면 $P_V = \dfrac{30^2}{2 \times 9.8} \times 1.2 = 55.1 \text{mmAq}$

전압 $P_T = P_s + P_V = 12 + 55.1 = 67.1 \text{mmAq}$

152 직경 50cm인 원형 덕트 내로 풍속 5m/s로 공기가 통과한다면 송풍량 m³/min은?

① 39.5m³/min
② 58.9m³/min
③ 72.5m³/min
④ 92.4m³/min

■ $Q = A \cdot v = \dfrac{\pi d^2}{4} \cdot v = \dfrac{\pi (0.5)^2}{4} \times 5 \times 60 = 58.9 \text{m}^3/\text{min}$

A : 덕트 단면적, v : 풍속

153 덕트 마찰저항 계산에서 국부저항에 대한 덕트상당장이란 무엇인가?

① 덕트의 실제 길이를 말한다.
② 덕트의 길이를 원형덕트로 환산한 것이다.
③ 국부 저항 손실을 같은 저항 값을 갖는 직관길이로 환산한 것이다.
④ 덕트의 직경을 20cm로 환산한 덕트 길이이다.

■ 덕트상당장이란 덕트 국부저항을 덕트직관길이로 환산한 것이다.

해답 149.③ 150.③ 151.④ 152.② 153.③

154 소음에 대한 설명 중 틀린 것은?
① 소음 표시 방법에는 음압 레벨과 파워 레벨이 있다.
② 음압 레벨은 음의 에너지량이다.
③ 음압 레벨은 SPL=20log P/P0(dB)로 구한다.
④ 파워 레벨은 PWL=10log W/W0(dB)로 구한다.

■ 음압 레벨은 음의 강도이고 파워 레벨이 음의 에너지량이다.

155 덕트 설계법이 아닌 것은?
① 등속법　　　　　② 등마찰법
③ 등중량법　　　　④ 정압재취법

■ 덕트 설계법은 등속법, 등마찰법(정압법), 정압재취법, 전압법이 있다.

156 소형 덕트에서 개폐용으로 적당한 댐퍼는?
① 스프릿(split) 댐퍼　　② 버터플라이(butterfly) 댐퍼
③ 루버(louver) 댐퍼　　④ 피버트(pivot) 댐퍼

■ ①는 덕트의 분기점에서의 풍량조절용, ②는 소형 덕트 개폐용에 쓰인다. ③는 대형 덕트에 쓰인다.
④ 피버트(pivot) 댐퍼는 소방용 방화댐퍼 등에 쓰인다.

157 덕트 설계법 중에서 각 취출구에서의 정압이 같도록 설계하는 것은?
① 정속법　　　　　② 정압법
③ 등마찰법　　　　④ 정압재취법

■ 정압재취법은 취출구의 정압이 같도록 설계한다.

158 덕트 설계법 중 가장 많이 쓰이며 덕트에서의 길이만 알면 압력손실을 구하기가 용이한 방법은?
① 등마찰법　　　　② 정속법
③ 정압재취법　　　④ 등중량법

■ 등마찰법(정압법)은 단위길이당 마찰손실이 같도록 설계한 것으로 덕트 길이만 알면 덕트저항(마찰손실)을 쉽게 구할 수 있다.

159 풍량조절 댐퍼에 속하지 않는 것은?
① 단익 댐퍼　　　　② 스플릿 댐퍼
③ 슬라이드 댐퍼　　④ 방연 댐퍼

■ 풍량조절 댐퍼에는 ①, ②, ③ 외에 다익 댐퍼, 클로드 댐퍼가 있으며 방연 댐퍼(SD), 방화 댐퍼(FD)는 화재 시 스스로 닫히는 자폐 댐퍼이다.

해답　154.② 155.③ 156.② 157.④ 158.① 159.④

160 일명 루버 댐퍼라고도 하며 기류를 안정시키고 대형 덕트에 사용되는 것은?
① 단익 댐퍼
② 다익 댐퍼
③ 스플릿 댐퍼
④ 슬라이드 댐퍼

■ 다익 댐퍼는 루버 댐퍼라 하며 날개가 여러 개로 기류가 안정되고, 대형 덕트에 주로 사용하며 평행익형과 대향익형이 있다.

161 화재 발생 시 덕트를 통한 연기의 이동을 막기 위해 덕트를 폐쇄하는 것은?
① 방연 댐퍼
② 방화 댐퍼
③ 가이드 댐퍼
④ 스플릿 댐퍼

■ 방연 댐퍼(SD-연기감지), 방화 댐퍼(FD-온도감지)는 화재 시 스스로 닫히는 자폐댐퍼이다.

162 덕트의 곡부에서 기류를 안정시킬 목적으로 곡부의 안쪽에 부착하는 날개를 무엇이라 하는가?
① 방연 댐퍼
② 단익 댐퍼
③ 가이드 베인
④ 스플릿 댐퍼

■ 기류 안정을 위해 곡부에 덕트원형 엘보에 가이드 베인이나 직각 엘보에 터닝 베인을 설치한다.

163 취출구 설계 시 도달거리란 취출구로부터 기류속도가 몇 m/s가 될 때까지 수평거리를 말하는가?
① 0.15m/s
② 0.2m/s
③ 0.25m/s
④ 0.3m/s

■ 기류속도가 0.25m/s가 될 때까지 기류가 확산된 수평거리를 도달거리라 하며 수직거리를 강하도 또는 상승도라 한다. 또한 기류속도가 0.15m/s가 될 때까지 수평거리를 최대 도달거리라 한다.

164 극장 등에서 도달 거리를 늘리기 위해 취출 속도를 5m/s 이상으로 하여 사용되는 취출구는?
① 팬(pan)형
② 슬로트(Slot)형
③ 레지스터(Register)
④ 노즐(Nozzle)

■ 노즐은 대공간, 고천장 등의 취출구에 쓰이며 취출속도를 크게 하여 도달거리가 길다.

165 다음은 고속 덕트에 대한 기술이다. 잘못된 것은?
① 덕트의 단면적을 작게 할 수 있다.
② 일반적으로 리턴 덕트와 공조기는 저속 덕트 방식과 동일한 풍속을 취한다.
③ 소음이 문제가 되므로 이에 대한 대처가 필요하다.
④ 저속 덕트 방식에 비해 동력비가 적게 소요된다.

■ 동력비는 풍속의 제곱에 비례하므로 고속 덕트가 저속 덕트에 비해 훨씬 크다.

해답 160.② 161.① 162.③ 163.③ 164.④ 165.④

166 취출구 형태 중 천장에 부착하는 형태만 짝지은 것은?

① 유니버설형, 노즐형, 아네모형
② 아네모형, 슬롯형, 다공판
③ 그릴형, 슬롯형, 다공판
④ 유니버설형, 그릴형, 슬롯형

■ 천장 부착형은 ② 외에 팬형, 라인디퓨저, 노즐형 등이며 유니버설형, 그릴형은 주로 벽부착형이다.

167 다음 재료 중 흡음률이 가장 큰 재료는?

① 텍스
② 모 펠트
③ 널붙임
④ 천

■ 흡음률은 모 펠트>텍스>천>널붙임>회벽 순이다.

168 덕트 내에 설치되며, 날개의 열림 정도에 따라 풍량 조절과 폐쇄 역할을 하는 댐퍼는?

① 볼륨 댐퍼(volume damper)
② 방화 댐퍼(fire damper)
③ 스플릿 댐퍼(split damper)
④ 방연 댐퍼(smoke damper)

■ ① 볼륨 댐퍼(volume damper) : 개도 정도에 따라 풍량 조절과 폐쇄 기능을 갖는다.
② 방화 댐퍼(fire damper) : 화재가 발생했을 때 다른 곳으로 화재가 번지는 것을 방지하기 위하여 방화구역을 관통하는 덕트 내에서 설치된 차단 장치
③ 스플릿 댐퍼(split damper) : 덕트 분기점에서 분기량 조절
④ 방연 댐퍼(smoke damper) : 연기 감지기와 연동으로 되어 있는 댐퍼로 실내에 설치된 연기감지기로 화재의 초기에 발생된 연기를 탐지하여 방연 댐퍼로 덕트를 폐쇄시키므로 다른 구역으로 연기의 침투를 방지한다.

169 덕트 내의 소음방지법이다. 틀린 것은?

① 송풍기의 출구 부분에 플리넘 채임버를 설치한다.
② 덕트의 접속은 되도록 슬립 조인트 방식을 택한다.
③ 덕트의 적당한 장소에 흡음재를 부착한다.
④ 덕트의 중간 부분에 소음 내장 덕트를 설치한다.

■ 슬립 조인트는 덕트 이음법으로 흡음효과와 무관하다.

170 복도의 한쪽에 설치된 흡입구에서 각 방의 환기를 흡입함으로써 환기 덕트를 절약할 수 있는 흡입구는?

① 아네모스탯트
② 도어 그릴
③ 매쉬룸
④ 슬롯형

■ 도어그릴은 복도 쪽에 접한 문 아래 설치한 그릴로 복도에서 환기하면 도어그릴을 통하여 각 방이 환기된다.

171 취출구의 방향을 좌우상하로 자유로이 바꿀 수 있는 스폿 냉방에 적합한 취출구는?
① 매쉬룸 ② 팽커루버
③ 다공판 ④ 슬롯형

■ 버스 냉풍 취출구처럼 상하 좌우 자유로이 회전하는 취출구 형태를 팽커루버라 한다.

172 다음 그림과 같이 마노미터를 설치하였다. 각 마노미터에서 측정할 수 있는 것으로 옳은 것은?

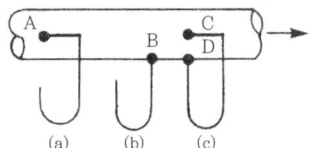

① (a)전압 (b)정압 (c)동압
② (a)정압 (b)동압 (c)전압
③ (a)동압 (b)전압 (c)정압
④ (a)동압 (c)정압 (c)전압

■ (a) A점에 정압과 동압이 모두 작용하므로 전압이 측정된다.
(b) B지점에 정압이 측정된다.
(c) C지점에 전압, D점에 정압이 작용하므로 액주는 동압이 측정된다.

173 아래 그림과 같은 덕트의 배치에서 엘보와 취출구 간의 이격 거리로서 적당한 것은?

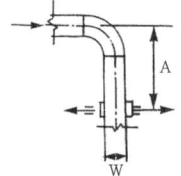

① $A \geq 8W$
② $A \geq 6W$
③ $A \geq 4W$
④ $A \geq 2W$

■ $A \geq 8W$가 되도록 분기하고 그 이내일 때는 곡부에 가이드베인을 설치한다.

174 송풍량 600m³/min을 공급하여 다음의 공기선도와 같이 난방하는 실의 실내부하는? (단, 공기의 밀도는 1.2kg/m³, 비열은 1.0kJ/kgK이다.)

상태점	온도(℃)	엔탈피(kJ/kg)
①	0	2.0
②	20	36.0
③	15	32.0
④	28	40
⑤	29	52

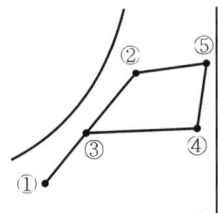

① 192kW ② 210kW
③ 296kW ④ 612kW

■ 난방시스템에서 공조(가습)하는 경우 실내부하는 엔탈피로 구한다. 난방시스템에서 외기점은 ①이고, 실내점은 ②이며 취출구점은 ⑤이므로 실내부하(전열)는 ⑤−② 사이이다.
$q = m\Delta h = 1.2 \times 600 \times 60(52-36) = 691,200 \text{kJ/h} = 192 \text{kW}$

175 공조기의 풍량이 45,000kg/h, 코일통과 풍속을 2.4m/s로 할 때 냉수코일의 전면적(m²)은?(단, 공기의 밀도는 1.2kg/m³이다.)

① 3.2m²   ② 4.3m²
③ 5.2m²   ④ 10.4m²

■ 우선 풍량을 구하면 $Q = \dfrac{m}{\rho} = \dfrac{45,000}{1.2} = 37,500 \text{m}^3/\text{h}$

코일면적 (A)은 $Q = Av$에서 $A = \dfrac{Q}{v} = \dfrac{37,500}{3,600 \times 2.4} = 4.3 \text{m}^2$

> ※ 만약 문제 조건에서 코일 유효면적이 75%라고 주면 그때 전면적(유효 겉보기 면적) (A')은
> $A' = \dfrac{A}{E} = \dfrac{4.3}{0.75} = 5.7 \text{m}^2$

176 취급이 간단하고 각 층을 독립적으로 운전할 수 있어 에너지 절감효과가 크며 공사시간 및 공사비용이 적게 드는 소규모 공조방식은 무엇인가?

① 패키지 유닛 방식   ② 복사 냉난방 방식
③ 인덕션 유닛 방식   ④ 2중 덕트 방식

■ 취급이 간단하고 각 층을 독립적으로 운전할 수 있는 공조방식은 개별식으로 소규모 냉매방식인 패키지 유닛 방식(P/A)이다.

177 다음의 송풍기에 관한 설명 중 ( ) 안에 알맞은 내용은?

> 동일 송풍기에서 정압은 회전수 비의 (㉠)하고, 소요동력은 회전수 비의 (㉡) 한다.

① ㉠ 2승에 비례, ㉡ 3승에 비례   ② ㉠ 2승에 반비례, ㉡ 3승에 반비례
③ ㉠ 3승에 비례, ㉡ 2승에 비례   ④ ㉠ 3승에 반비례, ㉡ 2승에 반비례

■ 송풍기에서 상사법칙에 따라 정압(전압)은 회전수 비의 2승에 비례하고, 소요동력은 회전수 비의 3승에 비례한다.

178 송풍기에 관한 설명 중 틀린 것은?

① 송풍기 특성곡선에서 팬 전압은 토출구와 흡입구에서의 전압 차를 말한다.
② 송풍기 특성곡선에서 송풍량을 증가시키면 전압과 정압은 산형(山形)을 이루면서 강하한다.
③ 다익형 송풍기는 풍량을 증가시키면 축 동력은 감소한다.
④ 팬 동압은 팬 출구를 통하여 나가는 평균속도에 해당되는 속도압이다.

■ 다익형 송풍기는 풍량을 증가시키면 축동력은 증가한다.

제3편 | 환기설비 설계

제1장 환기시스템 설계

1. 환기시스템

1) 환기 방식의 종류
  (1) **1종 환기** 강제급기(FAN)+강제배기(FAN)
  (2) **2종 환기** 강제급기(FAN)+자연배기
  (3) **3종 환기** 자연급기+강제배기(FAN)
  (4) **4종 환기(자연환기)** 자연급배기

2) 환기 시스템 및 환기량 선정 시 고려사항
  (1) 실의 크기, 필요 최소 외기량을 고려하여 환기시스템을 선정한다.
  (2) 실내발열의 유무, 취기 또는 분진 발생의 유무에 따라 2종 3종 방식을 선정한다.
  (3) 유독성 또는 폭발성 가스 발생 유무에 따라 2종 3종 방식을 선정한다.
  (4) 실의 용도 및 크기에 따라 적합한 환기 방식 및 환기량을 선정한다.

3) 덕트의 구조

(1) **구조**
  ① **장방형 덕트** 좁은 스페이스에 설치가 용이하여 일반적으로 사용하지만 고압에는 부적당하며 보강해야 한다.
  ② **원형 덕트** 강도가 크고 공기저항이 적으며 설치공간을 많이 차지하고, 고압·저압 모두 쓰인다.

(2) **덕트의 용도상 분류**
  ① **간선 덕트 방식** 설비비가 싸고 덕트 스페이스가 적어지지만 먼 거리 덕트에는 공급이 원활치 못하다.
  ② **개별 덕트 방식** 설비비가 비싸고 덕트 스페이스도 커지지만 공기공급이 원활하다.
  ③ **환상 덕트 방식** 말단 취출구의 압력조절이 용이하다.

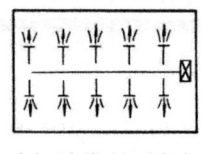 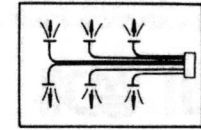 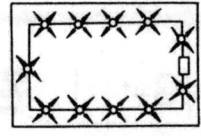

(a) 간선덕트 방식　　　(b) 개별덕트 방식　　　(c) 환상덕트 방식

[그림 2-12] 덕트 배치 방식

(3) 풍속에 따라 분류
① **저속 덕트(10~15m/s 이하)** 소음이 적고 동력 소모가 적다. 덕트 스페이스가 커진다.
② **고속 덕트(20~25m/s 이상)** 덕트 크기가 적어지고, 분배가 용이 하며 동력소모가 크고 FAN 시설비가 증가한다.

4) 덕트의 설계법
덕트 설계방법은 등속법, 등마찰법, 정압 재취법 등이 있는데
① 등속법은 개략적인 덕트 크기 결정에 유리하다.
② 정압 재취법은 취출구에서의 정압이 같도록 경로 압력 손실을 계산하여 설계한다.
③ 가장 많이 사용되는 설계법은 등마찰법이며 덕트 단위 길이당 마찰저항이 같도록 설계한다. 단위 길이당 마찰저항이 같으므로 압력손실을 구하기가 용이하다. 등마찰법에서 덕트 직경 결정방법은 풍량(m^3/min)과 마찰저항 R(Pa/m)이 결정되면 덕트 선도에서 구한다. 구하는 방법은 풍량과 마찰저항 R의 교차점에서 덕트경을 구한다. 또한 장방형 덕트로 하고자 할 때는 환산표를 이용하여 찾는다.

5) 덕트 동압과 마찰손실
덕트 동압, 마찰손실, 국부저항은 mmAq 단위와 Pa 단위가 모두 이용되므로 함께 정리해 두어야 한다.

(1) 덕트 동압(Pv)
① 수두

$$Pv = \frac{v^2}{2g}\gamma = mmAq$$

　　γ : 공기 비중량 $1.2 kgf/m^3$

② SI 단위

$$Pv = \frac{v^2}{2}\rho \ (Pa)$$

　　ρ : 공기 밀도 $1.2 kg/m^3$

(압력 환산에서 수주 1mmAq=9.8Pa이다.)

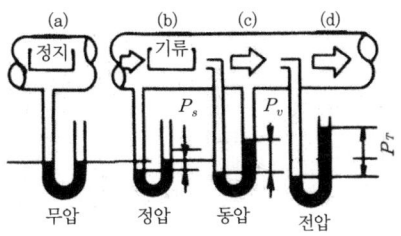

[그림 2-13] 덕트의 압력

(2) 직관 덕트 마찰손실 mmAq단위와 Pa가 병용된다.

① 수두

$$\triangle P = f \frac{L \times v^2}{d \times 2g} \gamma = mmAq$$

γ : 공기 비중량 1.2kgf/m³, v : 풍속, d : 덕트경, L : 덕트길이

② SI 단위

$$\triangle P = f \frac{L \times v^2}{d \times 2} \rho = Pa$$

ρ : 공기 밀도 1.2kg/m³, L : 덕트길이

(3) 덕트 부속기구 마찰손실(국부) 공학단위와 SI 단위가 병용된다.(엘보, 댐퍼류 저항)

① 수두

$$\triangle P = \zeta \frac{v^2}{2g} \gamma = mmAq$$

γ : 공기 비중량 1.2kgf/m³, v : 풍속, ζ : 국부저항계수

② SI 단위

$$\triangle P = \zeta \frac{v^2}{2} \rho = Pa$$

ρ : 공기 밀도 1.2kg/m³, ζ : 국부저항계수

6) 덕트의 소음

(1) 정의

소음해석 방법에는 음압레벨(음의 강도)과 파워레벨(음의 에너지량)이 있다.

① 음압레벨(SPL)=20log P/Po(dB)

$$Po : 2 \times 10^{-4} \mu dB$$

P : 소음의 음압

② 파워 레벨(PWL)=10log W/Wo(dB)

$$Wo : 10^{-12} W$$

W : 소음의 크기

(2) 덕트 소음방지 대책

① 덕트 도중 흡음재 설치
② 송풍기 출구에 풀리넘 채임버 장치
③ 댐퍼나 취출구에 흡음재 부착
④ 덕트 도중 적당한 곳에 흡음장치(셀형, 플레이트형)를 설치

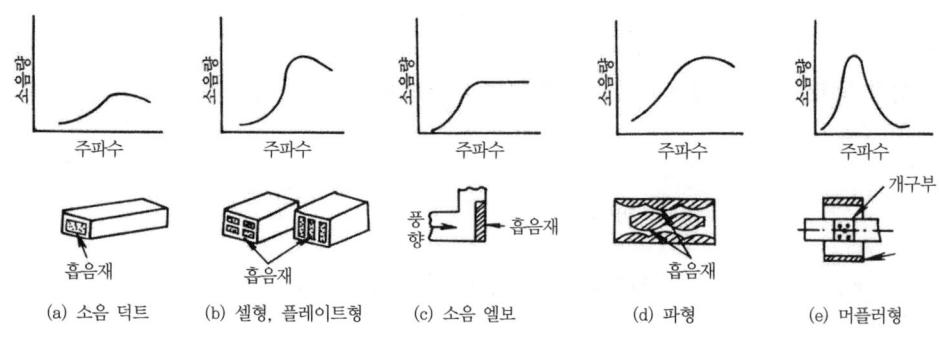

[그림 2-14] 각종 소음기와 그 특성

2. 열교환기기

1) 온수 가열 열교환기

증기에 의해 물을 가열하는데 셀튜브형이 주로 쓰인다. 물은 관 내, 증기는 관외에 흐르며 관은 15~30mm 동관을 쓴다. 온수와 증기의 열교환기로는 판형(플레이트형) 열교환기가 주로 쓰인다.

① 가열량

$$q = W \times \gamma \times 4.19 \times (t_{w2} - t_{w1}) \; (kJ/h)$$

W : 온수량(m^3/h), γ : 비중량(kg/m^3), t_{w1}, t_{w2} : 냉온수 입출구 온도

② 전열면적(S)

$$S = \frac{q}{K \cdot \Delta t} \; (m^2)$$

K : 열관류율, Δt : 증기 온수 평균 온도차

※ 코일 부하 q는 W 또는 kJ/h로 주어지며 서로 환산하여 계산하며 열관류율은 $W/m^2 K$로 준다.

③ 동관개수(N)

$$N = \frac{W}{a \cdot V \cdot 3600}$$

V : 수속(m/s), α : 동관 1개당 단면적(m^2)(내경기준)

④ 열교환기 셀튜브 내경(D)

$$D = \frac{q}{3} (\sqrt{69 + 12N - 3}) + d_0 \; (mm)$$

q : 관 피치=$(1.3 \sim 1.5)d_0$, d_0 : 동관 외경(mm)

2) 공기 현열교환기

(1) 공기 대 공기 열교환기는 온도가 다른 두 기체의 열을 고온에서 저온 혹은 저온에서 고온으로 전달하는 장치로 크게 현열교환기와 전열교환기가 사용된다.

(2) **현열교환기의 필요성** 건물에서는 일반적으로 전열교환방식을 주로 사용하지만 특정 오염물질과 관련하여 공기 대 공기의 비접촉이 필요한 경우나 현열부하가 많은 장소에서 현열교환기가 사용된다.

(3) 현열교환기는 냉난방 장치의 열회수에 의한 에너지 절약 설비로 건축물에서 주로 실내 발열이 많은 데이터 센터 등 주로 에너지 절감이 비용 절감으로 직결되는 산업 현장에서 버려지는 폐열을 재활용하기 위해 광범위하게 활용되고 있다.

(4) 이러한 공기 대 공기 현열열교환기의 재질은 스테인리스와 알루미늄, 티탄, 하스테로이, 지르코늄, 니오븀 등 내식 재료를 사용한다. 온도와 압력의 변화를 견딜 수 있고 부식에 강한 금속 재질을 사용하는 것이 일반적이다. 현재 가장 많이 사용되고 있는 소재는 알루미늄이다.

(5) 공기 대 공기현열교환기 재료로 알루미늄 판형이 일반적이지만 단점을 보완한 플라스틱 열교환기도 일부 사용되고 있다.

3) 공기 전열교환기

(1) 전열교환기 원리

외기 취입덕트와 배기덕트 사이에 설치하여 배기의 열을 회수하는 장치로 외기부하를 감소시킬 수 있다. 전열교환기는 열교환기 표면을 특수 흡수제(리튬클로라이드 실리카겔 분말)를 발라서 현열과 함께 잠열도 교환하게 될 수 있다.

$$\text{엔탈피 효율 } y = \frac{\Delta h_o}{\Delta h} = \frac{h_{o2} - h_{o1}}{h_{E1} - h_{o1}}$$

h_{o1}, h_{o2} : 외기 입출구 엔탈피, h_{E1}, h_{E2} : 배기 입출구 엔탈피

(2) 전열교환기 구성과 원리

전열교환기는 공기대 공기에서 공기의 현열(온도차)과 잠열(수증기)을 회수하는 것으로 열교환 엘리먼트, 케이싱 및 부속품으로 구성되며, 배기 측 공기의 전열을 급기 측 공기에 회수시키는 기능을 가지는 열회수 장치로 에너지 절약이 주목적이다.

(3) 전열교환기 종류 및 특징

① 전열교환기 종류

가. **회전식 전열교환기** 허니콤 형상의 로터(엘리먼트)를 회전시켜 배기중의 전열을 도입하는 외기가 회수하도록 하는 구조이다. 이때 흡습제는 보통 염화리튬 침투판을 사용한다.

나. **고정식 전열교환기** 박판소재 엘리먼트는 고정식이며, 흡습제로 염화리튬판 소재를 교대로 배열하고 배기와 외기가 엘리먼트 사이를 흐르면서 전열을 교환한다.

② 전열 열교환기는 도입하는 외기가 배기하는 공기의 전열을 회수하므로 외기도입 시 외기 Peak부하를 감소시켜 열원기기 용량이 감소하고, 열원설비 초기 설비비 감소와 운전비 절약 효과가 있다.

③ **전열교환기 엔탈피 효율**

$$E_h = \frac{실제 회수엔탈피}{이론 최대회수가능 엔탈피} = \frac{외기 - 급기}{외기 - 실내}$$

겨울철에는 외기가 엔탈피가 낮으므로 (실내)배기열을 회수하고(Heating 열취득) 여름에는 외기 엔탈피가 높으므로 도입 외기를 냉각시켜 냉열량을 회수(Cooling 열취득)한다.

④ 고정식, 회전식은 서로 장단점 있으나 고정식은 크기가 크고, 입출구 덕트 연결이 복잡하고 설비공간이 커지나 회전부분이 없어 유지관리는 간단하다. 설치공간과 효율을 고려하여 회전식이 주로 사용되고 있다.

(4) 회전형 전열교환기

① 회전형 전열교환기 구성 요소는 허니컴 형상의 로터(엘리먼트)와 구동장치(전동기, 감속기, 구동 전달부)로 구성되며 필터를 부착하여 엘리먼트 오염을 막는다. 이때 엘리먼트(흡습제)는 난연성, 내수성이 우수하고 형상변화 및 압력손실이 적은 구조로 한다.

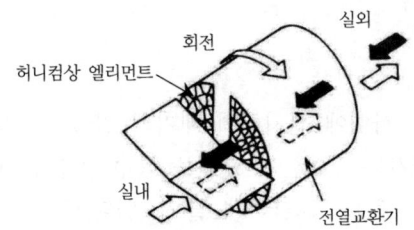

② 열교환을 하면서 오염된 배기와 도입되는 외기는 직간접적으로 교류를 하게 되는데 이때 세균이나 악취가 배기 측으로부터 급기 측에 전달되지 않는 누기율이 낮은 구조로 한다.

③ 케이싱을 구성하는 재료의 종류와 강도 및 케이싱의 외장처리는 기준에 적합해야하며 모터내장형인 경우는 모터를 교체할 수 있는 구조로 한다.

④ 공기 여과기를 각 흡입 측에 설치하여 열 교환기의 오염을 최소화한다. 공기여과재는 교환이 쉽도록 탈착이 가능하고 공기누설이 적은 구조로 한다.

⑤ 건축물의 설비기준 등에 따른 규칙에서 신축 또는 리모델링하는 공동주택 또는 주거부문이 30세대 이상인 건축물은 시간당 0.5회 이상 환기될 수 있도록 자연 환기 설비 또는 기계 환기 설비를 설치해야 하는데 이때 에너지 절감으로 전열교환기가 주로 사용된다.

(5) 정지형(고정형) 전열교환기

① 열교환기 구성요소는 급배기 팬과 열교환 엘리먼트, 케이싱 및 부속품으로 구성되며 적합한 성능을 갖추어야 한다.

② 열교환 엘리먼트는 박판 소재로 하며, 흡습제로 염화리튬판 소재를 교대로 배열하고 배기와 외기가 엘리먼트 사이를 흐르면서 전열을 교환한다.
③ 케이싱 내부에 필터 및 송풍기모터가 내장된 경우는 탈착, 부착이 편리한 구조로 한다.
④ 공기 여과기를 각 흡입 측에 설치하여 열 교환기의 오염을 최소화한다. 공기여과재는 교환이 쉽도록 탈착이 가능하고 공기누설이 적은 구조로 한다.

예상문제 제3편 | 환기설비 설계

001 환기설비 설계 시 필요 환기량을 결정하는 조건을 나열한 것 중 가장 적합한 것은?
① 실의 위치, 실의 종류, 내·외기조건, 재실자의 수
② 실내 발생 유해물질, 실의 종류, 내·외기조건, 재실자의 수
③ 실의 방향, 실의 위치, 내·외기 조건, 재실자의 수
④ 실의 방향, 실내발생 유해물질, 실의 종류, 재실자의 수

■ 실의 위치, 방향은 환기량과 관계없다. 실의 종류에 따라 청정도가 다르고, 실내발생 유해물질과 재실자의 수, 실내외 조건에 따라 환기량은 결정된다.

002 냄새나 유해가스 등이 발생되는 장소에 적합한 환기방식은?
① 강제급기+강제배기   ② 강제급기+배기구
③ 급기구+강제배기   ④ 자연환기

■ 환기방식은 1종, 2종, 3종 환기가 있으며 유해가스가 발생할 때 그 가스가 주변에 확산되는 것을 방지하기 위해 급기구+강제배기로 실내를 부압(-)으로 유지해야 하며 이를 3종 환기라 한다.
▶ 1종 환기(강제급기+강제배기) : 중대규모 빌딩이나 효과적인 환기가 요구되는 곳에 적용
▶ 2종 환기(강제급기+배기구) : 실내가 양압을 받게 되므로 외부에서 오염물이 침투하지 못하여 클린룸 등에 적용한다.
▶ 3종 환기(급기구+강제배기)는 실내를 부압(-)으로 만들어 주변실에 냄새가 번지지 않게 하는 것으로 실내에서 오염물질(냄새, 유해가스)이 발생하는 곳에 적용.

003 일반적인 주거용 건물의 경우 실내 환경 오염척도의 기준으로 가장 많이 사용되는 것은?
① CO_2 함유량   ② CO 함유량
③ SO_2 함유량   ④ 분진량

■ 실내 청정도를 측정하기 위해서는 그 실에서 발생하는 오염물질을 개별로 측정해야 하나 모든 요소를 정밀히 측정하기가 곤란하므로 일반적인 주거용 건물은 CO_2 농도로 오염도의 기준을 삼는다. 그 이유는 CO_2 자체가 위험해서가 아니라 사람들의 활동에 의한 오염물질 발생정도와 CO_2 농도가 어느 정도 비례하므로 CO_2 농도로써 실내오염도를 판단할 수 있기 때문이다.

해답 1.② 2.③ 3.①

004 환기에 대한 아래 설명에서 A, B, C, D에 들어갈 말로 가장 적절한 것은?

> 환기(ventilation)란 (A)에 있는 공기의 오염을 막기 위하여 (B)로부터 (C)를 공급하여, 실내의 (D)를 실외로 배출하고 실내의 오염 공기를 교환 또는 희석시키는 것을 말한다.

① A – 일정 공간, B – 실외, C – 청정한 공기, D – 오염된 공기
② A – 실외, B – 일정 공간, C – 청정한 공기, D – 오염된 공기
③ A – 일정 공간, B – 실외, C – 오염된 공기, D – 청정한 공기
④ A – 실외, B – 일정 공간, C – 오염된 공기, D – 청정한 공기

■ 환기(ventilation)란 일정공간에 있는 공기의 오염을 막기 위하여 실외로부터 청정한 공기를 공급하여, 실내의 오염된 공기를 실외로 배출하여 실내의 오염 공기를 교환 또는 희석시키는 것을 말한다.

005 실내의 거의 모든 부분에서 오염가스가 발생되는 경우 실 전체의 기류분포를 계획하여 실내에서 발생하는 오염 물질을 완전히 희석하고 확산시킨 다음에 외부로 배출하는 환기방식은?

① 자연 환기   ② 제3종 환기
③ 국부 환기   ④ 전반 환기

■ 일반적인 공조방식에 적용하는 실내 전체를 환기하는 방식을 전반환기 또는 희석 환기라 한다.

006 대형 주차장의 환기 시 환기방향으로 옳은 것은?

① 상부급기와 상부배기   ② 상부급기와 하부배기
③ 하부급기와 상부배기   ④ 하부급기와 하부배기

■ 주차장 자동차 배기가스는 이산화탄소(CO_2)가 주성분으로 공기보다 무거우므로 상부 급기 하부 배기가 적합하다.

007 건물의 방연 현수벽(제연 경계벽)은 천장으로부터 얼마 이상 수직판을 설치해야 하는가?

① 20cm 이상   ② 30cm 이상
③ 40cm 이상   ④ 60cm 이상

■ 방연 현수벽이란 제연 경계벽으로 지하철에 보면 천장에 매달린 아크릴판 같은 것인데 연기가 확산되지 않도록 막아주는 것으로 연기는 가벼워 천장에 떠오르므로 현수벽은 천장에서 60cm 이상 2m 이내의 수직판을 설치한다.

008 사무실에 10,000kJ/h를 방출하는 복사기가 있다. 실내온도 26[℃]를 유지하기 위한 환기량은 얼마인가?(단, 외기온도 18℃, 공기비열 1.01kJ/kgK, 밀도 1.2kg/㎥)

① 718㎥/h   ② 878㎥/h
③ 987㎥/h   ④ 1,031㎥/h

■ $qs = mC\Delta t$에서 $m = \dfrac{qs}{1.01 \times \Delta t} = \dfrac{10,000}{1.01 \times (26-18)} = 1,237.6 kg/h = 1,031 m^3/h$

009 사무실에 3,000W를 방출하는 복사기가 있다. 실내온도 28[℃]를 유지하기 위한 환기량은 얼마인가?(단, 외기온도 20℃, 공기비열 1.01kJ/kg K, 밀도 1.2kg/㎥)

① 718㎥/h
② 878㎥/h
③ 987㎥/h
④ 1,114㎥/h

■ $qs = mC\triangle t$ 에서 $m = \dfrac{qs}{1.01 \times \Delta t} = \dfrac{3,000 \div 1,000}{1.01 \times (28-20)} = 0.3713 kg/s = 1,337 kg/h = 1,114 m^3/h$

환기량 구하는 식은 공기비열 1.01kJ/kgK과 밀도1.2kg/㎥을 이용하며, 체적비열 $1.21 kJ/m^3 K$를 사용할 수도 있다.

※ 환기량 Q(㎥/h) 구하는 식은 다음 3가지가 주로 쓰인다.
1) 발생 열량에 의한 식 $Q = \dfrac{q}{1.21 \times \Delta t}$ q : 실내발열량(kJ/h)
2) 발생 오염가스에 의한 식
$Q = \dfrac{M}{(C_i - C_o)}$ M : 오염가스량, Ci, Co : 실내외 농도
3) 발생 수분에 의한 식
$Q = \dfrac{L}{1.2 \times \Delta x}$ L : 발생 수분량, Δx : 실내외 절대습도차

010 다음 중 국소환기가 유리한 장소는?
① 화장실
② 주차장
③ 공조기계실
④ 실험실

■ 환기는 크게 전반환기와 국소환기로 나누며 국소환기는 실의 특정 위치에서 오염가스가 부분적으로 발생하는 경우 후드 등을 통하여 실에 번지기 전에 외부로 제거하는 것으로 환기량이 작아지는 장점이 있으나 실내에 후드 등 환기 설비가 노출되는 단점이 있다. 주방 가스렌지, 실험실 실험기기에서의 발생가스는 국소환기 하는 것이 바람직하다.

011 업무용 건물에서 독립된 환기를 하지 않아도 되는 곳은?
① 주차장
② 복도
③ 화장실
④ 급탕실

■ 화장실, 주차장, 급탕실, 흡연실 등 오염된 공기는 독립된 환기가 필요하며 복도는 일반 공조 환기와 혼합해도 괜찮다.

012 자연환기에 대한 설명 중 가장 부적합한 것은?
① 자연환기는 풍속, 온도차 등에 의해 이루어진다.
② 온도에 의한 자연환기에서 바닥근처에서는 실내공기가 외부로 빠져 나간다.
③ 온도차 의한 자연환기에서 실내외 압력차가 0인 중성대가 있다.
④ 자연환기는 기계환기에 비해 환기량이 불규칙하다.

■ 자연환기에서 실내공기는 부력으로 상승하므로 천장 근처에 가벼운 공기가 고여 바닥근처는 밖에서 안으로 압력을 받고 천장 쪽에서는 안에서 밖으로 빠져나간다.

해답 9.④ 10.④ 11.② 12.②

013 건물화재 초기에 화재 발생실의 내압을 낮춤으로서 연기를 다른 구획으로 누출되지 않도록 하는 배연방식은?

① 압입배연방식
② 흡출배연방식
③ 자연배연방식
④ 압입흡출병용배연방식

■ 화재실을 부압으로 만들기 위해서는 3종 환기(흡출배연방식)를 적용한다.

014 환기와 배연에 관한 설명 중 틀린 것은?

① 환기란 실내의 CO_2 가스만을 제거하기 위한 것이다.
② 환기는 급기 또는 배기를 통하여 이루어진다.
③ 배연 설비란 화재초기에 발생하는 연기를 제거함이 목적이다.
④ 배연 설비는 화재 시 소화, 피난 활동에 지장이 없도록 함이 목적이다.

■ 환기란 실내의 CO_2 이외에 열, 수분, 가스, 먼지 등을 제거함이 목적이다.

015 일반실에서 실내 발생열에 의한 자연 환기를 시키기 위한 급기구와 배기구의 설치 위치로서 가장 적당한 것은?

① 급기구 및 배기구를 모두 낮은 곳에 설치
② 급기구 및 배기구를 모두 높은 곳에 설치
③ 급기구는 낮은 곳, 배기구는 높은 곳에 설치
④ 급기구는 높은 곳, 배기구는 낮은 곳에 설치

■ 실내 발생열은 상승하는 기류가 형성되므로 급기구는 낮은 곳에, 배기구는 높은 곳에 설치하여 자연배기를 유도한다.

016 바닥면에서 1m의 위치에 중성대가 있는 실에서 바닥면상 2m 지점에서의 실내외 압력차는 얼마인가?(단, 실내 공기 밀도 1.2kg/m³, 실외 1.25kg/m³)

① 실내가 0.05Pa 높다.
② 실외가 0.05Pa 높다.
③ 실내가 0.49Pa 높다.
④ 실외가 0.49Pa 높다.

■ 실내외 밀도차에 의한 압력차는 중성대와 높이차에 비례한다.
$\Delta P = \Delta \rho \cdot g \cdot \Delta h = (1.25-1.2) \times 9.8 \times (2-1) = 0.49 Pa$
실내외 압력은 중성대를 기준으로 위쪽은 실내가 높고 아래쪽은 실내가 낮다. 그러므로 바닥면상 2m는 중성대 위쪽이므로 실내가 높다.

017 유효 개구부 면적이 1.5m²이며 환기 계수 0.8, 기류 속도 0.2m/s일 때 환기량을 구하시오.(단, 실내외 온도차 10℃)

① 0.24m³/h
② 2.4m³/h
③ 864m³/h
④ 8,640m³/h

■ 유효 개구부에 의한 환기량 계산에서 실내외 온도차는 관계가 없다.
$Q = A \cdot E \cdot V = 1.5 \times 0.8 \times 0.2 = 0.24 m³/s = 0.24 \times 3,600 = 864 m³/h$

해답 13.② 14.① 15.③ 16.③ 17.③

018 다음 중에서 실내가 부압(−)이 걸리는 상태로 환기를 해야 할 곳은?

① 주방 ② 사무실
③ 회의실 ④ 전시장

■ 1) 정압 · 부압(제1종 환기) : 병원, 수술실
2) 정압 (제2종 환기) : 반도체 무균실
3) 부압 (제3종 환기) : 주방, 화장실 등은 실내를 부압으로 만들어 주변실에 냄새가 새어나가지 않도록 환기한다.

019 기계 환기 중 대규모 공장이나 보일러실에 적용하는 환기법으로 환기효과가 가장 좋은 것은?

① 1종 환기 ② 2종 환기
③ 3종 환기 ④ 4종 환기

■ 대규모 공장이나 보일러실, 변전실 등에는 송풍기와 배풍기를 이용한 급 · 배기 병용의 1종 환기가 좋다.

020 화장실, 주방 등에 적용하여 배풍기만 사용하므로 실내압이 진공상태인 환기법은?

① 1종 환기 ② 2종 환기
③ 3종 환기 ④ 4종 환기

■ 제3종 환기 : 주방, 화장실 등은 실내를 부압(−)으로 만들어 주변실에 냄새가 새어나가지 않도록 환기한다.

021 극장에서 관람객이 1,000명이고 1인당 CO_2 발생량이 70L/h일 때 적절한 환기량(m^3/h)을 구하시오(단, 실내 허용 CO_2 농도 700ppm, 외기 CO_2 농도 400ppm이다.)

① 23,330m^3/h ② 233,300m^3/h
③ 360,000m^3/h ④ 2,333,000m^3/h

■ $Q = \dfrac{M}{C_i - C_o} = \dfrac{1,000 \times 70 \times 10^{-3}}{0.0007 - 0.0004} = 233,300 \, m^3/h$

CO_2 발생량 M 단위가 L/h일 때 환기량은 m^3/h이므로 1,000으로 나눈다. 또한 분모 오염농도는 비율로 환산한다(700ppm=0.0007).

022 500명이 관람하는 극장에 환기설비의 일부 고장으로 8,000m^3/h의 환기 밖에 할 수가 없다. 실내의 CO_2 농도를 얼마로 유지할 수 있는가?(1인당 CO_2 발생량 18L/h, 외기 CO_2 농도 400ppm)

① 500ppm ② 900ppm
③ 1,100ppm ④ 1,525ppm

■ 환기량과 CO_2 발생량에서 농도차를 구하면 $\Delta C = \dfrac{M}{Q} = \dfrac{500 \times 18 \times 10^{-3}}{8000} = 0.001125$

그러므로 실내농도는 외기농도(400ppm=0.0004)보다 0.001125 크므로
$C_i = 0.001125 + 0.0004 = 0.001525 = 1525ppm$ ∴ 1,525ppm

023 환기 장치인 후드(hood)의 설치 장소로 일반적으로 가장 적당한 곳은?
① 주차장　　　　　　　　② 조리실
③ 보일러실　　　　　　　④ 미용실

■ 조리실, 공장 등과 같이 국부적으로 오염물질이 발생하는 곳에 3종 환기를 위하여 후드를 설치하여 국부 환기한다.

024 고층 건물 수직 공간(계단실)에서 외부의 압력과 실내의 압력이 동일한 위치는?
① 지하층　　　　　　　　② 중간층
③ 최상층　　　　　　　　④ 각 층과 동일

■ 수직 공간의 중간층(중성대)에서 실내외 압력이 같다.

025 원심식 송풍기의 종류로 가장 거리가 먼 것은?
① 에어포일형 송풍기　　　② 프로펠러형 송풍기
③ 관류형 송풍기　　　　　④ 다익형 송풍기

■ 프로펠러형 송풍기는 축류형 송풍기이다.

026 다음 그림과 같은 덕트에서 점 ①의 정압 P_1=15mmAq, 속도 V_1=10m/s일 때, 점 ②에서의 전압은?(단, ①-② 구간의 전압손실은 2mmAq, 공기의 비중량은 1.2kg/m³로 한다.)

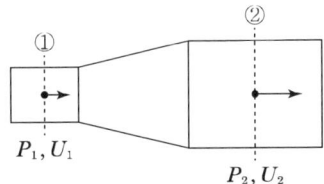

① 15.12mmAq
② 17.12mmAq
③ 18.12mmAq
④ 19.12mmAq

■ ①점의 동압은 $p_v = \dfrac{v^2}{2g}r = \dfrac{10^2 \times 1.2}{2 \times 9.8} = 6.12$mmAq
①점의 전압=정압+동압=15+6.12=21.12mmAq
② 전압=①전압-(①-② 구간의 전압손실)=21.12-2=19.12mmAq

027 동일 송풍기에서 임펠러의 지름을 2배로 했을 경우 특성 변화 법칙에 대해 옳은 것은?
① 풍량은 임펠러 크기비의 2제곱에 비례한다.
② 압력은 임펠러 크기비의 3제곱에 비례한다.
③ 동력은 임펠러 크기비의 5제곱에 비례한다.
④ 송풍기는 회전수 변화에만 특성변화가 있다.

■ 상사법칙에 따라 송풍기 임펠러 직경을 변화시키면 풍량은 직경비의 3제곱에, 압력은 직경비의 2제곱에, 동력은 직경비의 5제곱에 비례한다.

028 600rpm으로 운전되는 송풍기의 풍량이 400㎥/min, 전압 40mmAq, 소요동력 4 kW의 성능을 나타낸다. 이때 회전수를 700rpm으로 변화시키면 몇 kW의 소요동력이 필요한가?

① 5.44kW
② 6.35kW
③ 7.27kW
④ 8.47kW

■ 상사법칙에 따라 소요동력은 회전수의 3제곱에 비례하므로 $kW = 4 \times (\frac{700}{600})^3 = 6.35kW$

029 6인용 입원실이 100실인 병원의 입원실 전체 환기를 위한 최소 신선 공기량(㎥/h)은?(단, 외기 중 CO_2함유량은 0.0003㎥/㎥이고 실내 CO_2의 허용농도는 0.1%, 재실자의 CO_2발생량은 개인당 0.015㎥/h이다.)

① 6,857㎥/h
② 8,857㎥/h
③ 10,857㎥/h
④ 12,857㎥/h

■ CO_2 발생량$(M) = 6 \times 100 \times 0.015 = 9㎥/h$
환기량 $Q = \frac{M}{C_i - C_o} = \frac{9}{0.001 - 0.0003} = 12,857㎥/h$ $(0.1\% = 0.001㎥/㎥)$

030 풍량 450㎥/min, 정압 50mmAq, 회전수 600rpm인 다익 송풍기의 소요동력은? (단, 송풍기의 효율은 50%이다.)

① 3.5 kW
② 7.4 kW
③ 11 kW
④ 15 kW

■ $kW = \frac{Q \times p_s}{102 \times \eta} = \frac{450 \times 50}{60 \times 102 \times 0.5} = 7.4kW$

031 배관 계통에서 유량을 다르게 하더라도 단위 길이당 마찰손실이 일정하도록 관경을 정하는 방법은?

① 균등법
② 정압재취득법
③ 등마찰손실법
④ 등속법

■ 덕트와 같은 원리로 배관에서도 등마찰손실법은 단위 길이당 마찰 손실이 일정하도록 관경을 정하는 방법으로 배관저항선도를 이용한다.

032 공조설비의 열회수장치인 전열교환기는 주로 무엇을 경감시키기 위한 장치인가?

① 실내부하
② 외기부하
③ 조명부하
④ 송풍기부하

■ 전열교환기는 배기의 버려지는 현열과 잠열을 회수하여 외기를 가열 또는 냉각하는 것으로 도입하는 외기로 인한 외기부하를 경감시킨다.

033 시로코 팬의 회전속도가 아래 표와 같이 N₁에서 N₂로 변화하였을 때, 송풍기의 송풍량, 전압, 소요동력의 변화 값은 얼마인가?

	451rpm(N₁)	632rpm(N₂)
송풍량(m³/min)	199	㉠
전압(Pa)	320	㉡
소요동력(kW)	1.5	㉢

① ㉠ 278.9　㉡ 628.4　㉢ 4.1
② ㉠ 278.9　㉡ 357.8　㉢ 3.8
③ ㉠ 628.9　㉡ 402.8　㉢ 3.8
④ ㉠ 357.8　㉡ 628.4　㉢ 4.1

■ 송풍량은 회전수에 비례하므로 $Q = 199 \left(\dfrac{632}{451}\right) = 278.9$

전압은 회전수 제곱에 비례하므로 $P = 320 \left(\dfrac{632}{451}\right)^2 = 628.4$

동력은 회전수 3제곱에 비례 하므로 $L = 1.5 \left(\dfrac{632}{451}\right)^3 = 4.13$

034 그림과 같은 단면을 가진 덕트에서 정압, 동압, 전압의 변화를 나타낸 것으로 옳은 것은?(단, 덕트의 길이는 일정한 것으로 한다.)

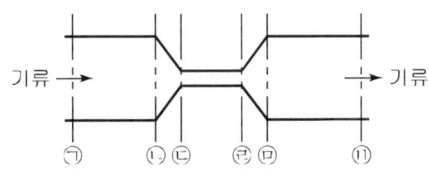

① 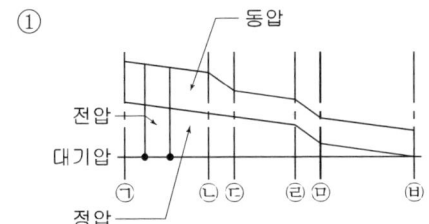　②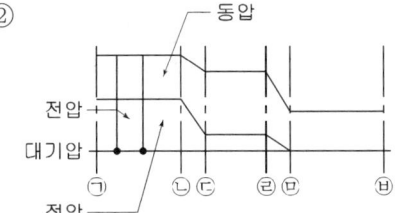

③ 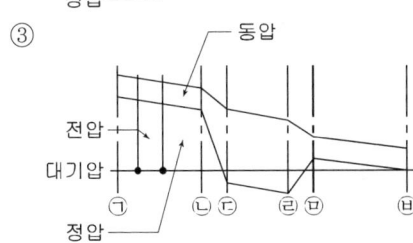　④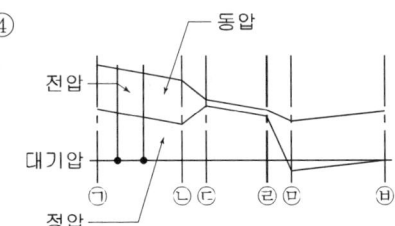

■ ㉠-㉡과 ㉤-㉥구간은 덕트경이 같으므로 동압이 일정하며 풍속이 작아 동압도 작다. ㉢-㉣구간은 덕트 폭이 좁으므로 풍속이 커져서 동압도 크게 된다. 그러므로 ③번 항의 그림이 적합하다.

해답　33.① 34.③

035 덕트 내 풍속을 측정하는 마노미터를 이용하여 전압 23.8mmAq, 정압 10mmAq를 측정하였다. 이 경우 풍속은 약 얼마인가?(단 공기비중량은 1.2kg/m³)

① 10m/s ② 15m/s
③ 20m/s ④ 25m/s

■ 동압 = 전압 − 정압=23.8−10=13.8=mmAq

동압$(Pv) = \dfrac{v^2}{2g} \cdot r$에서 $13.8 = \dfrac{v^2}{2 \times 9.8} \times 1.2$

$v^2 = \dfrac{13.8 \times 2 \times 9.8}{1.2} = 225$

∴ $v = \sqrt{\dfrac{13.8 \times 2 \times 9.8}{1.2}} = 15\text{m/s}$

036 일반적인 덕트설비를 설계할 때 덕트 설계순서로 가장 적합한 것은?

① 덕트 계획 → 덕트치수 및 저항 산출 → 흡입·취출구 위치결정 → 송풍량 산출 → 덕트 경로결정 → 송풍기 선정
② 덕트 계획 → 덕트 경로결정 → 덕트치수 및 저항 산출 → 송풍량 산출 → 흡입·취출구 위치결정 → 송풍기 선정
③ 덕트 계획 → 송풍량 산출 → 흡입·취출구 위치결정 → 덕트 경로결정 → 덕트치수 및 저항 산출 → 송풍기 선정
④ 덕트 계획 → 흡입·취출구 위치결정 → 덕트치수 및 저항 산출 → 덕트 경로결정 → 송풍량 산출 → 송풍기 선정

■ 설계순서 : 덕트 계획(부하계산) → 송풍량 산출 → 흡입·취출구 위치결정 → 덕트 경로결정 → 덕트치수 및 저항 산출(정압 산출) → 송풍기 선정

037 지하 주차장 환기설비에서 천정부에 설치되어 있는 고속노즐로부터 취출되는 공기의 유인효과를 이용하여 오염공기를 국부적으로 희석시키는 방식은?

① 제트팬 방식 ② 고속덕트 방식
③ 무덕트환기 방식 ④ 고속노즐 방식

■ 고속노즐 방식은 고속노즐로부터 취출되는 공기의 유인효과를 이용한다.

038 덕트를 설계할 때 주의사항으로 틀린 것은?

① 덕트를 축소할 때 각도는 30° 이하로 되게 한다.
② 저속 덕트 내의 풍속은 15[m/s] 이하로 한다.
③ 장방형 덕트의 종횡비는 4:1 이상 되게 한다.
④ 덕트를 확대할 때 확대각도는 15° 이하로 되게 한다.

■ 장방형 덕트의 종횡비는 4:1 이하가 되게 한다.

039 덕트 이음공법 중에서 겹으로 접은 판사이로 싱글로 접은 판을 끼워 넣고 때려 접은 형식으로 기밀이 좋아서 덕트설비 공사 현장에서 주로 사용되는 공법은 무엇인가?

① 보턴펀치 스냅록 ② 피츠버그 스냅록
③ 터닝베인 ④ 다이아몬드 브레이크

■ 피츠버그 스냅록 덕트 조립법은 겹으로 접은 판사이로 싱글로 접은 판을 끼워 넣고 때려 접은 형식으로 기밀이 좋아서 덕트설비 공사 현장에서 주로 사용되는 공법이다.

040 송풍기 회전수를 높일 때 일어나는 현상으로 틀린 것은?

① 정압 감소 ② 동압 증가
③ 소음 증가 ④ 송풍기 동력 증가

■ 송풍기 회전수를 높이면 풍량, 정압, 동압, 소음, 동력이 모두 증가한다.

041 다음 송풍기 풍량제어법 중 축동력이 가장 많이 소요되는 것은?(단, 모든 조건은 동일하다.)

① 회전수제어 ② 흡인베인제어
③ 흡입댐퍼제어 ④ 토출댐퍼제어

■ 송풍기 풍량제어법 중 축동력 소요 순서는 토출댐퍼제어가 가장 많고 토출댐퍼제어 > 흡입댐퍼제어 > 흡인베인제어 > 회전수제어 순이다.

042 다음 조건과 같은 덕트계통에서 전체 마찰저항을 구하시오.

> 덕트 직관길이 150m, 국부저항은 직관저항의 50%로 한다. 덕트경은 정압법(0.1mmAq/m)으로 선정한다.

① 15mmAq ② 22.5mmAq
③ 75mmAq ④ 150mmAq

■ 직관 덕트에 대한 마찰저항은 정압법(0.1mmAq/m)에서 1m당 0.1mmAq저항이 걸리므로
직관부 저항=150×0.1=15mmAq
국부저항=15×0.5=7.5mmAq
전체 마찰저항=15+7.5=22.5mmAq
또는 덕트 전체 저항=R(L+L')=0.1×150×1.5=22.5mmAq

해답 39.② 40.① 41.④ 42.②

제4편 | 위생설비 설계

제1장 급수시스템 설계

1. 급수량 및 배관설계

급수설비 용량산정 및 관경 결정시 우선 급수량부터 산출해야 하는데, 급수량 산정은 기구수에 의한 방법과 건물 종류별 인원수에 의한 방법으로 대별되며 탱크, 펌프, 주관 등은 인원수에 따라, 지관은 기구수에 따라 관경이 결정된다.

1) 급수량 산정 기준
① 급수량 산정은 원칙적으로 사무소 건물에서는 인원수에 의하여, 시험 시설이 있는 건물에서는 급수 기구수에 의하여 구한다.
② 수수조, 고가수조 등 설비 용량은 시간 최대 급수량에 근거하여 구한다.
③ 소화용수, 비상 발전용 냉각수는 급수량 산정에서 제외한다.

2) 피크아워와 피크로드
하루 중 최대 사용 수량과 그 때의 시간을 각각 피크로드(peak load), 피크아워(peak hour)라 하는데, 급수의 피크아워는 주로 아침 식사 준비 때에 나타난다.
① **피크로드** 일일 평균 급수량의 15~20%
② **시간 평균 급수량** 1일 평균 급수량÷8(사용시간)
③ **시간최대급수량** 시간 평균 급수량×(1.5~2.0)
④ **순간 최대 급수량** (3~4)×시간 평균 급수량/60(L/min)
※ 피크로드는 시간 최대 급수량에 해당하며 보통 1일 급수량의 15~20%로 잡는다.

3) 급수 압력
① 급수시스템 설계에서 건물 내의 기구마다 알맞은 수압을 얻을 수 있어야 한다. 최저 필요압력 이하일 경우 능력을 발휘할 수 없고, 필요 압력 이상일 경우 수격작용 발생 및 기구 파손에 의한 누수 등의 영향을 가져온다.
② 기구별 최고 압력은 보통 300~500kPa을 넘지 않도록 한다.

③ 기구별 최저 필요압력은 다음 표와 같다.

[표 2-2] 기구의 최저 필요압력

기구명	필요압력(kPa)	기구명	필요압력(kPa)
세면기, 욕조, 싱크	55	소변기(밸브)	100
샤워기(일반)	70	대변기(세정밸브)	100
샤워기(압력식, 온도감지식)	130	대변기(세정탱크)	55

2. 급수 기기용량 산정

1) 급수 관경 설계

급수 관경은 최소한의 배관 시설비로서 목적하는 수압과 수량을 급수할 수 있도록 결정되어야 한다. 급수관의 용도에 따라 위생기구별 접속관경, 균등표에 의한 관경 결정(지관), 마찰저항선도에 의한 방법(주관)등의 급수관경 설계법을 적용한다.

2) 위생기구별 급수관경

일반적으로 기구에 연결되는 관경은 다음의 표준치를 적용한다.

[표 2-3] 위생기구의 연결 관경

위생기구	급수관경	위생기구	급수관경
세면기	15mm	대변기(플러시 밸브)	25mm
소변기(일반)	15mm	욕조	15~20mm
소변기(플러시 밸브)	20~25mm	비데	15mm

3) 균등표에 의한 관경 결정

옥내 급수관 등과 같이 간단한 배관의 관경 결정에 사용하는 방법으로 식으로 구하는 법은 다음 식에 의하고 도표화하면 아래 균등표와 같다.(단, 동시 사용률을 고려해야 한다.)

$$N = \left(\frac{D}{d}\right)^{5/2}$$

N : 작은 관 개수, d : 작은 관 직경(mm), D : 큰 관 직경(mm)

(※ 위 식에서 작은 관과 큰 관의 균등개수(N)는 이론적으로 단면적에 반비례하므로 직경의 제곱에 관계되지만 마찰손실을 고려하여 5/2제곱에 관계한다.)

[표 2-4] 기구의 동시 사용률(%)

기구수	2	3	4	5	10	15	20	30	50	100
동시사용률(%)	100	80	75	70	53	48	44	40	36	33

주) 이 표에 기재되어 있지 않는 것은 비례 배분에 의해 결정하면 된다.

[표 2-5] 급수관의 균등표

관경 mm(B)	10 (3/8)	15 (1/2)	20 (3/4)	25 (1)	32 (11/4)	40 (11/2)	50 (2)	65 (21/2)	80 (3)	90 (31/2)	100 (4)	125 (5)	150 (6)
10(3/8)	1												
15(1/2)	1.8	1											
20(3/4)	3.6	2	1										
25(1)	6.6	3.7	1.8	1									
32(1 1/4)	13	7.2	3.6	2	1								
40(1 1/2)	19	11	5.3	2.9	1.5	1							
50(2)	36	20	10.0	5.5	2.8	1.9	1						
65(2 1/2)	56	31	15.5	8.5	4.3	2.9	1.6	1					
80(3)	97	54	27	15	7	5	2.7	1.7	1				
90(3 1/2)	139	78	38	21	11	7.2	3.9	2.5	1.4	1			
100(4)	191	107	53	29	15	9.9	5.3	3.4	2	1.4	1		
125(5)	335	188	93	51	26	17	9.3	6	3.5	2.4	1.8	1	
150(6)	531	297	147	80	41	28	15	9.5	5.5	3.8	2.8	1.6	1

주) 1. 이 표는 마찰 손실을 계산에 포함한 것이다.
2. $N=\left(\dfrac{D}{d}\right)^{5/2}$, d : 작은 관의 관경, D : 큰 관의 관경

예제 20A 급수관이 10개 연결된 급수 본관의 관경을 균등관법을 이용하여 구하시오.

해설) 우선 20A 급수관의 15A 균등수는 2이며→ 기구수 10개일 때 누계는 10×2=20개이다. →10개일 때 동시사용률은 53%이므로 동시개구수는 20×0.53=10.6이다. → 균등표에서 15A항 10.6은 20개항에 해당하여 40A를 선정한다.

4) 마찰저항 선도에 의한 결정(급수부하 단위 이용법)

(1) 설계순서
급수부하 단위→동시 사용량 계산→허용마찰 손실 수두계산(동수구배)→마찰저항 선도에 의한 관경 결정

(2) 동시사용량 계산
동시사용률과 같은 의미인데 그래프를 활용한다. 급수 부하단위(fu)를 구한 뒤 그래프에서 동시 사용량(L/min)을 구한다. 이때 세면기의 급수량(14L/min)을 기준(fu=1)한다.

[표 2-6] 기구급수부하단위

기구명	수전	기구급수부하단위 공중용	기구급수부하단위 개인용	기구명	수전	기구급수부하단위 공중용	기구급수부하단위 개인용
대변기	세정밸브	10	6	세면싱크 (수세1개당)	급수전	2	
대변기	세정탱크	5	3				
소변기	세정밸브	5		조리장싱크	급수전	4	2
소변기	세정탱크	3		청소용싱크	급수전	4	3
세면기	급수전	2	1	욕조	급수전	4	2
수세기	급수전	1	0.5	샤워	혼합밸브	4	2

주) 급탕 전 병용의 경우에는 1개의 급수전에 기구급수부하단위를 상기수치의 3/4으로 한다.

(3) 허용마찰 손실 수두 계산

사용가능한 수압을 배관 길이당 허용 손실수두(사용 수두)로 바꾼 값이다.

$$R = \frac{H_1 - H_2}{L(1+k)} \times 1{,}000 \, (mmAq/m)$$

R : 허용마찰 손실 수두 $(mmAq/m)$

H_1 : 고가 탱크에서 각 층 기구까지의 수직 높이 (m)

H_2 : 각 층 기구의 최저 필요수두 (mAq)

L : 고가 탱크에서 최원 기구까지의 배관 길이 (m)

k : 국부 저항 비율 - 소규모 : 0.5 ~ 1.0, 대규모 : 0.3 ~ 0.5

[표 2-7] 관 이음쇠의 종류 및 밸브류의 국부 저항 상당관 길이(m)

관의 호칭 지름 mm	B	90° 엘보	45° 엘보	90°T주관 (분류)	90°T주관 (직류)	슬루스 밸브	글로브 밸브	앵글 밸브	임펠러 양수기
15	1/2	0.6	0.36	0.9	0.18	0.12	4.5	2.4	3~4
20	3/4	0.75	0.45	1.2	0.24	0.15	6.0	3.6	8~11
25	1	0.90	0.54	1.5	0.27	0.18	7.5	4.5	12~15
32	11/4	1.20	0.72	1.8	0.36	0.24	10.5	5.4	19·24
40	11/2	1.50	0.90	2.1	0.45	0.30	13.5	5.6	20~26
50	2	2.10	1.20	3.0	0.60	0.39	16.5	6.6	25~35
65	21/2	2.40	1.50	3.6	0.75	0.48	19.5	8.4	-
80	3	3.00	1.80	4.5	0.90	0.60	24.0	10.2	-
90	31/2	3.60	2.10	5.4	1.08	0.72	30.0	12.2	-
100	4	4.20	2.40	6.3	1.20	0.81	37.5	15.0	-
125	5	5.10	3.00	7.5	1.50	0.99	42.0	16.5	-
150	6	6.00	3.60	9.0	1.80	1.20	49.5	21.0	-

※ 상당장 길이란 부속기구가 일으키는 마찰저항이 직관길이 몇 m에 상당 하는가를 환산해 놓은 것이다.

(4) 관경 결정

위에서 구한 동시 사용량(L/min)과 허용마찰 손실수두(mmAq/m)를 이용하여 마찰저항 선도에서 교점을 찾아 알맞은 관경을 찾는다. 이때 유속(소구경 1m/s, 대구경 2m/s, 이내)이 지나치게 크지 않도록 설계함이 좋다.

3. 급수 구성기기(펌프설계)

1) **펌프의 종류**
   (1) **왕복동 펌프** 피스톤 펌프, 플런저 펌프, 워싱턴 펌프
   (2) **원심 펌프(와권 펌프)** 볼류트 펌프, 터빈 펌프, 보어홀 펌프, 수중 펌프, 논클록 펌프
   (3) **축류 펌프** 스큐류식
   (4) **사류 펌프** 원심 펌프와 축류 펌프의 중간형
   (5) **특수 펌프** 에어리프트 펌프, 제트 펌프

2) **펌프의 종류와 특성**
   (1) **왕복동 펌프** ① 수압 변동이 심하다.(공기실을 설치하여 완화시킨다.)
              ② 양수량이 적고 양정이 클 때 적합하다.
              ③ 양수량 조절이 어렵다.
              ④ 고속회전 시 용적효율이 저하한다.
   (2) **원심 펌프** ① 고속회전에 적합하며 진동이 적다.
              ② 양수량 조절이 용이하다.
              ③ 양수량이 많고 고·저양정에 모두 이용된다.
   (3) **보어홀 펌프(borehole pump)** 수직 터빈 펌프로서, 임펠러와 스트레이너는 물속에 있고 모터는 땅 위에 있어 이 2개를 긴 축으로 연결하여 깊은 우물의 양수에 사용하는 입형 다단 터빈 펌프로 장축에 의하여 구동하기 때문에 고장이 많고 수리가 어려우며 동력비가 많이 소요된다. 최근에는 수중 펌프로 대체되고 있다.
   (4) **수중 모터 펌프** 터빈 펌프와 모터를 직결하여 수중에 잠기게 하여 양수하며 모터와 터빈은 수중에서 작동한다. 배수펌프, 심정의 양수 등에 많이 쓰인다.

3) **왕복동 펌프의 양수량**

   $$Q = A \cdot L \cdot N \cdot E_v$$

   Q : 양수량(m^3/min), A : 피스톤 단면적(m^2), L : 행정(m), N : 회전수(rpm), E_v : 용적효율

4) **펌프 설치 시의 주의사항**
   ① 펌프와 전동기는 일직선상에 배치한다.
   ② 되도록 흡입양정을 낮춘다.(충분한 NPSH를 확보한다.)
   ③ 흡입구는 수면 위에서 관경의 2배 이상 잠기게 한다.
   ④ 소화 펌프는 화재 시 불의 접근을 막도록 구획한다.

5) **펌프의 과부하 운전 조건**
   ① 원동기와의 직결 불량
   ② 주파수 증가에 의한 회전수 증가

③ 베어링 마모 및 이물질 침투
④ 흡입 양정이 현저히 감소할 때

6) 펌프 특성곡선과 상사 법칙

(1) **특성곡선** 펌프의 특성 곡선은 양수량 Q(L/s), 전양정 H(m), 효율(%), 축동력(kW)의 관계를 다음 그림과 같이 표시한 것으로 펌프의 종류에 따라 회전수 변화에 의해 각각 다르게 나타난다.

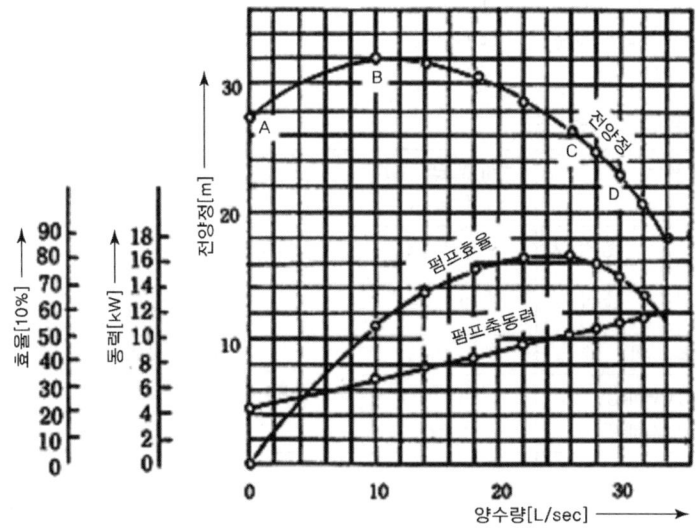

[그림 2-15] 터빈 펌프의 특성곡선

(2) **상용 양정** 위 특성곡선에서 곡선 ABCD는 양수량과 전양정과의 관계를 표시하고, A는 토출 밸브를 전폐하고 운전했을 경우, 즉 양수량이 0일 때 양정(체절양정)을 표시하며, B는 최대양정, C는 최대효율점일 때 양정이며, C를 상용양정이라 하고 이 점에서 운전되도록 할 때 가장 경제적이다.

(3) **상사법칙 회전수 변화에 따른 양수량과 양정 및 축 마력의 변화** 특성 곡선에 나타난 양수량 Q(L/s), 전양정 H(m), 축동력 P는 펌프의 회전수 N을 N'로 임펠러직경을 D를 D'로 변화했을 경우 다음 식으로 나타낸다.

① **양수량** $\dfrac{Q'}{Q} = \dfrac{N'}{N}$ $Q' = Q\left(\dfrac{N'}{N}\right)$, $Q' = Q\left(\dfrac{D'}{D}\right)^3$

② **양정** $\dfrac{H'}{H} = \left(\dfrac{N'}{N}\right)^2$, $H' = H\left(\dfrac{N'}{N}\right)^2$, $H' = H\left(\dfrac{D'}{D}\right)^2$

③ **축동력** $\dfrac{P'}{P} = \left(\dfrac{N'}{N}\right)^3$, $P' = P\left(\dfrac{N'}{N}\right)^3$, $P' = P\left(\dfrac{D'}{D}\right)^5$

제2장 급탕시스템 설계

1. 급탕량 및 배관설계

1) 급탕온도

용도별 급탕온도는 아래 표와 같고, 급탕온도를 높이면 사용 시 물을 혼합하여 사용하므로 급탕량이 적어져 경제적이다. 일반적으로 급탕온도를 60℃ 정도로 볼 때 급탕부하는 60×4.19=250kJ/kg 정도로 한다.

[표 2-8] 용도별 급탕 사용온도

용도		사용온도(℃)	용도		사용온도(℃)
음료용		50~55	주방용	일반용	45
목욕용	성인	42~45		접시 세정용	45
	소아	40~42		접시 세정 시 행구기용	70~80
샤워		43	세탁용	상업일반	60
세면용(수세용)		40~42		모직물	33~37
의료용(수세용)		43		린넨 및 견직물	49~52
면도용		46~52	수영장용		21~27
			세차용		24~30

2) 급탕량

(1) 급탕량은 급수량과 같이 시간대에 따라 변동이 심하므로 급탕량 산정 시 주의해야 한다.

Q_d(1일 급탕량)=N(사용원인)·q_d(1일 1인 급탕량)

(2) 산정방법은 기구수에 의한 방법, 사용 인원에 의한 방법이 있으나 인원에 의한 방법이 정확하다.

$Q_d = N \cdot q_d$

Q_d : 1일 급탕량, N : 사용 인원, q_d : 1일 1인 급탕량

(3) 건물별 1인 1일당 급탕량은 다음 표와 같다.

[표 2-9] 건물 종류별 급탕량

건물종류	1인 1일 급탕량
주택, 아파트, 호텔	75~150L
사무실	7.5~11.5L
공장	20L

2. 기기용량 산정

1) 급탕 배관법

급탕 배관 방식은 다음과 같이 분류한다.

급탕배관법	단관식	상향식	복관식	상향식
		하향식		하향식
				리버스 리턴 방식
				상하 혼용식

(1) 단관식

급탕관만 있고 환탕관은 없다.
① 주택 등의 소규모 설비에 적합하다.
② 처음에는 찬물이 나온다.(배관에 있던 물이 모두 나올 때까지)
③ 시설비가 싸다.
④ 보일러에서 탕전까지 15m 이내가 되게 한다.

(2) 복관식

① 급탕관과 환탕관으로 구성되어 탕이 계속 순환되어 수전을 열면 즉시 온수가 나온다.
② 배관길이가 길어져서 시설비가 비싸다.
③ 아파트 등의 중·대규모에 적합하다.

(3) 상향식

저탕조로부터 급탕 수평 주관을 배관하고 여기에서 수직관을 세워 상향으로 공급한다. 이 때 선상향(역구배) 배관한다.

(4) 하향식

급탕주관을 건물 최고층까지 끌어 올린 후 수직관을 아래로 내려 하향으로 공급한다. 이 때 선하향(순구배) 배관한다.

(5) 리버스 리턴 방식(역환수 방식)

상향식, 하향식의 경우에 각 층의 온도차를 줄이기 위하여 층마다의 순환 배관 길이를 같게 하도록 환탕관을 역환수시켜 배관한다.
이 방법은 각 층의 온수 순환을 균등하게 하여 공급온도를 일정하게 할 목적으로 쓰인다.

(6) 상·하 혼용식

건물의 일부는 상향식, 일부는 하향식으로 배관하는 경우 사용한다.

2) 급탕 순환펌프 계산

급탕순환펌프는 복관식에서 관 내의 탕을 계속 순환시켜 냉각되지 않도록 한다.

(1) 자연순환수두

$$H = (r_1 - r_2)h \, (\text{mmAg})$$

H : 자연순환수두(mmAg), r_1, r_2 : 환탕, 급탕의 비중량(kg/m³)
h : 탕비기에서 최고 수전까지 높이(m)

(2) 강제순환식(급탕 순환펌프)

$$H = 0.01(L/2 + L')\text{m}$$
$$W = \frac{Q}{60 \times 4.19 \times \Delta t}$$

H : 전양정, L, L' : 급탕 및 환탕관의 길이, W : 순환수량(L/min)
Q : 배관손실열량(kJ/h), Δt : 급탕 및 환탕 온도차

(3) 배관손실 열량

급탕배관에서 배관손실열량만큼 급탕을 순환시켜 냉각되지 않도록 한다.

$$Q_L = KFL(1-e)\Delta t'$$

Q_L : 배관손실열량(W를 kJ/h로 환산), K : 배관전열계수(W/m²·K)
F : 단위길이당 표면적(m²/m), L : 배관길이(m), e : 보온효율
$\Delta t'$: 탕과 주변공기온도차

3) 급탕관경 및 기기용량 결정

(1) 급탕관경

① 급탕관경은 급수관 설계 방법과 동일하게 한다. 다만, 급수 관경보다 한 치수 크게 한다.
② 환탕관 관경은 급탕관의 2/3 정도로 한다.
③ 급탕관과 환탕관은 20A 이상을 사용한다.
④ 기구 급탕 부하는 급수 부하단위의 3/4 정도로 본다.

[표 2-10] 급·반탕관경(단위 : mm)

급탕관경	20~32	40	50	65~80
반탕관경	20	25	32	40

(2) 기기용량 결정

① **팽창관 높이** 고가 탱크 최고 수위 면에서 팽창관 수직 높이 H는

$$H > h\left(\frac{\rho}{\rho'} - 1\right)$$

h : 고가탱크 정수두(m), ρ : 급수 밀도, ρ' : 탕의 밀도

② 저탕조 용량

가. **직접 가열식** V=(시간 최대 급탕량-온수 보일러 용량)×1.25

나. **간접 가열식** V=시간 최대 급탕량×(0.6~0.9)

   (시간최대 급탕 1,000L/h 이하 : 0.9, 7,500L/h 이상 : 0.6)

3. 급탕 구성기기

1) 급탕배관 신축이음 및 시공상 주의사항

(1) 배관의 신축량

급탕 배관은 온수 공급 시와 중지 시 온도차가 심하여 길이의 신축이 커져서 제거하지 않을 경우, 이음쇠, 밸브류, 서포트 등에 큰 응력이 생겨 파손의 위험이 있다. 신축량 계산식은

$\Delta L = L \cdot \alpha \cdot \Delta t (m)$ L : 관 길이(m), α : 선팽창 계수, Δt : 온도차

[표 2-11] 관의 선팽창 계수

관 종류	선팽창 계수	관 종류	선팽창 계수
연 철 관	1.23×10^{-5}	동 관	1.7×10^{-5}
강 관	1.1×10^{-5}	황 동 관	1.87×10^{-5}
주 철 관	1.06×10^{-5}	연 관	2.86×10^{-5}

(2) 신축이음의 종류

① 배관의 신축을 흡수하는 이음쇠의 종류에는 슬리브형, 벨로우즈형, 신축곡관, 스위블 조인트가 있고 시공 시 잡아당겨 연결하는 콜드 스프링법이 있다.

② 누수 여부의 크기 순서는 스위블 조인트>슬리브형>벨로우즈형>신축곡관이며 일반적으로 강관은 30m마다 동관은 20m마다 신축이음쇠 1개씩 설치한다.

(3) 신축이음의 특징

① 슬리브형(sleeve type)
- 신축량이 크고 소요공간이 작다.
- 활동부 패킹의 파손 우려가 있어 누수되기 쉽다.
- 보수가 용이한 곳에 설치한다.

② 벨로우즈형(bellows type)
- 주름모양의 원형판에서 신축을 흡수한다.
- 건축설비 신축이음으로 일반적으로 사용되며 설치 공간은 작은 편이다.
- 누수의 염려가 있고 고압에는 부적당하다.

③ 신축곡관(expansion loop)
- 파이프를 원형 또는 ㄷ자 형으로 밴딩하여 밴딩부에서 신축을 흡수한다.
- 고압에 잘 견딘다.

- 신축 길이가 길며 설치에 넓은 장소를 필요로 하므로 천정 수평관 및 옥외 배관에 적당하다.
- 보수할 필요가 거의 없다.

④ 스위블 조인트(swivel joint)
- 2개 이상의 엘보를 이용하여 나사부의 회전이나 밴딩으로 신축 흡수
- 방열기 주변 배관에 많이 이용된다.
- 누수의 염려가 있다.

⑤ 볼 조인트(ball joint)
최근에 쓰이기 시작한 것이며 내측 케이스와 외측 케이스로 구성되어 있고, 일정 각도 내에서 자유로이 회전한다. 이 볼 조인트를 2~3개 사용하여 배관하면 관의 신축을 흡수할 수 있다. 수직관에서 분기되는 횡지관의 신축이음이나 직각 배관 등에 주로 쓰인다.
- 신축 곡관에 비해 설치 공간이 적다.
- 고온 고압에 잘 견디는 편이나 가스켓이 열화되는 경우가 있다.

⑥ 콜드 스프링
배관연결 시 잡아당겨 늘려 놓으면 나중에 온도 상승으로 팽창할 때 팽창량이 감소하여 신축이음쇠 사용개소를 감소시킬 수 있다.

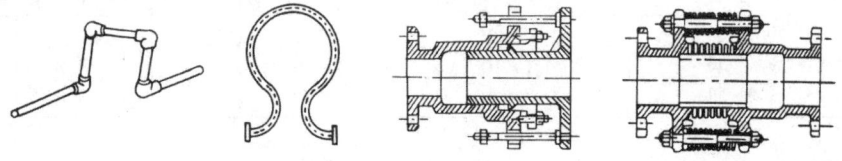

(a) 스위블 조인트   (b) 신축곡관   (c) 슬리브형 이음쇠   (d) 벨로우즈형 이음쇠

[그림 2-16] [신축 이음쇠]

(4) 배관구배(기울기) 및 공기 제거

① **배관구배** 급탕배관에는 물빼기, 공기제거, 순환 등을 위하여 적절한 구배를 주어야 하는데 상향식에서는 급탕관은 역구배, 환탕관은 순구배로 하며 하향식에서는 모두 순구배로 한다. 구배는 중력순환식인 경우 1/150, 기계식인 경우 1/200 정도가 좋다.

② **공기제거** 물을 가열하면 용존 공기가 분리되어 배관 내에 공기가 고인다. 배관에 구배를 주어 팽창관으로 유도하든가, 배관 상층부분에는 공기빼기 밸브(air vent)를 설치한다. 배관 도중 밸브는 슬루스 밸브를 사용하여 밸브에 공기가 고이지 않도록 한다.

(5) 기타 주의사항

① 팽창탱크는 최상층 수전보다 5m 이상 높게 개방형으로 하며 팽창관에는 밸브 부착을 금지한다.
② 관이나 저탕조는 규조토, glass wool, rock wool, 마그네샤 등으로 보온한다.
③ 온도가 10℃ 상승할 때마다 부식 정도가 2배 정도 심해진다.
④ 행거나 서포트는 신축이음쇠 근처에 설치한다.

⑤ 환관에 여과기(strainer)를 설치하고 찌꺼기를 제거하여 관막힘이나 기구류 손실을 방지한다.
⑥ 배관 완성 후 보온하기 전에 최고 사용압력 2배 이상으로 10분간 수압 시험한다. 수압시험 시 신축 이음쇠(벨로즈형)는 설치를 피하고 짧은 관으로 대체하여 시험한다.

2) 급탕설비 물의 팽창과 팽창탱크

(1) 팽창탱크 설치 필요성
급탕설비에서 시스템 보유수량이 온도차에 따라 팽창 수축하는데 물은 비압축성 유체로 압축되지 않으므로 팽창량을 흡수하기 위한 팽창탱크가 필요하다. 팽창 탱크 종류에는 개방형과 밀폐형이 있으며 최근에는 주로 밀폐형을 사용한다.

(2) 온수팽창량(ΔV) 산정
온수 팽창량은 아래 2가지 공식이 사용되나 일반적으로 ① 공식을 사용한다. 이때 장치보유수량은 4℃ 기준이며, ②공식에서 장치보유수량은 ρ_1 일 때 기준이다.

① $\Delta V = \left(\dfrac{1}{\rho_2} - \dfrac{1}{\rho_1}\right) \cdot V(L)$

② $\Delta V = \left(\dfrac{\rho_1}{\rho_2} - 1\right) \cdot V(L)$

V : 장치 내 보유수량(L)
ρ_1 : 가열 전 급탕온도에서 밀도(kg/L)
ρ_2 : 가열 후 급탕온도에서 밀도(kg/L)

(3) 개방형 팽창탱크 용량(팽창량의 1.5~2배 정도)

$V = (1.5 \sim 2.0) \cdot \Delta V \ (L)$

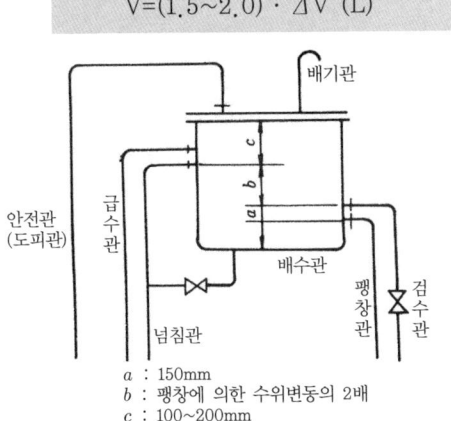
(a) 개방식 팽창탱크

a : 150mm
b : 팽창에 의한 수위변동의 2배
c : 100~200mm

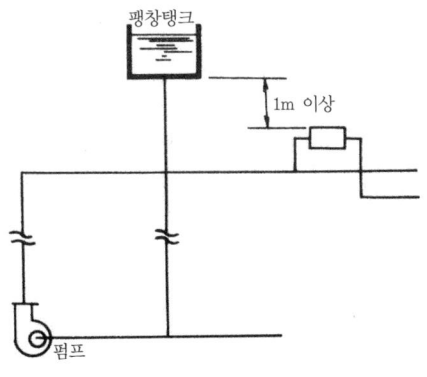
(b) 접속위치

[그림 2-17] 개방식 팽창탱크와 접속위치

(4) 밀폐형 팽창탱크

탱크용량 $V = \dfrac{\Delta V}{1 - (Po/Pm)}$

Po : 팽창탱크 최저 절대압력(MPa)
Pm : 최고사용 절대압력(MPa)

(5) 팽창탱크 접속위치는 순환펌프 흡입측에 접속하며, 장치 내 온수온도가 가장 낮은 곳에 연결해야 배관 내 전체 압력 유지에 효과적이다.

3) 급탕설비 팽창탱크 설계

> **예제** 급탕설비에서 시스템 보유수량이 1,000L(4℃기준)이고 운전 정지 시(가열 전) 온도 5℃, 운전 시(가열 후) 온도 60℃일 때 다음을 구하시오.(단, 5℃ 밀도 0.9997(kg/L), 60℃ 밀도 0.9782(kg/L), 개방형 팽창탱크 여유율은 1.5, 밀폐형 블레이드형 팽창탱크 최대 운전압력은 게이지압 0.3MPa, 최저압력(최초 봉입압력)은 0.1MPa로 선정한다. 대기압은 0.1MPa로 한다.)
> 1) 급탕 팽창량(L)을 구하시오.
> 2) 개방형 팽창탱크 크기 (L)를 구하시오.
> 3) 밀폐형(블레이드형) 팽창탱크 크기 (L)를 구하시오.

해설) 1) 팽창량 ΔV는

$$\Delta V = \left(\frac{1}{\rho_2} - \frac{1}{\rho_1}\right) \cdot V(L) = \left(\frac{1}{0.9782} - \frac{1}{0.9997}\right) \times 1,000 = 21.99(L)$$

V : 장치 내 보유수량(L)

ρ_1 : 가열 전 급탕온도에서 밀도(kg/L)

ρ_2 : 가열 후 급탕온도에서 밀도(kg/L)

2) 개방형 팽창탱크 = 1.5 × 21.99 = 32.99(L)

3) 밀폐형 팽창탱크 크기는 일반적으로 다음과 같이 구한다.

아래 식은 현장에서 주로 사용하는 밀폐형 블레이드식에서 초기압과 봉입압이 같을 때 적용하며 일반적으로 사용한다.

밀폐형 팽창탱크 : 탱크용량 $V = \dfrac{\Delta V}{1-(Po/Pm)} = \dfrac{21.99}{1-(0.2/0.4)} = 43.98(L)$

위 식에서 압력은 절대압 기준이므로

최대압(Pm) : 게이지압 0.3MPa → 0.3+0.1(대기압)=0.4MPa(절대압)

최저압(Po) : 게이지압 0.1MPa → 0.1+0.1=0.2MPa(절대압)

제3장 오배수시스템 설계

1. 오배수량 및 배관설계

1) 배수관의 관경
① 배수관의 관경은 단위 시간당 최대 유량을 기준으로 결정하는 것이 합리적이며 여기에 동시 사용률과 사용빈도수 등을 감안한 기구배수 부하단위(FU라 한다.)를 이용하여 결정한다. 이때 세면기의 배수량(28.5L/min)을 기준으로 하여 FU=1로 한다.

[표 2-12] 위생기구의 최대 배수 시 유량(단위 L/초)

대변기	소변기	세면기	욕조(주택)	세탁용 싱크
2.8	0.9	0.5	0.9	1.4

[표 2-13] 배수관경의 최소 구경(단위 mm)

기구	배수관의 최소 구경	배수부하단위(fu)	기구	배수관의 최소 구경	배수부하단위(fu)
대변기	75mm(보통 100)	8	욕조	40~50	2~3
소변기(벽걸이)	40	4	비데	40	2.5
소변기(스토올)	50	4	주방싱크	40	2
세면기	30	1	바닥배수	40~75	1~2

2) 배수관의 구배
① 배수 관경과 구배는 상관관계를 가지며 유속이 적당해야 하므로 과대 과소를 피한다.
② 옥내 배수관의 표준구배는 관경(mm)의 역수보다 크게 한다.
③ 배수의 평균 유속은 1.2m/s 정도가 되게 하고, 최소 0.6m/s, 최대 2.4m/s로 한다. 옥내 배수관에서는 0.6~1.2m/s를 권장한다.
④ **최대 최소 구배** 배수관에서는 최소구배를 기준한다.

배수관경(mm)	최대구배	최소구배
32~75	1/25	1/50
100~200	1/50	1/100
250 이상	1/100	1/100

3) 배수 재이용 계획(중수 설비)
물의 수요가 증가하면서 안정적인 물공급을 위하여 합리적인 대책이 필요한데 이때 배수를 재이용하는 방안이 연구되어야 하며 냉각 배수, 하수처리 등이 화장실 용수, 세정 용수 등으로 이용된다. 이때 고려해야 할 사항은 다음과 같다.
① 재이용수의 수량과 수질의 안정성
② **경제성** 시설투자비와 유지관리비를 포함한 전체비용에 대한 경제성을 검토한다.

③ 요구수량과 수질에 알맞은 처리시설 등이다.
④ 처리 시스템에는 오수와 잡배수를 합해 처리한 후 세정수로 이용하는 방안과 잡배수만 처리해 사용하는 방안이 있으며 보통 후자가 주로 쓰이는데 수량이 부족한 것이 문제점이다.

4) 우수 배출설비
① 우수 배출설비란 건물의 지붕이나 부지 내에 내린 빗물을 되도록 신속히 우수 배수계통에 모아 하천이나 하수도, 빗물이용설비에 방류하기 위한 설비이다.
② 우수계통은 원칙으로 일반 배수 계통과는 독립적인 계통으로 하며, 경우에 따라서는 냉각용수·응축수 등과 같이 우수용 배수에 접속하기도 한다.

5) 부지 내의 우수
① 건물주변 부지 내의 빗물을 U형 측구나 개방수로를 이용하여 우수 집수정으로 유도하여 부지 내 우수 배수관으로 신속히 배출한다. 우수 집수정은 우수 수직관과 부지 내 우수배수관과의 연결 개소로 겸용하는 경우도 많다.
② **우수유출량 산정식** 넓은 면적의 우수배수량 산정방법에는 일반적으로 다음의 산정식(합리식)을 주로 적용한다.

$$Q = \frac{1}{360}(CIA)(m^3/s)$$

Q : 계획우수유출량(㎥/sec), C : 유출계수, I : 강우강도(mm/hr), A : 배수면적(ha)

③ 비가 내린 후 운동장 등 신속히 건조를 시켜야 할 경우는 집수관(유공관)을 매설하여 배수주관에 접속하여 침투한 빗물을 배제한다.
④ **잔디 블록 주차장** 최근에는 친환경적인 우수처리를 위하여 빗물을 되도록 지중에 침투시켜 지하수로 함양되도록 우물통 빗물받이, 저류조, 잔디블록, 투수콘 등을 이용한다.

6) 건물의 우수
① 건물의 지붕, 옥상, 발코니 등에 내리는 빗물은 아래 계통도와 같이 루프 드레인(roof drain)을 거쳐 우수수직관을 통하여 우수수평주관(또는 배수수평주관)과 옥외의 우수받이(또는 배수받이)를 거쳐 하수도나 하천으로 방류된다.
② 드라이 에어리어 등 낮은 위치에 떨어지는 우수는 우수조에 유입시켜 우수펌프로 배출한다.
③ 공공 하수도의 유하능력이 작은 경우에는 우수의 유출량을 억제하기 위해서, 우수저류조나 탱크를 설치하여 강우 시에 일시적으로 저장하고 맑은 날에 배출하는 방법 등이 권장되기도 한다.

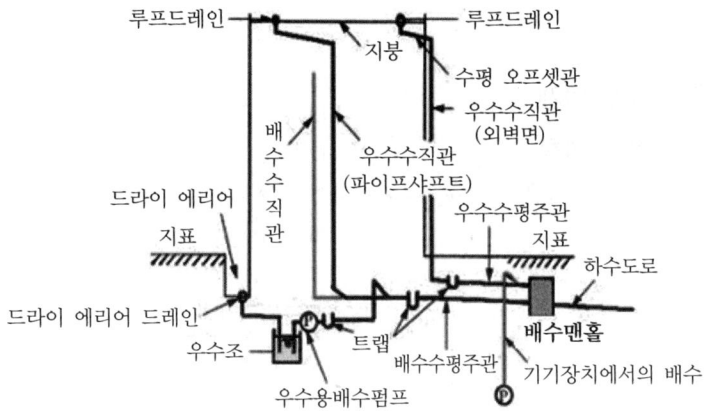

[그림 2-18] 건물 우수 배수 계통도

7) 루프드레인

① 루프드레인은 아래 그림과 같이 옥상 등에서 빗물을 모아 수직관에 유도하는 일종의 빗물받이이다. 화장실에 바닥배수(플로어 드레인 FD)가 있듯이 옥상에는 루프드레인이 있다.

② 수평 홈통이나 수직 빗물 홈통에 배수되는 것을 제외한 옥상·발코니·드라이 에어리어 등에는 각각의 목적에 적합한 루프 드레인(roof drain)을 설치한다.

③ 루프드레인의 스트레이너에는 돔형, 반구형, 평형, 코너형 등이 있으며, 유효통수면적은 접속하는 우수입관 단면적의 1.5배 이상으로 하고, 평형의 경우 2배 이상으로 한다.

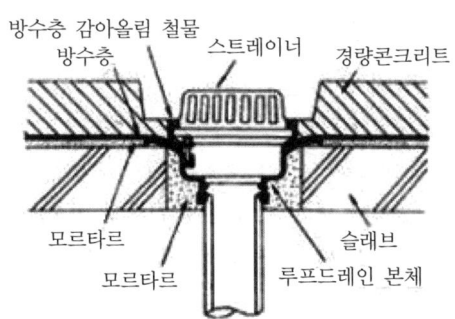

[그림 2-19] 옥상에 설치하는 루프드레인 단면도

④ **수평 오프셋관 설치** 루프드레인을 수직관에 직접 연결하면 온도변화나 건축 구조상의 변형 등으로 우수관의 신축으로 루프드레인이 들어 올려져 옥상 방수층이나 비막이가 파손되는 경우가 있어 이를 방지하기 위해 우수 수직관에는 수평 오프셋(off-set)관을 설치하거나 신축이음을 설치한다.

2. 우수배관 설계

1) 우수 입상관 관경 설계

(1) 우수 수직관 설계 원칙
① 건물 지붕에 내린 빗물은 거의 침투하지 않고 단시간에 우수 수직관에 유입하므로, 강우량이 그대로 우수 수직관에 유입한다고 볼 수 있다.
② 그 지역의 최대 강우량을 배제할 수 있도록 해야 한다. 따라서 우수관의 관경을 구하기 위해서는 그 지역의 최대 강우량을 조사하여야 한다.
③ 지붕의 먼지, 모래, 진흙 등이 혼입될 가능성이 있으므로, 막히거나 우수 흐름을 방해하여 건물이나 부지에 침수 피해를 입지 않도록 한다.
④ 우수 수직관은 건물내부(파이프샤프트 내 또는 내벽면) 또는 건물 외벽면을 따라서 배관하고, 콘크리트 등에 매설 배관해서는 안 된다.
⑤ 공공 하수도가 합류식인 경우에도 건물 내의 우수관은 일반 배수계통과는 별도로 하고, 원칙적으로 옥외의 배수맨홀(트랩피트)에서 합류시킨다.
⑥ 우수관과 다른 배수관을 겸용시키면 배수관이 만수할 경우에 빗물이 위생기구 등에서 실내로 침입해 오게 된다. 또한 다량의 강우 시에는 기구의 트랩봉수가 파괴될 우려도 있다. 이러한 이유로 우수관은 일반 배수관이나 통기관과 겸용을 해서는 안 된다.

(2) 우수 수직관 관경 결정 방법
① 우수 수직관의 관경은 지붕면적과 최대 강우량을 기준으로 하여 구한다.
② 우수관이 담당하는 지붕면적은 수평으로 투영한 면적으로 한다.
③ 건물 수직벽에 떨어지는 빗물을 고려해야 하는 경우에는, 수직벽면에 30° 각도로 비가 뿌리는 것으로 가정하여 외벽면의 수평 투영면적 즉, 외벽면적의 50%를 우수가 유입하는 지붕면적에 가산한다.
④ 허용최대 지붕면적은 아래 표와 같이 강우량 100[mm/h]를 기초로 한다. 따라서 강우량이 100[mm/h]가 아닌 경우에는 지붕면적을 환산하여 관경을 구한다.
⑤ 강우량 100[mm/h]로 환산한 지붕면적(A)

$$A = 해당 지붕면적 \times \frac{해당지역 최대강우량}{100mm/h}$$

[표 2-14] 우수 수직관 관경표

관경 [mm]	허용최대 지붕면적 [m²]
50	67
65	135
75	197
100	425
125	770
150	1,250
200	2,700

주) 1. 지붕면적은 모두 수평으로 투영한 면적으로 한다.
  2. 허용최대 지붕면적은 강우량 100[mm/h]를 기초로 산출한 것이다. 따라서 이외의 강우량에 대해서는 표의 수치에 「100/해당지역의 최대 강우량」을 곱해 산출한다.

3. 정사각형 또는 직사각형의 우수수직관은, 거기에 접속하는 유입관의 단면적 이상으로 한다. 또한, 내면의 단변을 상당관경으로 하고, 「장변/단변」의 비율을 표의 값에 곱하여 그 허용 최대 지붕면적으로 한다.

2) 우수 수평관 설계

(1) 우수 수평관 설계는 기본적으로 수직관 설계와 같으며 우수 수평 분기관·우수 수평 주관·부지 우수관의 관경은 아래 표에서 구배를 고려하여 의한다.
(2) 옥내의 우수수평주관은 단독으로 배관하여 옥외 우수관이나 배수관에 접속하여야 한다. 그러나 부득이 옥내에서 합류식의 배수수평주관에 접속하는 경우는 Y자관을 수평으로 하여, 배수수직관의 접속점에서 적어도 3[m] 하류에 접속하여, 강우 시 일반 배수계통의 기압변동에 따른 영향을 방지한다.
(3) 아래 우수 수평관 관경표는 강우량 100[mm/h] 경우의 허용 지붕면적이다. 강우량이 100[mm/h] 이외인 경우는 해당 지역이 담당하는 지붕면적을 강우량 100[mm/h]의 지붕면적으로 환산해, 각각의 표에 적용시켜 관경을 구한다.
(4) **우수받이(빗물받이)** 우수받이는 부지우수관의 기점이나 합류처, 방향을 바꾸는 곳, 배관 거리가 긴 곳 등에 이음쇠 대신에 설치하여, 부지우수관의 청소구의 역할을 하는 것이다. 우수받이에는 우수 중에 혼재하는 모래, 진흙 등이 배관에 흘러들지 않게 하기 위해 150[mm] 이상의 진흙 고임부(흙받이)를 설치하고, 유입배관과 유출배관에서 20[mm] 정도가 차이가 나도록 한다.

[표 2-15] 우수 수평관 관경표

관경 [mm]	허용최대 지붕면적 [m2]								
	배관 구배								
	1/25	1/50	1/75	1/100	1/125	1/150	1/200	1/300	1/400
65	137	97	79	–	–	–	–	–	–
75	201	141	116	100	–	–	–	–	–
100	–	306	250	216	193	176	–	–	–
125	–	554	454	392	351	320	279	–	688
150	–	904	738	637	572	552	450	–	1,250
200	–	–	1,590	1,380	1,230	1,120	972	792	2,030
250	–	–	–	2,490	2,230	2,030	1,760	1,440	3,060
300	–	–	–	–	3,640	3,310	2,870	2,340	4,360
350	–	–	–	–	–	5,000	4,320	3,530	
400	–	–	–	–	–	–	6,160	5,040	

주) 1. 지붕면적은 모두 수평으로 투영한 면적으로 한다.
2. 허용최대 지붕면적은 강우량 100[mm/h]를 기초로 하여 산출한 것이다. 그러므로 이 외의 강우량에 대해서는 표의 수치에 「100/해당지역의 최대 강우량」을 곱하여 산출한다. 또한 유속이 0.6[m/s] 미만 또는 1.5[m/s]를 넘는 것은 바람직하지 않으므로 제외하였다.
3. 도시의 하수도조례가 적용되는 지역에서는 그 조례의 기준에 적합하도록 해야 한다.

(5) 우수관과 배수관이 합해질 때의 관경결정법에는 정상유량법과 배수단위법이 있다. 정상유량법은 기구에서의 부하유량을 수평지붕면적으로 환산하고, 배수단위법은 수평지붕면적을 기구배수단위로 환산하여 관경을 구하는 것이다.

① **배수 단위법** 우수의 지붕면적[m²]을 기구배수부하단위(fuD)로 환산하여 배수관의 fuD에 가산한 다음 표에서 관경을 결정한다.

② **정상 유량법** 우수관과 합류하는 배수수평주관이나 부지배수관의 관경 또는 연속배수(펌프·공기조화장치·냉각장치 등)와 합류하는 우수수평주관이나 우수부지배수관의 관경은, 그 부하유량을 지붕면적으로 환산하고 우수배수관의 지붕면적에 가산하여 결정한다.

(6) **우수용 트랩의 설치** 우수관을 일반배수에 합류시키는 경우에는, 접속직전 우수관에 반드시 트랩을 설치하여 하수가스가 우수배수계통에 침입하는 것을 방지한다. 우수용 배수트랩에는 옥내의 경우 U트랩을, 옥외에는 U트랩 또는 우수받이(트랩피트)가 사용된다.

(7) **우수조(빗물탱크) 및 펌프** 드라이 에어리어(dry area)의 빗물 또는 건물의 지하외벽 등에서의 침투수를 자연구배로 공공하수도에 배출할 수 없을 때에는, 우수 저수조에 모아 펌프로 배수 수평주관에 배수시킨다. 이때 우수펌프의 용량은 우수만을 배수하는 경우는 시간당 최대 강우량의 1.2배 정도, 침투수만을 배수하는 경우는 실측치의 2배 정도로 한다. 우수조의 유효용량은 펌프 용량의 10분간 용량 이상으로 한다.

3) 우수 홈통 설계

(1) 우수 수평관 중 반원형(내경), 각형 홈통 단면적(유수 단면적)은 아래 표로부터 수평관의 구배를 고려하여 구한다.

(2) 아래 표는 강우량 100[mm/h] 경우의 허용 지붕면적이다.

[표 2-16] 반원형 홈통, 각형 홈통 직경

내경 [mm]	유수 단면적 [cm²]	허용최대 지붕면적[m²]							
		홈통·구의 구배							
		1/25	1/50	1/75	1/100	1/125	1/150	1/200	1/300	1/400
65	12.4	43	30							
75	16.6	62	44	78						
100	29.3	135	96	141	123	110				
125	45.8	245	174	230	200	178	163			
150	66.0	400	282	497	431	385	352	304		
200	117.4	862	609	902	781	698	638	552	451	
250	183.4	1,560	1,105	1,462	1,267	1,137	1,037	899	733	635
300	264.0	2,545	1,798	2,210	1,917	1,711	1,560	1,354	1,105	958
350	359.4	3,835	2,708	3,163	2,740	2,448	2,231	1,939	1,581	1,365
400	469.4	5,470	3,867							

주) 1. 지붕면적은 모두 수평으로 투영한 면적으로 한다.
   2. 허용최대 지붕면적은 강우량 100[mm/h]를 기초로 산출한 것이다. 따라서 이외의 강우량에 대해서는 표의 수치에 「100/해당 지역의 최대 강우량」을 곱해 산출한다.
   3. 반원형 이외 형상의 홈통·구를 이용하는 경우, 그 유수 단면적은 이 표의 수치 이상이 것으로 한다.
   4. 유량은 마닝공식을 기초로 조도계수 0.012, 유수 단면적은 유수심이 전체깊이(반경)의 80% 때의 단면적으로 한다. 유속 0.6[m/s] 미만은 제외했다.
   5. 유량 1[L/min]마다 강우량 100[mm/h]에서 0.6[m²]의 지붕면적으로 했다.

3. 통기배관 설계

1) 통기관 관경 결정

통기관은 배수관 내에 배수의 흐름에 따른 압력 변화를 제거시킬 수 있도록 설정되어야 한다. 길이가 길수록 관경은 커져야 한다. 모든 통기관은 그와 접속하는 배수관경의 1/2 이상을 유지하면서 다음 관경 이상으로 한다.
① **각개통기관** 32A 이상
② **환상통기관, 도피통기관** 32A 이상
③ **결합통기관** 연결되는 통기수직관 관경 적용

2) 통기 배관상 유의사항

① 바닥 아래의 통기관은 금지해야 한다. 만일 바닥 밑으로 통기관을 빼내는 경우 배수 계통의 어느 한 곳이 막히면 그 곳보다 상류에서 흘러내리는 배수가 배수관 속에 충만하여 통기관 속으로 침입하게 되므로 통기관이 제 구실을 할 수 없게 된다.
② 오수 정화조의 배기관은 단독으로 대기 중에 개구해야 하며, 일반통기관과 연결해서는 안 된다.
③ 통기수직관을 빗물 수직관과 연결해서는 안 된다.
④ 오수 피트 및 잡배수 피트 통기관은 양자 모두 개별 통기관을 갖지 않으면 안 된다. 또 이 통기수직관은 간접 배수 계통의 통기수직관이나 신정통기관에 연결해서는 안 된다.
⑤ 통기관은 실내 환기용 덕트에 연결하여서는 안 된다.
⑥ 간접 배수 계통의 통기관, 간접 배수 계통의 신정통기관 및 통기수직관은 일반가정 오수 계통의 신정통기관과 통기수직관 및 통기 헤더에 연결하지 말고 단독으로 대기 중에 개구해야 한다.

3) 배수 및 통기배관 시공상의 주의사항

(1) 발포 Zone

① 발포 존은 배수관의 45° 이상의 꺾임부 상부 측으로 발포 Zone에서는 기구배수관이나 배수 수평 지관을 접속하는 것을 피해야 한다.
② 아파트와 같은 공동주택 등에서는 세탁기, 주방 싱크 등에서 세제를 포함한 배수가 위층에서 배수되면, 아래층의 기구 트랩의 봉수가 파괴되어 세제 거품이 올라오는 경우가 있다.
③ 상층부에서 세제를 포함한 배수는 수직관을 거쳐 유하함에 따라 물 또는 공기와 혼합하여 거품이 생기고 다른 지관에서의 배수와 합류하면 이 현상은 더욱 심해진다.
④ 물은 거품보다 무겁기 때문에 먼저 흘러내리고 거품은 배수 수평주관 혹은 45° 이상의 오셋부의 수평부에 충만하여 오랫동안 없어지지 않는다.

(2) 청소구(clean out)

배수배관은 관이 막혔을 때 이것을 점검 수리하기 위해 배관 굴곡부나 분기점에 반드시 청소구(CO)를 설치해야 한다. 청소구를 필요로 하는 것은 다음과 같다.
① 가옥배수관과 부지 하수관이 접속되는 곳
② 배수수직관의 최하단부
③ 수평지관의 최상단부
④ 가옥 배수 수평 주관의 기점
⑤ 배관이 45° 이상의 각도로 구부러지는 곳
⑥ 수평관(관경 100mm 이하)의 직선거리 15m 이내마다, 100mm 초과의 관에서는 직선거리 30m 이내마다 설치
⑦ 각종 트랩 및 기타 배관상 특히 필요한 곳

4. 배수트랩 설계

1) 배수트랩 설계 시 고려사항

배수관에서 물이 흐르지 않을 경우 배수관 내의 악취가 배수관을 통하여 역류하는 일이 발생한다. 이것을 방지하기 위하여 배수관 중에 물을 채워 둠으로써 악취의 침입을 방지한다. 이를 트랩이라 한다.

(1) 트랩 설치 목적

위생기구에서 배수된 오수의 악취가 실내로 들어오지 못하도록 막아준다.

(2) 종류
① **사이폰식 트랩** S트랩, P트랩, U트랩
② **비사이폰 트랩** 드럼 트랩, 벨 트랩, 그리스 트랩, 가솔린 트랩, 샌드트랩, 헤어 트랩, 플라스터 트랩

(3) 트랩의 구비 조건
① 구조가 간단해야 한다.(가동부나 칸막이에 의해 봉수를 만들지 않을 것)
② 자체의 유수로 세정하고 오물이 정체하지 않아야 한다.
③ 봉수가 파괴되지 않는 구조여야 한다.
④ 내식성, 내구성 재료로 만들어야 한다.

(4) 트랩의 용도
① **S, P트랩** 세면기, 소변기, 대변기 등에 사용하며 S트랩은 바닥 횡지관에 접속시키며 사이폰 작용에 의한 봉수파괴가 쉽고 P트랩은 입관에 접속 시 이용된다.
② **U트랩** 가옥 트랩 또는 메인 트랩이라고도 하며 가옥 배수 본관과 공공 하수관 연결 부위에 설치하여 공공하수관의 악취가 옥내에 유입되는 것을 막는다.
③ **드럼 트랩** 싱크대 배수 트랩으로 사용된다. 다량의 물이 고이게 한 것으로 봉수보호가 잘된다.

④ **벨 트랩** 화장실 등의 바닥 배수 트랩에 이용된다.
⑤ **그리스 트랩** 주방 배수 중의 동식물성 지방분 제거에 이용되며 양식부 주방 등에 주로 쓰인다.
⑥ **가솔린 트랩** 차고, 세차장 등에서의 배수 중 휘발성 기름을 제거한다.
⑦ 샌드 트랩은 모래제거에, 헤어 트랩은 머리카락 제거, 플라스터 트랩은 석고 등의 부스러기, 런드리 트랩은 세탁기의 섬유조각을 제거한다.

2) 봉수 및 봉수 파괴 원인

트랩에서 가스 역류 방지를 위해 봉수가 채워져 있는데 봉수의 깊이는 보통 5~10cm이다. 봉수의 깊이가 5cm 이하이면 봉수가 파괴되기 쉽고 10cm 이상이면 배수저항이 증가한다. 또한 트랩의 역할을 완수하기 위하여 봉수가 잘 보존되어야 하는데 봉수의 파괴 원인은 다음과 같다.

① **자기 사이펀 작용** S트랩의 경우에 심하게 나타나는 현상으로 트랩 및 배수관이 자기 사이펀을 형성하여 트랩 내의 봉수가 배수관 쪽으로 흡인 배출된다.
② **흡출 작용(흡인 작용)** 수직관 가까이에 있는 트랩인 경우 수직관에서 다량의 물이 배수될 때 순간적으로 진공 상태가 되어 트랩의 봉수를 흡인한다.
③ **분출 작용(역압 작용)** 수직관 가까이 설치된 트랩인 경우 바닥 횡주관에 물이 정체되어 있고 수직관에 다량의 물이 배수될 때 트랩의 봉수가 실내 쪽으로 역류하게 된다.
④ **모세관 현상** 트랩에 걸레조각이나 머리카락이 낀 경우 모세관 현상에 의하여 봉수가 빠져 나가는 것
⑤ **증발** 트랩에 오래 동안 배수가 되지 않을 때 증발에 의하여 봉수가 파괴되는 현상
⑥ **자기 운동량에 의한 관성** 스스로의 운동량에 의하여 트랩의 오버 플로우면을 빠져 나가는 것. 또는 강풍 등에 의해 배수관 내의 기압 변동으로 봉수가 분출된다.

3) 봉수 파괴 방지

배수관 트랩의 봉수를 보호하기 위해 통기관을 설치한다.

제4장 위생기구 선정하기

1. 위생기구의 설계

1) 위생기구 조건과 재료

위생기구란 급수관과 배수관 사이에서 사용한 물을 배수관으로 흘려보내는 각종 장치 및 기구를 말하며, 세면기, 욕조, 싱크대, 샤워기, 소변기, 대변기 등이다.

(1) 위생기구 조건
① 흡수성이 적어야 한다.
② 항상 청결하게 유지할 수 있어야 한다.
③ 내식성, 내마모성이 있어야 한다.
④ 제작과 설치가 용이해야 한다.

(2) 위생기구의 재료
① **도기질** 가장 일반적으로 쓰인다.
② **법랑** 강판 표면에 도기질을 도포한 것이다.
③ **플라스틱, FRP** 경량, 제작 용이하나 표면경도가 문제된다.
④ **스테인리스** 강도, 부식에 강하고 충격이 있는 곳에 좋다.
⑤ **마블** 시멘트 성형품에 표면처리(인조대리석)

(3) 위생기구 소요개수
건축물의 용도 및 규모에 따라 적당한 수의 위생기구를 설치해야 한다.

[표 2-17] 위생 기구의 소요수(기구 1개에 대한 인원수)

건물	대변기	소변기	세면기	수세기	청소수채
사무실	30~60	25~50	30~60	50~120	100~150
은행	20~40	20~40	20~40	35~80	80~130
병원	17~50	8~25	8~25	30~90	50~180
백화점	130~160	140~180	140~180	450~550	280~320

주) 대변기 사용 남녀 비율 : 일반 건물 남 : 여=1 : 2((여자화장실 대변기는 남자화장실 대변기와 소변기 개수 이상으로 한다)

2) 위생기구 재질과 도기

도기는 위생기구 재질로 가장 보편적이며 널리 사용되고 있다.

(1) 도기의 장단점
① 경질이고 산, 알칼리에 침식되지 않으며 내구성이 풍부하다.
② 백색이어서 위생적이다.
③ 흡수성이 없어 악취가 없다.

④ 복잡한 형태도 제작이 가능하다.
⑤ 충격에 약하다.
⑥ 파손되면 수리하지 못한다.
⑦ 팽창계수가 작아 금속이나 콘크리트에 접속 시 주의를 요한다.

(2) 도기의 종류

① **도기의 종류** 소지의 질에 따라 용화 소지질(V), 화장 소지질(A), 경질 도기질(E)이 있다.

   가. 용화 소지질(Vireous China) : 도기 중 가장 우수하다.

   나. 화장 소지질(All Clay) : 내화 점토를 주원료로 용화 소지질의 피막을 입힌 것으로 가장 보편적으로 사용된다.

   다. 경질 도기질(Earthen Ware) : 가장 질이 낮으며 다공성이므로 흡수되기 쉽다.

② **도기의 시험 방법** 잉크시험(침투시험), 급랭시험, 관입시험, 세척시험, 배수로시험, 누수시험, 누기시험, 외관시험 등이 있다.

3) 위생기구의 종류

(1) 대변기의 급수방식에 의한 분류

급수방식에 따라 대별하면 세정탱크식, 세정밸브식, 기압탱크식 등이 있다.

① 하이탱크식

   가. 설치 면적이 작다.

   나. 세정 시 소리가 크다.

   다. 탱크 내에 고장이 있을 때에 불편하다.

   라. 급수관경 15A, 세정 관경 32A

   마. 탱크 표준 높이 1.9m, 탱크 용량 15L

② 로우탱크식

   가. 인체공학적이다.

   나. 소음이 적어 주택, 호텔에 이용되며, 급수압이 낮아도 이용이 가능하다.

   다. 설치 면적이 크다.

   라. 탱크가 낮아 세정관은 50mm 이상으로 한다. 급수관경은 15A이다.

③ 세정밸브식(flush valve system)

   가. 한 번 밸브를 누르면 일정량의 물이 나오고 잠긴다.

   나. 수압이 0.1MPa 이상이어야 한다.

   다. 급수관의 최소관경은 25A이다.

   라. 레버식, 버튼식, 전자식이 있다.

   마. 소음이 크고, 연속사용이 가능하다.

(2) 대변기 세정방식에 따른 분류

[표 2-18] 대변기의 세정 방식과 특징

종류	구조	세정 방식 및 특기 사항
세출식 (wash-out type)		- 오물을 일단 변기의 얕은 수면에 받아 변기 가장자리의 여러 곳에서 나오는 세정수로 오물을 씻어 내리는 방식 - 다량의 물을 사용해야 하며 물 고이는 부분이 얕아서 냄새를 발산한다.
세락식 (wash-down type)		- 오물이 트랩의 수면에 떨어지면 변기의 가장자리에서 나오는 세정수의 일부가 변기의 벽을 씻어 내리고 또 나머지 물을 트랩 바닥면에 일시에 떨어져 오물을 배수관으로 밀어 넣어 수면의 상승에 의해 오물을 배출시키게 하는 구조
사이펀식 (siphon type)		- 배수로를 굴곡시켜 세정 시에 만수 상태가 되었을 때 생기는 사이펀 작용을 일으켜 오물을 흡인해서 제거하는 방식 - 세락식과 비슷하나 세정 능력이 우수하다.
사이펀 제트식 (siphon jet type)		- 리버스 트랩형의 사이펀식 변기의 트랩 배수로 입구에 분출 구멍을 설치하여 강제적으로 사이펀 작용을 일으켜서 그 흡인 작용으로 세정하는 방식 - 유수면을 넓게, 봉수 깊이를 깊게, 트랩 지름을 크게 할 수 있으므로 수세식 변기 중 가장 우수하다.
블로아웃식 (blow-out type : 취출식)		- 변기 가장자리에서 세정수를 적게 내뿜고 분수 구멍에서 분수압으로 오물을 불어내어 배출하는 방식 - 오물이 막히지 않는다. - 급수압이 커야 한다.(0.1MPa 이상) - 소음이 커지므로 학교, 공장 기타 공공건물에 많이 쓰인다.
절수식 (siphon jet vortex type)		- 최근 수자원 절약차원에서 적극 보급되고 있다. - 일반 대변기가 13L 정도를 소비하는데 비해 6~8L의 세정수로 세정한다. 적은 양으로 세정하기 위해 관경을 좁히고 트랩 앞부분에서 제트류를 만든다.

(3) 소변기

소변기는 벽걸이형과 스톨형으로 대별되며 작동방식에 따라 세락식과 블로아웃식이 있고 자동식과 수동식이 있다.

2. 위생기구 설치방법

1) 위생설비의 유니트화

화장실 내의 위생기구 및 타일 등을 각각 설치하려면 시간과 인건비가 많이 소요된다. 따라서 공장에서 몇 개의 제품(판넬)으로 제작하여 현장에서 조립할 수 있도록 한 것을 유니트화라 한다.

(1) 위생설비 유니트화의 목적
① 공사기간 단축
② 공정의 단순화

③ 시공정도 향상
④ 인건비, 재료 절감

(2) 위생설비 유니트화의 조건
① 가볍고 운반이 용이하다.
② 현장 조립이 용이하고, 가격이 저렴하다.
③ 유니트 내의 배관이 단순해야 한다.
④ 배관이 방수부를 통과하지 않고 바닥 위에서 처리가 가능해야 한다.

2) 위생설비 시공상의 주의점
① 통기관은 기구 일수선(오버 플로우면)까지 올려 세운 다음 배수수직관에 접속해야 한다.
② 자동차 차고 내의 바닥 배수는 가솔린을 함유하므로 일단 이것을 갤러지 트랩에 모아 가스를 분리 분산시킨 다음 가옥 배수관에 방류한다. 갤러지 트랩의 통기관은 단독으로 옥상까지 올려 대기 중에 개구해야 하며, 다른 통기관에 접속해서는 안 된다.
③ 2중 트랩이 안 되도록 배관해야 한다.
④ 기구배수관의 곡관부에 다른 배수 지관을 접속해서는 안 된다.
⑤ 드럼 트랩 등 트랩의 청소구를 열었을 때 하수 가스가 누설되지 않게 배관해야 한다.
⑥ 욕조의 일수관은 트랩의 상류에 접속되도록 배관을 해야 한다.

3) 배수 및 통기배관의 시험
공사 완료 후 트랩과 각 접속 부분의 누수, 누기 여부를 파악하기 위해 다음과 같은 시험을 한다.
① **수압시험** 30kPa(3mH$_2$O)에 해당하는 압력에 30분간 이상 견디어야 한다. 수압시험과 기압시험은 위생기기 부착전 배수, 통기배관에 대하여 실시한다.
② **기압시험** 35kPa(3.5mH$_2$O 이상)에 해당하는 압력에 15분간 이상 견디어야 하며 공기 압축기 또는 시험기를 배수관의 적절한 장소에 접속하여 개구부를 모두 밀폐한 후 관 내에 공기압을 걸어 누출의 유무를 검사한다. 시험법 중에서 가장 정확하다.
③ 기밀시험-위생기기 부착 후 기밀 상태를 검사한다.
   a. **연기시험(smoke test)** 시험 수두 25mm 이상, 15분간 유지한다.
   b. **박하시험(peppermint test)** 시험 대상 부분의 모든 트랩을 밀폐한 다음, 입관 7.5m당 박하유 50g을 4L 이상의 열탕에 녹여 그 용액을 입관 정부의 통기구에서 주입한 다음 그 통기구를 밀폐하여 박하의 누출 여부를 검사한다.
④ **만수시험** 배수통기관에 3m 수두로 물을 채워 수압시험한다.
⑤ **통수 시험** 최후로 하는 통수 시험의 목적은 배수 유하에 따른 지장 유무를 검사하고 각 기구의 사용 상태에 대응한 수량으로 배수하고 배수의 유하 상황이나 트랩의 봉수 등에 이상 소음의 발생 유무를 검사한다.

예상문제 제4편 | 위생설비 설계

001 다음은 배관 내를 흐르는 유체의 마찰에 의해 발생되는 압력손실에 관한 설명으로 가장 잘못된 것은?
① 배관 내의 압력손실은 유체의 밀도에 반비례한다.
② 배관 내의 압력손실은 유체속도의 제곱에 비례한다.
③ 배관 내의 압력손실은 관 내경에 반비례한다.
④ 배관 내의 압력손실은 관 길이에 비례한다.
■ 배관 내 마찰손실(압력손실)은 관 길이, 속도의 제곱, 유체의 밀도에 비례하고, 관 내경에 반비례한다.

002 2m/sec의 유속으로 20L/min의 유량을 송수하는 배관의 관경을 계산하여 결정한 것으로 옳은 것은?
① 15A
② 20A
③ 25A
④ 32A
■ $Q=AV$에서 유량 Q는 ㎥/s로 환산한다. $d=\sqrt{\dfrac{4Q}{\pi V}}=\sqrt{\dfrac{4\times 20\times 10^{-3}}{60\times \pi \times 2}}=0.0146m=15mm$

003 계산된 냉온수량을 수송하기 위한 적정 관지름을 마찰저항 선도를 사용하여 선정할 때 우선 정해져야 할 값은?
① 레이놀드수나 배관길이
② 수력반지름이나 유체의 동정성 계수
③ 배관길이나 사용배관재의 조도
④ 제반손실을 고려한 관마찰 저항이나 유속
■ 냉온수 유량이 결정되면 그 다음으로 펌프 양정과 배관길이 등 제반 조건을 고려하여 허용마찰저항이나 유속 등을 결정하고 마찰저항 선도에서 관경을 구하는데, 마찰저항(R)이나 유속(V) 중 한 가지만 결정되어도 관경을 구할 수 있다.

004 공조설비 시스템에서 부속류(제어밸브 등)를 보호하기 위하여 배관에 설치하여 관내에 흐르는 유체에 섞여 있는 모래 등 이물질을 제거하기 위하여 설치하는 부속류는?
① 트랩
② 스트레이너
③ 밸브
④ 볼조인트
■ 스트레이너는 관 내의 유체에 혼입된 이물질을 제거하여 기기를 보호하는 부속으로 펌프전단, 트랩이나 제어밸브 전단에 설치한다.

해답 1.① 2.① 3.④ 4.②

005 유체의 흐름 방향을 90°로 전환할 수 있는 밸브를 무엇이라 하는가?
① 체크 밸브　　② 볼 밸브
③ 앵글 밸브　　④ 게이트 밸브

■ 앵글 밸브는 90°로 전환할 수 있는 밸브이고, 볼 밸브는 90° 회전으로 개폐가 되는 밸브이다.

006 배관부속 중 사용목적이 서로 다른 것과 연결된 것은?
① 플러그(plugs)-캡(Caps)
② 유니온(Unions)-플랜지(Flanges)
③ 티이(Tees)-레듀서(Reducer)
④ 부싱(bushing)-이경소켓(Reducing Socket)

■ 플러그와 캡은 배관 말단을 막을 때, 유니언과 플랜지는 분해조립이 필요한 곳에, 부싱과 이경소켓은 관경을 축소 확대할 때, 티이는 분기 부속이고, 레듀서는 이경소켓이다.

007 설비에 사용되는 다음의 용어 중 펌프와 관련성이 없는 것은?
① 하트포드 접속　　② 특성곡선
③ 비교회전수　　④ 유효흡입양정

■ 하트포드 접속은 증기 보일러 주변 배관으로 보일러 안전 수위를 유지하기 위한 안전장치의 일종이다.

008 다음 펌프 중 양정이 가장 높은 경우에 적합한 형식은?
① 축류형　　② 사류형
③ 반경류형　　④ 양흡입형

■ 양정의 대소 관계는 반경류형(Radial Flow Type, 원심식)>사류형>축류형(Axial Flow)의 순이며 편흡입형, 양흡입형은 흡입구 형태에 따른 분류로 대용량에서 양흡입형을 쓴다.

009 펌프의 공동현상을 방지하기 위하여 고려하여야 할 사항 중 옳지 않은 것은?
① 유효흡입양정(NPSH)을 크게 하여 펌프를 설치한다.
② 펌프의 회전수를 크게 운전한다.
③ 흡입관로에서의 유속을 작게 배관한다.
④ 흡입관로에서의 손실수두를 적게 배관한다.

■ 펌프의 공동 현상(캐비테이션)이란 흡입 측의 압력이 물의 포화 증기압 이하로 감소하여 물이 증발 기화하는 것으로 흡입 측 마찰손실이 클수록, 유속이 클수록, NPSH가 작을수록 펌프의 회전수를 크게 할수록, 캐비테이션 현상이 더 심해진다.

010 연면적 2,000[m²]의 사무소 건물에 필요한 1일 급수량은?(단, 유효면적비는 [70%], 유효면적당 인원 0.2[명/m²]인 1일당 급수량은 120[L/cd]로 한다.)
① 33.6[m³/d]　　② 44.7[m³/d]
③ 8,000[m³/d]　　④ 33,600[m³/d]

■ Q=2,000×0.7×0.2×120=33,600[L/d]=33.6m³/h

해답　5.③　6.③　7.①　8.③　9.②　10.①

011 디스크의 90° 회전으로 유량조절과 개폐가 가능하여 공조설비 밸브로 널리 쓰이는 밸브는?

① 게이트 밸브(gate valve)　　② 글로브 밸브(globe valve)
③ 체크 밸브(check valve)　　④ 버터플라이 밸브(butterfly valve)

▶ 게이트 밸브 : 디스크의 수직 상하운동으로 개폐되며 개폐시간이 길다.
▶ 글로브 밸브 : 수평 디스크의 조정으로 작동되며, 유량조절용이다.
▶ 체크 밸브 : 물이 한 방향으로만 흐르도록 제어하는 것으로 스윙형, 리프트형, 볼밸브형이 있다.
▶ 버터플라이 밸브 : 가볍고 설치공간이 적어 최근에 많이 사용되며 디스크의 90° 회전으로 유량조절과 개폐용으로 이용된다.

012 그림과 같은 고가수조의 설치높이(H)는?(단, 관마찰손실 무시)

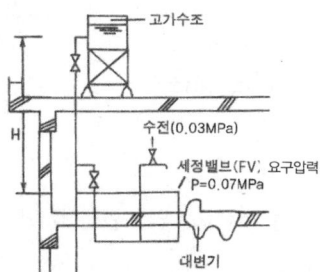

① 3m 이상
② 6.7m 이상
③ 7m 이상
④ 10.5m 이상

■ 수전보다 세정밸브 요구수압이 크므로 세정밸브(0.07MPa)를 기준한다. 마찰을 무시한다면 탱크높이가 곧 밸브에 작용하는 수압이다.
H=0.07Mpa=0.07×100=7m

013 유효흡입양정(NPSH)에 관한 설명 중 옳지 않은 것은?

① 흡입 측 배관압력은 물의 포화증기압력 이상으로 유지해야 한다.
② 표준대기압 하에서 물을 흡입할 수 있는 이론적인 높이는 10m이다.
③ 유효흡입양정보다 흡입배관이 길게 되면 cavitation이 발생한다.
④ 유효흡입양정을 구할 때 물의 온도가 높을수록 유효흡입양정(NPSH)은 증가한다.

■ 유효흡입양정은 [대기압-(흡입양정+마찰손실+포화증기압)]으로 물의 온도가 높을수록 포화증기압은 증가하여 유효흡입양정(NPSH)은 감소한다.

014 수도직결급수에서 3층 샤워기의 높이는 지면에서 12m, 배관 마찰손실수두 3mAq, 수도본관의 수압이 0.25MPa라면 이때 샤워기의 사용 수압은?(단 수도본관은 지면에서 아래로 1.5m 깊이에 위치한다.)

① 75kPa　　② 85kPa
③ 95kPa　　④ 105kPa

■ P=25-(12+1.5+3)=8.5mAq=85kPa
P=P₀-H-H₁=0.25-(12+1.5+3)/100=0.085MPa=85kPa
(0.25MPa=25mAq이다.)

015 양수량이 800L/min이고, 펌프의 양정이 46m일 때 펌프의 이론적인 축동력은 얼마인가?(단, 펌프의 효율은 65%이다.)

① 4.5kW ② 5.1kW
③ 8.5kW ④ 9.25kW

■ $kW = \dfrac{QH}{102E} = \dfrac{800 \times 46}{60 \times 102 \times 0.65} = 9.25kW$

016 어느 급수배관에 접속관경이 25mm인 위생기구 5개가 연결될 때 이 급수배관의 관경은 얼마가 적당한가?

[표 1] 동시사용률표

기구수	2	3	4	5	10
동시사용률(%)	100	80	75	70	53

[표 2] 균등표

관경(mm)	15	20	25	32	40	50	65
사용기구수(15A)	1	2	3.7	7.2	11	20	30

① 20mm ② 32mm
③ 40mm ④ 50mm

■ 균등표에서 25mm 상당수는 3.7개이며 기구수 5개일 때 누계수는 3.7×5=18.5이고, 동시사용률표에서 5개는 70%이므로 동시개구수는 18.5×0.7=12.95 그러므로 균등표에서 12.95는 20항에서 50mm 선정

017 물속의 Ca^{++}량이 20mg/L, Mg^{++}량이 24mg/L일 때 이 물의 경도는?

① 44mg/L ② 100mg/L
③ 150mg/L ④ 200mg/L

■ $Ca^{++} = \dfrac{20}{20} \times 50 = 50mg/L$, $Mg^{++} : \dfrac{24}{12} \times 50 = 100mg/L$, 총경도 : 50+100=150mg/L

018 양수량이 900L/min이고 펌프의 전양정이 600kPa일 때 펌프의 소요동력은 몇 KW인가?(단, 펌프의 효율은 60%)

① 4.8kW ② 7.8kW
③ 11.8kW ④ 15kW

■ 펌프의 소요동력
$kW = \dfrac{Q \cdot kPa}{E} = \dfrac{900 \times 10^{-3} \times 600}{60 \times 0.6} = 15kW$ (Q : m³/s)

또는 양정을 이용하여 구하면(600kPa=600/9.8=61.22mAq)
$kW = \dfrac{Q \cdot H}{102 \cdot E} = \dfrac{900 \times 61.22}{60 \times 102 \times 0.6} = 15kW$ H: 전양정(m), Q: 양수량(l/s)

※ 펌프 동력 문제는 위 문제처럼 양정(m)로 구하는 법과 Pa, kPa, MPa 단위로 구하는 법 모두 정리하세요.

해답 15.④ 16.④ 17.③ 18.④

019 경수는 센물이라 하며 세탁용수, 공업용수로 부적합하다. 먹는 물 수질기준으로 경도는 얼마 이상일 때 부적합한 물로 규제하는가?

① 110mg/L ② 200mg/L
③ 300mg/L ④ 500mg/L

■ 먹는 물 수질기준에서는 경도 300mg/L 이하로 규제하며 사람이 섭취하기에 적합한 물은 경도 90~110mg/L 정도이며 90mg/L 이하를 연수, 110mg/L 이상을 경수로 분류한다. 공업용으로는 경도 0~20mg/L 정도를 연수로 본다.

020 경수에 대한 설명 중 잘못된 것은?

① 경수는 센물이라고 하며 경도가 높은 물을 말한다.
② 경수는 음료, 세탁 등에 부적합하다.
③ 보일러 용수로 경수를 사용하면 관 내에 스케일이 생겨 전열 효율이 감소된다.
④ 경수는 양조공장, 염색공장, 제지 공업에 적당하다.

■ 양조, 염색, 제지 공업에 경수는 부적당하며 연수를 쓴다.

021 물속의 철분 등을 제거하는데 이용되는 방법은?

① 응집침전법 ② 염소소독법
③ 환원법   ④ 폭기침전법

■ 철, 망간 이온을 산소와 결합 산화철로 침전 제거하는 폭기침전법을 쓴다. 정수처리에서 일반적으로 적용하는 응집 침전법은 콜로이드 및 부유물질을 응집하여 제거한다.

022 수도본관에서 6m 높이에 위치한 수전에 0.05MPa의 수압이 요구될 때 본관에서의 소요수압은 몇 MPa 이상인가?(관로의 마찰손실수두는 4mAq이다.)

① 0.15MPa ② 1.03MPa
③ 1.3MPa   ④ 13MPa

■ 수도본관의 소요수압은 〈수전높이+배관마찰손실+수전요구수압〉이다.

$P \geq P_1 + \dfrac{H_f}{100} + \dfrac{H}{100}$

$P \geq 0.05 + \dfrac{4}{100} + \dfrac{6}{100} = 0.15 \text{MPa}$

023 양수량이 500L/min이고 펌프의 양정이 50m일 때 펌프의 축동력은 몇 KW인가? (단, 펌프의 효율은 55%)

① 4.5kW ② 5.1kW
③ 7.4kW ④ 9.8kW

■ 펌프의 축동력 $kW = \dfrac{Q \cdot H}{102 \cdot E} = \dfrac{500 \times 50}{60 \times 102 \times 0.55} = 7.4$ Q : 양수량(L/s)

해답 19.③ 20.④ 21.④ 22.① 23.③

024 다음 그림과 같은 양수계통의 펌프에서 소요동력은 몇 kW인가?(양수량 : 3,000 L/min, 마찰손실수두 : 2mAq, 펌프효율 70%)

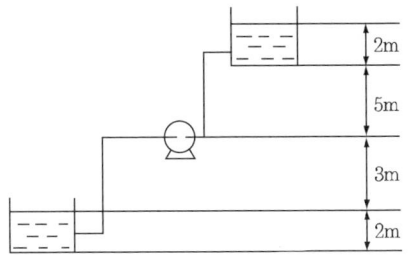

양수량 : 3,000L/min
마찰손실·수두 : 2mAq
펌프 펌프효율 : 70%

① 8.4kW　　　　　　　② 84.8kW
③ 7.35kW　　　　　　 ④ 73.5kW

■ 실양정=2+5+3=10m(아래 저수조 수위에서 고가수조 수위까지 양정에 포함한다.)
전양정=실양정+손실수두=10+2=12mAq
kW=$\dfrac{Q \cdot H}{60 \cdot 102 \cdot E} = \dfrac{3,000 \times 12}{60 \times 102 \times 0.7} = 8.4kW$

025 대변기 세정수 급수 방법 중 플러시 밸브식의 최소 급수 관경은 일반적으로 얼마 정도인가?

① 15mm　　　　　　② 20mm
③ 25mm　　　　　　④ 32mm

■ 대변기 플러시 밸브식은 급수관 직결식이므로 수압 0.1MPa(최소 0.07MPa) 이상, 관경 25A 이상 필요하다.

026 급수설비에 관한 설명 가운데서 옳지 않은 것은?

① 크로스 커넥션(cross connection)이란 급탕배관 이음법의 일종이다.
② 급수 압력이 높으면 수전의 파손 원인이 되며, 또한 수격 작용도 일으키기 쉽다.
③ 고가수조식 급수법의 특징은 수전에 대한 압력 변동이 적고, 취급이 간단한 점 등이다.
④ 부스터 방식(tankless booster system)은 급수 압력을 일정하게 유지할 수 있다.

■ 크로스 커넥션(cross connection) : 급수의 배관이나 기구 구조의 불비, 불량의 결과 급수관 내에 오수가 역출해서 음료수를 오염시키는 현상이며, 부스터 방식은 압력제어 정도에 따라 비교적 급수압력이 일정하다.

027 옥상고가탱크 시스템의 부속장치가 아닌 것은?

① over flow pipe　　　　② 압력계
③ 플루트 스위치　　　　④ 도피관

■ 옥상탱크는 대기압상태이므로 압력계는 없다.

해답　24.①　25.③　26.①　27.②

028 대규모 건축물에서 유량을 이용하여 고가수조에서의 양수관, 횡주 주관, 급수 주관을 결정하는 관경 결정법으로 사용하는 것 중 맞는 것은?

① 마찰저항 선도법
② 관 균등표법
③ 혼합 방법
④ 트레인법

■ 급수관의 관경 결정법
　a) 균등표에 의한 관경 결정 : 지관, 분기관의 관경 결정 시 사용한다.
　b) 마찰저항 선도에 의한 방법 : 대규모 건축물에 있어서 탱크에서의 취출관, 횡주관, 주관의 관경을 결정할 때 사용하며 이 방법은 동시 사용유량과 허용마찰손실에 의해 관경을 구한다.

029 전원의 주파수가 50Hz의 지역에서 전양정이 100m 되는 급수펌프를 80Hz인 지역에서 동일하게 설치하여 운전할 때 양정은 얼마 정도가 되겠는가?

① 46m
② 80m
③ 120m
④ 256m

■ $\dfrac{H_2}{H_1}=\left(\dfrac{N_2}{N_1}\right)^2=\left(\dfrac{80}{50}\right)^2$ 회전수는 주파수에 비례하고, 양정은 회전수의 제곱에 비례한다.
$H=100\times\left(\dfrac{80}{50}\right)^2=256m$

030 50m 높이에 있는 옥상수조에 매시 20m³의 물을 양수할 수 있는 펌프의 구경은?(단, 유속은 2m/s로 한다.)

① 32mm
② 40mm
③ 50mm
④ 60mm

■ 관경 $D=\sqrt{\dfrac{4Q}{V\pi}}=\sqrt{\dfrac{4\times\dfrac{20}{3,600}}{2\times 3.14}}=0.0595m=60mm$　Q : 양수량(m^3/s), V : 유속(m/s)
※ 50m 높이 수조는 관경 계산과 무관한 함정이다.

031 다음과 같은 급수 설비에서 급수 펌프의 축동력은 얼마인가?(양수량 : 2,000L/min, 펌프 흡입양정 : 2m, 토출양정 : 5m, 마찰손실수두 2m, 배관 길이 : 30m, 펌프 효율 70%)

① 2.5kW
② 5.2kW
③ 4.20kW
④ 11.4kW

■ 전양정(H)=실양정+마찰손실수두=2+5+2=9m
$kW=\dfrac{Q\cdot H}{102\cdot E}=\dfrac{2,000\times 9}{60\times 102\times 0.7}=4.20$
배관길이 30m는 마찰손실수두에 포함되며 일종의 함정이다.

해답　28.① 29.④ 30.④ 31.③

032 급탕설비와 가장 거리가 먼 설비는?
① 스팀 사일렌서
② 팽창관
③ 마노미터(manometer)
④ 가열코일

■ 팽창관은 팽창탱크에 연결된 관이고 가열코일은 간접가열식에서 저탕조 내부의 열교환 코일이며 스팀 사일런서는 기수혼합식에서 소음 제거에 이용되고 마노미터는 덕트 정압, 동압 측정계기이다.

033 사무소 건물에서 중앙급탕식 급탕배관을 역환수방식으로 하는 이유로 가장 적합한 것은?
① 공사비를 절약하기 위하여
② 공기배출을 용이하게 하기 위하여
③ 배관의 부식을 방지하기 위하여
④ 온수의 온도저하를 막고 유량을 균등하게 공급하기 위하여

■ 역환수 배관방식(리버스리턴방식)은 존별 배관길이를 균등하게 하여 마찰저항이 균등하고, 또한 순환유량을 균등히 하며, 이에 따라 온수의 온도 분포를 균등히 하는 것이 목적이다.

034 급탕설비에서 강제순환식 배관의 구배는 얼마 이상으로 하는가?
① 1/100
② 1/120
③ 1/150
④ 1/200

■ 급탕배관은 공기제거를 위해 중력순환 : 1/150, 강제순환식 : 1/200 이상의 기울기를 둔다.

035 급탕관의 관경 설정을 위한 급탕부하 산정 시 기구급탕 부하단위는 급수기구 부하단위의 얼마 정도로 하는가?
① 1/2
② 2/3
③ 3/4
④ 4/5

■ 기구급탕 부하단위는 급수기구 부하단위의 3/4 정도로 하며, 반탕 관경은 급탕관경의 2/3 정도로 한다.

036 급탕공급관의 전길이가 90[m]이고 복귀관의 전 길이가 55[m]일 때 온수순환펌프의 전양정은 대략 얼마 정도인가?
① 1.0[m]
② 1.5[m]
③ 2.0[m]
④ 2.5[m]

■ 급탕순환펌프 전양정 $= 0.01\left(\dfrac{L}{2}+L'\right)=0.01\left(\dfrac{90}{2}+55\right)=1.0[m]$

※ 위 식에서 급탕관은 길이를 반절로 잡아주는 이유는 급탕관은 급탕을 소비하면 자연적으로 순환이 되기 때문이다. 따라서 위 식은 공급관 50%와 복귀관 100%에 대하여 10mmAq/m=0.01 mAq/m의 저항이 걸리는 걸로 보고 대략적인 전양정을 구하는 것이다.

해답 32.③ 33.④ 34.④ 35.③ 36.①

037 어떤 건물에서 도시가스로 10℃의 물을 60℃로 가열하여 매시 500L씩 급탕을 공급하려 한다. 필요한 가스소비량은?(단, 도시가스의 발열량은 43,000kJ/m³, 가열기 열효율은 80%, 물의비열은 4.19kJ/kg K이다.)

① 3.05m³/h ② 4.24m³/h
③ 5.86m³/h ④ 6.12m³/h

■ 급탕에 필요한 가열량=500×4.19(60-10)=104,750kJ/h

가스량=$\dfrac{104,750}{43,000 \times 0.8}=3.05 m^3/h$

038 급탕설비에서 팽창탱크와 연결되는 팽창관의 역할 중 거리가 먼 것은?

① 물의 온도 상승에 따른 체적 팽창을 흡수한다.
② 보일러에 수압을 주어 온수 순환을 촉진한다.
③ 급탕설비에서 발생하는 공기나 증기를 배출시킨다.
④ 안전 밸브 역할을 한다.

■ 팽창관을 통해 팽창탱크의 압력으로 급탕배관 계통에 정수두를 줄 수는 있으나 온수 순환과는 무관하며, 온수 순환은 급탕 환탕 밀도차에 의한 자연 순환력과 순환펌프에 의한 강제 순환력으로 이루어진다.

039 신축이음쇠 종류중에서 2개 이상의 엘보를 사용하여 신축을 흡수하는 것은?

① 신축곡관 ② 슬리브형 신축이음
③ 벨로즈형 신축이음쇠 ④ 스위블 조인트

■ 신축이음(expansion joint)
① 신축곡관 : 배관 자체를 밴딩하여 사용하므로 고압 배관에 적합하고, 넓은 공간을 필요로한다.
② 슬리브형 신축이음 : 패킹의 미끄러짐을 이용하고 수직, 수평관에 사용한다.
③ 벨로즈형 신축이음쇠 : 벨로즈(주름관)의 탄성을 이용하여 신축을 흡수하며 직선배관에 이용되고 시중에서 가장 널리 이용된다. 설치공간을 적게 차지한다.
④ 스위블 조인트 : 2개 이상의 엘보로써 나사부의 회전으로 신축을 흡수한다.

040 가스 순간온수기를 사용하는 경우 가스소비량(G)을 구하는 식으로 맞는 것은?(단, 급탕량 : W(kg/h), 급탕온도 : t_h, 급수 온도 : t_w, 가스 발열량 : H_L(kJ/kg), 순간 온수기효율 : E, 물비열 : C)

① $G=\dfrac{W \cdot C(t_h-t_w)}{H_L \cdot E}(kg/h)$ ② $G=\dfrac{W \cdot C \cdot H_L \cdot E}{t_h-t_w}(kg/h)$

③ $G=\dfrac{W \cdot C \cdot E}{H_L(t_h-t_w)}(kg/h)$ ④ $G=\dfrac{W \cdot C(t_h-t_w) \cdot H_L}{E}(kg/h)$

■ 가스소비량=$\dfrac{급탕부하}{가스발열량 \times 효율}=\dfrac{W \cdot C \cdot \Delta t}{H \cdot E}$

해답 37.① 38.② 39.④ 40.①

041 탕을 혼합하여 사용하는 급탕설비에서 10℃의 물 150kg에 80℃의 탕 100kg을 혼합하면 몇 ℃의 탕이 되는가?

① 63.2℃의 물 250kg
② 45℃의 물 250kg
③ 38℃의 물 250kg
④ 28℃의 물 250kg

■ 열평형 방정식에 의해서 혼합수의 온도를 t℃라면
$$t = \frac{G_1 t_2 + G_2 t_2}{G_1 + G_2} = \frac{150 \times 10 + 100 \times 80}{150 + 100} = 38℃$$

042 복관식 급탕설비에서 다음과 같은 조건일 때 배관에서의 손실 열량(W)을 구하시오.

- 전 배관 길이 : 50m
- 보온 효율 80%
- 급탕 온도 70℃
- 배관 전열계수 K=11.6W/㎡K
- 배관 단위 길이당 표면적 : 0.2㎡/m
- 공기 온도 5℃

① 1,256W
② 1,508W
③ 3,688W
④ 5,429W

■ $H_L = KA\Delta t = KFL(1-e)\Delta t = 11.6 \times 0.2 \times 50 (1-0.8)(70-5) = 1508 W = 5429 kJ/h$
(보온효율이 80%이므로 20%가 손실열량이다)

043 복관식 급탕설비에서 다음과 같은 조건일 때 순환펌프 순환량($L/\min$)을 구하시오.

- 전 배관 길이 : 80m
- 보온 효율 80%
- 급탕 온도 60℃, 환탕 온도 50℃
- 배관 전열계수 K=11.6W/㎡K
- 배관 단위 길이당 표면적 : 0.2㎡/m
- 배관 주변 공기 온도 5℃

① $1.66 L/\min$
② $2.66 L/\min$
③ $3.66 L/\min$
④ $159.6 L/\min$

■ 급탕설비에서 급탕 순환량은 배관에서 열손실을 채워줄 수 있는 양으로 한다.
우선 배관 열손실을 구하면(급탕평균온도-공기온도차)
$H_L = KFL(1-e)\Delta t = 11.6 \times 0.2 \times 80(1-0.8)(55-5) = 1,856 W = 6,681.6 kJ/h$
배관 열손실과 급탕 순환량 열공급량은 같으므로(급탕-환탕온도차)
$q = WC\Delta t$에서
$W = \frac{q}{C\Delta t} = \frac{6,681.6}{4.19(60-50)} = 159.46 L/h = 2.66 L/\min$
(위 문제풀이에서 배관열손실은 탕온도와 주변 온도차에서 발생하며 이 열량을 급탕-환탕 온도차로 채워준다)

044 급탕설비에서 서모스탯(thermostat)은 어떤 용도로 사용되는가?

① 체적 팽창 흡수
② 유량 분배 조절
③ 온수 온도 자동 조절
④ 안전 밸브 역할

■ 서모스탯은 저탕조 급탕온도를 감지하여 증기공급량 등 가열장치를 조절하여 급탕온도를 일정하게 유지시켜 준다.

해답 41.③ 42.② 43.② 44.③

044 급탕관 200m, 환수관 100m일 때 온수순환펌프의 대략적인 전양정은?

① 1m   ② 2m
③ 3m   ④ 4m

■ $H = 0.01\left(\dfrac{L}{2} + L'\right)(m) = 0.01 \times \left(\dfrac{200}{2} + 100\right) = 2m$

L : 급탕관의 길이(m), L' : 반탕관의 길이(m)

046 급탕설비 팽창탱크에서 정지 시 물(급수)의 밀도가 1,000kg/m³, 운전 시 급탕의 밀도가 983kg/m³이고 장치(저탕조)에서 팽창 탱크 최고 수위까지의 수직높이가 20m일 때 팽창 수조의 최고 수위면으로부터 팽창관의 이론적인 수직 높이는 얼마인가?

① 0.105m   ② 0.27m
③ 0.346m   ④ 0.732m

■ 팽창관의 수직 높이(H) $H \geq h\left(\dfrac{\rho_1}{\rho_2} - 1\right)(m)$

$H \geq 20 \times \left(\dfrac{1,000}{983} - 1\right) = 0.346m$

h : 수조의 수면에서 장치의 최저면까지의 수직높이(m), ρ_1 : 물의 밀도(kg/m³), ρ_2 : 탕의 밀도(kg/m³)

※ 팽창관을 끌어올리는 이유는 급수와 급탕의 밀도 차만큼 팽창관 수위가 올라가므로 팽창관 토출구로 물 넘침을 방지하기 위하여 이론적인 수직 높이보다 높게(약 1.5배) 세운 후 팽창탱크에 개구시킨다.

047 급탕설비에서 강관인 경우 신축이음쇠(단식)는 대략 몇 m마다 설치하는가?

① 10m   ② 20m
③ 30m   ④ 40m

■ 신축이음은 강관 30m, 동관 20m 이내마다 1개씩 설치한다.

048 급탕설비에서 저탕조의 크기는 무엇을 기준으로 정하는가?

① 1일 사용 급탕량   ② 급수 탱크 용량
③ 보일러 용량   ④ 시간 최대 급탕량

■ 저탕조는 일시에 다량의 급탕을 소비할 때 적정온도의 급탕을 공급하기 위한 것으로 시간최대 급탕량과 가열기 능력을 기준으로 저탕조의 크기를 구한다. 즉 시간최대 급탕량이 클수록 저탕조는 커지며, 가열기 능력이 클수록 저탕조는 작아진다.

049 급탕설비에서 급탕관의 최소관경은?

① 15A   ② 20A
③ 25A   ④ 32A

■ 급탕관은 부식이 심하므로 되도록 유속을 감소시키기 위해 급수관경(최소 15A)보다 한 단계 키운다.

해답 45.② 46.③ 47.③ 48.④ 49.②

050 효율이 96%, 급탕온도가 60℃, 급수온도가 10℃인 전기 온수기의 소요 전력을 구하라.(단, 급탕량은 100L/h, 물비열은 4.19kJ/kgK이다)

① 2.56kW   ② 4.05kW
③ 6.06kW   ④ 8.33kW

■ kW = $\dfrac{W \cdot C \cdot \Delta t}{3{,}600 \cdot \eta} = \dfrac{100 \times 4.19 \times (60-10)}{3{,}600 \times 0.96} = 6.06\,kW$

051 급탕배관에 대한 설명 중 틀린 것은?

① 급탕 온도에 의한 배관 신축을 고려한다.
② 배관도중에 공기빼기 밸브(에어밴트)를 설치한다.
③ 저탕조에서 30m 이내에 급탕전이 설치되는 경우 단관식을 고려한다.
④ 급탕 공급관의 최소 관경은 20mm로 한다.

■ 단관식일 경우 15m 이내에 수전을 설치하며 배관길이가 길어지면 탕을 사용할 때 처음에 찬물이 오래 나와서 불편하다.

052 4℃ 물(밀도=1.0kg/L) 200L를 70℃(밀도=0.9764kg/L)로 가열하면 그 때의 부피는 얼마로 되는가?

① 4.83L   ② 204.83L
③ 214.65L   ④ 228.47L

■ $\Delta V = \left(\dfrac{\rho_1}{\rho_2} - 1\right) V = \left(\dfrac{1}{0.9764} - 1\right) 200 = 4.83L$

가열 후 부피 $V' = V + \Delta V = 200 + 4.84 = 204.83L$
팽창량(4.83L)과 팽창 후 부피(204.8L)는 구분하세요.

053 증기 배관에서 증기 유속의 설명 중 옳은 것은?

① 저압 증기관 최저 35m/s, 고압 증기관 최저 45m/s
② 저압 증기관 최저 35m/s, 고압 증기관 최대 45m/s
③ 저압 증기관 최대 35m/s, 고압 증기관 최저 45m/s
④ 저압 증기관 최대 35m/s, 고압 증기관 최대 45m/s

■ 저압 증기관 최대 유속 35m/s, 고압 증기관 최대 유속 45m/s

054 온수난방에서 순환펌프양정 3mAq, 보일러에서 최원방열기까지 왕복길이 150m, 국부저항계수 k=0.5인 경우 배관 관경 설계 시 허용압력강하는 얼마 이하로 하는가?

① 20.5mmAq/m   ② 15.3mmAq/m
③ 13.3mmAq/m   ④ 11.2mmAq/m

■ $R = \dfrac{H}{L(1+k)} = \dfrac{3 \times 1{,}000}{150(1+0.5)} = 13.33\,mmAq/m$

055 간접 가열식 급탕법에서 가열코일 재료로 적당한 것은?
① 주철관　　　　　　　　　② 황동관
③ 연관　　　　　　　　　　④ 알루미늄

■ 가열코일 재료는 동관, 황동관, STS 등 열관류율이 좋은 것을 사용한다.

056 간접 가열식 급탕설비의 부속기기에 속하지 않는 것은?
① 볼탭　　　　　　　　　　② 대류 펌프
③ 서모스탯　　　　　　　　④ 가열코일

■ 간접 가열식에서는 저탕조(열교환기), 가열코일, 서모스탯, 대류펌프, 순환펌프 등이 필요하다.

057 리프트 피딩에 대한 설명 중 틀린 것은?
① 진공환수식에서 낮은 곳의 응축수 회수를 위한 것이다.
② 진공환수식에서 방열기의 위치가 진공펌프보다 낮을 때는 사용할 수 없다.
③ 진공펌프를 사용한다.
④ 리프트 피딩 1개의 높이는 1.5m 이내로 한다.

■ 진공환수식에서 리프트 피딩은 방열기가 보일러나 진공펌프보다 낮을 때 사용한다.

058 배관의 온도변화에 의해 수축이나 팽창량을 흡수하기 위해 사용되는 이음쇠로서 적당하지 않은 것은?
① 벨로스형(bellows)　　　　② 굴절 이음쇠(flexible joint)
③ U벤드(U-bend)　　　　　④ 플랜지(flange)

■ 플랜지는 분해조립용 이음쇠이다.

059 감압 밸브 주변 배관계통에서 감압 밸브 앞에 스트레이너를 부착하는 이유는?
① 증기 압력을 조절하기 위해서이다.
② 압력계가 정확히 작동하도록 돕는다.
③ 감압 밸브에 찌꺼기(불순물)가 침입되지 않도록 제거한다.
④ 감압 밸브 수리 시 이용한다.

■ 감압 밸브(제어밸브 등)의 니들밸브는 조그만 이물질만 끼어도 밸브가 닫히지 않으므로 작동이 불량하게 된다.

060 다음 공조설비장치 중 일반적으로 보온·보냉을 필요로 하는 것은?
① 방열기 주변 배관　　　　② 환기용 덕트
③ 냉각수 배관　　　　　　④ 냉·온수 배관

■ 냉·온수 배관은 열원(보일러, 냉동기)과 유니트(AHU, FCU, IDU 등) 사이의 배관으로서 주위로부터 열의 출입을 방지하기 위해 단열 시공한다. 방열기 주변 배관, 환기용 덕트, 냉각수 배관은 보온하지 않는다. 냉각수는 방열되어 냉각될수록 이롭다.

해답　55.② 56.① 57.② 58.④ 59.③ 60.④

061 배수펌프의 양수량이 Q=570L/min일 때 이 양수량을 배수부하 단위수(fuD)로 환산하면 약 얼마 정도인가?

① 19fuD ② 300fuD
③ 256fuD ④ 570fuD

■ 배수부하단위는 세면기 배수량을 기준한다.
1fuD=30L/min(또는 1fuD=28.5L/min 두 가지 모두 이용)
그러므로 단위수 fuD=570÷30=19fuD

062 배수기구의 단위시간당 평균 배수량이 28.5L/min인 경우의 기구배수 부하단위는?

① 1fuD ② 2fuD
③ 3fuD ④ 4fuD

■ 1. 배수설비에서 관경 결정 시 유량을 기준으로 하는데 기구마다의 유량을 계산하기가 복잡하므로 세면기(배수관경 30mm, 배수량 28.5L/min인 세면기를 1단위(1fuD)로 본다.)를 기준으로 배수부하를 단위화한다. - 구간별 배수부하(fuD)로 관경을 구한다.
2. 급수 부하단위 : 세면기 급수량(14L/min)을 기준으로 급수부하를 구한 뒤 구간별 급수부하로 급수관경을 구한다.

063 건축물 지붕의 수평투영 면적이 600㎡인 경우 4개의 우수입관을 설치하고자 한다. 최대 강우량이 130mm/hr일 때 우수입관의 관경으로 가장 적당한 것은?(허용 최대 지붕면적은 강우량 100(mm/h)일 경우이다.)

관경(mm)	허용최대 지붕면적(㎡) 강우량 100(mm/h)
50	67
65	121
75	204
100	427
125	804

① 65mm ② 75mm
③ 100mm ④ 125mm

■ 지붕면적 600㎡, 강우량이 130mm/hr을 강우량 100mm/h로 환산하여 지붕면적을 구하면
A=600(130/100)=780㎡ 이때 4개 우수관을 설치하므로 1개 우수관 담당면적=780/4=195㎡
우수관경표에서 관경을 구하면 75mm 선정

064 신정통기관 및 통기수직관을 대기 중에 개구할 때 통기관을 1개로 합하여 연결하는 수평관은?

① 통기 헤더 ② 도피통기관
③ 신정통기관 ④ 통기횡지관

■ 통기 헤더는 통기입관 최상부에서 통합 수평관을 설치하여 통기입관을 연결하여 대기에 개방한다.

해답 61.① 62.① 63.② 64.①

065 통기 방식 중 가장 이상적이나 시설비가 비싸서 완전한 통기가 요구되는 곳에 이용하는 통기 방식은?

① 각개통기 ② 신정통기
③ 결합통기 ④ 회로통기

■ 각개통기는 기구마다 통기관을 접속하는 방식으로 비경제적이지만 정확한 통기가 요구되는 곳이나 정화조 등에 사용한다.

066 특수 통기 방식(one pipe system) 중 배수수직관에 선회력을 주어 공기 코어를 형성하여 통기관 역할을 하도록 한 것은?

① 소벤트 방식 ② 섹스티아 방식
③ aerator fitting ④ air chamber 방식

■ 섹스티아 방식은 섹스티아 이음쇠를 이용하여 횡지관 배수가 배수 입관에 유입할 때 선회력을 주어 원심력에 의해 공기 코어가 형성돼 통기 기능을 한다. 소벤트방식은 수직배수관에 공기를 주입하여 봉수 파괴를 막고 통기기능을 하게한다.

067 회로통기관 1개가 담당 가능한 기구수와 배수관 길이로 적당한 것은?

① 7개, 8.5m ② 8개, 7.5m
③ 9개, 6.5m ④ 10개, 5.5m

■ 회로통기관 1개는 기구 8개, 배수관 길이 7.5m까지 담당하며 그 이상일 때 통기를 돕도록 도피통기관을 설치한다.

068 통기관으로 배수관 역할도 겸하는 것은?

① 신정통기관 ② 습윤통기관
③ 회로통기관 ④ 결합통기관

■ 습윤(습식)통기는 통기관을 간단히 하기 위해 위생기구 배수관에서 연장하는 통기관으로 배수와 통기의 기능을 겸한다. 통기관에 배수가 흐르므로 습식, 습윤 통기라 한다.

069 위생설비에서 결합통기관의 최소 관경은?

① 25mm ② 50mm
③ 75mm ④ 100mm

■ 결합통기관이란 통기입관과 배수입관을 5개층 정도마다 연결한 것으로 최소 관경 50mm이다.

070 통기관을 접속하여도 봉수 파괴가 될 수 있는 경우는?

① 자기 사이펀 작용 ② 흡인 작용
③ 분출 작용 ④ 증발 작용

■ 모세관 현상이나 증발작용은 통기관을 설치해도 발생한다.

해답 65.① 66.② 67.② 68.② 69.② 70.④

071 통기관 배관에 대한 설명 중 적당하지 않은 것은?
  ① 모든 통기관은 기구 오버플로우면 아래에서 통기입관에 연결해야 한다.
  ② 바닥 아래의 통기 배관은 피한다.
  ③ 통기수직관과 빗물 수직관을 겸용해서는 안 된다.
  ④ 통기관을 실내 환기용 덕트와 연결해서는 안 된다.

■ 통기관에 배수가 유입되지 않도록 모든 통기관은 기구 오버 플로우면 상부 150mm 이상에서 통기입관에 연결한다.

072 배수관은 보통 10mm 두께로 피복을 하게 되는데 주목적은 무엇인가?
  ① 동파 방지   ② 보온
  ③ 방로, 방음   ④ 부식 방지

■ 배수관의 피복은 방로, 방음을 주목적으로 하며 두께는 정확히 할 필요는 없으나 보통 10mm 정도이며, 냉각배수인 경우는 방로를 위해 더 두껍게 하고, 천정 속에서 소음이 심할 때는 방음 피복을 강화하기도 한다.

073 통기관의 관경에 대한 기술로 적당하지 않은 것은?
  ① 각개통기관 : 최소 32mm 이상
  ② 환상통기관 : 배수 수평지관의 1/2 이상
  ③ 도피통기관 : 배수 수평지관의 1/3 이상
  ④ 신정통기관 : 배수 수직관의 관경 이상

■ 도피통기관은 배수 수평지관의 1/2 이상으로 한다.

074 배수입관의 상단을 연장시켜 대기 중에 개구시키는 통기관은?
  ① 각개통기관   ② 신정통기관
  ③ 루프통기관   ④ 결합통기관

■ 배수입관을 연장하여 대기에 개방하는 신정 통기관은 짧은 통기관으로서 배수관 전체를 대기에 개방하여 배관계통을 안정화시킨다. 통기관 길이에 비하여 통기 성능이 우수하다.

075 정화조 설계순서에서 빈칸에 알맞은 말은?

| 방류수 주변상황 조사→ⓐ→ⓑ→오수량 수질 특성 검토→ⓒ→ⓓ→세부설계 |
| ⓐ   ⓑ   ⓒ   ⓓ |

  ① 처리대상 인원산출-오수정화 성능 결정-처리방식 결정-정화조용량 선정
  ② 처리대상 인원 산출-처리방식 결정-오수정화 성능결정-정화조용량 산정
  ③ 오수정화 성능결정-처리대상 인원산출-처리방식 결정-정화조용량 산정
  ④ 오수정화 성능결정-처리방식 결정-처리대상 인원산출-정화조용량 결정

■ 정화조 설계순서 : 방류수 주변상황 조사→ 처리 대상 인원산출→ 정화조 성능결정→ 오수특성(오수량, 수질 등) 분석→ 처리방식 결정→ 정화조 용량결정→ 세부설계

해답 71.① 72.③ 73.③ 74.② 75.①

076 배수 수평지관의 최상류 기구 바로 아래에서 뽑아 올려 오버 플로우면 상부에서 수평으로 통기 입관에 접속한 통기관은?

① 각개통기 ② 회로통기
③ 습식통기 ④ 신정통기

■ 회로통기(환상통기, 루프통기)는 수평지관 최상류 기구 아래에서 뽑고, 도피통기는 최하류에서 수직관에 연결한다.

077 BOD란 무엇인가?

① 물속의 산소 농도이다. ② 물속의 미생물 농도이다.
③ 물속의 유기물질 오염농도이다. ④ 물속의 화학적 산소요구량이다.

■ BOD란 Biochemical Oxygen Demand의 약자로 오수 중의 유기물질이 미생물에 의하여(20℃ 5일간) 분해되면서 소비되는 산소량으로 결국 오수 중의 유기물질량을 간접적으로 말하는 것이다.

078 정화조에 대한 설명 중 틀린 것은?

① 정화조는 부패조-여과조-산화조-소독조의 순서로 조합할 것
② 부패조는 혐기성 미생물이 서식하도록 기밀을 유지한다.
③ 부패조의 깊이는 1m이하로 얕게 하여 혐기성 미생물 성장을 촉진시킨다.
④ 산화조는 호기성 미생물의 산소공급을 돕도록 통기설비를 갖춘다.

■ 부패조는 1~3m 정도로 깊게 하여 혐기성 상태가 되도록 한다.

079 BOD 제거율을 나타내는 식은?

① $\dfrac{유입수BOD - 유출수BOD}{유입수BOD} \times 100(\%)$ ② $\dfrac{유출수BOD - 유입수BOD}{유출수BOD} \times 100(\%)$

③ $\dfrac{유입수BOD - 유출수BOD}{유출수BOD} \times 100(\%)$ ④ $\dfrac{유출수BOD - 유입수BOD}{유입수BOD} \times 100(\%)$

■ 오물 정화조 성능 : BOD의 제거율 = $\dfrac{유입수BOD - 유출수BOD}{유입수BOD} \times 100(\%)$ 로 표시된다.

080 새로이 건설하는 아파트에서 오수 처리방식을 살수여상식으로 하고자 한다. 다음과 같은 조건이라면 살수여상의 크기는 얼마로 해야 하는가?

- 하루 유입 오수량 : 300㎥/d
- 오수 COD농도 : 700mg/L
- 오수 BOD농도 : 500mg/L
- 살수 여상 BOD용적 부하 : 0.5kg/㎥d

① 150㎥ ② 300㎥
③ 450㎥ ④ 600㎥

■ $V = \dfrac{Q \times BOD \times 10^{-3}}{L_v} = \dfrac{300 \times 500 \times 10^{-3}}{0.5} = 300 m^3$

※ 살수여상 방식의 용량계산식에서 COD는 관계가 없다.

081 활성 오니법(1차 침전지 생략형)에서 입구에서 출구까지 순서가 옳은 것은?

① 2차 침전지-스크린-폭기탱크-소독조-방류
② 스크린-폭기탱크-2차 침전지-소독조-방류
③ 폭기탱크-스크린-2차 침전지-방류-소독조
④ 소독조-폭기탱크-스크린-2차 침전지-방류

■ 활성 오니법은 1차 침전지가 생략될 수 있다. 1차 침전지를 적용한다면 〈스크린-1차 침전지-폭기탱크-2차 침전지-소독조-방류〉의 순서로 구성된다.

082 변기에서 유출되는 분뇨량이 1L이고 BOD가 20g이다. 여기에 세정수 12L가 혼합되어 정화조로 유입된다면 그때의 유입 BOD 농도는 얼마인가?

① 1,200mg/L   ② 1,324mg/L
③ 1,432mg/L   ④ 1,538mg/L

■ $BOD = \dfrac{BOD총량}{유량} = \dfrac{20g}{(1+12)L} = 20,000mg/13L = 1,538mg/L$

083 정화조 유입수 BOD가 1,538mg/L이고 처리수의 BOD 농도를 측정하니 100mg/L이였다. 정화조의 BOD제거율은?

① 92.5%   ② 93.5%
③ 97.5%   ④ 99.5%

■ $BOD\ 제거율 = \dfrac{1,538 - 100}{1,538} \times 100 = 93.5\%$

084 최대 강우량 70[mm/h]의 지역에서 지붕면적 250[m²]인 건물에서 우수입상관을 1개 설치할 경우 우수수직관 관경을 구하시오.(아래 우수관경표 이용)

관경(mm)	허용최대 지붕면적(m²) 강우량 100(mm/h)
50	67
65	121
75	204
100	427
125	804

① 50mm   ② 65mm
③ 75mm   ④ 100mm

■ 강우량이 100[mm/h]가 아닌 경우 100[mm/h]로 환산한 지붕면적(A)을 구하면
$A = 해당\ 지붕면적 \times \dfrac{해당지역\ 최대강우량}{100mm/h} = 250 \times \left(\dfrac{70}{100}\right) = 175m^2$
수직관 관경표에서 지붕면적 175를 넘는 204항에서 75mm를 선정한다.

해답 81.② 82.④ 83.② 84.③

085 우수관에서 수평 오프셋(off-set)관의 기능은 무엇인가?

① 수평관의 빗물을 수직관에 모은다.
② 배수관의 악취가 실내로 유입되는 것을 방지한다.
③ 루프드레인과 수직관 연결부에서 온도변화에 의한 신축을 흡수한다.
④ 수평 오프셋(off-set)관을 설치하면 유속이 증가하여 빗물 처리가 신속해진다.

■ 수평 오프셋(off-set)관은 루프드레인과 수직관 연결부에서 온도변화에 의한 신축을 흡수하기 위해 수평으로 연결한 (ㄹ)자 관이다.

086 최대 강우량 120[mm/h]의 지역에서 지붕면적 250[m²]인 건물의 수평주관의 관경을 구하시오.(수평관 구배는 1/100이다.)

[수평관 반원형 홈통, 각형 홈통 직경]

| 내 경
[mm] | 유수
단면적
[cm²] | 허용최대 지붕면적[m²] |||||||| |
| | | (수평주관) 홈통·구의 구배 |||||||| |
		1/25	1/50	1/75	1/100	1/125	1/150	1/200	1/300	1/400
65	12.4	43	30							
75	16.6	62	44	78						
100	29.3	135	96	141	123	110	163			
125	45.8	245	174	230	200	178	352	304	451	635
150	66.0	400	282	497	431	385	638	552	733	958
200	117.4	862	609	902	781	698	1,037	899	1,105	1,365
250	183.4	1,560	1,105	1,462	1,267	1,137	1,560	1,354	1,581	
300	264.0	2,545	1,798	2,210	1,917	1,711	2,231	1,939		
350	359.4	3,835	2,708	3,163	2,740	2,448				
400	469.4	5,470	3,867							

① 75mm ② 125mm
③ 150mm ④ 200mm

■ 강우량이 100[mm/h]가 아닌 경우 100[mm/h]로 환산한 지붕면적(A)을 구하면
$$A = 해당지붕면적 \times \frac{해당지역 최대강우량}{100mm/h} = 250 \times (\frac{120}{100}) = 300 m^2$$
수평관 관경표에서 구배 1/100항에서, 지붕면적 300를 넘는 431항에서 150mm를 선정한다.

087 일정면적의 우수배수량 산정방법에 쓰이는 다음 합리식에서 용어의 연결이 잘못된 것은?

$$Q = \frac{1}{360}(CIA)(m^3/s)$$

① Q : 계획우수유출량(m³/sec) ② C : 유출계수
③ I : 강우강도(mm/hr) ④ A : 배수면적(m²)

■ A : 배수면적 단위는 ha이다.

088 펌프 주변 배관 설치 시 유의사항으로 가장 잘못된 것은?
① 흡입관은 되도록 길게 하고 굴곡부분은 적게 한다.
② 펌프의 진동이 접속하는 배관에 전달되지 않도록 펌프 양단에 플랙시블조인트를 설치한다.
③ 배관의 하단부에는 드레인 밸브를 설치한다.
④ 흡입측에는 스트레이너를 설치한다.

■ 펌프 주변 배관에서 흡입관은 되도록 짧게 하고 굴곡부분은 적게 한다.

089 최대 강우량 130[mm/h]의 지역에서 지붕면적 300[m²], 지붕과 연결된 측벽면적 100m²인 건물의 우수수직관(1개) 관경을 구하시오.

관경(mm)	허용최대 지붕면적(m²) 강우량 100(mm/h)
50	67
65	121
75	204
100	427
125	804

① 50mm ② 65mm
③ 100mm ④ 125mm

■ 우선 측벽은 50%를 지붕면적에 가산하므로 합산 지붕면적은 300+(100÷2)=350m²
강우량이 130[mm/h]를 100[mm/h]로 환산한 지붕면적(A)을 구하면
$$A = 해당\,지붕면적 \times (\frac{해당지역\,최대강우량}{100mm/h}) = 350 \times (\frac{130}{100}) = 455m^2$$
수직관 관경표에서 지붕면적 455를 넘는 804항에서 125mm를 선정한다.

090 급수관의 관 지름 결정 시 유의사항으로 틀린 것은?
① 관 길이가 길면 마찰손실도 커진다.
② 마찰손실은 유량, 유속과 관계가 있다.
③ 가는 관을 여러 개 쓰는 것이 굵은 관을 쓰는 것보다 마찰손실이 적다.
④ 배관 마찰손실은 유속이 클수록 마찰손실도 커진다.

■ 가는 관을 여러 개 쓰는 것이 굵은 관을 쓰는 것보다 마찰손실이 크다.

091 옥상탱크식 급수방식의 배관계통의 순서로 옳은 것은?
① 저수탱크→양수펌프→옥상탱크→양수관→급수관→수도꼭지
② 저수탱크→양수관→양수펌프→급수관→옥상탱크→수도꼭지
③ 저수탱크→양수관→급수관→양수펌프→옥상탱크→수도꼭지
④ 저수탱크→양수펌프→양수관→옥상탱크→급수관→수도꼭지

■ 저수탱크의 물을 양수펌프로 양수관을 통해 옥상탱크로 공급한 후 급수관을 통해 수도꼭지로 공급된다.

해답 88.① 89.④ 90.③ 91.④

092 급수방식 중 고가탱크방식의 특징에 대한 설명으로 틀린 것은?
① 다른 방식에 비해 오염가능성이 적다.
② 저수량을 확보하여 일정 시간동안 급수가 가능하다.
③ 사용자의 수도꼭지에서 항상 일정한 수압을 유지한다.
④ 대규모 급수 설비에 적합하다.

■ 고가탱크방식은 물이 탱크에 체류하는 시간이 길어서 다른 방식에 비해 오염가능성이 크다.

093 배수설비에서 다음 특징은 어떤 포집기에 대한 설명인가?

> 영업용(호텔, 레스토랑) 주방 등의 배수 중 함유되어 있는 지방분을 포집하여 제거한다.

① 드럼 포집기
② 오일 포집기
③ 그리스 포집기
④ 플라스터 포집기

■ 그리스 포집기(트랩)은 동식물성 지방을 제거하여 배수관의 막힘을 방지한다.

094 수도 직결식 급수설비에서 수도본관에서 최상층 수전까지 높이가 18m일 때 수도 본관의 최저 필요 수압은?(단, 수전의 최저 필요압력은 50kPa, 관내 마찰손실수두는 2mAq으로 한다.)
① 100kPa
② 150kPa
③ 200kPa
④ 250kPa

■ 급수설비 필요 최저압력(PL)=실양정+마찰손실+수전요구압
PL = 180+20+50 = 250kPa
(실양정 18m = 180kPa, 2mAq= 20kPa)

095 다음 중 각 부속 장치의 설치 및 특징에 대한 설명으로 틀린 것은?
① 슬루스 밸브는 유량조절용 보다는 개폐용(ON-OFF용)에 주로 사용된다.
② 슬루스 밸브는 일명 게이트 밸브라고도 한다.
③ 스트레이너는 배관 속 먼지, 흙, 모래 등을 제거하기 위한 부속품이다.
④ 스트레이너는 제어 밸브나 펌프 뒤에 설치한다.

■ 스트레이너는 밸브, 펌프 등을 보호하기 위하여 기기류 앞에 설치하여 이물질을 제거한다.

제3과목

건축설비 관련 법규
[핵심 부분 발췌본]

건축설비 관련 법규 발췌 안내

1. 시험 과목(건축설비 계획, 건축설비 설계, 건축설비 관련 법규) 중 설비를 전공한 입장에서 보면 법규가 가장 어려울 겁니다. 어떤 원리나 법칙이 있는 것도 아니고 단순히 암기만 해야 하니까요.

2. 법규는 기술적인 조항을 현실에 합리적으로 적용하기 위해 보편적이고 이치적으로 만들기 때문에 상식을 크게 벗어나지도 않습니다. 그래서 법규를 공부할 때는 상식적으로 앞뒤를 짜 맞추며 이해하고 숙지하면 훨씬 쉽고 오래 기억에 남습니다.

3. 건축설비 관련 법규 "발췌"본은 출제 빈도가 높은 부분만 선별 요약한 것으로 지금까지의 출제경향을 분석하여 수험공부에 효율적이도록 선별·압축한 것이며 원본은 법제처 관련법을 참조하시기 바랍니다.

제1편 | 건축법 관련 법규

건축법

[시행 2024. 6. 27.] [법률 제20424호, 2024. 3. 26., 일부개정]

제1장 총칙

제1조(목적) 이 법은 건축물의 대지·구조·설비 기준 및 용도 등을 정하여 건축물의 안전·기능·환경 및 미관을 향상시킴으로써 공공복리의 증진에 이바지하는 것을 목적으로 한다.

제2조(정의) ① 이 법에서 사용하는 용어의 뜻은 다음과 같다.
1. "대지(垈地)"란「공간정보의 구축 및 관리 등에 관한 법률」에 따라 각 필지(筆地)로 나눈 토지를 말한다. 다만, 대통령령으로 정하는 토지는 둘 이상의 필지를 하나의 대지로 하거나 하나 이상의 필지의 일부를 하나의 대지로 할 수 있다.
2. "건축물"이란 토지에 정착(定着)하는 공작물 중 지붕과 기둥 또는 벽이 있는 것과 이에 딸린 시설물, 지하나 고가(高架)의 공작물에 설치하는 사무소·공연장·점포·차고·창고, 그 밖에 대통령령으로 정하는 것을 말한다.
3. "건축물의 용도"란 건축물의 종류를 유사한 구조, 이용 목적 및 형태별로 묶어 분류한 것을 말한다.
4. "건축설비"란 건축물에 설치하는 전기·전화 설비, 초고속 정보통신 설비, 지능형 홈네트워크 설비, 가스·급수·배수(配水)·배수(排水)·환기·난방·냉방·소화(消火)·배연(排煙) 및 오물처리의 설비, 굴뚝, 승강기, 피뢰침, 국기 게양대, 공동시청 안테나, 유선방송 수신시설, 우편함, 저수조(貯水槽), 방범시설, 그 밖에 국토교통부령으로 정하는 설비를 말한다.
5. "지하층"이란 건축물의 바닥이 지표면 아래에 있는 층으로서 바닥에서 지표면까지 평균높이가 해당 층 높이의 2분의 1 이상인 것을 말한다.
6. "거실"이란 건축물 안에서 거주, 집무, 작업, 집회, 오락, 그 밖에 이와 유사한 목적을 위하여 사용되는 방을 말한다.
7. "주요구조부"란 내력벽(耐力壁), 기둥, 바닥, 보, 지붕틀 및 주계단(主階段)을 말한다. 다만, 사이 기둥, 최하층 바닥, 작은 보, 차양, 옥외 계단, 그 밖에 이와 유사한 것으로 건축물의 구조상 중요하지 아니한 부분은 제외한다.
8. "건축"이란 건축물을 신축·증축·개축·재축(再築)하거나 건축물을 이전하는 것을 말한다.
8의2. "결합건축"이란 제56조에 따른 용적률을 개별 대지마다 적용하지 아니하고, 2개 이상의 대지를 대상으로 통합적용하여 건축물을 건축하는 것을 말한다.
9. "대수선"이란 건축물의 기둥, 보, 내력벽, 주계단 등의 구조나 외부 형태를 수선·변경하거나 증설하는 것으로서 대통령령으로 정하는 것을 말한다.
10. "리모델링"이란 건축물의 노후화를 억제하거나 기능 향상 등을 위하여 대수선하거나 건축물의 일부를 증축 또는 개축하는 행위를 말한다.
11. "도로"란 보행과 자동차 통행이 가능한 너비 4미터 이상의 도로(지형적으로 자동차 통행이 불가능한 경우와 막다른 도로의 경우에는 대통령령으로 정하는 구조와 너비의 도로)로서 다음 각 목의 어느 하나에 해당하는 도로나 그 예정도로를 말한다.
    가. 「국토의 계획 및 이용에 관한 법률」, 「도로법」, 「사도법」, 그 밖의 관계 법령에 따라 신설 또는 변경에 관한 고시가 된 도로

나. 건축허가 또는 신고 시에 특별시장·광역시장·특별자치시장·도지사·특별자치도지사(이하 "시·도지사"라 한다) 또는 시장·군수·구청장(자치구의 구청장을 말한다. 이하 같다)이 위치를 지정하여 공고한 도로
12. "건축주"란 건축물의 건축·대수선·용도변경, 건축설비의 설치 또는 공작물의 축조(이하 "건축물의 건축등"이라 한다)에 관한 공사를 발주하거나 현장 관리인을 두어 스스로 그 공사를 하는 자를 말한다.
12의2. "제조업자"란 건축물의 건축·대수선·용도변경, 건축설비의 설치 또는 공작물의 축조 등에 필요한 건축자재를 제조하는 사람을 말한다.
12의3. "유통업자"란 건축물의 건축·대수선·용도변경, 건축설비의 설치 또는 공작물의 축조에 필요한 건축자재를 판매하거나 공사현장에 납품하는 사람을 말한다.
13. "설계자"란 자기의 책임(보조자의 도움을 받는 경우를 포함한다)으로 설계도서를 작성하고 그 설계도서에서 의도하는 바를 해설하며, 지도하고 자문에 응하는 자를 말한다.
14. "설계도서"란 건축물의 건축등에 관한 공사용 도면, 구조 계산서, 시방서(示方書), 그 밖에 국토교통부령으로 정하는 공사에 필요한 서류를 말한다.
15. "공사감리자"란 자기의 책임(보조자의 도움을 받는 경우를 포함한다)으로 이 법으로 정하는 바에 따라 건축물, 건축설비 또는 공작물이 설계도서의 내용대로 시공되는지를 확인하고, 품질관리·공사관리·안전관리 등에 대하여 지도·감독하는 자를 말한다.
16. "공사시공자"란 「건설산업기본법」 제2조제4호에 따른 건설공사를 하는 자를 말한다.
16의2. "건축물의 유지·관리"란 건축물의 소유자나 관리자가 사용 승인된 건축물의 대지·구조·설비 및 용도 등을 지속적으로 유지하기 위하여 건축물이 멸실될 때까지 관리하는 행위를 말한다.
17. "관계전문기술자"란 건축물의 구조·설비 등 건축물과 관련된 전문기술자격을 보유하고 설계와 공사감리에 참여하여 설계자 및 공사감리자와 협력하는 자를 말한다.
18. "특별건축구역"이란 조화롭고 창의적인 건축물의 건축을 통하여 도시경관의 창출, 건설기술 수준향상 및 건축 관련 제도개선을 도모하기 위하여 이 법 또는 관계 법령에 따라 일부 규정을 적용하지 아니하거나 완화 또는 통합하여 적용할 수 있도록 특별히 지정하는 구역을 말한다.
19. "고층건축물"이란 층수가 30층 이상이거나 높이가 120미터 이상인 건축물을 말한다.
20. "실내건축"이란 건축물의 실내를 안전하고 쾌적하며 효율적으로 사용하기 위하여 내부 공간을 칸막이로 구획하거나 벽지, 천장재, 바닥재, 유리 등 대통령령으로 정하는 재료 또는 장식물을 설치하는 것을 말한다.
21. "부속구조물"이란 건축물의 안전·기능·환경 등을 향상시키기 위하여 건축물에 추가적으로 설치하는 환기시설물 등 대통령령으로 정하는 구조물을 말한다.
② 건축물의 용도는 다음과 같이 구분하되, 각 용도에 속하는 건축물의 세부 용도는 대통령령으로 정한다.
　1. 단독주택　　　　　　　　2. 공동주택　　　　　　　　3. 제1종 근린생활시설
　4. 제2종 근린생활시설　　　5. 문화 및 집회시설　　　　6. 종교시설
　7. 판매시설　　　　　　　　8. 운수시설　　　　　　　　9. 의료시설
　10. 교육연구시설　　　　　11. 노유자(老幼者: 노인 및 어린이)시설　　12. 수련시설
　13. 운동시설　　　　　　　14. 업무시설　　　　　　　　15. 숙박시설
　16. 위락(慰樂)시설　　　　17. 공장　　　　　　　　　　18. 창고시설
　19. 위험물 저장 및 처리 시설　20. 자동차 관련 시설　　　21. 동물 및 식물 관련 시설
　22. 자원순환 관련 시설　　　23. 교정(矯正)시설　　　　　24. 국방·군사시설
　25. 방송통신시설　　　　　　26. 발전시설　　　　　　　　27. 묘지관련시설
　28. 관광휴게시설　　　　　　29. 그밖에 대통령령으로 정하는 시설

제8조(리모델링에 대비한 특례 등) 리모델링이 쉬운 구조의 공동주택의 건축을 촉진하기 위하여 공동주택을 대통령령으로 정하는 구조로 하여 건축허가를 신청하면 제56조, 제60조 및 제61조에 따른 기준을 100분의 120의 범위에서 대통령령으로 정하는 비율로 완화하여 적용할 수 있다.

제2장 건축물의 건축

제11조(건축허가) ① 건축물을 건축하거나 대수선하려는 자는 특별자치시장·특별자치도지사 또는 시장·군수·구청장의 허가를 받아야 한다. 다만, 21층 이상의 건축물 등 대통령령으로 정하는 용도 및 규모의 건축물을 특별시나 광역시에 건축하려면 특별시장이나 광역시장의 허가를 받아야 한다.
② 시장·군수는 제1항에 따라 다음 각 호의 어느 하나에 해당하는 건축물의 건축을 허가하려면 미리 건축계

획서와 국토교통부령으로 정하는 건축물의 용도, 규모 및 형태가 표시된 기본설계도서를 첨부하여 도지사의 승인을 받아야 한다.
1. 제1항 단서에 해당하는 건축물. 다만, 도시환경, 광역교통 등을 고려하여 해당 도의 조례로 정하는 건축물은 제외한다.
2. 자연환경이나 수질을 보호하기 위하여 도지사가 지정·공고한 구역에 건축하는 3층 이상 또는 연면적의 합계가 1천제곱미터 이상인 건축물로서 위락시설과 숙박시설 등 대통령령으로 정하는 용도에 해당하는 건축물
3. 주거환경이나 교육환경 등 주변 환경을 보호하기 위하여 필요하다고 인정하여 도지사가 지정·공고한 구역에 건축하는 위락시설 및 숙박시설에 해당하는 건축물

③ 제1항에 따라 허가를 받으려는 자는 허가신청서에 국토교통부령으로 정하는 설계도서와 제5항 각 호에 따른 허가 등을 받거나 신고를 하기 위하여 관계 법령에서 제출하도록 의무화하고 있는 신청서 및 구비서류를 첨부하여 허가권자에게 제출하여야 한다. 다만, 국토교통부장관이 관계 행정기관의 장과 협의하여 국토교통부령으로 정하는 신청서 및 구비서류는 제21조에 따른 착공신고 전까지 제출할 수 있다.

④ 허가권자는 제1항에 따른 건축허가를 하고자 하는 때에「건축기본법」제25조에 따른 한국건축규정의 준수 여부를 확인하여야 한다. 다만, 다음 각 호의 어느 하나에 해당하는 경우에는 이 법이나 다른 법률에도 불구하고 건축위원회의 심의를 거쳐 건축허가를 하지 아니할 수 있다.
1. 위락시설이나 숙박시설에 해당하는 건축물의 건축을 허가하는 경우 해당 대지에 건축하려는 건축물의 용도·규모 또는 형태가 주거환경이나 교육환경 등 주변 환경을 고려할 때 부적합하다고 인정되는 경우
2. 「국토의 계획 및 이용에 관한 법률」제37조제1항제4호에 따른 방재지구(이하 "방재지구"라 한다) 및 「자연재해대책법」제12조제1항에 따른 자연재해위험개선지구 등 상습적으로 침수되거나 침수가 우려되는 대통령령으로 정하는 지역에 건축하려는 건축물에 대하여 지하층 등 일부 공간을 주거용으로 사용하거나 거실을 설치하는 것이 부적합하다고 인정되는 경우

⑤ 제1항에 따른 건축허가를 받으면 다음 각 호의 허가 등을 받거나 신고를 한 것으로 보며, 공장건축물의 경우에는 「산업집적활성화 및 공장설립에 관한 법률」제13조의2와 제14조에 따라 관련 법률의 인·허가등이나 허가등을 받은 것으로 본다.
1. 제20조제3항에 따른 공사용 가설건축물의 축조신고
2. 제83조에 따른 공작물의 축조신고
3. 「국토의 계획 및 이용에 관한 법률」제56조에 따른 개발행위허가
4. 「국토의 계획 및 이용에 관한 법률」제86조제5항에 따른 시행자의 지정과 같은 법 제88조제2항에 따른 실시계획의 인가
5. 「산지관리법」제14조와 제15조에 따른 산지전용허가와 산지전용신고, 같은 법 제15조의2에 따른 산지일시사용허가·신고. 다만, 보전산지인 경우에는 도시지역만 해당된다.
6. 「사도법」제4조에 따른 사도(私道)개설허가
7. 「농지법」제34조, 제35조 및 제43조에 따른 농지전용허가·신고 및 협의
8. 「도로법」제36조에 따른 도로관리청이 아닌 자에 대한 도로공사 시행의 허가, 같은 법 제52조제1항에 따른 도로와 다른 시설의 연결 허가
9. 「도로법」제61조에 따른 도로의 점용 허가
10. 「하천법」제33조에 따른 하천점용 등의 허가
11. 「하수도법」제27조에 따른 배수설비(配水設備)의 설치신고
12. 「하수도법」제34조제2항에 따른 개인하수처리시설의 설치신고
13. 「수도법」제38조에 따라 수도사업자가 지방자치단체인 경우 그 지방자치단체가 정한 조례에 따른 상수도 공급신청
14. 「전기안전관리법」제8조에 따른 자가용전기설비 공사계획의 인가 또는 신고
15. 「물환경보전법」제33조에 따른 수질오염물질 배출시설 설치의 허가나 신고
16. 「대기환경보전법」제23조에 따른 대기오염물질 배출시설설치의 허가나 신고
17. 「소음·진동관리법」제8조에 따른 소음·진동 배출시설 설치의 허가나 신고
18. 「가축분뇨의 관리 및 이용에 관한 법률」제11조에 따른 배출시설 설치허가나 신고
19. 「자연공원법」제23조에 따른 행위허가
20. 「도시공원 및 녹지 등에 관한 법률」제24조에 따른 도시공원의 점용허가
21. 「토양환경보전법」제12조에 따른 특정토양오염관리대상시설의 신고
22. 「수산자원관리법」제52조제2항에 따른 행위의 허가
23. 「초지법」제23조에 따른 초지전용의 허가 및 신고

⑥ 허가권자는 제5항 각 호의 어느 하나에 해당하는 사항이 다른 행정기관의 권한에 속하면 그 행정기관의 장과 미리 협의하여야 하며, 협의 요청을 받은 관계 행정기관의 장은 요청을 받은 날부터 15일 이내에 의견을 제출하여야 한다. 이 경우 관계 행정기관의 장은 제8항에 따른 처리기준이 아닌 사유를 이유로 협의를 거부할 수 없고, 협의 요청을 받은 날부터 15일 이내에 의견을 제출하지 아니하면 협의가 이루어진 것으로 본다.
⑦ 허가권자는 제1항에 따른 허가를 받은 자가 다음 각 호의 어느 하나에 해당하면 허가를 취소하여야 한다. 다만, 제1호에 해당하는 경우로서 정당한 사유가 있다고 인정되면 1년의 범위에서 공사의 착수기간을 연장할 수 있다.
  1. 허가를 받은 날부터 2년(「산업집적활성화 및 공장설립에 관한 법률」 제13조에 따라 공장의 신설·증설 또는 업종변경의 승인을 받은 공장은 3년) 이내에 공사에 착수하지 아니한 경우
  2. 제1호의 기간 이내에 공사에 착수하였으나 공사의 완료가 불가능하다고 인정되는 경우
  3. 제21조에 따른 착공신고 전에 경매 또는 공매 등으로 건축주가 대지의 소유권을 상실한 때부터 6개월이 지난 이후 공사의 착수가 불가능하다고 판단되는 경우
⑧ 제5항 각 호의 어느 하나에 해당하는 사항과 제12조제1항의 관계 법령을 관장하는 중앙행정기관의 장은 그 처리기준을 국토교통부장관에게 통보하여야 한다. 처리기준을 변경한 경우에도 또한 같다.
⑨ 국토교통부장관은 제8항에 따라 처리기준을 통보받은 때에는 이를 통합하여 고시하여야 한다.
⑩ 제4조제1항에 따른 건축위원회의 심의를 받은 자가 심의 결과를 통지 받은 날부터 2년 이내에 건축허가를 신청하지 아니하면 건축위원회 심의의 효력이 상실된다.
⑪ 제1항에 따라 건축허가를 받으려는 자는 해당 대지의 소유권을 확보하여야 한다. 다만, 다음 각 호의 어느 하나에 해당하는 경우에는 그러하지 아니하다.
  1. 건축주가 대지의 소유권을 확보하지 못하였으나 그 대지를 사용할 수 있는 권원을 확보한 경우. 다만, 분양을 목적으로 하는 공동주택은 제외한다.
  2. 건축주가 건축물의 노후화 또는 구조안전 문제 등 대통령령으로 정하는 사유로 건축물을 신축·개축·재축 및 리모델링을 하기 위하여 건축물 및 해당 대지의 공유자 수의 100분의 80 이상의 동의를 얻고 동의한 공유자의 지분 합계가 전체 지분의 100분의 80 이상인 경우
  3. 건축주가 제1항에 따른 건축허가를 받아 주택과 주택 외의 시설을 동일 건축물로 건축하기 위하여 「주택법」 제21조를 준용한 대지 소유 등의 권리 관계를 증명한 경우. 다만, 「주택법」 제15조제1항 각 호 외의 부분 본문에 따른 대통령령으로 정하는 호수 이상으로 건설·공급하는 경우에 한정한다.
  4. 건축하려는 대지에 포함된 국유지 또는 공유지에 대하여 허가권자가 해당 토지의 관리청이 해당 토지를 건축주에게 매각하거나 양여할 것을 확인한 경우
  5. 건축주가 집합건물의 공용부분을 변경하기 위하여 「집합건물의 소유 및 관리에 관한 법률」 제15조제1항에 따른 결의가 있었음을 증명한 경우
  6. 건축주가 집합건물을 재건축하기 위하여 「집합건물의 소유 및 관리에 관한 법률」 제47조에 따른 결의가 있었음을 증명한 경우

제14조(건축신고) ① 제11조에 해당하는 허가 대상 건축물이라 하더라도 다음 각 호의 어느 하나에 해당하는 경우에는 미리 특별자치시장·특별자치도지사 또는 시장·군수·구청장에게 국토교통부령으로 정하는 바에 따라 신고를 하면 건축허가를 받은 것으로 본다.
  1. 바닥면적의 합계가 85제곱미터 이내의 증축·개축 또는 재축. 다만, 3층 이상 건축물인 경우에는 증축·개축 또는 재축하려는 부분의 바닥면적의 합계가 건축물 연면적의 10분의 1 이내인 경우로 한정한다.
  2. 「국토의 계획 및 이용에 관한 법률」에 따른 관리지역, 농림지역 또는 자연환경보전지역에서 연면적이 200제곱미터 미만이고 3층 미만인 건축물의 건축. 다만, 다음 각 목의 어느 하나에 해당하는 구역에서의 건축은 제외한다.
    가. 지구단위계획구역
    나. 방재지구 등 재해취약지역으로서 대통령령으로 정하는 구역
  3. 연면적이 200제곱미터 미만이고 3층 미만인 건축물의 대수선
  4. 주요구조부의 해체가 없는 등 대통령령으로 정하는 대수선
  5. 그 밖에 소규모 건축물로서 대통령령으로 정하는 건축물의 건축
② 제1항에 따른 건축신고에 관하여는 제11조제5항 및 제6항을 준용한다.
③ 특별자치시장·특별자치도지사 또는 시장·군수·구청장은 제1항에 따른 신고를 받은 날부터 5일 이내에 신고수리 여부 또는 민원 처리 관련 법령에 따른 처리기간의 연장 여부를 신고인에게 통지하여야 한다. 다만, 이 법 또는 다른 법령에 따라 심의, 동의, 협의, 확인 등이 필요한 경우에는 20일 이내에 통지하여야 한다.

④ 특별자치시장·특별자치도지사 또는 시장·군수·구청장은 제1항에 따른 신고가 제3항 단서에 해당하는 경우에는 신고를 받은 날부터 5일 이내에 신고인에게 그 내용을 통지하여야 한다.
⑤ 제1항에 따라 신고를 한 자가 신고일부터 1년 이내에 공사에 착수하지 아니하면 그 신고의 효력은 없어진다. 다만, 건축주의 요청에 따라 허가권자가 정당한 사유가 있다고 인정하면 1년의 범위에서 착수기한을 연장할 수 있다.

제19조(용도변경) ① 건축물의 용도변경은 변경하려는 용도의 건축기준에 맞게 하여야 한다.
② 제22조에 따라 사용승인을 받은 건축물의 용도를 변경하려는 자는 다음 각 호의 구분에 따라 국토교통부령으로 정하는 바에 따라 특별자치시장·특별자치도지사 또는 시장·군수·구청장의 허가를 받거나 신고를 하여야 한다.
  1. 허가 대상 : 제4항 각 호의 어느 하나에 해당하는 시설군(施設群)에 속하는 건축물의 용도를 상위군(제4항 각 호의 번호가 용도변경하려는 건축물이 속하는 시설군보다 작은 시설군을 말한다)에 해당하는 용도로 변경하는 경우
  2. 신고 대상 : 제4항 각 호의 어느 하나에 해당하는 시설군에 속하는 건축물의 용도를 하위군(제4항 각 호의 번호가 용도변경하려는 건축물이 속하는 시설군보다 큰 시설군을 말한다)에 해당하는 용도로 변경하는 경우
③ 제4항에 따른 시설군 중 같은 시설군 안에서 용도를 변경하려는 자는 국토교통부령으로 정하는 바에 따라 특별자치시장·특별자치도지사 또는 시장·군수·구청장에게 건축물대장 기재내용의 변경을 신청하여야 한다. 다만, 대통령령으로 정하는 변경의 경우에는 그러하지 아니하다.
④ 시설군은 다음 각 호와 같고 각 시설군에 속하는 건축물의 세부 용도는 대통령령으로 정한다.
  1. 자동차 관련 시설군 2. 산업 등의 시설군 3. 전기통신시설군
  4. 문화 및 집회시설군 5. 영업시설군 6. 교육 및 복지시설군
  7. 근린생활시설군 8. 주거업무시설군 9. 그 밖의 시설군
⑤ 제2항에 따른 허가나 신고 대상인 경우로서 용도변경하려는 부분의 바닥면적의 합계가 100제곱미터 이상인 경우의 사용승인에 관하여는 제22조를 준용한다. 다만, 용도변경하려는 부분의 바닥면적의 합계가 500제곱미터 미만으로서 대수선에 해당되는 공사를 수반하지 아니하는 경우에는 그러하지 아니하다.
⑥ 제2항에 따른 허가 대상인 경우로서 용도변경하려는 부분의 바닥면적의 합계가 500제곱미터 이상인 용도변경(대통령령으로 정하는 경우는 제외한다)의 설계에 관하여는 제23조를 준용한다.
⑦ 제1항과 제2항에 따른 건축물의 용도변경에 관하여는 제3조, 제5조, 제6조, 제7조, 제11조제2항부터 제9항까지, 제12조, 제14조부터 제16조까지, 제18조, 제20조, 제27조, 제29조, 제38조, 제42조부터 제44조까지, 제48조부터 제50조까지, 제50조의2, 제51조부터 제56조까지, 제58조, 제60조부터 제64조까지, 제67조, 제68조, 제78조부터 제87조까지의 규정과 「녹색건축물 조성 지원법」 제15조 및 「국토의 계획 및 이용에 관한 법률」 제54조를 준용한다.

제20조(가설건축물) ① 도시·군계획시설 및 도시·군계획시설예정지에서 가설건축물을 건축하려는 자는 특별자치시장·특별자치도지사 또는 시장·군수·구청장의 허가를 받아야 한다.
② 특별자치시장·특별자치도지사 또는 시장·군수·구청장은 해당 가설건축물의 건축이 다음 각 호의 어느 하나에 해당하는 경우가 아니면 제1항에 따른 허가를 하여야 한다.
  1. 「국토의 계획 및 이용에 관한 법률」 제64조에 위배되는 경우
  2. 4층 이상인 경우
  3. 구조, 존치기간, 설치목적 및 다른 시설 설치 필요성 등에 관하여 대통령령으로 정하는 기준의 범위에서 조례로 정하는 바에 따르지 아니한 경우
  4. 그 밖에 이 법 또는 다른 법령에 따른 제한규정을 위반하는 경우
③ 제1항에도 불구하고 재해복구, 흥행, 전람회, 공사용 가설건축물 등 대통령령으로 정하는 용도의 가설건축물을 축조하려는 자는 대통령령으로 정하는 존치 기간, 설치 기준 및 절차에 따라 특별자치시장·특별자치도지사 또는 시장·군수·구청장에게 신고한 후 착공하여야 한다.
④ 제3항에 따른 신고에 관하여는 제14조제3항 및 제4항을 준용한다.
⑤ 제1항과 제3항에 따른 가설건축물을 건축하거나 축조할 때에는 대통령령으로 정하는 바에 따라 제25조, 제38조부터 제42조까지, 제44조부터 제50조까지, 제50조의2, 제51조부터 제64조까지, 제67조, 제68조와 「녹색건축물 조성 지원법」 제15조 및 「국토의 계획 및 이용에 관한 법률」 제76조 중 일부 규정을 적용하지 아니한다.
⑥ 특별자치시장·특별자치도지사 또는 시장·군수·구청장은 제1항부터 제3항까지의 규정에 따라 가설건축

물의 건축을 허가하거나 축조신고를 받은 경우 국토교통부령으로 정하는 바에 따라 가설건축물대장에 이를 기재하여 관리하여야 한다.
⑦ 제2항 또는 제3항에 따라 가설건축물의 건축허가 신청 또는 축조신고를 받은 때에는 다른 법령에 따른 제한 규정에 대하여 확인이 필요한 경우 관계 행정기관의 장과 미리 협의하여야 하고, 협의 요청을 받은 관계 행정기관의 장은 요청을 받은 날부터 15일 이내에 의견을 제출하여야 한다. 이 경우 관계 행정기관의 장이 협의 요청을 받은 날부터 15일 이내에 의견을 제출하지 아니하면 협의가 이루어진 것으로 본다.

제22조(건축물의 사용승인) ① 건축주가 제11조·제14조 또는 제20조제1항에 따라 허가를 받았거나 신고를 한 건축물의 건축공사를 완료[하나의 대지에 둘 이상의 건축물을 건축하는 경우 동(棟)별 공사를 완료한 경우를 포함한다]한 후 그 건축물을 사용하려면 제25조제6항에 따라 공사감리자가 작성한 감리완료보고서(같은 조 제1항에 따른 공사감리자를 지정한 경우만 해당된다)와 국토교통부령으로 정하는 공사완료도서를 첨부하여 허가권자에게 사용승인을 신청하여야 한다.
② 허가권자는 제1항에 따른 사용승인신청을 받은 경우 국토교통부령으로 정하는 기간에 다음 각 호의 사항에 대한 검사를 실시하고, 검사에 합격된 건축물에 대하여는 사용승인서를 내주어야 한다. 다만, 해당 지방자치단체의 조례로 정하는 건축물은 사용승인을 위한 검사를 실시하지 아니하고 사용승인서를 내줄 수 있다.
  1. 사용승인을 신청한 건축물이 이 법에 따라 허가 또는 신고한 설계도서대로 시공되었는지의 여부
  2. 감리완료보고서, 공사완료도서 등의 서류 및 도서가 적합하게 작성되었는지의 여부
③ 건축주는 제2항에 따라 사용승인을 받은 후가 아니면 건축물을 사용하거나 사용하게 할 수 없다. 다만, 다음 각 호의 어느 하나에 해당하는 경우에는 그러하지 아니하다.
  1. 허가권자가 제2항에 따른 기간 내에 사용승인서를 교부하지 아니한 경우
  2. 사용승인서를 교부받기 전에 공사가 완료된 부분이 건폐율, 용적률, 설비, 피난·방화 등 국토교통부령으로 정하는 기준에 적합한 경우로서 기간을 정하여 대통령령으로 정하는 바에 따라 임시로 사용의 승인을 한 경우
④ 건축주가 제2항에 따른 사용승인을 받은 경우에는 다음 각 호에 따른 사용승인·준공검사 또는 등록신청 등을 받거나 한 것으로 보며, 공장건축물의 경우에는 「산업집적활성화 및 공장설립에 관한 법률」 제14조의2에 따라 관련 법률의 검사 등을 받은 것으로 본다.
  1. 「하수도법」 제27조에 따른 배수설비(排水設備)의 준공검사 및 같은 법 제37조에 따른 개인하수처리시설의 준공검사
  2. 「공간정보의 구축 및 관리 등에 관한 법률」 제64조에 따른 지적공부(地籍公簿)의 변동사항 등록신청
  3. 「승강기 안전관리법」 제28조에 따른 승강기 설치검사
  4. 「에너지이용 합리화법」 제39조에 따른 보일러 설치검사
  5. 「전기사업법」 제63조에 따른 전기설비의 사용전검사
  6. 「정보통신공사업법」 제36조에 따른 정보통신공사의 사용전검사
  6의2. 「기계설비법」 제15조에 따른 기계설비의 사용전검사
  7. 「도로법」 제62조제2항에 따른 도로점용 공사의 준공확인
  8. 「국토의 계획 및 이용에 관한 법률」 제62조에 따른 개발 행위의 준공검사
  9. 「국토의 계획 및 이용에 관한 법률」 제98조에 따른 도시·군계획시설사업의 준공검사
  10. 「물환경보전법」 제37조에 따른 수질오염물질 배출시설의 가동개시의 신고
  11. 「대기환경보전법」 제30조에 따른 대기오염물질 배출시설의 가동개시의 신고
⑤ 허가권자는 제2항에 따른 사용승인을 하는 경우 제4항 각 호의 어느 하나에 해당하는 내용이 포함되어 있으면 관계 행정기관의 장과 미리 협의하여야 한다.
⑥ 특별시장 또는 광역시장은 제2항에 따라 사용승인을 한 경우 지체 없이 그 사실을 군수 또는 구청장에게 알려서 건축물대장에 적게 하여야 한다. 이 경우 건축물대장에는 설계자, 대통령령으로 정하는 주요 공사의 시공자, 공사감리자를 적어야 한다.

제23조(건축물의 설계) ① 제11조제1항에 따라 건축허가를 받아야 하거나 제14조제1항에 따라 건축신고를 하여야 하는 건축물 또는 「주택법」 제66조제1항 또는 제2항에 따른 리모델링을 하는 건축물의 건축등을 위한 설계는 건축사가 아니면 할 수 없다. 다만, 다음 각 호의 어느 하나에 해당하는 경우에는 그러하지 아니하다.
  1. 바닥면적의 합계가 85제곱미터 미만인 증축·개축 또는 재축
  2. 연면적이 200제곱미터 미만이고 층수가 3층 미만인 건축물의 대수선
  3. 그 밖에 건축물의 특수성과 용도 등을 고려하여 대통령령으로 정하는 건축물의 건축등
② 설계자는 건축물이 이 법과 이 법에 따른 명령이나 처분, 그 밖의 관계 법령에 맞고 안전·기능 및 미관에 지장이 없도록 설계하여야 하며, 국토교통부장관이 정하여 고시하는 설계도서 작성기준에 따라 설계도

서를 작성하여야 한다. 다만, 해당 건축물의 공법(工法) 등이 특수한 경우로서 국토교통부령으로 정하는 바에 따라 건축위원회의 심의를 거친 때에는 그러하지 아니하다.
③ 제2항에 따라 설계도서를 작성한 설계자는 설계가 이 법과 이 법에 따른 명령이나 처분, 그 밖의 관계 법령에 맞게 작성되었는지를 확인한 후 설계도서에 서명날인하여야 한다.
④ 국토교통부장관이 국토교통부령으로 정하는 바에 따라 작성하거나 인정하는 표준설계도서나 특수한 공법을 적용한 설계도서에 따라 건축물을 건축하는 경우에는 제1항을 적용하지 아니한다.

제24조(건축시공) ① 공사시공자는 제15조제2항에 따른 계약대로 성실하게 공사를 수행하여야 하며, 이 법과 이 법에 따른 명령이나 처분, 그 밖의 관계 법령에 맞게 건축물을 건축하여 건축주에게 인도하여야 한다.
② 공사시공자는 건축물(건축허가나 용도변경허가 대상인 것만 해당된다)의 공사현장에 설계도서를 갖추어 두어야 한다.
③ 공사시공자는 설계도서가 이 법과 이 법에 따른 명령이나 처분, 그 밖의 관계 법령에 맞지 아니하거나 공사의 여건상 불합리하다고 인정되면 건축주와 공사감리자의 동의를 받아 서면으로 설계자에게 설계를 변경하도록 요청할 수 있다. 이 경우 설계자는 정당한 사유가 없으면 요청에 따라야 한다.
④ 공사시공자는 공사를 하는 데에 필요하다고 인정하거나 제25조제5항에 따라 공사감리자로부터 상세시공도면을 작성하도록 요청을 받으면 상세시공도면을 작성하여 공사감리자의 확인을 받아야 하며, 이에 따라 공사를 하여야 한다.
⑤ 공사시공자는 건축허가나 용도변경허가가 필요한 건축물의 건축공사를 착수한 경우에는 해당 건축공사의 현장에 국토교통부령으로 정하는 바에 따라 건축허가 표지판을 설치하여야 한다.
⑥ 「건설산업기본법」 제41조제1항 각 호에 해당하지 아니하는 건축물의 건축주는 공사 현장의 공정 및 안전을 관리하기 위하여 같은 법 제2조제15호에 따른 건설기술인 1명을 현장관리인으로 지정하여야 한다. 이 경우 현장관리인은 국토교통부령으로 정하는 바에 따라 공정 및 안전 관리 업무를 수행하여야 하며, 건축주의 승낙을 받지 아니하고는 정당한 사유 없이 그 공사 현장을 이탈하여서는 아니 된다.
⑦ 공동주택, 종합병원, 관광숙박시설 등 대통령령으로 정하는 용도 및 규모의 건축물의 공사시공자는 건축주, 공사감리자 및 허가권자가 설계도서에 따라 적정하게 공사되었는지를 확인할 수 있도록 공사의 공정이 대통령령으로 정하는 진도에 다다른 때마다 사진 및 동영상을 촬영하고 보관하여야 한다. 이 경우 촬영 및 보관 등 그 밖에 필요한 사항은 국토교통부령으로 정한다.

제25조(건축물의 공사감리) ① 건축주는 대통령령으로 정하는 용도·규모 및 구조의 건축물을 건축하는 경우 건축사나 대통령령으로 정하는 자를 공사감리자(공사시공자 본인 및 「독점규제 및 공정거래에 관한 법률」 제2조에 따른 계열회사는 제외한다)로 지정하여 공사감리를 하게 하여야 한다.
② 제1항에도 불구하고 「건설산업기본법」 제41조제1항 각 호에 해당하지 아니하는 소규모 건축물로서 건축주가 직접 시공하는 건축물 및 주택으로 사용하는 건축물 중 대통령령으로 정하는 건축물의 경우에는 대통령령으로 정하는 바에 따라 허가권자가 해당 건축물의 설계에 참여하지 아니한 자 중에서 공사감리자를 지정하여야 한다. 다만, 다음 각 호의 어느 하나에 해당하는 건축물의 건축주가 국토교통부령으로 정하는 바에 따라 허가권자에게 신청하는 경우에는 해당 건축물을 설계한 자를 공사감리자로 지정할 수 있다.
  1. 「건설기술 진흥법」 제14조에 따른 신기술 중 대통령령으로 정하는 신기술을 보유한 자가 그 신기술을 적용하여 설계한 건축물
  2. 「건축서비스산업 진흥법」 제13조제4항에 따른 역량 있는 건축사로서 대통령령으로 정하는 건축사가 설계한 건축물
  3. 설계공모를 통하여 설계한 건축물
③ 공사감리자는 공사감리를 할 때 이 법과 이 법에 따른 명령이나 처분, 그 밖의 관계 법령에 위반된 사항을 발견하거나 공사시공자가 설계도서대로 공사를 하지 아니하면 이를 건축주에게 알린 후 공사시공자에게 시정하거나 재시공하도록 요청하여야 하며, 공사시공자가 시정이나 재시공 요청에 따르지 아니하면 서면으로 그 건축공사를 중지하도록 요청할 수 있다. 이 경우 공사중지를 요청받은 공사시공자는 정당한 사유가 없으면 즉시 공사를 중지하여야 한다.
④ 공사감리자는 제3항에 따라 공사시공자가 시정이나 재시공 요청을 받은 후 이에 따르지 아니하거나 공사중지 요청을 받고도 공사를 계속하면 국토교통부령으로 정하는 바에 따라 이를 허가권자에게 보고하여야 한다.
⑤ 대통령령으로 정하는 용도 또는 규모의 공사의 공사감리자는 필요하다고 인정하면 공사시공자에게 상세시공도면을 작성하도록 요청할 수 있다.
⑥ 공사감리자는 국토교통부령으로 정하는 바에 따라 감리일지를 기록·유지하여야 하고, 공사의 공정(工程)이 대통령령으로 정하는 진도에 다다른 경우에는 감리중간보고서를, 공사를 완료한 경우에는 감리완료보고서를 국토교통부령으로 정하는 바에 따라 각각 작성하여 건축주에게 제출하여야 한다. 이 경우 건축주

는 감리중간보고서는 제출받은 때, 감리완료보고서는 제22조에 따른 건축물의 사용승인을 신청할 때 허가권자에게 제출하여야 한다.
⑦ 건축주나 공사시공자는 제3항과 제4항에 따라 위반사항에 대한 시정이나 재시공을 요청하거나 위반사항을 허가권자에게 보고한 공사감리자에게 이를 이유로 공사감리자의 지정을 취소하거나 보수의 지급을 거부하거나 지연시키는 등 불이익을 주어서는 아니 된다.
⑧ 제1항에 따른 공사감리의 방법 및 범위 등은 건축물의 용도·규모 등에 따라 대통령령으로 정하되, 이에 따른 세부기준이 필요한 경우에는 국토교통부장관이 정하거나 건축사협회로 하여금 국토교통부장관의 승인을 받아 정하도록 할 수 있다.
⑨ 국토교통부장관은 제8항에 따라 세부기준을 정하거나 승인을 한 경우 이를 고시하여야 한다.
⑩ 「주택법」 제15조에 따른 사업계획 승인 대상과 「건설기술 진흥법」 제39조제2항에 따라 건설사업관리를 하게 하는 건축물의 공사감리는 제1항부터 제9항까지 및 제11항부터 제14항까지의 규정에도 불구하고 각각 해당 법령으로 정하는 바에 따른다.
⑪ 제1항에 따라 건축주가 공사감리자를 지정하거나 제2항에 따라 허가권자가 공사감리자를 지정하는 건축물의 건축주는 제21조에 따른 착공신고를 하는 때에 감리비용이 명시된 감리 계약서를 허가권자에게 제출하여야 하고, 제22조에 따른 사용승인을 신청하는 때에는 감리용역 계약내용에 따라 감리비용을 지급하여야 한다. 이 경우 허가권자는 감리 계약서에 따라 감리비용이 지급되었는지를 확인한 후 사용승인을 하여야 한다.
⑫ 제2항에 따라 허가권자가 공사감리자를 지정하는 건축물의 건축주는 설계자의 설계의도가 구현되도록 해당 건축물의 설계자를 건축과정에 참여시켜야 한다. 이 경우 「건축서비스산업 진흥법」 제22조를 준용한다.
⑬ 제12항에 따라 설계자를 건축과정에 참여시켜야 하는 건축주는 제21조에 따른 착공신고를 하는 때에 해당 계약서 등 대통령령으로 정하는 서류를 허가권자에게 제출하여야 한다.
⑭ 허가권자는 제11항의 감리비용에 관한 기준을 해당 지방자치단체의 조례로 정할 수 있다.

제26조(허용 오차) 대지의 측량(「공간정보의 구축 및 관리 등에 관한 법률」에 따른 지적측량은 제외한다)이나 건축물의 건축 과정에서 부득이하게 발생하는 오차는 이 법을 적용할 때 국토교통부령으로 정하는 범위에서 허용한다.

제44조(대지와 도로의 관계) ① 건축물의 대지는 2미터 이상이 도로(자동차만의 통행에 사용되는 도로는 제외한다)에 접하여야 한다. 다만, 다음 각 호의 어느 하나에 해당하면 그러하지 아니하다.
 1. 해당 건축물의 출입에 지장이 없다고 인정되는 경우
 2. 건축물의 주변에 대통령령으로 정하는 공지가 있는 경우
 3. 「농지법」 제2조제1호나목에 따른 농막을 건축하는 경우
② 건축물의 대지가 접하는 도로의 너비, 대지가 도로에 접하는 부분의 길이, 그 밖에 대지와 도로의 관계에 관하여 필요한 사항은 대통령령으로 정하는 바에 따른다.

제5장 건축물의 구조 및 재료 등

제48조(구조내력 등) ① 건축물은 고정하중, 적재하중(積載荷重), 적설하중(積雪荷重), 풍압(風壓), 지진, 그 밖의 진동 및 충격 등에 대하여 안전한 구조를 가져야 한다.
② 제11조제1항에 따른 건축물을 건축하거나 대수선하는 경우에는 대통령령으로 정하는 바에 따라 구조의 안전을 확인하여야 한다.
③ 지방자치단체의 장은 제2항에 따른 구조 안전 확인 대상 건축물에 대하여 허가 등을 하는 경우 내진(耐震)성능 확보 여부를 확인하여야 한다.
④ 제1항에 따른 구조내력의 기준과 구조 계산의 방법 등에 관하여 필요한 사항은 국토교통부령으로 정한다.

제48조의2(건축물 내진등급의 설정) ① 국토교통부장관은 지진으로부터 건축물의 구조 안전을 확보하기 위하여 건축물의 용도, 규모 및 설계구조의 중요도에 따라 내진등급(耐震等級)을 설정하여야 한다.
② 제1항에 따른 내진등급을 설정하기 위한 내진등급기준 등 필요한 사항은 국토교통부령으로 정한다.

제49조(건축물의 피난시설 및 용도제한 등) ① 대통령령으로 정하는 용도 및 규모의 건축물과 그 대지에는 국토교통부령으로 정하는 바에 따라 복도, 계단, 출입구, 그 밖의 피난시설과 저수조(貯水槽), 대지 안의 피난과 소화에 필요한 통로를 설치하여야 한다.
② 대통령령으로 정하는 용도 및 규모의 건축물의 안전·위생 및 방화(防火) 등을 위하여 필요한 용도 및 구조의 제한, 방화구획(防火區劃), 화장실의 구조, 계단·출입구, 거실의 반자 높이, 거실의 채광·환기, 배연설비와 바닥의 방습 등에 관하여 필요한 사항은 국토교통부령으로 정한다. 다만, 대규모 창고시설등 대

통령령으로 정하는 용도 및 규모의 건축물에 대해서는 방화구획등 화재안전에 필요한 사항을 국토교통부령으로 별도로 정할 수 있다.
③ 대통령령으로 정하는 건축물은 국토교통부령으로 정하는 기준에 따라 소방관이 진입할 수 있는 창을 설치하고, 외부에서 주야간에 식별할 수 있는 표시를 하여야 한다.
④ 대통령령으로 정하는 용도 및 규모의 건축물에 대하여 가구·세대 등 간 소음 방지를 위하여 국토교통부령으로 정하는 바에 따라 경계벽 및 바닥을 설치하여야 한다.
⑤ 「자연재해대책법」 제12조제1항에 따른 자연재해위험개선지구 중 침수위험지구에 국가·지방자치단체 또는 「공공기관의 운영에 관한 법률」 제4조제1항에 따른 공공기관이 건축하는 건축물은 침수 방지 및 방수를 위하여 다음 각 호의 기준에 따라야 한다.
1. 건축물의 1층 전체를 필로티(건축물을 사용하기 위한 경비실, 계단실, 승강기실, 그 밖에 이와 비슷한 것을 포함한다) 구조로 할 것
2. 국토교통부령으로 정하는 침수 방지시설을 설치할 것

제50조(건축물의 내화구조와 방화벽) ① 문화 및 집회시설, 의료시설, 공동주택 등 대통령령으로 정하는 건축물은국토교통부령으로 정하는 기준에 따라 주요구조부와 지붕을 내화(耐火)구조로 하여야 한다. 다만, 막구조 등 대통령령으로 정하는 구조는 주요구조부에만 내화구조로 할 수 있다.
② 대통령령으로 정하는 용도 및 규모의 건축물은 국토교통부령으로 정하는 기준에 따라 방화벽으로 구획하여야 한다.

제50조의2(고층건축물의 피난 및 안전관리) ① 고층건축물에는 대통령령으로 정하는 바에 따라 피난안전구역을 설치하거나 대피공간을 확보한 계단을 설치하여야 한다. 이 경우 피난안전구역의 설치 기준, 계단의 설치 기준과 구조 등에 관하여 필요한 사항은 국토교통부령으로 정한다.
② 고층건축물에 설치된 피난안전구역·피난시설 또는 대피공간에는 국토교통부령으로 정하는 바에 따라 화재 등의 경우에 피난 용도로 사용되는 것임을 표시하여야 한다.
③ 고층건축물의 화재예방 및 피해경감을 위하여 국토교통부령으로 정하는 바에 따라 제48조부터 제50조까지의 기준을 강화하여 적용할 수 있다.

제51조(방화지구 안의 건축물) ① 「국토의 계획 및 이용에 관한 법률」 제37조제1항제3호에 따른 방화지구(이하 "방화지구"라 한다) 안에서는 건축물의 주요구조부와 지붕·외벽을 내화구조로 하여야 한다. 다만, 대통령령으로 정하는 경우에는 그러하지 아니하다.
② 방화지구 안의 공작물로서 간판, 광고탑, 그 밖에 대통령령으로 정하는 공작물 중 건축물의 지붕 위에 설치하는 공작물이나 높이 3미터 이상의 공작물은 주요부를 불연(不燃)재료로 하여야 한다.
③ 방화지구 안의 지붕·방화문 및 인접 대지 경계선에 접하는 외벽은 국토교통부령으로 정하는 구조 및 재료로 하여야 한다.

제52조(건축물의 마감재료 등) ① 대통령령으로 정하는 용도 및 규모의 건축물의 벽, 반자, 지붕(반자가 없는 경우에 한정한다) 등 내부의 마감재료[제52조의4제1항의 복합자재의 경우 심재(心材)를 포함한다]는 방화에 지장이 없는 재료로 하되, 「실내공기질 관리법」 제5조 및 제6조에 따른 실내공기질 유지기준 및 권고기준을 고려하고 관계 중앙행정기관의 장과 협의하여 국토교통부령으로 정하는 기준에 따른 것이어야 한다.
② 대통령령으로 정하는 건축물의 외벽에 사용하는 마감재료(두 가지 이상의 재료로 제작된 자재의 경우 각 재료를 포함한다)는 방화에 지장이 없는 재료로 하여야 한다. 이 경우 마감재료의 기준은 국토교통부령으로 정한다.
③ 욕실, 화장실, 목욕장 등의 바닥 마감재료는 미끄럼을 방지할 수 있도록 국토교통부령으로 정하는 기준에 적합하여야 한다.
④ 대통령령으로 정하는 용도 및 규모에 해당하는 건축물 외벽에 설치되는 창호(窓戶)는 방화에 지장이 없도록 인접 대지와의 이격거리를 고려하여 방화성능 등이 국토교통부령으로 정하는 기준에 적합하여야 한다.

제52조의2(실내건축) ① 대통령령으로 정하는 용도 및 규모에 해당하는 건축물의 실내건축은 방화에 지장이 없고 사용자의 안전에 문제가 없는 구조 및 재료로 시공하여야 한다.
② 실내건축의 구조·시공방법 등에 관한 기준은 국토교통부령으로 정한다.
③ 특별자치시장·특별자치도지사 또는 시장·군수·구청장은 제1항 및 제2항에 따라 실내건축이 적정하게 설치 및 시공되었는지를 검사하여야 한다. 이 경우 검사하는 대상 건축물과 주기(週期)는 건축조례로 정한다.

제52조의3(건축자재의 제조 및 유통 관리) ① 제조업자 및 유통업자는 건축물의 안전과 기능 등에 지장을 주지 아니하도록 건축자재를 제조·보관 및 유통하여야 한다.
② 국토교통부장관, 시·도지사 및 시장·군수·구청장은 건축물의 구조 및 재료의 기준 등이 공사현장에서

준수되고 있는지를 확인하기 위하여 제조업자 및 유통업자에게 필요한 자료의 제출을 요구하거나 건축공사장, 제조업자의 제조현장 및 유통업자의 유통장소 등을 점검할 수 있으며 필요한 경우에는 시료를 채취하여 성능 확인을 위한 시험을 할 수 있다.

③ 국토교통부장관, 시·도지사 및 시장·군수·구청장은 제2항의 점검을 통하여 위법 사실을 확인한 경우 대통령령으로 정하는 바에 따라 공사 중단, 사용 중단 등의 조치를 하거나 관계 기관에 대하여 관계 법률에 따른 영업정지 등의 요청을 할 수 있다.

④ 국토교통부장관, 시·도지사, 시장·군수·구청장은 제2항의 점검업무를 대통령령으로 정하는 전문기관으로 하여금 대행하게 할 수 있다.

⑤ 제2항에 따른 점검에 관한 절차 등에 관하여 필요한 사항은 국토교통부령으로 정한다.

제52조의4(건축자재의 품질관리 등) ① 복합자재(불연재료인 양면 철판, 석재, 콘크리트 또는 이와 유사한 재료와 불연재료가 아닌 심재로 구성된 것을 말한다)를 포함한 제52조에 따른 마감재료, 방화문 등 대통령령으로 정하는 건축자재의 제조업자, 유통업자, 공사시공자 및 공사감리자는 국토교통부령으로 정하는 사항을 기재한 품질관리서(이하 "품질관리서"라 한다)를 대통령령으로 정하는 바에 따라 허가권자에게 제출하여야 한다.

② 제1항에 따른 건축자재의 제조업자, 유통업자는 「과학기술분야 정부출연연구기관 등의 설립·운영 및 육성에 관한 법률」에 따른 한국건설기술연구원 등 대통령령으로 정하는 시험기관에 건축자재의 성능시험을 의뢰하여야 한다.

③ 제2항에 따른 성능시험을 수행하는 시험기관의 장은 성능시험 결과 등 건축자재의 품질관리에 필요한 정보를 국토교통부령으로 정하는 바에 따라 기관 또는 단체에 제공하거나 공개하여야 한다.

④ 제3항에 따라 정보를 제공받은 기관 또는 단체는 해당 건축자재의 정보를 홈페이지 등에 게시하여 일반인이 알 수 있도록 하여야 한다.

⑤ 제1항에 따른 건축자재 중 국토교통부령으로 정하는 단열재는 국토교통부장관이 고시하는 기준에 따라 해당 건축자재에 대한 정보를 표면에 표시하여야 한다.

⑥ 복합자재에 대한 난연성분 분석시험, 난연성능기준, 시험수수료 등 필요한 사항은 국토교통부령으로 정한다.

제53조(지하층) ① 건축물에 설치하는 지하층의 구조 및 설비는 국토교통부령으로 정하는 기준에 맞게 하여야 한다.

② 단독주택, 공동주택 등 대통령령으로 정하는 건축물의 지하층에는 거실을 설치할 수 없다. 다만, 다음 각 호의 사항을 고려하여 해당 지방자치단체의 조례로 정하는 경우에는 그러하지 아니하다.
  1. 침수위험 정도를 비롯한 지역적 특성
  2. 피난 및 대피가능성
  3. 그밖에 주거의 안전과 관련된 사항

제7장 건축설비

제62조(건축설비기준 등) 건축설비의 설치 및 구조에 관한 기준과 설계 및 공사감리에 관하여 필요한 사항은 대통령령으로 정한다.

제64조(승강기) ① 건축주는 6층 이상으로서 연면적이 2천제곱미터 이상인 건축물(대통령령으로 정하는 건축물은 제외한다)을 건축하려면 승강기를 설치하여야 한다. 이 경우 승강기의 규모 및 구조는 국토교통부령으로 정한다.

② 높이 31미터를 초과하는 건축물에는 대통령령으로 정하는 바에 따라 제1항에 따른 승강기뿐만 아니라 비상용승강기를 추가로 설치하여야 한다. 다만, 국토교통부령으로 정하는 건축물의 경우에는 그러하지 아니하다.

③ 고층건축물에는 제1항에 따라 건축물에 설치하는 승용승강기 중 1대 이상을 대통령령으로 정하는 바에 따라 피난용승강기로 설치하여야 한다.

제65조의2(지능형건축물의 인증) ① 국토교통부장관은 지능형건축물[Intelligent Building]의 건축을 활성화하기 위하여 지능형건축물 인증제도를 실시한다.

② 국토교통부장관은 제1항에 따른 지능형건축물의 인증을 위하여 인증기관을 지정할 수 있다.

③ 지능형건축물의 인증을 받으려는 자는 제2항에 따른 인증기관에 인증을 신청하여야 한다.

④ 국토교통부장관은 건축물을 구성하는 설비 및 각종 기술을 최적으로 통합하여 건축물의 생산성과 설비 운영의 효율성을 극대화할 수 있도록 다음 각 호의 사항을 포함하여 지능형건축물 인증기준을 고시한다.
  1. 인증기준 및 절차   2. 인증표시 홍보기준   3. 유효기간

4. 수수료   5. 인증 등급 및 심사기준 등

⑤ 제2항과 제3항에 따른 인증기관의 지정 기준, 지정 절차 및 인증 신청 절차 등에 필요한 사항은 국토교통부령으로 정한다.
⑥ 허가권자는 지능형건축물로 인증을 받은 건축물에 대하여 제42조에 따른 조경설치면적을 100분의 85까지 완화하여 적용할 수 있으며, 제56조 및 제60조에 따른 용적률 및 건축물의 높이를 100분의 115의 범위에서 완화하여 적용할 수 있다.

제67조(관계전문기술자) ① 설계자와 공사감리자는 제40조, 제41조, 제48조부터 제50조까지, 제50조의2, 제51조, 제52조, 제62조 및 제64조와 「녹색건축물 조성 지원법」 제15조에 따른 대지의 안전, 건축물의 구조상 안전, 부속구조물 및 건축설비의 설치 등을 위한 설계 및 공사감리를 할 때 대통령령으로 정하는 바에 따라 다음 각 호의 어느 하나의 자격을 갖춘 관계전문기술자(「기술사법」 제21조제2호에 따라 벌칙을 받은 후 대통령령으로 정하는 기간이 지나지 아니한 자는 제외한다)의 협력을 받아야 한다.
  1. 「기술사법」 제6조에 따라 기술사사무소를 개설등록한 자
  2. 「건설기술 진흥법」 제26조에 따라 건설기술용역업자로 등록한 자
  3. 「엔지니어링산업 진흥법」 제21조에 따라 엔지니어링사업자의 신고를 한 자
  4. 「전력기술관리법」 제14조에 따라 설계업 및 감리업으로 등록한 자
② 관계전문기술자는 건축물이 이 법 및 이 법에 따른 명령이나 처분, 그 밖의 관계 법령에 맞고 안전·기능 및 미관에 지장이 없도록 업무를 수행하여야 한다.

제9장 보칙

제84조(면적·높이 및 층수의 산정) 건축물의 대지면적, 연면적, 바닥면적, 높이, 처마, 천장, 바닥 및 층수의 산정방법은 대통령령으로 정한다.

건축법 시행령

[시행 2025. 12. 18.] [대통령령 제35082호, 2024. 12. 17., 일부개정]

제1조(목적) 이 영은 「건축법」에서 위임된 사항과 그 시행에 필요한 사항을 규정함을 목적으로 한다.

제2조(정의) 이 영에서 사용하는 용어의 뜻은 다음과 같다.
1. "신축"이란 건축물이 없는 대지(기존 건축물이 해체되거나 멸실된 대지를 포함한다)에 새로 건축물을 축조(築造)하는 것[부속건축물만 있는 대지에 새로 주된 건축물을 축조하는 것을 포함하되, 개축(改築) 또는 재축(再築)하는 것은 제외한다]을 말한다.
2. "증축"이란 기존 건축물이 있는 대지에서 건축물의 건축면적, 연면적, 층수 또는 높이를 늘리는 것을 말한다.
3. "개축"이란 기존 건축물의 전부 또는 일부[내력벽·기둥·보·지붕틀(제16호에 따른 한옥의 경우에는 지붕틀의 범위에서 서까래는 제외한다) 중 셋 이상이 포함되는 경우를 말한다]를 해체하고 그 대지에 종전과 같은 규모의 범위에서 건축물을 다시 축조하는 것을 말한다.
4. "재축"이란 건축물이 천재지변이나 그 밖의 재해(災害)로 멸실된 경우 그 대지에 다음 각 목의 요건을 모두 갖추어 다시 축조하는 것을 말한다.
   가. 연면적 합계는 종전 규모 이하로 할 것
   나. 동(棟)수, 층수 및 높이는 다음의 어느 하나에 해당할 것
     1) 동수, 층수 및 높이가 모두 종전 규모 이하일 것
     2) 동수, 층수 또는 높이의 어느 하나가 종전 규모를 초과하는 경우에는 해당 동수, 층수 및 높이가 「건축법」(이하 "법"이라 한다), 이 영 또는 건축조례(이하 "법령등"이라 한다)에 모두 적합할 것
5. "이전"이란 건축물의 주요구조부를 해체하지 아니하고 같은 대지의 다른 위치로 옮기는 것을 말한다.
6. "내수재료(耐水材料)"란 인조석·콘크리트 등 내수성을 가진 재료로서 국토교통부령으로 정하는 재료를 말한다.
7. "내화구조(耐火構造)"란 화재에 견딜 수 있는 성능을 가진 구조로서 국토교통부령으로 정하는 기준에 적합한 구조를 말한다.
8. "방화구조(防火構造)"란 화염의 확산을 막을 수 있는 성능을 가진 구조로서 국토교통부령으로 정하는 기준에 적합한 구조를 말한다.
9. "난연재료(難燃材料)"란 불에 잘 타지 아니하는 성능을 가진 재료로서 국토교통부령으로 정하는 기준에 적합한 재료를 말한다.
10. "불연재료(不燃材料)"란 불에 타지 아니하는 성질을 가진 재료로서 국토교통부령으로 정하는 기준에 적합한 재료를 말한다.
11. "준불연재료"란 불연재료에 준하는 성질을 가진 재료로서 국토교통부령으로 정하는 기준에 적합한 재료를 말한다.
12. "부속건축물"이란 같은 대지에서 주된 건축물과 분리된 부속용도의 건축물로서 주된 건축물을 이용 또는 관리하는 데에 필요한 건축물을 말한다.
13. "부속용도"란 건축물의 주된 용도의 기능에 필수적인 용도로서 다음 각 목의 어느 하나에 해당하는 용도를 말한다.
    가. 건축물의 설비, 대피, 위생, 그 밖에 이와 비슷한 시설의 용도
    나. 사무, 작업, 집회, 물품저장, 주차, 그 밖에 이와 비슷한 시설의 용도
    다. 구내식당·직장어린이집·구내운동시설 등 종업원 후생복리시설, 구내소각시설, 그 밖에 이와 비슷한 시설의 용도. 이 경우 다음의 요건을 모두 갖춘 휴게음식점(별표 1 제3호의 제1종 근린생활시설 중 같은 호 나목에 따른 휴게음식점을 말한다)은 구내식당에 포함되는 것으로 본다.
      1) 구내식당 내부에 설치할 것
      2) 설치면적이 구내식당 전체 면적의 3분의 1 이하로서 50제곱미터 이하일 것
      3) 다류(茶類)를 조리·판매하는 휴게음식점일 것
    라. 관계 법령에서 주된 용도의 부수시설로 설치할 수 있게 규정하고 있는 시설, 그 밖에 국토교통부장관이 이와 유사하다고 인정하여 고시하는 시설의 용도
14. "발코니"란 건축물의 내부와 외부를 연결하는 완충공간으로서 전망이나 휴식 등의 목적으로 건축물 외벽

에 접하여 부가적(附加的)으로 설치되는 공간을 말한다. 이 경우 주택에 설치되는 발코니로서 국토교통부장관이 정하는 기준에 적합한 발코니는 필요에 따라 거실·침실·창고 등의 용도로 사용할 수 있다.
15. "초고층 건축물"이란 층수가 50층 이상이거나 높이가 200미터 이상인 건축물을 말한다.
15의2. "준초고층 건축물"이란 고층건축물 중 초고층 건축물이 아닌 것을 말한다.
16. "한옥"이란 「한옥 등 건축자산의 진흥에 관한 법률」 제2조제2호에 따른 한옥을 말한다.
17. "다중이용 건축물"이란 다음 각 목의 어느 하나에 해당하는 건축물을 말한다.
    가. 다음의 어느 하나에 해당하는 용도로 쓰는 바닥면적의 합계가 5천제곱미터 이상인 건축물
        1) 문화 및 집회시설(동물원 및 식물원은 제외한다)   2) 종교시설
        3) 판매시설   4) 운수시설 중 여객용 시설
        5) 의료시설 중 종합병원   6) 숙박시설 중 관광숙박시설
    나. 16층 이상인 건축물
17의2. "준다중이용 건축물"이란 다중이용 건축물 외의 건축물로서 다음 각 목의 어느 하나에 해당하는 용도로 쓰는 바닥면적의 합계가 1천제곱미터 이상인 건축물을 말한다.
    가. 문화 및 집회시설(동물원 및 식물원은 제외한다)   나. 종교시설
    다. 판매시설   라. 운수시설 중 여객용 시설
    마. 의료시설 중 종합병원   바. 교육연구시설
    사. 노유자시설   아. 운동시설
    자. 숙박시설 중 관광숙박시설   차. 위락시설
    카. 관광 휴게시설   타. 장례시설
18. "특수구조 건축물"이란 다음 각 목의 어느 하나에 해당하는 건축물을 말한다.
    가. 한쪽 끝은 고정되고 다른 끝은 지지(支持)되지 아니한 구조로 된 보·차양 등이 외벽(외벽이 없는 경우에는 외곽 기둥을 말한다)의 중심선으로부터 3미터 이상 돌출된 건축물
    나. 기둥과 기둥 사이의 거리(기둥의 중심선 사이의 거리를 말하며, 기둥이 없는 경우에는 내력벽과 내력벽의 중심선 사이의 거리를 말한다. 이하 같다)가 20미터 이상인 건축물
    다. 무량판구조(보가 없이 바닥판·기둥으로 구성된 구조를 말한다. 이하 같다)를 가진 건축물로서 무량판구조인 어느 하나의 층에 수직으로 배치된 주요구조부의 전체 단면적에서 보가 없이 배치된 기둥의 전체 단면적이 차지하는 비율이 4분의 1 이상인 건축물
    라. 특수한 설계·시공·공법 등이 필요한 건축물로서 국토교통부장관이 정하여 고시하는 구조로 된 건축물
19. 법 제2조제1항제21호에서 "환기시설물 등 대통령령으로 정하는 구조물"이란 급기(給氣) 및 배기(排氣)를 위한 건축 구조물의 개구부(開口部)인 환기구를 말한다.

제3조의2(대수선의 범위) 법 제2조제1항제9호에서 "대통령령으로 정하는 것"이란 다음 각 호의 어느 하나에 해당하는 것으로서 증축·개축 또는 재축에 해당하지 아니하는 것을 말한다.
1. 내력벽을 증설 또는 해체하거나 그 벽면적을 30제곱미터 이상 수선 또는 변경하는 것
2. 기둥을 증설 또는 해체하거나 세 개 이상 수선 또는 변경하는 것
3. 보를 증설 또는 해체하거나 세 개 이상 수선 또는 변경하는 것
4. 지붕틀(한옥의 경우에는 지붕틀의 범위에서 서까래는 제외한다)을 증설 또는 해체하거나 세 개 이상 수선 또는 변경하는 것
5. 방화벽 또는 방화구획을 위한 바닥 또는 벽을 증설 또는 해체하거나 수선 또는 변경하는 것
6. 주계단·피난계단 또는 특별피난계단을 증설 또는 해체하거나 수선 또는 변경하는 것
7. 삭제 〈2019. 10. 22.〉
8. 다가구주택의 가구 간 경계벽 또는 다세대주택의 세대 간 경계벽을 증설 또는 해체하거나 수선 또는 변경하는 것
9. 건축물의 외벽에 사용하는 마감재료(법 제52조제2항에 따른 마감재료를 말한다)를 증설 또는 해체하거나 벽면적 30제곱미터 이상 수선 또는 변경하는 것

제3조의3(지형적 조건 등에 따른 도로의 구조와 너비) 법 제2조제1항제11호 각 목 외의 부분에서 "대통령령으로 정하는 구조와 너비의 도로"란 다음 각 호의 어느 하나에 해당하는 도로를 말한다.
1. 특별자치시장·특별자치도지사 또는 시장·군수·구청장이 지형적 조건으로 인하여 차량 통행을 위한 도로의 설치가 곤란하다고 인정하여 그 위치를 지정·공고하는 구간의 너비 3미터 이상(길이가 10미터 미만인 막다른 도로인 경우에는 너비 2미터 이상)인 도로

2. 제1호에 해당하지 아니하는 막다른 도로로서 그 도로의 너비가 그 길이에 따라 각각 다음 표에 정하는 기준 이상인 도로

막다른 도로의 길이	도로의 너비
10미터 미만	2미터
10미터 이상 35미터 미만	3미터
35미터 이상	6미터(도시지역이 아닌 읍·면지역에서는 4미터)

제3조의4(실내건축의 재료 등) 법 제2조제1항제20호에서 "벽지, 천장재, 바닥재, 유리 등 대통령령으로 정하는 재료 또는 장식물"이란 다음 각 호의 재료를 말한다.
1. 벽, 천장, 바닥 및 반자틀의 재료
2. 실내에 설치하는 난간, 창호 및 출입문의 재료
3. 실내에 설치하는 전기·가스·급수(給水), 배수(排水)·환기시설의 재료
4. 실내에 설치하는 충돌·끼임 등 사용자의 안전사고 방지를 위한 시설의 재료

제3조의5(용도별 건축물의 종류) 법 제2조제2항 각 호의 용도에 속하는 건축물의 종류는 별표 1과 같다.

[별표 1] 용도별 건축물의 종류(제3조의5 관련)

1. 단독주택[단독주택의 형태를 갖춘 가정어린이집·공동생활가정·지역아동센터·공동육아나눔터(「아이돌봄 지원법」 제19조에 따른 공동육아나눔터를 말한다. 이하 같다)·작은도서관(「도서관법」 제4조제2항제1호가 따른 작은도서관을 말하며, 해당 주택의 1층에 설치한 경우만 해당한다. 이하 같다) 및 노인복지시설(노인복지주택은 제외한다)을 포함한다]
   가. 단독주택
   나. 다중주택 : 다음의 요건을 모두 갖춘 주택을 말한다.
      1) 학생 또는 직장인 등 여러 사람이 장기간 거주할 수 있는 구조로 되어 있는 것
      2) 독립된 주거의 형태를 갖추지 아니한 것(각 실별로 욕실은 설치할 수 있으나, 취사시설은 설치하지 아니한 것을 말한다. 이하 같다)
      3) 1개 동의 주택으로 쓰이는 바닥면적의 합계가 330제곱미터 이하이고 주택으로 쓰는 층수(지하층은 제외한다)가 3개 층 이하일 것
   다. 다가구주택 : 다음의 요건을 모두 갖춘 주택으로서 공동주택에 해당하지 아니하는 것을 말한다.
      1) 주택으로 쓰는 층수(지하층은 제외한다)가 3개 층 이하일 것. 다만, 1층의 전부 또는 일부를 필로티 구조로 하여 주차장으로 사용하고 나머지 부분을 주택 외의 용도로 쓰는 경우에는 해당 층을 주택의 층수에서 제외한다.
      2) 1개 동의 주택으로 쓰이는 바닥면적(부설 주차장 면적은 제외한다. 이하 같다)의 합계가 660제곱미터 이하일 것
      3) 19세대(대지 내 동별 세대수를 합한 세대를 말한다) 이하가 거주할 수 있을 것
   라. 공관(公館)
2. 공동주택[공동주택의 형태를 갖춘 가정어린이집·공동생활가정·지역아동센터·공동육아나눔터·작은도서관·노인복지시설(노인복지주택은 제외한다) 및 「주택법 시행령」 제10조제1항제1호에 따른 원룸형 주택을 포함한다]. 다만, 가목이나 나목에서 층수를 산정할 때 1층 전부를 필로티 구조로 하여 주차장으로 사용하는 경우에는 필로티 부분을 층수에서 제외하고, 다목에서 층수를 산정할 때 1층의 전부 또는 일부를 필로티 구조로 하여 주차장으로 사용하고 나머지 부분을 주택 외의 용도로 쓰는 경우에는 해당 층을 주택의 층수에서 제외하며, 가목부터 라목까지의 규정에서 층수를 산정할 때 지하층을 주택의 층수에서 제외한다.
   가. 아파트 : 주택으로 쓰는 층수가 5개 층 이상인 주택
   나. 연립주택 : 주택으로 쓰는 1개 동의 바닥면적(2개 이상의 동을 지하주차장으로 연결하는 경우에는 각각의 동으로 본다) 합계가 660제곱미터를 초과하고, 층수가 4개 층 이하인 주택
   다. 다세대주택 : 주택으로 쓰는 1개 동의 바닥면적 합계가 660제곱미터 이하이고, 층수가 4개 층 이하인 주택(2개 이상의 동을 지하주차장으로 연결하는 경우에는 각각의 동으로 본다)
   라. 기숙사 : 다음의 어느 하나에 해당하는 건축물로서 공간의 구성과 규모 등에 관하여 국토교통부장관이 정하여 고시하는 기준에 적합한 것. 다만, 구분소유된 개별 실(室)은 제외한다.
      1) 일반기숙사 : 학교 또는 공장 등의 학생 또는 종업원 등을 위하여 사용하는 것으로서 해당 기숙사의 공동취사시설 이용 세대 수가 전체 세대 수(건축물의 일부를 기숙사로 사용하는 경우에는 기숙사로 사용하는 세대 수로 한다. 이하 같다)의 50퍼센트 이상인 것(「교육기본법」 제27조제2항에 따른 학생복지주택을 포함한다)
      2) 임대형기숙사 : 「공공주택 특별법」 제4조에 따른 공공주택사업자 또는 「민간임대주택에 관한 특별법」 제2조제7호에 따른 임대사업자가 임대사업에 사용하는 것으로서 임대 목적으로 제공하는 실이 20실 이상이고 해당 기숙사의 공동취사시설 이용 세대 수가 전체 세대 수의 50퍼센트 이상인 것

3. 제1종 근린생활시설
   가. 식품·잡화·의류·완구·서적·건축자재·의약품·의료기기 등 일용품을 판매하는 소매점으로서 같은 건축물(하나의 대지에 두 동 이상의 건축물이 있는 경우에는 이를 같은 건축물로 본다. 이하 같다)에 해당 용도로 쓰는 바닥면적의 합계가 1천 제곱미터 미만인 것
   나. 휴게음식점, 제과점 등 음료·차(茶)·음식·빵·떡·과자 등을 조리하거나 제조하여 판매하는 시설(제4호너목 또는 제17호에 해당하는 것은 제외한다)로서 같은 건축물에 해당 용도로 쓰는 바닥면적의 합계가 300제곱미터 미만인 것
   다. 이용원, 미용원, 목욕장, 세탁소 등 사람의 위생관리나 의류 등을 세탁·수선하는 시설(세탁소의 경우 공장에 부설되는 것과「대기환경보전법」,「물환경보전법」또는「소음·진동관리법」에 따른 배출시설의 설치 허가 또는 신고의 대상인 것은 제외한다)
   라. 의원, 치과의원, 한의원, 침술원, 접골원(接骨院), 조산원, 안마원, 산후조리원 등 주민의 진료·치료 등을 위한 시설
   마. 탁구장, 체육도장으로서 같은 건축물에 해당 용도로 쓰는 바닥면적의 합계가 500제곱미터 미만인 것
   바. 지역자치센터, 파출소, 지구대, 소방서, 우체국, 방송국, 보건소, 공공도서관, 건강보험공단 사무소 등 주민의 편의를 위하여 공공업무를 수행하는 시설로서 같은 건축물에 해당 용도로 쓰는 바닥면적의 합계가 1천 제곱미터 미만인 것
   사. 마을회관, 마을공동작업소, 마을공동구판장, 공중화장실, 대피소, 지역아동센터(단독주택과 공동주택에 해당하는 것은 제외한다) 등 주민이 공동으로 이용하는 시설
   아. 변전소, 도시가스배관시설, 통신용 시설(해당 용도로 쓰는 바닥면적의 합계가 1천제곱미터 미만인 것에 한정한다), 정수장, 양수장 등 주민의 생활에 필요한 에너지공급·통신서비스제공이나 급수·배수와 관련된 시설
   자. 금융업소, 사무소, 부동산중개사무소, 결혼상담소 등 소개업소, 출판사 등 일반업무시설로서 같은 건축물에 해당 용도로 쓰는 바닥면적의 합계가 30제곱미터 미만인 것
   차. 전기자동차 충전소(해당 용도로 쓰는 바닥면적의 합계가 1천제곱미터 미만인 것으로 한정한다)
   카. 동물병원, 동물미용실 및「동물보호법」제73조제1항제2호에 따른 동물위탁관리업을 위한 시설로서 같은 건축물에 해당 용도로 쓰는 바닥면적의 합계가 300제곱미터 미만인 것
4. 제2종 근린생활시설
   가. 공연장(극장, 영화관, 연예장, 음악당, 서커스장, 비디오물감상실, 비디오물소극장, 그 밖에 이와 비슷한 것을 말한다. 이하 같다)으로서 같은 건축물에 해당 용도로 쓰는 바닥면적의 합계가 500제곱미터 미만인 것
   나. 종교집회장[교회, 성당, 사찰, 기도원, 수도원, 수녀원, 제실(祭室), 사당, 그 밖에 이와 비슷한 것을 말한다. 이하 같다]으로서 같은 건축물에 해당 용도로 쓰는 바닥면적의 합계가 500제곱미터 미만인 것
   다. 자동차영업소로서 같은 건축물에 해당 용도로 쓰는 바닥면적의 합계가 1천제곱미터 미만인 것
   라. 서점(제1종 근린생활시설에 해당하지 않는 것)
   마. 총포판매소
   바. 사진관, 표구점
   사. 청소년게임제공업소, 복합유통게임제공업소, 인터넷컴퓨터게임시설제공업소, 그 밖에 이와 비슷한 게임 관련 시설로서 같은 건축물에 해당 용도로 쓰는 바닥면적의 합계가 500제곱미터 미만인 것
   아. 휴게음식점, 제과점 등 음료·차(茶)·음식·빵·떡·과자 등을 조리하거나 제조하여 판매하는 시설(너목 또는 제17호에 해당하는 것은 제외한다)로서 같은 건축물에 해당 용도로 쓰는 바닥면적의 합계가 300제곱미터 이상인 것
   자. 일반음식점
   차. 장의사, 동물병원, 동물미용실,「동물보호법」제73조제1항제2호에 따른 동물위탁관리업을 위한 시설, 그 밖에 이와 유사한 것(제1종 근린생활시설에 해당하는 것은 제외한다)
   카. 학원(자동차학원·무도학원 및 정보통신기술을 활용하여 원격으로 교습하는 것은 제외한다), 교습소(자동차교습·무도교습 및 정보통신기술을 활용하여 원격으로 교습하는 것은 제외한다), 직업훈련소(운전·정비 관련 직업훈련소는 제외한다)로서 같은 건축물에 해당 용도로 쓰는 바닥면적의 합계가 500제곱미터 미만인 것
   타. 독서실, 기원
   파. 테니스장, 체력단련장, 에어로빅장, 볼링장, 당구장, 실내낚시터, 골프연습장, 놀이형시설(「관광진흥법」에 따른 기타유원시설업의 시설을 말한다. 이하 같다) 등 주민의 체육 활동을 위한 시설(제3호마목의 시설은 제외한다)로서 같은 건축물에 해당 용도로 쓰는 바닥면적의 합계가 500제곱미터 미만인 것
   하. 금융업소, 사무소, 부동산중개사무소, 결혼상담소 등 소개업소, 출판사 등 일반업무시설로서 같은 건축물에 해당 용도로 쓰는 바닥면적의 합계가 500제곱미터 미만인 것(제1종 근린생활시설에 해당하는 것은 제외한다)
   거. 다중생활시설(「다중이용업소의 안전관리에 관한 특별법」에 따른 다중이용업 중 고시원업의 시설로서 국토교통부장관이 고시하는 기준에 적합한 것을 말한다. 이하 같다)로서 같은 건축물에 해당 용도로 쓰는 바닥면적의 합계가 500제곱미터 미만인 것
   너. 제조업소, 수리점 등 물품의 제조·가공·수리 등을 위한 시설로서 같은 건축물에 해당 용도로 쓰는 바닥면적의 합계가 500제곱미터 미만이고, 다음 요건 중 어느 하나에 해당하는 것
      1) 「대기환경보전법」,「물환경보전법」또는「소음·진동관리법」에 따른 배출시설의 설치 허가 또는 신고의 대상이 아닌 것

2) 「대기환경보전법」, 「물환경보전법」 또는 「소음·진동관리법」에 따른 배출시설의 설치 허가 또는 신고의 대상 시설로서 발생되는 폐수를 전량 위탁처리하는 것
  더. 단란주점으로서 같은 건축물에 해당 용도로 쓰는 바닥면적의 합계가 150제곱미터 미만인 것
  러. 안마시술소, 노래연습장
5. 문화 및 집회시설
  가. 공연장으로서 제2종 근린생활시설에 해당하지 아니하는 것
  나. 집회장[예식장, 공회당, 회의장, 마권(馬券) 장외 발매소, 마권 전화투표소, 그 밖에 이와 비슷한 것을 말한다]으로서 제2종 근린생활시설에 해당하지 아니하는 것
  다. 관람장(경마장, 경륜장, 경정장, 자동차 경기장, 그 밖에 이와 비슷한 것과 체육관 및 운동장으로서 관람석의 바닥면적의 합계가 1천 제곱미터 이상인 것을 말한다)
  라. 전시장(박물관, 미술관, 과학관, 문화관, 체험관, 기념관, 산업전시장, 박람회장, 그 밖에 이와 비슷한 것을 말한다)
  마. 동·식물원(동물원, 식물원, 수족관, 그 밖에 이와 비슷한 것을 말한다)
6. 종교시설
  가. 종교집회장으로서 제2종 근린생활시설에 해당하지 아니하는 것
  나. 종교집회장(제2종 근린생활시설에 해당하지 아니하는 것을 말한다)에 설치하는 봉안당(奉安堂)
7. 판매시설
  가. 도매시장(「농수산물유통 및 가격안정에 관한 법률」에 따른 농수산물도매시장, 농수산물공판장, 그 밖에 이와 비슷한 것을 말하며, 그 안에 있는 근린생활시설을 포함한다)
  나. 소매시장(「유통산업발전법」 제2조제3호에 따른 대규모 점포, 그 밖에 이와 비슷한 것을 말하며, 그 안에 있는 근린생활시설을 포함한다)
  다. 상점(그 안에 있는 근린생활시설을 포함한다)으로서 다음의 요건 중 어느 하나에 해당하는 것
    1) 제3호가목에 해당하는 용도(서점은 제외한다)로서 제1종 근린생활시설에 해당하지 아니하는 것
    2) 「게임산업진흥에 관한 법률」 제2조제6호의2가목에 따른 청소년게임제공업의 시설, 같은 호 나목에 따른 일반게임제공업의 시설, 같은 조 제7호에 따른 인터넷컴퓨터게임시설제공업의 시설 및 같은 조 제8호에 따른 복합유통게임제공업의 시설로서 제2종 근린생활시설에 해당하지 아니하는 것
8. 운수시설
  가. 여객자동차터미널   나. 철도시설   다. 공항시설   라. 항만시설
  마. 그 밖에 가목부터 라목까지의 규정에 따른 시설과 비슷한 시설
9. 의료시설
  가. 병원(종합병원, 병원, 치과병원, 한방병원, 정신병원 및 요양병원을 말한다)
  나. 격리병원(전염병원, 마약진료소, 그 밖에 이와 비슷한 것을 말한다)
10. 교육연구시설(제2종 근린생활시설에 해당하는 것은 제외한다)
  가. 학교(유치원, 초등학교, 중학교, 고등학교, 전문대학, 대학, 대학교, 그 밖에 이에 준하는 각종 학교를 말한다)
  나. 교육원(연수원, 그 밖에 이와 비슷한 것을 포함한다)
  다. 직업훈련소(운전 및 정비 관련 직업훈련소는 제외한다)
  라. 학원(자동차학원·무도학원 및 정보통신기술을 활용하여 원격으로 교습하는 것은 제외한다), 교습소(자동차교습·무도교습 및 정보통신기술을 활용하여 원격으로 교습하는 것은 제외한다)
  마. 연구소(연구소에 준하는 시험소와 계측계량소를 포함한다)
  바. 도서관
11. 노유자시설
  가. 아동 관련 시설(어린이집, 아동복지시설, 그 밖에 이와 비슷한 것으로서 단독주택, 공동주택 및 제1종 근린생활시설에 해당하지 아니하는 것을 말한다)
  나. 노인복지시설(단독주택과 공동주택에 해당하지 아니하는 것을 말한다)
  다. 그 밖에 다른 용도로 분류되지 아니한 사회복지시설 및 근로복지시설
12. 수련시설
  가. 생활권 수련시설(「청소년활동진흥법」에 따른 청소년수련관, 청소년문화의집, 청소년특화시설, 그 밖에 이와 비슷한 것을 말한다)
  나. 자연권 수련시설(「청소년활동진흥법」에 따른 청소년수련원, 청소년야영장, 그 밖에 이와 비슷한 것을 말한다)
  다. 「청소년활동진흥법」에 따른 유스호스텔
  라. 「관광진흥법」에 따른 야영장 시설로서 제29호에 해당하지 아니하는 시설
13. 운동시설
  가. 탁구장, 체육도장, 테니스장, 체력단련장, 에어로빅장, 볼링장, 당구장, 실내낚시터, 골프연습장, 놀이형시설, 그 밖에 이와 비슷한 것으로서 제1종 근린생활시설 및 제2종 근린생활시설에 해당하지 아니하는 것
  나. 체육관으로서 관람석이 없거나 관람석의 바닥면적이 1천제곱미터 미만인 것
  다. 운동장(육상장, 구기장, 볼링장, 수영장, 스케이트장, 롤러스케이트장, 승마장, 사격장, 궁도장, 골프장 등과 이에 딸린 건축물을 말한다)으로서 관람석이 없거나 관람석의 바닥면적이 1천 제곱미터 미만인 것

14. 업무시설
    가. 공공업무시설 : 국가 또는 지방자치단체의 청사와 외국공관의 건축물로서 제1종 근린생활시설에 해당하지 아니하는 것
    나. 일반업무시설 : 다음 요건을 갖춘 업무시설을 말한다.
        1) 금융업소, 사무소, 결혼상담소 등 소개소, 출판사, 신문사, 그 밖에 이와 비슷한 것으로서 제1종 근린생활시설 및 제2종 근린생활시설에 해당하지 않는 것
        2) 오피스텔(업무를 주로 하며, 분양하거나 임대하는 구획 중 일부 구획에서 숙식을 할 수 있도록 한 건축물로서 국토교통부장관이 고시하는 기준에 적합한 것을 말한다)
15. 숙박시설
    가. 일반숙박시설 및 생활숙박시설
    나. 관광숙박시설(관광호텔, 수상관광호텔, 한국전통호텔, 가족호텔, 호스텔, 소형호텔, 의료관광호텔 및 휴양 콘도미니엄)
    다. 다중생활시설(제2종 근린생활시설에 해당하지 아니하는 것을 말한다)
    라. 그 밖에 가목부터 다목까지의 시설과 비슷한 것
16. 위락시설
    가. 단란주점으로서 제2종 근린생활시설에 해당하지 아니하는 것
    나. 유흥주점이나 그 밖에 이와 비슷한 것
    다. 「관광진흥법」에 따른 유원시설업의 시설, 그 밖에 이와 비슷한 시설(제2종 근린생활시설과 운동시설에 해당하는 것은 제외한다)
    라. 삭제 〈2010.2.18〉
    마. 무도장, 무도학원
    바. 카지노영업소
17. 공장 : 물품의 제조 · 가공[염색 · 도장(塗裝) · 표백 · 재봉 · 건조 · 인쇄 등을 포함한다] 또는 수리에 계속적으로 이용되는 건축물로서 제1종 근린생활시설, 제2종 근린생활시설, 위험물저장 및 처리시설, 자동차 관련 시설, 자원순환 관련 시설 등으로 따로 분류되지 아니한 것
18. 창고시설(위험물 저장 및 처리 시설 또는 그 부속용도에 해당하는 것은 제외한다)
    가. 창고(물품저장시설로서 「물류정책기본법」에 따른 일반창고와 냉장 및 냉동 창고를 포함한다)
    나. 하역장
    다. 「물류시설의 개발 및 운영에 관한 법률」에 따른 물류터미널
    라. 집배송 시설
19. 위험물 저장 및 처리 시설 : 「위험물안전관리법」, 「석유 및 석유대체연료 사업법」, 「도시가스사업법」, 「고압가스 안전관리법」, 「액화석유가스의 안전관리 및 사업법」, 「총포 · 도검 · 화약류 등 단속법」, 「화학물질 관리법」 등에 따라 설치 또는 영업의 허가를 받아야 하는 건축물로서 다음 각 목의 어느 하나에 해당하는 것. 다만, 자가난방, 자가발전, 그 밖에 이와 비슷한 목적으로 쓰는 저장시설은 제외한다.
    가. 주유소(기계식 세차설비를 포함한다) 및 석유 판매소
    나. 액화석유가스 충전소 · 판매소 · 저장소(기계식 세차설비를 포함한다)
    다. 위험물 제조소 · 저장소 · 취급소
    라. 액화가스 취급소 · 판매소
    마. 유독물 보관 · 저장 · 판매시설
    바. 고압가스 충전소 · 판매소 · 저장소
    사. 도료류 판매소
    아. 도시가스 제조시설
    자. 화약류 저장소
    차. 그 밖에 가목부터 자목까지의 시설과 비슷한 것
20. 자동차 관련 시설(건설기계 관련 시설을 포함한다)
    가. 주차장   나. 세차장   다. 폐차장   라. 검사장   마. 매매장   바. 정비공장
    사. 운전학원 및 정비학원(운전 및 정비 관련 직업훈련시설을 포함한다)
    아. 「여객자동차 운수사업법」, 「화물자동차 운수사업법」 및 「건설기계관리법」에 따른 차고 및 주기장(駐機場)
21. 동물 및 식물 관련 시설
    가. 축사(양잠 · 양봉 · 양어 · 양돈 · 양계 · 곤충사육 시설 및 부화장 등을 포함한다)
    나. 가축시설[가축용 운동시설, 인공수정센터, 관리사(管理舍), 가축용 창고, 가축시장, 동물검역소, 실험동물 사육시설, 그 밖에 이와 비슷한 것을 말한다]
    다. 도축장
    라. 도계장
    마. 작물 재배사
    바. 종묘배양시설
    사. 화초 및 분재 등의 온실
    아. 동물 또는 식물과 관련된 가목부터 사목까지의 시설과 비슷한 것(동 · 식물원은 제외한다)

22. 자원순환 관련 시설
   가. 하수 등 처리시설
   나. 고물상
   다. 폐기물재활용시설
   라. 폐기물 처분시설
   마. 폐기물감량화시설
23. 교정시설(제1종 근린생활시설에 해당하는 것은 제외한다)
   가. 교정시설(보호감호소, 구치소 및 교도소를 말한다)
   나. 갱생보호시설, 그 밖에 범죄자의 갱생·보육·교육·보건 등의 용도로 쓰는 시설
   다. 소년원 및 소년분류심사원
23의2. 국방·군사시설(제1종 근린생활시설에 해당하는 것은 제외한다)
   「국방·군사시설 사업에 관한 법률」에 따른 국방·군사시설
24. 방송통신시설(제1종 근린생활시설에 해당하는 것은 제외한다)
   가. 방송국(방송프로그램 제작시설 및 송신·수신·중계시설을 포함한다)
   나. 전신전화국
   다. 촬영소
   라. 통신용 시설
   마. 데이터센터
   바. 그 밖에 가목부터 마목까지의 시설과 비슷한 것
25. 발전시설 : 발전소(집단에너지 공급시설을 포함한다)로 사용되는 건축물로서 제1종 근린생활시설에 해당하지 아니하는 것
26. 묘지 관련 시설
   가. 화장시설
   나. 봉안당(종교시설에 해당하는 것은 제외한다)
   다. 묘지와 자연장지에 부수되는 건축물
   라. 동물화장시설, 동물건조장(乾燥葬)시설 및 동물 전용의 납골시설
27. 관광 휴게시설
   가. 야외음악당
   나. 야외극장
   다. 어린이회관
   라. 관망탑
   마. 휴게소
   바. 공원·유원지 또는 관광지에 부수되는 시설
28. 장례시설
   가. 장례식장[의료시설의 부수시설(「의료법」 제36조제1호에 따른 의료기관의 종류에 따른 시설을 말한다)에 해당하는 것은 제외한다]
   나. 동물 전용의 장례식장
29. 야영장 시설 : 「관광진흥법」에 따른 야영장 시설로서 관리동, 화장실, 샤워실, 대피소, 취사시설 등의 용도로 쓰는 바닥면적의 합계가 300제곱미터 미만인 것

비고
1. 제3호 및 제4호에서 "해당 용도로 쓰는 바닥면적"이란 부설 주차장 면적을 제외한 실(實) 사용면적에 공용부분 면적(복도, 계단, 화장실 등의 면적을 말한다)을 비례 배분한 면적을 합한 면적을 말한다.
2. 비고 제1호에 따라 "해당 용도로 쓰는 바닥면적"을 산정할 때 건축물의 내부를 여러 개의 부분으로 구분하여 독립한 건축물로 사용하는 경우에는 그 구분된 면적 단위로 바닥면적을 산정한다. 다만, 다음 각 목에 해당하는 경우에는 각 목에서 정한 기준에 따른다.
   가. 제4호더목에 해당하는 건축물의 경우에는 내부가 여러 개의 부분으로 구분되어 있더라도 해당 용도로 쓰는 바닥면적을 모두 합산하여 산정한다.
   나. 동일인이 둘 이상의 구분된 건축물을 같은 세부 용도로 사용하는 경우에는 연접되어 있지 않더라도 이를 모두 합산하여 산정한다.
   다. 구분 소유자(임차인을 포함한다)가 다른 경우에도 구분된 건축물을 같은 세부 용도로 연계하여 함께 사용하는 경우(통로, 창고 등을 공동으로 활용하는 경우 또는 명칭의 일부를 동일하게 사용하여 홍보하거나 관리하는 경우 등을 말한다)에는 연접되어 있지 않더라도 연계하여 함께 사용하는 바닥면적을 모두 합산하여 산정한다.
3. 「청소년 보호법」 제2조제5호가목8) 및 9)에 따라 여성가족부장관이 고시하는 청소년 출입·고용금지업의 영업을 위한 시설은 제1종 근린생활시설 및 제2종 근린생활시설에서 제외하되, 위 표에 따른 다른 용도의 시설로 분류되지 않는 경우에는 제16호에 따른 위락시설로 분류한다.
4. 국토교통부장관은 별표 1 각 호의 용도별 건축물의 종류에 관한 구체적인 범위를 정하여 고시할 수 있다.

제6조의5(리모델링이 쉬운 구조 등) ① 법 제8조에서 "대통령령으로 정하는 구조"란 다음 각 호의 요건에 적합한 구조를 말한다. 이 경우 다음 각 호의 요건에 적합한지에 관한 세부적인 판단 기준은 국토교통부장관이 정하여 고시한다.
  1. 각 세대는 인접한 세대와 수직 또는 수평 방향으로 통합하거나 분할할 수 있을 것
  2. 구조체에서 건축설비, 내부 마감재료 및 외부 마감재료를 분리할 수 있을 것
  3. 개별 세대 안에서 구획된 실(室)의 크기, 개수 또는 위치 등을 변경할 수 있을 것
② 법 제8조에서 "대통령령으로 정하는 비율"이란 100분의 120을 말한다. 다만, 건축조례에서 지역별 특성 등을 고려하여 그 비율을 강화한 경우에는 건축조례로 정하는 기준에 따른다.

제2장 건축물의 건축

제8조(건축허가) ① 법 제11조제1항 단서에 따라 특별시장 또는 광역시장의 허가를 받아야 하는 건축물의 건축은 층수가 21층 이상이거나 연면적의 합계가 10만 제곱미터 이상인 건축물의 건축(연면적의 10분의 3 이상을 증축하여 층수가 21층 이상으로 되거나 연면적의 합계가 10만 제곱미터 이상으로 되는 경우를 포함한다)을 말한다. 다만, 다음 각 호의 어느 하나에 해당하는 건축물의 건축은 제외한다.
1. 공장
2. 창고
3. 지방건축위원회의 심의를 거친 건축물(특별시 또는 광역시의 건축조례로 정하는 바에 따라 해당 지방건축위원회의 심의사항으로 할 수 있는 건축물에 한정하며, 초고층 건축물은 제외한다)

③ 법 제11조제2항제2호에서 "위락시설과 숙박시설 등 대통령령으로 정하는 용도에 해당하는 건축물"이란 다음 각 호의 건축물을 말한다.
1. 공동주택
2. 제2종 근린생활시설(일반음식점만 해당한다)
3. 업무시설(일반업무시설만 해당한다)
4. 숙박시설
5. 위락시설

⑥ 법 제11조제2항에 따른 승인신청에 필요한 신청서류 및 절차 등에 관하여 필요한 사항은 국토교통부령으로 정한다.

제11조(건축신고) ① 법 제14조제1항제2호나목에서 "방재지구 등 재해취약지역으로서 대통령령으로 정하는 구역"이란 다음 각 호의 어느 하나에 해당하는 지구 또는 지역을 말한다.
1. 「국토의 계획 및 이용에 관한 법률」 제37조에 따라 지정된 방재지구(防災地區)
2. 「급경사지 재해예방에 관한 법률」 제6조에 따라 지정된 붕괴위험지역

② 법 제14조제1항제4호에서 "주요구조부의 해체가 없는 등 대통령령으로 정하는 대수선"이란 다음 각 호의 어느 하나에 해당하는 대수선을 말한다.
1. 내력벽의 면적을 30제곱미터 이상 수선하는 것
2. 기둥을 세 개 이상 수선하는 것
3. 보를 세 개 이상 수선하는 것
4. 지붕틀을 세 개 이상 수선하는 것
5. 방화벽 또는 방화구획을 위한 바닥 또는 벽을 수선하는 것
6. 주계단·피난계단 또는 특별피난계단을 수선하는 것

③ 법 제14조제1항제5호에서 "대통령령으로 정하는 건축물"이란 다음 각 호의 어느 하나에 해당하는 건축물을 말한다.
1. 연면적의 합계가 100제곱미터 이하인 건축물
2. 건축물의 높이를 3미터 이하의 범위에서 증축하는 건축물
3. 법 제23조제4항에 따른 표준설계도서(이하 "표준설계도서"라 한다)에 따라 건축하는 건축물로서 그 용도 및 규모가 주위환경이나 미관에 지장이 없다고 인정하여 건축조례로 정하는 건축물
4. 「국토의 계획 및 이용에 관한 법률」 제36조제1항제1호다목에 따른 공업지역, 같은 법 제51조제3항에 따른 지구단위계획구역(같은 법 시행령 제48조제10호에 따른 산업·유통형만 해당한다) 및 「산업입지 및 개발에 관한 법률」에 따른 산업단지에서 건축하는 2층 이하인 건축물로서 연면적 합계 500제곱미터 이하인 공장(별표 1 제4호너목에 따른 제조업소 등 물품의 제조·가공을 위한 시설을 포함한다)
5. 농업이나 수산업을 경영하기 위하여 읍·면지역(특별자치시장·특별자치도지사·시장·군수가 지역계획 또는 도시·군계획에 지장이 있다고 지정·공고한 구역은 제외한다)에서 건축하는 연면적 200제곱미터 이하의 창고 및 연면적 400제곱미터 이하의 축사, 작물재배사(作物栽培舍), 종묘배양시설, 화초 및 분재 등의 온실

④ 법 제14조에 따른 건축신고에 관하여는 제9조제1항을 준용한다.

제12조(허가·신고사항의 변경 등) ① 법 제16조제1항에 따라 허가를 받았거나 신고한 사항을 변경하려면 다음 각 호의 구분에 따라 허가권자의 허가를 받거나 특별자치시장·특별자치도지사 또는 시장·군수·구청장에게 신고하여야 한다.
1. 바닥면적의 합계가 85제곱미터를 초과하는 부분에 대한 신축·증축·개축에 해당하는 변경인 경우에는 허가를 받고, 그 밖의 경우에는 신고할 것

2. 법 제14조제1항제2호 또는 제5호에 따라 신고로써 허가를 갈음하는 건축물에 대하여는 변경 후 건축물의 연면적을 각각 신고로써 허가를 갈음할 수 있는 규모에서 변경하는 경우에는 제1호에도 불구하고 신고할 것
3. 건축주·설계자·공사시공자 또는 공사감리자(이하 "건축관계자"라 한다)를 변경하는 경우에는 신고할 것
② 법 제16조제1항 단서에서 "대통령령으로 정하는 경미한 사항의 변경"이란 신축·증축·개축·재축·이전·대수선 또는 용도변경에 해당하지 아니하는 변경을 말한다.
③ 법 제16조제2항에서 "대통령령으로 정하는 사항"이란 다음 각 호의 어느 하나에 해당하는 사항을 말한다.
  1. 건축물의 동수나 층수를 변경하지 아니하면서 변경되는 부분의 바닥면적의 합계가 50제곱미터 이하인 경우로서 다음 각 목의 요건을 모두 갖춘 경우
    가. 변경되는 부분의 높이가 1미터 이하이거나 전체 높이의 10분의 1 이하일 것
    나. 허가를 받거나 신고를 하고 건축 중인 부분의 위치 변경범위가 1미터 이내일 것
    다. 법 제14조제1항에 따라 신고를 하면 법 제11조에 따른 건축허가를 받은 것으로 보는 규모에서 건축허가를 받아야 하는 규모로의 변경이 아닐 것
  2. 건축물의 동수나 층수를 변경하지 아니하면서 변경되는 부분이 연면적 합계의 10분의 1 이하인 경우(연면적이 5천 제곱미터 이상인 건축물은 각 층의 바닥면적이 50제곱미터 이하의 범위에서 변경되는 경우만 해당한다). 다만, 제4호 본문 및 제5호 본문에 따른 범위의 변경인 경우만 해당한다.
  3. 대수선에 해당하는 경우
  4. 건축물의 층수를 변경하지 아니하면서 변경되는 부분의 높이가 1미터 이하이거나 전체 높이의 10분의 1 이하인 경우. 다만, 변경되는 부분이 제1호 본문, 제2호 본문 및 제5호 본문에 따른 범위의 변경인 경우만 해당한다.
  5. 허가를 받거나 신고를 하고 건축 중인 부분의 위치가 1미터 이내에서 변경되는 경우. 다만, 변경되는 부분이 제1호 본문, 제2호 본문 및 제4호 본문에 따른 범위의 변경인 경우만 해당한다.
④ 제1항에 따른 허가나 신고사항의 변경에 관하여는 제9조를 준용한다.

제14조(용도변경) ③ 국토교통부장관은 법 제19조제1항에 따른 용도변경을 할 때 적용되는 건축기준을 고시할 수 있다. 이 경우 다른 행정기관의 권한에 속하는 건축기준에 대하여는 미리 관계 행정기관의 장과 협의하여야 한다.
④ 법 제19조제3항 단서에서 "대통령령으로 정하는 변경"이란 다음 각 호의 어느 하나에 해당하는 건축물 상호 간의 용도변경을 말한다. 다만, 별표 1 제3호다목(목욕장만 해당한다)·라목, 같은 표 제4호가목·사목·카목·파목(골프연습장, 놀이형시설만 해당한다)·더목·러목·머목, 같은 표 제7호다목2), 같은 표 제15호가목(생활숙박시설만 해당한다) 및 같은 표 제16호가목·나목에 해당하는 용도로 변경하는 경우는 제외한다.
  1. 별표 1의 같은 호에 속하는 건축물 상호 간의 용도변경
  2. 「국토의 계획 및 이용에 관한 법률」이나 그 밖의 관계 법령에서 정하는 용도제한에 적합한 범위에서 제1종 근린생활시설과 제2종 근린생활시설 상호 간의 용도변경
⑤ 법 제19조제4항 각 호의 시설군에 속하는 건축물의 용도는 다음 각 호와 같다.
  1. 자동차 관련 시설군
    가. 자동차 관련 시설
  2. 산업 등 시설군
    가. 운수시설   나. 창고시설   다. 공장
    라. 위험물저장 및 처리시설   마. 자원순환 관련 시설   바. 묘지 관련 시설
    사. 장례시설
  3. 전기통신시설군
    가. 방송통신시설   나. 발전시설
  4. 문화집회시설군
    가. 문화 및 집회시설   나. 종교시설   다. 위락시설
    라. 관광휴게시설
  5. 영업시설군
    가. 판매시설   나. 운동시설   다. 숙박시설
    라. 제2종 근린생활시설 중 다중생활시설
  6. 교육 및 복지시설군
    가. 의료시설   나. 교육연구시설   다. 노유자시설(老幼者施設)
    라. 수련시설   마. 야영장 시설
  7. 근린생활시설군
    가. 제1종 근린생활시설   나. 제2종 근린생활시설(다중생활시설은 제외한다)

8. 주거업무시설군
　　가. 단독주택　　　　　　　　나. 공동주택　　　　　　　　다. 업무시설
　　라. 교정시설　　　　　　　　마. 국방·군사시설
9. 그 밖의 시설군
　　가. 동물 및 식물 관련 시설

⑥ 기존의 건축물 또는 대지가 법령의 제정·개정이나 제6조의2제1항 각 호의 사유로 법령 등에 부적합하게 된 경우에는 건축조례로 정하는 바에 따라 용도변경을 할 수 있다.

⑦ 법 제19조제6항에서 "대통령령으로 정하는 경우"란 1층인 축사를 공장으로 용도변경하는 경우로서 증축·개축 또는 대수선이 수반되지 아니하고 구조 안전이나 피난 등에 지장이 없는 경우를 말한다.

제15조(가설건축물) ① 법 제20조제2항제3호에서 "대통령령으로 정하는 기준"이란 다음 각 호의 기준을 말한다.
1. 철근콘크리트조 또는 철골철근콘크리트조가 아닐 것
2. 존치기간은 3년 이내일 것. 다만, 도시·군계획사업이 시행될 때까지 그 기간을 연장할 수 있다.
3. 전기·수도·가스 등 새로운 간선 공급설비의 설치를 필요로 하지 아니할 것
4. 공동주택·판매시설·운수시설 등으로서 분양을 목적으로 건축하는 건축물이 아닐 것

② 제1항에 따른 가설건축물에 대하여는 법 제38조를 적용하지 아니한다.

③ 제1항에 따른 가설건축물 중 시장의 공지 또는 도로에 설치하는 차양시설에 대하여는 법 제46조 및 법 제55조를 적용하지 아니한다.

④ 제1항에 따른 가설건축물을 도시·군계획 예정 도로에 건축하는 경우에는 법 제45조부터 제47조를 적용하지 아니한다.

⑤ 법 제20조제3항에서 "재해복구, 흥행, 전람회, 공사용 가설건축물 등 대통령령으로 정하는 용도의 가설건축물"이란 다음 각 호의 어느 하나에 해당하는 것을 말한다.
1. 재해가 발생한 구역 또는 그 인접구역으로서 특별자치시장·특별자치도지사 또는 시장·군수·구청장이 지정하는 구역에서 일시사용을 위하여 건축하는 것
2. 특별자치시장·특별자치도지사 또는 시장·군수·구청장이 도시미관이나 교통소통에 지장이 없다고 인정하는 가설흥행장, 가설전람회장, 농·수·축산물 직거래용 가설점포, 그 밖에 이와 비슷한 것
3. 공사에 필요한 규모의 공사용 가설건축물 및 공작물
4. 전시를 위한 견본주택이나 그 밖에 이와 비슷한 것
5. 특별자치시장·특별자치도지사 또는 시장·군수·구청장이 도로변 등의 미관정비를 위하여 지정·공고하는 구역에서 축조하는 가설점포(물건 등의 판매를 목적으로 하는 것을 말한다)로서 안전·방화 및 위생에 지장이 없는 것
6. 조립식 구조로 된 경비용으로 쓰는 가설건축물로서 연면적이 10제곱미터 이하인 것
7. 조립식 경량구조로 된 외벽이 없는 임시 자동차 차고
8. 컨테이너 또는 이와 비슷한 것으로 된 가설건축물로서 임시사무실·임시창고 또는 임시숙소로 사용되는 것(건축물의 옥상에 축조하는 것은 제외한다. 다만, 2009년 7월 1일부터 2015년 6월 30일까지 및 2016년 7월 1일부터 2019년 6월 30일까지 공장의 옥상에 축조하는 것은 포함한다)
9. 도시지역 중 주거지역·상업지역 또는 공업지역에 설치하는 농업·어업용 비닐하우스로서 연면적이 100제곱미터 이상인 것
10. 연면적이 100제곱미터 이상인 간이축사용, 가축분뇨처리용, 가축운동용, 가축의 비가림용 비닐하우스 또는 천막(벽 또는 지붕이 합성수지 재질로 된 것과 지붕 면적의 2분의 1 이하가 합성강판으로 된 것을 포함한다)구조 건축물
11. 농업·어업용 고정식 온실 및 간이작업장, 가축양육실
12. 물품저장용, 간이포장용, 간이수선작업용 등으로 쓰기 위하여 공장 또는 창고시설에 설치하거나 인접대지에 설치하는 천막(벽 또는 지붕이 합성수지 재질로 된 것을 포함한다), 그 밖에 이와 비슷한 것
13. 유원지, 종합휴양업 사업지역 등에서 한시적인 관광·문화행사 등을 목적으로 천막 또는 경량구조로 설치하는 것
14. 야외전시시설 및 촬영시설
15. 야외흡연실 용도로 쓰는 가설건축물로서 연면적이 50제곱미터 이하인 것
16. 그 밖에 제1호부터 제14호까지의 규정에 해당하는 것과 비슷한 것으로서 건축조례로 정하는 건축물

⑥ 법 제20조제5항에 따라 가설건축물을 축조하는 경우에는 다음 각 호의 구분에 따라 관련 규정을 적용하지 않는다.
1. 제5항 각 호(제4호는 제외한다)의 가설건축물을 축조하는 경우에는 법 제25조, 제38조부터 제42조까지, 제44조부터 제47조까지, 제48조, 제48조의2, 제49조, 제50조, 제50조의2, 제51조, 제52조, 제52조의2,

제52조의4, 제53조, 제53조의2, 제54조부터 제58조까지, 제60조부터 제62조까지, 제64조, 제67조 및 제68조와 「국토의 계획 및 이용에 관한 법률」 제76조를 적용하지 않는다. 다만, 법 제48조, 제49조 및 제61조는 다음 각 목에 따른 경우에만 적용하지 않는다.
   가. 법 제48조 및 제49조를 적용하지 않는 경우: 다음의 어느 하나에 해당하는 경우
      1) 1층 또는 2층인 가설건축물(제5항제2호 및 제14호의 경우에는 1층인 가설건축물만 해당한다)을 건축하는 경우
      2) 3층 이상인 가설건축물(제5항제2호 및 제14호의 경우에는 2층 이상인 가설건축물을 말한다)을 건축하는 경우로서 지방건축위원회의 심의 결과 구조 및 피난에 관한 안전성이 인정된 경우. 다만, 구조 및 피난에 관한 안전성을 인정할 수 있는 서류로서 국토교통부령으로 정하는 서류를 특별자치시장·특별자치도지사 또는 시장·군수·구청장에게 제출하는 경우에는 지방건축위원회의 심의를 생략할 수 있다.
   나. 법 제61조를 적용하지 아니하는 경우 : 정북방향으로 접하고 있는 대지의 소유자와 합의한 경우
  2. 제5항제4호의 가설건축물을 축조하는 경우에는 법 제25조, 제38조, 제39조, 제42조, 제45조, 제50조의2, 제53조, 제54조부터 제57조까지, 제60조, 제61조 및 제68조와 「국토의 계획 및 이용에 관한 법률」 제76조만을 적용하지 아니한다.
⑦ 법 제20조제3항에 따라 신고해야 하는 가설건축물의 존치기간은 3년 이내로 하며, 존치기간의 연장이 필요한 경우에는 횟수별 3년의 범위에서 제5항 각 호의 가설건축물별로 건축조례로 정하는 횟수만큼 존치기간을 연장할 수 있다. 다만, 제5항제3호의 공사용 가설건축물 및 공작물의 경우에는 해당 공사의 완료일까지의 기간으로 한다.
⑧ 법 제20조제1항 또는 제3항에 따라 가설건축물의 건축허가를 받거나 축조신고를 하려는 자는 국토교통부령으로 정하는 가설건축물 건축허가신청서 또는 가설건축물 축조신고서에 관계 서류를 첨부하여 특별자치시장·특별자치도지사 또는 시장·군수·구청장에게 제출하여야 한다. 다만, 건축물의 건축허가를 신청할 때 건축물의 건축에 관한 사항과 함께 공사용 가설건축물의 건축에 관한 사항을 제출한 경우에는 가설건축물 축조신고서의 제출을 생략한다.
⑨ 제8항 본문에 따라 가설건축물 건축허가신청서 또는 가설건축물 축조신고서를 제출받은 특별자치시장·특별자치도지사 또는 시장·군수·구청장은 그 내용을 확인한 후 신청인 또는 신고인에게 국토교통부령으로 정하는 바에 따라 가설건축물 건축허가서 또는 가설건축물 축조신고필증을 주어야 한다.

제18조(설계도서의 작성) 법 제23조제1항제3호에서 "대통령령으로 정하는 건축물"이란 다음 각 호의 어느 하나에 해당하는 건축물을 말한다.
 1. 읍·면지역(시장 또는 군수가 지역계획 또는 도시·군계획에 지장이 있다고 인정하여 지정·공고한 구역은 제외한다)에서 건축하는 건축물 중 연면적이 200제곱미터 이하인 창고 및 농막(「농지법」에 따른 농막을 말한다)과 연면적 400제곱미터 이하인 축사, 작물재배사, 종묘배양시설, 화초 및 분재 등의 온실
 2. 제15조제5항 각 호의 어느 하나에 해당하는 가설건축물로서 건축조례로 정하는 가설건축물

제19조(공사감리) ① 법 제25조제1항에 따라 공사감리자를 지정하여 공사감리를 하게 하는 경우에는 다음 각 호의 구분에 따른 자를 공사감리자로 지정하여야 한다.
 1. 다음 각 목의 어느 하나에 해당하는 경우: 건축사
   가. 법 제11조에 따라 건축허가를 받아야 하는 건축물(법 제14조에 따른 건축신고 대상 건축물은 제외한다)을 건축하는 경우
   나. 제6조제1항제6호에 따른 건축물을 리모델링하는 경우
 2. 다중이용 건축물을 건축하는 경우 : 「건설기술 진흥법」에 따른 건설엔지니어링사업자(공사시공자 본인이거나 「독점규제 및 공정거래에 관한 법률」 제2조제12호에 따른 계열회사인 건설엔지니어링사업자는 제외한다) 또는 건축사(「건설기술 진흥법 시행령」 제60조에 따라 건설사업관리기술인을 배치하는 경우만 해당한다)
② 제1항에 따라 다중이용 건축물의 공사감리자를 지정하는 경우 감리원의 배치기준 및 감리대가는 「건설기술 진흥법」에서 정하는 바에 따른다.
③ 법 제25조제6항에서 "공사의 공정이 대통령령으로 정하는 진도에 다다른 경우"란 공사(하나의 대지에 둘 이상의 건축물을 건축하는 경우에는 각각의 건축물에 대한 공사를 말한다)의 공정이 다음 각 호의 구분에 따른 단계에 다다른 경우를 말한다.
 1. 해당 건축물의 구조가 철근콘크리트조·철골철근콘크리트조·조적조 또는 보강콘크리트블럭조인 경우: 다음 각 목의 어느 하나에 해당하는 단계
   가. 기초공사 시 철근배치를 완료한 경우

나. 지붕슬래브배근을 완료한 경우
　　다. 지상 5개 층마다 상부 슬래브배근을 완료한 경우
　　라. 지하층 각 층(제2조제18호다목에 따른 특수구조건축물로서 무량판구조인 해당 지하층에 수직으로 배치된 주요구조부의 전체 단면적에서 보가 없이 배치된 기둥의 전체단면적이 차지하는 비율이 4분의1 이상인 경우만 해당한다)의 상부슬래브배근을 완료한 경우
2. 해당 건축물의 구조가 철골조인 경우 : 다음 각 목의 어느 하나에 해당하는 단계
　　가. 기초공사 시 철근배치를 완료한 경우
　　나. 지붕철골 조립을 완료한 경우
　　다. 지상 3개 층마다 또는 높이 20미터마다 주요구조부의 조립을 완료한 경우
3. 해당 건축물의 구조가 제1호 또는 제2호 외의 구조인 경우 : 기초공사에서 거푸집 또는 주춧돌의 설치를 완료한 단계
4. 제1호부터 제3호까지에 해당하는 건축물이 3층 이상의 필로티형식 건축물인 경우 : 다음 각 목의 어느 하나에 해당하는 단계
　　가. 해당 건축물의 구조에 따라 제1호부터 제3호까지의 어느 하나에 해당하는 경우
　　나. 제18조의2제2항제3호나목에 해당하는 경우

④ 법 제25조제5항에서 "대통령령으로 정하는 용도 또는 규모의 공사"란 연면적의 합계가 5천 제곱미터 이상인 건축공사를 말한다.

⑤ 공사감리자는 수시로 또는 필요할 때 공사현장에서 감리업무를 수행해야 하며, 다음 각 호의 건축공사를 감리하는 경우에는 「건축사법」 제2조제2호에 따른 건축사보(「기술사법」 제6조에 따른 기술사사무소 또는 「건축사법」 제23조제9항 각 호의 건설기술용역사업자 등에 소속되어 있는 사람으로서 「국가기술자격법」에 따른 해당 분야 기술계 자격을 취득한 사람과 「건설기술 진흥법 시행령」 제4조에 따른 건설사업관리를 수행할 자격이 있는 사람을 포함한다. 이하 같다) 중 건축 분야의 건축사보 한 명 이상을 전체 공사기간 동안, 토목·전기 또는 기계 분야의 건축사보 한 명 이상을 각 분야별 해당 공사기간 동안 각각 공사현장에서 감리업무를 수행하게 해야 한다. 이 경우 건축사보는 해당 분야의 건축공사의 설계·시공·시험·검사·공사감독 또는 감리업무 등에 2년 이상 종사한 경력이 있는 사람이어야 한다.
1. 바닥면적의 합계가 5천 제곱미터 이상인 건축공사. 다만, 축사 또는 작물 재배사의 건축공사는 제외한다.
2. 연속된 5개 층(지하층을 포함한다) 이상으로서 바닥면적의 합계가 3천 제곱미터 이상인 건축공사
3. 아파트 건축공사
4. 준다중이용 건축물 건축공사

⑥ 공사감리자는 제5항 각 호에 해당하지 않는 건축공사로서 깊이 10미터 이상의 토지 굴착공사 또는 높이 5미터 이상의 옹벽 등의 공사(「산업집적활성화 및 공장설립에 관한 법률」 제2조제14호에 따른 산업단지에서 바닥면적 합계가 2천제곱미터 이하인 공장을 건축하는 경우는 제외한다)를 감리하는 경우에는 건축사보 중 건축 또는 토목 분야의 건축사보 한 명 이상을 해당 공사기간 동안 공사현장에서 감리업무를 수행하게 해야 한다. 이 경우 건축사보는 건축공사의 시공·공사감독 또는 감리업무 등에 2년 이상 종사한 경력이 있는 사람이어야 한다.

⑦ 공사감리자는 제61조제1항제4호에 해당하는 건축물의 마감재료 설치공사를 감리하는 경우로서 국토교통부령으로 정하는 경우에는 건축 또는 안전관리 분야의 건축사보 한 명 이상이 마감재료 설치공사기간 동안 그 공사현장에서 감리업무를 수행하게 해야 한다. 이 경우 건축사보는 건축공사의 설계·시공·시험·검사·공사감독 또는 감리업무 등에 2년 이상 종사한 경력이 있는 사람이어야 한다.

⑧ 공사감리자는 제5항부터 제7항까지의 규정에 따라 건축사보로 하여금 감리업무를 수행하게 하는 경우 다른 공사현장이나 공정의 감리업무를 수행하고 있지 않는 건축사보가 감리업무를 수행하게 해야 한다.

⑨ 공사감리자가 수행하여야 하는 감리업무는 다음과 같다.
1. 공사시공자가 설계도서에 따라 적합하게 시공하는지 여부의 확인
2. 공사시공자가 사용하는 건축자재가 관계 법령에 따른 기준에 적합한 건축자재인지 여부의 확인
3. 그 밖에 공사감리에 관한 사항으로서 국토교통부령으로 정하는 사항

⑩ 제5항부터 제7항까지의 규정에 따라 공사현장에 건축사보를 두는 공사감리자는 다음 각 호의 구분에 따른 기간에 국토교통부령으로 정하는 바에 따라 건축사보의 배치현황을 허가권자에게 제출해야 한다.
1. 최초로 건축사보를 배치하는 경우에는 착공 예정일(제6항 또는 제7항에 따라 배치하는 경우에는 배치일을 말한다)부터 7일
2. 건축사보의 배치가 변경된 경우에는 변경된 날부터 7일
3. 건축사보가 철수한 경우에는 철수한 날부터 7일

⑪ 허가권자는 제10항에 따라 공사감리자로부터 건축사보의 배치현황을 받으면 지체 없이 건축사보가 이중으로 배치되어 있는지 여부 등 국토교통부령으로 정하는 내용을 확인한 후 「전자정부법」 제37조에 따른 행정정보 공동이용센터를 통해 그 배치현황을 「건축사법」 제31조에 따른 대한건축사협회에 보내야 한다.
⑫ 제11항에 따라 건축사보의 배치현황을 받은 대한건축사협회는 이를 관리해야 하며, 건축사보가 이중으로 배치된 사실 등을 확인한 경우에는 지체 없이 그 사실 등을 관계 시·도지사, 허가권자 및 그 밖에 국토교통부령으로 정하는 자에게 알려야 한다.
⑬ 제12항에서 규정한 사항 외에 건축사보의 배치현황 관리 등에 필요한 사항은 국토교통부령으로 정한다.

제5장 건축물의 구조 및 재료 등

제32조(구조 안전의 확인) ① 법 제48조제2항에 따라 법 제11조제1항에 따른 건축물을 건축하거나 대수선하는 경우 해당 건축물의 설계자는 국토교통부령으로 정하는 구조기준 등에 따라 그 구조의 안전을 확인하여야 한다.
② 제1항에 따라 구조 안전을 확인한 건축물 중 다음 각 호의 어느 하나에 해당하는 건축물의 건축주는 해당 건축물의 설계자로부터 구조 안전의 확인 서류를 받아 법 제21조에 따른 착공신고를 하는 때에 그 확인 서류를 허가권자에게 제출하여야 한다. 다만, 표준설계도서에 따라 건축하는 건축물은 제외한다.
 1. 층수가 2층[주요구조부인 기둥과 보를 설치하는 건축물로서 그 기둥과 보가 목재인 목구조 건축물(이하 "목구조 건축물"이라 한다)의 경우에는 3층] 이상인 건축물
 2. 연면적이 200제곱미터(목구조 건축물의 경우에는 500제곱미터) 이상인 건축물. 다만, 창고, 축사, 작물재배사는 제외한다.
 3. 높이가 13미터 이상인 건축물
 4. 처마높이가 9미터 이상인 건축물
 5. 기둥과 기둥 사이의 거리가 10미터 이상인 건축물
 6. 건축물의 용도 및 규모를 고려한 중요도가 높은 건축물로서 국토교통부령으로 정하는 건축물
 7. 국가적 문화유산으로 보존할 가치가 있는 건축물로서 국토교통부령으로 정하는 것
 8. 제2조제18호가목, 다목 및 라목의 건축물
 9. 별표 1 제1호의 단독주택 및 같은 표 제2호의 공동주택
③ 제1항 및 제2항각호 외의 부분본문에도 불구하고 방화·방수·단열 등의 성능개선을 위해 기존건축물을 국토교통부령으로 정하는 바에 따라 증축 또는 대수선하는 건축주에 대해서는 다음 각호의 요건을 모두 갖춘 경우 국토교통부령으로 정하는 바에 따라 구조안전의 확인방법을 달리 적용할 수 있다. 다만, 제3조의2제5호에 해당하는 경우에는 제1호를 적용하지 않는다.
 1. 주요구조부의 변경이 없을 것
 2. 법 제48조제1항에 따른 구조내력(構造耐力)의 변경이 국토교통부령으로 정하는 경미한 변경에 해당할 것
④ 제6조제1항제6호다목에 따라 기존건축물을 건축 또는 대수선하려는 건축주는 법제5조제1항에 따라 적용의 완화를 요청할 때 구조안전의 확인서류를 허가권자에게 제출하여야 한다.

제34조(직통계단의 설치) ① 건축물의 피난층(직접 지상으로 통하는 출입구가 있는 층 및 제3항과 제4항에 따른 피난안전구역을 말한다. 이하 같다) 외의 층에서는 피난층 또는 지상으로 통하는 직통계단(경사로를 포함한다. 이하 같다)을 거실의 각 부분으로부터 계단(거실로부터 가장 가까운 거리에 있는 1개소의 계단을 말한다)에 이르는 보행거리가 30미터 이하가 되도록 설치해야 한다. 다만, 건축물(지하층에 설치하는 것으로서 바닥면적의 합계가 300제곱미터 이상인 공연장·집회장·관람장 및 전시장은 제외한다)의 주요구조부가 내화구조 또는 불연재료로 된 건축물은 그 보행거리가 50미터(층수가 16층 이상인 공동주택의 경우 16층 이상인 층에 대해서는 40미터) 이하가 되도록 설치할 수 있으며, 자동화 생산시설에 스프링클러 등 자동식 소화설비를 설치한 공장으로서 국토교통부령으로 정하는 공장인 경우에는 그 보행거리가 75미터(무인화 공장인 경우에는 100미터) 이하가 되도록 설치할 수 있다.
② 법 제49조제1항에 따라 피난층 외의 층이 다음 각 호의 어느 하나에 해당하는 용도 및 규모의 건축물에는 국토교통부령으로 정하는 기준에 따라 피난층 또는 지상으로 통하는 직통계단을 2개소 이상 설치하여야 한다.
 1. 제2종 근린생활시설 중 공연장·종교집회장, 문화 및 집회시설(전시장 및 동·식물원은 제외한다), 종교시설, 위락시설 중 주점영업 또는 장례시설의 용도로 쓰는 층으로서 그 층에서 해당 용도로 쓰는 바닥면적의 합계가 200제곱미터(제2종 근린생활시설 중 공연장·종교집회장은 각각 300제곱미터) 이상인 것
 2. 단독주택 중 다중주택·다가구주택, 제1종 근린생활시설 중 정신과의원(입원실이 있는 경우로 한정한다), 제2종 근린생활시설 중 인터넷컴퓨터게임시설제공업소(해당 용도로 쓰는 바닥면적의 합계가 300제곱미터 이상인 경우만 해당한다)·학원·독서실, 판매시설, 운수시설(여객용 시설만 해당한다), 의료시

설(입원실이 없는 치과병원은 제외한다), 교육연구시설 중 학원, 노유자시설 중 아동 관련 시설·노인복지시설·장애인 거주시설(「장애인복지법」 제58조제1항제1호에 따른 장애인 거주시설 중 국토교통부령으로 정하는 시설을 말한다. 이하 같다) 및 「장애인복지법」 제58조제1항제4호에 따른 장애인 의료재활시설(이하 "장애인 의료재활시설"이라 한다), 수련시설 중 유스호스텔 또는 숙박시설의 용도로 쓰는 3층 이상의 층으로서 그 층의 해당 용도로 쓰는 거실의 바닥면적의 합계가 200제곱미터 이상인 것
  3. 공동주택(층당 4세대 이하인 것은 제외한다) 또는 업무시설 중 오피스텔의 용도로 쓰는 층으로서 그 층의 해당 용도로 쓰는 거실의 바닥면적의 합계가 300제곱미터 이상인 것
  4. 제1호부터 제3호까지의 용도로 쓰지 아니하는 3층 이상의 층으로서 그 층 거실의 바닥면적의 합계가 400제곱미터 이상인 것
  5. 지하층으로서 그 층 거실의 바닥면적의 합계가 200제곱미터 이상인 것
③ 초고층 건축물에는 피난층 또는 지상으로 통하는 직통계단과 직접 연결되는 피난안전구역(건축물의 피난·안전을 위하여 건축물 중간층에 설치하는 대피공간을 말한다. 이하 같다)을 지상층으로부터 최대 30개 층마다 1개소 이상 설치하여야 한다.
④ 준초고층 건축물에는 피난층 또는 지상으로 통하는 직통계단과 직접 연결되는 피난안전구역을 해당 건축물 전체 층수의 2분의 1에 해당하는 층으로부터 상하 5개층 이내에 1개소 이상 설치하여야 한다. 다만, 국토교통부령으로 정하는 기준에 따라 피난층 또는 지상으로 통하는 직통계단을 설치하는 경우에는 그러하지 아니하다.
⑤ 제3항 및 제4항에 따른 피난안전구역의 규모와 설치기준은 국토교통부령으로 정한다.

제35조(피난계단의 설치) ① 법 제49조제1항에 따라 5층 이상 또는 지하 2층 이하인 층에 설치하는 직통계단은 국토교통부령으로 정하는 기준에 따라 피난계단 또는 특별피난계단으로 설치하여야 한다. 다만, 건축물의 주요구조부가 내화구조 또는 불연재료로 되어 있는 경우로서 다음 각 호의 어느 하나에 해당하는 경우에는 그러하지 아니하다.
  1. 5층 이상인 층의 바닥면적의 합계가 200제곱미터 이하인 경우
  2. 5층 이상인 층의 바닥면적 200제곱미터 이내마다 방화구획이 되어 있는 경우
② 건축물(갓복도식 공동주택은 제외한다)의 11층(공동주택의 경우에는 16층) 이상인 층(바닥면적이 400제곱미터 미만인 층은 제외한다) 또는 지하 3층 이하인 층(바닥면적이 400제곱미터미만인 층은 제외한다)으로부터 피난층 또는 지상으로 통하는 직통계단은 제1항에도 불구하고 특별피난계단으로 설치하여야 한다.
③ 제1항에서 판매시설의 용도로 쓰는 층으로부터의 직통계단은 그 중 1개소 이상을 특별피난계단으로 설치하여야 한다.
⑤ 건축물의 5층 이상인 층으로서 문화 및 집회시설 중 전시장 또는 동·식물원, 판매시설, 운수시설(여객용 시설만 해당한다), 운동시설, 위락시설, 관광휴게시설(다중이 이용하는 시설만 해당한다) 또는 수련시설 중 생활권 수련시설의 용도로 쓰는 층에는 제34조에 따른 직통계단 외에 그 층의 해당 용도로 쓰는 바닥면적의 합계가 2천 제곱미터를 넘는 경우에는 그 넘는 2천 제곱미터 이내마다 1개소의 피난계단 또는 특별피난계단(4층 이하의 층에는 쓰지 아니하는 피난계단 또는 특별피난계단만 해당한다)을 설치하여야 한다.

제36조(옥외 피난계단의 설치) 건축물의 3층 이상인 층(피난층은 제외한다)으로서 다음 각 호의 어느 하나에 해당하는 용도로 쓰는 층에는 제34조에 따른 직통계단 외에 그 층으로부터 지상으로 통하는 옥외피난계단을 따로 설치하여야 한다.
  1. 제2종 근린생활시설 중 공연장(해당 용도로 쓰는 바닥면적의 합계가 300제곱미터 이상인 경우만 해당한다), 문화 및 집회시설 중 공연장이나 위락시설 중 주점영업의 용도로 쓰는 층으로서 그 층 거실의 바닥면적의 합계가 300제곱미터 이상인 것
  2. 문화 및 집회시설 중 집회장의 용도로 쓰는 층으로서 그 층 거실의 바닥면적의 합계가 1천 제곱미터 이상인 것

제37조(지하층과 피난층 사이의 개방공간 설치) 바닥면적의 합계가 3천 제곱미터 이상인 공연장·집회장·관람장 또는 전시장을 지하층에 설치하는 경우에는 각 실에 있는 자가 지하층 각 층에서 건축물 밖으로 피난하여 옥외 계단 또는 경사로 등을 이용하여 피난층으로 대피할 수 있도록 천장이 개방된 외부 공간을 설치하여야 한다.

제38조(관람실 등으로부터의 출구 설치) 법 제49조제1항에 따라 다음 각 호의 어느 하나에 해당하는 건축물에는 국토교통부령으로 정하는 기준에 따라 관람실 또는 집회실로부터의 출구를 설치해야 한다.
  1. 제2종 근린생활시설 중 공연장·종교집회장(해당 용도로 쓰는 바닥면적의 합계가 각각 300제곱미터 이상인 경우만 해당한다)

2. 문화 및 집회시설(전시장 및 동·식물원은 제외한다)
3. 종교시설   4. 위락시설   5. 장례시설

제39조(건축물 바깥쪽으로의 출구 설치) ① 법 제49조제1항에 따라 다음 각 호의 어느 하나에 해당하는 건축물에는 국토교통부령으로 정하는 기준에 따라 그 건축물로부터 바깥쪽으로 나가는 출구를 설치하여야 한다.
1. 제2종 근린생활시설 중 공연장·종교집회장·인터넷컴퓨터게임시설제공업소(해당 용도로 쓰는 바닥면적의 합계가 각각 300제곱미터 이상인 경우만 해당한다)
2. 문화 및 집회시설(전시장 및 동·식물원은 제외한다)
3. 종교시설   4. 판매시설   5. 업무시설 중 국가 또는 지방자치단체의 청사
6. 위락시설   7. 연면적이 5천 제곱미터 이상인 창고시설
8. 교육연구시설 중 학교   9. 장례시설   10. 승강기를 설치하여야 하는 건축물
② 법 제49조제1항에 따라 건축물의 출입구에 설치하는 회전문은 국토교통부령으로 정하는 기준에 적합하여야 한다.

제40조(옥상광장 등의 설치) ① 옥상광장 또는 2층 이상인 층에 있는 노대등[노대(露臺)나 그 밖에 이와 비슷한 것을 말한다. 이하 같다]의 주위에는 높이 1.2미터 이상의 난간을 설치하여야 한다. 다만, 그 노대등에 출입할 수 없는 구조인 경우에는 그러하지 아니하다.
② 5층 이상인 층이 제2종 근린생활시설 중 공연장·종교집회장·인터넷컴퓨터게임시설제공업소(해당 용도로 쓰는 바닥면적의 합계가 각각 300제곱미터 이상인 경우만 해당한다), 문화 및 집회시설(전시장 및 동·식물원은 제외한다), 종교시설, 판매시설, 위락시설 중 주점영업 또는 장례시설의 용도로 쓰는 경우에는 피난 용도로 쓸 수 있는 광장을 옥상에 설치하여야 한다.
③ 다음 각 호의 어느 하나에 해당하는 건축물은 옥상으로 통하는 출입문에「소방시설 설치 및 관리에 관한 법률」제40조제1항에 따른 성능인증 및 같은 조 제2항에 따른 제품검사를 받은 비상문자동개폐장치(화재 등 비상시에 소방시스템과 연동되어 잠김 상태가 자동으로 풀리는 장치를 말한다)를 설치해야 한다.
 1. 제2항에 따라 피난 용도로 쓸 수 있는 광장을 옥상에 설치해야 하는 건축물
 2. 피난 용도로 쓸 수 있는 광장을 옥상에 설치하는 다음 각 목의 건축물
  가. 다중이용 건축물
  나. 연면적 1천제곱미터 이상인 공동주택
④ 층수가 11층 이상인 건축물로서 11층 이상인 층의 바닥면적의 합계가 1만 제곱미터 이상인 건축물의 옥상에는 다음 각 호의 구분에 따른 공간을 확보하여야 한다.
 1. 건축물의 지붕을 평지붕으로 하는 경우: 헬리포트를 설치하거나 헬리콥터를 통하여 인명 등을 구조할 수 있는 공간
 2. 건축물의 지붕을 경사지붕으로 하는 경우: 경사지붕 아래에 설치하는 대피공간
⑤ 제4항에 따른 헬리포트를 설치하거나 헬리콥터를 통하여 인명 등을 구조할 수 있는 공간 및 경사지붕 아래에 설치하는 대피공간의 설치기준은 국토교통부령으로 정한다.

제41조(대지 안의 피난 및 소화에 필요한 통로 설치) ① 건축물의 대지 안에는 그 건축물 바깥쪽으로 통하는 주된 출구와 지상으로 통하는 피난계단 및 특별피난계단으로부터 도로 또는 공지(공원, 광장, 그 밖에 이와 비슷한 것으로서 피난 및 소화를 위하여 해당 대지의 출입에 지장이 없는 것을 말한다. 이하 이 조에서 같다)로 통하는 통로를 다음 각 호의 기준에 따라 설치하여야 한다.
 1. 통로의 너비는 다음 각 목의 구분에 따른 기준에 따라 확보할 것
  가. 단독주택 : 유효 너비 0.9미터 이상
  나. 바닥면적의 합계가 500제곱미터 이상인 문화 및 집회시설, 종교시설, 의료시설, 위락시설 또는 장례시설 : 유효 너비 3미터 이상
  다. 그 밖의 용도로 쓰는 건축물 : 유효 너비 1.5미터 이상
 2. 필로티 내 통로의 길이가 2미터 이상인 경우에는 피난 및 소화활동에 장애가 발생하지 아니하도록 자동차 진입억제용 말뚝 등 통로 보호시설을 설치하거나 통로에 단차(段差)를 둘 것
② 제1항에도 불구하고 다중이용 건축물, 준다중이용 건축물 또는 층수가 11층 이상인 건축물이 건축되는 대지에는 그 안의 모든 다중이용 건축물, 준다중이용 건축물 또는 층수가 11층 이상인 건축물에「소방기본법」제21조에 따른 소방자동차(이하 "소방자동차"라 한다)의 접근이 가능한 통로를 설치하여야 한다. 다만, 모든 다중이용 건축물, 준다중이용 건축물 또는 층수가 11층 이상인 건축물이 소방자동차의 접근이 가능한 도로 또는 공지에 직접 접하여 건축되는 경우로서 소방자동차가 도로 또는 공지에서 직접 소방활동이 가능한 경우에는 그러하지 아니하다.

제46조(방화구획 등의 설치) ① 법 제49조제2항 본문에 따라 주요구조부가 내화구조 또는 불연재료로 된 건축물로서 연면적이 1천 제곱미터를 넘는 것은 국토교통부령으로 정하는 기준에 따라 다음 각 호의 구조물로 구획(이하 "방화구획"이라 한다)을 해야 한다. 다만, 「원자력안전법」 제2조제8호 및 제10호에 따른 원자로 및 관계시설은 같은 법에서 정하는 바에 따른다.
  1. 내화구조로 된 바닥 및 벽
  2. 제64조제1호·제2호에 따른 방화문 또는 자동방화셔터(국토교통부령으로 정하는 기준에 적합한 것을 말한다. 이하 같다)
② 다음 각 호에 해당하는 건축물의 부분에는 제1항을 적용하지 않거나 그 사용에 지장이 없는 범위에서 제1항을 완화하여 적용할 수 있다.
  1. 문화 및 집회시설(동·식물원은 제외한다), 종교시설, 운동시설 또는 장례시설의 용도로 쓰는 거실로서 시선 및 활동공간의 확보를 위하여 불가피한 부분
  2. 물품의 제조·가공 및 운반 등(보관은 제외한다)에 필요한 고정식 대형 기기(器機) 또는 설비의 설치를 위하여 불가피한 부분. 다만, 지하층인 경우에는 지하층의 외벽 한쪽 면(지하층의 바닥면에서 지상층 바닥 아랫면까지의 외벽 면적 중 4분의 1 이상이 되는 면을 말한다) 전체가 건물 밖으로 개방되어 보행과 자동차의 진입·출입이 가능한 경우로 한정한다.
  3. 계단실·복도 또는 승강기의 승강장 및 승강로로서 그 건축물의 다른 부분과 방화구획으로 구획된 부분. 다만, 해당 부분에 위치하는 설비배관 등이 바닥을 관통하는 부분은 제외한다.
  4. 건축물의 최상층 또는 피난층으로서 대규모 회의장·강당·스카이라운지·로비 또는 피난안전구역 등의 용도로 쓰는 부분으로서 그 용도로 사용하기 위하여 불가피한 부분
  5. 복층형 공동주택의 세대별 층간 바닥 부분
  6. 주요구조부가 내화구조 또는 불연재료로 된 주차장
  7. 단독주택, 동물 및 식물 관련 시설 또는 국방·군사시설(집회, 체육, 창고 등의 용도로 사용되는 시설만 해당한다)로 쓰는 건축물
  8. 건축물의 1층과 2층의 일부를 동일한 용도로 사용하며 그 건축물의 다른 부분과 방화구획으로 구획된 부분(바닥면적의 합계가 500제곱미터 이하인 경우로 한정한다)
③ 건축물 일부의 주요구조부를 내화구조로 하거나 제2항에 따라 건축물의 일부에 제1항을 완화하여 적용한 경우에는 내화구조로 한 부분 또는 제1항을 완화하여 적용한 부분과 그 밖의 부분을 방화구획으로 구획하여야 한다.
④ 공동주택 중 아파트로서 4층 이상인 층의 각 세대가 2개 이상의 직통계단을 사용할 수 없는 경우에는 발코니(발코니의 외부에 접하는 경우를 포함한다)에 인접 세대와 공동으로 또는 각 세대별로 다음 각 호의 요건을 모두 갖춘 대피공간을 하나 이상 설치해야 한다. 이 경우 인접 세대와 공동으로 설치하는 대피공간은 인접 세대를 통하여 2개 이상의 직통계단을 쓸 수 있는 위치에 우선 설치되어야 한다.
  1. 대피공간은 바깥의 공기와 접할 것
  2. 대피공간은 실내의 다른 부분과 방화구획으로 구획될 것
  3. 대피공간의 바닥면적은 인접 세대와 공동으로 설치하는 경우에는 3제곱미터 이상, 각 세대별로 설치하는 경우에는 2제곱미터 이상일 것
  4. 국토교통부장관이 정하는 기준에 적합할 것
  5. 국토교통부장관이 정하는 기준에 적합할 것
⑤ 제4항에도 불구하고 아파트의 4층 이상인 층에서 발코니(제4호의 경우에는 발코니의 외부에 접하는 경우를 포함한다)에 다음 각 호의 어느 하나에 해당하는 구조 또는 시설을 갖춘 경우에는 대피공간을 설치하지 않을 수 있다.
  1. 발코니와 인접 세대와의 경계벽이 파괴하기 쉬운 경량구조 등인 경우
  2. 발코니의 경계벽에 피난구를 설치한 경우
  3. 발코니의 바닥에 국토교통부령으로 정하는 하향식 피난구를 설치한 경우
  4. 국토교통부장관이 제4항에 따른 대피공간과 동일하거나 그 이상의 성능이 있다고 인정하여 고시하는 구조 또는 시설(이하 이 호에서 "대체시설"이라 한다)을 갖춘 경우. 이 경우 국토교통부장관은 대체시설의 성능에 대해 미리 「과학기술분야 정부출연연구기관 등의 설립·운영 및 육성에 관한 법률」 제8조제1항에 따라 설립된 한국건설기술연구원(이하 "한국건설기술연구원"이라 한다)의 기술검토를 받은 후 고시해야 한다.
⑥ 요양병원, 정신병원, 「노인복지법」 제34조제1항제1호에 따른 노인요양시설(이하 "노인요양시설"이라 한다), 장애인 거주시설 및 장애인 의료재활시설의 피난층 외의 층에는 다음 각 호의 어느 하나에 해당하는 시설을 설치하여야 한다.

1. 각 층마다 별도로 방화구획된 대피공간
2. 거실에 접하여 설치된 노대등
3. 계단을 이용하지 아니하고 건물 외부의 지상으로 통하는 경사로 또는 인접 건축물로 피난할 수 있도록 설치하는 연결복도 또는 연결통로

⑦ 법 제49조 제2항 단서에서 "대규모 창고시설 등 대통령령으로 정하는 용도 및 규모의 건축물"이란 제2항 제2호에 해당하여 제1항을 적용하지 않거나 완화하여 적용하는 부분이 포함된 창고시설을 말한다.

제47조(방화에 장애가 되는 용도의 제한) ① 법 제49조제2항 본문에 따라 의료시설, 노유자시설(아동 관련 시설 및 노인복지시설만 해당한다), 공동주택, 장례시설 또는 제1종 근린생활시설(산후조리원만 해당한다)과 위락시설, 위험물저장 및 처리시설, 공장 또는 자동차 관련 시설(정비공장만 해당한다)은 같은 건축물에 함께 설치할 수 없다. 다만, 다음 각 호에 해당하는 경우로서 국토교통부령으로 정하는 경우에는 같은 건축물에 함께 설치할 수 있다.
1. 공동주택(기숙사만 해당한다)과 공장이 같은 건축물에 있는 경우
2. 중심상업지역·일반상업지역 또는 근린상업지역에서 「도시 및 주거환경정비법」에 따른 재개발사업을 시행하는 경우
3. 공동주택과 위락시설이 같은 초고층 건축물에 있는 경우. 다만, 사생활을 보호하고 방범·방화 등 주거 안전을 보장하며 소음·악취 등으로부터 주거환경을 보호할 수 있도록 주택의 출입구·계단 및 승강기 등을 주택 외의 시설과 분리된 구조로 하여야 한다.
4. 「산업집적활성화 및 공장설립에 관한 법률」 제2조제13호에 따른 지식산업센터와 「영유아보육법」 제10조제4호에 따른 직장어린이집이 같은 건축물에 있는 경우

② 법 제49조제2항에 따라 다음 각 호의 어느 하나에 해당하는 용도의 시설은 같은 건축물에 함께 설치할 수 없다.
1. 노유자시설 중 아동 관련 시설 또는 노인복지시설과 판매시설 중 도매시장 또는 소매시장
2. 단독주택(다중주택, 다가구주택에 한정한다), 공동주택, 제1종 근린생활시설 중 조산원 또는 산후조리원과 제2종 근린생활시설 중 다중생활시설

제48조(계단·복도 및 출입구의 설치) ① 법 제49조제2항 본문에 따라 연면적 200제곱미터를 초과하는 건축물에 설치하는 계단 및 복도는 국토교통부령으로 정하는 기준에 적합해야 한다.

② 법 제49조제2항 본문에 따라 제39조제1항 각 호에 해당하는 건축물의 출입구는 국토교통부령으로 정하는 기준에 적합해야 한다.

제50조(거실반자의 설치) 법 제49조제2항 본문에 따라 공장, 창고시설, 위험물저장 및 처리시설, 동물 및 식물 관련 시설, 자원순환 관련 시설 또는 묘지 관련시설 외의 용도로 쓰는 건축물 거실의 반자(반자가 없는 경우에는 보 또는 바로 위층의 바닥판의 밑면, 그 밖에 이와 비슷한 것을 말한다)는 국토교통부령으로 정하는 기준에 적합해야 한다.

제51조(거실의 채광 등) ① 법 제49조제2항 본문에 따라 단독주택 및 공동주택의 거실, 교육연구시설 중 학교의 교실, 의료시설의 병실 및 숙박시설의 객실에는 국토교통부령으로 정하는 기준에 따라 채광 및 환기를 위한 창문등이나 설비를 설치해야 한다.

② 법 제49조제2항 본문에 따라 다음 각 호에 해당하는 건축물의 거실(피난층의 거실은 제외한다)에는 배연설비를 해야 한다.
1. 6층 이상인 건축물로서 다음 각 목의 어느 하나에 해당하는 용도로 쓰는 건축물
   가. 제2종 근린생활시설 중 공연장, 종교집회장, 인터넷컴퓨터게임시설제공업소 및 다중생활시설(공연장, 종교집회장 및 인터넷컴퓨터게임시설제공업소는 해당 용도로 쓰는 바닥면적의 합계가 각각 300제곱미터 이상인 경우만 해당한다)
   나. 문화 및 집회시설   다. 종교시설   라. 판매시설
   마. 운수시설   바. 의료시설(요양병원 및 정신병원은 제외한다)
   사. 교육연구시설 중 연구소
   아. 노유자시설 중 아동 관련 시설, 노인복지시설(노인요양시설은 제외한다)
   자. 수련시설 중 유스호스텔   차. 운동시설   카. 업무시설
   타. 숙박시설   파. 위락시설   하. 관광휴게시설
   거. 장례시설
2. 다음 각 목의 어느 하나에 해당하는 용도로 쓰는 건축물
   가. 의료시설 중 요양병원 및 정신병원

나. 노유자시설 중 노인요양시설·장애인 거주시설 및 장애인 의료재활시설
　　다. 제1종 근린생활시설 중 산후조리원
③ 법 제49조제2항에 따라 오피스텔에 거실 바닥으로부터 높이 1.2미터 이하 부분에 여닫을 수 있는 창문을 설치하는 경우에는 국토교통부령으로 정하는 기준에 따라 추락방지를 위한 안전시설을 설치하여야 한다.
④ 법 제49조제3항에 따라 건축물의 11층 이하의 층에는 소방관이 진입할 수 있는 창을 설치하고, 외부에서 주야간에 식별할 수 있는 표시를 해야 한다. 다만, 다음 각 호의 어느 하나에 해당하는 아파트는 제외한다.
　1. 제46조제4항 및 제5항에 따라 대피공간 등을 설치한 아파트
　2. 「주택건설기준 등에 관한 규정」 제15조제2항에 따라 비상용승강기를 설치한 아파트

제52조(거실 등의 방습) 법 제49조제2항 본문에 따라 다음 각 호에 해당하는 거실·욕실 또는 조리장의 바닥 부분에는 국토교통부령으로 정하는 기준에 따라 방습을 위한 조치를 해야 한다.
　1. 건축물의 최하층에 있는 거실(바닥이 목조인 경우만 해당한다)
　2. 제1종 근린생활시설 중 목욕장의 욕실과 휴게음식점 및 제과점의 조리장
　3. 제2종 근린생활시설 중 일반음식점, 휴게음식점 및 제과점의 조리장과 숙박시설의 욕실

제53조(경계벽 등의 설치) ① 법 제49조제4항에 따라 다음 각 호의 어느 하나에 해당하는 건축물의 경계벽은 국토교통부령으로 정하는 기준에 따라 설치해야 한다.
　1. 단독주택 중 다가구주택의 각 가구 간 또는 공동주택(기숙사는 제외한다)의 각 세대 간 경계벽(제2조제14호 후단에 따라 거실·침실 등의 용도로 쓰지 아니하는 발코니 부분은 제외한다)
　2. 공동주택 중 기숙사의 침실, 의료시설의 병실, 교육연구시설 중 학교의 교실 또는 숙박시설의 객실 간 경계벽
　3. 제1종 근린생활시설 중 산후조리원의 다음 각 호의 어느 하나에 해당하는 경계벽
　　가. 임산부실 간 경계벽　　　나. 신생아실 간 경계벽
　　다. 임산부실과 신생아실 간 경계벽
　4. 제2종 근린생활시설 중 다중생활시설의 호실 간 경계벽
　5. 노유자시설 중 「노인복지법」 제32조제1항제3호에 따른 노인복지주택(이하 "노인복지주택"이라 한다)의 각 세대 간 경계벽
　6. 노유자시설 중 노인요양시설의 호실 간 경계벽
② 법 제49조제4항에 따라 다음 각 호의 어느 하나에 해당하는 건축물의 층간바닥(화장실의 바닥은 제외한다)은 국토교통부령으로 정하는 기준에 따라 설치해야 한다.
　1. 단독주택 중 다가구주택
　2. 공동주택(「주택법」 제15조에 따른 주택건설사업계획승인 대상은 제외한다)
　3. 업무시설 중 오피스텔
　4. 제2종 근린생활시설 중 다중생활시설
　5. 숙박시설 중 다중생활시설

제54조(건축물에 설치하는 굴뚝) 건축물에 설치하는 굴뚝은 국토교통부령으로 정하는 기준에 따라 설치하여야 한다.

제55조(창문 등의 차면시설) 인접 대지경계선으로부터 직선거리 2미터 이내에 이웃 주택의 내부가 보이는 창문 등을 설치하는 경우에는 차면시설(遮面施設)을 설치하여야 한다.

제56조(건축물의 내화구조) ① 법 제50조제1항 본문에 따라 다음 각 호의 어느 하나에 해당하는 건축물(제5호에 해당하는 건축물로서 2층 이하인 건축물은 지하층 부분만 해당한다)의 주요구조부와 지붕은 내화구조로 해야 한다. 다만, 연면적이 50제곱미터 이하인 단층의 부속건축물로서 외벽 및 처마 밑면을 방화구조로 한 것과 무대의 바닥은 그렇지 않다.
　1. 제2종 근린생활시설 중 공연장·종교집회장(해당 용도로 쓰는 바닥면적의 합계가 각각 300제곱미터 이상인 경우만 해당한다), 문화 및 집회시설(전시장 및 동·식물원은 제외한다), 종교시설, 위락시설 중 주점영업 및 장례시설의 용도로 쓰는 건축물로서 관람실 또는 집회실의 바닥면적의 합계가 200제곱미터(옥외관람석의 경우에는 1천 제곱미터) 이상인 건축물
　2. 문화 및 집회시설 중 전시장 또는 동·식물원, 판매시설, 운수시설, 교육연구시설에 설치하는 체육관·강당, 수련시설, 운동시설 중 체육관·운동장, 위락시설(주점영업의 용도로 쓰는 것은 제외한다), 창고시설, 위험물저장 및 처리시설, 자동차 관련 시설, 방송통신시설 중 방송국·전신전화국·촬영소, 묘지관련 시설 중 화장시설·동물화장시설 또는 관광휴게시설의 용도로 쓰는 건축물로서 그 용도로 쓰는 바닥면적의 합계가 500제곱미터 이상인 건축물

3. 공장의 용도로 쓰는 건축물로서 그 용도로 쓰는 바닥면적의 합계가 2천 제곱미터 이상인 건축물. 다만, 화재의 위험이 적은 공장으로서 국토교통부령으로 정하는 공장은 제외한다.
4. 건축물의 2층이 단독주택 중 다중주택 및 다가구주택, 공동주택, 제1종 근린생활시설(의료의 용도로 쓰는 시설만 해당한다), 제2종 근린생활시설 중 다중생활시설, 의료시설, 노유자시설 중 아동 관련 시설 및 노인복지시설, 수련시설 중 유스호스텔, 업무시설 중 오피스텔, 숙박시설 또는 장례시설의 용도로 쓰는 건축물로서 그 용도로 쓰는 바닥면적의 합계가 400제곱미터 이상인 건축물
5. 3층 이상인 건축물 및 지하층이 있는 건축물. 다만, 단독주택(다중주택 및 다가구주택은 제외한다), 동물 및 식물 관련 시설, 발전시설(발전소의 부속용도로 쓰는 시설은 제외한다), 교도소·소년원 또는 묘지 관련 시설(화장시설 및 동물화장시설은 제외한다)의 용도로 쓰는 건축물과 철강 관련 업종의 공장 중 제어실로 사용하기 위하여 연면적 50제곱미터 이하로 증축하는 부분은 제외한다.

② 법 제50조제1항 단서에 따라 막구조의 건축물은 주요구조부에만 내화구조로 할 수 있다.

제57조(대규모 건축물의 방화벽 등) ① 법 제50조제2항에 따라 연면적 1천 제곱미터 이상인 건축물은 방화벽으로 구획하되, 각 구획된 바닥면적의 합계는 1천 제곱미터 미만이어야 한다. 다만, 주요구조부가 내화구조이거나 불연재료인 건축물과 제56조제1항제5호 단서에 따른 건축물 또는 내부설비의 구조상 방화벽으로 구획할 수 없는 창고시설의 경우에는 그러하지 아니하다.
② 제1항에 따른 방화벽의 구조에 관하여 필요한 사항은 국토교통부령으로 정한다.
③ 연면적 1천 제곱미터 이상인 목조 건축물의 구조는 국토교통부령으로 정하는 바에 따라 방화구조로 하거나 불연재료로 하여야 한다.

제58조(방화지구의 건축물) 법 제51조제1항에 따라 그 주요구조부 및 외벽을 내화구조로 하지 아니할 수 있는 건축물은 다음 각 호와 같다.
1. 연면적 30제곱미터 미만인 단층 부속건축물로서 외벽 및 처마면이 내화구조 또는 불연재료로 된 것
2. 도매시장의 용도로 쓰는 건축물로서 그 주요구조부가 불연재료로 된 것

제61조(건축물의 마감재료 등) ① 법 제52조제1항에서 "대통령령으로 정하는 용도 및 규모의 건축물"이란 다음 각 호의 어느 하나에 해당하는 건축물을 말한다. 다만, 제1호, 제1호의2, 제2호부터 제7호까지의 어느 하나에 해당하는 건축물(제8호에 해당하는 건축물은 제외한다)의 주요구조부가 내화구조 또는 불연재료로 되어 있고 그 거실의 바닥면적(스프링클러나 그 밖에 이와 비슷한 자동식 소화설비를 설치한 바닥면적을 뺀 면적으로 한다. 이하 이 조에서 같다) 200제곱미터 이내마다 방화구획이 되어 있는 건축물은 제외한다.
1. 단독주택 중 다중주택·다가구주택
1의2. 공동주택
1의3. 제1종 근린생활시설중의원, 치과의원, 한의원, 조산원
2. 제2종 근린생활시설 중 공연장·종교집회장·인터넷컴퓨터게임시설제공업소·학원·독서실·당구장·다중생활시설의 용도로 쓰는 건축물
3. 발전시설, 방송통신시설(방송국·촬영소의 용도로 쓰는 건축물로 한정한다)
4. 공장, 창고시설, 위험물 저장 및 처리 시설(자가난방과 자가발전 등의 용도로 쓰는 시설을 포함한다), 자동차 관련 시설의 용도로 쓰는 건축물
5. 5층 이상인 층 거실의 바닥면적의 합계가 500제곱미터 이상인 건축물
6. 문화 및 집회시설, 종교시설, 판매시설, 운수시설, 의료시설, 교육연구시설 중 학교·학원, 노유자시설, 수련시설, 업무시설 중 오피스텔, 숙박시설, 위락시설, 장례시설
7. 삭제
8. 「다중이용업소의 안전관리에 관한 특별법 시행령」 제2조에 따른 다중이용업의 용도로 쓰는 건축물

② 법 제52조제2항에서 "대통령령으로 정하는 건축물"이란 다음 각 호의 어느 하나에 해당하는 것을 말한다.
1. 상업지역(근린상업지역은 제외한다)의 건축물로서 다음 각 목의 어느 하나에 해당하는 것
   가. 제1종 근린생활시설, 제2종 근린생활시설, 문화 및 집회시설, 종교시설, 판매시설, 운동시설 및 위락시설의 용도로 쓰는 건축물로서 그 용도로 쓰는 바닥면적의 합계가 2천제곱미터 이상인 건축물
   나. 공장(국토교통부령으로 정하는 화재 위험이 적은 공장은 제외한다)의 용도로 쓰는 건축물로부터 6미터 이내에 위치한 건축물
2. 의료시설, 교육연구시설, 노유자시설 및 수련시설의 용도로 쓰는 건축물
3. 3층 이상 또는 높이 9미터 이상인 건축물
4. 1층의 전부 또는 일부를 필로티 구조로 설치하여 주차장으로 쓰는 건축물
5. 제1항제4호에 해당하는 건축물

③ 법 제52조제4항에서 "대통령령으로 정하는 용도 및 규모에 해당하는 건축물"이란 제2항 각 호의 건축물을 말한다.

제64조(방화문의 구분) ① 방화문은 다음 각 호와 같이 구분한다.
1. 60분+ 방화문 : 연기 및 불꽃을 차단할 수 있는 시간이 60분 이상이고, 열을 차단할 수 있는 시간이 30분 이상인 방화문
2. 60분 방화문 : 연기 및 불꽃을 차단할 수 있는 시간이 60분 이상인 방화문
3. 30분 방화문 : 연기 및 불꽃을 차단할 수 있는 시간이 30분 이상 60분 미만인 방화문

② 제1항 각 호의 구분에 따른 방화문 인정 기준은 국토교통부령으로 정한다.

제86조(일조 등의 확보를 위한 건축물의 높이 제한) ① 전용주거지역이나 일반주거지역에서 건축물을 건축하는 경우에는 법 제61조 제1항에 따라 건축물의 각 부분을 정북(正北) 방향으로의 인접 대지경계선으로부터 다음 각 호의 범위에서 건축조례로 정하는 거리 이상을 띄어 건축하여야 한다.
1. 높이 10미터 이하인 부분 : 인접 대지경계선으로부터 1.5미터 이상
2. 높이 10미터를 초과하는 부분 : 인접 대지경계선으로부터 해당 건축물 각 부분 높이의 2분의 1 이상

② 다음 각 호의 어느 하나에 해당하는 경우에는 제1항을 적용하지 아니한다.
1. 다음 각 목의 어느 하나에 해당하는 구역 안의 대지 상호간에 건축하는 건축물로서 해당 대지가 너비 20미터 이상의 도로(자동차・보행자・자전거 전용도로를 포함하며, 도로에 공공공지, 녹지, 광장, 그 밖에 건축미관에 지장이 없는 도시・군계획시설이 접한 경우 해당 시설을 포함한다)에 접한 경우
   가. 「국토의 계획 및 이용에 관한 법률」 제51조에 따른 지구단위계획구역, 같은 법 제37조 제1항 제1호에 따른 경관지구
   나. 「경관법」 제9조 제1항 제4호에 따른 중점경관관리구역
   다. 법 제77조의2 제1항에 따른 특별가로구역
   라. 도시미관 향상을 위하여 허가권자가 지정・공고하는 구역
2. 건축협정구역 안에서 대지 상호간에 건축하는 건축물(법 제77조의4 제1항에 따른 건축협정에 일정 거리 이상을 띄어 건축하는 내용이 포함된 경우만 해당한다)의 경우
3. 건축물의 정북 방향의 인접 대지가 전용주거지역이나 일반주거지역이 아닌 용도지역에 해당하는 경우

③ 법 제61조 제2항에 따라 공동주택은 다음 각 호의 기준을 충족해야 한다. 다만, 채광을 위한 창문 등이 있는 벽면에서 직각 방향으로 인접 대지경계선까지의 수평거리가 1미터 이상으로서 건축조례로 정하는 거리 이상인 다세대주택은 제1호를 적용하지 않는다.
1. 건축물(기숙사는 제외한다)의 각 부분의 높이는 그 부분으로부터 채광을 위한 창문 등이 있는 벽면에서 직각 방향으로 인접 대지경계선까지의 수평거리의 2배(근린상업지역 또는 준주거지역의 건축물은 4배) 이하로 할 것
2. 같은 대지에서 두 동(棟) 이상의 건축물이 서로 마주보고 있는 경우(한 동의 건축물 각 부분이 서로 마주보고 있는 경우를 포함한다)에 건축물 각 부분 사이의 거리는 다음 각 목의 거리 이상을 띄어 건축할 것. 다만, 그 대지의 모든 세대가 동지(冬至)를 기준으로 9시에서 15시 사이에 2시간 이상을 계속하여 일조(日照)를 확보할 수 있는 거리 이상으로 할 수 있다.
   가. 채광을 위한 창문 등이 있는 벽면으로부터 직각방향으로 건축물 각 부분 높이의 0.5배(도시형 생활주택의 경우에는 0.25배) 이상의 범위에서 건축조례로 정하는 거리 이상
   나. 가목에도 불구하고 서로 마주보는 건축물 중 높은 건축물(높은 건축물을 중심으로 마주보는 두 동의 축이 시계방향으로 정동에서 정서 방향인 경우만 해당한다)의 주된 개구부(거실과 주된 침실이 있는 부분의 개구부를 말한다)의 방향이 낮은 건축물을 향하는 경우에는 10미터 이상으로서 낮은 건축물 각 부분의 높이의 0.5배(도시형 생활주택의 경우에는 0.25배) 이상의 범위에서 건축조례로 정하는 거리 이상
   다. 가목에도 불구하고 건축물과 부대시설 또는 복리시설이 서로 마주보고 있는 경우에는 부대시설 또는 복리시설 각 부분 높이의 1배 이상
   라. 채광창(창넓이가 0.5제곱미터 이상인 창을 말한다)이 없는 벽면과 측벽이 마주보는 경우에는 8미터 이상
   마. 측벽과 측벽이 마주보는 경우[마주보는 측벽 중 하나의 측벽에 채광을 위한 창문 등이 설치되어 있지 아니한 바닥면적 3제곱미터 이하의 발코니(출입을 위한 개구부를 포함한다)를 설치하는 경우를 포함한다]에는 4미터 이상
3. 주택단지에 두 동 이상의 건축물이 법 제2조 제1항 제11호에 따른 도로를 사이에 두고 서로 마주보고

있는 경우에는 제2호가목부터 다목까지의 규정을 적용하지 아니하되, 해당 도로의 중심선을 인접 대지 경계선으로 보아 제1호를 적용한다.
④ 법 제61조 제3항 각 호 외의 부분에서 "대통령령으로 정하는 높이"란 제1항에 따른 높이의 범위에서 특별자치시장·특별자치도지사 또는 시장·군수·구청장이 정하여 고시하는 높이를 말한다.
⑤ 특별자치시장·특별자치도지사 또는 시장·군수·구청장은 제4항에 따라 건축물의 높이를 고시하려면 국토교통부령으로 정하는 바에 따라 미리 해당 지역주민의 의견을 들어야 한다. 다만, 법 제61조 제3항 제1호부터 제6호까지의 어느 하나에 해당하는 지역인 경우로서 건축위원회의 심의를 거친 경우에는 그러하지 아니하다.
⑥ 제1항부터 제5항까지를 적용할 때 건축물을 건축하려는 대지와 다른 대지 사이에 다음 각 호의 시설 또는 부지가 있는 경우에는 그 반대편의 대지경계선(공동주택은 인접 대지경계선과 그 반대편 대지경계선의 중심선)을 인접 대지경계선으로 한다.
  1. 공원(「도시공원 및 녹지 등에 관한 법률」 제2조 제3호에 따른 도시공원 중 지방건축위원회의 심의를 거쳐 허가권자가 공원의 일조 등을 확보할 필요가 있다고 인정하는 공원은 제외한다), 도로, 철도, 하천, 광장, 공공공지, 녹지, 유수지, 자동차 전용도로, 유원지
  2. 다음 각 목에 해당하는 대지(건축물이 없는 경우로 한정한다)
    가. 너비(대지경계선에서 가장 가까운 거리를 말한다)가 2미터 이하인 대지
    나. 면적이 제80조 각 호에 따른 분할제한 기준 이하인 대지
  3. 제1호 및 제2호 외에 건축이 허용되지 아니하는 공지
⑦ 제1항부터 제5항까지의 규정을 적용할 때 건축물(공동주택으로 한정한다)을 건축하려는 하나의 대지 사이에 제6항 각 호의 시설 또는 부지가 있는 경우에는 지방건축위원회의 심의를 거쳐 제6항 각 호의 시설 또는 부지를 기준으로 마주하고 있는 해당 대지의 경계선의 중심선을 인접 대지경계선으로 할 수 있다.

제7장 건축물의 설비 등

제87조(건축설비 설치의 원칙) ① 건축설비는 건축물의 안전·방화, 위생, 에너지 및 정보통신의 합리적 이용에 지장이 없도록 설치하여야 하고, 배관피트 및 닥트의 단면적과 수선구의 크기를 해당 설비의 수선에 지장이 없도록 하는 등 설비의 유지·관리가 쉽게 설치하여야 한다.
② 건축물에 설치하는 급수·배수·냉방·난방·환기·피뢰 등 건축설비의 설치에 관한 기술적 기준은 국토교통부령으로 정하되, 에너지 이용 합리화와 관련한 건축설비의 기술적 기준에 관하여는 산업통상자원부장관과 협의하여 정한다.
③ 건축물에 설치하여야 하는 장애인 관련 시설 및 설비는 「장애인·노인·임산부 등의 편의증진보장에 관한 법률」 제14조에 따라 작성하여 보급하는 편의시설 상세표준도에 따른다.
④ 건축물에는 방송수신에 지장이 없도록 공동시청 안테나, 유선방송 수신시설, 위성방송 수신설비, 에프엠(FM)라디오방송 수신설비 또는 방송 공동수신설비를 설치할 수 있다. 다만, 다음 각 호의 건축물에는 방송 공동수신설비를 설치하여야 한다.
  1. 공동주택
  2. 바닥면적의 합계가 5천제곱미터 이상으로서 업무시설이나 숙박시설의 용도로 쓰는 건축물
⑤ 제4항에 따른 방송 수신설비의 설치기준은 과학기술정보통신부장관이 정하여 고시하는 바에 따른다.
⑥ 연면적이 500제곱미터 이상인 건축물의 대지에는 국토교통부령으로 정하는 바에 따라 「전기사업법」 제2조 제2호에 따른 전기사업자가 전기를 배전(配電)하는 데 필요한 전기설비를 설치할 수 있는 공간을 확보하여야 한다.
⑦ 해풍이나 염분 등으로 인하여 건축물의 재료 및 기계설비 등에 조기 부식과 같은 피해 발생이 우려되는 지역에서는 해당 지방자치단체는 이를 방지하기 위하여 다음 각 호의 사항을 조례로 정할 수 있다.
  1. 해풍이나 염분 등에 대한 내구성 설계기준
  2. 해풍이나 염분 등에 대한 내구성 허용기준
  3. 그 밖에 해풍이나 염분 등에 따른 피해를 막기 위하여 필요한 사항
⑧ 건축물에 설치하여야 하는 우편수취함은 「우편법」 제37조의2의 기준에 따른다.

제89조(승용 승강기의 설치) 법 제64조제1항 전단에서 "대통령령으로 정하는 건축물"이란 층수가 6층인 건축물로서 각 층 거실의 바닥면적 300제곱미터 이내마다 1개소 이상의 직통계단을 설치한 건축물을 말한다.

제90조(비상용 승강기의 설치) ① 법 제64조제2항에 따라 높이 31미터를 넘는 건축물에는 다음 각 호의 기준에 따른 대수 이상의 비상용 승강기(비상용 승강기의 승강장 및 승강로를 포함한다. 이하 이 조에서 같다)

를 설치하여야 한다. 다만, 법 제64조제1항에 따라 설치되는 승강기를 비상용 승강기의 구조로 하는 경우에는 그러하지 아니하다.
1. 높이 31미터를 넘는 각 층의 바닥면적 중 최대 바닥면적이 1천500제곱미터 이하인 건축물 : 1대 이상
2. 높이 31미터를 넘는 각 층의 바닥면적 중 최대 바닥면적이 1천500제곱미터를 넘는 건축물 : 1대에 1천500제곱미터를 넘는 3천 제곱미터 이내마다 1대씩 더한 대수 이상

② 제1항에 따라 2대 이상의 비상용 승강기를 설치하는 경우에는 화재가 났을 때 소화에 지장이 없도록 일정한 간격을 두고 설치하여야 한다.
③ 건축물에 설치하는 비상용 승강기의 구조 등에 관하여 필요한 사항은 국토교통부령으로 정한다.

제91조의3(관계전문기술자와의 협력) ① 다음 각 호의 어느 하나에 해당하는 건축물의 설계자는 제32조제1항에 따라 해당 건축물에 대한 구조의 안전을 확인하는 경우에는 건축구조기술사의 협력을 받아야 한다.
1. 6층 이상인 건축물
2. 특수구조 건축물
3. 다중이용 건축물
4. 준다중이용 건축물
5. 3층 이상의 필로티형식 건축물
6. 제32조제2항제6호에 해당하는 건축물 중 국토교통부령으로 정하는 건축물

② 연면적 1만제곱미터 이상인 건축물(창고시설은 제외한다) 또는 에너지를 대량으로 소비하는 건축물로서 국토교통부령으로 정하는 건축물에 건축설비를 설치하는 경우에는 국토교통부령으로 정하는 바에 따라 다음 각 호의 구분에 따른 관계전문기술자의 협력을 받아야 한다.
1. 전기, 승강기(전기 분야만 해당한다) 및 피뢰침 : 「기술사법」에 따라 등록한 건축전기설비기술사 또는 발송배전기술사
2. 급수·배수(配水)·배수(排水)·환기·난방·소화·배연·오물처리 설비 및 승강기(기계 분야만 해당한다) : 「기술사법」에 따라 등록한 건축기계설비기술사 또는 공조냉동기계기술사
3. 가스설비 : 「기술사법」에 따라 등록한 건축기계설비기술사, 공조냉동기계기술사 또는 가스기술사

③ 깊이 10미터 이상의 토지굴착공사 또는 높이 5미터 이상의 옹벽 등의 공사를 수반하는 건축물의 설계자 및 공사감리자는 토지굴착 등에 관하여 국토교통부령으로 정하는 바에 따라 「기술사법」에 따라 등록한 토목구조기술사, 토질 및 기초기술사, 지질및지반기술사 또는 토목시공기술사의 협력을 받아야 한다.
④ 설계자 및 공사감리자는 안전상 필요하다고 인정하는 경우, 관계 법령에서 정하는 경우 및 설계계약 또는 감리계약에 따라 건축주가 요청하는 경우에는 관계전문기술자의 협력을 받아야 한다.
⑤ 특수구조 건축물 및 고층건축물의 공사감리자는 제19조제3항제1호 각 목 및 제2호 각 목에 해당하는 공정에 다다를 때 건축구조기술사의 협력을 받아야 한다.
⑥ 3층 이상인 필로티형식 건축물의 공사감리자는 법 제48조에 따른 건축물의 구조상 안전을 위한 공사감리를 할 때 공사가 제18조의2제2항제3호나목에 따른 단계에 다다른 경우마다 법 제67조제1항제1호부터 제3호까지의 규정에 따른 관계전문기술자의 협력을 받아야 한다. 이 경우 관계전문기술자는 「건설기술 진흥법 시행령」 별표 1 제3호라목1)에 따른 건축구조 분야의 특급 또는 고급기술자의 자격요건을 갖춘 소속 기술자로 하여금 업무를 수행하게 할 수 있다.
⑦ 제1항부터 제6항까지의 규정에 따라 설계자 또는 공사감리자에게 협력한 관계전문기술자는 공사 현장을 확인하고, 그가 작성한 설계도서 또는 감리중간보고서 및 감리완료보고서에 설계자 또는 공사감리자와 함께 서명날인하여야 한다.
⑧ 제32조제1항에 따른 구조안전의 확인에 관하여 설계자에게 협력한 건축구조기술사는 국토교통부장관이 정하여 고시하는 기준에 따라 구조의 안전을 확인한 건축물의 구조도 등 구조관련서류에 설계자와 함께 서명날인하여야 한다.
⑨ 법 제67조제1항 각 호 외의 부분에서 "대통령령으로 정하는 기간"이란 2년을 말한다.

제8장 특별건축구역 등

제119조(면적 등의 산정방법) ① 법 제84조에 따라 건축물의 면적·높이 및 층수 등은 다음 각 호의 방법에 따라 산정한다.
1. 대지면적 : 대지의 수평투영면적으로 한다. 다만, 다음 각 목의 어느 하나에 해당하는 면적은 제외한다.
  가. 법 제46조제1항 단서에 따라 대지에 건축선이 정하여진 경우 : 그 건축선과 도로 사이의 대지면적
  나. 대지에 도시·군계획시설인 도로·공원 등이 있는 경우 : 그 도시·군계획시설에 포함되는 대지(「국토의 계획 및 이용에 관한 법률」 제47조제7항에 따라 건축물 또는 공작물을 설치하는 도시·군계획시설의 부지는 제외한다)면적
2. 건축면적 : 건축물의 외벽(외벽이 없는 경우에는 외곽 부분의 기둥으로 한다. 이하 이 호에서 같다)의

중심선으로 둘러싸인 부분의 수평투영면적으로 한다. 다만, 다음 각 목의 어느 하나에 해당하는 경우에는 해당 목에서 정하는 기준에 따라 산정한다.
가. 처마, 차양, 부연(附椽), 그 밖에 이와 비슷한 것으로서 그 외벽의 중심선으로부터 수평거리 1미터 이상 돌출된 부분이 있는 건축물의 건축면적은 그 돌출된 끝부분으로부터 다음의 구분에 따른 수평거리를 후퇴한 선으로 둘러싸인 부분의 수평투영면적으로 한다.
  1) 「전통사찰의 보존 및 지원에 관한 법률」 제2조제1호에 따른 전통사찰 : 4미터 이하의 범위에서 외벽의 중심선까지의 거리
  2) 사료 투여, 가축 이동 및 가축 분뇨 유출 방지 등을 위하여 처마, 차양, 부연, 그 밖에 이와 비슷한 것이 설치된 축사 : 3미터 이하의 범위에서 외벽의 중심선까지의 거리(두 동의 축사가 하나의 차양으로 연결된 경우에는 6미터 이하의 범위에서 축사 양 외벽의 중심선까지의 거리를 말한다)
  3) 한옥 : 2미터 이하의 범위에서 외벽의 중심선까지의 거리
  4) 「환경친화적자동차의 개발 및 보급 촉진에 관한 법률 시행령」 제18조의5에 따른 충전시설(그에 딸린 충전 전용 주차구획을 포함한다)의 설치를 목적으로 처마, 차양, 부연, 그 밖에 이와 비슷한 것이 설치된 공동주택(「주택법」 제15조에 따른 사업계획승인 대상으로 한정한다): 2미터 이하의 범위에서 외벽의 중심선까지의 거리
  5) 「신에너지 및 재생에너지 개발·이용·보급 촉진법」 제2조제3호에 따른 신·재생에너지 설비(신·재생에너지를 생산하거나 이용하기 위한 것만 해당한다)를 설치하기 위하여 처마, 차양, 부연, 그 밖에 이와 비슷한 것이 설치된 건축물로서 「녹색건축물 조성 지원법」 제17조에 따른 제로에너지건축물 인증을 받은 건축물 : 2미터 이하의 범위에서 외벽의 중심선까지의 거리
  6) 「환경친화적 자동차의 개발 및 보급 촉진에 관한 법률」 제2조제9호의 수소연료공급시설을 설치하기 위하여 처마, 차양, 부연 그 밖에 이와 비슷한 것이 설치된 별표 1 제19호가목의 주유소, 같은 호 나목의 액화석유가스 충전소 또는 같은 호 바목의 고압가스 충전소 : 2미터 이하의 범위에서 외벽의 중심선까지의 거리
  7) 그 밖의 건축물 : 1미터
나. 다음의 건축물의 건축면적은 국토교통부령으로 정하는 바에 따라 산정한다.
  1) 태양열을 주된 에너지원으로 이용하는 주택
  2) 창고 또는 공장 중 물품을 입출고하는 부위의 상부에 한쪽 끝은 고정되고 다른 쪽 끝은 지지되지 않는 구조로 설치된 돌출차양
  3) 단열재를 구조체의 외기측에 설치하는 단열공법으로 건축된 건축물
다. 다음의 경우에는 건축면적에 산입하지 않는다.
  1) 지표면으로부터 1미터 이하에 있는 부분(창고 중 물품을 입출고하기 위하여 차량을 접안시키는 부분의 경우에는 지표면으로부터 1.5미터 이하에 있는 부분)
  2) 「다중이용업소의 안전관리에 관한 특별법 시행령」 제9조에 따라 기존의 다중이용업소(2004년 5월 29일 이전의 것만 해당한다)의 비상구에 연결하여 설치하는 폭 2미터 이하의 옥외 피난계단(기존 건축물에 옥외 피난계단을 설치함으로써 법 제55조에 따른 건폐율의 기준에 적합하지 아니하게 된 경우만 해당한다)
  3) 건축물 지상층에 일반인이나 차량이 통행할 수 있도록 설치한 보행통로나 차량통로
  4) 지하주차장의 경사로
  5) 건축물 지하층의 출입구 상부(출입구 너비에 상당하는 규모의 부분을 말한다)
  6) 생활폐기물 보관시설(음식물쓰레기, 의류 등의 수거시설을 말한다. 이하 같다)
  7) 「영유아보육법」 제15조에 따른 어린이집(2005년 1월 29일 이전에 설치된 것만 해당한다)의 비상구에 연결하여 설치하는 폭 2미터 이하의 영유아용 대피용 미끄럼대 또는 비상계단(기존 건축물에 영유아용 대피용 미끄럼대 또는 비상계단을 설치함으로써 법 제55조에 따른 건폐율 기준에 적합하지 아니하게 된 경우만 해당한다)
  8) 「장애인·노인·임산부 등의 편의증진 보장에 관한 법률 시행령」 별표 2의 기준에 따라 설치하는 장애인용 승강기, 장애인용 에스컬레이터, 휠체어리프트 또는 경사로
  9) 「가축전염병 예방법」 제17조제1항제1호에 따른 소독설비를 갖추기 위하여 같은 호에 따른 가축사육시설(2015년 4월 27일 전에 건축되거나 설치된 가축사육시설로 한정한다)에서 설치하는 시설
  10) 「매장문화재 보호 및 조사에 관한 법률」 제14조제1항제1호 및 제2호에 따른 현지보존 및 이전보존을 위하여 매장문화재 보호 및 전시에 전용되는 부분
  11) 「가축분뇨의 관리 및 이용에 관한 법률」 제12조제1항에 따른 처리시설(법률 제12516호 가축분뇨

의 관리 및 이용에 관한 법률 일부개정법률 부칙 제9조에 해당하는 배출시설의 처리시설로 한정한다)

12) 「영유아보육법」 제15조에 따른 설치기준에 따라 직통계단 1개소를 갈음하여 건축물의 외부에 설치하는 비상계단(같은 조에 따른 어린이집이 2011년 4월 6일 이전에 설치된 경우로서 기존 건축물에 비상계단을 설치함으로써 법 제55조에 따른 건폐율 기준에 적합하지 않게 된 경우만 해당한다)

3. 바닥면적 : 건축물의 각 층 또는 그 일부로서 벽, 기둥, 그 밖에 이와 비슷한 구획의 중심선으로 둘러싸인 부분의 수평투영면적으로 한다. 다만, 다음 각 목의 어느 하나에 해당하는 경우에는 각 목에서 정하는 바에 따른다.

가. 벽·기둥의 구획이 없는 건축물은 그 지붕 끝부분으로부터 수평거리 1미터를 후퇴한 선으로 둘러싸인 수평투영면적으로 한다.

나. 건축물의 노대등의 바닥은 난간 등의 설치 여부에 관계없이 노대등의 면적(외벽의 중심선으로부터 노대등의 끝부분까지의 면적을 말한다)에서 노대등이 접한 가장 긴 외벽에 접한 길이에 1.5미터를 곱한 값을 뺀 면적을 바닥면적에 산입한다.

다. 필로티나 그 밖에 이와 비슷한 구조(벽면적의 2분의 1 이상이 그 층의 바닥면에서 위층 바닥 아래면까지 공간으로 된 것만 해당한다)의 부분은 그 부분이 공중의 통행이나 차량의 통행 또는 주차에 전용되는 경우와 공동주택의 경우에는 바닥면적에 산입하지 아니한다.

라. 승강기탑(옥상 출입용 승강장을 포함한다), 계단탑, 장식탑, 다락[층고(層高)가 1.5미터(경사진 형태의 지붕인 경우에는 1.8미터) 이하인 것만 해당한다], 건축물의 내부에 설치하는 냉방설비 배기장치 전용 설치공간(각 세대나 실별로 외부 공기에 직접 닿는 곳에 설치하는 경우로서 1제곱미터 이하로 한정한다), 건축물의 외부 또는 내부에 설치하는 굴뚝, 더스트슈트, 설비덕트, 그 밖에 이와 비슷한 것과 옥상·옥외 또는 지하에 설치하는 물탱크, 기름탱크, 냉각탑, 정화조, 도시가스 정압기, 그 밖에 이와 비슷한 것을 설치하기 위한 구조물과 건축물 간에 화물의 이동에 이용되는 컨베이어벨트만을 설치하기 위한 구조물은 바닥면적에 산입하지 않는다.

마. 공동주택으로서 지상층에 설치한 기계실, 전기실, 어린이놀이터, 조경시설 및 생활폐기물 보관시설의 면적은 바닥면적에 산입하지 않는다.

바. 「다중이용업소의 안전관리에 관한 특별법 시행령」 제9조에 따라 기존의 다중이용업소(2004년 5월 29일 이전의 것만 해당한다)의 비상구에 연결하여 설치하는 폭 1.5미터 이하의 옥외 피난계단(기존 건축물에 옥외 피난계단을 설치함으로써 법 제56조에 따른 용적률에 적합하지 아니하게 된 경우만 해당한다)은 바닥면적에 산입하지 아니한다.

사. 제6조제1항제6호에 따른 건축물을 리모델링하는 경우로서 미관 향상, 열의 손실 방지 등을 위하여 외벽에 부가하여 마감재 등을 설치하는 부분은 바닥면적에 산입하지 아니한다.

아. 제1항제2호나목3)의 건축물의 경우에는 단열재가 설치된 외벽 중 내측 내력벽의 중심선을 기준으로 산정한 면적을 바닥면적으로 한다.

자. 「영유아보육법」 제15조에 따른 어린이집(2005년 1월 29일 이전에 설치된 것만 해당한다)의 비상구에 연결하여 설치하는 폭 2미터 이하의 영유아용 대피용 미끄럼대 또는 비상계단의 면적은 바닥면적(기존 건축물에 영유아용 대피용 미끄럼대 또는 비상계단을 설치함으로써 법 제56조에 따른 용적률 기준에 적합하지 아니하게 된 경우만 해당한다)에 산입하지 아니한다.

차. 「장애인·노인·임산부 등의 편의증진 보장에 관한 법률 시행령」 별표 2의 기준에 따라 설치하는 장애인용 승강기, 장애인용 에스컬레이터, 휠체어리프트 또는 경사로는 바닥면적에 산입하지 아니한다.

카. 「가축전염병 예방법」 제17조제1항제1호에 따른 소독설비를 갖추기 위하여 같은 호에 따른 가축사육시설(2015년 4월 27일 전에 건축되거나 설치된 가축사육시설로 한정한다)에서 설치하는 시설은 바닥면적에 산입하지 아니한다.

타. 「매장문화재 보호 및 조사에 관한 법률」 제14조제1항제1호 및 제2호에 따른 현지보존 및 이전보존을 위하여 매장문화재 보호 및 전시에 전용되는 부분은 바닥면적에 산입하지 아니한다.

파. 「영유아보육법」 제15조에 따른 설치기준에 따라 직통계단 1개소를 갈음하여 건축물의 외부에 설치하는 비상계단의 면적은 바닥면적(같은 조에 따른 어린이집이 2011년 4월 6일 이전에 설치된 경우로서 기존 건축물에 비상계단을 설치함으로써 법 제56조에 따른 용적률 기준에 적합하지 않게 된 경우만 해당한다)에 산입하지 않는다.

하. 지하주차장의 경사로(지상층에서 지하 1층으로 내려가는 부분으로 한정한다)는 바닥면적에 산입하지 않는다.

거. 제46조제4항제3호에 따른 대피공간의 바닥면적은 건축물의 각 층 또는 그 일부로서 벽의 내부선으로 둘러싸인 부분의 수평투영면적으로 한다.
너. 제46조제5항제3호 또는 제4호에 따른 구조 또는 시설(해당 세대 밖으로 대피할 수 있는 구조 또는 시설만 해당한다)을 같은 조 제4항에 따른 대피공간에 설치하는 경우 또는 같은 조 제5항제4호에 따른 대체시설을 발코니(발코니의 외부에 접하는 경우를 포함한다. 이하 같다)에 설치하는 경우에는 해당 구조 또는 시설이 설치되는 대피공간 또는 발코니의 면적 중 다음의 구분에 따른 면적까지를 바닥면적에 산입하지 않는다.
   1) 인접세대와 공동으로 설치하는 경우 : 4제곱미터
   2) 각 세대별로 설치하는 경우 : 3제곱미터
4. 연면적 : 하나의 건축물 각 층의 바닥면적의 합계로 하되, 용적률을 산정할 때에는 다음 각 목에 해당하는 면적은 제외한다.
   가. 지하층의 면적
   나. 지상층의 주차용(해당 건축물의 부속용도인 경우만 해당한다)으로 쓰는 면적
   마. 제34조제3항 및 제4항에 따라 초고층 건축물과 준초고층 건축물에 설치하는 피난안전구역의 면적
   바. 제40조제4항제2호에 따라 건축물의 경사지붕 아래에 설치하는 대피공간의 면적
5. 건축물의 높이 : 지표면으로부터 그 건축물의 상단까지의 높이[건축물의 1층 전체에 필로티(건축물을 사용하기 위한 경비실, 계단실, 승강기실, 그 밖에 이와 비슷한 것을 포함한다)가 설치되어 있는 경우에는 법 제60조 및 법 제61조제2항을 적용할 때 필로티의 층고를 제외한 높이]로 한다. 다만, 다음 각 목의 어느 하나에 해당하는 경우에는 각 목에서 정하는 바에 따른다.
   가. 법 제60조에 따른 건축물의 높이는 전면도로의 중심선으로부터의 높이로 산정한다. 다만, 전면도로가 다음의 어느 하나에 해당하는 경우에는 그에 따라 산정한다.
      1) 건축물의 대지에 접하는 전면도로의 노면에 고저차가 있는 경우에는 그 건축물이 접하는 범위의 전면도로부분의 수평거리에 따라 가중평균한 높이의 수평면을 전면도로면으로 본다.
      2) 건축물의 대지의 지표면이 전면도로보다 높은 경우에는 그 고저차의 2분의 1의 높이만큼 올라온 위치에 그 전면도로의 면이 있는 것으로 본다.
   나. 법 제61조에 따른 건축물 높이를 산정할 때 건축물 대지의 지표면과 인접 대지의 지표면 간에 고저차가 있는 경우에는 그 지표면의 평균 수평면을 지표면으로 본다. 다만, 법 제61조제2항에 따른 높이를 산정할 때 해당 대지가 인접 대지의 높이보다 낮은 경우에는 해당 대지의 지표면을 지표면으로 보고, 공동주택을 다른 용도와 복합하여 건축하는 경우에는 공동주택의 가장 낮은 부분을 그 건축물의 지표면으로 본다.
   다. 건축물의 옥상에 설치되는 승강기탑(옥상출입용 승강장을 포함한다)·계단탑·망루·장식탑·옥탑 등으로서 그 수평투영면적의 합계가 해당 건축물 건축면적의 8분의 1(「주택법」 제15조제1항에 따른 사업계획승인 대상인 공동주택 중 세대별 전용면적이 85제곱미터 이하인 경우에는 6분의 1) 이하인 경우로서 그 부분의 높이가 12미터를 넘는 경우에는 그 넘는 부분만 해당 건축물의 높이에 산입한다.
   라. 지붕마루장식·굴뚝·방화벽의 옥상돌출부나 그 밖에 이와 비슷한 옥상돌출물과 난간벽(그 벽면적의 2분의 1 이상이 공간으로 되어 있는 것만 해당한다)은 그 건축물의 높이에 산입하지 아니한다.
6. 처마높이 : 지표면으로부터 건축물의 지붕틀 또는 이와 비슷한 수평재를 지지하는 벽·깔도리 또는 기둥의 상단까지의 높이로 한다.
7. 반자높이 : 방의 바닥면으로부터 반자까지의 높이로 한다. 다만, 한 방에서 반자높이가 다른 부분이 있는 경우에는 그 각 부분의 반자면적에 따라 가중평균한 높이로 한다.
8. 층고 : 방의 바닥구조체 윗면으로부터 위층 바닥구조체의 윗면까지의 높이로 한다. 다만, 한 방에서 층의 높이가 다른 부분이 있는 경우에는 그 각 부분 높이에 따른 면적에 따라 가중평균한 높이로 한다.
9. 층수 : 승강기탑(옥상 출입용 승강장을 포함한다), 계단탑, 망루, 장식탑, 옥탑, 그 밖에 이와 비슷한 건축물의 옥상 부분으로서 그 수평투영면적의 합계가 해당 건축물 건축면적의 8분의 1(「주택법」 제15조제1항에 따른 사업계획승인 대상인 공동주택 중 세대별 전용면적이 85제곱미터 이하인 경우에는 6분의 1) 이하인 것과 지하층은 건축물의 층수에 산입하지 아니하고, 층의 구분이 명확하지 아니한 건축물은 그 건축물의 높이 4미터마다 하나의 층으로 보고 그 층수를 산정하며, 건축물이 부분에 따라 그 층수가 다른 경우에는 그 중 가장 많은 층수를 그 건축물의 층수로 본다.
10. 지하층의 지표면 : 법 제2조제1항제5호에 따른 지하층의 지표면은 각 층의 주위가 접하는 각 지표면 부분의 높이를 그 지표면 부분의 수평거리에 따라 가중평균한 높이의 수평면을 지표면으로 산정한다.
② 제1항 각 호(제10호는 제외한다)에 따른 기준에 따라 건축물의 면적·높이 및 층수 등을 산정할 때 지표면

에 고저차가 있는 경우에는 건축물의 주위가 접하는 각 지표면 부분의 높이를 그 지표면 부분의 수평거리에 따라 가중평균한 높이의 수평면을 지표면으로 본다. 이 경우 그 고저차가 3미터를 넘는 경우에는 그 고저차 3미터 이내의 부분마다 그 지표면을 정한다.

③ 다음 각 호의 요건을 모두 갖춘 건축물의 건폐율을 산정할 때에는 제1항제2호에도 불구하고 지방건축위원회의 심의를 통해 제2호에 따른 개방 부분의 상부에 해당하는 면적을 건축면적에서 제외할 수 있다.
　1. 다음 각 목의 어느 하나에 해당하는 시설로서 해당 용도로 쓰는 바닥면적의 합계가 1천제곱미터 이상일 것
　　가. 문화 및 집회시설(공연장 · 관람장 · 전시장만 해당한다)
　　나. 교육연구시설(학교 · 연구소 · 도서관만 해당한다)
　　다. 수련시설 중 생활권 수련시설, 업무시설 중 공공업무시설
　2. 지면과 접하는 저층의 일부를 높이 8미터 이상으로 개방하여 보행통로나 공지 등으로 활용할 수 있는 구조 · 형태일 것

④ 제1항제5호다목 또는 제1항제9호에 따른 수평투영면적의 산정은 제1항제2호에 따른 건축면적의 산정방법에 따른다.

⑤ 국토교통부장관은 제1항부터 제4항까지에서 규정한 건축물의 면적, 높이 및 층수 등의 산정방법에 관한 구체적인 적용사례 및 적용방법 등을 작성하여 공개할 수 있다.

건축법 시행규칙

[시행 2025. 7. 31.] [국토교통부령 제1511호, 2025. 7. 31., 일부개정]

제1조(목적) 이 규칙은 「건축법」 및 「건축법 시행령」에서 위임된 사항과 그 시행에 필요한 사항을 규정함을 목적으로 한다.

제1조의2(설계도서의 범위) 「건축법」(이하 "법"이라 한다) 제2조제14호에서 "그 밖에 국토교통부령으로 정하는 공사에 필요한 서류"란 다음 각 호의 서류를 말한다.
1. 건축설비계산 관계서류
2. 토질 및 지질 관계서류
3. 기타 공사에 필요한 서류

제6조(건축허가 등의 신청) ① 법 제11조제1항·제3항, 제20조제1항, 영 제9조제1항 및 제15조제8항에 따라 건축물의 건축·대수선 허가 또는 가설건축물의 건축허가를 받으려는 자는 별지 제1호의4서식의 건축·대수선·용도변경 (변경)허가 신청서에 다음 각 호의 서류를 첨부하여 허가권자에게 제출(전자문서로 제출하는 것을 포함한다)해야 한다. 이 경우 허가권자는 「전자정부법」 제36조제1항에 따른 행정정보의 공동이용(이하 "행정정보의 공동이용"이라 한다)을 통해 제1호의2의 서류 중 토지등기사항증명서를 확인해야 한다.
1. 건축할 대지의 범위에 관한 서류
1의2. 건축할 대지의 소유에 관한 권리를 증명하는 서류. 다만, 다음 각 목의 경우에는 그에 따른 서류로 갈음할 수 있다.
   가. 건축할 대지에 포함된 국유지 또는 공유지에 대해서는 허가권자가 해당 토지의 관리청과 협의하여 그 관리청이 해당 토지를 건축주에게 매각하거나 양여할 것을 확인한 서류
   나. 집합건물의 공용부분을 변경하는 경우에는 「집합건물의 소유 및 관리에 관한 법률」 제15조제1항에 따른 결의가 있었음을 증명하는 서류
   다. 분양을 목적으로 하는 공동주택을 건축하는 경우에는 그 대지의 소유에 관한 권리를 증명하는 서류. 다만, 법 제11조에 따라 주택과 주택 외의 시설을 동일 건축물로 건축하는 건축허가를 받아 「주택법 시행령」 제27조제1항에 따른 호수 또는 세대수 이상으로 건설·공급하는 경우 대지의 소유권에 관한 사항은 「주택법」 제21조를 준용한다.
1의3. 법 제11조제11항제1호에 해당하는 경우에는 건축할 대지를 사용할 수 있는 권원을 확보하였음을 증명하는 서류
1의4. 법 제11조제11항제2호 및 영 제9조의2제1항 각 호의 사유에 해당하는 경우에는 다음 각 목의 서류
   가. 건축물 및 해당 대지의 공유자 수의 100분의 80 이상의 서면동의서 : 공유자가 자필로 서명하는 서면동의의 방법으로 하며, 주민등록증, 여권 등 신원을 확인할 수 있는 신분증명서의 사본을 첨부해야 한다. 다만, 공유자가 해외에 장기체류하거나 법인인 경우 등 불가피한 사유가 있다고 허가권자가 인정하는 경우에는 공유자가 인감도장을 날인하거나 서명한 서면동의서에 해당 인감증명이나 「본인서명사실 확인 등에 관한 법률」 제2조제3호에 따른 본인서명사실확인서 또는 같은 법 제7조제7항에 따른 전자본인서명확인서의 발급증을 첨부하는 방법으로 할 수 있다.
   나. 가목에 따라 동의한 공유자의 지분 합계가 전체 지분의 100분의 80 이상임을 증명하는 서류
   다. 영 제9조의2제1항 각 호의 어느 하나에 해당함을 증명하는 서류
   라. 해당 건축물의 개요
1의5. 제5조에 따른 사전결정서(법 제10조에 따라 건축에 관한 입지 및 규모의 사전결정서를 받은 경우만 해당한다)
2. 별표 2의 설계도서(법 제10조에 따른 사전결정을 받은 경우에는 건축계획서 및 배치도를 제외한다). 다만, 법 제23조제4항에 따른 표준설계도서에 따라 건축하는 경우에는 건축계획서 및 배치도만 해당한다.
3. 법 제11조제5항 각 호에 따른 허가등을 받거나 신고를 하기 위하여 해당 법령에서 제출하도록 의무화하고 있는 신청서 및 구비서류(해당 사항이 있는 경우로 한정한다)
4. 별지 제27호의12서식에 따른 결합건축협정서(해당 사항이 있는 경우로 한정한다)

② 법 제11조제3항 단서에서 "국토교통부령으로 정하는 신청서 및 구비서류"란 별표 2의 설계도서 중 구조도 및 구조계산서를 말한다.

③ 법 제16조제1항 및 영 제12조제1항에 따라 변경허가를 받으려는 자는 별지 제1호의4서식의 건축·대수선·용도변경 (변경)허가 신청서에 변경하려는 부분에 대한 변경 전·후의 설계도서와 제1항 각 호에서 정하는 관계 서류 중 변경이 있는 서류를 첨부하여 허가권자에게 제출(전자문서로 제출하는 것을 포함한다)해야 한다. 이 경우 허가권자는 행정정보의 공동이용을 통해 제1항제1호의2의 서류 중 토지등기사항증명서를 확인해야 한다.

[별표 2] 건축허가신청에 필요한 설계도서(제6조제1항 관련)

도서의 종류	도서의 축척	표시하여야 할 사항
건축계획서	임의	1. 개요(위치·대지면적 등) 2. 지역·지구 및 도시계획사항 3. 건축물의 규모(건축면적·연면적·높이·층수 등) 4. 건축물의 용도별 면적 5. 주차장규모 6. 에너지절약계획서(해당건축물에 한한다) 7. 노인 및 장애인 등을 위한 편의시설 설치계획서(관계법령에 의하여 설치의무가 있는 경우에 한한다)
배치도	임의	1. 축척 및 방위 2. 대지에 접한 도로의 길이 및 너비 3. 대지의 종·횡단면도 4. 건축선 및 대지경계선으로부터 건축물까지의 거리 5. 주차동선 및 옥외주차계획 6. 공개공지 및 조경계획
평면도	임의	1. 1층 및 기준층 평면도 2. 기둥·벽·창문 등의 위치 3. 방화구획 및 방화문의 위치 4. 복도 및 계단의 위치 5. 승강기의 위치
입면도	임의	1. 2면 이상의 입면계획 2. 외부마감재료 3. 간판 및 건물번호판의 설치계획(크기·위치)
단면도	임의	1. 종·횡단면도 2. 건축물의 높이, 각층의 높이 및 반자높이
구조도 (구조안전 확인 또는 내진설계 대상 건축물)	임의	1. 구조내력상 주요한 부분의 평면 및 단면 2. 주요부분의 상세도면 3. 구조안전확인서
구조계산서 (구조안전 확인 또는 내진설계 대상 건축물)	임의	1. 구조계산서 목록표(총괄표, 구조계획서, 설계하중, 주요 구조도, 배근도 등) 2. 구조내력상 주요한 부분의 응력 및 단면 산정 과정 3. 내진설계의 내용(지진에 대한 안전 여부 확인 대상 건축물)
소방설비도	임의	「소방시설설치유지 및 안전관리에 관한 법률」에 따라 소방관서의 장의 동의를 얻어야 하는 건축물의 해당소방 관련 설비

제7조(건축허가의 사전승인) ① 법 제11조제2항에 따라 건축허가사전승인 대상건축물의 건축허가에 관한 승인을 받으려는 시장·군수는 허가 신청일부터 15일 이내에 다음 각 호의 구분에 따른 도서를 도지사에게 제출(전자문서로 제출하는 것을 포함한다)하여야 한다.
 1. 법 제11조제2항제1호의 경우 : 별표 3의 도서
 2. 법 제11조제2항제2호 및 제3호의 경우 : 별표 3의2의 도서
② 제1항의 규정에 의하여 사전승인의 신청을 받은 도지사는 승인요청을 받은 날부터 50일 이내에 승인여부를 시장·군수에게 통보(전자문서에 의한 통보를 포함한다)하여야 한다. 다만, 건축물의 규모가 큰 경우 등 불가피한 경우에는 30일의 범위 내에서 그 기간을 연장할 수 있다.

[별표 3] 대형건축물의 건축허가 사전승인신청 및 건축물 안전영향평가 의뢰 시 제출도서의 종류
         (제7조제1항제1호 및 제9조의2제1항 관련)

1. 건축계획서

분야	도서종류	표시하여야 할 사항
건축	설계설명서	• 공사개요 : 위치 · 대지면적 · 공사기간 · 공사금액 등 • 사전조사사항 : 지반고 · 기후 · 동결심도 · 수용인원 · 상하수와 주변지역을 포함한 지질 및 지형, 인구, 교통, 지역, 지구, 토지이용현황, 시설물현황 등 • 건축계획 : 배치 · 평면 · 입면계획 · 동선계획 · 개략조경계획 · 주차계획 및 교통처리계획 등 • 시공방법 • 개략공정계획 • 주요설비계획 • 주요자재 사용계획 • 기타 필요한 사항
	구조계획서	• 설계근거기준 • 구조재료의 성질 및 특성 • 하중조건분석 적용 • 구조의 형식선정계획 • 각부 구조계획 • 건축구조성능(단열 · 내화 · 차음 · 진동장애 등) • 구조안전검토
	지질조사서	• 토질개황 • 각종 토질시험내용 • 지내력 산출근거 • 지하수위면 • 기초에 대한 의견
	시방서	• 시방내용(국토교통부장관이 작성한 표준시방서에 없는 공법인 경우에 한한다)

2. 기본설계도서

분야	도서종류	표시하여야 할 사항
건축	투시도 또는 투시도 사진	색채사용
	평면도(주요층, 기준층)	1. 각 실의 용도 및 면적 2. 기둥 · 벽 · 창문 등의 위치 3. 방화구획 및 방화문의 위치 4. 복도 · 직통계단 · 피난계단 또는 특별 피난계단의 위치 및 치수 5. 비상용승강기 · 승용승강기의 위치 및 치수 6. 가설건축물의 규모
	2면 이상의 입면도	1. 축척 2. 외벽의 마감재료
	2면 이상의 단면도	1. 축척 2. 건축물의 높이, 각 층의 높이 및 반자높이
	내외마감표	벽 및 반자의 마감재의 종류
	주차장평면도	1. 축척 및 방위 2. 주차장면적 3. 도로 · 통로 및 출입구의 위치
설비	건축설비도	1. 비상용승강기 · 승용승강기 · 에스컬레이터 · 난방설비 · 환기설비 기타 건축설비의 설비계획 2. 비상조명장치 · 통신설비 기타 전기설비설치계획
	소방설비도	옥내소화전설비 · 스프링클러설비 · 각종 소화설비 · 옥외소화전설비 · 동력소방펌프설비 · 자동화재탐지설비 · 전기화재경보기 · 화재속보설비와 유도 등 기타 유도표시 소화용수의 위치 및 수량배연설비 · 연결살수설비 · 비상콘센트설비의 설치계획
	상 · 하수도 계통도	상 · 하수도의 연결관계, 수조의 위치, 급 · 배수 등

제19조의2(공사감리업무 등) ① 공사감리자는 영 제19조제9항제3호에 따라 다음 각 호의 업무를 수행한다.
1. 건축물 및 대지가 관계법령에 적합하도록 공사시공자 및 건축주를 지도
2. 시공계획 및 공사관리의 적정여부의 확인
2의2. 건축공사의 하도급과 관련된 다음 각 목의 확인
   가. 수급인(하수급인을 포함한다. 이하 이 호에서 같다)이「건설산업기본법」제16조에 따른 시공자격을 갖춘 건설사업자에게 건축공사를 하도급했는지에 대한 확인
   나. 수급인이「건설산업기본법」제40조제1항에 따라 공사현장에 건설기술인을 배치했는지에 대한 확인
3. 공사현장에서의 안전관리의 지도
4. 공정표의 검토
5. 상세시공도면의 검토·확인
6. 구조물의 위치와 규격의 적정여부의 검토·확인
7. 품질시험의 실시여부 및 시험성과의 검토·확인
8. 설계변경의 적정여부의 검토·확인
9. 기타 공사감리계약으로 정하는 사항

② 영 제19조제7항의 규정에 의하여 공사감리자의 건축사보 배치현황의 제출은 별지 제22호의2서식에 의한다.

제20조(허용오차) 법 제26조에 따른 허용오차의 범위는 별표 5와 같다.

[별표 5] 건축허용오차(제20조관련)

1. 대지관련 건축기준의 허용오차

항목	허용되는 오차의 범위
건축선의 후퇴거리	3퍼센트 이내
인접대지 경계선과의 거리	3퍼센트 이내
인접건축물과의 거리	3퍼센트 이내
건폐율	0.5퍼센트 이내(건축면적 5제곱미터를 초과할 수 없다)
용적률	1퍼센트 이내(연면적 30제곱미터를 초과할 수 없다)

2. 건축물관련 건축기준의 허용오차

항목	허용되는 오차의 범위
건축물 높이	2퍼센트 이내(1미터를 초과할 수 없다)
평면길이	2퍼센트 이내(건축물 전체길이는 1미터를 초과할 수 없고, 벽으로 구획된 각실의 경우에는 10센티미터를 초과할 수 없다)
출구너비	2퍼센트 이내
반자높이	2퍼센트 이내
벽체두께	3퍼센트 이내
바닥판두께	3퍼센트 이내

제25조(대지의 조성) 법 제40조제4항에 따라 손궤의 우려가 있는 토지에 대지를 조성하는 경우에는 다음 각 호의 조치를 하여야 한다. 다만, 건축사 또는「기술사법」에 따라 등록한 건축구조기술사에 의하여 해당 토지의 구조안전이 확인된 경우는 그러하지 아니하다.
1. 성토 또는 절토하는 부분의 경사도가 1:1.5 이상으로서 높이가 1미터이상인 부분에는 옹벽을 설치할 것
2. 옹벽의 높이가 2미터이상인 경우에는 이를 콘크리트구조로 할 것. 다만, 별표 6의 옹벽에 관한 기술적 기준에 적합한 경우에는 그러하지 아니하다.
3. 옹벽의 외벽면에는 이의 지지 또는 배수를 위한 시설외의 구조물이 밖으로 튀어 나오지 아니하게 할 것
4. 옹벽의 윗가장자리로부터 안쪽으로 2미터 이내에 묻는 배수관은 주철관, 강관 또는 흄관으로 하고, 이음부분은 물이 새지 아니하도록 할 것
5. 옹벽에는 3제곱미터마다 하나 이상의 배수구멍을 설치하여야 하고, 옹벽의 윗가장자리로부터 안쪽으로 2미터 이내에서의 지표수는 지상으로 또는 배수관으로 배수하여 옹벽의 구조상 지장이 없도록 할 것
6. 성토부분의 높이는 법 제40조에 따른 대지의 안전 등에 지장이 없는 한 인접대지의 지표면보다 0.5미

터 이상 높게 하지 아니할 것. 다만, 절토에 의하여 조성된 대지 등 허가권자가 지형조건상 부득이하다고 인정하는 경우에는 그러하지 아니하다.

제43조(태양열을 이용하는 주택 등의 건축면적 산정방법 등) ① 영 제119조제1항제2호나목1) 및 3)에 따라 태양열을 주된 에너지원으로 이용하는 주택의 건축면적과 단열재를 구조체의 외기측에 설치하는 단열공법으로 건축된 건축물의 건축면적은 건축물의 외벽중 내측 내력벽의 중심선을 기준으로 한다. 이 경우 태양열을 주된 에너지원으로 이용하는 주택의 범위는 국토교통부장관이 정하여 고시하는 바에 따른다.

② 영 제119조제1항제2호나목2)에 따라 창고 또는 공장 중 물품을 입출고하는 부위의 상부에 설치하는 한쪽 끝은 고정되고 다른 끝은 지지되지 않은 구조로 된 돌출차양의 면적 중 건축면적에 산입하는 면적은 다음 각 호에 따라 산정한 면적 중 작은 값으로 한다.
1. 해당 돌출차양을 제외한 창고의 건축면적의 10퍼센트를 초과하는 면적
2. 해당 돌출차양의 끝부분으로부터 수평거리 6미터를 후퇴한 선으로 둘러싸인 부분의 수평투영면적

건축물의 설비기준 등에 관한 규칙

[시행 2024. 8. 7.] [국토교통부령 제1375호, 2024. 8. 7., 일부개정]

제1조(목적) 이 규칙은 「건축법」 제49조, 제62조, 제64조, 제67조 및 제68조와 같은 법 시행령 제87조, 제89조, 제90조 및 제91조의3에 따른 건축설비의 설치에 관한 기술적 기준 등에 필요한 사항을 규정함을 목적으로 한다.

제2조(관계전문기술자의 협력을 받아야 하는 건축물) 「건축법 시행령」(이하 "영"이라 한다) 제91조의3제2항 각 호 외의 부분에서 "국토교통부령으로 정하는 건축물"이란 다음 각 호의 건축물을 말한다.
1. 냉동냉장시설·항온항습시설(온도와 습도를 일정하게 유지시키는 특수설비가 설치되어 있는 시설을 말한다) 또는 특수청정시설(세균 또는 먼지 등을 제거하는 특수설비가 설치되어 있는 시설을 말한다)로서 당해 용도에 사용되는 바닥면적의 합계가 5백제곱미터 이상인 건축물
2. 영 별표 1 제2호가목 및 나목에 따른 아파트 및 연립주택
3. 다음 각 목의 어느 하나에 해당하는 건축물로서 해당 용도에 사용되는 바닥면적의 합계가 5백제곱미터 이상인 건축물
   가. 영 별표 1 제3호다목에 따른 목욕장
   나. 영 별표 1 제13호가목에 따른 물놀이형 시설(실내에 설치된 경우로 한정한다) 및 같은 호 다목에 따른 수영장(실내에 설치된 경우로 한정한다)
4. 다음 각 목의 어느 하나에 해당하는 건축물로서 해당 용도에 사용되는 바닥면적의 합계가 2천제곱미터 이상인 건축물
   가. 영 별표 1 제2호라목에 따른 기숙사
   나. 영 별표 1 제9호에 따른 의료시설
   다. 영 별표 1 제12호다목에 따른 유스호스텔
   라. 영 별표 1 제15호에 따른 숙박시설
5. 다음 각 목의 어느 하나에 해당하는 건축물로서 해당 용도에 사용되는 바닥면적의 합계가 3천제곱미터 이상인 건축물
   가. 영 별표 1 제7호에 따른 판매시설
   나. 영 별표 1 제10호마목에 따른 연구소
   다. 영 별표 1 제14호에 따른 업무시설
6. 다음 각 목의 어느 하나에 해당하는 건축물로서 해당 용도에 사용되는 바닥면적의 합계가 1만제곱미터 이상인 건축물
   가. 영 별표 1 제5호가목부터 라목까지에 해당하는 문화 및 집회시설
   나. 영 별표 1 제6호에 따른 종교시설
   다. 영 별표 1 제10호에 따른 교육연구시설(연구소는 제외한다)
   라. 영 별표 1 제28호에 따른 장례식장

제3조(관계전문기술자의 협력사항) ① 영 제91조의3제2항에 따른 건축물에 전기, 승강기, 피뢰침, 가스, 급수, 배수(配水), 배수(排水), 환기, 난방, 소화, 배연(排煙) 및 오물처리설비를 설치하는 경우에는 건축사가 해당 건축물의 설계를 총괄하고, 「기술사법」에 따라 등록한 건축전기설비기술사, 발송배전(發送配電)기술사, 건축기계설비기술사, 공조냉동기계기술사 또는 가스기술사(이하 "기술사"라 한다)가 건축사와 협력하여 해당 건축설비를 설계하여야 한다.
② 영 제91조의3제2항에 따라 건축물에 건축설비를 설치한 경우에는 해당 분야의 기술사가 그 설치상태를 확인한 후 건축주 및 공사감리자에게 별지 제1호서식의 건축설비설치확인서를 제출하여야 한다.

[별지 제1호서식] 〈개정 2017.5.2〉

건축설비설치확인서

1. 일반 사항	건축물 개요	소재지						
		용도			연면적		층수	
	시공자	성명			면허번호			
		상호			주소			

	구분	확인의견	확인날자
2. 확인 사항	급수·급탕설비		
	배수·통기설비		
	배관설비(급배수)		
	위생기구설비		
	열원기기설비		
	공기조화기기설비		
	덕트설비		
	배관설비(공기조화)		
	냉방설비		
	난방설비		
	배관설비(냉난방)		
	가스설비		
	소화 및 배연설비		
	오물처리설비		
	승강기(기계부문)		
	승강기(전기부문)		
	전기설비		
	피뢰침설비		
	기타 사항		

「건축물의 설비기준 등에 관한 규칙」 제3조제2항에 따라 위와 같이 시공되었음을 확인합니다. (단, 기술사 확인은 관련 설비를 설치하는 경우에 한함)

년   월   일

확인자 :   건축전기설비기술사   (인)   자격번호 :
           발송배전기술사   (인)   자격번호 :
           건축기계설비기술사   (인)   자격번호 :
           공조냉동기계기술사   (인)   자격번호 :
           가스기술사   (인)   자격번호 :

건축주 · 공사감리자 귀하

210mm×297mm[(신문용지 (54g/㎡)]

제5조(승용승강기의 설치기준) 「건축법」(이하 "법"이라 한다) 제64조제1항에 따라 건축물에 설치하는 승용승강기의 설치기준은 별표 1의2와 같다. 다만, 승용승강기가 설치되어 있는 건축물에 1개층을 증축하는 경우에는 승용승강기의 승강로를 연장하여 설치하지 아니할 수 있다.

[별표 1의2] 승용승강기의 설치기준(제5조 본문 관련)

건축물의 용도		6층 이상의 거실 면적의 합계 3천제곱미터 이하	3천제곱미터 초과
1.	가. 문화 및 집회시설(공연장·집회장 및 관람장만 해당한다) 나. 판매시설 다. 의료시설	2대	2대에 3천제곱미터를 초과하는 2천제곱미터 이내마다 1대를 더한 대수
2.	가. 문화 및 집회시설(전시장 및 동·식물원만 해당한다) 나. 업무시설 다. 숙박시설 라. 위락시설	1대	1대에 3천제곱미터를 초과하는 2천제곱미터 이내마다 1대를 더한 대수
3.	가. 공동주택 나. 교육연구시설 다. 노유자시설 라. 그 밖의 시설	1대	1대에 3천제곱미터를 초과하는 3천제곱미터 이내마다 1대를 더한 대수

비고
1. 위 표에 따라 승강기의 대수를 계산할 때 8인승 이상 15인승 이하의 승강기는 1대의 승강기로 보고, 16인승 이상의 승강기는 2대의 승강기로 본다.
2. 건축물의 용도가 복합된 경우 승용승강기의 설치기준은 다음 각 목의 구분에 따른다.
   가. 둘 이상의 건축물의 용도가 위 표에 따른 같은 호에 해당하는 경우 : 하나의 용도에 해당하는 건축물로 보아 6층 이상의 거실면적의 총합계를 기준으로 설치하여야 하는 승용승강기 대수를 산정한다.
   나. 둘 이상의 건축물의 용도가 위 표에 따른 둘 이상의 호에 해당하는 경우 : 다음의 기준에 따라 산정한 승용승강기 대수 중 적은 대수
      1) 각각의 건축물 용도에 따라 산정한 승용승강기 대수를 합산한 대수. 이 경우 둘 이상의 건축물의 용도가 같은 호에 해당하는 경우에는 가목에 따라 승용승강기 대수를 산정한다.
      2) 각각의 건축물 용도별 6층 이상의 거실 면적을 모두 합산한 면적을 기준으로 각각의 건축물 용도별 승용승강기 설치기준 중 가장 강한 기준을 적용하여 산정한 대수

제6조(승강기의 구조) 법 제64조에 따라 건축물에 설치하는 승강기·에스컬레이터 및 비상용승강기의 구조는 「승강기안전관리법」이 정하는 바에 따른다.

제9조(비상용승강기를 설치하지 아니할 수 있는 건축물) 법 제64조제2항 단서에서 "국토교통부령이 정하는 건축물"이라 함은 다음 각 호의 건축물을 말한다.
1. 높이 31미터를 넘는 각층을 거실외의 용도로 쓰는 건축물
2. 높이 31미터를 넘는 각층의 바닥면적의 합계가 500제곱미터 이하인 건축물
3. 높이 31미터를 넘는 층수가 4개층 이하로서 당해 각층의 바닥면적의 합계 200제곱미터(벽 및 반자가 실내에 접하는 부분의 마감을 불연재료로 한 경우에는 500제곱미터)이내마다 방화구획(영 제46조제1항 본문에 따른 방화구획을 말한다. 이하 같다)으로 구획된 건축물

제10조(비상용승강기의 승강장 및 승강로의 구조) 법 제64조제2항에 따른 비상용승강기의 승강장 및 승강로의 구조는 다음 각 호의 기준에 적합하여야 한다.
2. 비상용승강기 승강장의 구조
   가. 승강장의 창문·출입구 기타 개구부를 제외한 부분은 당해 건축물의 다른 부분과 내화구조의 바닥 및 벽으로 구획할 것. 다만, 공동주택의 경우에는 승강장과 특별피난계단(「건축물의 피난·방화구조 등의 기준에 관한 규칙」제9조의 규정에 의한 특별피난계단을 말한다. 이하 같다)의 부속실과의 겸용부분을 특별피난계단의 계단실과 별도로 구획하는 때에는 승강장을 특별피난계단의 부속실과 겸용할 수 있다.
   나. 승강장은 각층의 내부와 연결될 수 있도록 하되, 그 출입구(승강로의 출입구를 제외한다)에는 60분+ 방화문 또는 60분 방화문을 설치할 것. 다만, 피난층에는 60분+ 방화문 또는 60분 방화문을 설치하지 않을 수 있다.

다. 노대 또는 외부를 향하여 열 수 있는 창문이나 제14조제2항의 규정에 의한 배연설비를 설치할 것
라. 벽 및 반자가 실내에 접하는 부분의 마감재료(마감을 위한 바탕을 포함한다)는 불연재료로 할 것
마. 채광이 되는 창문이 있거나 예비전원에 의한 조명설비를 할 것
바. 승강장의 바닥면적은 비상용승강기 1대에 대하여 6제곱미터 이상으로 할 것. 다만, 옥외에 승강장을 설치하는 경우에는 그러하지 아니하다.
사. 피난층이 있는 승강장의 출입구(승강장이 없는 경우에는 승강로의 출입구)로부터 도로 또는 공지(공원·광장 기타 이와 유사한 것으로서 피난 및 소화를 위한 당해 대지에의 출입에 지장이 없는 것을 말한다)에 이르는 거리가 30미터 이하일 것
아. 승강장 출입구 부근의 잘 보이는 곳에 당해 승강기가 비상용승강기임을 알 수 있는 표지를 할 것
3. 비상용승강기의 승강로의 구조
가. 승강로는 당해 건축물의 다른 부분과 내화구조로 구획할 것
나. 각층으로부터 피난층까지 이르는 승강로를 단일구조로 연결하여 설치할 것

제11조(공동주택 및 다중이용시설의 환기설비기준 등) ① 영 제87조제2항의 규정에 따라 신축 또는 리모델링하는 다음 각 호의 어느 하나에 해당하는 주택 또는 건축물(이하 "신축공동주택등"이라 한다)은 시간당 0.5회 이상의 환기가 이루어질 수 있도록 자연환기설비 또는 기계환기설비를 설치해야 한다.
1. 30세대 이상의 공동주택
2. 주택을 주택 외의 시설과 동일건축물로 건축하는 경우로서 주택이 30세대 이상인 건축물
② 신축공동주택등에 자연환기설비를 설치하는 경우에는 자연환기설비가 제1항에 따른 환기횟수를 충족하는지에 대하여 법 제4조에 따른 지방건축위원회의 심의를 받아야 한다. 다만, 신축공동주택등에 「산업표준화법」에 따른 한국산업표준(이하 "한국산업표준"이라 한다)의 자연환기설비 환기성능 시험방법(KSF 2921)에 따라 성능시험을 거친 자연환기설비를 별표 1의3에 따른 자연환기설비 설치 길이 이상으로 설치하는 경우는 제외한다.
③ 신축공동주택등에 자연환기설비 또는 기계환기설비를 설치하는 경우에는 별표 1의4 또는 별표 1의5의 기준에 적합하여야 한다.
④ 특별시장·광역시장·특별자치시장·특별자치도지사 또는 시장·군수·구청장(자치구의 구청장을 말하며, 이하 "허가권자"라 한다)은 30세대 미만인 공동주택과 주택을 주택 외의 시설과 동일 건축물로 건축하는 경우로서 주택이 30세대 미만인 건축물 및 단독주택에 대해 시간당 0.5회 이상의 환기가 이루어질 수 있도록 자연환기설비 또는 기계환기설비의 설치를 권장할 수 있다.
⑤ 다중이용시설을 신축하는 경우에 기계환기설비를 설치해야 하는 다중이용시설 및 각 시설의 필요 환기량은 별표 1의6과 같으며, 설치해야 하는 기계환기설비의 구조 및 설치는 다음 각 호의 기준에 적합해야 한다.
1. 다중이용시설의 기계환기설비 용량기준은 시설이용 인원 당 환기량을 원칙으로 산정할 것
2. 기계환기설비는 다중이용시설로 공급되는 공기의 분포를 최대한 균등하게 하여 실내 기류의 편차가 최소화될 수 있도록 할 것
3. 공기공급체계·공기배출체계 또는 공기흡입구·배기구 등에 설치되는 송풍기는 외부의 기류로 인하여 송풍능력이 떨어지는 구조가 아닐 것
4. 바깥공기를 공급하는 공기공급체계 또는 바깥공기가 도입되는 공기흡입구는 다음 각 목의 요건을 모두 갖춘 공기여과기 또는 집진기(集塵機) 등을 갖출 것
가. 입자형·가스형 오염물질을 제거 또는 여과하는 성능이 일정 수준 이상일 것
나. 여과장치 등의 청소 및 교환 등 유지관리가 쉬운 구조일 것
다. 공기여과기의 경우 한국산업표준(KS B 6141)에 따른 입자 포집률이 계수법으로 측정하여 60퍼센트 이상일 것
5. 공기배출체계 및 배기구는 배출되는 공기가 공기공급체계 및 공기흡입구로 직접 들어가지 아니하는 위치에 설치할 것
6. 기계환기설비를 구성하는 설비·기기·장치 및 제품 등의 효율과 성능 등을 판정하는데 있어 이 규칙에서 정하지 아니한 사항에 대하여는 해당항목에 대한 한국산업표준에 적합할 것

제11조의2(환기구의 안전 기준) ① 영 제87조제2항에 따라 환기구[건축물의 환기설비에 부속된 급기(給氣) 및 배기(排氣)를 위한 건축구조물의 개구부(開口部)를 말한다. 이하 같다]는 보행자 및 건축물 이용자의 안전이 확보되도록 바닥으로부터 2미터 이상의 높이에 설치해야 한다. 다만, 다음 각 호의 어느 하나에 해당하는 경우에는 예외로 한다.
1. 환기구를 벽면에 설치하는 등 사람이 올라설 수 없는 구조로 설치하는 경우. 이 경우 배기를 위한 환기구는 배출되는 공기가 보행자 및 건축물 이용자에게 직접 닿지 아니하도록 설치되어야 한다.

2. 안전울타리 또는 조경 등을 이용하여 접근을 차단하는 구조로 하는 경우
② 모든 환기구에는 국토교통부장관이 정하여 고시하는 강도(强度) 이상의 덮개와 덮개 걸침턱 등 추락방지 시설을 설치하여야 한다.

[별표 1의3] 자연환기설비 설치 길이 산정방법 및 설치 기준(제11조제2항 관련) 〈2021. 8. 27.〉

1. 설치 대상 세대의 체적 계산
   - 필요한 환기횟수를 만족시킬 수 있는 환기량을 산정하기 위하여, 자연환기설비를 설치하고자 하는 공동주택 단위세대의 전체 및 실별 체적을 계산한다.
2. 단위세대 전체와 실별 설치길이 계산식 설치기준
   - 자연환기설비의 단위세대 전체 및 실별 설치길이는 한국산업표준의 자연환기설비 환기성능 시험방법(KSF 2921)에서 규정하고 있는 자연환기설비의 환기량 측정장치에 의한 평가 결과를 이용하여 다음 식에 따라 계산된 설치 길이 L값 이상으로 설치하여야 하며, 세대 및 실 특성별 가중치가 고려되어야 한다.

$$L = \frac{V \times N}{Q_{ref}} \times F$$

여기에서, L : 세대 전체 또는 실별 설치길이(유효 개구부길이 기준, m)
V : 세대 전체 또는 실 체적(m^3)
N : 필요 환기횟수(0.5회/h)
Q_{ref} : 자연환기설비의 환기량 측정장치에 의해 평가된 기준 압력차(2Pa)에서의 환기량($m^3/h \cdot m$)
F : 세대 및 실 특성별 가중치**

〈비고〉
* 일반적으로 창틀에 접합되는 부분(endcap)과 실제로 공기유입이 이루어지는 개구부 부분으로 구성되는 자연환기설비에서, 유효 개구부길이(설치길이)는 창틀과 결합되는 부분을 제외한 실제 개구부 부분을 기준으로 계산한다.
** 주동형태 및 단위세대의 설계조건을 감안한 세대 및 실 특성별 가중치는 다음과 같다.

구분	조건	가중치
세대 조건	1면이 외부에 면하는 경우	1.5
	2면이 외부에 평행하게 면하는 경우	1
	2면이 외부에 평행하지 않게 면하는 경우	1.2
	3면 이상이 외부에 면하는 경우	1
실 조건	대상 실이 외부에 직접 면하는 경우	1
	대상 실이 외부에 직접 면하지 않는 경우	1.5

단, 세대조건과 실 조건이 겹치는 경우에는 가중치가 높은 쪽을 적용하는 것을 원칙으로 한다.
*** 일방향으로 길게 설치하는 형태가 아닌 원형, 사각형 등에는 상기의 계산식을 적용할 수 없으며, 지방건축위원회의 심의를 거쳐야 한다.

[별표 1의4] 신축공동주택등의 자연환기설비 설치 기준(제11조제3항 관련) 〈개정 2024. 8. 7.〉

제11조제1항에 따라 신축공동주택등에 설치되는 자연환기설비의 설계·시공 및 성능평가방법은 다음 각 호의 기준에 적합하여야 한다.
1. 세대에 설치되는 자연환기설비는 세대 내의 모든 실에 바깥공기를 최대한 균일하게 공급할 수 있도록 설치되어야 한다.
2. 세대의 환기량 조절을 위하여 자연환기설비는 환기량을 조절할 수 있는 체계를 갖추어야 하고, 최대개방 상태에서의 환기량을 기준으로 별표 1의5에 따른 설치길이 이상으로 설치되어야 한다.
3. 자연환기설비는 순간적인 외부 바람 및 실내외 압력차의 증가로 인하여 발생할 수 있는 과도한 바깥공기의 유입 등 바깥공기의 변동에 의한 영향을 최소화할 수 있는 구조와 형태를 갖추어야 한다.
4. 자연환기설비의 각 부분의 재료는 충분한 내구성 및 강도를 유지하여 작동되는 동안 구조 및 성능에 변형이 없어야 하며, 표면결로 및 바깥공기의 직접적인 유입으로 인하여 발생할 수 있는 불쾌감(콜드드래프트 등)을 방지할 수 있는 재료와 구조를 갖추어야 한다.
5. 자연환기설비는 다음 각 목의 요건을 모두 갖춘 공기여과기를 갖춰야 한다.
   가. 도입되는 바깥공기에 포함되어 있는 입자형·가스형 오염물질을 제거 또는 여과하는 성능이 일정 수준 이상일 것
   나. 한국산업표준(KS B 6141)에 따른 입자 포집률이 질량법으로 측정하여 70퍼센트 이상일 것
   다. 청소 또는 교환이 쉬운 구조일 것
6. 자연환기설비를 구성하는 설비·기기·장치 및 제품 등의 효율과 성능 등을 판정함에 있어 이 규칙에서 정하지 아니한 사항에 대하여는 해당 항목에 대한 한국산업표준에 적합하여야 한다.
7. 자연환기설비를 지속적으로 작동시키는 경우에도 대상 공간의 사용에 지장을 주지 아니하는 위치에 설치되어야 한다.
8. 삭제 〈2024. 8. 7.〉

9. 자연환기설비는 가능한 외부의 오염물질이 유입되지 않는 위치에 설치되어야 하고, 화재 등 유사시 안전에 대비할 수 있는 구조와 성능이 확보되어야 한다.
10. 실내로 도입되는 바깥공기를 예열할 수 있는 기능을 갖는 자연환기설비는 최대한 에너지 절약적인 구조와 형태를 가져야 한다.
11. 자연환기설비는 주요 부분의 정기적인 점검 및 정비 등 유지관리가 쉬운 체계로 구성하여야 하고, 제품의 사양 및 시방서에 유지관리 관련 내용을 명시하여야 하며, 유지관리 관련 내용이 수록된 사용자 설명서를 제시하여야 한다.
12. 자연환기설비는 설치되는 실의 바닥부터 수직으로 1.2미터 이상의 높이에 설치하여야 하며, 2개 이상의 자연환기설비를 상하로 설치하는 경우 1미터 이상의 수직간격을 확보하여야 한다.

[별표 1의5] 신축공동주택등의 기계환기설비의 설치기준(제11조제3항 관련) 〈개정 2020. 4. 9.〉

제11조제1항의 규정에 의한 신축공동주택등의 환기횟수를 확보하기 위하여 설치되는 기계환기설비의 설계·시공 및 성능평가방법은 다음 각 호의 기준에 적합하여야 한다.
1. 기계환기설비의 환기기준은 시간당 실내공기 교환횟수(환기설비에 의한 최종 공기흡입구에서 세대의 실내로 공급되는 시간당 총 체적 풍량을 실내 총 체적으로 나눈 환기횟수를 말한다)로 표시하여야 한다.
2. 하나의 기계환기설비로 세대 내 2 이상의 실에 바깥공기를 공급할 경우의 필요 환기량은 각 실에 필요한 환기량의 합계 이상이 되도록 하여야 한다.
3. 세대의 환기량 조절을 위하여 환기설비의 정격풍량을 최소·적정·최대의 3단계 또는 그 이상으로 조절할 수 있는 체계를 갖추어야 하고, 적정 단계의 필요 환기량은 신축공동주택등의 세대를 시간당 0.5회로 환기할 수 있는 풍량을 확보하여야 한다.
4. 공기공급체계 또는 공기배출체계는 부분적 손실 등 모든 압력 손실의 합계를 고려하여 계산한 공기공급능력 또는 공기배출능력이 제11조제1항의 환기기준을 확보할 수 있도록 하여야 한다.
5. 기계환기설비는 신축공동주택등의 모든 세대가 제11조제1항의 규정에 의한 환기횟수를 만족시킬 수 있도록 24시간 가동할 수 있어야 한다.
6. 기계환기설비의 각 부분의 재료는 충분한 내구성 및 강도를 유지하여 작동되는 동안 구조 및 성능에 변형이 없도록 하여야 한다.
7. 기계환기설비는 다음 각 목의 어느 하나에 해당되는 체계를 갖추어야 한다.
   가. 바깥공기를 공급하는 송풍기와 실내공기를 배출하는 송풍기가 결합된 환기체계
   나. 바깥공기를 공급하는 송풍기와 실내공기가 배출되는 배기구가 결합된 환기체계
   다. 바깥공기가 도입되는 공기흡입구와 실내공기를 배출하는 송풍기가 결합된 환기체계
8. 바깥공기를 공급하는 공기공급체계 또는 바깥공기가 도입되는 공기흡입구는 다음 각 목의 요건을 모두 갖춘 공기여과기 또는 집진기 등을 갖춰야 한다. 다만, 제7호다목에 따른 환기체계를 갖춘 경우에는 별표 1의4 제5호를 따른다.
   가. 입자형·가스형 오염물질을 제거 또는 여과하는 성능이 일정 수준 이상일 것
   나. 여과장치 등의 청소 및 교환 등 유지관리가 쉬운 구조일 것
   다. 공기여과기의 경우 한국산업표준(KS B 6141)에 따른 입자 포집률을 계수법으로 측정하여 60퍼센트 이상일 것
9. 기계환기설비를 구성하는 설비·기기·장치 및 제품 등의 효율 및 성능 등을 판정함에 있어 이 규칙에서 정하지 아니한 사항에 대하여는 해당 항목에 대한 한국산업표준에 적합하여야 한다.
10. 기계환기설비는 환기의 효율을 극대화할 수 있는 위치에 설치하여야 하고, 바깥공기의 변동에 의한 영향을 최소화할 수 있도록 공기흡입구 또는 배기구 등에 완충장치 또는 석쇠형 철망 등을 설치하여야 한다.
11. 기계환기설비는 주방 가스대 위의 공기배출장치, 화장실의 공기배출 송풍기 등 급속 환기 설비와 함께 설치할 수 있다.
12. 공기흡입구 및 배기구와 공기공급체계 및 공기배출체계는 기계환기설비를 지속적으로 작동시키는 경우에도 대상 공간의 사용에 지장을 주지 아니하는 위치에 설치되어야 한다.
13. 기계환기설비에서 발생하는 소음의 측정은 한국산업규격(KS B 6361)에 따르는 것을 원칙으로 한다. 측정위치는 대표길이 1미터(수직 또는 수평 하단)에서 측정하여 소음이 40dB이하가 되어야 하며, 암소음(측정대상인 소음 외에 주변에 존재하는 소음을 말한다)은 보정하여야 한다. 다만, 환기설비 본체(소음원)가 거주공간 외부에 설치될 경우에는 대표길이 1미터(수직 또는 수평 하단)에서 측정하여 50dB 이하가 되거나, 거주공간 내부의 중앙부 바닥으로부터 1.0~1.2미터 높이에서 측정하여 40dB 이하가 되어야 한다.
14. 외부에 면하는 공기흡입구와 배기구는 교차오염을 방지할 수 있도록 1.5미터 이상의 이격거리를 확보하거나, 공기흡입구와 배기구의 방향이 서로 90도 이상 되는 위치에 설치되어야 하고 화재 등 유사 시 안전에 대비할 수 있는 구조와 성능이 확보되어야 한다.
15. 기계환기설비의 에너지 절약을 위하여 열회수형 환기장치를 설치하는 경우에는 한국산업표준(KS B 6879)에 따라 시험한 열회수형 환기장치의 유효환기량이 표시용량의 90퍼센트 이상이어야 하고, 열회수형 환기장치의 안과 밖은 물 맺힘이 발생하는 것을 최소화할 수 있는 구조와 성능을 확보하도록 하여야 한다.
16. 기계환기설비는 송풍기, 열회수형 환기장치, 공기여과기, 공기가 통하는 관, 공기흡입구 및 배기구, 그 밖의 기기 등 주요 부분의 정기적인 점검 및 정비 등 유지관리가 쉬운 체계로 구성되어야 하고, 제품의 사양 및 시방서에 유지관리 관련 내용을 명시하여야 하며, 유지관리 관련 내용이 수록된 사용자 설명서를 제시하여야 한다.

17. 실외의 기상조건에 따라 환기용 송풍기 등 기계환기설비를 작동하지 아니하더라도 자연환기와 기계환기가 동시 운용될 수 있는 혼합형 환기설비가 설계도서 등을 근거로 필요 환기량을 확보할 수 있는 것으로 객관적으로 입증되는 경우에는 기계환기설비를 갖춘 것으로 인정할 수 있다. 이 경우, 동시에 운용될 수 있는 자연환기설비와 기계환기설비가 제11조제1항의 환기기준을 각각 만족할 수 있어야 한다.
18. 중앙관리방식의 공기조화설비(실내의 온도·습도 및 청정도 등을 적정하게 유지하는 역할을 하는 설비를 말한다)가 설치된 경우에는 다음 각 목의 기준에도 적합하여야 한다.
    가. 공기조화설비는 24시간 지속적인 환기가 가능한 것일 것. 다만, 주요 환기설비와 분리된 별도의 환기계통을 병행 설치하여 실내에 존재하는 국소 오염원에서 발생하는 오염물질을 신속히 배출할 수 있는 체계로 구성하는 경우에는 그러하지 아니하다.
    나. 중앙관리방식의 공기조화설비의 제어 및 작동상황을 통제할 수 있는 관리실 또는 기능이 있을 것

[별표 1의6] 기계환기설비를 설치해야 하는 다중이용시설 및 각 시설의 필요 환기량(제11조제5항 관련)
〈개정 2021. 8. 27.〉

1. 기계환기설비를 설치하여야 하는 다중이용시설
    가. 지하시설
        1) 모든 지하역사(출입통로·대기실·승강장 및 환승통로와 이에 딸린 시설을 포함한다)
        2) 연면적 2천제곱미터 이상인 지하도상가(지상건물에 딸린 지하층의 시설 및 연속되어 있는 둘 이상의 지하도상가의 연면적 합계가 2천제곱미터 이상인 경우를 포함한다)
    나. 문화 및 집회시설
        1) 연면적 2천제곱미터 이상인「건축법 시행령」별표 1 제5호라목에 따른 전시장(실내 전시장으로 한정한다)
        2) 연면적 2천제곱미터 이상인「건전가정의례의 정착 및 지원에 관한 법률」에 따른 혼인예식장
        3) 연면적 1천제곱미터 이상인「공연법」제2조제4호에 따른 공연장(실내 공연장으로 한정한다)
        4) 관람석 용도로 쓰이는 바닥면적이 1천제곱미터 이상인「체육시설의 설치·이용에 관한 법률」제2조제1호에 따른 체육시설
        5)「영화 및 비디오물의 진흥에 관한 법률」제2조제10호에 따른 영화상영관
    다. 판매시설
        1)「유통산업발전법」제2조제3호에 따른 대규모점포
        2) 연면적 300제곱미터 이상인「게임산업 진흥에 관한 법률」제2조제7호에 따른 인터넷컴퓨터게임시설제공업의 영업시설
    라. 운수시설
        1)「항만법」제2조제5호에 따른 항만시설 중 연면적 5천제곱미터 이상인 대기실
        2)「여객자동차 운수사업법」제2조제5호에 따른 여객자동차터미널 중 연면적 2천제곱미터 이상인 대기실
        3)「철도산업발전기본법」제3조제2호에 따른 철도시설 중 연면적 2천제곱미터 이상인 대기실
        4)「공항시설법」제2조제7호에 따른 공항시설 중 연면적 1천5백제곱미터 이상인 여객터미널
    마. 의료시설: 연면적이 2천제곱미터 이상이거나 병상 수가 100개 이상인「의료법」제3조에 따른 의료기관
    바. 교육연구시설
        1) 연면적 3천제곱미터 이상인「도서관법」제2조제1호에 따른 도서관
        2) 연면적 1천제곱미터 이상인「학원의 설립·운영 및 과외교습에 관한 법률」제2조제1호에 따른 학원
    사. 노유자시설
        1) 연면적 430제곱미터 이상인「영유아보육법」제2조제3호에 따른 어린이집
        2) 연면적 1천제곱미터 이상인「노인복지법」제34조제1항제1호에 따른 노인요양시설
    아. 업무시설 : 연면적 3천제곱미터 이상인「건축법 시행령」별표 1 제14호에 따른 업무시설
    자. 자동차 관련 시설 : 연면적 2천제곱미터 이상인「주차장법」제2조제1호에 따른 주차장(실내주차장으로 한정하며, 같은 법 제2조제3호에 따른 기계식주차장은 제외한다)
    차. 장례식장 : 연면적 1천제곱미터 이상인「장사 등에 관한 법률」제28조의2제1항 및 제29조에 따른 장례식장(지하에 설치되는 경우로 한정한다)
    카. 그 밖의 시설
        1) 연면적 1천제곱미터 이상인「공중위생관리법」제2조제1항제3호에 따른 목욕장업의 영업시설
        2) 연면적 5백제곱미터 이상인「모자보건법」제2조제10호에 따른 산후조리원
        3) 연면적 430제곱미터 이상인「어린이놀이시설 안전관리법」제2조제2호에 따른 어린이놀이시설 중 실내 어린이놀이시설

2. 각 시설의 필요 환기량

구분		필요 환기량(㎥/인·h)	비고
가. 지하시설	1) 지하역사	25 이상	
	2) 지하도상가	36 이상	매장(상점) 기준
나. 문화 및 집회시설		29 이상	
다. 판매시설		29 이상	
라. 운수시설		29 이상	
마. 의료시설		36 이상	
바. 교육연구시설		36 이상	
사. 노유자시설		36 이상	
아. 업무시설		29 이상	
자. 자동차 관련 시설		27 이상	
차. 장례식장		36 이상	
카. 그 밖의 시설		25 이상	

비고
가. 제1호에서 연면적 또는 바닥면적을 산정할 때에는 실내공간에 설치된 시설이 차지하는 연면적 또는 바닥면적을 기준으로 산정한다.
나. 필요 환기량은 예상 이용인원이 가장 높은 시간대를 기준으로 산정한다.
다. 의료시설 중 수술실 등 특수 용도로 사용되는 실(室)의 경우에는 소관 중앙행정기관의 장이 달리 정할 수 있다.
라. 제1호자목의 자동차 관련 시설의 필요 환기량은 단위면적당 환기량(㎥/㎡·h)으로 산정한다.

제12조(온돌의 설치기준) ① 영 제87조제2항에 따라 건축물에 온돌을 설치하는 경우에는 그 구조상 열에너지가 효율적으로 관리되고 화재의 위험을 방지하기 위하여 별표 1의7의 기준에 적합하여야 한다.
② 제1항에 따라 건축물에 온돌을 시공하는 자는 시공을 끝낸 후 별지 제2호서식의 온돌 설치확인서를 공사감리자에게 제출하여야 한다. 다만, 제3조제2항에 따른 건축설비설치확인서를 제출한 경우와 공사감리자가 직접 온돌의 설치를 확인한 경우에는 그러하지 아니하다.

[별표 1의7] 온돌 설치기준(제12조제1항 관련) 〈개정 2024. 8. 7.〉

1. 온수온돌
   가. 온수온돌이란 보일러 또는 그 밖의 열원으로부터 생성된 온수를 바닥에 설치된 배관을 통하여 흐르게 하여 난방을 하는 방식을 말한다.
   나. 온수온돌은 바탕층, 단열층, 채움층, 배관층(방열관을 포함한다) 및 마감층 등으로 구성된다.

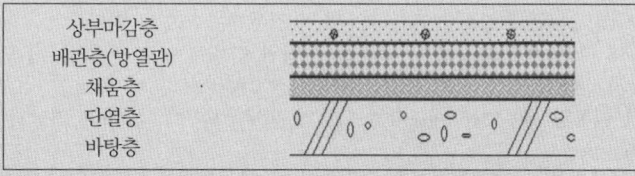

   1) 바탕층이란 온돌이 설치되는 건축물의 최하층 또는 중간층의 바닥을 말한다.
   2) 단열층이란 온수온돌의 배관층에서 방출되는 열이 바탕층 아래로 손실되는 것을 방지하기 위하여 배관층과 바탕층 사이에 단열재를 설치하는 층을 말한다.
   3) 채움층이란 온돌구조의 높이 조정, 차음성능 향상, 보조적인 단열기능 등을 위하여 배관층과 단열층 사이에 완충재 등을 설치하는 층을 말한다.
   4) 배관층이란 단열층 또는 채움층 위에 방열관을 설치하는 층을 말한다.
   5) 방열관이란 열을 발산하는 온수를 순환시키기 위하여 배관층에 설치하는 온수배관을 말한다.
   6) 마감층이란 배관층 위에 시멘트, 모르타르, 미장 등을 설치하거나 마루재, 장판 등 최종 마감재를 설치하는 층을 말한다.
   다. 온수온돌의 설치 기준
      1) 단열층은 「녹색건축물 조성 지원법」 제15조제1항에 따라 국토교통부장관이 고시하는 기준에 적합하여야 하며, 바닥난방을 위한 열이 바탕층 아래 및 측벽으로 손실되는 것을 막을 수 있도록 단열재를 방열관과 바탕

층 사이에 설치하여야 한다. 다만, 바탕층의 축열을 직접 이용하는 심야전기이용 온돌(「한국전력공사법」에 따른 한국전력공사의 심야전력이용기기 승인을 받은 것만 해당하며, 이하 "심야전기이용 온돌"이라 한다)의 경우에는 단열재를 바탕층 아래에 설치할 수 있다.
2) 배관층과 바탕층 사이의 열저항은 「녹색건축물조성지원법」 제15조제1항에 따라 국토교통부장관이 정하여 고시하는 기준에 적합해야 한다.
3) 단열재는 내열성 및 내구성이 있어야 하며 단열층 위의 적재하중 및 고정하중에 버틸 수 있는 강도를 가지거나 그러한 구조로 설치되어야 한다.
4) 바탕층이 지면에 접하는 경우에는 바탕층 아래와 주변 벽면에 높이 10센티미터 이상의 방수처리를 하여야 하며, 단열재의 윗부분에 방습처리를 하여야 한다.
5) 방열관은 잘 부식되지 아니하고 열에 견딜 수 있어야 하며, 바닥의 표면온도가 균일하도록 설치하여야 한다.
6) 배관층은 방열관에서 방출된 열이 마감층 부위로 최대한 균일하게 전달될 수 있는 높이와 구조를 갖추어야 한다.
7) 마감층은 수평이 되도록 설치하여야 하며, 바닥의 균열을 방지하기 위하여 충분하게 양생하거나 건조시켜 마감재의 뒤틀림이나 변형이 없도록 하여야 한다.
8) 한국산업규격에 따른 조립식 온수온돌판을 사용하여 온수온돌을 시공하는 경우에는 1)부터 7)까지의 규정을 적용하지 아니한다.
9) 국토교통부장관은 1)부터 7)까지에서 규정한 것 외에 온수온돌의 설치에 관하여 필요한 사항을 정하여 고시할 수 있다.

제13조(개별난방설비 등) ① 영 제87조제2항의 규정에 의하여 공동주택과 오피스텔의 난방설비를 개별난방방식으로 하는 경우에는 다음 각 호의 기준에 적합하여야 한다.
1. 보일러는 거실외의 곳에 설치하되, 보일러를 설치하는 곳과 거실사이의 경계벽은 출입구를 제외하고는 내화구조의 벽으로 구획할 것
2. 보일러실의 윗부분에는 그 면적이 0.5제곱미터 이상인 환기창을 설치하고, 보일러실의 윗부분과 아랫부분에는 각각 지름 10센티미터 이상의 공기흡입구 및 배기구를 항상 열려있는 상태로 바깥공기에 접하도록 설치할 것. 다만, 전기보일러의 경우에는 그러하지 아니하다.
4. 보일러실과 거실사이의 출입구는 그 출입구가 닫힌 경우에는 보일러가스가 거실에 들어갈 수 없는 구조로 할 것
5. 기름보일러를 설치하는 경우에는 기름저장소를 보일러실외의 다른 곳에 설치할 것
6. 오피스텔의 경우에는 난방구획을 방화구획으로 구획할 것
7. 보일러의 연도는 내화구조로서 공동연도로 설치할 것
② 가스보일러에 의한 난방설비를 설치하고 가스를 중앙집중공급방식으로 공급하는 경우에는 제1항의 규정에 불구하고 가스관계법령이 정하는 기준에 의하되, 오피스텔의 경우에는 난방구획을 방화구획으로 구획하여야 한다.
③ 허가권자는 개별 보일러를 설치하는 건축물의 경우 소방청장이 정하여 고시하는 기준에 따라 일산화탄소 경보기를 설치하도록 권장할 수 있다.

제14조(배연설비) ① 법 제49조제2항에 따라 배연설비를 설치하여야 하는 건축물에는 다음 각 호의 기준에 적합하게 배연설비를 설치해야 한다. 다만, 피난층인 경우에는 그렇지 않다.
1. 영 제46조제1항에 따라 건축물이 방화구획으로 구획된 경우에는 그 구획마다 1개소 이상의 배연창을 설치하되, 배연창의 상변과 천장 또는 반자로부터 수직거리가 0.9미터 이내일 것. 다만, 반자높이가 바닥으로부터 3미터 이상인 경우에는 배연창의 하변이 바닥으로부터 2.1미터 이상의 위치에 놓이도록 설치하여야 한다.
2. 배연창의 유효면적은 별표 2의 산정기준에 의하여 산정된 면적이 1제곱미터 이상으로서 그 면적의 합계가 당해 건축물의 바닥면적(영 제46조제1항 또는 제3항의 규정에 의하여 방화구획이 설치된 경우에는 그 구획된 부분의 바닥면적을 말한다)의 100분의 1이상일 것. 이 경우 바닥면적의 산정에 있어서 거실바닥면적의 20분의 1 이상으로 환기창을 설치한 거실의 면적은 이에 산입하지 아니한다.
3. 배연구는 연기감지기 또는 열감지기에 의하여 자동으로 열 수 있는 구조로 하되, 손으로도 열고 닫을 수 있도록 할 것
4. 배연구는 예비전원에 의하여 열 수 있도록 할 것
5. 기계식 배연설비를 하는 경우에는 제1호 내지 제4호의 규정에 불구하고 소방관계법령의 규정에 적합하도록 할 것
② 특별피난계단 및 영 제90조제3항의 규정에 의한 비상용승강기의 승강장에 설치하는 배연설비의 구조는 다음 각호의 기준에 적합하여야 한다.

1. 배연구 및 배연풍도는 불연재료로 하고, 화재가 발생한 경우 원활하게 배연시킬 수 있는 규모로서 외기 또는 평상시에 사용하지 아니하는 굴뚝에 연결할 것
2. 배연구에 설치하는 수동개방장치 또는 자동개방장치(열감지기 또는 연기감지기에 의한 것을 말한다)는 손으로도 열고 닫을 수 있도록 할 것
3. 배연구는 평상시에는 닫힌 상태를 유지하고, 연 경우에는 배연에 의한 기류로 인하여 닫히지 아니하도록 할 것
4. 배연구가 외기에 접하지 아니하는 경우에는 배연기를 설치할 것
5. 배연기는 배연구의 열림에 따라 자동적으로 작동하고, 충분한 공기배출 또는 가압능력이 있을 것
6. 배연기에는 예비전원을 설치할 것
7. 공기유입방식을 급기가압방식 또는 급·배기방식으로 하는 경우에는 제1호 내지 제6호의 규정에 불구하고 소방관계법령의 규정에 적합하게 할 것

제17조(배관설비) ① 다음 각 호의 어느 하나에 해당하는 지역에서 건축물을 건축하려는 자는 빗물 등의 유입으로 건축물이 침수되지 않도록 해당 건축물의 지하층 및 1층의 출입구(주차장의 출입구를 포함한다. 이하 이 조에서 같다)에 물막이판 등 해당 건축물의 침수를 방지할 수 있는 설비(이하 "물막이설비"라 한다)를 설치해야 한다. 다만, 해당 건축물의 지하층 및 1층의 출입구를 국토교통부장관이 정하여 고시하는 예상침수높이 이상으로 설치한 경우에는 물막이설비를 설치한 것으로 본다.
1. 「국토의 계획 및 이용에 관한 법률」 제37조제1항제4호에 따른 방재지구
2. 「자연재해대책법시행령」 제15조제2호마목에 따른 행정안전부장관이 고시하는 지역
② 제1항의 규정에 의한 배관설비로서 배수용으로 쓰이는 배관설비는 제1항 각호의 기준 외에 다음 각 호의 기준에 적합하여야 한다.
1. 배출시키는 빗물 또는 오수의 양 및 수질에 따라 그에 적당한 용량 및 경사를 지게 하거나 그에 적합한 재질을 사용할 것
2. 배관설비에는 배수트랩·통기관을 설치하는 등 위생에 지장이 없도록 할 것
3. 배관설비의 오수에 접하는 부분은 내수재료를 사용할 것
4. 지하실등 공공하수도로 자연배수를 할 수 없는 곳에는 배수용량에 맞는 강제배수시설을 설치할 것
5. 우수관과 오수관은 분리하여 배관할 것
6. 콘크리트구조체에 배관을 매설하거나 배관이 콘크리트구조체를 관통할 경우에는 구조체에 덧관을 미리 매설하는 등 배관의 부식을 방지하고 그 수선 및 교체가 용이하도록 할 것

제17조의2(물막이설비) ① 다음 각 호의 어느 하나에 해당하는 지역에서 연면적 1만제곱미터 이상의 건축물을 건축하려는 자는 빗물 등의 유입으로 건축물이 침수되지 않도록 해당 건축물의 지하층 및 1층의 출입구(주차장의 출입구를 포함한다)에 물막이판 등 해당 건축물의 침수를 방지할 수 있는 설비(이하 "물막이설비"라 한다)를 설치해야 한다. 다만, 허가권자가 침수의 우려가 없다고 인정하는 경우에는 그렇지 않다.
1. 「국토의 계획 및 이용에 관한 법률」 제37조제1항제5호에 따른 방재지구
2. 「자연재해대책법」 제12조제1항에 따른 자연재해위험지구
② 제1항에 따라 설치되는 물막이설비는 다음 각 호의 기준에 적합해야 한다.
1. 건축물의 이용 및 피난에 지장이 없는 구조일 것
2. 그 밖에 국토교통부장관이 정하여 고시하는 기준에 적합하게 설치할 것

제18조(먹는물용 배관설비) 영 제87조제2항에 따라 건축물에 설치하는 먹는물용 배관설비의 설치 및 구조는 다음 각호의 기준에 적합하여야 한다.
1. 제17조제1항 각호의 기준에 적합할 것
2. 먹는물용 배관설비는 다른 용도의 배관설비와 직접 연결하지 아니할 것
3. 급수관 및 수도계량기는 얼어서 깨지지 아니하도록 별표 3의2의 규정에 의한 기준에 적합하게 설치할 것
4. 제3호에서 정한 기준외에 급수관 및 수도계량기가 얼어서 깨지지 아니하도록 하기 위하여 지역실정에 따라 당해 지방자치단체의 조례로 기준을 정한 경우에는 동기준에 적합하게 설치할 것
5. 급수 및 저수탱크는 「수도시설의 청소 및 위생관리 등에 관한 규칙」 별표 1의 규정에 의한 저수조설치기준에 적합한 구조로 할 것
6. 먹는물의 급수관의 지름은 건축물의 용도 및 규모에 적정한 규격이상으로 할 것. 다만, 주거용 건축물은 당해 배관에 의하여 급수되는 가구수 또는 바닥면적의 합계에 따라 별표 3의 기준에 적합한 지름의 관으로 배관하여야 한다.
7. 먹는물용 급수관은 「수도법 시행규칙」 제10조 및 별표 4에 따른 위생안전기준에 적합한 수도용 자재 및 제품을 사용할 것

[별표 3] 주거용 건축물 급수관의 지름(제18조 관련) 〈개정 1995. 5. 11〉

가구 또는 세대수	1	2·3	4·5	6~8	9~16	17 이상
급수관 지름의 최소기준(밀리미터)	15	20	25	32	40	50

비고
1. 가구 또는 세대의 구분이 불분명한 건축물에 있어서는 주거에 쓰이는 바닥면적의 합계에 따라 다음과 같이 가구수를 산정한다.
   가. 바닥면적 85제곱미터 이하 : 1가구   나. 바닥면적 85제곱미터 초과 150제곱미터 이하 : 3가구
   다. 바닥면적 150제곱미터 초과 300제곱미터이하 : 5가구 라. 바닥면적 300제곱미터 초과 500제곱미터이하 : 16가구
   마. 바닥면적 500제곱미터 초과 : 17가구
2. 가압설비 등을 설치하여 급수되는 각 기구에서의 압력이 1센티미터당 0.7킬로그램(70kPa) 이상인 경우에는 위 표의 기준을 적용하지 아니 할 수 있다.

제20조(피뢰설비) 영 제87조제2항에 따라 낙뢰의 우려가 있는 건축물, 높이 20미터 이상의 건축물 또는 영 제118조제1항에 따른 공작물로서 높이 20미터 이상의 공작물(건축물에 영 제118조제1항에 따른 공작물을 설치하여 그 전체 높이가 20미터 이상인 것을 포함한다)에는 다음 각 호의 기준에 적합하게 피뢰설비를 설치하여야 한다.
1. 피뢰설비는 한국산업표준이 정하는 피뢰레벨 등급에 적합한 피뢰설비일 것. 다만, 위험물저장 및 처리시설에 설치하는 피뢰설비는 한국산업표준이 정하는 피뢰시스템레벨 Ⅱ 이상이어야 한다.
2. 돌침은 건축물의 맨 윗부분으로부터 25센티미터 이상 돌출시켜 설치하되, 「건축물의 구조기준 등에 관한 규칙」 제9조에 따른 설계하중에 견딜 수 있는 구조일 것
3. 피뢰설비의 재료는 최소 단면적이 피복이 없는 동선(銅線)을 기준으로 수뢰부, 인하도선 및 접지극은 50제곱밀리미터 이상이거나 이와 동등 이상의 성능을 갖출 것
4. 피뢰설비의 인하도선을 대신하여 철골조의 철골구조물과 철근콘크리트조의 철근구조체 등을 사용하는 경우에는 전기적 연속성이 보장될 것. 이 경우 전기적 연속성이 있다고 판단되기 위하여는 건축물 금속구조체의 최상단부와 지표레벨 사이의 전기저항이 0.2옴 이하이어야 한다.
5. 측면 낙뢰를 방지하기 위하여 높이가 60미터를 초과하는 건축물 등에는 지면에서 건축물 높이의 5분의 4가 되는 지점부터 최상단부분까지의 측면에 수뢰부를 설치하여야 하며, 지표레벨에서 최상단부의 높이가 150미터를 초과하는 건축물은 120미터 지점부터 최상단부분까지의 측면에 수뢰부를 설치할 것. 다만, 건축물의 외벽이 금속부재(部材)로 마감되고, 금속부재 상호간에 제4호 후단에 적합한 전기적 연속성이 보장되며 피뢰시스템레벨 등급에 적합하게 설치하여 인하도선에 연결한 경우에는 측면 수뢰부가 설치된 것으로 본다.
6. 접지(接地)는 환경오염을 일으킬 수 있는 시공방법이나 화학 첨가물 등을 사용하지 아니할 것
7. 급수·급탕·난방·가스 등을 공급하기 위하여 건축물에 설치하는 금속배관 및 금속재 설비는 전위(電位)가 균등하게 이루어지도록 전기적으로 접속할 것
8. 전기설비의 접지계통과 건축물의 피뢰설비 및 통신설비 등의 접지극을 공용하는 통합접지공사를 하는 경우에는 낙뢰 등으로 인한 과전압으로부터 전기설비 등을 보호하기 위하여 한국산업표준에 적합한 서지보호장치[서지(surge : 전류·전압 등의 과도 파형을 말한다)로부터 각종 설비를 보호하기 위한 장치를 말한다]를 설치할 것
9. 그 밖에 피뢰설비와 관련된 사항은 한국산업표준에 적합하게 설치할 것

제23조(건축물의 냉방설비 등)
② 제2조제3호부터 제6호까지의 규정에 해당하는 건축물 중 산업통상자원부장관이 국토교통부장관과 협의하여 고시하는 건축물에 중앙집중냉방설비를 설치하는 경우에는 산업통상자원부장관이 국토교통부장관과 협의하여 정하는 바에 따라 축냉식 또는 가스를 이용한 중앙집중냉방방식으로 하여야 한다.
③ 상업지역 및 주거지역에서 건축물에 설치하는 냉방시설 및 환기시설의 배기구와 배기장치의 설치는 다음 각 호의 기준에 모두 적합하여야 한다.
1. 배기구는 도로면으로부터 2미터 이상의 높이에 설치할 것
2. 배기장치에서 나오는 열기가 인근 건축물의 거주자나 보행자에게 직접 닿지 아니하도록 할 것
3. 건축물의 외벽에 배기구 또는 배기장치를 설치할 때에는 외벽 또는 다음 각 목의 기준에 적합한 지지대 등 보호장치와 분리되지 아니하도록 견고하게 연결하여 배기구 또는 배기장치가 떨어지는 것을 방지할 수 있도록 할 것
   가. 배기구 또는 배기장치를 지탱할 수 있는 구조일 것
   나. 부식을 방지할 수 있는 자재를 사용하거나 도장(塗裝)할 것

건축물의 피난·방화구조 등의 기준에 관한 규칙

[시행 2025. 7. 16.] [국토교통부령 제1483호, 2025. 4. 24., 일부개정]

제1조(목적) 이 규칙은 「건축법」 제49조, 제50조, 제50조의2, 제51조, 제52조, 제52조의4, 제53조 및 제64조에 따른 건축물의 피난·방화 등에 관한 기술적 기준을 정함을 목적으로 한다.

제2조(내수재료) 「건축법 시행령」(이하 "영"이라 한다) 제2조제6호에서 "국토교통부령으로 정하는 재료"란 벽돌·자연석·인조석·콘크리트·아스팔트·도자기질재료·유리 및 그 밖에 이와 비슷한 내수성 건축재료를 말한다.

제3조(내화구조) 영 제2조제7호에서 "국토교통부령으로 정하는 기준에 적합한 구조"란 다음 각 호의 어느 하나에 해당하는 것을 말한다.
1. 벽의 경우에는 다음 각 목의 어느 하나에 해당하는 것
   가. 철근콘크리트조 또는 철골철근콘크리트조로서 두께가 10센티미터 이상인 것
   나. 골구를 철골조로 하고 그 양면을 두께 4센티미터 이상의 철망모르타르(그 바름바탕을 불연재료로 한 것으로 한정한다. 이하 이 조에서 같다) 또는 두께 5센티미터 이상의 콘크리트블록·벽돌 또는 석재로 덮은 것
   다. 철재로 보강된 콘크리트블록조·벽돌조 또는 석조로서 철재에 덮은 콘크리트블록등의 두께가 5센티미터 이상인 것
   라. 벽돌조로서 두께가 19센티미터 이상인 것
   마. 고온·고압의 증기로 양생된 경량기포 콘크리트패널 또는 경량기포 콘크리트블록조로서 두께가 10센티미터 이상인 것
2. 외벽 중 비내력벽인 경우에는 제1호에도 불구하고 다음 각 목의 어느 하나에 해당하는 것
   가. 철근콘크리트조 또는 철골철근콘크리트조로서 두께가 7센티미터 이상인 것
   나. 골구를 철골조로 하고 그 양면을 두께 3센티미터 이상의 철망모르타르 또는 두께 4센티미터 이상의 콘크리트블록·벽돌 또는 석재로 덮은 것
   다. 철재로 보강된 콘크리트블록조·벽돌조 또는 석조로서 철재에 덮은 콘크리트블록등의 두께가 4센티미터 이상인 것
   라. 무근콘크리트조·콘크리트블록조·벽돌조 또는 석조로서 그 두께가 7센티미터 이상인 것
3. 기둥의 경우에는 그 작은 지름이 25센티미터 이상인 것으로서 다음 각 목의 어느 하나에 해당하는 것. 다만, 고강도 콘크리트(설계기준강도가 50MPa 이상인 콘크리트를 말한다. 이하 이 조에서 같다)를 사용하는 경우에는 국토교통부장관이 정하여 고시하는 고강도 콘크리트 내화성능 관리기준에 적합해야 한다.
   가. 철근콘크리트조 또는 철골철근콘크리트조
   나. 철골을 두께 6센티미터(경량골재를 사용하는 경우에는 5센티미터)이상의 철망모르타르 또는 두께 7센티미터 이상의 콘크리트블록·벽돌 또는 석재로 덮은 것
   다. 철골을 두께 5센티미터 이상의 콘크리트로 덮은 것
4. 바닥의 경우에는 다음 각 목의 어느 하나에 해당하는 것
   가. 철근콘크리트조 또는 철골철근콘크리트조로서 두께가 10센티미터 이상인 것
   나. 철재로 보강된 콘크리트블록조·벽돌조 또는 석조로서 철재에 덮은 콘크리트블록등의 두께가 5센티미터 이상인 것
   다. 철재의 양면을 두께 5센티미터 이상의 철망모르타르 또는 콘크리트로 덮은 것
5. 보(지붕틀을 포함한다)의 경우에는 다음 각 목의 어느 하나에 해당하는 것. 다만, 고강도 콘크리트를 사용하는 경우에는 국토교통부장관이 정하여 고시하는 고강도 콘크리트내화성능 관리기준에 적합해야 한다.
   가. 철근콘크리트조 또는 철골철근콘크리트조
   나. 철골을 두께 6센티미터(경량골재를 사용하는 경우에는 5센티미터)이상의 철망모르타르 또는 두께 5센티미터 이상의 콘크리트로 덮은 것
   다. 철골조의 지붕틀(바닥으로부터 그 아랫부분까지의 높이가 4미터 이상인 것에 한한다)로서 바로 아래에 반자가 없거나 불연재료로 된 반자가 있는 것

6. 지붕의 경우에는 다음 각 목의 어느 하나에 해당하는 것
    가. 철근콘크리트조 또는 철골철근콘크리트조
    나. 철재로 보강된 콘크리트블록조·벽돌조 또는 석조
    다. 철재로 보강된 유리블록 또는 망입유리(두꺼운 판유리에 철망을 넣은 것을 말한다)로 된 것
7. 계단의 경우에는 다음 각 목의 어느 하나에 해당하는 것
    가. 철근콘크리트조 또는 철골철근콘크리트조
    나. 무근콘크리트조·콘크리트블록조·벽돌조 또는 석조
    다. 철재로 보강된 콘크리트블록조·벽돌조 또는 석조
    라. 철골조
8. 「과학기술분야 정부출연연구기관 등의 설립·운영 및 육성에 관한 법률」 제8조에 따라 설립된 한국건설기술연구원의 장(이하 "한국건설기술연구원장"이라 한다)이 국토교통부장관이 정하여 고시하는 방법에 따라 품질을 시험한 결과 별표 1에 따른 성능기준에 적합할 것
    가. 생산공장의 품질 관리 상태를 확인한 결과 국토교통부장관이 정하여 고시하는 기준에 적합할 것
    나. 가목에 따라 적합성이 인정된 제품에 대하여 품질시험을 실시한 결과 별표 1에 따른 성능기준에 적합할 것
9. 다음 각 목의 어느 하나에 해당하는 것으로서 한국건설기술연구원장이 국토교통부장관으로부터 승인받은 기준에 적합한 것으로 인정하는 것
    가. 한국건설기술연구원장이 인정한 내화구조 표준으로 된 것
    나. 한국건설기술연구원장이 인정한 성능설계에 따라 내화구조의 성능을 검증할 수 있는 구조로 된 것
10. 한국건설기술연구원장이 제27조제1항에 따라 정한 인정기준에 따라 인정하는 것

제4조(방화구조) 영 제2조제8호에서 "국토교통부령으로 정하는 기준에 적합한 구조"란 다음 각 호의 어느 하나에 해당하는 것을 말한다.
1. 철망모르타르로서 그 바름두께가 2센티미터 이상인 것
2. 석고판 위에 시멘트모르타르 또는 회반죽을 바른 것으로서 그 두께의 합계가 2.5센티미터 이상인 것
3. 시멘트모르타르 위에 타일을 붙인 것으로서 그 두께의 합계가 2.5센티미터 이상인 것
6. 심벽에 흙으로 맞벽치기한 것
7. 「산업표준화법」에 따른 한국산업표준(이하 "한국산업표준"이라 한다)에 따라 시험한 결과 방화 2급 이상에 해당하는 것

제5조(난연재료) 영 제2조제9호에서 "국토교통부령으로 정하는 기준에 적합한 재료"란 한국산업표준에 따라 시험한 결과 가스 유해성, 열방출량 등이 국토교통부장관이 정하여 고시하는 난연재료의 성능기준을 충족하는 것을 말한다.

제6조(불연재료) 영 제2조제10호에서 "국토교통부령으로 정하는 기준에 적합한 재료"란 다음 각 호의 어느 하나에 해당하는 것을 말한다.
1. 콘크리트·석재·벽돌·기와·철강·알루미늄·유리·시멘트모르타르 및 회. 이 경우 시멘트모르타르 또는 회 등 미장재료를 사용하는 경우에는 「건설기술 진흥법」 제44조제1항제2호에 따라 제정된 건축공사표준시방서에서 정한 두께 이상인 것에 한한다.
2. 한국산업표준에 따라 시험한 결과 질량감소율 등이 국토교통부장관이 정하여 고시하는 불연재료의 성능기준을 충족하는 것
3. 그 밖에 제1호와 유사한 불연성의 재료로서 국토교통부장관이 인정하는 재료. 다만, 제1호의 재료와 불연성재료가 아닌 재료가 복합으로 구성된 경우를 제외한다.

제7조(준불연재료) 영 제2조제11호에서 "국토교통부령으로 정하는 기준에 적합한 재료"란 한국산업표준에 따라 시험한 결과 가스 유해성, 열방출량 등이 국토교통부장관이 정하여 고시하는 준불연재료의 성능기준을 충족하는 것을 말한다.

제8조(직통계단의 설치기준) ① 영 제34조제1항 단서에서 "국토교통부령으로 정하는 공장"이란 반도체 및 디스플레이 패널을 제조하는 공장을 말한다.
② 영 제34조제2항에 따라 2개소 이상의 직통계단을 설치하는 경우 다음 각 호의 기준에 적합해야 한다.
1. 가장 멀리 위치한 직통계단 2개소의 출입구 간의 가장 가까운 직선거리(직통계단 간을 연결하는 복도가 건축물의 다른 부분과 방화구획으로 구획된 경우 출입구 간의 가장 가까운 보행거리를 말한다)는 건축물 평면의 최대 대각선 거리의 2분의 1 이상으로 할 것. 다만, 스프링클러 또는 그 밖에 이와 비슷한 자동식 소화설비를 설치한 경우에는 3분의 1이상으로 한다.
2. 각 직통계단 간에는 각각 거실과 연결된 복도 등 통로를 설치할 것

제8조의2(피난안전구역의 설치기준) ① 영 제34조제3항 및 제4항에 따라 설치하는 피난안전구역(이하 "피난안전구역"이라 한다)은 해당 건축물의 1개층을 대피공간으로 하며, 대피에 장애가 되지 아니하는 범위에서 기계실, 보일러실, 전기실 등 건축설비를 설치하기 위한 공간과 같은 층에 설치할 수 있다. 이 경우 피난안전구역은 건축설비가 설치되는 공간과 내화구조로 구획하여야 한다.
② 피난안전구역에 연결되는 특별피난계단은 피난안전구역을 거쳐서 상·하층으로 갈 수 있는 구조로 설치하여야 한다.
③ 피난안전구역의 구조 및 설비는 다음 각 호의 기준에 적합하여야 한다.
　1. 피난안전구역의 바로 아래층 및 위층은 「녹색건축물 조성 지원법」 제15조제1항에 따라 국토교통부장관이 정하여 고시한 기준에 적합한 단열재를 설치할 것. 이 경우 아래층은 최상층에 있는 거실의 반자 또는 지붕 기준을 준용하고, 위층은 최하층에 있는 거실의 바닥 기준을 준용할 것
　2. 피난안전구역의 내부마감재료는 불연재료로 설치할 것
　3. 건축물의 내부에서 피난안전구역으로 통하는 계단은 특별피난계단의 구조로 설치할 것
　4. 비상용 승강기는 피난안전구역에서 승하차 할 수 있는 구조로 설치할 것
　5. 피난안전구역에는 식수공급을 위한 급수전을 1개소 이상 설치하고 예비전원에 의한 조명설비를 설치할 것
　6. 관리사무소 또는 방재센터 등과 긴급연락이 가능한 경보 및 통신시설을 설치할 것
　7. 별표 1의2에서 정하는 기준에 따라 산정한 면적 이상일 것
　8. 피난안전구역의 높이는 2.1미터 이상일 것
　9. 「건축물의 설비기준 등에 관한 규칙」 제14조에 따른 배연설비(이하 "배연설비"라 한다)를 설치할 것
　10. 그 밖에 소방청장이 정하는 소방 등 재난관리를 위한 설비를 갖출 것

제9조(피난계단 및 특별피난계단의 구조) ① 영 제35조제1항 각 호 외의 부분 본문에 따라 건축물의 5층 이상 또는 지하 2층 이하의 층으로부터 피난층 또는 지상으로 통하는 직통계단(지하 1층인 건축물의 경우에는 5층 이상의 층으로부터 피난층 또는 지상으로 통하는 직통계단과 직접 연결된 지하 1층의 계단을 포함한다)은 피난계단 또는 특별피난계단으로 설치해야 한다.
② 제1항에 따른 피난계단 및 특별피난계단의 구조는 다음 각 호의 기준에 적합해야 한다.
　1. 건축물의 내부에 설치하는 피난계단의 구조
　　가. 계단실은 창문·출입구 기타 개구부(이하 "창문등"이라 한다)를 제외한 당해 건축물의 다른 부분과 내화구조의 벽으로 구획할 것
　　나. 계단실의 실내에 접하는 부분(바닥 및 반자 등 실내에 면한 모든 부분을 말한다)의 마감(마감을 위한 바탕을 포함한다)은 불연재료로 할 것
　　다. 계단실에는 예비전원에 의한 조명설비를 할 것
　　라. 계단실의 바깥쪽과 접하는 창문등(망이 들어 있는 유리의 붙박이창으로서 그 면적이 각각 1제곱미터 이하인 것을 제외한다)은 당해 건축물의 다른 부분에 설치하는 창문등으로부터 2미터 이상의 거리를 두고 설치할 것
　　마. 건축물의 내부와 접하는 계단실의 창문등(출입구를 제외한다)은 망이 들어 있는 유리의 붙박이창으로서 그 면적을 각각 1제곱미터 이하로 할 것
　　바. 건축물의 내부에서 계단실로 통하는 출입구의 유효너비는 0.9미터 이상으로 하고, 그 출입구에는 피난의 방향으로 열 수 있는 것으로서 언제나 닫힌 상태를 유지하거나 화재로 인한 연기 또는 불꽃을 감지하여 자동적으로 닫히는 구조로 된 영64조에 따른 60+ 방화문 또는 60분 방화문을 설치할 것. 다만, 연기 또는 불꽃을 감지하여 자동적으로 닫히는 구조로 할 수 없는 경우에는 온도를 감지하여 자동적으로 닫히는 구조로 할 수 있다.
　　사. 계단은 내화구조로 하고 피난층 또는 지상까지 직접 연결되도록 할 것
　2. 건축물의 바깥쪽에 설치하는 피난계단의 구조
　　가. 계단은 그 계단으로 통하는 출입구외의 창문등(망이 들어 있는 유리의 붙박이창으로서 그 면적이 각각 1제곱미터 이하인 것을 제외한다)으로부터 2미터 이상의 거리를 두고 설치할 것
　　나. 건축물의 내부에서 계단으로 통하는 출입구에는 60+ 방화문 또는 60분 방화문을 설치할 것
　　다. 계단의 유효너비는 0.9미터 이상으로 할 것
　　라. 계단은 내화구조로 하고 지상까지 직접 연결되도록 할 것
　3. 특별피난계단의 구조
　　가. 건축물의 내부와 계단실은 노대를 통하여 연결하거나 외부를 향하여 열 수 있는 면적 1제곱미터 이상인 창문(바닥으로부터 1미터 이상의 높이에 설치한 것에 한한다) 또는 「건축물의 설비기준 등에 관한 규칙」 제14조의 규정에 적합한 구조의 배연설비가 있는 면적 3제곱미터 이상인 부속실을 통하여 연결할 것

나. 계단실·노대 및 부속실(「건축물의 설비기준 등에 관한 규칙」 제10조제2호 가목의 규정에 의하여 비상용승강기의 승강장을 겸용하는 부속실을 포함한다)은 창문등을 제외하고는 내화구조의 벽으로 각각 구획할 것
다. 계단실 및 부속실의 실내에 접하는 부분(바닥 및 반자 등 실내에 면한 모든 부분을 말한다)의 마감(마감을 위한 바탕을 포함한다)은 불연재료로 할 것
라. 계단실에는 예비전원에 의한 조명설비를 할 것
마. 계단실·노대 또는 부속실에 설치하는 건축물의 바깥쪽에 접하는 창문등(망이 들어 있는 유리의 붙박이창으로서 그 면적이 각각 1제곱미터이하인 것을 제외한다)은 계단실·노대 또는 부속실외의 당해 건축물의 다른 부분에 설치하는 창문등으로부터 2미터 이상의 거리를 두고 설치할 것
바. 계단실에는 노대 또는 부속실에 접하는 부분외에는 건축물의 내부와 접하는 창문등을 설치하지 아니할 것
사. 계단실의 노대 또는 부속실에 접하는 창문등(출입구를 제외한다)은 망이 들어 있는 유리의 붙박이창으로서 그 면적을 각각 1제곱미터 이하로 할 것
아. 노대 및 부속실에는 계단실외의 건축물의 내부와 접하는 창문등(출입구를 제외한다)을 설치하지 아니할 것
자. 건축물의 내부에서 노대 또는 부속실로 통하는 출입구에는 60+ 방화문 또는 60분 방화문을 설치하고, 노대 또는 부속실로부터 계단실로 통하는 출입구에는 60+ 방화문 또는 60분 방화문 또는 30분 방화문을 설치할 것. 이 경우 방화문은 언제나 닫힌 상태를 유지하거나 화재로 인한 연기 또는 불꽃을 감지하여 자동적으로 닫히는 구조로 해야 하고, 연기 또는 불꽃으로 감지하여 자동적으로 닫히는 구조로 할 수 없는 경우에는 온도를 감지하여 자동적으로 닫히는 구조로 할 수 있다.
차. 계단은 내화구조로 하되, 피난층 또는 지상까지 직접 연결되도록 할 것
카. 출입구의 유효너비는 0.9미터 이상으로 하고 피난의 방향으로 열 수 있을 것

③ 영 제35조제1항 각 호 외의 부분 본문에 따른 피난계단 또는 특별피난계단은 돌음계단으로 해서는 안 되며, 영 제40조에 따라 옥상광장을 설치해야 하는 건축물의 피난계단 또는 특별피난계단은 해당 건축물의 옥상으로 통하도록 설치해야 한다. 이 경우 옥상으로 통하는 출입문은 피난방향으로 열리는 구조로서 피난 시 이용에 장애가 없어야 한다.
④ 영 제35조제2항에서 "갓복도식 공동주택"이라 함은 각 층의 계단실 및 승강기에서 각 세대로 통하는 복도의 한쪽 면이 외기에 개방된 구조의 공동주택을 말한다.

제10조(관람실 등으로부터의 출구의 설치기준) ① 영 제38조 각 호의 어느 하나에 해당하는 건축물의 관람실 또는 집회실로부터 바깥쪽으로의 출구로 쓰이는 문은 안여닫이로 해서는 안 된다.
② 영 제38조에 따라 문화 및 집회시설 중 공연장의 개별 관람실(바닥면적이 300제곱미터 이상인 것만 해당한다)의 출구는 다음 각 호의 기준에 적합하게 설치해야 한다.
1. 관람실별로 2개소 이상 설치할 것
2. 각 출구의 유효너비는 1.5미터 이상일 것
3. 개별 관람실 출구의 유효너비의 합계는 개별 관람실의 바닥면적 100제곱미터마다 0.6미터의 비율로 산정한 너비 이상으로 할 것

제11조(건축물의 바깥쪽으로의 출구의 설치기준) ① 영 제39조제1항의 규정에 의하여 건축물의 바깥쪽으로 나가는 출구를 설치하는 경우 피난층의 계단으로부터 건축물의 바깥쪽으로의 출구에 이르는 보행거리(가장 가까운 출구와의 보행거리를 말한다. 이하 같다)는 영 제34조제1항의 규정에 의한 거리이하로 하여야 하며, 거실(피난에 지장이 없는 출입구가 있는 것을 제외한다)의 각 부분으로부터 건축물의 바깥쪽으로의 출구에 이르는 보행거리는 영 제34조제1항의 규정에 의한 거리의 2배 이하로 하여야 한다.
② 영 제39조제1항에 따라 건축물의 바깥쪽으로 나가는 출구를 설치하는 건축물중 문화 및 집회시설(전시장 및 동·식물원을 제외한다), 종교시설, 장례식장 또는 위락시설의 용도에 쓰이는 건축물의 바깥쪽으로의 출구로 쓰이는 문은 안여닫이로 하여서는 아니된다.
③ 영 제39조제1항에 따라 건축물의 바깥쪽으로 나가는 출구를 설치하는 경우 관람실의 바닥면적의 합계가 300제곱미터 이상인 집회장 또는 공연장은 주된 출구 외에 보조출구 또는 비상구를 2개소 이상 설치해야 한다.
④ 판매시설의 용도에 쓰이는 피난층에 설치하는 건축물의 바깥쪽으로의 출구의 유효너비의 합계는 해당 용도에 쓰이는 바닥면적이 최대인 층에 있어서의 해당 용도의 바닥면적 100제곱미터마다 0.6미터의 비율로 산정한 너비 이상으로 하여야 한다.
⑤ 다음 각 호의 어느 하나에 해당하는 건축물의 피난층 또는 피난층의 승강장으로부터 건축물의 바깥쪽에 이르는 통로에는 제15조제5항에 따른 경사로를 설치하여야 한다.

1. 제1종 근린생활시설 중 지역자치센터·파출소·지구대·소방서·우체국·방송국·보건소·공공도서관·지역건강보험조합 기타 이와 유사한 것으로서 동일한 건축물 안에서 당해 용도에 쓰이는 바닥면적의 합계가 1천제곱미터 미만인 것
2. 제1종 근린생활시설 중 마을회관·마을공동작업소·마을공동구판장·변전소·양수장·정수장·대피소·공중화장실 기타 이와 유사한 것
3. 연면적이 5천제곱미터 이상인 판매시설, 운수시설
4. 교육연구시설 중 학교
5. 업무시설 중 국가 또는 지방자치단체의 청사와 외국공관의 건축물로서 제1종 근린생활시설에 해당하지 아니하는 것
6. 승강기를 설치하여야 하는 건축물

⑥ 「건축법」(이하 "법"이라 한다) 제49조제1항에 따라 영 제39조제1항 각 호의 어느 하나에 해당하는 건축물의 바깥쪽으로 나가는 출입문에 유리를 사용하는 경우에는 안전유리를 사용하여야 한다.

제12조(회전문의 설치기준) 영 제39조제2항의 규정에 의하여 건축물의 출입구에 설치하는 회전문은 다음 각 호의 기준에 적합하여야 한다.
1. 계단이나 에스컬레이터로부터 2미터 이상의 거리를 둘 것
2. 회전문과 문틀사이 및 바닥사이는 다음 각 목에서 정하는 간격을 확보하고 틈 사이를 고무와 고무펠트의 조합체 등을 사용하여 신체나 물건 등에 손상이 없도록 할 것
   가. 회전문과 문틀 사이는 5센티미터 이상
   나. 회전문과 바닥 사이는 3센티미터 이하
3. 출입에 지장이 없도록 일정한 방향으로 회전하는 구조로 할 것
4. 회전문의 중심축에서 회전문과 문틀 사이의 간격을 포함한 회전문날개 끝부분까지의 길이는 140센티미터 이상이 되도록 할 것
5. 회전문의 회전속도는 분당회전수가 8회를 넘지 아니하도록 할 것
6. 자동회전문은 충격이 가하여지거나 사용자가 위험한 위치에 있는 경우에는 전자감지장치 등을 사용하여 정지하는 구조로 할 것

제13조(헬리포트 및 구조공간 설치 기준) ① 영 제40조제4항제1호에 따라 건축물에 설치하는 헬리포트는 다음 각 호의 기준에 적합해야 한다.
1. 헬리포트의 길이와 너비는 각각 22미터이상으로 할 것. 다만, 건축물의 옥상바닥의 길이와 너비가 각각 22미터이하인 경우에는 헬리포트의 길이와 너비를 각각 15미터까지 감축할 수 있다.
2. 헬리포트의 중심으로부터 반경 12미터 이내에는 헬리콥터의 이·착륙에 장애가 되는 건축물, 공작물, 조경시설 또는 난간 등을 설치하지 아니할 것
3. 헬리포트의 주위한계선은 백색으로 하되, 그 선의 너비는 38센티미터로 할 것
4. 헬리포트의 중앙부분에는 지름 8미터의 "ⓗ"표지를 백색으로 하되, "H"표지의 선의 너비는 38센티미터로, "○"표지의 선의 너비는 60센티미터로 할 것
5. 헬리포트로 통하는 출입문에 영 제40조제3항 각 호 외의 부분에 따른 비상문자동개폐장치(이하 "비상문자동개폐장치"라 한다)를 설치할 것

② 영 제40조제4항제1호에 따라 옥상에 헬리콥터를 통하여 인명 등을 구조할 수 있는 공간을 설치하는 경우에는 직경 10미터 이상의 구조공간을 확보해야 하며, 구조공간에는 구조활동에 장애가 되는 건축물, 공작물 또는 난간 등을 설치해서는 안 된다. 이 경우 구조공간의 표시기준 및 설치기준 등에 관하여는 제1항 제3호부터 제5호까지의 규정을 준용한다.

③ 영 제40조제4항제2호에 따라 설치하는 대피공간은 다음 각 호의 기준에 적합해야 한다.
1. 대피공간의 면적은 지붕 수평투영면적의 10분의 1 이상 일 것
2. 특별피난계단 또는 피난계단과 연결되도록 할 것
3. 출입구·창문을 제외한 부분은 해당 건축물의 다른 부분과 내화구조의 바닥 및 벽으로 구획할 것
4. 출입구는 유효너비 0.9미터 이상으로 하고, 그 출입구에는 60+ 방화문 또는 60분 방화문을 설치할 것
4의2. 제4호에 따른 방화문에 비상문자동개폐장치를 설치할 것
5. 내부마감재료는 불연재료로 할 것
6. 예비전원으로 작동하는 조명설비를 설치할 것
7. 관리사무소 등과 긴급 연락이 가능한 통신시설을 설치할 것

제14조(방화구획의 설치기준) ① 영 제46조제1항 각 호 외의 부분 본문에 따라 건축물에 설치하는 방화구획은 다음 각 호의 기준에 적합해야 한다.

1. 10층 이하의 층은 바닥면적 1천제곱미터(스프링클러 기타 이와 유사한 자동식 소화설비를 설치한 경우에는 바닥면적 3천제곱미터)이내마다 구획할 것
2. 매층마다 구획할 것. 다만, 지하 1층에서 지상으로 직접 연결하는 경사로 부위는 제외한다.
3. 11층 이상의 층은 바닥면적 200제곱미터(스프링클러 기타 이와 유사한 자동식 소화설비를 설치한 경우에는 600제곱미터)이내마다 구획할 것. 다만, 벽 및 반자의 실내에 접하는 부분의 마감을 불연재료로 한 경우에는 바닥면적 500제곱미터(스프링클러 기타 이와 유사한 자동식 소화설비를 설치한 경우에는 1천500제곱미터)이내마다 구획하여야 한다.
4. 필로티나 그 밖에 이와 비슷한 구조(벽면적의 2분의 1 이상이 그 층의 바닥면에서 위층 바닥 아래면까지 공간으로 된 것만 해당한다)의 부분을 주차장으로 사용하는 경우 그 부분은 건축물의 다른 부분과 구획할 것

② 제1항에 따른 방화구획은 다음 각 호의 기준에 적합하게 설치해야 한다.
1. 영 제46조에 따른 방화구획으로 사용하는 60+방화문 또는 60분방화문은 언제나 닫힌 상태를 유지하거나 화재로 인한 연기 또는 불꽃을 감지하여 자동적으로 닫히는 구조로 할 것. 다만, 연기 또는 불꽃을 감지하여 자동적으로 닫히는 구조로 할 수 없는 경우에는 온도를 감지하여 자동적으로 닫히는 구조로 할 수 있다.
2. 다음 각목에 해당하는 경우 그 부분을 별표1 제1호에 따른 내화시간(내화채움 성능이 인정된 구조로 메워지는 구성부재에 적용되는 내화시간을 말한다) 이상 견딜 수 있는 내화채움 성능이 인정된 구조로 메울 것
   가. 급수관·배전관 또는 그밖의 관이나 전선 등이 방화구획을 관통하여 관통부가 생기는 경우
   나. 방화구획의 벽과 벽, 벽과 바닥, 바닥과 바닥 사이에 접합부가 생기는 경우
   다. 방화구획과 외벽 사이에 접합부가 생기는 경우
   라. 방화구획에 그밖의 틈이 생기는 경우
3. 환기·난방 또는 냉방시설의 풍도가 방화구획을 관통하는 경우에는 그 관통부분 또는 이에 근접한 부분에 다음 각 목의 기준에 적합한 댐퍼를 설치할 것. 다만, 반도체공장건축물로서 방화구획을 관통하는 풍도의 주위에 스프링클러헤드를 설치하는 경우에는 그렇지 않다.
   가. 화재로 인한 연기 또는 불꽃을 감지하여 자동적으로 닫히는 구조로 할 것. 다만, 주방 등 연기가 항상 발생하는 부분에는 온도를 감지하여 자동적으로 닫히는 구조로 할 수 있다.
   나. 국토교통부장관이 정하여 고시하는 비차열(非遮熱) 성능 및 방연성능 등의 기준에 적합할 것
4. 영 제46조 제1항 제2호 및 제81조 제5항 제5호에 따라 설치되는 자동방화셔터는 다음 각 목의 요건을 모두 갖출 것. 이 경우 자동방화셔터의 구조 및 성능기준 등에 관한 세부사항은 국토교통부장관이 정하여 고시한다.
   가. 피난이 가능한 60분+ 방화문 또는 60분 방화문으로부터 3미터 이내에 별도로 설치할 것
   나. 전동방식이나 수동방식으로 개폐할 수 있을 것
   다. 불꽃감지기 또는 연기감지기 중 하나와 열감지기를 설치할 것
   라. 불꽃이나 연기를 감지한 경우 일부 폐쇄되는 구조일 것
   마. 열을 감지한 경우 완전 폐쇄되는 구조일 것

③ 영 제46조제1항에서 "국토교통부령으로 정하는 기준에 적합한 것"이란 한국건설기술연구원장이 국토교통부장관이 정하여 고시하는 바에 따라 다음 각 호의 사항을 모두 인정한 것을 말한다.
1. 생산공장의 품질 관리 상태를 확인한 결과 국토교통부장관이 정하여 고시하는 기준에 적합할 것
2. 해당 제품의 품질시험을 실시한 결과 비차열 1시간 이상의 내화성능을 확보하였을 것

④ 영 제46조제5항제3호에 따른 하향식 피난구(덮개, 사다리, 경보시스템을 포함한다)의 구조는 다음 각 호의 기준에 적합하게 설치해야 한다.
1. 피난구의 덮개는 제26조에 따른 비차열 1시간 이상의 내화성능을 가져야 하며, 피난구의 유효 개구부 규격은 직경 60센티미터 이상일 것
2. 상층·하층간 피난구의 설치위치는 수직방향 간격을 15센티미터 이상 떨어서 설치할 것
3. 아래층에서는 바로 위층의 피난구를 열 수 없는 구조일 것
4. 사다리는 바로 아래층의 바닥면으로부터 50센티미터 이하까지 내려오는 길이로 할 것
5. 덮개가 개방될 경우에는 건축물관리시스템 등을 통하여 경보음이 울리는 구조일 것
6. 피난구가 있는 곳에는 예비전원에 의한 조명설비를 설치할 것

⑤ 제2항제2호에 따른 내화채움 방법에 필요한 사항은 국토교통부장관이 정하여 고시한다.

⑥ 법 제49조제2항 단서에 따라 영 제46조제7항에 따른 창고시설 중 같은 조 제2항제2호에 해당하여 같은 조 제1항을 적용하지 않거나 완화하여 적용하는 부분에는 다음 각 호의 구분에 따른 설비를 추가로 설치해야 한다.
  1. 개구부의 경우 : 「소방시설설치 및 관리에 관한 법률」 제12조제1항에 따른 화재안전기준(이하 이 조에서 "화재안전기준"이라 한다)을 충족하는 설비로서 수막(水幕)을 형성하여 화재확산을 방지하는 설비
  2. 개구부 외의 부분의 경우 : 화재안전기준을 충족하는 설비로서 화재를 조기에 진화할 수 있도록 설계된 스프링클러

제14조의2(복합건축물의 피난시설 등) 영 제47조제1항 단서의 규정에 의하여 같은 건축물안에 공동주택·의료시설·아동관련시설 또는 노인복지시설(이하 이 조에서 "공동주택등"이라 한다)중 하나 이상과 위락시설·위험물저장 및 처리시설·공장 또는 자동차정비공장(이하 이 조에서 "위락시설등"이라 한다)중 하나 이상을 함께 설치하고자 하는 경우에는 다음 각 호의 기준에 적합하여야 한다.
  1. 공동주택등의 출입구와 위락시설등의 출입구는 서로 그 보행거리가 30미터 이상이 되도록 설치할 것
  2. 공동주택등(당해 공동주택등에 출입하는 통로를 포함한다)과 위락시설등(당해 위락시설등에 출입하는 통로를 포함한다)은 내화구조로 된 바닥 및 벽으로 구획하여 서로 차단할 것
  3. 공동주택등과 위락시설등은 서로 이웃하지 아니하도록 배치할 것
  4. 건축물의 주요 구조부를 내화구조로 할 것
  5. 거실의 벽 및 반자가 실내에 면하는 부분(반자돌림대·창대 그 밖에 이와 유사한 것을 제외한다. 이하 이 조에서 같다)의 마감은 불연재료·준불연재료 또는 난연재료로 하고, 그 거실로부터 지상으로 통하는 주된 복도·계단 그밖에 통로의 벽 및 반자가 실내에 면하는 부분의 마감은 불연재료 또는 준불연재료로 할 것

제15조(계단의 설치기준) ① 영 제48조의 규정에 의하여 건축물에 설치하는 계단은 다음 각호의 기준에 적합하여야 한다.
  1. 높이가 3미터를 넘는 계단에는 높이 3미터이내마다 유효너비 120센티미터 이상의 계단참을 설치할 것
  2. 높이가 1미터를 넘는 계단 및 계단참의 양옆에는 난간(벽 또는 이에 대치되는 것을 포함한다)을 설치할 것
  3. 너비가 3미터를 넘는 계단에는 계단의 중간에 너비 3미터 이내마다 난간을 설치할 것. 다만, 계단의 단높이가 15센티미터 이하이고, 계단의 단너비가 30센티미터 이상인 경우에는 그러하지 아니하다.
  4. 계단의 유효 높이(계단의 바닥 마감면부터 상부 구조체의 하부 마감면까지의 연직방향의 높이를 말한다)는 2.1미터 이상으로 할 것
② 제1항에 따라 계단을 설치하는 경우 계단 및 계단참의 너비(옥내계단에 한정한다), 계단의 단높이 및 단너비의 칫수는 다음 각 호의 기준에 적합해야 한다. 이 경우 돌음계단의 단너비는 그 좁은 너비의 끝부분으로부터 30센티미터의 위치에서 측정한다.
  1. 초등학교의 계단인 경우에는 계단 및 계단참의 유효너비는 150센티미터 이상, 단높이는 16센티미터 이하, 단너비는 26센티미터 이상으로 할 것
  2. 중·고등학교의 계단인 경우에는 계단 및 계단참의 유효너비는 150센티미터 이상, 단높이는 18센티미터 이하, 단너비는 26센티미터 이상으로 할 것
  3. 문화 및 집회시설(공연장·집회장 및 관람장에 한한다)·판매시설 기타 이와 유사한 용도에 쓰이는 건축물의 계단인 경우에는 계단 및 계단참의 유효너비를 120센티미터 이상으로 할 것
  4. 제1호부터 제3호까지의 건축물 외의 건축물의 계단으로서 다음 각 목의 어느 하나에 해당하는 층의 계단인 경우에는 계단 및 계단참은 유효너비를 120센티미터 이상으로 할 것
    가. 계단을 설치하려는 층이 지상층인 경우: 해당 층의 바로 위층부터 최상층(상부층 중 피난층이 있는 경우에는 그 아래층을 말한다)까지의 거실 바닥면적의 합계가 200제곱미터 이상인 경우
    나. 계단을 설치하려는 층이 지하층인 경우: 지하층 거실 바닥면적의 합계가 100제곱미터 이상인 경우
  5. 기타의 계단인 경우에는 계단 및 계단참의 유효너비를 60센티미터 이상으로 할 것
  6. 「산업안전보건법」에 의한 작업장에 설치하는 계단인 경우에는 「산업안전 기준에 관한 규칙」에서 정한 구조로 할 것
③ 공동주택(기숙사를 제외한다)·제1종 근린생활시설·제2종 근린생활시설·문화 및 집회시설·종교시설·판매시설·운수시설·의료시설·노유자시설·업무시설·숙박시설·위락시설 또는 관광휴게시설의 용도에 쓰이는 건축물의 주계단·피난계단 또는 특별피난계단에 설치하는 난간 및 바닥은 아동의 이용에 안전하고 노약자 및 신체장애인의 이용에 편리한 구조로 하여야 하며, 양쪽에 벽등이 있어 난간이 없는 경우에는 손잡이를 설치하여야 한다.

④ 제3항의 규정에 의한 난간·벽 등의 손잡이와 바닥마감은 다음 각호의 기준에 적합하게 설치하여야 한다.
  1. 손잡이는 최대지름이 3.2센티미터 이상 3.8센티미터 이하인 원형 또는 타원형의 단면으로 할 것
  2. 손잡이는 벽등으로부터 5센티미터 이상 떨어지도록 하고, 계단으로부터의 높이는 85센티미터가 되도록 할 것
  3. 계단이 끝나는 수평부분에서의 손잡이는 바깥쪽으로 30센티미터 이상 나오도록 설치할 것
⑤ 계단을 대체하여 설치하는 경사로는 다음 각호의 기준에 적합하게 설치하여야 한다.
  1. 경사도는 1 : 8을 넘지 아니할 것
  2. 표면을 거친 면으로 하거나 미끄러지지 아니하는 재료로 마감할 것
  3. 경사로의 직선 및 굴절부분의 유효너비는 「장애인·노인·임산부등의 편의증진보장에 관한 법률」이 정하는 기준에 적합할 것
⑥ 제1항 각호의 규정은 제5항의 규정에 의한 경사로의 설치기준에 관하여 이를 준용한다.
⑦ 제1항 및 제2항에도 불구하고 영 제34조제4항 단서에 따라 피난층 또는 지상으로 통하는 직통계단을 설치하는 경우 계단 및 계단참의 유효너비는 다음 각 호의 구분에 따른 기준에 적합하여야 한다.
  1. 공동주택 : 120센티미터 이상
  2. 공동주택이 아닌 건축물 : 150센티미터 이상
⑧ 승강기기계실용 계단, 망루용 계단 등 특수한 용도에만 쓰이는 계단에 대해서는 제1항부터 제7항까지의 규정을 적용하지 아니한다.

제15조의2(복도의 너비 및 설치기준) ① 영 제48조의 규정에 의하여 건축물에 설치하는 복도의 유효너비는 다음 표와 같이 하여야 한다.

구분	양옆에 거실이 있는 복도	기타의 복도
유치원·초등학교·중학교·고등학교	2.4미터 이상	1.8미터 이상
공동주택·오피스텔	1.8미터 이상	1.2미터 이상
당해 층 거실의 바닥면적 합계가 200제곱미터 이상인 경우	1.5미터 이상 (의료시설의 복도 1.8미터 이상)	1.2미터 이상

② 문화 및 집회시설(공연장·집회장·관람장·전시장에 한정한다), 종교시설 중 종교집회장, 노유자시설 중 아동 관련 시설·노인복지시설, 수련시설 중 생활권수련시설, 위락시설 중 유흥주점 및 장례식장의 관람실 또는 집회실과 접하는 복도의 유효너비는 제1항에도 불구하고 다음 각 호에서 정하는 너비로 해야 한다.
  1. 해당 층에서 해당 용도로 쓰는 바닥면적의 합계가 500제곱미터 미만인 경우 1.5미터 이상
  2. 해당 층에서 해당 용도로 쓰는 바닥면적의 합계가 500제곱미터 이상 1천제곱미터 미만인 경우 1.8미터 이상
  3. 해당 층에서 해당 용도로 쓰는 바닥면적의 합계가 1천제곱미터 이상인 경우 2.4미터 이상
③ 문화 및 집회시설 중 공연장에 설치하는 복도는 다음 각 호의 기준에 적합해야 한다.〈개정 2019. 8. 6.〉
  1. 공연장의 개별 관람실(바닥면적이 300제곱미터 이상인 경우에 한정한다)의 바깥쪽에는 그 양쪽 및 뒤쪽에 각각 복도를 설치할 것
  2. 하나의 층에 개별 관람실(바닥면적이 300제곱미터 미만인 경우에 한정한다)을 2개소 이상 연속하여 설치하는 경우에는 그 관람실의 바깥쪽의 앞쪽과 뒤쪽에 각각 복도를 설치할 것
④ 법 제19조에 따라 「공공주택 특별법 시행령」 제37조제1항제3호에 해당하는 건축물을 「주택법 시행령」 제4조의 준주택으로 용도변경하려는 경우로서 다음 각 호의 요건을 모두 갖춘 경우에는 용도변경한 건축물의 복도 중 양 옆에 거실이 있는 복도의 유효너비는 제1항에도 불구하고 1.5미터 이상으로 할 수 있다.
  1. 용도변경의 목적이 해당 건축물을 「공공주택 특별법」 제43조제1항에 따라 공공매입임대주택으로 공급하려는 공공주택사업자에게 매도하려는 것일 것
  2. 둘 이상의 직통계단이 지상까지 직접 연결되어 있을 것
  3. 건축물의 내부에서 계단실로 통하는 출입구의 유효너비가 0.9미터 이상일 것
  4. 제3호의 출입구에는 영 제64조제1호에 따른 방화문을 피난하려는 방향으로 열리도록 설치하되, 해당 방화문은 항상 닫힌 상태를 유지하거나 화재로 인한 연기나 불꽃을 감지하여 자동으로 닫히는 구조일 것. 다만, 연기나 불꽃을 감지하여 자동으로 닫히는 구조로 할 수 없는 경우에는 온도를 감지하여 자동으로 닫히는 구조로 할 수 있다.
⑤ 제1항에도 불구하고 영제48조제3항에 따라 숙박시설 중 생활숙박시설(양옆에 거실이 있는 복도의 유효너비를 1.8미터 이상으로 하여 건축허가를 신청한 경우는 제외한다)을 업무시설 중 오피스텔로 용도를 변경하는 경우에는 오피스텔의 복도중앙 옆에 거실이 있는 복도의 유효너비를 1.5미터 이상으로 할 수 있다.

제16조(거실의 반자높이) ① 영 제50조의 규정에 의하여 설치하는 거실의 반자(반자가 없는 경우에는 보 또는 바로 윗층의 바닥판의 밑면 기타 이와 유사한 것을 말한다. 이하같다)는 그 높이를 2.1미터 이상으로 하여야 한다.

② 문화 및 집회시설(전시장 및 동·식물원은 제외한다), 종교시설, 장례식장 또는 위락시설 중 유흥주점의 용도에 쓰이는 건축물의 관람실 또는 집회실로서 그 바닥면적이 200제곱미터 이상인 것의 반자의 높이는 제1항에도 불구하고 4미터(노대의 아랫부분의 높이는 2.7미터) 이상이어야 한다. 다만, 기계환기장치를 설치하는 경우에는 그렇지 않다.

제17조(채광 및 환기를 위한 창문등) ① 영 제51조에 따라 채광을 위하여 거실에 설치하는 창문등의 면적은 그 거실의 바닥면적의 10분의 1 이상이어야 한다. 다만, 거실의 용도에 따라 별표 1의3에 따라 조도 이상의 조명장치를 설치하는 경우에는 그러하지 아니하다.

② 영 제51조의 규정에 의하여 환기를 위하여 거실에 설치하는 창문등의 면적은 그 거실의 바닥면적의 20분의 1 이상이어야 한다. 다만, 기계환기장치 및 중앙관리방식의 공기조화설비를 설치하는 경우에는 그러하지 아니하다.

③ 제1항 및 제2항의 규정을 적용함에 있어서 수시로 개방할 수 있는 미닫이로 구획된 2개의 거실은 이를 1개의 거실로 본다.

④ 영 제51조제3항에서 "국토교통부령으로정하는 기준"이란 높이 1.2미터 이상의 난간이나 그 밖에 이와 유사한 추락방지를 위한 안전시설을 말한다.

[별표 1의3] 거실의 용도에 따른 조도기준(제17조제1항 관련)

거실의 용도 구분	조도 구분	바닥에서 85센티미터의 높이에 있는 수평면의 조도(룩스)
1. 거주	독서·식사·조리	150
	기타	70
2. 집무	설계·제도·계산	700
	일반사무	300
	기타	150
3. 작업	검사·시험·정밀검사·수술	700
	일반작업·제조·판매	300
	포장·세척	150
	기타	70
4. 집회	회의	300
	집회	150
	공연·관람	70
5. 오락	오락일반	150
	기타	30
6. 기타		1란 내지 5란 중 가장 유사한 용도에 관한 기준을 적용한다.

제18조(거실등의 방습) ① 영 제52조의 규정에 의하여 건축물의 최하층에 있는 거실바닥의 높이는 지표면으로부터 45센티미터 이상으로 하여야 한다. 다만, 지표면을 콘크리트바닥으로 설치하는 등 방습을 위한 조치를 하는 경우에는 그러하지 아니하다.

② 영 제52조에 따라 다음 각 호의 어느 하나에 해당하는 욕실 또는 조리장의 바닥과 그 바닥으로부터 높이 1미터까지의 안쪽벽의 마감은 이를 내수재료로 해야 한다.
1. 제1종 근린생활시설중 목욕장의 욕실과 휴게음식점의 조리장
2. 제2종 근린생활시설중 일반음식점 및 휴게음식점의 조리장과 숙박시설의 욕실

제19조(경계벽 등의 구조) ① 법 제49조제4항에 따라 건축물에 설치하는 경계벽은 내화구조로 하고, 지붕밑 또는 바로 위층의 바닥판까지 닿게 해야 한다.

② 제1항에 따른 경계벽은 소리를 차단하는데 장애가 되는 부분이 없도록 다음 각 호의 어느 하나에 해당하는 구조로 하여야 한다. 다만, 다가구주택 및 공동주택의 세대간의 경계벽인 경우에는 「주택건설기준 등에 관한 규정」 제14조에 따른다.
1. 철근콘크리트조·철골철근콘크리트조로서 두께가 10센티미터 이상인 것

2. 무근콘크리트조 또는 석조로서 두께가 10센티미터(시멘트모르타르·회반죽 또는 석고플라스터의 바름두께를 포함한다) 이상인 것
3. 콘크리트블록조 또는 벽돌조로서 두께가 19센티미터 이상인 것
4. 제1호 내지 제3호의 것외에 국토교통부장관이 정하여 고시하는 기준에 따라 국토교통부장관이 지정하는 자 또는 한국건설기술연구원장이 실시하는 품질시험에서 그 성능이 확인된 것
5. 한국건설기술연구원장이 제27조제1항에 따라 정한 인정기준에 따라 인정하는 것

③ 법 제49조제4항에 따른 가구·세대 등 간 소음방지를 위한 바닥은 경량충격음(비교적 가볍고 딱딱한 충격에 의한 바닥충격음을 말한다)과 중량충격음(무겁고 부드러운 충격에 의한 바닥충격음을 말한다)을 차단할 수 있는 구조로 하여야 한다.

④ 제3항에 따른 가구·세대 등 간 소음방지를 위한 바닥의 세부 기준은 국토교통부장관이 정하여 고시한다.

제20조(건축물에 설치하는 굴뚝) 영 제54조에 따라 건축물에 설치하는 굴뚝은 다음 각 호의 기준에 적합하여야 한다.
1. 굴뚝의 옥상 돌출부는 지붕면으로부터의 수직거리를 1미터 이상으로 할 것. 다만, 용마루·계단탑·옥탑등이 있는 건축물에 있어서 굴뚝의 주위에 연기의 배출을 방해하는 장애물이 있는 경우에는 그 굴뚝의 상단을 용마루·계단탑·옥탑등보다 높게 하여야 한다.
2. 굴뚝의 상단으로부터 수평거리 1미터 이내에 다른 건축물이 있는 경우에는 그 건축물의 처마보다 1미터 이상 높게 할 것
3. 금속제 굴뚝으로서 건축물의 지붕속·반자위 및 가장 아랫바닥밑에 있는 굴뚝의 부분은 금속외의 불연재료로 덮을 것
4. 금속제 굴뚝은 목재 기타 가연재료로부터 15센티미터 이상 떨어져서 설치할 것. 다만, 두께 10센티미터 이상인 금속외의 불연재료로 덮은 경우에는 그러하지 아니하다.

제21조(방화벽의 구조) ① 영 제57조제2항에 따라 건축물에 설치하는 방화벽은 다음 각호의 기준에 적합해야 한다.
1. 내화구조로서 홀로 설 수 있는 구조일 것
2. 방화벽의 양쪽 끝과 윗쪽 끝을 건축물의 외벽면 및 지붕면으로부터 0.5미터 이상 튀어 나오게 할 것
3. 방화벽에 설치하는 출입문의 너비 및 높이는 각각 2.5미터 이하로 하고, 해당 출입문에는 60+방화문 또는 60분방화문을 설치할 것

② 제14조제2항의 규정은 제1항의 규정에 의한 방화벽의 구조에 관하여 이를 준용한다.

제22조(대규모 목조건축물의 외벽등) ① 영 제57조제3항의 규정에 의하여 연면적이 1천제곱미터 이상인 목조의 건축물은 그 외벽 및 처마밑의 연소할 우려가 있는 부분을 방화구조로 하되, 그 지붕은 불연재료로 하여야 한다.

② 제1항에서 "연소할 우려가 있는 부분"이라 함은 인접대지경계선·도로중심선 또는 동일한 대지안에 있는 2동 이상의 건축물(연면적의 합계가 500제곱미터 이하인 건축물은 이를 하나의 건축물로 본다) 상호의 외벽간의 중심선으로부터 1층에 있어서는 3미터 이내, 2층 이상에 있어서는 5미터 이내의 거리에 있는 건축물의 각 부분을 말한다. 다만, 공원·광장·하천의 공지나 수면 또는 내화구조의 벽 기타 이와 유사한 것에 접하는 부분을 제외한다.

제23조(방화지구안의 지붕·방화문 및 외벽등) ① 법 제51조제3항에 따라 방화지구 내 건축물의 지붕으로서 내화구조가 아닌 것은 불연재료로 하여야 한다.

② 법 제51조제3항에 따라 방화지구 내 건축물의 인접대지경계선에 접하는 외벽에 설치하는 창문등으로서 제22조제2항에 따른 연소할 우려가 있는 부분에는 다음 각 호의 방화설비를 설치해야 한다.
1. 60+ 방화문 또는 60분 방화문
2. 소방법령이 정하는 기준에 적합하게 창문등에 설치하는 드렌처
3. 당해 창문등과 연소할 우려가 있는 다른 건축물의 부분을 차단하는 내화구조나 불연재료로 된 벽·담장 기타 이와 유사한 방화설비
4. 환기구멍에 설치하는 불연재료로 된 방화커버 또는 그물눈이 2밀리미터 이하인 금속망

제24조(건축물의 마감재료 등) ① 법 제52조제1항에 따라 영 제61조제1항 각 호의 건축물에 대하여는 그 거실의 벽 및 반자의 실내에 접하는 부분(반자돌림대·창대 기타 이와 유사한 것을 제외한다. 이하 이 조에서 같다)의 마감재료(영 제61조제1항제4호에 해당하는 건축물의 경우에는 단열재를 포함한다)는 불연재료·준불연재료 또는 난연재료를 사용해야 한다. 다만, 다음 각 호에 해당하는 부분의 마감재료는 불연재료 또는 준불연재료를 사용해야 한다.

1. 거실에서 지상으로 통하는 주된 복도·계단, 그 밖의 벽 및 반자의 실내에 접하는 부분
2. 강판과 심재(心材)로 이루어진 복합자재를 마감재료로 사용하는 부분

② 영 제61조제1항 각 호의 건축물 중 다음 각 호의 어느 하나에 해당하는 거실의 벽 및 반자의 실내에 접하는 부분의 마감은 제1항에도 불구하고 불연재료 또는 준불연재료로 하여야 한다.
 1. 영 제61조제1항 각 호에 따른 용도에 쓰이는 거실 등을 지하층 또는 지하의 공작물에 설치한 경우의 그 거실(출입문 및 문틀을 포함한다)
 2. 영 제61조제1항제6호에 따른 용도에 쓰이는 건축물의 거실

③ 제1항 및 제2항에도 불구하고 영 제61조제1항제4호에 해당하는 건축물에서 단열재를 사용하는 경우로서 해당 건축물의 구조, 설계 또는 시공방법 등을 고려할 때 단열재로 불연재료·준불연재료 또는 난연재료를 사용하는 것이 곤란하여 법 제4조에 따른 건축위원회(시·도 및 시·군·구에 두는 건축위원회를 말한다)의 심의를 거친 경우에는 단열재를 불연재료·준불연재료 또는 난연재료가 아닌 것으로 사용할 수 있다.

④ 법 제52조제1항에서 "내부마감재료"란 건축물 내부의 천장·반자·벽(경계벽 포함)·기둥 등에 부착되는 마감재료를 말한다. 다만, 「다중이용업소의 안전관리에 관한 특별법 시행령」 제3조에 따른 실내장식물을 제외한다.

⑤ 영 제61조제1항제1호의2에 따른 공동주택에는 「다중이용시설 등의 실내공기질관리법」 제11조제1항 및 같은 법 시행규칙 제10조에 따라 환경부장관이 고시한 오염물질방출 건축자재를 사용해서는 안 된다.

⑥ 영 제61조제2항제1호부터 제3호까지의 규정 및 제5호에 해당하는 건축물의 외벽에는 법 제52조제2항 후단에 따라 불연재료 또는 준불연재료를 마감재료(단열재, 도장 등 코팅재료 및 그 밖에 마감재료를 구성하는 모든 재료를 포함한다. 이하 이 조에서 같다)로 사용해야 한다. 다만, 국토교통부장관이 정하여 고시하는 화재 확산 방지구조 기준에 적합하게 마감재료를 설치하는 경우에는 난연재료(강판과 심재로 이루어진 복합자재가 아닌 것으로 한정한다)를 사용할 수 있다.

⑦ 제6항에도 불구하고 영 제61조제2항제1호·제3호 및 제5호에 해당하는 건축물로서 5층 이하이면서 높이 22미터 미만인 건축물의 경우 난연재료(강판과 심재로 이루어진 복합자재가 아닌 것으로 한정한다)를 마감재료로 할 수 있다. 다만, 건축물의 외벽을 국토교통부장관이 정하여 고시하는 화재 확산 방지구조 기준에 적합하게 설치하는 경우에는 난연성능이 없는 재료(강판과 심재로 이루어진 복합자재가 아닌 것으로 한정한다)를 마감재료로 사용할 수 있다.

⑧ 제6항 및 제7항에 따른 마감재료가 둘 이상의 재료로 제작된 것인 경우 해당 마감재료는 다음 각 호의 요건을 모두 갖춘 것이어야 한다.
 1. 마감재료를 구성하는 재료 전체를 하나로 보아 국토교통부장관이 정하여 고시하는 기준에 따라 실물모형시험(실제 시공될 건축물의 구조와 유사한 모형으로 시험하는 것을 말한다. 이하 같다)을 한 결과가 국토교통부장관이 정하여 고시하는 기준을 충족할 것
 2. 마감재료를 구성하는 각각의 재료에 대하여 난연성능을 시험한 결과가 국토교통부장관이 정하여 고시하는 기준을 충족할 것. 다만, 제6조제1호에 따른 불연재료 사이에 다른 재료(두께가 5밀리미터 이하인 경우만 해당한다)를 부착하여 제작한 재료의 경우에는 해당 재료 전체를 하나의 재료로 보고 난연성능을 시험할 수 있으며, 같은 호에 따른 불연재료에 0.1밀리미터 이하의 두께로 도장을 한 재료의 경우에는 불연재료의 성능기준을 충족한 것으로 보고 난연성능 시험을 생략할 수 있다.

⑨ 영 제14조제4항 각 호의 어느 하나에 해당하는 건축물 상호 간의 용도변경 중 영 별표 1 제3호다목(목욕장만 해당한다)·라목, 같은 표 제4호가목·사목·카목·파목(골프연습장, 놀이형시설만 해당한다)·더목·러목, 같은 표 제7호다목2) 및 같은 표 제16호가목·나목에 해당하는 용도로 변경하는 경우로서 스프링클러 또는 간이 스크링클러의 헤드가 창문등으로부터 60센티미터 이내에 설치되어 건축물 내부가 화재로부터 방호되는 경우에는 제6항부터 제8항까지의 규정을 적용하지 않을 수 있다.

⑩ 영 제61조제2항제4호에 해당하는 건축물의 외벽[필로티 구조의 외기에 면하는 천장 및 벽체를 포함한다] 중 1층과 2층 부분에는 불연재료 또는 준불연재료를 마감재료로 해야 한다.

⑪ 강판과 심재로 이루어진 복합자재를 마감재료로 사용하는 경우 해당 복합자재는 다음 각 호의 요건을 모두 갖춘 것이어야 한다.
 1. 강판과 심재 전체를 하나로 보아 국토교통부장관이 정하여 고시하는 기준에 따라 실물모형시험을 실시한 결과가 국토교통부장관이 정하여 고시하는 기준을 충족할 것
 2. 강판 : 다음 각 목의 구분에 따른 기준을 모두 충족할 것
  가. 두께[도금 이후 도장(塗裝) 전 두께를 말한다]: 0.5밀리미터 이상
  나. 앞면 도장 횟수 : 2회 이상
  다. 도금의 부착량 : 도금의 종류에 따라 다음의 어느 하나에 해당할 것. 이 경우 도금의 종류는 한국산업표준에 따른다.

1) 용융 아연 도금 강판: 180g/㎡ 이상
2) 용융 아연 알루미늄 마그네슘 합금 도금 강판: 90g/㎡ 이상
3) 용융 55% 알루미늄 아연 마그네슘 합금 도금 강판: 90g/㎡ 이상
4) 용융 55% 알루미늄 아연 합금 도금 강판: 90g/㎡ 이상
5) 그 밖의 도금: 국토교통부장관이 정하여 고시하는 기준 이상
3. 심재 : 강판을 제거한 심재가 다음 각 목의 어느 하나에 해당할 것
 가. 한국산업표준에 따른 그라스울 보온판 또는 미네랄울 보온판으로서 국토교통부장관이 정하여 고시하는 기준에 적합한 것
 나. 불연재료 또는 준불연재료인 것

⑫ 법 제52조제4항에 따라 영 제61조제2항 각 호에 해당하는 건축물의 인접대지경계선에 접하는 외벽에 설치하는 창호(窓戶)와 인접대지경계선 간의 거리가 1.5미터 이내인 경우 해당 창호는 방화유리창[한국산업표준 KS F 2845(유리구획 부분의 내화 시험방법)에 규정된 방법에 따라 시험한 결과 비차열 20분 이상의 성능이 있는 것으로 한정한다]으로 설치해야 한다. 다만, 스프링클러 또는 간이 스프링클러의 헤드가 창호로부터 60센티미터 이내에 설치되어 건축물 내부가 화재로부터 방호되는 경우에는 방화유리창으로 설치하지 않을 수 있다.

제24조의2(화재 위험이 적은 공장과 인접한 건축물의 마감재료) ① 영 제61조제2항제1호나목에서 "국토교통부령으로 정하는 화재위험이 적은 공장"이란 별표 3의 업종에 해당하는 공장을 말한다. 다만, 공장의 일부 또는 전체를 기숙사 및 구내식당의 용도로 사용하는 건축물을 제외한다.

제25조(지하층의 구조) ① 법 제53조에 따라 건축물에 설치하는 지하층의 구조 및 설비는 다음 각 호의 기준에 적합하여야 한다.
1. 거실의 바닥면적이 50제곱미터 이상인 층에는 직통계단외에 피난층 또는 지상으로 통하는 비상탈출구 및 환기통을 설치할 것. 다만, 제8조제2항 각 호의 기준에 적합한 직통계단이 2개소 이상 설치되어 있는 경우에는 그러하지 아니하다.
1의2. 제2종근린생활시설 중 공연장·단란주점·당구장·노래연습장, 문화 및 집회시설 중 예식장·공연장, 수련시설 중 생활권수련시설·자연권수련시설, 숙박시설 중 여관·여인숙, 위락시설 중 단란주점·유흥주점 또는 「다중이용업소의 안전관리에 관한 특별법 시행령」제2조에 따른 다중이용업의 용도에 쓰이는 층으로서 그 층의 거실의 바닥면적의 합계가 50제곱미터 이상인 건축물에는 제8조제2항 각 호의 기준에 적합한 직통계단을 2개소 이상 설치할 것
2. 바닥면적이 1천제곱미터 이상인 층에는 피난층 또는 지상으로 통하는 직통계단을 영 제46조의 규정에 의한 방화구획으로 구획되는 각 부분마다 1개소 이상 설치하되, 이를 피난계단 또는 특별피난계단의 구조로 할 것
3. 거실의 바닥면적의 합계가 1천제곱미터 이상인 층에는 환기설비를 설치할 것
4. 지하층의 바닥면적이 300제곱미터 이상인 층에는 식수공급을 위한 급수전을 1개소이상 설치할 것

② 제1항제1호에 따른 지하층의 비상탈출구는 다음 각 호의 기준에 적합하여야 한다. 다만, 주택의 경우에는 그러하지 아니하다.
1. 비상탈출구의 유효너비는 0.75미터 이상으로 하고, 유효높이는 1.5미터 이상으로 할 것
2. 비상탈출구의 문은 피난방향으로 열리도록 하고, 실내에서 항상 열 수 있는 구조로 하여야 하며, 내부 및 외부에는 비상탈출구의 표시를 할 것
3. 비상탈출구는 출입구로부터 3미터 이상 떨어진 곳에 설치할 것
4. 지하층의 바닥으로부터 비상탈출구의 아랫부분까지의 높이가 1.2미터 이상이 되는 경우에는 벽체에 발판의 너비가 20센티미터 이상인 사다리를 설치할 것
5. 비상탈출구는 피난층 또는 지상으로 통하는 복도나 직통계단에 직접 접하거나 통로 등으로 연결될 수 있도록 설치하여야 하며, 피난층 또는 지상으로 통하는 복도나 직통계단까지 이르는 피난통로의 유효너비는 0.75미터 이상으로 하고, 피난통로의 실내에 접하는 부분의 마감과 그 바탕은 불연재료로 할 것
6. 비상탈출구의 진입부분 및 피난통로에는 통행에 지장이 있는 물건을 방치하거나 시설물을 설치하지 아니할 것
7. 비상탈출구의 유도등과 피난통로의 비상조명등의 설치는 소방법령이 정하는 바에 의할 것

제30조(피난용승강기의 설치기준) 영 제91조제5호에서 "국토교통부령으로 정하는 구조 및 설비 등의 기준"이란 다음 각 호를 말한다.
1. 피난용승강기 승강장의 구조

가. 승강장의 출입구를 제외한 부분은 해당 건축물의 다른 부분과 내화구조의 바닥 및 벽으로 구획할 것
나. 승강장은 각 층의 내부와 연결될 수 있도록 하되, 그 출입구에는 60+방화문 또는 60분방화문을 설치할 것. 이 경우 방화문은 언제나 닫힌 상태를 유지할 수 있는 구조이어야 한다.
다. 실내에 접하는 부분(바닥 및 반자 등 실내에 면한 모든 부분을 말한다)의 마감(마감을 위한 바탕을 포함한다)은 불연재료로 할 것
아. 다음의 어느 하나에 해당하는 설비를 설치할 것
　1) 배연설비
　2)「소방시설설치 및 관리에 관한 법률시행령」별표4 제5호가목에 따른 제연설비(이하 "제연설비"라 한다)

2. 피난용승강기 승강로의 구조
  가. 승강로는 해당 건축물의 다른 부분과 내화구조로 구획할 것
  다. 승강로 상부에 배연설비 또는 제연설비를 설치할 것
3. 피난용승강기 기계실의 구조
  가. 출입구를 제외한 부분은 해당 건축물의 다른 부분과 내화구조의 바닥 및 벽으로 구획할 것
  나. 출입구에는 60+방화문 또는 60분방화문을 설치할 것
4. 피난용승강기 전용 예비전원
  가. 정전 시 피난용승강기, 기계실, 승강장 및 폐쇄회로 텔레비전 등의 설비를 작동할 수 있는 별도의 예비전원 설비를 설치할 것
  나. 가목에 따른 예비전원은 초고층 건축물의 경우에는 2시간 이상, 준초고층 건축물의 경우에는 1시간 이상 작동이 가능한 용량일 것
  다. 상용전원과 예비전원의 공급을 자동 또는 수동으로 전환이 가능한 설비를 갖출 것
  라. 전선관 및 배선은 고온에 견딜 수 있는 내열성 자재를 사용하고, 방수조치를 할 것

기계설비법

[시행 2020. 6. 9.] [법률 제17453호, 2020. 6. 9., 타법개정]

제1조(목적) 이 법은 기계설비산업의 발전을 위한 기반을 조성하고 기계설비의 안전하고 효율적인 유지관리를 위하여 필요한 사항을 정함으로써 국가경제의 발전과 국민의 안전 및 공공복리 증진에 이바지함을 목적으로 한다.

제2조(정의) 이 법에서 사용하는 용어의 뜻은 다음과 같다.
1. "기계설비"란 건축물, 시설물 등(이하 "건축물등"이라 한다)에 설치된 기계·기구·배관 및 그 밖에 건축물등의 성능을 유지하기 위한 설비로서 대통령령으로 정하는 설비를 말한다.
2. "기계설비산업"이란 기계설비 관련 연구개발, 계획, 설계, 시공, 감리, 유지관리, 기술진단, 안전관리 등의 경제활동을 하는 산업을 말한다.
3. "기계설비사업"이란 기계설비 관련 활동을 수행하는 사업을 말한다.
4. "기계설비사업자"란 기계설비사업을 경영하는 자를 말한다.
5. "기계설비기술자"란 「국가기술자격법」, 「건설기술 진흥법」 또는 대통령령으로 정하는 법령에 따라 기계설비 관련 분야의 기술자격을 취득하거나 기계설비에 관한 기술 또는 기능을 인정받은 사람을 말한다.
6. "기계설비유지관리자"란 기계설비 유지관리(기계설비의 점검 및 관리를 실시하고 운전·운용하는 모든 행위를 말한다)를 수행하는 자를 말한다.

제14조(기계설비 기술기준) ① 국토교통부장관은 기계설비의 안전과 성능확보를 위하여 필요한 기술기준(이하 "기술기준"이라 한다)을 정하여 고시하여야 한다. 이를 변경하는 경우에도 또한 같다.
② 기계설비사업자는 기술기준을 준수하여야 한다.

제15조(기계설비의 착공 전 확인과 사용 전 검사) ① 대통령령으로 정하는 기계설비공사를 발주한 자는 해당 공사를 시작하기 전에 전체 설계도서 중 기계설비에 해당하는 설계도서를 특별자치시장·특별자치도지사·시장·군수·구청장(자치구의 구청장을 말한다. 이하 같다)에게 제출하여 기술기준에 적합한지를 확인받아야 하며, 그 공사를 끝냈을 때에는 특별자치시장·특별자치도지사·시장·군수·구청장의 사용 전 검사를 받고 기계설비를 사용하여야 한다. 다만, 「건축법」 제21조 및 제22조에 따른 착공신고 및 사용승인 과정에서 기술기준에 적합한지 여부를 확인받은 경우에는 이 법에 따른 착공 전 확인 및 사용 전 검사를 받은 것으로 본다.
② 특별자치시장·특별자치도지사·시장·군수·구청장은 필요한 경우 기계설비공사를 발주한 자에게 제1항에 따른 착공 전 확인과 사용 전 검사에 관한 자료의 제출을 요구할 수 있다. 이 경우 기계설비공사를 발주한 자는 특별한 사유가 없으면 자료를 제출하여야 한다.
③ 제1항에 따른 착공 전 확인과 사용 전 검사의 절차, 방법 등은 대통령령으로 정한다.

제21조(기계설비성능점검업의 등록 등) ① 제17조제2항에 따른 성능점검과 관련된 업무를 하려는 자는 자본금, 기술인력의 확보 등 대통령령으로 정하는 요건을 갖추어 특별시장·광역시장·특별자치시장·도지사 또는 특별자치도지사(이하 "시·도지사"라 한다)에게 등록하여야 한다.
② 기계설비성능점검업을 등록한 자(이하 "기계설비성능점검업자"라 한다)는 제1항에 따라 등록한 사항 중 대통령령으로 정하는 사항이 변경된 경우에는 변경 사유가 발생한 날부터 30일 이내에 변경등록을 하여야 한다.
③ 시·도지사가 제1항 및 제2항에 따라 기계설비성능점검업의 등록 또는 변경등록을 받은 경우에는 등록신청자에게 등록증을 발급하여야 한다.
④ 기계설비성능점검업의 등록과 관련하여 다음 각 호의 어느 하나의 행위를 하거나 제3자로 하여금 이를 하게 하여서는 아니 된다.
  1. 다른 사람에게 자기의 성명을 사용하여 기계설비성능점검 업무를 수행하게 하거나 자신의 등록증을 빌려주는 행위
  2. 다른 사람의 성명을 사용하여 기계설비성능점검 업무를 수행하거나 다른 사람의 등록증을 빌리는 행위
  3. 제1호 및 제2호의 행위를 알선하는 행위
⑤ 기계설비성능점검업자는 휴업하거나 폐업하는 경우에는 대통령령으로 정하는 바에 따라 시·도지사에게 신고하여야 한다. 이 경우 폐업신고를 받은 시·도지사는 그 등록을 말소하여야 한다.

⑥ 시·도지사는 제1항부터 제5항까지에 따라 기계설비성능점검업자가 등록 또는 변경등록을 하거나 기계설비성능점검업자로부터 휴업 또는 폐업신고를 받은 경우에는 그 사실을 국토교통부장관에게 통보하여야 한다.
⑦ 기계설비성능점검업의 등록 및 변경등록, 휴업·폐업의 절차 등에 필요한 사항은 국토교통부령으로 정한다.

제30조(과태료) ① 다음 각 호의 어느 하나에 해당하는 자에게는 500만원 이하의 과태료를 부과한다.
   1. 제17조제1항에 따른 유지관리기준을 준수하지 아니한 자
   2. 제17조제2항에 따른 점검기록을 작성하지 아니하거나 거짓으로 작성한 자
   3. 제17조제3항에 따른 점검기록을 보존하지 아니한 자
   4. 제19조제1항을 위반하여 기계설비유지관리자를 선임하지 아니한 자
② 다음 각 호의 어느 하나에 해당하는 자에게는 100만원 이하의 과태료를 부과한다.
   1. 제15조제2항을 위반하여 착공 전 확인과 사용 전 검사에 관한 자료를 특별자치시장·특별자치도지사·시장·군수·구청장에게 제출하지 아니한 자
   2. 제17조제3항을 위반하여 점검기록을 특별자치시장·특별자치도지사·시장·군수·구청장에게 제출하지 아니한 자
   3. 제19조제2항을 위반하여 유지관리교육을 받지 아니한 사람을 해임하지 아니한 자
   4. 제19조제3항에 따른 신고를 하지 아니하거나 거짓으로 신고한 자
   5. 제20조제1항을 위반하여 유지관리교육을 받지 아니한 사람
   6. 제21조의2제2항에 따른 신고를 하지 아니하거나 거짓으로 신고한 자
   7. 제22조의2제2항에 따른 서류를 거짓으로 제출한 자
③ 제1항 및 제2항에 따른 과태료는 대통령령으로 정하는 바에 따라 국토교통부장관 또는 관할 지방자치단체의 장이 부과·징수한다.

기계설비법 시행령

[시행 2023. 11. 21.] [대통령령 제33886호, 2023. 11. 21., 타법개정]

제1조(목적) 이 영은 「기계설비법」에서 위임된 사항과 그 시행에 필요한 사항을 규정함을 목적으로 한다.

제2조(기계설비의 범위) 「기계설비법」(이하 "법"이라 한다) 제2조제1호에서 "대통령령으로 정하는 설비"란 별표 1의 설비를 말한다.

[별표1] 기계설비의 범위(제2조 관련)

구분	내용
1. 열원설비	건축물등에서 에너지를 이용하여 열매체를 가열, 냉각하기 위하여 설치된 기계·기구·배관 및 그 밖에 성능을 유지하기 위한 설비
2. 냉난방설비	건축물등에서 일정한 실내온도 유지를 위하여 설치된 기계·기구·배관 및 그 밖에 성능을 유지하기 위한 설비
3. 공기조화·공기청정·환기설비	건축물등에서 온도, 습도, 청정도, 기류 등을 조절하기 위하여 설치된 기계·기구·배관 및 그 밖에 성능을 유지하기 위한 설비
4. 위생기구·급수·급탕·오배수·통기설비	건축물등에서 위생과 냉수·온수 공급, 오배수(汚排水), 오배수관 통기(通氣) 등을 위하여 설치된 기계·기구·배관 및 그 밖에 성능을 유지하기 위한 설비
5. 오수정화·물재이용설비	건축물등에서 오수를 정화하여 배출하거나 정화된 물을 재이용하기 위하여 설치된 기계·기구·배관 및 그 밖에 성능을 유지하기 위한 설비
6. 우수배수설비	건축물등에서 빗물을 외부로 배출하기 위하여 설치된 기계·기구·배관 및 그 밖에 성능을 유지하기 위한 설비
7. 보온설비	건축물등에 설치된 기계·기구·배관 및 그 밖에 성능을 유지하기 위한 설비의 보온, 보냉, 결로 및 동결 방지 등을 위하여 설치된 설비
8. 덕트(duct)설비	건축물등에 설치된 기계·기구·배관 및 그 밖에 성능을 유지하기 위한 설비의 풍량 등을 조절하고 급기(給氣)·배기 및 환기 등을 위하여 설치된 설비
9. 자동제어설비	건축물등에 설치된 기계·기구·배관 및 그 밖에 성능을 유지하기 위한 설비의 감시, 제어관리 및 통제 등을 위하여 설치된 설비
10. 방음·방진·내진설비	건축물등에 설치된 기계·기구·배관 및 그 밖에 성능을 유지하기 위한 설비의 소음, 진동, 전도 및 탈락 등을 방지하기 위하여 설치된 설비
11. 플랜트설비	건축물등에서 생산물의 제조·생산·이송 및 저장이나 오염물질의 제거 및 저장 등을 위하여 설치된 기계·기구·배관 및 그 밖에 성능을 유지하기 위한 설비
12. 특수설비	가. 건축물등에서 냉동·냉장, 항온항습(온도와 습도를 일정하게 유지시키는 것), 특수청정(세균 또는 먼지 등을 제거하는 것), 생활폐기물 집하 및 이송, 전자파 차단 등을 위하여 설치된 기계·기구·배관 및 그 밖에 성능을 유지하기 위한 설비 나. 청정실(실내공간의 오염물질 등을 없애거나 줄이기 위하여 공기정화시설 등의 설비가 설치된 방), 자동창고(물건이 나가고 들어오는 모든 일을 컴퓨터가 자동적으로 제어하고 관리하는 창고), 집진기(먼지를 모으는 기기), 무대기계장치, 기송관(氣送管: 압축 공기를 써서 물건을 운반하는 기계) 등의 설비와 그 설비를 위하여 설치된 기계·기구·배관 및 그 밖에 성능을 유지하기 위한 설비

제3조(기계설비기술자의 범위) ① 법 제2조제5호에서 "대통령령으로 정하는 법령"이란 다음 각 호의 법령을 말한다.
 1. 「건설산업기본법」
 2. 「엔지니어링산업 진흥법」
 3. 「자격기본법」
② 법 제2조제5호에 따른 기계설비기술자의 범위는 별표 2와 같다.

[별표2] 기계설비기술자의 범위(제3조제2항 관련)

1. 다음 각 목의 어느 하나에 해당하는 기계설비 관련 자격을 취득한 사람
   가. 「국가기술자격법」 제9조제1호에 따른 기술·기능 분야의 국가기술자격 중 다음 표의 구분에 따른 국가기술자격을 취득한 사람

등급	기술·기능 분야
1) 기술사	건축기계설비·기계건설기계·공조냉동기계·산업기계설비·용접·소음진동
2) 기능장	배관·에너지관리·판금제관·용접
3) 기사	일반기계·건축설비·건설기계설비·공조냉동기계·설비보전·메카트로닉스·용접·소음진동·에너지관리·신재생에너지발전설비(태양광)
4) 산업기사	건축설비·배관·정밀측정·건설기계설비·공조냉동기계·생산자동화·판금제관·용접·소음진동·에너지관리·신재생에너지발전설비(태양광)
5) 기능사	온수온돌·배관·전산응용기계제도·정밀측정·공조냉동기계·설비보전·생산자동화·판금제관·용접·특수용접·에너지관리·신재생에너지발전설비(태양광)

   나. 「건설기술 진흥법 시행령」 별표 1에 따른 기계 직무분야의 건설기술인 자격
   다. 「엔지니어링산업 진흥법 시행령」 별표 1에 따른 설비부문의 설비 전문분야의 엔지니어링기술자 자격
   라. 그 밖에 「건설산업기본법」 및 「자격기본법」에 따른 자격으로서 국토교통부장관이 정하여 고시하는 기계설비 관련 자격을 갖춘 사람

2. 다음 각 목의 어느 하나에 해당하게 된 후 별표 6에 따른 유지관리교육의 교육과정 중 신규교육 또는 보수교육을 이수한 사람
   가. 「고등교육법」 제2조 각 호의 어느 하나에 해당하는 학교에서 국토교통부장관이 정하여 고시하는 기계설비 관련 학과의 전문학사, 학사, 석사 또는 박사 학위를 취득한 사람
   나. 「초·중등교육법 시행령」 제90조에 따른 특수목적고등학교 또는 같은 영 제91조에 따른 특성화고등학교에서 국토교통부장관이 정하여 고시하는 기계설비 관련 교육과정이나 학과를 이수하거나 졸업한 사람
   다. 그 밖에 관계 법령에 따라 국내 또는 외국에서 가목과 같은 수준 이상의 학력이 있다고 인정되는 사람

제11조(기계설비의 착공 전 확인과 사용 전 검사 대상 공사) 법 제15조제1항 본문에서 "대통령령으로 정하는 기계설비공사"란 별표 5에 해당하는 건축물(「건축법」 제11조에 따른 건축허가를 받으려거나 같은 법 제14조에 따른 건축신고를 하려는 건축물로 한정하며, 다른 법령에 따라 건축허가 또는 건축신고가 의제되는 행정처분을 받으려는 건축물을 포함한다) 또는 시설물에 대한 기계설비공사를 말한다.

[별표5] 기계설비의 착공 전 확인과 사용 전 검사의 대상 건축물 또는 시설물(제11조 관련)

1. 용도별 건축물 중 연면적 1만제곱미터 이상인 건축물(「건축법」 제2조제2항제18호에 따른 창고시설은 제외한다)
2. 에너지를 대량으로 소비하는 다음 각 목의 어느 하나에 해당하는 건축물
   가. 냉동·냉장, 항온·항습 또는 특수청정을 위한 특수설비가 설치된 건축물로서 해당 용도에 사용되는 바닥면적의 합계가 500제곱미터 이상인 건축물
   나. 「건축법 시행령」 별표 1 제2호가목 및 나목에 따른 아파트 및 연립주택
   다. 다음의 어느 하나에 해당하는 건축물로서 해당 용도에 사용되는 바닥면적의 합계가 500제곱미터 이상인 건축물
     1) 「건축법 시행령」 별표 1 제3호다목에 따른 목욕장
     2) 「건축법 시행령」 별표 1 제13호가목에 따른 놀이형시설(물놀이를 위하여 실내에 설치된 경우로 한정한다) 및 같은 호 다목에 따른 운동장(실내에 설치된 수영장과 이에 딸린 건축물로 한정한다)
   라. 다음의 어느 하나에 해당하는 건축물로서 해당 용도에 사용되는 바닥면적의 합계가 2천제곱미터 이상인 건축물
     1) 「건축법 시행령」 별표 1 제2호라목에 따른 기숙사
     2) 「건축법 시행령」 별표 1 제9호에 따른 의료시설

3) 「건축법 시행령」 별표 1 제12호다목에 따른 유스호스텔
4) 「건축법 시행령」 별표 1 제15호에 따른 숙박시설
마. 다음의 어느 하나에 해당하는 건축물로서 해당 용도에 사용되는 바닥면적의 합계가 3천제곱미터 이상인 건축물
1) 「건축법 시행령」 별표 1 제7호에 따른 판매시설
2) 「건축법 시행령」 별표 1 제10호마목에 따른 연구소
3) 「건축법 시행령」 별표 1 제14호에 따른 업무시설
3. 지하역사 및 연면적 2천제곱미터 이상인 지하도상가(연속되어 있는 둘 이상의 지하도상가의 연면적 합계가 2천제곱미터 이상인 경우를 포함한다)

제14조(기계설비 유지관리에 대한 점검 및 확인 등) ① 법 제17조제1항에서 "대통령령으로 정하는 일정 규모 이상의 건축물등"이란 다음 각 호의 건축물, 시설물 등(이하 "건축물등"이라 한다)을 말한다.
1. 「건축법」 제2조제2항에 따라 구분된 용도별 건축물(이하 "용도별 건축물"이라 한다) 중 연면적 1만제곱미터 이상의 건축물(같은 항 제2호 및 제18호에 따른 공동주택 및 창고시설은 제외한다)
2. 「건축법」 제2조제2항제2호에 따른 공동주택(이하 "공동주택"이라 한다) 중 다음 각 목의 어느 하나에 해당하는 공동주택
  가. 500세대 이상의 공동주택
  나. 300세대 이상으로서 중앙집중식 난방방식(지역난방방식을 포함한다)의 공동주택
3. 다음 각 목의 건축물등 중 해당 건축물등의 규모를 고려하여 국토교통부장관이 정하여 고시하는 건축물등
  가. 「시설물의 안전 및 유지관리에 관한 특별법」 제2조제1호에 따른 시설물
  나. 「학교시설사업 촉진법」 제2조제1호에 따른 학교시설
  다. 「실내공기질 관리법」 제3조제1항제1호에 따른 지하역사(이하 "지하역사"라 한다) 및 같은 항 제2호에 따른 지하도상가(이하 "지하도상가"라 한다)
  라. 중앙행정기관의 장, 지방자치단체의 장 및 그 밖에 국토교통부장관이 정하는 자가 소유하거나 관리하는 건축물등
② 법 제17조제3항에서 "대통령령으로 정하는 기간"이란 10년을 말한다.

제15조(기계설비유지관리자의 선임 등) ① 법 제19조제2항에서 "대통령령으로 정하는 일정 횟수"란 2회를 말한다.
② 법 제19조제7항에 따른 기계설비유지관리자의 자격 및 등급(같은 조 제11항에 따른 기계설비유지관리자의 등급 조정에 관한 사항을 포함한다)은 별표 5의2와 같다.
③ 국토교통부장관은 법 제19조제12항에 따라 다음 각 호의 업무를 기계설비와 관련된 업무를 수행하는 협회 중 국토교통부장관이 해당 업무에 대한 전문성이 있다고 인정하여 고시하는 협회에 위탁한다.
1. 법 제19조제8항에 따른 기계설비유지관리자의 근무처·경력·학력 및 자격 등(이하 "근무처 및 경력등"이라 한다)의 관리에 필요한 신고 및 변경신고의 접수
2. 법 제19조제9항에 따른 근무처 및 경력등에 관한 기록의 유지·관리 및 기계설비유지관리자의 근무처 및 경력등에 관한 증명서의 발급
3. 법 제19조제10항에 따른 관련 자료 제출의 요청(위탁된 사무를 처리하기 위하여 필요한 경우만 해당된다)
4. 법 제19조제11항에 따른 기계설비유지관리자의 등급 조정을 위한 근무처 및 경력등과 유지관리교육 결과의 확인
④ 제3항에 따라 업무를 위탁받은 협회는 위탁업무의 처리 결과를 매 반기 말일을 기준으로 다음 달 말일까지 국토교통부장관에게 보고해야 한다.

[별표 5의2] 기계설비유지관리자의 자격 및 등급(제15조제2항 관련)

1. 일반기준
  가. 기계설비유지관리자는 책임기계설비유지관리자와 보조기계설비유지관리자로 구분하며, 책임기계설비유지관리자는 자격 및 경력 기준에 따라 특급·고급·중급·초급으로 구분한다. 이 경우 실무경력은 해당 자격의 취득 이전의 실무경력까지 포함한다.
  나. 가목에도 불구하고 국토교통부장관은 기계설비의 안전하고 효율적인 유지관리를 위하여 책임기계설비유지관리자 및 보조기계설비유지관리자의 경력, 자격·학력 및 교육을 다음의 구분에 따른 점수 범위에서 종합평가하여 그 결과에 따라 등급을 특급·고급·중급·초급으로 조정하여 산정할 수 있다.
    1) 실무경력: 30점 이내

2) 보유자격·학력: 30점 이내
3) 교육: 40점 이내

다. 외국인 기계설비유지관리자의 인정 범위 및 등급
　　외국인 기계설비유지관리자는 해당 외국인의 국가와 우리나라 간의 상호인정 협정 등에서 정하는 바에 따라 자격을 인정하되, 그 인정 범위 및 등급에 관하여는 가목 및 나목을 준용한다.

라. 그 밖에 기계설비유지관리자의 실무경력 인정, 등급 산정 및 인정 범위 등에 필요한 방법 및 절차에 관한 세부기준은 국토교통부장관이 정하여 고시한다.

2. 세부기준

구분			자격 및 경력 기준		종합평가 결과에 따른 등급 산정
			보유자격	실무경력	
가. 책임기계설비유지관리자	1) 특급		가) 기술사		제1호나목에 따라 특급으로 산정된 기계설비유지관리자
			나) 기능장	10년 이상	
			다) 기사	10년 이상	
			라) 산업기사	13년 이상	
			마) 특급 건설기술인	10년 이상	
	2) 고급		가) 기능장	7년 이상	제1호나목에 따라 고급으로 산정된 기계설비유지관리자
			나) 기사	7년 이상	
			다) 산업기사	10년 이상	
			라) 고급 건설기술인	7년 이상	
	3) 중급		가) 기능장	4년 이상	제1호나목에 따라 중급으로 산정된 기계설비유지관리자
			나) 기사	4년 이상	
			다) 산업기사	7년 이상	
			라) 중급 건설기술인	4년 이상	
	4) 초급		가) 기능장		제1호나목에 따라 초급으로 산정된 기계설비유지관리자
			나) 기사		
			다) 산업기사	3년 이상	
			라) 초급 건설기술인		
나. 보조기계설비유지관리자			기계설비기술자 중 기계설비유지관리자에 필요한 자격을 갖추었다고 국토교통부장관이 정하여 고시하는 사람		

비고
1. 위 표에서 "기술사", "기능장", "기사" 및 "산업기사"란 각각 「국가기술자격법」 제9조제1호에 따른 국가기술자격의 등급 중 다음 각 목의 구분에 따른 분야의 국가기술자격 등급을 말한다.
　가. 기술사: 건축기계설비·기계·건설기계·공조냉동기계·산업기계설비·용접 분야
　나. 기능장: 배관·에너지관리·용접 분야
　다. 기사: 일반기계·건축설비·건설기계설비·공조냉동기계·설비보전·용접·에너지관리 분야
　라. 산업기사: 건축설비·배관·건설기계설비·공조냉동기계·용접·에너지관리 분야
2. 위 표에서 "건설기술인"이란 「건설기술 진흥법」 제2조제8호에 따른 건설기술인 중 같은 법 시행령 별표 1에 따른 기계 직무분야의 공조냉동 및 설비 전문분야와 용접 전문분야의 건설기술인을 말한다. 이 경우 해당 건설기술인의 등급은 「건설기술 진흥법 시행령」 별표 1에 따른다.

제16조(유지관리교육) ① 법 제20조제1항에 따른 기계설비 유지관리에 관한 교육(이하 "유지관리교육"이라 한다)의 교육과정 및 교육과목 등은 별표 6과 같다.
② 국토교통부장관은 법 제20조제2항에 따라 유지관리교육에 관한 업무를 기계설비와 관련된 업무를 수행하는 협회 중 국토교통부장관이 정하여 고시하는 협회에 위탁한다.
③ 제1항 및 제2항에서 규정한 사항 외에 유지관리교육의 운영 및 위탁에 필요한 사항은 국토교통부령으로 정한다.

제17조(기계설비성능점검업의 등록) ① 법 제21조제1항에서 "자본금, 기술인력의 확보 등 대통령령으로 정하는 요건"이란 별표 7의 기계설비성능점검업의 등록 요건을 말한다.
② 특별시장·광역시장·특별자치시장·도지사 또는 특별자치도지사(이하 "시·도지사"라 한다)는 법 제21조제1항에 따른 등록 신청이 다음 각 호의 어느 하나에 해당하는 경우를 제외하고는 등록을 해 주어야 한다.
  1. 등록을 신청한 자가 법 제22조제1항 각 호의 어느 하나에 해당하는 경우
  2. 별표 7에 따른 등록 요건을 갖추지 못한 경우
  3. 그 밖에 법, 이 영 또는 다른 법령에 따른 제한에 위반되는 경우

[별표7] 기계설비성능점검업의 등록 요건(제17조제1항 관련)

구분	요건
1. 자본금	1억원 이상일 것

2. 기술인력	다음 각 목의 기술인력을 모두 갖출 것
	가. 다음의 어느 하나에 해당하는 분야의 특급 책임기계설비유지관리자 1명
	  1) 「국가기술자격법」에 따른 건축설비 분야
	  2) 「국가기술자격법」에 따른 공조냉동기계 분야 또는 「건설기술 진흥법 시행령」 별표 1에 따른 공조냉동 및 설비 전문분야
	  3) 「국가기술자격법」에 따른 에너지관리 분야
	나. 고급 이상인 책임기계설비유지관리자 1명
	다. 중급 이상인 책임기계설비유지관리자 2명

3. 장비	다음 각 목의 장비를 모두 갖출 것 가. 적외선 열화상카메라 나. 초음파유량계 다. 디지털압력계 라. 데이터기록계 마. 연소가스분석기 바. 건습구온도계(乾濕球溫度計) 사. 표준온도계(標準溫度計) 아. 적외선온도계 자. 디지털풍속계 차. 디지털풍압계 카. 교류전력측정계 타. 조도계 파. 회전계(R.P.M측정기) 하. 초음파두께측정기 거. 아들자캘리퍼스(아들자calipers: 아들자가 달려 두께나 지름을 재는 기구) 너. 이산화탄소(CO2) 측정기 더. 일산화탄소(CO) 측정기 러. 미세먼지측정기 머. 누수탐지기 버. 배관 내시경카메라 서. 수질분석기

비고
1. "자본금"이란 법인인 경우에는 기계설비성능점검업을 경영하기 위한 납입자본금 또는 출자금을 말하고, 개인인 경우에는 영업용 자산평가액을 말한다.
2. "기술인력"이란 상시 근무하는 사람을 말하며, 「국가기술자격법」, 「건설기술 진흥법」 등 자격 관련 법령에 따라 자격이 정지된 사람은 제외한다.
3. 위 표 제3호 각 목의 장비 중 두 가지 이상의 기능을 함께 가지고 있는 장비를 갖춘 경우에는 각각의 장비를 갖춘 것으로 본다.

제20조(등록취소 및 업무정지 기준) 법 제22조제2항에 따른 기계설비성능점검업자에 대한 행정처분의 기준은 별표 8과 같다.

[별표8] 기계설비성능점검업자에 대한 행정처분의 기준(제20조 관련)

1. 일반기준
   가. 위반행위의 횟수에 따른 행정처분의 기준은 최근 1년간 같은 위반행위로 행정처분을 받은 경우에 적용한다. 이 경우 기간의 계산은 위반행위에 대하여 행정처분을 받은 날과 그 행정처분 후 다시 같은 위반행위를 하여 적발된 날을 기준으로 한다.
   나. 가목에 따라 가중된 부과처분을 하는 경우 가중처분의 적용 차수는 그 위반행위 전 부과처분 차수(가목에 따른 기간 내에 행정처분이 둘 이상 있었던 경우에는 높은 차수를 말한다)의 다음 차수로 한다.
   다. 위반행위가 둘 이상인 경우로서 그에 해당하는 각각의 처분기준이 다른 경우에는 그중 무거운 처분

기준에 따른다. 다만, 둘 이상의 처분기준이 모두 영업정지인 경우에는 각 처분기준을 합산한 기간을 넘지 않는 범위에서 무거운 처분기준의 2분의 1 범위까지 가중하여 처분할 수 있다.
라. 업무정지 처분기간 중 업무정지에 해당하는 위반사항이 있는 경우에는 종전의 처분기간 만료일의 다음 날부터 새로운 위반사항에 따른 업무정지처분을 한다.
마. 행정처분권자는 처분기준이 영업정지인 경우 위반행위의 정도·동기 및 그 결과 등 다음의 사유를 고려하여 제2호의 개별기준에 따른 업무정지기간의 2분의 1 범위에서 그 기간을 줄이거나 늘릴 수 있다.
  1) 감경 사유
    가) 위반행위가 경미한 과실이나 사소한 부주의로 발생한 경우
    나) 위반행위가 적발된 날부터 최근 3년 이내에 법에 따른 업무정지 처분을 받은 사실이 없는 경우
  2) 가중 사유
    가) 위반행위가 고의나 중대한 과실로 발생한 경우 또는 위반행위가 적발된 날부터 최근 1년 이내에 법에 따른 업무정지 처분을 받은 사실이 있는 경우
    나) 해당 위반행위보다 중대한 위반행위를 은폐·조작하기 위하여 위반행위가 발생한 경우
바. 마목의 감경 또는 가중 사유에 해당하는 경우 각 사유마다 제2호에서 정한 업무정지기간의 4분의 1씩을 줄이거나 늘린다.

2. 개별기준

위반행위	근거 법조문	행정처분기준		
		1차 위반	2차 위반	3차 이상 위반
가. 거짓이나 그 밖의 부정한 방법으로 등록한 경우	법 제22조 제2항제1호	등록취소		
나. 최근 5년간 3회 이상 업무정지 처분을 받은 경우	법 제22조 제2항제2호	등록취소		
다. 업무정지기간에 기계설비성능점검 업무를 수행한 경우. 다만, 등록취소 또는 업무정지의 처분을 받기 전에 체결한 용역계약에 따른 업무를 계속한 경우는 제외한다.	법 제22조 제2항제3호	등록취소		
라. 기계설비성능점검업자로 등록한 후 법 제22조제1항에 따른 결격사유에 해당하게 된 경우(같은 항 제6호에 해당하게 된 법인이 그 대표자를 6개월 이내에 결격사유가 없는 다른 대표자로 바꾸어 임명하는 경우는 제외한다)	법 제22조 제2항제4호	등록취소		
마. 법 제21조제1항에 따른 대통령령으로 정하는 요건에 미달한 날부터 1개월이 지난 경우	법 제22조 제2항제5호	등록취소		
바. 법 제21조제2항에 따른 변경등록을 하지 않은 경우	법 제22조 제2항제6호	시정명령	업무정지 1개월	업무정지 2개월
사. 법 제21조제3항에 따라 발급받은 등록증을 다른 사람에게 빌려 준 경우	법 제22조 제2항제7호	업무정지 6개월	등록취소	

제20조의2(성능점검능력 평가에 관한 업무의 위탁) ① 국토교통부장관은 법 제22조의2제4항에 따라 기계설비의 성능점검능력 평가 및 공시에 관한 업무를 기계설비와 관련된 업무를 수행하는 협회 중 국토교통부장관이 해당 업무에 대한 전문성이 있다고 인정하여 고시하는 협회에 위탁한다.
② 제1항에 따라 업무를 위탁받은 협회는 위탁업무의 처리 결과를 매 반기 말일을 기준으로 다음 달 말일까지 국토교통부장관에게 보고해야 한다.

제22조(과태료 부과기준) 법 제30조제1항 및 제2항에 따른 과태료의 부과기준은 별표 10과 같다.

[별표10] 과태료의 부과기준(제22조 관련)

1. 일반기준
   가. 위반행위의 횟수에 따른 과태료의 가중된 부과기준은 최근 1년간 같은 위반행위로 과태료의 부과처분을 받은 경우에 적용한다. 이 경우 기간의 계산은 위반행위에 대하여 과태료 부과처분을 받은 날과 그 처분 후 다시 같은 위반 행위를 하여 적발된 날을 기준으로 계산한다.
   나. 가목에 따라 가중된 부과처분을 하는 경우 가중처분의 적용 차수는 그 위반행위 전 부과처분 차수(가목에 따른 기간 내에 과태료 부과처분이 둘 이상 있었던 경우에는 높은 차수를 말한다)의 다음 차수로 한다.
   다. 부과권자는 위반행위의 정도·동기와 그 결과 등 다음의 사유를 고려하여 제2호에 따른 과태료 금액의 2분의 1의 범위에서 그 금액을 줄이거나 늘릴 수 있다. 다만, 과태료를 체납하고 있는 위반행위자에 대해서는 감경 사유를 적용하지 않으며, 늘리는 경우에도 법 제30조제1항 및 제2항에 따른 과태료 금액의 상한을 넘을 수 없다.
      1) 감경 사유
         가) 위반행위가 경미한 과실이나 사소한 부주의로 발생한 경우
         나) 위반행위가 적발된 날부터 최근 3년 이내에 법에 따른 과태료 처분을 받은 사실이 없는 경우
      2) 가중 사유
         가) 위반행위가 고의나 중대한 과실로 발생한 경우 또는 위반행위가 적발된 날부터 최근 1년 이내에 법에 따른 과태료 처분을 받은 사실이 있는 경우
         나) 해당 위반행위보다 중대한 위반행위를 은폐·조작하기 위하여 위반행위가 발생한 경우
   라. 다목의 감경 또는 가중 사유에 해당하는 경우 각 사유마다 제2호에서 정한 금액의 4분의 1씩을 줄이거나 늘린다.

2. 개별기준

위반행위	근거 법조문	과태료 금액 (단위: 만원)		
		1차 위반	2차 위반	3차 이상 위반
가. 법 제15조제2항을 위반하여 착공 전 확인과 사용 전 검사에 관한 자료를 특별자치시장·특별자치도지사·시장·군수·구청장에게 제출하지 않은 경우	법 제30조 제2항제1호	50	70	100
나. 법 제17조제1항에 따른 유지관리기준을 준수하지 않은 경우	법 제30조 제1항제1호	300	400	500
다. 법 제17조제2항에 따른 점검기록을 작성하지 않거나 거짓으로 작성한 경우	법 제30조 제1항제2호	300	400	500
라. 법 제17조제3항에 따른 점검기록을 보존하지 않은 경우	법 제30조 제1항제3호	300	400	500
마. 법 제17조제3항을 위반하여 점검기록을 시장·군수·구청장에게 제출하지 않은 경우	법 제30조 제2항제2호	50	70	100
바. 법 제19조제1항을 위반하여 기계설비유지관리자를 선임하지 않은 경우	법 제30조 제1항제4호	300	400	500
사. 법 제19조제2항을 위반하여 유지관리교육을 받지 않은 사람을 해임하지 않은 경우	법 제30조 제2항제3호	50	70	100
아. 법 제19조제3항에 따른 신고를 하지 않거나 거짓으로 신고한 경우	법 제30조 제2항제4호			
1) 지연기간이 1개월 미만인 경우		30		
2) 지연기간이 1개월 이상 3개월 미만인 경우		50		
3) 지연기간이 3개월 이상인 경우		70		
4) 거짓으로 신고한 경우		100		
자. 법 제20조제1항을 위반하여 유지관리교육을 받지 않은 경우	법 제30조 제2항제5호	50	70	100

차. 법 제21조의2제2항에 따른 신고를 하지 않거나 거짓으로 신고한 경우	법 제30조 제2항제6호			
1) 지연기간이 1개월 미만인 경우		30		
2) 지연기간이 1개월 이상 3개월 미만인 경우		50		
3) 지연기간이 3개월 이상인 경우		70		
4) 거짓으로 신고한 경우		100		
카. 법 제22조의2제2항에 따른 서류를 거짓으로 제출한 경우	법 제30조 제2항제7호	50	70	100

기계설비법 시행규칙

[시행 2022. 2. 25.] [국토교통부령 제1111호, 2022. 2. 25., 일부개정]

제1조(목적) 이 규칙은 「기계설비법」 및 같은 법 시행령에서 위임된 사항과 그 시행에 필요한 사항을 규정함을 목적으로 한다.

제6조(사용 전 검사 등) ① 영 제13조제1항 각 호 외의 부분 전단에 따른 기계설비 사용 전 검사신청서는 별지 제7호서식에 따르며, 신청인은 이를 제출할 때에는 다음 각 호의 서류를 첨부해야 한다.
 1. 기계설비공사 준공설계도서 사본
 2. 「건축법」 등 관계 법령에 따라 기계설비에 대한 감리업무를 수행한 자가 확인한 기계설비 사용 적합 확인서
 3. 영 제13조제1항 각 호에 대한 검사 결과서(해당하는 검사 결과가 있는 경우로 한정한다)

② 영 제13조제3항에 따른 기계설비 사용 전 검사 확인증은 별지 제8호서식에 따른다.

③ 시장·군수·구청장은 영 제13조제3항에 따라 기계설비 사용 전 검사 확인증을 발급한 경우에는 별지 제9호서식의 기계설비 사용 전 검사 확인증 발급대장에 일련번호 순으로 기록해야 한다.

제8조(기계설비유지관리자의 선임) ① 법 제17조제1항에 따른 관리주체(이하 "관리주체"라 한다)가 법 제19조제1항 본문에 따라 기계설비유지관리자를 선임하는 경우 그 선임기준은 별표 1과 같다.

② 관리주체는 제1항에 따라 기계설비유지관리자를 선임하는 경우 다음 각 호의 구분에 따른 날부터 30일 이내에 선임해야 한다.
 1. 신축·증축·개축·재축 및 대수선으로 기계설비유지관리자를 선임해야 하는 경우: 해당 건축물·시설물 등(이하 "건축물등"이라 한다)의 완공일(「건축법」 등 관계 법령에 따라 사용승인 및 준공인가 등을 받은 날을 말한다)
 2. 용도변경으로 기계설비유지관리자를 선임해야 하는 경우: 용도변경 사실이 건축물관리대장에 기재된 날
 3. 법 제19조제1항 단서에 따라 기계설비유지관리업무를 위탁한 경우로서 그 위탁 계약이 해지 또는 종료된 경우: 기계설비 유지관리업무의 위탁이 끝난 날

[별표1] 기계설비유지관리자의 선임기준(제8조제1항 관련)

구분	선임대상	선임자격	선임인원
1. 영 제14조제1항제1호에 해당하는 용도별 건축물	가. 연면적 6만제곱미터 이상	특급 책임기계설비유지관리자	1
		보조기계설비유지관리자	1
	나. 연면적 3만제곱미터 이상 연면적 6만제곱미터 미만	고급 책임기계설비유지관리자	1
		보조기계설비유지관리자	1
	다. 연면적 1만5천제곱미터 이상 연면적 3만제곱미터 미만	중급 책임기계설비유지관리자	1
	라. 연면적 1만제곱미터 이상 연면적 1만5천제곱미터 미만	초급 책임기계설비유지관리자	1
2. 영 제14조제1항제2호에 해당하는 공동주택	가. 3천세대 이상	특급 책임기계설비유지관리자	1
		보조기계설비유지관리자	1
	나. 2천세대 이상 3천세대 미만	고급 책임기계설비유지관리자	1
		보조기계설비유지관리자	1
	다. 1천세대 이상 2천세대 미만	중급 책임기계설비유지관리자	1
	라. 500세대 이상 1천세대 미만	초급 책임기계설비유지관리자	1
	마. 300세대 이상 500세대 미만으로서 중앙집중식 난방방식(지역난방방식을 포함한다)의 공동주택	초급 책임기계설비유지관리자	1

3. 영 제14조제1항제3호에 해당하는 건축물등 (같은 항 제1호 및 제2호에 해당하는 건축물은 제외한다)	영 제14조제1항제3호에 해당하는 건축물등(같은 항 제1호 및 제2호에 해당하는 건축물은 제외한다)	건축물의 용도, 면적, 특성 등을 고려하여 국토교통부장관이 정하여 고시하는 기준에 해당하는 초급 책임기계설비유지관리자 또는 보조기계설비유지관리자	1

비고
1. 위 표에서 "선임자격"이란 해당 기계설비유지관리자 등급 이상을 보유한 사람으로서 다음 각 목의 구분에 따른 기준을 충족한 사람을 말한다. 이 경우 보조기계설비유지관리자는 초급 이상인 책임기계설비유지관리자로 선임할 수 있다.
   가. 제1호 및 제2호 : 다른 건축물등의 기계설비유지관리자로 선임되어 있지 않은 사람
   나. 제3호 : 다른 건축물등의 기계설비유지관리자로 선임되어 있지 않거나 국토교통부장관이 정하여 고시하는 범위 이내에서 다른 건축물등의 기계설비유지관리자로 선임되어 있는 사람
2. 건축물대장의 건축물현황도에 표시된 대지경계선 안의 지역 또는 연접한 2개 이상의 대지에 건축물등이 둘 이상 있고, 그 관리에 관한 권원(權原)을 가진 자가 동일인인 경우에는 이를 하나의 건축물등으로 보아 해당 건축물등을 합산한 연면적 또는 세대를 기준으로 기계설비유지관리자를 선임해야 한다.

제16조(성능점검능력의 평가방법) ① 법 제22조의2제1항에 따른 기계설비성능점검업자의 성능점검능력의 평가방법은 별표 2와 같다.
② 법 제21조의2제1항제1호 및 제3호에 따른 상속인 및 합병 후 존속하는 법인이나 합병에 따라 설립되는 법인의 성능점검능력은 피상속인 및 종전 법인의 성능점검능력과 동일한 것으로 본다.
③ 법 제21조의2제1항제2호에 따른 기계설비성능점검업 양도신고를 한 경우 양수인의 성능점검능력은 제1항의 평가방법에 따라 새로 평가한다. 다만, 기계설비성능점검업의 양도가 양도인의 기계설비성능점검업에 관한 자산과 권리·의무의 전부를 포괄적으로 양도하는 경우로서 다음 각 호의 어느 하나에 해당하는 경우에는 양도인의 성능점검능력과 동일한 것으로 본다.
  1. 개인이 영위하던 기계설비성능점검업을 법인사업으로 전환하기 위하여 기계설비성능점검업을 양도하는 경우
  2. 기계설비성능점검업자인 법인을 합명회사 또는 합자회사에서 유한회사 또는 주식회사로 전환하기 위하여 기계설비성능점검업을 양도하는 경우
  3. 기계설비성능점검업자인 회사가 분할로 인하여 설립된 회사에 기계설비성능점검업 전부를 양도하거나 기계설비성능점검업자인 회사를 분할하여 다른 회사에 기계설비성능점검업 전부를 양도하는 경우
④ 제2항 및 제3항 단서에도 불구하고 해당 기계설비성능점검업자의 신청이 있거나 성능점검능력이 현저히 변동되었다고 성능점검능력평가 수탁기관이 인정하는 경우에는 제1항에 따른 평가방법에 따라 새로 평가할 수 있다.
⑤ 법 제22조의2제1항에 따라 2월 15일까지 성능점검능력평가를 신청하지 못한 기계설비성능점검업자로서 다음 각 호의 어느 하나에 해당하는 자가 성능점검능력평가를 신청한 경우에는 기계설비성능점검업자의 성능점검능력은 제1항에 따라 평가할 수 있다.
  1. 법 제21조제1항에 따라 새로 기계설비성능점검업을 등록한 자
  2. 「채무자 회생 및 파산에 관한 법률」 제574조 또는 제575조에 따라 복권된 자
  3. 법 제22조제2항에 따른 기계설비성능점검업 등록취소 처분이 취소되거나 법원의 판결 등으로 집행정지 결정이 된 자
⑥ 성능점검능력평가 수탁기관은 제15조제1항에 따라 제출된 서류가 거짓으로 확인된 경우에는 확인된 날부터 10일 이내에 점검능력을 새로 평가해야 한다.

[별표2] 기계설비성능점검업자의 성능점검능력 평가방법(제16조제1항 관련)

1. 기계설비성능점검업자의 성능점검능력평가액은 기계설비성능점검업자의 상대적인 성능점검수행 역량을 정량적으로 평가하여 나타낸 지표로서 다음의 산식에 따라 산정한다.

> 성능점검능력평가액=점검실적평가액+경영평가액+기술능력평가액±신인도평가액

  가. 위의 산식 중 점검실적평가액은 최근 3년간 기계설비 성능점검실적의 연평균액으로 한다. 다만, 성능점검업을 영위한 기간이 1년 미만인 자의 경우에는 성능점검실적의 총액으로 하고, 성능점검업 영위기간이 1년 이상 3년 미만인 자의 경우에는 성능점검실적 총액을 연단위로 환산한 성능점검업

영위월수(나머지 일수가 15일 이상인 때에는 1개월로 하고, 15일 미만인 때에는 월수에 산입하지 않는다)로 나눈 것으로 한다.

나. 위의 산식 중 경영평가액은 다음의 산식에 따라 산정한다.

> 경영평가액=자본금×경영평점

1) 위의 산식 중 자본금은 제15조제1항제2호에 따른 재무제표를 기초로 하여 총자산에서 총부채를 뺀 금액으로 하며, 자본금이 0 이하인 경우에는 0으로 한다. 다만, 평가연도 직전연도에 성능점검업을 신규로 등록한 경우 산정된 자본금이 성능점검업 등록기준 이하인 때에는 등록기준상 자본금을 자본금으로 한다.
2) 위의 산식 중 경영평점은 다음의 산식에 의하여 산정한다.

> 경영평점=(유동비율평점+자기자본비율평점+매출액순이익률평점+총자본 회전율평점)÷4

가) 위의 산식 중 유동비율평점·자기자본비율평점·매출액순이익률평점 및 총자본회전율평점은 제15조제1항제2호에 따른 재무제표를 기초로 하여 유동비율(유동자산/유동부채)·자기자본비율(자기자본/총자산)·매출액순이익률(법인세 또는 소득세 차감 전 순이익/매출액) 및 총자본회전율(매출액/총자본)을 각각 성능점검능력 평가 신청업체 전체의 가중평균비율(분자에 해당하는 업계 전체의 값을 분모에 해당하는 업계 전체의 값으로 나눈 비율로 하되, 자기자본비율 및 매출액순이익률 중 0 이하인 비율은 제외한다)로 나눈 것으로 한다. 이 경우 각각의 평점이 3을 초과하는 때에는 3으로 하고, "-3" 이하인 때에는 그 평점을 각각 "-3"으로 한다.
나) 경영평점이 3을 초과하는 때에는 3으로 하고, 0 이하인 때에는 0으로 한다.

3) 점검실적평가액이 영 별표 7에 따른 성능점검업 등록 요건인 법인의 최저자본금보다 적은 경우의 경영평가액은 법인의 최저자본금의 3배를 초과하지 않도록 하며, 점검실적평가액이 영 별표 7에 따른 성능점검업 등록 요건인 법인의 최저자본금 이상인 경우의 경영평가액은 점검실적평가액의 3배를 초과하지 않도록 한다.

다. 위의 산식 중 기술능력평가액은 다음의 산식에 따라 산정한다.

> 기술능력평가액=기술능력생산액(전년도 성능점검업계의 기계설비유지관리자 1명당 평균생산액)×성능점검업자가 보유한 기계설비유지관리자 수(기계설비유지관리자 등급별 가중치를 반영한 수)×30/100

1) 위의 산식 중 기술능력생산액은 자본금(제1호나목1)에 따라 산정한 자본금을 말한다)의 3배와 점검실적평가액 중 큰 금액을 초과하지 않도록 한다.
2) 위의 산식 중 전년도 성능점검업계의 기계설비유지관리자 1명당 평균생산액은 성능점검능력 평가를 신청한 업체의 총점검실적액을 성능점검능력 평가를 신청한 업체가 보유한 기계설비유지관리자의 총수로 나눈 금액으로 한다.
3) 위의 산식 중 기계설비유지관리자 등급별 가중치는 다음 표에 따른다.

보유기술인력	특급	고급	중급	초급	보조
가중치	1.7	1.5	1.3	1	0.7

라. 위의 산식 중 신인도평가액은 다음의 산식에 따라 산정한다. 다만, 1)부터 5)까지의 요소별 신인도 반영비율의 합계는 ±30/100을 초과하지 않도록 한다.

> 신인도평가액 = 점검실적평가액×요소별 신인도반영비율의 합계

1) 성능점검업자의 성능점검업 영위기간에 따라 다음의 표에 해당하는 비율을 더한다.

영위기간	1년 이상 5년 미만	5년 이상 10년 미만	10년 이상 20년 미만	30년 이상
비율	1/100	3/100	5/100	7/100

2) 평가연도의 직전연도에 이 법에 따른 과태료처분을 받은 자는 100분의 1을 뺀다.

3) 평가연도의 직전연도에 이 법에 따른 영업정지처분을 받은 자는 100분의 3을 뺀다.
4) 최근 3년 이내에 부도가 발생한 성능점검업자는 100분의 5를 뺀다.
5) 제15조제1항 각 호의 서류를 허위로 제출한 경우에는 허위제출 사실이 확인된 때의 다음 연도와 그 다음 연도의 성능점검능력평가 시 100분의 30을 뺀다.

2. 제1호가목의 점검실적평가액 중 성능점검실적을 산정할 때 법 제21조의2제1항제1호의 상속인, 법 제21조의2제1항제3호의 합병 후 존속하는 법인이나 합병에 따라 설립되는 법인의 또는 제16조제3항 각 호의 어느 하나에 해당하는 양수인의 경우에는 피상속인, 종전 법인 또는 양도인의 기계설비 성능점검실적을 합산한다.
3. 제1호나목의 경영평가액 중 경영평점을 산정할 때 법 제21조에 따라 새로 성능점검업의 등록을 한 성능점검업자와 법 제21조의2제1항제2호의 양수인의 경우에는 해당 연도와 다음 연도의 경영평점은 1로 한다.
4. 제1호라목의 신인도평가액 중 성능점검업 영위기간을 산정할 때 제16조제3항 각 호의 어느 하나에 해당하는 양수인의 경우에는 양도인의 기계설비성능점검업 영위기간을 합산하며, 그 밖의 지위승계자는 그렇지 않다.
5. 그 밖에 성능점검능력 평가에 따른 세부사항에 대하여 국토교통부장관은 성능점검능력평가 수탁기관과 협의하여 정할 수 있다.

예상문제 건축법 관련 법규

※ 설비 관련 법규 문제는 답만 외우지 마시고, 해설 관련 법조항을 찾아 꼭 본문을 확인하며 공부하시기 바랍니다.

001 건축법령에서 규정하는 건축물의 주요구조부에 해당되지 않는 것은?
① 보
② 기초
③ 기둥
④ 지붕틀

■ 〈건축법 2조〉 주요구조부란 내력벽(耐力壁), 기둥, 바닥, 보, 지붕틀 및 주계단(主階段)을 말한다. 다만, 사이 기둥, 최하층 바닥, 작은 보, 차양, 옥외 계단, 그 밖에 이와 유사한 것으로 건축물의 구조상 중요하지 아니한 부분은 제외한다. 기초는 해당 없다.

002 건축법령에 따른 용어의 정의가 옳지 않은 것은?
① 준초고층 건축물이란 고층건축물 중 초고층 건축물이 아닌 것을 말한다.
② 건축이란 건축물을 신축·증축·개축·재축하거나 건축물을 이전하는 것을 말한다.
③ 대수선이란 건축물의 노후화를 억제하거나 기능 향상 등을 위하여 일부 증축하는 행위를 말한다.
④ 지하층이란 건축물의 바닥이 지표면 아래에 있는 층으로서 바닥에서 지표면까지 평균 높이가 해당 층 높이의 2분의 1 이상인 것을 말한다.

■ 〈건축법 2조〉 리모델링이란 건축물의 노후화를 억제하거나 기능 향상 등을 위하여 일부 증축하는 행위를 말한다. 대수선이란 건축물의 기둥, 보, 내력벽, 주계단 등의 구조나 외부 형태를 수선·변경하거나 증설하는 것이다.

003 건축법령상 다음과 같이 정의되는 것은?

> 건축물이 천재지변이나 그 밖의 재해로 멸실된 경우 그 대지에 종전과 같은 규모의 범위에서 다시 축조하는 것

① 신축
② 증축
③ 재축
④ 개축

■ 〈건축법령 2조〉 재축

004 건축법령상 아파트는 주택으로 쓰는 층수가 최소 몇 개 층 이상인 주택을 말하는가?
① 3개 층
② 3개 층
③ 5개 층
④ 6개 층

■ 〈건축법령 3조 5〉 아파트 5층 이상

해답 1.② 2.③ 3.③ 4.③

005 건축법에서 사용하는 용어의 정의 중 잘못된 것은?

① "대지"라 함은 「지적법」에 의하여 각 필지로 구획된 토지를 말한다. 다만, 대통령령이 정하는 토지에 대하여는 2 이상의 필지를 하나의 대지로 하거나 1 이상의 필지의 일부를 하나의 대지로 할 수 있다.
② "건축설비"라 함은 건축물에 설치하는 전기·전화·초고속 정보통신·지능형 홈네트워크·가스·급수·배수·배수·환기·난방·소화·배연 및 오물처리의 설비와 굴뚝·승강기·피뢰침·국기게양대·공동시청안테나·유선방송수신시설·우편물수취함 기타 국토교통부령이 정하는 설비를 말한다.
③ "지하층"이라 함은 건축물의 바닥이 지표면 아래에 있는 층으로써 그 바닥으로부터 지표면까지의 평균높이가 당해 층높이의 3분의 1 이상인 것을 말한다.
④ "주요구조부"라 함은 내력벽·기둥·바닥·보·지붕틀 및 주계단을 말한다. 다만, 사이기둥·최하층바닥·작은 보·차양·옥외계단 기타 이와 유사한 것으로 건축물의 구조상 중요하지 아니한 부분을 제외한다.

■ 〈건축법 2조〉 지하층이라 함은 평균높이가 당해 층높이의 2분의 1 이상인 것을 말한다.

006 건축법 용어의 정의에서 다음은 무엇인가?

> 건축물 안에서 거주·집무·작업·집회·오락 기타 이와 유사한 목적을 위하여 사용되는 방을 말한다.

① 신축 ② 증축
③ 거실 ④ 이전

■ 〈건축법 2조〉 "거실"이란 건축물 안에서 거주, 집무, 작업, 집회, 오락, 그 밖에 이와 유사한 목적을 위하여 사용되는 방을 말한다.

007 리모델링이 용이한 구조의 공동주택의 건축을 촉진하기 위하여 공동주택을 대통령령이 정하는 구조로 하여 건축허가를 신청하는 경우 얼마 범위 안에서 대통령령이 정하는 비율로 완화하여 적용할 수 있는가?

① 140/100 ② 130/100
③ 120/100 ④ 110/100

■ 〈건축법 8조〉 리모델링이 쉬운 구조의 공동주택의 건축을 촉진하기 위하여 공동주택을 대통령령으로 정하는 구조로 하여 건축허가를 신청하면 제56조, 제60조 및 제61조에 따른 기준을 100분의 120의 범위에서 대통령령으로 정하는 비율로 완화하여 적용할 수 있다.

008 건축주는 몇 층 이상으로서 연면적 몇 제곱미터 이상인 건축물을 건축하고자 하는 경우에는 승강기를 설치하여야 하는가?

① 5층, 1,000m² ② 5층, 2,000m²
③ 6층, 1,000m² ④ 6층, 2,000m²

■ 〈건축법 57조〉 6층, 2,000m² 이상

해답 5.③ 6.③ 7.③ 8.④

009 건축법에서 사용하는 용어의 정의 중 잘못된 것은?

① "증축"이라 함은 기존 건축물이 있는 대지 안에서 건축물의 건축면적·연면적·층수 또는 높이를 증가시키는 것을 말한다.
② "내화구조"라 함은 화재에 견딜 수 있는 성능을 가진 구조로서 국토교통부령이 정하는 기준에 적합한 구조를 말한다.
③ "난연재료"라 함은 화염의 확산을 막을 수 있는 성능을 가진 구조로서 국토교통부령이 정하는 기준에 적합한 구조를 말한다.
④ "불연재료"라 함은 불에 타지 아니하는 성질을 가진 재료로써 국토교통부령이 정하는 기준에 적합한 재료를 말한다.

■ 〈건축법령 2조〉 "난연재료"라 함은 불에 잘 타지 아니하는 성능을 가진 재료로서 국토교통부령이 정하는 기준에 적합한 재료를 말한다.

010 대수선의 범위에 속하지 않는 것은?

① 내력벽을 증설·해체하거나 내력벽의 벽면적을 30제곱미터 이상 수선 또는 변경하는 것
② 기둥을 증설·해체하거나 기둥을 3개 이상 수선 또는 변경하는 것
③ 보를 증설·해체하거나 보를 4개 이상 수선 또는 변경하는 것
④ 지붕틀을 증설·해체하거나 지붕틀을 3개 이상 수선 또는 변경하는 것

■ 〈건축법령 3조 2〉 보를 증설·해체하거나 보를 3개 이상 수선 또는 변경하는 것

011 다음 중 문화 및 집회 시설에 속하지 않는 것은?

① 종교집회장 ② 공연장
③ 극장·영화관 ④ 도매시장

■ 〈건축법령 3조 5〉 도매시장-판매시설

012 건축물의 분류 중 동물 및 식물 관련시설에 속하지 않는 것은?

① 가축시장 ② 도축장
③ 동물원 ④ 도계장

■ 〈건축법령 3조 5〉 동물원은 문화 및 집회 시설에 속한다.

013 가설건축물 기준에 대한 설명 중 틀린 것은?

① 철근콘크리트조 또는 철골철근콘크리트조가 아닐 것
② 존치기간은 1년 이내일 것
③ 3층 이하일 것
④ 전기·수도·가스 등 새로운 간선공급설비의 설치를 요하지 아니할 것

■ 〈건축법령 15조〉 존치기간 3년 이내

014 다음 중 의료시설에 속하지 않는 것은?

① 종합병원 ② 치과의원
③ 격리병원 ④ 장례식장

■ 〈건축법령 3조 5〉 치과의원은 제1종 근린생활시설에 속한다.

015 다음 건축물 중 기준에 따라 관람석 또는 집회실로부터의 출구를 설치하여야 하는 것이 아닌 것은?

① 문화 및 집회시설 ② 동·식물원
③ 종교시설 ④ 장례식장

■ 〈건축법령 38조〉 동식물원은 제외

016 옥상광장 또는 2층 이상의 층에 있는 노대 기타 이와 유사한 것의 주위에는 높이 몇미터 이상의 난간을 설치하여야 하는가?

① 1.0m ② 1.1m
③ 1.2m ④ 1.5m

■ 〈건축법령 40조〉 옥상광장 또는 2층 이상인 층에 있는 노대 기타 이와 비슷한 것의 주위에는 높이 1.2미터 이상의 난간을 설치하여야 한다.

017 옥상에 국토교통부령이 정하는 기준에 따라 헬리포트를 설치하여야 하는 건물은?

① 층수가 8층 이상인 건축물로서 8층 이상의 층의 바닥면적의 합계가 1만제곱미터 이상인 건축물
② 층수가 11층 이상인 건축물로서 11층 이상의 층의 바닥면적의 합계가 1만제곱미터 이상인 건축물
③ 층수가 15층 이상인 건축물로서 15층 이상의 층의 바닥면적의 합계가 2만제곱미터 이상인 건축물
④ 층수가 21층 이상인 건축물로서 21층 이상의 층의 바닥면적의 합계가 2만제곱미터 이상인 건축물

■ 〈건축법령 40조〉 층수가 11층 이상인 건축물로서 11층 이상인 층의 바닥면적의 합계가 1만 제곱미터 이상인 건축물의 옥상에는 평지붕인 경우 헬리포트를 설치하거나 경사지붕인 경우 경사지붕 아래에 설치하는 대피공간을 두어야 한다.

018 다음중 허용오차의 기준으로 틀린 것은?

① 출구너비 : 2퍼센트 이내
② 건축물 높이 : 2퍼센트 이내(1미터를 초과할 수 없다.)
③ 반자높이 : 2퍼센트 이내
④ 벽체두께 : 2퍼센트 이내

■ 〈건축법규칙 20조〉 벽체두께, 바닥두께 : 3퍼센트 이내

해답 14.② 15.② 16.③ 17.② 18.④

019 다음 중 거실·욕실 또는 조리장의 바닥부분에 방습을 위한 조치를 하여야 하는 것에 해당이 없는 것은?

① 건축물의 최하층에 있는 거실(바닥이 목조인 경우에 한한다.)
② 일반목욕장의 욕실과 휴게음식점 및 제과점의 조리장
③ 숙박시설의 욕실
④ 식당의 바닥

■ 〈건축법령 52조〉 식당 바닥은 해당없음.

020 건축법에서 면적 산정방법이 틀린 것은?

① 대지면적 : 대지의 수직투영면적으로 한다.
② 건축면적 : 건축물(지표면으로부터 1미터 이하에 있는 부분을 제외한다)의 외벽의 중심선으로 둘러싸인 부분의 수평투영면적으로 한다.
③ 바닥면적 : 건축물의 각 층 또는 그 일부로서 벽·기둥 기타 이와 유사한 구획의 중심선으로 둘러싸인 부분의 수평투영면적으로 한다.
④ 연면적 : 하나의 건축물의 각 층의 바닥면적의 합계로 하되, 용적률의 산정에 있어서는 다음 각 목에 해당하는 면적을 제외한다.

■ 〈건축법령 119조〉 대지면적은 대지의 수평투영면적으로 한다.

021 건축물의 거실에 국토교통부령으로 정하는 기준에 따라 배연설비를 하여야 하는 대상 건축물에 속하지 않는 것은?(단, 6층 이상인 건축물로서 피난층이 아닌 경우)

① 종교시설   ② 의료시설
③ 판매시설   ④ 공동주택

■ 〈건축법령 51조 2항, 건축설비기준 14조〉 공동주택은 해당사항 없음

022 건축법령상 다중이용 건축물에 속하지 않는 것은?

① 16층 이상인 건축물
② 종교시설의 용도로 쓰는 바닥면적의 합계가 5,000㎡ 이상인 건축물
③ 판매시설의 용도로 쓰는 바닥면적의 합계가 5,000㎡ 이상인 건축물
④ 업무시설의 용도로 쓰는 바닥면적의 합계가 5,000㎡ 이상인 건축물

■ 〈건축법령 2조 17항〉 문화, 집회, 종교, 판매, 운수, 종합병원, 관광숙박시설로 5,000㎡ 이상인 건축물과 16층 이상인 건축물

023 비상용 승강기를 설치하여야 하는 건축물의 높이 기준은?

① 31m 초과   ② 31m 이상
③ 41m 초과   ④ 41m 이상

■ 〈건축법령 90조〉 31m를 넘는(=초과) 건축물

해답 19.④ 20.① 21.④ 22.④ 23.①

024 건축물을 건축하는 경우 국토교통부령으로 정하는 구조 기준 등에 따라 그 구조의 안전을 확인하여야 하는 대상 건축물에 속하지 않는 것은?

① 층수가 3층인 건축물 ② 높이가 14m인 건축물
③ 처마높이가 9m인 건축물 ④ 기둥과 기둥 사이의 거리가 9m인 건축물

■ 〈건축법령 32조〉 구조의 안전을 확인하여야 하는 대상 건축물 : 기둥과 기둥 사이의 거리가 10m 이상인 건축물

025 다음은 피난계단의 설치에 관한 기준 내용이다. ( ) 안에 알맞은 것은?(단, 갓복도식 공동주택이 아닌 경우)

> 공동주택의 ( ) 이상인 층(바닥면적이 400제곱미터 미만인 층은 제외한다)으로부터 피난층 또는 지상으로 통하는 직통계단은 특별피난계단으로 설치하여야 한다.

① 6층 ② 11층
③ 16층 ④ 21층

■ 〈건축법령 35조〉 공동주택 16층 이상인 층으로부터 피난층 또는 지상으로 통하는 직통계단은 특별피난계단으로 설치하여야 한다.

026 건축법령상 제1종 근린생활시설에 속하지 않는 것은?

① 치과의원 ② 변전소
③ 일반음식점 ④ 공중화장실

■ 〈건축법령 3조 5〉 일반음식점은 제2종 근린생활시설

027 다음의 옥상광장 등의 설치에 관한 기준 내용 중 ( ) 안에 들어갈 수 없는 건축물의 용도는?

> 5층 이상인 층이 ( )의 용도로 쓰는 경우에는 피난 용도로 쓸 수 있는 광장을 옥상에 설치하여야 한다.

① 종교시설 ② 의료시설
③ 장례식장 ④ 판매시설

■ 〈건축법령 40조〉 5층 이상인 층이 제2종 근린생활시설 중 공연장·종교집회장·인터넷컴퓨터게임시설제공업소(해당 용도로 쓰는 바닥면적의 합계가 각각 300제곱미터 이상인 경우만 해당한다), 문화 및 집회시설(전시장 및 동·식물원은 제외한다), 종교시설, 판매시설, 위락시설 중 주점영업 또는 장례시설의 용도로 쓰는 경우에는 피난 용도로 쓸 수 있는 광장을 옥상에 설치하여야 한다. 의료시설은 해당 없음

028 건축법령상 숙박시설에 속하지 않는 것은?

① 호텔 ② 유스호스텔
③ 의료관광호텔 ④ 휴양콘도미니엄

■ 〈건축법령 3조 5〉 유스호스텔은 수련시설에 속한다.

해답 24.④ 25.③ 26.③ 27.② 28.②

029 건축물을 건축하는 경우 해당 건축물의 설계자가 국토교통부령으로 정하는 구조기준 등에 따라 그 구조의 안전을 확인하여야 하는 대상 건축물에 속하는 것은?
① 높이가 12m인 건축물
② 층수가 2층인 건축물
③ 처마높이가 8m인 건축물
④ 기둥과 기둥사이의 거리가 10m인 건축물

■ 〈건축법 32조〉 ①-높이가 13m 이상, ②-층수가 3층 이상, ③-처마높이가 9m 이상

030 건축법령상 단독주택에 해당되지 않는 것은?
① 공관
② 다중주택
③ 다가구주택
④ 다세대주택

■ 〈건축법령 3조의 5〉 다세대주택은 공동주택

031 건축허가신청에 필요한 설계도서에 해당하지 않는 것은?
① 배치도
② 시방서
③ 조감도
④ 실내마감도

■ 〈건축법규칙 7조〉 조감도는 설계도서에 포함되지 않는다.

032 다음은 직통계단의 설치와 관련된 기준 내용이다. ( ) 안에 알맞은 것은?

> 건축물의 피난층 외의 층에서는 피난층 또는 지상으로 통하는 직통계단을 거실의 각 부분으로부터 계단(거실로부터 가장 가까운 거리에 있는 계단을 말한다)에 이르는 보행거리는 ( ) 이하가 되도록 설치하여야 한다.

① 10m
② 20m
③ 30m
④ 40m

■ 〈건축법령 34조〉 보행거리는 (30m) 이하가 되도록 설치하여야 한다.

033 승강기를 설치하여야 하는 대상 건축물 기준으로 옳은 것은?
① 5층 이상으로서 연면적 1,000㎡ 이상인 건축물
② 5층 이상으로서 연면적 2,000㎡ 이상인 건축물
③ 6층 이상으로서 연면적 1,000㎡ 이상인 건축물
④ 6층 이상으로서 연면적 2,000㎡ 이상인 건축물

■ 〈건축법 64조〉 승강기 설치 대상 건축물 : 6층 이상으로서 연면적 2,000㎡ 이상인 건축물

034 건축법령상 아파트는 주택으로 쓰는 층수가 최소 몇 개 층 이상인 주택을 말하는가?
① 3개 층
② 3개 층
③ 5개 층
④ 6개 층

■ 〈건축법령 3조 5〉 아파트 5층 이상

해답 29.④ 30.④ 31.③ 32.③ 33.④ 34.③

035 건축물에 설치하는 경계벽 및 칸막이벽을 내화구조로 하고, 지붕 밑 또는 바로 위 층의 바닥판까지 닿게 하여야 하는 대상에 속하지 않는 것은?

① 사무소의 사무실 간 경계벽
② 공동주택 중 기숙사의 침실 간 칸막이벽
③ 교육연구시설 중 학교의 교실 간 칸막이벽
④ 단독주택 중 다가구주택의 각 가구 간 경계벽

■ 〈건축법령 53조, 피난방화기준19조〉 사무실 간 경계벽은 해당 없음

036 다음은 직통계단의 설치에 관한 기준 내용이다. ( ) 안에 알맞은 것은?

> 초고층 건축물에는 피난층 또는 지상으로 통하는 직통계단과 직접 연결되는 피난안전구역을 지상층으로부터 최대 ( ) 층마다 1개소 이상 설치하여야 한다.

① 10개　　　　　　　　② 20개
③ 30개　　　　　　　　④ 40개

■ 〈건축법령 34조〉 3항 (초고층 건축물에는 피난층 또는 지상으로 통하는 직통계단과 직접 연결되는 피난안전구역을 지상층으로부터 최대 30개 층마다 1개소 이상 설치하여야 한다.)

037 건축물을 건축하거나 대수선하는 경우 국토교통부령으로 정하는 구조기준 등에 따라 그 구조의 안전을 확인하여야 하는 대상 건축물에 속하지 않는 것은?

① 층수가 3층인 건축물
② 높이가 12m인 건축물
③ 처마높이가 10m인 건축물
④ 기둥과 기둥 사이의 거리가 10m인 건축물

■ 〈건축법령 32조〉 높이가 13m 이상인 건축물은 구조의 안전을 확인하여야 하는 대상

038 비상용 승강기를 설치하여야 하는 건축물로서 높이 31m를 넘는 각 층의 바닥면적 중 최대 바닥면적이 4000m²인 경우 설치하여야 하는 비상용 승강기의 최소 대수는?

① 1대　　　　　　　　② 2대
③ 3대　　　　　　　　④ 4대

■ 〈건축법령 90조〉 1,500m²까지 1대 초과 3,000m²마다 1대 추가
그러므로 4,000m²는 1,500+2,500이므로=2대

039 다음 중 피난 용도로 쓸 수 있는 광장을 옥상에 설치하여야 하는 대상 건축물은?

① 5층 이상인 층이 판매시설의 용도로 사용되는 건축물
② 5층 이상인 층이 공동주택의 용도로 사용되는 건축물
③ 5층 이상인 층이 의료시설 중 병원의 용도로 사용되는 건축물
④ 5층 이상인 층이 위락시설 중 무도학원의 용도로 사용되는 건축물

■ 〈건축법령 40조〉 5층 이상인 층이 판매, 문화, 집회, 장례식장, 주점영업의 용도일 때

해답　35.① 36.③ 37.② 38.② 39.①

040 다음은 지하층과 피난층 사이의 개방공간 설치와 관련된 기준 내용이다. ( ) 안에 알맞은 것은?

> 바닥면적의 합계가 ( ) 이상인 공연장·집회장·관람장 또는 전시장을 지하층에 설치하는 경우에는 각 실에 있는 자가 지하층 각 층에서 건축물 밖으로 피난하여 옥외 계단 또는 경사로 등을 이용하여 피난층으로 대피할 수 있도록 천장이 개방된 외부 공간을 설치하여야 한다.

① 1,000㎡   ② 2,000㎡
③ 3,000㎡   ④ 4,000㎡

■ 〈건축법령 37조〉 바닥면적의 합계가 3,000㎡ 이상인 공연장·집회장·관람장 또는 전시장을 지하층에 설치하는 경우

041 건축법령상 다음과 같이 정의되는 용어는?

> 건축물의 내부와 외부를 연결하는 완충공간으로서 전망이나 휴식 등의 목적으로 건축물 외벽에 접하여 부가적으로 설치되는 공간

① 복도   ② 테라스
③ 발코니   ④ 부속용도

■ 〈건축법령 2조〉 발코니의 정의이다.

042 급수·배수·난방 및 환기설비를 건축물에 설치하는 경우에 건축기계설비기술사 또는 공조냉동기계기술사의 협력을 받아야 하는 대상 건축물의 연면적 기준은? (단, 창고시설 제외)

① 1,000㎡ 이상   ② 2,000㎡ 이상
③ 5,000㎡ 이상   ④ 10,000㎡ 이상

■ 〈건축법령 91조 3〉 10,000㎡ 이상

043 소리를 차단하는데 장애가 되는 부분이 없도록 건축물의 피난·방화구조 등의 기준에 관한 규칙에 따른 구조로 하여야 하는 대상에 해당하지 않는 것은?

① 단독주택의 거실 간 칸막이벽
② 숙박시설의 객실 간 칸막이벽
③ 의료시설의 병실 간 칸막이벽
④ 교육연구시설 중 학교의 교실 간 칸막이벽

■ 〈건축법령 53조〉 단독주택 중에서는 다가구주택의 각 가구 간 경계벽(경계벽과 칸막이벽을 구분할 것)만 해당함.

해답 40.③ 41.③ 42.④ 43.①

044 공동주택 중 아파트로서 4층 이상인 층의 각 세대가 2개 이상의 직통계단을 사용할 수 없는 경우에는 발코니에 대피공간을 설치하여야 하는데, 다음 중 이러한 대피공간이 갖추어야 할 요건으로 옳지 않은 것은?
① 대피공간은 바깥의 공기와 접하지 않을 것
② 대피공간의 실내의 다른 부분과 방화구획으로 구획될 것
③ 대피공간의 바닥면적은 인접 세대와 공동으로 설치하는 경우에는 3제곱미터 이상일 것
④ 대피공간의 바닥면적은 각 세대별로 설치하는 경우에는 2제곱미터 이상일 것

■ 〈건축법령 46조 4〉 대피공간은 바깥의 공기와 접할 것

045 다음 설명에 알맞은 건축물의 종류는?

> 주택으로 쓰는 1개 동의 바닥면적 합계가 600㎡를 초과하고, 층수가 4개 층 이하인 주택

① 아파트　　　　　　　　② 연립주택
③ 다가구주택　　　　　　④ 다세대주택

■ 〈건축법령 3조 5〉 600㎡를 초과하면 연립주택 그 이하는 다세대주택, 3개 층 이하는 다가구주택
※ 아파트, 연립주택, 다가구주택, 다세대주택 – 건물 종류를 구분할 것

046 건축법령상 운수시설에 속하지 않는 것은?
① 주차장　　　　　　　　② 항만시설
③ 공항시설　　　　　　　④ 여객자동차터미널

■ 〈건축법령 3조 5〉 주차장 : 자동차관련시설

047 다음은 옥상광장 등의 설치에 관한 기준 내용이다. (　) 안에 알맞은 것은?

> 옥상광장 또는 2층 이상인 층에 있는 노대나 그 밖에 이와 비슷한 것의 주위에는 높이 (　) 이상의 난간을 설치하여야 한다. 다만, 그 노대 등에 출입할 수 없는 구조인 경우에는 그러하지 아니하다.

① 0.9m　　　　　　　　② 1.2m
③ 1.5m　　　　　　　　④ 1.8m

■ 〈건축법령 40조〉 1.2m 이상 난간

048 다음 중 바닥부분에 국토교통부령이 정하는 기준에 따라 방습을 위한 조치를 하여야 하는 대상에 속하지 않는 것은?
① 숙박시설의 욕실　　　　② 제1종 근린생활시설 중 목욕장의 욕실
③ 공동주택의 욕실　　　　④ 제2종 근린생활시설 중 제과점의 조리장

■ 〈건축법령 52조〉 공동주택은 해당 없다.

해답　44.①　45.②　46.①　47.②　48.③

049 건축물의 주요구조부를 내화구조로 하여야 하는 대상에 속하지 않는 것은?
① 종교시설의 용도로 쓰는 건축물로써 집회실의 바닥면적의 합계가 200㎡인 건축물
② 장례식장의 용도로 쓰는 건축물로써 집회실의 바닥면적의 합계가 300㎡인 건축물
③ 판매시설의 용도로 쓰는 건축물로써 그 용도로 쓰는 바닥면적의 합계가 400㎡인 건축물
④ 문화 및 집회시설 중 전시장의 용도로 쓰는 건축물로써 그 용도로 쓰는 바닥면적의 합계가 500㎡인 건축물

■ 〈건축법령 56조〉 판매시설의 용도로 쓰는 건축물로써 그 용도로 쓰는 바닥면적의 합계가 500㎡인 건축물

050 건축법령상 공동주택에 속하지 않는 것은?
① 기숙사
② 연립주택
③ 다가구주택
④ 다세대주택

■ 〈건축법령 3조 5〉 다가구주택-단독주택

051 지하층으로 그 층 거실의 바닥면적의 합계가 최소 얼마 이상인 경우 피난층 또는 지상으로 통하는 직통계단을 2개소 이상 설치하여야 하는가?
① 100㎡
② 200㎡
③ 300㎡
④ 400㎡

■ 〈건축법령 34조〉 피난층 외의 층이 지하층으로 그 층 거실의 바닥면적의 합계가 200제곱미터 이상인 것은 국토교통부령으로 정하는 기준에 따라 피난층 또는 지상으로 통하는 직통계단을 2개소 이상 설치하여야 한다.

052 건축법상 피난 용도로 쓸 수 있는 광장을 옥상에 설치하여야 하는 경우에 해당되지 않는 것은?
① 5층 이상인 층이 판매시설의 용도로 쓰는 경우
② 5층 이상인 층이 종교시설의 용도로 쓰는 경우
③ 5층 이상인 층이 위락시설 중 주점영업의 용도로 쓰는 경우
④ 5층 이상인 층이 문화 및 집회 시설 중 전시장의 용도로 쓰는 경우

■ 〈건축법령 40조〉 전시장, 동식물원 제외

053 건축법령상 초고층 건축물의 정의로 옳은 것은?
① 층수가 30층 이상이거나 높이가 90m 이상인 건축물
② 층수가 30층 이상이거나 높이가 120m 이상인 건축물
③ 층수가 50층 이상이거나 높이가 150m 이상인 건축물
④ 층수가 50층 이상이거나 높이가 200m 이상인 건축물

■ 〈건축법령 2조〉 고층 – 30층, 120m 이상   초고층 – 50층, 200m 이상

054 다음은 건축법령상 지하층의 정의이다. ( ) 안에 알맞은 것은?

> 지하층이란 건축물의 바닥이 지표면 아래에 있는 층으로서 바닥에서 지표면까지 평균높이가 해당 층 높이의 ( ) 이상인 것을 말한다.

① 3분의 1 ② 2분의 1
③ 3분의 2 ④ 4분의 3

■ 〈건축법 2조 정의〉 2분의 1

055 기존 건축물이 재난으로 인하여 멸실된 대지 안에 종전의 기존 건축물 규모의 범위를 초과하여 다시 축조하는 건축행위는?

① 신축 ② 증축
③ 개축 ④ 재축

■ 이 문제는 〈건축법령 2조〉 정의를 잘 해석해야 한다. 재축은 동일범위 안에서 축조하는 것인데 기존 건축물 범위를 벗어나면 신축으로 본다.

056 건축물의 높이기준이 60m인 건축물이 있다. 건축물 높이에 대한 최대 허용 오차는?

① 0.6m ② 0.9m
③ 1.0m ④ 1.2m

■ 〈건축법규칙 20조〉 건축물 높이 허용오차는 2%이므로 60m×2%=1.2m
이때 최대값 1m를 초과할 수 없으므로 답 1m

057 건축허가신청에 필요한 설계도서 중 건축계획서에 표시하여야 할 사항으로 옳지 않은 것은?

① 주차장 규모 ② 건축물의 규모
③ 건축물의 용도별 면적 ④ 공개공지 및 조경계획

■ 〈건축법규칙 7조 별표 2〉 공개공지 및 조경계획은 배치도 표시사항이다.

058 건축허가신청에 필요한 설계도서 중 평면도에 표시하여야 할 사항에 속하지 않는 것은?

① 승강기의 위치 ② 공개공지 및 조경계획
③ 기둥·벽·창문 등의 위치 ④ 방화구획 및 방화문의 위치

■ 〈건축법규칙 6조 별표2〉 공개공지 및 조경계획-배치도

059 6층 이상의 거실 면적의 합계가 6,000m²인 숙박시설에 설치하여야 하는 승용승강기의 최소 대수는?(단, 8인승 승강기의 경우)

① 1대 ② 2대
③ 3대 ④ 4대

■ 〈설비기준 5조〉 숙박시설에서 3,000까지 1대+2,000 초과마다 1대 추가 → 1+2=3대

해답 54.② 55.① 56.③ 57.④ 58.② 59.③

060 오피스텔의 난방설비를 개별난방방식으로 하는 경우에 관한 기준 내용으로 옳지 않은 것은?

① 보일러의 연도는 내화구조로서 공동연도로 설치할 것
② 난방구획마다 내화구조로 된 벽·바닥과 60+ 방화문 또는 60분 방화문으로 된 출입문으로 구획할 것
③ 공기흡입구 및 배기구는 항상 닫혀진 상태로 바깥공기와 접하지 않도록 설치할 것
④ 보일러를 설치하는 곳과 거실 사이의 경계벽은 출입구를 제외하고 내화구조의 벽으로 구획할 것

■ 〈설비기준 13조〉 공기흡입구 및 배기구는 항상 열려진 상태로 바깥공기와 접하도록 설치할 것

061 건축물 설비기준에 관한 규칙에서 먹는 물용 배관설비는 세대수나 바닥면적에 따라 급수관의 최소 지름을 정하고 있다. 이때 가압설비 등을 설치하여 기구에서의 압력이 얼마 이상일 때 최소 지름의 기준을 적용하지 않을 수 있는가?

① 30kPa　　　　　　② 50kPa
③ 70kPa　　　　　　④ 100kPa

■ 〈설비기준 18조 별표 3〉 압력이 70kPa 이상일 때

062 건축물의 거실에 국토교통부령으로 정하는 기준에 따라 배연설비를 하여야 하는 대상 건축물에 속하지 않는 것은?

① 아파트　　　　　　② 숙박시설
③ 판매시설　　　　　④ 업무시설

■ 〈설비기준 14조〉 아파트, 피난층은 배연설비 설치 대상에서 제외

063 공동주택과 오피스텔의 난방설비를 개별난방방식으로 하는 경우에 관한 기준 내용으로 옳지 않은 것은?

① 보일러는 거실 외의 곳에 설치할 것
② 보일러의 연도는 내화구조로서 공동연도로 설치할 것
③ 전기보일러를 사용하는 경우, 보일러실의 윗부분에는 면적이 0.5㎡ 이상인 환기창을 설치할 것
④ 오피스텔의 경우에는 난방구획을 방화구획으로 구획할 것

■ 〈설비기준 13조〉 전기보일러 – 환기창 설치 제외

064 주거용 건축물에서 가구 수가 5가구일 때 적합한 급수관의 지름은?

① 15mm　　　　　　② 20mm
③ 25mm　　　　　　④ 32mm

■ 〈설비기준 18조 별표3〉 4-5가구 : 25mm

해답　60.③　61.③　62.①　63.③　64.③

065 배연설비의 설치에 관한 기준 내용으로 옳지 않은 것은?

① 배연창의 유효면적은 1㎡ 이상이어야 한다.
② 배연구는 예비전원에 의하여 열 수 있도록 하여야 한다.
③ 건축물에 방화구획이 설치된 경우에는 그 구획마다 최소 2개소 이상의 배연창을 설치하여야 한다.
④ 배연구는 연기감지기 또는 열감지기에 의하여 자동으로 열 수 있는 구조로 하되 손으로도 열고 닫을 수 있도록 하여야 한다.

■ 〈설비기준 14조〉 방화구획이 설치된 경우에는 그 구획마다 최소 1개소 이상의 배연창을 설치

066 다음은 신축하는 30세대 이상의 공동주택에 설치하는 기계환기설비에 관한 기준 내용이다. ( ) 안에 알맞은 것은?

> 세대의 환기량 조절을 위하여 환기설비의 정격풍량을 최소·적정·최대의 3단계 또는 그 이상으로 조절할 수 있는 체계를 갖추어야 하고, 적정 단계의 필요 환기량은 공동주택의 세대를 시간당 (　　)(으)로 환기할 수 있는 풍량을 확보하여야 한다.

① 0.3회 이상   ② 0.5회 이상
③ 0.7회 이상   ④ 1.2회 이상

■ 〈설비기준 11조〉 시간당 0.5회 이상

067 비상용 승강기의 승강장 및 승강로의 구조에 관한 기준 내용으로 옳지 않은 것은?

① 채광이 되는 창문이 있거나 예비전원에 의한 조명설비를 할 것
② 벽 및 반자가 실내에 접하는 부분의 마감재료는 불연재료로 할 것
③ 승강장의 바닥면적은 비상용승강기 1대에 대하여 최소 5㎡ 이상으로 할 것
④ 승강장은 각 층의 내부와 연결될 수 있도록 하되, 그 출입구(승강로의 출입구는 제외)에는 60+ 방화문 또는 60분 방화문을 설치할 것

■ 〈설비기준 10조〉 승강장의 바닥면적은 비상용승강기 1대에 대하여 최소 6㎡ 이상으로 할 것

068 다음은 배연설비의 설치에 관한 기준 내용이다. ( ) 안에 알맞은 것은?

> 건축물에 방화구획이 설치된 경우에는 그 구획마다 1개소 이상의 배연창을 설치하되, 배연창의 상변과 천장 또는 반자로부터 수직거리가 (　　) 이내일 것

① 0.5m   ② 0.6m
③ 0.9m   ④ 1.2m

■ 〈설비기준 14조〉 배연창의 상변과 천장 또는 반자로부터 수직거리가 (0.9m) 이내일 것

069 6층 이상의 거실면적의 합계가 3,000m²인 경우, 승용승강기를 최소 2대 이상 설치하여야 하는 건축물의 용도는?(단, 8인승 승용승강기를 사용하는 경우)

① 의료시설　　　　　　　　② 업무시설
③ 숙박시설　　　　　　　　④ 교육연구시설

■ 〈설비기준 5조〉 문화, 집회, 판매 영업, 의료시설은 거실면적의 합계가 3,000m²인 경우, 승용승강기를 최소 2대 이상 설치

070 다음 중 6층 이상의 거실면적의 합계가 6,000m²인 경우, 설치하여야 하는 승용승강기의 최소 대수가 가장 많은 건축물의 용도는?(단, 8인승 승용승강기의 경우)

① 의료시설　　　　　　　　② 공동주택
③ 업무시설　　　　　　　　④ 문화 및 집회시설 중 전시장

■ 〈설비기준 5조〉 문화 집회, 판매, 영업, 의료시설이 가장 많다.

건축물의 용도	6층 이상의 거실면적의 합계	3천제곱미터 이하	3천제곱미터 초과
1. 가. 문화 및 집회시설(공연장·집회장 및 관람장만 해당한다) 나. 판매시설　다. 의료시설		2대	2대에 3천제곱미터를 초과하는 2천제곱미터 이내마다 1대를 더한 대수
2. 가. 문화 및 집회시설(전시장 및 동·식물원만 해당한다) 나. 업무시설 다. 숙박시설　라. 위락시설		1대	1대에 3천제곱미터를 초과하는 2천제곱미터 이내마다 1대를 더한 대수
3. 가. 공동주택　나. 교육연구시설 다. 노유자시설　라. 그 밖의 시설		1대	1대에 3천제곱미터를 초과하는 3천제곱미터 이내마다 1대를 더한 대수

071 6층 이상의 거실면적의 합계가 10,000m²인 숙박시설에 설치하여야 하는 승용승강기의 최소 대수는?(단, 8인승 승용승강기의 경우)

① 3대　　　　　　　　② 4대
③ 5대　　　　　　　　④ 6대

■ 〈설비기준 15조 별표〉 숙박시설 3,000까지 1대 초과 2,000마다 1대
1+(10,000-3,000)/2,000=5대

072 다음은 비상용 승강기 승강장의 구조에 관한 기준 내용이다. ( ) 안에 알맞은 것은?

> 승강장의 바닥면적은 비상용 승강기 1대에 대하여 ( ) 이상으로 할 것. 다만 옥외에 승강장을 설치하는 경우에는 그러하지 아니하다.

① 4m²　　　　　　　　② 5m²
③ 6m²　　　　　　　　④ 8m²

■ 〈설비기준 10조〉 승강장 바닥면적 - 비상용 승강기 1대당 6m² 이상

해답　69.① 70.① 71.③ 72.③

073 건축물의 경사지붕 아래에 설치하는 대피공간에 관한 기준 내용으로 옳지 않은 것은?

① 특별피난계단 또는 피난계단과 연결되도록 할 것
② 관리사무소 등과 긴급 연락이 가능한 통신시설을 설치할 것
③ 대피공간의 면적은 지붕 수평투영면적의 20분의 1 이상일 것
④ 출입구는 유효너비 0.9m 이상으로 하고, 그 출입구에는 60+ 방화문 또는 60분 방화문을 설치할 것

■ 〈피난방화구조기준 13조〉 대피공간의 면적은 지붕 수평투영면적의 10분의 1 이상일 것

074 건축물의 특별피난계단에 설치하는 배연설비의 구조에 관한 기준 내용으로 옳지 않은 것은?

① 배연구 및 배연풍도는 불연재료로 할 것
② 배연구는 평상시에는 닫힌 상태를 유지할 것
③ 배연구가 외기에 접하지 아니하는 경우에는 배연기를 설치할 것
④ 배연구 및 배연풍도는 화재가 발생한 경우 원활하게 배연시킬 수 있는 규모로서 평상시에 사용하는 굴뚝에 연결할 것

■ 〈설비기준 14조〉 평상시에 사용하지 아니하는 굴뚝에 연결할 것

075 가스·급수·배수·환기 설비를 설치하는 경우 건축기계설비기술사 또는 공조냉동기계기술사의 협력을 받아야 하는 대상 건축물에 속하지 않는 것은?(단, 해당 용도에 사용되는 바닥면적의 합계가 2,000㎡인 경우)

① 기숙사
② 숙박시설
③ 판매시설
④ 의료시설

■ 〈설비기준 2조〉 판매시설은 3,000㎡ 이상

076 공동주택과 오피스텔의 난방설비를 개별난방방식으로 하는 경우 기준에 적합하지 않은 것은?

① 보일러는 거실 외의 곳에 설치하되, 보일러를 설치하는 곳과 거실 사이의 경계벽은 출입구를 제외하고는 내화구조의 벽으로 구획할 것
② 보일러실의 윗부분에는 그 면적이 0.5제곱미터 이상인 환기창을 설치하고, 보일러실의 윗부분과 아랫부분에는 각각 지름 5센티미터 이상의 공기흡입구 및 배기구를 항상 열려있는 상태로 바깥공기에 접하도록 설치할 것.
③ 보일러실과 거실 사이의 출입구는 그 출입구가 닫힌 경우에는 보일러가스가 거실에 들어갈 수 없는 구조로 할 것
④ 오피스텔의 경우에는 난방구획을 방화구획으로 구획할 것

■ 〈설비기준 13조〉 보일러실의 윗부분과 아랫부분에는 각각 지름 10센티미터 이상의 공기흡입구 및 배기구를 항상 열려있는 상태로 바깥공기에 접하도록 설치할 것

해답 73.③ 74.④ 75.③ 76.②

077 건축물에 설치하는 급수·배수 등의 용도로 쓰는 배관설비의 설치 및 구조 기준에 적합하지 않은 것은?

① 배관설비를 콘크리트에 묻는 경우 부식의 우려가 있는 재료는 부식방지조치를 할 것
② 건축물의 주요부분을 관통하여 배관하는 경우에는 건축물의 구조내력에 지장이 없도록 할 것
③ 승강기의 승강로 안에는 급수설비에 필요한 배관설비를 설치할 것
④ 압력탱크 및 급탕설비에는 폭발 등의 위험을 막을 수 있는 시설을 설치할 것

■ 〈설비기준 17조〉 승강기의 승강로 안에는 일반 배관설비를 설치하지 아니할 것

078 낙뢰의 우려가 있는 건축물 또는 높이 20미터 이상의 건축물에 피뢰설비 기준으로 적당하지 않은 것은?

① 피뢰설비는 한국산업규격이 정하는 보호등급의 피뢰설비일 것.
② 돌침은 건축물의 맨 윗부분으로부터 50센티미터 이상 돌출시켜 설치할 것
③ 피뢰설비의 재료는 최소 단면적이 피복이 없는 동선을 기준으로 수뢰부 35제곱밀리미터 이상, 인하도선 16제곱밀리미터 이상, 접지극 50제곱밀리미터 이상이거나 이와 동등 이상의 성능을 갖출 것
④ 피뢰설비의 인하도선을 대신하여 철골조의 철골구조물과 철근콘크리트조의 철근구조체 등을 사용하는 경우에는 전기적 연속성이 보장될 것.

■ 〈설비기준 20조〉 돌침은 건축물의 맨 윗부분으로부터 25센티미터 이상 돌출

079 건축물의 설비기준에서 방재지구나 자연재해 위험지구 안에서 연면적 얼마 이상인 건축물은 지하층 또는 1층의 출입구에 물막이판 등 침수를 방지할 수 있는 설비를 설치하여야 하는가?

① 5,000㎡
② 10,000㎡
③ 15,000㎡
④ 20,000㎡

■ 〈설비기준 17조 2〉 연면적 10,000㎡ 이상인 건축물

080 온수온돌의 구성에 관한 설명으로 옳지 않은 것은?

① 바탕층이란 온돌이 설치되는 건축물의 최하층 또는 중간층의 바닥을 말한다.
② 배관층이란 단열층 또는 채움층 위에 방열관을 설치하는 층을 말한다.
③ 마감층이란 배관층 위에 시멘트, 모르타르, 미장 등을 설치하거나 마루재, 장판 등 최종 마감재를 설치하는 층을 말한다.
④ 채움층이란 온수온돌의 배관층에서 방출되는 열이 바탕층 아래로 손실되는 것을 방지하기 위하여 배관층과 바탕층 사이에 단열재를 설치하는 층을 말한다.

■ 〈설비기준 12조 별표 1-7〉 채움층이란 온돌구조의 높이 조정, 차음성능 향상, 보조적인 단열기능 등을 위하여 배관층과 단열층 사이에 완충재 등을 설치하는 층을 말한다. 단열층이란 온수온돌의 배관층에서 방출되는 열이 바탕층 아래로 손실되는 것을 방지하기 위하여 배관층과 바탕층 사이에 단열재를 설치하는 층을 말한다.

081 가스·급수·배수·환기설비를 설치하는 경우 건축기계설비기술사 또는 공조냉동 기계기술사의 협력을 받아야 하는 대상 건축물에 속하지 않는 것은?

① 아파트
② 연립주택
③ 숙박시설로서 해당 용도에 사용되는 바닥면적의 합계가 2,000㎡인 건축물
④ 업무시설로서 해당 용도에 사용되는 바닥면적의 합계가 2,000㎡인 건축물

■ 〈설비기준 2조〉 업무시설로서 3,000㎡ 이상 건축물

082 건축설비 분야 관계전문기술자의 협력을 받아야 하는 건축물이 아닌 것은?

① 냉동냉장시설·항온항습시설(온도와 습도를 일정하게 유지시키는 특수설비가 설치되어 있는 시설을 말한다) 또는 특수청정시설(세균 또는 먼지 등을 제거하는 특수설비가 설치되어 있는 시설을 말한다)로서 당해 용도에 사용되는 바닥면적의 합계가 5백 제곱미터 이상인 건축물
② 아파트 및 연립주택
③ 목욕장으로 바닥면적의 합계가 500제곱미터 이상인 건축물
④ 의료시설로 바닥면적의 합계가 1,000제곱미터 이상인 건축물

■ 〈설비기준 2조〉 의료시설로 2,000제곱미터 이상인 건축물

083 다음과 같은 병원에 설치하여야 하는 승용승강기의 최소 대수는?

| • 층수 11층 | • 각 층의 바닥면적 : 3,000㎡ |
| • 각 층의 거실면적 : 2,500㎡ | • 15인승 승강기 설치 |

① 4대   ② 5대
③ 8대   ④ 9대

■ 〈설비기준 5조〉 (※ 6층 이상인 층수를 6개 층에서 5개 층으로 착각하지 말 것)
6층 이상 거실면적 : 2,500×6=15,000
승강기대수=(3,000 이하 2대)+(2,000마다 1대, 12,000일 때 6대)=2+6=8대
(※ 16인승 이상일 때는 1대를 2대로 본다.)

084 높이 31m를 넘는 각 층의 바닥면적이 각각 5,000㎡인 사무소 건축물에 설치하여야 하는 비상용 승강기의 최소 대수는?

① 1대   ② 2대
③ 3대   ④ 4대

■ 〈건축법령 90조〉 비상용 승강기 : 1,500㎡ 이하 1대
초과 3,000㎡마다 1대 가산 → 5,000㎡ 3대

해답 81.④ 82.④ 83.③ 84.③

085 다음의 특정소방대상물 중 위락시설에 속하지 않는 것은?
① 무도장
② 무도학원
③ 안마시술소
④ 카지노영업소

■ 〈건축법령 3조 5〉 안마시술소는 제2종 근린생활

086 건축법령상 의료시설에 속하지 않는 것은?
① 한의원
② 치과병원
③ 요양병원
④ 전염병원

■ 〈건축법령 3조 5〉 한의원은 제1종 근린생활시설

087 문화 및 집회시설 중 공연장의 개별관람석의 각 출구의 유효너비는 최소 얼마 이상이어야 하는가?(단, 개별관람석의 바닥면적이 300m²인 경우)
① 1.0m
② 1.5m
③ 2.0m
④ 2.5m

■ 〈피난방화구조기준 10조〉 개별관람석의 각 출구의 유효너비 1.5m 이상

088 방송 공동수신설비를 설치하여야 하는 대상 건축물에 속하지 않는 것은?
① 공동주택
② 바닥면적의 합계가 5,000m²으로서 판매시설의 용도로 쓰는 건축물
③ 바닥면적의 합계가 5,000m²으로서 업무시설의 용도로 쓰는 건축물
④ 바닥면적의 합계가 5,000m²으로서 숙박시설의 용도로 쓰는 건축물

■ 〈건축법령 87조〉 방송 공동수신설비를 설치하여야 하는 대상 건축물 - 공동주택, 5,000m² 이상 업무시설, 숙박시설

089 특별피난계단의 구조에 관한 기준 내용으로 옳지 않은 것은?
① 출입구의 유효너비는 0.8m 이상으로 할 것
② 계단실에는 예비전원에 의한 조명설비를 할 것
③ 계단은 내화구조로 하되, 피난층 또는 지상까지 직접 연결되도록 할 것
④ 건축물의 내부에서 노대 또는 부속실로 통하는 출입구에는 60+ 방화문 또는 60분 방화문을 설치할 것

■ 〈피난방화구조기준 9조〉 출입구의 유효너비는 0.9m 이상

090 피뢰설비를 설치하여야 하는 건축물의 높이 기준은?
① 10m 이상
② 20m 이상
③ 30m 이상
④ 40m 이상

■ 〈설비기준 20조〉 피뢰설비를 설치하여야 하는 건축물 : 20m 이상

해답 85.③ 86.① 87.② 88.② 89.① 90.②

091 특별시나 광역시에 건축물을 건축하는 경우, 특별시장 또는 광역시장의 허가를 받아야 하는 건축물의 층수 기준은?

① 6층 이상   ② 15층 이상
③ 21층 이상   ④ 41층 이상

■ 〈건축법 11조〉 21층 이상 건축물

092 건축물의 관람석 또는 집회실로서 그 바닥면적이 200m² 이상인 것의 반자 높이를 최소 4m 이상으로 하여야 하는 건축물의 용도에 속하지 않는 것은?(단, 기계환기장치를 설치하지 않는 경우)

① 종교시설   ② 장례식장
③ 문화 및 집회시설 중 전시장   ④ 문화 및 집회시설 중 공연장

■ 〈피난방화구조기준 15조〉 전시장 제외

093 다음 중 용도별 건축물의 종류가 옳지 않은 것은?

① 단독주택-다중주택   ② 묘지관련시설-장례식장
③ 문화 및 집회시설-예식장   ④ 분뇨 및 쓰레기처리시설-고물상

■ 〈건축법령 3조 5〉 장례식장은 의료시설에 분류되며 묘지관련시설은 화장장, 납골당 등이다.

094 거실의 채광 및 환기에 관한 규정 중 틀린 것은?

① 단독주택의 거실에 설치하는 환기용 창문의 면적은 거실 바닥면적의 1/20 이상이어야 한다.
② 수시로 개방할 수 있는 미닫이로 구획된 2개의 거실은 이를 1개의 거실로 본다.
③ 채광용 창문은 환기용으로 사용할 수 없다.
④ 학교 교실의 채광용 창문의 면적은 그 교실바닥 면적의 1/10 이상이어야 한다.

■ 〈피난방화구조기준 17조〉 채광 및 환기를 위한 창문 등의 면적은 공통사용이 가능하다.

095 바닥으로부터 높이 1m까지는 내수재료로 안벽안감을 하여야 하는 대상건축물이 아닌 것은?

① 제1종 근린생활시설 중 휴게음식점의 조리장
② 제2종 근린생활시설 중 휴게음식점의 조리장
③ 단독주택의 욕실
④ 제2종 근린생활시설 중 일반음식점의 조리장

■ 〈피난방화구조기준 18조〉 단독주택의 욕실은 법규정에 없다. 제1종 근린생활시설중 목욕장의 욕실과 휴게 음식점의 조리장, 제2종 근린생활시설 중 일반음식점 및 휴게음식점의 조리장과 숙박시설의 욕실

096 공동주택으로 6층 이상의 거실면적 합계가 9,000m2일 때 설치해야 할 승강기의 최소 설치기준은?(단, 승강기는15인승이다.)
① 1대 ② 2대
③ 3대 ④ 4대

■ 〈설비기준 5조〉 공동주택에서 3,000까지 1대, 초과 3,000마다 1대 추가 그러므로 3대

097 다음 중 대형건축물의 건축허가 사전승인신청 시 제출도서의 종류 중 설비분야의 도서에 해당되지 않는 것은?
① 소방설비도 ② 상·하수도 계통도
③ 건축설비도 ④ 주요 설비 계획

■ 〈건축법 규칙 6조 별표 3〉 대형건축물의 건축허가 사전승인신청 시 제출도서의 종류 중 설비분야의 도서에는 소방설비도, 상·하수도 계통도, 건축설비도 3가지이다.

098 다음 중 건축법상 내화구조에 해당되지 않는 것은?
① 철근콘크리트조의 벽으로 두께가 7cm인 것
② 철근콘크리트조의 기둥으로 그 작은 지름이 25cm인 것
③ 철근콘크리트조의 바닥으로 두께가 10cm인 것
④ 철골철근콘크리트조의 보

■ 〈피난방화구조기준 3조〉 내화구조에서 철근콘크리트조의 벽으로 두께가 10cm 이상인 것

099 다음 중 대수선의 범위에 해당하지 않는 것은?
① 피난계단을 해체하여 변경하는 것
② 미관지구 안에서 건축물의 담장을 변경한 것
③ 지붕틀을 3개 해체하여 수선하는 것
④ 내력벽의 벽면적 20㎡를 수선한 것

■ 〈건축법령 3조의 2〉 내력벽의 벽면적 30㎡ 이상 수선한 것

100 공동주택의 난방설비를 개별난방방식으로 하는 경우의 기준에 적합하지 않는 것은?
① 보일러실의 윗부분에는 면적이 0.5㎡ 이상인 환기창을 설치할 것
② 보일러의 연도는 준불연재료 이상으로서 공동연도로 설치할 것
③ 보일러를 설치하는 곳과 거실 사이의 경계벽은 출입구를 제외하고는 내화구조의 벽으로 구획할 것
④ 기름보일러 설치 시 기름저장소는 보일러실 외의 장소에 설치할 것

■ 〈설비기준 13조〉 공동주택의 난방설비를 개별난방방식으로 할 때 보일러의 연도는 내화구조로서 공동연도로 설치할 것

해답 96.③ 97.④ 98.① 99.④ 100.②

101 다음 중 그 주요구조부를 내화구조로 하여야 하는 건축물에 해당하는 것은?

① 주점영업의 용도에 쓰이는 건축물로써 집회실의 바닥면적의 합계가 300㎡인 것
② 판매시설의 용도에 쓰이는 건축물로써 그 용도에 쓰이는 바닥면적의 합계가 300㎡인 것
③ 공장의 용도에 쓰이는 건축물로써 그 용도에 쓰이는 바닥면적의 합계가 100㎡인 것
④ 숙박시설의 용도에 쓰이는 건축물로써 그 용도에 쓰이는 바닥면적의 합계가 300㎡인 것

■ 〈건축법령 56조〉 주점영업 용도일 때 200㎡ 이상, 판매시설의 용도 500㎡ 이상, 공장 용도 2,000㎡ 이상, 숙박시설의 용도 400m2 이상인 것

102 계단 및 계단참의 너비를 최소 120cm 이상으로 하여야 하는 것은?

① 관람장의 계단
② 초등학교 학생용 계단
③ 고등학교 학생용 계단
④ 단독주택의 계단

■ 〈피난방화구조기준 15조〉 문화 및 집회시설(공연장·집회장 및 관람장에 한한다)·판매 및 영업시설(도매시장·소매시장 및 상점에 한한다) 기타 이와 유사한 용도에 쓰이는 건축물의 계단인 경우에는 계단 및 계단참의 너비를 120센티미터 이상으로 할 것

103 규정에 의하여 건축물에 설치하는 지하층의 구조 및 설비에 관한 기준 내용으로 옳지 않은 것은?

① 거실의 바닥면적이 150㎡ 이상인 층에는 직통계단 외에 피난층 또는 지상으로 통하는 비상탈출구 및 환기통을 설치할 것
② 바닥면적이 1,000㎡ 이상인 층에는 피난층 또는 지상으로 통하는 직통계단을 규정에 의해 방화구획으로 구획되는 각 부분마다 1개소 이상 설치할 것
③ 거실의 바닥면적의 합계가 1,000㎡ 이상인 층에는 환기설비를 할 것
④ 지하층의 바닥면적이 300㎡ 이상인 층에는 식수공급을 위한 급수전을 1개소 이상 설치할 것

■ 〈피난방화구조기준 25조〉 거실의 바닥면적이 50㎡ 이상인 층에는 직통계단 외에 피난층 또는 지상으로 통하는 비상탈출구 및 환기통을 설치할 것

104 다음 중 차음구조로 하지 않아도 되는 것은?

① 사무소의 사무실 간의 칸막이벽
② 기숙사의 침실 간의 칸막이벽
③ 학교의 교실 간의 칸막이벽
④ 의료시설의 병실 간의 칸막이벽

■ 〈건축법 49조와 건축법령 53조 경계벽 설치〉 1. 단독주택 중 다가구주택의 각 가구 간 또는 공동주택(기숙사는 제외한다)의 각 세대 간 경계벽(제2조제14호 후단에 따라 거실·침실 등의 용도로 쓰지 아니하는 발코니 부분은 제외한다)
2. 공동주택 중 기숙사의 침실, 의료시설의 병실, 교육연구시설 중 학교의 교실 또는 숙박시설의 객실 간 경계벽
3. 제1종 근린생활시설 중 산후조리원의 다음 각 호의 어느 하나에 해당하는 경계벽
   가. 임산부실 간 경계벽
   나. 신생아실 간 경계벽
   다. 임산부실과 신생아실 간 경계벽
4. 제2종 근린생활시설 중 다중생활시설의 호실 간 경계벽
※ 사무실 간의 칸막이벽은 해당 없음

해답 101.① 102.① 103.① 104.①

105 각 층의 거실면적이 3,000m²이며 층수가 12층인 호텔 건축물에 24인승 승용승강기를 설치할 때 필요한 최소대수는?

① 3대　　　　　　　　　② 4개
③ 5대　　　　　　　　　④ 6대

■ 〈설비기준 5조〉 호텔(숙박시설) 3,000 이하 1대 초과 2,000마다 1대 추가
6층 이상 면적=3,000×7=21,000
대수=1+(21,000-3,000)/2,000=10대,　16인승 이상이면 10/2=5대

106 건축물의 내부에 설치하는 피난계단의 구조에 대한 기준 내용으로 옳지 않은 것은?

① 계단실은 창문, 출입구 기타 개구부를 제외한 당해 건축물의 다른 부분과 내화구조의 벽으로 구획 할 것
② 계단은 내화구조로 하고 피난층 또는 지상까지 직접 연결되도록 할 것
③ 계단실에는 예비전원에 의한 조명설비를 할 것
④ 계단실의 실내에 접하는 부분의 마감은 난연재료로 할 것

■ 〈피난방화구조기준 9조〉 계단실의 실내에 접하는 부분의 마감은 불연재료로 할 것

107 다음 중 건축법의 적용을 받는 건축물에 속하는 것은?

① 문화재보호법에 따른 지정문화재　　② 문화재보호법에 따른 가지정문화재
③ 고속도로 통행료 징수시설　　　　　④ 묘지에 부수되는 건축물

■ 〈건축법령 3조 5〉 묘지와 자연장지에 부수되는 건축물

108 규정에 의해 설치하는 지하층의 비상탈출구에 대한 기준 내용으로 옳지 않은 것은?

① 비상탈출구에서 피난층 또는 지상으로 통하는 복도나 직통계단까지 이르는 피난 통로의 유효너비는 0.9m 이상으로 할 것
② 비상탈출구의 유효너비는 0.75m 이상으로 할 것
③ 비상탈출구는 출입구로부터 3m 이상 떨어진 곳에 설치할 것
④ 비상탈출구의 유효높이는 1.5m 이상으로 할 것

■ 〈피난방화구조기준 25조〉 비상탈출구는 피난층 또는 지상으로 통하는 복도나 직통계단에 직접 접하거나 통로 등으로 연결될 수 있도록 설치하여야 하며, 피난층 또는 지상으로 통하는 복도나 직통계단까지 이르는 피난통로의 유효너비는 0.75미터 이상으로 하고, 피난통로의 실내에 접하는 부분의 마감과 그 바탕은 불연재료로 할 것

109 건축물 관련 건축기준의 허용오차의 범위가 2% 이내가 아닌 것은?

① 반자높이　　　　　　　② 출구너비
③ 벽체두께　　　　　　　④ 평면길이

■ 〈건축법규칙 20조〉 건축물허용오차 벽체두께, 바닥판두께는 3% 이내
일반적으로 56cm 이내(벽두께 등)는 3%, 그 이상(출구너비, 건물높이 등)은 2%

해답　105.③　106.④　107.④　108.①　109.③

110 다음 중 건축물을 건축하는 경우 지진에 대한 안전 여부를 확인해야 할 건축물에 해당하지 않는 것은?

① 연면적이 500㎡인 건축물
② 층수가 6층인 건축물
③ 국토교통부령이 정하는 지진구역 안의 건축물
④ 국가적 문화유산으로 보존할 가치가 있는 건축물로써 국토교통부령이 정하는 것

■ 〈건축법령 32조〉 연면적이 1,000㎡ 이상인 건축물

111 건축물의 용도에 따른 승용승강기의 최소 설치 대수가 옳지 않은 것은?(단, 6층 이상의 거실면적 합계가 3,000㎡이며, 15인승 승강기를 설치하는 경우)

① 위락시설-1대
② 업무시설-1대
③ 숙박시설-2대
④ 문화 및 집회시설 중 공연장-2대

■ 〈설비기준 5조〉 숙박시설-1대

112 연면적 200㎡을 초과하는 건축물에 설치하는 계단에 관한 기준 내용으로 옳지 않은 것은?

① 높이 1m를 넘는 계단 및 계단참의 양옆에는 난간을 설치하여야 한다.
② 돌음 계단의 단너비는 그 좁은 너비의 끝부분으로부터 30㎝의 위치에서 측정한다.
③ 너비가 2m를 넘는 계단에는 계단의 중간에 너비 2m 이내마다 난간을 설치하여야 한다.
④ 높이가 3m를 넘는 계단에는 높이 3m마다 너비 1.2m 이상의 계단참을 설치하여야 한다.

■ 〈피난방화구조기준15조〉 너비가 3m를 넘는 계단에는 계단의 중간에 너비 3m 이내마다 난간을 설치하여야 한다.

113 건축법상 용어의 정의에 관한 설명으로 옳은 것은?

① 기초는 주요구조부에 해당된다.
② 대수선은 건축에 속하지 않는다.
③ 이전이란 건축물의 주요 구조부를 해체하여 다른 대지로 옮기는 것을 말한다.
④ 개축이란 기존건축물을 철거하고 그 대지 안에 종전보다 큰 규모로 건축물을 다시 축조하는 것을 말한다.

■ 〈건축법 2조, 영 2조〉 기초는 주요구조부에 속하지 않고, 이전이란 건축물의 주요 구조부를 해체하지 아니하고 다른 대지로 옮기는 것을 말하며, 개축이란 기존건축물을 철거하고 그 대지 안에 종전과 동일한 규모 안에서 건축물을 다시 축조하는 것을 말한다. "건축"이란 건축물을 신축·증축·개축·재축(再築)하거나 건축물을 이전하는 것을 말한다. 그러므로 대수선은 건축에 속하지 않는다.

해답 110.① 111.③ 112.③ 113.②

114 다중이용시설을 신축하는 경우에 설치하여야 하는 기계 환기설비의 구조 및 설치에 관한 기준 내용으로 옳지 않은 것은?

① 기계 환기설비 용량은 시설의 연면적을 기준으로 산정할 것
② 다중이용시설로 공급되는 공기의 분포를 최대한 균등하게 하여 실내 기류의 편차가 최소화될 수 있도록 할 것
③ 공기배출체계 및 배기구는 배출되는 공기가 공기공급 체계 및 공기흡입구로 직접 들어가지 아니하는 위치에 설치할 것
④ 공기공급체계·공기배출체계 또는 공기흡입구·배기구 등에 설치되는 송풍기는 외부의 기류로 인하여 송풍 능력이 떨어지는 구조가 아닐 것

■ 〈설비기준 11조〉 기계 환기설비 용량은 시설 이용 인원을 기준으로 산정할 것

115 목조건축물로 외벽 및 처마 밑의 연소할 우려가 있는 부분을 방화구조로 하여야 하는 대상 건축물의 연면적 기준은?

① 500㎡ 이상
② 1,000㎡ 이상
③ 2,000㎡ 이상
④ 3,000㎡ 이상

■ 〈피난방화구조기준 22조〉 (대규모 목조건축물의 외벽 등) 연면적이 1천제곱미터 이상인 목조의 건축물은 그 외벽 및 처마밑의 연소할 우려가 있는 부분을 방화구조로 하되, 그 지붕은 불연재료로 하여야 한다.

116 주요구조부를 내화구조로 하여야 하는 대상 건축물에 해당하지 않는 것은?

① 장례식장의 용도로 쓰는 건축물로써 집회실의 바닥면적의 합계가 200㎡인 건축물
② 판매시설의 용도로 쓰는 건축물로써 그 용도로 쓰는 바닥면적의 합계가 500㎡인 건축물
③ 문화 및 집회시설 중 공연장의 용도로 쓰는 건축물로써 옥내 관람석의 바닥면적의 합계가 200㎡인 건축물
④ 문화 및 집회시설 중 전시장의 용도로 쓰는 건축물로써 그 용도로 쓰는 바닥면적의 합계가 200㎡인 건축물

■ 〈건축법령 56조〉 문화 및 집회시설 중 전시장은 바닥면적의 합계가 500㎡ 이상인 것

117 문화 및 집회시설 중 공연장의 개별관람석의 출구를 관람석별로 2개소 이상 설치해야 하는 개별관람석의 바닥면적 기준은?

① 150㎡ 이상
② 300㎡ 이상
③ 450㎡ 이상
④ 600㎡ 이상

■ 〈피난방화구조기준 10조〉 문화 및 집회시설 중 공연장의 개별 관람실(바닥면적이 300제곱미터 이상인 것만 해당한다)의 출구는 다음 각 호의 기준에 적합하게 설치해야 한다.
1. 관람실별로 2개소 이상 설치할 것
2. 각 출구의 유효너비는 1.5미터 이상일 것
3. 개별 관람실 출구의 유효너비의 합계는 개별 관람실의 바닥면적 100제곱미터마다 0.6미터의 비율로 산정한 너비 이상으로 할 것

118 방화구조에 해당하지 않는 것은?

① 심벽에 흙으로 맞벽치기한 것
② 철망모르타르로서 그 바름 두께가 2cm인 것
③ 석고판 위에 시멘트모르타르를 바른 것으로서 그 두께의 합계가 2cm인 것
④ 시멘트모르타르 위에 타일을 붙인 것으로서 그 두께의 합계가 2.5cm인 것

■ 〈피난방화구조기준 4조〉 방화구조 : 석고판 위에 시멘트모르타르를 바른 것으로서 그 두께의 합계가 2.5cm 이상인 것

119 다음 중 거실의 용도에 따른 조도기준이 가장 높은 것은?

① 제도　　② 독서
③ 회의　　④ 일반사무

■ 〈피난방화구조기준 17조〉 제도 : 700룩스, 독서 : 150룩스, 회의 : 300룩스, 일반사무 : 300룩스

120 오피스텔의 난방설비를 개별난방방식으로 하는 경우에 관한 기준 내용으로 옳지 않은 것은?

① 보일러실은 거실 이외의 장소에 설치할 것
② 보일러실의 윗부분에는 그 면적이 최소 1㎡ 이상인 환기창을 설치할 것
③ 난방구획마다 내화구조로 된 벽·바닥과 60+ 방화문 또는 60분 방화문으로 된 출입문으로 구획할 것
④ 기름보일러를 설치하는 경우에는 기름저장소를 보일러 실외의 다른 곳에 설치할 것

■ 〈설비기준 13조〉 보일러실의 윗부분에는 그 면적이 최소 0.5㎡ 이상인 환기창을 설치할 것

121 건축법령상 용도별 건축물의 종류에 관한 설명으로 옳은 것은?

① 의료시설에는 한의원, 종합병원 등이 해당된다.
② 공동주택에는 공관, 기숙사, 아파트 등이 해당된다.
③ 단독주택에는 다가구주택, 다세대주택 등이 해당된다.
④ 제1종 근린생활시설에는 의원, 치과의원 등이 해당된다.

■ 〈건축법령 3조 4〉 한의원, 의원, 치과의원 – 1종 근린생활시설
공관 – 단독주택,　다세대주택 – 공동주택

122 특별피난계단에 설치하는 배연설비의 구조에 관한 기준 내용으로 옳지 않은 것은?

① 배연기에는 예비전원을 설치할 것
② 배연구 및 배연풍도는 불연재료로 할 것
③ 배연구가 외기에 접하지 아니하는 경우에는 배연기를 설치할 것
④ 배연구는 평상시에는 열린 상태를 유지하고 배연에 의한 기류를 닫히지 아니하도록 할 것

■ 〈설비기준 14조〉 배연구는 평상시에는 닫힌 상태를 유지할 것

해답　118.③　119.①　120.②　121.④　122.④

123 건축물에 설치하는 굴뚝에 관한 기준 내용으로 옳지 않은 것은?

① 굴뚝의 옥상 돌출부는 지붕면으로부터의 수직거리를 1미터 이상으로 할 것
② 금속제 굴뚝은 목재 기타 가열재료로부터 15센티미터 이상 떨어져서 설치할 것
③ 금속제 굴뚝으로서 건축물의 반자 위에 있는 굴뚝의 부분은 금속 외의 불연재료로 덮을 것
④ 굴뚝의 상단으로부터 수평거리 1미터 이내에 다른 건축물이 있는 경우에는 그 건축물의 처마보다 0.5미터 이상 높게 할 것

■ 〈피난방화구조기준 20조〉 굴뚝의 상단으로부터 수평거리 1미터 이내에 다른 건축물이 있는 경우에는 그 건축물의 처마보다 1미터 이상 높게 할 것

124 다음은 환기를 위한 창문등과 관련된 기준 내용이다. ( ) 안에 알맞은 것은?

> 환기를 위하여 공동주택의 거실에 설치하는 창문 등의 면적은 그 거실의 바닥면적의 ( ) 이상이어야 한다. 다만, 기계환기장치 및 중앙관리방식의 공기조화설비를 설치하는 경우에는 그러하지 아니하다.

① 5분의 1　　　　　② 10분의 1
③ 20분의 1　　　　 ④ 30분의 1

■ 〈피난방화구조기준17조〉 채광 10분의 1, 환기 20분의 1

125 공동주택에서 리모델링에 대비한 특례와 관련하여 리모델링이 쉬운 구조에 해당하지 않는 것은?

① 구조체는 철골구조 또는 목구조로 구성되어 있을 것
② 구조체에서 건축설비, 내부 마감재료 및 외부 마감재료를 분리할 수 있을 것
③ 개별 세대 안에서 구획된 실의 크기, 개수 또는 위치 등을 변경할 수 있을 것
④ 각 세대는 인접한 세대와 수직 또는 수평 방향으로 통합하거나 분할할 수 있을 것

■ 〈건축법령 6조 3〉 리모델링 쉬운 구조 조건에서 구조체 재질에 대한 조건은 없다.

126 다음은 건축물의 바깥쪽으로의 출구의 설치에 관한 기준 내용이다. ( ) 안에 알맞은 것은?

> 판매시설의 용도에 쓰이는 피난층에 설치하는 건축물의 바깥쪽으로의 출구의 유효너비의 합계는 해당 용도에 쓰이는 바닥면적이 최대인 층에 있어서의 해당 용도의 바닥면적 100㎡마다 ( )의 비율로 산정한 너비의 이상으로 하여야 한다.

① 0.5m　　　　　② 0.6m
③ 1.0m　　　　　④ 1.2m

■ 〈피난방화구조기준 11조〉 출구의 유효너비는 100㎡마다 0.6m 이상

127 상업지역 및 주거지역에서 건축물에 설치하는 냉방시설 및 환기시설의 배기구는 도로면으로부터 최소얼마 이상의 높이에 설치하여야 하는가?

① 1미터　　　　　　　　　　② 1.5미터
③ 1.8미터　　　　　　　　　④ 2미터

■ 〈설비기준 23조〉 냉방시설 및 환기시설의 배기구는 도로면으로부터 2미터 이상에 설치

128 다음 중 건축물의 바깥쪽으로의 출구로 쓰이는 문을 안여닫이로 하여서는 안 되는 건축물의 용도는?

① 종교시설　　　　　　　　② 업무시설
③ 판매시설　　　　　　　　④ 문화 및 집회시설 중 전시장

■ 〈피난방화구조기준 11조〉 문화 및 집회시설, 종교시설, 장례식장, 위락시설은 건축물의 바깥쪽으로의 출구로 쓰이는 문을 안여닫이로 하여서는 아니 된다.

129 방화구획을 설치하여야 하는 건축물에 스프링클러설비를 설치한 경우, 이 건축물 10층에 설치하는 방화구획의 최대 바닥면적은?

① 500㎡　　　　　　　　　② 1,000㎡
③ 2,000㎡　　　　　　　　④ 3,000㎡

■ 〈피난방화구조기준 14조〉 10층 이하에서 스프링클러설비를 설치한 경우, 3,000㎡ 이내마다 방화구획할 것

130 건축물의 바깥쪽에 설치하는 피난계단의 구조에 관한 기준 내용으로 옳지 않은 것은?

① 계단의 유효너비는 0.9미터 이상으로 할 것
② 계단은 내화구조로 하고 지상까지 직접 연결하도록 할 것
③ 건축물의 내부에서 계단으로 통하는 출입구에는 60+ 방화문 또는 60분 방화문을 설치할 것
④ 계단은 그 계단으로 통하는 출입구 외의 창문 등으로부터 1미터 이상의 거리를 두고 설치할 것

■ 〈피난방화구조기준 9조〉 계단은 그 계단으로 통하는 출입구 외의 창문 등으로부터 2미터 이상의 거리를 두고 설치할 것

131 지하층의 비상탈출구에 관한 기준 내용으로 옳지 않은 것은?

① 비상탈출구의 문은 피난방향으로 열리도록 할 것
② 비상탈출구는 출입구로부터 2m 이상 떨어진 곳에 설치할 것
③ 비상탈출구의 문은 실내에서 항상 열 수 있는 구조로 할 것
④ 비상탈출구의 유효너비는 0.75m 이상으로 하고, 유효 높이는 1.5m 이상으로 할 것

■ 〈피난방화구조기준 25조〉 비상탈출구는 출입구로부터 3m 이상 떨어진 곳에 설치할 것

해답　127.④　128.①　129.④　130.④　131.②

132 다음의 공동주택(기숙사 제외)의 환기설비기준에 관한 내용 중 ( ) 안에 알맞은 것은?

> 신축 또는 리모델링하는 30세대 이상의 공동주택은 시간당 ( ) 이상의 환기가 이루어질 수 있도록 자연환기설비 또는 기계환기설비를 설치하여야 한다.

① 0.5회 ② 0.7회
③ 0.8회 ④ 0.9회

■ 〈설비기준 11조〉 30세대 이상의 공동주택은 시간당 (0.5) 이상의 환기가 이루어질 수 있도록 자연환기설비 또는 기계환기설비를 설치하여야 한다.

133 에너지를 대량으로 소비하는 건축물로서 건축설비를 설치하는 경우, 관계전문기술자의 협력을 받아야 하는 건축물에 속하지 않는 것은(단, 당해 용도에 사용되는 바닥면적의 합계가 5백제곱미터 이상인 건축물)?

① 공조시설 ② 항온항습시설
③ 냉동냉장시설 ④ 특수청정시설

■ 〈설비기준 2조, 3조〉 냉동냉장시설·항온항습시설(온도와 습도를 일정하게 유지시키는 특수설비가 설치되어 있는 시설을 말한다) 또는 특수청정시설(세균 또는 먼지 등을 제거하는 특수설비가 설치되어 있는 시설을 말한다)로서 당해 용도에 사용되는 바닥면적의 합계가 5백제곱미터 이상인 건축물

134 연면적 200제곱미터를 초과하는 건축물에 설치하는 계단의 구조에 관한 기준 내용으로 옳지 않은 것은?

① 계단의 유효높이는 1.8미터 이상으로 할 것
② 높이가 1미터를 넘는 계단 및 계단참의 양옆에는 난간을 설치할 것
③ 초등학교의 계단인 경우에는 계단 및 계단참의 너비는 150센티미터 이상으로 할 것
④ 높이가 3미터를 넘는 계단에는 높이 3미터 이내마다 너비 1.2미터 이상의 계단참을 설치할 것

■ 〈피난방화구조기준 15조〉 계단의 유효높이는 2.1미터 이상으로 할 것

135 건축물의 출입구에 설치하는 회전문의 설치기준 내용으로 옳지 않은 것은?

① 에스컬레이터로부터 1미터 이상의 거리를 둘 것
② 출입에 지장이 없도록 일정한 방향으로 회전하는 구조로 할 것
③ 회전문의 회전속도는 분당회전수가 8회를 넘지 아니하도록 할 것
④ 회전문의 중심축에서 회전문과 문틀 사이의 간격을 포함한 회전문날개 끝부분까지의 길이는 140센티미터 이상이 되도록 할 것

■ 〈피난방화구조기준 12조〉 에스컬레이터로부터 2미터 이상의 거리를 둘 것

136 세대수가 10세대인 다세대주택에 설치되는 음용수 급수관 지름의 최소기준은?

① 20mm
② 30mm
③ 40mm
④ 50mm

■ 〈설비기준 18조〉 9-16세대 : 40mm

137 다음은 거실 등의 방습에 관한 기준 내용이다. ( ) 안에 알맞은 것은?

> 숙박시설의 욕실의 바닥과 그 바닥으로부터 높이 ( )까지의 안벽의 마감은 이를 내수재료로 하여야 한다.

① 1.0m
② 1.2m
③ 1.5m
④ 2.0m

■ 〈피난방화구조기준 18조〉 숙박시설의 욕실의 바닥과 그 바닥으로부터 높이 1m까지의 안벽의 마감은 이를 내수재료로 하여야 한다.

138 특별피난계단에 설치하여야 하는 배연설비의 구조에 관한 기준 내용으로 옳지 않은 것은?

① 배연풍도는 불연재료로 할 것
② 배연구와 배연기 모두 설치할 것
③ 배연기에는 예비전원을 설치할 것
④ 배연구는 평상시에는 닫힌 상태를 유지할 것

■ 〈설비기준 14조 2〉 배연구가 외기에 접하지 아니하는 경우에는 배연기를 설치할 것

139 각 층의 바닥면적이 5,000m², 거실면적이 3,500m²이며 층수가 11층인 병원에 설치하여야 하는 승용승강기의 최소 대수는?(단, 24인승 승용승강기의 경우)

① 5대
② 6대
③ 7대
④ 8대

■ 〈설비기준 5조〉 6층 이상의 거실면적으로 계산한다.
3,500×6=21,000m², 병원인 경우 3,000까지 2대 초과 2,000마다 1대 추가
그러므로 2+18,000/2,000=11대 16인승 이상은 2대로 간주하므로 11/2=5.5=6대

140 벽의 경우 내화구조에 해당하지 않는 것은?

① 철근콘크리트조 또는 철골철근콘크리트조로써 두께가 10센티미터 이상인 것
② 골구를 철골조로 하고 그 양면을 두께 4센티미터 이상의 철망모르타르로 덮은 것
③ 철재로 보강된 콘크리트블록조·벽돌조 또는 석조로써 철재에 덮은 콘크리트블록 등의 두께가 5센티미터 이상인 것
④ 벽돌조로서 두께가 39센티미터 이상인 것

■ 〈피난방화구조기준 3조〉 벽돌조로서 두께가 19센티미터 이상인 것

해답 136.③ 137.① 138.② 139.② 140.④

141 철근콘크리트조로 두께와 상관없이 내화구조에 속하는 것은?
① 벽
② 바닥
③ 지붕
④ 외벽 중 비내력벽

■ 〈피난방화구조기준 3조〉 보, 지붕, 계단은 규격에 관계없이 재질에 따라 내화구조로 분류한다.

142 기둥의 경우 내화구조에 해당하지 않는 것은?
① 철근콘크리트조 또는 철골철근콘크리트조
② 철골을 두께 6센티미터(경량골재를 사용하는 경우에는 5센티미터) 이상의 철망모르타르 로 덮은 것
③ 철골을 두께 7센티미터 이상의 콘크리트블록 · 벽돌 또는 석재로 덮은 것
④ 철골을 두께 3센티미터 이상의 콘크리트로 덮은 것

■ 〈피난방화구조기준 3조〉 철골을 두께 5센티미터 이상의 콘크리트로 덮은 것

143 방화구조 기준에 적합한 구조에 해당하지 않는 것은?.
① 철망모르타르로서 그 바름두께가 2센티미터 이상인 것
② 석면시멘트판 또는 석고판위에 시멘트모르타르 또는 회반죽을 바른 것으로서 그 두께의 합계가 2.5센티미터 이상인 것
③ 두께 2.5 센티미터 이상의 석고판위에 석면시멘트판을 붙인 것
④ 심벽에 흙으로 맞벽치기한 것

■ 〈피난방화구조기준 3조〉 방화구조로 두께 1.2 센티미터 이상의 석고판 위에 석면시멘트판을 붙인 것

144 건축물의 내부에 설치하는 피난계단의 구조에 관한 기준 내용으로 옳지 않은 것은?
① 계단실에는 예비전원에 의한 조명설비를 할 것
② 계단실의 실내에 접하는 부분의 마감은 난연재료로 할 것
③ 건축물의 내부에서 계단실로 통하는 출입구의 유효너비는 0.9미터 이상으로 할 것
④ 계단실은 창문출입구 기타 개구부를 제외한 당해 건축물의 다른 부분과 내화구조의 벽으로 구획할 것

■ 〈피난방화구조기준 9조〉 계단실의 실내에 접하는 부분의 마감은 불연재료로 할 것

145 계단 및 계단참의 너비를 최소 120cm 이상으로 하여야 하는 것은?(단, 연면적 200m²를 초과하는 건축물의 경우)
① 중학교의 계단
② 초등학교의 계단
③ 고등학교의 계단
④ 판매시설의 계단

■ 〈피난방화구조기준15조〉 계단 및 계단참의 유효너비 : 초등, 중 고등학교의 계단 150cm, 문화 집회 판매시설 120cm

146 종교시설의 용도에 쓰이는 건축물의 집회실로서 그 바닥면적이 200m²인 경우, 반자의 높이는 최소 얼마 이상이어야 하는가?(단, 기계환기장치를 설치하지 않을 경우)

① 2.1m
② 2.7m
③ 3m
④ 4m

■ 〈피난방화구조기준 16조〉 4m 이상

147 다음은 건축물에 설치하는 지하층의 구조 및 설비에 관한 기준 내용이다. ( ) 안에 알맞은 것은?

거실의 바닥면적의 합계가 ( ) 이상인 층에는 환기설비를 설치할 것

① 500m²
② 1,000m²
③ 1,500m²
④ 2,000m²

■ 〈피난방화구조기준 25조〉 지하층 1,000m² 이상일 때 환기설비, 300m² 이상일 때 급수전

148 문화 및 집회시설 중 공연장의 개별관람석의 바닥면적이 600m²인 경우, 관람석에 설치하여야 하는 출구의 최소개수는?(단, 각 출구의 유효너비가 1.5m인 경우)

① 2개
② 3개
③ 4개
④ 5개

■ 〈피난방화구조기준 10조〉
바닥면적이 100m²마다 출구너비 0.6m 그러므로 출구 전체너비 (600/100)×0.6=3.6m
따라서 1.5m 출구 3개 필요

149 연면적 200제곱미터를 초과하는 건축물에서 계단을 대체하여 설치하는 경사로의 경사도는 최대 얼마를 넘지 않아야 하는가?

① 1:5
② 1:6
③ 1:8
④ 1:10

■ 〈피난방화구조기준 15조〉 5항 (경사로의 경사도는 최대 1:8 을 넘지 않아야 한다)

150 다음의 ( ) 안에 해당되지 않는 건축물의 용도는?

( )의 용도에 쓰이는 건축물의 관람석 또는 집회실로서 그 바닥면적이 200제곱미터 이상인 것의 반자의 높이는 4미터 이상이어야 한다. 다만, 기계환기장치를 설치하는 경우에는 그러하지 아니하다.

① 장례식장
② 종교시설
③ 위락시설 중 유흥주점
④ 문화 및 집회시설 중 전시장

■ 〈피난방화구조기준 16조〉 전시장 동식물원 제외

해답 146.④ 147.② 148.② 149.③ 150.④

151 건축물에 설치하는 굴뚝의 옥상 돌출부는 지붕면으로부터의 수직거리를 최소 얼마 이상으로 하여야 하는가?

① 1m
② 1.2m
③ 1.5m
④ 1.8m

■ 〈피난방화구조기준 20조〉 건축물에 설치하는 굴뚝의 옥상 돌출부는 지붕면으로부터의 수직거리를 최소 1m 이상

152 다음 중 건축법령상 내화구조에 속하지 않는 것은?

① 벽돌조로서 두께가 19cm인 벽
② 두께가 8cm인 철근콘크리트조 벽
③ 작은 지름이 28cm인 철근콘크리트조 기둥
④ 골구를 철골조로 하고 그 양면을 두께 5cm의 석재로 덮은 벽

■ 〈피난방화구조기준 3조〉 내화구조 : 두께가 10cm 이상인 철근콘크리트조 벽

153 건축물의 출입구에 설치하는 회전문은 계단이나 에스컬레이터로부터 최소 얼마 이상의 거리를 두어야 하는가?

① 1m
② 1.2m
③ 1.5m
④ 2m

■ 〈피난방화구조기준 12조〉 회전문은 계단이나 에스컬레이터로부터 최소 2m 이상의 거리를 둔다.

154 철근콘크리트조로서 두께와 상관없이 내화구조에 속하는 것은?

① 벽
② 바닥
③ 지붕
④ 외벽 중 비내력벽

■ 〈피난방화구조기준 3조〉 보, 지붕, 계단은 규격에 관계없이 재질에 따라 내화구조로 분류한다.

155 방화구획을 설치하여야 하는 건축물이 있다. 이 건축물 11층에 적용되는 방화구획 설치기준으로 옳은 것은?(단, 실내의 마감을 불연재료로 하고 스프링클러설비를 설치한 경우)

① 바닥면적 200㎡ 이내마다 구획할 것
② 바닥면적 500㎡ 이내마다 구획할 것
③ 바닥면적 600㎡ 이내마다 구획할 것
④ 바닥면적 1,500㎡ 이내마다 구획할 것

■ 〈피난방화구조기준 14조 3〉 실내의 마감을 불연재료로 하고 스프링클러설비를 설치한 경우 1,500㎡ 이내마다

156 문화 및 집회시설 중 공연장의 용도에 쓰이는 건축물의 관람석에 설치하는 반자의 높이는 최소 얼마 이상이어야 하는가?(단, 관람석의 바닥면적은 300m²이며, 기계환기장치를 설치하지 않은 경우)

① 2.1m ② 2.7m
③ 3.5m ④ 4m

■ 〈피난방화구조기준 16조〉 4m 이상

157 바닥면적이 800m²인 공동주택의 거실에 환기를 위해 설치하여야 하는 창문 등의 최소 면적은?

① 10m² ② 20m²
③ 40m² ④ 80m²

■ 〈피난방화구조기준 17조〉 환기를 위한 면적은 바닥면적의 1/20 이상, 채광을 위한 면적은 바닥면적의 1/10 이상

158 문화 및 집회시설 중 공연장의 개별관람석의 바닥면적이 1,200m²인 경우, 이 개별관람석의 출구는 최소 몇 개소 이상 설치하여야 하는가?(단, 각 출구의 유효너비가 1.8m인 경우)

① 2개소 ② 3개소
③ 4개소 ④ 5개소

■ 〈피난방화구조기준 10조〉 개별관람석 바닥면적 100m²마다 출구 유효너비 0.6m 필요
전체 유효너비=(1,200/100)×0.6=7.2m
출구수=7.2/1.8=4개소

159 문화 및 집회시설 중 공연장의 관람석과 접하는 복도의 유효너비는 최소 얼마 이상이어야 하는가?(단, 당해 층의 바닥면적의 합계가 700m²인 경우)

① 1.5m ② 1.8m
③ 2.4m ④ 2.7m

■ 〈피난방화구조기준 15조 2〉 바닥면적의 합계가 500제곱미터 이상 1천제곱미터 미만인 경우 1.8미터 이상

160 다음 중 방화구조에 속하지 않는 것은?

① 심벽에 흙으로 맞벽치기한 것
② 철망모르타르로서 그 바름두께가 2cm인 것
③ 석고판 위에 회반죽을 바른 것으로서 그 두께의 합계가 2.5cm인 것
④ 시멘트모르타르위에 타일을 붙인 것으로서 그 두께의 합계가 2cm인 것

■ 〈피난방화구조기준 4조〉 시멘트모르타르 위에 타일을 붙인 것으로서 그 두께의 합계가 2.5cm 이상인 것

해답 156.④ 157.③ 158.③ 159.② 160.④

161 특별피난계단의 구조에서 출입구의 유효너비는 몇 미터 이상으로 하고 피난의 방향으로 열 수 있도록 하는가?

① 0.6미터 ② 0.75미터
③ 0.9미터 ④ 1.2미터

■ 〈피난방화구조기준 9조〉 건축물의 내부에서 계단실로 통하는 출입구의 유효너비는 0.9미터 이상으로 하고, 그 출입구에는 피난의 방향으로 열 수 있는 것으로서 언제나 닫힌 상태를 유지할 것.

162 건축물의 출입구에 설치하는 회전문의 설치기준에 적합하지 않은 것은?

① 계단이나 에스컬레이터로부터 2미터 이상의 거리를 둘 것
② 회전문과 문틀 사이는 5센티미터 이상
③ 회전문과 바닥 사이는 3센티미터 이하
④ 회전문의 회전속도는 분당회전수가 18회를 넘지 아니하도록 할 것

■ 〈피난방화구조기준12조〉 회전문의 회전속도는 분당회전수가 8회를 넘지 아니하도록

163 헬리포트의 설치기준에 적합하지 않은 것은?

① 헬리포트의 길이와 너비는 각각 22미터 이상으로 할 것.
② 헬리포트의 중심으로부터 반경 12미터 이내에는 헬리콥터의 이착륙에 장애가 되는 건축물·공작물 또는 난간 등을 설치하지 아니할 것
③ 헬리포트의 주위한계선은 황색으로 하되, 그 선의 너비는 38센티미터로 할 것
④ 헬리포트의 중앙부분에는 지름 8미터의 "ⓗ"표지를 백색으로 하되, "H"표지의 선의 너비는 38센티미터로, "O"표지의 선의 너비는 60센티미터로 할 것

■ 〈피난방화구조기준13조〉 헬리포트의 주위한계선은 백색

164 문화 및 집회시설 중 공연장의 개별관람석(바닥면적이 300제곱미터 이상인 것에 한한다.)의 출구의 유효너비는 얼마 이상으로 하는가?

① 0.75미터 ② 1.2미터
③ 1.5미터 ④ 2.0미터

■ 〈피난방화구조기준10조〉 각 출구의 유효너비는 1.5미터 이상일 것

165 계단설치기준에서 높이 몇 미터 이상의 계단에 계단참을 설치하는가?

① 2미터 ② 3미터
③ 4미터 ④ 5미터

■ 〈피난방화구조기준15조〉 높이가 3미터를 넘는 계단에는 높이 3미터 이내마다 너비 1.2미터 이상의 계단참을 설치할 것

해답 161.③ 162.④ 163.③ 164.③ 165.②

166 규정에 의하여 설치하는 거실의 반자는 그 높이를 얼마 이상으로 하여야 하는가?
① 2.1m ② 2.5m
③ 3.0m ④ 3.5m

■ 〈피난방화구조기준 16조〉 ① 규정에 의하여 설치하는 거실의 반자(반자가 없는 경우에는 보 또는 바로 윗층의 바닥판의 밑면 기타 이와 유사한 것을 말한다. 이하 같다)는 그 높이를 2.1미터 이상으로 하여야 한다. ② 문화 및 집회시설(전시장 및 동·식물원은 제외한다.), 종교시설, 장례식장 또는 위락시설 중 유흥주점의 용도에 쓰이는 건축물의 관람실 또는 집회실로서 그 바닥면적이 200제곱미터 이상인 것의 반자의 높이는 제1항에도 불구하고 4미터(노대의 아랫부분의 높이는 2.7미터) 이상이어야 한다. 다만, 기계환기장치를 설치하는 경우에는 그렇지 않다.

167 거실의 용도에 따른 조도기준으로 잘못된 것은?
① 독서 : 150룩스 ② 회의 : 300룩스
③ 공연·관람 : 300룩스 ④ 정밀검사 : 700룩스

■ 〈피난방화구조기준 17조 별표1〉 공연·관람 70룩스

168 거실의 조도기준에서 설계 제도실의 기준은 얼마 이상인가?
① 150룩스 ② 300룩스
③ 500룩스 ④ 700룩스

■ 〈피난방화구조기준17조 별표1〉 설계·제도 : 700룩스

169 건축물에 설치하는 굴뚝의 기준에 적합하지 않은 것은?
① 굴뚝의 옥상 돌출부는 지붕면으로부터의 수직거리를 1미터 이상으로 할 것.
② 굴뚝의 상단으로부터 수평거리 1미터 이내에 다른 건축물이 있는 경우에는 그 건축물의 처마보다 1미터 이상 높게 할 것
③ 금속제 또는 석면제 굴뚝으로서 건축물의 지붕속·반자위 및 가장 아랫바닥 밑에 있는 굴뚝의 부분은 금속외의 불연재료로 덮을 것
④ 금속제 또는 석면제 굴뚝은 목재 기타 가연재료로부터 5센티미터 이상 떨어져서 설치할 것

■ 〈피난방화구조기준 20조〉 금속제 또는 석면제 굴뚝은 목재 기타 가연재료로부터 15cm 이상 떨어져 설치

170 방 거실의 용도에 따른 조도(lx)기준에서 조도는 어디를 기준하는가?
① 바닥에서 85cm 높이 수평면 ② 바닥에서 105cm 높이 수평면
③ 광원에서 85cm 아래 수평면 ④ 광원에서 105cm 아래 수평면

■ 〈피난방화구조기준 17조 별표1〉 책상면을 생각하여 바닥에서 85cm 높이 수평면을 기준한다.

해답 166.① 167.③ 168.④ 169.④ 170.①

171 기계설비법령에 따라 기계설비 발전 기본 계획은 몇 년마다 수립·시행하여야 하는가?

① 1　　　　　　　　　　　② 2
③ 3　　　　　　　　　　　④ 5

■ 기계설비 발전 기본계획의 수립(기계설비법 제5조)
국토교통부장관은 기계설비산업의 육성과 기계설비의 효율적인 유지관리 및 성능확보를 위하여 기계설비 발전 기본계획을 5년마다 수립·시행하여야 한다.

172 기계설비 유지관리 준수 대상 건축물(기계 설비유지관리자 선임대상 건축물) 중 공동주택의 기준에 대해 다음 괄호 안에 들어갈 숫자는?

- (㉠)세대 이상의 공동주택
- (㉡)세대 이상으로서 중앙집중식 난방 방식(지역난방방식을 포함한다)의 공동주택

① ㉠ 500, ㉡ 500　　　　② ㉠ 500, ㉡ 300
③ ㉠ 300, ㉡ 500　　　　④ ㉠ 300, ㉡ 300

■ 기계설비 유지관리 준수 대상 건축물(기계설비법 시행령 제14조)
1. 연면적 10,000㎡ 이상의 건축물(창고시설은 제외)
2. 500세대 이상의 공동주택 또는 300세대 이상으로서 중앙집중식 난방 방식(지역난방 방식 포함)의 공동주택
3. 다음의 건축물 등 중 해당 건축물 등의 규모를 고려하여 국토교통부장관이 정하여 고시하는 건축물 등
   - 건설공사를 통하여 만들어진 교량·터널·항만·댐·건축물 등 구조물과 그 부대시설
   - 학교시설　　　· 지하역사 및 지하도상가
4. 중앙행정기관의 장, 지방자치단체의 장 및 그 밖에 국토교통부장관이 정하는 자가 소유하거나 관리하는 건축물 등

173 기계설비법상 기계설비의 범위에 속하지 않는 것은?

① 플랜트설비　　　　　　② 오수정화 및 물재이용설비
③ 가스설비　　　　　　　④ 위생기구설비

■ 가스설비는 기계설비법상 기계설비의 범위에 속하지 않는다.
기계설비의 범위(기계설비법 시행령 별표 1)
열원설비, 냉난방설비, 공기조화·공기청정·환기설비, 위생기구·급수·급탕·오배수·통기설비, 오수정화·물재이용설비, 우수배수설비, 보온설비, 덕트(Duct)설비, 자동제어설비, 방음·방진·내진설비, 플랜트설비, 특수 설비(청정실 구성 설비 등)

174 기계설비법령에 따른 기계설비의 착공 전확인과 사용 전 검사의 대상 건축물 또는 시설물에 해당하지 않는 것은?

① 연면적 1만㎡ 이상인 건축물
② 목욕장으로 사용되는 바닥면적 합계가 500㎡ 이상인 건축물
③ 기숙사로 사용되는 바닥면적 합계가 1천㎡ 이상인 건축물
④ 판매시설로 사용되는 바닥면적 합계가 3천㎡ 이상인 건축물

■ 기숙사로 사용되는 바닥면적 합계가 2천㎡ 이상인 건축물이 해당된다.

해답　171.④　172.②　173.③　174.③

175 공조냉동기계기사를 보유하였다면 특급 책임기계설비유지관리자가 되려면 몇 년 이상의 실무경력이 있어야 하는가?

① 3년 이상 ② 5년 이상
③ 10년 이상 ④ 15년 이상

■ 기계설비유지관리자의 자격 및 등급(기계설비법 시행령 별표 5의2)에 따라 공조냉동기계기사를 보유할 경우 실무경력 10년 이상이면 특급 책임기계설비유지관리자가될 수 있다.(공조냉동기계산업기사 취득자의 경우는 실무경력 13년 이상)

176 기계설비법령에 따라 기계설비성능점검업 자는 기계설비성능점검업의 등록한 사항 중 대통령령으로 정하는 사항이 변경된 경우에는 변경등록을 하여야 한다. 만약 변경등록을 정해진 기간 내 못한 경우 1차 위반 시 받게 되는 행정처분 기준은?

① 등록취소 ② 업무정지 2개월
③ 업무정지 1개월 ④ 시정명령

■ 변경등록을 정해진 기간 내 하지 않은 경우, 1차 위반 시 시정명령, 2차 위반 시 업무정지 1개월, 3차 위반 시 업무 정지 2개월의 행정처분을 받게 된다.

177 기계설비법령에 따라 기계설비 유지관리교육에 관한 업무를 위탁받아 시행하는 기관은?

① 한국기계설비건설협회 ② 대한기계설비건설협회
③ 한국공작기계산업협회 ④ 한국건설기계산업협회

■ 기계설비 유지관리교육에 관한 업무 위탁(위탁지정 관련 행정규칙)
• 위탁업무의 내용 : 기계설비 유지관리교육에 관한 업무
• 관련 법령 : 기계설비법 시행령 제16조
• 위탁기관 : 대한기계설비건설협회

178 기계설비법령에 따른 기계설비 시공자의 업무에 해당하지 않는 것은?

① 기계설비 착공 전 확인표 작성 ② 기계설비 사용 전 확인표 작성
③ 기계설비 성능확인서 작성 ④ 기계설비 착공적합확인서 작성

■ 기계설비 착공적합확인서의 작성은 기계설비 감리업무 수행자의 업무사항이다.
기계설비의 착공 전 확인과 사용 전 검사 시 기계설비 시공자 및 감리업무 수행자의 업무(기계설비 기술기준)
㉠ 기계설비 시공자
• 기계설비 착공 전 확인표 작성
• 기계설비 사용 전 확인표 작성
• 기계설비 성능확인서 작성
• 기계설비 안전확인서 작성
㉡ 감리업무 수행자
• 기계설비 착공적합확인서 작성
• 기계설비 사용적합확인서 작성

해답 175.③ 176.④ 177.② 178.④

제2편 | 에너지계획 수립 관련 법규

건축물의 에너지절약 설계기준

[시행 2024. 8. 8.] [국토교통부고시 제2024-421호, 2024. 8. 8., 일부개정]

제1장 총칙

제1조(목적) 이 기준은 「녹색건축물 조성 지원법」(이하 "법"이라 한다) 제12조, 제14조, 제14조의2, 제15조, 같은 법 시행령(이하 "영"이라 한다) 제9조, 제10조, 제10조의2, 제11조 및 같은 법 시행규칙(이하 "규칙"이라 한다) 제7조, 제7조의2의 규정에 의한 건축물의 효율적인 에너지 관리를 위하여 열손실 방지 등 에너지절약 설계에 관한 기준, 에너지절약계획서 및 설계 검토서 작성기준, 녹색건축물의 건축을 활성화하기 위한 건축기준 완화에 관한 사항 등을 정함을 목적으로 한다.

제2조(건축물의 열손실방지 등) ① 건축물을 건축하거나 대수선, 용도변경 및 건축물대장의 기재내용을 변경하는 경우에는 다음 각 호의 기준에 의한 열손실방지 등의 에너지이용합리화를 위한 조치를 하여야 한다.
  1. 거실의 외벽, 최상층에 있는 거실의 반자 또는 지붕, 최하층에 있는 거실의 바닥, 바닥난방을 하는 층간 바닥, 거실의 창 및 문 등은 별표1의 열관류율 기준 또는 별표3의 단열재 두께 기준을 준수하여야 하고, 단열조치 일반사항 등은 제6조의 건축부문 의무사항을 따른다.
  2. 건축물의 배치·구조 및 설비 등의 설계를 하는 경우에는 에너지가 합리적으로 이용될 수 있도록 한다.

② 제1항에도 불구하고 열손실의 변동이 없는 증축, 대수선, 용도변경, 건축물대장의 기재내용 변경의 경우에는 관련 조치를 하지 아니할 수 있다. 다만 종전에 제3항에 따른 열손실방지 등의 조치 예외대상이었으나 조치대상으로 용도변경 또는 건축물대장의 기재내용 변경의 경우에는 관련 조치를 하여야 한다.

③ 다음 각 호의 어느 하나에 해당하는 건축물 또는 공간에 대해서는 제1항제1호를 적용하지 아니할 수 있다. 다만, 제1호 및 제2호의 경우 냉방 또는 난방 설비를 설치할 계획이 있는 건축물 또는 공간에 대해서는 제1항제1호를 적용하여야 한다.
  1. 창고·차고·기계실 등으로서 거실의 용도로 사용하지 아니하고, 냉방 또는 난방 설비를 설치하지 아니하는 건축물 또는 공간
  2. 냉방 또는 난방 설비를 설치하지 아니하고 용도 특성상 건축물 내부를 외기에 개방시켜 사용하는 등 열손실 방지조치를 하여도 에너지절약의 효과가 없는 건축물 또는 공간
  3. 「건축법 시행령」 별표1 제25호에 해당하는 건축물 중 「원자력 안전법」 제10조 및 제20조에 따라 허가를 받는 건축물

제3조(에너지절약계획서 제출 예외대상 등) ① 영 제10조제1항에 따라 에너지절약계획서를 첨부할 필요가 없는 건축물은 다음 각 호와 같다.
  1. 「건축법 시행령」 별표1 제3호 아목에 따른 시설 중 냉방 또는 난방 설비를 설치하지 아니하는 건축물
  2. 「건축법 시행령」 별표1 제13호에 따른 운동시설 중 냉방 또는 난방 설비를 설치하지 아니하는 건축물
  3. 「건축법 시행령」 별표1 제16호에 따른 위락시설 중 냉방 또는 난방 설비를 설치하지 아니하는 건축물
  4. 「건축법 시행령」 별표1 제27호에 따른 관광 휴게시설 중 냉방 또는 난방 설비를 설치하지 아니하는 건축물
  5. 「주택법」 제15조제1항에 따라 사업계획 승인을 받아 건설하는 주택으로서 「주택건설기준 등에 관한 규정」 제64조제3항에 따라 「에너지절약형 친환경주택의 건설기준」에 적합한 건축물

② 영 제10조제1항에서 "연면적의 합계"는 다음 각 호에 따라 계산한다.
  1. 같은 대지에 모든 바닥면적을 합하여 계산한다.
  2. 주거와 비주거는 구분하여 계산한다.
  3. 증축이나 용도변경, 건축물대장의 기재내용을 변경하는 경우 이 기준을 해당 부분에만 적용할 수 있다.
  4. 연면적의 합계 500제곱미터 미만으로 허가를 받거나 신고한 후 「건축법」 제16조에 따라 허가와 신고사항을 변경하는 경우에는 당초 허가 또는 신고 면적에 변경되는 면적을 합하여 계산한다.
  5. 제2조제3항에 따라 열손실방지 등의 에너지이용합리화를 위한 조치를 하지 않아도 되는 건축물 또는 공간, 주차장, 기계실 면적은 제외한다.
③ 제1항 및 영 제10조제1항제3호의 건축물 중 냉방 또는 난방 설비를 설치하고 냉방 또는 난방 열원을 공급하는 대상의 연면적의 합계가 500제곱미터 미만인 경우에는 에너지절약계획서를 제출하지 아니한다.

제4조(적용예외) 다음 각 호에 해당하는 경우 이 기준의 전체 또는 일부를 적용하지 않을 수 있다.
  1. 삭제
  2. 제로에너지건축물인증을 취득한 경우에는 제15조 및 제21조를 적용하지 아니할 수 있으며 별지제1호서식에너지절약계획설계검토서를 제출하지 아니할 수 있다.
  3. 건축물의 기능·설계조건 또는 시공여건상의 특수성 등으로 인하여 이 기준의 적용이 불합리한 것으로 지방건축위원회가 심의를 거쳐 인정하는 경우에는 이 기준의 해당규정을 적용하지 아니할 수 있다. 다만, 지방건축위원회심의시에는 「제로에너지건축물인증에 관한 규칙」 제4조제4항 각 호의 어느 하나에 해당하는 건축물에너지관련전문인력 1인 이상을 참여시켜 의견을 들어야 한다.
  4. 건축물을 증축하거나 용도변경, 건축물대장의 기재내용을 변경하는 경우에는 제15조를 적용하지 아니할 수 있다. 다만, 별동으로 건축물을 증축하는 경우와 기존 건축물 연면적의 100분의 50 이상을 증축하면서 해당 증축 연면적의 합계가 2,000제곱미터 이상인 경우에는 그러하지 아니한다.
  5. 허가 또는 신고대상의 같은 대지 내 주거 또는 비주거를 구분한 제3조제2항 및 3항에 따른 연면적의 합계가 500제곱미터 이상이고 2천제곱미터 미만인 건축물 중 연면적의 합계가 500제곱미터 미만인 개별 동의 경우에는 제15조 및 제21조를 적용하지 아니할 수 있다.
  6. 열손실의 변동이 없는 증축, 용도변경 및 건축물대장의 기재내용을 변경하는 경우에는 별지 제1호 서식 에너지절약 설계 검토서를 제출하지 아니할 수 있다. 다만, 종전에 제2조제3항에 따른 열손실방지 등의 조치 예외대상이었으나 조치대상으로 용도변경 또는 건축물대장 기재내용의 변경의 경우에는 그러하지 아니한다.
  7. 「건축법」 제16조에 따라 허가와 신고사항을 변경하는 경우에는 변경하는 부분에 대해서만 규칙 제7조에 따른 에너지절약계획서 및 별지 제1호 서식에 따른 에너지절약 설계 검토서(이하 "에너지절약계획서 및 설계 검토서"라 한다)를 제출할 수 있다.
  8. 제21조제2항에서 제시하는 건축물 에너지소요량 평가서 판정기준을 만족하는 경우에는 제15조를 적용하지 아니할 수 있다.

제5조(용어의 정의) 이 기준에서 사용하는 용어의 뜻은 다음 각 호와 같다.
  1. "의무사항"이라 함은 건축물을 건축하는 건축주와 설계자 등이 건축물의 설계 시 필수적으로 적용해야 하는 사항을 말한다.
  2. "권장사항"이라 함은 건축물을 건축하는 건축주와 설계자 등이 건축물의 설계 시 선택적으로 적용이 가능한 사항을 말한다.
  3. 삭제
  4. "제로에너지건축물인증"이라 함은 국토교통부와 산업통상자원부의 공동부령인 「제로에너지건축물인증에 관한 규칙」에 따라 제로에너지건축물인증을 받는 것을 말한다.
  5. "녹색건축인증"이라 함은 국토교통부와 환경부의 공동부령인 「녹색건축의 인증에 관한 규칙」에 따라 인증을 받는 것을 말한다.
  6. "고효율제품"이라 함은 산업통상자원부 고시 「고효율에너지기자재 보급촉진에 관한 규정」에 따라 인증서를 교부받은 제품과 산업통상자원부 고시 「효율관리기자재 운용규정」에 따른 에너지소비효율 1등급 제품 또는 동 고시에서 고효율로 정한 제품을 말한다.
  7. "완화기준"이라 함은 「건축법」, 「국토의 계획 및 이용에 관한 법률」 및 「지방자치단체 조례」 등에서 정하는 건축물의 용적률 및 높이제한 기준을 적용함에 있어 완화 적용할 수 있는 비율을 정한 기준을 말한다.
  8. "예비인증"이라 함은 건축물의 완공 전에 설계도서 등으로 인증기관에서 제로에너지건축물인증, 녹색건축인증을 받는 것을 말한다.

9. "본인증"이라함은 신청건물의 완공후에 최종설계도서 및 현장확인을 거쳐 최종적으로 인증기관에서 제로에너지건축물인증, 녹색건축인증을 받는 것을 말한다.
10. 건축부문
    가. "거실"이라 함은 건축물 안에서 거주(단위 세대 내 욕실·화장실·현관을 포함한다)·집무·작업·집회·오락 기타 이와 유사한 목적을 위하여 사용되는 방을 말하나, 특별히 이 기준에서는 거실이 아닌 냉방 또는 난방공간 또한 거실에 포함한다.
    나. "외피"라 함은 거실 또는 거실 외 공간을 둘러싸고 있는 벽·지붕·바닥·창 및 문 등으로서 외기에 직접 면하는 부위를 말한다.
    다. "거실의 외벽"이라 함은 거실의 벽 중 외기에 직접 또는 간접 면하는 부위를 말한다. 다만, 복합용도의 건축물인 경우에는 해당 용도로 사용하는 공간이 다른 용도로 사용하는 공간과 접하는 부위를 외벽으로 볼 수 있다.
    라. "최하층에 있는 거실의 바닥"이라 함은 최하층(지하층을 포함한다)으로서 거실인 경우의 바닥과 기타 층으로서 거실의 바닥 부위가 외기에 직접 또는 간접적으로 면한 부위를 말한다. 다만, 복합용도의 건축물인 경우에는 다른 용도로 사용하는 공간과 접하는 부위를 최하층에 있는 거실의 바닥으로 볼 수 있다.
    마. "최상층에 있는 거실의 반자 또는 지붕"이라 함은 최상층으로서 거실인 경우의 반자 또는 지붕을 말하며, 기타 층으로서 거실의 반자 또는 지붕 부위가 외기에 직접 또는 간접적으로 면한 부위를 포함한다. 다만, 복합용도의 건축물인 경우에는 다른 용도로 사용하는 공간과 접하는 부위를 최상층에 있는 거실의 반자 또는 지붕으로 볼 수 있다.
    바. "외기에 직접 면하는 부위"라 함은 바깥쪽이 외기이거나 외기가 직접 통하는 공간에 면한 부위를 말한다.
    사. "외기에 간접 면하는 부위"라 함은 외기가 직접 통하지 아니하는 비난방 공간(지붕 또는 반자, 벽체, 바닥 구조의 일부로 구성되는 내부 공기층은 제외한다)에 접한 부위, 외기가 직접 통하는 구조나 실내공기의 배기를 목적으로 설치하는 샤프트 등에 면한 부위, 지면 또는 토양에 면한 부위를 말한다.
    아. "방풍구조"라 함은 출입구에서 실내외 공기 교환에 의한 열출입을 방지할 목적으로 설치하는 방풍실 또는 회전문 등을 설치한 방식을 말한다.
    자. "기밀성 창", "기밀성 문"이라 함은 창 및 문으로서 한국산업규격(KS) F 2292 규정에 의하여 기밀성 등급에 따른 기밀성이 1~5등급(통기량 5㎥/h·㎡ 미만)인 것을 말한다.
    차. "외단열"이라 함은 건축물 각 부위의 단열에서 단열재를 구조체의 외기측에 설치하는 단열방법으로서 모서리 부위를 포함하여 시공하는 등 열교를 차단한 경우를 말한다.
    카. "방습층"이라 함은 습한 공기가 구조체에 침투하여 결로발생의 위험이 높아지는 것을 방지하기 위해 설치하는 투습도가 24시간당 30g/㎡ 이하 또는 투습계수 0.28g/㎡·h·mmHg 이하의 투습저항을 가진 층을 말한다.(시험방법은 한국산업규격 KS T 1305 방습포장재료의 투습도 시험방법 또는 KS F 2607 건축 재료의 투습성 측정 방법에서 정하는 바에 따른다) 다만, 단열재 또는 단열재의 내측에 사용되는 마감재가 방습층으로서 요구되는 성능을 가지는 경우에는 그 재료를 방습층으로 볼 수 있다.
    타. "평균 열관류율"이라 함은 지붕(천창 등 투명 외피부위를 포함하지 않는다), 바닥, 외벽(창 및 문을 포함한다) 등의 열관류율 계산에 있어 세부 부위별로 열관류율 값이 다를 경우 이를 면적으로 가중평균하여 나타낸 것을 말한다. 단, 평균열관류율은 중심선 치수를 기준으로 계산한다.
    파. 별표1의 창 및 문의 열관류율 값은 유리와 창틀(또는 문틀)을 포함한 평균 열관류율을 말한다.
    하. "투광부"라 함은 창, 문면적의 50% 이상이 투과체로 구성된 문, 유리블럭, 플라스틱패널 등과 같이 투과재료로 구성되며, 외기에 접하여 채광이 가능한 부위를 말한다.
    거. "태양열취득률(SHGC)"이라 함은 입사된 태양열에 대하여 실내로 유입된 태양열취득의 비율을 말한다.
    너. "일사조절장치"라 함은 태양열의 실내 유입을 조절하기 위한 차양, 구조체 또는 태양열취득률이 낮은 유리를 말한다. 이 경우 차양은 설치위치에 따라 외부 차양과 내부 차양 그리고 유리간 차양으로 구분하며, 가동여부에 따라 고정형과 가동형으로 나눌 수 있다.
11. 기계설비부문
    가. "위험률"이라 함은 냉(난)방기간 동안 또는 연간 총시간에 대한 온도출현분포 중에서 가장 높은(낮은) 온도쪽으로부터 총시간의 일정 비율에 해당하는 온도를 제외시키는 비율을 말한다.
    나. "효율"이라 함은 설비기기에 공급된 에너지에 대하여 출력된 유효에너지의 비를 말한다.
    다. "열원설비"라 함은 에너지를 이용하여 열을 발생시키는 설비를 말한다.

라. "대수분할운전"이라 함은 기기를 여러 대 설치하여 부하상태에 따라 최적 운전상태를 유지할 수 있도록 기기를 조합하여 운전하는 방식을 말한다.

마. "비례제어운전"이라 함은 기기의 출력값과 목표값의 편차에 비례하여 입력량을 조절하여 최적운전상태를 유지할 수 있도록 운전하는 방식을 말한다.

바. "심야전기를 이용한 축열·축냉시스템"이라 함은 심야시간에 전기를 이용하여 열을 저장하였다가 이를 난방, 온수, 냉방 등의 용도로 이용하는 설비로서 한국전력공사에서 심야전력기기로 인정한 것을 말한다.

사. "열회수형환기장치"라 함은 난방 또는 냉방을 하는 장소의 환기장치로 실내의 공기를 배출할 때 급기되는 공기와 열교환하는 구조를 가진 것으로서 KS B 6879(열회수형 환기 장치) 부속서 B에서 정하는 시험방법에 따른 열교환효율과 에너지계수의 최소 기준 이상의 성능을 가진 것을 말한다.

아. "이코노마이저시스템"이라 함은 중간기 또는 동계에 발생하는 냉방부하를 실내 엔탈피 보다 낮은 도입 외기에 의하여 제거 또는 감소시키는 시스템을 말한다.

자. "중앙집중식 냉·난방설비"라 함은 건축물의 전부 또는 냉난방 면적의 60% 이상을 냉방 또는 난방함에 있어 해당 공간에 순환펌프, 증기난방설비 등을 이용하여 열원 등을 공급하는 설비를 말한다. 단, 산업통상자원부 고시 「효율관리기자재 운용규정」에서 정한 가정용 가스보일러는 개별 난방설비로 간주한다.

차. "TAB"라 함은 Testing(시험), Adjusting(조정), Balancing(평가)의 약어로 건물내의 모든 설비시스템이 설계에서 의도한 기능을 발휘하도록 점검 및 조정하는 것을 말한다.

카. "커미셔닝"이라 함은 효율적인 건축 기계설비 시스템의 성능 확보를 위해 설계 단계부터 공사완료에 이르기까지 전 과정에 걸쳐 건축주의 요구에 부합되도록 모든 시스템의 계획, 설계, 시공, 성능시험 등을 확인하고 최종 유지 관리자에게 제공하여 입주 후 건축주의 요구를 충족할 수 있도록 운전성능 유지 여부를 검증하고 문서화하는 과정을 말한다.

12. 전기설비부문

가. "역률개선용커패시터(콘덴서)"라 함은 역률을 개선하기 위하여 변압기 또는 전동기 등에 병렬로 설치하는 커패시터를 말한다.

나. "전압강하"라 함은 인입전압(또는 변압기 2차전압)과 부하측전압과의 차를 말하며 저항이나 인덕턴스에 흐르는 전류에 의하여 강하하는 전압을 말한다.

다. "조도자동조절조명기구"라 함은 인체 또는 주위 밝기를 감지하여 자동으로 조명등을 점멸하거나 조도를 자동 조절할 수 있는 센서장치 또는 그 센서를 부착한 등기구를 말한다.

라. "수용률"이라 함은 부하설비 용량 합계에 대한 최대 수용전력의 백분율을 말한다.

마. "최대수요전력"이라 함은 수용가에서 일정 기간 중 사용한 전력의 최대치를 말하며, "최대수요전력 제어설비"라 함은 수용가에서 피크전력의 억제, 전력 부하의 평준화 등을 위하여 최대수요전력을 자동제어할 수 있는 설비를 말한다.

바. "가변속제어기(인버터)"라 함은 정지형 전력변환기로서 전동기의 가변속운전을 위하여 설치하는 설비를 말한다.

사. "변압기 대수제어"라 함은 변압기를 여러 대 설치하여 부하상태에 따라 필요한 운전대수를 자동 또는 수동으로 제어하는 방식을 말한다.

아. "대기전력자동차단장치"라 함은 산업통상자원부고시 「대기전력저감프로그램운용규정」에 의하여 대기전력저감우수제품으로 등록된 대기전력자동차단콘센트, 대기전력자동차단스위치를 말한다.

자. "자동절전멀티탭"이라 함은 산업통상자원부고시 「대기전력저감프로그램운용규정」에 의하여 대기전력저감우수제품으로 등록된 자동절전멀티탭을 말한다.

차. "일괄소등스위치"라 함은 층 또는 구역 단위(세대 단위)로 설치되어 조명등(센서등 및 비상등 제외 가능)을 일괄적으로 끌 수 있는 스위치를 말한다.

카. "회생제동장치"라 함은 승강기가 균형추보다 무거운 상태로 하강(또는 반대의 경우)할 때 모터는 순간적으로 발전기로 동작하게 되며, 이때 생산되는 전력을 다른 회로에서 전원으로 활용하는 방식으로 전력소비를 절감하는 장치를 말한다.

타. 삭제

파. 삭제

하. "간선"이라 함은 인입구에서 분기과전류차단기에 이르는 배선으로서 분기회로의 분기점에서 전원측의 부분을 말한다.

13. 신·재생에너지설비부문
    가. "신·재생에너지"라 함은 「신에너지 및 재생에너지 개발·이용·보급 촉진법」에서 규정하는 것을 말한다.
14. "공공기관"이라 함은 산업통상자원부고시 「공공기관 에너지이용 합리화 추진에 관한 규정」에서 정한 기관을 말한다.
15. "전자식 원격검침계량기"란 에너지사용량을 전자식으로 계측하여 에너지 관리자가 실시간으로 모니터링하고 기록할 수 있도록 하는 장치이다.
16. "건축물에너지관리시스템(BEMS)"이란 「녹색건축물 조성 지원법」 제6조의2제2항에서 규정하는 것을 말한다.
17. "에너지요구량"이란 건축물의 냉방, 난방, 급탕, 조명부문에서 표준 설정 조건을 유지하기 위하여 해당 건축물에서 필요로 하는 에너지량을 말한다.
18. "에너지소요량"이란 에너지요구량을 만족시키기 위하여 건축물의 냉방, 난방, 급탕, 조명, 환기 부문의 설비기기에 사용되는 에너지량을 말한다.
19. "1차에너지"란 연료의채취, 가공, 운송, 변환, 공급등의 과정에서의 손실분을 포함한 에너지를 말하며, 에너지원별 1차에너지환산계수는 "제로에너지건축물인증제도운영규정"에 따른다.
20. "시험성적서"란 「적합성평가 관리 등에 관한 법률」 제2조제10호다목에 해당하는 성적서로 동법에 따라 발급·관리되는 것을 말한다.

제2장 에너지절약 설계에 관한 기준

제1절 건축부문 설계기준

제6조(건축부문의 의무사항) 제2조에 따른 열손실방지 조치 대상 건축물의 건축주와 설계자 등은 다음 각 호에서 정하는 건축부문의 설계기준을 따라야 한다.

1. 단열조치 일반사항
    가. 외기에 직접 또는 간접 면하는 거실의 각 부위에는 제2조에 따라 건축물의 열손실방지 조치를 하여야 한다. 다만, 다음 부위에 대해서는 그러하지 아니할 수 있다.
        1) 지표면 아래 2미터를 초과하여 위치한 지하 부위(공동주택의 거실 부위는 제외)로서 이중벽의 설치 등 하계 표면결로 방지 조치를 한 경우
        2) 지면 및 토양에 접한 바닥 부위로서 난방공간의 외벽 내표면까지의 모든 수평거리가 10미터를 초과하는 바닥부위
        3) 외기에 간접 면하는 부위로서 당해 부위가 면한 비난방공간의 외기에 직접 또는 간접 면하는 부위를 별표1에 준하여 단열조치하는 경우
        4) 공동주택의 층간바닥(최하층 제외) 중 바닥난방을 하지 않는 현관 및 욕실의 바닥부위
        5) 방풍구조(외벽제외) 또는 바닥면적 150제곱미터 이하의 개별 점포의 출입문
        6) 「건축법 시행령」 별표1 제21호에 따른 동물 및 식물 관련 시설 중 작물재배사 또는 온실 등 지표면을 바닥으로 사용하는 공간의 바닥부위
        7) 「건축법」 제49조제3항에 따른 소방관진입창(단, 「건축물의 피난·방화구조 등의 기준에 관한 규칙」 제18조의2제1호를 만족하는 최소 설치 개소로 한정한다.)
    나. 단열조치를 하여야 하는 부위의 열관류율이 위치 또는 구조상의 특성에 의하여 일정하지 않는 경우에는 해당 부위의 평균 열관류율 값을 면적가중 계산에 의하여 구한다.
    다. 단열조치를 하여야 하는 부위에 대하여는 다음 각 호에서 정하는 방법에 따라 단열기준에 적합한지를 판단할 수 있다.
        1) 이 기준 별표3의 지역별·부위별·단열재 등급별 허용 두께 이상으로 설치하는 경우(단열재의 등급 분류는 별표2에 따름) 적합한 것으로 본다.
        2) 해당 벽·바닥·지붕 등의 부위별 전체 구성재료와 동일한 시료에 대하여 KS F2277(건축용 구성재의 단열성 측정방법)에 의한 열저항 또는 열관류율 측정값(시험성적서의 값)이 별표1의 부위별 열관류율에 만족하는 경우에는 적합한 것으로 보며, 시료의 공기층(단열재 내부의 공기층 포함) 두께와 동일하면서 기타 구성재료의 두께가 시료보다 증가한 경우와 공기층을 제외한 시료에 대한 측정값이 기준에 만족하고 시료 내부에 공기층을 추가하는 경우에도 적합한 것으로 본다. 단, 공기층이 포함된 경우에는 시공 시에 공기층 두께를 동일하게 유지하여야 한다.
        3) 구성재료의 열전도율 값으로 열관류율을 계산한 결과가 별표1의 부위별 열관류율 기준을 만족하는

경우 적합한 것으로 본다.(단, 각 재료의 열전도율 값은 한국산업규격 또는 시험성적서의 값을 사용하고, 표면열전달저항 및 중공층의 열저항은 이 기준 별표5 및 별표6에서 제시하는 값을 사용)
   4) 창 및 문의 경우 KS F 2278(창호의 단열성 시험 방법)에 의한 시험성적서 또는 별표4에 의한 열관류율 값 또는 산업통상자원부고시「효율관리기자재 운용규정」에 따른 창 세트의 열관류율 표시값 또는 ISO 15099에 따라 계산된 창 및 문의 열관류율 값이 별표1의 열관류율 기준을 만족하는 경우 적합한 것으로 본다.
   5) 열관류율 또는 열관류저항의 계산결과는 소수점 3자리로 맺음을 하여 적합 여부를 판정한다.(소수점 4째 자리에서 반올림)
  라. 별표1 건축물부위의 열관류율 산정을 위한 단열재의 열전도율 값은 KS L 9016 및 KS L 8301(또는 KS L 8302) 측정방법에 따른 시험성적서에 의한 값을 사용하되 열전도율 시험을 위한 시료의 평균온도는 20±5℃로 한다.
  마. 수평면과 이루는 각이 70도를 초과하는 경사지붕은 별표1에 따른 외벽의 열관류율을 적용할 수 있다.
  바. 바닥난방을 하는 공간의 하부가 바닥난방을 하지 않는 공간일 경우에는 당해 바닥난방을 하는 바닥부위는 별표1의 최하층에 있는 거실의 바닥으로 보며 외기에 간접 면하는 경우의 열관류율 기준을 만족하여야 한다.
2. 에너지절약계획서 및 설계 검토서 제출대상 건축물은 별지 제1호 서식 에너지절약계획 설계 검토서 중 에너지성능지표(이하 "에너지성능지표"라 한다) 건축부문 1번 항목 배점을 0.6점 이상 획득하여야 한다.
3. 바닥난방에서 단열재의 설치
  가. 바닥난방 부위에 설치되는 단열재는 바닥난방의 열이 슬래브 하부로 손실되는 것을 막을 수 있도록 온수배관(전기난방인 경우는 발열선) 하부와 슬래브 사이에 설치하고, 온수배관(전기난방인 경우는 발열선) 하부와 슬래브 사이에 설치되는 구성 재료의 열저항의 합계는 해당 바닥에 요구되는 총열관류저항(별표1에서 제시되는 열관류율의 역수)의 60% 이상이 되어야 한다. 다만, 바닥난방을 하는 욕실 및 현관부위와 슬래브의 축열을 직접 이용하는 심야전기이용 온돌 등(한국전력의 심야전력이용기기 승인을 받은 것에 한한다)의 경우에는 단열재의 위치가 그러하지 않을 수 있다.
4. 기밀 및 결로방지 등을 위한 조치
  가. 벽체 내표면 및 내부에서의 결로를 방지하고 단열재의 성능 저하를 방지하기 위하여 제2조에 의하여 단열조치를 하여야 하는 부위(창 및 문과 난방공간 사이의 층간 바닥 제외)에는 방습층을 단열재의 실내측에 설치하여야 한다.
  나. 방습층 및 단열재가 이어지는 부위 및 단부는 이음 및 단부를 통한 투습을 방지할 수 있도록 다음과 같이 조치하여야 한다.
   1) 단열재의 이음부는 최대한 밀착하여 시공하거나, 2장을 엇갈리게 시공하여 이음부를 통한 단열성능 저하가 최소화될 수 있도록 조치할 것
   2) 방습층으로 알루미늄박 또는 플라스틱계 필름 등을 사용할 경우의 이음부는 100㎜ 이상 중첩하고 내습성 테이프, 접착제 등으로 기밀하게 마감할 것
   3) 단열부위가 만나는 모서리 부위는 방습층 및 단열재가 이어짐이 없이 시공하거나 이어질 경우 이음부를 통한 단열성능 저하가 최소화되도록 하며, 알루미늄박 또는 플라스틱계 필름 등을 사용할 경우의 모서리 이음부는 150㎜ 이상 중첩되게 시공하고 내습성 테이프, 접착제 등으로 기밀하게 마감할 것
   4) 방습층의 단부는 단부를 통한 투습이 발생하지 않도록 내습성 테이프, 접착제 등으로 기밀하게 마감할 것
  다. 건축물 외피 단열부위의 접합부, 틈 등은 밀폐될 수 있도록 코킹과 가스켓 등을 사용하여 기밀하게 처리하여야 한다.
  라. 외기에 직접 면하고 1층 또는 지상으로 연결된 출입문은 방풍구조로 하여야 한다. 다만, 다음 각 호에 해당하는 경우에는 그러하지 않을 수 있다.
   1) 바닥면적 3백 제곱미터 이하의 개별 점포의 출입문
   2) 주택의 출입문(단, 기숙사는 제외)
   3) 사람의 통행을 주목적으로 하지 않는 출입문
   4) 너비 1.2미터 이하의 출입문
  마. 방풍구조를 설치하여야 하는 출입문에서 회전문과 일반문이 같이 설치되어진 경우, 일반문 부위는 방풍실 구조의 이중문을 설치하여야 한다.
  바. 건축물의 거실의 창이 외기에 직접 면하는 부위인 경우에는 기밀성 창을 설치하여야 한다.

5. 영 제10조의2에 해당하는 공공건축물을 건축 또는 리모델링하는 경우 법 제14조의 2 제1항에 따라 에너지성능지표건축부문 7번 항목배점을 0.6점 이상 획득하여야 한다. 다만, 제로에너지건축물인증을 취득한 경우 또는 제21조제2항에 따라 단위면적당 1차에너지소요량의 합계가 적합할 경우에는 그러하지 아니할 수 있다.

제7조(건축부문의 권장사항) 에너지절약계획서 제출대상 건축물의 건축주와 설계자 등은 다음 각 호에서 정하는 사항을 제15조의 규정에 적합하도록 선택적으로 채택할 수 있다.
1. 배치계획
    가. 건축물은 대지의 향, 일조 및 주풍향 등을 고려하여 배치하며, 남향 또는 남동향 배치를 한다.
    나. 공동주택은 인동간격을 넓게 하여 저층부의 태양열 취득을 최대한 증대시킨다.
2. 평면계획
    가. 거실의 층고 및 반자 높이는 실의 용도와 기능에 지장을 주지 않는 범위 내에서 가능한 낮게 한다.
    나. 건축물의 체적에 대한 외피면적의 비 또는 연면적에 대한 외피면적의 비는 가능한 작게 한다.
    다. 실의 냉난방 설정온도, 사용스케줄 등을 고려하여 에너지절약적 조닝계획을 한다.
3. 단열계획
    가. 건축물 용도 및 규모를 고려하여 건축물 외벽, 천장 및 바닥으로의 열손실이 최소화되도록 설계한다.
    나. 외벽 부위는 외단열로 시공한다.
    다. 외피의 모서리 부분은 열교가 발생하지 않도록 단열재를 연속적으로 설치하고, 기타 열교부위는 별표11의 외피 열교부위별 선형 열관류율 기준에 따라 충분히 단열되도록 한다.
    라. 건물의 창 및 문은 가능한 작게 설계하고, 특히 열손실이 많은 북측 거실의 창 및 문의 면적은 최소화한다.
    마. 발코니 확장을 하는 공동주택이나 창 및 문의 면적이 큰 건물에는 단열성이 우수한 로이(Low-E) 복층창이나 삼중창 이상의 단열성능을 갖는 창을 설치한다.
    바. 태양열 유입에 의한 냉·난방부하를 저감 할 수 있도록 일사조절장치, 태양열취득률(SHGC), 창 및 문의 면적비 등을 고려한 설계를 한다. 건축물 외부에 일사조절장치를 설치하는 경우에는 비, 바람, 눈, 고드름 등의 낙하 및 화재 등의 사고에 대비하여 안전성을 검토하고 주변 건축물에 빛반사에 의한 피해 영향을 고려하여야 한다.
    사. 건물 옥상에는 조경을 하여 최상층 지붕의 열저항을 높이고, 옥상면에 직접 도달하는 일사를 차단하여 냉방부하를 감소시킨다.
4. 기밀계획
    가. 틈새바람에 의한 열손실을 방지하기 위하여 외기에 직접 또는 간접으로 면하는 거실 부위에는 기밀성 창 및 문을 사용한다.
    나. 공동주택의 외기에 접하는 주동의 출입구와 각 세대의 현관은 방풍구조로 한다.
    다. 기밀성을 높이기 위하여 외기에 직접 면한 거실의 창 및 문 등 개구부 둘레를 기밀테이프 등을 활용하여 외기가 침입하지 못하도록 기밀하게 처리한다.
5. 자연채광계획
    가. 자연채광을 적극적으로 이용할 수 있도록 계획한다. 특히 학교의 교실, 문화 및 집회시설의 공용부분(복도, 화장실, 휴게실, 로비 등)은 1면 이상 자연채광이 가능하도록 한다.
    나. 삭제
    다. 삭제
    라. 삭제
6. 삭제

제2절 기계설비부문 설계기준

제8조(기계부문의 의무사항) 에너지절약계획서 제출대상 건축물의 건축주와 설계자 등은 다음 각 호에서 정하는 기계부문의 설계기준을 따라야 한다.
1. 설계용 외기조건 : 난방 및 냉방설비의 용량계산을 위한 외기조건은 각 지역별로 위험률 2.5%(냉방기 및 난방기를 분리한 온도출현분포를 사용할 경우) 또는 1%(연간 총시간에 대한 온도출현 분포를 사용할 경우)로 하거나 별표7에서 정한 외기온·습도를 사용한다. 별표7 이외의 지역인 경우에는 상기 위험률을 기준으로 하여 가장 유사한 기후조건을 갖는 지역의 값을 사용한다. 다만, 지역난방공급방식을 채택할 경우에는 산업통상자원부 고시 「집단에너지시설의 기술기준」에 의하여 용량계산을 할 수 있다.

2. 열원 및 반송설비
    가. 공동주택에 중앙집중식 난방설비(집단에너지사업법에 의한 지역난방공급방식을 포함한다)를 설치하는 경우에는「주택건설기준 등에 관한 규정」제37조의 규정에 적합한 조치를 하여야 한다.
    나. 펌프는 한국산업규격(KS B 6318, 7501, 7505 등) 표시인증제품 또는 KS규격에서 정해진 효율 이상의 제품을 설치하여야 한다.
    다. 기기배관 및 덕트는 국토교통부에서 정하는「국가건설기준 기계설비공사 표준시방서」의 보온두께 이상 또는 그 이상의 열저항을 갖도록 단열조치를 하여야 한다. 다만, 건축물내의 벽체 또는 바닥에 매립되는 배관 등은 그러하지 아니할 수 있다.
3. 「공공기관 에너지이용 합리화 추진에 관한 규정」제10조의 규정을 적용받는 건축물의 경우에는 에너지성능지표 기계부문 10번 항목 배점을 0.6점 이상 획득하여야 한다.
4. 영 제10조의2에 해당하는 공공건축물을 건축 또는 리모델링하는 경우 법 제14조의2제2항에 따라 에너지성능지표 기계부문 1번 및 2번 항목 배점을 0.9점 이상 획득하여야 한다.

제9조(기계부문의 권장사항) 에너지절약계획서 제출대상 건축물의 건축주와 설계자 등은 다음 각 호에서 정하는 사항을 제15조의 규정에 적합하도록 선택적으로 채택할 수 있다.
1. 설계용 실내온도 조건
    난방 및 냉방설비의 용량계산을 위한 설계기준 실내온도는 난방의 경우 20℃, 냉방의 경우 28℃를 기준으로 하되(목욕장 및 수영장은 제외) 각 건축물 용도 및 개별 실의 특성에 따라 별표8에서 제시된 범위를 참고하여 설비의 용량이 과다해지지 않도록 한다.
2. 열원설비
    가. 열원설비는 부분부하 및 전부하 운전효율이 좋은 것을 선정한다.
    나. 난방기기, 냉방기기, 냉동기, 송풍기, 펌프 등은 부하조건에 따라 최고의 성능을 유지할 수 있도록 대수분할 또는 비례제어운전이 되도록 한다.
    다. 난방기기, 냉방기기, 급탕기기는 고효율제품 또는 이와 동등 이상의 효율을 가진 제품을 설치한다.
    라. 보일러의 배출수·폐열·응축수 및 공조기의 폐열, 생활배수 등의 폐열을 회수하기 위한 열회수설비를 설치한다. 폐열회수를 위한 열회수설비를 설치할 때에는 중간기에 대비한 바이패스(by-pass)설비를 설치한다.
    마. 냉방기기는 전력피크 부하를 줄일 수 있도록 하여야 하며, 상황에 따라 심야전기를 이용한 축열·축냉시스템, 가스 및 유류를 이용한 냉방설비, 집단에너지를 이용한 지역냉방방식, 소형열병합발전을 이용한 냉방방식, 신·재생에너지를 이용한 냉방방식을 채택한다.
3. 공조설비
    가. 중간기 등에 외기도입에 의하여 냉방부하를 감소시키는 경우에는 실내 공기질을 저하시키지 않는 범위 내에서 이코노마이저시스템 등 외기냉방시스템을 적용한다. 다만, 외기냉방시스템의 적용이 건축물의 총에너지비용을 감소시킬 수 없는 경우에는 그러하지 아니한다.
    나. 공기조화기 팬은 부하변동에 따른 풍량제어가 가능하도록 가변익축류방식, 흡입베인제어방식, 가변속제어방식 등 에너지절약적 제어방식을 채택한다.
4. 반송설비
    가. 냉방 또는 난방 순환수 펌프, 냉각수 순환 펌프는 운전효율을 증대시키기 위해 가능한 한 대수제어 또는 가변속제어방식을 채택하여 부하상태에 따라 최적 운전상태가 유지될 수 있도록 한다.
    나. 급수용 펌프 또는 급수가압펌프의 전동기에는 가변속제어방식 등 에너지절약적 제어방식을 채택한다.
    다. 공조용 송풍기, 펌프는 효율이 높은 것을 채택한다.
5. 환기 및 제어설비
    가. 환기를 통한 에너지손실 저감을 위해 성능이 우수한 열회수형환기장치를 설치한다.
    나. 기계환기설비를 사용하여야 하는 지하주차장의 환기용 팬은 대수제어 또는 풍량조절(가변익, 가변속도), 일산화탄소(CO)의 농도에 의한 자동(on-off)제어 등의 에너지절약적 제어방식을 도입한다.
    다. 건축물의 효율적인 기계설비 운영을 위해 TAB 또는 커미셔닝을 실시한다.
    라. 에너지 사용설비는 에너지절약 및 에너지이용 효율의 향상을 위하여 컴퓨터에 의한 자동제어시스템 또는 네트워킹이 가능한 현장제어장치 등을 사용한 에너지제어시스템을 채택하거나, 분산제어 시스템으로서 각 설비별 에너지제어 시스템에 개방형 통신기술을 채택하여 설비별 제어 시스템간 에너지관리 데이터의 호환과 집중제어가 가능하도록 한다.

제3절 전기설비부문 설계기준

제10조(전기부문의 의무사항) 에너지절약계획서 제출대상 건축물의 건축주와 설계자 등은 다음 각 호에서 정하는 전기부문의 설계기준을 따라야 한다.

1. 수변전설비
   가. 변압기를 신설 또는 교체하는 경우에는 고효율제품으로 설치하여야 한다.
2. 간선 및 동력설비
   가. 전동기에는 기본공급약관 시행세칙 별표6에 따른 역률개선용커패시터(콘덴서)를 전동기별로 설치하여야 한다. 다만, 소방설비용 전동기 및 인버터 설치 전동기에는 그러하지 아니할 수 있다.
   나. 간선의 전압강하는 한국전기설비규정을 따라야 한다.
3. 조명설비
   가. 조명기기 중 안정기내장형램프, 형광램프를 채택할 때에는 산업통상자원부 고시 「효율관리기자재 운용규정」에 따른 최저소비효율기준을 만족하는 제품을 사용하고, 유도등 및 주차장 조명기기는 고효율제품에 해당하는 LED 조명을 설치하여야 한다.
   나. 공동주택 각 세대내의 현관 및 숙박시설의 객실 내부입구, 계단실의 조명기구는 인체감지점멸형 또는 일정시간 후에 자동 소등되는 조도자동조절조명기구를 채택하여야 한다.
   다. 조명기구는 필요에 따라 부분조명이 가능하도록 점멸회로를 구분하여 설치하여야 하며, 일사광이 들어오는 창측의 전등군은 부분점멸이 가능하도록 설치한다. 다만, 공동주택은 그러하지 않을 수 있다.
   라. 공동주택의 효율적인 조명에너지 관리를 위하여 세대별로 일괄적 소등이 가능한 일괄소등스위치를 설치하여야 한다. 다만, 전용면적 60제곱미터 이하인 주택의 경우에는 그러하지 않을 수 있다.
4. 영 제10조의2에 해당하는 공공건축물을 건축 또는 리모델링하는 경우 법 제14조의2제2항에 따라 에너지성능지표 전기설비부문 8번 항목 배점을 0.6점 이상 획득하여야 한다.
5. 「공공기관 에너지이용 합리화 추진에 관한 규정」 제6조제3항의 규정을 적용받는 건축물의 경우에는 에너지성능지표 전기설비부문 8번 항목 배점을 1점 획득하여야 한다.

제11조(전기부문의 권장사항) 에너지절약계획서 제출대상 건축물의 건축주와 설계자 등은 다음 각 호에서 정하는 사항을 제15조의 규정에 적합하도록 선택적으로 채택할 수 있다.

1. 수변전설비
   가. 변전설비는 부하의 특성, 수용률, 장래의 부하증가에 따른 여유율, 운전조건, 배전방식을 고려하여 용량을 산정한다.
   나. 부하특성, 부하종류, 계절부하 등을 고려하여 변압기의 운전대수제어가 가능하도록 뱅크를 구성한다.
   다. 수전전압 25kV 이하의 수전설비에서는 변압기의 무부하손실을 줄이기 위하여 충분한 안전성이 확보된다면 직접강압방식을 채택하며 건축물의 규모, 부하특성, 부하용량, 간선손실, 전압강하 등을 고려하여 손실을 최소화할 수 있는 변압방식을 채택한다.
   라. 전력을 효율적으로 이용하고 최대수용전력을 합리적으로 관리하기 위하여 최대수요전력 제어설비를 채택한다.
   마. 역률개선용커패시터(콘덴서)를 집합 설치하는 경우에는 역률자동조절장치를 설치한다.
   바. 건축물의 사용자가 합리적으로 전력을 절감할 수 있도록 층별 및 임대 구획별로 전력량계를 설치한다.
2. 조명설비
   가. 옥외등은 고효율제품인 LED 조명을 사용하고, 옥외등의 조명회로는 격등 점등(또는 조도조절 기능) 및 자동점멸기에 의한 점멸이 가능하도록 한다.
   나. 공동주택의 지하주차장에 자연채광용 개구부가 설치되는 경우에는 주위 밝기를 감지하여 전등군별로 자동 점멸되거나 스케줄제어가 가능하도록 하여 조명전력이 효과적으로 절감될 수 있도록 한다.
   다. LED 조명기구는 고효율제품을 설치한다.
   라. KS A 3011에 의한 작업면 표준조도를 확보하고 효율적인 조명설계에 의한 전력에너지를 절약한다.
   마. 효율적인 조명에너지 관리를 위하여 층별 또는 구역별로 일괄 소등이 가능한 일괄소등스위치를 설치한다.
3. 제어설비
   가. 여러 대의 승강기가 설치되는 경우에는 군관리 운행방식을 채택한다.
   나. 팬코일유닛이 설치되는 경우에는 전원의 방위별, 실의 용도별 통합제어가 가능하도록 한다.
   다. 수변전설비는 종합감시제어 및 기록이 가능한 자동제어설비를 채택한다.
   라. 실내 조명설비는 군별 또는 회로별로 자동제어가 가능하도록 한다.

마. 승강기에 회생제동장치를 설치한다.
　　바. 사용하지 않는 기기에서 소비하는 대기전력을 저감하기 위해 대기전력자동차단장치를 설치한다.
4. 건축물에너지관리시스템(BEMS)이 설치되는 경우에는 「제로에너지건축물인증기준」 별표1의2에 따라 센서·계측장비, 분석소프트웨어 등이 포함되도록 한다.
5. 삭제
6. 삭제

제4절 신·재생에너지설비부문 설계기준

제12조(신·재생에너지 설비부문의 의무사항) 에너지절약계획서 제출대상 건축물에 신·재생에너지설비를 설치하는 경우 「신에너지 및 재생에너지 개발·이용·보급 촉진법」에 따른 산업통상자원부 고시 「신·재생에너지 설비의 지원 등에 관한 규정」을 따라야 한다.

제12조의2(신·재생에너지 설비부문의 권장사항) 에너지절약계획서 제출대상 건축물의 건축주와 설계자 등은 난방, 냉방, 급탕 및 조명에너지 공급 설계 시 신·재생에너지를 제15조의 규정에 적합하도록 선택적으로 채택할 수 있다.

제3장 에너지절약계획서 및 설계 검토서 작성기준

제13조(에너지절약계획서 및 설계 검토서 작성) 에너지절약 설계 검토서는 별지 제1호 서식에 따라 에너지절약설계기준 의무사항 및 에너지성능지표, 건축물 에너지소요량 평가서로 구분된다. 에너지절약계획서를 제출하는 자는 에너지절약계획서 및 설계 검토서(에너지절약설계기준 의무사항 및 에너지성능지표, 건축물에너지소요량 평가서)의 판정자료를 제시(전자문서로 제출하는 경우를 포함한다)하여야 한다. 다만, 자료를 제시할 수 없는 경우에는 부득이 당해 건축사 및 설계에 협력하는 해당분야 기술사(기계 및 전기)가 서명·날인한 설치예정확인서로 대체할 수 있다.

제14조(에너지절약설계기준 의무사항의 판정) 에너지절약설계기준 의무사항은 전 항목 채택 시 적합한 것으로 본다.

제15조(에너지성능지표의 판정) ① 에너지성능지표는 평점합계가 65점 이상일 경우 적합한 것으로 본다. 다만, 공공기관이 신축하는 건축물(별동으로 증축하는 건축물을 포함한다)은 74점 이상일 경우 적합한 것으로 본다.
② 에너지성능지표의 각 항목에 대한 배점의 판단은 에너지절약계획서 제출자가 제시한 설계도면 및 자료에 의하여 판정하며, 판정 자료가 제시되지 않을 경우에는 적용되지 않은 것으로 간주한다.

제4장 건축기준의 완화 적용

제16조(완화기준) 영 제11조제2항에 따라 건축물에 적용할 수 있는 세부 완화기준은 별표9에 따르며, 건축주가 건축기준의 완화적용을 신청하는 경우에 한해서 적용한다.

제17조(완화기준의 적용방법) ① 완화기준의 적용은 당해 용도구역 및 용도지역에 지방자치단체 조례에서 정한 최대 용적률의 제한기준, 건축물 최대높이의 제한 기준에 대하여 다음 각 호의 방법에 따라 적용한다.
1. 용적률 적용방법
　「법 및 조례에서 정하는 기준 용적률」×[1+완화기준]
2. 건축물 높이제한 적용방법
　「법 및 조례에서 정하는 건축물의 최고높이」×[1+완화기준]
② 삭제

제18조(완화기준의 신청 등) ① 완화기준을 적용받고자 하는 자(이하 "신청인"이라 한다)는 건축허가 또는 사업계획승인 신청 시 허가권자에게 별지 제2호 서식의 완화기준 적용 신청서 및 관계 서류를 첨부하여 제출하여야 한다.
② 이미 건축허가를 받은 건축물의 건축주 또는 사업주체도 허가변경을 통하여 완화기준 적용 신청을 할 수 있다.
③ 신청인의 자격은 건축주 또는 사업주체로 한다.
④ 완화기준의 신청을 받은 허가권자는 신청내용의 적합성을 지방건축위원회 심의를 통해 검토하고, 신청자가 신청내용을 이행하도록 허가조건에 명시하여 허가하여야 한다.

제19조(인증의 취득) ① 신청인이 인증에 의해 완화기준을 적용받고자 하는 경우에는 인증기관으로부터 예비인증을 받아야 한다.

② 완화기준을 적용받은 건축주 또는 사업주체는 건축물의 사용승인 신청 이전에 본인증을 취득하여 사용승인 신청 시 허가권자에게 인증서 사본을 제출하여야 한다. 단, 본인증의 등급은 예비인증 등급 이상으로 취득하여야 한다.

제20조(이행여부 확인) ① 인증취득을 통해 완화기준을 적용받은 경우에는 본인증서를 제출하는 것으로 이행한 것으로 본다.

② 이행여부 확인결과 건축주가 본인증서를 제출하지 않은 경우 허가권자는 사용승인을 거부할 수 있으며, 완화적용을 받기 이전의 해당 기준에 맞게 건축하도록 명할 수 있다.

제5장 건축물 에너지 소비 총량제

제21조(건축물의 에너지소요량의 평가대상 및 에너지소요량 평가서의 판정) ① 신축 또는 별동으로 증축하는 경우로서 다음 각 호의 어느 하나에 해당하는 건축물은 1차 에너지소요량 등을 평가하여 별지 제1호 서식에 따른 건축물 에너지소요량 평가서를 제출하여야 한다.
1. 「건축법 시행령」 별표1에 따른 업무시설 중 연면적의 합계가 3천 제곱미터 이상인 건축물
2. 「건축법 시행령」 별표1에 따른 교육연구시설 중 연면적의 합계가 3천 제곱미터 이상인 건축물
3. 삭제

② 건축물의 에너지소요량 평가서는 단위면적당 1차 에너지소요량의 합계가 200kWh/㎡년 미만일 경우 적합한 것으로 본다. 다만, 공공기관 건축물은 140kWh/㎡년 미만일 경우 적합한 것으로 본다.

제22조(건축물의 에너지소요량의 평가방법) 건축물 에너지소요량은 ISO 52016 등 국제규격에 따라 난방, 냉방, 급탕, 조명, 환기 등에 대해 종합적으로 평가하도록 제작된 프로그램에 따라 산출된 연간 단위면적당 1차 에너지소요량 등으로 평가하며, 별표10의 평가기준과 같이 한다.

[별표 1] 지역별 건축물 부위의 열관류율표

(단위 : W/㎡·K)

건축물의 부위				중부1지역[1]	중부2지역[2]	남부지역[3]	제주도
거실의 외벽	외기에 직접 면하는 경우	공동주택		0.150 이하	0.170 이하	0.220 이하	0.290 이하
		공동주택 외		0.170 이하	0.240 이하	0.320 이하	0.410 이하
	외기에 간접 면하는 경우	공동주택		0.210 이하	0.240 이하	0.310 이하	0.410 이하
		공동주택 외		0.240 이하	0.340 이하	0.450 이하	0.560 이하
최상층에 있는 거실의 반자 또는 지붕	외기에 직접 면하는 경우			0.150 이하		0.180 이하	0.250 이하
	외기에 간접 면하는 경우			0.210 이하		0.260 이하	0.350 이하
최하층에 있는 거실의 바닥	외기에 직접 면하는 경우	바닥난방인 경우		0.150 이하	0.170 이하	0.220 이하	0.290 이하
		바닥난방이 아닌 경우		0.170 이하	0.200 이하	0.250 이하	0.330 이하
최하층에 있는 거실의 바닥	외기에 간접 면하는 경우	바닥난방인 경우		0.210 이하	0.240 이하	0.310 이하	0.410 이하
		바닥난방이 아닌 경우		0.240 이하	0.290 이하	0.350 이하	0.470 이하
바닥난방인 층간바닥				0.810 이하			
창 및 문	외기에 직접 면하는 경우	공동주택		0.900 이하	1.000 이하	1.200 이하	1.600 이하
		공동주택 외	창	1.300 이하	1.500 이하	1.800 이하	2.200 이하
			문	1.500 이하			
	외기에 간접 면하는 경우	공동주택		1.300 이하	1.500 이하	1.700 이하	2.000 이하
		공동주택 외	창	1.600 이하	1.900 이하	2.200 이하	2.800 이하
			문	1.900 이하			
공동주택 세대현관문 및 방화문	외기에 직접 면하는 경우 및 거실 내 방화문			1.400 이하			
	외기에 간접 면하는 경우			1.800 이하			

비고
1) 중부1지역 : 강원도(고성, 속초, 양양, 강릉, 동해, 삼척 제외), 경기도(연천, 포천, 가평, 남양주, 의정부, 양주, 동두천, 파주), 충청북도(제천), 경상북도(봉화, 청송)
2) 중부2지역 : 서울특별시, 대전광역시, 세종특별자치시, 인천광역시, 강원도(고성, 속초, 양양, 강릉, 동해, 삼척), 경기도(연천, 포천, 가평, 남양주, 의정부, 양주, 동두천, 파주 제외), 충청북도(제천 제외), 충청남도, 경상북도(봉화, 청송, 울진, 영덕, 포항, 경주, 청도, 경산 제외), 전북특별자치도, 경상남도(거창, 함양), 대구광역시(군위)
3) 남부지역 : 부산광역시, 대구광역시(군위 제외), 울산광역시, 광주광역시, 전라남도, 경상북도(울진, 영덕, 포항, 경주, 청도, 경산), 경상남도(거창, 함양 제외)

[별표 2] 단열재의 등급 분류

등급 분류	열전도율의 범위 (KS L 9016, KS L ISO 8301 Ehsms 8302에 의한 20±5℃ 시험조건)	관련 표준	단열재 종류
가	0.034 W/mK 이하	KS M 3808	- 압출법보온판 특호, 1호, 2호, 3호 - 비드법보온판 2종 1호, 2호, 3호, 4호
		KS M 3809	- 경질우레탄폼보온판 1종 1호, 2호, 3호 및 2종 1호, 2호, 3호
		KS M ISO 4898	- 압출법보온판 Ⅰ종(A-1, A-2), Ⅱ종(A, B-1, B-2), Ⅲ종(A, B-2, C) - 비드법보온판 Ⅰ종 A-1, Ⅱ종 A-1, Ⅲ종 (A-1, A-2, B) - 경질우레탄폼보온판 Ⅰ종(A, B, C, D, E), Ⅱ종(A, B, C), Ⅲ종(A, B, C) - 페놀 폼 Ⅰ종(A, C, D), Ⅱ종 A
		KS L 9102	- 그라스울 보온판 48K, 64K, 80K, 96K, 120K
		KS M 3871-1	- 분무식 중밀도 폴리우레탄 폼 1종(A, B), 2종(A, B)
		KS F 5660	- 폴리에스테르 흡음 단열재 1급
		기타 단열재로서 열전도율이 0.034 W/mK 이하인 경우	
나	0.035~0.040 W/mK	KS M 3808	- 비드법보온판 1종 1호, 2호, 3호
		KS M ISO 4898	- 비드법보온판 Ⅰ종 A-2, Ⅱ종 (A-2, B), Ⅲ종 C - 페놀 폼 Ⅰ종B, Ⅱ종B, Ⅲ종A
		KS L 9102	- 미네랄울 보온판 1호, 2호, 3호 - 그라스울 보온판 24K, 32K, 40K
		KS M 3871-1	- 분무식 중밀도 폴리우레탄 폼 1종(C)
		KS F 5660	- 폴리에스테르 흡음 단열재 2급
		기타 단열재로서 열전도율이 0.035~0.040 W/mK 이하인 경우	
다	0.041~0.046 W/mK	KS M 3808	- 비드법보온판 1종 4호
		KS M ISO 4898	- 비드법보온판 Ⅰ종(B, C)
		KS F 5660	- 폴리에스테르 흡음 단열재 3급
		기타 단열재로서 열전도율이 0.041~0.046 W/mK 이하인 경우	
라	0.047~0.051 W/mK	기타 단열재로서 열전도율이 0.047~0.051 W/mK 이하인 경우	

※ 단열재의 등급분류는 단열재의 열전도율의 범위에 따라 등급을 분류한다.

[별표 7] 냉·난방설비의 용량계산을 위한 설계 외기온·습도 기준

구분 도시명	냉 방		난 방	
	건구온도(℃)	습구온도(℃)	건구온도(℃)	상대습도(%)
서울	31.2	25.5	−11.3	63
인천	30.1	25.0	−10.4	58
수원	31.2	25.5	−12.4	70
춘천	31.6	25.2	−14.7	77
강릉	31.6	25.1	−7.9	42
대전	32.3	25.5	−10.3	71
청주	32.5	25.8	−12.1	76
전주	32.4	25.8	−8.7	72
서산	31.1	25.8	−9.6	78
광주	31.8	26.0	−6.6	70
대구	33.3	25.8	−7.6	61
부산	30.7	26.2	−5.3	46
진주	31.6	26.3	−8.4	76
울산	32.2	26.8	−7.0	70
포항	32.5	26.0	−6.4	41
목포	31.1	26.3	−4.7	75
제주	30.9	26.3	0.1	70

건축물의 냉방설비에 대한 설치 및 설계기준

[시행 2024. 7. 1.] [산업통상자원부고시 제2024-111호, 2024. 7. 1., 일부개정]

제1장 총칙

제1조(목적) 이 고시는 에너지이용합리화를 위하여 건축물의 냉방설비에 대한 설치 및 설계기준과 이의 시행에 필요한 사항을 정함을 목적으로 한다.

제2조(적용범위) 이 고시는 제4조의 규정에 따른 대상 건축물 중 신축, 개축, 재축 또는 별동으로 증축하는 건축물의 냉방설비에 대하여 적용한다.

제3조(정의) 이 고시에서 사용하는 용어의 정의는 다음 각 호와 같다.
1. "축냉식 전기냉방설비"라 함은 심야시간에 전기를 이용하여 축냉재(물, 얼음 또는 포접화합물과 공융염 등의 상변화물질)에 냉열을 저장하였다가 이를 심야시간 이외의 시간(이하 "그 밖의 시간"이라 한다)에 냉방에 이용하는 설비로서 이러한 냉열을 저장하는 설비(이하 "축열조"라 한다)·냉동기·브라인펌프·냉각수펌프 또는 냉각탑 등의 부대설비(제6호의 규정에 의한 축열조 2차측 설비는 제외한다)를 포함하며, 다음 각목과 같이 구분한다.
   가. 빙축열식 냉방설비
   나. 수축열식 냉방설비
   다. 잠열축열식 냉방설비
2. "빙축열식 냉방설비"라 함은 심야시간에 얼음을 제조하여 축열조에 저장하였다가 그 밖의 시간에 이를 녹여 냉방에 이용하는 냉방설비를 말한다.
3. "수축열식 냉방설비"라 함은 심야시간에 물을 냉각시켜 축열조에 저장하였다가 그 밖의 시간에 이를 냉방에 이용하는 냉방설비를 말한다.
4. "잠열축열식 냉방설비"라 함은 포접화합물(Clathrate)이나 공융염(Eutectic Salt) 등의 상변화물질을 심야시간에 냉각시켜 동결한 후 그 밖의 시간에 이를 녹여 냉방에 이용하는 냉방설비를 말한다.
5. "심야시간"이라 함은 23:00부터 다음 날 09:00까지를 말한다. 다만, 한국전력공사에서 규정하는 심야시간이 변경될 경우는 그에 따라 상기 시간이 변경된다.
6. "2차측 설비"라 함은 저장된 냉열을 냉방에 이용할 경우에만 가동되는 냉수순환펌프, 공조용 순환펌프 등의 설비를 말한다.
7. "축냉방식"이라 함은 그 밖의 시간에 필요하여 냉방에 이용하는 열량(이하 "냉방열량"이라 한다)의 전부를 심야시간에 생산하여 축열조에 저장하였다가 이를 이용(이하 "전체축냉"이라 한다)하거나 냉방열량의 일부를 심야시간에 생산하여 축열조에 저장하였다가 이를 이용(이하 "부분축냉"이라 한다)하는 냉방방식을 말한다.
8. "축냉률"이라 함은 통계적으로 연중 최대냉방부하를 갖는 날을 기준으로 그 밖의 시간에 필요한 냉방열량 중에서 이용이 가능한 냉열량이 차지하는 비율을 말하며 백분율(%)로 표시한다.
9. "이용이 가능한 냉열량"이라 함은 축열조에 저장된 냉열량 중에서 열손실 등을 차감하고 실제로 냉방에 이용할 수 있는 열량을 말한다.
10. "가스를 이용한 냉방방식"이라 함은 가스(유류포함)를 사용하는 흡수식 냉동기 및 냉·온수기, 가스엔진구동 열펌프시스템을 말한다.
11. "지역냉방방식"이라 함은 집단에너지사업법에 의거 집단에너지사업허가를 받은 자가 공급하는 집단에너지를 주열원으로 사용하는 흡수식냉동기를 이용한 냉방방식과 지역냉수를 이용한 냉방방식을 말한다.
12. "신재생에너지를 이용한 냉방방식"이란 「신에너지 및 재생에너지 개발·이용·보급 촉진법」 제2조에 의해 정의된 신재생에너지를 이용한 냉방방식을 말한다.
13. "소형 열병합을 이용한 냉방방식"이라 함은 소형 열병합발전을 이용하여 전기를 생산하고, 폐열을 활용하여 냉방 등을 하는 설비를 말한다.
14. "중앙집중냉방설비"라 함은 건축물의 전부 또는 냉방면적의 60% 이상을 냉방함에 있어 해당 공간에 순환펌프, 송풍기 등을 이용하여 열원 등을 공급하는 설비를 말한다.

제2장 냉방설비의 설치기준

제4조(냉방설비의 설치대상 및 설비규모) "건축물의 설비기준 등에 관한 규칙" 제23조 제2항의 규정에 따라 다음 각 호에 해당하는 건축물에 중앙집중 냉방설비를 설치할 때에는 해당 건축물에 소요되는 주간 최대 냉방부하의 60% 이상을 심야전기를 이용한 축냉식, 가스를 이용한 냉방방식, 집단에너지사업허가를 받은 자로부터 공급되는 집단에너지를 이용한 지역냉방방식, 소형 열병합발전을 이용한 냉방방식, 신재생에너지를 이용한 냉방방식, 그 밖에 전기를 사용하지 아니한 냉방방식의 냉방설비로 수용하여야 한다. 다만, 「공공기관에너지 이용합리화 추진에 관한 규정」 제2조제1호에 해당하는 공공기관은 같은 규정 제10조에 따른다.

1. 건축법 시행령 별표1 제7호의 판매시설, 제10호의 교육연구시설 중 연구소, 제14호의 업무시설로서 해당 용도에 사용되는 바닥면적의 합계가 3천제곱미터 이상인 건축물
2. 건축법 시행령 별표1 제2호의 공동주택 중 기숙사, 제9호의 의료시설, 제12호의 수련시설 중 유스호스텔, 제15호의 숙박시설로서 해당 용도에 사용되는 바닥면적의 합계가 2천제곱미터 이상인 건축물
3. 건축법 시행령 별표1 제3호의 제1종 근린생활시설 중 목욕장, 제13호의 운동시설 중 수영장(실내에 설치되는 것에 한정한다)으로서 해당 용도에 사용되는 바닥면적의 합계가 1천제곱미터 이상인 건축물
4. 건축법 시행령 별표1 제5호의 문화 및 집회시설(동·식물원은 제외한다), 제6호의 종교시설, 제10호의 교육연구시설(연구소는 제외한다), 제28호의 장례식장으로서 해당 용도에 사용되는 바닥면적의 합계가 1만제곱미터 이상인 건축물

제5조(축냉식 전기냉방의 설치) 제4조의 규정에 따라 축냉식 전기냉방으로 설치할 때에는 전체 축냉방식 또는 축열률 40% 이상인 부분축냉방식으로 설치하여야 한다.

제3장 냉방설비의 설계기준

제6조(냉방설비의 설계) ① 제4조에 따른 축냉식 전기냉방설비의 설계기준은 별표 1에 따른다.
② 제4조에 따른 가스를 이용한 냉방설비의 설계기준은 별표 2에 따른다.

제4장 보칙

제7조(냉방설비에 대한 운전실적 점검) 냉방용 전력수요의 첨두부하를 극소화하기 위하여 산업통상자원부장관은 필요하다고 인정되는 기간(연중 10일 이내)에 산업통상자원부장관이 정하는 공공기관 등으로 하여금 축냉식 전기냉방설비의 운전실적 등을 점검하게 할 수 있다.

녹색건축 인증에 관한 규칙

[시행 2024. 7. 10.] [국토교통부령 제1357호, 2024. 7. 10., 일부개정]
[시행 2024. 7. 10.] [환경부령 제1107호, 2024. 7. 10., 일부개정]]

제1조(목적) 이 규칙은「녹색건축물 조성 지원법」제16조제6항 및 제19조제1항에 따라 녹색건축 인증 대상 건축물의 종류, 인증기준 및 인증절차, 인증유효기간, 수수료, 인증기관 및 운영기관의 지정 기준, 지정 절차, 업무범위, 인증받은 건축물에 대한 점검이나 실태조사 및 인증 결과의 표시 방법, 인증기관지정의 취소 및 업무정지에 관하여 위임된 사항과 그 시행에 필요한 사항을 규정함을 목적으로 한다.

제2조(적용대상) 「녹색건축물 조성 지원법」(이하 "법"이라 한다) 제16조제4항에 따른 녹색건축 인증은「건축법」제2조제1항제2호에 따른 건축물을 대상으로 한다. 다만, 「국방·군사시설 사업에 관한 법률」제2조제4호에 따른 군부대주둔지 내의 국방·군사시설은 제외한다.

제3조(운영기관의 지정 등) ① 국토교통부장관은 법 제23조에 따라 녹색건축센터로 지정된 기관 중에서 운영기관을 지정하여 관보에 고시하여야 한다.
② 국토교통부장관은 제1항에 따라 운영기관을 지정하려는 경우에는 환경부장관과 협의하여야 한다.
③ 운영기관은 다음 각 호의 업무를 수행한다.
  1. 인증관리시스템의 운영에 관한 업무
  2. 인증기관의 심사 결과 검토에 관한 업무
  3. 인증제도의 홍보, 교육, 컨설팅, 조사·연구 및 개발 등에 관한 업무
  4. 인증제도의 개선 및 활성화를 위한 업무
  5. 심사전문인력의 교육, 관리 및 감독에 관한 업무
  6. 인증 관련 통계 분석 및 활용에 관한 업무
  7. 인증제도의 운영과 관련하여 국토교통부장관 또는 환경부장관이 요청하는 업무
④ 운영기관의 장은 다음 각 호의 구분에 따른 시기까지 운영기관의 사업내용을 국토교통부장관과 환경부장관에게 각각 보고하여야 한다.
  1. 전년도 사업추진 실적과 그 해의 사업계획 : 매년 1월 31일까지
  2. 분기별 인증 현황 : 매 분기 말일을 기준으로 다음 달 15일까지

제4조(인증기관의 지정) ① 국토교통부장관은 법 제16조제2항에 따라 인증기관을 지정하려는 경우에는 환경부장관과 협의하여 지정 신청 기간을 정하고, 그 기간이 시작되는 날의 3개월 전까지 신청 기간 등 인증기관 지정에 관한 사항을 공고하여야 한다.
② 인증기관으로 지정을 받으려는 자는 다음 각 호의 요건을 모두 갖춰야 한다.
  1. 인증업무를 수행할 전담조직을 구성하고 업무수행체계를 수립할 것
  2. 별표 1의 전문분야(이하 "해당 전문분야"라 한다) 중 5개 이상의 분야에서 각 분야별로 다음 각 목의 어느 하나에 해당하는 1명 이상의 사람을 상근(常勤) 심사전문인력으로 보유할 것
    가. 「건축사법」에 따른 건축사 자격을 취득한 사람
    나. 「국가기술자격법」에 따른 해당 전문분야의 기술사 자격을 취득한 사람
    다. 「국가기술자격법」에 따른 해당 전문분야의 기사 자격을 취득한 후 7년 이상 해당 업무를 수행한 사람
    라. 해당 전문분야의 박사학위를 취득한 후 1년 이상 해당 업무를 수행한 사람
    마. 해당 전문분야의 석사학위를 취득한 후 6년 이상 해당 업무를 수행한 사람
    바. 해당 전문분야의 학사학위를 취득한 후 8년 이상 해당 업무를 수행한 사람
  3. 다음 각 목에 관한 사항이 포함된 인증업무 처리규정을 마련할 것
    가. 녹색건축 인증 심사의 절차 및 방법
    나. 제7조에 따른 인증심사단 및 인증심의위원회의 구성·운영
    다. 녹색건축 인증 결과의 통보 및 재심사
    라. 녹색건축 인증을 받은 건축물의 인증 취소
    마. 녹색건축 인증 결과 등의 보고
    바. 녹색건축 인증 수수료의 납부방법 및 납부기간
    사. 녹색건축 인증 결과의 검증방법
    아. 그 밖에 녹색건축 인증업무 수행에 필요한 내용

4. 법 제19조제1항에 따라 인증기관지정이 취소된 자인 경우에는 제1항에 따른 지정신청기간 종료일 전에 그 지정이 취소된 날부터 1년이 경과했을 것

③ 인증기관으로 지정을 받으려는 자는 제1항에 따른 신청 기간 내에 별지 제1호서식의 녹색건축 인증기관 지정신청서(전자문서로 된 신청서를 포함한다)에 다음 각 호의 서류(전자문서를 포함한다)를 첨부하여 국토교통부장관에게 제출해야 한다.
　1. 인증업무를 수행할 전담조직 및 업무수행체계에 관한 설명서
　2. 제2항제2호에 따른 심사전문인력을 보유하고 있음을 증명하는 서류
　3. 제2항제3호에 따른 인증업무 처리규정
　4. 삭제

④ 제3항에 따른 신청을 받은 국토교통부장관은「전자정부법」제36조제1항에 따른 행정정보의 공동이용을 통하여 신청인의 법인 등기사항증명서(법인인 경우만 해당한다) 또는 사업자등록증명(개인인 경우만 해당한다)을 확인해야 한다. 다만, 신청인이 사업등록증을 확인하는 데 동의하지 않는 경우에는 해당 서류의 사본을 제출하도록 해야 한다.

⑤ 삭제

⑥ 국토교통부장관은 제3항에 따라 녹색건축 인증기관 지정신청서가 제출되면 해당 신청인이 인증기관으로 적합한지를 환경부장관과 협의하여 검토한 후 제15조에 따른 인증운영위원회(이하 "인증운영위원회"라 한다)의 심의를 거쳐 지정·고시한다.

제5조(인증기관 지정서의 발급 및 인증기관 지정의 갱신 등) ① 국토교통부장관은 제4조제6항에 따라 인증기관으로 지정받은 자에게 별지 제2호서식의 녹색건축 인증기관 지정서를 발급하여야 한다.

② 제4조제6항에 따른 인증기관 지정의 유효기간은 녹색건축 인증기관 지정서를 발급한 날부터 5년으로 한다.

③ 국토교통부장관은 환경부장관과 협의한 후 인증운영위원회의 심의를 거쳐 제2항에 따른 지정의 유효기간을 5년마다 갱신할 수 있다. 이 경우 갱신기간은 갱신할 때마다 5년을 초과할 수 없다.

④ 제1항에 따라 녹색건축 인증기관 지정서를 발급받은 인증기관의 장은 다음 각 호의 어느 하나에 해당하는 사항이 변경되었을 때에는 그 변경된 날부터 30일 이내에 변경된 내용을 증명하는 서류를 운영기관의 장에게 제출하여야 한다.
　1. 기관명
　1의2. 기관의 대표자
　2. 건축물의 소재지
　3. 심사전문인력

⑤ 운영기관의 장은 제4항에 따른 변경 내용을 증명하는 서류를 받으면 그 내용을 국토교통부장관과 환경부장관에게 각각 보고하여야 한다.

⑥ 국토교통부장관은 환경부장관과 협의하여 법 제19조제1항 각 호의 사항을 점검할 수 있으며, 이를 위하여 인증기관의 장에게 관련 자료의 제출을 요구할 수 있다. 이 경우 자료 제출을 요구받은 인증기관의 장은 특별한 사유가 없으면 이에 따라야 한다.

제6조(인증 신청 등) ① 다음 각 호의 어느 하나에 해당하는 자(이하 "건축주등"이라 한다)는 녹색건축 인증을 신청할 수 있다.
　1. 건축주
　2. 건축물 소유자
　3. 사업주체 또는 시공자(건축주나 건축물 소유자가 인증 신청에 동의하는 경우에만 해당한다)

② 제1항에 따라 인증을 신청하려는 건축주등은 별지 제3호서식의 녹색건축 인증·인증 유효기간 연장 신청서(전자문서로 된 신청서를 포함한다)에 다음 각 호의 서류(전자문서를 포함한다)를 첨부하여 제3조제3항제1호에 따른 인증관리시스템(이하 "인증관리시스템"이라 한다)을 통해 인증기관의 장에게 제출해야 한다.
　1. 국토교통부장관과 환경부장관이 정하여 공동으로 고시하는 녹색건축 자체평가서
　2. 제1호에 따른 녹색건축 자체평가서에 포함된 내용이 사실임을 증명할 수 있는 서류

③ 인증기관의 장은 제2항에 따른 신청서와 신청서류가 접수된 날부터 40일 이내에 인증을 처리하여야 한다. 다만, 인증대상 건축물이「건축법 시행령」별표 1 제1호의 단독주택(30세대 미만인 경우만 해당한다)인 경우에는 20일 이내에 처리하여야 한다.

④ 인증기관의 장은 제3항에 따른 기간 이내에 부득이한 사유로 인증을 처리할 수 없는 경우에는 건축주등에게 그 사유를 통보하고 20일의 범위에서 인증 심사 기간을 한 차례만 연장할 수 있다.

⑤ 인증기관의 장은 제2항에 따라 건축주등이 제출한 서류의 내용이 불충분하거나 사실과 다른 경우에는 서

류가 접수된 날부터 20일 이내에 건축주등에게 보완을 요청할 수 있다. 이 경우 건축주등이 제출서류를 보완하는 기간은 제3항에 따른 기간에 산입하지 아니한다.
⑥ 인증기관의 장은 건축주등이 보완 요청 기간 안에 보완을 하지 아니한 경우 등에는 신청을 반려할 수 있다. 이 경우 반려기준 및 절차 등 필요한 사항은 국토교통부장관과 환경부장관이 공동으로 정하여 고시한다.

제7조(인증 심사 등) ① 인증기관의 장은 제6조제2항에 따른 인증 신청을 받으면 제4조제2항제2호에 따른 심사전문인력으로 인증심사단을 구성하여 제8조의 인증기준에 따라 서류심사와 현장실사(現場實査)를 하고, 심사 내용, 점수, 인증 여부 및 인증 등급을 포함한 인증심사결과서를 작성해야 한다.
② 제1항에 따라 인증심사결과서를 작성한 인증기관의 장은 인증심의위원회의 심의를 거쳐 인증 여부 및 인증 등급을 결정한다. 다만, 다음 각 호의 어느 하나에 해당하는 경우에는 인증심의위원회의 심의를 생략할 수 있다.
  1. 단독주택에 대하여 인증을 신청한 경우
  2. 법 제27조에 따른 그린리모델링(이하 "그린리모델링"이라 한다) 인증 용도로 인증을 신청한 경우
③ 제1항에 따른 인증심사단은 해당 전문분야 중 5개 이상의 분야에서 각 분야별로 1명 이상의 심사전문인력으로 구성한다. 다만, 단독주택 및 그린리모델링에 대한 인증인 경우에는 해당 전문분야 중 2개 이상의 분야에서 각 분야별로 1명 이상의 심사전문인력으로 인증심사단을 구성할 수 있다.
④ 제2항에 따른 인증심의위원회는 제3조제5항에 따른 후보단에 속해 있는 사람으로서 해당 전문분야 중 4개 이상의 분야에서 각 분야별로 1명 이상의 전문가로 구성한다. 이 경우 인증심의위원회의 위원은 해당 인증기관에 소속된 사람이 아니어야 하며, 다른 인증기관의 심사전문인력을 1명 이상 포함해야 한다.

제8조(인증기준 등) ① 녹색건축 인증은 해당 전문분야별로 국토교통부장관과 환경부장관이 공동으로 정하여 고시하는 인증기준에 따라 부여된 종합점수를 기준으로 심사하여야 한다.
② 녹색건축 인증 등급은 최우수(그린1등급), 우수(그린2등급), 우량(그린3등급) 또는 일반(그린4등급)으로 한다.
③ 인증기관의 장은 법 제21조제2항에 따라 지정된 전문기관에서 운영하는 일정한 교육과정을 이수한 사람이 인증대상 건축물의 설계에 참여한 경우 또는 혁신적인 설계방식을 도입한 경우 등 녹색건축 관련 기술의 발전을 위하여 필요하다고 인정하는 경우에는 국토교통부장관과 환경부장관이 공동으로 정하여 고시하는 바에 따라 가산점을 부여할 수 있다.
④ 제1항에 따른 인증기준은 「건축법」 제22조에 따른 사용승인(이하 "사용승인"이라 한다) 또는 「주택법」 제49조에 따른 사용검사(이하 "사용검사"라 한다)를 받은 날부터 5년이 지난 건축물과 그 밖의 건축물로 구분하여 정할 수 있다.

제9조(인증서 발급 및 인증의 유효기간 등) ① 인증기관의 장은 녹색건축 인증을 할 때에는 건축주등에게 별지 제4호서식의 녹색건축 인증서와 별표 2에 따라 제작된 인증명판(認證名板)을 발급해야 한다. 이 경우 법 제16조제5항 및 영 제11조의3에 따른 건축물의 건축주등은 인증명판을 건축물 현관 및 로비 등 공공이 볼 수 있는 장소에 게시해야 한다.
② 녹색건축 인증을 받은 건축물의 건축주등은 자체적으로 별표 2에 따라 인증명판을 제작하여 활용할 수 있다.
③ 녹색건축 인증의 유효기간은 제1항에 따라 녹색건축 인증서를 발급한 날부터 10년으로 한다.
④ 인증기관의 장은 제1항에 따라 인증서를 발급했을 때에는 인증 대상, 인증 날짜, 인증 등급 및 인증심사단과 인증심사위원회의 구성원 명단을 포함한 인증 심사 결과를 운영기관의 장에게 제출하고, 제7조제1항에 따른 인증심사결과서를 인증관리시스템에 등록해야 한다.

제9조의2(인증 유효기간의 연장) ① 제9조제1항에 따라 인증서를 발급받은 건축주등은 같은 조 제3항에 따른 인증 유효기간의 만료일 180일 전부터 만료일까지 유효기간의 연장을 신청할 수 있다.
② 제1항에 따라 유효기간의 연장 신청을 받은 인증기관의 장은 국토교통부장관과 환경부장관이 공동으로 정하여 고시하는 기준에 적합하다고 인정되면 유효기간을 연장할 수 있다. 이 경우 연장된 유효기간은 유효기간의 만료일 다음 날부터 5년으로 한다.
③ 유효기간의 연장 신청·심사 및 인증서의 발급 등에 관하여는 각각 제6조, 제7조제1항 및 제9조를 준용한다.
④ 제3항에 따라 준용되는 제7조제1항에 따른 인증심사단은 해당 전문분야 중 2개 이상의 분야에서 각 분야별로 1명 이상의 심사전문인력으로 구성한다.
⑤ 제3항에 따라 준용되는 제7조제1항에 따라 인증심사결과서를 작성한 인증기관의 장은 인증 여부 및 인증 등급을 결정하기 위하여 필요하면 인증심의위원회의 심의를 거칠 수 있다. 이 경우 인증심의위원회의 구성에 관하여는 제7조제4항을 준용한다.

제10조(재심사 요청 등) ① 제7조 또는 제9조의2제2항 전단에 따른 인증 또는 인증 유효기간의 연장 심사 결과나 법 제20조제1항에 따른 인증 취소 결정에 이의가 있는 건축주등은 인증기관의 장에게 재심사를 요청할 수 있다.

② 재심사 결과 통보, 인증서 재발급 등 재심사에 따른 세부 절차에 관한 사항은 국토교통부장관과 환경부장관이 정하여 공동으로 고시한다.

제11조(예비인증의 신청 등) ① 건축주등은 제6조제1항에 따른 인증에 앞서 건축물 설계도서에 반영된 내용만을 대상으로 녹색건축 예비인증(이하 "예비인증"이라 한다)을 신청할 수 있다.

② 건축주등은 녹색건축 예비인증을 받으려면 별지 제5호서식의 녹색건축 예비인증 신청서(전자문서로 된 신청서를 포함한다)에 다음 각 호의 서류(전자문서를 포함한다)를 첨부하여 인증관리시스템을 통해 인증기관의 장에게 제출해야 한다.
  1. 국토교통부장관과 환경부장관이 정하여 공동으로 고시하는 녹색건축 자체평가서
  2. 제1호에 따른 녹색건축 자체평가서에 포함된 내용이 사실임을 증명할 수 있는 서류

③ 인증기관의 장은 심사 결과 예비인증을 하는 경우 별지 제6호서식의 녹색건축 예비인증서(「주택건설기준 등에 관한 규칙」 제12조의2에 따른 공동주택성능등급 인증서를 포함한다. 이하 같다)를 건축주등에게 발급하여야 한다. 이 경우 건축주등이 예비인증을 받은 사실을 광고 등의 목적으로 사용하려면 제9조제1항에 따른 인증(이하 "본인증"이라 한다)을 받을 경우 그 내용이 달라질 수 있음을 알려야 한다.

④ 예비인증을 받은 건축주등은 본인증을 받아야 한다. 이 경우 예비인증을 받아 제도적·재정적 지원을 받은 건축주등은 예비인증 등급 이상의 본인증을 받아야 한다.

⑤ 예비인증의 유효기간은 제3항에 따라 녹색건축 예비인증서를 발급한 날부터 사용승인일 또는 사용검사일까지로 한다. 다만, 사용승인 또는 사용검사 전에 제9조제1항에 따른 녹색건축 인증서를 발급받은 경우에는 해당 인증서 발급일까지로 한다.

⑥ 제1항부터 제5항까지에서 규정한 사항 외에 예비인증의 신청 및 평가 등에 관하여는 제6조제3항부터 제6항까지, 제7조, 제8조, 제9조제4항, 제10조 및 법 제20조를 준용한다. 다만, 제7조제1항 및 제2항에 따른 인증 심사 중 현장실사 및 인증심의위원회의 심의는 필요한 경우에만 할 수 있다.

제12조(인증을 받은 건축물에 대한 점검 및 실태조사) ① 녹색건축 인증을 받은 건축물의 소유자 또는 관리자는 그 건축물을 인증받은 기준에 맞도록 유지·관리하여야 한다.

② 인증기관의 장은 제1항에 따른 유지·관리 실태 파악을 위하여 녹색건축과 관련된 건축현황 등 필요한 자료를 건축물의 소유자 또는 관리자에게 요청할 수 있다.

③ 인증기관의 장은 필요한 경우에는 녹색건축 인증을 받은 건축물의 정상 가동 여부 등을 확인할 수 있다.

④ 인증기관의 장은 녹색건축 인증을 신청하거나 인증을 받은 건축물에 대하여 자체평가서 및 인증 신청 시 제출한 서류 등 인증취득에 관한 정보를 건축주등의 서면동의 없이 외부에 공개하여서는 아니 된다. 다만, 인증받은 건축물의 전문분야별 총점은 공개할 수 있다.

⑤ 녹색건축 인증을 받은 건축물에 대한 점검 및 실태조사 범위 등 세부 사항은 국토교통부장관과 환경부장관이 정하여 공동으로 고시한다.

[별표 1] 전문분야(제4조제2항제2호 관련)

전문분야	해당 세부분야
토지이용 및 교통	단지계획, 교통계획, 교통공학, 건축계획 또는 도시계획
에너지 및 환경오염	에너지, 전기공학, 건축환경, 건축설비, 대기환경, 폐기물처리 또는 기계공학
재료 및 자원	건축시공 및 재료, 재료공학, 자원공학 또는 건축구조
물순환관리	수공학, 상하수도공학, 수질환경, 건축환경 또는 건축설비
유지관리	건축계획, 건설관리, 건축설비 또는 건축시공 및 재료
생태환경	건축계획, 생태건축, 조경 또는 생물학
실내환경	온열환경, 소음·진동, 빛환경, 실내공기환경, 건축계획, 건축환경 또는 건축설비

녹색건축 인증기준

[시행 2023. 7. 1.] [국토교통부고시 제2023-329호, 2023. 7. 1., 일부개정]
[시행 2023. 7. 1.] [환경부고시 제2023-172호, 2023. 7. 1., 일부개정]

제1조(목적) 이 기준은 「녹색건축 인증에 관한 규칙」 제6조제2항, 제8조제1항, 제9조의2, 제10조제2항, 제11조제2항, 제12조제5항, 제14조제1항·제2항·제4항, 제15조제4항에서 위임한 사항 등을 규정함을 목적으로 한다.

제2조(인증 신청 등) ① 「녹색건축인증에 관한 규칙」(이하 "규칙"이라 한다.) 제6조제2항제1호에 따른 자체평가서는 별표11에 따른 자체평가서 작성요령에 따라 작성하며, 별표1부터 별표7까지에 따라 제14조에 따른 운영세칙(이하 "운영세칙"이라 한다)에서 정하는 제출서류를 포함하여야 한다.

② 규칙 제6조 제3항부터 제5항까지(규칙 제11조제6항에 따라 준용되는 경우를 포함한다)와 이 기준 제2조제4항, 제8조제5항, 제9조에 따른 인증 처리 기간 등에는 「민원처리에 관한 법률」 제19조에 따라 공휴일과 토요일은 제외한다.

③ 규칙 제6조제2항 및 규칙 제11조제2항에 따라 제출되는 서류에는 설계자 및 「건축물의 설비기준 등에 관한 규칙」 제3조에 따른 관계전문기술자의 날인(건축, 기계, 전기)이 포함되어야 한다. 다만, 건축물이 준공된 후에 인증을 신청하는 등 설계자 및 관계전문기술자의 날인을 받기 어려운 경우에는 「건축법」 제22조에 따른 공사감리자 및 건축주의 날인으로 대체할 수 있다.

④ 규칙 제6조제5항에 따라 보완을 요청받은 규칙 제6조제1항에 따른 건축주등(이하 "건축주등"이라 한다)은 보완 요청일로부터 30일 이내에 보완을 완료하여야 한다. 건축주등은 설계변경 등 부득이한 사유로 기간 내 보완이 어려운 경우에는 10일의 범위에서 기간 연장을 신청할 수 있다.

제3조(인증기준 및 등급) ① 규칙 제8조에 따른 인증기준은 별표 1부터 별표 3까지의 신축건축물 종류별 인증심사기준과 별표 4부터 별표 7까지의 기존 건축물 종류별 인증심사기준에 따라 평가한다.

② 삭제

③ 2개 이상의 용도가 있는 복합건축물에 대하여는 각 용도별로 인증심사기준에 따라 평가하고, 최종 인증점수는 별표 8의 인증등급 산정표에 따라 각 용도별 바닥면적을 가중평균하여 산출한다. 다만, 주택을 주택 외 시설과 동일건물로 건축하는 300세대이상의 공동주택일 경우(공동주택성능등급 인증서 발급을 위해 녹색건축 인증을 신청하는 경우로 한정한다) 별표 1의 공동주택 인증심사기준에 따라 평가하고, 규칙 제11조제3항에 따라 공동주택성능등급 인증서를 발급할 수 있다.

④ 2개 이상의 용도가 있는 복합건축물에 대하여 건축주등이 원하는 경우 건축물의 용도별로 심사하여 인증서를 발급할 수 있으며, 어느 하나의 용도가 공동주택인 경우에는 공동주택성능등급 인증서도 녹색건축 인증서와 함께 발급할 수 있다. 이 경우 건축주등은 인증결과를 광고 등에 활용 시 인증 받은 용도를 모두 공개하여야 한다.

⑤ 하나의 대지에 2이상의 건축물을 신축하는 경우 또는 건축물이 있는 대지에 기존 건축물과 떨어져 증축하는 경우에는 녹색건축 인증대상 건축물 주변에 가상의 대지경계선을 설정하여 건축물 외부환경 관련 항목에 대하여 평가할 수 있으며, 그 외 항목은 동일하게 평가한다. 이 경우 가상의 대지 경계선은 해당 건축물의 용적률에 근거하여 설정하며, 가상의 대지 경계선은 건축주등이 제시할 수 있다.

⑥ 인증신청 건축물은 각 인증심사기준의 필수항목 점수를 반드시 취득하여야 한다. 다만, 인증신청 건축물이 「녹색건축물 조성 지원법」 제14조 및 같은 법 시행령 제10조에 따른 에너지 절약계획서 제출대상이 아닌 경우 에너지성능 항목에 한하여 그러하지 아니한다.

⑦ 국내법이 적용되지 않는 지역에서의 건축 등 특수한 상황으로 인하여 인증기준 적용이 불합리하다고 국토교통부장관이 인정하는 경우에는 규칙 제15조에 따른 인증운영위원회의 심의를 거쳐 인증기준을 변경하여 적용할 수 있다. 이 경우 건축주등은 인증기준을 변경하여 적용하고자 하는 사항을 작성하여 운영기관의 장에게 요청하여야 한다.

⑧ 규칙 제8조제2항에 따른 인증기준의 인증등급은 별표 8, 9, 10에 따라 산출하여 부여한다.

⑨ 규칙 제8조제3항에 따른 가산점은 별표 1부터 별표 5까지의 인증심사기준에 따른다.

⑩ 운영기관의 장은 국토교통부장관과 환경부장관의 승인을 받아 인증심사 세부기준을 운영세칙에서 정할 수 있다.

⑪ 규칙 제9조의2에 따른 유효기간 연장의 경우 최초 1회에 한하여 기존 녹색건축 인증 취득 시의 인증기준으로 심사할 수 있다.

제4조(재심사) ① 규칙 제10조제2항에 따라 재심사 요청을 하는 건축주등은 재심사 요청 사유서를 인증기관의 장에게 제출하여야 하며, 재심사에 따른 세부절차 등에 관하여는 규칙 제6조제3항부터 제5항까지, 제7조제1항·제2항, 제8조, 법 제20조를 준용한다.
② 재심사 결과에 따라 인증서를 재발급할 경우에는 기존에 발급된 인증은 취소된다.
③ 재심사를 수행한 인증기관의 장은 재심사에 대한 전반적인 사항을 운영기관의 장에게 보고하여야 한다.

제5조(예비인증의 신청 등) ① 규칙 제11조제2항에 따른 자체평가서의 작성요령 및 제출서류는 제2조제1항을 준용한다.
② 규칙 제11조제3항에 따라 건축주등에게 녹색건축 예비인증서 발급 시 포함하여야 하는 공동주택의 성능등급을 표시한 서류(이하 "공동주택 성능등급 인증서"라 한다.)는 「주택건설기준 등에 관한 규칙」 제12조의2에 따른 공동주택성능등급 인증서를 말한다.
③ 공동주택성능등급 인증서의 표시방법은 별표 13의 공동주택성능등급 표시항목에 따른다.

제6조(인증을 받은 건축물의 사후관리 등) ① 규칙 제12조제2항에 따라 인증기관의 장이 녹색건축 등급 인증을 받은 건축물의 정상 가동 여부를 확인할 경우에는 국토교통부장관과 환경부장관의 승인을 받아야 한다.
② 규칙 제12조제5항에 따른 점검 및 실태조사의 범위는 다음 각 호와 같다.
   1. 유지관리 및 생태환경 현황 등의 조사
   2. 에너지사용량 및 물사용량 등의 조사
   3. 국토교통부장관 또는 환경부장관이 요청하는 사항

제7조(녹색건축 인증의 취득 의무) ① 삭제
② 「건축법 시행령」 별표 1 제14호가목의 공공업무시설 중 「녹색건축물 조성 지원법 시행령」 제11조의3에 해당하는 건축물의 경우 우수(그린2등급) 등급 이상을 취득하여야 한다.

제로에너지건축물 인증에 관한 규칙

[시행 2025. 1. 1.] [국토교통부령 제1425호, 2024. 12. 23., 일부개정]
[시행 2025. 1. 1.] [산업통상자원부령 제589호, 2024. 12. 23., 일부개정]

제1조(목적) 이 규칙은 「녹색건축물 조성 지원법」 제17조제5항, 제19조제1항 및 같은 법 시행령 제12조제1항·제4항에서 위임된 제로에너지건축물 인증 대상 건축물의 종류 및 인증기준, 인증기관 및 운영기관의 지정, 인증받은 건축물에 대한 점검 및 건축물에너지평가사의 업무범위, 인증기관 지정의 취소 및 업무정지 등에 관한 사항과 그 시행에 필요한 사항을 규정함을 목적으로 한다.

제2조(적용대상) 「녹색건축물 조성 지원법」(이하 "법"이라 한다) 제17조제5항 및 「녹색건축물 조성 지원법 시행령」(이하 "영"이라 한다) 제12조제1항에 따른 제로에너지건축물 인증(이하 "인증"이라 한다)은 「건축법 시행령」 별표 1 각 호에 따른 건축물을 대상으로 한다. 다만, 「건축법 시행령」 별표 1 제3호부터 제13호까지 및 제15호부터 제29호까지의 규정에 따른 건축물 중 국토교통부장관과 산업통상자원부장관이 공동으로 고시하는 실내 냉방·난방 온도 설정조건으로 인증 평가가 불가능한 건축물 또는 이에 해당하는 공간이 전체 연면적의 100분의 50 이상을 차지하는 건축물은 제외한다.

제3조(운영기관의 지정 등) ① 국토교통부장관은 법 제23조에 따라 녹색건축센터로 지정된 기관 중에서 제로에너지건축물 인증제 운영기관(이하 "운영기관"이라 한다)을 지정하여 관보에 고시하여야 한다.
② 국토교통부장관은 제1항에 따라 운영기관을 지정하려는 경우 산업통상자원부장관과 협의하여야 한다.
③ 운영기관은 제로에너지건축물 인증제(이하 "인증제"라 한다)에 관한 다음 각 호의 업무를 수행한다.
  1. 인증업무를 수행하는 인력(이하 "인증업무인력"이라 한다)의 교육, 관리 및 감독에 관한 업무
  2. 인증관리시스템의 운영에 관한 업무
  3. 법 제17조제2항에 따른 제로에너지건축물 인증기관(이하 "인증기관"이라 한다)의 평가·사후관리 및 감독에 관한 업무
  4. 인증제의 홍보, 교육, 컨설팅, 조사·연구 및 개발 등에 관한 업무
  5. 인증제의 개선 및 활성화를 위한 업무
  6. 인증절차 및 기준 관리 등 제도 운영에 관한 업무
  7. 인증 관련 통계 분석 및 활용에 관한 업무
  8. 인증제의 운영과 관련하여 국토교통부장관 또는 산업통상자원부장관이 요청하는 업무
  9. 그 밖에 인증제의 운영에 필요한 업무로서 국토교통부장관이 산업통상자원부장관과 협의하여 인정하는 업무
④ 운영기관의 장은 다음 각 호의 구분에 따른 시기까지 운영기관의 사업내용을 국토교통부장관과 산업통상자원부장관에게 각각 보고하여야 한다.
  1. 전년도 사업추진 실적과 그 해의 사업계획 : 매년 1월 31일까지
  2. 분기별 인증 현황 : 매 분기 말일을 기준으로 다음 달 15일까지
⑤ 운영기관의 장은 인증기관에 법 제19조제1항 각 호의 처분사유가 있다고 인정하면 국토교통부장관에게 알려야 한다.

제4조(인증기관의 지정) ① 국토교통부장관은 법 제17조제2항에 따라 인증기관을 지정하려는 경우에는 산업통상자원부장관과 협의하여 지정 신청 기간을 정하고, 그 기간이 시작되는 날의 3개월 전까지 신청 기간 등 인증기관 지정에 관한 사항을 공고하여야 한다.
② 인증기관으로 지정을 받으려는 자(법 제19조제1항에 따라 인증기관 지정이 취소된 자인 경우에는 제1항에 따른 지정 신청 기간 종료일 전에 그 지정이 취소된 날부터 1년이 경과한 경우로 한정한다)는 제1항에 따른 신청 기간에 별지 제1호서식의 제로에너지건축물 인증기관 지정 신청서(전자문서로 된 신청서를 포함한다)에 다음 각 호의 서류(전자문서를 포함한다)를 첨부해서 국토교통부장관에게 제출해야 한다.
  1. 인증업무를 수행할 전담조직 및 업무수행체계에 관한 설명서
  2. 제4항에 따른 인증업무인력을 보유하고 있음을 증명하는 서류
  3. 인증기관의 인증업무 처리규정
  4. 인증업무를 수행할 능력을 갖추고 있음을 증명하는 서류
③ 제2항에 따른 신청을 받은 국토교통부장관은 「전자정부법」 제36조제1항에 따른 행정정보의 공동이용을 통하여 신청인의 법인 등기사항증명서(법인인 경우만 해당한다) 또는 사업자등록증명(개인인 경우만 해당한

다)을 확인하여야 한다. 다만, 신청인이 사업자등록증명을 확인하는 데 동의하지 아니하는 경우에는 해당 서류의 사본을 제출하도록 하여야 한다.
④ 인증기관은 다음 각 호의 어느 하나에 해당하는 인증에 관한 상근(常勤) 인증업무인력을 8명 이상 보유하여야 한다.
  1. 「녹색건축물 조성 지원법 시행규칙」 제16조제5항에 따라 실무교육을 받은 건축물에너지평가사
  2. 건축사 자격을 취득한 후 3년 이상 해당 업무를 수행한 사람
  3. 건축, 설비, 에너지 분야(이하 "해당 전문분야"라 한다)의 기술사 자격을 취득한 후 3년 이상 해당 업무를 수행한 사람
  4. 해당 전문분야의 기사 자격을 취득한 후 5년 이상 해당 업무를 수행한 사람
  5. 해당 전문분야의 박사학위를 취득한 후 3년 이상 해당 업무를 수행한 사람
  6. 해당 전문분야의 석사학위를 취득한 후 5년 이상 해당 업무를 수행한 사람
  7. 해당 전문분야의 학사학위를 취득한 후 7년 이상 해당 업무를 수행한 사람
  8. 해당 전문분야에서 10년 이상 해당 업무를 수행한 사람
⑤ 제2항제3호에 따른 인증업무 처리규정에는 다음 각 호의 사항이 포함되어야 한다.
  1. 인증 평가의 절차 및 방법에 관한 사항
  2. 인증 결과의 통보 및 재평가에 관한 사항
  3. 인증을 받은 건축물의 인증 취소에 관한 사항
  4. 인증 결과 등의 보고에 관한 사항
  5. 인증 수수료 납부방법 및 납부기간에 관한 사항
  6. 인증 결과의 검증방법에 관한 사항
  7. 그 밖에 인증업무 수행에 필요한 사항
⑥ 국토교통부장관은 제2항에 따라 인증기관 지정 신청서가 제출되면 해당 신청인이 인증기관으로 적합한지를 산업통상자원부장관과 협의하여 검토한 후 제14조에 따른 제로에너지건축물 인증운영위원회의 심의를 거쳐 지정·고시한다.

제4조의2(인증기관의 업무범위) 인증기관은 다음 각 호의 업무를 수행한다.
  1. 제4조제4항에 따른 상근 인증업무인력의 교육 및 관리 업무
  2. 제4조제5항에 따른 인증업무 처리규정의 관리 업무
  3. 인증 신청의 접수, 인증 평가 및 인증 등급의 결정, 인증서의 발급 및 법 제20조에 따른 인증의 취소 등 인증 전반에 관한 업무
  4. 인증제의 홍보 업무
  5. 인증결과에 대한 품질관리 및 인증 관련 장비의 관리와 기능 유지 업무
  6. 인증업무의 수행과 관련하여 운영기관의 장이 요청하는 업무

제5조(인증기관 지정서의 발급 및 인증기관 지정의 갱신 등) ① 국토교통부장관은 제4조제6항에 따라 인증기관으로 지정받은 자에게 별지 제2호의2서식의 제로에너지건축물 인증기관 지정서(이하 "인증기관 지정서"라 한다)를 발급하여야 한다.
② 제4조제6항에 따른 인증기관 지정의 유효기간은 제1항에 따라 인증기관 지정서를 발급한 날부터 5년으로 한다.
③ 국토교통부장관은 산업통상자원부장관과의 협의 후 제14조에 따른 제로에너지건축물 인증운영위원회의 심의를 거쳐 제2항에 따른 지정의 유효기간이 만료되는 날부터 5년의 범위에서 갱신할 수 있다.
④ 제1항에 따라 인증기관 지정서를 발급받은 인증기관의 장은 다음 각 호의 어느 하나에 해당하는 사항이 변경되었을 때에는 그 변경된 날부터 30일 이내에 변경된 내용을 증명하는 서류를 해당 인증제 운영기관의 장에게 제출하거나 제3조제3항제2호에 따른 인증관리시스템(이하 "인증관리시스템"이라 한다)에 변경된 내용을 입력해야 한다.
  1. 기관명 및 기관의 대표자
  2. 건축물의 소재지
  3. 상근 인증업무인력
⑤ 운영기관의 장은 제4항에 따라 제출받은 서류가 사실과 부합하는지를 확인하여 이상이 있을 경우 그 내용을 국토교통부장관과 산업통상자원부장관에게 각각 보고하여야 한다.
⑥ 국토교통부장관은 산업통상자원부장관과 협의하여 법 제19조제1항 각 호의 사항을 점검할 수 있으며, 이를 위하여 인증기관의 장에게 관련 자료의 제출을 요구할 수 있다. 이 경우 자료 제출을 요구받은 인증기관의 장은 특별한 사유가 없으면 이에 따라야 한다.

제5조의2(일정 등급 이상의 제로에너지건축물 인증을 받아야 하는 건축물) 영 제12조제4항제1호 본문에서 "국토교통부와 산업통상자원부의 공동부령으로 정하는 건축물"이란 「건축법 시행령」 별표 1 제5호부터 제16호까지, 제23호, 제24호 및 제26호부터 제28호까지에 해당하는 건축물을 말한다.

제5조의3(인증등급의 완화 적용) ① 영 제12조제4항제1호 단서에 따라 같은 호 본문에 따른 제로에너지건축물 인증등급을 완화하여 적용할 수 있는 건축물은 다음 각 호와 같다.
  1. 지하에 건축되는 건축물
  2. 「신에너지 및 재생에너지 개발 이용보급 촉진법 시행령」 제15조제1항제1호에 따라 산업통상자원부장관이 정하여 고시하는 건축물
  3. 그 밖에 건축 목적, 기능, 설계조건 또는 시공 여건상의 특수성으로 인해 해당 인증등급을 받는 것이 불합리하다고 인정되는 건축물로서 국토교통부장관과 산업통상자원부장관이 정하여 공동으로 고시하는 건축물

② 영 제12조제4항제1호 단서에 따라 인증등급의 완화 적용을 받으려는 자는 다음 각 호의 신청 또는 신고를 하기 전에 운영기관의 장이 정하는 바에 따라 운영기관의 장에게 제로에너지건축물 인증등급의 완화 적용을 신청해야 한다.
  1. 「건축법」 제11조에 따른 건축허가의 신청
  2. 「건축법」 제14조에 따른 건축신고
  3. 「건축법」 제29조에 따른 건축협의의 신청
  4. 제1호부터 제3호까지에 따른 허가, 신고 또는 협의가 의제되는 다른 법률에 따른 허가·인가·승인 등의 신청 또는 신고

③ 운영기관의 장은 제2항에 따른 신청을 받은 경우에는 지체 없이 제14조에 따른 제로에너지건축물 인증운영위원회에 제로에너지건축물 인증등급의 완화 적용 여부에 관한 심의를 요청해야 한다. 이 경우 제로에너지건축물 인증운영위원회는 그 요청을 받은 날부터 50일 이내에 심의 결과를 운영기관의 장에게 통보해야 한다.

④ 운영기관의 장은 제3항 후단에 따른 통보를 받은 경우에는 지체 없이 그 심의 결과를 첨부하여 제로에너지건축물 인증등급의 완화 적용 여부를 신청인에게 통보해야 한다.

제6조(인증 신청 등) ① 〈삭제〉
② 다음 각 호의 어느 하나에 해당하는 자(이하 "건축주등"이라 한다)는 인증을 신청할 수 있다.
  1. 건축주
  2. 건축물 소유자
  3. 사업주체 또는 시공자(건축주나 건축물 소유자가 인증 신청에 동의하는 경우에만 해당한다)

③ 제2항에 따라 인증을 신청하려는 건축주등은 인증관리시스템을 통해 별지 제3호의2서식의 제로에너지건축물 인증 신청서에 다음 각 호의 서류를 첨부하여 인증기관의 장에게 제출해야 한다. 다만, 「건축법 시행령」 제22조제1항 단서에 따른 건축물의 경우에는 인증관리시스템을 활용하지 않을 수 있다.
  1. 공사가 완료되어 이를 반영한 건축·기계·전기·신에너지 및 재생에너지(「신에너지 및 재생에너지 개발·이용·보급 촉진법」에 따른 신에너지 및 재생에너지를 말한다. 이하 같다) 관련 최종 설계도면
  2. 건축물 부위별 성능내역서
  3. 건물 전개도
  4. 장비용량 계산서
  5. 조명밀도 계산서
  6. 관련 자재·기기·설비 등의 성능을 증명할 수 있는 서류
  7. 설계변경 확인서 및 설명서
  8. 건축물에너지관리시스템(법 제6조의2제2항에 따른 건축물에너지관리시스템을 말한다. 이하 같다)의 설치를 확인할 수 있는 서류
  9. 제로에너지건축물 예비인증서 사본(예비인증을 받은 경우만 해당한다)
  10. 제1호부터 제9호까지의 서류 외에 제로에너지건축물 인증 평가를 위해 운영기관의 장이 필요하다고 인정하여 공고하는 서류

④ 제3항에 따라 신청서에 첨부하여 제출하는 서류(예비인증서 사본은 제외한다)에는 설계자 및 「건축물의 설비기준 등에 관한 규칙」 제3조에 따른 관계전문기술자가 날인을 하여야 한다. 다만, 다음 각 호의 어느 하나에 해당하는 경우에는 그 사유서를 첨부하여 「건축법」 제25조에 따른 감리자 또는 건축주의 날인으로 설계자 또는 관계전문기술자의 날인을 대체할 수 있으며, 제2호의 경우 인증기관의 장은 변경내용을 영 제10조제2항에 따른 허가권자에게 통보하여야 한다.

1. 「건축물의 설비기준 등에 관한 규칙」 제2조에 따라 관계전문기술자의 협력을 받아야 하는 건축물에 해당하지 아니하는 경우
2. 첨부서류의 내용이 「건축법」 제22조제1항에 따른 사용승인 후 변경된 경우
3. 제1호 및 제2호 외에 설계자 또는 관계전문기술자의 날인이 불가능한 사유가 있는 경우

⑤ 인증기관의 장은 제3항에 따른 신청을 받은 날부터 60일(「건축법 시행령」 별표 1 제1호 및 제2호에 따른 단독주택 및 공동주택의 경우에는 50일) 이내에 인증을 처리해야 한다.

⑥ 인증기관의 장은 제5항에 따른 기간 내에 부득이한 사유로 인증을 처리할 수 없는 경우에는 건축주등에게 그 사유를 통보하고 20일의 범위에서 인증 평가 기간을 한 차례만 연장할 수 있다. 〈개정 2017. 1. 20.〉

⑦ 인증기관의 장은 제3항에 따라 건축주등이 제출한 서류의 내용이 미흡하거나 사실과 다른 경우에는 건축주등에게 보완을 요청할 수 있다. 이 경우 건축주등이 제출서류를 보완하는 기간은 제5항의 기간에 산입하지 아니한다.

⑧ 인증기관의 장은 건축주등이 보완 요청 기간 안에 보완을 하지 아니한 경우 등에는 신청을 반려할 수 있다. 이 경우 반려 기준 및 절차 등 필요한 사항은 국토교통부장관과 산업통상자원부장관이 정하여 공동으로 고시한다.

⑨ 제9조제1항에 따라 인증을 받은 건축물의 소유자는 필요한 경우 제9조제3항에 따른 유효기간이 만료되기 90일 전까지 같은 건축물에 대하여 재인증을 신청할 수 있다. 이 경우 평가 절차 등 필요한 사항은 국토교통부장관과 산업통상자원부장관이 정하여 공동으로 고시한다.

제7조(인증 평가 등) ① 인증기관의 장은 제6조에 따른 인증 신청을 받으면 인증 기준에 따라 도서평가와 현장실사(現場實査)를 하고, 인증 신청 건축물에 대한 인증 평가서를 작성하여야 한다.

② 인증기관의 장은 제1항에 따른 인증 평가서 결과에 따라 인증 여부 및 인증 등급을 결정한다.

③ 인증기관의 장은 사용승인 또는 사용검사를 받은 날부터 3년이 지난 건축물에 대해서 인증을 하려는 경우에는 건축주등에게 건축물 에너지효율 개선방안을 제공하여야 한다.

제8조(인증 기준 등) ① 인증은 다음 각 호에 따른 사항을 기준으로 평가해야 한다.
1. 난방, 냉방, 급탕(給湯), 조명 및 환기 등에 대한 1차 에너지 소요량
2. 신에너지 및 재생에너지를 활용한 에너지 자립률
3. 건축물에너지관리시스템 설치 여부

③ 제1항에 따른 인증 기준 및 영 제12조제3항에 따른 인증 등급의 세부 기준은 국토교통부장관과 산업통상자원부장관이 정하여 공동으로 고시한다.

제9조(인증서 발급 및 인증의 유효기간 등) ① 인증기관의 장은 제7조 및 제8조에 따른 평가가 완료되어 인증을 할 때에는 별지 제4호의2서식의 인증서를 건축주등에게 발급하고, 제7조제1항에 따른 인증 평가서 등 평가 관련 서류와 함께 인증관리시스템에 인증 사실을 등록하여야 한다.

② 건축주등은 인증명판이 필요하면 별표 1의2에 따라 제작하여 활용할 수 있다.

③ 인증의 유효기간은 인증을 받은 날부터 10년으로 한다.

④ 인증기관의 장은 제1항에 따라 인증서를 발급하였을 때에는 인증 대상, 인증 날짜, 인증 등급을 포함한 인증 결과를 운영기관의 장에게 제출하여야 한다.

⑤ 운영기관의 장은 에너지성능이 높은 건축물의 보급을 확대하기 위하여 제1항에 따른 인증평가 관련 정보를 분석하여 통계적으로 활용할 수 있으며, 법 제10조제5항에 따른 방법으로 인증 관련 정보를 공개할 수 있다.

제10조(재평가 요청 등) ① 제7조에 따른 인증 평가 결과나 법 제20조제1항에 따른 인증 취소 결정에 이의가 있는 건축주등은 인증서 발급일 또는 인증 취소일부터 90일 이내에 인증기관의 장에게 재평가를 요청할 수 있다.

② 재평가 결과 통보, 인증서 재발급 등 재평가에 따른 세부 절차에 관한 사항은 국토교통부장관과 산업통상자원부장관이 정하여 공동으로 고시한다.

제11조(예비인증의 신청 등) ① 건축주등은 제6조제2항에 따른 인증(이하 이 조 및 제13조에서 "본인증"이라 한다)에 앞서 설계도서에 반영된 내용만을 대상으로 제로에너지건축물 예비인증(이하 "예비인증"이라 한다)을 신청할 수 있다.

② 제1항에 따라 예비인증을 신청하려는 건축주등은 인증관리시스템을 통해 인증기관의 장에게 별지 제5호의2서식의 예비인증 신청서에 다음 각 호의 서류를 첨부하여 제출해야 한다. 다만, 「건축법 시행령」 제22조제1항 단서에 따른 건축물의 경우에는 인증관리시스템을 활용하지 않을 수 있다.

1. 건축·기계·전기·신에너지 및 재생에너지 관련 설계도면
2. 제6조제3항제2호부터 제6호까지, 제9호 및 제10호의 서류

③ 인증기관의 장은 평가 결과 예비인증을 하는 경우 별지 제6호의2서식의 예비인증서를 건축주등에게 발급하여야 한다. 이 경우 건축주등이 예비인증을 받은 사실을 광고 등의 목적으로 사용하려면 본인증을 받을 경우 그 내용이 달라질 수 있음을 알려야 한다.

④ 예비인증을 받아 제도적·재정적 지원을 받은 건축주등은 「건축법」 제22조에 따른 사용승인을 신청하기 전에 예비인증 등급 이상의 본인증을 받아야 한다.

⑤ 예비인증의 유효기간은 제3항에 따라 예비인증서를 발급한 날부터 사용승인일 또는 사용검사일까지로 한다.

⑥ 제1항부터 제5항까지에서 규정한 사항 외에 예비인증의 신청 및 평가 등에 관하여는 제6조제4항부터 제8항까지, 제7조제1항·제2항, 제8조, 제9조제4항, 제10조 및 법 제20조를 준용한다. 다만, 제7조제1항에 따른 현장실사는 실시하지 아니한다.

제11조의2(건축물에너지평가사의 업무범위) 「녹색건축물 조성 지원법 시행규칙」 제16조제5항에 따라 실무교육을 받은 건축물에너지평가사는 다음 각 호의 업무를 수행한다.
1. 제7조에 따른 도서평가, 현장실사, 인증 평가서 작성 및 건축물 에너지효율 개선방안 작성
2. 제11조제6항에 따른 예비인증 평가

제12조(인증을 받은 건축물에 대한 점검 및 실태조사) ① 인증을 받은 건축물의 소유자 또는 관리자는 그 건축물을 인증받은 기준에 맞도록 유지·관리하여야 한다.

② 운영기관의 장은 인증받은 건축물의 성능점검 또는 유지·관리 실태 파악을 위하여 에너지사용량 등 필요한 자료를 해당 건축물의 소유자 또는 관리자에게 요청할 수 있다. 이 경우 건축물의 소유자 또는 관리자는 특별한 사유가 없으면 그 요청에 따라야 한다.

제13조(인증 수수료) ① 건축주등은 본인증, 예비인증 또는 제6조제9항에 따른 재인증을 신청하려는 경우에는 인증기관의 장에게 별표 2의 범위에서 인증 대상 건축물의 면적을 고려하여 국토교통부장관과 산업통상자원부장관이 정하여 공동으로 고시하는 인증 수수료를 내야 한다.

② 제10조제1항(제11조제6항에 따라 준용되는 경우를 포함한다)에 따라 재평가를 신청하는 건축주등은 국토교통부장관과 산업통상자원부장관이 정하여 공동으로 고시하는 인증 수수료를 내야 한다.

③ 제1항 및 제2항에 따른 인증 수수료는 현금이나 정보통신망을 이용한 전자화폐·전자결제 등의 방법으로 납부하여야 한다.

④ 인증기관의 장은 제1항 및 제2항에 따른 인증 수수료의 일부를 운영기관이 제3조제3항에 따른 인증 관련 업무를 수행하는 데 드는 비용(이하 "운용비용"이라 한다)에 지원할 수 있다.

⑤ 제1항 및 제2항에 따른 인증 수수료의 환불 사유, 반환 범위, 납부 기간 및 그 밖에 인증 수수료의 납부와 운영비용 집행 등에 필요한 사항은 국토교통부장관과 산업통상자원부장관이 정하여 공동으로 고시한다.

제14조(인증운영위원회의 구성·운영 등) ① 국토교통부장관과 산업통상자원부장관은 인증제를 효율적으로 운영하기 위하여 국토교통부장관이 산업통상자원부장관과 협의하여 정하는 기준에 따라 제로에너지건축물 인증운영위원회(이하 "인증운영위원회"라 한다)를 구성하여 운영할 수 있다.

② 인증운영위원회는 다음 각 호의 사항을 심의한다.
1. 인증기관의 지정과 지정의 유효기간 연장에 관한 사항
2. 인증기관 지정의 취소와 업무정지에 관한 사항
3. 인증 평가기준의 제정·개정에 관한 사항
4. 제5조의3제3항에 따라 운영기관의 장이 요청하는 제로에너지건축물 인증등급의 완화 적용 여부에 관한 사항
5. 제1호부터 제4호까지의 사항 외에 인증제의 운영과 관련된 중요사항

③ 국토교통부장관과 산업통상자원부장관은 인증운영위원회의 운영을 운영기관에 위탁할 수 있다.

④ 다음 각 호의 사항을 효율적으로 심의하기 위해 인증운영위원회에 기술위원회를 둘 수 있다.
1. 인증 평가기준에 포함되는 기술 요소에 관한 사항
2. 인증 평가기준에 포함되는 건축물의 에너지 성능평가 방법에 관한 사항
3. 제2항제4호에 관한 사항
4. 제1호부터 제3호까지의 사항 외에 인증 평가기준과 관련된 중요사항으로서 인증운영위원회의 장이 필요하다고 인정하는 사항

⑤ 제4항에 따른 기술위원회의 심의를 거친 사항(같은 항 제3호에 따른 사항으로 한정한다)은 인증운영위원회의 심의를 거친 것으로 본다.

⑥ 제1항, 제2항, 제4항 및 제5항에서 규정한 사항 외에 인증운영위원회의 세부 구성 및 운영 등에 관한 사항은 국토교통부장관과 산업통상자원부장관이 정하여 공동으로 고시한다.

제15조(인증기관의 지정취소 등) ① 법 제19조제1항에 따른 인증기관의 지정취소 및 업무정지 처분의 세부기준은 별표 3과 같다.

② 국토교통부장관은 법 제19조제1항에 따라 인증기관의 지정을 취소하거나 업무정지를 명하는 처분을 한 경우에는 그 사실을 지체 없이 관보에 공고하고, 제3조에 따른 운영기관의 장에게 통보해야 한다. 이 경우 통보를 받은 운영기관의 장은 지체 없이 그 사실을 인터넷 홈페이지에 게시해야 한다.

제로에너지건축물 인증기준

[시행 2025. 1. 1.] [국토교통부고시 제2024-893호, 2024. 12. 30., 일부개정]
[시행 2025. 1. 1.] [산업통상자원부고시 제2024-208호, 2024. 12. 30., 일부개정]

제1조(목적) 이 규정은 「제로에너지건축물 인증에 관한 규칙」 제2조, 제6조제8항·제9항, 제8조제3항, 제10조제2항, 제13조제1항·제2항·제5항 및 제14조제6항에서 위임한 사항 등을 규정함을 목적으로 한다.

제2조(인증신청 보완 등) ① 〈삭제〉
② 규칙 제6조제7항에 따라 보완을 요청받은 규칙 제6조제2항에 따른 건축주등(이하 "건축주등"이라 한다)은 보완 요청일로부터 30일 이내에 보완을 완료하여야 한다. 건축주등이 부득이한 사유로 기간 내 보완이 어려운 경우에는 10일의 범위에서 보완기간을 한 차례 연장할 수 있다.
③ 규칙 제6조제5항·제6항(규칙 제11조제6항에 따라 준용되는 경우를 포함한다) 및 기준 제2조제2항, 제6조제5항에 따른 인증 처리 기간 등에는 「민원처리에 관한 법률」 제19조에 따라 공휴일과 토요일은 제외한다.

제3조(인증신청의 반려) 인증기관의 장은 규칙 제6조제8항에 따라 다음 각 호의 어느 하나에 해당하는 경우 그 사유를 명시하여 인증을 신청한 건축주등에게 인증 신청을 반려하여야 한다.
1. 규칙 제2조에 따른 적용대상이 아닌 경우
2. 규칙 제6조제3항 및 제11조제2항에 따른 서류를 제출하지 아니한 경우
3. 제2조제2항에 따른 보완기간 내에 보완을 완료하지 아니한 경우
4. 제6조제5항에 따라 인증 수수료를 신청일로부터 20일 이내에 납부하지 아니한 경우

제4조(인증기준 및 등급) ① 규칙 제8조제3항에 따른 인증기준은 다음 각 호의 구분에 따른다.
1. 제로에너지건축물 인증은 ISO 52016 등 국제규격에 따라 난방, 냉방, 급탕, 조명, 환기 등에 대해 종합적으로 평가하도록 제작된 프로그램을 활용한다.
2. 규칙 제8조제1항 각호에 따른 인증기준의 세부 기준은 별표1 및 별표1의2와 같다. 〈전문개정〉
② 제1항에 따른 인증기준은 규칙 제6조제3항 및 제11조제2항에 따른 인증 신청 당시의 기준을 적용한다.
③ 규칙 제8조제3항에 따른 인증등급의 세부기준은 해당 인증의 종류에 따라 별표 2와 같다.
④ 하나의 대지에 둘 이상의 건축물이 있는 경우에 각각의 건축물에 대하여 별도로 인증을 받을 수 있다.
⑤ 규칙 제2조에 따른 제로에너지건축물 인증 평가에 적용되는 실내 냉방·난방 온도 설정조건은 별표 3과 같다.

제5조(재인증 및 재평가) ① 규칙 제6조제9항에 따른 재인증 및 규칙 제10조제1항에 따른 재평가는 규칙 제6조제5항부터 제8항까지, 제7조제1항·제2항, 제8조 및 법 제20조를 준용하며, 재평가를 요청하는 건축주등은 재평가 요청 사유서를 해당 인증기관의 장에게 제출하여야 한다.
② 인증기관의 장은 건축주등이 법 제20조제1항제3호에 따라 기존에 발급된 인증서를 반납하였는지 확인한 후 재인증 또는 재평가에 따른 인증서를 발급하여야 한다.
③ 재평가를 수행한 인증기관의 장은 재평가에 대한 전반적인 사항을 해당 인증제 운영기관의 장에게 보고하여야 한다.

제6조(인증 수수료) ① 규칙 제13조제1항에 따른 인증 수수료는 별표 4와 같다
② 규칙 제13조제2항에 따라 재평가를 신청하는 건축주등은 제1항에 따른 인증 수수료의 100분의 50을 인증기관의 장에게 내야 한다. 단, 재평가 결과 당초 평가결과의 오류가 확인되어 인증 등급이 달라지거나 인증 취소 결정이 번복되는 경우에는 재평가에 소요된 인증 수수료를 환불받을 수 있다.
③ 규칙 제13조제5항에 따른 인증 수수료의 환불 사유 및 반환 범위는 다음 각 호와 같다.
1. 수수료를 과오납(過誤納)한 경우 : 과오납한 금액의 전부
2. 인증대상이 아닌 경우 : 납입한 수수료의 전부
3. 인증기관의 장이 인증신청을 접수하기 전에 인증신청을 반려하거나 건축주등이 인증신청을 취소하는 경우 : 납입한 수수료의 전부
4. 인증기관의 장이 인증신청을 접수한 후 평가를 완료하기 전에 인증신청을 반려하거나 건축주등이 인증신청을 취소하는 경우 : 납입한 수수료의 100분의 50
5. 다음 각 목에 해당하는 건축물에 대해 인증을 신청하는 경우
   가. 공공주택특별법 제6조제1항에 따른 공공주택사업자가 공급하는 주택 중 공공주택특별법 시행령 제2조제1항의 주택 : 인증 수수료의 100분의 50

나. 녹색건축물 조성 지원법 제17조제6항 및 지자체 녹색건축물 조성 지원 조례 등에서 정한 제로에너지건축물 인증 의무대상이 아닌 건축물로서 다음 요건에 해당하는 제로에너지건축물 인증 등급을 취득한 건축물
   1) 제로에너지건축물 인증 +등급~3등급 : 납입한 인증 수수료의 전부
   2) 제로에너지건축물 인증 4등급 : 납입한 인증 수수료의 100분의 50
   3) 제로에너지건축물 인증 5등급 : 납입한 인증 수수료의 100분의 30
④ 인증 수수료의 반환절차 및 반환방법 등은 인증기관의 장이 별도로 정하는 바에 따른다.
⑤ 규칙 제13조제1항에 따라 제로에너지건축물 인증을 신청한 건축주등은 신청서를 제출한 날로부터 20일 이내에 인증기관의 장에게 수수료를 납부하여야 한다.

제7조(운영비용 활용) ① 규칙 제13조제4항에 따라 운영기관은 인증수수료의 100분의 8을 초과하지 않는 범위에서 규칙 제3조제3항에 따른 해당 인증제 관련 업무 수행을 위하여 운영비용(이하 "운영비용"이라 한다)을 활용할 수 있다.
② 운영기관은 제1항에 따른 운영비용의 운용·관리를 위한 별도 회계 및 계좌를 설치하여야 하며, 사업운용기간에 따라 산정된 운영비용의 총액으로 예산을 편성하여야 한다.
③ 운영기관은 회계가 종료된 경우 전문정산기관의 정산결과보고서와 차기 운영비용 운용계획안 등을 인증기관의 장에게 통보하고 규칙 제14조에 따른 인증운영위원회(이하 "인증운영위원회"라 한다)의 심의를 거쳐 국토교통부장관과 산업통상자원부장관에게 각각 보고하여야 하며, 사업운용기간 내 운영비용에 잔액이 발생한 경우 이월하여 차기 운영비용으로 활용하여야 한다.
④ 제1항부터 제3항까지 규정한 사항 외에 운영비용 산정기준, 수입 및 지출 절차 등 운영비용과 관련한 세부적인 사항은 운영세칙에서 정한다.

제8조(인증운영위원회의 구성) ① 인증운영위원회는 위원장 1명을 포함한 40명 이내의 위원으로 구성한다.
② 위원장과 위원의 임기는 2년으로 하고, 연임할 수 있다. 다만, 공무원인 위원은 보직의 재임기간으로 한다.
③ 위원장은 2년마다 교대로 국토교통부장관과 산업통상자원부장관이 소속 고위공무원중 지명한 사람으로 한다. 다만, 운영기관에 운영을 위탁한 경우에는 운영기관의 임원으로 할 수 있다.
④ 위원은 다음 각 호의 어느 하나에 해당하는 사람으로서, 국토교통부장관과 산업통상자원부장관이 추천한 전문가가 동수가 되도록 구성한다.
 1. 관련분야의 직무를 담당하는 중앙행정기관의 소속 공무원
 2. 7년 이상 건축물 에너지 관련 연구경력이 있는 대학부교수 이상인 사람
 3. 7년 이상 건축물 에너지 관련 연구경력이 있는 책임연구원 이상인 사람
 4. 기업에서 10년 이상 건축물 에너지 관련 분야에 근무한 부서장 이상인 사람
 5. 그밖에 제1호부터 제4호까지와 동등 이상의 자격이 있다고 국토교통부장관 또는 산업통상자원부장관이 인정하는 사람

제8조의2(기술위원회의 구성) ① 규칙 제14조제4항에 따른 기술위원회는 인증운영위원회 위원 중에서 기술위원장 1명을 포함한 20인 이내의 기술위원으로 구성한다.
② 기술위원장과 기술위원의 임기는 2년으로 하고, 연임할 수 있다.
③ 기술위원장은 기술위원 중 인증운영위원회 심의를 거쳐 인증운영위원회 위원장이 지명한다.
④ 기술위원장은 기술위원의 전문분야를 고려하여 건축·기계·전기 및 신재생부문별로 분과를 구성할 수 있으며, 이 경우 분과장을 지명하여야 한다.

제9조(위원회의 운영) ① 제8조 및 제8조의2에 따른 각각의 위원회의 회의는 재적위원 10명 이상의 출석으로 개최하고 출석위원 과반수의 찬성으로 의결하되, 가부 동수인 경우에는 부결된 것으로 본다.
② 제8조 및 제8조의2에 따른 각각의 위원회의 위원은 심의안건과 이해관계가 있는 경우 해당 위원회 참석대상에서 제외하며, 각 위원회에 참석한 위원에 대하여는 수당 및 여비를 지급할 수 있다.
③ 국토교통부장관과 산업통상자원부장관은 법 및 이 규정에서 정한 사항 외에 인증제도의 시행과 관련된 사항은 협의하여 수행한다.

제10조(운영세칙) 운영기관의 장은 인증제도 활성화를 위한 사업의 효율적 수행을 위하여 필요한 때에는 이 규정에 저촉되지 않는 범위 안에서 시행세칙을 제정하여 운영할 수 있다. 다만, 운영세칙을 제정·개정 또는 폐지할 때에는 규칙 제14조에 따른 인증운영위원회의 심의 및 국토교통부장관과 산업통상자원부장관의 승인을 받아야 한다.

제11조(재검토기한) 「훈령·예규 등의 발령 및 관리에 관한 규정」에 따라 이 고시에 대하여 2018년 12월 31일 기준으로 매 3년이 되는 시점(매 3년째의 12월 30일까지를 말한다)마다 그 타당성을 검토하여 개선 등의 조치를 하여야 한다.

[별표 1] 제로에너지건축물 인증 기준

1. 연간 단위면적당 1차에너지소요량(kWh/㎡·년)

   가. 연간 단위면적당 에너지 소요량 = $\dfrac{\text{난방부문 에너지소요량}}{\text{난방에너지가 요구되는 공간의 바닥면적}} + \dfrac{\text{냉방부문 에너지소요량}}{\text{냉방에너지가 요구되는 공간의 바닥면적}} + \dfrac{\text{급탕부문 에너지소요량}}{\text{급탕에너지가 요구되는 공간의 바닥면적}} + \dfrac{\text{조명부문 에너지소요량}}{\text{조명에너지가 요구되는 공간의 바닥면적}} + \dfrac{\text{환기부문 에너지소요량}}{\text{환기에너지가 요구되는 공간의 바닥면적}}$

   나. 연간 단위면적당 1차에너지소요량 = 연간 단위면적당 에너지소요량×1차에너지 환산계수
   ※ 신재생에너지 생산량은 단위면적당 에너지소요량에 반영되어 평가

2. 에너지자립률(%)

   가. 에너지자립률(%) = $\dfrac{\text{연간 단위면적당 1차에너지 순생산량}}{\text{연간 단위면적당 1차에너지소비량 총소요량}} \times 100$

   나. 연간 단위면적당 1차에너지 순생산량(kWh/㎡·년)
   = 대지 내 연간 단위면적당 1차에너지 순생산량 + (대지 외 연간 단위면적당 1차에너지 순생산량×보정계수)
   1) 대지 내 연간 단위면적당 1차에너지 순생산량
   = Σ[(신·재생에너지 생산량−신·재생에너지 생산에 필요한 에너지소요량)×1차에너지 환산계수]÷평가면적
   2) 대지 외 연간 단위면적당 1차에너지 순생산량
   = Σ[(신·재생에너지 생산량−신·재생에너지 생산에 필요한 에너지소요량)×1차에너지 환산계수]÷평가면적
   3) 보정계수

대지 내 에너지자립률	~10% 미만	10% 이상~15% 미만	15% 이상~20% 미만	20% 이상~
대지 외 생산량 가중치	0.7	0.8	0.9	1.0

   ※ 대지 내 에너지자립률 산정 시 연간 단위면적당 1차 에너지 순생산량은 대지 내 연간 단위면적당 1차에너지 순생산량만을 고려한다.

   다. 연간 단위면적당 1차에너지 총소요량(kWh/㎡·년)
   = Σ[(제1호에 따른 연간 단위면적당 1차에너지 소요량+연간 단위면적당 1차에너지 순생산량)]

3. 건축물에너지관리시스템 또는 전자식 원격검침계량기 설치 확인
   「건축물의 에너지절약 설계기준」의 [별지 제1호 서식] 2. 에너지성능지표 중 전기설비부문 8. 건축물에너지관리시스템(BEMS) 또는 건축물에 상시 공급되는 모든 에너지원별 전자식 원격검침계량기 설치 여부

주)
1. 제1호 및 제2호의 1차에너지 환산계수는 제10조에 따라 운영기관의 장이 운영세칙으로 정하는 에너지원별 환산계수를 말한다.
2. 제2호의 평가면적은 제1호에 따른 난방·냉방·급탕·조명·환기에너지가 요구되는 공간의 바닥면적의 합을 말한다.
3. 제1호 냉방부문 평가 시 냉방설비가 없는 주거용 건축물(단독주택 및 기숙사를 제외한 공동주택)의 경우 제10조에 따라 운영기관의 장이 운영세칙으로 정하는 표준 냉방에너지 소요량을 적용한다.
4. 「녹색건축물 조성 지원법」 제15조 및 시행령 제11조에 따른 건축기준 완화 시 대지 내 단위면적당 1차에너지 순생산량만을 고려한 에너지자립률을 기준으로 적용한다.

[별표 1의2] 건축물에너지관리시스템 설치기준

	항목	설치 기준
1	일반사항	대상건물의 에너지 관리에 대한 일반적인 사항 작성
2	시스템 설치	시스템 구축 및 운영을 위하여 설치 시 필요한 일반적인 요구사항을 평가
3	데이터 수집 및 표시	대상건물에서 생산·저장·사용하는 에너지를 에너지원별(전기/연료/열 등)로 데이터 수집 및 표시
4	정보감시	에너지 손실, 비용 상승, 쾌적성 저하, 설비 고장 등 에너지관리에 영향을 미치는 관련 관제값 중 5종 이상에 대한 기준값 입력 및 가시화
5	데이터 조회	일간, 주간, 월간, 연간 등 정기 및 특정 기간을 설정하여 데이터를 조회
6	에너지소비현황 분석	2종 이상의 에너지원단위와 3종 이상의 에너지용도에 대한 에너지소비현황 및 증감 분석
7	설비의 성능 및 효율 분석	에너지사용량이 전체의 5%이상인 모든 열원설비 기기별 성능 및 효율 분석
8	실내외 환경 정보 제공	온도, 습도 등 실내외 환경정보 제공 및 활용
9	에너지 소비 예측	에너지사용량 목표치 설정 및 관리
10	에너지 비용 조회 및 분석	에너지원별 사용량에 따른 에너지비용 조회
11	제어시스템 연동	1종 이상의 에너지용도에 사용되는 설비의 자동제어 연동
12	종합 유지관리	계측 장비 및 계측 데이터에 대한 체계적 관리 수행
13	시스템 확장성	설비 등 증개축에 따른 추가 데이터 축적 관리

※ 건축물에너지관리시스템 설치 대상 및 항목 확인은 제10조에 따라 운영기관의 장이 운영세칙으로 정하는 바에 따른다.

[별표 2] 제로에너지건축물 인증등급

구분		제1호	제2호		제3호
ZEB 등급	등급 산정기준	에너지 자립률(%)	주거용	비주거용	건축물 에너지관리 시스템
			연간 단위면적당 1차 에너지 소요량(kWh/m²·년)	연간 단위면적당 1차 에너지 소요량(kWh/m²·년)	
+ 등급		120 이상	-10 미만	-70 미만	설치여부 확인
1 등급		100 이상	10 미만	-30 미만	
2 등급		80 이상	30 미만	10 미만	
3 등급		60 이상	50 미만	50 미만	
4 등급		40 이상	70 미만	90 미만	
5 등급		20 이상	90 미만	130미만	

주)
1. 제로에너지건축물 인증등급을 취득하기 위해서는 제1호 또는 제2호와 제3호를 만족하여야 한다.
2. 제1호 또는 제2호 중 높은 등급산정 기준을 ZEB 인증등급으로 한다.
3. 제1호에 등급산정 기준은 별표1 제2호에 따른 에너지자립률을 말한다.
4. 제2호에 등급산정 기준은 별표1 제1호에 따른 연간 단위면적당 1차 에너지소요량을 말한다.
5. 제2호에서 주거용이란 「건축법 시행령」 별표1 중 단독주택 및 공동주택(기숙사 제외)을 말하며, 비주거용이란 주거용을 제외한 모든 건축물을 말한다.
6. 제3호는 별표1의2에 따른 건축물에너지관리시스템을 말한다.
7. 제2호에 등급산정 기준은 별표1 제1호에 따른 연간 단위면적당 1차에너지소요량에서 제10조에 따라 운영기관의 장이 운영세칙으로 정하는 용도별 보정계수를 반영한 결과이다.

[별표 3] 제로에너지건축물 인증 평가 적용 실내 냉방·난방 온도 설정조건

구분	실내온도
냉방	26℃
난방	20℃

[별표 4] 제로에너지건축물 인증 수수료

1. 단독주택 및 공동주택(기숙사 제외)

전용면적의 합계	인증 수수료 금액
85제곱미터 미만	50만 원
85제곱미터 이상 135제곱미터 미만	70만 원
135제곱미터 이상 330제곱미터 미만	80만 원
330제곱미터 이상 660제곱미터 미만	90만 원
660제곱미터 이상 1천제곱미터 미만	1백10만 원
1천 제곱미터 이상 1만 제곱미터 미만	3백90만 원
1만 제곱미터 이상 2만 제곱미터 미만	5백30만 원
2만 제곱미터 이상 3만 제곱미터 미만	6백60만 원
3만 제곱미터 이상 4만 제곱미터 미만	7백90만 원
4만 제곱미터 이상 6만 제곱미터 미만	9백20만 원
6만 제곱미터 이상 8만 제곱미터 미만	1천60만 원
8만 제곱미터 이상 12만 제곱미터 미만	1천1백90만 원
12만 제곱미터 이상	1천3백20만 원

2. 단독주택 및 공동주택을 제외한 건축물(기숙사 포함)

전용면적[주1]의 합계	인증 수수료 금액
1천 제곱미터 미만	1백90만 원
1천 제곱미터 이상 3천 제곱미터 미만	3백90만 원
3천 제곱미터 이상 5천 제곱미터 미만	5백90만 원
5천 제곱미터 이상 1만 제곱미터 미만	7백90만 원
1만 제곱미터 이상 1만5천 제곱미터 미만	9백90만 원
1만5천 제곱미터 이상 2만 제곱미터 미만	1천1백90만 원
2만 제곱미터 이상 3만 제곱미터 미만	1천3백90만 원
3만 제곱미터 이상 4만 제곱미터 미만	1천5백90만 원
4만 제곱미터 미만 6만 제곱미터 미만	1천7백80만 원
6만 제곱미터 이상	1천9백80만 원

※ 비고 : 인증 수수료 금액은 부가가치세 별도
주1) 규칙 및 고시의 전용면적 중 단독주택 및 공동주택을 제외한 건축물(기숙사 포함)의 전용면적이란 인증 신청 건축물의 용적률 산정용 연면적을 의미한다. 다만 지하층 바닥면적 합계(지하주차장 제외)가 전체 연면적의 50% 이상을 차지하는 경우 연면적(지하주차장 제외)을 기준으로 인증수수료를 산정할 수 있다

지능형 건축물의 인증에 관한 규칙

[시행 2017. 3. 31.] [국토교통부령 제413호, 2017. 3. 31., 일부개정]

제1조(목적) 이 규칙은 「건축법」 제65조의2 제5항에서 위임된 지능형건축물 인증기관의 지정 기준, 지정 절차 및 인증 신청 절차 등에 관한 사항을 규정함을 목적으로 한다.

제2조(적용대상) 지능형건축물 인증대상 건축물은 「건축법」(이하 "법"이라 한다) 제65조의2 제4항에 따라 인증기준이 고시된 건축물을 대상으로 한다.

제3조(인증기관의 지정) ① 국토교통부장관이 법 제65조의2 제2항에 따라 인증기관을 지정하려는 경우에는 지정 신청 기간을 정하여 그 기간이 시작되기 3개월 전에 신청 기간 등 인증기관 지정에 관한 사항을 공고하여야 한다.
② 법 제65조의2 제2항에 따라 인증기관으로 지정을 받으려는 자는 별지 제1호서식의 지능형건축물 인증기관 지정 신청서에 다음 각 호의 서류를 첨부하여 국토교통부장관에게 제출하여야 한다.
  1. 인증업무를 수행할 전담조직 및 업무수행체계에 관한 설명서
  2. 제4항에 따른 심사전문인력을 보유하고 있음을 증명하는 서류
  3. 인증기관의 인증업무 처리규정
  4. 지능형건축물 인증과 관련한 연구 실적 등 인증업무를 수행할 능력을 갖추고 있음을 증명하는 서류
  5. 정관(신청인이 법인 또는 법인의 부설기관인 경우만 해당한다)
③ 제2항에 따른 신청을 받은 국토교통부장관은 「전자정부법」 제36조 제1항에 따른 행정정보의 공동이용을 통하여 신청인이 법인 또는 법인의 부설기관인 경우 법인 등기사항증명서를, 신청인이 개인인 경우에는 사업자등록증을 확인하여야 한다. 다만, 신청인이 사업자등록증의 확인에 동의하지 아니하는 경우에는 그 사본을 첨부하게 하여야 한다.
④ 인증기관은 별표 1의 전문분야별로 각 2명을 포함하여 12명 이상의 심사전문인력(심사전문인력 가운데 상근인력은 전문분야별로 1명 이상이어야 한다)을 보유하여야 한다. 이 경우 심사전문인력은 다음 각 호의 어느 하나에 해당하는 사람이어야 한다.
  1. 해당 전문분야의 박사학위나 건축사 또는 기술사 자격을 취득한 후 3년 이상 해당 업무를 수행한 사람
  2. 해당 전문분야의 석사학위를 취득한 후 9년 이상 해당 업무를 수행하거나 학사학위를 취득한 후 12년 이상 해당 업무를 수행한 사람
  3. 해당 전문분야의 기사 자격을 취득한 후 10년 이상 해당 업무를 수행한 사람
⑤ 제2항제3호의 인증업무 처리규정에는 다음 각 호의 사항이 포함되어야 한다.
  1. 인증심사의 절차 및 방법에 관한 사항
  2. 인증심사단 및 인증심의위원회의 구성·운영에 관한 사항
  3. 인증 결과 통보 및 재심사에 관한 사항
  4. 지능형건축물 인증의 취소에 관한 사항
  5. 인증심사 결과 등의 보고에 관한 사항
  6. 인증수수료 납부방법 및 납부기간에 관한 사항
  7. 그 밖에 인증업무 수행에 필요한 사항
⑥ 국토교통부장관은 제2항에 따라 지능형건축물 인증기관 지정 신청서가 제출되면 신청한 자가 인증기관으로서 적합한지를 검토한 후 제13조에 따른 인증운영위원회의 심의를 거쳐 지정한다.
⑦ 국토교통부장관은 제6항에 따라 인증기관으로 지정한 자에게 별지 제2호서식의 지능형건축물 인증기관 지정서를 발급하여야 한다.
⑧ 제7항에 따라 지능형건축물 인증기관 지정서를 발급받은 인증기관의 장은 기관명, 대표자, 건축물 소재지 또는 심사전문인력이 변경된 경우에는 변경된 날부터 30일 이내에 그 변경내용을 증명하는 서류를 국토교통부장관에게 제출하여야 한다.

제4조(인증기관의 비밀보호 의무) 인증기관은 인증 신청대상 건축물의 인증심사업무와 관련하여 알게 된 경영·영업상 비밀에 관한 정보를 이해관계인의 서면동의 없이 외부에 공개할 수 없다.

제5조(인증기관 지정의 취소) ① 국토교통부장관은 법 제65조의2 제2항에 따라 지정된 인증기관이 다음 각 호의 어느 하나에 해당하면 제13조에 따른 인증운영위원회의 심의를 거쳐 인증기관의 지정을 취소하거나

1년 이내의 기간을 정하여 업무의 전부 또는 일부의 정지를 명할 수 있다. 다만, 제1호에 해당하는 경우에는 지정을 취소하여야 한다.
1. 거짓이나 부정한 방법으로 지정을 받은 경우
2. 정당한 사유 없이 지정받은 날부터 2년 이상 계속하여 인증업무를 수행하지 아니한 경우
3. 제3조 제4항에 따른 심사전문인력을 보유하지 아니한 경우
4. 인증의 기준 및 절차를 위반하여 지능형건축물 인증업무를 수행한 경우
5. 정당한 사유 없이 인증심사를 거부한 경우
6. 그 밖에 인증기관으로서의 업무를 수행할 수 없게 된 경우

② 제1항에 따라 인증기관의 지정이 취소되어 인증심사를 수행하기가 어려운 경우에는 다른 인증기관이 업무를 승계할 수 있다.

제6조(인증의 신청) ① 법 제65조의2 제3항에 따라 다음 각 호의 어느 하나에 해당하는 자가 지능형건축물의 인증을 받으려는 경우에는 인증을 받기 전에 법 제22조에 따른 사용승인 또는 「주택법」 제49조에 따른 사용검사를 받아야 한다. 다만, 인증 결과에 따라 개별 법령에서 정하는 제도적·재정적 지원을 받는 경우에는 그러하지 아니하다.
1. 건축주
2. 건축물 소유자
3. 시공자(건축주나 건축물 소유자가 인증 신청을 동의하는 경우만 해당한다)

② 제1항 각 호의 어느 하나에 해당하는 자(이하 "건축주등"이라 한다)가 지능형건축물의 인증을 받으려면 별지 제3호서식의 지능형건축물 인증 신청서에 다음 각 호의 서류를 첨부하여 인증기관의 장에게 제출하여야 한다.
1. 법 제65조의2 제4항에 따른 지능형건축물 인증기준(이하 "인증기준"이라 한다)에 따라 작성한 해당 건축물의 지능형건축물 자체평가서 및 증명자료
2. 설계도면
3. 각 분야 설계설명서
4. 각 분야 시방서(일반 및 특기시방서)
5. 설계 변경 확인서
6. 에너지절약계획서
7. 예비인증서 사본(해당 인증기관 및 다른 인증기관에서 예비인증을 받은 경우만 해당한다)
8. 제1호부터 제6호까지의 서류가 저장된 콤팩트디스크

③ 인증기관은 제2항에 따른 신청을 받은 경우에는 신청서류가 접수된 날부터 40일 이내에 인증을 처리하여야 한다.
④ 인증기관의 장은 인증업무를 수행하면서 불가피한 사유로 처리기간을 연장하여야 할 경우에는 건축주등에게 그 사유를 통보하고 20일의 범위를 정하여 한 차례만 연장할 수 있다.
⑤ 인증기관의 장은 제2항에 따라 건축주등이 제출한 서류의 내용이 미흡하거나 사실과 다를 경우에는 접수된 날부터 20일 이내에 건축주등에게 보완을 요청할 수 있다. 이 경우 건축주등이 제출서류를 보완하는 기간은 제3항의 인증 처리기간에 산입하지 아니한다.

제7조(인증심사) ① 인증기관의 장은 제6조에 따른 인증신청을 받으면 인증심사단을 구성하여 인증기준에 따라 서류심사와 현장실사(現場實査)를 하고, 심사 내용, 심사 점수, 인증 여부 및 인증 등급을 포함한 인증심사 결과서를 작성하여야 한다. 이 경우 인증 등급은 1등급부터 5등급까지로 하고, 그 세부 기준은 국토교통부장관이 별도로 정하여 고시한다.
② 제1항에 따른 인증심사단은 제3조 제4항 각 호에 해당하는 심사전문인력으로 구성하되, 별표 1의 전문분야별로 각 1명을 포함하여 6명 이상으로 구성하여야 한다.
③ 인증기관의 장은 제1항에 따른 인증심사 결과서를 작성한 후 인증심의위원회의 심의를 거쳐 인증 여부 및 인증 등급을 결정한다.
④ 제3항에 따른 인증심의위원회는 해당 인증기관에 소속되지 아니한 별표 1의 전문분야별 전문가 각 1명을 포함하여 6명 이상으로 구성하여야 한다. 이 경우 인증심의위원회 위원은 다른 인증기관의 심사전문인력 또는 제13조에 따른 인증운영위원회 위원 1명 이상을 포함시켜야 한다.

제8조(인증서 발급 등) ① 인증기관의 장은 제7조에 따른 인증심사 결과 지능형건축물로 인증을 하는 경우에는 건축주등에게 별지 제4호서식의 지능형건축물 인증서를 발급하고, 별표 2의 인증 명판(認證 名板)을 제공하여야 한다.

② 인증기관의 장은 제1항에 따라 인증서를 발급한 경우에는 인증대상, 인증 날짜, 인증 등급, 인증심사단의 구성원 및 인증심의위원회 위원의 명단을 포함한 인증심사 결과를 국토교통부장관에게 제출하여야 한다.

제9조(인증의 취소) ① 인증기관의 장은 지능형건축물로 인증을 받은 건축물이 다음 각 호의 어느 하나에 해당하면 그 인증을 취소할 수 있다.
1. 인증의 근거나 전제가 되는 주요한 사실이 변경된 경우
2. 인증 신청 및 심사 중 제공된 중요 정보나 문서가 거짓인 것으로 판명된 경우
3. 인증을 받은 건축물의 건축주등이 인증서를 인증기관에 반납한 경우
4. 인증을 받은 건축물의 건축허가 등이 취소된 경우

② 인증기관의 장은 제1항에 따라 인증을 취소한 경우에는 그 내용을 국토교통부장관에게 보고하여야 한다.

제10조(재심사 요청) 제7조에 따른 인증심사 결과나 제9조에 따른 인증취소 결정에 이의가 있는 건축주등은 인증기관의 장에게 재심사를 요청할 수 있다. 이 경우 건축주등은 재심사에 필요한 비용을 인증기관에 추가로 내야 한다.

제11조(예비인증의 신청 등) ① 건축주등은 제6조 제1항에도 불구하고 법 제11조, 제14조 또는 제20조 제1항에 따른 허가·신고 또는 「주택법」 제15조에 따른 사업계획승인을 받은 후 건축물 설계에 반영된 내용을 대상으로 예비인증을 신청할 수 있다. 다만, 예비인증 결과에 따라 개별 법령에서 정하는 제도적·재정적 지원을 받는 경우에는 그러하지 아니하다.

② 건축주등이 지능형건축물의 예비인증을 받으려면 별지 제5호서식의 지능형건축물 예비인증 신청서에 다음 각 호의 서류를 첨부하여 인증기관의 장에게 제출하여야 한다.
1. 제6조 제2항 제1호부터 제4호까지 및 제6호의 서류
2. 제1호의 서류가 저장된 콤팩트디스크

③ 인증기관의 장은 심사 결과 예비인증을 하는 경우에는 별지 제6호서식의 지능형건축물 예비인증서를 신청인에게 발급하여야 한다. 이 경우 신청인이 예비인증을 받은 사실을 광고 등의 목적으로 사용하려면 제8조 제1항에 따른 인증(이하 "본인증"이라 한다)을 받을 경우 그 내용이 달라질 수 있음을 알려야 한다.

④ 제3항에 따른 예비인증 시 제도적 지원을 받은 건축주등은 본인증을 받아야 한다. 이 경우 본인증 등급은 예비인증 등급 이상으로 취득하여야 한다.

⑤ 제1항부터 제4항까지에서 규정한 사항 외에 예비인증의 신청 및 심사 등에 관하여는 제6조 제3항부터 제5항까지, 제7조, 제8조 제2항·제3항, 제9조 및 제10조를 준용한다. 다만, 제7조 제1항에 따른 인증심사 중 현장실사는 필요한 경우만 할 수 있다.

제12조(인증을 받은 지능형 건축물의 사후관리) ① 지능형건축물로 인증을 받은 건축물의 소유자 또는 관리자는 그 건축물을 인증받은 기준에 맞도록 유지·관리하여야 한다.

② 인증기관은 필요한 경우에는 지능형건축물 인증을 받은 건축물의 정상 가동 여부 등을 확인할 수 있다.

③ 건축설비의 안정적 가동, 유지·보수 등 인증을 받은 지능형건축물의 사후관리 범위 등의 세부 사항은 국토교통부장관이 따로 정하여 고시한다.

제13조(인증운영위원회 구성·운영 등) ① 국토교통부장관은 지능형건축물 인증제도를 효율적으로 운영하기 위하여 인증운영위원회를 구성하여 운영할 수 있다.

② 이 규칙에서 정한 사항 외에 인증운영위원회의 세부 구성 및 운영사항 등 지능형건축물 인증제도의 시행에 관한 사항은 국토교통부장관이 따로 정하여 고시한다.

제14조(규제의 재검토) 국토교통부장관은 제6조 제2항에 따른 지능형건축물 인증 신청 시 첨부하여야 하는 서류의 종류에 대하여 2015년 1월 1일을 기준으로 2년마다(매 2년이 되는 해의 1월 1일 전까지를 말한다) 그 타당성을 검토하여 개선 등의 조치를 하여야 한다.

지능형 건축물 인증기준

[시행 2020. 12. 10.] [국토교통부고시 제2020-1028호, 2020. 12. 10., 일부개정]

제1조(목적) 이 기준은 「건축법」 제65조의2제4항과 「지능형건축물의 인증에 관한 규칙」에서 위임한 사항 등을 규정함을 목적으로 한다.

제2조(인증대상 건축물) 「지능형건축물의 인증에 관한 규칙」(이하 "규칙"이라 한다.) 제2조에 따른 지능형건축물 인증적용대상 건축물은 다음 각 호와 같다.

1. 주거시설(「건축법 시행령」 별표 1 제1호에 따른 단독주택 및 제2호에 따른 공동주택)
2. 비주거시설(「건축법 시행령」 별표 1 제3호부터 제28호까지의 건축물)

제3조(인증심사기준) ① 지능형건축물 인증기관의 장은 별표 1, 별표 2의 건축물 종류별 인증심사기준에 따라 인증업무를 실시하여야 한다.

② 제2조에 해당하는 인증대상 건축물 중 2개 이상의 용도가 복합되어 있는 건축물에 대하여는 각 용도별로 인증심사기준에 따라 평가하고, 별표 4의 복합건축물 인증등급 산정방법에 따라 각 용도별 연면적을 가중평균하여 최종 인증점수를 산출한다.

③ 건축물이 있는 대지에 기존 건축물과 떨어져 증축하는 경우에는 증축 건축물 주변에 가상의 대지경계선을 설정하여 건축물 외부환경 관련 항목에 대하여 평가할 수 있으며, 그 외 항목은 동일하게 평가 한다. 이 경우 가상의 대지 경계선은 해당 건축물의 용적률에 근거하여 설정하며, 가상의 대지 경계선은 인증을 신청하는 자가 제시할 수 있다.

④ 운영기관의 장은 인증제도의 활성화와 인증제도의 효율적 수행을 위하여 필요한 경우 규칙 및 본 기준에 저촉되지 않는 범위 안에서 국토교통부장관의 승인을 받아 시행세칙을 정하여 운영할 수 있다.

제4조(인증등급) 규칙 제7조제1항에 따라 인증등급은 1등급부터 5등급까지 5단계로 구분하며, 등급별 점수기준은 별표 3과 같다.

제5조(지능형 건축물 자체평가서 작성요령) 규칙 제6조제1항과 제11조제1항에 따라 지능형건축물 인증을 받으려는 자는 별표 5에 따라 지능형 건축물 자체평가서를 작성하여야 한다.

제6조(인증 유효기간) ① 인증의 유효기간은 인증일부터 5년으로 한다.

② 건축주 등은 필요한 경우 제1항에 따른 유효기간이 만료되기 90일전까지 같은 건축물에 대하여 재인증을 신청할 수 있다.

③ 제2항에 따라 재인증을 신청하는 경우에는 규칙 제6조부터 제10조까지를 준용한다.

④ 규칙 제11조에 따른 예비인증은 사용승인 또는 사용검사일까지 유효하다.

제7조(사후관리의 범위) 규칙 제12조제3항에 따른 지능형건축물 인증의 사후관리는 다음 각 호에 의하여야 한다.

1. 인증 소유자는 설치된 지능형 건축물의 안정적인 가동을 위하여 유지보수 관련사항을 성실히 수행하여야 한다.
2. 인증 소유자는 설치된 지능형 건축물의 설비에 대하여 가동실적을 알 수 있는 운전데이터 등 인증기관이 요구하는 자료를 성실히 제공하여야 한다.
3. 운영기관의 장은 인증기관으로 하여금 사후관리 계획을 매년 수립하여 시행하도록 할 수 있으며 그 결과를 운영기관의 장에게 보고 하게 할 수 있다.
4. 운영기관의 장은 제3호에 따라 보고받은 사후관리 결과를 국토교통부장관에게 보고하고, 필요한 조치를 강구하여야 한다.

제8조(인증운영위원회의 기능) 규칙 제13조에 따른 인증운영위원회(이하 "위원회"라 한다)는 다음 각 호의 사항을 심의한다.

1. 규칙 제3조에 따른 인증기관의 지정에 관한 사항
2. 규칙 제5조에 따른 인증기관 지정의 취소에 관한 사항
3. 제3조에 따른 인증심사기준의 제 · 개정에 관한 사항
4. 그 밖에 지능형건축물 인증제도의 운영과 관련된 중요사항

제9조(인증운영위원회 구성) ① 위원회는 위원장 1명을 포함한 20명 이내의 위원으로 구성하며, 위원장은 국토교통부장관이 소속 고위공무원을 지정하여 임명한다. 이 경우 인증업무 담당부서장이 위원회의 간사를

담당한다. 다만, 필요한 경우 국토교통부장관은 인증운영위원회의 운영을 운영기관에 위탁할 수 있으며, 이 경우 위원장은 운영기관의 임원으로 할 수 있다.

② 위원회의 위원은 다음 각 호의 어느 하나에 해당하는 자격을 갖춘 사람 중 국토교통부장관이 위촉하는 자로 한다.
  1. 관련분야의 직무를 담당하는 중앙행정기관의 소속 공무원
  2. 규칙 별표 1에 따른 전문분야에서 5년 이상 경력이 있는 대학조교수 이상인 자
  3. 규칙 별표 1에 따른 전문분야에서 5년 이상 연구경력이 있는 연구기관의 선임연구원급 이상인 자
  4. 규칙 별표 1에 따른 전문분야에서 7년 이상 근무한 기업의 부서장 이상인 자
  5. 그 밖에 제1호부터 제4호까지와 동등 이상의 자격이 있다고 국토교통부장관이 인정하는 자

③ 위원장과 위원의 임기는 2년으로 하되, 1회에 한하여 연임할 수 있다. 다만, 공무원인 위원은 보직의 재임 기간으로 한다.

제10조(인증운영위원회 운영) ① 위원회는 분기별 1회 개최함을 원칙으로 하되, 필요한 경우 위원장이 이를 소집하거나 재적위원 3분의 1 이상의 요청으로 개최할 수 있다.

② 위원회의 회의는 재적위원 과반수의 출석으로 개최하고 출석위원 과반수의 찬성으로 의결하되, 가부 동수인 경우에는 부결된 것으로 본다.

③ 위원장은 심의안건과 이해관계가 있는 위원을 당해 위원회 참석대상에서 제외하며, 위원회에 참석한 위원에 대하여는 예산의 범위 내에서 수당 및 여비를 지급할 수 있다.

제11조(인증 수수료) ① 규칙 제6조제1항 및 규칙 제11조제1항에 따라 인증을 신청하고자 하는 자는 인증신청을 할 때 인증 수수료를 함께 납부하여야 한다.

② 제1항에 따른 인증 수수료는 별표 6에서 정하는 금액 이하로 하고, 납부방법, 납부기간, 그 밖에 필요한 사항은 인증기관의 장이 따로 정할 수 있다.

제11조의2(운영기관의 지정) ① 국토교통부장관은 「녹색건축물 조성 지원법」 제23조에 따라 지정된 녹색건축센터 중 한국부동산원을 지능형건축물 인증 운영기관으로 지정하여, 다음 각 호의 업무를 수행하도록 할 수 있다.
  1. 인증관리시스템의 운영에 관한 업무
  2. 인증기관의 평가·사후관리 및 감독에 관한 업무
  3. 인증제도의 홍보, 교육, 컨설팅, 조사·연구 및 개발 등에 관한 업무
  4. 인증제도 개선 및 활성화를 위한 업무
  5. 인증 관련 통계 분석 및 활용에 관한 업무
  6. 인증제도의 운영과 관련하여 국토교통부장관이 요청하는 업무

② 운영기관의 장은 운영기관의 사업계획 등을 다음 각 호에서 정하는 기간까지 국토교통부장관에게 보고하여야 한다.
  1. 전년도 사업추진 실적 및 해당년도 사업계획 : 매년 1월 31일까지
  2. 분기별 인증 현황 : 매 분기 말일을 기준으로 다음 달 15일까지

제12조(인증표시 홍보기준) ① 건축주 등은 건축물과 직접 관련 있는 인쇄물, 광고물 등에 인증사항을 홍보할 수 있으며, 이 경우 인증범위, 인증기관명, 인증일자를 반드시 포함하여야 한다.

② 인증을 득한 건축주는 「표시·광고의 공정화에 관한 법률」 제3조(부당한 표시·광고 행위의 금지규정)을 준수하여야 한다.

제13조(완화기준의 적용방법 등) ① 「건축법」 제65조의2제6항에 따른 완화기준을 적용받고자 하는 자는 건축허가 또는 사업계획승인 신청 시 허가권자에게 예비인증서와 별지 제1호 서식의 완화기준 적용 신청서 등 관계 서류를 첨부하여 제출하여야 하며, 이미 건축허가를 받은 건축물의 건축주 또는 사업주체도 허가사항 변경 등을 통하여 완화기준 적용 신청을 할 수 있다.

② 완화기준의 신청을 받은 허가권자는 신청내용의 적합성을 검토하고, 신청자가 신청내용을 이행하도록 허가조건에 명시하여 허가하여야 한다.

③ 제2항에 따라 완화기준을 적용받은 건축주 또는 사업주체는 건축물의 사용승인 신청 전에 본인증을 취득하여 사용승인 신청 시 허가권자에게 본인증서 사본을 제출하여야 한다. 이 경우 본인증 등급은 예비인증 등급 이상으로 취득하여야 한다.

④ 지능형건축물로 인증받은 건축물의 조경설치면적, 용적률 및 건축물의 높이에 대한 완화비율 및 적용방법 등 완화기준은 별표 7에 따라 적용할 수 있다. 이 경우 완화기준은 당해 용도구역 및 용도지역에 지방자치단체 조례에서 정한 최대 용적률의 제한기준, 조경면적 기준, 건축물 최대높이로 적용한다.

제14조(재검토기한) 국토교통부장관은 이 고시에 대하여 2016년 7월 1일을 기준으로 매3년이 되는 시점(매 3년째의 6월 30일까지를 말한다)마다 그 타당성을 검토하여 개선 등의 조치를 하여야 한다.

[별표 1] 지능형 건축물 인증심사기준 - 주거시설

부문	분류번호	평가 항목	평가 기준	구분	배점
건축 계획 및 환경	A-01	거주자의 Life Cycle 변화	거주 공간의 변화와 확장이 거주자의 요구에 따라 용이하게 대응하기 위하여 적용된 평면 및 설비 계획에 대하여 평가	평가항목	3
(5개)	A-02	피난계획	화재발생 시 거주자가 안전하게 피난할 수 있는 계획에 대하여 평가	평가항목	3
	A-03	승강기 설비	거주자에게 쾌적한 이동환경을 제공하기 위해서 엘리베이터 평균대기시간 및 원격감시 여부에 대하여 평가	평가항목	1
	A-04	리모델링 계획	리모델링을 고려한 건축설비 공간의 계획 수립 및 반영 여부에 대하여 평가	필수항목	2
	A-05	신재생에너지 적용 외피계획	건축물의 외피 등에 신재생 에너지의 설비를 적용했는지에 대하여 평가	평가항목	1
기계설비	M-01	기계설비 시스템의 적정성	단지 및 세대 내에 적절한 난방, 급탕 및 쾌적한 공기환경을 유지하기 위하여 적용된 기계설비 시스템의 수준에 대하여 평가	필수항목	3
(6개)	M-02	거주자의 쾌적성 및 편의성	쾌적한 실내 환경 조성을 위하여 적용된 설비에 대하여 평가	평가항목	3
	M-03	고효율 시스템	에너지 절감을 위하여 적용된 고효율 시스템 적용 수준에 대하여 평가	평가항목	3
	M-04	내진설계	거주자 및 건축물을 지진 등 자연재해로부터 보호하기 위하여 적용된 내진설계 수준에 대하여 평가	평가항목	2
	M-05	제어 및 감시	운영자 및 관리자가 효율적인 단지관리를 위해서 적용된 제어 및 감시 수준에 대하여 평가	평가항목	2
	M-06	신기술 적용	설비의 성능·품질 향상을 위한 신기술·신제품 적용 수준에 대하여 평가	평가항목	2
전기설비	E-01	전기 및 정보통신 관련실 배치	전기관련실의 침수방지, 전력기기 및 전력공급의 안전성을 확보하기 위하여 전기관련실의 위치에 대하여 평가	필수항목	3
(5개)	E-02	수변전 설비의 계획	전원공급의 신뢰성 제고와 안전성 확보를 위해서 예비변압기 구성에 대하여 평가	평가항목	3
	E-03	비상발전 계획	비상시 세대 내 안정적인 전원공급을 위하여 적용된 비상 발전기 용량 및 비상전력 공급 수준에 대하여 평가	필수항목	3
	E-04	전력간선 설비	전력간선의 안정적 공급 및 부하증설을 대비해서 전력간선용량 예비율에 대하여 평가	평가항목	3
	E-05	써지 보호 설비	각종 전력기기가 안정적으로 동작되기 위한 써비 보호 설비의 적용 수준에 대하여 평가	평가항목	3
정보통신	T-01	통합배선 시스템의 배선규격	건물 내 원활한 음성 및 데이터 통신을 위한 구내정보 통신 기반 시설에 대하여 평가	평가항목	4
(6개)	T-02	지능형 홈 네트워크 설비설치 수준	거주자에게 쾌적성과 편의성을 위해서 제공되는 홈오토메이션 수준에 대하여 평가.	평가항목	4
	T-03	CCTV 설치 수준	단지 내 보안을 위한 CCTV의 설치 개소 및 화소수에 대하여 평가	필수항목	3
	T-04	CCTV 녹화 및 백업	안정적인 CCTV 영상을 기록하기 위하여 CCTV 카메라의 녹화 방식과 백업방식에 대하여 평가	평가항목	3
	T-05	에너지 데이터 표시및 정보 조회 기능	세대 내 에너지 관련 데이터 및 정보를 쉽게 확인할 수 있도록 데이터 표시 및 정보 조회 기능 수준에 대하여 평가	평가항목	3
	T-06	실내·외 환경 정보 제공	세대 내 에너지 소비 및 쾌적한 실내 환경에 밀접한 영향을 미치는 실내·외 환경 정보 제공 기능 수준에 대하여 평가	평가항목	3

부문	분류번호	평가 항목	평가 기준	구분	배점
시스템 통합 (6개)	S-01	통합 SI서버	시스템통합(SI) 서버의 안정적인 운영을 위하여 통합 서버의 운영방식 및 소프트웨어 구성 수준에 대하여 평가	필수 항목	4
	S-02	통합대상 시스템	시스템통합(SI)의 효율성 및 기능성을 향상하기 위하여 통합시스템과 인터페이스(interface)된 개별 시스템 수준에 대하여 평가	평가 항목	4
	S-03	통합 SI서버 관리	시스템통합(SI) 서버의 상태를 모니터링하기 위한 통합관리 프로그램 기능 수준에 대하여 평가	평가 항목	3
	S-04	통합 SI서버 백신 및 보안	시스템통합(SI) 서버의 보안 및 바이러스에 대비하기 위한 백신 및 보안 기능 수준에 대하여 평가	평가 항목	3
	S-05	에너지 정보수집 대상설비	운영자 및 관리자가 단지 내 공용부 에너지 사용량을 확인하기 위하여 설치된 에너지 계측 수준에 대하여 평가	평가 항목	3
	S-06	단지 에너지 정보수집	운영자 및 관리자에게 단지의 에너지 절약을 위하여 제공되는 에너지 정보 수준에 대하여 평가	평가 항목	3
시설경영 관리 (9개)	F-01	시설 관리조직 구성원의 수준	건축물의 효율적인 유지관리를 위하여 시설관리조직 및 그 구성원의 질적 수준에 대하여 평가	평가 항목	3
	F-02	작업관리 기능	효율적인 작업관리의 구현을 위하여 작업관리의 기능 적용 수준에 대하여 평가	평가 항목	2
	F-03	자재관리 기능	효율적인 자재관리의 구현을 위하여 자재관리의 기능 적용 수준에 대하여 평가	평가 항목	2
	F-04	에너지관리 기능	건축물의 에너지 소비를 절감하기 위한 에너지관리 기능 적용 수준에 대하여 평가	평가 항목	3
	F-05	운영업무 매뉴얼 비치수준	설비의 점검, 예방, 고장 및 수선이 신속, 정확하게 이루어지기 위한 운영업무 매뉴얼 비치 수준에 대하여 평가	평가 항목	2
	F-06	운영데이터 축적 수준	건축물을 체계적이고 효율적으로 운영, 관리하기 위하여 운영 데이터 축적 및 관리 수준에 대하여 평가	평가 항목	2
	F-07	운영 및 유지관리 업무의 다양성	건축물을 효율적이고 경제적으로 운영, 관리하기 위하여 적용된 운영 및 유지관리 업무의 종수에 대하여 평가	필수 항목	2
	F-08	시설관리품질평가 수준	시설 관리 품질 평가의 객관적인 평가를 위하여 적용되어야 할 품질평가 종수에 대하여 평가	평가 항목	2
	F-09	시설관리 고객 만족도 평가 체계 수준	시설 관리에 대한 고객의 만족도를 평가할 수 있는 평가 체계 수준에 대하여 평가	평가 항목	2
		지표수	37		100

부 문	지 표 수	배점
건축계획 및 환경	5	10
기계설비	6	15
전기설비	5	15
정보통신	6	20
시스템통합	6	20
시설경영관리	9	20
합 계	37	100

[별표 2] 지능형 건축물 인증심사기준 - 비주거시설

부문	분류번호	평가 항목	평가 기준	구분	배점
건축계획 및 환경	A-01	건축물 구조안전	건축물의 구조적 안전성 및 실내 공간의 용도 변경에 대한 유연성 확보에 대하여 평가	평가항목	1
(8개)	A-02	건축물 피난안전	화재 발생 시 거주자가 안전 공간까지 원활하게 피난할 수 있는 계획수준에 대하여 평가	평가항목	2
	A-03	이중 바닥구조	업무 공간의 배치 변경에 대응 가능한 배선 수납공간 확보 여부에 대하여 평가	필수항목	2
	A-04	E/V 성능 및 코어계획	엘리베이터 평균대기시간과 수송능력에 대한 평가 및 코어의 적정 배치를 통한 쾌적하고 융통성 있는 공간계획 수준에 대하여 평가	평가항목	2
	A-05	일사차폐시설	냉방 부하절감을 위해서 적용된 일사폐시설 개수에 대하여 평가	평가항목	2
	A-06	편의시설	거주자에게 쾌적한 환경을 제공해 줄 수 있는 편의시설 공간의 설치위치 개소 및 구성 내용에 대하여 평가	평가항목	1
	A-07	리모델링 계획	리모델링을 고려한 건축설비 공간의 계획 수립 및 반영 여부에 대하여 평가	필수항목	2
	A-08	신재생에너지 적용 외피계획	건축물의 외피 등에 신재생 에너지의 설비를 적용했는지에 대하여 평가	평가항목	1
기계설비	M-01	열원설비 반송방식	열원설비의 효율적인 운영을 위해서 적용된 반송방식 수준에 대하여 평가	필수항목	2
(7개)	M-02	온도제어설비	최적의 실내 환경 구현을 위해서 적용된 온도제어 설비 수준에 대하여 평가	평가항목	2
	M-03	외기도입과 제어	실내 공기질 향상을 위해서 적용된 외기 도입 및 제어 수준에 대하여 평가	평가항목	2
	M-04	에너지절약기법	에너지절약을 위해서 적용된 에너지절약기법 개수에 대하여 평가	평가항목	2
	M-05	냉방, 난방, 급탕 에너지사용량 계측	에너지사용량 계측을 위해서 냉방, 난방, 급탕, 환기에 적용된 에너지 계측 수준에 대하여 평가	필수항목	2
	M-06	절수설비	수자원의 절약을 위해서 적용된 절수형 위생기구 적용 수준에 대하여 평가	평가항목	1
	M-07	신기술 적용	설비의 성능·품질 향상을 위해서 신기술·신제품 적용 수준에 대하여 평가	평가항목	1
전기설비	E-01	전기실 안전 계획	전기관련실의 침수방지, 전력기기 및 전력공급의 안전성을 확보하기 위하여 전기관련실의 위치에 대하여 평가	필수항목	2
(9개)	E-02	전원설비 구성	안정적인 전원공급을 위한 예비변압기 구성 및 발전기 용량에 대하여 평가	평가항목	2
	E-03	자유배선공간확보 (EPS)	안전한 배선통로 확보와 전기기기의 설치 및 운전, 개보수가 원활하도록 EPS(Electrical Pipe Shaft)공간의 면적 확보 여부에 대하여 평가	평가항목	2
	E-04	써지 보호 설비	통신장비 및 전산기기가 안정적으로 동작되기 위한 써지 보호 설비의 적용 수준에 대하여 평가	평가항목	1
	E-05	고조파 보호 설비	각종 전력기기의 동작 및 수명에 미치는 영향을 최소화하기 위한 고조파 보호 설비의 적용 수준에 대하여 평가	평가항목	1
	E-06	소방 안전설비	화재를 조기에 감지하여 화재의 피해를 최소화하기 위한 소방 안전설비 적용 수준에 대하여 평가	필수항목	2
	E-07	피뢰설비	낙뢰 시 건축물을 보호하기 위한 뇌 보호시스템 등급 수준에 대하여 평가	평가항목	1
	E-08	전력 사용량 계측	전력계통에서 사용하는 에너지 사용량을 측정하기 위한 전력량계 설치 수준에 대하여 평가	필수항목	2

부문	분류번호	평가 항목	평가 기 준	구분	배점
	E-09	조명제어 설비	건물 내 시설된 조명기구 수량 중 조명제어 설비에 의하여 제어 되는 조명기구의 비율에 대하여 평가	평가항목	2
정보통신	T-01	구내정보 통신 기반시설	건물 내 원활한 음성 및 데이터 통신을 위한 구내정보 통신 기반시설 및 시스템박스 설치 수준에 대하여 평가	평가항목	2
(13개)	T-02	백본장비 및 사용자 연결장비	거주자에게 고속의 데이터 통신 서비스를 제공, 생산성을 높이기 위하여 백본장비 및 사용자 연결 장비의 네트워크 속도에 대하여 평가	평가항목	2
	T-03	네트워크 구성	네트워크의 안정성을 확보하기 위하여 네트워크 백본 및 간선의 구성 수준에 대하여 평가	평가항목	2
	T-04	네트워크 관리 및 보안	네트워크의 상태를 감시하고, 침입을 방지하기 위한 네트워크 관리 및 보안 시스템 수준에 대하여 평가	필수항목	2
	T-05	무선 LAN	건축물 내 사용자 위치와 상관없이 데이터 통신이 가능하도록 보안(인증)기능이 있는 무선 AP 적용 수준에 대하여 평가	평가항목	1
	T-06	출입관리 보안 시스템	외부 침입 및 도난을 방지하고, 거주자의 안전을 위하여 건축물에 대한 출입보안 수준에 대하여 평가	필수항목	2
	T-07	CCTV 설치수준	건축물의 보안을 위한 CCTV의 설치 위치 및 설치 개소에 대하여 평가	필수항목	2
	T-08	CCTV 녹화 및 백업	안정적인 CCTV 영상을 기록하기 위하여 CCTV 카메라의 녹화방식과 백업방식에 대하여 평가	평가항목	1
	T-09	다목적 회의 지원 시스템	각종 회의의 원활한 운영을 위해 적용된 다양한 회의 지원 시스템 적용 수준에 대하여 평가	평가항목	2
	T-10	종합 안내 시스템	건축물 내방객에게 편의를 제공하기 위한 종합 안내 시스템의 적용 수준에 대하여 평가	평가항목	1
	T-11	차량 출입시스템	차량 출입의 편리성을 위해서 적용된 차량 출입 시스템 수준에 대하여 평가	평가항목	1
	T-12	주차유도 및 위치인식	원활한 주차장 이용을 위해서 적용된 주차 공간 유도 및 주차 위치 인식 시스템 적용 수준에 대하여 평가	평가항목	1
	T-13	CATV / MATV	긴급 재난 발생 시 원활한 방송을 위한 MATV와 CATV 설비의 망 구성 적용 수준에 대하여 평가	평가항목	1
시스템 통합	S-01	통합서버 이중화	시스템통합(SI) 서버의 안정적인 운영을 위하여 통합 서버의 운영방식 및 소프트웨어 구성 수준에 대하여 평가	필수항목	2
(11개)	S-02	개방형 표준통신 프로토콜	통합 시스템과 개별 시스템간의 상호 통합 및 확장이 용이하도록 개방형 표준 프로토콜(protocol) 적용 수준에 대하여 평가	평가항목	1
	S-03	SI서버 백신 및 보안	시스템통합(SI) 서버의 보안 및 바이러스에 대비하기 위한 백신 및 보안 기능 수준에 대하여 평가	필수항목	1
	S-04	통합대상 시스템	시스템통합(SI)의 효율성 및 기능성을 향상하기 위하여 통합시스템과 인터페이스(interface)된 개별 시스템 수준에 대하여 평가	평가항목	2
	S-05	화재연동 시나리오	화재상황 발생 시 원활한 대응을 위하여 연동되는 대상 시스템의 종류 및 연동시나리오 구성 수준에 대하여 평가	평가항목	3
	S-06	방범연동 시나리오	침입상황 발생 시 원활한 대응을 위하여 연동되는 대상 시스템의 종류 및 연동시나리오 구성 수준에 대하여 평가	평가항목	3
	S-07	추가연동 시나리오	특정 상황 발생시 건축물의 원활한 대응을 위하여 다양한 연동시나리오가 구성되어 있는지에 대하여 평가	평가항목	2
	S-08	BEMS 데이터 표시 및 조회기능	관리자 및 운영자가 건물에너지 관련 데이터를 쉽게 확인할 수 있도록 BEMS 데이터 표시 및 조회 기능 수준에 대하여 평가	필수항목	2
	S-09	실내·외 환경정보 수집 및 제어 기능	건축물 에너지 소비에 밀접한 영향을 미치는 실내·외 환경정보 수집을 위하여 실내·외 환경정보 수집 및 제어 기능 수준에 대하여 평가	필수항목	2
	S-10	설비정보에 대한 분류 체계	BEMS 데이터의 체계적인 분류와 기록을 위한 설비정보 분류 체계 적용 수준에 대하여 평가	평가항목	1

부문	분류번호	평가 항목	평가 기준	구분	배점
시설경영관리 (12개)	S-11	DB 관리를 위한 TAG 체계	BEMS 데이터 수집 및 입력시 오류를 최소화하기 위한 DB 관리 TAG 체계 적용 수준에 대하여 평가	평가항목	1
	F-01	시설관리 조직	건축물의 효율적인 유지관리를 위하여 시설관리조직 및 그 구성원의 질적 수준에 대하여 평가	필수항목	2
	F-02	작업관리 기능	효율적인 작업관리의 구현을 위하여 작업관리의 기능 적용 수준에 대하여 평가	필수항목	1
	F-03	자재관리 기능	효율적인 자재관리의 구현을 위하여 자재관리의 기능 적용 수준에 대하여 평가	평가항목	1
	F-04	모바일 관리기능	모바일을 통한 효율적 유지관리가 구현될 수 있도록 모바일관리 기능 적용 수준에 대하여 평가	평가항목	1
	F-05	운영 데이터 축적 수준	건축물을 체계적이고 효율적으로 운영, 관리하기 위하여 운영 데이터 축적 및 관리 수준에 대하여 평가	평가항목	2
	F-06	운영 및 유지관리 업무의 다양성	건축물을 효율적이고 경제적으로 운영, 관리하기 위하여 적용된 운영 및 유지관리 업무의 종수에 대하여 평가	평가항목	2
	F-07	KS표준의 적용 수준	체계적인 운영 및 관리를 위한 국가표준(KS S 1004-2) 서비스 적용 수준에 대하여 평가	평가항목	1
	F-08	운영업무 매뉴얼 비치수준	설비의 점검, 예방, 고장 및 수선이 신속, 정확하게 이루어지기 위한 운영업무 매뉴얼 비치 수준에 대하여 평가	필수항목	2
	F-09	에너지관리 기능	건축물의 에너지 소비를 절감하기 위한 에너지관리 기능 적용 수준에 대하여 평가	필수항목	2
	F-10	에너지 분석, 예측 및 목표관리	효율적인 에너지 관리를 위한 에너지 분석, 예측 및 목표 수준에 대하여 평가	평가항목	2
	F-11	보고서 제공	건축물에서 관리되고 있는 에너지와 관련된 보고서 제공 수준에 대하여 평가	평가항목	2
	F-12	BEMS 운영관리	효율적이고 경제적인 BEMS의 활용을 위하여 BEMS의 운영관리 체계 및 계획 수준에 대하여 평가	필수항목	2
		지표수	60		100

부 문	지표 수	배점
건축계획 및 환경	8	13
기계설비	7	12
전기설비	9	15
정보통신	13	20
시스템통합	11	20
시설경영관리	12	20
합 계	60	100

에너지계획 수립 관련 법규

※ 설비 관련 법규 문제는 답만 외우지 마시고, 해설 관련 법조항을 찾아 꼭 본문을 확인하며 공부하시기 바랍니다.

001 다음은 건축물의 에너지절약설계기준에 따른 투광부의 정의이다. (   ) 안에 알맞은 내용은?

> "투광부"라 함은 창, 문면적의 (   )% 이상이 투과체로 구성된 문, 유리블럭, 플라스틱 패널 등과 같이 투과재료로 구성되며, 외기에 접하여 채광이 가능한 부위를 말한다.

① 40 ② 50
③ 60 ④ 70

■ 〈에너지절약기준 3조의 9파〉 투광부 : 창, 문면적의 50% 이상이 투과체로 구성

002 다음은 건축물의 냉방설비에 대한 설치 및 설계기준에 따른 축열률의 정의이다. (   ) 안에 알맞은 것은?

> 축열률이라 함은 통계적으로 (   )을 기준으로 기타 시간에 필요한 냉방열량 중에서 이용이 가능한 냉열량이 차지하는 비율을 말한다.

① 연중 최소냉방부하를 갖는 날 ② 연중 최대냉방부하를 갖는 날
③ 연중 최소냉방부하를 갖는 달 ④ 연중 최대냉방부하를 갖는 달

■ 〈냉방설비기준 3조〉 연중 최대냉방부하를 갖는 날

003 건축물의 에너지절약 설계기준상 에너지절약 계획서 및 설계 검토서 작성 기준에서 에너지 성능지표는 평점합계가 최소 몇 점 이상일 경우 적합한 것으로 보는가?(단, 공공기관이 신축하거나 별동으로 증축하는 건축물이 아닌 경우)

① 65점 ② 74점
③ 80점 ④ 90점

■ 〈에너지절약기준 15조〉 65점 이상일 때 적합, 단 공공기관이 신축하는 건축물은 74점 이상

004 건축물의 냉방설비에 대한 설치 및 설계기준에 정의된 심야시간으로 알맞은 것은?

① 21 : 00부터 익일 07 : 00까지 ② 22 : 00부터 익일 08 : 00까지
③ 23 : 00부터 익일 09 : 00까지 ④ 24 : 00부터 익일 09 : 00까지

■ 〈냉방설비기준 3조〉 심야시간 - 23 : 00부터 익일 09 : 00까지

해답 1.② 2.② 3.① 4.③

005 연면적이 2,000m²인 숙박시설에 중앙집중 냉방설비를 설치하고자 하는 경우, 해당 건축물에 소요되는 주간 최대냉방부하의 최소 얼마 이상을 수용할 수 있는 용량의 축냉식 또는 가스를 이용한 중앙집중 냉방방식으로 설치하여야 하는가?

① 45% 이상　　　　　　　　② 50% 이상
③ 55% 이상　　　　　　　　④ 60% 이상

■ 〈냉방설비기준 4조〉 60% 이상

006 건축물의 에너지절약 설계기준에 따른 건축부문의 권장사항으로 옳지 않은 것은?

① 공동주택은 인동간격을 좁게 하여 저층부의 일사 수열량을 감소시킨다.
② 공동주택의 외기에 접하는 주동의 출입구와 각 세대의 현관은 방풍구조로 한다.
③ 건축물의 체적에 대한 외피면적의 비 또는 연면적에 대한 외피면적의 비는 가능한 작게 한다.
④ 거실의 층고 및 반자 높이는 실의 용도와 기능에 지장을 주지 않는 범위 내에서 가능한 낮게 한다.

■ 〈에너지절약기준 7조〉 공동주택은 인동간격을 넓게 하여 저층부의 일사 수열량을 증대시킨다.

007 건축물의 에너지절약기준 설계기준에 따른 건축부문의 권장사항으로 옳지 않은 것은?

① 외벽 부위는 내단열로 시공한다.
② 공동주택은 인동간격을 넓게 하여 저층부의 일사 수열량을 증대시킨다.
③ 건축물의 체적에 대한 외피면적의 비 또는 연면적에 대한 외피면적의 비는 가능한 작게 한다.
④ 거실의 층고 및 반자 높이는 실의 용도와 기능에 지장을 주지 않는 범위 내에서 가능한 낮게 한다.

■ 〈에너지절약기준 7조〉 외벽 부위는 외단열로 시공한다.

008 다음은 건축물의 에너지절약 설계기준에 따른 용어의 정의이다. (　) 안에 알맞은 것은?

> 중앙집중식 냉방 또는 난방설비라 함은 건축물의 전부 또는 냉난방 면적의 (　) 이상을 냉방 또는 난방함에 있어 해당 공간에 순환펌프, 증기난방설비 등을 이용하여 열원 등을 공급하는 설비를 말한다. 단, 산업통상자원부 고시 「효율관리기자재 운용규정」에서 정한 가정용 가스보일러는 개별 난방설비로 간주한다.

① 40%　　　　　　　　　　② 50%
③ 60%　　　　　　　　　　④ 70%

■ 〈에너지절약기준 5조 10〉 60% 이상

해답　5.④　6.①　7.①　8.③

009 축랭식 전기냉방설비의 설계기준 내용으로 옳지 않은 것은?

① 축열조는 보온을 철저히 하여 열손실과 결로를 방지해야 한다.
② 열교환기에서 점검을 위한 부분은 해체와 조립이 용이하도록 하여야 한다.
③ 열교환기에는 시간당 최대냉방열량을 처리할 수 있는 용량 이상으로 설치하여야 한다.
④ 자동제어설비는 수동조작을 할 수 없도록 하여야 하며 감시기능 등을 갖추어야 한다.

■ 냉방설비기준 3조에 따른 축랭식 전기냉방설비는 자동제어설비는 필요한 경우 수동조작이 가능하도록 하여야 하며 감시기능 등을 갖추어야 한다.

010 건축물의 냉방설비에 대한 설치 및 설계기준상 통계적으로 연중 최대냉방부하를 갖는 날을 기준으로 기타시간에 필요한 냉방열량 중에서 이용이 가능한 냉열량이 차지하는 비율로 정의되는 것은?

① 축열률   ② 냉방률
③ 수용률   ④ 이용률

■ 〈냉방설비기준 3조〉 축열률

011 건축물의 에너지절약 설계기준에 따른 건축부문의 권장 사항으로 옳지 않은 것은?

① 건축물의 체적에 대한 외피면적의 비 또는 연면적에 대한 외피면적의 비는 가능한 작게 한다.
② 태양열 유입에 의한 냉방부하 저감을 위하여 태양열 유입 유도장치를 설치한다.
③ 공동주택은 인동간격을 넓게 하여 저층부의 일사 수열량을 증대시킨다.
④ 발코니 확장을 하는 공동주택이나 창호면적이 큰 건물에는 단열성이 우수한 로이(Low-E) 복층이나 삼중층 이상의 단열성능을 갖는 창호를 설치한다.

■ 〈에너지절약기준 7조〉 태양열 유입에 의한 냉방부하 저감을 위하여 태양열 차폐장치를 설치한다.

012 건축물의 냉방설비에 대한 설치 및 설계기준상 포접화합물(Clathrate)이나 공융염(Eutectic Salt) 등의 상변화물질을 심야시간에 냉각시켜 동결한 후 그 밖의 시간에 이를 녹여 냉방에 이용하는 냉방설비로 정의되는 것은?

① 빙축열식 냉방설비   ② 수축열식 냉방설비
③ 물질축열식 냉방설비   ④ 잠열축열식 냉방설비

■ 〈냉방설비기준 3조〉

013 건축물의 에너지절약 설계기준에 따른 단열재의 두께는 지역별로 다르게 적용된다. 다음 중 중부1지역에 속하지 않는 것은?

① 경기도(연천)   ② 대전광역시
③ 경상북도 청송군   ④ 충청북도(제천시)

■ 〈에너지절약기준 22조〉 중부1지역은 경기도(연천, 포천 등) 충북(제천) 등이며, 대전광역시는 중부2지역에 속한다.

014 다음은 건축의 에너지절약 설계기준에 따른 기계부의 권장사항 내용이다. ( ) 안에 들어갈 숫자로 알맞은 것은?

> 난방 및 냉방설비의 용량계산을 위한 설계기준 실내온도는 난방의 경우 ( )℃, 냉방의 경우 ( )℃를 기준으로 하되 (목욕장 및 수영장은 제외) 각 건축물 용도 및 개별실의 특성에 따라 건축물의 에너지절약 설계기준에서 제시하는 범위를 참고하여 설비의 용량이 과다해지지 않도록 한다.

① 20, 26
② 20, 28
③ 22, 26
④ 22, 28

■ 〈에너지절약기준 9조〉

015 건축물의 에너지절약 설계기준에 따른 건축부문의 권장사항으로 옳지 않은 것은?

① 외벽 부위는 외단열로 시공한다.
② 건물의 창호는 가능한 작게 설계하고, 특히 열손실이 많은 북측의 창면적은 최소화한다.
③ 건축물은 대지의 향, 일조 및 주풍향 등을 고려하여 배치하며, 남향 또는 남동향 배치를 한다.
④ 거실의 층고 및 반자 높이는 실의 용도와 기능에 지장을 주지 않는 범위 내에서 가능한 높게 한다.

■ 〈에너지절약기준 7조〉 거실의 층고 및 반자 높이는 가능한 낮게 한다.

016 건축물의 냉방설비에 대한 설치 및 설계기준상 다음과 같이 정의되는 것은?

> 저장된 냉열을 냉방에 이용할 경우에만 가동되는 냉수 순환펌프, 공조용 순환펌프 등의 설비

① 1차 측 설비
② 2차 측 설비
③ 부분 축냉설비
④ 전체 축냉설비

■ 〈냉방설비기준 3조〉 2차 측 설비란 저장된 냉열을 냉방에 이용할 경우에만 가동되는 냉수 순환펌프, 공조용 순환펌프 등의 설비를 말한다.

017 건축물의 냉방설비에 대한 설치 및 설계기준상 다음과 같이 정의되는 용어는?

> 통계적으로 연중 최대냉방부하를 갖는 날을 기준으로 그 밖의 시간에 필요한 냉방열량 중에서 이용이 가능한 냉열량이 차지하는 비율을 말하며 백분율(%)로 표시한다.

① 축열률
② 냉방률
③ 수용률
④ 이용률

■ 〈냉방설비기준 3조〉 축열률

018 건축물의 에너지절약 설계기준상 외기에 직접 면하고 1층 또는 지상으로 연결된 출입문 중 방풍구조로 하지 않을 수 있는 출입문의 너비 기준은?

① 1.2m 이하　　② 1.5m 이하
③ 1.8m 이하　　④ 2.1m 이하

■ 〈에너지절약기준 6조 4 라〉 1.2m 이하

019 다음은 건축물의 에너지절약 설계기준에 따른 기계부분의 의무사항 내용이다. ( ) 안에 알맞은 것은?

> 난방 및 냉방설비의 용량계산을 위한 외기조건은 각 지역별로 위험율 (ㄱ) (냉방기 및 난방기를 분리한 온도출현분포를 사용할 경우) 또는 (ㄴ) (연간 총시간에 대한 온도 출현분포를 사용할 경우)로 하거나 별표7에서 정한 외기온·습도를 사용한다.

① ㄱ 1%, ㄴ 1.5%　　② ㄱ 1.5%, ㄴ 1%
③ ㄱ 1%, ㄴ 2.5%　　④ ㄱ 2.5%, ㄴ 1%

■ 〈에너지절약기준 8조〉 ㄱ 2.5%, ㄴ 1%

020 다음 중 외기에 면하고 1층 또는 지상으로 연결된 출입문을 방풍구조로 하지 않아도 되는 것은(단, 사람의 통행을 주목적으로 하며, 너비가 1.2m를 초과하는 출입문인 경우)?

① 호텔의 주출입문
② 공동주택의 출입문
③ 공기조화를 하는 업무시설의 출입문
④ 바닥면적의 합계가 500㎡인 상점의 주출입문

■ 〈에너지절약기준 6조〉 외기에 직접 면하고 1층 또는 지상으로 연결된 출입문은 방풍구조로 하여야 한다. 다만, 판매 및 영업시설 중 도매시장, 소매시장 및 상점으로써 바닥면적 300㎡ 이하의 개별 점포의 출입문, 공동주택의 출입문, 사람의 통행을 주목적으로 하지 않는 출입문과 너비가 1.2미터 이하의 출입문은 그러하지 아니할 수 있다.

021 다음은 건축물의 에너지절약설계기준에 따른 건축 부문의 권장사항 중 자연채광 계획에 대한 내용이다. ( ) 안에 알맞은 것은?

> 공동주택의 지하주차장은 ( ) 이내마다 1개소 이상의 외기와 직접 면하는 2㎡ 이상의 개폐가 가능한 천장 또는 측창을 설치하여 자연환기 및 자연채광을 유도한다. 다만, 지하2층 이하는 그러하지 아니하다.

① 100㎡　　② 200㎡
③ 300㎡　　④ 400㎡

■ 〈에너지절약기준 7조〉 공동주택의 지하주차장은 300㎡ 이내마다 1개소 이상의 외기와 직접 면하는 2㎡ 이상의 개폐가 가능한 천장 또는 측창을 설치하여 자연환기 및 자연채광을 유도한다. 다만, 지하2층 이하는 그러하지 아니한다.〈현재 삭제된 기준사항이다.〉

해답　18.① 19.④ 20.② 21.③

022 다음 중 건축물의 에너지절약을 위한 권장사항으로 부적합한 것은?
① 냉방용 실내온도의 조건은 26℃를 기준한다.
② 폐열회수형 환기장치를 설치한다.
③ 급수용 펌프에 가변속 제어방식을 채택한다.
④ 이코노마이저시스템을 적용한다.

■ 〈에너지절약기준 9조〉 에너지절약기준에서 실내온도의 조건은 28℃를 기준한다.

023 공공기관이 아닌 경우 에너지절약계획서 작성에 따른 에너지성능지표 검토서의 적합판정으로 맞는 것은?
① 평점합계 60점 이상
② 평점합계 65점 이상
③ 평점합계 74점 이상
④ 평점합계 80점 이상

■ 〈에너지절약기준 15조〉 일반건물 65점 이상, 공공기관 74점 이상

024 건축물의 냉방설비에 대한 설치 및 설계기준에 정의된 심야시간으로 알맞은 것은?
① 21 : 00부터 익일 07 : 00까지
② 22 : 00부터 익일 08 : 00까지
③ 23 : 00부터 익일 09 : 00까지
④ 24 : 00부터 익일 09 : 00까지

■ 〈냉방설비기준 3조〉 심야시간 – 23:00부터 익일 09:00까지

025 건축물의 에너지절약 설계기준에 따른 에너지 절약을 위한 공기조화설비의 설치 권장사항으로 옳지 않은 것은?
① 중간기의 외기냉방시스템 적용
② 풍량 제어가 가능한 공기조화기 팬 설치
③ 실내 공기질 향상을 위한 최대한의 환기량 확보
④ 흡입베인제어 방식의 공기조화 팬 채택

■ 〈에너지절약기준 9조〉 실내공기의 오염도가 허용치를 초과하지 않는 범위 내에서 최소한의 외기도입이 가능하도록 계획한다.

026 건축물의 에너지절약 설계기준에서 건축부문의 권장사항으로 옳지 않은 것은?
① 공동주택의 외기에 접하는 주동의 출입구와 각 세대의 현관은 방풍구조로 한다.
② 건축물의 체적에 대한 외피면적의 비 또는 연면적에 대한 외피면적의 비는 가능한 작게 한다.
③ 건축물은 대지의 향, 일조 및 주풍향 등을 고려하여 배치하며, 남향 또는 남동향 배치를 한다.
④ 거실의 층고 및 반자 높이는 실의 용도와 기능에 지장을 주지 않는 범위 내에서 가능한 높게 한다.

■ 〈에너지절약기준 7조〉 거실의 층고 및 반자 높이는 실의 용도와 기능에 지장을 주지 않는 범위 내에서 가능한 낮게 한다.

해답 22.① 23.② 24.③ 25.③ 26.④

027 심야시간에 얼음을 제조하여 축열조에 저장하였다가 기타 시간에 이를 녹여 냉방에 이용하는 냉방설비는?

① 수축열식   ② 빙축열식
③ 잠열축열식   ④ 부분축냉방식

■ 〈냉방설비기준 3조〉 "빙축열식 냉방설비"라 함은 심야시간에 얼음을 제조하여 축열조에 저장하였다가 그 밖의 시간에 이를 녹여 냉방에 이용하는 냉방설비를 말한다. "수축열식 냉방설비"라 함은 심야시간에 물을 냉각시켜 축열조에 저장하였다가 그 밖의 시간에 이를 냉방에 이용하는 냉방설비를 말한다.

028 건축물의 에너지절약 설계기준에 따른 기밀 및 결로방지 등을 위한 조치내용으로 옳지 않은 것은?

① 외기에 직접 면하고 1층 또는 지상으로 연결된 너비 1.0미터의 출입문은 방풍구조로 하여야 한다.
② 건축물 외피 단열부위의 접합부, 틈 등은 밀폐될 수 있도록 코킹과 가스켓 등을 사용하여 기밀하게 처리하여야 한다.
③ 단열재의 이음부는 최대한 밀착하여 시공하거나, 2장을 엇갈리게 시공하여 이음부를 통한 단열성능 저하가 최소화될 수 있도록 조치하여야 한다.
④ 방습층으로 알루미늄박 또는 플라스틱계 필름 등을 사용할 경우의 이음부는 100m 이상 중첩하고 내습성 테이프, 접착제 등으로 기밀하게 마감하도록 한다.

■ 〈에너지절약기준 6조〉 너비 1.2미터 이하의 출입문은 방풍구조로 하지 않을 수 있다.

029 건축물의 에너지절약 설계기준에서 다음과 같이 정의되는 용어는?

> 건축물의 완공 전에 설계도서 등으로 인증기관에서 건축물에너지 효율등급의 인증, 친환경 건축물 인증 또는 신·재생에너지 인증을 받는 것을 말한다.

① 재인증   ② 예비인증
③ 사전인증   ④ 설계인증

■ 〈에너지절약기준 5조8〉 완공 전 : 예비인증, 완공 후 : 본인증

030 다음 중 건축물의 에너지절약 설계기준에서 기계부문 의무사항에 속하지 않는 것은?

① 기기배관 및 덕트는 국토교통부에서 정하는 「국가건설기준 기계설비공사 표준시방서」의 보온 두께 이상 또는 그 이상의 열저항을 갖도록 단열조치를 하여야 한다.
② 펌프는 한국산업규격(KS B 6318, 7501, 7505 등) 표시인증제품 또는 KS규격에서 정해진 효율 이상의 제품을 설치하여야 한다.
③ 난방 및 냉방설비의 용량계산을 위한 외기조건은 각 지역별로 위험률 2.5%(냉방기 및 난방기를 분리한 온도출현분포를 사용할 경우) 또는 1%(연간 총시간에 대한 온도출현분포를 사용할 경우)로 하거나 건축물 에너지절약 설계기준에서 정한 외기온·습도를 사용한다.
④ 보일러의 배출수·폐열·응축수 및 공조기의 폐열, 생활배수 등의 폐열을 회수하기 위한 열회수설비를 설치해야 한다.

■ 〈에너지절약기준8, 9조〉 보기④는 기계부문 의무사항이 아닌 권장사항이다.

031 다음 용어의 정의에서 잘못된 것은?

① "외피"라 함은 거실 또는 거실외 공간을 둘러싸고 있는 벽·지붕·바닥·창 및 문 등으로서 외기에 직접 면하는 부위를 말한다.
② "거실의 외벽"이라 함은 거실의 벽 중 외기에 직접 또는 간접 면하는 부위를 말한다. 다만, 복합용도의 건축물인 경우에는 해당 용도로 사용되는 공간이 다른 용도로 사용되는 공간과 접하는 부위를 외벽으로 볼 수 있다.
③ "최하층에 있는 거실의 바닥"이라 함은 최하층(지하층을 포함한다)으로서 거실인 경우의 바닥과 기타 층으로서 거실의 바닥부위가 외기에 직접 또는 간접적으로 면한 부위를 말한다. 다만, 복합용도의 건축물인 경우에는 해당 용도로 사용되는 층중 최하층에 있는 거실의 바닥을 포함한다.
④ "외기에 직접 면하는 부위"라 함은 외기가 직접 통하지 아니하는 비난방 공간(지붕 또는 반자, 벽체, 바닥 구조의 일부로 구성되는 내부 공기층은 제외한다)에 접한 부위이다.

■ 〈에너지절약기준 5조 10〉 "외기에 간접 면하는 부위"라 함은 외기가 직접 통하지 아니하는 비난방 공간 (지붕 또는 반자, 벽체, 바닥 구조의 일부로 구성되는 내부 공기층은 제외한다)에 접한 부위이다.

032 용어의 정의 중 잘못된 것은?

① "위험률"이라 함은 냉(난)방 기간 동안 또는 연간 총시간에 대한 온도출현분포 중에서 가장 높은(낮은) 온도쪽으로부터 총시간의 일정 비율에 해당하는 온도를 제외시키는 비율을 말한다.
② "효율"이라 함은 설비기기에 출력된 에너지에 대하여 입력된 유효에너지의 비를 말한다.
③ "대수분할운전"이라 함은 기기를 여러 대 설치하여 부하상태에 따라 최적 운전상태를 유지할 수 있도록 기기를 조합하여 운전하는 방식을 말한다.
④ "비례제어운전"이라 함은 기기의 출력값과 목표값의 편차에 비례하여 입력량을 조절함으로서 최적운전상태를 유지할 수 있도록 운전하는 방식을 말한다.

■ 〈에너지절약기준 5조〉 "효율"이라 함은 설비기기에 입력된 에너지에 대하여 출력된 유효에너지의 비를 말한다.

033 에너지절약 설계기준 중 기계부문의 권장사항으로 적합하지 않은 것은?

① 열원설비는 부분부하 및 전부하 운전효율이 좋은 것을 선정한다.
② 보일러, 냉동기, 송풍기, 펌프 등은 부하조건에 따라 최고의 성능을 유지할 수 있도록 대수분할 또는 비례제어운전이 되도록 한다.
③ 보일러의 배출수·폐열·응축수 및 공조기의 폐열, 생활배수 등의 폐열을 회수하기 위한 열회수설비를 설치한다. 폐열회수를 위한 열회수설비를 설치할 때에는 중간기에 대비한 바이패스(by-pass)설비를 설치한다.
④ 공기조화기 팬은 부하변동에 관계없이 항상 일정한 풍량을 내도록 정풍량 방식을 채택한다.

■ 〈에너지절약기준 9조〉 공기조화기 팬은 부하변동에 따른 풍량제어가 가능하도록 가변익 축류방식, 흡입베인 제어방식, 가변속 제어방식 등 에너지절약적 제어방식을 채택한다.

034 "기밀성 창호"라 함은 한국산업규격(KS) F 2292 규정에 의하여 기밀성 등급에 따른 통기량이 얼마 미만인 창호를 말하는가?

① $2m^3/h \cdot m^2$
② $5m^3/h \cdot m^2$
③ $8m^3/h \cdot m^2$
④ $10m^3/h \cdot m^2$

■ 〈에너지절약기준 5조 10〉 "기밀성 창", "기밀성 문"이라 함은 창 및 문으로서 한국산업규격(KS) F 2292 규정에 의하여 기밀성 등급에 따른 기밀성이 1~5등급(통기량 $5m^3/h \cdot m^2$ 미만)인 것을 말한다.

035 중간기 또는 동계에 발생하는 냉방부하를 실내기준온도 보다 낮은 도입 외기에 의하여 제거 또는 감소시키는 시스템을 무엇이라 하는가?

① 이코노마이저시스템
② 설비형 태양열시스템
③ 폐열회수형 환기장치
④ 심야전기를 이용한 축열·축냉시스템

■ 〈에너지절약기준 5조 11〉 "이코노마이저시스템"이라 함은 중간기 또는 동계에 발생하는 냉방부하를 실내엔탈피 보다 낮은 도입 외기에 의하여 제거 또는 감소시키는 시스템을 말한다.

036 정지형 전력변환기로 전동기의 가변속 운전을 위하여 설치하는 설비란 무엇인가?

① 가변속제어기(인버터)
② 대수제어기
③ 고효율제어기
④ 변압기

■ 〈에너지절약기준 5조〉 "가변속제어기(인버터)"라 함은 정지형 전력변환기로서 전동기의 가변속운전을 위하여 설치하는 설비로서 고효율인증제품 또는 동등 이상의 성능을 가진 것을 말한다.

037 수평면과 이루는 각이 몇 도를 초과하는 경사지붕은 규칙 제21조의 규정에 의한 외벽의 열관류율을 적용할 수 있는가?

① 30도
② 50도
③ 70도
④ 90도

■ 〈에너지절약기준 6조〉 수평면과 이루는 각이 70도를 초과하는 경사지붕은 별표1에 따른 외벽의 열관류율을 적용할 수 있다.

038 건축물 냉방설비 설치 및 설계기준에서 사용하는 용어의 정의 중 잘못된 것은?

① "빙축열식 냉방설비"라 함은 심야시간에 얼음을 제조하여 축열조에 저장하였다가 기타시간에 이를 녹여 냉방에 이용하는 냉방설비를 말한다.
② "수축열식 냉방설비"라 함은 심야시간에 물을 냉각시켜 축열조에 저장하였다가 기타시간에 이를 냉방에 이용하는 냉방설비를 말한다.
③ "심야시간"이라 함은 22:00부터 익일 08:00까지를 말한다.
④ "축열률"이라 함은 통계적으로 연중 최대냉방부하를 갖는 날을 기준으로 기타시간에 필요한 냉방열량 중에서 이용이 가능한 냉열량이 차지하는 비율을 말하며 백분율(%)로 표시한다.

■ 〈냉방설비기준 3조〉 "심야시간"이라 함은 23:00부터 익일 09:00까지를 말한다.

해답 34.② 35.① 36.① 37.③ 38.③

039 에너지절약 설계기준의 방습층으로 알루미늄박 또는 플라스틱계 필름 등을 사용할 경우의 이음부는 얼마 이상 중첩하고 내습성 테이프, 접착제 등으로 기밀하게 마감해야 하는가?

① 10mm
② 50mm
③ 100mm
④ 200mm

■ 〈에너지절약기준 6조〉 방습층으로 알루미늄박 또는 플라스틱계 필름 등을 사용할 경우의 이음부는 100㎜ 이상 중첩하고 내습성 테이프, 접착제 등으로 기밀하게 마감할 것

040 냉방설비의 축열률에서 축냉식 전기냉방으로 설치할 때에는 전체 축냉방식 또는 몇 % 이상인 부분 축냉방식으로 설치하여야 하는가?

① 20%
② 40%
③ 60%
④ 80%

■ 〈냉방설비기준 5조〉 축냉식 전기냉방으로 설치할 때에는 전체 축냉방식 또는 축열률 40% 이상인 부분 축냉방식으로 설치하여야 한다.

041 녹색건축 인증기관의 상근 심사전문인력에 해당하지 않는 사람은?

① 건축사 자격을 취득한 후 3년 이상 해당 업무를 수행한 사람
② 해당 전문분야의 기술사 자격을 취득한 후 3년 이상 해당 업무를 수행한 사람
③ 해당 전문분야의 기사 자격을 취득한 후 5년 이상 해당 업무를 수행한 사람
④ 해당 전문분야의 박사학위를 취득한 후 3년 이상 해당 업무를 수행한 사람

■ 〈녹색건축규칙 4조〉 기사 자격을 취득한 후 10년 이상

042 녹색건축 인증등급에 해당하지 않는 것은?

① 최우수(그린1등급)
② 우수(그린2등급)
③ 보통(그린3등급)
④ 일반(그린4등급)

■ 〈녹색건축규칙 8조〉 우량(그린3등급)

043 녹색건축 인증에 관한 규칙에서 에너지, 건축환경, 건축설비는 어떤 전문분야에 속하는가?

① 에너지 및 환경오염
② 재료 및 자원
③ 물순환관리
④ 실내환경

■ 〈녹색건축규칙 별표1〉 에너지 및 환경오염 전문분야에는 에너지, 전기공학, 건축환경, 건축설비, 대기환경, 폐기물처리 또는 기계공학 등 세부분야가 속한다.

해답 39.③ 40.② 41.③ 42.③ 43.④

044 제로에너지건축물 인증기관 지정의 유효기간은 인증기관 지정서를 발급한 날부터 몇 년으로 하는가?

① 2년　　　　　　　　　② 3년
③ 5년　　　　　　　　　④ 10년

■ 〈제로에너지건축물 인증규칙 5조〉 인증기관 지정의 유효기간은 인증기관 지정서를 발급한 날부터 5년으로 한다.

045 제로에너지건축물 인증 유효기간은 얼마인가?

① 10년　　　　　　　　② 7년
③ 5년　　　　　　　　　④ 3년

■ 〈제로에너지건축물 인증규칙 9조〉 제로에너지건축물 인증의 유효기간은 인증을 받은 날부터 10년으로 한다.

046 건축물에너지평가사의 업무 수행 범위로 거리가 먼 것은?

① 인증기준에 따른 인증서 교부　　② 인증기준에 따른 도서평가
③ 인증기준에 따른 현장실사　　　④ 인증기준에 따른 인증 평가서 작성

■ 〈제로에너지건축물 인증규칙 11조2〉 건축물에너지평가사의 업무 수행범위는 인증기준에 따른 도서평가, 현장실사, 인증 평가서 작성, 건축물 에너지효율 개선방안 작성, 예비인증 평가이다.

047 제로에너지건축물 인증등급은 몇 단계로 나누어지는가?

① 1등급부터 7등급까지의 7개 등급
② 1등급부터 5등급까지의 5개 등급
③ +등급부터 7등급까지의 8개 등급
④ +등급부터 5등급까지의 6개 등급

■ 〈제로에너지건축물 인증기준 별표 2〉 제로에너지건축물 인증등급은 +등급과 1~5등급으로 총 6개 등급으로 나누어진다.

048 지능형 건축물 인증기관으로 지정을 받으려는 자가 국토교통부장관에게 제출하여야 하는 서류에 해당하지 않는 것은?

① 인증업무를 수행할 전담조직 및 업무수행체계에 관한 설명서
② 인증심사 전문인력을 보유하고 있음을 증명하는 서류
③ 인증기관의 재무재표 증명서
④ 지능형 건축물 인증과 관련한 연구 실적 등 인증업무를 수행할 능력을 갖추고 있음을 증명하는 서류

■ 〈지능형 건축물 3조〉 인증기관의 재무재표 증명서는 관계가 없으며 인증기관의 인증업무 처리규정은 해당한다.

049 지능형 건축물 인증대상 건축물로 거리가 먼 것은?
① 단독주택 ② 공동주택
③ 장례식장 ④ 야영장시설

■ 〈지능형 건축물 2조〉 지능형 건축물 인증 적용대상 건축물은 건축법령 별표1에서 야영장시설은 제외한다.

050 지능형 건축물 인증기관의 심사전문인력으로 가장 거리가 먼 사람은?
① 해당 전문분야의 박사학위나 건축사 또는 기술사 자격을 취득한 후 3년 이상 해당 업무를 수행한 사람
② 해당 전문분야의 석사학위를 취득한 후 9년 이상 해당 업무를 수행하거나 학사학위를 취득한 후 12년 이상 해당 업무를 수행한 사람
③ 해당 전문분야의 기사 자격을 취득한 후 10년 이상 해당 업무를 수행한 사람
④ 건축물에너지평가사

■ 〈지능형 건축물 3조〉 지능형건축물 인증기관 심사전문인력으로 건축물에너지평가사는 해당사항이 없다.

051 지능형 건축물 인증기관의 인증업무 처리규정에 포함될 사항으로 가장 거리가 먼 것은?
① 인증심사 전문인력 선발방법에 관한 사항
② 인증심사단 및 인증심의위원회의 구성·운영에 관한 사항
③ 인증 결과 통보 및 재심사에 관한 사항
④ 지능형건축물 인증의 취소에 관한 사항

■ 〈지능형 건축물 3조〉 인증심사 전문인력 선발방법에 관한 사항은 해당이 없다.

052 지능형 건축물 인증을 받으려는 경우에 인증을 신청할 수 있는 사람으로 적합한 것은?
① 건축주, 건축물 소유자, 시공자 ② 건축주, 건축물 소유자, 설계자
③ 건축주, 건축물 소유자, 감리자 ④ 건축주, 건축물 소유자, 건축물관리자

■ 〈지능형 건축물 6조〉 인증 신청권자는 건축주, 건축물 소유자, 시공자(건축주, 건축물 소유자가 동의하는 경우)이다.

053 지능형 건축물 인증을 받으려는 자가 제출할 서류로 거리가 먼 것은?
① 작성한 해당 건축물의 지능형 건축물 자체평가서 및 증명자료
② 건축물 조감도
③ 각 분야 설계설명서
④ 에너지절약계획서

■ 〈지능형 건축물 6조〉 인증 신청권자가 구비할 서류로 조감도는 관계가 없다.

054 주거용 건물에 대한 지능형 건축물 인증 심사기준에서 기계설비 부문의 세부심사 항목으로 거리가 먼 것은?

① 기계설비 시스템의 적정성
② 거주자의 쾌적성 및 편의성
③ 고효율 시스템
④ 신재생에너지 적용

■ 〈지능형 건축물 별표1〉 신재생에너지 적용은 건축 계획 및 환경부문에 속한다.

055 지능형 건축물 인증기관의 장은 인증신청을 받으면 인증심사단을 구성하여 인증기준에 따라 서류심사와 현장실사를 하고, 심사 내용, 심사 점수, 인증 여부 및 인증 등급을 포함한 인증심사 결과서를 작성하여야 한다. 이 경우 인증등급은 어떻게 분류하는가?

① 1등급부터 5등급까지 5개 등급
② 1등급부터 7등급까지 7개 등급
③ 1등급부터 10등급까지 10개 등급
④ 1등급부터 12등급까지 12개 등급

■ 〈지능형 건축물 7조〉 인증 등급은 1등급부터 5등급까지로 하고, 그 세부 기준은 국토교통부장관이 별도로 정하여 고시한다.

056 인증을 받은 지능형 건축물의 사후관리에 관한 내용으로 적합하지 않는 것은?

① 지능형 건축물로 인증을 받은 건축물의 소유자 또는 관리자는 그 건축물을 인증받은 기준에 맞도록 유지·관리하여야 한다.
② 인증기관은 필요한 경우에는 지능형건축물 인증을 받은 건축물의 정상 가동 여부 등을 확인할 수 있다.
③ 건축설비의 안정적 가동, 유지·보수 등 인증을 받은 지능형건축물의 사후관리 범위 등의 세부 사항은 국토교통부장관이 따로 정하여 고시한다.
④ 인증기관의 평가·사후관리 및 감독에 관한 업무

■ 〈지능형 건축물 12조〉 인증기관의 평가·사후관리 및 감독에 관한 업무는 인증기관에 관한 사항이다.

057 인증심사기준에 관한 내용으로 적합하지 않는 것은?

① 지능형 건축물 인증기관의 장은 건축물 종류별 인증심사기준에 따라 인증업무를 실시하여야 한다.
② 인증대상 건축물 중 2개 이상의 용도가 복합되어 있는 건축물에 대하여는 각 용도별로 인증심사기준에 따라 평가하고, 복합건축물 인증등급 산정방법에 따라 각 용도별 건축면적을 가중평균하여 최종 인증점수를 산출한다.
③ 건축물이 있는 대지에 기존 건축물과 떨어져 증축하는 경우에는 증축 건축물 주변에 가상의 대지경계선을 설정하여 건축물 외부환경 관련 항목에 대하여 평가할 수 있다.
④ 운영기관의 장은 인증제도의 활성화와 인증제도의 효율적 수행을 위하여 필요한 경우 규칙 및 본 기준에 저촉되지 않는 범위 안에서 국토교통부장관의 승인을 받아 시행세칙을 정하여 운영할 수 있다.

■ 〈지능형 건축물 인증 3조〉 인증대상 건축물 중 2개 이상의 용도가 복합되어 있는 건축물에 대하여는 각 용도별로 인증심사기준에 따라 평가하고, 복합건축물 인증등급 산정방법에 따라 각 용도별 연면적을 가중평균하여 최종 인증점수를 산출한다.

해답 54.④ 55.① 56.④ 57.②

058 인증기관의 장은 지능형 건축물로 인증을 받은 건축물에 대하여 인증을 취소할 수 있는 경우로 거리가 먼 것은?

① 인증을 받은 후 설계변경하는 경우
② 인증 신청 및 심사 중 제공된 중요 정보나 문서가 거짓인 것으로 판명된 경우
③ 인증을 받은 건축물의 건축주 등이 인증서를 인증기관에 반납한 경우
④ 인증을 받은 건축물의 건축허가 등이 취소된 경우

■ 〈지능형 건축물 9조〉 인증의 근거나 전제가 되는 주요한 사실이 변경된 경우는 취소 사유가 되지만 설계변경만으로는 해당없다.

059 지능형 건축물 인증을 받은 자가 건축법에 따라 완화기준을 적용받고자 할 때 관련내용으로 적합하지 않은 것은?

① 완화기준을 적용받고자 하는 자는 건축허가 또는 사업계획승인 신청 시 허가권자에게 예비인증서와 완화기준 적용 신청서 등 관계 서류를 첨부하여 제출하여야 한다.
② 완화기준의 신청을 받은 허가권자는 신청내용의 적합성을 검토하고, 신청자가 신청내용을 이행하도록 허가조건에 명시하여 허가하여야 한다.
③ 완화기준을 적용받은 건축주 또는 사업주체는 건축물의 사용승인 신청 전에 녹색인증을 취득하여 사용승인 신청 시 허가권자에게 녹색인증서 사본을 제출하여야 한다.
④ 지능형 건축물로 인증받은 건축물의 조경설치면적, 용적률 및 건축물의 높이에 대한 완화비율 및 적용방법 등 완화기준은 규정에 따라 적용할 수 있다.

■ 〈지능형 건축물인증 13조〉 완화기준을 적용받은 건축주 또는 사업주체는 건축물의 사용승인 신청 전에 본인증을 취득하여 사용승인 신청 시 허가권자에게 본인증서 사본을 제출하여야 한다.

해답 58.① 59.③

기출모의고사 공부 방향 일러두기

[기출모의고사는 건축설비산업기사 기출문제를 23년부터 출제기준 변경 (3과목)에 맞추어 과목별로 엄선하여 편집하였습니다.]

1. 출제과목 변경

25년까지	26년부터
건축설비 계획, 건축설비 설계, 건축설비 관련 법규 3과목	건축설비 계획, 건축설비 설계, 건축설비 관련 법규 3과목

건축설비산업기사는 23년부터 3과목으로 출제되고 있습니다.

2. 출제방향 분석
   1) 26년 출제기준이 25년까지의 출제기준과 거의 같아 동일하게 출제될 것으로 예상합니다.
   2) 법규부분은 기계설비법이 추가되어 1~2문항이 출제될 것으로 보입니다.
   3) 과목별 출제방향 분석

건축설비 계획	기출문제 건축환경, 열유체, 위생설비와 공조설비 계획부분에서 80~90% 정도 출제되고 10~20%는 추가부분에서 출제 예상
건축설비 설계	기출문제 위생설비와 공조설비 설계부분에서 80~90% 정도 출제되고 10~20%는 새로운 문제 추가 예상
건축설비 관련 법규	기출문제 건축법, 설비기준, 피난방화, 에너지절약기준 등에서 90% 정도, 기계설비법에서 1~2문항 출제 예상

3. 기출모의고사 공부 방향
   1) 위 분석결과에 따라 기출문제 중에서 해당부분은 엄선하고 추가부분은 신규 문제를 수록했습니다.(출제 비중이 높은 문제는 2~3번 반복되기도 함)
   2) 이론과 예상문제를 먼저 공부하고 기출모의고사는 최종 정리 개념으로 공부하길 권장합니다.
   3) 건축설비에 대한 기초 지식이 충분해 최단 기간에 시험 준비를 하고자 할 때는 기출모의고사를 먼저 공부하기를 권합니다.

4. 공부 방법
   1) 시간이 충분할 때(6개월 이상) : 이론 → 예상문제 → 기출모의고사
   2) 시간이 보통일 때(4개월 정도) : 이론(간단히) → 기출모의고사 → 예상문제
   3) 시간이 부족할 때(2개월 정도) : 기출모의고사 → 예상문제(시험 직전 기출모의고사)

5. 검정 안내(건축설비산업기사 필기시험)

객관식 문제수	60문항(3과목)	시험시간	1시간 30분
합격 기준	36문항(평균 60점) 이상	각 과목당 과락 기준	40점(8문항) 이상

건축설비산업기사 필기 시험은 CBT(Computer Based Testing)로 시행하고 있으며 문제은행식으로 관리합니다. 이에 본 기출모의고사는 기출문제를 엄선해 편집하였으며 출제빈도가 높은 중요한 문제는 몇 번씩 반복해 익혀서 충분히 숙지할 수 있도록 하였습니다.

제1회 | 건축설비산업기사 기출모의고사

제1과목 건축설비 계획

01 다음의 습공기선도 구성 내용으로 옳지 않은 것은?

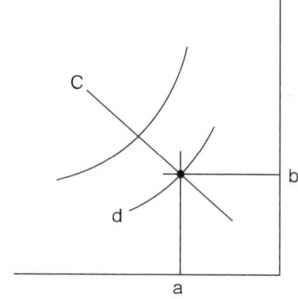

① a : 건구온도 ② b : 절대습도
③ c : 습구온도 ④ d : 엔탈피

■ d : 상대습도

02 일조율이란 무엇인가?

① 일조율 = $\dfrac{일조시간}{24}$ ② 일조율 = $\dfrac{일조시간}{가조시간}$

③ 일조율 = $\dfrac{일조시간}{일조시간}$ ④ 일조율 = $\dfrac{24}{일조시간}$

■ 가조시간이란 일출부터 일몰까지를 말하며 일조 시간이란 햇빛이 구름 등에 의하여 차단되지 않고 지면에 쬐는 시간을 말한다. 일조율은 가조시간에 대한 일조시간의 비(일조시간/가조시간)이다.

03 다음의 급수방식 중 일반적으로 하향급수 배관방식으로 배관하는 것은?

① 수도직결방식 ② 고가탱크방식
③ 압력탱크방식 ④ 펌프직송방식

■ 고가탱크방식은 하향급수하며 수도직결, 압력탱크, 펌프직송방식은 상향급수한다.

해답 1.④ 2.② 3.②

제1회 기출모의고사 587

04 단일덕트방식에 관한 설명으로 옳지 않은 것은?

① 전공기방식의 특성이 있다.
② 냉풍과 온풍을 혼합하는 혼합상자가 필요없다.
③ 각 실이나 존의 부하변동에 즉시 대응할 수 있다.
④ 2중덕트방식에 비해 덕트 스페이스를 적게 차지한다.

■ 단일덕트방식은 각 실이나 존의 부하변동에 즉시 대응하기 어렵다. 하지만 실이 한 개일 때는 온도를 조절하여 부하변동에 대응할 수 있다.

05 다음 중 냉난방 설계용 외기온도 설정 시 TAC 온도를 적용하는 이유와 가장 관계가 먼 것은?

① 에너지 절약
② 합리적 적용
③ 과대 장치용량 지양
④ 혹한기나 혹서기 대비

■ 냉난방 설계용 외기온도 설정 시 TAC 온도는 외기온도를 완화하여 설정하는 것으로 시설비 감소(장치용량 과대 방지)와 운전비(에너지) 절약으로 합리적인 적용이나 혹한기 혹서기에는 실내온도 유지가 어려워 위험률을 갖고 있다. 그러므로 중요한 건물(측정실, 정밀기계실, 수장실 등)은 TAC 온도 적용 시 충분한 고려가 필요하다.

06 직접가열식 급탕방식에 관한 설명으로 옳지 않은 것은?

① 간접가열식에 비해 열효율이 높다.
② 일반적으로 저압 보일러를 사용한다.
③ 보일러 내부에 방식처리를 고려할 필요가 있다.
④ 저탕조와 보일러를 직결하여 순환가열하는 방식이다.

■ 직접가열식 급탕방식은 건물 높이가 높을 때 고압보일러가 필요하고, 간접가열식은 저압보일러로 가능하다.

07 유체의 종류와 기호의 연결 중 잘못된 것은?

① 공기 : A
② 가스 : G
③ 수증기 : V
④ 물 : W

■ 수증기 : S

08 기구배수부하단위(DFU)의 기준이 되는 기구는?

① 세탁기
② 세면기
③ 소변기
④ 대변기

■ 세면기 배수량(30L/min, 또는 28.5L/min)을 기준(DFU=1, 또는 FUD=1)으로 기구배수부하단위를 설정한다. 기구급수부하단위도 세면기 급수량(14L/min)을 기준(FU=1)으로 설정한다.

해답 4.③ 5.④ 6.② 7.③ 8.②

09 오수처리방법 중 물리적 처리방법에 속하지 않는 것은?

① 소독 ② 침전
③ 교반 ④ 스크린

■ 소독은 화학적 처리법이다.

10 다음 A항의 공조 방식과 B항의 특성을 연결한 것 중 옳은 것은?

A. ⓐ 이중 덕트 방식
　　ⓑ 팬코일 유니트 방식
　　ⓒ 유인 유니트 방식
　　ⓓ 멀티존 유니트 방식
B. ㉠ 냉풍과 온풍을 공급하여 혼합 상자에서 각 실에 알맞은 공기를 혼합하여 송풍한다.
　　㉡ 중소규모 건물에서 다수의 존으로 나누어 각 존마다 단독의 덕트로 송풍한다.
　　㉢ 기존 건물에 설치하기가 용이하고 유니트에 동력 공급을 한다.
　　㉣ 중앙기계실로부터 1차 공기를 고속 덕트를 통해 유니트에 공급한다.

① ⓐ-㉠, ⓑ-㉡, ⓒ-㉢, ⓓ-㉣
② ⓐ-㉠, ⓑ-㉢, ⓒ-㉣, ⓓ-㉡
③ ⓐ-㉠, ⓑ-㉣, ⓒ-㉡, ⓓ-㉢
④ ⓐ-㉠, ⓑ-㉢, ⓒ-㉡, ⓓ-㉣

■ ⓑ 팬코일 유니트 방식 : 실내에 유니트를 설치하고 전력을 공급하여 팬을 가동하고 수배관으로 공조가 이루어지므로 기존건물에 설치가 용이하다.
　ⓒ 유인 유니트 방식 : 1차 공기에 의해 실내 공기를 유인하여 송풍하므로 팬이 필요 없다.

11 10℃의 물 150kg과 80℃의 물 100kg을 혼합할 경우, 혼합된 물의 온도는?

① 28℃ ② 38℃
③ 45℃ ④ 63.2℃

■ $t = \dfrac{m_1 t_1 + m_2 t_2}{m_1 + m_2} = \dfrac{150 \times 10 + 100 \times 80}{150 + 100} = 38$

12 경질 염화 비닐관에 관한 설명으로 옳지 않은 것은?

① 금속관에 비해 열에 약하다.
② 금속관에 비해 전기 절연성이 크다.
③ 금속관에 비해 산, 알칼리에 약하다.
④ 금속관에 비해 온도변화로 인한 신축이 크다.

■ 경질 염화 비닐관(PVC)는 산, 알칼리에 강하다.

13 배관용 동관을 M, L 및 K 타입으로 구분하는 기준이 되는 것은?

① 관의 두께 ② 관의 외경
③ 관의 재질 ④ 관의 길이

■ 동관의 두께는 K>L>M>N이다.

해답　9.① 10.② 11.② 12.③ 13.①

14 아래 버킷형 증기트랩(25×20×25) 주변 바이패스배관에서 A-B구간에 대한 배관 수량산출로 적합한 것은?(단 부속 길이는 무시한다)

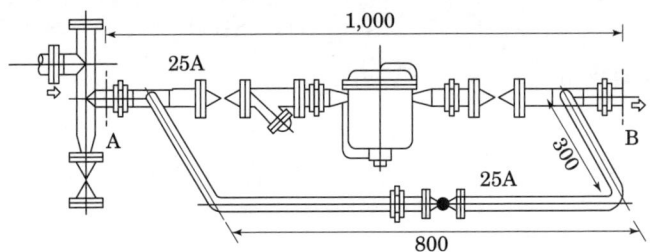

① 25A : 2,400mm, 20A : 600mm ② 25A : 2,400mm, 20A : 0mm
③ 25A : 2,100mm, 20A : 200mm ④ 25A : 1,800mm, 20A : 200mm

■ 버킷형 증기트랩(25×20×25) 주변 바이패스배관에서 25A는 증기공급관 1,000mm
  바이패스관 300+300+800=1,400mm
  합계 1,000+1,400=2,400mm이며 20A는 증기트랩과 연결되기 때문에 배관 물량은 없다.

15 급수방식 중 고가탱크방식에 관한 설명으로 옳은 것은?
① 급수공급압력의 변화가 심하고 취급이 까다롭다.
② 단수 시에도 일정량의 급수를 계속할 수 있다.
③ 대규모의 급수 수요에 대응할 수 없다.
④ 위생성 및 유지·관리 측면에서 가장 바람직한 방식이다.

■ 고가탱크방식은 대규모의 급수 수요에 대응할 수 있고, 단수 시에도 일정량의 급수를 계속할 수 있으며, 급수공급압력의 변화가 없고 취급이 간단하다. 탱크에 저장되는 관계로 위생성 및 유지·관리 측면에서 불리하여 최근에는 사용이 감소하고 있다.

16 다음 중 터빈 펌프에서 안내날개를 설치하는 이유로 가장 알맞은 것은?
① 임펠러에서 발생하는 진동을 감소시키기 위해서
② 임펠러에서 발생하는 소음을 감소시키기 위해서
③ 펌프 내에서 스케일 발생을 감소시키기 위해서
④ 임펠러에서 발생하는 속도 에너지를 압력 에너지로 효율적으로 변환하기 위해서

■ 터빈 펌프는 안내날개를 이용하여 속도 에너지를 압력 에너지로 효율적으로 변환하여 고양정의 펌핑이 가능하다.

17 전기히터를 사용하여 습공기를 가열한 경우에 관한 설명으로 옳은 것은?
① 습구온도와 절대습도가 낮아진다.
② 건구온도는 높아지고 엔탈피는 일정하다.
③ 절대습도는 일정하고 상대습도는 낮아진다.
④ 절대습도는 높아지고 상대습도는 일정하다.

■ 습공기를 가열하면 절대습도는 일정하고 상대습도는 낮아진다. 건구온도와 습구온도는 높아지고, 엔탈피도 증가한다.

18 펌프설치 시 유효흡입양정을 고려하는 이유는?
① 고양정을 얻기 위해서
② 대유량을 얻기 위해서
③ 수격작용을 방지하기 위해서
④ 캐비테이션을 방지하기 위해서

■ 유효흡입양정(NPSH)이란 흡입배관의 부압특성을 계산하는 것으로 펌프 흡입배관의 캐비테이션 가능성을 판단할 수 있다.

19 공기조화기의 에어필터에 관한 설명으로 옳지 않은 것은?
① 송풍기의 흡입 측이면서 코일의 흡입 측에 설치한다.
② 필터에 공기의 흐름방향이 있는 경우에는 역방향으로 설치한다.
③ 필터의 설치위치 전후에는 점검과 보수를 위한 충분한 공간과 점검문을 설치한다.
④ 유닛형 필터를 여러 개 조합하여 설치하는 경우에는 지그재그로 하여 통과면적을 크게 한다.

■ 필터에 공기의 흐름방향이 있는 경우에는 흐름방향으로 설치한다.

20 다음과 같은 특징을 갖는 밸브는?

- 유체의 흐름방향을 90°로 전환시킬 수 있다.
- 내부 구조는 글로브밸브와 동일하며 유량조절용으로 사용된다.

① 콕
② 볼밸브
③ 앵글밸브
④ 체크밸브

■ 앵글밸브는 90°로 전환되는 글로브밸브로 유량조절이 가능하다.

제2과목 건축설비 설계

21 급수 배관에 에어챔버를 설치하는 주된 이유는?
① 수격작용을 방지하기 위하여
② 배관의 부식을 방지하기 위하여
③ 배관의 동파를 방지하기 위하여
④ 크로스 커넥션을 방지하기 위하여

■ 에어챔버는 수격작용을 방지하기 위하여 급수배관 말단에 설치하는데 요즘은 WHC(워터햄머쿠션)을 많이 사용한다.

22 다음 중 배관의 신축·팽창량을 흡수 처리하기 위해 사용되는 신축이음에 속하지 않는 것은?
① 슬리브형 이음
② 벨로즈형 이음
③ 플랜지형 이음
④ 스위블형 이음

■ 신축이음에 슬리브형, 벨로즈형, 스위블형, 볼조인트가 있으며, 플랜지형 신축이음은 없다.

해답 18.④ 19.② 20.③ 21.① 22.③

23 건축물 지붕의 수평투영 면적이 1,000m²인 경우, 4개의 우수수직관을 설치하고자 한다. 최대 강우량이 130mm/h일 때 우수수직관의 관경으로 가장 적당한 것은? (단, 아래 표의 허용최대 지붕면적은 강우량이 100mm/h일 경우이다.)

관경(mm)	허용최대 지붕면적(m²)
50	67
65	121
75	204
100	427
125	804

① 65mm ② 75mm
③ 100mm ④ 125mm

■ 강우량 130mm/h을 100mm/h으로 환산하여 지붕면적을 구하면 $1,000 \times (\frac{130}{100}) = 1,300 m^2$

4개 수직관을 설치하므로 1개가 담당하는 면적은 1,300/4=325m²
표에서 325 직상 427항 100mm 선정

24 다음 중 위생기구별 소요 압력이 가장 낮은 것은?

① 대변기 세정탱크형 ② 대변기 세정밸브
③ 압력식 샤워기 ④ 세정밸브형 소변기

■ 기구별 최소 급수압력

기구명	필요압력(kPa)	기구명	필요압력(kPa)
세면기, 욕조, 싱크	55	소변기(밸브)	100
샤워기(일반)	70	대변기(세정밸브)	100
샤워기(압력식, 온도감지식)	130	대변기(세정탱크)	55

25 다음과 같은 조건에서 실의 환기량이 2,500m³/h인 경우, 환기에 의한 잠열부하는?

| ㉠ 실내공기상태 t_r=24℃, x_r=0.012kg/kg' | ㉡ 외기상태 t_o=-5℃, x_o=0.003kg/kg' |
| ㉢ 0℃에서 물의 증발잠열 2,501kJ/kg | ㉣ 공기의 밀도 1.2kg/m³ |

① 10.93kW ② 14.19kW
③ 18.76kW ④ 23.73kW

■ 잠열부하=$\gamma m \triangle x$=2,501×2,500×1.2(0.012-0.003)=67,527kJ/h=18.76kW

26 송풍기에 관한 설명으로 옳지 않은 것은?

① 방사형은 자기청소(self cleaning)의 특성이 있다.
② 축류형은 낮은 풍압에 많은 풍량을 송풍하는데 적합하다.
③ 후곡형은 효율이 높고 논오버로드(non-overload) 특성이 있다.
④ 다익형은 다른 형식에 비해 동일 용량에 대해서 회전수가 가장 많다.

■ 다익형(시로코팬)은 다른 형식에 비해 동일 용량에 대해서 회전수가 작다.

27 공조기 부하에 펌프 및 배관 등의 열부하를 더한 것으로서 냉동기나 보일러 용량을 결정하는데 이용되는 부하는?

① 외기부하 ② 열원부하
③ 기간부하 ④ 현열부하

■ 열원부하는 공조기 부하(코일부하로 코일용량 결정요소)에 펌프 및 배관 등의 열부하를 더한 것으로 냉동기나 보일러 용량을 결정하는데 이용하다.

28 공기조화 계획에서 MRT란 무엇인가?

① 상당 방열 온도 ② 평균 복사 온도
③ 상당 증발량   ④ 복사 난방 효율

■ MRT : mean radiant temperature(평균 복사 온도)는 복사난방하는 공간의 평균 온도를 의미한다.

29 간접배수에서 음료용 저수탱크의 간접배수관의 배수구 공간은 최소 얼마 이상으로 하여야 하는가?

① 50mm   ② 100mm
③ 150mm ④ 200mm

■ 간접배수관의 배수구 공간(토수구 공간)은 150mm 이상으로 한다.

30 내경 25mm, 관길이가 50m인 매끈한 관을 통하여 물을 1.6m/s의 속도로 보낼 때 압력손실은 얼마 정도인가?(단, 관마찰계수는 0.03이다.)

① 60.2Pa   ② 76.8kPa
③ 84.5Pa   ④ 98.5kPa

■ $\triangle P = f(\frac{L}{d})(\frac{v^2}{2})\rho(Pa) = 0.03(\frac{50}{0.025})(\frac{1.6^2}{2})1,000 = 76,800(Pa) = 76.8kPa$

31 덕트경로 중 풍량이 일정한 상태에서 덕트의 크기가 축소되었을 경우 압력변화에 관한 설명으로 옳은 것은?

① 정압이 증가한다.   ② 동압이 증가한다.
③ 전압과 정압이 증가한다. ④ 전압, 동압, 정압이 모두 증가한다.

■ 풍량이 일정한 상태에서 덕트의 크기가 축소되면 풍속이 증가하여 동압은 증가하고, 정압은 감소하며, 전압은 일정하다(마찰손실을 무시할 때)

32 증기트랩 중 벨로즈식 트랩에 관한 설명으로 옳지 않은 것은?

① 온도조절식 트랩이다.   ② 방열기 트랩 등에 적용된다.
③ 구조상 역류의 우려가 없다. ④ 초기 가동 시에 공기배출능력이 좋다.

■ 벨로즈식 트랩은 증기와 응축수 온도를 감지하여 작동하는 열동식이며, 구조상 역류의 우려가 있다.

해답 27.② 28.② 29.③ 30.② 31.② 32.③

33 직경이 50cm인 원형덕트에서 동압을 측정한 결과 60Pa이었다. 이때 덕트를 통과하는 풍량(m^3/h)은 얼마 정도인가?(단, 공기의 밀도는 1.2kg/㎥이다.)

① $9,600m^3/h$ ② $7,065m^3/h$
③ $6,565m^3/h$ ④ $3,960m^3/h$

■ 동압공식 $p_v = \frac{v^2}{2}\rho$ 에서 $v = \sqrt{\frac{2p_v}{\rho}} = \sqrt{\frac{2 \times 60}{1.2}} = 10m/s$

풍량 $Q = Av = \frac{\pi d^2 \times v}{4} = \frac{\pi \times 0.5^2 \times 10}{4} = 1.9625m^3/s = 7,065m^3/h = 7,065 CMH$

34 어떤 실내의 취득현열량이 8,000W, 잠열량이 2,000W이다. 실내의 공기조건을 26℃, 50%RH로 유지하기 위하여 취출온도를 17℃로 송풍하고자 할 때 현열비(SHF)는?

① 0.8 ② 0.75
③ 0.7 ④ 0.25

■ 현열비$(SHF) = \frac{현열}{전열} = \frac{8,000}{8,000+2,000} = 0.8$

만약 실내 송풍량을 구하라 하면 $m = \frac{q_s}{C\triangle t} = \frac{8}{1.01(26-17)} = 0.88kg/s = 3,168kg/h$

35 길이 60m의 증기난방 배관에서 관의 온도를 상온 10℃에서 109℃로 높였을 경우 늘어난 배관 길이는 얼마인가?(단, 선팽창계수 1.3×10^{-5}/℃이다.)

① 48.5mm ② 69.5mm
③ 77.2mm ④ 88.4mm

■ $L' = L \times \alpha \times \triangle t = 60 \times 1.3 \times 10^{-5}(109-10) = 7.72 \times 10^{-2}m = 77.2mm$

36 외기 CO_2 농도는 350ppm이며, 실내 CO_2의 허용농도를 1,000ppm으로 할 때 호흡 시의 1인당 CO_2 배출량이 0.02㎥/h일 경우 실내에 30인이 거주할 때 이 실에 요구되는 필요 환기량은?

① 249㎥/h ② 725㎥/h
③ 923㎥/h ④ 1,356㎥/h

■ $Q = \frac{M}{C_i - C_o} = \frac{0.02 \times 30}{0.001 - 0.00035} = 923m^3/h$

37 에너지절약의 효과와 사무자동화(OA)에 의한 건물에서 내부발생열의 증가와 부하변동에 대한 제어성이 우수하기 때문에 대규모 사무실 건물에 적합한 공기조화 방식은?

① 정풍량(CAV) 단일 덕트 방식 ② 유인 유니트 방식
③ 가변풍량(VAV) 단일 덕트 방식 ④ 이중 덕트 방식

■ VAV방식은 부하변동에 대응하여 송풍량을 조절하므로 제어성이 우수하고 에너지 절약의 효과가 크다.

해답 33.② 34.① 35.③ 36.③ 37.③

38 배관 내에 1.5m/sec의 유속으로 0.042㎥/min의 물이 흐를 때 계산에 의한 배관의 관경은?

① 20.2mm
② 24.4mm
③ 28.5mm
④ 31.6mm

■ $d = \sqrt{\dfrac{4Q}{\pi v}} = \sqrt{\dfrac{4 \times 0.042}{60 \times \pi \times 1.5}} = 0.0244m = 24.4mm$

39 전열교환기에 관한 설명으로 옳지 않은 것은?

① 잠열만이 교환된다.
② 공장 등에서 환기에서의 에너지 회수방식으로 사용된다.
③ 공기 대 공기의 열교환기이다.
④ 공조시스템에서 보일러나 냉동기의 용량을 줄일 수 있다.

■ 전열교환기는 전열(현열+잠열)이 교환된다.

40 공기조화기 내 냉각코일은 통과하는 공기와 열교환을 하게 된다. 이와 관련된 설명으로 옳지 않는 것은?

① 바이패스 팩터와 콘택트 팩터의 곱은 1이다.
② 코일 핀의 형상에 따라 바이패스 팩터는 변한다.
③ 냉각코일의 열수가 많을수록 바이패스 팩터는 작아진다.
④ 냉각코일을 통과하는 공기의 속도가 빠를수록 바이패스 팩터는 커진다.

■ 바이패스 팩터와 콘택트 팩터의 합은 1이다. (BF+CF=1)

제3과목 | 건축설비 관련 법규

41 건축물의 주계단·피난계단 또는 특별피난계단에 설치하는 난간 및 바닥을 아동의 이용에 안전하고 노약자 및 신체장애인의 이용에 편리한 구조로 하여야 하는 대상 건축물에 속하지 않는 것은?

① 판매시설
② 위락시설
③ 문화 및 집회시설
④ 공동주택 중 기숙사

■ 〈피난방화구조기준 15조〉 공동주택(기숙사를 제외한다)·제1종 근린생활시설·제2종 근린생활시설·문화 및 집회시설·종교시설·판매시설·운수시설·의료시설·노유자시설·업무시설·숙박시설·위락시설 또는 관광휴게시설의 용도에 쓰이는 건축물의 주계단·피난계단 또는 특별피난계단에 설치하는 난간 및 바닥은 아동의 이용에 안전하고 노약자 및 신체장애인의 이용에 편리한 구조로 하여야 하며, 양쪽에 벽 등이 있어 난간이 없는 경우에는 손잡이를 설치하여야 한다.

해답 38.② 39.① 40.① 41.④

42 건축물의 거실(피난층의 거실 제외)에 국토교통부령으로 정하는 기준에 따라 배연설비를 하여야 하는 대상 건축물에 속하지 않는 것은?(단, 6층 이상인 건축물의 경우)

① 종교시설　　　　　② 판매시설
③ 운동시설　　　　　④ 공동주택

■ 〈건축법령 51조〉 배연설비는 대부분의 공공성 건물(문화 및 집회시설, 종교시설, 판매시설, 운수시설, 의료시설(요양병원 및 정신병원은 제외한다), 노유자시설 중 아동 관련 시설, 노인복지시설(노인요양시설은 제외한다), 수련시설 중 유스호스텔, 운동시설 업무시설, 숙박시설, 위락시설, 관광휴게시설, 장례시설)이 설치 대상이지만 공동주택등 주택은 해당 없다.

43 피난 용도로 쓸 수 있는 광장을 옥상에 설치하여야 하는 경우에 해당되지 않는 것은?

① 5층 이상인 층이 판매시설의 용도로 쓰는 경우
② 5층 이상인 층이 종교시설의 용도로 쓰는 경우
③ 5층 이상인 층이 위락시설 중 주점영업의 용도로 쓰는 경우
④ 5층 이상인 층이 문화 및 집회시설 중 전시장의 용도로 쓰는 경우

■ 〈건축법령 40조〉 5층 이상인 층이 제2종 근린생활시설 중 공연장·종교집회장·인터넷컴퓨터게임시설제공업소(해당 용도로 쓰는 바닥면적의 합계가 각각 300제곱미터 이상인 경우만 해당한다), 문화 및 집회시설(전시장 및 동·식물원은 제외한다), 종교시설, 판매시설, 위락시설 중 주점영업 또는 장례식장의 용도로 쓰는 경우에는 피난 용도로 쓸 수 있는 광장을 옥상에 설치하여야 한다.

44 다음은 건축법상 건축허가에 관한 기준 내용이다. (　) 안에 알맞은 것은?

> 건축물을 건축하거나 대수선하려는 자는 특별자치시장·특별자치도지사 또는 시장·군수·구청장의 허가를 받아야 한다. 다만, (　　) 이상의 건축물 등 대통령령으로 정하는 용도 및 규모의 건축물을 특별시나 광역시에 건축하려면 특별시장이나 광역시장의 허가를 받아야 한다.

① 10층　　　　　② 16층
③ 21층　　　　　④ 41층

■ 〈건축법 11조〉 21층 이상

45 공동주택과 오피스텔의 난방설비를 개별난방 방식으로 하는 경우에 관한 기준 내용으로 옳지 않은 것은?

① 보일러는 거실 외의 곳에 설치할 것
② 오피스텔의 경우에는 난방구획을 방화구획으로 구획할 것
③ 보일러를 설치하는 곳과 거실 사이의 경계벽은 출입구를 제외하고는 내화구조의 벽으로 구획할 것
④ 보일러실의 아랫부분에는 지름 5cm 이상의 배기구를 항상 열려있는 상태로 바깥공기에 접하도록 설치할 것

■ 〈설비기준 13조〉 보일러실의 윗부분에는 그 면적이 0.5제곱미터 이상인 환기창을 설치하고, 보일러실의 윗부분과 아랫부분에는 각각 지름 10센티미터 이상의 공기흡입구 및 배기구를 항상 열려있는 상태로 바깥공기에 접하도록 설치할 것. 다만, 전기보일러의 경우에는 그러하지 아니하다.

해답　42.④　43.④　44.③　45.④

46 공동주택의 거실에서 채광을 위하여 설치하는 창문 등의 면적은 그 거실의 바닥면적의 최소 얼마 이상이어야 하는가?(단, 거실의 용도에 따른 조도 기준 이상의 조명장치를 설치하지 않은 경우)

① 5분의 1 ② 10분의 1
③ 20분의 1 ④ 30분의 1

■ 〈피난방화구조기준 17조〉 채광을 위하여 거실에 설치하는 창문 등의 면적은 그 거실의 바닥면적의 10분의 1 이상이어야 한다.

47 다음 중 건축법령상 건축에 속하지 않는 것은?

① 증축 ② 개축
③ 재축 ④ 대수선

■ 〈건축법 2조〉 "건축"이란 건축물을 신축·증축·개축·재축(再築)하거나 건축물을 이전하는 것을 말한다.

48 건축물 관련 건축기준의 허용오차 범위가 3% 이내인 것은?

① 출구 너비 ② 반자 높이
③ 벽체 두께 ④ 건축물 높이

■ 〈건축법 규칙 20조〉 벽체 두께, 바닥판 두께는 3% 이내이고, 높이, 길이는 2% 이내(허용오차 범위를 숙지할 때 그 길이가 작은 것(약 50cm 이내)은 3%, 그 이상은 2%이다.

49 다음 중 방화벽의 구조 기준으로 옳지 않은 것은?

① 내화구조로서 홀로 설 수 있는 구조일 것
② 방화벽에 설치하는 출입문에는 30+방화문 또는 30분 방화문을 설치할 것
③ 방화벽에 설치하는 출입문의 너비 및 높이는 각각 2.5m 이하로 할 것
④ 방화벽의 양쪽 끝과 위쪽 끝을 건축물의 외벽면 및 지붕면으로부터 0.5m 이상 튀어나오게 할 것

■ 〈피난방화구조기준 21조〉 1.내화구조로서 홀로 설 수 있는 구조일 것
2. 방화벽의 양쪽 끝과 윗쪽 끝을 건축물의 외벽면 및 지붕면으로부터 0.5미터 이상 튀어 나오게 할 것
3. 방화벽에 설치하는 출입문의 너비 및 높이는 각각 2.5미터 이하로 하고, 해당 출입문에는 60+방화문 또는 60분 방화문을 설치할 것

50 층수가 10층이고, 각 층이 거실면적이 1,000㎡인 업무시설에 설치하여야 하는 승용승강기의 최소 대수는?(단, 16인승 승강기인 경우)

① 1대 ② 2대
③ 3대 ④ 4대

■ 〈설비기준 5조〉 6층 이상 거실면적=1,000×5=5,000(4개층으로 착각하지 마세요)
업무시설은 3천 제곱미터 이하에 1대, 3천제곱미터를 초과하는 2천제곱미터 이내마다 1대를 더한 대수이므로, 설치대수=1대+1대=2대 → 결국 16인승 1대
(16인승 승강기는 1대가 2대로 인정하므로 1대)

해답 46.② 47.④ 48.③ 49.② 50.①

51 건축법령상 문화 및 집회시설에 속하지 않는 것은?
① 기념관　　　　　　　　② 박람회장
③ 종교집회장　　　　　　④ 산업전시장

■ 〈건축법령 3조의 5〉 5항. 종교집회장은 종교시설에 속한다.

52 축냉식 전기냉방설비의 설계기준 내용으로 옳지 않은 것은?
① 축열조는 보온을 철저히 하여 열손실과 결로를 방지해야 한다.
② 열교환기에서 점검을 위한 부분은 해체와 조립이 용이하도록 하여야 한다.
③ 열교환기는 시간당 최대냉방열량을 처리할 수 있는 용량 이상으로 설치하여야 한다.
④ 자동제어설비는 수동조작을 할 수 없도록 하여야 하며 감시기능 등을 갖추어야 한다.

■ 〈냉방설비기준 9조〉 자동제어설비는 축냉운전, 방냉운전 또는 냉동기와 축열조를 동시에 이용하여 냉방운전이 가능한 기능을 갖추어야 하고, 필요할 경우 수동조작이 가능하도록 하여야 하며 감시 기능 등을 갖추어야 한다.

53 건축물의 에너지절약 설계기준에 따른 건축부문의 권장사항으로 옳지 않은 것은?
① 외벽 부위는 외단열로 시공한다.
② 공동주택은 인동간격을 좁게 하여 저층부의 일사 수열량을 증대시킨다.
③ 건축물의 체적에 대한 외피면적의 비 또는 연면적에 대한 외피면적의 비는 가능한 작게 한다.
④ 거실의 층고 및 반자 높이는 실의 용도와 기능에 지장을 주지 않는 범위 내에서 가능한 낮게 한다.

■ 〈에너지절약기준 7조〉 공동주택은 인동간격을 넓게 하여 저층부의 일사 수열량을 증대시킨다.

54 건축물의 에너지절약설계기준상 다음과 같이 정의되는 용어는?

> 냉(난)방 기간 동안 또는 연간 총시간에 대한 온도출현분포 중에서 가장 높은(낮은) 온도 쪽으로부터 총시간의 일정 비율에 해당하는 온도를 제외시키는 비율

① 위험률　　　　　　　　② 온도율
③ 부분 부하율　　　　　④ 최대 부하율

■ 〈에너지절약기준 5조 10〉 "위험률"이라 함은 냉(난)방기간 동안 또는 연간 총시간에 한 온도출현분포 중에서 가장 높은(낮은) 온도쪽으로부터 총시간의 일정 비율에 해당하는 온도를 제외시키는 비율을 말한다.

55 신축 또는 리모델링하는 30세대 이상의 공동주택은 시간당 최소 몇 회 이상의 환기가 이루어질 수 있도록 자연환기설비 또는 기계환기설비를 설치하여야 하는가?
① 0.5회　　　　　　　　② 0.7회
③ 1.2회　　　　　　　　④ 1.5회

■ 〈설비기준 11조〉 30세대 이상 공동주택은 시간당 0.5회/h 이상 환기 필요

해답　51.③　52.④　53.②　54.①　55.①

56 상업지역 및 주거지역에서 건축물에 설치하는 냉방시설 및 환기시설의 배기구는 도로면으로부터 최소 얼마 이상의 높이에 설치하여야 하는가?

① 1.5m ② 1.8m
③ 2.0m ④ 2.5m

■ 〈설비기준 23조〉 배기구는 도로면으로부터 2미터 이상의 높이에 설치할 것

57 옥상광장 또는 2층 이상의 층에 있는 노대 기타 이와 유사한 것의 주위에는 높이 몇 미터 이상의 난간을 설치하여야 하는가?

① 1.0m ② 1.1m
③ 1.2m ④ 1.5m

■ 〈건축법령 40조〉 옥상광장 또는 2층 이상인 층에 있는 노대 기타 이와 비슷한 것의 주위에는 높이 1.2미터 이상의 난간을 설치하여야 한다.

58 에너지절약 설계기준의 방습층으로 알루미늄박 또는 플라스틱계 필름 등을 사용할 경우의 이음부는 얼마 이상 중첩하고 내습성 테이프, 접착제 등으로 기밀하게 마감해야 하는가?

① 10mm ② 50mm
③ 100mm ④ 200mm

■ 〈에너지절약기준 6조〉 방습층으로 알루미늄박 또는 플라스틱계 필름 등을 사용할 경우의 이음부는 100mm 이상 중첩하고 내습성 테이프, 접착제 등으로 기밀하게 마감할 것

59 제로에너지건축물 인증 신청을 할 수 있는 건축물은 에너지자립률이 최소 몇 % 이상인 건축이어야 하는가?

① 10% 이상 ② 20% 이상
③ 30% 이상 ④ 40% 이상

■ 〈제로에너지건축물 인증기준 별표 2〉 제로에너지건축물 인증을 신청하려면 해당 건축물의 에너지자립률이 20% 이상이어야 한다.

60 지능형 건축물 인증기관으로 지정을 받으려는 자가 국토교통부장관에게 제출하여야 하는 서류에 해당하지 않는 것은?

① 인증업무를 수행할 전담조직 및 업무수행체계에 관한 설명서
② 인증심사 전문인력을 보유하고 있음을 증명하는 서류
③ 인증기관의 재무재표 증명서
④ 지능형 건축물 인증과 관련한 연구 실적 등 인증업무를 수행할 능력을 갖추고 있음을 증명하는 서류

■ 〈지능형 건축물 3조〉 인증기관의 재무재표 증명서는 관계가 없으며 인증기관의 인증업무 처리규정은 해당한다.

해답 56.③ 57.③ 58.③ 59.③ 60.③

제2회 건축설비산업기사 기출모의고사

제1과목 건축설비 계획

01 건축환경 계획중 실내조명 설계 시 가장 먼저 결정되어야 할 사항은?
① 조명 방식의 결정
② 개략적 조도 계산
③ 소요 조도의 결정
④ 전등의 종류 결정

■ 조명 설계의 순서는 소요 조도의 결정 → 조명 방식의 결정 → 개략적 조도 계산 → 조명기구 수량 산정 → 조명 기구의 배치 순이다.

02 히트펌프에 관한 설명으로 가장 거리가 먼 것은?
① 저온 측과 고온 측의 온도차가 커질수록 성적 계수는 커진다.
② 장치 내를 순환하는 작동매체인 냉매는 증발 → 압축 → 응축 → 팽창 → 증발의 변화를 반복한다.
③ 냉동사이클에서 응축기의 방열량을 이용하기 위한 것으로 공기조화에서는 난방용으로 응용한다.
④ 기본적인 구성요소는 저온부의 열교환기인 증발기, 고온부의 열교환기인 응축기, 압축기, 팽창밸브 등이다.

■ 냉동기나 히트펌프에서 저온측과 고온측의 온도차가 커질수록 성적 계수는 나빠진다. 저온측과 고온측의 온도차가 클수록 압축동력이 증가하기 때문에 성적계수는 나빠진다.

03 공기조화방식 중 변풍량 방식에 사용되는 변풍량 유닛에 관한 설명으로 가장 거리가 먼 것은?
① 바이패스형은 천장 내의 조명으로 인한 발생열을 제거할 수 있다.
② 유인형은 고압의 송풍기가 필요하고 실내의 오염물 제거 성능이 낮다.
③ 슬롯형은 송풍덕트 내의 정압제어가 필요없고, 유닛의 소음발생이 적다.
④ 바이패스형은 송풍동력의 절감이 어렵고, 덕트 계통의 증설이나 개설에 대한 적응성이 적다.

■ 슬롯형(교축형, 벤츄리타입, 콘형 이라고도 한다)은 풍량 제어 시 정압변화가 커서 송풍덕트 내의 정압제어가 필요하며, 유닛의 소음발생이 큰 편이다.

해답 1.③ 2.① 3.③

04 열관류율 K=2.5W/m²K인 벽체의 외측, 내측 기온이 각각 20℃ 및 −5℃라고 할 때 이 벽체 20m²당 1시간당 통하는 열량(kJ/h)은?

① 2,000
② 2,500
③ 3,500
④ 4,500

■ $q = K \cdot A \cdot \Delta t = 2.5 \times 20 \times (20-(-5)) = 1,250W = 1,250 J/s = 1,250 \times (3,600/1,000) = 4,500 kJ/h$

05 다음은 정풍량 단일덕트 공조방식의 구성개념도이다. 그림에서 외기 및 배기덕트가 없을 경우 발생하는 현상은?

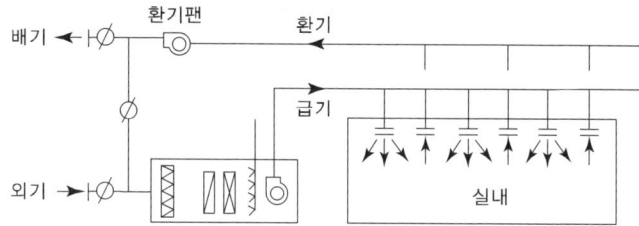

① 에너지소비가 과다해진다.
② 급기팬의 정압손실이 증가된다.
③ 급기온도의 조절이 어렵게 된다.
④ 실내의 쾌적한 공기질을 보장할 수 없다.

■ 단일덕트 방식에서 외기(OA)를 도입하고 그만큼의 배기(EA)를 버리는 것은 실내 오염공기를 배출하여 쾌적한 실내 공기질(IAQ)을 얻고자 함이다. 그러므로 외기, 배기덕트가 없으면 쾌적한 공기질을 유지할 수 없다. 하지만 황사 등으로 외기 오염이 심할 때는 외기도입을 억제하고, 대신 필터 등을 사용하여 청정도를 유지해야 한다.

06 다음 중 에너지 비용을 줄이기 위한 건축적 방법으로 가장 적합하지 않은 것은?

① 단열을 강화한다.
② 기밀창을 설치한다.
③ 층고를 높게 한다.
④ 창의 외부에 루버를 설치한다.

■ 층고를 높이는 것은 면적이 증대하여 열손실이 커지고 대류현상에 의한 상하 온도차로 에너지 비용이 증대한다.

07 게이트 밸브라고도 하며 유체의 흐름을 단속하는 밸브로써 배관용으로 사용되는 것은?

① 콕
② 감압밸브
③ 슬루스 밸브
④ 글로브 밸브

■ 게이트 밸브는 슬루스 밸브라 하며 개폐용으로 이용한다. 개폐할 때 게이트 이동거리가 길어 작동에 시간이 걸리는 편이다.

08 급탕설비에서 서모스탯(thermostat)은 어떤 용도로 사용되는가?

① 안전밸브 역할
② 유량분배 조절
③ 체적팽창 흡수
④ 온수온도 자동조절

■ 서모스탯(thermostat)은 온도를 감지하여 작동하는 것으로 급탕 탱크 안에 일정 온도의 급탕이 저장되도록 가열장치를 제어한다.

해답 4.④ 5.④ 6.③ 7.③ 8.④

09 중앙식 공기조화방식 중 전수방식의 일반적 특징으로 가장 거리가 먼 것은?
① 덕트 스페이스가 필요없다.
② 팬코일 유닛방식 등이 있다.
③ 실내의 배관에 의해 누수될 우려가 있다.
④ 송풍 공기량이 많아서 실내 공기의 오염이 적다.

■ 전수방식은 부하에 대응한 열을 물을 통해서 공급하므로 실내 송풍 공기량이 없어서 자연환기가 없을 경우 실내 공기의 오염 정도가 크다.

10 배관의 마찰저항에 관한 설명으로 가장 거리가 먼 것은?
① 마찰저항은 유속에 반비례한다.
② 마찰저항은 관길이에 비례한다.
③ 마찰저항은 관내경에 반비례한다.
④ 마찰저항은 관마찰계수에 비례한다.

■ 배관 마찰저항식 $h = \dfrac{f \times L \times v^2}{d \times 2g}(mmAq)$에서 마찰저항은 유속의 제곱에 비례한다.

11 로 탱크식 대변기에 관한 설명으로 가장 거리가 먼 것은?
① 하이 탱크식에 비해 세정소음이 크다.
② 볼탭에 의해 탱크 내에 급수하는 방식이다.
③ 우리나라의 아파트에서 널리 채용되고 있다.
④ 탱크로의 급수압력에 관계없이 대변기 세정 압력은 일정하다.

■ 로 탱크식 대변기는 탱크와 변기 세정 배출구 사이의 수두차가 작아 소음이 적은편이나, 수두차가 적어서 하이탱크보다 세정수는 많이 소요된다.

12 급수설비에 사용되는 저수 및 고가탱크와 같은 물탱크에 관한 설명으로 가장 거리가 먼 것은?
① 물탱크에 설치하는 뚜껑은 유효안지름 1000mm 이상의 것으로 한다.
② 상수관 이외의 관은 상수용 탱크를 관통하거나 상부를 횡단해서는 안 된다.
③ 물탱크의 천장·바닥 또는 주변 벽은 건축물의 구조부분과 겸용하여 설치한다.
④ 청소 시 급수에 지장이 있을 경우에 대비하여 분할하여 설치하거나 또는 칸막이를 설치한다.

■ 물탱크의 천장·바닥 또는 주변 벽은 건축물의 구조부분과 겸용하지 않도록 설치한다.

13 기온, 습도, 기류의 3요소의 조합에 의한 실내 온열감각을 기온의 척도로 나타낸 것은?
① 유효온도
② 작용온도
③ 노점온도
④ 등가온도

■ 유효온도(ET)의 3요소는 기온, 습도, 기류이며, 수정유효온도(CET)의 4요소는 기온, 습도, 기류, 복사열이다. 작용온도(OT)의 3요소는 기온, 복사열, 기류이다.

해답 9.④ 10.① 11.① 12.③ 13.①

14 건축설비에 사용하는 배관 이음쇠의 종류와 사용 용도의 연결로 가장 거리가 먼 것은?

① 엘보-배관을 굴곡할 때
② 소켓-배관의 말단부를 막을 때
③ 크로스-배관을 도중에서 분기할 때
④ 니플-동일 관경의 배관을 직선 연결할 때

■ 소켓은 배관 직선 연결 부속이며, 배관의 말단부를 막을 때는 캡이나 플러그를 사용한다.

15 스테인리스 강관에 관한 설명으로 가장 거리가 먼 것은?

① 내식성이 우수하다.
② 저온 충격성이 크다.
③ 동결에 대한 저항이 크다.
④ 열전도율이 동관에 비해 크다.

■ 열전도율은 동관이 스테인리스 강관에 비해 크다.

16 급수설비에서 워터해머를 방지하기 위한 배관구성 방법으로 가장 거리가 먼 것은?

① 관내의 수압은 평상시 높아지지 않도록 구획한다.
② 배관에 전자밸브, 모터밸브 등 급폐형 밸브를 설치한다.
③ 배관은 가능한 한 우회하지 않고 직선이 되도록 계획한다.
④ 계획적 배려가 곤란한 경우에는 워터해머 흡수기를 적절하게 설치한다.

■ 워터해머를 방지하기 위해서는 급폐형 밸브보다 완폐형 밸브를 설치한다.

17 기계실의 면적이 필요없는 급수방식은?

① 수도직결방식
② 압력수조방식
③ 펌프직송방식
④ 고가수조방식

■ 수도직결방식은 배관만으로 구성되며 상수도 본관의 급수 압력만 확보되면 가장 간단하고 경제적이며 위생적이며, 중간 기계실이나 펌프 등 설비가 필요없다.

18 급기팬과 자연배기의 조합으로 실내를 가압함으로써 오염공기의 침입을 방지하거나 또는 연소용 공기가 필요한 경우에 적합한 환기방식은?

① 자연환기방식
② 압입방식(제2종 환기)
③ 흡출방식(제3종 환기)
④ 압입흡출병용방식(제1종 환기)

■ 급기팬(F)과 자연배기의 조합은 압입방식으로 실내가 양압(+)으로 형성되어 클린룸 등에 주로 적용하며 2종환기라 한다.

19 다음과 같이 정의되는 통기관의 종류는?

> 맞물림 또는 병렬로 설치한 위생기구의 기구 배수관 교차점에 접속하여, 그 양쪽 기구의 트랩 봉수를 보호하는 1개의 통기관

① 공용통기관
② 각개통기관
③ 결합통기관
④ 루프통기관

■ 1개 통기관으로 2개의 맞물림 또는 병렬로 설치한 위생기구 교차점에서 통기하는 방식을 공용통기관이라 한다.

해답 14.② 15.④ 16.② 17.① 18.② 19.①

20 공조설비 공사에서 수량산출에 의한 재료비, 직접노무비가 아래와 같을 때 순공사비를 구하시오.

- 재료비 : 175,000,000원
- 노무비 : 직접노무비=80,000,000원, 간접노무비는 직접노무비의 15%
- 경비 : 23,000,000원

① 순공사비 = 278,000,000   ② 순공사비 = 290,000,000
③ 순공사비 = 330,000,000   ④ 순공사비 = 390,000,000

■ 순공사비=재료비+노무비(직노+간노)+경비=$(175,000,000+80,000,000\times1.15+23,000,000)=290,000,000$

제2과목 — 건축설비 설계

21 배수트랩이 갖추어야 할 요건에 속하지 않는 것은?
① 자정 작용이 가능할 것
② 봉수깊이는 50mm 이상 100mm 이하일 것
③ 기구내장 트랩의 내벽 및 배수로의 단면 형상에 급격한 변화가 없을 것
④ 배수트랩은 유수의 힘으로 가동부분이 열리고 유수가 끝나면 자동으로 닫히게 되는 구조일 것

■ 배수트랩은 가동부분이 없어야 한다. 그 이유는 가동부분이 있으면 시간이 지나면 작동이 불량해져서 봉수가 파괴될 수 있다.

22 다음과 같은 조건에서 전기순간 온수기를 사용하여 매시 500L/h의 급탕을 할 경우 전기소모량은?

- 급탕온도 : 60℃, 급수온도 : 10℃
- 물의 비열 : 4.2kJ/kg·K
- 온수기의 효율 : 96%

① 10.5kW   ② 20.2kW
③ 25.3kW   ④ 30.4kW

■ $kW=mC\Delta t(\frac{1}{\eta})=500\times4.2(60-10)(\frac{1}{0.96})=109,375kJ/h=30.38kW$

23 통기관은 위생기구의 물 넘침선보다 최소 얼마 이상 높게 배관하여 연결하여야 하는가?
① 50mm   ② 100mm
③ 150mm   ④ 200mm

■ 통기관에는 물이 유입되지 않도록 넘침선(오버플로면)보다 150mm 이상 높여서 배관한다.

해답: 20.② 21.④ 22.④ 23.③

24 급수배관에 관한 설명으로 가장 거리가 먼 것은?
① 수평배관에서 물이 고일 수 있는 부분에는 진공방지밸브를 설치하여야 한다.
② 수평배관에서 공기가 모일 수 있는 부분에는 공기빼기밸브를 설치하여야 한다.
③ 수평배관은 상향 급수배관 방식의 경우 진행방향에 따라 올라가는 기울기로 한다.
④ 수평배관은 하향 급수배관 방식의 경우 진행방향에 따라 내려가는 기울기로 한다.

■ 수평배관에서 물이 고일 수 있는 부분에는 물빼기(드레인) 밸브를 설치하여야 한다.

25 온수난방 설비에서 가동 전의 물의 온도는 10℃(ρ=0.9997g/㎤)이고 운전 중의 온수 온도는 80℃(ρ=0.9866g/㎤)일 때, 온수난방 시스템의 팽창수량(L)을 구하라(단, 보일러 내의 가동 전의 물의 온도 10℃일 때 시스템의 전수량은 1,000L이다.)
① 3.8L   ② 9.8L
③ 13.3L   ④ 16.9L

■ $\Delta v = (\frac{\rho_1}{\rho_2} - 1) \cdot V = (\frac{0.9997}{0.9866} - 1) 1,000 = 13.3L$

※ 물의 체적 팽창량은 위 식과 아래 식 2가지가 이용되는데 장치 내 전수량에 대한 조건이 없을 때(4℃ 기준), 또는 일반적으로는 아래 식을 사용한다. 위 식은 전수량이 가동 전 온도에서 수량일 때 사용한다.
$\Delta V = (v_2 - v_1) W = (\frac{1}{\rho_2} - \frac{1}{\rho_1}) W$

26 증기트랩 중 플로트 트랩에 관한 설명으로 가장 거리가 먼 것은?
① 구조상 동결의 우려가 있는 곳에 적합하다.
② 증기해머에 의해 내부손상을 입을 수 있다.
③ 다량 및 소량의 응축수를 모두 처리할 수 있다.
④ 넓은 범위의 압력과 급격한 압력변화에도 원활히 작동한다.

■ 플로트 트랩은 트랩 내부에 응축수가 다량 저장되므로 동결의 우려가 있다.

27 건구온도 및 습구온도에 관한 설명으로 가장 적합한 것은?
① 습구온도는 항상 건구온도보다 높다.
② 포화공기는 건구온도와 습구온도가 같다.
③ 습구온도는 공기 중에 수분이 많을수록 낮다.
④ 건구온도와 습구온도의 차가 클수록 공기 중의 상대습도는 높다.

■ 습구온도는 항상 건구온도보다 낮고, 포화공기(100%)는 건구온도와 습구온도, 노점온도가 같다. 습구온도는 공기 중에 수분이 많을수록 높고, 건구온도와 습구온도의 차가 클수록 공기 중의 상대습도는 낮다.

28 다음 중 다단펌프를 사용하는 가장 주된 목적은?
① 흡입양정이 큰 경우   ② 토출량을 줄이기 위한 경우
③ 높은 토출양정이 필요한 경우   ④ 수중에 펌프를 설치하는 경우

■ 다단펌프는 안내날개가 있어 고양정에 적합하므로 높은 토출양정이 필요한 곳에 이용된다.

해답 24.① 25.③ 26.① 27.② 28.③

29 면적이 300㎡인 호텔의 커피숍을 냉방하고자 한다. 이때의 인체 발생현열량은 얼마인가?(단, 재실인원 0.6인/㎡, 1인당 발생현열량 49W)

① 8,820W ② 9,250W
③ 10,000W ④ 11,450W

■ $q = Nq_s = 300 \times 0.6 \times 49 = 8,820 W$

30 옥내의 공조배관에서 일반적으로 보온 또는 보냉을 하지 않는 관은?

① 증기관 ② 냉수관
③ 온수관 ④ 냉각수관

■ 냉각수관은 냉동기의 응축기에서 냉각탑으로 순환되는 배관이며 상온보다 높고 배관에서 냉각되는 것이 유리하므로 보온할 필요가 없다.

31 주철제 보일러에 대한 설명으로 옳지 않는 것은?

① 내식성이 우수하여 수명이 길다.
② 규모가 작은 건물의 난방용으로 사용된다.
③ 재질이 강하여 고압용으로 주로 사용된다.
④ 주철제로 된 여러 장의 섹션을 난방부하의 크기에 따라 조립하여 사용한다.

■ 주철제는 충격에 약해서 고압용으로는 부적합하고 고압용에는 강판재 보일러를 사용하며, 최근에는 보일러 재질로 주로 강판재(강재)를 사용한다.

32 습공기 선도에 표현되지 않은 상태값은?

① 엔탈피 ② 비체적
③ 열용량 ④ 수증기분압

■ 습공기 선도에는 온도(건구, 습구, 노점), 습도(절대, 상대, 수증기분압), 엔탈피, 비체적, 현열비, 열수분비가 표현된다.

33 사무실의 북측 외벽이 다음과 같은 조건에 있을 때, 난방 시 이 벽체로부터의 손실열량은?

㉠ 벽체의 면적 : 50㎡	㉡ 벽체의 열관류율 : 0.4W/㎡·K
㉢ 실내온도 : 21℃, 외기온도 : -4℃	㉣ 방위계수(북쪽) : 1.1
㉤ 대기복사에 대한 외기온도의 보정은 무시	

① 500W ② 550W
③ 600W ④ 650W

■ 난방부하 계산 시 외벽은 방위계수를 적용한다.
$q = KA\Delta t \, k = 0.4 \times 50(21-(-4)) \times 1.1 = 550 W$

34 장방형 덕트 단면의 아스펙트비는 원칙적으로 얼마 이하로 하여야 하는가?
① 2 : 1 ② 3 : 1
③ 4 : 1 ④ 5 : 1

■ 아스펙트비(종횡비)는 마찰저항면에서 1이 가장 이상적이며 원칙적으로 4 이하를 권장하고, 최소한의 구간에서 8까지 허용되며 일반적으로 2~3 정도를 적용하여 천장고를 작게 사용한다.

35 어떤 수평덕트 내를 흐르는 공기의 전압 및 정압을 측정한 결과 각각 33.8mmAq, 25mmAq이었다. 이때 덕트 내 공기의 풍속은 얼마인가?
① 8m/s ② 10m/s
③ 12m/s ④ 14m/s

■ 유속은 동압과 관계하므로 동압을 구하면
동압=전압-정압=33.8-25=8.8mmAq
동압$(8.8) = \dfrac{v^2}{2g}\rho$에서 $v = \sqrt{\dfrac{8.8 \times 2 \times 9.8}{1.2}} = 11.99 = 12m/s$

36 이중효용 흡수식 냉동기에 관한 설명으로 가장 적합한 것은?
① 냉매로서 LiBr 수용액을 사용한다.
② 기계적 에너지에 의해 냉동효과를 얻는다.
③ LiBr 수용액의 농축을 위하여 증발기를 사용한다.
④ 발생기가 저온발생기와 고온발생기로 구성되어 있다.

■ 이중효용 흡수식 냉동기는 냉매로 H₂O, 흡수제로 LiBr 수용액을 사용한다. 열에너지(증기, 직화)에 의해 냉동효과를 얻으며, LiBr 수용액의 농축을 위하여 발생기(재생기)를 사용하며, 발생기는 저온발생기와 고온발생기로 구성되기 때문에 2중 효용이라 한다.

37 공기조화배관의 배관회로방식 중 개방회로 방식에 관한 설명으로 가장 거리가 먼 것은?
① 배관의 말단이 대기에 개방된 회로이다.
② 개방식 냉각탑의 냉각수배관 등에 응용된다.
③ 공기와의 접촉으로 배관 부식의 우려가 높다.
④ 펌프의 양정에 실양정은 포함되지 않으므로 동력비가 적게 든다.

■ 개방회로 방식에서는 펌프 양정에 실양정이 포함되어 동력비가 증가한다.

38 냉동기 주변 배관에 관한 설명으로 가장 거리가 먼 것은?
① 냉각기 또는 응축기의 출입구에는 밸브를 설치한다.
② 냉동기의 냉수배관 입구 측에는 스트레이너를 설치한다.
③ 냉수배관의 가장 높은 부분에는 물빼기밸브를 설치한다.
④ 흡수식 냉온수기의 냉수배관 입구 측에는 스트레이너를 설치한다.

■ 냉수배관의 가장 높은 부분에는 공기빼기밸브(에어밴트)를 설치한다.

해답 34.③ 35.③ 36.④ 37.④ 38.③

39 다음과 같은 조건에 있는 실의 발열량 제거에 필요한 환기량은?

- 실내 발열량 300,000W
- 공기의 비열 1.21kJ/㎥·K
- 실내온도 33℃, 외기온도 27℃
- 공기밀도 (1.2kg/㎥)

① 124,420㎥/h ② 148,760㎥/h
③ 182,624㎥/h ④ 196,640㎥/h

■ 환기에 의한 실내발열제거는 열평형식이 성립한다.
$q = QC_v \triangle t$ 에서 $300,000W = 300kW$ 대입
$Q = \dfrac{q}{C_v \triangle t} = \dfrac{300}{1.21(33-27)} = 41.32 m^3/s = 148,760 m^3/h$

위에서 비열 1.21은 체적비열로서 정압 비열($1.01kJ/kgK$)을 체적(㎥)비열로 표현한 것이다. 공기밀도 ($1.2kg/m^3$)를 중복하지 않도록 계산에 주의한다.

40 공기조화설비의 조닝계획에 관한 설명으로 가장 적합한 것은?
① 조닝계획은 실 사용시간과는 무관하다.
② 조닝을 세분화할수록 에너지 소비가 많아진다.
③ 조닝을 세분화할수록 공사비를 감소시킬 수 있다.
④ 조닝계획은 존별로 독립된 공조계통을 구분하고자 하는 것이다.

■ 조닝계획(zoning)은 실 사용시간과 밀접한 관계를 가지며, 조닝을 세분화할수록 에너지 소비는 감소하고 초기 시설비는 증가한다. 조닝계획은 존별로 독립적인 공조계통을 구성하는 것이다.

제3과목 건축설비 관련 법규

---

41 건축물 지하층에 설치하는 비상탈출구에 관한 기준 내용으로 옳지 않은 것은?
① 비상탈출구의 유효높이는 1.5m 이상으로 할 것
② 비상탈출구의 유효너비는 0.75m 이상으로 할 것
③ 비상탈출구의 문은 피난방향으로 열리도록 할 것
④ 비상탈출구는 출입구로부터 2m 이상 떨어진 설치할 것

■ 〈피난방화구조기준 25조〉 비상탈출구는 출입구로부터 3m 이상 떨어진 설치할 것

42 특별피난계단에 설치하여야 하는 배연설비의 구조에 관한 기준 내용으로 옳지 않은 것은?
① 배연풍도는 불연재료로 할 것
② 배연구와 배연기 모두 설치할 것
③ 배연기에는 예비전원을 설치할 것
④ 배연구는 평상시에는 닫힌 상태를 유지할 것

■ 〈설비기준 14조 2〉 배연구가 외기에 접하지 아니하는 경우에는 배연기를 설치할 것

해답 39.② 40.④ 41.④ 42.②

43 건축물에 급수·배수(配水)·배수(排水)·환기·난방 등의 설비를 설치하는 경우 건축기계설비기술사 또는 공조냉동기계기술사의 협력을 받아야 하는 대상 건축물에 속하지 않는 것은?

① 아파트
② 다세대주택
③ 의료시설로서 해당 용도에 사용되는 바닥면적의 합계가 2,000㎡인 건축물
④ 숙박시설로서 해당 용도에 사용되는 바닥면적의 합계가 2,000㎡인 건축물

■ 〈설비기준 2조〉 공동주택 중에서 아파트나 연립주택은 해당하나 다세대주택은 속하지 않는다.

44 다음은 건축물의 에너지절약기준 설계기준에 따른 용어의 정의이다. (   ) 안에 알맞은 것은?

> 중앙집중식 냉방 또는 난방설비라 함은 건축물의 전부 또는 냉난방 면적의 (   ) 이상을 냉방 또는 난방함에 있어 해당 공간에 순환펌프, 증기난방설비 등을 이용하여 열원 등을 공급하는 설비를 말한다. 단, 산업통상자원부 고시 「효율관리기자재 운용규정」에서 정한 가정용 가스보일러는 개별 난방설비로 간주한다.

① 40%
② 50%
③ 60%
④ 70%

■ 〈에너지절약기준 5조 10〉 60% 이상

45 다음의 옥상광장 등의 설치에 관한 기준 내용 중 (   ) 안에 속하지 않는 건축물의 용도는?

> 5층 이상인 층이 (   )의 용도로 쓰는 경우에는 피난 용도로 쓸 수 있는 광장을 옥상에 설치하여야 한다.

① 종교시설
② 의료시설
③ 장례시설
④ 판매시설

■ 〈건축법령 40조〉 5층 이상인 층이 제2종 근린생활시설 중 공연장·종교집회장·인터넷컴퓨터게임시설제공업소(해당 용도로 쓰는 바닥면적의 합계가 각각 300제곱미터 이상인 경우만 해당한다), 문화 및 집회시설(전시장 및 동·식물원은 제외한다), 종교시설, 판매시설, 위락시설 중 주점영업 또는 장례식장의 용도로 쓰는 경우에는 피난 용도로 쓸 수 있는 광장을 옥상에 설치하여야 한다.

46 허가 대상 건축물이라 하더라도 미리 특별자치시장·특별자치도지사 또는 시장·군수·구청장에게 신고를 하면 건축허가를 받은 것으로 보는 건축물의 대수선 기준은?

① 연면적이 200㎡ 미만이고 3층 미만인 건축물의 대수선
② 연면적이 200㎡ 미만이고 5층 미만인 건축물의 대수선
③ 연면적이 300㎡ 미만이고 3층 미만인 건축물의 대수선
④ 연면적이 300㎡ 미만이고 5층 미만인 건축물의 대수선

■ 〈건축법 14조〉 연면적이 200㎡ 미만이고 3층 미만인 건축물의 대수선

해답 43.② 44.③ 45.② 46.①

47 축냉식 전기냉방설비의 설계기준 내용으로 옳지 않은 것은?

① 축열조는 보온을 철저히 하여 열손실과 결로를 방지하여야 한다.
② 열교환기는 시간당 최대냉방열량을 처리할 수 있는 용량 이하로 설치하여야 한다.
③ 자동제어설비는 필요한 경우 수동조작이 가능하도록 하여야 하며 감시기능 등을 갖추어야 한다.
④ 축열조는 축냉 및 방냉운전을 반복적으로 수행하는데 적합한 재질의 축냉재를 사용하여야 한다.

■ 〈냉방설비기준 6, 7, 8조〉 열교환기는 시간당 최대냉방열량을 처리할 수 있는 용량 이상으로 설치하여야 한다.

48 건축물의 관람실 또는 집회실로서 그 바닥면적이 200㎡ 이상인 것의 반자의 높이를 4m 이상으로 하여야 하는 대상 건축물에 속하지 않는 것은?(단, 기계환기장치를 설치하지 않은 경우)

① 종교시설
② 장례식장
③ 문화 및 집회시설 중 전시장
④ 문화 및 집회시설 중 공연장

■ 〈피난방화구조기준 16조〉 문화 및 집회시설(전시장 및 동·식물원은 제외한다), 종교시설, 장례식장 또는 위락시설 중 유흥주점의 용도에 쓰이는 건축물의 관람석 또는 집회실로서 그 바닥면적이 200제곱미터 이상인 것의 반자의 높이는 제1항의 규정에 불구하고 4미터(노대의 아랫부분의 높이는 2.7미터) 이상이어야 한다.

49 다음 중 건축물 관련 건축기준의 허용오차 범위가 3% 이내인 것은?

① 출구너비
② 벽체두께
③ 평면길이
④ 건축물 높이

■ 〈건축법규칙 20조〉 벽체 두께, 바닥판두께는 3% 이내, 출구너비, 건축물 높이, 평면길이 등은 2% 이내
※ 암기할 때 약 50cm 이상(너비, 길이, 높이 등)은 2%, 50cm 이내(두께 등)는 3%로 이해한다.

50 건축법령에 따른 용도별 건축물의 종류 중 의료시설에 속하지 않는 것은?

① 한의원
② 한방병원
③ 치과병원
④ 요양병원

■ 〈건축법령 3조 5〉 한의원은 제1종 근린생활시설(근생)에 속한다.

51 문화 및 집회시설 중 공연장의 관람실과 접하는 복도의 유효너비는 최소 얼마 이상으로 하여야 하는가?(단, 해당 층에서 해당용도로 쓰는 바닥면적의 합계가 1,000㎡인 경우)

① 1.5m
② 1.8m
③ 2.1m
④ 2.4m

■ 〈피난방화구조기준 15조2〉 바닥면적의 합계가 1,000㎡ 이상인 경우 복도의 유효너비는 최소 2.4m 이상

해답 47.② 48.③ 49.② 50.① 51.④

52 건축물의 옥상에 설치하는 대피공간에 관한 기준 내용으로 옳지 않은 것은?

① 특별피난계단 또는 피난 계단과 연결되도록 할 것
② 대피공간의 면적은 지붕 수평투영면적의 20분의 1 이상일 것
③ 관리사무소 등과 긴급 연락이 가능한 통신 시설을 설치할 것
④ 출입구는 유효너비 0.9m 이상으로 하고, 그 출입구에는 60+ 방화문 또는 60분 방화문을 설치할 것

■ 〈피난방화구조기준 13조〉 대피공간의 면적은 지붕 수평투영면적의 10분의 1 이상일 것

53 비상용 승강기를 설치하여야 하는 건축물의 높이 기준은?

① 25m를 넘는 건축물
② 31m를 넘는 건축물
③ 41m를 넘는 건축물
④ 55m를 넘는 건축물

■ 〈건축법령 90조〉 31m를 넘는 건축물은 비상용 승강기를 설치하여야 한다.

54 6층 이상의 거실면적의 합계가 8,000㎡인 업무시설에 설치하여야 하는 승용승강기의 최소대수는?(단, 8인승 승강기의 경우)

① 3대
② 4대
③ 5대
④ 6대

■ 〈설비기준 5조〉 승강기 설치대수에서 업무시설은 3,000까지 1대, 초과 2,000마다 1대
∴ 대수=1대+(8,000−3,000)/2,000=1+2.5=3.5=4대

55 높이 31m를 넘는 각 층의 바닥면적 중 최대 바닥면적이 3,000㎡인 사무소 건축에 원칙적으로 설치하여야 하는 비상용 승강기의 최소대수는?

① 1대
② 2대
③ 3대
④ 4대

■ 〈건축법령 90조〉 비상용 승강기는 최대바닥면적이 1,500까지 1대, 초과 3,000마다 1대
그러므로 1대+1대=2대

56 건축법상 면적 산정방법이 틀린 것은?

① 대지면적 : 대지의 수직투영면적으로 한다.
② 건축면적 : 건축물(지표면으로부터 1미터 이하에 있는 부분을 제외한다)의 외벽의 중심선으로 둘러싸인 부분의 수평투영면적으로 한다.
③ 바닥면적 : 건축물의 각 층 또는 그 일부로서 벽·기둥 기타 이와 유사한 구획의 중심선으로 둘러싸인 부분의 수평투영면적으로 한다.
④ 연면적 : 하나의 건축물의 각 층의 바닥면적의 합계로 하되, 용적률의 산정에 있어서는 조건에 해당하는 면적을 제외한다.

■ 〈건축법령 119조〉 대지면적은 대지의 수평투영면적으로 한다.

해답 52.② 53.② 54.② 55.② 56.①

57 건축법령상 건축물의 주요구조부에 속하지 않는 것은?
① 기둥 ② 바닥
③ 주계단 ④ 작은 보

■ 〈건축법 2조7〉 "주요구조부"란 내력벽(耐力壁), 기둥, 바닥, 보, 지붕틀 및 주계단(主階段)을 말한다. 다만, 사이 기둥, 최하층 바닥, 작은 보, 차양, 옥외 계단, 그 밖에 이와 유사한 것으로 건축물의 구조상 중요하지 아니한 부분은 제외한다.

58 문화 및 집회시설 중 공연장의 개별관람석의 바닥면적이 600㎡인 경우, 관람석에 설치하여야 하는 출구의 최소개수는?(단, 각 출구의 유효너비가 1.5m인 경우)
① 2개 ② 3개
③ 4개 ④ 5개

■ 〈피난방화구조기준 10조〉 바닥면적이 100㎡마다 출구너비 0.6m
그러므로 전체너비=(600/100)×0.6=3.6m
따라서 1.5m 출구 3개

59 다음 에너지절약 설계기준에서 적용되는 용어의 정의에서 잘못된 것은?
① "외피"라 함은 거실 또는 거실외 공간을 둘러싸고 있는 벽·지붕·바닥·창 및 문 등으로서 외기에 직접 면하는 부위를 말한다.
② "거실의 외벽"이라 함은 거실의 벽 중 외기에 직접 또는 간접 면하는 부위를 말한다. 다만, 복합용도의 건축물인 경우에는 해당 용도로 사용되는 공간이 다른 용도로 사용되는 공간과 접하는 부위를 외벽으로 볼 수 있다.
③ "최하층에 있는 거실의 바닥"이라 함은 최하층(지하층을 포함한다)으로서 거실인 경우의 바닥과 기타 층으로서 거실의 바닥부위가 외기에 직접 또는 간접적으로 면한 부위를 말한다. 다만, 복합용도의 건축물인 경우에는 해당 용도로 사용되는 층중 최하층에 있는 거실의 바닥을 포함한다.
④ "외기에 직접 면하는 부위"라 함은 외기가 직접 통하지 아니하는 비난방 공간(지붕 또는 반자, 벽체, 바닥 구조의 일부로 구성되는 내부 공기층은 제외한다)에 접한 부위이다.

■ 〈에너지절약기준 5조 10〉 "외기에 간접 면하는 부위"라 함은 외기가 직접 통하지 아니하는 비난방 공간(지붕 또는 반자, 벽체, 바닥 구조의 일부로 구성되는 내부 공기층은 제외한다)에 접한 부위이다.

60 "기밀성 창호"라 함은 한국산업규격(KS) F 2292 규정에 의하여 기밀성 등급에 따른 통기량이 얼마 미만인 창호를 말하는가?
① 2㎥/h·㎡ ② 5㎥/h·㎡
③ 8㎥/h·㎡ ④ 10㎥/h·㎡

■ 〈에너지절약기준 5조 9〉 "기밀성 창", "기밀성 문"이라 함은 창 및 문으로서 한국산업규격(KS) F 2292 규정에 의하여 기밀성 등급에 따른 기밀성이 1~5등급(통기량 5㎥/h·㎡ 미만)인 것을 말한다.

제3회 | 건축설비산업기사 기출모의고사

제1과목 건축설비 계획

01 습공기를 현열만으로 가열할 경우 감소되는 것은?
① 엔탈피 ② 건구온도
③ 습구온도 ④ 상대습도

■ 습공기를 현열만으로 가열하면(온도가 상승) 상대습도는 감소한다.

02 먹는 물 중 수돗물의 경도는 최대 얼마를 넘지 아니하여야 하는가?
① 100mg/L ② 300mg/L
③ 1000mg/L ④ 1200mg/L

■ 수돗물의 경도는 300mg/L를 넘지 아니할 것(경도는 1,000mg/L(수돗물의 경우 300mg/L, 먹는 염지하수 및 먹는 해양심층수의 경우 1,200mg/L)를 넘지 아니할 것. 다만, 샘물 및 염지하수의 경우에는 적용하지 아니한다.)

03 포집기의 종류와 그 사용 용도의 연결이 옳지 않은 것은?
① 오일 포집기 – 주유소의 배수 ② 모발용 포집기 – 미용실의 배수
③ 런드리 포집기 – 치과 병원의 배수 ④ 그리스 포집기 – 영업용 조리장의 배수

■ 런드리 포집기 – 세탁기의 배수
플라스터 포집기 – 치과 병원의 배수

04 펌프의 전양정이 25m, 양수량이 60㎥/h일 때 펌프의 축동력은?(단, 펌프의 효율은 70%)
① 5.84kW ② 6.84kW
③ 58.4kW ④ 68.4kW

■ $kW = \dfrac{QH}{102E} = \dfrac{60 \times 1,000 \times 25}{3,600 \times 102 \times 0.7} = 5.84kW$

해답 1.④ 2.② 3.③ 4.①

05 2개 이상의 엘보를 사용하여 이음부의 나사회전을 이용, 배관의 신축을 흡수하는 신축이음쇠는?
① 스위블형 ② 슬리브형
③ 벨로즈형 ④ 루프형
■ 스위블형 신축이음(스위블조인트)은 2개 이상의 엘보로 주로 방열기 주변 배관의 신축을 흡수한다.

06 관로를 전개하거나 전폐할 목적으로 사용되는 것으로 게이트밸브라고도 불리는 것은?
① 앵글밸브 ② 체크밸브
③ 글로브밸브 ④ 슬루스밸브
■ 슬루스밸브는 개폐용에 사용되며 제수밸브(게이트밸브)라 한다.

07 다음 중 기구 급수 부하단위가 가장 큰 것은?(단, 개인용으로 사용하는 경우)
① 욕조 ② 샤워
③ 세면기 ④ 세정밸브식 대변기
■ 기구 급수 부하단위(FU)는 세면기를 기준(FU=1)하며, 세정밸브식 대변기는 FU=10으로 본다.

08 1개의 트랩을 위해 트랩 하류에서 추출하여, 그 기구보다 윗부분에서 통기계통에 접속하거나 또는 대기 중에 개구하도록 설치한 통기관은?
① 습통기관 ② 각개통기관
③ 결합통기관 ④ 신정통기관
■ 각개통기관은 1개 트랩마다 통기관을 설치한다.

09 다음의 급수 수직 배관에 관한 설명 중 ( ) 안에 공통으로 들어가는 용어는?

> 수직배관에는 25~30m 구간마다 (   )를 설치하여 유동 정지 시의 역류에너지의 작용을 분산하고, (   ) 상류측에는 워터해머흡수기를 부착하여 (   )의 파손을 방지하고 워터해머로 인한 소음과 진동을 흡수하도록 하여야 한다.

① 체크밸브 ② 퇴수밸브
③ 슬루스밸브 ④ 공기빼기밸브
■ 수직배관에는 25~30m 구간마다 체크밸브를 설치하여 급수 정지 시 역류에너지의 작용을 분산하고, 체크밸브 상류 측에는 워터해머흡수기(WHC)를 부착하여 체크밸브의 파손을 방지하고 워터해머로 인한 소음과 진동을 흡수하도록 하여야 한다.

10 공기조화용 덕트로 원형이 아닌 장방형을 사용하는 가장 주된 이유는?
① 층고를 낮출 수 있다. ② 소음을 적게 할 수 있다.
③ 마찰저항을 줄일 수 있다. ④ 송풍기의 필요 동력을 낮출 수 있다.
■ 공기를 공급하는 데는 원형덕트가 가장 경제적이지만 층고를 낮추기 위해 장방형(각형)을 사용한다.

해답 5.① 6.④ 7.④ 8.② 9.① 10.①

11 주방, 화장실 등과 같이 냄새 또는 유해가스나 증기발생이 많은 공간에 주로 사용되는 환기방식은?

① 자연환기 ② 강제급기+배기구
③ 급기구+강제배기 ④ 강제급기+강제배기

■ 냄새 또는 유해가스나 증기발생이 많은 곳은 3종환기(급기구+강제배기)를 적용하여 실내 발생 오염가스가 주변에 확산되지 않게 한다.

12 다음의 가습방식 중 물을 공기 중에 직접 분무하는 수분무식에 속하지 않는 것은?

① 원심식 ② 초음파식
③ 과열증기식 ④ 노즐 분무식

■ 수분무식에 원심식, 초음파식, 노즐 분무식이 있으며 과열증기식은 증기식에 속한다.

13 콘크리트 벽이나 바닥 등의 배관이 관통하는 곳에 관의 보호를 위하여 사용하는 것은?

① 티 ② 행거
③ 슬리브 ④ 신축곡관

■ 슬리브(덧관)는 배관이 콘크리트 벽체를 관통할 때 신축이 자유롭고, 수리 시 제거가 편리하고 진동이 벽체에 전달되지 않게 한다.

14 고가탱크에 시간당 20m³의 물을 양수할 때 펌프 토출구 유속을 2m/sec로 할 때 양수펌프의 토출 관경은 얼마인가?

① 38.6mm ② 47.2mm
③ 56.4mm ④ 59.5mm

■ $Q = Av = \dfrac{\pi d^2 v}{4}$ 에서 $d = \sqrt{\dfrac{4Q}{\pi v}} = \sqrt{\dfrac{4 \times 20}{3,600 \times \pi \times 2}} = 0.0595m = 59.5mm$

15 급탕설비의 부속장치에 관한 설명으로 옳지 않은 것은?

① 안전밸브와 팽창탱크 및 배관 사이에는 어떠한 밸브도 설치되어서는 안 된다.
② 밀폐형 가열장치에는 일정 압력 이상이면 압력을 도피시킬 수 있도록 도피밸브나 안전밸브를 설치한다.
③ 온수탱크 상단에는 배수밸브(drain valve)를, 하부에는 진공방지밸브(vacuum relief valve)가 설치되어야 한다.
④ 온수탱크의 보급수관에는 급수관의 압력변화에 의한 환탕의 유입을 방지하도록 역류방지밸브를 설치한다.

■ 온수탱크 상단에는 안전밸브를, 하부에는 배수밸브(drain valve)를 설치하여야 한다.

해답 11.③ 12.③ 13.③ 14.④ 15.③

16 다음 중 급수설비에서 수격작용의 발생이 가장 우려되는 경우는?

① 급수관의 지름이 클 경우
② 물을 과도하게 사용할 경우
③ 급수관 내의 유속이 느릴 경우
④ 급수관 내에서 물의 흐름을 갑자기 정지할 경우

■ 수격작용은 유속이 급변할 때 발생한다. 수압이 높고, 관경은 작고, 유속은 빠르고, 밸브조작은 급격할 때 주로 발생한다.

17 건물 내 급수방식에 관한 설명으로 옳은 것은?

① 압력수조방식에는 수수조를 설치하지 않는다.
② 펌프직송방식은 유지·관리가 가장 용이한 방식이다.
③ 고가수조방식은 급수압력이 일정하다는 장점이 있다.
④ 수도직결방식은 일반적으로 중·고층의 건물에 사용된다.

■ 압력수조방식에는 수수조를 설치하며, 펌프직송방식은 인버터 펌프를 사용하여 유지·관리가 복잡한 편이다. 고가수조방식은 급수압력이 일정하며 수도직결방식은 일반적으로 저층의 소규모 건물에 사용된다.

18 허브타입 주철관을 사용하는 배수관 공사에서 자재 수량이 아래 표와 같을 때 규격별 수구수를 구하시오.(단, 소재구는 배관 수구수에 포함하지 않는다)

	규격	단위	수량
직관	150∅×160L	개	5
	100∅×1,000L	개	3
	100∅×600L	개	4
90° 곡관	100∅	개	3
45° 곡관	100∅	개	2
Y−T관	150∅×100∅	개	1
Y관	100∅	개	2
소재구	100∅	개	3

① 100∅ 15개, 150∅ 5개
② 100∅ 17개, 150∅ 6개
③ 100∅ 20개, 150∅ 7개
④ 100∅ 22개, 150∅ 7개

■ 허브타입(소켓형) 주철관 접속법은 전통적인 납코킹 방식과 플랜지 방식이 있으며 최근에는 플랜지 방식이 선호된다. 수구수란 수구(암놈)와 삽구(숫놈)를 끼워 맞춤하는 개소를 말하며 소켓방식에서는 수량산출의 기초가 된다. 직관은 1개당 수구 1개소이며, Y관, Y−T관은 1개당 수구 2개소(규격별)로 산출한다. 수구수는 배관길이와는 관계없다.

− 100∅ : 직관(3+4개소), 곡관(3+2개소), Y−T관(100∅ 1개소), Y관(2×2개소)
  그러므로 수구수는 100∅ : 3+4+3+2+1+(2×2) = 17개소
− 150∅ : 직관(5개소), Y−T관(150∅ 1개소)
  그러므로 수구수는 150∅ : 5+1 = 6개소

해답 16.④ 17.③ 18.②

19 습공기의 건구온도와 습구온도를 알 때 습공기 선도상에서 알 수 없는 것은?
① 엔탈피 ② 상대습도
③ 복사온도 ④ 절대습도

■ 습공기선도에 복사온도는 없다.

20 다음 중 엘보를 용접이음으로 나타낸 기호는?

■ ① : 소켓, ③ : 플랜지, ④ : 용접

제2과목　건축설비 설계

21 계산된 냉온수량을 알고 있을 때 이를 수송하기 위한 적정 관경을 마찰저항선도를 사용하여 선정할 때, 필요한 값은?
① 레이놀드수와 배관길이
② 배관길이와 사용배관재의 조도
③ 수력반경과 유체의 동점성 계수
④ 제반 손실을 고려한 관마찰 저항과 유속

■ 배관 마찰저항선도는 유량, 유속, 관경, 마찰저항으로 구성되어 2가지 요소(유량과 마찰저항, 유량과 유속, 마찰저항과 유속)를 알면 관경을 구할 수 있다.

22 정화조 중 유입된 오수를 혐기성균에 의한 소화 작용으로 분리 침전이 이루어지도록 하는 곳은?
① 부패조 ② 여과조
③ 산화조 ④ 소독조

■ 혐기성균 : 부패조, 호기성균 : 산화조

23 다음 중 원칙적으로 청소구를 설치해야 하는 곳이 아닌 것은?
① 배수수직관의 최하부
② 배수수평주관 및 배수수평지관의 기점
③ 배수관이 30°의 각도로 방향을 바꾸는 곳
④ 배수수평주관과 부지배수관의 접속점에 가까운 곳

■ 청소구는 막히기 쉬운 곳에 설치하며 배수관이 45° 이상의 각도로 방향을 바꾸는 곳

해답　19.③　20.④　21.④　22.①　23.③

24 급탕설비에 사용하는 순환펌프에 관한 설명으로 옳지 않은 것은?
① 피스톤 펌프와 사류 펌프가 주로 사용된다.
② 소규모 설비에서는 배관도중에 설치하는 라인펌프(line pump)가 사용된다.
③ 순환펌프의 수량은 순환관로의 열손실과 급탕관, 반탕관의 온도차로 구한다.
④ 순환펌프의 양정이 지나치게 높으면 관내를 진공상태로 만들기 쉽기 때문에 충분히 주의해야 한다.

■ 급탕설비에 사용하는 순환펌프는 라인 펌프와 볼류트 펌프가 주로 사용된다.

25 옥내의 배수 수평주관 끝에 설치하여 공공하수관으로부터의 유해가스가 건물 안으로 침입하는 것을 방지하는데 사용되는 트랩은?
① P트랩　　　　　　　　　② U트랩
③ S트랩　　　　　　　　　④ 벨트랩

■ 옥내의 배수 수평주관과 공공하수관의 연결부에는 U트랩(하우스트랩)을 설치하여 공공하수관의 악취가 건물 내로 역류하는 것을 방지한다.

26 다음과 같은 조건에서 재실인원이 20명인 실내의 냉방에 요구되는 외기부하량은 얼마인가?

| • 실내공기의 엔탈피 : 55.4kJ/kg(DA) | • 외기의 엔탈피 : 84.8kJ/kg(DA) |
| • 1인당 필요외기량 : 25㎥/h | • 공기의 밀도 : 1.2kg/㎥ |

① 3.4kW　　　　　　　　② 4.2kW
③ 4.9kW　　　　　　　　④ 5.7kW

■ 도입외기량 $= 20 \times 25 = 500 m^3/h$
외기 부하 $= m\triangle h = 500 \times 1.2(84.8-55.4) = 17,640 kJ/h = 4.9 kW$

27 건구온도 26℃, 상대습도 50%인 리턴 공기 700㎥과 건구온도 32℃, 상대습도 70%인 도입외기 300㎥를 혼합하였을 때, 혼합공기의 건구온도는?
① 27.2℃　　　　　　　　② 27.5℃
③ 27.8℃　　　　　　　　④ 28.3℃

■ $t = \dfrac{26 \times 700 + 32 \times 300}{700 + 300} = 27.8℃$

28 외기온도 t_o=-10℃, 실내온도 t_i=20℃일 때, 벽체 면적 20㎡를 통하여 손실되는 열량(kJ/h)은 얼마인가?(단, 벽체의 열관류율 K=0.35W/㎡·K)
① 210kJ/h　　　　　　　② 460kJ/h
③ 756kJ/h　　　　　　　④ 893kJ/h

■ 벽체손실열량 $= KA\triangle t = 0.35 \times 20(20-(-10)) = 210 W = 756 kJ/h$

29 1,800m³의 실용적을 갖는 사무실에서 시간당 0.5회의 환기를 할 때 환기량은?
① 750m³/h
② 750m³/min
③ 900m³/h
④ 900m³/min

■ 환기량 $= NV = 0.5 \times 1,800 = 900 m^3/h$

30 공조기 부하에 펌프 및 배관 등의 열부하를 더한 것으로 냉동기나 보일러 용량을 결정하는데 이용되는 것은?
① 외기부하
② 현열부하
③ 열원부하
④ 예냉부하

■ • 열원부하＝공조기 부하+펌프 및 배관 열부하
• 공조기부하＝실내부하+외기부하+기기부하+재열부하
• 실내부하＝벽체부하+유리창+극간풍+인체+전열기구

31 난방부하 계산 시 일반적으로 고려하지 않는 것은?
① 인체부하
② 외벽을 통한 관류부하
③ 틈새바람에 의한 외기부하
④ 도입외기에 의한 외기부하

■ 난방부하 계산 시 인체부하, 조명부하 등 실내 발열량은 부하를 감소시키는 요인이므로 일반적으로 무시한다.

32 다음 중 공기조화배관에 사용되는 신축이음의 종류에 속하지 않는 것은?
① 루프형
② 리프트형
③ 슬리브형
④ 벨로즈형

■ 리프트형은 체크밸브의 종류이다.

33 보일러의 출력 중 난방부하와 급탕부하를 합한 용량으로 표시되는 것은?
① 상용출력
② 정미출력
③ 정격출력
④ 과부하출력

■ • 정미출력＝난방부하+급탕부하
• 상용출력＝난방부하+급탕부하+배관부하
• 정격출력＝상용출력＝난방부하+급탕부하+배관부하+예열부하
• 과부하출력＝정격출력+과부하

34 2중효용 흡수식 냉동기에 관한 설명으로 옳은 것은?
① 저압흡수기와 고압흡수기로 구성된다.
② 고온증발기와 저온증발기로 구성된다.
③ 저압응축기와 고압응축기로 구성된다.
④ 고온발생기와 저온발생기로 구성된다.

■ 2중효용 흡수식 냉동기는 증발기+흡수기+저온발생기+고온발생기+응축기로 구성된다.

해답 29.③ 30.③ 31.① 32.② 33.② 34.④

35 여름철 냉방 공조 시 건물 내 어떤 실의 취득 전열량이 32,000W이고 잠열량이 7,000W일 경우 현열비는 얼마인가?

① 0.52　　　　　　　　　　② 0.64
③ 0.78　　　　　　　　　　④ 0.90

■ 현열비 = $\dfrac{현열}{전열}$ = $\dfrac{32,000-7,000}{32,000}$ = 0.78 (전열을 현열로 착각하지 마세요)

36 온수배관에 관한 설명으로 가장 거리가 먼 것은?

① 팽창관에는 게이트 밸브를 설치한다.
② 펌프의 흡입측에 스트레이너를 설치한다.
③ 배관도중에 벨로즈형 등의 신축이음을 설치한다.
④ 유량을 균등하게 분배하기 위하여 리버스리턴 방식을 채용한다.

■ 팽창관에는 어떤 밸브도 설치하지 않는다.

37 직교류식 냉각탑에서 cooling range를 바르게 표시한 것은?

① 냉각탑 입구수온+냉각탑 출구수온　　② 냉각탑 출구수온-외기 습구온도
③ 외기 습구수온-냉각탑 출구수온　　　④ 냉각탑 입구수온-냉각탑 출구수온

■ • cooling range(쿨링랜지)=냉각탑 입구수온-냉각탑 출구수온
　• Approch(어프로치)=냉각탑 출구수온-외기 습구온도

38 다음 중 겨울철 건물의 출입구로부터 들어오는 틈새 바람량을 줄이기 위한 방법으로 가장 적당한 것은?

① 방풍실에 회전문 설치　　　　② 방풍실에 자동문 설치
③ 방풍실에 자재문 설치　　　　④ 방풍실에 여닫이문 설치

■ 겨울철 틈새바람(연돌효과)을 방지하기 위해서는 회전문설치, 방풍실설치, 층고를 낮추고 실내외 온도차를 줄이는 것이 좋다.

39 각종 밸브에 관한 설명으로 옳지 않은 것은?

① 앵글밸브는 유체의 흐름방향을 90°로 전환시킬 수 있다.
② 글로브 밸브는 유체가 밸브 내의 아래에서 위쪽으로 흐르도록 설치된다.
③ 체크밸브에서 리프트형은 수평배관 및 흐름 방향이 상향인 수직배관에 사용되며 스윙형은 수평배관에만 사용된다.
④ 게이트밸브는 밸브를 완전히 열면 배관경과 밸브의 구경이 동일하므로 유체의 저항이 적으나 부분개폐 상태에서는 밸브판이 침식되어 완전히 닫아도 누설될 우려가 있다.

■ 체크밸브에서 스윙형은 수평배관 및 흐름 방향이 상향인 수직배관에 사용되며 리프트형은 수평배관에만 사용된다.

해답　35.③　36.①　37.④　38.①　39.③

40 도달거리가 길며 소음이 적은 축류형 취출구는?

① 팬형
② 노즐형
③ 아네모스탯형
④ 브리즈라인형

■ 노즐형은 도달거리가 길며 소음이 적은 축류형 취출구로 대공간 취출구로 사용된다.

제3과목 건축설비 관련 법규

41 거실의 바닥면적이 50㎡ 이상인 지하층에 설치하는 비상탈출구에 관한 기준 내용으로 옳지 않은 것은?(단, 주택의 경우 제외)

① 비상탈출구는 출입구로부터 3m 이내의 장소에 설치할 것
② 비상탈출구의 유효너비는 0.75m 이상으로 하고, 유효높이는 1.5m 이상으로 할 것
③ 비상탈출구의 문은 피난방향으로 열리도록 하고, 실내에서 항상 열 수 있는 구조로 할 것
④ 비상탈출구는 피난층 또는 지상으로 통하는 복도나 직통계단에 직접 접하거나 통로 등으로 연결될 수 있도록 설치할 것

■ 〈피난방화구조기준 25조 2항〉 비상탈출구는 출입구로부터 3m 이상의 떨어진 곳에 설치할 것.

42 건축물을 특별시나 광역시에 건축하려는 경우 특별시장이나 광역시장의 허가를 받아야 하는 대상 건축물의 연면적 기준은?

① 연면적의 합계가 5천 제곱미터 이상인 건축물
② 연면적의 합계가 1만 제곱미터 이상인 건축물
③ 연면적의 합계가 10만 제곱미터 이상인 건축물
④ 연면적의 합계가 20만 제곱미터 이상인 건축물

■ 〈건축법령 8조〉 법 제11조제1항 단서에 따라 특별시장 또는 광역시장의 허가를 받아야 하는 건축물의 건축은 층수가 21층 이상이거나 연면적의 합계가 10만 제곱미터 이상인 건축물의 건축(연면적의 10분의 3 이상을 증축하여 층수가 21층 이상으로 되거나 연면적의 합계가 10만 제곱미터 이상으로 되는 경우를 포함한다)을 말한다.

43 건축물의 에너지절약 설계기준상 외기에 직접 면하고 1층 또는 지상으로 연결된 출입문 중 방풍구조로 하지 않을 수 있는 출입문의 너비 기준은?

① 1.2m 이하
② 1.5m 이하
③ 1.8m 이하
④ 2.1m 이하

■ 〈에너지절약기준 6조 4 라〉 1.2m 이하

해답 40.② 41.① 42.③ 43.①

44 건축물의 에너지절약 설계기준에 따른 용어의 정의가 옳지 않은 것은?

① 야간단열장치라 함은 창의 야간 열손실을 방지할 목적으로 설치하는 단열셔터, 단열 덧문으로서 총열관류저항(열관류율의 역수)이 0.4㎡·K/W 이상인 것을 말한다.
② 태양열취득률(SHGC)이라 함은 입사된 태양열에 대하여 실내로 유입된 태양열 취득의 비율을 말한다.
③ 투광부라 함은 창, 문 면적의 60% 이상이 투과체로 구성된 문, 유리블록, 플라스틱패널 등과 같이 투과재료로 구성되며, 외기에 접하여 채광이 가능한 부위를 말한다.
④ 일사조절장치라 함은 태양열의 실내 유입을 조절하기 위한 목적으로 설치하는 장치를 말한다.

■ 〈에너지절약기준 5조〉 "투광부"라 함은 창, 문면적의 50% 이상이 투과체로 구성된 문, 유리블록, 플라스틱패널 등과 같이 투과재료로 구성되며, 외기에 접하여 채광이 가능한 부위를 말한다.

45 건축법령상 의료시설에 속하지 않는 것은?

① 산후조리원　　　　② 치과병원
③ 한방병원　　　　　④ 요양병원

■ 〈건축법령 3조의 5〉 산후조리원은 제1종 근린생활시설에 속한다.

46 공동주택과 오피스텔의 난방설비를 개별난방방식으로 하는 경우에 관한 기준 내용으로 옳지 않은 것은?

① 보일러는 거실 외의 곳에 설치할 것
② 보일러의 연도는 내화구조로서 공동연도로 설치할 것
③ 오피스텔의 경우에는 난방구획을 방화구획으로 구획할 것
④ 전기보일러를 사용하는 경우 보일러실의 윗부분에는 면적이 0.5㎡ 이상인 환기창을 설치할 것

■ 〈설비기준 13조〉 보일러실의 윗부분에는 그 면적이 0.5제곱미터 이상인 환기창을 설치하고, 보일러실의 윗부분과 아랫부분에는 각각 지름 10센티미터 이상의 공기흡입구 및 배기구를 항상 열려있는 상태로 바깥공기에 접하도록 설치할 것. 다만, 전기보일러의 경우에는 그러하지 아니하다.

47 문화 및 집회시설 중 공연장의 개별관람석 각 출구의 유효너비는 최소 얼마 이상으로 하여야 하는가?(단, 바닥면적이 300㎡ 이상인 경우)

① 1m　　　　　　　② 1.5m
③ 2m　　　　　　　④ 2.5m

■ 〈피난방화구조기준 10조〉 문화 및 집회시설 중 공연장의 개별관람석(바닥면적이 300제곱미터 이상인 것에 한한다)의 출구는 다음 각 호의 기준에 적합하게 설치하여야 한다.
1. 관람석별로 2개소 이상 설치할 것
2. 각 출구의 유효너비는 1.5미터 이상일 것
3. 개별 관람석 출구의 유효너비의 합계는 개별 관람석의 바닥면적 100제곱미터마다 0.6미터의 비율로 산정한 너비 이상으로 할 것

해답　44.③　45.①　46.④　47.②

48 건축물의 거실(피난층의 거실 제외)에 국토교통부령으로 정하는 기준에 따라 배연설비를 하여야 하는 대상 건축물에 속하지 않는 것은?(단, 6층 이상인 건축물의 경우)
① 공동주택
② 종교시설
③ 업무시설
④ 장례시설

■ 〈건축법령 51조〉 피난층과 공동주택은 해당하지 않는다.

49 제로에너지건축물 인증의 유효기간은 얼마인가?
① 10년
② 7년
③ 5년
④ 3년

■ 〈제로에너지건축물 인증규칙 9조〉 제로에너지건축물 인증의 유효기간은 인증을 받은 날부터 10년으로 한다.

50 옥내에 있는 계단 및 계단참의 유효너비를 최소 120cm 이상으로 하여야 하는 것은?(단, 연면적 200㎡를 초과하는 건축물의 경우)
① 중학교의 계단
② 초등학교의 계단
③ 고등학교의 계단
④ 판매시설의 계단

■ 〈피난방화구조기준 15조〉 문화 및 집회시설(공연장·집회장 및 관람장에 한한다)·판매시설 기타 이와 유사한 용도에 쓰이는 건축물의 계단인 경우에는 계단 및 계단참의 유효너비를 120센티미터 이상으로 할 것

51 상업지역 및 주거지역에서 건축물에 설치하는 냉방시설 및 환기시설의 배기구는 도로면으로부터 최소 얼마 이상의 높이에 설치하여야 하는가?
① 1m
② 2m
③ 3m
④ 4m

■ 〈설비기준 23조〉 상업지역 및 주거지역에서 건축물에 설치하는 냉방시설 및 환기시설의 배기구는 도로면으로부터 최소 2m 이상의 높이에 설치하여야 한다.

52 건축물에 설치하는 굴뚝의 옥상 돌출부는 지붕면으로부터의 수직거리를 최소 얼마 이상으로 하여야 하는가?
① 0.5m
② 1m
③ 1.5m
④ 2m

■ 〈피난방화구조기준 20조〉 굴뚝의 옥상 돌출부는 지붕면으로부터의 수직거리를 최소 1m 이상으로 한다.

53 세대수가 7세대인 주거용 건축물에 설치하는 급수관 지름의 최소 기준은?
① 20mm
② 25mm
③ 32mm
④ 40mm

■ 〈설비기준 18조〉 급수관의 지름은 6~8세대 : 32mm

해답 48.① 49.① 50.④ 51.② 52.② 53.③

54 다음 중 신고 대상에 속하는 용도변경은?

① 위락시설에서 판매시설로의 용도변경
② 수련시설에서 숙박시설로의 용도변경
③ 의료시설에서 장례시설로의 용도변경
④ 업무시설에서 교육연구시설로의 용도변경

■ 〈건축법 19조 4항, 시행령 14조〉
4. 문화집회시설군(위락시설)에서
5. 영업시설군(판매시설)하위 그룹으로 변경은 신고 대상

55 건축법령상 다음과 같이 정의되는 용어는?

> 건축물의 실내를 안전하고 쾌적하며 효율적으로 사용하기 위하여 내부 공간을 칸막이로 구획하거나 벽지, 천장재, 바닥재, 유리 등 대통령령으로 정하는 재료 또는 장식물을 설치하는 것

① 실내건축　　　　　　② 실내장식
③ 리모델링　　　　　　④ 실내디자인

■ 〈건축법 2조〉 "실내건축"이란 건축물의 실내를 안전하고 쾌적하며 효율적으로 사용하기 위하여 내부 공간을 칸막이로 구획하거나 벽지, 천장재, 바닥재, 유리 등 대통령령으로 정하는 재료 또는 장식물을 설치하는 것을 말한다.

56 12층 건물에서 각층 거실면적이 2,000㎡인 업무시설에 설치하여야 하는 승용승강기의 최소대수는?(단, 18인승 승강기의 경우)

① 7대　　　　　　② 6대
③ 4대　　　　　　④ 3대

■ 〈설비기준 5조〉 6층 이상 거실면적=2,000×7=14,000㎡
업무시설에서 3,000까지 1대+2,000마다 1대 추가=1+(14,000-3,000)/2,000=6.5→7대
16인승 이상일 때는 2대를 1대로 적용하므로 설치 대수=7/2=3.5→4대

57 다음은 건축설비 설치의 원칙에 관한 기준 내용이다. (　) 안에 알맞은 것은?

> 연면적이 (　) 이상인 건축물의 대지에는 국토교통부령으로 정하는 바에 따라 「전기사업법」 제2조제2호에 따른 전기사업자가 전기를 배전(配電)하는데 필요한 전기설비를 설치할 수 있는 공간을 확보하여야 한다.

① 100㎡　　　　　　② 200㎡
③ 500㎡　　　　　　④ 1,000㎡

■ 〈건축법령 87조〉 연면적이 500제곱미터 이상인 건축물의 대지에는 국토교통부령으로 정하는 바에 따라 「전기사업법」 제2조제2호에 따른 전기사업자가 전기를 배전(配電)하는 데 필요한 전기설비를 설치할 수 있는 공간을 확보하여야 한다.

해답　54.① 55.① 56.③ 57.③

58 건축법에서 사용하는 용어의 정의 중 잘못된 것은?

① "증축"이라 함은 기존 건축물이 있는 대지 안에서 건축물의 건축면적·연면적·층수 또는 높이를 증가시키는 것을 말한다.
② "내화구조"라 함은 화재에 견딜 수 있는 성능을 가진 구조로서 국토교통부령이 정하는 기준에 적합한 구조를 말한다.
③ "난연재료"라 함은 화염의 확산을 막을 수 있는 성능을 가진 구조로서 국토교통부령이 정하는 기준에 적합한 구조를 말한다.
④ "불연재료"라 함은 불에 타지 아니하는 성질을 가진 재료로써 국토교통부령이 정하는 기준에 적합한 재료를 말한다.

■ 〈건축법령 2조〉 "난연재료"라 함은 불에 잘 타지 아니하는 성능을 가진 재료로서 국토교통부령이 정하는 기준에 적합한 재료를 말한다. "방화구조"라 함은 화염의 확산을 막을 수 있는 성능을 가진 적합한 구조를 말한다.

59 건축물의 분류 중 동물 및 식물 관련시설에 속하지 않는 것은?

① 가축시장   ② 도축장
③ 동물원   ④ 도계장

■ 〈건축법령 3조 5〉 동물원은 문화 및 집회 시설에 속한다.

60 제로에너지건축물 인증과 연관이 가장 깊은 사람은 누구인가?

① 소방안전관리사   ② 건축기계설비기술사
③ 건축물 에너지평가사   ④ 건축설비기사

■ 〈제로에너지건축물 인증규칙 11조의 2〉 건축물에너지평가사의 업무범위에 제로에너지건축물 인증 업무가 포함된다.

제4회 건축설비산업기사 기출모의고사

제1과목 건축설비 계획

01 건축환경계획에서 실내조명에 관한 설명 중 가장 거리가 먼 것은?
① 조도의 균제도를 높이기 위해서는 작은 전등을 여러 개 사용하는 것보다 대형의 전등을 적게 설치하는 것이 불리하다.
② 작업면상의 조도분포는 균제도가 낮은 것이 좋다.
③ 음영은 장시간의 재실자에게 작업능률을 향상시키는 작용도 한다.
④ 제도실은 음영을 만들지 않는 것이 좋다.

■ 조명계획에서 조도분포는 균제도가 높은 것이 좋다.

02 습도가 생활환경에 주는 영향과 관계가 적은 것은?
① 습도가 낮고 고온인 경우 더 무덥고 답답하다.
② 습도가 낮고 저온인 경우 더 쌀쌀하게 느껴진다.
③ 습도가 높으면 결로현상이 발생하기 쉽다.
④ 습도가 낮으면 높을 때보다 호흡기 질환이 발생하기 쉽다.

■ 고온인 경우 동일한 조건에서 습도가 낮으면 덜 무덥다. 습도가 높은 여름날 더 무덥게 느껴진다.

03 그림과 같은 온수 방열기에서 조건과 같이 입출구 온수가 흐를 때 방열기의 방열량은?(단, 온수량 W=50L/min, 물의 비열 4.19kJ/kgK이다.)

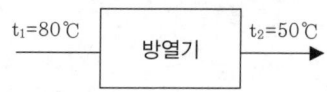

① 424,650kJ/h ② 377,100kJ/h
③ 298,650kJ/h ④ 242,560kJ/h

■ 온수 방열기 방열량은 물의 비열 4.19kJ/kgK일 때
$q = WC(t_1 - t_2) = 50 \times 60 \times 4.19 \times (80-50) = 377,100$ kJ/h

해답 1.② 2.① 3.②

04 통기관 배관에서 바닥 밑 횡주 통기배관을 금하는 가장 주된 이유는?

① 통기관 관경이 커진다.
② 배수 배관이 막히기 쉽다.
③ 배관시공이 어렵고 공사비가 많이 든다.
④ 배수관이 막혔을 경우 통기관에 영향을 줄 수 있다.

■ 바닥 밑 횡주 통기배관 시공은 배수관이 막혔을 경우 통기관에 배수가 유입되어 통기기능에 영향을 줄 수 있다.

05 다음 그림에서 ① 외기, ② 실내공기, ⑤ 취출 공기의 상태일 경우 공조장치에서 상태변화 과정으로 가장 적합한 것은?

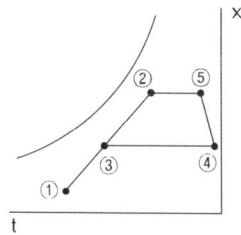

① 혼합-가습-가열
② 가열-혼합-가습
③ 예열-가습-취출
④ 혼합-가열-가습

■ ① 외기와 ② 실내공기를 〈혼합〉하여 ③ 혼합공기를 만들고 이를 〈가열〉하여 ④공기를 만든 후 〈가습〉하여 ⑤ 취출공기를 만든다.

06 급수방식 중 수도직결방식에 관한 설명으로 가장 거리가 먼 것은?

① 급수압력이 일정하다.   ② 고층으로의 급수가 어렵다.
③ 정전으로 인한 단수의 염려가 없다.   ④ 위생성 측면에서 바람직한 방식이다.

■ 수도직결방식은 피크아워에 급수 사용량에 따라 급수압력이 불규칙하다.

07 급수배관에 관한 설명으로 가장 거리가 먼 것은?

① 상향 급수배관 방식의 경우 수평배관은 진행방향에 따라 올라가는 기울기로 한다.
② 하향 급수배관 방식의 경우 수평배관은 진행방향에 따라 내려가는 기울기로 한다.
③ 배수관과 급수관을 동일한 장소에 매설할 경우 배수관은 반드시 급수관 위에 매설한다.
④ 공기가 모일 수 있는 부분에는 공기빼기 밸브, 물이 고일 수 있는 부분에는 퇴수밸브를 설치한다.

■ 배수관과 급수관을 동일한 장소에 매설할 경우 급수관은 반드시 배수관 위에 매설한다.

08 스테인리스 강관에 관한 설명으로 가장 거리가 먼 것은?

① 위생적인 관재료이다.   ② 동결에 대한 저항이 크다.
③ 급수, 급탕관으로 사용된다.   ④ 내식성이 작아 부식되기 쉽다.

■ 스테인리스 강관은 부동태 피막 형성으로 내식성이 커서 부식에 잘 견딘다.

해답 4.④ 5.④ 6.① 7.③ 8.④

09 배수설비에서 다음의 봉수 파괴 요인 중 통기관의 설치와 관계없이 봉수가 파괴될 수 있는 것은?
① 흡인작용 ② 분출작용
③ 증발작용 ④ 자기사이폰작용

■ 통기관은 배수관내의 압력 변동에 의한 봉수 파괴를 방지하므로 증발, 모세관현상은 통기관을 설치해도 발생할 수 있다.

10 대변기의 세정방식 중 플러시 밸브식에 관한 설명으로 가장 적합한 것은?
① 대변기의 연속 사용이 가능하다.
② 일반 가정용으로 주로 사용된다.
③ 소음이 적으며 급수압력에 제한을 받지 않는다.
④ 낙차에 의한 수압으로 대변기를 세정하는 방식이다.

■ 플러시 밸브식은 대변기의 연속 사용이 가능하며, 사무실등 공용으로 주로 사용된다. 소음이 크며 급수압력(7m 이상)에 제한을 받는다. 급수배관의 수압으로 대변기를 세정하는 방식이다.

11 다음 중 기구급수 부하단위가 가장 큰 것은?
① 욕조 ② 세정밸브식 소변기
③ 세면기 ④ 세정밸브식 대변기

■ 기구급수부하단위(FU)는 급수량을 세면기에 대한 부하 단위로 환산한 것으로 세정밸브식 대변기(FU=10)가 가장 크다.

12 증기난방에 관한 설명으로 가장 거리가 먼 것은?
① 방열면적을 온수난방보다 작게 할 수 있다.
② 부하변동에 따른 실내 방열량의 제어가 용이하다.
③ 증발잠열을 이용하기 때문에 열의 운반 능력이 크다.
④ 예열시간이 온수난방에 비해 짧고 증기의 순환이 빠르다.

■ 증기난방은 on-off제어로 부하변동에 따른 실내 방열량의 제어가 곤란하다. 온수난방은 유량과 온도 조절이 가능하여 방열량 조절이 가능하다.

13 배수관의 관경에 관한 설명으로 가장 거리가 먼 것은?
① 배수관은 배수의 유하방향으로 관경을 축소해서는 안 된다.
② 지중에 매설하는 배수관의 관경은 최소 25mm 이상으로 하여야 한다.
③ 기구배수관의 관경은 이것에 접속하는 위생기구의 트랩구경 이상으로 한다.
④ 배수수직관의 관경은 이것에 접속하는 배수수평지관의 최대관경 이상으로 한다.

■ 배수관은 보통 32A 이상으로 하나, 지중매설은 보수가 곤란하므로 막힘을 방지하기 위해 50A 이상으로 한다.

14 기구배수부하단위(FUD)가 1인 기구명과 배수량(L/min)으로 가장 적합한 것은?

① 세면기, 14　　② 세면기, 28.5
③ 대변기, 14　　④ 대변기, 28.5

■ 기구배수부하단위(FUD)는 세면기를 1로 하며 배수량은 28.5(L/min)이고, 또한 기구급수부하단위도 세면기를 1로 하며 급수량은 14(L/min)이다.

15 배수설비에서 원칙적으로 사용이 금지되는 트랩에 속하지 않는 것은?

① 2중 트랩　　② 수봉식 트랩
③ 가동부분이 있는 것　　④ 내부 치수가 동일한 S트랩

■ 수봉식 트랩은 S형, P형등 배관에 봉수를 채워서 트랩을 형성하는 것으로 권장하는 트랩이며 위생기구에서 주로 사용한다.

16 지역난방에 관한 설명으로 가장 거리가 먼 것은?

① 연료비가 절감된다.　　② 대기오염을 줄일 수 있다.
③ 보일러 설비가 대용량이 된다.　　④ 각 세대의 설비 스페이스가 증대된다.

■ 지역난방은 세대별로 열원장치가 생략되므로 각 세대의 설비 스페이스는 감소한다.

17 개별제어가 쉽고 덕트방식에 비해 유닛의 위치 변경이 쉬우나, 각 실에 수배관으로 인한 누수의 염려가 있고 외기량이 부족하여 실내공기의 오염가능성이 높은 공기조화방식은?

① 팬코일 유닛방식　　② 멀티존 유닛방식
③ 각층 유닛방식　　④ 유인 유닛방식

■ 팬코일 유닛방식은 전수 방식으로 실내에 물을 통하여 열만을 공급하므로 외기량이 부족하여 실내공기의 오염가능성이 높다.

18 공기조화 방식 중 수공기 방식의 일반적 특징으로 가장 거리가 먼 것은?

① 반송동력이 전공기식보다 적게 든다.
② 덕트 스페이스가 전수식보다 커진다.
③ 개별제어, 개별운전이 가능하다.
④ 전공기식보다 송풍량이 많아서 실내 공기의 오염이 거의 없다.

■ 수공기식은 전공기식보다 송풍량이 적어서 실내 공기의 오염 가능성은 크다. 그러므로 자연환기가 가능한 창문이 있는 외주부에는 팬코일을 적용하고 내주부는 덕트 방식을 적용한다.

19 다음 배관 도시기호 중 레듀서 표시는 무엇인가?

■ ① : 레듀서, ② : 유니언, ③ : 슬리브형 신축이음, ④ : 슬리브형 신축이음

해답　14.②　15.②　16.④　17.①　18.④　19.①

20 자연계에 어떠한 변화도 남기지 않고 일정 온도의 열을 계속해서 일로 변환시킬 수 있는 기관은 존재하지 않는다를 의미하는 열역학 법칙은?

① 열역학 제0법칙 ② 열역학 제1법칙
③ 열역학 제2법칙 ④ 열역학 제3법칙

■ 열역학 제2법칙 Kelvin-Planck 표현 : 자연계에 어떠한 변화도 남기지 않고 일정 온도의 열을 계속해서 일로 변환시킬 수 있는 기관은 존재하지 않는다. 즉, 열기관에서 작동유체가 외부에 일을 할 때에는 그보다 더욱 저온의 물체를 필요로 한다는 것으로 저온의 물체에 열의 일부를 버릴 필요가 있다는 것을 설명하고 있다.

제2과목 건축설비 설계

21 다음 배관 중 보온이 필요한 배관은?

① 냉각레그 ② 냉각수배관
③ 실내 방열기 배관 ④ 천장 속의 냉온수 배관

■ 공조설비에서 냉각레그는 방열을 필요로 하는 구간이며, 냉각수배관과 실내 방열기 배관은 방열해도 좋은 구간으로 일반적으로 보온하지 않는다. 천장 속의 냉온수 배관은 보온한다.

22 흐르는 물에 피토(Pitot)관을 흐름에 대하여 세웠을 때 수주의 높이가 500mm이었다. 유속은 얼마인가?

① 3.13m/sec ② 4.78m/sec
③ 5.24m/sec ④ 5.69m/sec

■ 물에서 동압 $h(0.5mAq) = \dfrac{v^2}{2g}$
$v = \sqrt{2gh} = \sqrt{2 \times 9.8 \times 0.5} = 3.13 m/s$

※ 위 식은 물($\rho = 1000 kg/m^3$)에서 관습적으로 사용하는 식이며 동압 기본공식은 아래 식을 이용한다.

$h(동압수두) = \dfrac{v^2}{2g}\rho(mmAq)$

기본공식을 이용하여 풀어보면

$h = \dfrac{v^2}{2g}\rho(mmAq)$ 에서

$v = \sqrt{\dfrac{2g \times h}{\rho}} = \sqrt{\dfrac{2 \times 9.8 \times 500}{1000}} = 3.13 m/s$

Pa단위는 $p = \dfrac{v^2}{2}\rho(Pa)$를 이용한다.

그러므로 공기($\rho = 1.2 kg/m^3$)일 때는 동압$(Pa) = \dfrac{v^2}{2} \times 1.2$를 사용한다.

해답 20.③ 21.④ 22.①

23 상수의 급수·급탕계통과 그 외의 급수로 사용하기가 곤란한 계통의 물배관이 장치를 통하여 직접 접속되는 것을 의미하는 용어는?

① 더블 옵셋
② 루프 드레인
③ 크로스 커넥션
④ 버큠 브레이커

■ 크로스 커넥션이란 급수로 사용될 수 없는 물이 급수로 공급되는 잘못된 접속을 말한다.

24 건축물의 난방 시 발생하는 굴뚝효과에 관한 설명으로 가장 거리가 먼 것은?

① 난방 시 중성대 상부에서는 내부공기가 외부로 유출된다.
② 건축물 내부의 공기유동은 온도차에 의한 밀도차가 원인이다.
③ 일반적으로 건물 내부온도가 상승하면 중성대 위치는 상부로 이동한다.
④ 중성대 하부에 개구부를 많이 설치하면 중성대 위치가 하부로 이동한다.

■ 일반적으로 건물 내부온도가 상승하면 따뜻한 공기가 아래까지 내려오므로 중성대 위치는 하부로 이동한다.

25 급탕설비에서 순환 배관경로에서의 열손실이 6,000kJ/h, 급탕과 환탕의 온도차가 5℃일 경우 순환펌프의 순환량은?(단, 물의 비열은 4.2kJ/kg·K, 밀도는 1kg/L이다.)

① 1.46L/min
② 2.94L/min
③ 4.76L/min
④ 8.23L/min

■ 급탕 설비에서 배관 열손실(q)을 보충하도록 순환(W)시킨다.
$q = WC\Delta t$ 에서
$W = \dfrac{q}{C\Delta t} = \dfrac{6,000}{4.2 \times 5} = 287.5 kg/h = 4.76 kg/min = 4.76 L/min$

26 수도 본관에서 최고층 급수기구까지 높이 5m, 기구 소요압력 150kPa, 전마찰손실 수두압 50kPa일 때, 이 기구 사용에 필요한 수도본관의 최저압력은?(단, 수도직결 방식의 경우)

① 약 150kPa
② 약 200kPa
③ 약 250kPa
④ 약 500kPa

■ 수도본관압력(kPa)=기구높이+소요압력+마찰손실
=50(5m)+150+50=250kPa(5mAq=50kPa)

27 매시 42m³의 물을 고가수조에 양수하려고 할 때 유속을 1.5m/sec라 하면, 펌프의 호칭구경으로 적당한 것은?

① 50A
② 65A
③ 100A
④ 125A

■ $d = \sqrt{\dfrac{4Q}{\pi v}} = \sqrt{\dfrac{4 \times 42}{\pi \times 3,600 \times 1.5}} = 0.099m = 100mm$

해답 23.③ 24.③ 25.③ 26.③ 27.③

28 급탕설비에서 스팀 사이렌서(steam silencer)가 사용되는 것은?
① 순간 온수기　　　　② 즉시 온수기
③ 저탕형 온수기　　　④ 기수혼합식 온수기

■ 스팀 사이렌서(steam silencer)는 기수혼합식에서 소음을 제거하는 장치이다.

29 전열면적이 크고 고압 대용량에 적합하지만, 고도의 수처리가 요구되는 보일러는?
① 주철제 보일러　　　② 관류 보일러
③ 입형 보일러　　　　④ 수관식 보일러

■ 수관식 보일러는 수관을 이용하므로 전열면적이 크고, 고압 대용량에 적합하여 지역난방, 대규모 공장 등에 사용된다. 열효율도 우수하지만 수관의 구조가 복잡하여 고도의 수처리가 필요하고 수명도 짧은 편이다.

30 관말트랩 주변에서 냉각 레그의 설치 위치로 가장 적합한 것은?
① 관말트랩 뒤쪽　　　② 관말트랩 앞쪽
③ 관말트랩 앞뒤　　　④ 환수주관 중간

■ 냉각레그는 증기횡주관 말단에서 관말트랩으로 유입되는 응축수를 완전하게 냉각하기 위한 것으로 증기 횡주관 말단에서 관말트랩 앞에 둔다.

31 배관 지지물의 구비요건으로 가장 거리가 먼 것은?
① 관의 신축으로 배관이 움직이지 않을 것
② 외부의 진동이나 충격에 견딜 것
③ 배관 진동을 구조체에 전달하지 않을 것
④ 배관의 자중과 유체의 하중 등에 견딜 것

■ 배관지지물은 관의 신축을 흡수하도록 배관이 움직일 수 있게(레스팅, 롤러서포트 등) 한다.

32 송풍기의 토출구 풍속이 10m/s일 때, 송풍기 동압은?(단, 공기의 밀도는 1.2kg/m³이다.)
① 21.6Pa　　　　　　② 43.2Pa
③ 60.0Pa　　　　　　④ 83.2Pa

■ 동압$(Pa) = \dfrac{v^2}{2} \times 1.2 = \dfrac{10^2}{2} \times 1.2 = 60 Pa$

(만약 동압을 $mmAq$ 단위로 주어진다면
동압$(mmAq) = \dfrac{v^2}{2g} \times 1.2 = \dfrac{10^2}{2 \times 9.8} \times 1.2 = 6.12 mmAq$가 된다.
여기서 $1mmAq = 9.8Pa$ 관계도 이해, 정리하세요.)

해답 28.④　29.④　30.②　31.①　32.③

33 겨울철 실내 손실 현열량이 20,000W일 때, 실내의 온도를 18℃로 유지하기 위한 취출공기의 온도는?(단, 공기의 밀도는 1.2kg/㎥, 비열은 1.01kJ/kg·K, 취출공기량은 10,000㎥/h이다.)
① 21.3℃   ② 23.9℃
③ 26.1℃   ④ 28.6℃

■ 20,000W=20kW이고 $q = mC\triangle t$ 에서 $\triangle t = \dfrac{q}{mC} = \dfrac{20 \times 3,600}{10,000 \times 1.2 \times 1.01} = 5.94$
그러므로 취출공기온도=18+5.94=23.94℃

34 온수난방설비에서 역환수(Reverse return) 방식이 아닌 직접환수방식을 적용하는 경우 각 계통의 배관길이가 다를 때 균등한 유량 분배를 위하여 설치하는 것은?
① 차압밸브   ② 정유량밸브
③ 게이트밸브 ④ 글로브밸브

■ 유량분배를 균등히 하기 위하여 배관으로 역환수방식을 적용하던가, 직접환수방식을 적용하는 경우 각 계통에 정유량밸브를 부착하여 필요한 유량 분배를 한다.

35 다음과 같은 덕트의 배치에서 엘보와 취출구 간의 이격거리(A)로 가장 적합한 것은?(단, 엘보는 베인이 없는 것으로 한다. W는 덕트 폭이다)

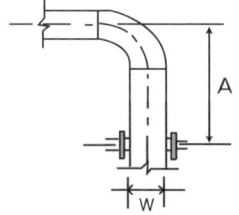

① A≥8W
② A≥6W
③ A≥4W
④ A≥2W

■ 엘보에 가이드베인이 없을 때 A≥8W로 하여 취출구에서 기류가 안정되게 하며, 가이드베인이 있을 때에는 A≥(4~8)W 정도로 하여 취출구에서 기류가 안정되게 한다.

36 공장의 분진을 이송시키기 위한 덕트의 설계법으로 가장 적당한 것은?
① 등속법   ② 정압재취득법
③ 등마찰손실법 ④ 개량 등 마찰손실법

■ 등속법은 덕트내 풍속이 일정하도록 설계하는 것으로, 덕트 기류 중에 분진을 이송하거나 이물질이 있을 때 덕트 안에서 침전되지 않게 하기위해 일정속도로 기류가 형성되도록 할때 적용한다.

37 증기 압축식 냉동기의 주요구성장치 중 이용하고자 하는 냉수나 차가운 공기를 실제로 만드는 부분은?
① 압축기   ② 응축기
③ 증발기   ④ 팽창장치

■ 증발기에서 냉수(칠러)나 냉풍이 만들어진다.

해답 33.② 34.② 35.① 36.① 37.③

38 다음 설명에 알맞은 증기트랩의 종류는?

> 실로폰 트랩이라고도 하며, 금속 벨로즈 안에 휘발성 액체를 봉입하여 증기가 벨로즈에 닿으면 안의 액체가 팽창하여 밸브를 닫고, 응축수 또는 공기가 닿으면 수축하여 밸브를 연다.

① 버킷트랩 ② 온도식 트랩
③ 충격트랩 ④ 플로트트랩

■ 방열기 증기트랩에서 가장 많이 쓰이는 벨로즈 트랩(실로폰 트랩)은 열에 의한 온도차로 작동하여 온도식(열동) 트랩이라 한다.

39 냉각수 배관에서 직관부 마찰손실수두(Pa)의 크기와 반비례하는 것은?

① 관의 길이 ② 관의 내경
③ 유체의 속도 ④ 관의 마찰계수

■ 마찰손실은 관경에 반비례한다. $h = \dfrac{f \times L \times v^2}{d \times 2g}$

40 10kW의 열을 발산하는 기계실의 온도를 26°C로 유지시키기 위한 필요 환기량(㎥/h)은?(단, 외기온도 10°C, 공기의 밀도 1.2kg/㎥, 공기의 정압비열 1.01kJ/kg·K, 기계실의 열전달 손실은 무시한다.)

① 1,225㎥/h ② 1,856㎥/h
③ 5,941㎥/h ④ 7,426㎥/h

■ $q = mC\Delta t$에서
$m = \dfrac{q}{C\Delta t} = \dfrac{10}{1.01(26-10)} = 0.6188 kg/s = 2,228 kg/h = 1,856 m^3/h$

제3과목 건축설비 관련 법규

41 다음 중 건축법령상 건축물의 주요 구조부에 속하지 않는 것은?

① 기초 ② 바닥
③ 보 ④ 지붕틀

■ 〈건축법 2조 정의〉 주요구조부에 기초는 해당 없음

42 건축법령상 아파트는 주택으로 쓰는 층수가 최소 몇 개 층 이상인 주택을 말하는가?

① 3개 층 ② 3개 층
③ 5개 층 ④ 6개 층

■ 〈건축법령 3조 5〉 공동주택에서 아파트 : 주택으로 쓰는 층수가 5개 층 이상인 주택

해답 38.② 39.② 40.② 41.① 42.③

43 건축물의 에너지절약 설계기준에 따른 에너지 절약을 위한 공기조화설비의 설치 권장사항으로 옳지 않은 것은?

① 중간기의 외기냉방시스템 적용
② 풍량 제어가 가능한 공기조화기 팬 설치
③ 실내 공기질 향상을 위한 최대한의 환기량 확보
④ 흡입베인제어 방식의 공기조화 팬 채택

■ 〈에너지절약기준 9조〉 실내공기의 오염도가 허용치를 초과하지 않는 범위 내에서 최소한의 외기도입이 가능하도록 계획한다.

44 6층 이상의 거실면적의 합계가 10,000m²인 숙박시설에 설치하여야 하는 승용승강기의 최소 대수는?(단, 8인승 승용승강기의 경우)

① 3대　　② 4대
③ 5대　　④ 6대

■ 〈설비기준 15조 별표〉 숙박시설 3,000까지 1대 초과 2,000마다 1대
　대수=1+(10,000−3,000)/2,000=5대

45 건축물의 바깥쪽에 설치하는 피난계단의 구조에 관한 기준 내용으로 옳지 않은 것은?

① 계단의 유효너비는 0.9m 이상으로 할 것
② 계단실에는 예비전원에 의한 조명설비를 할 것
③ 계단은 내화구조로 하고 지상까지 직접 연결되도록 할 것
④ 건축물의 내부에서 계단으로 통하는 출입구에는 60+ 방화문 또는 60분 방화문을 설치할 것

■ 〈피난방화구조기준 2조〉 건축물 바깥쪽에 설치하는 피난계단의 구조에는 예비전원에 의한 조명설비 조건이 없으며 내부에 설치하는 피난계단에는 조명설비가 필요하다.

46 규정에 의하여 건축물에 설치하는 지하층의 구조 및 설비에 관한 기준 내용으로 옳지 않은 것은?

① 거실의 바닥면적이 150㎡ 이상인 층에는 직통계단 외에 피난층 또는 지상으로 통하는 비상탈출구 및 환기통을 설치할 것
② 바닥면적이 1,000㎡ 이상인 층에는 피난층 또는 지상으로 통하는 직통계단을 규정에 의해 방화구획으로 구획되는 각 부분마다 1개소 이상 설치할 것
③ 거실의 바닥면적의 합계가 1,000㎡ 이상인 층에는 환기설비를 할 것
④ 지하층의 바닥면적이 300㎡ 이상인 층에는 식수공급을 위한 급수전을 1개소 이상 설치할 것

■ 〈피난방화구조기준 25조〉 지하층에서 거실의 바닥면적이 50㎡ 이상인 층에는 직통계단 외에 피난층 또는 지상으로 통하는 비상탈출구 및 환기통을 설치할 것

해답　43.③　44.③　45.②　46.①

47 공동주택의 난방설비를 개별난방방식으로 하는 경우에 관한 기준 내용으로 옳지 않은 것은?

① 난방구획마다 방화구획으로 구획할 것
② 보일러의 연도는 내화구조로서 공동연도로 설치할 것
③ 보일러실의 윗부분에는 그 면적이 0.5㎡ 이상인 환기창을 설치할 것
④ 보일러를 설치하는 곳과 거실 사이의 경계벽은 출입구를 제외하고는 내화구조의 벽으로 구획할 것

■ 〈설비기준 13조〉 난방구획마다 내화구조로 구획한다.

48 급수·배수·난방 및 환기설비를 건축물에 설치하는 경우에 건축기계설비기술사 또는 공조냉동기계기술사의 협력을 받아야 하는 대상 건축물의 연면적 기준은?(단, 창고시설 제외)

① 1,000㎡ 이상
② 2,000㎡ 이상
③ 5,000㎡ 이상
④ 10,000㎡ 이상

■ 〈건축법령 91조 3〉 10,000㎡ 이상

49 다음 중 방화구조가 아닌 것은?

① 심벽에 흙으로 맞벽치기한 것
② 철망모르타르로서 그 바름두께가 2cm인 것
③ 시멘트모르타르 위에 타일을 붙인 것으로서 그 두께의 합계가 2cm인 것
④ 석고판 위에 시멘트모르타르를 바른 것으로서 그 두께의 합계가 2.5cm인 것

■ 〈피난방화구조기준 4조〉 방화구조 : 시멘트모르타르 위에 타일을 붙인 것으로서 그 두께의 합계가 2.5cm 이상인 것

50 지하층으로 그 층 거실의 바닥면적 합계가 최소 얼마 이상인 경우 피난층 또는 지상으로 통하는 직통계단을 2개소 이상 설치하여야 하는가?

① 100㎡
② 200㎡
③ 300㎡
④ 400㎡

■ 〈건축법령 34조〉 200㎡

51 다음은 건축법령상 지하층의 정의이다. ( ) 안에 알맞은 것은?

> 지하층이란 건축물의 바닥이 지표면 아래에 있는 층으로서 바닥에서 지표면까지 평균높이가 해당 층 높이의 ( ) 이상인 것을 말한다.

① 3분의 1
② 2분의 1
③ 3분의 2
④ 4분의 3

■ 〈건축법 2조 정의〉 2분의 1

52 다음은 건축물의 피난·안전을 위하여 건축물 중간층에 설치하는 대피공간인 피난안전구역에 관한 기준 내용이다. ( ) 안에 알맞은 것은?

> 초고층 건축물에는 피난층 또는 지상으로 통하는 직통계단과 직접 연결되는 피난안전구역을 지상층으로부터 최대 ( )개 층마다 1개소 이상 설치하여야 한다.

① 20 ② 30
③ 40 ④ 50

■ 〈피난방화구조기준 34조 3항〉 대피공간은 30층마다 설치

53 다음은 건축법령상 건축설비 설치의 원칙에 관한 기준 내용이다. ( ) 안에 알맞은 것은?

> 연면적이 ( ) 이상인 건축물의 대지에는 국토교통부령으로 정하는 바에 따라 「전기사업법」 제2조제2호에 따른 전기사업자가 전기를 배전(配電)하는데 필요한 전기설비를 설치할 수 있는 공간을 확보하여야 한다.

① 100㎡ ② 200㎡
③ 500㎡ ④ 1,000㎡

■ 〈건축법령 87조 6〉 500㎡ 이상

54 목조건축물로 외벽 및 처마 밑의 연소할 우려가 있는 부분을 방화구조로 하여야 하는 대상 건축물의 연면적 기준은?

① 500㎡ 이상 ② 1,000㎡ 이상
③ 2,000㎡ 이상 ④ 3000㎡ 이상

■ 〈피난방화구조기준 22조〉 (대규모 목조건축물의 외벽 등) 연면적이 1천제곱미터 이상인 목조의 건축물은 그 외벽 및 처마밑의 연소할 우려가 있는 부분을 방화구조로 하되, 그 지붕은 불연재료로 하여야 한다.

55 공동주택 중 아파트로 4층 이상인 층의 각 세대가 2개 이상의 직통계단을 사용할 수 없는 경우에는 발코니에 대피공간을 설치하여야 하는데, 다음 중 이러한 대피공간이 갖추어야 할 요건으로 옳지 않은 것은?

① 대피공간은 바깥의 공기와 접하지 않을 것
② 대피공간의 실내의 다른 부분과 방화구획으로 구획될 것
③ 대피공간의 바닥면적은 인접 세대와 공동으로 설치하는 경우에는 3제곱미터 이상일 것
④ 대피공간의 바닥면적은 각 세대별로 설치하는 경우에는 2제곱미터 이상일 것

■ 〈건축법령 46조 4〉 대피공간은 바깥의 공기와 접할 것

56 다음 중 주요구조부를 내화구조로 하여야 하는 대상 건축물에 속하지 않는 것은?

① 종교시설의 용도로 쓰는 건축물로서 집회실의 바닥면적의 합계가 200㎡인 건축물
② 장례시설의 용도로 쓰는 건축물로서 집회실의 바닥면적의 합계가 200㎡인 건축물
③ 판매시설의 용도로 쓰는 건축물로서 집회실의 바닥면적의 합계가 200㎡인 건축물
④ 문화 및 집회시설 중 공연장의 용도로 쓰는 건축물로서 관람석의 바닥면적의 합계가 200㎡인 건축물

■ 〈건축법령 56조〉 판매시설은 500㎡ 이상

57 건축법령상 다중이용 건축물에 속하지 않는 것은?

① 16층 이상인 건축물
② 종교시설의 용도로 쓰는 바닥면적의 합계가 5,000㎡ 이상인 건축물
③ 판매시설의 용도로 쓰는 바닥면적의 합계가 5,000㎡ 이상인 건축물
④ 업무시설의 용도로 쓰는 바닥면적의 합계가 5,000㎡ 이상인 건축물

■ 〈건축법령 2조 17항〉 문화, 집회, 종교, 판매, 운수, 종합병원, 관광숙박시설로 5,000㎡ 이상인 건축물과 16층 이상인 건축물

58 건축물의 에너지절약 설계기준에서 다음과 같이 정의되는 용어는?

> 건축물의 완공 전에 설계도서 등으로 인증기관에서 건축물에너지 효율등급의 인증, 친환경 건축물 인증 또는 신·재생에너지 인증을 받는 것을 말한다.

① 재인증 ② 예비인증
③ 사전인증 ④ 설계인증

■ 〈에너지절약기준 5조8〉 완공 전 : 예비인증, 완공 후 : 본인증

59 축냉식 전기냉방설비의 설계기준 내용으로 옳지 않은 것은?

① 축열조는 보온을 철저히 하여 열손실과 결로를 방지해야 한다.
② 열교환기에서 점검을 위한 부분은 해체와 조립이 용이하도록 하여야 한다.
③ 열교환기에는 시간당 최대냉방열량을 처리할 수 있는 용량 이상으로 설치하여야 한다.
④ 자동제어설비는 수동조작을 할 수 없도록 하여야 하며 감시기능 등을 갖추어야 한다.

■ 〈냉방설비설치기준 7, 8, 9조〉 자동제어설비는 필요한 경우 수동조작이 가능하도록 하여야 하며 감시기능 등을 갖추어야 한다.

60 주거용 건물에 대한 지능형 건축물 인증 심사기준에서 기계설비 부문의 세부심사항목으로 거리가 먼 것은?

① 기계설비 시스템의 적정성 ② 거주자의 쾌적성 및 편의성
③ 고효율 시스템 ④ 신재생에너지 적용

■ 〈지능형 건축물 별표1〉 신재생에너지 적용은 건축 계획 및 환경부문에 속한다.

해답 56.③ 57.④ 58.② 59.④ 60.④

제5회 건축설비산업기사 기출모의고사

제1과목 건축설비 계획

01 냉방부하산정 과정에서 일사에 의한 복사열의 흡수로 불투명한 벽면 또는 지붕면에서의 외표면 온도는 차츰 상승하게 되는데 이와 같은 효과로 상승되는 온도에 외기온도를 가산한 값을 의미하는 것은?

① 유효온도
② 상당외기온도
③ 습구온도
④ 효과온도

■ 상당외기온도는 냉방 시 일사에 의한 복사열로 벽면이나 지붕면에서 외표면 온도가 상승하여 냉방부하가 증가하게 되는데 이와 같은 효과로 상승되는 온도를 외기온도로 가산(환산)한 값을 의미한다.

02 오수 중의 유기물이 미생물에 의해 분해되고 안정된 물질로 변화되기까지 오수 중의 산소량이 얼마만큼 소비되는가를 나타내는 수질오염의 지표가 되는 용어는?

① SS
② DO
③ COD
④ BOD

■ BOD : 생물학적 산소요구량으로 오수 중의 유기물을 호기성 미생물이 분해하는 과정에서 소비한 산소량으로 이에 오염농도는 비례한다.

03 급탕설비에서 보일러, 저탕조 등 밀폐 가열장치 내의 압력상승을 도피시키기 위해 설치되는 것은?

① 팽창관
② 용해전
③ 신축이음
④ 스트레이너

■ 팽창관은 장치 내 보유수의 팽창을 팽창탱크로 유도하여 급탕설비 시스템의 압력상승을 막는다.

04 공조배관에서 2개 이상의 엘보를 사용하여 신축을 흡수하는 이음쇠는?

① 신축곡관
② 스위블 조인트
③ 슬리브형 신축이음
④ 벨로즈형 신축이음

■ 스위블 조인트는 방열기나 기구 연결 배관에 주로 이용되며 2개 이상(보통 3~4개 사용)의 엘보를 사용하여 수평관의 신축을 흡수하는 이음쇠이다.

해답 1.② 2.④ 3.① 4.②

05 중앙식 급탕방식 중 직접가열식 급탕방법에 관한 설명으로 옳지 않은 것은?

① 저탕조의 구조가 간단하다.
② 급탕온도가 고르지 않게 될 경우가 있다.
③ 보일러 내부에 스케일이 발생하지 않는다.
④ 저탕조와 보일러를 직결하여 순환가열하는 것이다.

■ 직접가열식 급탕방법은 급수가 보일러를 거치면서 가열되므로 경도성분이 보일러 내부에 스케일을 형성하여 열전도율이 감소한다.

06 배관 치수 기입법에서 포장된 지표면을 기준으로 배관 높이를 표시하는 법은?

① BOP ② TOP
③ GL   ④ FL

■ • BOP : 배관 밑면을 기준으로 배관높이 표기
• TOP : 배관 상부면을 기준으로 배관높이 표기
• GL : 지표면을 기준으로 배관높이 표기
• FL : 건축 당해층 바닥면을 기준으로 배관높이 표기

07 수직 배수관 상부에서 일시에 다량의 물이 낙하하면 그 수직관과 수평관과의 연결부 부근에 순간적으로 부압이 발생하여 트랩의 봉수가 파괴되는 현상은?

① 증발현상   ② 모세관현상
③ 자기사이펀 작용   ④ 유도사이펀 작용

■ 배수 수직관 상부에서 다량의 물이 배수되면 수직관과 수평관과 부근에서 부압이 발생하여 트랩의 봉수가 파괴되는 현상은 유도사이펀 작용의 일종으로 감압에 의한 흡인작용이라 한다.

08 아래 버킷형 증기트랩(25×20×25) 주변 바이패스배관에서 A-B 구간에 대한 수량 산출에서 잘못된 것은?

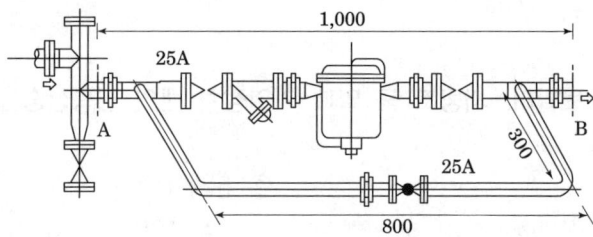

① 레듀서(25×20A) 2개   ② 유니언(25A) 5개
③ 스트레이너(20A) 1개   ④ 티이(25A) 2개

■ 버킷형 증기트랩(25×20×25) 주변 바이패스배관에서 트랩은 20A이므로 트랩 양단에 레듀서(25×20A)를 사용한다. 스트레이너는 레듀서 외측이므로 (25A, 1개)이며, 증기트랩은 (20A) 1개이고, 글로브밸브(25A) 1개, 플랜지(25A) 7개, 유니언 5개이다. 이 도면은 부속류 수량 산출을 위하여 인위적으로 플랜지와 유니언을 혼합하여 도면화한 것으로 실제 플랜지 타입에서는 플랜지에서 분해 조립이 가능하여 유니언은 사용하지 않는 편이다.

09 부패탱크 방식의 정화조에서 1차 처리 장치인 부패조에 주로 이용되는 미생물은?
① 곰팡이균 ② 미토콘드리아
③ 혐기성 박테리아 ④ 호기성 박테리아

■ 정화조에서 부패조는 혐기성 미생물의 작용으로 유기물을 분해 섭취한다. 산화조에서는 호기성 미생물의 분해작용으로 유기물을 분해 제거한다.

10 호텔의 주방이나 레스토랑의 주방 등에서 배출되는 세정 배수 중의 유지분을 포집하기 위해 사용하는 포집기는?
① 헤어 포집기 ② 오일 포집기
③ 그리스 포집기 ④ 플라스터 포집기

■ 양식 한식 주방의 동식물성 기름기는 그리스트랩(그리스 포집기)에서 제거된다.

11 배수설비에서 트랩의 가장 주된 역할은?
① 배수관 내의 유속을 조정한다.
② 급수관 내의 급수흐름을 원활히 한다.
③ 유도사이폰작용에 의한 봉수파괴를 방지한다.
④ 배수관 내의 악취나 가스가 실내로 역류하여 유입되는 것을 방지한다.

■ 트랩에 채워진 봉수로 배수관 내의 악취가 실내로 역류되는 것을 방지한다.

12 복사난방 방식에 관한 설명으로 옳지 않은 것은?
① 실내 온도분포에서 상하의 온도차가 작다.
② 열용량이 작기 때문에 간헐난방에 적합하다.
③ 천장고가 높은 공간에서도 난방감을 얻을 수 있다.
④ 실내에 방열기를 설치하지 않으므로 바닥이나 벽면을 유용하게 이용할 수 있다.

■ 복사난방 방식은 구조체를 가열하므로 열용량이 커서 간헐난방에 부적합하다.

13 겨울철 건물의 외벽체를 통한 열손실을 감소시키는 방법으로 옳지 않은 것은?
① 외단열로 시공한다. ② 벽체의 면적을 작게 한다.
③ 벽체의 열관류율을 작게 한다. ④ 실내의 설계기준 온도를 높인다.

■ 겨울철에는 실내의 설계기준 온도를 낮추어야 실내외 온도차가 작아져 열손실이 적다.

14 급수설비에서 급수량의 산정방법에 속하지 않는 것은?
① 인원수에 의한 방법 ② 기구수에 의한 방법
③ 유효면적에 의한 방법 ④ 사용시간에 의한 방법

■ 급수량의 산정은 유효면적과 인원수에 의한 방법과 기구수에 의한 방법이 있다.

해답 9.③ 10.③ 11.④ 12.② 13.④ 14.④

15 덕트의 마찰저항에 관한 설명으로 옳지 않은 것은?

① 유속의 제곱에 비례한다.
② 덕트의 직경이 클수록 마찰저항은 커진다.
③ 덕트의 길이가 갈수록 마찰저항은 커진다.
④ 원형 덕트가 장방형 덕트에 비해 마찰저항이 작다.

■ 덕트의 직경이 클수록 마찰저항은 작아진다.
$$\triangle p = \frac{f \times L \times v^2 \times \rho}{d \times 2} (Pa)$$

16 펌프의 흡입양정이 3m, 토출양정이 10m, 관내 마찰손실이 0.02MPa일 때 양수펌프의 전양정은?

① 12m ② 13m
③ 15m ④ 20m

■ 전양정=실양정(흡입+토출)+마찰손실=3+10+(0.02×100)=15m

17 옥내 배관 시공 시 주철관이 가장 많이 사용되는 것은?

① 급수관 ② 급탕관
③ 오수관 ④ 통기관

■ 옥내에서 주철관은 주로 배수관(오수)에 이용된다. 주철관은 내구성, 배수 차음성면에서 유리하지만 배관중량이 상당하여 시공성이 나쁘며 가격이 고가여서 사용이 감소하고 있다. 주택이나 아파트에서는 오배수관으로 합성수지관을 주로 사용한다.

18 다음 중 모든 기구의 트랩에 각개통기방식을 적용하기 곤란한 이유로 가장 적합한 것은?

① 통기가 원활하지 못해서
② 배수관 내의 유수가 원활하지 못해서
③ 설치비용이 다른 방식에 비해 많아서
④ 자기사이폰 작용의 방지에 효과가 없어서

■ 각개통기방식은 통기는 양호하나 설치비용이 커서 비경제적이다.

19 환기와 관련된 실내압의 설명으로 옳지 않은 것은?

① 연소용 공기가 필요한 경우 실내를 정압(+)으로 한다.
② 다른 실로부터 오염된 공기의 침입을 방지하고자 하는 경우 실내를 부압(-)으로 한다.
③ 실내 악취나 유해가스를 다른 실로 유출되지 않도록 하는 경우 실내를 부압(-)으로 한다.
④ 실내공기를 강제적으로 배출시키는 경우 실내는 부압(-)이 된다.

■ 클린룸과 같이 다른 실로부터 오염 공기의 침입을 방지하는 경우 실내를 정압(+)으로 한다.

20 다음 중 난방 시 벽체의 관류 손실 열량을 계산할 때 일반적으로 방위계수를 가장 작게 적용하는 방위는?

① 북쪽   ② 동쪽
③ 남쪽   ④ 남서쪽

■ 방위계수 : 남쪽(1)<남서<동, 서<북(보통 1.2)

제2과목 건축설비 설계

21 양수펌프 중심으로부터 2m 위에 저수조 수위가 일정하게 있고, 고가수조 수위는 펌프 중심으로부터 30m 위에 있다. 양수배관 전체 길이가 38m, 고가수조 토출구의 토출압력이 15kPa일 때 펌프의 최저 필요 양정[mAq]은?(단, 양수배관의 마찰손실 수두는 50mmAq/m, 관이음 및 밸브류의 상당관 길이는 배관길이의 50%로 한다.)

① 30.85   ② 34.85
③ 32.35   ④ 36.35

■ 전양정=실양정+마찰손실+토출압력(실양정은 저수조와 고가수조의 수위 차(30−2)이다)
  =(30−2)+[38×(50/1,000)×1.5]+(15/10)=32.35m

22 습공기의 상태변화 성분을 절대습도 변화량에 대한 전열량의 변화량 비율로 나타낸 것은?

① 현열비   ② 잠열비
③ 열수분비   ④ 바이패스비

■ 열수분비 = $\dfrac{열}{수분}$ = $\dfrac{전열량}{절대습도}$

23 다음 중 펌프의 특성곡선에 나타나지 않는 것은?

① 유속   ② 양정
③ 효율   ④ 축동력

■ 펌프의 특성곡선은 유량을 횡축으로 종축에 양정, 축동력, 효율을 표시한다.

24 송풍기의 풍량제어법 중 축동력이 가장 적게 소요되는 것은?

① 회전수제어   ② 토출댐퍼제어
③ 흡입댐퍼제어   ④ 흡입베인제어

■ 축동력 절감 순서 : 회전수제어<흡입베인제어<흡입댐퍼제어<토출댐퍼제어

해답 20.③ 21.③ 22.③ 23.① 24.①

25 공기조화기 내 냉각코일은 통과하는 공기와 열교환을 하게 된다. 이와 관련된 설명으로 옳지 않은 것은?

① 바이패스 팩터와 컨택트 팩터의 곱은 1이다.
② 코일 핀의 형상에 따라 바이패스 팩터는 변한다.
③ 냉각코일의 열수가 많을수록 바이패스 팩터는 작아진다.
④ 냉각코일을 통과하는 공기의 속도가 빠를수록 바이패스 팩터는 커진다.

■ 바이패스 팩터(BF)와 컨택트 팩터(CF)의 합은 1이다.

26 전열 교환기의 선정 시 유의사항으로 옳지 않은 것은?

① 압력손실이 클 것
② 운전용 동력이 작을 것
③ 가격이 저렴하고, 시스템이 복잡하지 않을 것
④ 열회수율이 좋고, 고온측 저온측 유체의 누설이 없을 것

■ 전열 교환기는 압력손실이 작을수록 좋다.

27 급탕설비에서 서모스탯(thermostat)은 어떤 용도로 사용되는가?

① 안전밸브 역할
② 유량분배 조절
③ 체적팽창 흡수
④ 온수온도 자동조절

■ 서모스탯(thermostat)은 간접 가열식 등에서 급탕 온도를 감지하여 증기공급량을 조절하여 급탕온도를 일정하게 하기 위한 온도조절장치이다.

28 급수설비 계획에서 헌터의 부하곡선에서 구할 수 있는 것은?

① 압력
② 마찰계수
③ 손실수두
④ 동시사용유량

■ 헌터의 부하곡선은 급수부하단위(FU)로부터 동시사용유량(L/min)을 구하는 선도이다.

29 다음의 배관 재료 중 열팽창률이 가장 큰 것은?

① 연관
② 동관
③ 강관
④ 경질염화비닐관

■ 열팽창률 : 경질염화비닐관>연관>동관>강관
※ 열팽창률과 열전도율을 잘 구분해야 한다.

30 냉방부하의 종류 중 현열과 잠열로 구성된 것은?

① 인체의 발생열량
② 유리로부터의 취득열량
③ 벽체로부터의 취득열량
④ 덕트로부터의 취득열량

■ 인체부하, 극간풍부하, 외기부하 등은 현열과 잠열로 구성된다.

31 호칭경 20A(내경 : 21.9mm)인 관내를 흐르는 유체의 평균유속이 2m/sec일 때, 체적유량은?

① 6.28L/min
② 7.5L/min
③ 37.68L/min
④ 45.18L/min

■ $Q = Av = (\frac{\pi d^2}{4})v = (\frac{\pi \times 0.0219^2}{4})2 = 7.53 \times 10^{-4} m^3/s = 45.18 L/min$

※ 배관에서 체적유량은 일반적인 유량값을 의미한다.

32 실내에 열을 발산하는 기기가 있으며 기기로부터 실내 공기에 가해진 열량이 9kW이고, 실용적이 1,000㎥인 실을 20℃로 유지하기 위한 필요 환기량은?(단, 외기온도는 15℃, 공기의 정압비열은 1.01kJ/kg · K, 공기의 밀도는 1.2kg/㎥이다.)

① 약 2,041㎥/h
② 약 2,792㎥/h
③ 약 5,347㎥/h
④ 약 7,627㎥/h

■ $Q = \frac{q}{\rho C \Delta t} = \frac{9}{1.2 \times 1.01(20-15)} = 1.485 m^3/s = 5,347 m^3/h$

※ 문제 풀이에서 실용적은 관계가 없다. 만약 환기회수를 구하라 하면 $N = \frac{5,347}{1,000} = 5.3$회/h가 된다.

33 기계식 증기트랩에 속하는 것은?

① 벨 트랩
② 버킷 트랩
③ 벨로즈 트랩
④ 바이메탈 트랩

■ 버킷 트랩이나 플로트트랩은 기계식 증기트랩이며 벨로즈 트랩, 바이메탈 트랩은 열동식 트랩이다.

34 다음의 습공기선도에서 화살표 방향의 상태변화과정으로 옳은 것은?

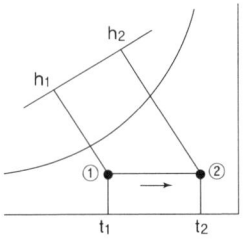

① 가열
② 냉각
③ 가습
④ 냉각 · 감습

■ 선도상에서 공기가 수평으로 상태가 변화하면 가열(①→②)과정이며, 이때 절대습도가 일정하고 건구온도가 증가한다.

35 공기조화기에 사용되는 에어필터의 효율 측정법에 속하지 않는 것은?

① 중량법
② 비색법
③ 계수법
④ 분해법

■ 필터 효율 측정법에는 중량법(저성능 필터), 비색법(중성능 필터), 계수법(DOP법, 고성능 필터)이 있다.

해답 31.④ 32.③ 33.② 34.① 35.④

36 급탕설비에서 순환 배관에서의 열손실이 7,200kJ/h, 급탕과 환탕의 온도차가 5℃일 경우 순환펌프의 순환량은?(단, 물의 비열은 4.2kJ/kg·K, 밀도는 1kg/L이다.)

① 1.4L/min
② 2.9L/min
③ 5.7L/min
④ 8.2L/min

■ $q = WC\Delta t$에서 $W = \dfrac{q}{C\Delta t} = \dfrac{7,200}{4.2 \times 5} = 342.9 L/h = 5.7 L/min$

37 어느 유리창의 일사에 의한 흡수율이 5.3%이고, 반사율은 10.9%이다. 일사량이 300 W/m²일 때 투과량은?

① 251.4W/m²
② 293.3W/m²
③ 323.6W/m²
④ 353.9W/m²

■ 투과량=일사량-(흡수량+반사량)=300-300(0.053+0.109)=251.4W/m²

38 가열코일을 통과하는 풍량이 30,000kg/h, 정면 풍속이 2.5m/s일 때 코일의 정면면적은?(단, 공기의 밀도는 1.2kg/m³이다.)

① 1.47m²
② 2.78m²
③ 3.33m²
④ 4.95m²

■ 풍량을 체적으로 환산하면 $Q = \dfrac{30,000}{1.2} = 25,000 m^3/h$

$A = \dfrac{Q}{v} = \dfrac{25,000}{3,600 \times 2.5} = 2.78 m^2$

39 다음의 취출구 중 에어커튼(air-curtain)용으로 가장 적합한 것은?

① 라인(line)형
② 베인(vane) 격자형
③ 다공판(multi vent)형
④ 아네모스탯(annemostat)형

■ 에어커튼(air-curtain)용은 축류형에서 폭은 좁고 길이는 긴 라인(line)형이 좋다.

40 수관보일러에 관한 설명으로 옳지 않은 것은?

① 연관식보다 사용압력이 높다.
② 연관식보다 설치면적이 작다.
③ 예열시간이 짧고 효율이 좋다.
④ 부하변동에 대한 추종성이 높다.

■ 수관보일러는 보유수량이 적어서 부하변동에 대한 추종성이 낮다.

제3과목 건축설비 관련 법규

41 다음 중 건축물의 부위별 열관류율 기준이 가장 작은 부위는?(단, 중부1지역의 공동주택 외인 경우)
① 바닥난방인 층간 바닥
② 외기에 직접 면하는 거실의 외벽
③ 외기에 간접 면하는 최하층에 있는 거실의 바닥
④ 외기에 직접 면하는 최상층에 있는 거실의 반자

■ 〈에너지절약기준 6조 별표1〉 외기에 직접 면하는 최상층에 있는 거실의 반자 또는 지붕이 열관류율 값 (0.15W/m2K 이하)이 가장 작다.

42 다음은 건축법상 지하층의 정의이다. ( ) 안에 알맞은 것은?

"지하층"이란 건축물의 바닥이 지표면 아래에 있는 층으로서 바닥에서 지표면까지 평균 높이가 해당 층 높이의 ( ) 이상인 것을 말한다.

① 2분의 1　　　　　　② 3분의 1
③ 3분의 2　　　　　　④ 4분의 3

■ 〈건축법 2조〉 지표면 아래로 1/2 이상이 묻히면 지하층으로 본다.

43 승용승강기를 설치하여야 하는 건축물에서 승용승강기의 설치대수를 결정할 수 있는 직접적 요소로만 나열된 것은?
① 건축물의 용도, 6층 이상의 거실면적의 합계
② 건축물의 층수, 6층 이상의 거실면적의 합계
③ 건축물의 용도, 6층 이상의 바닥면적의 합계
④ 건축물의 층수, 6층 이상의 바닥면적의 합계

■ 〈건축법 64조〉 대통령령으로 정하는 건축물(건축물 용도)에서 6층 이상으로 거실면적의 합계 2,000제곱미터 이상(이 문제는 질문 의도를 잘 파악해야 한다)

44 건축물의 에너지절약 설계기준에 따른 용어의 정의가 옳지 않은 것은?
① 거실의 외벽이라 함은 거실의 벽 중 외기에 직접 또는 간접 면하는 부위를 말한다.
② 일사조절장치라 함은 태양열의 실내 유입을 조절하기 위한 목적으로 설치하는 장치를 말한다.
③ 외피라 함은 거실 또는 거실 외 공간을 둘러싸고 있는 벽·지붕·바닥·창 및 문 등으로서 외기에 직접 또는 간접 면하는 부위를 말한다.
④ 방풍구조라 함은 출입구에서 실내외 공기교환에 의한 열출입을 방지할 목적으로 설치하는 방풍실 또는 회전문 등을 설치한 방식을 말한다.

■ 〈에너지절약기준 5조〉 외피라 함은 거실 또는 거실 외 공간을 둘러싸고 있는 벽·지붕·바닥·창 및 문 등으로 외기에 직접 면하는 부위를 말한다.

해답　41.④　42.①　43.①　44.③

45 건축법령상 다음과 같이 정의되는 주택의 종류는?

> 주택으로 쓰는 1개 동의 바닥면적 합계가 660㎡를 초과하고, 층수가 4개 층 이하인 주택

① 아파트 ② 연립주택
③ 다세대주택 ④ 다가구주택

■ 〈건축법령 3조의 5 별표 1〉 바닥면적 합계가 660㎡를 초과하면 연립주택, 바닥면적 합계가 660㎡ 이하이면 다세대주택.

46 연면적 200㎡를 초과하는 초등학교에 설치하는 복도의 유효너비는 최소 얼마 이상이어야 하는가?(단, 양옆에 거실이 있는 복도)

① 1.5m ② 1.8m
③ 2.1m ④ 2.4m

■ 〈피난방화구조기준 15조의 2〉 초등학교에서 양옆에 거실이 있는 복도 2.4m, 기타 1.8m

47 주요구조부를 내화구조로 하여야 하는 건축물은?

① 종교시설의 용도로 쓰는 건축물로 집회실의 바닥면적의 합계가 100㎡인 건축물
② 창고시설의 용도로 쓰는 건축물로 그 용도로 쓰는 바닥면적의 합계가 300㎡인 건축물
③ 공장의 용도로 쓰는 건축물로 그 용도로 쓰는 바닥면적의 합계가 1,500㎡인 건축물
④ 위험물저장 및 처리시설의 용도로 쓰는 건축물로 그 용도로 쓰는 바닥면적의 합계가 500㎡인 건축물

■ 〈건축법령 56조〉 주요구조부를 내화구조로 하여야 하는 건축물 : 종교시설-200㎡, 창고시설-500㎡, 공장-2,000㎡, 위험물 저장 및 처리시설-500㎡

48 건축물의 에너지절약 설계기준상 다음과 같이 정의되는 용어는?

> 중간기 또는 동계에 발생하는 냉방부하를 실내 엔탈피보다 낮은 도입외기에 의하여 제거 또는 감소시키는 시스템

① 변풍량제어 시스템 ② 이코노마이저 시스템
③ 비례제어운전 시스템 ④ 대수분할운전 시스템

■ 〈에너지절약기준 5조 10〉 이코노마이저 시스템은 외기냉방 시스템과 같다.

49 축냉식 전기냉방설비의 설계기준 내용으로 옳지 않은 것은?

① 축열조는 보온을 철저히 하여 열손실과 결로를 방지하여야 한다.
② 열교환기에서 점검을 위한 부분은 해체와 조립이 용이하도록 하여야 한다.
③ 열교환기는 시간당 최대냉방열량을 처리할 수 있는 용량 이상으로 설치하여야 한다.
④ 자동제어설비는 수동조작을 할 수 없도록 하여야 하며 감시기능 등을 갖추어야 한다.

■ 〈냉방설비기준 7, 8, 9조〉 자동제어설비는 수동조작이 가능하도록 하여야 하며 감시기능 등을 갖추어야 한다.

해답 45.② 46.④ 47.④ 48.② 49.④

50 업무시설의 거실에 설치하는 반자의 높이는 최소 얼마 이상이어야 하는가?
① 1.8m ② 2.1m
③ 2.4m ④ 2.7m

■ 〈피난방화구조기준 16조〉 반자의 높이는 최소 2.1m

51 지능형 건축물 인증을 받으려는 경우에 인증을 신청할 수 있는 사람으로 적합한 것은?
① 건축주, 건축물 소유자, 시공자
② 건축주, 건축물 소유자, 설계자
③ 건축주, 건축물 소유자, 감리자
④ 건축주, 건축물 소유자, 건축물관리자

■ 〈지능형 건축물 6조〉 지능형 건축물 인증 신청권자는 건축주, 건축물 소유자, 시공자(건축주, 건축물 소유자가 동의하는 경우)이다.

52 다음 중 대수선의 범위에 속하지 않는 것은?
① 기둥 3개를 수선 또는 변경하는 것
② 특별피난계단을 증설 또는 해체하는 것
③ 미관지구 안에서 건축물의 담장을 변경하는 것
④ 내력벽의 벽면적 20㎡를 수선 또는 변경하는 것

■ 〈건축법령 3조 2〉 대수선의 범위 : 내력벽에서 벽면적 30㎡ 이상

53 건축물 냉방설비 설치 및 설계기준에서 사용하는 용어의 정의 중 잘못된 것은?
① "빙축열식 냉방설비"라 함은 심야시간에 얼음을 제조하여 축열조에 저장하였다가 기타시간에 이를 녹여 냉방에 이용하는 냉방설비를 말한다.
② "수축열식 냉방설비"라 함은 심야시간에 물을 냉각시켜 축열조에 저장하였다가 기타시간에 이를 냉방에 이용하는 냉방설비를 말한다.
③ "심야시간"이라 함은 22:00부터 익일 08:00까지를 말한다.
④ "축열률"이라 함은 통계적으로 연중 최대냉방부하를 갖는 날을 기준으로 기타시간에 필요한 냉방열량 중에서 이용이 가능한 냉열량이 차지하는 비율을 말하며 백분율(%)로 표시한다.

■ 〈냉방설비기준 3조〉 "심야시간"이라 함은 23:00부터 익일 09:00까지를 말한다.

54 다음은 초고층 건축물에 설치하는 피난안전 구역에 관한 기준 내용이다. ( ) 안에 알맞은 것은?

> 초고층 건축물에는 피난층 또는 지상으로 통하는 직통계단과 직접 연결되는 피난안전구역을 지상층으로부터 최대 ( ) 층마다 1개소 이상 설치하여야 한다.

① 10개 ② 20개
③ 30개 ④ 50개

■ 〈건축법령 34조 3항〉 초고층 건축물 피난안전구역 최대 30개 층마다 1개소 이상 설치

해답 50.② 51.① 52.④ 53.③ 54.③

55 특별피난계단의 구조에서 출입구의 유효너비는 몇 미터 이상으로 하고 피난의 방향으로 열 수 있도록 하는가?

① 0.6미터
② 0.75미터
③ 0.9미터
④ 1.2미터

■ 〈피난방화구조기준 9조〉 건축물의 내부에서 계단실로 통하는 출입구의 유효너비는 0.9미터 이상으로 하고, 그 출입구에는 피난의 방향으로 열 수 있는 것으로서 언제나 닫힌 상태를 유지할 것.

56 다음 중 거실의 용도에 따른 조도기준이 가장 높은 것은?(단, 건축물의 피난·방화구조 등의 기준에 관한 규칙에 따른 조도기준)

① 거주(식사)
② 작업(제조)
③ 집무(계산)
④ 집회(회의)

■ 〈피난방화구조기준 17조〉 집무(계산) : 700룩스 이상

1. 거주	독서·식사·조리(150), 기타(70)
2. 집무	설계·제도·계산(700), 일반사무(300), 기타(150)
3. 작업	검사·시험·정밀검사·수술(700), 일반작업·제조·판매(300), 포장·세척(150), 기타(70)
4. 집회	회의(300), 집회(150), 공연·관람(70)
5. 오락	오락일반(150), 기타(30)

57 건축물의 냉방설비에 대한 설치 및 설계기준상 통계적으로 연중 최대냉방부하를 갖는 날을 기준으로 기타시간에 필요한 냉방열량 중에서 이용이 가능한 냉열량이 차지하는 비율로 정의되는 것은?

① 축열률
② 냉방률
③ 수용률
④ 이용률

■ 〈냉방설비기준 3조〉
$$축열률 = \frac{이용이 가능한 냉열량}{기타시간에 필요한 냉방열량} (연중 최대냉방부하를 갖는 날 기준)$$

58 건축물의 에너지절약 설계기준에 따른 건축부문의 권장사항으로 옳지 않은 것은?

① 공동주택은 인동간격을 넓게 하여 저층부의 일사 수열량을 증대시킨다.
② 건축물의 체적에 대한 외피면적의 비 또는 연면적에 대한 외피면적의 비는 가능한 작게 한다.
③ 거실의 층고 및 반자 높이는 실의 용도와 기능에 지장을 주지 않는 범위 내에서 가능한 높게 한다.
④ 건물 옥상에는 조경을 하여 최상층 지붕의 열저항을 높이고, 옥상면에 직접 도달하는 일사를 차단하여 냉방부하를 감소시킨다.

■ 〈에너지 절약기준 7조〉 거실의 층고 및 반자 높이는 실의 용도와 기능에 지장을 주지 않는 범위 내에서 가능한 낮게 한다.

59 건축법령상 주요구조부에 속하지 않는 것은?
① 바닥　　　　　　　　② 지붕틀
③ 내력벽　　　　　　　④ 옥외계단

■ 〈건축법 2조〉 옥외계단, 작은보, 차양 등은 주요구조부에서 제외

60 제로에너지건축물 인증에서 다음과 같은 분야의 1차 에너지 소요량을 기준으로 평가하는데 해당 사항이 없는 것은?
① 난방　　　　　　　　② 냉방
③ 급수　　　　　　　　④ 조명 및 환기

■ 〈제로에너지건축물 인증규칙 8조〉 급수는 해당하지 않는다.

해답 59.④ 60.③

제6회 건축설비산업기사 기출모의고사

제1과목 건축설비 계획

01 온도 30℃, 절대습도 0.0271 kg/kg인 습공기의 엔탈피는?(단 공기비열은 1.01kJ/kgK, 0℃ 증발잠열은 2,501kJ/kg, 수증기비열 1.85kJ/kgK이다)

① 99.58 kJ/kg
② 47.88 kJ/kg
③ 23.73 kJ/kg
④ 11.98 kJ/kg

■ $h = C_{pa}t + x(\gamma + C_{pv}t)$
  $= 1.01 \times 30 + 0.0271(2501 + 1.85 \times 30) = 99.58 \text{ kJ/kg}$

02 결로현상에 관한 설명으로 틀린 것은?

① 건축 구조물 사이에 두고 양쪽에 수증기의 압력차가 생기면 수증기는 구조물을 통하여 흐르며, 실제 수증기 분압이 포화 수증기 분압 이상이 되면 응결하여 발생된다.
② 결로는 습공기의 온도가 노점온도까지 강하하면 공기 중의 수증기가 응결하여 발생된다.
③ 응결이 발생되면 수증기의 압력이 상승한다.
④ 결로방지를 위하여 방습막을 사용한다.

■ 결로 현상으로 응결이 발생되면 절대습도가 감소하고 수증기의 압력(분압)도 감소한다.

03 그림과 같은 습공기선도에 표시된 P점의 상태량이 옳지 않은 것은?

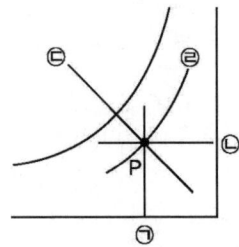

① ㉠ : 건구온도
② ㉡ : 절대습도
③ ㉢ : 엔탈피
④ ㉣ : 습구온도

■ 선도에서 ㉣은 상대습도선이다.

해답 1.① 2.③ 3.④

04 공기조화의 4요소에 속하지 않는 것은?

① 기류 ② 습도
③ 복사 ④ 청정도

■ 공기조화의 4요소는 온도, 습도, 기류, 청정도이며, 열적 쾌감도 요소(온도, 습도, 기류, 복사)와 잘 구분해야 한다.

05 간접가열식 급탕방식에 관한 설명으로 옳지 않은 것은?

① 대규모 급탕설비에 적합하다.
② 고압보일러를 설치하여야 한다.
③ 저탕조 내에 가열코일이 설치되어 있다.
④ 난방용 보일러의 열원을 이용할 수 있다.

■ 간접가열식 급탕방식은 열교환기를 거쳐 급탕되므로 고층빌딩에서도 급탕가열 열원장치로 저압 보일러도 가능하다.

06 다음 중 베르누이 방정식과 관계없는 것은?

① 압력수두 ② 속도수두
③ 중량수두 ④ 위치수두

■ 베르누이 방정식은 유체 에너지보존법칙으로 유체가 가지는 총에너지는 압력수두(에너지), 속도수두, 위치수두의 합으로 나타낸다.

07 방위별 조닝을 한 대형 사무소 건물에서 재열부하가 발생하기 가장 쉬운 곳은?

① 추분의 건물남쪽 존(zone) ② 동지의 건물북쪽 존(zone)
③ 하지의 건물남쪽 존(zone) ④ 장마철의 건물북쪽 존(zone)

■ 재열부하란 냉방 시 발생하는 것이며, 장마철에 제습하기 위하여 노점온도 이하로 냉각한 후, 다시 취출온도까지 가열할 때 발생하는 부하를 말하며 장마철의 건물 북쪽 존(zone)은 습기가 많아 재열부하가 발생하기 쉽다.

08 벽체를 통과하는 관류열량에 관한 설명으로 옳은 것은?

① 벽체의 열저항이 클수록 커진다. ② 실내외 온도 차와는 관계가 없다.
③ 표면 열전달률이 작을수록 커진다. ④ 벽체 구성재료의 열전도율이 클수록 커진다.

■ 벽체를 통과하는 관류열량은 열저항이 클수록 작아지며, 실내외 온도 차에 비례하고, 표면 열전달률이나 열전도율 작을수록 작아진다.

09 다음 중 다단펌프를 사용하는 가장 주된 목적은?

① 흡입양정이 큰 경우 ② 토출량을 줄이기 위한 경우
③ 높은 토출양정이 필요한 경우 ④ 수중에 펌프를 설치하는 경우

■ 다단펌프는 높은 양정(고양정)을 얻을 수 있으며, 펌프를 직렬로 설치하는 효과가 있다.

해답 4.③ 5.② 6.③ 7.④ 8.④ 9.③

10 급수설비에 관한 설명으로 옳지 않은 것은?

① 고가수조방식의 양수펌프는 실양정, 배관의 마찰손실, 토출수압을 고려하여 결정한다.
② 압력수조방식에서 양정은 실양정, 배관의 마찰손실만을 고려하여 결정한다.
③ 펌프직송방식에서 급수량 제어는 정속방식과 변속방식으로 구분된다.
④ 고가수조방식에서 양수펌프의 실양정이란 지하저수조의 수면에서 양수관의 최고 높이까지의 수직 높이이다.

■ 압력수조방식에서 양정은 실양정, 배관의 마찰손실, 국부저항, 말단 기구소요압력, 여유압 등을 고려하여 결정한다.

11 배수수평지관에 직접 접속되는 통기관은?

① 통기수직관　　　　　　② 신정통기관
③ 루프통기관　　　　　　④ 결합통기관

■ 루프통기관은 배수수평지관 최상부 기구 직하에 직접 접속되는 통기관이다. 통기수직관, 신정통기관, 결합통기관은 배수수직관과 연결된다.

12 다음 설명에 알맞은 밸브의 종류는?

> 유체가 밸브의 아래로부터 유입하여 밸브 시트의 사이를 통해 흐르게 되어 있어 유체의 흐름이 갑자기 바뀌기 때문에 유체에 대한 저항은 크나 개폐가 쉽고 유량 조절이 용이하다.

① 콕　　　　　　　　　　② 체크 밸브
③ 글로브 밸브　　　　　　④ 게이트 밸브

■ 유체에 대한 저항은 크나 유량 조절이 용이한 밸브는 글로브 밸브이다.

13 간접가열식 급탕방식에 관한 설명으로 옳지 않은 것은?

① 직접가열식에 비해 열효율이 낮다.
② 간접가열식의 열매로 증기만이 사용된다.
③ 가열보일러는 난방용 보일러와 겸용할 수 있다.
④ 일반적으로 규모가 큰 건물의 급탕에 적용된다.

■ 간접가열식의 열매로 증기가 주로 쓰이나 고온수, 전기 등도 사용된다.

14 압력수조식 급수방식에 관한 설명으로 옳지 않은 것은?

① 수압의 균일성이 결여된다.
② 부분적으로 고압수를 필요로 할 때 이용할 수 있다.
③ 공기압축기 등을 이용하여 압력수조 내의 압력을 조절한다.
④ 상향식 급수방식이므로 압력수조의 설치위치에 제한을 받는다.

■ 상향식 급수방식이므로 압력수조의 설치위치에 제한받지 않는다. 압력수조식은 공기압으로 수조 내의 압력을 조절하므로 설비 특성상 고압, 저압 설정이 필요하여 압력차가 발생한다.

해답　10.② 11.③ 12.③ 13.② 14.④

15 급수의 오염방지를 위한 대책으로 옳지 않은 것은?
① 내식성 자재의 사용
② 저수조 등으로 유해물질의 침입방지
③ 타 계통 배관과의 크로스 커넥션의 방지
④ 역사이펀 작용방지를 위한 토수구 공간의 최소화

■ 역사이펀 작용 방지를 위해 적합한 토수구 공간을 확보한다.

16 일반적으로 하향급수 배관방식이 사용되는 급수방식은?
① 고가수조방식
② 수도직결방식
③ 압력수조방식
④ 펌프직송방식

■ 고가수조방식은 최고층(옥상층)의 수조에서 하향급수 배관방식으로 기구에 접속한다.

17 정화조의 유입수의 BOD가 500mg/L, 방류수의 BOD가 50mg/L일 때, BOD제거율은?
① 40%
② 50%
③ 80%
④ 90%

■ 제거율(%) = $\dfrac{\text{제거량}}{\text{유입량}}$ = $\dfrac{500-50}{500} \times 100 = 90\%$

18 오수 중의 분해 가능한 유기물이 용존 산소의 존재하에 미생물의 작용에 의해 산화 분해되어 안정한 물질로 변해갈 때 소비하는 산소량을 무엇이라 하는가?
① PPM
② COD
③ BOD
④ SS

■ BOD(Biochemical Oxygen Demand)는 오수 중 유기물을 호기성 미생물의 작용에 의해 정화하는 과정에서 수중 용존산소(Dissolved Oxygen, DO)를 소비하는데 이를 생물화학적 산소요구량(BOD)라고 하고 ppm(parts per million) 또는 mg/L로 표기한다. BOD는 수중 유기물질의 오염 정도를 간접적으로 나타내는 지표이다.

19 다음 설명에 알맞은 통기관의 종류는?

> 2대 이상의 트랩을 보호하기 위해 기구배수관과 통기관을 겸용한 부분을 말한다.

① 습통기관
② 신정통기관
③ 결합통기관
④ 루프통기관

■ 기구배수관과 통기관을 겸용한 부분을 습통기(습윤통기)라 한다.

20 동관의 두께별 분류에 속하지 않는 것은?
① K형
② L형
③ M형
④ J형

■ 동관 두께는 K>L>M순이다.

해답   15.④ 16.① 17.④ 18.③ 19.① 20.④

제2과목 건축설비 설계

21 아네모스탯 천장 취출구에 관한 설명으로 옳지 않은 것은?
① 확산형 취출구의 일종이다.
② 몇 개의 콘(cone)이 있어서 1차 공기에 의한 2차 공기의 유인성능이 좋다.
③ 확산반경이 크고 도달거리가 짧아 천장취출구로 많이 사용된다.
④ 라인형 취출구의 일종으로 선의 개념을 통하여 인테리어 디자인에서 미적인 감각을 살릴 수 있다.

■ 아네모스탯 취출구는 복류형 취출구로 라인형(T라인, 캠라인, 라이트 트로퍼 등)취출구는 아니다. 복류형에는 아네모스탯과 팬형이 대표적으로 이용된다.

22 길이 30m인 배관 내로 온수가 간헐적으로 흐르고 있다. 온수가 통과할 때의 온도는 90℃, 흐르지 않고 있을 때의 온도는 30℃이며 배관재료의 선팽창계수는 1.3×10^{-5}이라면 온수가 통과될 때 늘어나는 길이는?
① 12.5mm
② 19.8mm
③ 20.5mm
④ 23.4mm

■ $\triangle L = \alpha \times L \times \triangle t = 1.3 \times 10^{-5} \times 30(90-30) = 0.0234m = 23.4mm$

23 급탕설비에서 사용기구수에 의해 저탕조의 용량을 구할 때 기준이 되는 것은?
① 보일러 용량
② 급수탱크 용량
③ 순환펌프 용량
④ 시간 최대 예상 급탕량

■ 사용기구수에 의해 시간 최대급탕량을 구하고 이로부터 저탕조 용량을 구한다.

24 실양정이 15m이고 배관 전체에서 발생하는 마찰손실 수두의 합을 실양정의 70%로 할 때 평균 유량 20m³/h의 물을 퍼올릴 수 있는 펌프의 축동력은?(단, 유속은 1.5m/sec이고 펌프 효율은 60%로 한다.)
① 0.75kW
② 1.25kW
③ 1.75kW
④ 2.31kW

■ $kW = \dfrac{QH}{102E} = \dfrac{20 \times 1,000(15 \times 1.7)}{3,600 \times 102 \times 0.6} = 2.31kW$

※ 위에서 양정(H)은 실양정+마찰손실(0.7)이므로 실양정에 1.7을 곱한다. 유속은 동력계산에 무관하다.

25 급수설비에서 급수압력이 과대하게 설계된 경우, 발생할 수 있는 현상은?
① 유수음이 약화된다.
② 캐비테이션이 발생한다.
③ 크로스컨넥션이 발생한다.
④ 위생기구의 세정력이 약화된다.

■ 급수압력이 과대하게 설계된 경우 유속이 증가하고 소음이 증가하며 워터해머(캐비테이션) 가능성이 증가한다.

해답 21.④ 22.④ 23.④ 24.④ 25.②

26 36℃의 건조공기 1,500m³/h를 16℃로 냉각할 때 냉각열량은?(단, 공기의 정압비열은 1.01kJ/kg·K, 밀도 1.2kg/m³이다.)

① 8.4kW ② 10.1kW
③ 11.2kW ④ 12.3kW

■ $q = mC\Delta t = 1500 \times 1.2 \times 1.01(36-16) = 36,360 kJ/h = 10.1 kW$

27 전손실열량 15kW인 사무실에 설치할 증기 난방용 방열기의 필요 섹션수는?(단, 표준상태이며, 표준방열량은 756W/m², 방열기 섹션 1개의 방열면적은 0.20m²이다.)

① 80섹션 ② 90섹션
③ 100섹션 ④ 120섹션

■ 손실열량을 상당방열면적으로 계산하면
$EDR = \dfrac{\text{손실열량}(W)}{\text{표준방열량}} = \dfrac{15 \times 1,000}{756} = 19.84 m^2$
섹션수(쪽수, 절수)=EDR/섹션방열면적=19.84/0.2=99.2=100쪽

28 유량 2m³/min, 양정 50mAq인 펌프의 축동력은?(단, 물의 비중량 9,800N/m³, 펌프의 효율은 0.6으로 한다.)

① 16.3kW ② 22.2kW
③ 25.3kW ④ 27.2kW

■ ※ 공학단위로 계산
물 비중량 9,800N/m³은 1,000kg/m³이므로 아래 식으로 계산한다. 이때 유량 Q는 kg/s로 환산한다.
$kW = \dfrac{QH}{102E} = \dfrac{2000 \times 50}{60 \times 102 \times 0.6} = 27.2 kW$
($Q(kg/s)$와 양정(m)의 곱은 kgm/s로 $1kW=102kgm/s$이므로 102로 나눈다.)

※ SI단위로 계산해보면 $kW = \dfrac{Q\gamma H}{1000E} = \dfrac{2 \times 9800 \times 50}{60 \times 1000 \times 0.6} = 27.2 kW$
($Q(m^3/s)$와 비중량(N/m^3), 양정(m)의 곱은 $Nm/s = J/s = W$가 되어 1,000으로 나누어 kW로 한다.)

29 덕트의 곡부에서 풍속이 15m/sec이고 국부저항 계수가 0.23일 때 국부저항은 얼마인가?(단, 유체의 밀도는 1.2kg/m³이다.)

① 약 17Pa ② 약 25Pa
③ 약 31Pa ④ 약 43Pa

■ 1) Pa로 계산
국부저항$(Pa) = \zeta \dfrac{v^2}{2} \times \rho = 0.23 \times \dfrac{15^2}{2} \times 1.2 = 31 Pa$

2) $mmAq$로 계산
국부저항$(mmAq) = \zeta \dfrac{v^2}{2g} \times \gamma = 0.23 \times \dfrac{15^2}{2 \times 9.8} \times 1.2 = 3.17 mmAq$

위 2가지 단위(Pa, $mmAq$)를 익혀 두세요.

해답 26.② 27.③ 28.④ 29.③

30 사무실의 체적이 1,000m³이고, 실내공기가 1시간에 40회 비율로 틈새바람에 의해 자연환기될 때 환기풍량 Q(m³/min)은?

① 40,000m³/min
② 4,800m³/min
③ 667m³/min
④ 725m³/min

■ $Q = NV = 40 \times 1,000 = 40,000 m^3/h = 667 m^3/min$

31 공조기에서 코일선정에 관한 설명으로 옳지 않은 것은?

① 냉수코일의 전면풍속은 2.0~3.0m/s의 범위 내로 하고 온수코일의 전면풍속은 2.0~3.5m/s의 범위 내로 한다.
② 냉수코일의 경우 풍속이 2.5m/s를 초과하면 코일에 부착된 응축수가 날려서 급기 덕트 쪽으로 들어가기 때문에 엘리미네이터를 설치한다.
③ 튜브 내의 물의 속도는 1.0m/s 전후로 하는 것이 배관이나 설비비 효율상 적당하다.
④ 공기의 흐름방향과 코일 내에 있는 냉온수의 흐름방향은 평행류가 대향류보다 전열효과가 크다.

■ 공기와 냉온수의 흐름방향은 대향류가 평행류보다 전열효과가 크다.

32 증발량 850kg/h인 증기보일러에서 발생 증기의 엔탈피가 2,800kJ/kg, 보일러 입구에서 물의 엔탈피가 360kJ/kg일 때 이 보일러의 상당증발량은?(단, 100℃에서 물의 증발잠열은 2,257kJ/kg이다.)

① 852kg/h
② 882kg/h
③ 919kg/h
④ 939kg/h

■ 상당증발량이란 보일러 출력(용량)을 표준증기발생량(증발잠열 2,257 kJ/kg)으로 표현한 것이다.

상당증발량 = $\dfrac{보일러용량}{표준증발잠열} = \dfrac{850(2,800-360)}{2,257} = 919 kg/h$

33 공기조화 설비의 각종 코일에 관한 설명으로 옳지 않은 것은?

① 예열코일 : 가습효율을 낮추는 역할을 한다.
② 직접팽창코일 : 관내에 냉매를 통하게 한다.
③ 더블서킷코일 : 유량이 많아 유속이 클 때 사용한다.
④ 습코일 : 코일표면온도가 공기의 노점온도보다 낮다.

■ 예열코일은 겨울철 도입하는 외기(입구공기)온도를 높여 가습효율을 높인다. 직접 팽창코일은 냉각관내에서 냉매가 직접 팽창 증발하는 것으로 가정용 에어컨의 원리이다. 더블서킷코일은 유량이 많아 유속이 클 때 사용하며, 습코일은 냉각코일에서 코일표면온도가 공기의 노점온도보다 낮을 때 결로가 발생하여 코일표면이 젖는 것을 말한다. 이와 반대로 냉방 시 노점온도 이상의 코일로 냉각하면 결로가 생기지 않으며 이런 코일을 건코일이라 한다.

해답 30.③ 31.④ 32.③ 33.①

34 덕트의 설계순서로 가장 알맞은 것은?

① 취출구와 흡입구의 위치 결정	② 덕트경로 결정
③ 송풍기 선정	④ 설계도 작성
⑤ 송풍량 결정	⑥ 덕트의 치수 결정

① ⑤-①-②-⑥-③-④
② ⑤-③-①-②-⑥-④
③ ①-③-②-⑥-⑤-④
④ ①-②-⑥-③-⑤-④

■ 덕트 설계순서는 실내부하(냉방)계산 – 송풍량 결정 – 취출구와 흡입구의 위치 결정 – 덕트경로 결정 – 덕트의 치수 결정 – 송풍기 선정 – 설계도 작성

35 공기의 상태변화 중 열의 출입이 없는 단열 변화에 해당되는 것은?

① 가열가습
② 냉각감습
③ 증발냉각
④ 가습포화

■ 단열변화는 순환수분무할 때 증발냉각(냉각 가습)효과로 가습한다.

36 냉각코일의 입구공기온도 t_1, 출구공기온도 t_2, 냉각코일표면온도가 t_s일 때 바이패스팩터(BF)를 바르게 표기한 것은?

① $BF = \dfrac{t_1 - t_2}{t_1 - t_s}$
② $BF = \dfrac{t_2 - t_s}{t_1 - t_s}$
③ $BF = \dfrac{t_2 - t_s}{t_1 - t_2}$
④ $BF = \dfrac{t_1 - t_s}{t_2 - t_s}$

■ BF(바이패스팩터) $= \dfrac{냉각되지\ 못한\ 온도차}{최대로\ 냉각될\ 온도차} = \dfrac{출구온도 - 코일온도}{입구온도 - 코일온도} = \dfrac{t_2 - t_s}{t_1 - t_s}$

37 급탕설비에서 팽창관에 관한 설명으로 옳지 않은 것은?

① 팽창관에는 밸브를 설치해서는 안 된다.
② 팽창관은 팽창탱크 또는 고가수조 수면보다 높게 입상한다.
③ 가열에 따른 관의 길이 팽창을 흡수하기 위하여 설치한다.
④ 물의 체적팽창을 도피시키기 위한 관이다.

■ 가열에 따른 관의 길이 팽창을 흡수하는 것은 신축이음(벨로즈, 슬리브, 신축곡관 등)이다.

38 다음의 송풍기 풍량제어법 중 축동력이 가장 적게 소요되는 것은?

① 회전수 제어
② 흡입댐퍼 제어
③ 흡입베인 제어
④ 토출댐퍼 제어

■ 축동력이 적게 드는 방식은 에너지가 절약되는 방식이며 그 순서는 회전수 제어>흡입베인 제어>흡입댐퍼 제어>토출댐퍼 제어

해답 34.① 35.③ 36.② 37.③ 38.①

39 급탕설비에 관한 설명으로 옳지 않은 것은?

① 배관은 적정한 압력손실 상태에서 피크 시를 충족시킬 수 있어야 한다.
② 냉수, 온수를 혼합 사용해도 압력차에 의한 온도변화가 없도록 하여야 한다.
③ 개방형 급탕시스템에는 온도상승에 의한 압력을 도피시킬 수 있는 팽창탱크를 설치하여야 한다.
④ 배관거리가 30m를 초과하는 중앙급탕방식에서는 배관으로부터 열손실을 보상하고 일정한 급탕온도 유지를 위하여 환탕관과 순환펌프를 설치한다.

■ 개방형 급탕시스템에는 온도상승에 의한 물의 팽창이 개방탱크에서 흡수되므로 별도의 팽창탱크가 불필요하다.

40 냉·난방 설계용 외기온도를 결정할 때 냉·난방기간 중 외기 설정온도 밖으로 벗어나는 비율(%)로 정한 온도는?

① 표준온도
② 유효온도
③ TAC온도
④ 상당외기온도

■ TAC온도는 냉난방 시 경제성을 위하여 부하계산에 사용되는 외기온도를 작게 설정하는 것으로 실제 외기온도가 설정(설계) 외기온도 밖으로 벗어나게 설정하는 것이다. 보통 TAC 2.5%를 많이 적용한다. 즉 냉난방 기간 중 2.5%에 해당하는 기간은 외기온도가 설계온도보다 악화되어 부하증가로 설계 실내온도 유지가 어렵다.

제3과목 건축설비 관련 법규

41 문화 및 집회시설 중 공연장의 개별관람실의 출구를 관람실별로 2개소 이상 설치해야 하는 개별 관람실의 바닥면적 기준은?

① 150㎡ 이상
② 300㎡ 이상
③ 450㎡ 이상
④ 600㎡ 이상

■ 〈피난방화구조기준 10조〉 문화 및 집회시설 중 공연장의 개별 관람실(바닥면적이 300제곱미터 이상인 것만 해당한다)의 출구는 관람실별로 2개소 이상 설치할 것

42 다음은 직통계단의 설치와 관련된 기준 내용이다. ( ) 안에 알맞은 것은?

> 건축물의 피난층 외의 층에서는 피난층 또는 지상으로 통하는 직통계단을 거실의 각 부분으로부터 계단(거실로부터 가장 가까운 거리에 있는 계단을 말한다)에 이르는 보행거리는 ( ) 이하가 되도록 설치하여야 한다.

① 10m
② 20m
③ 30m
④ 40m

■ 〈건축법령 34조〉 보행거리는 (30m) 이하가 되도록 설치하여야 한다.

해답 39.③ 40.③ 41.② 42.③

43 건축물의 에너지절약 설계기준에서 건축부문의 권장사항으로 옳지 않은 것은?

① 공동주택의 외기에 접하는 주동의 출입구와 각 세대의 현관은 방풍구조로 한다.
② 건축물의 체적에 대한 외피면적의 비 또는 연면적에 대한 외피면적의 비는 가능한 작게 한다.
③ 건축물은 대지의 향, 일조 및 주풍향 등을 고려하여 배치하며, 남향 또는 남동향 배치를 한다.
④ 거실의 층고 및 반자 높이는 실의 용도와 기능에 지장을 주지 않는 범위 내에서 가능한 높게 한다.

■ 〈에너지절약기준 7조〉 거실의 층고 및 반자 높이는 실의 용도와 기능에 지장을 주지 않는 범위 내에서 가능한 낮게 한다.

44 다음은 건축물의 에너지절약설계기준에 따른 야간단열장치의 정의이다. ( ) 안에 알맞은 것은?

> "야간단열장치"라 함은 창의 야간 열손실을 방지할 목적으로 설치하는 단열셔터, 단열덧문으로서 총열관류저항(열관류율의 역수)이 ( ) 이상인 것을 말한다.

① 0.2㎡·K/W　　　　② 0.4㎡·K/W
③ 0.6㎡·K/W　　　　④ 0.8㎡·K/W

■ 〈에너지절약기준 5조 타〉 총열관류저항(열관류율의 역수)이 0.4㎡·K/W 이상인 것

45 건축물의 에너지절약 설계기준에 따른 단열재의 두께는 지역별로 다르다. 지역별 분류 중 중부2지역에 속하지 않는 곳은?

① 경기도(연천)　　　　② 서울특별시
③ 대전광역시　　　　　④ 충남 천안시

■ 〈에너지절약기준 2조 별표1〉 중부2지역 : 서울시, 대전광역시, 세종시, 인천광역시, 강원도(고성, 속초, 양양 등), 경기도(연천, 포천, 가평 등 제외), 충청북도(제천 제외), 충청남도 등
경기도에서 연천, 포천, 가평 등은 중부1지역에 속한다.

46 축냉식 전기냉방설비의 설계기준 내용으로 옳지 않은 것은?

① 축열조는 보온을 철저히 하여 열손실과 결로를 방지해야 한다.
② 열교환기에서 점검을 위한 부분은 해체와 조립이 용이하도록 하여야 한다.
③ 열교환기에는 시간당 최대냉방열량을 처리할 수 있는 용량 이상으로 설치하여야 한다.
④ 자동제어설비는 수동조작을 할 수 없도록 하여야 하며 감시기능 등을 갖추어야 한다.

■ 〈냉방설비설치기준 7, 8, 9조〉 자동제어설비는 필요한 경우 수동조작이 가능하도록 하여야 하며 감시기능 등을 갖추어야 한다.

해답　43.④　44.②　45.①　46.④

47 건축물의 출입구에 설치하는 회전문은 계단이나 에스컬레이터로부터 최소 얼마 이상의 거리를 두어야 하는가?

① 1m
② 1.2m
③ 1.5m
④ 2m

■ 〈피난방화구조기준 12조〉 2m

48 바닥면적이 100㎡인 초등학교 교실에 채광을 위하여 설치하여야 하는 창문 등의 면적은 최소 얼마 이상이어야 하는가?(단, 거실의 용도에 따른 조도기준 이상의 조명장치를 설치하지 않은 경우)

① 5㎡
② 10㎡
③ 20㎡
④ 50㎡

■ 〈피난방화구조기준 제17조〉 채광 창문면적은 바닥면적의 1/10 이상

49 철근콘크리트조로 두께와 상관없이 내화구조에 속하는 것은?

① 벽
② 바닥
③ 지붕
④ 외벽 중 비내력벽

■ 〈피난방화구조기준 3조〉 보, 지붕, 계단은 규격에 관계없이 재질에 따라 내화구조로 분류한다.

50 건축법령상 다세대주택의 정의로 옳은 것은?

① 주택으로 쓰는 1개 동의 바닥면적 합계가 330㎡ 이하이고, 층수가 4개 층 이하인 주택
② 주택으로 쓰는 1개 동의 바닥면적 합계가 330㎡ 초과하고, 층수가 4개 층 이하인 주택
③ 주택으로 쓰는 1개 동의 바닥면적 합계가 660㎡ 이하이고, 층수가 4개 층 이하인 주택
④ 주택으로 쓰는 1개 동의 바닥면적 합계가 330㎡ 초과하고, 층수가 4개 층 이하인 주택

■ 〈건축법령 3조 5〉
• 다세대주택(바닥면적 합계가 660㎡ 이하이고, 층수가 4개 층 이하)
• 다가구주택(바닥면적 합계가 660㎡ 이하이고, 층수가 3개 층 이하)
• 연립주택(바닥면적 합계가 660㎡ 초과, 층수가 4개 층 이하)

51 건축법령상 고층건물의 정의로 옳은 것은?

① 층수가 30층 이상이거나 높이가 90m 이상인 건축물
② 층수가 30층 이상이거나 높이가 120m 이상인 건축물
③ 층수가 50층 이상이거나 높이가 150m 이상인 건축물
④ 층수가 50층 이상이거나 높이가 200m 이상인 건축물

■ 〈건축법 2조〉 고층건축물이란 층수가 30층 이상이거나 높이가 120m 이상인 건축물

해답 47.④ 48.② 49.③ 50.③ 51.②

52 다음 중 바닥부분에 국토교통부령이 정하는 기준에 따라 방습을 위한 조치를 하여야 하는 대상에 속하지 않는 것은?

① 숙박시설의 욕실
② 공동주택의 욕실
③ 제1종 근린생활시설 중 목욕장의 욕실
④ 제2종 근린생활시설 중 제과점의 조리장

■ 〈건축법령 52조〉 공동주택은 해당 없다.

53 건축물을 건축하는 경우 해당 건축물의 설계자가 국토교통부령으로 정하는 구조기준 등에 따라 그 구조의 안전을 확인하여야 하는 대상 건축물에 속하는 것은?

① 높이가 12m인 건축물
② 층수가 2층인 건축물
③ 처마높이가 8m인 건축물
④ 기둥과 기둥 사이의 거리가 10m인 건축물

■ 〈건축법 32조〉 ①-높이가 13m 이상, ②-층수가 3층 이상, ③-처마높이가 9m 이상

54 피난 용도로 쓸 수 있는 광장을 옥상에 설치하여야 하는 경우에 해당되지 않는 것은?

① 5층 이상인 층이 판매시설의 용도로 쓰는 경우
② 5층 이상인 층이 종교시설의 용도로 쓰는 경우
③ 5층 이상인 층이 위락시설 중 주점영업의 용도로 쓰는 경우
④ 5층 이상인 층이 문화 및 집회 시설 중 전시장의 용도로 쓰는 경우

■ 〈건축법령 40조〉 전시장, 동식물원 제외

55 다음 건축물 중 건축 시 설치하여야 하는 승용승강기의 최소 대수가 가장 많은 것은?(단, 6층 이상의 거실면적의 합계가 7,000m²이며, 15인승 승용승강기의 경우)

① 판매시설
② 업무시설
③ 숙박시설
④ 위락시설

■ 〈설비기준 5조〉 별표에서 동일한 조건에서 설치대수가 많은 것은 공연장, 집회장, 관람장, 판매, 의료시설이다.

56 건축물을 건축하는 경우 국토교통부령으로 정하는 구조 기준 등에 따라 그 구조의 안전을 확인하여야 하는 대상 건축물에 속하지 않는 것은?

① 층수가 3층인 건축물
② 높이가 14m인 건축물
③ 처마높이가 9m인 건축물
④ 기둥과 기둥 사이의 거리가 9m인 건축물

■ 〈건축법령 32조〉 구조의 안전을 확인하여야 하는 대상 건축물 : 기둥과 기둥 사이의 거리가 10m 이상인 건축물

해답 52.② 53.④ 54.④ 55.① 56.④

57 건축물의 에너지절약 설계기준상 외기에 직접 면하고 1층 또는 지상으로 연결된 출입문 중 방풍구조로 하지 않을 수 있는 출입문의 너비 기준은?

① 1.2m 이하 ② 1.5m 이하
③ 1.8m 이하 ④ 2.1m 이하

■ 〈에너지절약기준 6조 4 라〉 1.2m 이하

58 규정에 의하여 건축물에 설치하는 지하층의 구조 및 설비에 관한 기준 내용으로 옳지 않은 것은?

① 거실의 바닥면적이 150㎡ 이상인 층에는 직통계단 외에 피난층 또는 지상으로 통하는 비상탈출구 및 환기통을 설치할 것
② 바닥면적이 1,000㎡ 이상인 층에는 피난층 또는 지상으로 통하는 직통계단을 규정에 의해 방화구획으로 구획되는 각 부분마다 1개소 이상 설치할 것
③ 거실의 바닥면적의 합계가 1,000㎡ 이상인 층에는 환기설비를 할 것
④ 지하층의 바닥면적이 300㎡ 이상인 층에는 식수공급을 위한 급수전을 1개소 이상 설치할 것

59 다음은 피난계단의 설치에 관한 기준 내용이다. ( ) 안에 알맞은 것은?(단, 갓복도식 공동주택이 아닌 경우)

> 공동주택의 ( ) 이상인 층(바닥면적이 400제곱미터 미만인 층은 제외한다)으로부터 피난층 또는 지상으로 통하는 직통계단은 특별피난계단으로 설치하여야 한다.

① 6층 ② 11층
③ 16층 ④ 21층

■ 〈건축법령 35조〉 공동주택 16층 이상인 층으로부터 피난층 또는 지상으로 통하는 직통계단은 특별피난계단으로 설치하여야 한다.

60 다음은 건축물의 에너지절약설계기준에 따른 건축 부문의 권장사항 중 자연채광계획에 대한 내용이다. ( ) 안에 알맞은 것은?

> 공동주택의 지하주차장은 ( ) 이내마다 1개소 이상의 외기와 직접 면하는 2㎡ 이상의 개폐가 가능한 천장 또는 측창을 설치하여 자연환기 및 자연채광을 유도한다. 다만, 지하 2층 이하는 그러하지 아니하다.

① 100㎡ ② 200㎡
③ 300㎡ ④ 400㎡

■ 〈에너지절약기준 5조〉 공동주택의 지하주차장은 300㎡ 이내마다 1개소 이상의 외기와 직접 면하는 2㎡ 이상의 개폐가 가능한 천장 또는 측창을 설치하여 자연환기 및 자연채광을 유도한다. 다만, 지하2층 이하는 그러하지 아니한다. 〈현재 삭제된 기준 사항이다〉

해답 57.① 58.① 59.③ 60.③

제7회 | 건축설비산업기사 기출모의고사

제1과목 건축설비 계획

01 습공기에 관한 설명으로 가장 적합한 것은?
① 습공기를 가열하면 비체적은 감소한다.
② 습공기를 가열하면 엔탈피는 감소한다.
③ 습공기를 가열하면 상대습도는 증가한다.
④ 습공기를 가열해도 절대습도는 일정하다.

■ 습공기를 가열하면 비체적은 증가하고, 엔탈피도 증가하고, 상대습도는 감소한다. 이때 절대습도는 일정하다.

02 건축물의 실내 음향 계획에서 고려할 사항으로 가장 거리가 먼 것은?
① 실의 크기
② 실내 기온
③ 벽체의 구조
④ 실내 마감 재료

■ 음향계획에서 실내의 기온에 의한 음향 변화는 무시할만하다.

03 건축물의 열교(thermal bridge)현상에 관한 설명으로 가장 거리가 먼 것은?
① 벽이나 바닥, 지붕 등의 건축물 부위에 단열이 연속되지 않는 부분이 있을 때 생긴다.
② 열교현상을 줄이기 위해서는 콘크리트 라멘조의 경우 가능한 한 내단열로 시공한다.
③ 열교현상이 발생하는 부위는 표면온도가 낮아져서 결로가 쉽게 발생한다.
④ 열교현상이 발생하면 전체 단열성이 저하된다.

■ 열교현상이란 열이 전달되는 경로(다리)가 발생하는 것으로 이를 줄이기 위해서는 콘크리트 라멘조의 경우 가능한 한 외단열로 시공하여 저온과 접촉하는 외부에서부터 열이동을 차단한다.

04 공조배관 도면에서 일반적으로 표기할 사항으로 가장 거리가 먼 것은?
① 배관의 종류
② 관경
③ 유체의 흐름방향
④ 배관 작용 압력

■ 일반적으로 공조배관 도면에 배관 작용 압력은 표기하지 않는다.

해답 1.④ 2.② 3.② 4.④

05 틈새바람량의 산정 방법에 속하지 않는 것은?

① 틈새법
② 풍압법
③ 면적법
④ 환기횟수법

■ 틈새바람량의 산정에서 풍압은 고려사항이지만 틈새바람량의 산정 방법에 풍압법은 없다. 환기횟수법은 간단하게 적용할 수 있어 주로 많이 사용한다.

06 다음의 공조방식 중 중앙공조방식에 속하는 것은?

① 룸쿨러 방식
② 패키지 방식
③ 팬코일 유닛 방식
④ 멀티 유닛형 룸쿨러 방식

■ 룸쿨러 방식, 패키지 방식, 멀티 유닛형 룸쿨러 방식(일명 시스템 에어컨)은 PAC를 이용한 개별 방식이지만 팬코일 유닛 방식(FCU)은 전수식의 중앙공조방식이다.

07 습공기의 엔탈피에 관한 설명으로 가장 거리가 먼 것은?

① 현열은 온도의 변화에 따라 출입하는 열로 공기의 정압비열에 온도를 곱해서 구한다.
② 잠열은 상태의 변화에 따라 출입하는 열로 수증기의 증발잠열에 절대습도를 곱해서 구한다.
③ 20℃일 때 건공기의 엔탈피를 100으로 하여 습공기 1kg이 지니고 있는 열량으로 나타낸다.
④ 건조공기가 그 상태에서 가지고 있는 현열과 동일한 온도에서 수증기가 갖고 있는 잠열과의 합이다.

■ 습공기의 엔탈피는 0℃일 때 건공기의 엔탈피를 0으로 하여 습공기 1kg이 지니고 있는 열량으로 나타낸다.

08 배수 · 통기관에 관한 설명으로 가장 거리가 먼 것은?

① 세탁기의 배수는 간접배수로 한다.
② 의료 · 위생기기 등의 배수관에는 안전을 위해 2중으로 트랩을 설치한다.
③ 청소구의 구경은 해당 배수관경과 동일한 관경으로 함을 원칙으로 한다.
④ 루프통기관은 기구 넘침면(오버플로우면)으로부터 150mm 이상 입상시킨 다음 통기수직관에 연결한다.

■ 의료 · 위생기기 등의 배수관은 특수배수로 안전을 위해 독립된 배수계통으로 하며 2중트랩은 피한다.

09 습공기 선도에 표시되지 않은 공기의 상태값은?

① 비체적
② 열수분비
③ 작용온도
④ 수증기분압

■ 작용온도는 온도, 기류, 복사열로 구해지며 습공기선도에는 없다.

해답 5.② 6.③ 7.③ 8.② 9.③

10 아래 덕트(저속덕트) 평면도를 보고 0.6t 철판 면적을 산출하시오.(단, 덕트 장변길이 450mm 이하 : 0.5t, 750mm 이하 : 0.6t, 1,500mm 이하 : 0.8t 적용, 덕트 철판 재료 할증률은 28% 적용)

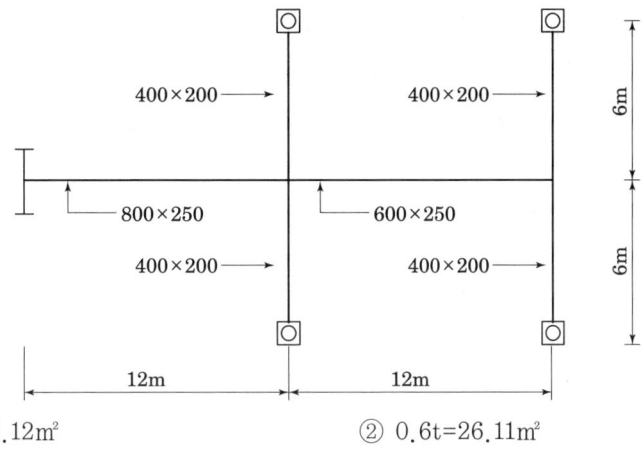

① 0.6t=22.12㎡ ② 0.6t=26.11㎡
③ 0.6t=30.88㎡ ④ 0.6t=34.86㎡

■ 0.6t는 장변 451~750 사이이며 도면에서 600×250 덕트만 해당한다. 덕트 총길이는 12m이다.
600×250 덕트는 둘레길이가 (0.6+0.25)×2=1.7m이고
길이가 12m이므로 덕트 면적=1.7×12=20.4㎡
철판 면적은 28% 할증=20.4×1.28=26.11㎡

11 실내공기오염농도의 종합적 자료로 CO_2 농도를 사용하는 가장 주된 이유는?

① CO_2량은 측정하기가 쉬우므로
② CO_2량에 비례하여 다른 오염농도도 증가되므로
③ CO_2량이 조금만 있어도 인체에 치명적인 해를 주므로
④ CO_2는 공기보다 밀도가 커서 실 바닥에 누적되므로

■ 실내에서 사람들이 활동할 때 CO_2량에 비례하여 실내공기오염 농도도 비례하므로 CO_2 농도를 실내오염 지표로 삼는다.

12 세정밸브식 대변기에 관한 설명으로 가장 적합한 것은?

① 연속사용이 가능하다.
② 일반 가정용으로 주로 사용된다.
③ 급수관경이 최소 40A 이상 필요하다.
④ 낙차에 의한 수압으로 대변기를 세척하는 방식이다.

■ 세정밸브식 대변기는 연속사용이 가능하며 가정용에는 거의 사용하지 않으며 급수관경이 최소 25A 이상 필요하다. 급수관의 수압(100kPa 이상)으로 일시에 다량의 세척수를 분사하여 대변기를 세척하는 방식이다.

해답 10.② 11.② 12.①

13 고가수조 급수방식에 관한 설명으로 가장 거리가 먼 것은?

① 급수압력이 일정하다.
② 단수 시에도 일정량의 급수를 할 수 있다.
③ 일반적으로 상향급수 배관방식이 사용된다.
④ 저수시간이 길어지면 수질이 나빠지기 쉽다.

■ 고가수조 급수방식은 일반적으로 하향급수방식(상부 탱크에서 하부 수전으로 급수)이 사용된다.

14 급탕설비에 관한 설명으로 가장 거리가 먼 것은?

① 배관방식은 2관식과 3관식이 있다.
② 급탕방식은 국소식과 중앙식이 있다.
③ 급탕순환방식은 중력식과 강제식이 있다.
④ 중앙식 가열장치는 직접가열식과 간접가열식이 있다.

■ 급탕설비의 배관방식은 1관식(소규모)과 2관식(중 대규모)이 있다.

15 배수설비에서 트랩이 구비해야 할 조건으로 가장 거리가 먼 것은?

① 가능한 구조가 간단할 것
② 배수 시 자기세정이 가능할 것
③ 유효 봉수깊이(50~100mm)를 가질 것
④ 유수의 힘으로 가동부분이 열리고 유수가 끝나면 자동으로 닫히게 되는 구조일 것

■ 트랩은 가급적 가동부분이 없게 하며, 열리고 닫히는 구조가 아니어야 한다.

16 배관이음 부속에 관한 설명으로 가장 거리가 먼 것은?

① 캡은 관의 끝을 막는 데 사용된다.
② 티는 관 도중에서 분기하는 데 사용된다.
③ 엘보우는 관의 방향을 바꾸는 데 사용된다.
④ 유니온은 지름이 다른 관을 직선으로 연결하는 데 사용된다.

■ 유니온은 배관 최종 조립부에 사용하여 수리 시 분해가 가능한 조립이며, 지름이 다른 관을 직선으로 연결하는 데는 레듀셔(이경소켓)를 사용한다.

17 통기관의 관경 결정에 관한 설명으로 가장 거리가 먼 것은?

① 각개통기관의 관경은 접속하는 배수관 관경의 1/2 이상으로 한다.
② 결합통기관의 관경은 통기수직관과 배수수직관 중 작은 쪽 관경의 1/2 이상으로 한다.
③ 배수수평지관의 도피통기관 관경은 접속하는 배수수평지관 관경의 1/2 이상으로 한다.
④ 루프통기관의 관경은 배수수평지관과 통기수직관 중 작은 쪽 관경의 1/2 이상으로 한다.

■ 결합통기관의 관경은 통기수직관과 배수수직관 중 작은 쪽 관경 이상으로 하며 보통 50mm 이상으로 한다.

해답 13.③ 14.① 15.④ 16.④ 17.②

18 다음 설명에 알맞은 보일러는?

> • 수직으로 세운 드럼 내에 연관 또는 수관이 있는 소규모의 패키지형으로 되어 있다.
> • 설치면적이 작고, 취급이 용이하며, 수처리가 필요없다.
> • 사용압력이 낮고, 용량이 적으며 효율도 낮다.

① 연관 보일러 ② 입형 보일러
③ 수관 보일러 ④ 주철제 보일러

■ 입형 보일러는 수직으로 세운 드럼 내에 연관 또는 수관이 있는 소규모의 패키지형 보일러이다.

19 고온수를 열원으로 하는 간접가열식 급탕설비의 구성에 속하지 않는 것은?
① 팽창관 ② 저탕조
③ 증기트랩 ④ 온도조절 밸브

■ 고온수를 열원으로 하는 간접가열식 급탕설비에서 증기트랩은 불필요하며 증기를 열원으로 하는 경우에 필요하다.

20 직접 조명과 간접 조명에 대한 비교 중 가장 거리가 먼 것은?
① 직접 조명의 조명 효율이 높다.
② 시설비는 직접 조명이 많이 든다.
③ 간접 조명 방식은 실내 분위기가 부드럽다.
④ 직접 조명은 눈이 쉬 피로하다.

■ 간접 조명이 효율이 낮아 비경제적이고 동일 조도를 얻기 위하여 조명 기구가 많이 설치되어 시설비가 많이 든다.

제2과목 | 건축설비 설계

21 공조설비에 사용하는 펌프에 관한 설명으로 가장 거리가 먼 것은?
① 순환펌프로는 주로 원심식 펌프가 사용된다.
② 비속도가 작은 펌프는 양수량이 변화하여도 양정의 변화가 작다.
③ 동일 특성의 펌프를 병렬 운전할 경우 실제로 유량이 2배로 증가한다.
④ 펌프의 실양정은 흡입측과 토출측의 수위와 펌프의 설치 위치에 따라 다르다.

■ 동일 특성의 펌프 2대를 병렬 운전할 경우 이론적으로는 유량이 2배이나 배관 저항곡선의 기울기에 따라 실제로 유량은 2배 이하가 된다.

해답 18.② 19.③ 20.② 21.③

22 장변의 길이가 1.2m이고, 단변의 길이가 0.7m인 장방형 덕트 내로 풍속 5m/s로 공기가 통과할 경우 송풍량은?(기타 손실은 무시한다.)

① 42㎥/min ② 252㎥/min
③ 300㎥/min ④ 420㎥/min

■ $Q = Av = 1.2 \times 0.7 \times 5 = 4.2 m^3/s = 252 m^3/min$

23 덕트이음 공법 중 더블로 접은 곳에 싱글로 접은 것의 돌출부가 걸리도록 끼워 넣은 형태로 공기 누설의 우려는 있으나 덕트제작과 설치 시 공기단축 효과를 노릴 수 있는 공법은?

① 다이아몬드 브레이크 ② 피츠버그 스냅로크
③ 보턴 펀치 스냅로크 ④ 글로우브 시임

■ a) 피츠버그 스냅록 : 각부의 접합 시 겹으로 접은 판 사이에 싱글로 접은 판을 끼워 넣고 때려 누른 형식으로 견고하고 공기누설을 막는다.
b) 보턴펀치 스냅록 : 싱글의 돌출부(펀치)가 더블의 접은 면에 걸리도록 하여 덕트제작과 설치가 간편하여 공기 단축효과를 노린다. 보턴펀치 스냅로크는 현장 조립이 간편하며 접합부에 코킹(seal)을 하면 공기누설을 막을 수 있다.

24 주철관의 접합 방법에 속하는 것은?

① 나사 접합 ② 용접 접합
③ 납땜 접합 ④ 메커니컬 접합

■ 주철관의 접합 방법에는 메커니컬 접합, 허브이음, 노허브이음 등이 있다.

25 강관의 스케줄 번호와 관계있는 것은?

① 관의 외경 ② 관의 내경
③ 관의 두께 ④ 관의 길이

■ 강관의 스케줄 번호(Sch 10, 20, 40, 60 등)는 관의 두께를 표시한다.

26 관내 유량을 구하는 공식 $Q = \dfrac{\pi d^2}{4} v$에서 d가 의미하는 것은?

① 관경 ② 유속
③ 관 길이 ④ 마찰손실

■ $Q = \dfrac{\pi d^2}{4} v$ Q : 유량(m^3/s), d : 관경(mm), v : 유속(m/s)

27 배수관의 관경을 결정할 때 기준이 되는 것은?

① 층고 ② 급수량
③ 배수관의 위치 ④ 단위시간당 최대 배수량

■ 배수관의 관경은 배수 발생량(단위시간당 최대 배수량)으로 결정한다.

해답 22.② 23.③ 24.④ 25.③ 26.① 27.④

28 냉동기에 관한 설명으로 가장 거리가 먼 것은?

① 냉동기에서 냉매의 증발온도는 응축온도보다 높아야 한다.
② 흡수식 냉동기는 압축식 냉동기보다 소음·진동이 작다.
③ 흡수식 냉동기는 흡수제로서 LiBr, 냉매로서 물을 사용한다.
④ 압축식 냉동기 냉매는 압축 → 응축 → 팽창 → 증발의 순으로 순환한다.

■ 냉동기에서 냉매의 증발온도는 응축온도보다 낮아야 한다.

29 냉각탑에서 응축기로 물을 보내기 위한 배관의 명칭은?

① 냉각수 공급관　　　　② 냉각수 환수관
③ 냉수 공급관　　　　　④ 냉수 환수관

■ 냉각탑에서 응축기로 물을 보내는 배관의 명칭은 냉각수 공급관이고, 응축기에서 냉각탑으로 물을 보내기 위한 배관의 명칭은 냉각수 환수관이다.

30 대향류형 냉각탑과 비교한 직교류형 냉각탑의 특징을 설명한 내용 중 가장 거리가 먼 것은?

① 팬 소요동력이 적다.　　　　② 탑 내 기류분포가 나쁘다.
③ 구조상 점검·보수가 용이하다.　④ 설치면적이 적고 냉각효율이 높다.

■ 직교류형 냉각탑은 높이는 낮고 설치면적은 크며 냉각효율이 나쁘다.

31 다음 중 압력탱크 급수방식에서 물 공급 순서로 가장 알맞은 것은?

① 상수도 → 압력탱크 → 펌프 → 저수조 → 위생기구
② 상수도 → 압력탱크 → 저수조 → 펌프 → 위생기구
③ 상수도 → 저수조 → 펌프 → 압력탱크 → 위생기구
④ 상수도 → 저수조 → 압력탱크 → 펌프 → 위생기구

■ 압력탱크 급수방식은 상수도에서→ 저수조 저장한 후→ 펌프로→ 압력탱크에 가압한 후→ 위생기구로 급수한다.

32 온수의 체적 팽창량을 구하는 식으로 가장 적합한 것은?

ΔV : 온수의 체적 팽창량(L)	V : 배관 및 기기 내의 온수량(L)
ρ_1 : 가열 전 물의 밀도(kg/L)	ρ_2 : 가열 후 물의 밀도(kg/L)

① $\Delta V = V\left(\dfrac{1}{\rho_2} - \dfrac{1}{\rho_1}\right)$　　② $\Delta V = V\left(\dfrac{1}{\rho_1} - \dfrac{1}{\rho_2}\right)$

③ $\Delta V = V(\rho_2 - \rho_1)$　　　　　　④ $\Delta V = V(\rho_1 - \rho_2)$

■ 온수팽창량　$\Delta V = V\left(\dfrac{1}{\rho_2} - \dfrac{1}{\rho_1}\right) = V(v_2 - v_1)$

　ρ_1, ρ_2 : 가열 전후 물의 밀도
　v_1, v_2 : 가열 전후 물의 비체적

해답　28.① 29.① 30.④ 31.③ 32.①

33 오수정화시설에서 생물학적 처리방법 중 활성오니법에 속하는 것은?

① 장기폭기방법　　② 접촉산화방법
③ 살수여상방법　　④ 회전원판접촉방법

■ 오수정화시설에서 생물학적 처리방법은 미생물의 상태에 따라 활성오니법과 생물막법으로 나누어지며 활성오니법에는 장기폭기법, 산화구법 등이 있으며 생물막법에는 접촉산화방법, 살수여상방법, 회전원판접촉방법 등이 있다.

34 연면적이 10,000㎡인 사무소 건물에 필요한 1일당 급수량은?(단, 유효면적비율은 60%, 1인 1일당 급수량은 100L, 유효면적당 거주인원은 0.2인/㎡)

① 12㎥/d　　② 20㎥/d
③ 120㎥/d　　④ 200㎥/d

■ Q=10,000×0.6×0.2×100=120,000L/d=120㎥/d

35 저수조에 물이 5m 높이까지 채워져 있을 경우, 수조 바닥면에서 받는 압력은 게이지압으로 얼마인가?

① 약 0.5kPa　　② 약 5kPa
③ 약 50kPa　　④ 약 500kPa

■ 게이지압은 대기압을 무시하고 수조 깊이에 의한 물의 압력을 의미한다.
$5mAq = 50kPa$, $1mAq = 9.8kPa ≒ 10kPa$

36 증기난방설비에 사용되는 플래시 탱크(flash tank)의 역할로 가장 알맞은 것은?

① 고온, 고압의 응축수로부터 재증발 증기를 회수한다.
② 스팀보일러부터 발생한 증기를 각 계통으로 분배한다.
③ 환수주관보다 높은 위치에 진공펌프를 설치할 때 사용한다.
④ 보일러의 저수위면이 안전수위 이하로 내려가는 것을 방지한다.

■ 플래시 탱크는 고온, 고압의 응축수를 저압으로 감압시켜 이때 발생하는 재증발 증기를 저압 생증기로 회수하는 일종의 열회수 방식이다.

37 다음과 같은 조건에서 교실면적이 480㎡인 경우 조명기구(형광등)로부터의 취득열량은?

• 실의 단위면적당 조명 소비전력 : 13W/㎡	• 조명기구 점등률 : 0.5
• 안정기 발열량 20%를 가산	

① 3,372W　　② 3,744W
③ 3,925W　　④ 4,120W

■ 소비전력=480×13=6,240W
점등률 적용부하=6,240×0.5=3,120W
안정기 고려열량=3,120×1.2=3,744W

해답　33.① 34.③ 35.③ 36.① 37.②

38 환기방식에 관한 설명으로 가장 거리가 먼 것은?

① 제3종 환기방식은 지붕에 설치된 모니터를 이용한다.
② 중력환기에 의한 환기량은 실내외 온도차에 비례한다.
③ 치환환기는 실내 온도보다 낮은 온도의 공기를 이용하는 방식이다.
④ 제2종 환기방식은 오염 공기의 침입을 방지하거나 연소용 공기가 필요한 경우에 적합하다.

■ 제3종 환기방식은 강제 배기 송풍기와 하부 급기구를 설치하여 실내를 부압(-)으로 유지하며, 지붕에 모니터(자연 통풍구)를 설치하여 자연 통풍을 이용하는 것은 3종환기에 부적합하다.

39 덕트의 배치방식에 관한 설명으로 가장 거리가 먼 것은?

① 수평덕트방식은 각개 입상덕트방식에 비하여 덕트 스페이스를 적게 차지한다.
② 개별덕트방식은 입상덕트에서 각개의 취출구로 각개의 덕트를 통해 분산하여 송풍하는 방식이다.
③ 간선덕트방식은 주덕트인 입상덕트로부터 각 층에서 분기되어 각 취출구로 연결한다.
④ 환상덕트방식은 2개의 덕트말단을 루프(loop) 상태로 연결함으로써 양쪽 덕트의 정압이 균일하게 된다.

■ 수평덕트방식은 각개 입상덕트방식에 비하여 덕트 스페이스를 많이 차지한다.

40 용량이 386kW인 터보 냉동기에서 1시간 동안 순환되는 냉수량은?(단, 냉각기 입구의 냉수온도 10℃, 출구의 냉수온도 5℃, 물의 비열 4.2kJ/kg·K)

① 55.3m³/h
② 58.9m³/h
③ 64.9m³/h
④ 66.2m³/h

■ $q = WC \triangle t$ 에서
$W = \dfrac{q}{C \triangle t} = \dfrac{386kW}{4.2(10-5)} = 18.38 kg/s = 66,168 L/h = 66.17 m^3/h$

제3과목 건축설비 관련 법규

41 내화구조에 속하지 않는 것은?(단, 바닥의 경우)

① 철근콘크리트조로서 두께가 10cm인 것
② 무근콘크리트조로서 두께가 10cm인 것
③ 철골철근콘크리트조로서 두께가 10cm인 것
④ 철재의 양면을 두께 5cm의 철망모르타르로 덮은 것

■ 〈피난방화구조기준 3조〉 무근콘크리트조는 해당 없음

해답 38.① 39.① 40.④ 41.②

42 기계환기설비를 설치하여야 하는 다중이용시설 중 판매시설의 필요 환기량 기준은?
① 25㎥/인·h 이상
② 27㎥/인·h 이상
③ 29㎥/인·h 이상
④ 36㎥/인·h 이상

■ 〈설비기준 11조 별표1의 6〉 판매시설 : 29㎥/인·h 이상

43 각 층의 거실면적이 1,500㎡이고, 층수가 11층인 업무시설에 설치하여야 하는 승용승강기의 최소대수는?(단, 15인승 승강기의 경우)
① 1대
② 2대
③ 3대
④ 4대

■ 〈설비기준 5조 별표1의 2〉 6층 이상 거실 면적=6×1,500=9,000
업무시설 : 3천 이하 1대+초과 2천마다 1대 추가=1+3=4대

44 건축물의 피난·방화구조 등의 기준에 관한 규칙에 따라 채광 및 환기를 위한 창문 등이나 설비를 설치하여야 하는 대상에 속하지 않는 것은?
① 의료시설의 병실
② 공동주택의 거실
③ 종교시설의 집회실
④ 교육연구시설 중 학교의 교실

■ 〈건축법령 51조〉 종교시설의 집회실은 해당 없음

45 아파트에 설치하여야 하는 대피공간에 관한 기준 내용으로 옳지 않은 것은?
① 대피공간은 바깥의 공기와 접할 것
② 대피공간은 실내의 다른 부분과 방화구획으로 구획될 것
③ 대피공간의 바닥면적은 각 세대별로 설치하는 경우에는 최소 2㎡ 이상일 것
④ 대피공간의 바닥면적은 인접 세대와 공동으로 설치하는 경우에는 최소 4㎡ 이상일 것

■ 〈건축법령 46조 5항〉 인접 세대와 공동으로 설치하는 경우에는 최소 3㎡ 이상일 것

46 비상용 승강기 승강장의 바닥면적은 비상용 승강기 1대에 대하여 최소 얼마 이상으로 하여야 하는가?(단, 옥내에 승강장을 설치하는 경우)
① 5㎡
② 6㎡
③ 8㎡
④ 10㎡

■ 〈설비기준 10조〉 비상용 승강기 승강장의 바닥면적은 승강기 1대에 대하여 6㎡ 이상

47 건축법령상 다음과 같이 정의되는 주택의 유형은?

| 주택으로 쓰는 1개 동의 바닥면적 합계가 660㎡를 초과하고, 층수가 4개 층 이하인 주택 |

① 다중주택
② 연립주택
③ 다가구주택
④ 다세대주택

■ 〈건축법령 3조의 5〉 연립주택 : 660㎡를 초과하고, 층수가 4개 층 이하

해답 42.③ 43.④ 44.③ 45.④ 46.② 47.②

48 냉방설비의 축열률에서 축냉식 전기냉방으로 설치할 때에는 전체 축냉방식 또는 몇 % 이상인 부분 축냉방식으로 설치하여야 하는가?

① 20% ② 40%
③ 60% ④ 80%

■ 〈냉방설비기준 5조〉 축냉식 전기냉방으로 설치할 때에는 전체 축냉방식 또는 축열률 40% 이상인 부분 축냉방식으로 설치하여야 한다.

49 제로에너지건축물 인증기관이 갖추어야 할 인력요건으로 옳지 않은 것은?

① 건축, 설비, 에너지분야의 기술사 자격을 취득한 후 3년 이상 해당업무를 수행한 사람
② 건축, 설비, 에너지분야의 기사 자격을 취득한 후 5년 이상 해당업무를 수행한 사람
③ 건축, 설비, 에너지분야의 박사학위를 취득한 후 3년 이상 해당업무를 수행한 사람
④ 건축, 설비, 에너지분야의 학사학위를 취득한 후 5년 이상 해당업무를 수행한 사람

■ 〈제로에너지건축물 인증규칙 4조〉 건축, 설비, 에너지분야의 학사학위를 취득한 후 7년 이상 해당업무를 수행한 사람이 해당된다.

50 건축물의 설비기준 등에 관한 규칙에 따라 피뢰설비를 설치하여야 하는 대상 건축물의 높이 기준은?

① 10m 이상 ② 20m 이상
③ 30m 이상 ④ 40m 이상

■ 〈설비기준 20조〉 피뢰설비를 설치하여야 하는 대상 건축물 : 20m 이상

51 건축법령상 다음과 같이 정의되는 용어는?

> 기존 건축물이 있는 대지에서 건축물의 건축면적, 연면적, 층수 또는 높이를 늘리는 것

① 증축 ② 개축
③ 재축 ④ 대수선

■ 〈건축법령 2조〉 증축이란 기존 건축물이 있는 대지에서 건축물의 건축면적, 연면적, 층수 또는 높이를 늘리는 것

52 피난안전구역의 설치에 관한 기준 내용으로 옳지 않은 것은?

① 피난안전구역의 내부마감재료는 불연재료로 설치할 것
② 피난안전구역의 높이는 2.1m 이상일 것
③ 비상용 승강기는 피난안전구역에서 승하차할 수 있는 구조로 설치할 것
④ 건축물의 내부에서 피난안전구역으로 통하는 계단은 피난계단의 구조로 설치할 것

■ 〈피난방화구조기준 8조 2〉 건축물의 내부에서 피난안전구역으로 통하는 계단은 특별피난계단의 구조로 설치할 것

해답 48.② 49.④ 50.② 51.① 52.④

53 건축물의 용도변경과 관련된 시설군 중 영업시설군의 세부 용도에 속하지 않는 것은?

① 판매시설 ② 운동시설
③ 업무시설 ④ 숙박시설

■ 〈건축법령 14조〉 업무시설은 주거업무시설군에 속한다.

54 공사감리자가 필요하다고 인정할 경우 공사시공자에게 상세시공도면을 작성하도록 요청할 수 있는 대상 건축공사 기준은?

① 연면적의 합계가 3,000㎡ 이상인 건축공사
② 연면적의 합계가 5,000㎡ 이상인 건축공사
③ 연면적의 합계가 10,000㎡ 이상인 건축공사
④ 연면적의 합계가 20,000㎡ 이상인 건축공사

■ 〈건축법 25조, 영 19조〉 연면적 5,000㎡ 이상인 건축공사

55 공동주택의 거실에 설치하는 반자의 높이는 최소 얼마 이상으로 하여야 하는가?

① 1.8m ② 2.1m
③ 2.7m ④ 4.0m

■ 〈피난방화구조기준 16조〉 반자의 높이 2.1m 이상

56 문화 및 집회시설 중 공연장 개별관람석의 출구에 관한 설명으로 옳지 않은 것은? (단, 개별관람석의 바닥면적이 300㎡ 이상인 경우)

① 안여닫이로 할 것
② 관람석별로 2개소 이상 설치할 것
③ 각 출구의 유효너비는 1.5m 이상일 것
④ 개별관람석 출구의 유효너비의 합계는 개별 관람석의 바닥면적 100㎡마다 0.6m의 비율로 산정한 너비 이상으로 할 것

■ 〈피난방화구조기준 10조〉 안여닫이로 하여서는 아니 된다.

57 제로에너지건축물 인증에서 규정에 따른 건축물 중 국토교통부장관과 산업통상자원부장관이 공동으로 고시하는 실내 냉방·난방 온도 설정조건으로 인증 평가가 불가능한 건축물 또는 이에 해당하는 공간이 전체 연면적의 얼마를 차지하는 건축물은 제외할 수 있는가?

① 100분의 30 이상 ② 100분의 50 이상
③ 100분의 60 이상 ④ 100분의 80 이상

■ 〈제로에너지건축물 인증규칙 2조〉 (적용대상) 제로에너지건축물 인증은 「건축법 시행령」 별표 1 각 호에 따른 건축물을 대상으로 한다. 다만, 국토교통부장관과 산업통상자원부장관이공동으로 고시하는 실내 냉방·난방 온도 설정조건으로 인증 평가가 불가능한 건축물 또는 이에 해당하는 공간이 전체 연면적 100분의 50 이상을 차지하는 건축물은 제외한다.

해답 53.③ 54.② 55.② 56.① 57.②

58 에너지절약 설계기준에서 외기에 면하고 1창 또는 지상으로 연결된 출입문을 방풍구조로 하지 않아도 되는 것은(단, 사람의 통행을 주목적으로 하며, 너비가 1.2m를 초과하는 출입문인 경우)?
① 호텔의 주출입문
② 공동주택의 출입문
③ 공기조화를 하는 업무시설의 출입문
④ 바닥면적의 합계가 500㎡인 상점의 주출입문

■ 〈에너지절약기준 6조〉 외기에 직접 면하고 1층 또는 지상으로 연결된 출입문은 방풍구조로 하여야 한다. 다만, 판매 및 영업시설 중 도매시장, 소매시장 및 상점으로써 바닥면적 300㎡ 이하의 개별 점포의 출입문, 공동주택의 출입문, 사람의 통행을 주목적으로 하지 않는 출입문과 너비가 1.2미터 이하의 출입문은 그러하지 아니할 수 있다.

59 제로에너지건축물 인증을 신청할 수 없는 사람은?
① 건축주
② 건축물 소유자
③ 건축물에너지평가사
④ 사업주체 또는 시공자

■ 〈제로에너지건축물 인증규칙 6조〉 제로에너지건축물 인증을 신청할 수 있는 사람에 건축물에너지평가사는 속하지 않는다.

60 지능형 건축물 인증기관의 인증업무 처리규정에 포함될 사항으로 가장 거리가 먼 것은?
① 인증심사 전문인력 선발방법에 관한 사항
② 인증심사단 및 인증심의위원회의 구성·운영에 관한 사항
③ 인증 결과 통보 및 재심사에 관한 사항
④ 지능형건축물 인증의 취소에 관한 사항

■ 〈지능형 건축물 3조〉 인증심사 전문인력 선발방법에 관한 사항은 해당이 없다.

해답 58.② 59.③ 60.①

제8회 | 건축설비산업기사 기출모의고사

제1과목 — 건축설비 계획

01 도서관 내부의 서고 채광에 관한 설명으로 옳지 않은 것은?
 ① 서고 조명은 서가 표면 통로를 균등하게 조명한다.
 ② 서고 통로는 충분하게 조명하며 눈이 부시지 않게 한다.
 ③ 서고 조명기구는 파손이 적고 취급이 용이한 기구를 사용한다.
 ④ 서고 내부는 자연채광으로 하는 편이 좋다.
■ 서고 내부는 수장 도서의 변질을 막기 위하여 자연채광을 피하고 인공채광을 채택하는 편이 좋다.

02 파이프 내 흐르는 유체가 "물"임을 표시하는 기호는?
 ① $\overset{A}{\diagdown}$ ② $\overset{O}{\diagdown}$
 ③ $\overset{S}{\diagdown}$ ④ $\overset{W}{\diagdown}$
■ 물 : W, 공기 : A, 오일 : O, 증기 : S

03 홀 용적 5,000m³ 잔향시간 1.6초인 실에서 잔향시간을 1초로 만들기 위해 필요한 여분 흡음력은 얼마인가?
 ① 약 250m² ② 약 275m²
 ③ 약 300m² ④ 약 450m²
■ 잔향시간(T)=$0.164 \times \dfrac{실용적(m^3)}{흡음력(m^2)}$에서 $1.6 = 0.164 \times \dfrac{5,000}{A}$ ※ 흡음력 A=513m²
 잔향시간이 1초일 때 $1 = 0.164 \times \dfrac{5,000}{A}$, A=820m² ∴ 여분흡음력=820-513=307m²≒300m²

04 연관에 관한 설명으로 옳지 않은 것은?
 ① 내식성이 작다. ② 가공이 용이하다.
 ③ 전성, 연성이 풍부하다. ④ 건조한 공기 중에서는 침식되지 않는다.
■ 연관은 내식성이 우수하다.

해답 1.④ 2.④ 3.③ 4.①

05 대규모 건물에서 간접가열식 중앙식 급탕방식에 관한 설명으로 옳지 않은 것은?

① 직접가열식에 비해 열효율이 높다.
② 가열보일러는 난방보일러와 겸용할 수 있다.
③ 직접가열식에 비해 구조가 약간 복잡해진다.
④ 고온의 탕을 얻기 위해서는 증기 또는 고온수 보일러를 사용한다.

■ 간접가열식은 보일러와 열교환기에서 2번 열교환되므로 열효율은 낮다.

06 대변기의 세정방식에 관한 설명으로 옳은 것은?

① 로 탱크식은 연속사용이 가능하다.
② 하이 탱크식과 로 탱크식은 급수압이 낮아도 사용이 가능하다.
③ 플러시 밸브식은 급수관경에 제한이 없어 일반 가정용으로 주로 사용된다.
④ 로 탱크식은 하이 탱크식에 비해 세정소음이 크나, 화장실 면적을 넓게 사용할 수 있다는 장점이 있다.

■ 로 탱크식과 하이 탱크식은 연속사용이 불가능하며, 탱크식은 급수압이 낮아도 사용이 가능하다. 플러시 밸브식은 급수관경에 제한이 있다.(25mm 이상) 로 탱크식은 하이 탱크식에 비해 세정소음이 작으나, 화장실 면적을 넓게 차지하는 단점이 있다.

07 급수설비의 조닝방식 중 중간수조방식에 관한 설명으로 옳은 것은?

① 정밀한 조닝이 용이하다.
② 중간수조실 및 양수펌프가 필요없다.
③ 수압이 일정하지 않고 변화가 심하다.
④ 감압밸브 방식에 비해 에너지 절약을 꾀할 수 있다.

■ 중간수조 방식은 감압밸브 방식에 비해 에너지 절약을 꾀할 수 있으나, 수압은 어느 정도 일정하고, 정밀한 조닝은 어렵고, 중간 수조실과 양수펌프가 필요하다.

08 배수관 계통에서 통기관을 설치하는 목적은?

① 배관의 결로방지를 위하여
② 트랩의 봉수를 보호하기 위하여
③ 배관의 수명을 연장하기 위하여
④ 배관 내의 소음을 방지하기 위하여

■ 통기관은 트랩의 봉수보호가 주목적이다.

09 펌프에 관한 설명으로 옳지 않은 것은?

① 마찰펌프는 소용량에 비해 높은 양정을 얻을 수 있다.
② 원심식 펌프에는 피스톤 펌프, 다이아프램 펌프 등이 있다.
③ 급수설비에서 급수 및 양수 펌프로는 주로 원심식 펌프가 사용된다.
④ 볼류트 펌프는 와권 케이싱과 회전차로 구성되며, 디퓨저 펌프는 회전차 주위에 디퓨저인 안내 날개를 가지고 있다.

■ 원심식 펌프에는 볼류트, 터빈펌프가 있으며 용적식 펌프에 피스톤 펌프, 다이아프램 펌프 등이 있다.

해답 5.① 6.② 7.④ 8.② 9.②

10 간접가열식 급탕설비에서 증기트랩을 설치하는 가장 주된 이유는?
① 신축을 흡수하기 위하여
② 급탕의 오염을 방지하기 위하여
③ 저탕조의 온도를 감지하기 위하여
④ 응축수를 보일러로 환수하기 위하여

■ 간접가열식 급탕설비는 보일러의 증기를 이용하여 급탕을 공급하는데 이때 응축수를 환수하기 위하여 증기트랩을 설치한다.

11 다음의 급수방식 중 수질 오염 가능성이 가장 큰 것은?
① 수도직결방식
② 압력탱크방식
③ 고가탱크방식
④ 펌프직송방식

■ 급수방식 중 수질 오염 가능성은 탱크가 많은 고가탱크방식이다.

12 중앙공기조화방식 중 전공기 방식의 일반적 특징으로 옳지 않은 것은?
① 덕트 스페이스가 필요없다.
② 중간기에 외기냉방이 가능하다.
③ 실내에 배관으로 인한 누수의 우려가 없다.
④ 외기도입이 가능하여 실내 공기의 오염이 적다.

■ 전공기 방식은 덕트 스페이스가 필요하다.

13 화장실, 부엌 및 욕실 등과 같이 부압을 유지해야 하는 공간에 주로 적용되는 환기방식은?
① 제1종 환기
② 제2종 환기
③ 제3종 환기
④ 자연환기

■ 제3종 환기는 실내가 부압으로 오염공기가 주변에 확산되지 않으므로 화장실, 주방에 적합하다.

14 에너지절감을 목적으로 사용하는 전열교환기는 어떤 열을 회수하는 장치인가?
① 복사열
② 대류열
③ 엔탈피
④ 엔트로피

■ 전열교환기는 엔탈피=전열(현열+잠열)제거에 적합하다.

15 양수펌프에서 흡수면으로부터 토출수면까지 물이 올라가는데 필요한 에너지를 무엇이라 하는가?
① 실양정
② 전양정
③ 압력수두
④ 속도수두

■ 흡수면으로부터 토출수면까지의 높이는 실양정이고, 흡수면으로부터 토출수면까지 물이 올라오는데 필요한 전체 에너지는 전양정이라 한다. 이 문제는 언뜻 보면 실양정으로 착각하기 쉽다.

해답 10.④ 11.③ 12.① 13.③ 14.③ 15.②

16 온수난방의 부속기기로 사용되는 팽창탱크에 관한 설명으로 옳지 않은 것은?
① 장치 내의 온도변화에 따른 물의 체적변화를 흡수한다.
② 팽창된 물의 배출을 방지하여 장치의 열손실을 방지한다.
③ 밀폐식 팽창탱크는 장치 내의 주된 공기배출구로 이용되며, 온수보일러의 도피관으로도 사용된다.
④ 장치의 휴지 중에도 배관계를 일정압력 이상으로 유지하여, 물의 누수 등으로 발생하는 공기의 침입을 방지한다.

■ 밀폐식 팽창탱크는 공기배출구 기능은 없으며 온수보일러의 팽창수를 흡수하는 도피관으로 사용된다.

17 다음 중 구조체의 열용량이 클 경우 발생하는 현상과 가장 거리가 먼 것은?
① 결로 방지
② 시간지연효과
③ peak load의 감소
④ 실내온열환경 안정화

■ 열용량이 크면 결로 발생을 조금 늦출 수 있으나 방지는 곤란하다.

18 몰리에르 선도상에서 히트펌프의 난방 시 성적계수를 산정하는 식은?
① $\dfrac{\text{증발기 출구엔탈피} - \text{증발기 입구엔탈피}}{\text{압축일}}$
② $\dfrac{\text{응축기 입구엔탈피} - \text{응축기 출구엔탈피}}{\text{압축일}}$
③ $\dfrac{\text{압축기 입구엔탈피} - \text{압축기 출구엔탈피}}{\text{압축일}}$
④ $\dfrac{\text{응축기 출구엔탈피} - \text{증발기 입구엔탈피}}{\text{압축일}}$

■ 히트펌프 성적계수 $= \dfrac{\text{응축부하}}{\text{압축일}} = \dfrac{\text{응축기입구 엔탈피} - \text{출구엔탈피}}{\text{압축일}}$

19 아래 덕트 평면도에서 600×200단면을 300×200으로 축소하는 덕트길이 1,000mm에 대하여 철판면적을 산출하시오.(할증은 무시한다.)

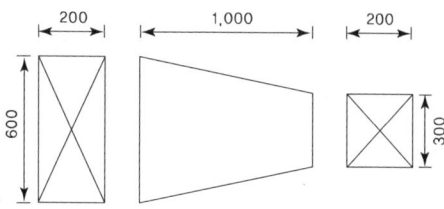

① 0.86m²
② 1.12m²
③ 1.24m²
④ 1.30m²

■ 덕트 높이는 200mm이며 길이는 1,000mm이고 폭은 600에서 300으로 축소(레듀싱)되고 있을 때 위와같이 축소된 덕트 면적산출은 폭을 중간값(450mm)으로 계산한다. 즉 덕트 규격 450×200×1,000mm에서 450×200 덕트는 둘레길이가 (0.45+0.2)×2=1.3m이고 길이가 1m이므로 덕트 면적=1.3×1=1.3m²

해답 16.③ 17.① 18.② 19.④

20 증기난방에 관한 설명으로 옳지 않은 것은?

① 온수난방에 비해 열용량이 크다.
② 한랭지에서 동결의 우려가 적다.
③ 방열면적을 온수난방보다 작게 할 수 있다.
④ 증발잠열을 이용하기 때문에 열의 운반능력이 크다.

■ 증기난방은 온수난방에 비해 열용량이 작다. 그러므로 증기공급을 차단하면 실내온도가 빠르게 감소한다.

제2과목 | 건축설비 설계

21 급기덕트에 사용되는 스플릿 댐퍼에 관한 설명으로 옳지 않은 것은?

① 주덕트의 압력강하가 적다.
② 정밀한 풍량조절이 용이하다.
③ 누설이 많아 폐쇄용으로 사용이 곤란하다.
④ 분기부에 설치하여 풍량조절용으로 사용된다.

■ 스플릿 댐퍼는 분기부에 설치하여 풍량조절용으로 사용되지만 정밀한 풍량제어는 곤란하다.

22 건구온도 25°C의 공기 1,000㎥를 32°C로 가열하기 위해 필요한 열량은?(단, 공기의 비열은 1.01kJ/kg · K이고, 공기의 밀도는 1.2kg/㎥이다.)

① 7,070kJ
② 8,484kJ
③ 9,642kJ
④ 9,854lJ

■ $q = mC\Delta t = 1,000 \times 1.2 \times 1.01(32-25) = 8484 kJ$

23 배관을 통해 고가수조에 매시 25.2㎥의 물을 유속 1.5m/s로 양수하려고 할 경우, 필요한 배관의 내경은?

① 약 65mm
② 약 70mm
③ 약 77mm
④ 약 81mm

■ $d = \sqrt{\dfrac{4Q}{\pi v}} = \sqrt{\dfrac{4 \times 25.2}{3,600 \times \pi \times 1.5}} = 0.077m = 77mm$

24 급탕 인원수 150명인 아파트의 1일당 최대예상급탕량은?(단, 1일 1인당 급탕량은 140/L/c/d이다.)

① 17,800L/d
② 21,000L/d
③ 24,000L/d
④ 16,800L/d

■ $Q = Nq = 150 \times 140 = 21,000 L/d$

해답 20.① 21.② 22.② 23.③ 24.②

25 최대강우량 60mm/h의 지역에 있는 수평투영면적 1,200㎡의 건물에 4개의 우수배수수직관을 설치할 경우 알맞은 관경은?

〈강우량 100mm/h일 때 우수배수수직관의 관경〉

관경(mm)	최대허용지붕면적(㎡)
50	67
65	121
75	204
100	427
125	804

① 50mm ② 65mm
③ 75mm ④ 100mm

■ 투영면적 1,200㎡의 건물에 4개의 우수배수수직관을 설치할 경우 1개당 담당 면적
 =1,200/4=300㎡
 강우량 60mm/h로 환산하면 300(60/100)=180㎡
 표에서 180 직상 204일 때 75mm 선정

26 각종 밸브에 관한 설명으로 옳은 것은?
① 볼밸브 : 콕의 일종으로 구조가 간단하나 밸브를 완전히 열고 사용할 때 저항손실이 크다.
② 체크밸브 : 역류방지밸브로써 스윙형은 저항 손실이 적고 수평, 수직배관에 모두 사용이 가능하다.
③ 슬루스밸브 : 밸브를 일부만 열고 사용하여도 유체의 저항손실이 작기 때문에 유량조절용에 적합하다.
④ 글로브밸브 : 밸브를 완전히 열고 사용하는 경우에는 유체저항손실이 없으나 일부만 열고 사용하는 경우에는 저항손실이 크다.

■ 볼밸브는 콕의 일종으로 구조가 간단하며 저항손실이 작고, 체크밸브는 역류방지밸브로서 스윙형은 저항손실이 적고 수평, 수직배관에 모두 사용이 가능하다. 슬루스밸브는 밸브를 일부만 열고 사용할 때 유체의 저항손실이 크기 때문에 유량조절용에 부적합하다. 글로브밸브는 밸브를 완전히 열고 사용하는 경우에도 유체 저항손실이 크다.

27 위생설비 급수단위 1FU(Fixture Unit)의 소요 순간 급수량은 얼마정도인가?
① 14L/min ② 30L/min
③ 50L/min ④ 60L/min

■ 급수부하단위는 세면기를 기준하며 1FU=14L/min, 배수부하단위 1FU=30L/min(또는 28.5L/min)가 원칙이나 모두가 세면기를 기준으로 선정한 것으로 급수, 배수 모두 1FU=30L/min를 쓰기도 한다. 즉 급수부하단위값에 14L/min가 없으면 30L/min를 선택한다.

해답 25.③ 26.② 27.①

28 다음 중 오수정화시설에서 유량조정조를 설치하는 이유와 가장 관계가 먼 것은?

① 처리기능을 안정화할 수 있기 때문에
② 건물 내 오수량의 시간별 차이가 크기 때문에
③ 후속 처리공정의 용량을 줄일 수 있기 때문에
④ 유입되는 오수의 찌꺼기를 제거할 수 있기 때문에

■ 유량조정조는 유입 오수량의 시간대별 차이가 클 때 이를 완충하는 역할을 한다. 찌꺼기 제거와는 거리가 멀다.

29 내경 500mm, 길이 50m인 주철관에 1.7m/s의 유속으로 물이 흐를 때 마찰손실수두는?(단, 마찰계수 λ=0.03이다.)

① 0.44m
② 0.52m
③ 0.78m
④ 0.97m

■ $h = \dfrac{fLv^2}{d\,2g} = \dfrac{0.03 \times 50 \times 1.7^2}{0.5 \times 2 \times 9.8} = 0.44m$

30 다음과 같이 정의되는 통기관의 종류는?

> 2개 이상의 트랩을 보호하기 위하여 기구 배수관이 배수수평지관에 접속하는 지점의 바로 하류에서 취출하여, 통기 입상관에 연결하는 통기관

① 각개통기관
② 회로통기관
③ 신정통기관
④ 결합통기관

■ 회로통기관(루프통기)은 배수수평지관의 최상류 기구 직하에서 취출하여 통기 입상관에 연결하는 통기관이다.

31 진공환수 시 방열기보다 높은 곳에 환수횡주관을 배관하거나 환수주관보다 높은 위치에 진공펌프를 설치하는 경우 환수관의 응축수를 끌어올리기 위해 사용하는 것은?

① 팽창관
② 증발탱크
③ 리프트 이음
④ 응축수 트랩

■ 리프트 이음은 진공환수 시 방열기보다 높은 곳에 환수 횡주관을 배관하여 환수관의 응축수를 끌어올리는 배관이다.

32 취출구에 관한 설명으로 옳지 않은 것은?

① 팬(pan)형은 유인비 및 소음발생이 적다.
② 아네모스탯형은 1차 공기에 의한 2차 공기의 유인성능이 좋다.
③ 노즐형은 소음이 크기 때문에 취출풍속을 5m/s 이하로 하여 사용된다.
④ 브리즈 라인형은 선의 개념을 통하여 인테리어 디자인에서 미적인 감각을 살릴 수 있다.

■ 노즐형은 소음이 작기 때문에 취출풍속을 5m/s 이상으로 하여 사용할 수 있다.

해답 28.④ 29.① 30.② 31.③ 32.③

33 다음과 같은 조건에 있는 사무실의 환기에 의한 손실 열량(현열)은?

- 사무실의 크기 : 7m×5m×3.5m
- 외기온도 : 5℃
- 공기의 밀도 : 1.2kg/m³
- 실내온도 : 20℃
- 사무실의 환기횟수 : 2회/h
- 공기의 정압비열 : 1.01kJ/kg·K

① 842.01W ② 1,075.78W
③ 1,237.25W ④ 4,275.03W

■ $q = mC\Delta t = 7 \times 5 \times 3.5 \times 2 \times 1.2 \times 1.01(20-5) = 4,454 kJ/h = 1,237 W$

34 송풍기의 특성 곡선에 나타나지 않는 것은?
① 전압 ② 효율
③ 풍속 ④ 축동력

■ 송풍기의 특성 곡선은 풍량, 전압, 정압, 효율, 축동력으로 구성된다.

35 덕트의 아스팩트비(aspect ratio)의 정의로 옳은 것은?
① 장방형 덕트에서 면적과 장변의 비율
② 장방향 덕트에서 장변과 단변의 비율
③ 원형 덕트에서 단면적과 직경의 비율
④ 원형 덕트에서 풍량과 단면적의 비율

■ 아스팩트비=장변/단변(장방형 덕트, 각형 덕트, 사각 덕트)

36 증기발생기라고도 불리우며 수관으로 되어 있으나 드럼이 없고 증기발생이 빠르므로 간단히 고압의 증기를 얻으려 하는 경우에 사용되는 보일러는?
① 관류 보일러 ② 연관 보일러
③ 수관 보일러 ④ 주철제 보일러

■ 관류 보일러는 1개의 관으로 구성된 수관 보일러로 증기발생이 빠르므로 간단히 고압의 증기를 얻으려 하는 경우에 적합하다.

37 다음 중 공기조화부하 계산에 사용되는 유리의 차폐계수가 가장 큰 것은?(단, 내부 블라인드가 없는 경우)
① 두께 3mm 보통유리 ② 두께 3mm 흡열유리
③ 두께 5mm 보통유리 ④ 두께 5mm 흡열유리

■ 차폐계수는 빛 투과가 클수록 크다. 그러므로 두께가 얇은 보통유리가 차폐계수가 크다.

38 다음의 냉동기 중 소음 진동이 가장 적은 것은?
① 흡수식 ② 터보식
③ 왕복동식 ④ 스크류식

■ 흡수식 냉동기는 압축기가 없어 증기압축식(왕복동식, 터보식, 스크류식)에 비해 소음진동이 적다.

해답 33.③ 34.③ 35.② 36.① 37.① 38.①

39 보일러의 실제 증발량이 2,000kg/h이고, 발생증기의 엔탈피는 2,768.8kJ/kg, 보일러에 보급되는 급수의 엔탈피는 335.2kJ/kg이다. 이 보일러의 환산증발량(상당증발량)은?(단, 100°C에서 물의 증발잠열은 2,257kJ/kg이다.)

① 약 1,000kg/h ② 약 1,078kg/h
③ 약 1,124kg/h ④ 약 2,156kg/h

■ 상당증발량 = $\dfrac{\text{실제발열량}}{100°C \text{증발잠열}} = \dfrac{2,000(2,768.8-335.2)}{2,257} = 2,156 kg/h$

40 길이 20m인 배관 내로 증기가 간헐적으로 흐르고 있다. 증기가 통과할 때의 관온도가 100°C, 흐르지 않고 있을 때의 관온도가 20°C라고 하면, 증기가 통과할 때 늘어나는 관길이는?(단, 배관재료의 선팽창계수는 1.2×10^{-5}/°C이다.)

① 19.2mm ② 25.2mm
③ 29.4mm ④ 38.4mm

■ $L' = L \times \alpha \times \Delta t = 20 \times 1.2 \times 10^{-5}(100-20) = 0.0192m = 19.2mm$

제3과목 | 건축설비 관련 법규

41 숙박시설의 용도로 쓰는 건축물로서 방송 공동수신설비를 설치하여야 하는 건축물의 바닥면적 기준은?

① 바닥면적의 합계가 1,000㎡ 이상인 건축물
② 바닥면적의 합계가 2,000㎡ 이상인 건축물
③ 바닥면적의 합계가 5,000㎡ 이상인 건축물
④ 바닥면적의 합계가 10,000㎡ 이상인 건축물

■ 〈건축법령 87조 ④의 2〉 바닥면적의 합계가 5,000㎡ 이상인 업무, 숙박시설

42 건축법령상 고층건축물의 정의로 옳은 것은?

① 층수가 20층 이상이거나 높이가 60m 이상인 건축물
② 층수가 20층 이상이거나 높이가 80m 이상인 건축물
③ 층수가 30층 이상이거나 높이가 90m 이상인 건축물
④ 층수가 30층 이상이거나 높이가 120m 이상인 건축물

■ 〈건축법 2조〉
• 고층건축물 : 층수가 30층 이상이거나 높이가 120m 이상인 건축물
• 초고층건축물 : 층수가 50층 이상이거나 높이가 200m 이상인 건축물
• 준초고층건축물 : 층수가 30층~49층이거나 높이가 120~200m인 건축물
※ 정의는 위와 같으나 의미상으로 준초고층건물은 고층건물에 해당한다.

해답 39.① 40.① 41.③ 42.④

43 다음은 건축물의 에너지절약 설계기준에 따른 에너지성능지표의 판정에 관한 기준 내용이다. ( ) 안에 알맞은 것은?

> 에너지성능지표는 평점합계가 ( ) 이상일 경우 적합한 것으로 본다. 다만, 공공기관이 신축하는 건축물(별동으로 증축하는 건축물을 포함한다)은 74점 이상일 경우 적합한 것으로 본다.

① 65점 ② 72점
③ 84점 ④ 90점

■ 〈에너지절약기준 15조〉 에너지성능지표는 평점합계가 65점 이상일 경우 적합한 것으로 본다.

44 다음 중 철근콘크리트조로 두께가 10cm 이상인 경우에만 내화구조에 속하는 것은?

① 보 ② 바닥
③ 지붕 ④ 계단

■ 〈피난방화구조기준 3조〉 바닥, 벽에서 철근콘크리트조로 두께가 10cm 이상인 경우 내화구조에 속한다.

45 건축물의 설비기준 등에 관한 규칙에 따라 피뢰설비를 설치하여야 하는 대상 건축물의 높이 기준은?

① 높이 10m 이상인 건축물 ② 높이 20m 이상인 건축물
③ 높이 30m 이상인 건축물 ④ 높이 50m 이상인 건축물

■ 〈설비기준 20조〉 피뢰설비 대상건물 : 높이 20m 이상인 건축물

46 건축법 용어의 정의에서 다음은 무엇인가?

> 건축물 안에서 거주·집무·작업·집회·오락 기타 이와 유사한 목적을 위하여 사용되는 방을 말한다.

① 신축 ② 증축
③ 거실 ④ 이전

■ 〈건축법 2조〉 "거실"이란 건축물 안에서 거주, 집무, 작업, 집회, 오락, 그 밖에 이와 유사한 목적을 위하여 사용되는 방을 말한다.

47 다음은 건축물의 바깥쪽으로의 출구의 설치에 관한 기준 내용이다. ( ) 안에 알맞은 것은?

> 판매시설의 용도에 쓰이는 피난층에 설치하는 건축물의 바깥쪽으로의 출구의 유효너비의 합계는 해당 용도에 쓰이는 바닥면적이 최대인 층에 있어서의 해당 용도의 바닥면적 100m² 마다 ( )의 비율로 산정한 너비 이상으로 하여야 한다.

① 0.6m ② 1.2m
③ 1.5m ④ 1.8m

■ 〈피난방화구조기준 11조 4항〉 100m²마다 0.6m의 비율로 산정한 너비 이상

해답 43.① 44.② 45.② 46.③ 47.①

48 건축법령상 단독주택에 속하지 않는 것은?
① 공관
② 다중주택
③ 다세대주택
④ 다가구주택

■ 〈건축법령 3조의 5〉 다세대주택은 공동주택에 속한다.

49 다음 중 피난 용도로 쓸 수 있는 광장을 옥상에 설치하여야 하는 대상 건축물은?
① 5층 이상인 층이 판매시설의 용도로 사용되는 건축물
② 5층 이상인 층이 공동주택의 용도로 사용되는 건축물
③ 5층 이상인 층이 업무시설의 용도로 사용되는 건축물
④ 5층 이상인 층이 의료시설 중 병원의 용도로 사용되는 건축물

■ 〈건축법령 40조〉 옥상광장 : 5층 이상인 층이 판매시설, 종교시설, 주점영업, 장례식장의 용도로 사용되는 건축물

50 건축물 내부에 설치하는 피난계단의 구조에 관한 기준 내용으로 옳지 않은 것은?
① 계단실에는 예비전원에 의한 조명설비를 할 것
② 계단실의 실내에 접하는 부분의 마감은 난연재료로 할 것
③ 계단은 내화구조로 하고 피난층 또는 지상까지 직접 연결되도록 할 것
④ 계단실은 창문·출입구 기타 개구부를 제외한 당해 건축물의 다른 부분과 내화구조의 벽으로 구획할 것

■ 〈피난방화구조기준 9조 2항〉 계단실의 실내에 접하는 부분의 마감은 불연재료로 할 것

51 승용승강기 설치 대상 건축물에서 승용승강기 설치대수의 산정 요소로만 나열된 것은?
① 건축물의 용도, 6층 이상의 거실면적의 합계
② 건축물의 층수, 6층 이상의 거실면적의 합계
③ 건축물의 용도, 6층 이상의 바닥면적의 합계
④ 건축물의 층수, 6층 이상의 바닥면적의 합계

■ 〈설비기준 5조〉 승용승강기 설치대수의 산정에는 건축물의 용도와 6층 이상의 거실면적의 합계로 산정한다.

52 정지형 전력변환기로 전동기의 가변속 운전을 위하여 설치하는 설비란 무엇인가?
① 가변속제어기(인버터)
② 대수제어기
③ 고효율제어기
④ 변압기

■ 〈에너지절약기준 5조〉 "가변속제어기(인버터)"라 함은 정지형 전력변환기로 전동기의 가변속운전을 위하여 설치하는 설비로 고효율인증제품 또는 동등 이상의 성능을 가진 것을 말한다.

해답 48.③ 49.① 50.② 51.① 52.①

53 에너지절약 설계기준 중 기계부문의 권장사항으로 적합하지 않은 것은?

① 열원설비는 부분부하 및 전부하 운전효율이 좋은 것을 선정한다.
② 보일러, 냉동기, 송풍기, 펌프 등은 부하조건에 따라 최고의 성능을 유지할 수 있도록 대수분할 또는 비례제어운전이 되도록 한다.
③ 보일러의 배출수·폐열·응축수 및 공조기의 폐열, 생활배수 등의 폐열을 회수하기 위한 열회수설비를 설치한다. 폐열회수를 위한 열회수설비를 설치할 때에는 중간기에 대비한 바이패스(by-pass)설비를 설치한다.
④ 공기조화기 팬은 부하변동에 관계없이 항상 일정한 풍량을 내도록 정풍량 방식을 채택한다.

■ 〈에너지절약기준 9조〉 공기조화기 팬은 부하변동에 따른 풍량제어가 가능하도록 가변익 축류방식, 흡입베인 제어방식, 가변속 제어방식 등 에너지절약적 제어방식을 채택한다.

54 건축물에 설치하는 급수·배수 등의 용도로 쓰는 배관설비에 관한 기준 내용으로 옳지 않은 것은?

① 배수용 우수관과 오수관은 분리하여 배관할 것
② 건축물의 주요부분을 관통하여 배관하지 아니할 것
③ 배수용 배관설비의 오수에 접하는 부분은 내수재료를 사용할 것
④ 승강기의 승강로 안에는 승강기의 운행에 필요한 배관설비 외의 배관설비를 설치하지 아니할 것

■ 〈설비기준 17조〉 배관이 건축물의 콘크리트구조체를 관통하는 경우에는 덧관(슬리브)을 미리 매설하는 등 부식을 방지하고 수선 및 교체가 용이하도록 할 것.

55 건축물을 특별시나 광역시에 건축하고자 하는 경우 특별시장이나 광역시장의 허가를 받아야 하는 건축물의 규모 기준으로 옳은 것은?

① 층수가 11층 이상이거나 연면적의 합계가 10,000㎡ 이상인 건축물
② 층수가 11층 이상이거나 연면적의 합계가 100,000㎡ 이상인 건축물
③ 층수가 21층 이상이거나 연면적의 합계가 10,000㎡ 이상인 건축물
④ 층수가 21층 이상이거나 연면적의 합계가 100,000㎡ 이상인 건축물

■ 〈건축법령 8조〉 층수가 21층 이상이거나 연면적의 합계가 100,000㎡ 이상인 건축물

56 다음 중 주요구조부를 내화구조로 하여야 하는 건축물은?

① 종교시설의 용도로 쓰는 건축물로써 집회실의 바닥면적의 합계가 150㎡인 건축물
② 판매시설의 용도로 쓰는 건축물로써 그 용도로 쓰는 바닥면적의 합계가 400㎡인 건축물
③ 공장의 용도로 쓰는 건축물로써 그 용도로 쓰는 바닥면적의 합계가 1,000㎡인 건축물
④ 운수시설의 용도로 쓰는 건축물로써 그 용도로 쓰는 바닥면적의 합계가 500㎡인 건축물

■ 〈건축법령 56조〉 주요구조부를 내화구조로 하여야 하는 건축물 : 종교시설(200㎡), 종교집회장(300㎡), 판매시설(500㎡), 공장(2,000㎡), 전시장, 동식물원, 운수시설 등은 500㎡ 이상

해답 53.④ 54.② 55.④ 56.④

57 건축물의 에너지절약 설계기준상 다음과 같이 정의되는 용어는?

> 중간기 또는 동계에 발생하는 냉방부하를 실내 엔탈피보다 낮은 도입 외기에 의하여 제거 또는 감소시키는 시스템

① 변풍량제어 시스템 ② 이코노마이저 시스템
③ 비례제어운전 시스템 ④ 대수분할운전 시스템

■ 〈에너지절약기준 5조 10의 차〉 이코노마이저 시스템

58 비상용 승강기의 승강장 및 승강로의 구조에 관한 기준 내용으로 옳지 않은 것은?
① 승강로는 당해 건축물의 다른 부분과 내화구조로 구획할 것
② 승강기의 바닥면적은 비상용 승강기 1대에 대하여 5㎡ 이상으로 할 것
③ 각 층으로부터 피난층까지 이르는 승강로를 단일구조로 연결하여 설치할 것
④ 승강장은 각층의 내부와 연결될 수 있도록 하되, 그 출입구(승강로의 출입구를 제외한다)에는 60+ 방화문 또는 60분 방화문을 설치할 것

■ 〈설비기준 10조〉 승강기의 바닥면적은 비상용 승강기 1대에 대하여 6㎡ 이상으로 할 것

59 오피스텔의 난방설비를 개별난방방식으로 하는 경우에 관한 기준 내용으로 옳지 않은 것은?
① 난방구획을 방화구획으로 구획할 것
② 보일러의 연도는 내화구조로써 개별연도로 설치할 것
③ 가스보일러인 경우 보일러실의 윗부분에는 그 면적이 0.5㎡ 이상인 환기창을 설치할 것
④ 보일러는 거실 외의 곳에 설치하되, 보일러를 설치하는 곳과 거실 사이의 경계벽은 출입구를 제외하고는 내화구조의 벽으로 구획할 것

■ 〈설비기준 13조〉 보일러의 연도는 내화구조로써 공동연도로 설치할 것

60 제로에너지건축 인증의 +등급의 에너지자립률로 옳은 것은?
① 100% 이상 ② 110% 이상
③ 120% 이상 ④ 140% 이상

■ 〈제로에너지건축물 인증기준 별표 2〉 +등급의 경우 에너지자립률은 120% 이상이어야 한다.

해답 57.② 58.② 59.② 60.③

제9회 건축설비산업기사 기출모의고사

제1과목 건축설비 계획

01 대기압하에서 10℃의 물 150kg과 80℃의 물 100kg을 혼합할 경우, 혼합된 물의 온도는 몇 도인가?(단, 물의 비열은 $4.2kJ/kg\,K$)

① 28℃ ② 38℃
③ 45℃ ④ 63.2℃

■ 혼합하는 2 물질의 비열이 다르면 비열을 각각 고려하지만 비열이 같을 경우에는 질량과 온도의 평균으로 구한다.
$$t = \frac{m_1 t_1 + m_2 t_2}{m_1 + m_2} = \frac{150 \times 10 + 100 \times 80}{150 + 100} = 38$$

02 다음 중 간접배수로 하여야 하는 것은?

① 세면기 ② 대변기
③ 소변기 ④ 식기세정기

■ 간접배수란 배수관에 직접 연결하지 않고 대기 중에 배출한 뒤 배수관에 유입시키는 방식으로 세탁기, 식기세정기, 물탱크 오버플루관 등이 여기에 속한다.

03 급수 배관에 에어챔버를 설치하는 주된 이유는?

① 수격작용을 방지하기 위하여
② 배관의 부식을 방지하기 위하여
③ 배관의 동파를 방지하기 위하여
④ 크로스 커넥션을 방지하기 위하여

■ 에어챔버(Air Chamber)는 공기주머니의 완충작용으로 수격작용을 방지하기 위하여 급수배관 말단에 설치하는 공기실이며, 요즘은 WHC(워터햄머쿠션)을 많이 사용한다.

04 주철관의 이음방법에 속하지 않는 것은?

① 소켓 이음 ② 빅토릭 이음
③ 타이톤 이음 ④ 플레어 이음

■ 플레어 이음은 동관에 사용되며 분해조립이 가능하다.

해답 1.② 2.④ 3.① 4.④

05 국소식 급탕방식에 관한 설명으로 가장 적합한 것은?

① 배관 및 기기로부터의 열손실이 중앙식보다 많다.
② 배관에 의해 필요 개소 어디든지 급탕할 수 있다.
③ 건물 완공 후에도 급탕 개소의 증설이 중앙식보다 쉽다.
④ 기구의 동시이용률을 고려하므로 가열장치의 총용량을 적게 할 수 있다.

■ 국소식 급탕방식은 가열장치가 사용장소에 설치되므로 배관 및 기기로부터의 열손실이 중앙식보다 적고, 배관이 적게 소요되고, 건물 완공 후에도 급탕 개소의 증설이 중앙식보다 쉽다. 기구의 동시이용률을 고려하면 가열장치의 총용량은 커진다.

06 다음 설명에 알맞은 통기관의 종류는?

> 맞물림 또는 병렬로 설치한 위생기구의 기구배수관 교차점에 접속하여 그 양쪽 기구의 트랩 봉수를 보호하는 1개의 통기관을 말한다.

① 각개통기관　　　　　　② 결합통기관
③ 신정통기관　　　　　　④ 공용통기관

■ 공용통기관은 1개 통기관으로 2개 위생기구를 통기한다.

07 수질과 관련된 용어에 관한 설명으로 가장 거리가 먼 것은?

① COD는 화학적 산소요구량을 의미한다.
② BOD는 생물화학적 산소요구량을 의미한다.
③ SS는 오수 중의 용존산소량을 ppm으로 나타낸 것이다.
④ 경도는 물속에 녹아있는 염류의 양을 탄산칼슘의 농도로 환산하여 나타낸 것이다.

■ SS는 오수 중의 부유물질을 mg/L로 나타내며, DO는 용존산소량을 ppm으로 나타낸 것이다.

08 탕의 사용상태가 간헐적이며 일시적으로 사용량이 많은 건물에서 급탕설비의 설계 방법으로 가장 알맞은 것은?(단, 중앙식 급탕방식이며 증기를 열원하는 열교환기 사용)

① 저탕용량을 크게 하고 가열능력도 크게 한다.
② 저탕용량을 크게 하고 가열능력은 작게 한다.
③ 저탕용량을 작게 하고 가열능력은 크게 한다.
④ 저탕용량을 작게 하고 가열능력도 작게 한다.

■ 일시적으로 사용량이 많은 건물에서는 급탕 저탕용량을 크게 하고 가열능력은 작게 한다. 반대로 연속적으로 사용량이 많은 경우는 저탕용량은 작게 가열능력은 크게 한다.

09 다음 중 건물의 급수량 계산에 고려할 사항으로 가장 관계가 먼 것은?

① 급수기구의 종류　　　② 급수기구의 수
③ 건물의 용적률　　　　④ 사용 인원수

■ 급수량은 인원과 급수기구수와 종류로 구한다. 용적률은 대지면적에 대한 연면적비로 급수량과 직접 관계가 없다.

해답　5.③　6.④　7.③　8.②　9.③

10 최대강우량 120mm/h의 지역에 있는 지붕의 수평투영면적이 1,200㎡인 건물에 4개의 우수수직관을 설치할 경우, 우수수직관의 관경은?

〈강우량 100mm/h일 때 우수수직관의 관경〉

관경(mm)	허용최대지붕면적(㎡)
50	67
65	121
75	204
100	427
125	804

① 50mm ② 65mm
③ 75mm ④ 100mm

■ 강우량 120mm/h과 투영면적 1,200㎡ 강우량 100mm/h으로 환산하면 면적은
$A = \dfrac{120 \times 1,200}{100} = 1,440 m^2$
4개 수직관을 설치하면 1개 수직관 담당면적은 1,440÷4=360m^2
수직관 1개의 직경은 표에서 360㎡ 직상 427㎡에서 100mm 선정

11 급탕설비의 순환배관에서 관마찰저항으로 인한 순환량의 불균등을 방지하기 위한 배관방식은?

① 상향배관방식 ② 하향배관방식
③ 강제순환방식 ④ 리버스리턴방식

■ 리버스리턴방식은 존별 급탕부하의 배관길이가 불규칙할 때 역환수 배관으로 순환길이를 균등히 하여 급탕 순환량을 균등히 한다. 최근에는 정유량밸브를 이용하여 순환량을 균등히 하는 방법도 이용한다.

12 내경 25mm, 직관 길이 50m인 매끈한 관을 통하여 물을 1.5m/s의 속도로 보낼 때 이론적인 압력손실은 얼마인가?(단, 관마찰계수는 0.03이고 국부저항 상당장은 20m이다.)

① 67.5Pa ② 94.5Pa
③ 67.5kPa ④ 94.5kPa

■ $\triangle P = f(\dfrac{L+L'}{d})(\dfrac{v^2}{2})\rho(Pa) = 0.03(\dfrac{50+20}{0.025})(\dfrac{1.5^2}{2})1,000 = 94,500(Pa) = 94.5kPa$

13 공기조화방식 중 전공기 방식의 일반적인 특징으로 가장 적합한 것은?

① 덕트 스페이스가 필요하다. ② 실내공기의 오염이 심하다.
③ 실내에 누수의 염려가 많다. ④ 중간기에 외기냉방을 할 수 없다.

■ 전공기방식은 덕트 스페이스가 크고, 실내공기의 오염이 작고, 실내에 누수의 염려가 없으며, 중간기에 외기냉방을 할 수 있다.

해답 10.④ 11.④ 12.④ 13.①

14 공기조화배관의 배관회로방식에 관한 설명으로 가장 거리가 먼 것은?

① 밀폐회로방식은 순환수가 공기와 접촉하지 않으므로 물처리비가 적게 든다.
② 개방회로방식은 보통 축열방식이나 개방식 냉각탑의 냉각수 배관 등에 응용된다.
③ 개방회로방식의 경우 펌프의 양정에는 실양정이 포함되므로 동력비가 많이 든다.
④ 밀폐회로방식에는 물의 팽창을 흡수하기 위해 팽창관이 사용되며 팽창탱크는 사용하지 않는다.

■ 밀폐회로방식에는 물의 팽창을 흡수하기 위해 팽창탱크가 사용되며 팽창탱크와 연결하는 팽창관이 필요하다.

15 다음 그림의 방열기 도시기호 중 'W-H'가 나타내는 의미는 무엇인가?

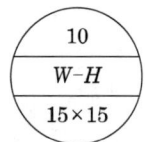

① 방열기 쪽수
② 방열기 높이
③ 방열기 종류(형식)
④ 연결배관의 종류

■ 방열기 도시기호에서 W-H는 방열기 형식 종류(W : 벽걸이, H : 수평형)이며, 10은 (방열기 쪽수 = 절수), 15×15는 방열기 입구 출구관경이다.

16 냉각탑이 응축기보다 낮은 위치에 있는 경우 냉각수 펌프가 정지할 때마다 응축기 주변이 극단적인 부(-)압이 되지 않도록 설치하는 것은?

① 딥 튜브(deep tube)
② 더트 포켓(dirt pocket)
③ 플래시 탱크(flash tank)
④ 사이폰 브레이커(syphon breaker)

■ 사이폰 브레이커는 냉각탑이 응축기보다 낮은 위치에 있는 경우 펌프 정지 시 대기 중에 개방하여 응축기 주변이 부압(-)이 되지 않도록 한다.

17 방위별 조닝을 한 대형 사무소 건물에서 재열부하가 발생하기 가장 쉬운 경우는?

① 추분의 건물 남쪽 존(zone)
② 동지의 건물 북쪽 존
③ 하지의 건물 남쪽 존
④ 장마철의 건물 북쪽 존

■ 재열부하란 냉방 시 습도를 제어하기 위하여 노점온도 이하로 냉각하여 수분을 제거한 뒤 다시 가열하여 급기할 때의 부하로 여름 장마철의 북쪽 존은 습도가 높아 재열부하 발생이 가장 쉽다.

18 단일덕트방식에 관한 설명으로 가장 거리가 먼 것은?

① 전공기방식의 특성이 있다.
② 냉풍과 온풍을 혼합하는 혼합상자가 필요없다.
③ 각 실이나 존의 부하변동에 즉시 대응할 수 있다.
④ 2중덕트방식에 비해 덕트 스페이스를 적게 차지한다.

■ 단일덕트방식은 실이 많은 건물에서 각 실이나 존의 부하변동에 즉시 대응하기 어렵다. 하지만 실이 한 개일 때(대규모 단일실)는 송풍 온도를 조절하여 부하변동에 대응할 수 있다. 그러므로 단일덕트 방식은 대규모 단일실에 적합하다.

19 공조설비 공사에서 수량산출에 의한 재료비, 직접노무비가 아래와 같을 때 제경비율을 참조하여 이윤과 총공사금액을 구하시오.

- 재료비 : 175,000,000원
- 노무비 : 직접노무비=80,000,000원, 간접노무비는 직접노무비의 15%
- 경비 : 23,000,000원
- 일반 관리비는 순공사원가의 5.5%
- 이윤은 관련항목의 15%로 한다.

① 이윤=19,642,500, 총공사금액=325,592,500
② 이윤=19,642,500, 총공사금액=290,000,000
③ 이윤=15,950,000, 총공사금액=325,592,500
④ 이윤=15,950,000, 총공사금액=290,000,000

■ (1) 이윤=(노무비+경비+일반관리비)15%에서
일반관리비=순공사비×5.5%=(재료비+노무비+경비)5.5%=(290,000,000)0.055=15,950,000
순공사비=(175,000,000+80,000,000×1.15+23,000,000)=290,000,000
이윤=(노무비+경비+일반관리비)0.15=(80,000,000×1.15+23,000,000+15,950,000)0.15
   =19,642,500원
(2) 총공사원가=순공사비+일반공사비+이윤=290,000,000+15,950,000+19,642,500=325,592,500원

20 증기난방방식에 관한 설명으로 가장 거리가 먼 것은?

① 예열시간이 짧다.
② 계통별 용량 제어가 용이하다.
③ 한랭지에서 동결의 우려가 작다.
④ 운전 시 증기해머로 인한 소음이 발생하기 쉽다.

■ 증기난방방식은 증기 특성상 ON-OFF제어(공급-차단)로 취급되므로 온도변화 사이클링이 발생하여 계통별 용량 제어가 어렵다.

제2과목 건축설비 설계

21 펌프의 캐비테이션에 관한 설명으로 가장 거리가 먼 것은?

① 캐비테이션을 방지하기 위해 펌프의 흡입양정을 크게 한다.
② 캐비테이션을 방지하기 위해 설계상의 펌프 운전범위 내에서 항상 유효 NPSH가 필요 NPSH보다 크게 되도록 배관계획을 한다.
③ 캐비테이션이 진행되면 펌프의 양수량, 양정 및 효율이 저하되어간다.
④ 비정상적인 소음과 진동이 발생한다.

■ 캐비테이션은 흡입관에 진공압이 걸릴 때 발생하므로 캐비테이션을 방지하기 위해 펌프의 흡입양정은 작게(짧게) 한다.

22 직경 100mm의 강관에 2.4m³/min의 물을 통과시킬 때 강관 내의 평균 유속은?

① 2.4m/s
② 4.2m/s
③ 5.1m/s
④ 7.2m/s

■ $v = \dfrac{Q}{A} = \dfrac{2.4}{60(\dfrac{\pi \times 0.1^2}{4})} = 5.1 m/s$

23 어느 사무소 건물의 연면적이 5,000m²일 때 1일 예상 급수량은?(단, 이 건물의 유효면적과 연면적의 비는 60%이고, 유효면적당 인원은 0.2인/m²이며, 1인 1일당 급수량은 100L이다.)

① 30m³/d
② 60m³/d
③ 300m³/d
④ 60,000m³/d

■ $Q = 5,000 \times 0.6 \times 0.2 \times 100 = 60,000 L/d = 60 m^3/d$

24 플러시 밸브식 대변기에 관한 설명으로 가장 거리가 먼 것은?

① 대변기의 연속사용이 불가능하다.
② 일반 가정용으로 사용이 곤란하다.
③ 로 탱크 방식에 비해 최저 필요 수압이 크다.
④ 세정음은 유수음도 포함되기 때문에 소음이 크다.

■ 사무실 건물에서 주로 사용하는 플러시 밸브(세정밸브)는 연속 사용이 가능하다.

25 경질 염화비닐관에 관한 설명으로 가장 거리가 먼 것은?

① 금속관에 비해 열에 약하다.
② 금속관에 비해 전기 절연성이 크다.
③ 금속관에 비해 산, 알칼리에 약하다.
④ 금속관에 비해 온도변화로 인한 신축이 크다.

■ 경질 염화비닐관(PVC)는 산 알칼리에 강하다.

26 다음과 같은 조건에 있는 체적이 200m³인 실의 겨울철 환기횟수가 0.5회/h일 때 실내로 들어오는 틈새바람에 의한 현열 손실량은 얼마(W)인가?

- 실내온도 20℃, 외기온도 −10℃
- 공기의 비열 1.01kJ/kg·K
- 공기의 밀도 1.2kg/m³

① 337W
② 1,010W
③ 1,212W
④ 3,636W

■ 틈새바람량 = $NV = 0.5 \times 200 = 100 m^3/h$
현열손실 $q = mC\Delta t = 100 \times 1.2 \times 1.01(20-(-10)) = 3,636 kJ/h = 3,636 \times (1,000/3,600) = 1,010 W$
(부하계산 시 3,636kJ/h 단위와 1,010W 단위를 조심해야 합니다.)

27 펌프의 흡입양정이 10m이고, 20m 높이에 있는 옥상탱크에 양수할 때 전양정은 얼마인가?(단, 관로의 전손실수두는 100kPa이다.)

① 약 31m
② 약 40m
③ 약 110m
④ 약 130m

■ 전양정=흡입양정+토출양정+마찰손실=10+20+(100/10)=40m(∵10kPa=1mAq)

28 냉·난방부하 계산에 관한 설명으로 가장 거리가 먼 것은?

① 투습으로 인한 열부하는 매우 작기 때문에 일반적으로 부하계산에서 제외한다.
② 유리창 종류와 블라인드 유무에 따라 달라지는 차폐계수는 그 최댓값이 1.0이다.
③ 작업상태가 동일한 경우 인체로부터의 발생열량은 실내건구온도가 높을수록 현열량과 잠열량 모두 커진다.
④ 태양으로부터의 일사 열부하는 냉방부하 계산에서는 포함되나, 난방부하 계산에서는 제외되는 것이 일반적이다.

■ 인체 발열량은 현열량은 온도차에 비례하며 잠열은 온도가 높을수록 땀이 많이 발생하므로 증가한다. 따라서 작업상태가 동일한 경우 인체로부터의 발생열량은 실내건구온도가 높을수록 현열량은 작고, 잠열량은 커진다.

29 고온수 난방 배관에 관한 설명으로 가장 적합한 것은?

① 장치의 열용량이 작아 예열시간이 짧다.
② 대량의 열량공급은 용이하지만 배관의 지름은 저온수 난방보다 크게 된다.
③ 관내 압력이 높기 때문에 관내면의 부식문제가 증기난방에 비해 심하다.
④ 공급과 환수의 온도차를 크게 할 수 있으므로 열수송량이 크다.

■ 고온수 난방은 장치의 열용량이 커서 예열시간이 길고, 대량의 열량공급이 가능하고 배관의 지름은 저온수 난방보다 작게 된다. 관내 압력이 높으나 관내면의 부식문제는 증기난방에 비해 작다. 공급과 환수의 온도차를 크게 할 수 있으므로 열수송량이 크다.

30 공기조화기의 에어필터에 관한 설명으로 가장 거리가 먼 것은?

① 송풍기의 흡입측이면서 코일의 흡입측에 설치한다.
② 필터에 공기의 흐름방향이 있는 경우에는 역방향으로 설치한다.
③ 필터의 설치위치 전후에는 점검과 보수를 위한 충분한 공간과 점검문을 설치한다.
④ 유닛형 필터를 여러 개 조합하여 설치하는 경우에는 지그재그로 하여 통과면적을 크게 한다.

■ 에어필터에 공기의 흐름방향이 있는 경우에는 흐름방향으로 설치한다. 일반필터는 송풍기 흡입측에 설치하지만 고성능필터(HEPA)는 송풍기 토출측에 설치한다.

해답 27.② 28.③ 29.④ 30.②

31 몰리에르(Mollier)선도를 나타낸 그림에서 히트펌프의 난방 시 성적계수를 산정하는 식은?

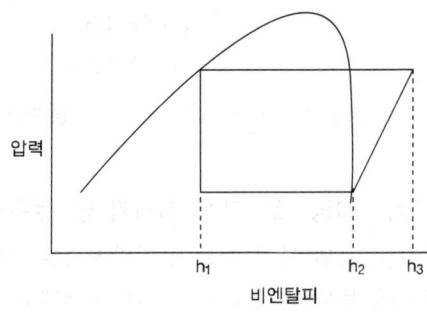

① $\dfrac{h_2 - h_1}{h_3 - h_2}$
② $\dfrac{h_3 - h_1}{h_3 - h_2}$
③ $\dfrac{h_3 - h_1}{h_2 - h_1}$
④ $\dfrac{h_3 - h_2}{h_2 - h_1}$

■ 난방 시 성적계수 = $\dfrac{응축열}{압축일} = \dfrac{h_3 - h_1}{h_3 - h_2}$, 냉방 시 성적계수 = $\dfrac{증발열}{압축일} = \dfrac{h_2 - h_1}{h_3 - h_2}$

32 어떤 덕트 내부의 풍속을 측정한 결과 7m/s이었다. 이때의 동압은 얼마인가?(단, 공기의 밀도는 1.2kg/m³이다.)

① 3Pa
② 24.5Pa
③ 29.4Pa
④ 49Pa

■ 동압 $P = \dfrac{v^2 \rho}{2} = \dfrac{7^2 \times 1.2}{2} = 29.4 Pa$

(수주단위) 동압 $P = \dfrac{v^2 \gamma}{2g} = \dfrac{7^2 \times 1.2}{2 \times 9.8} = 3 mmAq$

33 공기여과기를 통과하기 전의 분진농도가 0.53mg/m³, 통과한 후의 분진농도가 0.10mg/m³일 때, 이 여과기의 여과효율은?

① 약 35%
② 약 42%
③ 약 53%
④ 약 81%

■ 여과효율 = $\dfrac{C_i - C_o}{C_i} = \dfrac{0.53 - 0.10}{0.53} = 0.81 = 81\%$

34 버터플라이 댐퍼에 관한 설명으로 가장 거리가 먼 것은?

① 완전히 닫았을 때 공기의 누설이 적다.
② 운전 중에 개폐조작에 큰 힘을 필요로 한다.
③ 주로 대형덕트에서 풍량조절용으로 사용된다.
④ 날개가 중간 정도 열렸을 때 댐퍼의 하류측에 와류가 생기기 쉽다.

■ 버터플라이 댐퍼는 단익댐퍼로 주로 소형덕트에서 개폐용 또는 풍량조절용으로 사용된다.

35 다음 중 에어와셔에 엘리미네이터(eliminator)를 설치하는 이유로 가장 알맞은 것은?

① 기내의 기류분포를 고르게 하기 위해
② 섬유 등의 먼지를 효율적으로 제거하기 위해
③ 공기의 감습이 효과적으로 이루어지게 하기 위해
④ 분무된 물방울이 밖으로 나가지 못하도록 하기 위해

■ 엘리미네이터는 제수판으로 노즐에서 분무된 물방울이 덕트쪽으로 나가지 못하도록 차단하는 역할을 하며, 엘리미네이터를 청소하는 노즐을 플러딩 노즐이라 한다.

36 관 길이 150m, 내경 80mm인 배관 속에서 유속 1.5m/s로 물이 흐르고 있을 때 마찰손실수두는 몇 mAq인가?(단, 마찰계수는 0.03이며 배관도중에는 상당 길이 10.7m인 앵글 밸브가 1개, 상당 길이 13m인 스트레이너가 1개가 있다. 기타손실은 무시한다. 물의 밀도는 1,000kg/m³)

① 1.15kPa   ② 50.93kPa
③ 73.3kPa   ④ 107.1kPa

■ $\Delta P = f \frac{L}{d} \times \frac{v^2}{2} \rho = 0.03 \times \frac{(150+10.7+13)}{0.08} \times \frac{1.5^2}{2} \times 1{,}000 = 73{,}280 Pa = 73.3 kPa$

$H_L = f \frac{l}{d} \times \frac{V^2}{2g} = 0.03 \times \frac{(150+10.7+13)}{0.08} \times \frac{(1.5)^2}{2 \times 9.8} = 7.48 mAq = 7.48 \times 9.8 kPa = 73.3 kPa$

마찰손실수두 공식은 아래와 같이 사용함이 원칙인데 물인 경우 관습상 밀도 1,000을 무시하고 mAq로 직접 유도한다. 그러므로 밀도가 1,000이 아닌 경우 아래 식을 적용해야 한다.

$H_L = f \frac{l}{d} \cdot \frac{V^2}{2g} \times \rho = 0.03 \times \frac{(150+10.7+13)}{0.08} \times \frac{(1.5)^2}{2 \times 9.8} \times 1{,}000 = 7477.5 mmAq = 7.48 mAq$

※ 마찰손실 공식은 위 식들이 모두 사용되므로 잘 정리하세요.

37 수배관 내 유속에 관한 설명으로 가장 거리가 먼 것은?

① 관 내에 흐르는 유속을 높이면 소음이 증가한다.
② 관 내에 흐르는 유속을 높이면 마찰손실이 감소한다.
③ 관 내에 흐르는 유속을 높이면 펌프의 소요동력이 증가한다.
④ 관 내에 흐르는 유속이 너무 낮으면 배관 내에 혼입된 공기를 밀어내지 못하여 물의 흐름에 대한 저항이 커진다.

■ 관 내에 흐르는 유속을 높이면 유속의 제곱에 비례하여 마찰손실이 증가한다.

38 증기트랩 중 플로트 트랩에 관한 설명으로 가장 거리가 먼 것은?

① 다량의 응축수를 처리할 수 있다.
② 급격한 압력변화에도 잘 작동된다.
③ 동결의 우려가 있는 곳에 주로 사용된다.
④ 증기해머에 의해 내부손상을 입을 수 있다.

■ 플로트 트랩은 다량의 응축수를 처리하지만 트랩 내에 응축수를 저장하고 있어 동결의 우려가 있는 곳에는 부적합하다.

해답 35.④ 36.③ 37.② 38.③

39 덕트경로 중 풍량이 일정한 상태에서 덕트의 크기가 축소되었을 경우 압력변화에 관한 설명으로 가장 적합한 것은?

① 정압이 증가한다. ② 동압이 증가한다.
③ 전압과 정압이 증가한다. ④ 전압, 동압, 정압이 모두 증가한다.

■ 풍량이 일정한 상태에서 덕트의 크기가 축소되면 풍속이 증가하여 동압은 증가하고, 정압은 감소하며, 전압은 일정하다(마찰손실을 무시할 때)

40 건구온도 20℃, 절대습도 0.012kg/kg'인 습공기의 엔탈피(kJ/kg)는?(단, 건공기의 정압비열=1.01kJ/kg·K, 0℃에서 포화수의 증발잠열=2,501kJ/kg, 수증기의 정압비열=1.85kJ/kg·K)

① 24.2 ② 32.6
③ 48.4 ④ 50.7

■ $h = C_{pa}t + x(\gamma + C_{pv}t) = 1.01 \times 20 + 0.012(2,501 + 1.85 \times 20) = 50.7 kJ/kg$
※ 수증기 현열을 무시하고 간단히 구할 때는 $h = C_{pa}t + x(\gamma) = 1.01 \times 20 + 0.012(2,501) = 50.2 kJ/kg$
위 엔탈피식에서 수증기 비열(1.85)을 주지 않을 때는 아래 간단식을 이용한다.

제3과목 건축설비 관련 법규

41 다음은 건축법령상 건축신고와 관련된 기준 내용이다. ( ) 안에 속하지 않는 것은?

> 허가 대상 건축물이라 하더라도 바닥면적의 합계가 85m² 이내의 ( )의 경우에는 미리 특별자치시장·특별자치도지사 또는 시장·군수·구청장에게 국토교통부령으로 정하는 바에 따라 신고를 하면 건축허가를 받은 것으로 본다.

① 신축 ② 증축
③ 개축 ④ 재축

■ 〈건축법 14조〉 바닥면적의 합계가 85제곱미터 이내의 증축·개축 또는 재축의 경우 미리 특별자치시장·특별자치도지사 또는 시장·군수·구청장에게 국토교통부령으로 정하는 바에 따라 신고를 하면 건축허가를 받은 것으로 본다.

42 각 층의 거실면적의 합계가 1,000m²로 동일한 15층의 문화 및 집회시설 중 공연장에 설치하여야 하는 승용승강기의 최소 대수는?(단, 15인승 승강기의 경우)

① 4대 ② 5대
③ 6대 ④ 7대

■ 〈설비기준 5조〉 6층 이상 거실면적=1,000m²×10층=10,000m²
3,000m²까지 2대+초과 2,000마다 1대=2+(10,000−3,000/2,000)=6대(15인승 이하)

해답 39.② 40.④ 41.① 42.③

43 건축물의 에너지절약 설계기준상 다음과 같이 정의되는 용어는?

> 냉(난)방기간 동안 또는 연간 총시간에 대한 온도출현분포 중에서 가장 높은(낮은) 온도쪽으로부터 총시간의 일정 비율에 해당하는 온도를 제외시키는 비율

① 위험률
② 온도율
③ 부분 부하율
④ 최대 부하율

■ 〈에너지절약기준 5조 10〉 "위험률"이라 함은 냉(난)방기간 동안 또는 연간 총시간에 한 온도출현분포 중에서 가장 높은(낮은) 온도쪽으로부터 총시간의 일정 비율에 해당하는 온도를 제외시키는 비율을 말한다.

44 공동주택에서 리모델링에 대비한 특례와 관련하여 리모델링이 쉬운 구조에 해당하지 않는 것은?

① 구조체는 철골구조 또는 목구조로 구성되어 있을 것
② 구조체에서 건축설비, 내부 마감재료 및 외부 마감재료를 분리할 수 있을 것
③ 개별 세대 안에서 구획된 실의 크기, 개수 또는 위치 등을 변경할 수 있을 것
④ 각 세대는 인접한 세대와 수직 또는 수평 방향으로 통합하거나 분할할 수 있을 것

■ 〈건축법령 6조 5〉 구조체의 구조에 대한 조건은 없다.

45 건축물의 에너지 절약설계기준상 단열계획에 대한 건축부분의 권장사항으로 옳지 않은 것은?

① 외벽 부위는 내단열로 시공한다.
② 외피의 모서리 부분은 열교가 발생하지 않도록 단열재를 연속적으로 설치한다.
③ 건물의 창 및 문은 가능한 작게 설계하고, 특히 열손실이 많은 북측 거실의 창 및 문의 면적은 최소화한다.
④ 태양열 유입에 의한 냉·난방부하를 저감할 수 있도록 일사조절장치, 태양열투과율, 창 및 문의 면적비 등을 고려한 설계를 한다.

■ 〈에너지절약 7조〉 외벽 부위는 외단열로 시공한다. 외단열은 열교현상방지와 결로방지에 유리하다.

46 건축물 에너지효율등급 인증에 관한 규칙은 무슨 법에서 위임된 시행에 필요한 사항을 규정함을 목적으로 하는가?

① 건축법
② 에너지절약설계기준
③ 녹색건축 인증에 관한 규칙
④ 녹색건축물 조성 지원법

■ 〈제로에너지건축물 인증규칙 1조〉 이 규칙은 「녹색건축물조성지원법」 제17조제5항, 제19조제1항 및 같은 법 시행령 제12조제1항·제4항에서 위임된 제로에너지건축물 인증대상 건축물의 종류 및 인증기준, 인증기관 및 운영기관의 지정, 인증받은 건축물에 대한 점검 및 건축물에너지평가사의 업무범위, 인증기관 지정의 취소 및 업무정지 등에 관한 사항과 그 시행에 필요한 사항을 규정함을 목적으로 한다.

해답 43.① 44.① 45.① 46.④

47 상업지역 및 주거지역에서 건축물에 설치하는 냉방시설 및 환기시설의 배기구는 도로면으로부터 최소 얼마 이상의 높이에 설치하여야 하는가?

① 1.5m ② 1.8m
③ 2.0m ④ 2.5m

■ 〈설비기준 23조〉 배기구는 도로면으로부터 2미터 이상의 높이에 설치할 것

48 건축물에 설치하는 굴뚝에 관한 기준 내용으로 옳지 않은 것은?
① 금속제 굴뚝은 목재 기타 가연재료로부터 10cm 이상 떨어져서 설치할 것
② 굴뚝의 옥상 돌출부는 지붕면으로부터의 수직 거리를 1m 이상으로 할 것
③ 금속제 굴뚝으로서 건축물의 지붕 속·반자위 및 가장 아랫바닥 밑에 있는 굴뚝의 부분은 금속 외의 불연재료로 덮을 것
④ 굴뚝의 상단으로부터 수평거리 1m 이내에 다른 건축물이 있는 경우에는 그 건축물의 처마보다 1m 이상 높게 할 것

■ 〈피난방화구조기준 20조〉 금속제 굴뚝은 목재 기타 가연재료로부터 15cm 이상 떨어져서 설치할 것

49 문화 및 집회시설 중 공연장의 개별 관람실 출구의 설치기준 내용으로 옳지 않은 것은?(단, 개별 관람실의 바닥면적이 300㎡ 이상인 경우)
① 관람실별로 2개소 이상 설치할 것
② 관람실로부터 바깥쪽으로의 출구로 쓰이는 문은 안여닫이로 할 것
③ 각 출구의 유효너비는 1.5m 이상일 것
④ 개별 관람실 출구의 유효너비의 합계는 개별 관람실의 바닥면적 100m2마다 0.6m의 비율로 산정한 너비 이상으로 할 것

■ 〈피난방화구조기준 10조〉 관람실로부터 바깥쪽으로의 출구로 쓰이는 문은 안여닫이로 해서는 안 된다.

50 건축물에 급수·배수·환기·난방설비를 설치하는 경우, 건축기계설비기술사 또는 공조냉동기계기술사의 협력을 받아야 하는 대상 건축물의 연면적 기준은?(단, 창고시설은 제외)

① 3,000㎡ 이상 ② 5,000㎡ 이상
③ 10,000㎡ 이상 ④ 15,000㎡ 이상

■ 〈건축법령 91조 3〉 연면적 1만제곱미터 이상인 건축물(창고시설은 제외한다)

51 건축법령상 숙박시설에 속하지 않는 것은?
① 호텔 ② 유스호스텔
③ 의료관광호텔 ④ 휴양콘도미니엄

■ 〈건축법령 3조 5〉 유스호스텔은 수련시설에 속한다.

해답 47.③ 48.① 49.② 50.③ 51.②

52 계단의 설치에 관한 기준 내용으로 옳지 않은 것은?

① 중학교의 계단인 경우, 단너비는 26cm 이상으로 한다.
② 초등학교의 계단인 경우, 단너비는 26cm 이상으로 한다.
③ 판매시설 중 상점인 경우, 계단 및 계단참의 유효너비는 90cm 이상으로 한다.
④ 문화 및 집회시설 중 공연장의 경우, 계단 및 계단참의 유효너비는 120cm 이상으로 한다.

■ 〈피난방화구조기준 15조〉 판매시설 중 상점인 경우, 계단 및 계단참의 유효너비는 120cm 이상으로 한다.

53 건축법령상 용도별 건축물의 종류에 관한 설명으로 옳은 것은?

① 의료시설에는 한의원, 종합병원 등이 해당된다.
② 공동주택에는 공관, 기숙사, 아파트 등이 해당된다.
③ 단독주택에는 다가구주택, 다세대주택 등이 해당된다.
④ 제1종 근린생활시설에는 의원, 치과의원 등이 해당된다.

■ 〈건축법령 3조 5〉 한의원, 의원, 치과의원 −1종 근린생활시설, 공관−단독주택, 다세대주택−공동주택

54 건축물의 주계단·피난계단 또는 특별피난계단에 설치하는 난간 및 바닥을 아동의 이용에 안전하고 노약자 및 신체장애인의 이용에 편리한 구조로 하여야 하는 대상 건축물에 속하지 않는 것은?

① 판매시설
② 위락시설
③ 문화 및 집회시설
④ 공동주택 중 기숙사

■ 〈피난방화구조기준 15조〉 공동주택은 해당하나 기숙사는 제외

55 다음은 비상용 승강기의 승강장 구조에 관한 기준 내용이다. ( ) 안에 알맞은 것은?

> 승강장의 바닥면적은 비상용 승강기 1대에 대하여 ( ) 이상으로 할 것. 다만, 옥외에 승강장을 설치하는 경우에는 그러하지 아니하다.

① 2m²
② 4m²
③ 5m²
④ 6m²

■ 〈설비기준 10조〉 승강장의 바닥면적은 비상용 승강기 1대에 대하여 6제곱미터 이상으로 할 것

56 건축법령상 단독주택에 해당되지 않는 것은?

① 공관
② 다중주택
③ 다가구주택
④ 다세대주택

■ 〈건축법령 3조의 5〉 다세대주택은 공동주택

57 축냉식 전기냉방설비의 설계기준 내용으로 옳지 않은 것은?

① 열교환기는 시간당 최소냉방열량을 처리할 수 있는 용량 이상으로 설치하여야 한다.
② 자동제어설비는 축냉운전, 방냉운전 또는 냉동기와 축열조를 동시에 이용하여 냉방운전이 가능한 기능을 갖추어야 한다.
③ 축열조는 보온을 철저히 하여 열손실과 결로를 방지해야 하며, 맨홀 등 점검을 위한 부분은 해체와 조립이 용이하도록 사용하여야 한다.
④ 부분축냉방식의 경우에는 냉동기가 축냉운전과 방냉운전 또는 냉동기와 축열조의 동시운전이 반복적으로 수행하는데 아무런 지장이 없어야 한다.

■ 〈냉방설비 설계기준 8조〉 열교환기는 시간당 최대냉방열량을 처리할 수 있는 용량 이상으로 설치하여야 한다.

58 건축물의 출입구에 설치하는 회전문에 관한 기준 내용으로 옳지 않은 것은?

① 회전문과 바닥 사이의 간격은 5cm 이하로 한다.
② 회전문과 문틀 사이의 간격은 5cm 이상으로 한다.
③ 계단이나 에스컬레이터로부터 2m 이상 거리를 두어야 한다.
④ 회전문의 회전속도는 분당회전수가 8회를 넘지 않도록 한다.

■ 〈피난방화구조 기준 12조〉 회전문과 바닥 사이의 간격은 3cm 이하로 한다.

59 다음 중 외기에 면하고 1층 또는 지상으로 연결된 출입문을 방풍구조로 하지 않아도 되는 것은?(단, 사람의 통행을 주목적으로 하며, 너비가 1.2m를 초과하는 출입문인 경우)

① 호텔의 주출입문
② 공동주택의 출입문
③ 공기조화를 하는 업무시설의 출입문
④ 바닥면적의 합계가 500㎡인 상점의 주출입문

■ 〈에너지절약기준 6조〉 외기에 직접 면하고 1층 또는 지상으로 연결된 출입문은 방풍구조로 하여야 한다. 다만, 판매 및 영업시설 중 도매시장, 소매시장 및 상점으로써 바닥면적 300㎡ 이하의 개별 점포의 출입문, 공동주택의 출입문, 사람의 통행을 주목적으로 하지 않는 출입문과 너비가 1.2미터 이하의 출입문은 그러하지 아니할 수 있다.

60 건축물의 냉방설비에 대한 설치 및 설계기준상 포접화합물(Clathrate)이나 공융염(Eutectic Salt) 등의 상변화물질을 심야시간에 냉각시켜 동결한 후 그 밖의 시간에 이를 녹여 냉방에 이용하는 냉방설비로 정의되는 것은?

① 빙축열식 냉방설비　　　　② 수축열식 냉방설비
③ 물질축열식 냉방설비　　　④ 잠열축열식 냉방설비

■ 〈냉방설비기준 3조〉 "잠열축열식 냉방설비"라 함은 포접화합물(Clathrate)이나 공융염(Eutectic Salt) 등의 상변화물질을 심야시간에 냉각시켜 동결한 후 그 밖의 시간에 이를 녹여 냉방에 이용하는 냉방설비를 말한다.

해답　57.① 58.① 59.② 60.④

제10회 | 건축설비산업기사 기출모의고사

제1과목 건축설비 계획

01 건축물의 조명 설계에서 연색성이 의미하는 것으로 옳은 것은?
① 인공광원의 빛의 세기
② 인공광원의 눈부심
③ 인공광원의 명암
④ 사물의 색상에 대한 인공광원의 구현능력

■ 조명설계에서 연색성이란 색상을 연출하는 성질 즉, 색상 구분능력을 말하며 자연광에 가까울수록 연색성이 우수하다 말하는데, 미술관, 사진 작업실 등에서는 연색성이 중요하며, 색상구분이 상대적으로 덜 중요한 운동장, 체육관, 가로등에서는 경제성을 중시한다.

02 다음의 냉방부하 요소 중에서 현열부하만 발생하는 것은?
① 인체의 발생열량
② 유리로부터의 취득열량
③ 극간풍에 의한 취득열량
④ 실내 기구로부터의 발생열량

■ 냉방부하 계획에서 현열부하는 온도차로 발생하며, 잠열부하는 수증기로 발생하는데, 유리로부터의 취득열량은 현열부하만 있으며, 실내 기구 중 컴퓨터 등은 현열부하만 있고, 물을 사용하는 커피포트, 조리기구등은 잠열부하가 발생한다.

03 다음 중 습공기 선도상에 나타나 있지 않은 것은?
① 현열비
② 엔탈피
③ 엔트로피
④ 수증기분압

■ 습공기 선도 구성요소에는 건구온도, 습구온도, 노점온도, 절대습도, 상대습도, 수증기분압, 비체적 엔탈피, 현열비, 열수분비 등이 있으며, 엔트로피는 습공기 선도상에 나타나 있지 않다.

04 다음 공기의 성질 중 가열했을 때 변하지 않는 것은?
① 건구온도
② 습구온도
③ 절대습도
④ 상대습도

■ 공기를 가열할 때 건구온도, 습구온도, 엔탈피는 증가하고, 절대습도와 수증기 분압은 일정하다. 이때 상대습도는 감소한다.

해답 1.④ 2.② 3.③ 4.③

05 다음 중 펌프 운전 시 캐비테이션을 방지하기 위한 대책으로 가장 알맞은 것은?

① 흡입양정을 낮춘다. ② 토출양정을 낮춘다.
③ 에어챔버를 설치한다. ④ 마찰손실수두를 줄인다.

■ 캐비테이션은 흡입배관에서 작용하는 압력이 물의 포화증기압보다 낮을 때 발생하며, 이를 방지하기 위해서는 NPSHav(유효흡입양정)를 크게 하여야 하고 흡입양정을 작게 할수록 유리하다.

06 아래 도시기호의 주형 방열기 호칭법에서 틀린 것은?

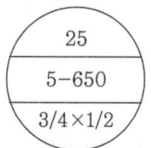

① 형식 : 5주형
② 절수 : 25절
③ 높이 : 650mm
④ 유입 관경 : 3/4 인치

■ 방열기 표기 도시기호에서 상단 25는 절수(섹션수)이고 중간 5는 방열기 형식으로 5는 5세주형이며, 3은 3세주형, Ⅲ은 3주형으로 표기된다. 5주형은 일반적인 방열기 형식에서 사용되지 않는다. 650은 방열기 높이이며, 3/4와 1/2는 방열기 입출구 관경이다.

07 급탕설비의 안전장치에 관한 설명으로 옳지 않은 것은?

① 도피관의 배수는 간접배수로 한다.
② 팽창관 및 도피관에는 밸브류를 설치한다.
③ 도피관은 팽창탱크 수면보다 높게 입상한다.
④ 안전밸브는 가열장치 내의 압력이 설정압력을 넘는 경우에 압력을 도피시키기 위해 설치하는 밸브이다.

■ 팽창탱크와 연결되는 팽창관 및 도피관에는 밸브류를 설치하지 않는다. 밸브류를 설치하면 혹시 밸브를 닫을 경우 안전기능을 상실하기 때문이다.

08 호칭 지름 20A의 관을 그림과 같이 나사 이음할 때, 배관 중심 간의 길이가 200mm라 하면 실제 소요되는 강관 길이(mm)는 얼마인가?(단, 이음쇠(엘보)의 중심에서 엘보 끝단면까지의 길이는 32mm, 나사가 물리는 최소의 깊이는 13mm이다.)

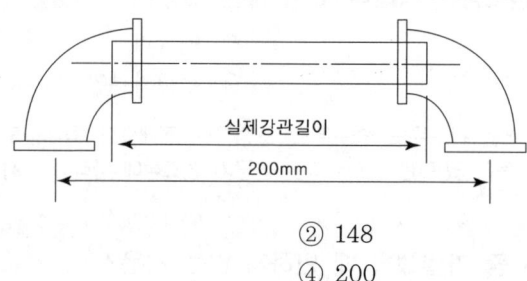

① 136 ② 148
③ 162 ④ 200

■ 배관실제길이는 중심 간 길이(200)에서 양쪽으로 이음쇠(엘보)의 중심에서 단면까지의 길이(32mm)와 나사가 물리는 최소의 길이(13mm)의 차(32-13=19mm)를 빼 준 값이다.
$L = 200 - 2(32 - 13) = 162\text{mm}$

09 난방설비 방열기 계획에서 상당방열면적(EDR)이란 무엇을 의미하는가?
① 방열기의 표면적을 ㎡로 표시한 것이다.
② 보일러의 전열 면적을 말한다.
③ 보일러의 전열 면적을 말한다.
④ 방열기의 방열량을 표준상태(1㎡=0.756kW 증기)로 환산한 방열기 면적 값이다.

■ 상당방열면적(EDR-Equivalent Direct Radiation)이란 어떤 방열량을 방열기 표준방열면적으로 환산한 것으로 온수 방열기는 1㎡EDR=0.523kW, 증기 방열기는 1㎡EDR=0.756kW이다.

10 배수관에서 청소구(Clean out)를 설치하여야 하는 장소로 적합하지 않는 곳은?
① 배수수직관의 최상부
② 배관길이가 긴 배수 수평관의 도중
③ 배수수평지관 및 배수수평주관의 기점
④ 배수관이 45°를 초과하는 각도에서 방향을 전환하는 개소

■ 청소구는 막힐 우려가 있는 곳에 설치하므로 배수수직관의 최상부가 아니고 최하부에 청소구(Clean out)를 설치한다.

11 급수방식 중 고가수조방식에 관한 설명으로 옳은 것은?
① 대규모의 급수 수요에 대응할 수 없다.
② 단수 시에도 일정량의 급수를 계속할 수 있다.
③ 급수공급압력의 변화가 심하고 취급이 까다롭다.
④ 위생성 및 유지·관리 측면에서 가장 바람직한 방식이다.

■ 고가수조방식은 대규모의 급수 수요에 적합하고, 단수 시에도 고가탱크에 저수한 물로 일정시간 급수가 가능하고, 급수공급압력의 변화가 없으나, 물탱크에서 수질오염이 심하여 위생성 및 유지·관리 측면에서 불리한 방식으로 최근에는 적용 예가 감소하고 있다.

12 다음 설명에 알맞은 통기관의 종류는?

> 2개 이상의 트랩을 보호하기 위하여 기구배수관이 배수 수평지관에 접속하는 최상류 지점의 바로 아래에서 취출하여 통기 입상(수직)관에 연결하는 통기관을 말한다.

① 회로통기관　　　　　　② 신정통기관
③ 각개통기관　　　　　　④ 결합통기관

■ 회로(루프)통기관은 배수 수평지관 최상류기구 바로 아래에서 연결하여 통기 수직관에 연결한다.

13 일반적인 공조설비 계획에서 다음 냉방부하 요소 중 그 값이 가장 큰 것은?
① 실내부하　　　　　　② 외기부하
③ 열원부하　　　　　　④ 공조기부하

■ 냉방부하의 크기는 일반적으로 외기부하<실내부하<공조기부하<열원부하 순이다.

해답　9.④　10.①　11.②　12.①　13.③

14 배관용 동관을 M, L 및 K 타입으로 구분하는 기준이 되는 것은?
① 관의 두께 ② 관의 외경
③ 관의 재질 ④ 배관 1본의 길이

■ 동관 두께를 의미하며 두께는 K>M>L순이다.

15 강제순환식 급탕설비에서 온수의 공급온도가 60℃이고 반송온도가 55℃이며, 배관 전 계통의 열손실이 5,000W일 경우 순환펌프의 순환수량은 얼마 정도가 적합한가? (단, 물의 비열은 4.2kJ/kg·K이다.)
① 11.7L/min ② 14.3L/min
③ 166.7L/min ④ 250.0L/min

■ 급탕설비에서 배관 열손실을 보충하기 위하여 탕을 순환시키므로 열손실(q)과 탕공급열량(WCΔt) 사이에 열평형식이 성립한다.
$q = WC\Delta t$ (5,000W는 kW로 환산)
$W = \dfrac{q}{C\Delta t} = \dfrac{(5,000/1,000)}{4.2(60-55)} = 0.238 L/s = 14.3 L/min$

16 다음 중 배관의 부식 요인과 가장 거리가 먼 것은?
① 배관의 재질 ② 배관 내 유속
③ 배관 내 수질 ④ 배관의 지지 간격

■ 배관 내 부식은 배관재질과 수질, 용존산소, 유속의 영향을 많이 받으며, 배관의 지지 간격과 부식은 직접적인 관계가 없다.

17 다음의 공기조화방식 중 전공기 방식에 속하지 않는 것은?
① 단일덕트방식 ② 이중덕트방식
③ 유인유니트방식 ④ 멀티존유니트방식

■ 전공기 방식은 열공급을 전부 공기(덕트)를 이용하므로 덕트 방식이라 한다. 유인유니트방식은 물과 공기를 동시에 공급하는 수공기방식에 속한다.

18 공기조화기(에어와셔) 내의 가습이나 감습 장치에 엘리미네이터(eliminator)를 설치하는 가장 주된 목적은?
① 폐열을 회수하기 위하여
② 분진 등을 정화하기 위하여
③ 내부의 청소 및 점검을 위하여
④ 분무수가 덕트쪽으로 날려서 나가는 것을 방지하기 위하여

■ 엘리미네이터는 제수판으로 에어와셔에서 분무수(물방울)가 덕트 쪽으로 나가는 것을 방지하기 위하여 설치한다.

해답 14.① 15.② 16.④ 17.③ 18.④

19 단면적이 314cm²인 동관에 매분 4.5m³의 물을 공급하려고 할 때 물의 속도는 얼마가 되는가?

① 0.014m/s
② 0.00024m/s
③ 143.3m/s
④ 2.39m/s

■ $Q = A \times v$에서
$Q = 4.5 m^3/\min = 0.075 m^3/s$, $A = 314 cm^2 = 0.0314 m^2$를 대입해보면
$v = \dfrac{Q}{A} = \dfrac{0.075}{0.0314} = 2.385 m/s$

20 실내 음환경에서 잔향시간에 관한 설명으로 옳은 것은?

① 음향 청취를 목적으로 하는 공간에서의 잔향 시간은 음성 전달을 목적으로 하는 공간에서의 잔향 시간보다 짧아야 한다.
② 음의 잔향 시간은 실의 용적에 비례하며 벽면의 흡음력에 따라 결정된다.
③ 실의 형태를 변경하면 잔향시간은 조정이 가능하다.
④ 영화관은 전기 음향 설비가 주가 되므로 잔향 시간은 길수록 좋다.

■ 음향(음악) 청취 목적 공간의 잔향 시간은 음성 전달 목적 공간의 잔향 시간보다 일반적으로 길다. 음의 잔향 시간은 실의 용적에 비례하며 벽면의 흡음력에 따라 결정된다.

잔향시간(T) $= 0.164 \times \dfrac{실용적(m^3)}{흡음력(m^2)} = 0.164(\dfrac{V}{A})$

따라서 실의 형태와 잔향시간은 큰 관계가 없으며, 영화관은 전기 음향 설비가 주가 되므로 잔향 시간은 약간 짧게 한다.

제2과목 │ 건축설비설계

21 겨울철 중력환기를 설계할 때 급기구와 배기구의 설치위치로 가장 알맞은 것은?

① 급기구 및 배기구를 모두 낮은 곳에 설치
② 급기구 및 배기구를 모두 높은 곳에 설치
③ 급기구는 낮은 곳, 배기구는 높은 곳에 설치
④ 급기구는 높은 곳, 배기구는 낮은 곳에 설치

■ 겨울철 실내온도는 외기보다 높으므로 실내공기는 상승압력을 받아 상부에서 외부로 배출압력을 받는다. 따라서 급기구는 낮은 곳에 배기구는 높은 곳에 설치한다.

22 다음 중 공동주택 단지의 급수설계를 할 때 가장 먼저 이루어져야 할 사항은?

① 급수량의 산정
② 수수조의 크기 산정
③ 급수관 재료의 결정
④ 수도 인입관의 관경 선정

■ 급수설계는 급수인원으로 부터 급수량 산정에서 시작한다.

해답 19.④ 20.② 21.③ 22.①

23 급탕설비에 관한 설명으로 옳지 않은 것은?

① 배관은 적정한 압력손실 상태에서 피크시를 충족시킬 수 있어야 한다.
② 냉수, 온수를 혼합 사용해도 압력차에 의한 온도변화가 없도록 하여야 한다.
③ 개방형 급탕시스템에는 온도상승에 의한 압력을 도피시킬 수 있는 팽창탱크를 설치하여야 한다.
④ 배관거리가 30m를 초과하는 중앙급탕방식에서는 배관으로부터 열 손실을 보상하고, 일정한 급탕온도 유지를 위하여 환탕관과 순환펌프를 설치한다.

■ 개방형 급탕시스템에는 팽창탱크가 필요 없다. 건축설비에서 급탕설비는 대부분 밀폐형 급탕 시스템이며, 따라서 팽창탱크(개방형, 밀폐형)를 설치한다.

24 고층건물에서 급수 계통을 조닝(zoning)하는 가장 주된 이유는?

① 급수의 역류를 방지하기 위하여
② 저층부의 수압을 줄이기 위하여
③ 배관의 크로스 커넥션을 방지하기 위하여
④ 배관의 보수점검을 용이하게 하기 위하여

■ 고층건물에서 급수 계통을 조닝(zoning)하는 가장 주된 이유는 건물 전체를 한 계통으로 할 경우 고층부에 적당한 수압을 공급할 때 저층부는 수압이 과대해 지므로 저층부의 수압을 줄이기 위해서 고층부와 저층부를 나누어 급수를 공급하도록 배관하는 조닝을 한다.

25 급수설비에서 관경 200A에 매분 4.5㎥의 물이 흐를 경우 배관 내 물의 속도는 얼마 정도인가?

① 0.024m/sec
② 0.184m/sec
③ 2.39m/sec
④ 4.25m/sec

■ $v = \dfrac{Q}{A} = \dfrac{4.5}{60 \times (\dfrac{\pi \times 0.20^2}{4})} = 2.39 m/s$

26 기구배수 부하단위(fuD) 산정에 기준이 되는 기구는?

① 세면기
② 대변기
③ 샤워기
④ 욕조

■ 기구 배수 부하단위는 세면기를 기준((fuD=1)한다. 기구 급수 부하단위도 세면기를 기준((fu=1)한다. 이때 배수량은 28.5L/min, 급수량은 14L/min을 기준한다.

27 지역난방에 관한 설명으로 옳지 않은 것은?

① 연료비가 절감된다.
② 대기오염을 줄일 수 있다.
③ 보일러 설비가 대용량이 된다.
④ 각 세대의 설비 스페이스가 증대된다.

■ 지역난방은 세대별로 보일러가 없으므로 설비 스페이스가 감소하며, 동시사용률이 적어서 보일러 전체 설비 용량은 감소하나 중앙기계실에 대용량 보일러 설비가 필요하다.

28 관내 공기를 제거하는 방법으로 옳지 않은 것은?

① 물의 흐름방향으로 앞올림 구배로 한다.
② 방열기 출구에 리턴 콕을 설치한다.
③ 배관의 최정상부에 공기 배출밸브를 설치한다.
④ 팽창수조에 연결되어 공기 배출관을 설치한다.

■ 온수 난방 등에서 배관 내의 공기는 물의 흐름을 방해하므로 이를 제거하기 위하여 물흐름 방향으로 앞올림 구배를 주어 공기를 배관 최상부로 유도한 다음 공기밸브나 팽창수조에서 제거한다. 리턴콕은 온수 방열기 출구 등에 설치하는 유량제어용 밸브이다.

29 다음과 같은 조건에 있는 양수펌프의 축동력은?

- 실양정 : 10m
- 토출구 필요 압력 수두 : 0.7mAq
- 양수량 : 3,000L/min
- 배관 마찰손실수두 : 2mAq
- 펌프의 효율 : 80%

① 1.22kW
② 6.13kW
③ 7.78kW
④ 8.57kW

■ $kW = \dfrac{QH}{102E} = \dfrac{3,000(10+2+0.7)}{60 \times 102 \times 0.8} = 7.78kW$

(펌프양정 H=실양정+마찰손실+토출속도수두=10+2+0.7)

30 덕트 계통에서 스플릿 댐퍼에 관한 설명으로 옳지 않은 것은?

① 주덕트의 압력강하가 적다.
② 정밀한 풍량조절이 용이하다.
③ 누설이 많아 폐쇄용으로 사용이 곤란하다.
④ 분기부에 설치하여 풍량 조절용으로 사용된다.

■ 스플릿 댐퍼는 분기부에서 풍량 조절용으로 사용되며, 압력강하가 적고, 누설이 많으며 정밀한 풍량조절은 곤란하다.

31 내경 50mm인 파이프 내로 2m/s의 속도로 온수가 흐르고 있다. 배관 길이 60m에 대한 직관부 마찰손실 수두는 얼마 정도인가?(단, 관 마찰계수는 0.02이고 배관국부저항은 직관의 40%이다.)

① 4.9mAq
② 6.86mAq
③ 22.7mAq
④ 33.2mAq

■ $h = f\dfrac{L \times v^2}{d \times 2g} = \dfrac{0.02 \times 60 \times 1.4 \times 2^2}{0.05 \times 2 \times 9.8} = 6.86mAq$

해답 28.② 29.③ 30.② 31.②

32 흡수식 냉동기의 사이클로 옳은 것은?

① 증발기 - 재생기 - 흡수기 - 응축기
② 증발기 - 흡수기 - 재생기 - 응축기
③ 흡수기 - 응축기 - 재생기 - 증발기
④ 흡수기 - 증발기 - 응축기 - 재생기

■ • 흡수식 냉동기(증발기-흡수기-재생기(발생기)-응축기)
　• 압축식 냉동기(증발기-압축기-응축기-팽창밸브)

33 전열교환기에 관한 설명으로 가장 거리가 먼 것은?

① 현열과 잠열을 동시에 교환한다.
② 공기조화용 송풍량이 비교적 많은 곳에서 유리하다.
③ 열회수율이 좋고, 고온측 및 저온측 유체의 누설이 없는 것을 사용한다.
④ 배열회수에 이용되는 배기는 원칙적으로 주방 및 보일러의 배기가스를 이용한다.

■ 전열교환기는 열교환하는 두 공기가 전열 교환재료(엘리먼트)를 통해 서로 접촉하므로 오염 가능성이 있는 주방 및 보일러의 배기가스를 이용하는 경우 오염된 외기가 도입되어 급기가 오염된다.

34 개방회로방식과 밀폐회로방식에 관한 설명으로 옳지 않은 것은?

① 밀폐회로방식은 순환수가 공기와 접촉하지 않으므로 물 처리비가 많이 든다.
② 밀폐회로방식은 장치 내에 있는 물의 팽창을 위하여 팽창탱크를 갖추어야 한다.
③ 개방회로방식은 보통 축열방식이나 개방식 냉각탑의 냉각수배관 등에 응용된다.
④ 개방회로방식은 물이 대기 중에 노출되므로 수중에 산소량이 많아서 배관부식이 심하기 때문에 백가스관을 사용한다.

■ 밀폐회로방식은 순환수가 공기와 접촉하지 않으므로 오염이 적어 물 처리비가 적게 든다.

35 공기조화설비의 공기청정장치에 관한 설명으로 가장 부적합한 것은?

① 원칙적으로 부유분진에는 에어와셔를 설치한다.
② 에어필터(HEPA필터 제외)의 면풍속은 2.5m/s를 표준으로 한다.
③ 에어필터(HEPA필터 제외)의 공기저항은 초기 저항의 2배를 표준으로 한다.
④ 일반적인 사무용 건축물에 설치하는 경우에는 주로 부유분진을 주처리 대상으로 한다.

■ 공기청정장치(클린룸설비)에서 원칙적으로 부유분진에는 건식 여과기를 설치하고 가스형 오염물질에 에어와셔(Air Washer)를 설치한다.

36 펌프의 양정이 20mAq, 회전속도가 1,500rpm, 토출량이 1.5㎥/min일 때, 이 펌프의 비교회전수(rpm · ㎥/min · m)는?

① 125
② 194
③ 210
④ 248

■ 비교회전수(비속도)$= \dfrac{Q^{0.5} \times N}{H^{3/4}} = \dfrac{1.5^{0.5} \times 1{,}500}{20^{3/4}} = 194\, rpm\, m^3/\min m$

비교회전수란 펌프 특성을 표현하는 것으로 일정유량을 토출할 때 회전수를 의미하며, 비교회전수가 클수록 축류형 펌프(저양정, 대유량)이고 비교회전수가 작을수록 터빈펌프(고양정, 저유량)에 속한다.

해답　32.② 33.④ 34.① 35.① 36.②

37 냉동기를 냉각 목적으로 할 경우의 성적계수를 COP$_C$, 히트펌프(난방용)로 사용될 경우의 성적계수를 COP$_H$라 할 때, 다음 식 중 옳은 것은?

① COP$_H$=COP$_C$
② COP$_H$=1/COP$_C$
③ COP$_H$=COP$_C$-1
④ COP$_H$=COP$_C$+1

■ COP$_H$=COP$_C$+1(히트펌프 성적계수는 냉동기 성적계수보다 1 크다.)

38 다음 중 냉난방 부하계획에서 시간지연(time-lag) 현상과 가장 관계가 깊은 것은?

① 습도
② 열용량
③ 일사량
④ 열관류율

■ 냉난방 부하계산에서 시간지연(time-lag) 현상은 벽체 열취득에서 벽체의 열용량(벽체 두께가 클수록)에 따라서 일정시간 축열된 후 통과하는 현상을 말한다. 주변에 황토 흙집을 지으면 여름에 열부하가 시간차를 두고 한낮에는 시원하고 저녁에 온기가 느껴지는 원리이다.

39 화장실, 부엌 및 욕실 등과 같이 부압을 유지해야 하는 공간에 적용되는 환기 방식은?

① 제1종 환기
② 제2종 환기
③ 제3종 환기
④ 자연환기

■ 배풍기에 의한 흡출 환기를 3종환기라 하며 실내가 부압(-)이므로 오염공기가 주변으로 확산되지 않게 한다.

40 냉동기 주변 배관에 관한 설명으로 옳지 않은 것은?

① 냉각기의 출입구에는 밸브를 설치한다.
② 응축기의 출입구에는 밸브를 설치한다.
③ 냉동기의 냉수배관 입구측에는 스트레이너를 설치한다.
④ 냉수배관의 가장 높은 부분에는 물빼기밸브를 설치한다.

■ 냉수배관의 가장 높은 부분에는 공기빼기 밸브(에어밴트)를 설치하고 가장 낮은 부분에 물빼기 밸브(드레인밸브)를 설치한다.

제3과목 건축설비 관련 법규

41 녹색건축인증에 관한 규칙에서 에너지, 건축환경, 건축설비는 어떤 전문분야에 속하는가?

① 에너지 및 환경오염
② 재료 및 자원
③ 물순환관리
④ 실내환경

■ 〈녹색건축규칙 별표1〉 에너지 및 환경오염 전문분야에 에너지, 전기공학, 건축환경, 건축설비, 대기환경, 폐기물처리 또는 기계공학 등 세부분야가 속한다.

해답 37.④ 38.② 39.③ 40.④ 41.①

42 문화 및 집회시설 중 공연장의 관람석과 접하는 복도의 유효너비는 최소 얼마 이상이어야 하는가?(단, 당해 층의 바닥면적의 합계가 700㎡인 경우)

① 1.5m ② 1.8m
③ 2.4m ④ 2.7m

■ 〈피난방화구조기준 15조 2〉 문화 및 집회시설(공연장·집회장·관람장·전시장에 한정한다), 종교시설 중 종교집회장 등 바닥면적의 합계가 500제곱미터 이상 1천제곱미터 미만인 경우 복도의 유효너비는 1.8미터 이상으로 한다.

43 환기·난방 또는 냉방시설의 풍도(덕트)가 방화구획을 관통하는 경우에 그 관통부분 또는 이에 근접한 부분에 설치하는 댐퍼에 대한 기준으로 부적합한 것은?

① 화재로 인한 연기 또는 불꽃을 감지하여 자동적으로 열리는 구조로 할 것
② 반도체공장 건축물로서 방화구획을 관통하는 풍도의 주위에 스프링클러헤드를 설치하는 경우에는 제외로 한다.
③ 주방 등 연기가 항상 발생하는 부분에는 온도를 감지하여 자동적으로 닫히는 구조로 할 수 있다.
④ 국토교통부장관이 정하여 고시하는 비차열(非遮熱) 성능 및 방연성능 등의 기준에 적합할 것

■ 〈피난방화구조기준 14조〉 화재로 인한 연기 또는 불꽃을 감지하여 자동적으로 닫히는 구조로 할 것.

44 다음의 옥상광장 등의 설치에 관한 기준 내용 중 ( ) 안에 들어갈 수 없는 건축물의 용도는?

> 5층 이상인 층이 (   )의 용도로 쓰는 경우에는 피난 용도로 쓸 수 있는 광장을 옥상에 설치하여야 한다.

① 종교시설 ② 의료시설
③ 장례식장 ④ 판매시설

■ 〈건축법령 40조〉 5층 이상인 층이 제2종 근린생활시설 중 공연장·종교집회장·인터넷컴퓨터게임시설제공업소(해당 용도로 쓰는 바닥면적의 합계가 각각 300제곱미터 이상인 경우만 해당한다), 문화 및 집회시설(전시장 및 동·식물원은 제외한다), 종교시설, 판매시설, 위락시설 중 주점영업 또는 장례시설의 용도로 쓰는 경우에는 피난 용도로 쓸 수 있는 광장을 옥상에 설치하여야 한다.(의료시설은 해당 없음)

45 건축물의 냉방설비에 대한 설치 및 설계기준상 다음과 같이 정의되는 것은?

> 저장된 냉열을 냉방에 이용할 경우에만 가동되는 냉수 순환펌프, 공조용 순환펌프 등의 설비

① 1차 측 설비 ② 2차 측 설비
③ 부분 축냉설비 ④ 전체 축냉설비

■ 〈냉방설비기준 3조〉 2차 측 설비란 저장된 냉열을 냉방에 이용할 경우에만 가동되는 냉수 순환펌프, 공조용 순환펌프 등의 설비를 말한다.

해답 42.② 43.① 44.② 45.②

46 제로에너지건축물 인증에 관한 내용 중 가장 잘못된 것은?

① 제로에너지건축물 인증평가 시 난방, 냉방, 급탕, 조명, 환기 등에 대한 1차 에너지소요량을 평가한다.
② 제로에너지건축물 인증의 유효기간은 인증을 받은 날부터 5년으로 한다.
③ 인증평가 결과나 인증취소 결정에 이의가 있는 건축주 등은 인증서 발급일 또는 인증취소일부터 90일 이내에 인증기관의 장에게 재평가를 요청할 수 있다.
④ +등급의 에너지자립률 기준은 120% 이상이다.

■ 〈제로에너지건축물 인증규칙 9조〉 제로에너지건축물 인증의 유효기간은 인증을 받은 날부터 10년으로 한다.

47 철골조로 피복두께와 상관없이 내화구조로 인정되는 것은?

① 계단　　　　　　　　② 기둥
③ 바닥　　　　　　　　④ 내력벽

■ 〈피난방화구조기준 3조〉 계단의 경우 철골조는 모두가 내화구조이다.

48 에너지절약기준에서 수평면과 이루는 각이 몇 도를 초과하는 경사지붕은 규칙 제21조의 규정에 의한 외벽의 열관류율을 적용할 수 있는가?

① 30도　　　　　　　　② 50도
③ 70도　　　　　　　　④ 90도

■ 〈에너지절약기준 6조〉 수평면과 이루는 각이 70도를 초과하는 경사지붕은 별표1에 따른 외벽의 열관류율을 적용할 수 있다.

49 가스·급수·배수·환기설비를 설치하는 경우 건축기계설비기술사 또는 공조냉동기계기술사의 협력을 받아야 하는 대상 건축물에 속하지 않는 것은?

① 아파트
② 연립주택
③ 숙박시설로 해당 용도에 사용되는 바닥면적의 합계가 2,000㎡인 건축물
④ 업무시설로 해당 용도에 사용되는 바닥면적의 합계가 2,000㎡인 건축물

■ 〈설비기준 2조〉 업무시설, 판매시설, 연구소는 3,000㎡ 이상 건축물

50 건축물의 에너지절약 설계기준에 따른 단열재의 두께는 지역별로 다르게 적용된다. 다음 중 남부지역에 속하지 않는 것은?

① 부산광역시　　　　　② 대구광역시
③ 경상북도 청송군　　　④ 경상북도(울진)

■ 〈에너지절약기준 22조 별표 1〉 경상북도(봉화, 청송)는 중부1지역에 속한다.

해답　46.② 47.① 48.③ 49.④ 50.③

51 다음은 지하층과 피난층 사이의 개방공간 설치와 관련된 기준 내용이다. ( ) 안에 알맞은 것은?

> 바닥면적의 합계가 ( ) 이상인 공연장·집회장·관람장 또는 전시장을 지하층에 설치하는 경우에는 각 실에 있는 자가 지하층 각 층에서 건축물 밖으로 피난하여 옥외 계단 또는 경사로 등을 이용하여 피난층으로 대피할 수 있도록 천장이 개방된 외부 공간을 설치하여야 한다.

① 1,000㎡ ② 2,000㎡
③ 3,000㎡ ④ 4,000㎡

■ 〈건축법령 37조〉 3,000㎡ 이상

52 건축물의 에너지절약 설계기준에 따른 건축부문의 권장사항으로 옳지 않은 것은?

① 외벽 부위는 외단열로 시공한다.
② 건물의 창호는 가능한 작게 설계하고, 특히 열손실이 많은 북측의 창면적은 최소화한다.
③ 건축물은 대지의 향, 일조 및 주풍향 등을 고려하여 배치하며, 남향 또는 남동향 배치를 한다.
④ 거실의 층고 및 반자 높이는 실의 용도와 기능에 지장을 주지 않는 범위 내에서 가능한 높게 한다.

■ 〈에너지절약기준 7조〉 거실의 층고 및 반자 높이는 가능한 낮게 한다.

53 건축물의 에너지절약 설계기준에 따른 건축부문의 권장사항으로 옳지 않은 것은?

① 공동주택은 인동간격을 좁게 하여 저층부의 일사 수열량을 감소시킨다.
② 공동주택의 외기에 접하는 주동의 출입구와 각 세대의 현관은 방풍구조로 한다.
③ 건축물의 체적에 대한 외피면적의 비 또는 연면적에 대한 외피면적의 비는 가능한 작게 한다.
④ 거실의 층고 및 반자 높이는 실의 용도와 기능에 지장을 주지 않는 범위 내에서 가능한 낮게 한다.

■ 〈에너지절약기준 7조〉 공동주택은 인동간격을 넓게 하여 저층부의 일사 수열량을 증대시킨다.

54 건축법령상 다음과 같이 정의되는 용어는?

> 건축물의 내부와 외부를 연결하는 완충공간으로서 전망이나 휴식 등의 목적으로 건축물 외벽에 접하여 부가적으로 설치되는 공간

① 복도 ② 테라스
③ 발코니 ④ 부속용도

■ 〈건축법령 2조〉 "발코니"란 건축물의 내부와 외부를 연결하는 완충공간으로서 전망이나 휴식 등의 목적으로 건축물 외벽에 접하여 부가적(附加的)으로 설치되는 공간을 말한다.

55 온수온돌의 구성에 관한 설명으로 옳지 않은 것은?

① 바탕층이란 온돌이 설치되는 건축물의 최하층 또는 중간층의 바닥을 말한다.
② 마감층이란 배관층 위에 시멘트, 모르타르, 미장 등을 설치하거나 마루재, 장판 등 최종 마감재를 설치하는 층을 말한다.
③ 배관층이란 단열층 또는 채움층 위에 방열관을 설치하는 층을 말한다.
④ 채움층이란 온수온돌의 배관층에서 방출되는 열이 바탕층 아래로 손실되는 것을 방지하기 위하여 배관층과 바탕층 사이에 단열재를 설치하는 층을 말한다.

■ 〈설비기준 4조〉 단열층이란 온수온돌의 배관층에서 방출되는 열이 바탕층 아래로 손실되는 것을 방지하기 위하여 배관층과 바탕층 사이에 단열재를 설치하는 층을 말한다.

56 지능형 건축물 인증기관의 장은 인증신청을 받으면 인증심사단을 구성하여 인증기준에 따라 서류심사와 현장실사를 하고, 심사 내용, 심사 점수, 인증 여부 및 인증 등급을 포함한 인증심사 결과서를 작성하여야 한다. 이 경우 인증 등급은 어떻게 분류하는가?

① 1등급부터 5등급까지 5개 등급
② 1등급부터 7등급까지 7개 등급
③ 1등급부터 10등급까지 10개 등급
④ 1등급부터 12등급까지 12개 등급

■ 〈지능형 건축물 7조〉 인증 등급은 1등급부터 5등급까지로 하고, 그 세부 기준은 국토교통부장관이 별도로 정하여 고시한다.

57 다음과 같은 병원에 설치하여야 하는 승용승강기의 최소 대수는?

| • 층수 11층 | • 각 층의 바닥면적 : 3,000㎡ |
| • 각 층의 거실면적 : 2,500㎡ | • 15인승 승강기 설치 |

① 4대
② 5대
③ 8대
④ 9대

■ 〈설비기준 5조〉 6층 이상 거실면적=2,500×6=15,000(6층 이상 → 6층 포함 → 6개 층 주의)
설치대수=(3,000 이하 2대)+(2,000마다 1대)=2+6=8대

58 건축물의 에너지절약 설계기준에 따른 기계부분의 권장사항 내용으로 옳지 않은 것은?

① 열원설비는 부분부하 및 전부하 운전효율이 좋은 것을 선정한다.
② 보일러의 배출수, 폐열, 응축수 및 공조기의 폐열, 생활배수 등의 폐열을 회수하기 위한 열회수 설비를 설치한다.
③ 난방기기, 냉방기기, 냉동기, 송풍기, 펌프 등은 부하조건에 따라 최고의 성능을 유지할 수 있도록 대수분할 또는 비례제어운전이 되도록 한다.
④ 건축물의 효율적인 에너지 활용을 위해 가능하면 커미셔닝은 적용하지 않는다.

■ 〈에너지절약기준 9조〉 건축물의 효율적인 기계설비 운영을 위해 TAB 또는 커미셔닝을 실시한다.

해답 55.④ 56.① 57.③ 58.④

59 다음 중 방화구조에 속하지 않는 것은?

① 심벽에 흙으로 맞벽치기한 것
② 철망모르타르로서 그 바름두께가 2cm인 것
③ 석고판 위에 회반죽을 바른 것으로서 그 두께의 합계가 2.5cm인 것
④ 시멘트모르타르위에 타일을 붙인 것으로서 그 두께의 합계가 2cm인 것

■ 〈피난방화구조기준 4조〉 시멘트모르타르 위에 타일을 붙인 것으로서 그 두께의 합계가 2.5cm 이상인 것

60 다음은 비상용 승강기 승강장의 구조에 관한 기준 내용이다. ( ) 안에 알맞은 것은?

> 승강장의 바닥면적은 비상용 승강기 1대에 대하여 ( ) 이상으로 할 것. 다만 옥외에 승강장을 설치하는 경우에는 그러하지 아니하다.

① 4㎡ ② 5㎡
③ 6㎡ ④ 8㎡

■ 〈설비기준 10조〉 비상용 승강장 바닥면적 : 6㎡ 이상

해답 59.④ 60.③

제11회 건축설비산업기사 기출모의고사

제1과목 건축설비 계획

01 공기조화의 4요소에 속하지 않는 것은?
① 기류 ② 습도
③ 복사 ④ 청정도

■ 공기조화의 4요소는 온도, 습도, 기류, 청정도이며, 또한 쾌적지표 중 수정유효온도(CET)의 4요소는 온도, 습도 기류, 복사열이다. 잘 구분해서 정리하세요.

02 그림과 같은 습공기 선도에 표시된 P점의 상태량이 가장 거리가 먼 것은?

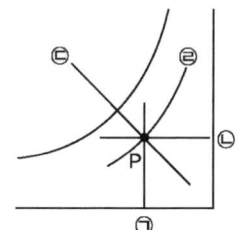

① ㉠ : 건구온도 ② ㉡ : 절대습도
③ ㉢ : 엔탈피 ④ ㉣ : 습구온도

■ 선도에서 ㉣은 상대습도선이다.

03 급탕설비에 관한 설명으로 가장 거리가 먼 것은?
① 배관은 적정한 압력손실 상태에서 피크 시를 충족시킬 수 있어야 한다.
② 냉수, 온수를 혼합 사용해도 압력차에 의한 온도변화가 없도록 하여야 한다.
③ 개방형 급탕시스템에는 온도상승에 의한 압력을 도피시킬 수 있는 팽창탱크를 설치하여야 한다.
④ 배관거리가 30m를 초과하는 중앙급탕방식에서는 배관으로부터 열 손실을 보상하고 일정한 급탕온도 유지를 위하여 환탕관과 순환펌프를 설치한다.

■ 개방형 급탕시스템에는 온도상승에 의한 물의 팽창이 개방탱크에서 흡수되므로 별도의 팽창탱크가 불필요하다.

해답 1.③ 2.④ 3.③

04 수도 본관에서 최고층 급수기구까지 높이 5m, 기구 소요압력 150kPa, 전마찰손실 수두압 50kPa일 때, 이 기구 사용에 필요한 수도본관의 최저압력은?(단, 수도직결 방식의 경우)

① 약 150kPa   ② 약 200kPa
③ 약 250kPa   ④ 약 500kPa

■ 수두(mAq)와 수압(kPa)환산에서 1mAq=9.8kPa≒10kPa를 이용한다.
수도본관압력(kPa)=기구높이+소요압력+마찰손실
    =50(5m)+150+50=250(kPa)

05 덕트 마찰저항 계산에서 국부저항에 대한 덕트상당장이란 무엇인가?

① 덕트의 실제 길이를 말한다.
② 덕트의 길이를 원형덕트로 환산한 것이다.
③ 국부 저항 손실을 같은 저항 값을 갖는 직관길이로 환산한 것이다.
④ 덕트의 직경을 20cm로 환산한 덕트 길이이다.

■ 덕트상당장이란 덕트 국부저항을 덕트직관길이로 환산한 것이다.

06 간접가열식 급탕방식에 관한 설명으로 가장 거리가 먼 것은?

① 직접가열식에 비해 열효율이 낮다.
② 간접가열식의 열매로 증기만이 사용된다.
③ 가열보일러는 난방용 보일러와 겸용할 수 있다.
④ 일반적으로 규모가 큰 건물의 급탕에 적용된다.

■ 간접가열식의 열매로 증기가 주로 쓰이나 고온수, 전기 등도 사용된다.

07 공기조화방식 중 전수방식의 일반적 특징으로 가장 거리가 먼 것은?

① 전수방식은 반송동력이 적게 든다.
② 전수방식은 덕트 스페이스가 필요 없다.
③ 전수방식은 개별제어, 개별운전이 가능하다.
④ 전수방식은 송풍량이 많아서 실내 공기의 오염이 거의 없다.

■ 전수방식(FCU)은 송풍량이 없어서 실내 공기의 오염이 크다. 그러므로 자연환기가 가능한 창문이 있는 외주부에 적용한다.

08 급수방식 중 수도직결방식에 관한 설명으로 가장 거리가 먼 것은?

① 급수압력이 일정하다.
② 고층으로의 급수가 어렵다.
③ 정전으로 인한 단수의 염려가 없다.
④ 위생성 측면에서 바람직한 방식이다.

■ 수도직결방식은 상수도 본관 인입 압력과 사용량에 따라 급수압력이 불규칙하다.

해답 4.③ 5.③ 6.② 7.④ 8.①

09 다음 설명에 알맞은 통기관의 종류는?

> 트랩을 보호하기 위한 통기관으로 기구배수관과 통기관을 겸용한 부분을 말한다.

① 습통기관 ② 신정통기관
③ 결합통기관 ④ 공용통기관

■ 기구배수관과 통기관을 겸용한 부분을 습통기(습윤통기)라 한다.

10 동관의 두께별 분류에 속하지 않는 것은?

① K형 ② L형
③ M형 ④ J형

■ 동관 두께는 K형>L형>M형>N형 순이다.

11 일반적으로 하향 급수배관 방식이 사용되는 급수방식은?

① 고가수조방식 ② 수도직결방식
③ 압력수조방식 ④ 펌프직송방식

■ 고가수조방식은 최고층의 고가수조에서 하향 급수배관 방식으로 기구에 접속한다. 수도직결방식, 압력수조방식, 펌프직송방식은 상향급수방식을 적용한다.

12 냉·난방 설계용 외기온도를 결정할 때 냉·난방기간 중 외기 설정온도 밖으로 벗어나는 비율(%)로 정한 온도는?

① 표준온도 ② 유효온도
③ TAC온도 ④ 상당외기온도

■ TAC온도(ASHRAE 기술자문위원회에서 권장하는 설계용 외기온도 설정법)는 경제성을 위하여 실제 외기온도가 설정 외기온도 밖으로 벗어나게(위험률온도) 설정하는 것이다. 보통 TAC 2.5%를 많이 적용한다.

13 다음과 같이 냉동기 주변 배관에서 압축기와 응축기가 동일한 높이에 있을 때, 압축기 토출측 배관 방법으로 가장 적합한 것은?

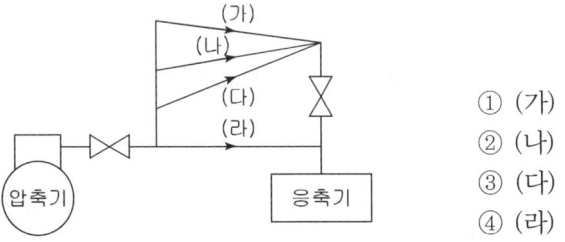

① (가)
② (나)
③ (다)
④ (라)

■ 압축기 토출측 배관에서 발생하는 응축 냉매가 응축기로 회수되도록 (가)처럼 응축기 쪽으로 선하향 기울기(순구배)를 주어 배관한다.

14 공기세정기(에어워셔) 속의 플러딩 노즐(flooding nozzle)의 역할은?
① 분무수의 분무
② 균일한 공기흐름 유지
③ 물방울의 기류에 혼입 방지
④ 엘리미네이터 청소

■ ① 분무 노즐-분무수의 분무
② 유입루버-균일한 공기흐름 유지
③ 엘리미네이터-세정기 출구에서 공기 중의 물방울을 차단하여 덕트로 유출 방지
④ 플러딩 노즐-세정기 출구 측의 엘리미네이터는 먼지 등이 많이 묻으므로 물을 뿌려 청소한다.

15 흐르는 물에 피토(Pitot)관을 흐름에 대향하여 직각으로 세웠을 때 수주의 높이가 1mAq이었다. 유속은 얼마인가?
① 4.43m/sec
② 4.78m/sec
③ 5.24m/sec
④ 5.69m/sec

■ 물에서 동압 $(h) = \dfrac{v^2}{2g}$
$v = \sqrt{2gh} = \sqrt{2 \times 9.8 \times 1} = 4.43 m/s$

※ 공기일 때는 동압$(Pa) = \dfrac{v^2}{2} \times 1.2$, 동압(mmAq)$= \dfrac{v^2}{2g} \times 1.2$를 사용한다.

16 냉각수 배관에서 직관부 마찰손실수두(Pa)의 크기와 반비례하는 것은?
① 관의 길이
② 관의 내경
③ 유체의 속도
④ 관의 마찰계수

■ 마찰손실은 관경에 반비례한다. $(h = \dfrac{f \times L \times v^2 \times \rho}{d \times 2})$

17 증기난방에 관한 설명으로 가장 거리가 먼 것은?
① 방열면적을 온수난방보다 작게 할 수 있다.
② 부하변동에 따른 실내 방열량의 제어가 용이하다.
③ 증발잠열을 이용하기 때문에 열의 운반 능력이 크다.
④ 예열시간이 온수난방에 비해 짧고 증기의 순환이 빠르다.

■ 증기난방은 on-off제어(밸브로 개폐하여 제어)로 부하변동에 따른 실내 방열량의 제어가 곤란하다. 온수난방은 유량과 온도 조절이 가능하여 방열량 조절이 가능하다.

18 상수의 급수·급탕계통과 그 외의 계통 배관이 장치를 통하여 직접 접속되어 오염된 급수가 공급되는 것을 의미하는 용어는?
① 더블 옵셋
② 루프 드레인
③ 크로스 커넥션
④ 버큠 브레이커

■ 크로스 커넥션이란 급수로 사용될 수 없는 물이 급수로 공급되는 잘못된 접속을 말한다.

19 광속이 3,000[lm]인 백열전구로부터 1m 떨어진 책상에서 조도가 400[lx]로 측정되었다. 이 책상을 백열전구로부터 2m 떨어진 곳에 놓았을 때 조도는?

① 200[lx] ② 100[lx]
③ 50[lx]   ④ 40[lx]

■ 조도는 거리의 제곱에 반비례하므로($E = \dfrac{I}{r^2}$) 거리가 2배이면 조도는 처음 조도(400lx)의 1/4인 100lx가 된다.

20 다음 평면도와 같이 엘보를 이용하여 배관(20A)을 구성하고자 할 때 실제 소요되는 배관길이 A, B를 각각 구하시오.(단 엘보에 삽입되는 배관길이는 10mm이고, 엘보 중심에서 단면까지 길이는 25mm이다.)

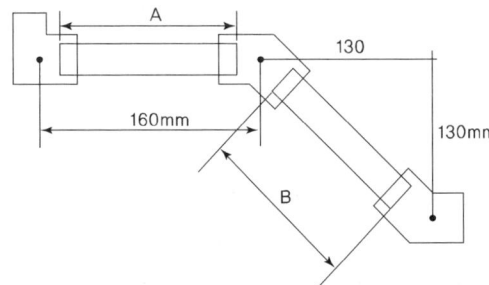

① A : 123mm, B : 145mm
② A : 130mm, B : 183.8mm
③ A : 130mm, B : 158.3mm
④ A : 153mm, B : 165.6mm

■ A를 구하기 위해 엘보 중심에서 배관끝단까지 길이는 25-10=15mm
그러므로 배관길이는 A=160-(2×15)=130mm
B를 구하기 위해 엘보 중심에서 중심까지 길이는 $\sqrt{2} \times 130 = 183.8mm$
배관끝단까지 길이는 25-10=15mm
그러므로 배관길이는 B=183.8-(2×15)=153.8mm

제2과목 건축설비 설계

21 온수난방설비에서 역환수(Reverse return)방식이 아닌 직접환수방식을 적용하는 경우 각 계통의 필요유량 분배를 위하여 설치하는 것은?

① 차압밸브   ② 정유량밸브
③ 게이트밸브 ④ 글로브밸브

■ 유량분배를 균등히 하기 위하여 배관으로 역환수방식을 적용하던가, 직접환수방식을 적용하는 경우 각 계통에 정유량밸브를 부착하여 필요한 유량 분배를 한다.

해답 19.② 20.③ 21.②

22 배수관의 관경에 관한 설명으로 가장 거리가 먼 것은?

① 배수관은 배수의 유하방향으로 관경을 축소해서는 안 된다.
② 지중에 매설하는 배수관의 관경은 최소 25mm 이상으로 하여야 한다.
③ 기구배수관의 관경은 이것에 접속하는 위생기구의 트랩구경 이상으로 한다.
④ 배수수직관의 관경은 이것에 접속하는 배수수평지관의 최대관경 이상으로 한다.

■ 배수관은 32A 이상으로 하나 지중매설은 50A 이상으로 한다.

23 외기의 이산화탄소(CO_2) 함유량이 300ppm, 사람의 호흡 시 1인당 CO_2 배출량이 0.017㎥/h인 경우, 1인당 필요한 환기량은?(단, CO_2의 실내허용농도는 1,000ppm 이다.)

① 24.3㎥/h · 인
② 25.9㎥/h · 인
③ 26.7㎥/h · 인
④ 28.3㎥/h · 인

■ $Q = \dfrac{M}{C_i - C_o} = \dfrac{0.017}{0.001 - 0.0003} = 24.3 m^3/h$

환기량 계산에서는 단위를 주의한다.
1%=10^4ppm=0.01이며, 함유비(1,000ppm=0.001)를 사용한다.

24 건축물의 난방 시 발생하는 굴뚝효과에 관한 설명으로 가장 거리가 먼 것은?

① 난방 시 중성대 상부에서는 내부공기가 외부로 유출된다.
② 건축물 내부의 공기유동은 온도차에 의한 밀도차가 원인이다.
③ 일반적으로 건물 내부온도가 상승하면 중성대 위치는 상부로 이동한다.
④ 중성대 하부에 개구부를 많이 설치하면 중성대 위치가 하부로 이동한다.

■ 일반적으로 건물 내부온도가 상승하면 따뜻한 공기가 아래까지 내려오므로 중성대 위치는 하부로 이동한다.

25 급수배관에 관한 설명으로 가장 거리가 먼 것은?

① 상향 급수배관 방식의 경우 수평배관은 진행방향에 따라 올라가는 기울기로 한다.
② 하향 급수배관 방식의 경우 수평배관은 진행방향에 따라 내려가는 기울기로 한다.
③ 배수관과 급수관을 동일한 장소에 매설할 경우 배수관은 반드시 급수관 위에 매설한다.
④ 공기가 모일 수 있는 부분에는 공기빼기 밸브, 물이 고일 수 있는 부분에는 퇴수밸브를 설치한다.

■ 배수관과 급수관을 동일한 장소에 매설할 경우 급수관은 반드시 배수관 위에 매설한다.

26 정화조의 유입수의 BOD가 500mg/L, 방류수의 BOD가 20mg/L일 때, BOD제거율은?

① 80%
② 90%
③ 96%
④ 99%

■ 제거율(%) = $\dfrac{제거량(유입-유출)}{유입량} = \dfrac{500-20}{500} \times 100 = 96\%$

27 다음의 봉수 파괴 요인 중 통기관의 설치와 관계없이 봉수가 파괴될 수 있는 것은?

① 흡인작용　　　　　　　② 분출작용
③ 증발작용　　　　　　　④ 자기사이폰작용

■ 통기관은 배수관내에서 압력차로 인한 봉수 파괴를 방지할 수 있으며, 증발이나 모세관현상으로 인한 봉수 파괴는 통기관을 설치해도 발생한다.

28 대변기의 세정방식 중 플러시 밸브식에 관한 설명으로 가장 적합한 것은?

① 대변기의 연속 사용이 가능하다.
② 일반 가정용으로 주로 사용된다.
③ 소음이 적으며 급수압력에 제한을 받지 않는다.
④ 낙차에 의한 수압으로 대변기를 세정하는 방식이다.

■ 플러시 밸브식은 대변기의 연속 사용이 가능하며, 사무실 등 공용으로 주로 사용된다. 작동 시 소음이 크며 급수압력(7m 이상)에 제한을 받는다. 급수배관의 수압으로 대변기를 세정하는 방식이다.

29 배관 지지물의 구비요건으로 가장 거리가 먼 것은?

① 관의 신축으로 움직이지 않을 것　　　② 배관 진동을 구조체에 전달하지 않을 것
③ 외부의 진동이나 충격에 견딜 것　　　④ 배관의 자중과 유체의 하중 등에 견딜 것

■ 배관 지지물은 관의 신축을 흡수하도록 움직일 수 있게(레스팅, 롤러서포트 등) 한다.

30 지역난방에 관한 설명으로 가장 거리가 먼 것은?

① 연료비가 절감된다.　　　　　　② 대기오염을 줄일 수 있다.
③ 보일러 설비가 대용량이 된다.　④ 각 세대의 설비 스페이스가 증대된다.

■ 지역난방은 건물별, 세대별로 열원장치가 생략되므로 각 세대의 설비 스페이스는 감소한다.

31 냉각코일의 입구공기온도 t_1, 출구공기온도 t_2, 냉각코일표면온도가 t_s일 때 바이패스 팩터(BF)를 바르게 표기한 것은?

① $BF = \dfrac{t_1 - t_2}{t_1 - t_s}$　　　　② $BF = \dfrac{t_2 - t_s}{t_1 - t_s}$

③ $BF = \dfrac{t_2 - t_s}{t_1 - t_2}$　　　　④ $BF = \dfrac{t_1 - t_s}{t_2 - t_s}$

■ BF(바이패스 팩터) $= \dfrac{\text{냉각되지 못한 온도}}{\text{최대로 냉각될 수 있는 온도}} = \dfrac{\text{출구온도} - \text{코일표면온도}}{\text{입구온도} - \text{코일표면온도}} = \dfrac{t_2 - t_s}{t_1 - t_s}$

※ CF(컨택 팩터) $= \dfrac{\text{냉각된 온도}}{\text{최대로 냉각될 수 있는 온도}} = \dfrac{t_1 - t_2}{t_1 - t_s}$

해답　27.③　28.①　29.①　30.④　31.②

32 송풍기의 토출구 풍속이 6m/s일 때, 송풍기 동압은?(단, 공기의 밀도는 1.2kg/㎥이다.)

① 2.16Pa ② 4.32Pa
③ 21.6Pa ④ 43.2Pa

■ 동압$(Pa) = \dfrac{v^2}{2} \times 1.2 = \dfrac{6^2}{2} \times 1.2 = 21.6Pa$

※ 동압(mmAq)$= \dfrac{v^2}{2g}\gamma = \dfrac{6^2 \times 1.2}{2 \times 9.8} = 2.2mmAq$

33 벽체를 통과하는 관류열량에 관한 설명으로 가장 적합한 것은?

① 벽체의 열저항이 클수록 커진다.
② 실내외 온도차와는 관계가 없다.
③ 표면 열전달률이 작을수록 커진다.
④ 벽체 구성 재료의 열전도율이 클수록 커진다.

■ 벽체를 통과하는 관류열량은 열저항이 클수록 작아지며, 실내외 온도 차에 비례하고, 표면 열전달률이나 열전도율이 작을수록 관류열량도 작아진다.

34 건구온도 30℃, 엔탈피 63kJ/kg인 습공기 3,000㎥/h를 바이패스팩터 0.2인 냉각코일로 냉각 감습하는 경우 냉각되는 전열량은?(단, 습공기의 밀도=1.2kg/㎥, 냉각코일의 표면온도=10℃, 10℃ 포화습공기의 엔탈피=29kJ/kg)

① 67,920kJ/h ② 77,920kJ/h
③ 87,920kJ/h ④ 97,920kJ/h

■ 냉각코일의 냉각열량은 공기량과 엔탈피차로 구한다.
  q=m · Δh(1-BF)=3,000×1.2(63-29)×(1-0.2)=97,920kJ/h
단위를 환산해보면 97,920kJ/h=97,920/3,600=27.2kJ/s=27.2kW
※ 열량 계산에서 W, kW, kJ/h 단위는 조건에 따라 정확하게 환산할 줄 알아야 한다.

35 다음 설명에 알맞은 증기트랩의 종류는?

> 실로폰트랩이라고도 하며, 금속 벨로즈 안에 휘발성 액체를 봉입하여 증기가 벨로즈에 닿으면 안의 액체가 팽창하여 밸브를 닫고, 냉각된 응축수 또는 공기가 닿으면 수축하여 밸브를 연다.

① 버킷트랩 ② 열동트랩
③ 충격트랩 ④ 플로트트랩

■ 방열기 증기트랩에서 가장 많이 쓰이는 벨로즈트랩(실로폰트랩)은 열에 의한 온도차로 작동하여 열동트랩이라 한다.

36 증기 압축식 냉동기의 주요구성장치 중 이용하고자 하는 냉수나 차가운 공기를 실제로 만드는 부분은?

① 압축기 ② 응축기
③ 증발기 ④ 팽창장치

■ 증기압축식 냉동기에서 증발기에서 증발잠열로 냉수가 만들어지고, 응축기에서 냉매가 냉각 응축되며, 압축기에서 저압이 고압으로 가압되고, 팽창밸브에서 고압이 저압으로 감압된다.

37 유량 3㎥/min, 양정 30mAq인 펌프의 축동력은?(단, 펌프의 효율은 60%로 한다.)

① 16.3kW ② 22.2kW
③ 23.5kW ④ 24.5kW

■ $kW = \dfrac{QH}{102E} = \dfrac{3,000 \times 30}{60 \times 102 \times 0.6} = 24.5kW$

38 덕트의 곡부(엘보)에서 풍속이 15m/sec이고 국부저항 계수가 0.23일 때 국부저항은 얼마인가?(단, 유체의 밀도는 1.2kg/㎥이다.)

① 약 17Pa ② 약 25Pa
③ 약 31Pa ④ 약 43Pa

■ 국부저항$(Pa) = \zeta \dfrac{v^2}{2} \times 1.2 = 0.23 \times \dfrac{15^2}{2} \times 1.2 = 31Pa$

39 5,000W의 열을 발산하는 기계실의 온도를 26℃로 유지시키기 위한 필요환기량(㎥/h)은?(단, 외기온도 6℃, 공기의 밀도 1.2kg/㎥, 공기의 정압비열 1.01kJ/kg·K, 기계실의 열전달 손실은 무시한다.)

① 225.0㎥/h ② 396.8㎥/h
③ 594.1㎥/h ④ 742.6㎥/h

■ $q = mC\Delta t$ 에서 $m = \dfrac{q}{C\Delta t} = \dfrac{5,000 \div 1,000}{1.01(26-6)} = 0.2475 kg/s = 891 kg/h = 742.6 m^3/h$

※ 위 식에서 발열량 W를 kW로 하면 kJ/S가 되어 환기량은 kg/s가 된다.

40 아네모스탯 천장 취출구에 관한 설명으로 가장 거리가 먼 것은?

① 확산형 취출구의 일종이다.
② 몇 개의 콘(cone)이 있어서 1차 공기에 의한 2차 공기의 유인성능이 좋다.
③ 확산반경이 크고 도달거리가 짧아 천장취출구로 많이 사용된다.
④ 라인형 취출구의 일종으로 선의 개념을 통하여 인테리어 디자인에서 미적인 감각을 살릴 수 있다.

■ 아네모스탯 취출구는 복류형(팬형)으로 라인형(T라인, 캠라인, 라이트 트로퍼 등) 취출구는 아니다.

해답 36.③ 37.④ 38.③ 39.④ 40.④

제3과목 | 건축설비 관련 법규

41 건축법에서 사용하는 용어의 정의 중 잘못된 것은?

① "대지"라 함은 「지적법」에 의하여 각 필지로 구획된 토지를 말한다. 다만, 대통령령이 정하는 토지에 대하여는 2 이상의 필지를 하나의 대지로 하거나 1 이상의 필지의 일부를 하나의 대지로 할 수 있다.
② "건축설비"라 함은 건축물에 설치하는 전기·전화·초고속 정보통신·지능형 홈네트워크·가스·급수·배수·배수·환기·난방·소화·배연 및 오물처리의 설비와 굴뚝·승강기·피뢰침·국기게양대·공동시청안테나·유선방송수신시설·우편물 수취함 기타 국토교통부령이 정하는 설비를 말한다.
③ "지하층"이라 함은 건축물의 바닥이 지표면 아래에 있는 층으로써 그 바닥으로부터 지표면까지의 평균높이가 당해 층높이의 3분의 1 이상인 것을 말한다.
④ "주요구조부"라 함은 내력벽·기둥·바닥·보·지붕틀 및 주계단을 말한다. 다만, 사이기둥·최하층바닥·작은 보·차양·옥외계단 기타 이와 유사한 것으로 건축물의 구조상 중요하지 아니한 부분을 제외한다.

■ 〈건축법 2조〉 지하층이라 함은 지표면 아래에 있는 층으로써 그 바닥으로부터 지표면까지의 평균높이가 당해 층높이의 2분의 1 이상인 것을 말한다.

42 건축물의 에너지절약 설계기준에 따른 단열재의 두께는 지역별로 다르다. 지역별 분류 중 중부2지역에 속하지 않는 곳은?

① 경기도(의정부)   ② 서울특별시
③ 대전광역시   ④ 충청남도

■ 〈에너지절약기준 2조 별표1〉 경기도(의정부, 연천, 포천, 가평, 남양주, 양주, 동두천, 파주)는 중부1지역에 속한다.

43 다음은 허가 대상 건축물이라 하더라도 미리 특별자치시장·특별자치도지사 또는 시장·군수·구청장에게 국토교통부령으로 정하는 바에 따라 신고를 하면 건축허가를 받은 것으로 보는 경우에 관한 기준 내용이다. ( ) 안에 알맞은 것은?

> 바닥면적의 합계가 ( ) 이내의 증축·개축 또는 재축, 다만, 3층 이상 건축물인 경우에는 증축·개축 또는 재축하려는 부분의 바닥면적의 합계가 건축물 연면적의 10분의 1 이내인 경우로 한정한다.

① 30m²   ② 50m²
③ 85m²   ④ 100m²

■ 〈건축법 14조〉 85m² 이내(약 30평형 주택으로 보면 된다.)

44 다음은 건축물의 에너지절약 설계기준에 따른 야간단열장치의 정의이다. ( ) 안에 알맞은 것은?

> "야간단열장치"라 함은 창의 야간 열손실을 방지할 목적으로 설치하는 단열셔터, 단열덧문으로서 총열관류저항(열관류율의 역수)이 ( ) 이상인 것을 말한다.

① 0.2㎡·K/W　　　　　　② 0.4㎡·K/W
③ 0.6㎡·K/W　　　　　　④ 0.8㎡·K/W

■ 〈에너지절약기준 5조 타〉 총열관류저항(열관류율의 역수)이 0.4㎡·K/W 이상인 것

45 다음은 건축물의 냉방설비에 대한 설치 및 설계기준에 따른 축열률의 정의이다. ( ) 안에 알맞은 것은?

> 축열률이라 함은 통계적으로 ( )을 기준으로 그 밖의 시간에 필요한 냉방열량 중에서 이용이 가능한 냉열량이 차지하는 비율을 말하며 백분율(%)로 표시한다.

① 연중 최소냉방부하를 갖는 날　　② 연중 최대냉방부하를 갖는 날
③ 연중 최소냉방부하를 갖는 달　　④ 연중 최대냉방부하를 갖는 달

■ 〈냉방설비 설계기준 3조〉 축열률이라 함은 통계적으로 (연중 최대냉방부하를 갖는 날)을 기준으로 그 밖의 시간에 필요한 냉방열량 중에서 이용이 가능한 냉열량이 차지하는 비율을 말하며 백분율(%)로 표시한다.

46 건축물의 바깥쪽에 설치하는 피난계단의 구조에 관한 기준 내용으로 옳지 않은 것은?

① 계단의 유효너비는 0.9m 이상으로 할 것
② 계단실에는 예비전원에 의한 조명설비를 할 것
③ 계단은 내화구조로 하고 지상까지 직접 연결되도록 할 것
④ 건축물의 내부에서 계단으로 통하는 출입구에는 60+방화문 또는 60분 방화문을 설치할 것

■ 〈피난방화구조기준 2조〉 바깥쪽에 설치하는 피난계단의 구조에는 예비전원에 의한 조명설비 조건이 없으며 내부에 설치하는 피난계단에는 있다.

47 공동주택의 난방설비를 개별난방방식으로 하는 경우에 관한 기준 내용으로 옳지 않은 것은?

① 난방구획을 방화구획으로 구획할 것
② 보일러의 연도는 내화구조로써 공동연도로 설치할 것
③ 보일러실의 윗부분에는 그 면적이 0.5㎡ 이상인 환기창을 설치할 것
④ 보일러를 설치하는 곳과 거실 사이의 경계벽은 출입구를 제외하고는 내화구조의 벽으로 구획할 것

■ 〈설비기준 13조〉 난방구획마다 내화구조로 구획한다.

해답　44.② 45.② 46.② 47.①

48 건축물에 설치하는 급수·배수 등의 용도로 쓰는 배관설비의 설치 및 구조 기준에 적합하지 않은 것은?

① 배관설비를 콘크리트에 묻는 경우 부식의 우려가 있는 재료는 부식방지조치를 할 것
② 건축물의 주요부분을 관통하여 배관하는 경우에는 건축물의 구조내력에 지장이 없도록 할 것
③ 승강기의 승강로 안에는 급수설비에 필요한 배관설비를 설치할 것
④ 압력탱크 및 급탕설비에는 폭발 등의 위험을 막을 수 있는 시설을 설치할 것

■ 〈설비기준 17조〉 승강기의 승강로 안에는 일반 배관설비를 설치하지 아니할 것

49 다음 중 방화구조가 아닌 것은?

① 심벽에 흙으로 맞벽치기한 것
② 철망모르타르로서 그 바름두께가 2cm인 것
③ 시멘트모르타르 위에 타일을 붙인 것으로서 그 두께의 합계가 2cm인 것
④ 석고판 위에 시멘트모르타르를 바른 것으로 그 두께의 합계가 2.5cm인 것

■ 〈피난방화구조기준 4조〉 시멘트모르타르 위에 타일을 붙인 것으로 그 두께의 합계가 2.5cm 이상인 것

50 건축법령상 다세대주택의 정의로 가장 적합한 것은?

① 주택으로 쓰는 1개 동의 바닥면적 합계가 330㎡ 이하이고, 층수가 4개 층 이하인 주택
② 주택으로 쓰는 1개 동의 바닥면적 합계가 330㎡ 초과하고, 층수가 4개 층 이하인 주택
③ 주택으로 쓰는 1개 동의 바닥면적 합계가 660㎡ 이하이고, 층수가 4개 층 이하인 주택
④ 주택으로 쓰는 1개 동의 바닥면적 합계가 330㎡ 초과하고, 층수가 4개 층 이하인 주택

■ 〈건축법령 3조 5〉 다세대주택(바닥면적 합계가 660㎡ 이하이고, 층수가 4개 층 이하)
다가구주택(바닥면적 합계가 660㎡ 이하이고, 층수가 3개 층 이하)
연립주택(바닥면적 합계가 660㎡ 초과, 층수가 4개 층 이하)

51 에너지절약기준에서 용어의 정의 중 잘못된 것은?

① "위험률"이라 함은 냉(난)방 기간 동안 또는 연간 총시간에 대한 온도출현분포 중에서 가장 높은(낮은) 온도 쪽으로부터 총시간의 일정 비율에 해당하는 온도를 제외시키는 비율을 말한다.
② "효율"이라 함은 설비기기에 출력된 에너지에 대하여 입력된 유효에너지의 비를 말한다.
③ "대수분할운전"이라 함은 기기를 여러 대 설치하여 부하상태에 따라 최적 운전상태를 유지할 수 있도록 기기를 조합하여 운전하는 방식을 말한다.
④ "비례제어운전"이라 함은 기기의 출력값과 목표값의 편차에 비례하여 입력량을 조절함으로서 최적운전상태를 유지할 수 있도록 운전하는 방식을 말한다.

■ 〈에너지절약기준 5조〉 "효율"이라 함은 설비기기에 입력된 에너지에 대하여 출력된 유효에너지의 비를 말한다.

해답 48.③ 49.③ 50.③ 51.②

52 건축법령상 다음과 같이 정의되는 용어는?

> 건축물의 실내를 안전하고 쾌적하며 효율적으로 사용하기 위하여 내부 공간을 칸막이로 구획하거나 벽지, 천장재, 바닥재, 유리 등 대통령령으로 정하는 재료 또는 장식물을 설치하는 것

① 개축 ② 대수선
③ 실내건축 ④ 리모델링

■ 〈건축법 2조〉 실내건축에 대한 정의이다.

53 다음은 건축물의 피난·안전을 위하여 건축물 중간층에 설치하는 대피공간인 피난안전구역에 관한 기준 내용이다. ( ) 안에 알맞은 것은?

> 초고층 건축물에는 피난층 또는 지상으로 통하는 직통계단과 직접 연결되는 피난안전구역을 지상층으로부터 최대 (   )개 층마다 1개소 이상 설치하여야 한다.

① 20 ② 30
③ 40 ④ 50

■ 〈피난방화구조기준 34조 3항〉 대피공간은 30층마다 설치

54 다음은 건축법령상 건축설비 설치의 원칙에 관한 기준 내용이다. ( ) 안에 알맞은 것은?

> 연면적이 (   ) 이상인 건축물의 대지에는 국토교통부령으로 정하는 바에 따라 「전기사업법」 제2조제2호에 따른 전기사업자가 전기를 배전(配電)하는 데 필요한 전기설비를 설치할 수 있는 공간을 확보하여야 한다.

① 100㎡ ② 200㎡
③ 500㎡ ④ 1000㎡

■ 〈건축법령 87조 6〉 500㎡ 이상

55 다음 중 주요구조부를 내화구조로 하여야 하는 대상 건축물에 속하지 않는 것은?

① 종교시설의 용도로 쓰는 건축물로 집회실의 바닥면적의 합계가 200㎡인 건축물
② 장례시설의 용도로 쓰는 건축물로 집회실의 바닥면적의 합계가 200㎡인 건축물
③ 판매시설의 용도로 쓰는 건축물로 집회실의 바닥면적의 합계가 200㎡인 건축물
④ 문화 및 집회시설 중 공연장의 용도로 쓰는 건축물로 관람석의 바닥면적의 합계가 200㎡인 건축물

■ 〈건축법령 56조〉 판매시설은 500㎡ 이상

해답 52.③ 53.② 54.③ 55.③

56 급수·배수·환기·난방설비를 건축물에 설치하는 경우 건축기계설비기술사 또는 공조냉동기계기술사의 협력을 받아야 하는 대상 건축물에 속하지 않는 것은?(단, 해당 용도에 사용되는 바닥면적의 합계가 2,000㎡인 건축물의 경우)

① 기숙사 ② 업무시설
③ 의료시설 ④ 숙박시설

■ 〈설비기준 2조〉 업무시설은 3,000㎡ 이상일 때 해당

57 신축 또는 리모델링하는 경우 시간당 0.5회 이상의 환기가 이루어질 수 있도록 자연환기 설비 또는 기계환기설비를 설치하여야 하는 대상 공동주택의 세대수 기준은?

① 10세대 이상의 공동주택 ② 20세대 이상의 공동주택
③ 30세대 이상의 공동주택 ④ 100세대 이상의 공동주택

■ 〈설비기준 11조〉 30세대 이상의 공동주택은 시간당 0.5회 이상의 환기가 이루어질 것

58 다음 건축물 중 건축 시 설치하여야 하는 승용승강기의 최소 대수가 가장 많은 것은?(단, 6층 이상의 거실면적의 합계가 7,000㎡이며, 15인승 승용승강기의 경우)

① 판매시설 ② 업무시설
③ 숙박시설 ④ 위락시설

■ 〈설비기준 5조〉 별표에서 동일한 조건에서 설치대수가 많은 것은 공연장, 집회장, 관람장, 판매, 의료시설이다.

59 제로에너지건축물 인증등급은 몇 단계로 이루어지는가?

① 1등급부터 5등급까지 5개 등급
② +등급부터 5등급까지 6개 등급
③ 1등급부터 7등급까지 7개 등급
④ +등급부터 7등급까지 8개 등급

■ 〈제로에너지건축물 인증기준 별표 2〉 제로에너지건축물 인증은 +등급에서 5등급까지 총 6개 등급으로 이루어진다.

60 인증기관의 장은 지능형 건축물로 인증을 받은 건축물에 대하여 인증을 취소할 수 있는 경우로 거리가 먼 것은?

① 인증을 받은 후 설계변경을 하는 경우
② 인증 신청 및 심사 중 제공된 중요 정보나 문서가 거짓인 것으로 판명된 경우
③ 인증을 받은 건축물의 건축주 등이 인증서를 인증기관에 반납한 경우
④ 인증을 받은 건축물의 건축허가 등이 취소된 경우

■ 〈지능형 건축물 9조〉 인증의 근거나 전제가 되는 주요한 사실이 변경된 경우는 취소 사유가 되지만 설계변경만으로는 해당없다.

해답 56.② 57.③ 58.① 59.② 60.①

제12회 | 건축설비산업기사 기출모의고사

제1과목 건축설비 계획

01 건축화 조명에 관한 기술 중 가장 거리가 먼 것은?
① 건축화 조명은 눈부심이 적으며 명쾌한 감각을 준다.
② 건축화 조명방식은 공사비나 유지비가 싸다.
③ 건축화 조명은 발광면이 크기 때문에 음영이 부드럽다.
④ 건축화 조명은 조명 능률이 높다.

■ 건축화 조명이란 건축물의 일부(천정, 보, 벽체 등)에서 발광하도록 한 것으로 비경제적(조명능률이 낮다)이나 분위기 연출과 시환경에는 좋다.

02 수도직결식 급수방식에 관한 설명으로 가장 거리가 먼 것은?
① 수도직결식은 고층으로의 급수가 어렵다.
② 수도직결식은 정전으로 인한 단수 염려가 없다.
③ 수도직결식은 위생성 측면에서 가장 바람직한 방식이다.
④ 수도직결식은 수도본관의 압력이 변동되어도 급수압력이 일정하다.

■ 수도직결식 급수방식은 수도본관의 압력이 변동하면 급수압력이 따라서 변동한다.

03 다음의 급수배관에 관한 설명 중 ( ) 안에 알맞은 것은?

> 수직배관이 방향을 바꾸어 수평배관으로 이어지고, 수평배관이 다시 수직 하강하는 등의 굴곡배관이 불가피한 경우에는 최초의 수직배관 상단에는 (㉠)를, 두 번째 수직배관에는 (㉡)를 부착하여 진공발생을 방지하여야 한다.

① ㉠ 퇴수밸브, ㉡ 워터해머흡수기
② ㉠ 워터해머흡수기, ㉡ 퇴수밸브
③ ㉠ 진공방지밸브, ㉡ 공기빼기밸브
④ ㉠ 공기빼기밸브, ㉡ 진공방지밸브

■ 최초 수직배관 말단(상단)에는 진공방지밸브, 수평배관 말단(두 번째 수직배관 상단)에는 공기빼기밸브를 부착하여 진공 발생을 방지한다.

해답 1.④ 2.④ 3.③

04 배관 이음쇠 중 관을 직선으로 접합할 때 사용되는 것은?
① 소켓　　　　　　　　　② 엘보
③ 플러그　　　　　　　　④ 크로스

■ • 소켓 : 배관 직선 연결　• 엘보 : 관 방향전환
　• 플러그 : 관말단을 막을 때　• 크로스 : 3방향 분기

05 다음 중 통기효과가 가장 이상적인 통기방식은?
① 각개통기방식　　　　　② 루프통기방식
③ 신정통기방식　　　　　④ 결합통기방식

■ 기구마다 통기관을 설치하는 각개통기가 가장 이상적이고 효과적이나 통기관 설치비용 측면에서 비경제적이어서 일반적으로는 루프통기나 신정통기를 주로 사용한다. 그리고 통기관길이에 비하여 통기 성능이 우수한 경제적인 통기설비는 신정통기관이다.

06 다음 설명에 알맞은 통기관의 종류는?

> 오배수 수직관으로부터 분기·입상하여 통기수직관에 접속하는 배관으로, 오배수 수직관 내의 압력을 같게 하기 위한 도피통기관이다.

① 습통기관　　　　　　　② 결합통기관
③ 신정통기관　　　　　　④ 공용통기관

■ 결합 통기관은 배수 수직관과 통기수직관을 연결하여 배수수직관의 배수를 돕고 전체 배수관의 통기를 돕는다.

07 중앙식 급탕방식에 관한 설명으로 가장 적합한 것은?
① 국소식에 비해 배관 및 기기로부터의 열손실이 적다.
② 국소식에 비해 시공 후 기구 증설에 따른 배관변경공사를 하기 쉽다.
③ 기구의 동시이용률을 고려하여 가열장치의 총용량을 적게 할 수 있다.
④ 열원장치는 공조설비와 겸용하여 설치할 수 없기 때문에 열원단가가 비싸다.

■ 중앙식 급탕방식은 국소식에 비해 배관이 길어 열손실이 크고, 시공 후 기구 증설에 따른 배관 변경공사는 어렵다. 기구의 동시이용률을 고려하여 가열장치의 총용량을 적게 할 수 있고, 열원장치는 공조설비와 겸용할 수 있고, 열원단가는 싼 편이다.

08 배관 도시기호 중 신축조인트(신축곡관)의 일반적인 표시기호는?

① 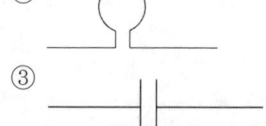　　②

③ 　　　　　　　　　　　④

■ ① : 루프형 신축곡관, ② : 역지변, ③ : 플랜지, ④ : 유니온

해답　4.① 5.① 6.② 7.③ 8.①

09 다음 중 사용이 금지되는 트랩에 속하지 않는 것은?

① 2중트랩 ② 수봉식 트랩
③ 정부(頂部)통기트랩 ④ 가동부분이 있는 것

■ 배수 트랩은 2중트랩, 트랩의 정부에서 통기를 뽑는 통기트랩, 가동부분이 있는 트랩은 피한다. 수봉식트랩은 배수관에 트랩을 만들어 봉수를 채우는 형식으로 가장 보편적이고 권장되고 있다.

10 단열된 공기세정기 내에서 ①점 상태의 입구공기에 분무수를 냉각하거나 가열하지 않고 순환하며 스프레이할 때의 상태변화를 나타내는 과정은?

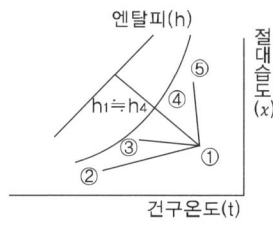

① ① → ② ② ① → ③
③ ① → ④ ④ ① → ⑤

■ ① ① → ② : 노점온도 이하의 냉수 분무
② ① → ③ : 노점온도 이상의 냉수 분무
③ ① → ④ : 단열분무 시(순환수 분무) 등엔탈피선을 따라 변화한다.
④ ① → ⑤ : 온수 분무 시

11 공기조화 방식에 관한 설명으로 가장 적합한 것은?

① 전수방식은 외기도입이 용이하다.
② 냉매방식은 부분운전이 불가능하다.
③ 공기·수방식에는 이중덕트 방식 등이 있다.
④ 전공기 방식은 중간기에 외기냉방이 가능하다.

■ 전수방식은 외기도입이 불가능하고, 냉매방식은 부분운전이 가능하며, 공기·수방식에는 FCU(덕트병용), IDU방식 등이 있다. 전공기 방식은 덕트풍량이 크고 외기 도입이 많아서 중간기에 외기냉방이 가능하다.

12 급탕설비에 사용되는 밀폐식 팽창탱크에 관한 설명으로 가장 거리가 먼 것은?

① 안전밸브를 설치할 필요가 있다.
② 보급수 관에는 역류방지밸브를 설치한다.
③ 급수방식이 압력탱크방식이나 펌프직송방식인 중앙식 급탕설비의 경우에는 사용할 수 없다.
④ 탱크 내의 기체를 압축하여 팽창량을 흡수하므로 급탕계통 내의 압력은 급수압력보다 상승한다.

■ 밀폐식 팽창탱크는 주로 중앙식 급탕설비에 사용되고, 개방회로 밀폐회로 등 모든 시스템에 사용할 수 있다.

13 먹는 물의 수질기준에서 건강상 유해영향 유기물질에 관한 기준의 대상에 포함되지 않는 것은?

① 페놀   ② 대장균
③ 벤젠   ④ 톨루엔

■ 대장균은 먹는 물의 수질기준에서 미생물 항목에 포함된다.

14 급탕배관에 개폐밸브를 설치하는 목적과 가장 거리가 먼 것은?

① 긴급 시 급수의 차단   ② 배관 중 공기정체 방지
③ 증·개축 시 급탕계통의 차단   ④ 배관이나 기구·장치의 수리

■ 급탕배관에 개폐밸브(분수밸브, 지수밸브, 게이트밸브, 블록밸브)를 설치하는 목적은 사고나 수리 시 급수나 급탕을 차단하는 목적으로 공기정체방지와는 거리가 멀다.

15 증기 또는 물을 고속으로 노즐로부터 분사하면 노즐 주위의 압력이 떨어지는 것을 이용하여 물을 흡상·양수하는 펌프는?

① 마찰펌프   ② 제트펌프
③ 기어펌프   ④ 볼류트펌프

■ 제트펌프는 증기 또는 물을 인젝터(노즐)에서 고속으로 분사하면 동압증가로 노즐 주위의 정압이 감소(진공압)하여 이 압력이 떨어지는 것을 이용하여 물을 흡상·양수하는 펌프이다.

16 아래 덕트(저속덕트) 평면도를 보고 0.5t 철판 면적을 산출하시오.(단 덕트 장변길이 450mm 이하 : 0.5t, 750mm 이하 : 0.6t, 1,500mm 이하 : 0.8t 적용, 덕트 철판 재료 할증률은 28% 적용)

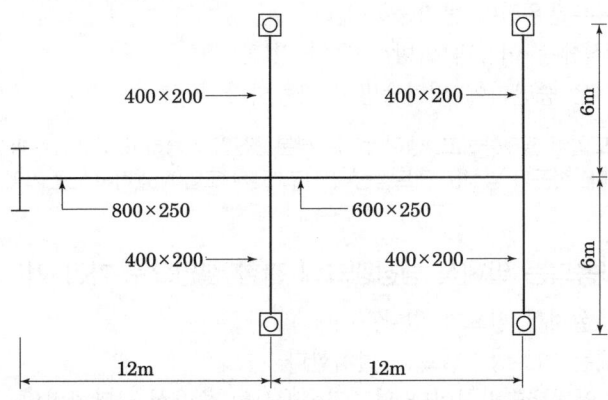

① 0.5t=28.80m²   ② 0.5t=32.86m²
③ 0.5t=36.86m²   ④ 0.5t=46.86m²

■ 0.5t는 장변 450 이하이며 도면에서 400×200 덕트만 해당한다.
400×200 덕트 총길이는 6m가 4개이므로 24m이다.
400×200 덕트는 둘레길이가 $(0.4+0.2)\times 2 = 1.2$m 이고
길이가 24m이므로 덕트 면적= $1.2 \times 24 = 28.8$m²
철판 면적은 28% 할증= $28.8 \times 1.28 = 36.86$m²

17 단일덕트 변풍량 방식에 관한 설명으로 가장 거리가 먼 것은?

① 전공기방식의 특성이 있다.
② 실내부하가 적어지면 송풍량이 줄어든다.
③ 각 실이나 존의 온도를 개별제어 할 수 없다.
④ 일사량 변화가 심한 페리미터 존에 적합하다.

■ 단일덕트 변풍량 방식은 실마다 VAV유닛을 설치하면 송풍량제어로 각 실의 온도를 개별 제어할 수 있다.

18 다음 중 공기설비계획에서 열적 쾌적도에서 물리적 온열 4요소에 속하지 않는 것은?

① 기온
② 습도
③ 열용량
④ 복사열

■ 사람이 느끼는 온열감은 온도, 습도, 기류, 복사열 4가지의 물리적 요소(외적 요소)와 착의(clo), 활동량(met)의 개인적 요소(내적 요소)가 복합적으로 작용한다.

19 급탕배관에서 관의 신축을 고려한 조치 사항으로 옳지 않은 것은?

① 배관 중간에 신축이음을 설치한다.
② 배관의 굽힘부분에는 스위블 이음으로 접합한다.
③ 건물의 벽관통부분의 배관에는 슬리브를 설치한다.
④ 이종금속 배관재의 접속 시에는 전식(電蝕)방지 이음쇠를 사용한다.

■ 이종금속(예를 들면 동부속과 강관)에 전식방지 이음쇠를 사용하는 것은 부식방지를 위한 것으로 옳으나, 신축과는 관계가 없다.

20 냉각탑의 종류를 공기 흐름에 따라 분류한 방식에 속하는 것은?

① 흡입식
② 밀폐형
③ 필름형
④ 직교류형

■ 냉각탑은 공기 흐름에 따라 대항류형, 직교류형, 평행류형이 있다.

제2과목 건축설비 설계

21 현열량과 잠열량의 합인 전열량에 대한 현열량의 비율을 의미하는 것은?

① 현열비
② 포화도
③ 비체적
④ 열수분비

■ 현열비(SHF) = $\dfrac{\text{현열}}{\text{현열}+\text{잠열}} = \dfrac{\text{현열}}{\text{전열}}$

해답 17.③ 18.③ 19.④ 20.④ 21.①

22 열팽창에 의한 배관계통의 자유로운 움직임을 구속하거나 제한하기 위한 장치는?

① 서포트 ② 브레이스
③ 파이프 슈 ④ 레스트레인트

■ 열팽창에 의한 배관계통의 자유로운 움직임을 구속하거나 제한하기 위한 장치인 레스트레인트에는 앙카, 스톱퍼, 가이드가 있으며 배관 지지철물에는 행거, 서포트, 레스트레인트, 브레이스가 있다.

23 다음과 같은 조건에 있는 증기난방 방식의 건물에서 보일러의 정격출력은?

㉠ 방열기의 상당방열면적(EDR) : 1,000㎡	㉡ 급탕량 : 2,000L/h
㉢ 급탕온도 : 70℃, 급수온도 : 10℃	㉣ 온수비열 : 4.2kJ/kg · K
㉤ 배관부하 : 난방과 급탕부하 합계의 20%	㉥ 예열부하 : 상용출력의 25%

① 994.5kW ② 1,344kW
③ 1,642.5kW ④ 1,760kW

■ 보일러 출력 = 난방부하 + 급탕부하 + 배관부하 + 예열부하
  = (EDR×0.756kW + mcΔt)배관부하계수 × 예열부하계수
  = [(1,000×0.756) + (2,000×4.2×(70−10)/3,600)]×1.2×1.25 = 1,344kW
위 풀이에서 방열기 부하(kW)와 급탕부하(kJ/h) 단위 환산에 주의한다.

24 취출구의 취출기류 4영역 중 취출거리의 대부분을 차지하며, 1차 공기(취출공기)가 취출풍속에 의해 도착되는 한계영역은?

① 제1영역 ② 제2영역
③ 제3영역 ④ 제4영역

■ 취출기류 4단계 특성
- 제1영역 - 취출구의 최초 풍속(1차 공기)을 유지하며 취출
- 제2영역 - 취출 기류 속도 분포가 거리의 제곱근($1/\sqrt{x}$)에 반비례하여 감소하는 구간으로 2차 공기가 유입되기 시작하는 구간으로 천이구역이라 한다.
- 제3영역 - 기류 분포 속도가 거리에 반비례($1/x$)하여 감소하는 구간으로 취출 거리의 대부분을 차지하며, 2차 공기가 많이 유입되나 1차 공기의 에너지는 이 구간에서 소멸된다.
- 제4영역 - 취출 기류의 에너지가 거의 소모되어 주위로 확산되는 구간으로 도달거리의 마지막 부분이다.

25 실내공기 오염을 평가하는 종합적인 지표로서 이산화탄소 농도를 사용하는 가장 주된 이유는?

① 이산화탄소가 인체에 가장 유해하므로
② 이산화탄소의 측정이 비교적 쉬우므로
③ 이산화탄소의 양이 다른 오염물질보다 많으므로
④ 이산화탄소의 양에 비례해서 다른 오염원의 정도가 변화된다고 판단되므로

■ 이산화탄소는 인체에 직접 피해를 주지는 않으나 CO_2 양에 비례해서 실내 오염 정도가 변화된다고 판단되므로 실내 오염지표로 CO_2 농도를 사용한다.

해답 22.④ 23.② 24.③ 25.④

26 어떤 배관계 전체에 20℃인 물 10,000L가 있다. 이 물을 60℃까지 가열할 경우 물의 팽창량은?(단, 20℃ 물의 밀도는 998.2kg/㎥, 60℃ 물의 밀도는 987.5kg/㎥이다.)

① 약 87L ② 약 108L
③ 약 137L ④ 약 1,527L

■ 1) $\Delta v = (\frac{1}{\rho_2} - \frac{1}{\rho_1})V = (\frac{1}{0.9875} - \frac{1}{0.9982})10,000 = 108.5L$

팽창량 구하는 식은 일반적으로 1)식을 이용한다. 10,000L 부피가 4℃일 때는 1)식을 이용하고, 이 문제 조건에 따라 10,000L 부피가 20℃일 때는 아래 2)식을 이용하지만 보통은 1)식을 이용한다. 밀도 0.9982가 거의 1에 가까워 계산결과가 차이가 없다.

2) $\Delta v = (\frac{\rho_1}{\rho_2} - 1)V = (\frac{0.9982}{0.9875} - 1)10,000 = 108.4L$

27 다음과 같은 조건에 있는 연면적 2,000㎡인 사무소 건물에 필요한 1일 급수량은?

| ㉠ 연면적과 유효면적의 비 : 50% | ㉡ 유효면적당 인원 : 0.2인/㎡ |
| ㉢ 1인1일당 급수량 : 100L/c·d | |

① 10㎥/d ② 20㎥/d
③ 30㎥/d ④ 40㎥/d

■ 급수량=인원×1인당 급수량=2,000×0.5×0.2×100=20,000L/d=20㎥/d

28 수평 투영한 지붕면적 450㎡, 수직 외벽면적 500㎡를 가진 지붕의 배수를 위한 우수수직관의 관경은?(단, 강우량 기준은 시간당 100mm로 하며, 수직외벽면은 그 면적의 50%를 수평투영한 지붕면적에 가산한다.)

〈우수수직관의 관경〉

관경(mm)	허용최대지붕면적(㎡)	관경(mm)	허용최대지붕면적(㎡)
50	67	125	770
65	135	150	1250
75	197	200	2700
100	425		

① 100mm ② 125mm
③ 150mm ④ 200mm

■ 수평면적과 수직면적을 수평지붕면적으로 환산하면=450+(500/2)=700㎡
(면적 700은 770항에서 125mm 관경선정)

29 양수량이 200L/min, 전양정이 50m, 효율이 60%인 양수 펌프의 축동력은?

① 1.63kW ② 2.72kW
③ 3.70kW ④ 4.22kW

■ $kW = \frac{QH}{102E} = \frac{200 \times 50}{60 \times 102 \times 0.6} = 2.72$

해답 26.② 27.② 28.② 29.②

30 수도직결방식에서 수도본관으로부터 수직 높이 3m에 설치되어 있는 일반수전의 사용을 위해 필요한 수도본관의 최저압력은?(단, 배관 내 전 마찰손실수두는 3mAq이며, 일반수전의 최저 필요압력은 30kPa이다.)

① 0.03MPa
② 0.09MPa
③ 0.36MPa
④ 0.63MPa

■ 수도본관압력＝기구필요압+수직높이+배관마찰손실수두
＝30kPa+3m+3mAq＝30kPa+30kPa+30kPa
＝90kPa＝0.09MPa
※ 1mAq＝9.8kPa≒10kPa

31 대변기의 세정방식 중 세정밸브식에 관한 설명으로 가장 거리가 먼 것은?

① 소음이 큰 편이다.
② 연속사용이 가능하다.
③ 최저 필요 수압의 제한이 있다.
④ 급수관경이 최소 20mm 이상 필요하다.

■ 대변기의 세정밸브식은 급수관경이 최소 25mm 이상 필요하다.

32 어떤 난방실의 전체손실열량이 10,000W일 때, 방열기의 상당방열면적은?(단, 열매는 온수이다.)

① 13.2㎡
② 15.4㎡
③ 19.1㎡
④ 25.8㎡

■ 온수방열기 상당방열면적(EDR)은 523W(0.523kW)이므로 $EDR = \dfrac{10,000}{523} = 19.1 m^2$

33 다음 중 공기조화 설비계획에서 일반적으로 사용되는 조닝방법과 가장 거리가 먼 것은?

① 층별 조닝
② 방위별 조닝
③ 계절별 조닝
④ 부하 특성별 조닝

■ 조닝이란 성질이 다른 존을 독립적으로 공조하여 에너지를 절약하고 공조 조건을 향상시키는 것으로 계절별 조닝은 사용하지 않는 편이다.

34 다음 중 겨울철 건물의 외벽을 통한 손실열량을 감소시키는 방법과 가장 거리가 먼 것은?

① 벽체의 두께를 증가시킨다.
② 벽체의 면적을 감소시킨다.
③ 벽체의 열관류율을 감소시킨다.
④ 실내 설계기준 온도를 높인다.

■ 겨울철 손실열량은 실내외 온도차에 비례하므로 실내 온도가 낮을수록 작아진다. 그러므로 에너지 절약을 위하여 여름에는 실내온도를 높이고(26~28℃), 겨울에는 실내온도를 낮추라고(18~20℃) 권장한다.

35 다음 중 천장설치형 흡입구에 속하지 않는 것은?

① 라인형 흡입구　　　　　② 격자형 흡입구
③ 머쉬룸형 흡입구　　　　④ 라이트 트로퍼형 흡입구

■ 머쉬룸형 흡입구는 바닥설치형으로 먼지나 이물질의 유입을 방지한다.

36 기기주변 배관에 관한 설명으로 가장 거리가 먼 것은?

① 팽창관에는 밸브를 설치하지 않는다.
② 냉동기의 냉수배관 입구 측에는 스트레이너를 설치한다.
③ 냉수 또는 냉각수배관의 가장 낮은 부분에는 물빼기밸브를 설치한다.
④ 공기조화기에 접속하는 배관에는 원칙적으로 밸브를 설치하지 않는다.

■ 공기조화기에 접속하는 배관에는 원칙적으로 밸브를 설치하여 수리 시 차단이 가능하게 한다.

37 환기에 관한 설명으로 가장 거리가 먼 것은?

① 희석환기는 열이나 유해물질이 실내에 널리 산재되어 있거나 이동되는 경우에 채용된다.
② 대규모 주차장의 경우 전체환기보다 국소 환기가 바람직하다.
③ 제3종 환기는 화장실, 욕실 등의 환기에 적합하다.
④ 제1종 환기는 정확한 환기량과 급기량 변화에 의해 실내압을 정압(+) 또는 부압(-)으로 유지할 수 있다.

■ 대규모 주차장의 경우 주차장 전체에서 오염 기체가 발생하므로 전체 환기가 바람직하다. 국소환기는 일정 구역에서 오염 기체가 발생할 때(주방 조리기구) 적용하며 후드를 사용한다.

38 실내에 열을 발산하는 기기가 있으며 공기에 가해진 열량이 9kW, 실용적이 1,000㎥인 실을 20℃로 유지하기 위한 필요 환기량은?(단, 외기온도는 15℃, 공기의 정압비열은 1.01kJ/kg · K, 공기의 밀도는 1.2kg/㎥이다.)

① 약 2,041㎥/h　　　　　② 약 2,792㎥/h
③ 약 5,347㎥/h　　　　　④ 약 7,627㎥/h

■ 환기에 의한 실내열 제거는 열평형이 성립한다.
실내발열=제거열량
$q = mC\triangle t$
$m = \dfrac{q}{C\triangle t} = \dfrac{9kJ/s}{1.01(20-15)} = 1.782 kg/s = 1.782 \times 3,600/1.2 = 5,347 m^3/h$

39 다음 중 공기여과용 에어필터의 선정 시 고려사항과 가장 거리가 먼 것은?

① 압력손실　　　　　　　② 필터의 중량
③ 분진포집 효율　　　　　④ 적용분진 입자경

■ 에어필터의 선정 시 중량은 일반적인 고려사항이 아니다.

해답　35.③　36.④　37.②　38.③　39.②

40 다음 중 온도조절식 증기트랩에 속하는 것은?

① 버킷 트랩　　　　　　② 드럼 트랩
③ 벨로즈 트랩　　　　　④ 플로트 트랩

■ 벨로즈 트랩은 온도차를 이용하는 방식이고, 버킷, 드럼, 플로트 방식은 응축수 액위에 의한 부력을 이용하는 기계식이다.

제3과목 | 건축설비 관련 법규

41 건축물의 관람실 또는 집회실로부터 바깥쪽으로의 출구로 쓰이는 문을 안여닫이로 하여서는 안 되는 건축물의 용도는?

① 종교시설　　　　　　② 업무시설
③ 판매시설　　　　　　④ 문화 및 집회시설 중 전시장

■ 〈건축법령 38조, 피난방화구조기준 10조〉 공연장, 종교집회장, 문화 집회시설(전시장, 동식물원 제외), 종교시설, 위락시설, 장례식장

42 연면적이 200㎡를 초과하는 오피스텔에 설치하는 복도의 유효너비는 최소 얼마 이상으로 하여야 하는가?(단, 양옆에 거실이 있는 복도의 경우)

① 1.2m　　　　　　② 1.5m
③ 1.8m　　　　　　④ 2.4m

■ 〈피난방화 기준 15조 2〉 양옆에 거실이 있는 복도의 경우 오피스텔, 공동주택에 설치하는 복도의 유효너비(1.8m) 기타 1.2m

43 다음 중 6층 이상의 거실면적의 합계가 2,000㎡인 경우, 승용승강기를 최소 2대 이상 설치하여야 하는 건축물의 용도는?(단, 8인승 승강기 사용)

① 위락시설　　　　　　② 숙박시설
③ 의료시설　　　　　　④ 문화 및 집회시설 중 전시장

■ 〈설비기준 5조 별표1. 2〉 문화집회(전시장 동식물원 제외), 판매, 의료시설

44 건축물의 출입구에 설치하는 회전문의 설치에 관한 기준으로 옳지 않은 것은?

① 계단으로부터 2m 이상의 거리를 둘 것
② 에스컬레이터로부터 1.5m 이상의 거리를 둘 것
③ 회전문의 회전속도는 분당회전수가 8회를 넘지 아니하도록 할 것
④ 출입에 지장이 없도록 일정한 방향으로 회전하는 구조로 할 것

■ 〈피난방화구조기준 12조〉 에스컬레이터로부터 2m 이상의 거리를 둘 것

해답　40.③　41.①　42.③　43.③　44.②

45 건축물의 에너지절약 설계기준에 따른 용어의 정의가 가장 거리가 먼 것은?

① "효율"이라 함은 설비기기에 공급된 에너지에 대하여 출력된 유효에너지의 비를 말한다.
② "태양열취득률(SHGC)"이라 함은 입사된 태양열에 대하여 실내로 유입된 태양열취득의 비율을 말한다.
③ "비례제어운전"이라 함은 기기를 여러 대 설치하여 부하상태에 따라 최적 운전상태를 유지할 수 있도록 기기를 조합하여 운전하는 방식을 말한다.
④ "이코노마이저시스템"이라 함은 중간기 또는 동계에 발생하는 냉방부하를 실내 엔탈피보다 낮은 도입 외기에 의하여 제거 또는 감소시키는 시스템을 말한다.

■ 〈에너지절약기준 5조. 10항〉 "대수분할운전"이라 함은 기기를 여러 대 설치하여 부하상태에 따라 최적 운전상태를 유지할 수 있도록 기기를 조합하여 운전하는 방식을 말한다.

46 다음 중 건축법령상 건축물의 주요구조부에 속하지 않는 것은?

① 기둥
② 내력벽
③ 주계단
④ 옥외 계단

■ 〈건축법 2조〉 주요구조부에서 사이기둥, 작은보, 옥외계단 등은 제외

47 다음 중 방화에 장애가 되는 용도의 제한과 관련하여 같은 건축물에 함께 설치할 수 없는 것은?

① 기숙사와 오피스텔
② 위락시설과 공연장
③ 아동관련시설과 노인복지시설
④ 공동주택과 제2종 근린생활시설 중 다중생활시설

■ 〈건축법령 47조〉 (방화에 장애가 되는 용도의 제한)
– 의료시설, 노유자시설(아동 관련 시설 및 노인복지시설만 해당한다), 공동주택 또는 장례식장과 위락시설, 위험물저장 및 처리시설, 공장 또는 자동차 관련 시설(정비공장만 해당한다)은 같은 건축물에 함께 설치할 수 없다.
– 단독주택(다중주택, 다가구주택에 한정한다), 공동주택, 제1종 근린생활시설 중 조산원 또는 산후조리원과 제2종 근린생활시설 중 다중생활시설은 같은 건축물에 함께 설치할 수 없다.

48 공동주택과 오피스텔의 난방설비를 개별난방방식으로 하는 경우에 관한 기준 내용으로 옳지 않은 것은?

① 보일러실의 윗부분에는 그 면적이 0.5㎡ 이상인 환기창을 설치할 것
② 기름보일러를 설치하는 경우에는 기름저장소를 보일러실 외의 다른 곳에 설치할 것
③ 보일러의 연도는 내화구조로 공동연도로 설치할 것
④ 보일러를 설치하는 곳과 거실 사이의 경계벽은 출입구를 제외하고는 방화구조의 벽으로 구획할 것

■ 〈설비기준 13조〉 보일러를 설치하는 곳과 거실 사이의 경계벽은 출입구를 제외하고는 내화구조의 벽으로 구획할 것

해답 45.③ 46.④ 47.④ 48.④

49 다음 중 건축허가신청에 필요한 설계도서에 속하지 않는 것은?
   ① 투시도
   ② 배치도
   ③ 실내마감도
   ④ 건축계획서

■ 〈건축법규칙 6조〉 투시도는 대상이 아니며, 이외에 평면도, 입면도, 단면도 등이 필요하다.

50 건축물 관련 건축기준의 허용오차범위가 옳지 않은 것은?
   ① 벽체두께 : 2% 이내
   ② 출구너비 : 2% 이내
   ③ 반자높이 : 2% 이내
   ④ 건축물 높이 : 2% 이내

■ 〈건축법규칙 20조〉 벽체두께, 바닥판두께 : 3% 이내

51 배연설비의 설치에 관한 기준 내용으로 옳지 않은 것은?
   ① 배연창의 유효면적은 1.5㎡ 이상으로 할 것
   ② 배연구는 예비전원에 의하여 열 수 있도록 할 것
   ③ 배연구는 연기감지기 또는 열감지기에 의하여 자동으로 열 수 있는 구조로 할 것
   ④ 관련 규정에 따라 건축물이 방화구획으로 구획된 경우에는 그 구획마다 1개소 이상의 배연창을 설치할 것

■ 〈설비기준 14조〉 배연창의 유효면적은 1㎡ 이상으로 할 것.

52 비상용 승강기의 승강장의 바닥면적은 비상용 승강기 1대에 대하여 최소 얼마 이상으로 하여야 하는가?(단, 승강장을 옥내에 설치하는 경우)
   ① 3㎡
   ② 6㎡
   ③ 9㎡
   ④ 12㎡

■ 〈설비기준 10조〉 비상용승강기의 승강장의 바닥면적 6㎡ 이상

53 건축법령상 다중이용 건축물에 속하지 않는 것은?
   ① 바닥면적 5,000㎡ 이상으로 문화집회시설
   ② 바닥면적 5,000㎡ 이상으로 종교시설
   ③ 바닥면적 5,000㎡ 이상으로 판매시설
   ④ 바닥면적 5,000㎡ 이상으로 업무시설

■ 〈건축법령 2조〉 업무시설은 해당하지 않는다.

54 다음은 지하층과 피난층 사이의 개방공간 설치에 관한 기준 내용이다. ( ) 안에 알맞은 것은?

> 바닥면적의 합계가 ( ) 이상인 공연장·집회장·관람장 또는 전시장을 지하층에 설치하는 경우에는 각 실에 있는 자가 지하층 각 층에서 건축물 밖으로 피난하여 옥외계단 또는 경사로 등을 이용하여 피난층으로 대피할 수 있도록 천장이 개방된 외부 공간을 설치하여야 한다.

① 1,000㎡ ② 2,000㎡
③ 3,000㎡ ④ 4,000㎡

■ 〈건축법령 37조〉 바닥면적의 합계가 (3,000㎡) 이상일 때

55 다음 중 건축법령상 건축물의 주요구조부에 속하지 않는 것은?
① 보 ② 차양
③ 바닥 ④ 지붕틀

■ 〈건축법 2조〉 주요구조부란 내력벽, 기둥, 보, 바닥, 지붕틀, 주계단을 말한다.

56 연면적 200㎡를 초과하는 건축물에 설치하는 계단의 설치에 관한 기준으로 옳지 않은 것은?
① 중학교 계단의 단너비는 20cm 이상이어야 한다.
② 초등학교 계단의 단높이는 16cm 이하이어야 한다.
③ 고등학교 계단의 유효너비는 150cm 이상이어야 한다.
④ 높이가 3m를 넘는 계단에는 높이 3m 이내마다 유효너비 120cm 이상의 계단참을 설치하여야 한다.

■ 〈피난방화 기준 15조〉 중고등학교 계단의 단너비는 26cm 이상이어야 한다.

57 다음 중 거실·욕실 또는 조리장의 바닥부분에 방습을 위한 조치를 하여야 하는 것에 해당이 없는 것은?
① 건축물의 최하층에 있는 거실(바닥이 목조인 경우에 한한다.)
② 일반목욕장의 욕실과 휴게음식점 및 제과점의 조리장
③ 숙박시설의 욕실
④ 식당의 바닥

■ 〈건축법령 52조〉 식당 바닥은 해당 없음(식당은 음식을 섭취하는 곳으로 조리장과 구별해 이해하세요)

58 건축물의 에너지절약 설계기준상 외기에 직접 면하고 1층 또는 지상으로 연결된 출입문 중 방풍구조로 하지 않을 수 있는 출입문의 너비 기준은?
① 1.2m 이하 ② 1.5m 이하
③ 1.8m 이하 ④ 2.1m 이하

■ 〈에너지절약기준 6조 4라〉 출입문 너비 1.2m 이하

해답 54.③ 55.② 56.① 57.④ 58.①

59 특별피난계단의 구조에 관한 기준 내용으로 옳지 않은 것은?

① 출입구의 유효너비는 0.8m 이상으로 할 것
② 계단실에는 예비전원에 의한 조명설비를 할 것
③ 계단은 내화구조로 하되, 피난층 또는 지상까지 직접 연결되도록 할 것
④ 건축물의 내부에서 노대 또는 부속실로 통하는 출입구에는 60+ 방화문 또는 60분 방화문을 설치할 것

■ 〈피난방화구조기준 9조〉 출입구의 유효너비는 0.9m 이상

60 건축물의 냉방설비에 대한 설치 및 설계기준상 다음과 같이 정의되는 용어는?

> 통계적으로 연중 최대냉방부하를 갖는 날을 기준으로 그 밖의 시간에 필요한 냉방열량 중에서 이용이 가능한 냉열량이 차지하는 비율을 말하며 백분율(%)로 표시한다.

① 축열률　　　　② 냉방률
③ 수용률　　　　④ 이용률

■ 〈냉방설비기준 3조〉 축열률

제13회 | 건축설비산업기사 기출모의고사

제1과목 — 건축설비 계획

01 다음은 비열에 관한 설명이다. 가장 거리가 먼 것은 어느 것인가?
 ① 비열은 모든 유체가 항상 일정하다.
 ② 비열이 크면 열용량은 커지며 열매로서도 유리하다.
 ③ 어떤 물질 1kg을 1℃ 올리는데 필요한 열량을 말한다.
 ④ 비열의 단위는 kJ/kgK이다.
■ 비열은 물 4.19kJ/kgK, 공기 1.01kJ/kgK로 유체마다 다르다.

02 위생기구 기호 표시 중 틀린 것은?
 ① 대변기 : WC ② 세면기 : FU
 ③ 소변기 : V   ④ 욕조 : BT
■ 세면기 : Lav, 비데 : B, 음수기 : F, 샤워 : S

03 다음은 정풍량 단일덕트 공조방식의 구성 개념도이다. 그림에서 외기 및 배기덕트가 없을 경우 발생하는 현상은?

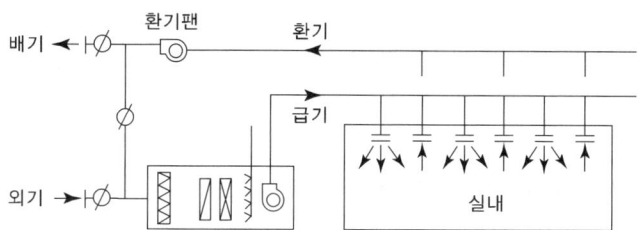

 ① 에너지소비가 과다해진다.
 ② 급기온도의 조절이 어렵게 된다.
 ③ 공기필터의 성능이 급격히 저하된다.
 ④ 실내의 쾌적한 공기질을 보장할 수 없다.
■ 외기 및 배기덕트가 없으면 외기 도입이 없으므로 실내공기질(IAQ)이 악화된다.

해답 1.① 2.② 3.④

04 건축환경계획에서 차양 장치에 대한 설명 중 틀린 것은?

① 수평 차양은 남향창에 설치하는 것이 유리하다.
② 외부 차양 장치보다 내부 차양 장치가 유리하다.
③ 수직 차양은 남향보다 동, 서향의 창에서 유리하다.
④ 차양 장치를 적절히 이용하면 자연 채광을 유효하게 활용할 수 있다.

■ 외부 차양 장치가 직사광선을 차단하고 일사부하의 실내유입 방지에 유리하다. 내부차양장치는 일사가 실내로 유입될 수 있다.

05 복사난방에 관한 설명으로 옳지 않은 것은?

① 실내 상하의 온도차가 작다.
② 증기난방에 비하여 쾌적감이 높다.
③ 열용량이 작아 간헐난방에 적합하다.
④ 외기 침입이 있는 곳에서도 난방감을 얻을 수 있다.

■ 복사난방은 구조체를 가열하므로 열용량이 커서 간헐난방에 부적합하다.

06 온수난방설비에서 역환수(Reverse return)방식이 아닌 직접환수방식을 적용하는 경우 각 계통의 필요 유량 분배를 위하여 설치하는 것은?

① 차압밸브   ② 정유량밸브
③ 게이트밸브   ④ 글로브밸브

■ 정유량밸브는 각 계통별로 일정 유량을 유지해준다. 따라서 계통별로 유량조절방법에 배관저항을 조절하는 리버스리턴방식과 정유량밸브 방식이 있다.

07 공조설비에서 유인유닛방식에 관한 설명으로 옳지 않은 것은?

① 유인유닛에는 동력(전기)배선이 필요없다.
② 각 유닛에는 배관이 시공되지 않아 누수의 우려가 없다.
③ 각 유닛마다 제어가 가능하므로 개별실 제어가 가능하다.
④ 중앙공조기는 1차 공기만 처리하므로 규모를 작게 할 수 있다.

■ 유인유닛방식은 수공기방식으로 각 유닛의 코일에 냉온수를 공급하기 위한 수배관(수)과 고속덕트(공기)가 시공된다.

08 냉각탑 설치 시 고려할 사항으로 옳지 않은 것은?

① 설치장소는 통풍이 잘 될 것
② 냉각탑에서 배출된 공기가 다시 냉각탑 내로 흡입되지 않도록 할 것
③ 측벽과 냉각탑의 이격거리는 냉각탑 높이의 1/2 이하로 할 것
④ 연도가스를 흡입하지 않도록 굴뚝정상과의 거리는 가능한 떨어지게 설치할 것

■ 측벽과 냉각탑의 이격거리는 냉각탑 높이의 1/2 이상으로 하여 냉각탑 토출공기가 재순환하지 않도록 할 것

해답 4.② 5.③ 6.② 7.② 8.③

09 건축물의 난방 시 발생하는 굴뚝효과에 관한 설명으로 옳지 않은 것은?
① 난방 시 중성대 상부에서는 내부공기가 외부로 유출된다.
② 건물 내부온도가 상승하면 중성대 위치는 상부로 이동한다.
③ 건축물 내부의 공기유동은 온도차에 의한 밀도차가 원인이다.
④ 중성대 하부에 개구부를 많이 설치하면 중성대 위치가 하부로 이동한다.

■ 난방 시 건물 내부온도가 상승하면 상부층 공기 온도가 상승하여 중성대 위치는 하부로 이동한다.

10 냉동기에 관한 설명으로 가장 적합한 것은?
① 흡수식 냉동기는 전기가 주 에너지원이다.
② 흡수식 냉동기는 압축식 냉동기에 비해 소음진동이 적다.
③ 설비비의 면에서는 압축식 냉동기가 흡수식에 비해서 불리하다.
④ 흡수식 냉동기의 냉동사이클은 압축 → 응축 → 증발 → 팽창의 순이다.

■ 흡수식 냉동기는 열원(증기, 고온수)이 주에너지원이고, 압축식 냉동기에 비해 소음진동이 적다. 설비비의 면에서는 흡수식이 불리하며, 흡수식 냉동기의 냉동사이클은 흡수 → 재생 → 응축 → 팽창 → 증발의 순이다.

11 공기조화방식 중 전공기방식에 관한 설명으로 옳지 않은 것은?
① 덕트 스페이스가 필요하다.
② 중간기에 외기냉방이 가능하다.
③ 전수방식에 비해 반송동력이 작다.
④ 청정도가 요구되는 병원 수술실 등에 적합하다.

■ 전공기방식은 동일한 열량을 공급할 때 물보다 공기량이 대단히 크므로(약 1000배 이상) 반송동력은 훨씬 커진다.

12 펌프 주위의 배관도이다. 각 부품의 명칭으로 틀린 것은?

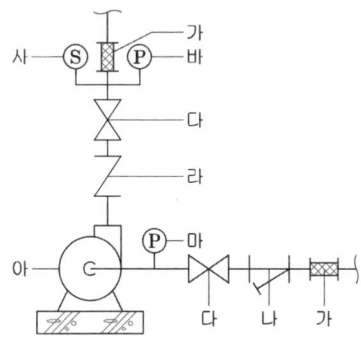

① 나 : 스트레이너
② 가 : 플랙시블 조인트
③ 라 : 글로브 밸브
④ 사 : 온도계

■ 가 : 플랙시블 조인트　나 : 스트레이너　다 : 게이트 밸브　라 : 체크 밸브
　마 : 연성계(진공계)　바 : 압력계　아 : 펌프

해답　9.② 10.② 11.③ 12.③

13 통기관의 종류 중 2개 이상인 기구트랩의 봉수를 모두 보호하기 위해 설치하는 것으로 최상류의 기구배수관이 배수수평지관에 접속하는 위치의 직하에서 입상하여 통기수직관 또는 신정통기관에 접속하는 것은?

① 습통기관 ② 루프통기관
③ 각개통기관 ④ 결합통기관

■ 배수수평지관에서 여러 개의 트랩을 담당하는 통기관은 루프(환상, 회로)통기관이다.

14 사이폰작용에 물의 회전운동을 주어 와류작용을 가한 것으로, 세척 시 소음이 적으며 주로 일체형 대변기로서 고급호텔 등에 많이 설치되는 것은?

① 세락실 대변기 ② 블로우 아웃식 대변기
③ 사이폰 제트식 대변기 ④ 사이폰 볼텍스식 대변기

■ 사이폰작용에 와류작용을 가한 방식을 사이폰 볼텍스식 대변기라 한다.

15 로우탱크 방식의 대변기에 관한 설명으로 옳지 않은 것은?

① 설치면적을 많이 차지한다.
② 고장 시 수리보수가 비교적 용이하다.
③ 하이탱크 방식에 비하여 소음이 크다.
④ 수도직결의 경우 저압의 지역에서 사용이 가능하다.

■ 로우탱크 방식은 하이탱크 방식에 비하여 탱크 정수두가 작아 소음이 작고 주거용에 주로 쓰인다.

16 급수 배관에 에어챔버를 설치하는 주된 이유는?

① 수격작용을 방지하기 위하여 ② 배관의 부식을 방지하기 위하여
③ 배관의 동파를 방지하기 위하여 ④ 크로스 커넥션을 방지하기 위하여

■ 에어챔버는 워터해머(수격작용)를 방지한다.

17 수질과 관련된 용어 중 부유물질로 오수 중에 현탁되어 있는 물질을 의미하는 것은?

① SS ② DO
③ ppm ④ COD

■ SS : 부유물질(현탁물질), DO : 용존산소, ppm : 백만분율, COD : 화학적 산소요구량

18 슬리브형 신축이음쇠에 관한 설명으로 옳지 않은 것은?

① 장시간 사용 시 패킹의 마모로 누수의 원인이 된다.
② 신축량이 크고 신축으로 인한 응력이 생기지 않는다.
③ 루프형 신축 이음쇠에 비해 설치 공간을 많이 차지한다.
④ 배관에 곡선 부분이 있으면 신축 이음쇠에 비틀림이 생겨 파손의 원인이 된다.

■ 슬리브형 신축이음쇠는 직선형 신축이음쇠로 루프형(신축곡관)에 비해 설치 공간이 적다.

해답 13.② 14.④ 15.③ 16.① 17.① 18.③

19 중앙식 급탕법 중 직접가열식에 관한 설명으로 옳지 않은 것은?

① 열효율이 높다.
② 보일러 안에 스케일이 부착될 우려가 있다.
③ 건물높이에 관계없이 저압보일러가 사용된다.
④ 저탕조와 보일러를 직결하여 순환 가열하는 방식이다.

■ 직접가열식은 건물높이가 높을 경우 정수두에 의한 고압을 받으므로 고압보일러가 사용된다. 간접가열식은 건물높이에 관계없이 저압보일러가 사용된다.

20 다음과 가장 관계가 깊은 것은?

> 에너지보존의 법칙을 유체의 흐름에 적용한 것으로서 유체가 갖고 있는 운동에너지, 중력에 의한 위치에너지 및 압력에너지의 총합은 흐름 내 어디에서나 일정하다.

① 줄의 법칙　　　　　　　　② 파스칼의 원리
③ 베르누이의 정리　　　　　④ 뉴턴의 점성법칙

■ 베르누이의 정리는 관로 내 유체 흐름의 에너지보존 법칙(전수두=압력수두+속도수두+위치수두=일정)이다.

제2과목　건축설비 설계

21 증기압축식 냉동기에서 냉매의 압력을 응축압력에서 증발압력까지 낮추는데 사용하는 밸브는 무엇인가?

① 볼밸브　　　　　　　　② 2방밸브
③ 슬루스밸브　　　　　　④ 온도식 팽창밸브

■ • 팽창밸브는 응축압력(고압)을 증발압력(저압)으로 교축팽창시켜서 증발기에서 증발이 쉽게 한다.
• 압축기는 증발압력(저압)을 응축압력(고압)으로 만들어 응축기에서 응축이 쉽게 한다.

22 배수관에 관한 설명으로 옳지 않은 것은?

① 배수관은 배수의 흐름방향으로 관경을 축소해서는 안 된다.
② 배수관의 구배를 크게 하면 할수록 오물을 반송하기 위한 능력은 커진다.
③ 기구배수관의 관경은 이것에 접속하는 위생기구의 트랩구경 이상으로 한다.
④ 배수수직관의 관경은 이것에 접속하는 배수수평지관의 최대 관경 이상으로 한다.

■ 배수관의 구배는 관경에 따라 적당해야 오물 반송 능력이 커진다. 구배가 너무 크면 오물은 잔류하고 물만 배수된다.

23 난방 시 외기와의 온도차가 5℃일 때 외벽면적 30㎡를 통하여 이동되는 관류열량은 얼마인가?(단, 외벽의 열관류율은 0.5W/㎡·K이다.)

① 15W ② 30W
③ 75W ④ 150W

■ $q = KA\triangle t = 0.5 \times 30 \times 5 = 75W$

24 다음 중 인체의 신진대사량을 나타내는 단위로 올바른 것은?

① clo ② met
③ ppm ④ vol%

■ met : 인체 신진대사량(활동량), clo : 착의(옷 입는) 정도

25 다음의 가습방식 중 물을 공기 중에 직접 분무하는 수분무식에 속하지 않는 것은?

① 원심식 ② 분무식
③ 초음파식 ④ 과열증기식

■ 가습방식은 수분무식, 증기식, 기화식이 있으며 과열증기식은 증기식에 속한다.

26 급탕설비의 부속장치 중 온도조절장치는 무엇인가?

① 써모스텟(themostat) ② 다이어프램(diaphragm)
③ 스팀 트랩(steam trap) ④ 스팀 사일렌스(steam silencer)

■ 써모스텟(themostat)은 물(탕)의 온도를 감지하여 일정온도를 유지하도록 열매(증기 등) 공급량을 조절하는 온도조절장치를 말한다.

27 다음 설명에 알맞은 배수 트랩의 종류는?

- 가옥트랩 또는 메인트랩이라고도 한다.
- 건물 내의 배수수평주관 끝에 설치한다.

① U트랩 ② S트랩
③ P트랩 ④ 드럼 트랩

■ U트랩 : 하우스트랩(가옥트랩으로 건물 배수관 말단과 공공하수관 열결부에 설치한다)

28 직경 0.5m, 길이 10m인 덕트에 풍속 8m/s로 송풍될 때 직관부 마찰손실은 얼마인가?(단, 덕트 재료의 마찰저항계수는 0.02, 공기의 밀도는 $1.2kg/m^3$이다.)

① 15.36Pa ② 20.34Pa
③ 27.22Pa ④ 35.74Pa

■ $h = f\dfrac{L \times v^2}{d \times 2}\rho = \dfrac{0.02 \times 10 \times 8^2 \times 1.2}{0.5 \times 2} = 15.36Pa$

해답 23.③ 24.② 25.④ 26.① 27.① 28.①

29 간접배수를 가장 올바르게 표현한 것은?

① 건물외벽 1m 이내의 배수시설
② 오수의 역류를 방지하기 위한 배수장치
③ 옥내배수를 공공하수에 연결시켜주는 장치
④ 건물외벽 1m부터 공공하수에 이르는 배수시설

■ 간접배수는 세탁기배수처럼 오수의 역류를 방지하기 위하여 배수관을 대기에 개방하여 배출한 후 배수관에 유출시키는 배수방식을 말한다.

30 급수배관에서 관균등표에 의한 관경 결정과 관련하여 다음과 같은 내용을 가장 잘 나타내는 식은 무엇인가?

> 길이 L, 직경 D인 관에 흐르는 유량과 동일한 유량이 직경 d인 관에 흐르기 위해서는 직경 d인 관 N개가 필요하다.

① $N = (\frac{d}{D})^{5/2}$
② $N = (\frac{D}{d})^{5/2}$
③ $N = (\frac{d}{D})^{3/2}$
④ $N = (\frac{D}{d})^{3/2}$

■ 마찰을 무시하면 관단면적은 직경의 2제곱에 비례하지만 마찰을 고려할 때 2.5제곱에 비례한다.

31 길이가 50m인 동관으로 된 급탕 수평주관에 급탕이 공급되어 관의 온도가 10℃에서 90℃까지 상승된 경우 동관의 팽창 길이는 얼마 정도인가?(단, 동관의 선팽창계수 $\alpha=1.66\times10^{-5}$이다.)

① 0.66cm
② 6.64cm
③ 0.75cm
④ 7.47cm

■ $\Delta L = L \times \alpha \times \Delta t = 50 \times 1.66 \times 10^{-5}(90-10) = 0.0664\text{m} = 6.64\text{cm}$

32 고가수조로부터 위생기구까지의 정수두가 h[m]일 때, 정수두와 유량 Q[L/min]와의 관계를 가장 올바르게 표현한 것은 무엇인가?

① $Q \propto (h)^{1/2}$
② $Q \propto h$
③ $Q \propto (h)^2$
④ $Q \propto (h)^3$

■ 유속은 정수두의 제곱근에 비례하고($v = \sqrt{2gh}$ $v = (h)^{1/2}$) 유량은 유속에 비례하므로 $Q \propto v \propto (h)^{1/2}$

33 펌프의 양수량이 3m³/min이고, 펌프의 효율은 75%, 전양정은 20m일 때 펌프 축동력은 얼마인가?

① 약 10kW
② 약 11kW
③ 약 12kW
④ 약 13kW

■ $kW = \frac{QH}{102E} = \frac{3 \times 1,000 \times 20}{60 \times 102 \times 0.75} = 13.1$

해답 29.② 30.② 31.② 32.① 33.④

34 기구 소요압력 150kPa, 수도 본관에서 최고층 급수기구까지 높이 5m, 전마찰손실수두압 50kPa일 때 수도 본관의 최저 필요 압력은 얼마 정도인가?

① 약 150kPa ② 약 200kPa
③ 약 250kPa ④ 약 500kPa

■ 1m 수두=10kPa
수도 본관 최소 압력=기구요구압력+정수두+마찰손실수두=150+5×10+50=250kPa

35 대향류형 냉각탑이 직교류형 냉각탑에 비해 유리한 점으로 가장 알맞은 것은?

① 급수압력이 낮아도 된다. ② 열교환 효율이 우수하다.
③ 송풍기동력이 작다.   ④ 살수장치의 보수점검이 쉽다.

■ 대향류형 냉각탑은 공기와 물의 접촉 시간이 길어서 열교환 효율이 우수하다.

36 겨울철 ㉠상태의 외기가 공기조화기에서 환기(return air)와 혼합되면서 상태량이 변하는 과정을 습공기 선도에 올바르게 나타낸 것은?

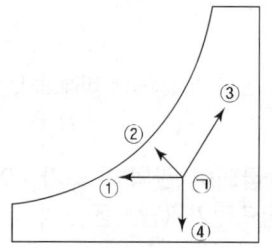

① ①
② ②
③ ③
④ ④

■ 겨울철 ㉠상태의 외기가 환기(실내공기는 외기보다 고온 다습하므로 ③방향)와 혼합되면 가열 가습되므로 ③방향으로 변화한다.

37 어떤 수평닥트 내를 흐르는 공기의 전압 및 정압을 측정한 결과 각각 33.8mmAq, 25mmAq이었다. 이때 덕트 내 공기의 유속은 얼마인가?(단, 공기의 밀도는 1.2 kg/m³이다.)

① 8m/s   ② 10m/s
③ 12m/s   ④ 14m/s

■ 동압=전압-정압=33.8-25=8.8mmAq

동압 $= \dfrac{v^2 \rho}{2g} = 8.8$ $v = \sqrt{\dfrac{8.8 \times 2 \times 9.8}{1.2}} = 12 m/s$

38 다음 중 증기트랩의 설치위치로 가장 적당한 곳은 어디인가?

① 펌프의 입구   ② 펌프의 출구
③ 방열기의 입구   ④ 방열기의 환수구

■ 증기트랩은 증기가 방열한 후 응축수가 되면 이를 회수하므로 방열기 출구(환수구)나 증기를 소비하는 기구 말단, 증기배관 말단에 설치한다.

39 증기보일러에서 환수관의 일부가 파손되어 보일러수가 유출되면서 보일러가 빈 상태로 가동되는 것을 방지하기 위해 보일러 내의 안전수위를 유지하도록 배관하는 보일러 주변 배관 접속법은 무엇인가?

① 트랩 접속법
② 리프트 접속법
③ 하트포드 접속법
④ 리버스리턴 접속법

■ 하트포드 접속법은 증기보일러의 수위를 안정되게 한다.

40 다음 중 화장실 등과 같이 냄새나 유해가스 등이 발생되는 장소에 가장 적합한 환기 방식은 무엇인가?

① 자연급기+자연배기
② 강제급기+자연배기
③ 자연급기+강제배기
④ 온도차에 의한 자연환기

■ 오염물질이 발생하는 장소는 실내를 부압(−)으로 만들기 위해 3종 환기(자연급기+강제배기)한다.

제3과목 | 건축설비 관련 법규

41 높이 31m를 넘는 각 층의 바닥면적이 각각 5,000㎡인 사무소 건축물에 설치하여야 하는 비상용 승강기의 최소 대수는?

① 1대
② 2대
③ 3대
④ 4대

■ 〈건축법령 90조〉 비상용 승강기 1,500㎡ 이하 1대 초과 3,000㎡마다 1대 가산이므로 5,000㎡일 때 1대+2대=3대

42 건축물의 냉방설비에 대한 설치 및 설계기준에 정의된 심야시간은?

① 21:00부터 다음날 09:00까지
② 22:00부터 다음날 09:00까지
③ 23:00부터 다음날 09:00까지
④ 24:00부터 다음날 09:00까지

■ 〈냉방설비설치 3조〉 심야시간 : 23:00부터 다음날 09:00까지

43 다음 중 건축물의 바깥쪽으로의 출구로 쓰이는 문을 안여닫이로 하여서는 안 되는 건축물의 용도는?

① 종교시설
② 업무시설
③ 판매시설
④ 문화 및 집회시설 중 전시장

■ 〈피난방화구조기준 11조〉 문화 및 집회시설, 종교시설, 장례식장, 위락시설은 건축물의 바깥쪽으로의 출구로 쓰이는 문을 안여닫이로 하여서는 아니 된다.

44 다음은 건축물의 냉방설비에 대한 설치 및 설계기준에 따른 축열률의 정의이다. ( ) 안에 알맞은 것은?

> 축열률이라 함은 통계적으로 (   )을 기준으로 기타 시간에 필요한 냉방열량 중에서 이용이 가능한 냉열량이 차지하는 비율을 말한다.

① 연중 최소냉방부하를 갖는 날　② 연중 최대냉방부하를 갖는 날
③ 연중 최소냉방부하를 갖는 달　④ 연중 최대냉방부하를 갖는 달

■ 〈냉방설비기준 3조〉 연중 최대냉방부하를 갖는 날

45 다음은 공동주택 거실의 환기에 관한 기준 내용이다. ( ) 안에 알맞은 것은?

> 환기를 위하여 거실에 설치하는 창문 등의 면적은 그 거실의 바닥면적의 (   ) 이상이어야 한다. 다만, 기계환기장치 및 중앙관리방식의 공기조화설비를 설치하는 경우에는 그러하지 아니하다.

① 10분의 1　② 15분의 1
③ 20분의 1　④ 30분의 1

■ 〈피난방화구조기준 17조〉 창문면적은 환기용도 20분의 1 이상, 채광용도 1/10 이상

46 건축법령상 의료시설에 속하지 않는 것은?

① 한의원　② 치과병원
③ 요양병원　④ 전염병원

■ 〈건축법령 3조 5〉 한의원은 제1종 근린생활시설에 속한다.

47 건축물의 에너지 절약설계기준에 따른 야간단열장치의 총열관류저항 기준은?

① 0.1㎡·K/W 이상　② 0.2㎡·K/W 이상
③ 0.3㎡·K/W 이상　④ 0.4㎡·K/W 이상

■ 〈에너지절약기준 5조〉 야간단열장치의 총열관류저항 : 0.4㎡·K/W 이상

48 녹색건축인증 등급에 해당하지 않는 것은?

① 최우수(그린1등급)　② 우수(그린2등급)
③ 보통(그린3등급)　④ 일반(그린4등급)

■ 〈녹색건축규칙 8조〉 우량(그린3등급)

49 피뢰설비를 설치하여야 하는 건축물의 높이 기준은?

① 10m 이상　② 20m 이상
③ 30m 이상　④ 40m 이상

■ 〈설비기준 20조〉 피뢰설비를 설치하여야 하는 건축물 : 20m 이상

해답　44.②　45.③　46.①　47.④　48.③　49.②

50 제로에너지건축물 인증에서 규정에 따른 건축물 중 국토교통부장관과 산업통상자원부장관이 공동으로 고시하는 실내 냉방·난방 온도 설정조건으로 인증 평가가 불가능한 건축물 또는 이에 해당하는 공간이 전체 연면적의 얼마를 차지하는 건축물은 제외할 수 있는가?

① 100분의 30 이상
② 100분의 50 이상
③ 100분의 60 이상
④ 100분의 80 이상

■ 〈제로에너지건축물 인증기준 2조〉 (적용대상) 제로에너지건축물 인증은 「건축법 시행령」 별표 1 각 호에 따른 건축물을 대상으로 한다. 다만, 국토교통부장관과 산업통상자원부장관이공동으로 고시하는 실내 냉방·난방 온도 설정조건으로 인증 평가가 불가능한 건축물 또는 이에 해당하는 공간이 전체 연면적의 100분의 50 이상을 차지하는 건축물은 제외한다.

51 문화 및 집회시설 중 공연장의 개별관람석의 각 출구의 유효너비는 최소 얼마 이상이어야 하는가?(단, 개별관람석의 바닥면적이 300㎡인 경우)

① 1.0m
② 1.5m
③ 2.0m
④ 2.5m

■ 〈피난방화구조기준 10조〉 (유효너비 1.5m) 문화 및 집회시설 중 공연장의 개별 관람실(바닥면적이 300제곱미터 이상인 것만 해당한다)의 출구는
1) 관람실별로 2개소 이상 설치할 것
2) 각 출구의 유효너비는 1.5미터 이상일 것
3) 개별 관람실 출구의 유효너비의 합계는 개별 관람실의 바닥면적 100제곱미터마다 0.6미터의 비율로 산정한 너비 이상으로 할 것
※ 바닥면적 500㎡까지는 최소기준(2개소, 1.5m 이상)으로 충족되며, 그 이상 면적일 때는 유효너비가 커지게 된다.

52 방송 공동수신설비를 설치하여야 하는 대상 건축물에 속하지 않는 것은?

① 공동주택
② 바닥면적의 합계가 5,000㎡으로서 판매시설의 용도로 쓰는 건축물
③ 바닥면적의 합계가 5,000㎡으로서 업무시설의 용도로 쓰는 건축물
④ 바닥면적의 합계가 5,000㎡으로서 숙박시설의 용도로 쓰는 건축물

■ 〈건축법령 87조〉 방송 공동수신설비를 설치하여야 하는 대상 건축물 - 공동주택, 5,000㎡ 이상 업무시설, 숙박시설

53 다음 중 허용오차의 기준으로 틀린 것은?

① 출구너비 : 2퍼센트 이내
② 건축물 높이 : 2퍼센트 이내(1미터를 초과할 수 없다.)
③ 반자높이 : 2퍼센트 이내
④ 벽체두께 : 2퍼센트 이내

■ 〈건축법규칙 20조〉 벽체두께, 바닥두께 : 3퍼센트 이내

해답 50.② 51.② 52.② 53.④

54 건축물의 에너지절약 설계기준에 따른 단열재의 두께는 지역별로 다르다. 지역별 분류 중 남부지역에 속하는 곳은?

① 경기도(남양주) ② 서울특별시
③ 대구광역시 ④ 충청남도

■ 〈에너지절약기준 별표1〉 대구광역시는 남부지역에 속한다.

55 다음 중 6층 이상의 거실면적의 합계가 2,500㎡일 때 설치하여야 하는 승용승강기의 최소 대수가 가장 많은 건축물의 용도는?(단, 15인승 승강기일 경우)

① 공동주택 ② 위락시설
③ 업무시설 ④ 의료시설

■ 〈설비기준 5조〉 문화집회, 판매, 의료시설이 가장 대수가 많다.

건축물의 용도	6층 이상의 거실 면적의 합계	3천 제곱미터 이하	3천제곱미터 초과
1.	가) 문화 및 집회시설(공연장·집회장 및 관람장만 해당한다) 나) 판매시설 다) 의료시설	2대	2대에 3천제곱미터를 초과하는 2천제곱미터 이내마다 1대를 더한 대수
2.	가) 문화 및 집회시설(전시장 및 동·식물원만 해당한다) 나) 업무시설 다) 숙박시설 라) 위락시설	1대	1대에 3천제곱미터를 초과하는 2천제곱미터 이내마다 1대를 더한 대수
3.	가) 공동주택 나) 교육연구시설 다) 노유자시설 라) 그 밖의 시설	1대	1대에 3천제곱미터를 초과하는 3천제곱미터 이내마다 1대를 더한 대수

56 건축물의 관람석 또는 집회실로서 그 바닥면적이 200㎡ 이상인 것의 반자 높이를 최소 4m 이상으로 하여야 하는 건축물의 용도에 속하지 않는 것은?(단, 기계환기장치를 설치하지 않는 경우)

① 종교시설 ② 장례식장
③ 문화 및 집회시설 중 전시장 ④ 문화 및 집회시설 중 공연장

■ 〈피난방화구조기준 15조〉 전시장은 제외

57 제로에너지건축물 인증신청을 할 수 있는 에너지자립률 기준은 최소 % 이상인가?

① 10% 이상 ② 20% 이상
③ 30% 이상 ④ 40% 이상

■ 〈제로에너지건축물 인증기준 별표 2〉 제로에너지건축물 인증을 신청하기 위한 에너지자립률 최소기준은 20% 이상이다.

58 건축법상 용어의 정의에 관한 설명으로 옳은 것은?

① 기초는 주요구조부에 해당된다.
② 대수선은 건축에 속하지 않는다.
③ 이전이란 건축물의 주요 구조부를 해체하여 다른 대지로 옮기는 것을 말한다.
④ 개축이란 기존건축물을 철거하고 그 대지 안에 종전보다 큰 규모로 건축물을 다시 축조하는 것을 말한다.

■ 〈건축법 2조, 영 2조〉 기초는 주요구조부에 속하지 않고, 이전이란 건축물의 주요 구조부를 해체하지 아니하고 다른 대지로 옮기는 것을 말하며, 개축이란 기존 건축물을 철거하고 그 대지 안에 종전과 동일한 규모 안에서 건축물을 다시 축조하는 것을 말한다. "건축"이란 건축물을 신축·증축·개축·재축(再築)하거나 건축물을 이전하는 것을 말한다. 그러므로 대수선은 건축에 속하지 않는다.

59 지능형 건축물 인증기관으로 지정을 받으려는 자가 국토교통부장관에게 제출하여야 하는 서류에 해당하지 않는 것은?

① 인증업무를 수행할 전담조직 및 업무수행체계에 관한 설명서
② 인증심사 전문인력을 보유하고 있음을 증명하는 서류
③ 인증기관의 재무재표 증명서
④ 지능형 건축물 인증과 관련한 연구 실적 등 인증업무를 수행할 능력을 갖추고 있음을 증명하는 서류

■ 〈지능형 건축물 3조〉 인증기관의 재무재표 증명서는 관계가 없으며 인증기관의 인증업무 처리규정은 해당한다.

60 중간기 또는 동계에 발생하는 냉방부하를 실내기준온도보다 낮은 도입 외기에 의하여 제거 또는 감소시키는 시스템을 무엇이라 하는가?

① 이코노마이저 시스템
② 설비형 태양열 시스템
③ 폐열회수형 환기장치
④ 심야전기를 이용한 축열·축냉 시스템

■ 〈에너지절약기준 5조〉 "이코노마이저 시스템"이라 함은 중간기 또는 동계에 발생하는 냉방부하를 실내엔탈피 보다 낮은 도입 외기에 의하여 제거 또는 감소시키는 시스템을 말한다.

해답 58.② 59.③ 60.①

제14회 건축설비산업기사 기출모의고사

제1과목 | 건축설비 계획

01 건축물에서 창에 설치하는 루버장치의 주된 역할로 옳은 것은?
① 외관상 변화를 준다.
② 자연환기를 돕는다.
③ 태양광선의 직사를 차단한다.
④ 비와 눈을 막아준다.

■ 창문에 설치하는 루버는 일사를 차단하며 개구부에 설치하는 루버는 공기는 통하고 비와 눈을 막아준다.

02 급수방식 중 수도직결방식에 관한 설명으로 옳지 않은 것은?
① 급수압력이 일정하다.
② 고층으로의 급수가 어렵다.
③ 정전으로 인한 단수의 염려가 없다.
④ 위생성 측면에서 바람직한 방식이다.

■ 수도직결방식은 동시사용률이 커지면(많은 사람들이 사용할 때)급수압력이 감소한다.

03 저수 및 고가탱크 등 급수 탱크에 관한 설명으로 옳지 않은 것은?
① 물의 정체를 방지할 수 있는 조치를 취하여야 한다.
② 건물 최하층의 바닥 밑 또는 바닥 밑의 지중에 설치하지 않는다.
③ 상수관 이외의 관이 급수 탱크를 관통하거나 상부를 횡단하지 않도록 한다.
④ 급수 탱크의 천장·바닥 또는 주변 벽은 건축물의 구조부분과 겸용하도록 한다.

■ 급수 탱크의 천장·바닥 또는 주변 벽은 건축물의 구조부분과 겸용하지 않도록 한다. 즉 탱크실 안에 저수 탱크를 설치한다.

04 유리창으로 통한 취득열량을 줄이기 위한 방법으로 옳지 않은 것은?
① 반사율이 큰 유리 사용
② 열관류율이 큰 유리 사용
③ 투과율이 작은 유리 사용
④ 차폐계수가 작은 유리 사용

■ 열관류율이 작은 유리를 사용하면 관류 취득열량을 줄일 수 있다.

해답 1.③ 2.① 3.④ 4.②

05 바닥복사난방에 관한 설명으로 옳지 않은 것은?

① 증기난방에 비해 쾌적감이 높다.
② 예열시간이 짧기 때문에 간헐난방에 적합하다.
③ 천장고가 높은 경우에도 난방감을 얻을 수 있다.
④ 실내에 방열기를 설치하지 않으므로 바닥이나 벽면을 유용하게 이용할 수 있다.

■ 바닥복사난방은 바닥면을 가열해야 하므로 예열시간이 길어서 간헐난방에 부적합하다.

06 덕트의 배치방식 중 개별 덕트방식에 관한 설명으로 옳은 것은?

① 공장의 급배기에 주로 사용된다.
② 소요되는 덕트 스페이스가 작다.
③ 각 실의 개별 제어성이 우수하다.
④ 공사비는 저렴하나 실내에서 기류 분포가 좋지 않다.

■ 개별 덕트방식은 각 실 제어가 우수하여 고급빌딩에 사용하며, 소요되는 덕트 스페이스가 크고, 공사비는 고가이며 실내에서 기류 분포가 좋다.

07 다음 중 배관의 신축에 대응하기 위해 사용되는 신축이음에 속하지 않는 것은?

① 스위블형　　　② 플로트형
③ 슬리브형　　　④ 벨로즈형

■ 플로트형 신축이음은 없으며 증기트랩의 일종이다.

08 냉방부하 계산 시 잠열을 계산하지 않아도 되는 것은?

① 인체의 발생열량　　　② 유리로부터의 취득열량
③ 극간풍에 의한 취득열량　　　④ 외기의 도입으로 인한 취득열량

■ 유리로부터의 취득열량은 유리면을 통과한 일사부하와 관류부하 모두 현열부하뿐이다.

09 온수난방 배관에서 역환수방식(reverse return system)을 채택하는 가장 주된 이유는?

① 재료비 절감　　　② 수격작용 방지
③ 펌프 동력절감　　　④ 균등한 유량분배

■ 역환수방식은 배관길이를 균일하게 하여 유량분배가 균등하고 결국 온도를 균등하게 한다.

10 공조설비 배관도에서 다음과 같은 부속기기의 기호는 무엇을 나타내는가?

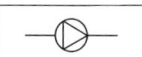

① 송풍기　　　② 응축기
③ 펌프　　　④ 체크밸브

■ 펌프 도시기호이다.

11 베르누이의 정리에 따른 전압, 정압 및 동압에 관한 설명으로 옳은 것은?

① 동압에서 정압을 뺀 것이 전압이다.
② 압력수두에서의 압력은 전압을 의미한다.
③ 배관의 관경이 증가하면 동압은 감소한다.
④ 배관 내 마찰저항이 증가하면 정압은 증가한다.

■ 동압에 정압을 더한 것이 전압이며, 압력수두에서의 압력은 정압을 의미한다. 배관의 관경이 증가하면 유속이 감소하여 동압은 감소하며, 배관 내 마찰저항이 증가하면 정압은 감소한다.

12 관의 스케줄 번호의 결정 요소는?

① 관의 내경　　② 관의 외경
③ 관의 두께　　④ 관의 길이

■ 관의 스케줄 번호는 관의 두께를 나타내며 10, 20, 40, 60, 80 등이 있다. 20은 10보다 배관 두께가 2배 정도 두껍다.

13 강관 이음쇠와 사용 용도의 연결이 옳지 않은 것은?

① 엘보 – 관의 방향을 바꿀 때
② 와이 – 관을 도중에서 분기할 때
③ 니플 – 관경이 같은 관을 연결할 때
④ 플러그 – 관경이 다른 관을 연결할 때

■ 플러그는 관(부속)의 끝을 막을 때 사용하며, 관경이 다른 관을 연결할 때는 레듀셔를 사용한다.

14 2개 이상의 트랩을 보호하기 위하여 기구배수관이 배수수평지관에 접속하는 지점의 바로 하류에서 취출하여, 통기수직관에 연결하는 통기관은?

① 습통기관　　② 신정통기관
③ 각개통기관　　④ 회로통기관

■ 배수수평지관에서 취출하여, 통기수직관에 연결하는 통기관은 회로(루프, 환상)통기관, 도피통기관이 있다.

15 급탕설비에 관한 설명으로 옳지 않은 것은?

① 배관은 적정한 압력손실 상태에서 피크시를 충족시킬 수 있어야 한다.
② 냉수, 온수를 혼합사용 해도 압력차에 의한 온도변화가 없도록 하여야 한다.
③ 개방형 급탕시스템에는 온도상승에 의한 압력을 도피시킬 수 있는 팽창탱크를 설치하여야 한다.
④ 배관거리가 30m를 초과하는 중앙급탕 방식에서는 일정한 급탕온도 유지를 위하여 환탕관과 순환펌프를 설치한다.

■ 개방형 급탕시스템에서는 대기 중에 개방되므로 온도상승에 의한 물의 팽창으로 압력이 상승하지 않으므로 팽창탱크가 필요없다.

해답　11.③　12.③　13.④　14.④　15.③

16 다음과 같은 급수 계통과 조건(상당관표, 동시사용률)을 참조하여 균등관법으로 (e) 구간의 급수 관경을 구하시오.

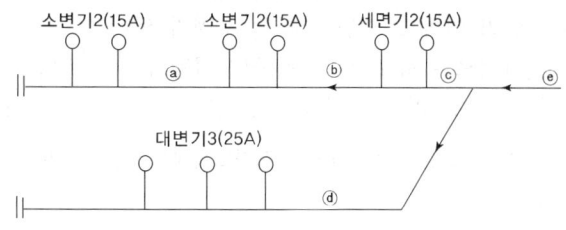

[상당관표]

관경	15A	20A	25A	32A	40A
15A	1				
20A	2	1			
25A	3.7	1.8	1		
32A	7.2	3.6	2	1	
40A	11	5.3	2.9	1.5	1
50A	20	10	5.5	2.8	1.9
65A	31	15	8.5	4.3	2.9

[동시사용률]

기구수	2	3	4	5	6	7	8	9	10	17
%	100	80	75	70	65	60	58	55	53	46

① 20A ② 25A
③ 32A ④ 40A

■ 균등관(상당관)법은 모든 급수관경을 15A로 환산한다. 대변기 25A는 15A로 3.7개이다.
그러므로 (e)구간 상당수(15A) 합계는 2+2+2+(3×3.7)=17.1
동시사용률은 기구수로 구하고 기구는 9개이므로 55%일 때 동시개구수는 상당수 합계와 동시사용률로 구한다.
동시개구수=17.1×0.55=9.4
그러므로 다시 상당관표에서 15A, 9.4는 11개항에서 40A를 선정한다.

17 대변기 세정수의 급수방식 중 로 탱크식에 관한 설명으로 옳은 것은?

① 대변기의 연속사용이 가능하다.
② 세정음은 유수음이 포함되기 때문에 소음이 크다.
③ 단시간에 다량의 물이 필요하기 때문에 주변 수전에 큰 영향을 끼친다.
④ 탱크로의 급수압력에 관계없이 세정 시 대변기로의 공급압력이 일정하다.

■ 로 탱크식은 탱크에 물을 서서히 받아 일시에 세정수로 사용하므로, 탱크에 물이 채워지는 동안 대변기의 연속사용이 곤란하고, 세정음은 작은 편이며, 단시간에 다량의 물이 필요하여 주변 수전에 큰 영향을 끼치는 방식은 세정밸브식이다. 급수압력에 관계없이 탱크에 물을 받아 세정하므로 대변기로의 공급압력이 일정하다.

18 급탕설비의 가열방식에 관한 설명으로 옳지 않은 것은?

① 직접가열식은 간접가열식보다 열효율이 높다.
② 직접가열식은 보일러 안에 스케일 부착의 우려가 있다.
③ 간접가열식은 일반적으로 규모가 큰 건물의 급탕에 사용된다.
④ 직접가열식에서 가열보일러는 난방용 보일러와 일반적으로 겸용하여 사용된다.

■ 직접가열식은 가열보일러가 전용으로 필요하며, 간접가열식에서 가열보일러는 난방용 보일러와 일반적으로 겸용하여 사용된다.

19 수도직결방식의 급수방식에서 수도 본관의 압력이 160kPa, 수전의 높이가 6m, 마찰손실 수두가 2mAq일 때, 이 수전이 받는 압력은?

① 약 40kPa
② 약 80kPa
③ 약 152kPa
④ 약 240kPa

■ 본관압력에서 수전높이와 마찰손실만큼 압력이 감소하고, 수전의 높이 6m는 60kPa, 마찰손실 수두 2mAq는 20kPa이므로 본관압력 160에서 60과 20을 빼면 80kPa이 된다.(1m=9.8kPa=약 10kPa)

20 고층건물의 급수시스템을 저층건물과 같이 단일계통으로 할 경우의 문제점과 가장 거리가 먼 것은?

① 저층부 수질 저하
② 저층부 소음 증대
③ 저층부 수압 과대 작용
④ 저층부 워터 해머 발생

■ 고층건물의 급수시스템을 단일계통으로 할 경우 저층부의 수압과대로 워터해머와 소음이 증가한다.

제2과목 | 건축설비 설계

21 오수 중에 분해 가능한 유기물이 용존산소의 존재 하에 미생물의 작용에 의해 산화 분해되어 안정한 물질로 변해갈 때 소비되는 산소량을 의미하는 것은?

① pH
② ppm
③ BOD
④ COD

■ BOD는 생화학적 산소요구량으로 오수 중에 분해 가능한 유기물의 분해에 소비되는 산소량을 의미한다.

22 기구배수 부하단위 산정에 기준이 되는 위생기구는?

① 욕조
② 세면기
③ 소변기
④ 대변기

■ 기구배수 부하단위 산정 기준이 되는 기구는 세면기(28.5L/min)이며, 기구급수 부하단위 기준도 세면기(14L/min)이다.

해답 18.④ 19.② 20.① 21.③ 22.②

23 통기관의 최소관경에 관한 설명으로 옳지 않은 것은?
① 각개통기관의 관경은 그것이 접속되는 배수관 관경의 1/2 이상으로 한다.
② 루프통기관의 관경은 배수수평지관과 통기수직관 중 작은 쪽 관경의 1/2 이상으로 한다.
③ 결합통기관의 관경은 통기수직관과 배수수직관 중 작은 쪽의 관경 이상으로 한다.
④ 배수수평지관의 도피통기관의 관경은 그것을 접속하는 배수수평지관의 관경보다 작게 해서는 안 된다.

■ 배수수평지관의 도피통기관의 관경은 그것을 접속하는 배수수평지관의 1/2 이상으로 한다.

24 저탕식 전기가열기를 사용하여 0.2㎥/h의 급탕을 공급할 경우 사용 전력은?(단, 물의 비열은 4.2kJ/kg·K, 급탕온도는 60℃, 급수온도는 10℃, 전기가열기효율은 100%이다.)
① 3.5kW
② 11.7kW
③ 23.1kW
④ 50.4kW

■ 급탕가열량은 $q = mC\Delta t = 200 \times 4.2(60-10) = 42,0000 kJ/h = 11.7 kW$ (0.2㎥=200kg)
전기가열기 효율이 100%이므로 사용전력도 11.7kW이다.
※ 만약 효율이 80%라면 사용전력은 11.7÷0.8=14.6kW가 된다.

25 강관 또는 동관 등의 배관으로 곡관을 만들어 배관의 신축을 흡수하는 신축이음쇠로 신축곡관이라고도 불리는 것은?
① 루프형 신축이음쇠
② 밸로즈형 신축이음쇠
③ 스위블형 신축이음쇠
④ 슬리브형 신축이음쇠

■ 루프형 신축이음쇠는 배관 자신을 밴딩(곡관)하여 배관의 휘어짐으로 신축을 흡수한다.

26 배수용 트랩으로서의 성능에 문제가 있어 사용하지 않는 것이 바람직한 트랩에 속하지 않는 것은?
① 2중 트랩
② 격벽 트랩
③ 수봉식 트랩
④ 가동부분이 있는 것

■ 수봉식 트랩은 S트랩, P트랩, U트랩 등으로 위생기구에 일반적으로 사용된다.

27 다음과 같은 조건에서 난방 시 외기에 의한 현열부하는?

┌───┐
│ ㉠ 외기량 : 500kg/h
│ ㉡ 외기 : 건구온도 5℃, 절대습도 : 0.002kg/kg′
│ ㉢ 실내공기 : 건구온도 : 24℃, 절대습도 : 0.009kg/kg′
│ ㉣ 공기의 비열 : 1.01kJ/kg·K
└───┘

① 2.67kW
② 3.17kW
③ 3.68kW
④ 4.12kW

■ 현열부하 $= mC\Delta t = 500 \times 1.01(24-5) = 9,595 kJ/h = 2.67 kJ/s = 2.67 kW$

해답 23.④ 24.② 25.① 26.③ 27.①

28 다음 중 습공기선도에 직접 표현되지 않는 상태값은?

① 비체적 ② 엔탈피
③ 열용량 ④ 상대습도

■ 습공기선도는 건구온도, 습구온도, 노점온도, 엔탈피, 비체적, 상대습도, 절대습도, 수증기분압, 현열비, 열수분비로 구성된다.

29 아네모스탯형 취출구에 관한 설명으로 옳지 않은 것은?

① 확산형 취출구이다.
② 확산반경이 크고 도달거리가 짧다.
③ 주로 벽체 하부에 설치되어 사용된다.
④ 1차 공기에 의한 2차 공기의 유인성능이 좋다.

■ 아네모스탯형 취출구는 팬형, 라이트트로퍼형과 함께 천장에 부착하여 사용한다.

30 건구온도 20℃, 절대습도 0.01kg/kg'인 습공기 10kg의 엔탈피는?(단, 건공기의 정압비열은 1.01kJ/kg·K, 수증기의 정압비열은 1.85kJ/kg·K, 0℃에서 포화수의 증발잠열은 2501kJ/kg이다.)

① 201.6kJ ② 254.5kJ
③ 369.6kJ ④ 455.8kJ

■ 1kg의 엔탈피 $h = C_{pa}t + x(\gamma + C_{pv}t) = 1.01 \times 20 + 0.01(2,501 + 1.85 \times 20) = 45.58kJ$
10kg의 엔탈피 = $10 \times 45.58 = 455.8kJ$

31 덕트의 방향전환을 위해 사용되는 장방형 단면의 원호형(원형) 엘보의 국부저항손실계수가 0.22일 때, 이 엘보에 발생하는 국부저항손실은?(단, 풍속은 10m/s, 공기의 밀도는 1.2kg/㎥이다.)

① 11.0Pa ② 13.2Pa
③ 15.4Pa ④ 19.6Pa

■ 국부저항 $= \xi(\dfrac{v^2}{2})\rho = 0.22(\dfrac{10^2}{2})1.2 = 13.2Pa$

32 용량 15kW의 전동기로 작동되는 기계가 있다. 전동기는 실내에 있고 기계는 실외에 있을 경우 실내취득열량은?(단, 전동기에 대한 부하율(모터출력/정격출력)은 0.8, 전동기 효율은 0.86이며, 기타 주어지지 않은 조건은 무시한다.)

① 12.9kW ② 12kW
③ 10.32kW ④ 1.95kW

■ 전동기는 실내에 있고, 기계는 밖에 있을 때 전동기 공급전력(1/0.86)에서 기계로 전달된 동력을 제외한 나머지가 실내발열량이다.(1/0.86-1)
$kW = 15 \times 0.8(\dfrac{1}{0.86} - 1) = 1.95kW$

33 다음 중 펌프의 비교회전수가 가장 적은 것은?

① 사류펌프 ② 축류펌프
③ 터빈펌프 ④ 볼류트펌프

■ 비교회전수는 원심펌프(터빈 0~300)에서 작고 축류펌프(1,200 이상)에서 크다.

34 배관에 설치하여 관속의 유체에 섞여 있는 모래 등의 이물질을 제거하여 기기의 성능을 보호하는 기구로서 여과기라고도 불리는 것은?

① 트랩 ② 밸브
③ 볼조인트 ④ 스트레이너

■ 스트레이너는 펌프나 제어밸브 전단에 설치하여 모래 등의 이물질을 제거하여 기기의 성능을 보호한다.

35 냉온수 배관의 기본회로 방식에 관한 설명으로 옳지 않은 것은?

① 배관의 분기부에는 원칙적으로 밸브를 설치한다.
② 배관방식은 원칙적으로 리버스리턴방식으로 한다.
③ 배관의 최소 구경은 원칙적으로 호칭경은 20A로 한다.
④ 밀폐회로 방식에 대해서는 1개의 순환계통에 팽창탱크는 2기씩 설치한다.

■ 냉온수 배관의 최소 구경은 원칙적으로 호칭경은 20A로 하며, 밀폐회로 방식에 대해서는 1개의 순환계통에 팽창탱크는 1기씩 설치한다.

36 보일러에 관한 설명으로 옳지 않은 것은?

① 입형 보일러는 사용압력이 높아 규모가 큰 건물에 주로 사용된다.
② 노통 연관보일러는 증발 수표면이 넓어서 급수 조절이 용이하다.
③ 관류보일러는 수관보일러와 같이 수관으로 되어 있으나 드럼이 없다.
④ 수관보일러는 대형 건물 또는 병원이나 호텔 등과 같이 고압증기를 다량 사용하는 곳이나 지역난방 등에 사용된다.

■ 일반적으로 입형 보일러는 사용압력이 낮아 규모가 작은 건물에 주로 사용된다. 노통보일러는 수표면이 넓어서 부하변동에 잘 대응하고 급수량 제어도 용이하다.

37 송풍량 300㎥/min, 정압 30mmAq인 송풍기의 회전수를 높여 풍량을 360㎥/min로 변화시킬 경우 정압은 어떻게 변화하는가?

① 36mmAq ② 43.2mmAq
③ 51.8mmAq ④ 64.6mmAq

■ 상사법칙에 따라 송풍량은 회전수에 비례하고 정압은 회전수의 제곱에 비례하므로 송풍량이 300에서 360으로 20% 증가하므로 회전수가 20% 증가하고 정압은 제곱에 비례한다.
정압은 $p = 30(1.2)^2 = 43.2 mmAq$

38 다음 중 증기트랩의 설치위치로 가장 적당한 곳은?

① 펌프의 입구 ② 펌프의 출구
③ 방열기의 입구 ④ 방열기의 환수구

■ 증기트랩은 응축수를 제거하므로 방열기 출구(환수구)에 설치한다.

39 다음과 같은 특징을 갖는 냉동기는 어떤 냉동기인가?

- 임펠러의 원심력에 의해 냉매가스를 압축한다.
- 대용량에서는 압축효율이 좋고 비례 제어가 가능하다.
- 대·중형 규모의 중앙식 공조에서 냉방용으로 사용된다.

① 터보식 냉동기 ② 흡수식 냉동기
③ 왕복동식 냉동기 ④ 스크루식 냉동기

■ 임펠러의 원심력에 의해 냉매가스를 압축하는 압축기는 터보식 냉동기이다.

40 공기조화 시스템에서 공기를 가습하는 방법으로 옳지 않은 것은?

① 증기의 직접분무 ② 온수의 직접분무
③ 에어 와셔의 이용 ④ 직접 팽창코일의 이용

■ 직접 팽창코일은 냉각코일로 공기의 냉각 감습에는 이용되나 공기의 가습에는 부적합하다.

제3과목 건축설비 관련 법규

41 바닥면적이 200㎡인 학교 교실에 채광을 위하여 설치하는 창문 등의 최소 면적은?(단, 별도의 조명장치를 설치하지 않고 창문 등으로만 채광을 하는 경우)

① 10㎡ ② 20㎡
③ 30㎡ ④ 40㎡

■ 〈피난방화구조기준〉 제17조(채광 및 환기를 위한 창문 등) ① 영 제51조에 따라 채광을 위하여 거실에 설치하는 창문 등의 면적은 그 거실의 바닥면적의 10분의 1 이상이어야 한다.(200×0.1=20㎡)

42 6층 이상의 거실면적의 합계가 20,000㎡인 15층 아파트에 설치하여야 할 승용승강기의 최소 대수는?(단, 12인승 승용승강기의 경우)

① 5대 ② 6대
③ 7대 ④ 8대

■ 〈설비기준 5조〉 공동주택 3,000 이하 1대 3,000 초과마다 1대 추가
대수=1+(20,000-3,000)/3,000=6.7=7대

43 건축물의 용도변경과 관련된 시설군 중 주거 업무시설군에 속하지 않는 것은?

① 공동주택
② 업무시설
③ 노유자시설
④ 교정 및 군사시설

■ 〈건축법령 14조〉 8. 주거업무시설군 : 단독주택, 공동주택, 업무시설, 교정 및 군사시설

44 건축물의 에너지절약설계기준에 따른 야간단열장치의 총열관류저항 기준은?

① $0.1㎡ \cdot K/W$ 이상
② $0.2㎡ \cdot K/W$ 이상
③ $0.3㎡ \cdot K/W$ 이상
④ $0.4㎡ \cdot K/W$ 이상

■ 〈에너지절약기준 5조〉 야간단열장치의 총열관류저항 : $0.4㎡ \cdot K/W$ 이상

45 제로에너지건축물 인증 유효기간은 얼마인가?

① 인증을 받은 날로부터 10년
② 인증을 받은 날로부터 7년
③ 인증을 받은 날로부터 5년
④ 인증을 받은 날로부터 3년

■ 〈제로에너지건축물 인증규칙 9조〉 제로에너지건축물 인증의 유효기간은 인증을 받은 날부터 10년으로 한다.

46 건축물의 설비기준 등에 관한 규칙에 따라 피뢰설비를 설치하여야 하는 대상 건축물의 높이 기준은?

① 20m 이상
② 24m 이상
③ 27m 이상
④ 31m 이상

■ 〈설비기준 20조〉 낙뢰의 우려가 있는 건축물, 높이 20미터 이상의 건축물 또는 영 제118조제1항에 따른 공작물로서 높이 20미터 이상의 공작물(건축물에 영 제118조제1항에 따른 공작물을 설치하여 그 전체 높이가 20미터 이상인 것을 포함한다)에는 다음 각 호의 기준에 적합하게 피뢰설비를 설치하여야 한다.

47 다음은 다중이용시설을 신축하는 경우 기계환기설비를 설치하여야 하는 대상 다중이용 시설에 관한 기준 내용이다. ( ) 안에 알맞은 것은?

> 의료시설 : 연면적이 (㉠) 이상이거나 병상 수가 (㉡) 이상인 [의료법] 제3조에 따른 의료기관

① ㉠ 1000㎡, ㉡ 100개
② ㉠ 1000㎡, ㉡ 200개
③ ㉠ 2000㎡, ㉡ 100개
④ ㉠ 2000㎡, ㉡ 200개

■ 〈설비기준 11조 별표1의 6〉 마. 의료시설 : 연면적이 2천제곱미터 이상이거나 병상 수가 100개 이상인 「의료법」 제3조에 따른 의료기관

해답 43.③ 44.④ 45.① 46.① 47.③

48 건축물의 일부를 완공하여 임시로 사용하고자 할 때 임시사용승인의 기간은 몇 년 이내를 원칙으로 하는가?

① 1년
② 2년
③ 3년
④ 4년

■ 〈건축법 22조〉 건축물의 일부를 완공하여 임시로 사용하고자 할 때 임시사용승인의 기간은 2년 이내를 원칙으로 한다.

49 피난용 승강기의 설치에 관한 기준 내용으로 옳지 않은 것은?

① 예비전원으로 작동하는 조명설비를 설치할 것
② 승강장의 바닥면적은 승강기 1대당 $5m^2$ 이상으로 할 것
③ 승강장의 출입구 부근의 잘 보이는 곳에 해당 승강기가 피난용 승강기임을 알리는 표지를 설치할 것
④ 각 층으로부터 피난층까지 이르는 승강로를 단일구조로 연결하여 설치할 것

■ 〈피난방화구조기준 30조〉 (피난용 승강기의 설치기준) 피난용 승강기의 구조와 설비는 다음 각 호의 기준에 적합하여야 한다.
1. 피난용 승강기 승강장의 구조
   가. 승강장의 출입구를 제외한 부분은 해당 건축물의 다른 부분과 내화구조의 바닥 및 벽으로 구획할 것
   나. 승강장은 각 층의 내부와 연결될 수 있도록 하되, 그 출입구에는 60+ 방화문 또는 60분 방화문을 설치할 것. 이 경우 방화문은 언제나 닫힌 상태를 유지할 수 있는 구조이어야 한다.
   다. 실내에 접하는 부분(바닥 및 반자 등 실내에 면한 모든 부분을 말한다)의 마감(마감을 위한 바탕을 포함한다)은 불연재료로 할 것
   라. 예비전원으로 작동하는 조명설비를 설치할 것
   마. 승강장의 바닥면적은 피난용 승강기 1대에 대하여 6제곱미터 이상으로 할 것
   바. 승강장의 출입구 부근에는 피난용 승강기임을 알리는 표지를 설치할 것

50 건축물의 바깥쪽에 설치하는 피난계단의 유효너비는 최소 얼마 이상으로 하여야 하는가?

① 0.7m
② 0.8m
③ 0.9m
④ 1.0m

■ 〈피난방화구조기준 9조〉 계단의 유효너비는 0.9미터 이상으로 할 것

51 에스컬레이터는 건축물의 출입구에 설치하는 회전문으로부터 최소 얼마 이상의 거리를 두어야 하는가?

① 2m
② 4m
③ 6m
④ 8m

■ 〈피난방화구조기준 제12조〉 (회전문의 설치기준) 건축물의 출입구에 설치하는 회전문은 다음 각 호의 기준에 적합하여야 한다.
1. 계단이나 에스컬레이터로부터 2미터 이상의 거리를 둘 것

해답 48.② 49.② 50.③ 51.①

52 다음 승강기의 설치에 관한 기준 내용이다. 밑줄 친 대통령령으로 정하는 건축물의 기준 내용으로 옳은 것은?

> 건축주는 6층 이상으로 연면적이 2000㎡ 이상인 건축물(대통령령으로 정하는 건축물은 제외한다.)을 건축하려면 승강기를 설치하여야 한다.

① 층수가 6층인 건축물로서 각 층 거실의 바닥 면적 300㎡ 이내마다 1개소 이상의 직통계단을 설치한 건축물
② 층수가 6층인 건축물로서 각 층 거실의 바닥 면적 500㎡ 이내마다 1개소 이상의 직통계단을 설치한 건축물
③ 연면적이 2,000㎡인 건축물로서 각 층 거실의 바닥 면적 300㎡ 이내마다 1개소 이상의 직통계단을 설치한 건축물
④ 연면적이 2,000㎡인 건축물로서 각 층 거실의 바닥 면적 500㎡ 이내마다 1개소 이상의 직통계단을 설치한 건축물

■ 〈건축법령 제89조〉 (승용 승강기의 설치) 법 제64조제1항 전단에서 "대통령령으로 정하는 건축물"이란 층수가 6층인 건축물로서 각 층 거실의 바닥면적 300제곱미터 이내마다 1개소 이상의 직통계단을 설치한 건축물을 말한다.

53 다음은 거실 등의 방습에 관한 기준 내용이다. ( ) 안에 알맞은 것은?

> 숙박시설의 욕실의 바닥과 그 바닥으로부터 높이 ( )까지의 안벽의 마감은 이를 내수 재료로 하여야 한다.

① 0.5m ② 1m
③ 1.2m ④ 1.5m

■ 〈피난방화구조기준 제18조〉 (거실 등의 방습)
② 영 제52조에 따라 다음 각 호의 어느 하나에 해당하는 욕실 또는 조리장의 바닥과 그 바닥으로부터 높이 1미터까지의 안벽의 마감은 이를 내수재료로 하여야 한다.
  1. 제1종 근린생활시설 중 목욕장의 욕실과 휴게음식점의 조리장
  2. 제2종 근린생활시설 중 일반음식점 및 휴게음식점의 조리장과 숙박시설의 욕실

54 건축법령상 다중주택이 갖춰야 할 요건에 속하지 않는 것은?

① 19세대 이하가 거주할 수 있을 것
② 독립된 주거의 형태를 갖추지 아니한 것
③ 1개 동의 주택으로 쓰이는 바닥면적의 합계가 330㎡ 이하일 것
④ 학생 또는 직장인 등 여러 사람이 장기간 거주할 수 있는 구조로 되어 있는 것

■ 〈건축법령 3조 5 별표1〉 나. 다중주택 : 다음의 요건을 모두 갖춘 주택을 말한다.
  1) 학생 또는 직장인 등 여러 사람이 장기간 거주할 수 있는 구조로 되어 있는 것
  2) 독립된 주거의 형태를 갖추지 아니한 것(각 실로 욕실은 설치할 수 있으나, 취사시설은 설치하지 아니한 것을 말한다. 이하 같다)
  3) 연면적이 330제곱미터 이하이고 층수가 3층 이하인 것

해답 52.① 53.② 54.①

55 건축물을 건축하려는 경우, 허가 대상 건축물이라 하더라도 특별자치시장·특별자치도지사 또는 시장·군수·구청장에게 국토교통부령으로 정하는 바에 따라 신고를 하면 건축허가를 받은 것으로 보는 건축물의 연면적 기준은?

① 연면적의 합계가 100㎡ 이하인 건축물
② 연면적의 합계가 200㎡ 이하인 건축물
③ 연면적의 합계가 300㎡ 이하인 건축물
④ 연면적의 합계가 500㎡ 이하인 건축물

■ 〈건축법 14조, 영 11조〉 연면적의 합계가 100제곱미터 이하인 건축물

56 다중이용시설을 신축하는 경우에 설치하여야 하는 기계 환기설비의 구조 및 설치에 관한 기준 내용으로 옳지 않은 것은?

① 기계 환기설비 용량은 시설의 연면적을 기준으로 산정할 것
② 다중이용시설로 공급되는 공기의 분포를 최대한 균등하게 하여 실내 기류의 편차가 최소화될 수 있도록 할 것
③ 공기배출체계 및 배기구는 배출되는 공기가 공기공급 체계 및 공기흡입구로 직접 들어가지 아니하는 위치에 설치할 것
④ 공기공급체계·공기배출체계 또는 공기흡입구·배기구 등에 설치되는 송풍기는 외부의 기류로 인하여 송풍 능력이 떨어지는 구조가 아닐 것

■ 〈설비기준 11조〉 기계 환기설비 용량은 시설 이용 인원을 기준으로 산정할 것

57 건축물의 냉방설비에 대한 설치 및 설계기준상 다음과 같이 정의되는 것은?

저장된 냉열을 냉방에 이용할 경우에만 가동되는 냉수 순환펌프, 공조용 순환펌프 등의 설비

① 1차 측 설비
② 2차 측 설비
③ 부분 축냉설비
④ 전체 축냉설비

■ 〈냉방설비설치기준 3조〉 2차 측 설비란 저장된 냉열을 냉방에 이용할 경우에만 가동되는 냉수 순환펌프, 공조용 순환펌프 등의 설비를 말한다.

58 다음은 건축물의 에너지절약 설계기준에 따른 기계부분의 의무사항 내용이다. ( ) 안에 알맞은 것은?

난방 및 냉방설비의 용량계산을 위한 외기조건은 각 지역별로 위험율 (ㄱ) (냉방기 및 난방기를 분리한 온도출현분포를 사용할 경우) 또는 (ㄴ) (연간 총시간에 대한 온도 출현분포를 사용할 경우)로 하거나 별표7에서 정한 외기온·습도를 사용한다.

① ㄱ 1%, ㄴ 1.5%
② ㄱ 1.5%, ㄴ 1%
③ ㄱ 1%, ㄴ 2.5%
④ ㄱ 2.5%, ㄴ 1%

■ 〈에너지절약기준 8조〉 ㄱ 2.5%, ㄴ 1%

59 제로에너지건축물을 인증할 때 평가 항목으로 거리가 먼 것은?
  ① 난방, 냉방, 급탕(給湯), 조명 및 환기 등에 대한 1차 에너지 소요량
  ② 건축설비 열원설비 효율 증명서
  ③ 신에너지 및 재생에너지를 활용한 에너지자립도
  ④ 건축물에너지관리시스템 설치 여부

■ 〈제로에너지건축물 인증규칙 8조〉 제로에너지건축물 인증 시에는 1차 에너지 소요량, 에너지자립도, 건축물에너지관리시스템(BEMS) 설치 여부를 평가한다.

60 다음 건축물 중 기준에 따라 관람석 또는 집회실로부터의 출구를 설치하여야 하는 것이 아닌 것은?
  ① 문화 및 집회시설   ② 동·식물원
  ③ 종교시설   ④ 장례식장

■ 〈건축법령 38조〉 동식물원은 제외

해답 59.② 60.②

제15회 | 건축설비산업기사 기출모의고사

제1과목 건축설비 계획

01 급탕설비 계획에서 중앙식 급탕방식에 관한 설명으로 옳지 않은 것은?
① 초기투자비가 높은 단점이 있다.
② 배관에 의해 필요개소에 어디든지 급탕할 수 있다.
③ 급탕개소가 적기 때문에 설비규모가 작고 배관 열손실이 적다.
④ 시공 후, 기구 증설에 따른 배관 변경 공사를 하기 어렵다.

■ 중앙식 급탕방식은 급탕개소가 많기 때문에 설비규모가 크고 배관 열손실이 크다.

02 배관 중에 설치되어 흐르는 유체에 포함된 이물질을 제거하기 위해 사용되는 부속설비는 무엇인가?
① 콕
② 트랩
③ 안전밸브
④ 스트레이너

■ 스트레이너는 펌프입구나 조절밸브 입구에 설치하여 이물질을 제거함으로서 기기를 보호한다.

03 관의 내경이 200mm인 배관용 탄소 강관 속을 0.05㎥/s로 흐르고 있을 경우 배관 길이 100m에 작용하는 관 내 마찰손실수두 값으로 맞는 것은?(단, 마찰손실계수 f=0.016으로 한다.)
① 1.03mAq
② 2.03mAq
③ 3.03mAq
④ 4.03mAq

■ $H_f = f \cdot \dfrac{l}{d} \cdot \dfrac{v^2}{2g}$ (f : 손실계수, L : 관의 길이(m), d : 관경(m), g : 중력가속도)

$v = \dfrac{Q}{A} = \dfrac{0.05}{\dfrac{\pi}{4}(0.2)^2} = 1.59 m/s$ $H_f = 0.016 \times \dfrac{100}{0.2} \times \dfrac{(1.59)^2}{2 \times 9.8} = 1.03 mAq$

> 위 문제를 마찰손실 압력(kPa)으로 구해 보면
> $H = f \cdot \dfrac{l}{d} \cdot \dfrac{V^2}{2} \rho = 0.016 \times \dfrac{100 \times 1.59^2 \times 1,000}{0.2 \times 2} = 10,112 Pa = 10.1 kPa$
> 환산해보면 1.03mAq=1.03×9.8=10.1kPa(∵ 1mAq=9.8kPa, 1mmAq=9.8Pa)

해답 1.③ 2.④ 3.①

04 특수통기방식 중 섹스티아 시스템에서 다음과 같은 역할을 하는 것은?

> 수평지관에서 유입하는 배수에 선회력을 주어 관내 통기를 위한 공기 코어를 유지하도록 한다.

① 스트레이너
② 도피통기관
③ 섹스티아 이음쇠
④ 섹스티아 밴드관

■ 섹스티아 이음쇠는 수평배수지관에서 유입하는 배수에 선회력을 주어 수직관에 유입시키면서 공기 코어를 형성하여 완충작용과 통기기능을 유지하도록 한다.

05 정풍량 시스템(CAV)에 비하여 변풍량 시스템(VAV)을 적용할 경우 설비기기의 용량을 작게 할 수 있는 이유로 가장 알맞은 것은?

① 침입외기의 영향을 적게 받기 때문이다.
② 외벽의 관류열부하가 감소하기 때문이다.
③ 실내 토출공기의 혼합손실을 감소시키기 때문이다.
④ 동시부하율을 고려하여 기기의 용량을 결정하기 때문이다.

■ 변풍량 시스템은 실별로 부하에 비례한 송풍을 순간순간 공급하므로 건물 전체에 대해서 동시사용률이 적용되어 전체 송풍량이 감소하고 공조설비 용량도 감소한다.

06 온수난방에 관한 설명으로 옳지 않은 것은?

① 증기난방에 비하여 예열시간이 길다.
② 증기난방에 비하여 난방부하 변동에 따른 온도 조절이 비교적 용이하다.
③ 일반적으로 증기난방에 비하여 방열기의 크기가 작다.
④ 한냉지에서는 동결의 위험성이 있다.

■ 온수난방은 열매 온도가 낮아 일반적으로 증기난방에 비하여 방열기의 크기가 크다.

07 다음 중 초고층건물의 급수방식 선정 시 층수에 따라 수직적인 구획을 하는 가장 주된 이유는?

① 시설비를 감소하기 위해서
② 수압의 과다를 막기 위해서
③ 필요한 수량을 확보하기 위해서
④ 정전 등으로 인한 단수를 막기 위해서

■ 급수방식 선정 시 층수에 따라 수직적인 구획을 급수 조닝이라 하며 적정한 수압을 유지하기 위해서이다.

08 다음 도시 기호가 의미하는 밸브는 무엇인가?

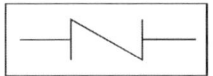

① 체크 밸브
② 글로브 밸브
③ 슬루스 밸브
④ 앵글 밸브

■ 도시기호는 체크 밸브(역지밸브)이며 화살표(→)로 방향을 표기하기도 한다.

해답 4.③ 5.④ 6.③ 7.② 8.①

09 다음 중 급탕배관의 수평배관에서 상부가 불룩한 ⊓자형 배관을 피해야 하는 가장 주된 이유는?

① ⊓자형 배관은 미관상 보기가 흉하므로
② 열에 의한 팽창으로 파손되기 쉬우므로
③ 급탕배관에서 ⊓자형은 공사하기가 어려우므로
④ 급탕배관에서 물속의 공기가 분리되어 ⊓자형 배관부에 고여 온수의 순환을 저해하므로

■ 급탕배관에서 ⊓자형 배관은 공기가 고여 에어포켓을 형성하여 온수순환을 방해한다.

10 다음 중 배관의 신축·팽창량을 흡수 처리하기 위해 사용되는 신축이음에 속하지 않는 것은?

① 슬리브형 이음　　② 벨로즈형 이음
③ 플랜지형 이음　　④ 스위블형이음

■ 플랜지는 배관의 최종조립부에 설치하는 연결부속이다.

11 다음 중 환기공간과 배출요소의 연결이 옳지 않은 것은?

① 전기실 – 열　　② 화장실 – 분진
③ 주방 – 수증기　　④ 주차장 – 배기가스

■ 화장실 – 냄새

12 아래 증기 배관 평면도에 대한 부속 수량산출로 알맞는 것은?

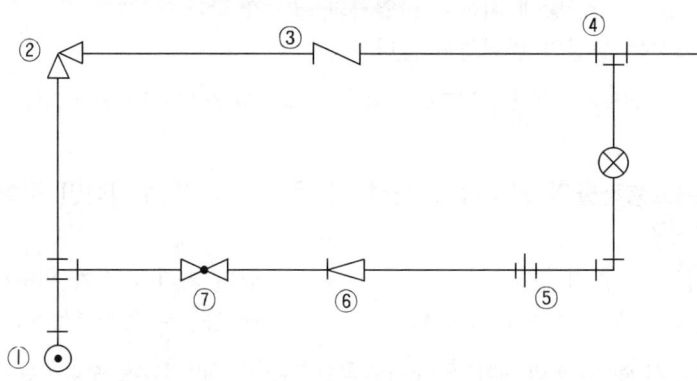

① 엘보 : 2개　　② 앵글밸브 : 2개
③ 글로브밸브 : 2개　　④ 티이 : 3개

■ ①-엘보(오른쪽 1개 포함) 2개, ②-앵글밸브 1개, ③-체크밸브 1개, ④-티이(왼쪽 1개포함) 2개,
⑤-유니언 1개, ⑥-레듀서 1개, ⑦-글로브밸브 1개
①은 수직배관이 엘보로 90도 전환하여 수평배관에 연결한 것이다.

13 다음과 같은 특징을 갖는 기계식 증기트랩은?

> • 응축수를 연속으로 배출시킬 수 있으며, 대용량에도 적합하다.
> • 외형이 크고, 공기의 배출이 곤란하다.

① 플로트 트랩　　　　　② 벨로즈 트랩
③ 열동식 트랩　　　　　④ 바이메탈 트랩

■ 부력을 이용하는 기계식 증기트랩에는 플로트식과 버킷식이 있는데 대용량에 주로 쓰이는 것은 플로트식이다.

14 터보식 냉동기에 관한 설명으로 옳지 않은 것은?

① 증기압축식 냉동기이다.
② 흡수식에 비해 소음 및 진동이 심하다.
③ 왕복동식 냉동기로 설치면적을 적게 차지한다.
④ 대용량에서는 압축효율이 좋고 비례 제어가 가능하다.

■ 압축기로 주로 사용되는 용적식(왕복동식, 스크류식)과 원심식에서 터보식 냉동기는 임펠러가 회전하여 압축하는 원심식 냉동기이다.

15 급수관 내에 공기실(Air chamber)을 설치하는 이유는?

① 수압시험을 하기 위해서　　　② 누출시험을 하기 위해서
③ 수격작용을 방지하기 위해서　④ 배관의 신축을 흡수하기 위해서

■ 수격작용(워터해머)을 방지하기 위해서 공기실을 설치한다.

16 오수처리방법 중 물리적 처리방법에 속하지 않는 것은?

① 소독　　　　　　　　② 침전
③ 교반　　　　　　　　④ 스크린

■ 침전, 침사, 여과(스크린), 교반은 물리적 처리이며, 소독은 약품을 사용하는 화학적 처리이다.

17 펌프의 흡입높이에 관한 설명으로 옳은 것은?

① 해발이 높아질수록 펌프의 흡입높이도 높아진다.
② 기압이 높아질수록 펌프의 흡입높이는 낮아진다.
③ 펌프의 진공도가 낮을수록 펌프의 흡입높이는 높아진다.
④ 물의 온도가 높아질수록 펌프의 흡입높이는 낮아진다.

■ 해발이 높아질수록 기압이 낮아져서 펌프의 흡입높이는 낮아진다. 펌프의 진공도가 낮을수록 펌프의 흡입높이는 낮아진다. 물의 온도가 높아질수록 포화증기압이 증가하여 펌프흡입높이는 낮아진다.

해답　13.①　14.③　15.③　16.①　17.④

18 온수난방의 배관계통에서 물의 온도변화에 따른 체적 증감을 흡수하기 위하여 설치하는 것은?

① 컨벡터 ② 감압밸브
③ 팽창탱크 ④ 현열교환기

■ 물의 온도변화에 따른 체적 증감을 흡수하는 것은 팽창탱크로 개방형과 밀폐형이 있다.

19 급수관 도중에 설치하여 급수의 흐름을 조절하거나 개폐하는데 이용되는 밸브는?

① 팽창밸브 ② 감압밸브
③ 지수밸브 ④ 분수밸브

■ 개폐용 밸브는 게이트밸브(지수밸브, 슬루스밸브)가 사용된다. 팽창밸브와 감압밸브는 압력을 낮추어주고, 분수밸브(3방변, 4방변)는 물의 흐름을 분류시킨다.

20 다음의 급수방식 중 일반적으로 하향급수 배관방식으로 배관하는 것은?

① 수도직결방식 ② 고가탱크방식
③ 압력탱크방식 ④ 펌프직송방식

■ 고가탱크방식은 하향급수 배관을, 수도직결방식, 압력탱크방식, 펌프직송방식은 상향급수 배관을 적용한다.

제2과목 — 건축설비 설계

21 펌프의 실양정을 H_a, 배관 손실수두를 H_f, 토출 및 흡입 속도수두를 H_w라 할 때 전양정 H는?

① $H = H_a + H_f + H_w$ ② $H = H_a + H_f - H_w$
③ $H = H_a - H_f - H_w$ ④ $H = H_a - H_f + H_w$

■ 전양정(H)=실양정(H_a)+배관 손실수두(H_f)+토출속도수두(H_w)

22 다음과 같은 조건에 있는 사무실의 필요환기량은?

- 재실인원 : 12인
- 실내 CO_2 허용한도 : 1,000ppm
- 1인당 CO_2 배출량 : 0.02㎥/h
- 외기 중의 CO_2 농도 : 200ppm

① 100㎥/h ② 186㎥/h
③ 300㎥/h ④ 386㎥/h

■ $Q = \dfrac{M}{C_i - C_o} = \dfrac{12 \times 0.02}{0.001 - 0.0002} = 300 m^3/h$

환기량 계산식에서 농도는 함유비(200ppm=0.0002)로 환산한다.

해답 18.③ 19.③ 20.② 21.① 22.③

23 양수량이 10L/sec이고, 전양정이 50m인 펌프의 축동력은?(단, 펌프의 효율은 65%임)
① 5.7kW ② 7.54kW
③ 11.22kW ④ 12.34kW

■ $kW = \dfrac{QH}{102E} = \dfrac{10 \times 50}{102 \times 0.65} = 7.54 kW$

24 덕트의 아스팩트비(aspect ratio)의 정의로 옳은 것은?
① 4각덕트에서 면적과 장변의 비율
② 4각덕트에서 장변과 단변의 비율
③ 원형덕트에서 단면적과 직경의 비율
④ 원형덕트에서 풍량과 단면적의 비율

■ 아스팩트비(aspect ratio)=종횡비=장변/단변(사각덕트)

25 간접배수방식을 하여야 하는 기기 및 장치에 속하지 않는 것은?
① 세면기 ② 제빙기
③ 세탁기 ④ 탈수기

■ 세면기나 대변기 등 위생기구는 트랩을 설치하여 직접 배수한다. 간접배수란 세탁기 배수처럼 배수를 배수관에 직접 연결하지 않고 대기 중에 배출한 후 배수관에 유입시킨다.

26 최대강우량 60mm/h의 지역에 있는 수평투영면적 1,200㎡의 건물에 4개의 우수배수수직관을 설치할 경우 알맞은 관경은?

〈강우량 100mm/h일 때 우수배수수직관의 관경〉

관경(mm)	최대허용지붕면적(㎡)
50	67
65	121
75	204
100	427
125	804

① 50mm ② 65mm
③ 75mm ④ 100mm

■ 최대강우량 60mm/h, 수평투영면적 1,200㎡을 강우량 100mm/h으로 환산하면
  1,200(60/100)=720㎡
  수직관1개당 담당 지붕 면적=720/4=180㎡
  표에서 180은 204에 해당하므로 75mm 선정

해답 23.② 24.② 25.① 26.③

27 배수 계통에서 통기관을 설치하는 목적으로 가장 적합하지 않은 것은?

① 트랩의 봉수 보호
② 배수관 내의 취기 배출
③ 배수관 내의 청결 유지
④ 하수가스의 건물 내 침입방지

■ 하수가스의 건물 내 침입(역류)방지는 트랩의 기능이다.

28 급수설비설계 시 사용되는 마찰저항선도에 나타나 있지 않은 항목은?

① 유속
② 유량
③ 관경
④ 기구급수부하단위

■ 마찰저항선도는 유량(L/min), 유속(m/s), 관경(mm), 단위마찰저항(mmAq/m) 4가지로 구성된다.

29 흐르는 물에 피토(Pitot)관을 흐름의 방향으로 세웠을 때 수주의 높이가 500mmAq이었다. 유속은 얼마인가?

① 3.13m/sec
② 4.78m/sec
③ 5.24m/sec
④ 5.69m/sec

■ 유속공식 $v = \sqrt{2gh} = \sqrt{2 \times 9.8 \times 0.5} = 3.13 m/s$ (h=500mm=0.5m)

30 다음 중 공조설비 계획에서 건물을 방위별, 층별, 용도별 시스템을 조닝(zoning)하는 이유와 가장 거리가 먼 것은?

① 설비비 절감
② 에너지 절감
③ 방위별 대응
④ 실내 열환경 제어 용이

■ 공조설비 계획에서 조닝은 실을 부하특성별, 용도별, 기능에 따라 나누는 것으로 설비비는 증가하나 에너지가 절감되고 공조가 효율적이다.

31 에어필터 효율측정법 중 투과지의 광투과량을 이용하는 방법은?

① 중량법
② 비색법
③ 계수법
④ DOP법

■ 투과지의 광투과량을 이용하는 방법은 비색법으로 중성능 필터효율측정법이다. 중량법은 필터 무게(중량)를 측정하여 효율을 측정하고, DOP법(계수법)은 입자수를 세어서(계수) 효율을 측정한다.

32 냉방부하 계산 시 잠열을 고려하여야 하는 요소는?

① 조명부하
② 외기부하
③ 일사부하
④ 재열부하

■ 잠열부하는 수증기와 관계하므로 외기부하 인체부하 등은 잠열을 고려한다.

33 어떤 유리창의 일사에 대한 반사율이 0.41, 흡수율이 0.29이다. 유리면에 닿는 일사량이 300W/㎡일 때 유리면적 10㎡를 통해 투과되는 일사열량은?

① 80W ② 87W
③ 900W ④ 1,230W

■ 유리창 일사 투과량은 유리면에 닿는 일사량(300) 중에서 반사량과 흡수량을 제외한 값이다.
투과량=일사량-반사량-흡수량=300×10(1-0.41-0.29)=900W

34 냉각탑의 쿨링 어프로치(cooling approach)란 무엇인가?

① 냉각탑 입구수온(℃)-냉각탑 출구수온(℃)
② 냉각탑 입구수온(℃)-입구공기의 습구온도(℃)
③ 냉각탑 출구수온(℃)-입구공기의 습구온도(℃)
④ 냉각탑 입구수온(℃)-입구공기의 건구온도(℃)

■ 이론적으로 냉각수 출구 수온은 입구 공기 습구온도까지 냉각될 수 있어서 이들이 얼마나 접근했는가를 어프로치라 하고 어프로치가 작을수록 냉각탑 효율이 좋은 것이다. 냉각수 입출구 수온차는 쿨링랜지이다.

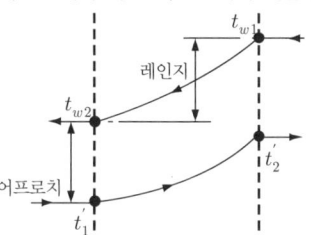

t_{w1}, t_{w2} : 냉각수 입·출구 수온
t_1', t_2' : 외기(입구공기) 습구온도, 냉각탑 출구 습구온도

35 마찰저항과 국부손실저항을 무시할 경우, 덕트의 단면적이 축소되거나 확대되더라도 변화가 없는 것은?

① 풍속 ② 동압
③ 정압 ④ 전압

■ 덕트에서 마찰을 무시하면 전압은 일정하다. 단면적이 축소되면 풍속은 증가하여 동압은 증가하고, 정압은 감소하지만 전압은 일정하다.

36 냉각탑 또는 공기세정기에서 분무수가 외부로 유출되는 것을 방지하기 위해 설치하는 것은?

① 조집기 ② 인젝터
③ 스트레이너 ④ 엘리미네이터

■ 엘리미네이터(제수판)는 물방울이 외부나 덕트쪽으로 유출되는 것을 막는다.

해답 33.③ 34.② 35.④ 36.④

37 길이가 10m, 내경 50mm인 원형관 속을 평균유속 2m/s로 물이 흐르고 있다. 관의 관마찰계수가 0.02일 경우 마찰손실에 의한 압력강하는 얼마인가?(단, 물 밀도는 1,000kg/㎥)

① 4kPa ② 6kPa
③ 8kPa ④ 10kPa

■ $\triangle p = \dfrac{f \times L \times v^2}{d \times 2}\rho = \dfrac{0.02 \times 10 \times 2^2 \times 1{,}000}{0.05 \times 2} = 8{,}000 Pa = 8 kPa$

※ 보통 위 식에서 물밀도 1,000을 생략하고 kPa단위로 계산하기도 한다.

38 공기량 300kg/h, 절대습도 0.006kg/kg'인 공기를 0.012kg/kg'까지 가습하는 경우 필요한 공급(가습) 수량은?

① $0.9 kg/h$ ② $1.8 kg/h$
③ $2.7 kg/h$ ④ $3.6 kg/h$

■ 수량=m△x=300(0.012−0.006)=1.8kg/h

39 다음과 같은 조건에 있는 증기난방 방식의 건물에서 보일러의 정격출력은?

㉠ 방열기의 상당방열면적 : 1,000㎡EDR	㉡ 급탕량 : 2,000L/h
㉢ 급탕온도 : 70℃, 급수온도 : 10℃	㉣ 온수비열 : 4.2kJ/kg · K
㉤ 배관부하 : 난방과 급탕부하 합계의 20%	㉥ 예열부하 : 상용출력의 25%

① 994.5kW ② 1,344kW
③ 1,642.5kW ④ 1,760kW

■ • 난방부하=방열면적=1,000×0.756=756kW
 • 급탕부하=WC△t=2,000×4.2(70−10)=504,000kJ/h=140kW
 • 정격출력=(난방부하+급탕부하)×배관부하계수×예열부하계수
  =(756+140)×1.2×1.25=1,344kW

40 유리의 일사부하 계산 시 사용되는 유리창의 전 차폐계수값이 기준값 1.0인 유리는?(단, 내부 차폐가 없는 경우)

① 보통 유리(두께 3mm) ② 흡열 유리(두께 3mm)
③ 반사 유리(두께 3mm) ④ 복층 유리(두께 12mm)

■ 유리창의 전차폐계수값은 1일 때 차폐가 없다는 의미이며, 보통 유리(두께 3mm)를 1로 본다. 요즘에는 차폐계수란 용어대신 일사취득계수(SHGC)를 주로 사용한다. 즉 차폐계수 1=SHGC 1

제3과목 건축설비 관련 법규

41 다음 설명에 알맞은 건축물의 종류는?

> 주택으로 쓰는 1개 동의 바닥면적 합계가 600㎡를 초과하고, 층수가 4개 층 이하인 주택

① 아파트 ② 연립주택
③ 다가구주택 ④ 다세대주택

■ 〈건축법령 3조 5〉 1개동 바닥면적 합계가 600㎡를 초과하면 연립주택 그 이하는 다세대주택, 3개 층 이하는 다가구주택이다.

42 6층 이상의 거실면적의 합계가 12,000㎡인 업무시설에 설치하여야 하는 승용승강기의 최소 대수는?(단, 8인승 승강기의 경우)

① 4대 ② 5대
③ 6대 ④ 7대

■ 〈설비기준 5조〉 업무시설인 경우 거실면적 합계가 3,000까지 1대+2,000마다 1대=1+5=6대
※ 설비기준 5조 별표를 찾아서 승강기 대수 산정 기준을 정리하세요.

43 건축물의 경사지붕 아래에 설치하는 대피공간에 관한 기준 내용으로 옳지 않은 것은?

① 특별피난계단 또는 피난계단과 연결되도록 할 것
② 관리사무소 등과 긴급 연락이 가능한 통신시설을 설치할 것
③ 대피공간의 면적은 지붕 수평투영면적의 20분의 1 이상일 것
④ 출입구는 유효너비 0.9m 이상으로 하고, 그 출입구에는 60+ 방화문 또는 60분 방화문을 설치할 것

■ 〈피난방화구조기준 13조〉 대피공간의 면적은 지붕 수평투영면적의 10분의 1 이상일 것

44 건축물의 특별피난계단에 설치하는 배연설비의 구조에 관한 기준 내용으로 옳지 않은 것은?

① 배연구 및 배연풍도는 불연재료로 할 것
② 배연구는 평상시에는 닫힌 상태를 유지할 것
③ 배연구가 외기에 접하지 아니하는 경우에는 배연기를 설치할 것
④ 배연구 및 배연풍도는 화재가 발생한 경우 원활하게 배연시킬 수 있는 규모로서 평상시에 사용하는 굴뚝에 연결할 것

■ 〈설비기준 14조〉 배연구 및 배연풍도는 평상시 사용하지 아니하는 굴뚝에 연결할 것

해답 41.② 42.③ 43.③ 44.④

45 건축물에 설치하는 경계벽 및 칸막이벽을 내화구조로 하고, 지붕 밑 또는 바로 위층의 바닥판까지 닿게 하여야 하는 대상에 속하지 않는 것은?

① 사무소의 사무실 간 경계벽
② 공동주택 중 기숙사의 침실 간 칸막이벽
③ 교육연구시설 중 학교의 교실 간 칸막이벽
④ 단독주택 중 다가구주택의 각 가구 간 경계벽

■ 〈건축법령 53조, 피난방화구조기준19조〉 사무실 간 경계벽은 해당 없음

46 건축법령상 운수시설에 속하지 않는 것은?

① 주차장　　　　　　② 항만시설
③ 공항시설　　　　　④ 여객자동차터미널

■ 〈건축법령 3조 5〉 주차장 : 자동차관련시설

47 다음은 옥상광장 등의 설치에 관한 기준 내용이다. ( ) 안에 알맞은 것은?

> 옥상광장 또는 2층 이상인 층에 있는 노대나 그 밖에 이와 비슷한 것의 주위에는 높이 ( ) 이상의 난간을 설치하여야 한다. 다만, 그 노대 등에 출입할 수 없는 구조인 경우에는 그러하지 아니하다.

① 0.9m　　　　　　② 1.2m
③ 1.5m　　　　　　④ 1.8m

■ 〈건축법령 40조〉 높이 1.2m 이상 난간 설치

48 다음은 건축물의 바깥쪽으로의 출구의 설치에 관한 기준 내용이다. ( ) 안에 알맞은 것은?

> 판매시설의 용도에 쓰이는 피난층에 설치하는 건축물의 바깥쪽으로의 출구의 유효너비의 합계는 해당 용도에 쓰이는 바닥면적이 최대인 층에 있어서의 해당 용도의 바닥면적 100m² 마다 ( )의 비율로 산정한 너비의 이상으로 하여야 한다.

① 0.5m　　　　　　② 0.6m
③ 1.0m　　　　　　④ 1.2m

■ 〈피난방화구조기준 11조〉 100m²마다 0.6m 이상 비율로 산정한 출구 유효너비

49 다음의 특정소방대상물 중 위락시설에 속하지 않는 것은?

① 무도장　　　　　　② 무도학원
③ 안마시술소　　　　④ 카지노영업소

■ 〈건축법령 3조 5〉 안마시술소는 제2종 근린생활(위락시설 : 단란주점으로서 제2종 근린생활시설에 해당하지 아니하는 것, 유흥주점, 「관광진흥법」에 따른 유원시설업의 시설, 무도장, 무도학원, 카지노영업소)

해답　45.① 46.① 47.② 48.② 49.③

50 특별시나 광역시에 건축하려는 경우, 특별시장이나 광역시장의 허가를 받아야 하는 대상건축물의 층수 기준은?

① 9층 이상   ② 15층 이상
③ 21층 이상   ④ 31층 이상

■ 〈건축법 11조〉 21층 이상

51 건축법령상 다중이용 건축물에 속하지 않는 것은?(단, 16층 미만의 건축물로 해당 용도로 쓰는 바닥면적의 합계가 5,000㎡ 이상인 건축물의 경우)

① 업무시설   ② 종교시설
③ 판매시설   ④ 의료시설 중 종합병원

■ 〈건축법령 5조 5〉 업무시설은 해당 없음

52 다음은 건축물의 에너지절약 설계기준에 따른 기계부분의 의무사항 내용이다. ( ) 안에 알맞은 것은?

> 난방 및 냉방설비의 용량계산을 위한 외기조건은 각 지역별로 위험율 (ㄱ) (냉방기 및 난방기를 분리한 온도출현분포를 사용할 경우) 또는 (ㄴ) (연간 총시간에 대한 온도 출현분포를 사용할 경우)로 하거나 별표7에서 정한 외기온·습도를 사용한다.

① ㄱ 1%, ㄴ 1.5%   ② ㄱ 1.5%, ㄴ 1%
③ ㄱ 1%, ㄴ 2.5%   ④ ㄱ 2.5%, ㄴ 1%

■ 〈에너지절약기준 8조〉 ㄱ 2.5%, ㄴ 1%

53 건축물의 에너지절약 설계기준에 따른 건축부문의 권장사항으로 옳지 않은 것은?

① 외벽 부위는 외단열로 시공한다.
② 건물의 창호는 가능한 작게 설계하고, 특히 열손실이 많은 북측의 창면적은 최소화한다.
③ 건축물은 대지의 향, 일조 및 주풍향 등을 고려하여 배치하며, 남향 또는 남동향 배치를 한다.
④ 거실의 층고 및 반자 높이는 실의 용도와 기능에 지장을 주지 않는 범위 내에서 가능한 높게 한다.

■ 〈에너지절약기준 7조〉 거실의 층고 및 반자 높이는 가능한 낮게 한다.

54 건축물의 냉방설비에 대한 설치 및 설계기준상 다음과 같이 정의되는 용어는?

> 통계적으로 연중 최대냉방부하를 갖는 날을 기준으로 그 밖의 시간에 필요한 냉방열량 중에서 이용이 가능한 냉열량이 차지하는 비율을 말하며 백분율(%)로 표시한다.

① 축열률   ② 냉방률
③ 수용률   ④ 이용률

■ 〈냉방설비기준 3조〉 축열률

해답 50.③ 51.① 52.④ 53.④ 54.①

55 건축물의 에너지절약 설계기준에 따른 기밀 및 결로방지 등을 위한 조치내용으로 옳지 않은 것은?

① 외기에 직접 면하고 1층 또는 지상으로 연결된 너비 1.0미터의 출입문은 방풍구조로 하여야 한다.
② 건축물 외피 단열부위의 접합부, 틈 등은 밀폐될 수 있도록 코킹과 가스켓 등을 사용하여 기밀하게 처리하여야 한다.
③ 단열재의 이음부는 최대한 밀착하여 시공하거나, 2장을 엇갈리게 시공하여 이음부를 통한 단열성능 저하가 최소화될 수 있도록 조치하여야 한다.
④ 방습층으로 알루미늄박 또는 플라스틱계 필름 등을 사용할 경우의 이음부는 100m 이상 중첩하고 내습성 테이프, 접착제 등으로 기밀하게 마감하도록 한다.

■ 〈에너지절약기준 6조〉 너비 1.2미터 이하의 출입문은 방풍구조로 하지 않을 수 있다.

56 건축물의 출입구에 설치하는 회전문의 설치기준 내용으로 옳지 않은 것은?

① 에스컬레이터로부터 1미터 이상의 거리를 둘 것
② 출입에 지장이 없도록 일정한 방향으로 회전하는 구조로 할 것
③ 회전문의 회전속도는 분당회전수가 8회를 넘지 아니하도록 할 것
④ 회전문의 중심축에서 회전문과 문틀 사이의 간격을 포함한 회전문날개 끝부분까지의 길이는 140센티미터 이상이 되도록 할 것

■ 〈피난방화구조기준 12조〉 에스컬레이터로부터 2미터 이상의 거리를 둘 것

57 심야시간에 얼음을 제조하여 축열조에 저장하였다가 기타 시간에 이를 녹여 냉방에 이용하는 냉방설비는?

① 수축열식
② 빙축열식
③ 잠열축열식
④ 부분축냉방식

■ 〈냉방설비기준 3조〉 "빙축열식 냉방설비"라 함은 심야시간에 얼음을 제조하여 축열조에 저장하였다가 그 밖의 시간에 이를 녹여 냉방에 이용하는 냉방설비를 말한다. "수축열식 냉방설비"라 함은 심야시간에 물을 냉각시켜 축열조에 저장하였다가 그 밖의 시간에 이를 냉방에 이용하는 냉방설비를 말한다.

58 녹색건축 인증기관의 상근 심사전문인력에 해당하지 않는 사람은?

① 건축사 자격을 취득한 후 3년 이상 해당 업무를 수행한 사람
② 해당 전문분야의 기술사 자격을 취득한 후 3년 이상 해당 업무를 수행한 사람
③ 해당 전문분야의 기사 자격을 취득한 후 5년 이상 해당 업무를 수행한 사람
④ 해당 전문분야의 박사학위를 취득한 후 3년 이상 해당 업무를 수행한 사람

■ 〈녹색건축규칙 4조〉 기사 자격을 취득한 후 10년 이상

해답 55.① 56.① 57.② 58.③

59 제로에너지건축물 인증기관 지정의 유효기간은 인증기관 지정서를 발급한 날부터 몇 년으로 하는가?

① 2년 ② 3년
③ 5년 ④ 10년

■ 〈제로에너지건축물 인증규칙 5조〉 인증기관 지정의 유효기간은 인증기관 지정서를 발급한 날부터 5년으로 한다.

60 지능형 건축물 인증대상 건축물로 거리가 먼 것은?

① 단독주택 ② 공동주택
③ 장례식장 ④ 야영장시설

■ 〈지능형 건축물 2조〉 지능형 건축물 인증 적용대상 건축물은 건축법령 별표1에서 야영장시설은 제외한다.

해답 59.③ 60.④

부록 2

과년도
출제문제

2023년 1회 CBT 건축설비산업기사 과년도 출제문제

제1과목 건축설비 계획

01 물의 경도에 관한 설명으로 옳은 것은?
① 경도가 높은 물을 연수라고 한다.
② 경도의 단위는 ppm 등이 사용된다.
③ 경수는 빗물, 지표수 등이 해당된다.
④ 영구경도는 어떠한 방법으로도 제거할 수 없다.

■ ① 경도가 높은 물을 경수라고 한다.
③ 경수는 주로 지하수가 해당된다.
④ 영구경도는 증류 등의 수처리를 통해 연수화할 수 있다.

02 습공기 상태변화 성분을 절대습도 변화량에 대한 전열량의 변화량 비율로 나타낸 것은?
① 현열비   ② 포화도
③ 비체적   ④ 열수분비

■ 열수분비(μ)
 ■ 열수분비란 공기의 상태 변화 시 엔탈피 변화량과 절대 습도 변화량의 비를 말한다.
 ■ 열수분비(μ) = $\dfrac{\text{엔탈피의 변화량}}{\text{절대습도의 변화량}}$

03 겨울철 중력환기를 위한 급기구와 배기구의 설치위치로 가장 알맞은 것은?
① 급기구 및 배기구를 모두 낮은 곳에 설치
② 급기구 및 배기구를 모두 높은 곳에 설치
③ 급기구는 낮은 곳, 배기구는 높은 곳에 설치
④ 급기구는 높은 곳, 배기구는 낮은 곳에 설치

해답 1.② 2.④ 3.③

■ 겨울철은 외부의 온도가 낮고, 실내의 온도가 높으므로, 외부가 고기압, 실내는 저기압이 형성되게 된다. 이에 따라 외부의 무거운 압력의 공기가 하강하여 건축물의 하부로 유입되게 되고, 실내의 가벼운 상승기류를 타고 위로 올라가 유출되게 된다. 그러므로 겨울철에는 급기구(유입구)를 하부에, 배기구(유출구)를 상부에 두어야 효과적인 중력환기 효과를 거둘 수 있다.

04 증기난방 설비의 특징에 대한 설명으로 틀린 것은?
① 증발열을 이용하므로 열의 운반능력이 크다.
② 예열시간이 온수난방에 비해 짧고 증기순환이 빠르다.
③ 방열면적을 온수난방보다 작게 할 수 있다.
④ 실내 상하 온도차가 작다.

■ 증기난방은 대류난방 형태가 일반적이어서, 실내의 수직 (상하) 온도차가 크게 형성된다. 실내 상하 온도차가 적게 형성되는 것은 복사난방 형태인 바닥복사난방 방식이다.

05 다음 중 인체의 신진대사량을 나타내는 단위로 올바른 것은?
① clo
② met
③ ppm
④ vol%

■ 활동량(Activity, met)
인체의 열발생량 단위를 말하며, 1met는 58W/㎡에 상당하는 단위면적당 열량을 의미한다.

06 간접배수를 가장 올바르게 표현한 것은?
① 건물외벽 1m 이내의 배수시설
② 오수의 역류를 방지하기 위한 배수장치
③ 옥내배수를 공공하수에 연결시켜주는 장치
④ 건물외벽 1m부터 공공하수에 이르는 배수시설

■ 간접배수는 배수를 배수관에 직접 접속시키지 않고 공간을 두고 배수하는 것으로서 냉장고, 세탁기, 음료기 등 배수의 역류가 되면 안 되는 곳에 사용한다.

07 건구온도 및 습구온도에 관한 설명으로 옳은 것은?
① 습구온도는 항상 건구온도보다 높다.
② 포화공기는 건구온도와 습구온도가 같다.
③ 습구온도는 공기 중에 수분이 많을수록 낮다.
④ 건구온도와 습구온도의 차가 클수록 공기 중의 상대습도는 높다.

■ ① 습구온도는 포화공기 상태를 제외하고는 건구온도보다 낮다.
③ 습구온도는 공기 중에 수분이 많을수록 증발이 잘되지 않으므로 높아지게 된다.
④ 공기 중의 상대습도가 낮을수록 건구온도와 습구온도의 차는 커진다.

해답 4.④ 5.② 6.② 7.②

08 다음과 같은 조건에서 실의 환기량이 2,500㎥/h인 경우, 환기에 의한 잠열부하는?

[조건]
• 실내공기상태 $t_r = 24℃$, $x_r = 0.012 kg/kg'$
• 외기상태 $t_o = -5℃$, $x_o = 0.003 kg/kg'$
• 0℃에서 물의 증발잠열 2,501kJ/kg
• 공기의 밀도 1.2kg/㎥

① 10.91kW ② 14.19kW
③ 18.76kW ④ 23.73kW

■ $q_s(kW) = Q\rho\gamma\triangle x$

$= 2,500㎥/h \times \dfrac{1}{3,600\text{sec}} \times 1.2 kg/㎥ \times 2,501 kJ/kg \times (0.012 - 0.003)$

$= 18.758 = 18.76 kW$

여기서, Q : 환기량(㎥/h), ρ : 밀도(kg/㎥), γ : 0℃ 물의 증발잠열(kJ/kg), $\triangle x$: 실내외 절대습도차

09 건축 음환경 설계 시 주안점으로 옳지 않은 것은?
① 청중의 일부에게 소리를 집중하기 위한 실의 단면, 평면 계획
② 외부로부터의 소음을 차단하기 위한 차음 계획
③ 소리의 명료도와 효과도를 위한 잔향 시간 계획
④ 소리의 반향, 음영부분이 없도록 음향조건 계획

■ 청중 전반에게 소리가 균일하게 전달될 수 있도록 실의 단면, 평면이 계획되어야 한다.

10 냉방부하의 종류 중 현열과 잠열로 구성된 것은?
① 인체의 발생열량 ② 유리로부터의 취득열량
③ 벽체로부터의 취득열량 ④ 덕트로부터의 취득열량

■ ② 유리로부터의 취득열량 : 현열
③ 벽체로부터의 취득열량 : 현열
④ 덕트로부터의 취득열량 : 현열

11 다음 중 부속의 형상과 명칭이 잘못 연결된 것은?

①  리듀셔 ②  니플

③  소켓 ④  플러그

■ ①은 부싱에 대한 형상이며, 관경이 다른 두 관을 직선연결하는 리듀셔의 형상은 다음과 같다.

12 내경이 25mm인 매끈한 관을 통하여 물을 1.5m/sec의 속도로 보내는 경우 마찰손실압력은?(단, 관마찰계수 0.03, 관의 길이 40m인 경우)

① 5.4kPa ② 54kPa
③ 540kPa ④ 5.4MPa

■ $\triangle P = f \times \dfrac{l}{d} \times \dfrac{\rho v^2}{2}$

$= 0.03 \times \dfrac{40m}{0.025m} \times \dfrac{1,000kg/㎥ \times (1.5m/s)^2}{2}$

$= 54,000Pa = 54kPa$

여기서, f : 관마찰계수, l : 관길이(m), d : 관경(m), ρ : 밀도$(kg/㎥)$, v : 유속(m/s)

13 다음과 같은 특징을 갖는 밸브는?

- 유체의 흐름을 단속하는 밸브이다.
- 유량 조절용으로는 사용이 곤란하다.
- 밸브를 완전히 열면 배관경과 밸브의 구경이 동일하므로 유체의 저항이 적다.

① 게이트 밸브 ② 글로브 밸브
③ 체크 밸브   ④ 앵글 밸브

■ ② 글로브 밸브 : 유로폐쇄 및 유량조절에 적당하나, 마찰손실이 큰 특징을 갖는다.
③ 체크 밸브 : 유체의 흐름을 한 방향으로 유지하여, 역류를 방지하는 용도로 쓰인다.
④ 앵글 밸브 : 유체의 흐름을 직각으로 바꾸는 역할을 하며, 유량조절이 가능하다.

14 중앙식 급탕방식 중 간접가열식에 관한 설명으로 옳지 않은 것은?

① 고압보일러를 설치하여야 한다.
② 직접가열식에 비해 열효율이 떨어진다.
③ 저탕조 내에 가열코일이 설치되어 있다.
④ 가열 보일러는 난방용 보일러와 겸용할 수 있다.

■ 간접가열식은 가열코일을 통해 저탕조에서 간접으로 급탕을 가열하므로, 낮은 압력으로도 급탕이 가능하기 때문에 저압보일러를 설치하여도 된다.

15 공기조화 시 조절대상이 되는 공기조화의 4요소에 속하지 않는 것은?

① 습도   ② 기류
③ 복사열 ④ 청정도

■ 복사열은 온열환경의 물리적 4요소(온도, 기류, 습도, 복사열)에는 포함되나 공기조화의 4요소(온도, 기류, 습도, 청정도)에는 포함되지 않는다.

해답 12.② 13.① 14.① 15.③

16 건구온도 30℃, 엔탈피 63kJ/kg인 습공기 3,200㎥/h를 바이패스팩터 0.18인 냉각코일로 냉각감습하는 경우 냉각되는 전열량은?(단, 습공기의 밀도는 1.2kg/㎥, 냉각코일의 표면온도는 10℃, 10℃ 포화습공기의 엔탈피는 29.4kJ/kg이다.)

① 약 20.2kW ② 약 29.4kW
③ 약 32.8kW ④ 약 38.4kW

■ 현열과 잠열을 모두 반영한 전열량(q)은 비엔탈피차(kJ/kg)를 적용하여 다음과 같이 산출한다.

$q(kW) = Q\rho \triangle h(1-BF)$
$= 3,200㎥/h \times \dfrac{1}{3,600\sec} \times 1.2kg/㎥ \times (63-29.4) \times (1-0.18)$
$= 29.39 ≒ 29.4 kW$

여기서,
Q : 송풍량(㎥/h), ρ : 밀도(kg/㎥), $\triangle h$: 냉각코일 통과 전후 비엔탈피차(kJ/kg), BF : 바이패스팩터

17 공기조화방식 중 팬코일 유닛방식에 관한 설명으로 옳지 않은 것은?
① 각 실에 수배관으로 인한 누수의 우려가 있다.
② 팬코일 유닛 내에 있는 팬으로부터의 소음이 있다.
③ 유닛을 창문 밑에 설치하면 콜드 드래프트(cold draft)를 줄일 수 있다.
④ 개별제어가 불가능하므로 부하특성이 다른 여러 개의 실이나 존이 있는 건물에 적용하기가 곤란하다.

■ 팬코일 유닛방식은 각 실별 내장된 팬의 송풍량을 개별적으로 제어 할 수 있어, 각 실의 부하특성에 맞게 대응이 가능하다.

18 배관용 M, L 및 K 타입으로 구분하는 기준이 되는 것은?
① 관의 두께 ② 관의 외경
③ 관의 재질 ④ 배관 1본의 길이

■ 관의 두께에 따른 구분이며, 두께의 크기 순서는 K형>L형>M형이다.

19 덕트의 아스펙트비(aspect ratio)의 정의로 옳은 것은?
① 4각덕트에서 면적과 장변의 비율 ② 4각덕트에서 장변과 단변의 비율
③ 원형덕트에서 단면적과 직경의 비율 ④ 원형덕트에서 풍량과 단면적의 비율

■ 애스펙트비(Aspect Ratio)란 장방형 덕트(4각 덕트)에서 장변길이와 단변길이의 비율을 의미한다.

20 온열환경에 대한 인체의 쾌적성을 평가하는 PMV(예상온열감)를 산출하는데 필요한 요소가 아닌 것은?
① 일사량 ② 착의량
③ 평균복사온도 ④ 수증기분압

해답 16.② 17.④ 18.① 19.② 20.①

■ PMV(예상온열감, Predicted Mean Vote)의 산출 시에는 물리적 요소(기온, 습도, 기류, 복사)와 주관적 요소(착의량, 활동량, 성별)가 적용된다. 문제 보기에서 평균복사온도는 복사를, 수증기분압은 습도를 나타내는 요소이다.

제2과목 건축설비 설계

21 덕트에 관한 설명으로 옳지 않은 것은?
① 덕트의 분기가 복잡한 경우에는 급기 챔버를 설치한다.
② 분기는 저항이 큰 부속을 우선적으로 사용하는 것을 원칙으로 한다.
③ 주 덕트의 주요 분기점, 송풍기 출구측에서는 풍량조절 댐퍼를 설치한다.
④ 장방형 덕트의 분기·합류 방식은 원칙적으로 분할 삽입 방식으로 한다.

■ 분기는 저항이 작은 부속을 우선적으로 적용하여 전체적인 덕트 마찰저항을 최소화하여야 한다.

22 냉동기의 압축기에서 토출된 고온·고압의 냉매증기는 응축기에서 방열하고 액화된다. 이때 방열되는 응축열로 물이나 공기를 가열하여 난방에 이용하는 장치는?
① 열펌프   ② 냉각탑
③ 빙축열조   ④ 팬코일 유닛

■ 열펌프(Heat Pump, 히트펌프)
• 히트펌프의 구성 및 사이클은 압축식 냉동기와 마찬가지로 압축기, 응축기, 팽창밸브, 증발기로 구성되고 냉동사이클을 따른다.
• 냉동기의 응축기 발열을 가열원으로 이용하여 난방에 적용하며, 열원으로는 공기, 물, 폐열 등을 이용한다.

23 다음과 같은 조건에 있는 양수펌프의 소요동력은?

• 실양정 : 10m   • 마찰손실수두 : 2mAq
• 펌프의 효율 : 80%   • 양수량 : 3,000L/min

① 1.22kW   ② 6.13kW
③ 7.35kW   ④ 8.57kW

■ 소요동력$(kW) = \dfrac{유량(L/s) \times 양정(mAq)}{102 \times 펌프의 축효율 \times 전동기 효율}$

$= \dfrac{3,000L/min \times \dfrac{1}{60sec} \times 12mAq}{102 \times 0.8 \times 1}$

$= 7.35 kW$

여기서, 전동기 효율은 별도로 주어지지 않았으므로 1로 간주하고 계산한다.

해답 21.② 22.① 23.③

24 공기조화기 내의 가습이나 감습 장치에 엘리미네이터(eliminator)를 설치하는 가장 주된 목적은?

① 폐열을 회수하기 위하여
② 분진 등을 정화하기 위하여
③ 내부의 청소 및 점검을 위하여
④ 분무수가 밖으로 나가는 것을 방지하기 위하여

■ 엘리미네이터(eliminator)는 공조기 출구에 섞여 나가는 분무수를 제거하여, 실내로 분무수가 비산되어 들어오는 것을 막아주는 역할을 한다.

25 냉각탑의 쿨링 어프로치(cooling approach)란?

① 냉각탑 입구수온(℃) - 냉각탑 출구수온(℃)
② 냉각탑 입구수온(℃) - 입구공기의 습구온도(℃)
③ 냉각탑 출구수온(℃) - 입구공기의 습구온도(℃)
④ 냉각탑 입구수온(℃) - 입구공기의 건구온도(℃)

■ 이론적으로 냉각수 출구 수온은 입구 공기 습구온도까지 냉각될 수 있어서 이들이 얼마나 접근했는가를 어프로치라 하고 어프로치가 작을수록 냉각탑 효율이 좋은 것이다. 냉각수 입출구 수온차는 쿨링렌지이다.

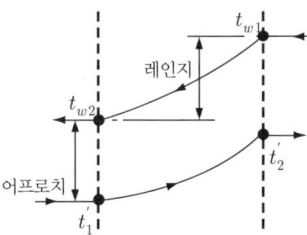

tw1, tw2 : 냉각수 입·출구 수온
t1´, t2´ : 외기(입구공기) 습구온도, 냉각탑 출구 습구온도

26 관균등표 의한 관경 결정과 관련하여 다음과 같은 내용을 나타내는 식은?

> 길이 L, 직경 D인 관에 흐르는 유량과 동일한 유량이 직경 d인 관에 흐르기 위해서는 직경 d인 관 N개가 필요하다.

① $N = \left(\dfrac{d}{D}\right)^{5/2}$ ② $N = \left(\dfrac{D}{d}\right)^{5/2}$

③ $N = \left(\dfrac{d}{D}\right)^{3/2}$ ④ $N = \left(\dfrac{D}{d}\right)^{3/2}$

■ 관경 결정 시 활용하는 큰관(D)과 작은관(d)의 관계는 $N = \left(\dfrac{D}{d}\right)^{5/2}$ 과 같다.

27 대학교 강의실의 구조체 손실열량이 20,000W이고 환기에 의한 손실열량이 2,000W이다. 이 강의실에 증기난방을 공급할 경우 필요한 주철제 방열기의 상당발열면적(EDR)은?

해답 24.④ 25.③ 26.② 27.②

① 약 20㎡ ② 약 30㎡
③ 약 40㎡ ④ 약 50㎡

■ 상당방열면적(EDR, ㎡) = $\frac{총손실열량(W)}{증기표준방열량(W/㎡)}$
 = $\frac{20,000 + 2,000}{756 W/㎡}$ = 29.1 ≒ 30㎡

28 급탕인원 200명인 아파트의 1일당 최대 예상 급탕량은 얼마인가?(단, 1인 1일당 급탕량은 150L/d · 인으로 한다.)

① 15㎥/d ② 18㎥/d
③ 25㎥/d ④ 30㎥/d

■ 급탕량(㎥/d)
 = 1인 1일당 급탕량(L/d · 인)×급탕인원(인) = 150(L/d · 인)×200(인)
 = 30,000L/d=30㎥/d

29 급탕설비에서 서모스탯(thermostat)은 어떤 용도로 사용되는가?

① 안전밸브 역할 ② 유량분배 조절
③ 체적팽창 흡수 ④ 온수온도 자동조절

■ 급탕 저장탱크의 온수온도 자동조절을 목적으로 설치된 서모스탯에 의해 가열코일 내의 증기 또는 고온수 공급량이 조절되어 일정한 온도의 급탕을 얻을 수 있다.

30 통기배관에 대한 설명으로 옳지 않은 것은?

① 도피통기관의 관경은 배수관의 1/4 이상이 되어야 하며 최소 40mm 이하가 되어서는 안 된다
② 신정통기관의 관경은 배수수직관의 관경보다 작게 해서는 안 된다.
③ 루프통기식은 여러 개의 기구군에 1개의 통기지관을 빼내어 통기주관에 연결하는 방식이다.
④ 결합통기관은 오배수입상관으로부터 취출하여 위쪽의 수직통기관에 연결하는 배관이다.

■ 도피통기관의 관경은 배수관의 1/2 이상이 되어야 하며 최소 32mm 이하가 되어서는 안 된다.

31 냉동기에서 성적계수에 대한 설명 중 옳지 않은 것은?

① 성적계수는 압축일에 대한 냉동효과의 비이다.
② 응축온도를 낮출수록 성적계수는 향상된다.
③ 증발온도를 낮출수록 성적계수는 향상된다.
④ 압축기 압축효율이 증가할수록 성적계수는 향상된다.

해답 28.④ 29.④ 30.① 31.③

■ 응축온도와 증발온도는 그 사이가 좁아질수록(응축온도는 낮아지고 증발온도는 높아질수록) 성적계수는 향상된다.

32 배수관에서 청소구(Clean out)를 설치하여야 하는 장소에 속하지 않는 것은?
① 배수수직관의 최상부
② 배관길이가 긴 배수수평관의 도중
③ 배수수평지관 및 배수수평주관의 기점
④ 배수관이 45°를 초과하는 각도에서 방향을 전환하는 개소

■ 청소구(Clean out, 소제구)는 이물질이 쌓일 가능성이 높은 곳에 배치하며, 배수수직관의 윗부분이 아닌 배수수직관의 최하단부에 설치한다.

33 배수관에 트랩을 설치하는 가장 주된 이유는?
① 배수의 동결을 막기 위하여
② 배수의 소음을 감소시키기 위하여
③ 배수관의 신축을 조절하기 위하여
④ 하수가스, 악취 등이 실내로 침입 하는 것을 막기 위하여

■ 배수관의 트랩설치 목적은 봉수를 채워 놓고, 하수가스, 악취 등이 실내로 역류하는 것을 방지하는 것이다.

34 보일러 주변배관에 하트포드 접속법을 사용하는 가장 주된 목적은?
① 보일러의 압력초과방지   ② 보일러의 일정압력유지
③ 보일러의 안전수면유지   ④ 보일러의 스케일 발생 방지

■ 하트포드접속법(Hartford Connection)은 보일러 수면이 안전수위 이하로 내려가지 않게 하기 위해 안전수면보다 높은 위치에 환수관을 접속하는 방법이다.

35 온수배관에 관한 설명으로 옳지 않은 것은?
① 배관의 신축을 고려한다.
② 배관재료는 내식성을 고려한다.
③ 온수배관에는 공기가 고이지 않도록 구배를 보여준다.
④ 온수보일러의 팽창관에는 게이트밸브를 설치한다.

■ 팽창관(도피관) 도중에는 절대 밸브를 달아서는 안 된다.

36 지역난방에 관한 설명으로 옳지 않은 것은?
① 연료비가 절감된다.   ② 대기오염을 줄일 수 있다.
③ 보일러 설비가 대용량이 된다.   ④ 각 세대의 설비 스페이스가 증대된다.

해답 32.① 33.④ 34.③ 35.④ 36.④

■ 지역난방은 일정지역 내에 대규모 중앙열원플랜트에서 생산한 열매(증기, 고온수)를 배관을 통해 지역 내의 여러 건물에 공급하여 난방하는 방식으로서, 대규모 중앙열원플랜트 등에 열원시설이 집중되므로 각 세대의 설비 스페이스는 최소화 된다.

37 공조용 열원장치에서 히트펌프 방식에 대한 설명으로 틀린 것은?

① 히트펌프 방식은 냉방과 난방을 동시에 공급할 수 있다.
② 히트펌프 원리를 이용하여 지열시스템 구성이 가능하다.
③ 히트펌프 방식 열원기기의 구동 동력은 전기와 가스를 이용한다.
④ 히트펌프를 이용해 난방은 가능하나 급탕 공급은 불가능하다.

■ 응축기 부분에서 열교환된 온수를 난방 및 급탕 열원으로 활용 가능하다.

38 주택의 1인 1일 오수량이 $0.05m^3/$인·일이고 오수의 BOD농도가 $260g/m^3$일 때 1인 1일당 BOD부하량은?

① 5g/인·일
② 13g/인·일
③ 26g/인·일
④ 50g/인·일

■ BOD부하량(g/인·일) = 1인 1일 오수량×오수의 BOD농도(g/m^3) = 0.05×260 =13g/인·일

39 다음 송풍기의 풍량제어 방법 중 송풍량과 축동력의 관계를 고려하여 에너지 절감 효과가 가장 좋은 제어방법은?(단, 모두 동일한 조건으로 운전된다.)

① 회전수 제어
② 흡입 베인 제어
③ 취출 댐퍼 제어
④ 흡입 댐퍼 제어

■ 에너지 절감 순서
회전수 제어-가변익 축류-흡입 베인 제어-흡입 댐퍼 제어-토출 댐퍼 제어

40 실내를 항상 급기용 송풍기를 이용하여 정압 (+)상태로 유지할 수 있어서 오염된 공기의 침입을 방지하고, 연소용 공기가 필요한 보일러실, 반도체 무균실, 소규모 변전실, 창고 등에 적용하기에 적합한 환기법은?

① 제1종 환기
② 제2종 환기
③ 제3종 환기
④ 제4종 환기

■ 제2종 환기(압입식)
• 송풍기와 배기구로 환기하는 방식
• 실내를 정(+)압 상태로 유지하여 오염공기 침입을 방지하는 환기
• 용도 : Clean Room, 무균실, 무진실, 반도체공장, 수술실 등 유해가스, 분진 등 외부로부터의 유입을 최대한 막아야 하는 곳

해답 37.④ 38.② 39.① 40.②

제3과목 건축설비 관련 법규

41 다음은 건축물의 냉방설비에 대한 설치 및 설계기준에 따른 축열률의 정의이다. ( ) 안에 알맞은 것은?

> 축열률이라 함은 통계적으로 (   )을 기준으로 기타 시간에 필요한 냉방열량 중에서 이용이 가능한 냉열량이 차지하는 비율을 말하며 백분율(%)로 표시한다.

① 연중 최소냉방부하를 갖는 날
② 연중 최대냉방부하를 갖는 날
③ 연중 최소냉방부하를 갖는 달
④ 연중 최대냉방부하를 갖는 달

■ 축열률[건축물의 냉방설비에 대한 설치 및 설계기준 제 3조]
"축열률"이라 함은 통계적으로 연중 최대냉방부하를 갖는 날을 기준으로 그 밖의 시간에 필요한 냉방열량 중에서 이용이 가능한 냉열량이 차지하는 비율을 말하며 백분율(%)로 표시한다.

42 다음은 건축법령에 따른 지하층의 정의 내용이다. ( ) 안에 알맞은 것은?

> 지하층이란 건축물의 바닥이 지표면 아래에 있는 층으로서 바닥에서 지표면까지 평균높이가 해당 층 높이의 (   ) 이상인 것을 말한다.

① 4분의 1
② 3분의 1
③ 2분의 1
④ 3분의 2

■ 지하층[건축법 제2조]
"지하층"이란 건축물의 바닥이 지표면 아래에 있는 층으로서 바닥에서 지표면까지 평균높이가 해당 층 높이의 2분의 1 이상인 것을 말한다.

43 문화 및 집회시설 중 공연장의 개별관람석의 바닥면적이 1,200m²인 경우, 이 개별관람석의 출구는 최소 몇 개소 이상 설치하여야 하는가?(단, 각 출구의 유효너비가 1.8m인 경우)?

① 2개소
② 3개소
③ 4개소
④ 5개소

■ 개별 관람실 출구의 유효너비의 합계는 개별 관람실의 바닥면적 100제곱미터마다 0.6미터의 비율로 산정한 너비 이상으로 해야 한다.

출구 유효너비 합계 $= \dfrac{1,200}{100} \times 0.6 = 7.2m$

출구 유효너비 합계를 각 출구의 유효너비로 나누어 출구의 개소를 산정한다.

최소출구개소 $= \dfrac{7.2}{1.8} = 4$개소

해답 41.② 42.③ 43.③

44 다음과 같은 병원에 설치하여야 하는 승용승강기의 최소 대수는?

> • 층수 11층　　　　　　　　　• 각 층의 바닥면적 : 3,000㎡
> • 각 층의 거실면적 : 2,500㎡　• 15인승 승강기 설치

① 4대　　　　　　　　　② 5대
③ 8대　　　　　　　　　④ 9대

■ 병원의 경우 6층 이상의 거실바닥면적의 합계를 기준으로, 최초 3,000㎡에 2대, 3,000㎡를 제외한 2,000㎡마다 1대를 추가하게 된다.

$$N = 2 + \frac{6 \times 2,500 - 3,000}{2,000} = 8대$$

45 피뢰설비를 설치하여야 하는 건축물의 높이 기준은?

① 10m 이상　　　　　　② 20m 이상
③ 30m 이상　　　　　　④ 40m 이상

■ 피뢰설비[건축물의 설비기준 등에 관한 규칙 제20조]
낙뢰의 우려가 있는 건축물, 높이 20미터 이상의 건축물 또는 공작물로서 높이 20미터 이상의 공작물에는 피뢰설비를 설치해야 한다.

46 건축물의 에너지절약 설계기준상 다음과 같이 정의되는 용어는?

> 중간기 또는 동계에 발생하는 냉방부하를 실내 엔탈피보다 낮은 도입외기에 의하여 제거 또는 감소시키는 시스템

① 변풍량제어시스템　　　　② 이코노마이저시스템
③ 비례제어운전시스템　　　④ 대수분할운전시스템

■ 이코노마이저시스템[건축물의 에너지절약 설계기준 제5조]
"이코노마이저시스템"이라 함은 중간기 또는 동계에 발생하는 냉방부하를 실내 엔탈피보다 낮은 도입외기에 의하여 제거 또는 감소시키는 시스템을 말한다.

47 다음은 건축물의 에너지절약설계기준에 따른 기계부분의 의무사항 내용이다. ( ) 안에 알맞은 것은?

> 난방 및 냉방설비의 용량계산을 위한 외기 조건은 각 지역별로 위험률 (㉠) (냉방기 및 난방기 및 난방기를 분리한 온도출현분포를 사용할 경우) 또는 (㉡) (연간 총시간에 대한 온도 출현분포를 사용할 경우)로 하거나 별포 7에서 정한 외기온·습도를 사용한다.

① ㉠ 1%, ㉡ 1.5%　　　　② ㉠ 1.5%, ㉡ 1%
③ ㉠ 1%, ㉡ 2.5%　　　　④ ㉠ 2.5%, ㉡ 1%

해답　44.③　45.②　46.②　47.④

■ 기계부문의 의무사항[건축물의 에너지절약 설계기준 제8조]
난방 및 냉방설비의 용량계산을 위한 외기조건은 각 지역별로 위험률 2.5%(냉방기 및 난방기를 분리한 온도출현분포를 사용할 경우) 또는 1%(연간 총시간에 대한 온도출현 분포를 사용할 경우)로 하거나 별표7에서 정한 외기온·습도를 사용한다.

48 다음 중 거실의 용도에 따른 조도기준이 가장 높은 것은?(단, 건축물의 피난·방화구조 등의 기준에 관한 규칙에 따른 조도기준)
① 거주(식사)
② 작업(제조)
③ 집무(계산)
④ 집회(회의)

■ 각 용도별 조도 기준[건축물의 피난·방화구조 등의 기준에 관한 규칙 별표1의3]
① 거주(식사) : 150 lux
② 작업(제조) : 300 lux
③ 집무(계산) : 700 lux
④ 집회(회의) : 300 lux

49 건축법령상 건축허가신청에 필요한 설계 도서에 속하지 않는 것은?
① 투시도
② 배치도
③ 평면도
④ 건축계획서

■ 건축허가신청에 필요한 설계도서[건축법 시행규칙 별표2]
건축계획서, 배치도, 평면도, 입면도, 단면도, 구조도(구조안전 확인 또는 내진설계 대상 건축물), 구조계산서(구조안전 확인 또는 내진설계 대상 건축물), 소방설비도

50 다음은 신축하는 30세대 이상의 공동주택에 설치하는 기계환기설비에 관한 기준 내용이다. ( ) 안에 알맞은 것은?

> 세대의 환기량 조절을 위하여 환기 설비의 정격풍량을 최소·적정·최대 3단계 또는 그 이상으로 조절할 수 있는 체계를 갖추어야 하고, 적정 단계의 필요 환기량은 공동주택의 세대를 시간당 ( )로 환기할 수 있는 풍량을 확보하여야 한다.

① 0.3회
② 0.5회
③ 0.7회
④ 1.2회

■ 신축공동주택 등의 기계환기설비의 설치기준[건축물의 설비기준 등에 관한 규칙 별표1의5]
세대의 환기량 조절을 위하여 환기설비의 정격풍량을 최소·적정·최대의 3단계 또는 그 이상으로 조절할 수 있는 체계를 갖추어야 하고, 적정 단계의 필요 환기량은 신축공동주택 등의 세대를 시간당 0.5회로 환기할 수 있는 풍량을 확보하여야 한다.

51 특별시나 광역시에 건축물을 건축하는 경우, 특별시장 또는 광역시장의 허가를 받아야 하는 건축물의 층수 기준은?
① 6층 이상
② 15층 이상
③ 21층 이상
④ 41층 이상

해답 48.③ 49.① 50.② 51.③

■ 건축허가[건축법 제11조]
21층 이상의 건축물 등 대통령령으로 정하는 용도 및 규모의 건축물을 특별시나 광역시에 건축하려면 특별시장이나 광역시장의 허가를 받아야 한다.

52 건축법령상 다음과 같이 정의되는 용어는?

> 건축물의 내부와 외부를 연결하는 완충공간으로서 전망이나 휴식 등의 목적으로 건축물 외벽에 접하여 부가적으로 설치되는 공간

① 복도
② 테라스
③ 발코니
④ 부속용도

■ 발코니[건축법 시행령 제2조]
"발코니"란 건축물의 내부와 외부를 연결하는 완충공간으로서 전망이나 휴식 등의 목적으로 건축물 외벽에 접하여 부가적(附加的)으로 설치되는 공간을 말한다. 이 경우 주택에 설치되는 발코니로서 국토교통부장관이 정하는 기준에 적합한 발코니는 필요에 따라 거실·침실·창고 등의 용도로 사용할 수 있다.

53 건축물의 입구에 회전문을 설치하는 경우 계단이나 에스컬레이터로부터 최소 얼마 이상의 거리를 두고 설치하여야 하는가?

① 1.5m
② 2.0m
③ 2.5m
④ 3.0m

■ 회전문의 설치기준[건축물의 피난·방화구조 등의 기준에 관한 규칙 제12조]
회전문은 계단이나 에스컬레이터로부터 2미터 이상의 거리를 두어야 한다.

54 공동주택 중 아파트의 발코니에 설치하여야 하는 대피공간이 갖추어야 할 요건으로 옳지 않은 것은?

① 대피공간은 바깥의 공기와 접하지 않을 것
② 대피공간은 실내의 다른 부분과 방화구획으로 구획될 것
③ 대피공간의 바닥면적은 각 세대별로 설치하는 경우에는 2m² 이상일 것
④ 대피공간의 바닥면적은 인접 세대와 공동으로 설치하는 경우에는 3m² 이상일 것

■ 공동주택 대피공간[건축법 시행령 제46조]
대피공간은 바깥의 공기와 접하여야 한다.

55 문화 및 집회시설(전시장 및 동·식물원은 제외)의 용도로 쓰이는 건축물의 관람실 또는 집회실의 반자의 높이는 최소 얼마 이상이어야 하는가?(단, 관람실 또는 집회실로서 그 바닥면적이 200m² 이상인 경우)

① 2.1m
② 2.3m
③ 3m
④ 4m

해답 52.③ 53.② 54.① 55.④

■ 거실의 반자높이(건축물의 피난·방화구조 등의 기준에 관한 규칙 제16조)
  ㉠ 거실의 반자는 그 높이를 2.1미터 이상으로 하여야 한다.
  ㉡ 문화 및 집회시설(전시장 및 동·식물원은 제외), 종교시설, 장례식장 또는 위락시설 중 유흥주점의 용도에 쓰이는 건축물의 관람실 또는 집회실로서 그 바닥면적이 200제곱미터 이상인 것의 반자의 높이는 ㉠의 규정에 불구하고 4미터(노대의 아랫부분의 높이는 2.7 미터) 이상이어야 한다. 다만, 기계환기장치를 설치하는 경우에는 그러하지 아니하다.

56 「녹색건축물 조성 지원법령」상 녹색건축물에 대한 설명으로 옳지 않은 것은?

① 녹색건축물이란 「기후위기 대응을 위한 탄소중립·녹색성장 기본법」에 따른 건축물과 환경에 미치는 영향을 최소화하고 동시에 쾌적하고 건강한 거주환경을 제공하는 건축물을 말한다.
② 국토교통부장관은 지속가능한 개발의 실현과 자원절약형이고 자연친화적인 건축물의 건축을 유도하기 위하여 녹색건축 인증제를 시행한다.
③ 녹색건축 인증등급은 에너지 소요량에 따라 10등급으로 한다.
④ 녹색건축 인증의 유효기간은 녹색건축 인증서를 발급한 날부터 5년으로 한다.

■ 인증기준[녹색건축 인증에 관한 규칙 제8조]
녹색건축 인증은 최우수(그린1등급), 우수(그린2등급), 우량(그린3등급) 또는 일반(그린4등급)으로서 총 4개 등급으로 한다.

57 다음은 건축설비 설치의 원칙에 관한 기준 내용이다. ( ) 안에 알맞은 것은?

> 건축물에 설치하는 급수·배수·냉방·난방·환기·피뢰 등 건축설비의 설치에 관한 기술적 기준은 (㉠)으로 정하되, 에너지 이용합리화와 관련한 건축설비의 기술적 기준에 관하여는 (㉡)과 협의하여 정한다.

① ㉠ 국토교통부령   ㉡ 산업통상자원부장관
② ㉠ 국토교통부령   ㉡ 미래창조과학부장관
③ ㉠ 산업통상자원부령 ㉡ 국토교통부장관
④ ㉠ 산업통상자원부령 ㉡ 미래창조과학부장관

■ 건축설비 설치의 원칙[건축법 시행령 제87조]
건축물에 설치하는 급수·배수·냉방·난방·환기·피뢰 등 건축설비의 설치에 관한 기술적 기준은 국토교통부령으로 정하되, 에너지 이용 합리화와 관련한 건축설비의 기술적 기준에 관하여는 산업통상자원부장관과 협의하여 정한다.

58 건축물에 급수·배수·환기·난방 등의 건축설비를 설치하는 경우 건축기계설비기술사 또는 공조냉동기계기술사의 협력을 받아야 하는 대상 건축물에 속하지 않는 것은?

① 아파트
② 연립주택
③ 숙박시설로서 해당 용도에 사용되는 바닥면적의 합계가 2000㎡인 건축물
④ 판매시설로서 해당 용도에 사용되는 바닥면적의 합계가 2000㎡인 건축물

해답 56.③ 57.① 58.④

■ 관계전문기술자의 협력을 받아야 하는 건축물[건축물의 설비기준등에 관한 규칙 제2조]
판매시설로서 해당 용도에 사용되는 바닥면적의 합계가 3000㎡ 이상인 건축물이 대상 건축물에 해당한다.

59 건축물에 설치하는 굴뚝의 옥상 돌출부는 지붕면으로부터의 수직거리를 최소 얼마 이상으로 하여야 하는가?

① 0.5m 이상
② 0.7m 이상
③ 0.9m 이상
④ 1.0m 이상

■ 건축물에 설치하는 굴뚝[건축물의 피난·방화구조 등의 기준에 관한 규칙 제20조]
굴뚝의 옥상 돌출부는 지붕면으로부터의 수직거리를 1미터 이상으로 해야 한다.

60 제로에너지건축물 인증의 인증기관이 보유하는 8명의 상근 인증업무인력의 자격요건과 맞지 않는 것은?

① 건축, 설비, 에너지 분야의 기술사 자격을 취득한 후 3년 이상 해당 업무를 수행한 사람
② 건축, 설비, 에너지 분야의 기사 자격을 취득한 후 4년 이상 해당 업무를 수행한 사람
③ 건축, 설비, 에너지 분야의 박사학위를 취득한 후 3년 이상 해당 업무를 수행한 사람
④ 건축, 설비, 에너지 분야의 석사학위를 취득한 후 5년 이상 해당 업무를 수행한 사람

■ 인증기관의 지정[제로에너지건축물 인증에 관한 규칙 제4조]
자격요건이 되기 위해서는 해당 전문분야의 기사 자격을 취득한 후 5년 이상 해당 업무를 수행하여야 한다.

해답 59.④ 60.②

2023년 2회 CBT | 건축설비산업기사 과년도 출제문제

제1과목 건축설비 계획

01 급수설비에서 관경 200A에 매분 4.5m³의 물이 흐를 경우 배관 내 물의 속도는 얼마 정도인가?
① 0.024m/sec
② 0.184m/sec
③ 2.39m/sec
④ 4.25m/sec

■ $v = \dfrac{Q}{A} = \dfrac{4.5}{60 \times (\dfrac{\pi \times 0.20^2}{4})} = 2.39 m/s$

02 급수방식 중 수도직결방식에 관한 설명으로 가장 거리가 먼 것은?
① 급수압력이 일정하다.
② 고층으로의 급수가 어렵다.
③ 정전으로 인한 단수의 염려가 없다.
④ 위생성 측면에서 바람직한 방식이다.

■ 수도직결방식은 상수도 본관 인입 압력과 주변 급수 사용량에 따라 급수압력이 불규칙하다.

03 그림과 같은 배관 평면도에서 부속수량으로 알맞은 것은?

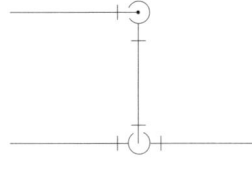

① 90° 엘보 2개 티이 2개
② 90° 엘보 3개 티이 2개
③ 90° 엘보 3개 티이 1개
④ 90° 엘보 1개 티이 3개

■ 위 평면도를 입체도로 그려보면 아래와 같으며 엘보 3개, 티이 1개이다.

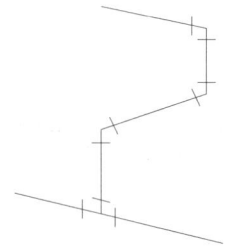

해답 1.③ 2.① 3.③

04 다음 덕트 도시기호 중에서 배기덕트는 어느 것인가?

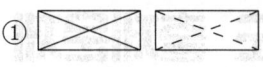

■ ① : 급기덕트, ② : 환기덕트, ③ : 배기덕트, ④ : 외기덕트

05 공조설비에서 실내 청정도를 유지하기 위하여 외기를 도입할 때 외기와 실내공기의 열적 조건 차이로 인하여 발생하는 부하를 무엇이라 하는가?
① 외기부하 ② 열원부하
③ 기간부하 ④ 현열부하

■ 외기부하는 외기를 도입할 때 실내공기와의 온도, 습도 차이로 발생하는 부하이다.

06 관로를 전개하거나 전개할 목적으로 사용되는 것으로 게이트밸브라고도 불리는 것은?
① 앵글밸브 ② 체크밸브
③ 글로브밸브 ④ 슬루스밸브

■ 슬루스밸브는 개폐용에 사용되며 제수밸브(게이트밸브)라 한다.

07 냉방부하의 종류 중 잠열과 관계가 없는 것은?
① 유리로부터의 취득열량 ② 인체의 발생열량
③ 외기도입으로 인한 취득열량 ④ 극간풍 부하

■ 인체부하, 극간풍부하, 외기부하 등은 현열과 잠열로 구성되며, 유리창부하는 현열 요소만 관계한다.

08 음의 세기가 $10^{-11} W/m^2$일 때 음압레벨은 몇 dB인가?(단 기준 음압은 $10^{-12} W/m^2$이다)
① 10dB ② 20dB
③ 30dB ④ 40dB

■ 음압레벨 SPL = $20\log(\frac{p}{p_o}) = 20\log(10^{-11}/10^{-12}) = 20 dB$

여기서, p : 음의 세기(W/m^2), p_o : 기준음압(W/m^2)

09 실내에 열을 발산하는 기기가 있으며 기기로부터 실내 공기에 가해진 열량이 9 kW이고, 실용적이 1,000㎥인 실을 20 ℃로 유지하기 위한 필요 환기량은?(단, 외기온도는 15 ℃, 공기의 정압비열은 1.01 kJ/kg·K, 공기의 밀도는 1.2 kg/㎥이다.)

① 약 2041m³/h   ② 약 2792m³/h
③ 약 5347m³/h   ④ 약 7627m³/h

■ $Q = \dfrac{q}{\rho C \Delta t} = \dfrac{9}{1.2 \times 1.01(20-15)} = 1.485 m^3/s = 5347 m^3/h$

10 온수난방에 관한 설명으로 옳지 않은 것은?
① 증기난방에 비하여 열용량이 작아서 예열시간이 작으므로 간헐난방에 적합하다.
② 증기난방에 비하여 난방부하 변동에 따른 온도 조절이 비교적 용이하다.
③ 일반적으로 증기난방에 비하여 방열기의 크기가 크다.
④ 한냉지에서는 동결의 위험성이 있다.

■ 온수난방은 증기난방에 비하여 열용량이 커서 예열시간이 길고, 여열시간도 길어서 연속난방에 적합하다.

11 유인유닛 공기조화방식에 관한 설명으로 가장 거리가 먼 것은?
① 팬코일 유닛방식에 비하여 덕트 설비가 많은 편이며 실내에 공기를 공급하여 청정도가 우수하다.
② 실내 유닛에 냉온수 코일을 두고 이 코일에서 부하의 대부분을 처리한다.
③ 유인 유닛방식은 유지보수가 용이하다.
④ 유인 유닛방식은 각 유닛마다 수배관을 해야 하므로 누수의 우려가 있다.

■ 유인 유닛방식은 각 실에 유닛을 설치하므로 유지보수가 복잡하고 누수의 우려가 있는 편이다.

12 간접가열식 급탕방식에 관한 설명으로 옳지 않은 것은?
① 보일러 내면에 스케일이 낄 염려가 없다.
② 가열 보일러는 저압용 보일러를 사용할 수 없다.
③ 저탕조는 가열코일을 내장하는 등 구조가 약간 복잡하다.
④ 가열보일러는 난방과 겸용이 가능하며 대규모 급탕설비에 적합하다.

■ 간접가열식 급탕방식은 난방용 보일러를 급탕과 겸용할 수 있으며 저압용 보일러도 가능하고 대규모 급탕설비에 적합하다.

13 원심식 송풍기로 전곡익형 송풍기는 무엇인가?
① 익형송풍기   ② 다익형송풍기
③ 프로펠러송풍기   ④ 터보송풍기

■ 원심식 송풍기에서 전곡익형은 임펠러가 회전방향으로 접힌 것으로 다익형 송풍기로 시로코팬이라고도 하며 소음이 적어 주로 공조설비의 저압송풍기에 사용한다.

해답 10.① 11.③ 12.② 13.②

14 오수 중에 분해 가능한 유기물이 용존산소의 존재 하에 미생물의 작용에 의해 산화 분해되어 안정한 물질로 변해갈 때 소비되는 산소량을 의미하는 것은?

① pH
② ppm
③ BOD
④ COD

■ BOD는 생화학적 산소요구량으로 오수 중에 분해 가능한 유기물의 분해에 소비되는 산소량을 의미한다.

15 열관류율 K=0.58W/m²K인 벽체의 외측, 내측 기온이 각각 20℃ 및 -10℃라고 할 때 이 벽체 단위 면적당 손실 열량(W/m^2)은?

① 17.4
② 25.0
③ 34.8
④ 45.0

■ $q = K \cdot A \cdot \Delta t = 0.58 \times 1 \times (20-(-10)) = 17.4 W/m^2$

16 다음과 같은 조건에서 실의 환기량이 2,500m³/h인 경우, 환기에 의한 잠열부하는?

[조건]
㉠ 실내공기상태 tr=24℃, xr=0.012kg/kg'
㉡ 외기상태 to=-5℃, xo=0.003kg/kg'
㉢ 0℃에서 물의 증발잠열 2,501kJ/kg
㉣ 공기의 밀도 1.2kg/m³

① 10.93kW
② 14.19kW
③ 18.76kW
④ 23.73kW

■ 잠열부하= $\gamma m \Delta x = 2,501 \times 2,500 \times 1.2(0.012-0.003) = 67,527 kJ/h = 18.76 kW$

17 천창채광방식에 관한 설명으로 옳지 않은 것은?

① 통풍과 차열에 불리하다.
② 조도 분포가 균일하다.
③ 채광량 면에서 매우 우수하다.
④ 구조와 시공이 용이하며, 빗물처리에 탁월한 효과가 있다.

■ 천창채광방식은 지붕면에 창을 설치하여 채광하는 것으로 구조와 시공이 어렵고, 빗물처리가 곤란하다.

18 전기히터를 사용하여 습공기를 가열한 경우에 관한 설명으로 옳은 것은?

① 습구온도와 절대습도가 낮아진다.
② 건구온도는 높아지고 엔탈피는 일정하다.
③ 절대습도는 일정하고 상대습도는 낮아진다.
④ 절대습도는 높아지고 상대습도는 일정하다.

해답 14.③ 15.① 16.③ 17.④ 18.③

■ 습공기를 가열하면 절대습도는 일정하고 상대습도는 낮아진다. 건구온도와 습구온도는 높아지고, 엔탈피도 증가한다.

19 결로현상에 관한 설명으로 틀린 것은?
① 건축 구조물 사이에 두고 양쪽에 수증기의 압력차가 생기면 수증기는 구조물을 통하여 흐르며, 실제 수증기 분압이 포화수증기 분압 이상이 되면 응결하여 발생된다.
② 습공기의 온도가 노점온도까지 강하하면 공기 중의 수증기가 응결하여 결로가 발생하며 이때 수증기 분압은 감소한다.
③ 벽체 구성요소 중 열전도저항이 큰 재료를 사용하면 결로 우려가 커진다.
④ 결로방지를 위하여 수증기 분압이 큰쪽에 방습막을 사용한다.

■ 결로 현상으로 응결이 발생되면 절대습도가 감소하고 수증기의 압력(분압)도 감소한다. 벽체 구성요소 중 열전도저항이 큰 재료(열관류율이 작은 것)를 사용하면 결로 우려가 감소한다.

20 배관 이음쇠 중 관 방향을 바꿀 때 사용되는 것은?
① 소켓
② 엘보
③ 플러그
④ 크로스

■ • 소켓 : 배관을 직선 연결할 때
• 플러그 : 관말단을 막을 때
• 엘보 : 관 방향을 바꿀 때
• 크로스 : +자 이음(3방향 분기)

제2과목 건축설비 설계

21 다음과 같이 정의되는 통기관의 종류는?

> 맞물림 또는 병렬로 설치한 위생기구의 기구 배수관 교차점에 접속하여, 그 양쪽 기구의 트랩 봉수를 보호하는 1개의 통기관

① 공용통기관
② 각개통기관
③ 결합통기관
④ 루프통기관

■ 2개의 맞물림 또는 병렬로 설치한 위생기구 교차점에서 1개 통기관으로 통기하는 방식을 공용통기관이라 한다.

22 대학교 강의실의 구조체 손실열량이 20,000W이고, 환기에 의한 손실열량이 3,000W이다. 이 강의실에 증기난방을 공급할 경우 필요한 주철제 방열기의 상당방열면적(EDR)은 약 얼마인가?(단 증기 표준방열량은 756W/㎡이다)

① 약 20㎡ ② 약 30㎡
③ 약 40㎡ ④ 약 50㎡

■ 전체 손실열량이 20,000+3,000=23,000W이므로

증기 $EDR = \frac{W}{756} = \frac{23,000}{756} = 30.4 =$ 약 $30m^2$

온수난방 : 523W/㎡, 증기난방 : 756W/㎡

23 송풍기의 풍량제어법 중 축동력이 가장 많이 소요되는 방식은 무엇인가?
① 회전수제어 ② 토출댐퍼제어
③ 흡입댐퍼제어 ④ 흡입베인제어

■ 축동력 소비 순서 : 회전수제어<흡입베인제어<흡입댐퍼제어<토출댐퍼제어

24 덕트설비에 대한 설명 중 옳지 않은 것은?
① 제어댐퍼나 방화댐퍼가 설치된 곳에는 점검이 가능하게 점검구를 설치한다.
② 주덕트에서 분기덕트를 분기하는 곳에는 볼륨댐퍼(VD)를 설치한다.
③ 분기덕트가 여러 개 복잡하게 설치되는 곳에는 급기챔버를 설치한다.
④ 소음에 민감한 장소에는 복잡한 부속을 설치한다.

■ 소음에 민감한 장소에는 단순한 부속을 설치하여 소음을 줄인다.

25 냉각탑의 종류에서 공기와 냉각수 유동방향에 따라 구분한 방식은 무엇인가?
① 평행류형 ② 직접형
③ 역환수형 ④ 직교류형

■ 냉각탑 형식에서 공기와 냉각수 유동방향에 따라 대향류형(공기와 냉각수가 대향으로 흐름)과 직교류형(공기와 냉각수가 직각으로 유동)으로 구분된다.

26 급수 배관에 공기실(에어챔버)을 설치하는 주된 이유는?
① 수격작용을 방지하기 위하여 ② 배관의 부식을 방지하기 위하여
③ 배관의 동파를 방지하기 위하여 ④ 크로스 커넥션을 방지하기 위하여

■ 에어챔버(Air Chamber)는 공기주머니의 완충작용으로 수격작용을 방지하기 위하여 급수배관 말단에 설치하는 공기실이며, 요즘은 WHC(워터햄머쿠션)을 많이 사용한다.

27 배수관 내 압력변화에 의한 트랩의 봉수파괴 원인과 거리가 먼 것은?
① 모세관 현상 ② 자기사이펀 현상
③ 역압에 의한 분출작용 ④ 감압에 의한 흡인작용

해답 23.② 24.④ 25.④ 26.① 27.①

■ 봉수파괴 원인은 배수흐름에 의한 배수관 내 압력변화(자기사이펀, 분출, 흡인)이며 통기관은 이 압력변화를 조정(대기압에 개방)하여 봉수파괴를 방지하는 것이며, 모세관 현상이나 증발 작용은 압력변화 요소는 아니다.

28 진공환수 시 낮은 곳의 응축수를 상부의 환수 횡주관으로 밀어 올리거나 환수주관보다 높은 위치에 진공펌프를 설치하는 경우 환수관의 응축수를 끌어올리기 위해 사용하는 리턴트랩을 무엇이라 하는가?
① 팽창관
② 증발탱크
③ 리프트 트랩
④ 응축수 트랩

■ 리프트 트랩(이음)은 진공환수 시 방열기보다 높은 곳에 환수 횡주관을 배관하여 환수관의 응축수를 끌어올리는 2중 트랩 배관이다.

29 급탕설비의 안전장치에 관한 설명으로 옳지 않은 것은?
① 도피관의 배수는 간접배수로 한다.
② 팽창관 및 도피관에는 밸브류를 설치한다.
③ 도피관은 팽창탱크 수면보다 높게 입상한다.
④ 안전밸브는 가열장치 내의 압력이 설정압력을 넘는 경우에 압력을 도피시키기 위해 설치하는 밸브이다.

■ 팽창탱크와 연결되는 팽창관 및 도피관에는 밸브류를 설치하지 않는다. 밸브류를 설치하면 혹시 밸브를 닫을 경우 안전기능을 상실하기 때문이다.

30 로우탱크 방식의 대변기에 관한 설명으로 옳지 않은 것은?
① 설치면적을 많이 차지한다.
② 고장 시 수리보수가 비교적 용이하다.
③ 하이탱크 방식에 비하여 소음이 크다.
④ 수도직결의 경우 저압의 지역에서 사용이 가능하다.

■ 로우탱크 방식은 하이탱크 방식에 비하여 소음이 작고 세정이 양호하여 주택용에 주로 쓰인다.

31 전열교환기에 관한 설명으로 가장 거리가 먼 것은?
① 현열과 잠열을 동시에 교환한다.
② 공기조화용 송풍량이 비교적 많은 곳에서 유리하다.
③ 열회수율이 좋고, 고온측 및 저온측 유체의 누설이 없는 것을 사용한다.
④ 배열회수에 이용되는 배기는 원칙적으로 주방 및 보일러의 배기가스를 이용한다.

■ 전열교환기는 열교환하는 두 공기가 전열 교환재료(엘리먼트)를 통해 서로 접촉하므로 오염 가능성이 있는 주방 및 보일러의 배기가스를 이용하는 경우 오염된 외기가 도입되어 급기가 오염된다.

해답 28.③ 29.② 30.③ 31.④

32 급탕배관계통에서 분당 급탕량은 1,000L/min이고 배관 중 총손실열량이 2,000W이며 급탕온도가 70℃, 환수온도가 65℃일 때, 순환수량은?(단, 물의 비열은 4.2 kJ/kg·K, 밀도는 1kg/L이다.)

① 5.7L/min
② 6.5L/min
③ 6.8L/min
④ 11.4L/min

■ 급탕설비 순환수량은 배관 열손실만큼 열을 공급하여 적정 온도의 급탕을 공급하기 위한 것으로 급탕량과는 관계가 없고 배관 열손실로 구한다.

$$Q = \frac{q}{C\Delta t} = \frac{2,000 \div 1,000 \times 60}{4.2(70-65)} = 5.7 kg/min = 5.7 L/min$$

(이때 손실열량 2,000W를 kW로 환산하여 비열과 온도차로 나누면 유량이 kg/s가 되고 이를 분당(min)으로 환산한다)

33 설계 외기조건을 선정하기 위한 위험률(TAC)에 관한 설명으로 옳지 않은 것은?

① 위험률을 크게 잡으면 장치용량도 커진다.
② 요구조건이 엄격한 건물일수록 위험률은 작게 한다.
③ 위험률 5%는 위험률 2.5%보다 설계외기기준 온도를 벗어나는 시간이 2배이다.
④ 위험률은 난방 또는 냉방기간의 총시간에 대한 온도 출현 빈도분포로부터 구한다.

■ 위험률을 많이 잡게 되면, 외기온도의 가혹도가 낮아지게 되므로 장치용량은 작아지게 된다.(예를 들어 겨울의 경우 위험률을 크게 할수록 외기온도가 높다고 가정하고 설계하게 되며, 이럴 경우 장치 용량은 작아지게 된다.)

34 급수설비에서 크로스컨넥션에 대한 설명으로 가장 거리가 먼 것은?

① 급수배관에서 크로스컨넥션이 발생하면 수질오염 원인이 된다.
② 크로스 컨넥션을 방지하기 위해 역류방지밸브를 설치한다.
③ 크로스 커넥션 배관에서는 급수계통압력이 다른 계통보다 높을 경우 수질오염이 발생한다.
④ 대기압식 또는 가압식 진공브레이커를 설치하면 수질오염을 방지할 수 있다.

■ 크로스 커넥션(교차연결, 잘못된 접속) 배관에서는 급수계통압력이 다른 계통보다 낮을 때 역류 등에 따른 수질오염가능성이 커진다.

35 전열면적이 크고 고압 대용량에 적합하지만, 고도의 수처리가 요구되는 보일러는?

① 관류 보일러
② 입형 보일러
③ 수관 보일러
④ 주철제 보일러

■ 수관식 보일러는 전열면적이 넓어서 효율이 좋고 고압 대용량에 적합하지만, 고도의 수처리가 요구되는 보일러이다.

해답 32.① 33.① 34.③ 35.③

36 양수펌프 중심으로부터 2m 위에 저수조 수위가 일정하게 있고, 고가수조 수위는 펌프 중심으로부터 30m 위에 있다. 양수배관 전체 길이가 38m, 펌프의 토출압력이 15kPa일 때 최저 필요 양정[mAq]은?(단, 양수배관의 마찰손실수두는 50mmAq/m, 관이음 및 밸브류의 상당관 길이는 배관길이의 50%로 한다.)

① 30.85　　② 34.85
③ 32.35　　④ 36.35

■ 전양정=실양정+마찰손실+토출압력=(30−2)+[38×(50/1,000)×1.5]+(15/10)=32.35m

37 다음 중 다단펌프를 사용하는 가장 주된 목적은?
① 흡입양정이 큰 경우　　② 토출량을 줄이기 위한 경우
③ 높은 토출양정이 필요한 경우　　④ 수중에 펌프를 설치하는 경우

■ 다단펌프는 높은 양정(고양정)을 얻을 수 있으며, 펌프를 직렬로 설치하는 효과가 있다.

38 다음 중 에어와셔에서 플러딩노즐을 설치하는 이유로 가장 알맞은 것은?
① 기내의 기류분포를 고르게 하기 위해
② 엘리미네이터에 접착된 먼지 등을 제거하기 위해
③ 공기의 감습이 효과적으로 이루어지게 하기 위해
④ 분무된 물방울이 밖으로 나가지 못하도록 하기 위해

■ 엘리미네이터를 청소하는 노즐을 플러딩 노즐이라 하며, 엘리미네이터는 제수판으로 노즐에서 분무된 물방울이 덕트쪽으로 나가지 못하도록 걸러주는 역할을 한다.

39 보일러의 출력 표시법중에서 가장 적합한 것은?
① 정미출력=난방부하+급탕부하+예열부하
② 상용출력=난방부하+급탕부하+배관부하
③ 정격출력=난방부하+급탕부하+예열부하
④ 과부하출력=정미출력+과부하

■ ・정미출력=난방부하+급탕부하　　・상용출력=난방부하+급탕부하+배관부하
・정격출력=난방부하+급탕부하+배관부하+예열부하　　・과부하출력=상용출력+과부하

40 다음 팬종류에서 축류형 팬이 아닌 것은?
① 팬형　　② 노즐형
③ 레지스터형　　④ 브릿지 라인형

■ 팬형은 아네모스텃형과 함께 복류형이며, 노즐형, 레지스터형, 그릴형, 브릿지 라인형 등은 축류형에 속한다.

해답　36.③　37.③　38.②　39.②　40.①

제3과목 | 건축설비 관련 법규

41 건축물의 냉방설비에 대한 설치 및 설계기준에 정의된 심야시간은?

① 21:00부터 다음날 09:00까지
② 22:00부터 다음날 09:00까지
③ 23:00부터 다음날 09:00까지
④ 24:00부터 다음날 09:00까지

■ 〈냉방설비설치 3조〉 심야시간 : 23:00부터 다음날 09:00까지

42 건축물의 에너지절약 설계기준에 따른 용어의 정의에서 ( ) 안에 알맞은 것은?

> 투광부라 함은 창, 문면적의 ( )% 이상이 투과체로 구성된 문, 유리블럭, 플라스틱패널 등과 같이 투과재료로 구성되며, 외기에 접하여 채광이 가능한 부위를 말한다.

① 40%
② 50%
③ 60%
④ 70%

■ 〈에너지절약기준 5조〉 투광부라 함은 창, 문면적의 50% 이상이 투과체로 구성된 문, 유리블럭, 플라스틱패널 등과 같이 투과재료로 구성된다.

43 다음은 직통계단의 설치와 관련된 기준 내용이다. ( ) 안에 알맞은 것은?

> 건축물의 피난층 외의 층에서는 피난층 또는 지상으로 통하는 직통계단을 거실의 각 부분으로부터 계단(거실로부터 가장 가까운 거리에 있는 계단을 말한다)에 이르는 보행거리는 ( ) 이하가 되도록 설치하여야 한다.

① 10m
② 20m
③ 30m
④ 40m

■ 〈건축법령 34조〉 보행거리는 (30m) 이하가 되도록 설치하여야 한다.

44 건축물의 용도변경과 관련된 시설군 중 영업시설군의 세부 용도에 속하지 않는 것은?

① 판매시설
② 운동시설
③ 업무시설
④ 숙박시설

■ 〈건축법령 14조〉 업무시설은 주거업무시설군에 속한다.

45 건축법령상 단독주택에 속하지 않는 것은?

① 공관
② 다중주택
③ 기숙사
④ 다가구주택

■ 〈건축법령 3조의 5〉 기숙사는 공동주택에 속한다.

해답 41.③ 42.② 43.③ 44.③ 45.③

46 피난 용도로 쓸 수 있는 광장을 옥상에 설치하여야 하는 경우에 해당되지 않는 것은?

① 5층 이상인 층이 판매시설의 용도로 쓰는 경우
② 5층 이상인 층이 종교시설의 용도로 쓰는 경우
③ 5층 이상인 층이 위락시설 중 주점영업의 용도로 쓰는 경우
④ 5층 이상인 층이 문화 및 집회시설 중 전시장의 용도로 쓰는 경우

■ 〈건축법령 40조〉 5층 이상인 층이 제2종 근린생활시설 중 공연장·종교집회장·인터넷컴퓨터게임시설제공업소(해당 용도로 쓰는 바닥면적의 합계가 각각 300제곱미터 이상인 경우만 해당한다), 문화 및 집회시설(전시장 및 동·식물원은 제외한다), 종교시설, 판매시설, 위락시설 중 주점영업 또는 장례식장의 용도로 쓰는 경우에는 피난 용도로 쓸 수 있는 광장을 옥상에 설치하여야 한다.

47 건축법령상 숙박시설에 속하지 않는 것은?

① 호텔
② 유스호스텔
③ 의료관광호텔
④ 휴양콘도미니엄

■ 〈건축법령 3조 4〉 유스호스텔은 수련시설에 속한다.

48 피난안전구역의 설치에 관한 기준 내용으로 옳지 않은 것은?

① 피난안전구역의 내부마감재료는 불연재료로 설치할 것
② 피난안전구역의 높이는 2.1m 이상일 것
③ 비상용 승강기는 피난안전구역에서 승하차할 수 있는 구조로 설치할 것
④ 건축물의 내부에서 피난안전구역으로 통하는 계단은 피난계단의 구조로 설치할 것

■ 〈피난방화구조 8조 2〉
건축물의 내부에서 피난안전구역으로 통하는 계단은 특별피난계단의 구조로 설치할 것

49 내화구조에 속하지 않는 것은?(단, 바닥의 경우)

① 철근콘크리트조로서 두께가 10cm인 것
② 무근콘크리트조로서 두께가 10cm인 것
③ 철골철근콘크리트조로서 두께가 10cm인 것
④ 철재의 양면을 두께 5cm의 철망모르타르로 덮은 것

■ 〈피난방화구조기준 3조〉 무근콘크리트조는 기준에 해당 없음.

50 비상용승강기 승강장의 바닥면적은 비상용 승강기 1대에 대하여 최소 얼마 이상으로 하여야 하는가?(단, 옥내에 승강장을 설치하는 경우)

① 5㎡
② 6㎡
③ 8㎡
④ 10㎡

■ 〈설비기준 10조〉 비상용승강기 승강장의 바닥면적은 승강기 1대에 대하여 6㎡ 이상

해답 46.④ 47.② 48.④ 49.② 50.②

51 돌음계단의 단너비는 어느 위치에서 측정한 값으로 정하는가?

① 그 좁은 너비의 중앙 쪽으로부터 30센티미터의 위치에서 측정한다.
② 그 좁은 너비의 끝부분으로부터 30센티미터의 위치에서 측정한다.
③ 그 넓은 너비의 중앙 쪽으로부터 30센티미터의 위치에서 측정한다.
④ 그 넓은 너비의 끝부분으로부터 30센티미터의 위치에서 측정한다.

■ 〈피난방화구조기준 15조〉 돌음계단의 단너비는 그 좁은 너비의 끝부분으로부터 30센티미터의 위치에서 측정한다.

52 다음은 지하층과 피난층 사이의 개방공간 설치와 관련된 기준 내용이다. ( ) 안에 알맞은 것은?

> 바닥면적의 합계가 ( ) 이상인 공연장·집회장·관람장 또는 전시장을 지하층에 설치하는 경우에는 각 실에 있는 자가 지하층 각 층에서 건축물 밖으로 피난하여 옥외 계단 또는 경사로 등을 이용하여 피난층으로 대피할 수 있도록 천장이 개방된 외부 공간을 설치하여야 한다.

① 1,000㎡ ② 2,000㎡
③ 3,000㎡ ④ 4,000㎡

■ 〈건축법령 37조〉 3,000㎡ 이상

53 공동주택의 난방설비를 개별난방방식으로 하는 경우에 관한 기준 내용으로 옳지 않은 것은?

① 난방구획마다 방화구조로 구획할 것
② 보일러의 연도는 내화구조로서 공동연도로 설치할 것
③ 보일러실의 윗부분에는 그 면적이 0.5㎡ 이상인 환기창을 설치할 것
④ 보일러를 설치하는 곳과 거실 사이의 경계벽은 출입구를 제외하고는 내화구조의 벽으로 구획할 것

■ 〈설비기준 13조〉 난방구획마다 내화구조로 구획한다.

54 높이 31m를 넘는 각 층의 바닥면적 중 최대 바닥면적이 9,000㎡인 사무소 건축에 원칙적으로 설치하여야 하는 비상용 승강기의 최소대수는?

① 1대 ② 2대
③ 3대 ④ 4대

■ 〈건축법령 90조〉 비상용 승강기는 최대바닥면적이 1,500까지 1대, 초과 3,000마다 1대
그러므로 1대+(9,000-1,500)/3000=3.5=4대

55 16층 이하 건축물로 바닥면적의 합계가 5천제곱미터 이상인 건축물로 다중이용 건축물에 해당하지 않는 건축물은?

① 종교시설 ② 판매시설
③ 의료시설 중 종합병원 ④ 업무시설

■ 〈건축법령 2조 17〉 다중이용건축물 이란
　가. 다음의 어느 하나에 해당하는 용도로 쓰는 5천제곱미터 이상인 건축물
　　1) 문화 및 집회시설(동물원 및 식물원은 제외한다)
　　2) 종교시설
　　3) 판매시설
　　4) 운수시설 중 여객용 시설
　　5) 의료시설 중 종합병원
　　6) 숙박시설 중 관광숙박시설
　나. 16층 이상인 건축물

56 건축물 관련 건축기준의 허용오차범위가 옳지 않은 것은?

① 벽체두께 : 2% 이내 ② 출구너비 : 2% 이내
③ 반자높이 : 2% 이내 ④ 건축물 높이 : 2% 이내

■ 〈건축법규칙 20조〉 벽체두께, 바닥판두께 : 3% 이내

57 다음은 건축물의 에너지절약설계기준에 따른 기계부분의 의무사항 내용이다. ( ) 안에 알맞은 것은?

> 난방 및 냉방설비의 용량계산을 위한 외기조건은 각 지역별로 위험율 (ㄱ) (냉방기 및 난방기를 분리한 온도출현분포를 사용할 경우) 또는 (ㄴ) (연간 총시간에 대한 온도 출현분포를 사용할 경우)로 하거나 별표7에서 정한 외기온·습도를 사용한다.

① ㄱ 1%, ㄴ 1.5% ② ㄱ 1.5%, ㄴ 1%
③ ㄱ 1%, ㄴ 2.5% ④ ㄱ 2.5%, ㄴ 1%

■ 〈에너지절약기준 8조〉 ㄱ 2.5%, ㄴ 1%

58 건축물의 거실(피난층의 거실 제외)에 국토교통부령으로 정하는 기준에 따라 배연설비를 하여야 하는 대상 건축물에 속하지 않는 것은?(단, 6층 이상인 건축물의 경우)

① 종교시설 ② 판매시설
③ 운동시설 ④ 창고시설

■ 〈건축법령 51조〉 배연설비는 대부분의 공공성 건물(문화 및 집회시설, 종교시설, 판매시설, 운수시설, 의료시설(요양병원 및 정신병원은 제외한다), 노유자시설 중 아동 관련 시설, 노인복지시설(노인요양시설은 제외한다), 수련시설 중 유스호스텔, 운동시설 업무시설, 숙박시설, 위락시설, 관광휴게시설, 장례시설)이 설치 대상이지만 창고, 공동주택, 단독주택은 해당 없다.

해답 55.④ 56.① 57.④ 58.④

59 다음 건축물 중 건축 시 설치하여야 하는 승용승강기의 최소 대수가 가장 많은 것은?(단, 6층 이상의 거실면적의 합계가 7,000㎡이며, 15인승 승용승강기의 경우)
① 판매시설
② 업무시설
③ 숙박시설
④ 위락시설

■ 〈설비기준 5조〉 별표에서 동일한 조건에서 설치대수가 많은 것은 의료시설, 공연장, 집회장, 관람장, 판매시설이다.

60 건축물에 설치하는 지하층의 비상탈출구에 관한 기준 내용으로 가장 거리가 먼 것은?
① 비상탈출구의 유효너비는 0.75m 이상으로 할 것
② 비상탈출구의 문은 피난방향으로 열리도록 할 것
③ 비상탈출구는 출입구로부터 3m 이상 떨어진 곳에 설치할 것
④ 비상탈출구에서 피난층 또는 지상으로 통하는 복도나 직통계단까지 이르는 피난통로의 유효너비는 최소 0.9m 이상으로 할 것

■ 〈피난방화구조 3조〉 비상탈출구에서 피난층 또는 지상으로 통하는 복도나 직통계단까지 이르는 피난통로의 유효너비는 최소 0.75m 이상으로 할 것

해답 59.① 60.④

2023년 4회 CBT | 건축설비산업기사 과년도 출제문제

제1과목 — 건축설비 계획

01 실내에 12인이 거주하며 1인당 CO_2 배출량이 0.02㎥/h이며 실내허용 CO_2농도는 1,000ppm, 도입외기 CO_2농도는 200ppm일 때 필요한 환기량은?(단, 공기의 정압비열은 1.01kJ/kg·K, 공기의 밀도는 1.2kg/㎥이다.)

① 200㎥/h
② 270㎥/h
③ 300㎥/h
④ 460㎥/h

■ $Q = \dfrac{M}{C_i - C_o} = \dfrac{12 \times 0.02}{0.001 - 0.0002} = 300 m^3/h$

02 다음 공조방식에 대한 설명으로 옳지 않은 것은?

① 각 층 유니트 방식은 부분운전이 불가능하여 소규모건물에 적합하다.
② 단일덕트 정풍량방식은 실내 송풍량이 커서 실내청정도가 높다.
③ 이중덕트 방식은 냉풍과 온풍을 동시에 공급하므로 혼합손실이 발생하여 에너지 낭비가 크다.
④ 변풍량방식은 실내부하에 따라 송풍량이 변동하므로 에너지 절약형 공조방식이다.

■ 각 층 유니트 방식은 각 층마다 공조기(공조유니트)를 설치하므로 각 층 부분 운전이 용이하고, 중규모 이상의 빌딩에서 적용하는 편이다.

03 중앙식 급탕설비에서 직접 가열식에 대한 설명으로 옳지 않은 것은?

① 직접가열식은 보일러에 급수가 직접 공급되므로 보일러 온도변화가 심하다.
② 보일러 전열면에 스케일이 생성되어 전열효율이 불량하다.
③ 건물높이에 관계없이 저압보일러로 급탕이 가능하다.
④ 간접가열식에 비하여 설비가 간단하다.

■ 직접가열식 급탕설비는 건물높이가 높아지면 보일러에 수압이 직접 가해지므로 고압보일러가 필요하다.

해답 1.③ 2.① 3.③

04 설비 배관에서 동일관경을 직선으로 연결하기에 부적합한 부속은?

① 니쁠
② 플러그
③ 유니언
④ 소켓

■ 니쁠은 동일관경의 암나사와 암나사를 연결하는 짧은 관이며, 유니언은 배관 최종 조립용 부속이고, 소켓은 배관을 직선 연결하는 가장 보편적인 부속이나, 플러그는 배관말단(암나사)을 막는 숫나사 부속이다.

05 어느 공기 건구온도가 15℃, 절대습도 0.008kg/kg인 습공기의 엔탈피는?(단 공기 비열은 1.01kJ/kgK, 0℃ 증발잠열은 2,501kJ/kg, 수증기비열 1.85kJ/kgK이다.)

① 98.58kJ/kg
② 35.38kJ/kg
③ 23.73kJ/kg
④ 11.98kJ/kg

■ 엔탈피 $= C_{pa}t + x(\gamma + C_{pv}t) = 1.01 \times 15 + 0.008(2501 + 1.85 \times 15) = 35.38 kJ/kg$

06 바닥면적 200m² 거주밀도 0.2인/m²인 건물에서 인체 전열부하는 얼마인가?(단 1인당 현열부하 57W, 잠열부하 62W)

① 3760W
② 3260W
③ 4260W
④ 4760W

■ 실내거주인원=200×0.2=40인
전열부하=현열+잠열=40(57+62)=4,760W

07 냉방부하의 종류 중 잠열부하를 포함하는 것은?

① 인체의 발생열량
② 유리로부터의 취득열량
③ 벽체 취득열량
④ 조명부하

■ 냉방부하 중에서 인체부하, 극간풍부하, 외기부하 등은 현열과 잠열로 구성된다.

08 건축설비 재료 중 다공성 흡음재에 속하는 것은?

① 석고보드
② 암면뿜칠재
③ 비닐재
④ 합판

■ 암면(뿜칠), 유리솜은 다공성 흡음재에 속하며, 석고보드나 합판은 판진동 흡음재에 속한다.

09 건축설비 도면을 그릴 때 선이 겹칠 경우 최우선하는 선은 무엇인가?

① 중심선
② 외형선
③ 숨은선
④ 점선(절단선)

■ 2개 이상의 선이 겹칠 경우 최우선 순위는 외형선, 숨은선, 점선(절단선), 중심선 순이다.

해답 4.② 5.② 6.④ 7.① 8.② 9.②

10 덕트 길이 L, 가로 A, 세로 B일 때 덕트 표면적(S) 계산식으로 적합한 것은?

① $S = (A+B)L$
② $S = (A+B)2L$
③ $S = (2A+2B)L$
④ $S = (2A+2B)2L$

■ 덕트 표면적은 덕트 제작 시 철판 면적을 구하는 것으로 덕트를 펼쳤을 때 표면적이다.
$S = (2A+2B)L$

11 다음 중 압력탱크 급수방식에서 물 공급 순서로 가장 알맞은 것은?

① 상수도 본관 → 압력탱크 → 펌프 → 저수조 → 위생기구
② 상수도 본관 → 압력탱크 → 저수조 → 펌프 → 위생기구
③ 상수도 본관 → 저수조 → 펌프 → 압력탱크 → 위생기구
④ 상수도 본관 → 저수조 → 압력탱크 → 펌프 → 위생기구

■ 압력탱크 급수방식은 상수도 본관에서 인입하여 → 저수조로 저장한 후 → 펌프 → 압력탱크에 가압한 후 탱크압력으로 → 위생기구로 급수한다.

12 단일덕트 변풍량 방식(VAV)에서 VAV 유니트에서 취출 풍량제어는 무슨 신호에 의해서 이루어지는가?

① 급기온도
② 실내온도
③ 혼합온도
④ 코일출구온도

■ 단일덕트 변풍량 방식(VAV)에서는 실내온도를 감지(환기덕트 온도감지기)하여 VAV 유니트를 조절하여 취출 풍량을 제어한다.

13 대변기세정방식에 대한 설명으로 옳지 않은 것은?

① 하이탱크방식은 로탱크방식보다 소음이 적다.
② 하이탱크방식은 로탱크방식보다 화장실을 여유롭게 사용할 수 있다.
③ 플러시 밸브(세정밸브)방식은 사무소 건물 등에서 연속 사용이 가능하다.
④ 하이탱크 방식은 로탱크방식보다 세정수 사용량이 적다.

■ 하이탱크 방식은 탱크가 상부에 위치하여 화장실 바닥 이용이 여유롭지만 소음은 큰 편이다.

14 복사난방에 대한 설명으로 가장 거리가 먼 것은?

① 복사난방은 쾌감도가 우수하다
② 복사난방은 열용량이 작아서 간헐난방에 적합하다.
③ 복사난방은 대류난방에 비해서 실내온도를 낮게 유지할 수 있어 난방부하가 감소한다.
④ 복사난방은 천장이 높은 실에 난방에 적합하다.

■ 복사난방은 구조체(바다, 벽체)에 코일을 매립하여 구조체를 가열하여 복사열을 이용하므로 열용량이 커서 예열과 여열시간이 길어 연속난방에 적합하다.

해답 10.③ 11.③ 12.② 13.① 14.②

15 설비 도면에서 다음 도시기호는 무엇을 표시하는 것인가?

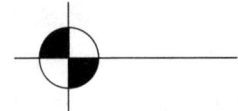

① 배관재질　　　　　　② 배관레벨
③ 엘보　　　　　　　　④ 크로스

■ 위 도시기호는 배관레벨을 표기하는데 사용하며 BOP(배관 하부레벨), COP(배관 중심레벨), TOP(배관 상부레벨) 등을 사용한다.

16 공조되고 있는 실내 열환경을 평가하는 지표의 하나로서 온도, 습도, 기류를 종합하여 온냉감을 나타내는 것은?

① 불쾌지수　　　　　　② 유효온도(ET)
③ 작용온도(OT)　　　　④ 평균복사온도(MRT)

■ • 불쾌지수요소 : 온도, 습도　　　　　　　• 유효온도(ET)의 요소 : 온도, 습도, 기류
　• 수정유효온도(CET) : 온도, 습도, 기류, 복사열　• 작용온도(OT) : 온도, 기류, 복사열
　• 공기조화의 4요소 : 온도, 습도, 기류, 청정도

17 냉난방부하계산법 중 기간부하계산법에 속하지 않는 것은?

① 난방도일법　　　　　　② 동적열부하계산법
③ 최대열부하 계산법　　　④ 수정빈법

■ 기간부하계산법에는 난방도일법, 빈법, 수정빈법, 동적열부하계산법이 있으며 최대열부하 계산법(온도차법, 상당온도차법, CLTD법 등)은 단위시간당 부하계산법으로 공조설비 용량계산의 기준이 된다.

18 다음 중 펌프특성곡선에 표시되지 않는 것은?

① 유속　　　　　　② 효율
③ 유량　　　　　　④ 양정

■ 펌프특성곡선을 통해 펌프의 유량에 따른 양정, 축동력, 효율의 변화를 알 수 있다.

19 간접조명에 대한 설명으로 적합하지 않은 것은?

① 간접조명은 설비비가 고가이다.
② 간접조명은 조명효율이 우수하다.
③ 간접조명은 음영이 부드럽다.
④ 간접조명은 동일조도에서 등기구수가 많아진다.

■ 간접조명은 조명효율이 낮아서 동일조도에서 등기구수가 많아지고 전력소비도 크다.

해답　15.②　16.②　17.③　18.①　19.②

20 압력탱크식에서 탱크압력이 게이지압으로 0.5MPa일 때 절대압력은 얼마인가?(단 대기압은 0.1MPa이다)

① 0.4MPa ② 0.6MPa
③ 1.5MPa ④ 2.5MPa

■ 절대압력=게이지압+대기압=0.5+0.1=0.6MPa

제2과목 건축설비 설계

21 보일러의 출력 표시법 중에서 난방부하+급탕부하는 무엇인가?

① 상용출력 ② 정미출력
③ 정격출력 ④ 과부하출력

■ • 정미출력=난방부하+급탕부하
• 상용출력=난방부하+급탕부하+배관부하
• 정격출력=난방부하+급탕부하+배관부하+예열부하
• 과부하출력=상용출력+과부하

22 배수설비에서 배수트랩의 주 기능은 무엇인가?

① 배수의 역류방지 ② 침전물의 제거
③ 악취, 가스의 실내유입방지 ④ 해충의 침입방지

■ 배수트랩의 주기능은 악취, 가스의 역류방지이며 기타 해충의 침입방지, 침전물의 제거기능도 가진다.

23 사무소 건물에서 중앙급탕식 급탕배관에서 각 라인별로 순환량을 균등히 하기 위해 적용하는 배관법은 무엇인가?

① 단관식 배관법 ② 리버스리턴배관
③ 상향식배관 ④ 기계환수식

■ 역환수 배관방식(리버스리턴방식)은 각 존별 배관길이를 균등하게 하여 마찰저항이 균등하고, 또한 순환유량을 균등히 하며, 이에 따라 온수의 온도 분포를 균등히 하는 것이 목적이다.

24 공기조화설비에서 가습방법으로 가장 부적합한 것은?

① 증기분무 ② 에어와셔
③ 히트파이프 ④ 단열분무

■ 히트파이프는 고온부와 저온부 사이에서 열이동(열회수) 장치이다.

해답 20.② 21.② 22.③ 23.② 24.③

25 운전 중인 송풍기가 회전수 750rpm에서 송풍량이 100㎥/min, 전압 400Pa, 동력 1.5kW일 때 회전수를 900rpm으로 높이면 이론적으로 전압은 얼마로 상승하는가?

① 480Pa
② 576Pa
③ 780Pa
④ 960Pa

■ 상사법칙에서 전압은 회전수의 제곱에 비례하므로
$$P_2 = P_1 \left(\frac{N_2}{N_1}\right)^2 = 400 \left(\frac{900}{750}\right)^2 = 576 Pa$$

26 공기조화기에 내장된 전열교환기의 설치목적으로 가장 적합한 것은 무엇인가?

① 공조기의 배기(EA)와 외기(OA) 사이에서 현열을 교환하여 회수한다.
② 공조기의 배기(EA)와 급기(SA) 사이에서 현열을 교환하여 회수한다.
③ 공조기의 배기(EA)와 외기(OA) 사이에서 현열과 잠열을 교환하여 회수한다.
④ 공조기의 배기(EA)와 급기(SA) 사이에서 현열과 잠열을 교환하여 회수한다.

■ 전열교환기는 공조기에서 배기(EA)의 버려지는 유효열을 도입하는 외기(OA)와 열교환하여 현열과 잠열을 회수한다.

27 양수펌프가 유량 60㎥/h, 전양정 25m로 운전되고 있을 때 축동력은 얼마인가? (단, 펌프효율은 70%)

① 4.56kW
② 5.84kW
③ 6.56kW
④ 7.65kW

■ $kW = \dfrac{QH}{102E} = \dfrac{60 \times 1,000 \times 25}{3,600 \times 102 \times 0.7} = 5.84 kW$

28 펌프의 유량제어법 중 회전수를 20% 증가시키면 유량은 얼마나 증가하는가?

① 20%
② 24%
③ 40%
④ 44%

■ 상사법칙에서 유량은 회전수에 비례하므로 회전수가 20% 증가할 때 유량은 20% 증가한다.

29 간접가열식 급탕설비에서 급탕온도를 일정하게 조절하는 감지기는 무엇인가?

① 순환펌프
② 써모스텟
③ 가열코일
④ 증기공급

■ 간접가열식 급탕설비에서 써모스텟에서 급탕온도를 감지하여 증기공급 제어밸브(2방변)를 조절하여 일정한 급탕온도를 유지한다.

해답 25.② 26.③ 27.② 28.① 29.②

30 배수설비에서 배수관경을 결정할 때 배수부하단위의 기본이 되는 기구는 무엇인가?
① 대변기 세정밸브형 ② 세면기
③ 대변기 세정탱크형 ④ 소변기

■ 배수부하단위(FU)는 세면기를 기본(FU=1)으로 한다.

31 건물 연면적 2000㎡, 유효면적비율 50%, 거주밀도 0.2인/㎡, 1인당 1일급수량 100L/cd일 때 1일 급수량은 얼마인가?
① $20,000m^3/d$ ② $10,000m^3/d$
③ $200m^3/d$ ④ $20m^3/d$

■ 1일급수량= $2,000 \times 0.5 \times 0.2 \times 100 = 20,000 L/d = 20 m^3/d$

32 위생기구별 급수관경 조합으로 가장 부적합한 것은?
① 대변기 세정밸브형-20A ② 세면기-15A
③ 대변기 세정탱크형-15A ④ 소변기 세정밸브형-20A

■ 대변기 세정밸브형-25A

33 수도직결식 급수설비에서 본관에서 기구까지 수직높이가 3m이고, 배관마찰손실수두가 3mAq일 때 수도본관 필요압력(MPa)은 얼마이상인가?(단 기구 요구압력은 30kPa)
① 0.09MPa ② 0.9MPa
③ 0.19MPa ④ 1.09MPa

■ 본관압력=기구요구압+수직고+마찰손실=(30/1,000)+(3/100)+(3/100)=0.09MPa

34 배관마찰저항선도(윌리암-하젠선도)에서 관경을 선정할 때 필요한 2요소로 적합한 것은?
① 마찰계수와 유속 ② 비체적과 유량
③ 유량과 허용마찰저항 ④ 레이놀즈수와 마찰계수

■ 배관마찰저항선도(윌리암-하젠선도)는 유량, 유속, 마찰저항, 관경 4요소로 구성되어 있으며 관경을 선정할 때 유량, 유속, 마찰저항 중에서 2요소는 알아야 한다.

35 급수배관설비에 대한 설명으로 가장 거리가 먼 것은?
① 급수배관에서 공기를 배출하도록 공기실을 설치한다.
② 균등관법으로 급수관경을 결정할 때는 동시사용률을 적용해야 한다.

③ 급수배관은 위생기구에 필요한 유량과 압력을 공급할 수 있도록 관경을 선정한다.
④ 급수배관이 벽체를 관통할 때는 슬리브를 설치한다.

■ 급수관에서 공기실(워터해머쿠션)은 수격작용을 방지하는 것으로 공기제거 기능은 없다.

36 다음 설명에 알맞은 덕트의 치수 결정법은?

> • 결정된 덕트는 먼지나 산업용 분말을 이송시키는데 적당하다.
> • 각 구간마다 압력손실이 다르기 때문에 송풍기 용량을 구하기 위해 전체 구간의 압력 손실을 구해야 하는 번거로움이 있다.

① 정압법　　　　　　② 등속법
③ 전압법　　　　　　④ 정압재취득법

■ 등속법(Equal Velocity Method) : 덕트의 주관이나 분기관의 풍속을 권장풍속치 내로 정하여 덕트 치수를 결정하며 주로 분체, 분진의 이송 등에 사용하고 원형 및 고속덕트 설계 시 적용한다.

37 2중효용 흡수식 냉동기 구성요소로 알맞은 것은?

① 고온응축기+저온응축기　　② 고온재생기+저온재생기
③ 고온흡수기+저온흡수기　　④ 고온증발기+저온증발기

■ 2중효용 흡수식 냉동기는 고온재생기와 저온재생기로 구성된다.

38 배수 수평지관의 최상류 기구 바로 아래에서 뽑아 올려 오버 플로우면 상부에서 수평으로 통기 입관에 접속한 통기관은?

① 각개통기　　　　　② 회로통기
③ 습식통기　　　　　④ 신정통기

■ 회로통기(환상통기, 루프통기)는 수평지관 최상류 기구 아래에서 뽑아 올린 후 통기 수직관에 연결한다.

39 냉각탑(cooling tower)에 대한 설명 중 잘못된 것은?

① 냉각탑은 응축기에서 냉각수가 제거한 열을 공기 중에서 방열하는 것이다.
② 냉각탑 용량은 증발기 냉동능력과 압축기부하를 합한 용량이다.
③ 쿨링레인지는 냉각탑에서의 냉각수 입·출구 수온차이다.
④ 대기오염이 심한 지역에서는 개방식 냉각탑을 적용한다.

■ 대기오염이 심한 지역에서는 밀폐식 냉각탑을 적용하여 배관의 부식을 최소화한다.

40 증기난방 시스템에서 증기와 응축수 온도 차이를 감지하여 작동하는 온도조절식 증기트랩은 무엇인가?

해답　36.② 37.② 38.② 39.④ 40.②

① 플로트트랩 ② 밸로즈트랩
③ 버킷트랩 ④ 디스크트랩

■ 밸로즈트랩(실로폰트랩)은 증기와 응축수 온도 차이를 감지하여 작동하는 온도조절식 증기트랩이다.

제3과목 건축설비 관련 법규

41 건축물을 특별시나 광역시에 건축하려는 경우 특별시장이나 광역시장의 허가를 받아야 하는 대상 건축물의 연면적 기준은?

① 연면적의 합계가 5천 제곱미터 이상인 건축물
② 연면적의 합계가 1만 제곱미터 이상인 건축물
③ 연면적의 합계가 10만 제곱미터 이상인 건축물
④ 연면적의 합계가 20만 제곱미터 이상인 건축물

■ 〈건축법령 8조〉 법 제11조제1항 단서에 따라 특별시장 또는 광역시장의 허가를 받아야 하는 건축물의 건축은 층수가 21층 이상이거나 연면적의 합계가 10만 제곱미터 이상인 건축물의 건축(연면적의 10분의 3 이상을 증축하여 층수가 21층 이상으로 되거나 연면적의 합계가 10만 제곱미터 이상으로 되는 경우를 포함한다)을 말한다.

42 피난 용도로 쓸 수 있는 광장을 옥상에 설치하여야 하는 경우에 해당되지 않는 것은?

① 5층 이상인 층이 판매시설의 용도로 쓰는 경우
② 5층 이상인 층이 종교시설의 용도로 쓰는 경우
③ 5층 이상인 층이 위락시설 중 주점영업의 용도로 쓰는 경우
④ 5층 이상인 층이 문화 및 집회 시설 중 전시장의 용도로 쓰는 경우

■ 〈건축법령 40조〉 전시장, 동식물원 제외

43 오피스텔의 난방설비를 개별난방방식으로 하는 경우에 관한 기준 내용으로 옳지 않은 것은?

① 난방구획을 방화구획으로 구획할 것
② 보일러의 연도는 내화구조로써 개별연도로 설치할 것
③ 가스보일러인 경우 보일러실의 윗부분에는 그 면적이 0.5㎡ 이상인 환기창을 설치할 것
④ 보일러는 거실 외의 곳에 설치하되, 보일러를 설치하는 곳과 거실 사이의 경계벽은 출입구를 제외하고는 내화구조의 벽으로 구획할 것

■ 〈설비기준 13조〉 보일러의 연도는 내화구조로써 공동연도로 설치할 것

해답 41.③ 42.④ 43.②

44 다음은 건축물의 에너지절약 설계기준에 따른 용어의 정의이다. ( ) 안에 알맞은 것은?

> 중앙집중식 냉방 또는 난방설비라 함은 건축물의 전부 또는 냉난방 면적의 ( ) 이상을 냉방 또는 난방함에 있어 해당 공간에 순환펌프, 증기난방설비 등을 이용하여 열원 등을 공급하는 설비를 말한다. 단, 산업통상자원부 고시 [효율관리기자재 운용규정]에서 정한 가정용 가스보일러는 개별 난방설비로 간주한다.

① 40% ② 50%
③ 60% ④ 70%

■ 건축물의 에너지절약설계기준 제5조에 따라 "중앙집중식 냉·난방설비"라 함은 건축물의 전부 또는 냉난방 면적의 60% 이상을 냉방 또는 난방함에 있어 해당 공간에 순환펌프, 증기난방설비 등을 이용하여 열원 등을 공급하는 설비를 말한다.

45 피뢰설비를 설치하여야 하는 건축물의 높이 기준은?

① 10m 이상 ② 20m 이상
③ 30m 이상 ④ 40m 이상

■ 〈설비기준 20조〉 피뢰설비를 설치하여야 하는 건축물 : 20m 이상

46 다음은 건축물의 냉방설비에 대한 설치 및 설계 기준에 따른 축열률의 정의이다. ( ) 안에 알맞은 것은?

> 축열률이라 함은 통계적으로 ( )을 기준으로 하여 그 밖의 시간에 필요한 냉방열량 중에서 이용이 가능한 냉열량이 차지하는 비율을 말하며 백분율(%)로 표시한다.

① 연중 최소냉방부하를 갖는 날 ② 연중 최대냉방부하를 갖는 날
③ 연중 최소냉방부하를 갖는 달 ④ 연중 최대냉방부하를 갖는 달

■ 〈냉방설비기준 3조〉 축열률이라 함은 통계적으로(연중 최대냉방부하를 갖는 날)을 기준으로 하여 그 밖의 시간에 필요한 냉방열량 중에서 이용이 가능한 냉열량이 차지하는 비율을 말하며 백분율(%)로 표시한다.

47 심야시간에 얼음을 제조하여 축열조에 저장하였다가 기타 시간에 이를 녹여 냉방에 이용하는 냉방설비는?

① 수축열식 ② 빙축열식
③ 잠열축열식 ④ 부분축냉방식

■ 〈냉방설비기준 3조〉 "빙축열식 냉방설비"라 함은 심야시간에 얼음을 제조하여 축열조에 저장하였다가 그 밖의 시간에 이를 녹여 냉방에 이용하는 냉방설비를 말한다. "수축열식 냉방설비"라 함은 심야시간에 물을 냉각시켜 축열조에 저장하였다가 그 밖의 시간에 이를 냉방에 이용하는 냉방설비를 말한다.

해답 44.③ 45.② 46.② 47.②

48 연면적 1만제곱미터 이상인 건축물(창고시설은 제외한다) 또는 에너지를 대량으로 소비하는 건축물로서 급수·배수(配水)·배수(排水)·환기·난방설비를 설치하는 경우 「기술사법」에 따라 등록한 건축기계설비기술사 또는 공조냉동기계기술사가 그 설치상태를 확인한 후 건축주 및 공사감리자에게 어떤 서식을 제출하여야하는가?

① 건축완료보고서 ② 건축설비설치확인서
③ TAB결과보고서 ④ 건축사용허가서

■ 〈설비기준3조〉(관계전문기술자의 협력사항) 영 제91조의3제2항에 따라 건축물에 건축설비를 설치한 경우에는 해당 분야의 기술사가 그 설치상태를 확인한 후 건축주 및 공사감리자에게 별지 제1호서식의 건축설비설치확인서를 제출하여야 한다.

49 다음 중 6층 이상의 거실면적의 합계가 3,000㎡일 때 설치하여야 하는 승용승강기의 최소 대수가 가장 적은 건축물의 용도는?(단, 15인승 승강기일 경우)

① 문화집회시설 ② 판매시설
③ 의료시설 ④ 업무시설

■ 〈설비기준 5조〉 문화집회, 판매, 의료시설이 가장 대수가 많다.

50 아파트에 설치하여야 하는 대피공간에 관한 기준 내용으로 옳지 않은 것은?

① 대피공간은 바깥의 공기와 접할 것
② 대피공간은 실내의 다른 부분과 방화구획으로 구획될 것
③ 대피공간의 바닥면적은 각 세대별로 설치하는 경우에는 최소 2㎡ 이상일 것
④ 대피공간의 바닥면적은 인접 세대와 공동으로 설치하는 경우에는 최소 4㎡ 이상일 것

■ 〈건축법령 46조 5항〉 인접 세대와 공동으로 설치하는 경우에는 최소 3㎡ 이상일 것

51 다음 중 방화구조에 속하지 않는 것은?

① 심벽에 흙으로 맞벽치기한 것
② 철망모르타르로서 그 바름두께가 2cm인 것
③ 석고판 위에 회반죽을 바른 것으로서 그 두께의 합계가 2.5cm인 것
④ 시멘트모르타르위에 타일을 붙인 것으로서 그 두께의 합계가 2cm인 것

■ 〈피난방화구조기준 4조〉 시멘트모르타르 위에 타일을 붙인 것으로서 그 두께의 합계가 2.5cm 이상인 것

52 승용승강기 설치 대상 건축물에서 승용승강기 설치대수의 산정 요소로만 나열된 것은?

① 건축물의 용도, 6층 이상의 거실면적의 합계
② 건축물의 층수, 6층 이상의 거실면적의 합계
③ 건축물의 용도, 6층 이상의 바닥면적의 합계
④ 건축물의 층수, 6층 이상의 바닥면적의 합계

해답 48.② 49.④ 50.④ 51.④ 52.①

■ 〈설비기준 5조〉 승용승강기 설치대수의 산정에는 건축물의 용도와 6층 이상의 거실면적의 합계로 산정한다.

53 높이 31m를 넘는 각 층의 바닥면적이 각각 3,000㎡인 사무소 건축물에 설치하여야 하는 비상용 승강기의 최소 대수는?

① 1대 ② 2대
③ 3대 ④ 4대

■ 〈건축법령 90조〉 비상용 승강기 1,500㎡ 이하 1대, 초과 3,000㎡마다 1대 가산이므로 3,000㎡일 때 1대 +1대=2대

54 건축물의 에너지절약 설계기준에 따른 건축부문의 권장사항으로 옳지 않은 것은?

① 외벽 부위는 외단열로 시공한다.
② 건물의 창호는 가능한 작게 설계하고, 특히 열손실이 많은 북측의 창면적은 최소화한다.
③ 건축물은 대지의 향, 일조 및 주풍향 등을 고려하여 배치하며, 남향 또는 남동향 배치를 한다.
④ 거실의 층고 및 반자 높이는 실의 용도와 기능에 지장을 주지 않는 범위 내에서 가능한 높게 한다.

■ 〈에너지절약기준 7조〉 거실의 층고 및 반자 높이는 가능한 낮게 한다.

55 건축법령에 따른 아파트의 정의로 알맞은 것은?

① 주택으로 쓰는 층수가 3개 층 이상인 주택
② 주택으로 쓰는 층수가 5개 층 이상인 주택
③ 주택으로 쓰는 층수가 8개 층 이상인 주택
④ 주택으로 쓰는 층수가 10개 층 이상인 주택

■ 〈건축법령 3조의 5〉 아파트 : 주택으로 쓰는 층수가 5개 층 이상인 주택

56 건축물에 설치하는 지하층의 구조 및 설비에 관한 기준 내용으로 거실의 바닥면적의 합계가 ( )㎡ 이상인 층에는 환기설비를 설치하여야 하는가?

① 300㎡ ② 500㎡
③ 800㎡ ④ 1,000㎡

■ 〈피난방화구조기준 25조〉 거실의 바닥면적의 합계가 1,000㎡ 이상인 층에는 환기설비를 설치할 것

해답 53.② 54.④ 55.② 56.④

57 건축법령에 따른 용도별 건축물의 종류 중 의료시설에 속하지 않는 것은?

① 한의원 ② 한방병원
③ 치과병원 ④ 요양병원

■ 〈건축법령 3조 5〉 한의원은 제1종 근린생활시설(근생)에 속한다.

58 문화 및 집회시설 중 공연장의 관람석과 접하는 복도의 유효너비는 최소 얼마 이상이어야 하는가?(단, 당해 층의 바닥면적의 합계가 700㎡인 경우)

① 1.5m ② 1.8m
③ 2.4m ④ 2.7m

■ 〈피난방화기준 15조 2〉 문화 및 집회시설(공연장·집회장·관람장·전시장에 한정한다), 종교시설 중 종교집회장 등 바닥면적의 합계가 500제곱미터 이상 1천제곱미터 미만인 경우 도의 유효너비는 1.8미터 이상으로 한다.

59 건축물의 출입구에 설치하는 회전문은 계단이나 에스컬레이터로부터 최소 얼마 이상의 거리를 두어야 하는가?

① 1m ② 1.2m
③ 1.5m ④ 2m

■ 〈피난방화구조기준 12조〉 2m

60 방송 공동수신설비를 설치하여야 하는 대상 건축물에 속하지 않는 것은?

① 공동주택
② 바닥면적의 합계가 5000㎡로서 판매시설의 용도로 쓰는 건축물
③ 바닥면적의 합계가 5000㎡로서 업무시설의 용도로 쓰는 건축물
④ 바닥면적의 합계가 5000㎡로서 숙박시설의 용도로 쓰는 건축물

■ 〈건축법 시행령 제87조〉 방송 공동수신설비 설치대상 건축물
• 공동주택
• 바닥면적의 합계가 5천제곱미터 이상으로서 업무시설이나 숙박시설의 용도로 쓰는 건축물

해답 57.① 58.② 59.④ 60.②

2024년 1회 CBT | 건축설비산업기사 과년도 출제문제

제1과목 ─ 건축설비 계획

01 취출구 및 흡입구에서의 풍속을 제한하는 가장 주된 이유는?
① 소음제어
② 송풍동력 절감
③ 덕트크기의 제한
④ 기류확산 범위 확대

■ 취출구 및 흡입구에서의 풍속은 소음을 억제하기 위하여 제한한다.

02 경수는 센물이라 하며 세탁용수, 공업용수로 부적합하다. 먹는 물 수질기준으로 경도는 얼마 이상일 때 부적합한 물로 규제하는가?
① 110mg/L
② 200mg/L
③ 300mg/L
④ 500mg/L

■ 먹는 물 수질기준에서는 경도 300mg/L 이하로 규제하며 사람이 섭취하기에 적합한 물은 경도 90~110mg/L 정도이며 90mg/L 이하를 연수, 110mg/L 이상을 경수로 분류한다. 공업용으로는 경도 0~20mg/L 정도를 연수로 본다.

03 지역난방에 관한 설명으로 옳지 않은 것은?
① 연료비가 절감된다.
② 대기오염을 줄일 수 있다.
③ 보일러 설비가 대용량이 된다.
④ 각 세대의 설비 스페이스가 증대된다.

■ 지역난방은 세대별로 보일러가 없으므로 설비 스페이스가 감소하며, 동시사용률이 적어서 보일러 전체 설비 용량은 감소하나 대용량 보일러 설비가 필요하다.

04 다음 중 유리의 일사 취득 최소화 방안 아닌 것은?
① 차폐계수를 작게 한다.
② 일사취득계수를 작게 한다.
③ 반사율을 크게 한다.
④ 열관류율을 크게 한다.

■ 일사 취득과 열관류율은 직접적인 상관관계가 없다.

해답 1.① 2.③ 3.④ 4.④

05 다음의 시공상세도(Shop drowing)에 관한 설명 중 옳지 않은 것은?

① 시공상세도 작성은 실시설계도면을 기준으로 현장여건을 반영하여 상세하게 작성하여야 한다.
② 시공상세도의 작성은 시공 품질관리를 위하여 감리와 감도자의 승인을 얻어 설계자가 작성한다.
③ 시공상세도는 전 공정을 대상으로 작성하는 것을 원칙으로 한다.
④ 시공상세도는 기술검토 등을 요하지 않는 단순한 사항을 제외하고는 각 공종에 대하여 시공 순서 및 규모에 따라 구분하여 공사착수 15일 전까지 제출하여야 한다.

■ 시공상세도의 작성은 시공 품질관리를 위하여 감리와 감도자의 승인을 얻어 현장시공자가 작성한다.

06 광도 1,200cd인 전등으로부터 2m 떨어진 면에서 조도를 측정하였더니 300lx이었다. 이 면을 전등으로부터 4m 떨어진 곳에 놓으면 그 면에서의 조도는?

① 100lx
② 75lx
③ 50lx
④ 25lx

■ 조도는 거리의 제곱에 반비례하므로 거리가 2배면 조도는 1/4이다.
300(1/4)=75lx

07 다음 중 온수난방 배관에서 역환수(reverse return) 방식을 사용하는 이유로 가장 알맞은 것은?

① 배관의 신축을 흡수하기 위하여
② 배관의 부식을 방지하기 위하여
③ 온수의 유량공급을 동일하게 하기 위하여
④ 배관 내의 공기배출을 용이하게 하기 위하여

■ 온수난방 배관에서 역환수방식은 존별 유량공급을 균등하게 하기 위해서이다.

08 주방, 화장실 등과 같이 냄새 또는 유해가스나 증기발생이 많은 공간에 주로 사용되는 환기방식은?

① 자연환기
② 강제급기+배기구
③ 급기구+강제배기
④ 강제급기+강제배기

■ 냄새 또는 유해가스나 증기발생이 많은 곳은 3종환기(급기구+강제배기)를 적용하여 실내 발생 오염가스가 주변에 확산되지 않게 한다.

09 덕트의 마찰저항에 관한 설명으로 옳지 않은 것은?

① 유속의 제곱에 비례한다.
② 덕트의 직경이 클수록 마찰저항은 커진다.

③ 덕트의 길이가 갈수록 마찰저항은 커진다.
④ 원형 덕트가 장방형 덕트에 비해 마찰저항이 작다.

■ 덕트의 직경이 클수록 마찰저항은 작아진다.

10 다음 중 구조체의 열용량이 클 경우 발생하는 현상과 가장 거리가 먼 것은?
① 결로 방지
② 시간지연효과
③ peak load의 감소
④ 실내온열환경 안정화

■ 열용량이 크면 결로 발생을 조금 늦출 수 있으나 방지는 곤란하다.

11 정화조 중 유입된 오수를 혐기성 균에 의하여 소화작용으로 분리침전이 이루어지도록 하는 곳은?
① 부패조
② 여과조
③ 산화조
④ 소독조

■ 혐기성 균 소화작용 - 부패조, 호기성 균 산화 - 산화조

12 습공기 선도에 표시되지 않은 공기의 상태값은?
① 비체적
② 열수분비
③ 작용온도
④ 수증기분압

■ 작용온도는 온도, 기류, 복사열로 구해지며 습공기선도에는 없다.

13 다음 중 수도직결 방식의 특징을 설명한 것이다. 틀린 것은?
① 수도본관 압력에 따라 급수압이 변화한다.
② 단전 시에도 급수가 가능하다.
③ 설비비가 저렴하다.
④ 수질오염의 가능성이 다른 방식보다 높다.

■ 급수방식은 수도직결식, 고가수조식, 압력탱크식, 부스터식(펌프직송식)이 있으며 수도직결식의 특징은
  ▶ 배관직결이므로 수질오염 가능성이 가장 작고
  ▶ 배관 이외의 설비가 없어 설비비가 저렴하고
  ▶ 펌프설비가 없어서 정전 시에도 급수가 가능한 장점이 있으나
  ▶ 중간 탱크가 없어서 피크 부하 시에 수압변동이 심하다.

14 히트펌프에 관한 설명으로 옳지 않은 것은?
① 저온측과 고온측의 양온도차가 커질수록 성적계수는 커진다.
② 냉동사이클에서 응축기의 방열량을 이용하기 위한 것으로 공기조화에서는 난방용으로 응용된다.

해답 10.① 11.① 12.③ 13.④ 14.①

③ 작동매체인 냉매는 증발→압축→응축→팽창→증발의 변화를 반복하면서 장치 내를 순환하게 된다.
④ 기본적인 구성요소는 저온부의 열교환기인 증발기, 고온부의 열교환기인 응축기, 압축기, 팽창밸브 등이다.

■ 저온측과 고온측의 양온도차가 커질수록 성적계수는 작아지며 저온측(증발온도)은 온도가 높을수록, 고온측(응축온도)은 온도가 낮을수록 성적계수가 커진다.

15 다음 중 유효온도의 구성요소로 옳은 것은?

① 온도, 습도, 복사열
② 온도, 습도, 기류
③ 온도, 습도, 착의량
④ 온도, 기류, 복사열

■ 유효온도(ET)란 일종의 체감온도로 온도, 습도, 기류의 영향을 종합한 것이다.

16 어느 실의 냉방장치에서 실내취득 현열부하가 40,000W, 잠열부하가 15,000W인 경우 송풍공기량은?(단, 실내온도 26℃, 송풍 공기온도 12℃, 외기온도 35℃, 공기밀도 1.2 kg/㎥, 공기의 정압비열은 1.01 kJ/kg · K이다.)

① 1.65㎥/s
② 2.28㎥/s
③ 2.36㎥/s
④ 3.25㎥/s

■ 현열부하 40,000W를 40kW로 환산하여 계산한다.
$$Q = \frac{q_s}{\rho C \Delta t} = \frac{40,000 \div 1,000}{1.2 \times 1.01(26-12)} = 2.36 \text{m}^3/\text{s}$$

17 다음 설명에 알맞은 통기관의 종류는?

최상부의 배수수평관이 배수수직관에 접속된 위치보다도 더욱 위로 배수수직관을 끌어올려 대기 중에 개구하여 통기관으로 사용하는 부분을 말한다.

① 각개통기관
② 신정통기관
③ 루프통기관
④ 도피통기관

■ 신정통기관은 배수수직관 정부를 연장하여 대기 중에 개구한 것이다.

18 다음 중 급수설비에서 수격작용의 발생이 가장 우려되는 경우는?

① 급수관의 지름이 클 경우
② 물을 과도하게 사용할 경우
③ 급수관 내의 유속이 느릴 경우
④ 급수관 내에서 물의 흐름을 갑자기 정지할 경우

■ 유속이 급변할 때 수격작용이 발생한다.

해답 15.② 16.③ 17.② 18.④

19 냉각탑의 쿨링 어프로치(cooling approach)란?

① 냉각탑 입구수온(℃)-냉각탑 출구수온(℃)
② 냉각탑 입구수온(℃)-입구공기의 습구온도(℃)
③ 냉각탑 출구수온(℃)-입구공기의 습구온도(℃)
④ 냉각탑 입구수온(℃)-입구공기의 건구온도(℃)

■ 이론적으로 냉각수 출구 수온은 입구 공기 습구온도까지 냉각될 수 있어서 이들이 얼마나 접근했는가를 어프로치라 하고 어프로치가 작을수록 냉각탑 효율이 좋은 것이다. 냉각수 입출구 수온차는 쿨링랜지이다.

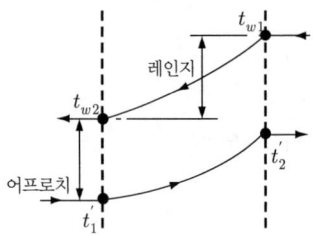

t_{w1}, t_{w2} : 냉각수 입·출구 수온
t_1', t_2' : 외기(입구공기) 습구온도, 냉각탑 출구 습구온도

20 배관 지지물의 구비요건으로 옳지 않은 것은?

① 관의 신축으로 움직이지 않을 것
② 외부의 진동이나 충격에 견딜 것
③ 배관 진동을 구조체에 전달하지 않을 것
④ 배관의 자중과 유체의 하중 등에 견딜 것

■ 배관 지지물은 관의 신축을 흡수하도록 움직일 수 있게(레스팅, 롤러서포트 등) 한다.

제2과목 | 건축설비 설계

21 습공기 5,000㎥/h를 바이패스 팩터 0.2인 냉각코일에 의해 냉각시킬 때 냉각코일의 냉각열량(kW)은?(단, 코일 입구공기의 엔탈피는 64.5kJ/kg, 밀도는 1.2kg/㎥, 냉각코일 표면온도는 8℃이며, 8℃의 포화습공기 엔탈피는 25kJ/kg이다.)

① 38　　② 52.7
③ 138　　④ 165

■ 우선 냉각코일 출구 엔탈피(h_2)를 BF를 고려하여 구하면(냉각코일 엔탈피(h_c)는 25kJ/kg이다.)
$h_2 = h_c + BF(h_1 - h_c) = 25 + 0.2(64.5 - 25) = 32.9$
냉각코일 제거열량은
$q = m\Delta h = 5,000 \times 1.2(64.5 - 32.9) = 189,600 \text{kJ/h} = 52.7 \text{kW}$

19.③　20.①　21.②

22 보일러의 출력 중 난방부하와 급탕부하를 합한 용량으로 표시되는 것은?

① 상용출력 ② 정미출력
③ 정격출력 ④ 과부하출력

- 정미출력=난방부하+급탕부하
- 상용출력=난방부하+급탕부하+배관부하
- 정격출력=상용출력=난방부하+급탕부하+배관부하+예열부하
- 과부하출력=정격출력+과부하

23 펌프에 관한 설명으로 옳지 않은 것은?

① 마찰펌프는 소용량에 비해 높은 양정을 얻을 수 있다.
② 원심식 펌프에는 피스톤 펌프, 다이아프램 펌프 등이 있다.
③ 급수설비에서 급수 및 양수 펌프로는 주로 원심식 펌프가 사용된다.
④ 볼류트 펌프는 와권 케이싱과 회전차로 구성되며, 디퓨저 펌프는 회전차 주위에 디퓨저인 안내 날개를 가지고 있다.

- 원심식 펌프에는 볼류트, 터빈펌프가 있으며 용적식 펌프에 피스톤 펌프, 다이아프램 펌프 등이 있다.

24 t_1=10℃인 습공기 1,000㎥/h를 t_2=28℃까지 가열할 경우 가열량은?(단, 공기의 비열은 1.01 kJ/kg·K 밀도는 1.2 kg/㎥이다)

① 6,060W ② 6,060kW
③ 21,816W ④ 21,816kW

- $q=mC\triangle t$ =1,000×1.2×1.01(28-10)=21,816kJ/h=6,060W

25 건축물 지붕의 수평투영 면적이 600㎡인 경우, 4개의 우수수직관을 설치하고자 한다. 최대 강우량이 130mm/h일 때 우수수직관의 관경으로 가장 적당한 것은?(단, 아래 표의 허용최대 지붕면적은 강우량이 100mm/h일 경우이다.)

관경(mm)	허용최대 지붕면적(㎡)
50	67
65	121
75	204
100	427
125	804

① 65mm ② 75mm
③ 100mm ④ 125mm

- 강우량 130을 100으로 환산하여 지붕면적을 구하면 $600\times(\frac{130}{100})=780m^2$

  4개 수직관에서 1개가 담당하는 면적은 780/4=195㎡
  표에서 195 직상 204항 75mm 선정

해답 22.② 23.② 24.① 25.②

26 배수관에 관한 설명으로 옳지 않은 것은?

① 배수관은 배수의 흐름방향으로 관경을 축소해서는 안 된다.
② 배수관의 구배를 크게 하면 할수록 오물을 반송하기 위한 능력은 커진다.
③ 기구배수관의 관경은 이것에 접속하는 위생기구의 트랩구경 이상으로 한다.
④ 배수수직관의 관경은 이것에 접속하는 배수수평지관의 최대 관경 이상으로 한다.

■ 배수관의 구배는 관경에 따라 적당해야 오물 반송 능력이 커진다. 구배가 너무 크면 오물은 잔류하고 물만 배수된다.

27 공기조화기의 에어필터 설치 시 유의사항으로 옳지 않은 것은?

① 송풍기 및 코일의 흡입 측에 설치한다.
② 필터의 설치위치 전후에는 점검과 보수를 위한 충분한 공간과 점검문을 설치한다.
③ 유닛형 필터를 여러 개 조합하여 설치하는 경우에는 지그재그로 하여 통과 면적을 크게 한다.
④ 필터는 공기 흐름방향에 역방향으로 설치한다.

■ 필터는 공기 흐름방향대로 설치하여야 한다.

28 다음 설명에 알맞은 보일러는?

- 수직으로 세운 드럼 내에 연관 또는 수관이 있는 소규모의 패키지형으로 되어 있다.
- 설치면적이 작고, 취급이 용이하며, 수처리가 필요없다.
- 사용압력이 낮고, 용량이 적으며 효율도 낮다.

① 연관 보일러　　　　② 입형 보일러
③ 수관 보일러　　　　④ 주철제 보일러

■ 입형 보일러는 수직으로 세운 드럼 내에 연관 또는 수관이 있는 소규모의 패키지형 보일러이다.

29 어떤 실의 난방부하를 계산한 결과 현열부하 qs=15kW, 잠열부하 qu=3kW였다. 실내 송풍량을 10,000kg/h라 하면 이때 필요한 취출공기의 온도는?(단, 실내조건은 실내온도 20℃, 상대습도 50%이며, 공기의 정압비열은 1.01kJ/kg·K이다.)

① 25.35℃　　　　② 26.35℃
③ 27.55℃　　　　④ 29.25℃

■ $qs = mC\Delta t$ 에서
$$\Delta t = \frac{qs}{mC} = \frac{15 \times 3,600}{10,000 \times 1.01} = 5.35$$
취출온도는 실내온도보다 5.35도 높은 25.35도이다. 계산식에서 15kW(kJ/s)를 kJ/h 고치기 위해 3,600을 곱한다.

30 간접가열식 급탕방식에 관한 설명으로 옳지 않은 것은?

① 직접가열식에 비해 열효율이 낮다.
② 간접가열식의 열매로 증기만이 사용된다.
③ 가열보일러는 난방용 보일러와 겸용할 수 있다.
④ 일반적으로 규모가 큰 건물의 급탕에 적용된다.

■ 간접가열식의 열매로 증기가 주로 쓰이나 고온수, 전기 등도 사용된다.

31 사무실에 시간당 9,000kJ의 열을 방출하는 복사기가 있다. 실내온도를 22℃로 유지하기 위한 필요 환기량은?(단, 외기온도 12℃, 공기의 밀도 1.2kg/m³, 공기의 정압비열 1.01kJ/kg·K)

① 618.8m³/h
② 678.4m³/h
③ 720.2m³/h
④ 742.6m³/h

■ $Q = \dfrac{q}{\rho C \triangle t} = \dfrac{9,000}{1.2 \times 1.01(22-12)} = 742.6 m^3/h$

32 다음 중 일반적으로 1인당 1일 평균 급수 사용량이 가장 많은 건물은?

① 극장
② 호텔
③ 은행
④ 사무소

■ 일반적인 평균 급수량 : 호텔 > 사무소 > 은행 > 극장

33 바닥복사난방에 관한 설명으로 옳지 않은 것은?

① 증기난방에 비해 쾌적감이 높다.
② 예열시간이 짧기 때문에 간헐난방에 적합하다.
③ 천장고가 높은 경우에도 난방감을 얻을 수 있다.
④ 실내에 방열기를 설치하지 않으므로 바닥이나 벽면을 유용하게 이용할 수 있다.

■ 바닥복사난방은 바닥면을 가열해야 하므로 예열시간이 길어서 간헐난방에 부적합하다.

34 고가탱크에 시간당 20m³의 물을 양수할 때 유속을 2m/sec라 하면 양수펌프의 구경은?

① 38.6mm
② 47.2mm
③ 56.4mm
④ 59.5mm

■ $d = \sqrt{\dfrac{4Q}{\pi v}} = \sqrt{\dfrac{4 \times 20}{3600 \times \pi \times 2}} = 0.0595m = 59.5mm$

해답 30.② 31.④ 32.② 33.② 34.④

35 다음 중 강제순환식 급탕배관의 구배로 가장 알맞은 것은?
① 1:100
② 1:150
③ 1:200
④ 1:250

■ 강제순환식 1:200, 자연순환식 1:150

36 강관이음쇠 중 동일한 관경의 관을 직선 연결할 때 사용되는 것은?
① 엘보(elbow)
② 부싱(bushing)
③ 유니온(union)
④ 플러그(plug)

■ 유니온(union), 플랜지, 소켓은 관의 직선연결 이음쇠이다.

37 덕트의 설계순서를 가장 올바르게 나타낸 것은?

① 개략적인 덕트의 경로를 결정한다.
② 각실 부하에 의한 송풍량을 결정한다.
③ 취출구, 흡입구의 위치 및 형식을 결정한다.
④ 덕트의 크기를 결정한다.
⑤ 덕트계통 저항을 계산한다.

① ①-②-④-③-⑤
② ②-③-①-④-⑤
③ ②-①-③-④-⑤
④ ①-②-③-④-⑤

■ 설계순서는 송풍량을 결정→취출구, 흡입구의 위치 결정→덕트 경로 결정→덕트 크기 결정→덕트 계통 저항 계산

38 다음과 같은 조건에 있는 어느 건물의 외벽이 북측에 접할 때 난방 시 이 벽체를 통한 관류부하는?

[조건]
㉠ 외벽의 면적 : 120m²
㉡ 외벽의 열관류율 : 2.87W/m²·K
㉢ 실내온도 22℃, 외기온도 -3℃
㉣ 상당온도차 : 6.7℃
㉤ 방위계수(북) : 1.2

① 2,307W
② 2,769W
③ 8,610W
④ 10,332W

■ 난방부하 $q = K \times A \times \Delta t \times k = 2.87 \times 120 \times (22+3)1.2 = 10332W$
상당온도차는 여름철 냉방부하 계산에 이용된다.

39 덕트의 곡부에서 풍속이 15m/sec이고 국부저항 계수가 0.23일 때 국부저항은 얼마인가?(단, 유체의 밀도는 1.2kg/m³이다.)

해답 35.③ 36.③ 37.② 38.④ 39.③

① 약 17Pa ② 약 25Pa
③ 약 31Pa ④ 약 43Pa

■ 국부저항$(Pa) = \zeta \frac{v^2}{2} \times 1.2 = 0.23 \times \frac{15^2}{2} \times 1.2 = 31 Pa$

40 코일선정에 관한 설명으로 옳지 않은 것은?

① 냉수코일의 전면풍속은 2.0~3.0m/s의 범위 내로 하고 온수코일의 전면풍속은 2.0~3.5m/s의 범위 내로 한다.
② 냉수코일의 경우 풍속이 2.5m/s를 초과하면 코일에 부착된 응축수가 날려서 흡입구 쪽으로 들어오기 때문에 엘리미네이터를 설치한다.
③ 튜브 내의 물의 속도는 1.0m/s 전후로 하는 것이 배관이나 설비비 효율상 적당하다.
④ 공기의 흐름방향과 코일 내에 있는 냉온수의 흐름방향은 평행류가 대향류보다 전열효과가 크다.

■ 공기와 냉온수의 흐름방향은 대향류가 평행류보다 전열효과가 크다.

제3과목 건축설비 관련 법규

41 연면적 1만제곱미터 이상인 건축물(창고시설은 제외한다) 또는 에너지를 대량으로 소비하는 건축물로서 급수·배수(配水)·배수(排水)·환기·난방설비를 설치하는 경우「기술사법」에 따라 등록한 건축기계설비기술사 또는 공조냉동기계기술사가 그 설치상태를 확인한 후 건축주 및 공사감리자에게 어떤 서식을 제출하여야 하는가?

① 건축완료보고서 ② 건축설비설치확인서
③ TAB결과보고서 ④ 건축사용허가서

■ 〈설비기준3조〉(관계전문기술자의 협력사항) 영 제91조의3제2항에 따라 건축물에 건축설비를 설치한 경우에는 해당 분야의 기술사가 그 설치상태를 확인한 후 건축주 및 공사감리자에게 별지 제1호서식의 건축설비설치확인서를 제출하여야 한다.

42 건축물의 출입구에 설치하는 회전문의 설치기준 내용으로 옳지 않은 것은?

① 에스컬레이터로부터 1미터 이상의 거리를 둘 것
② 출입에 지장이 없도록 일정한 방향으로 회전하는 구조로 할 것
③ 회전문의 회전속도는 분당회전수가 8회를 넘지 아니하도록 할 것
④ 회전문의 중심축에서 회전문과 문틀 사이의 간격을 포함한 회전문날개 끝부분까지의 길이는 140센티미터 이상이 되도록 할 것

■ 〈피난방화구조기준 12조〉 에스컬레이터로부터 2미터 이상의 거리를 둘 것

43 건축주는 몇 층 이상으로서 연면적 몇 제곱미터 이상인 건축물을 건축하고자 하는 경우에는 승강기를 설치하여야 하는가?

① 5층, 1,000㎡
② 5층, 2,000㎡
③ 6층, 1,000㎡
④ 6층, 2,000㎡

■ 〈건축법 57조〉 6층, 2,000m² 이상

44 공동주택의 거실에 설치하는 반자의 높이는 최소 얼마 이상으로 하여야 하는가?

① 1.8m
② 2.1m
③ 2.7m
④ 4.0m

■ 〈피난방화구조기준 16조〉 반자의 높이 2.1m 이상

45 건축법령상 의료시설에 속하지 않는 것은?

① 한의원
② 치과병원
③ 요양병원
④ 전염병원

■ 〈건축법령 3조 5〉 한의원은 제1종 근린생활시설

46 다음은 건축법령상 건축설비 설치의 원칙에 관한 기준 내용이다. ( ) 안에 알맞은 것은?

> 건축물에 설치하는 급수·배수·냉방·난방·환기·피뢰 등 건축설비의 설치에 관한 기술적 기준은 (㉠)으로 정하되, 에너지 이용 합리화와 관련한 건축설비의 기술적 기준에 관하여는 (㉡)과 협의하여 정한다.

① ㉠ 국토교통부령, ㉡ 산업통상자원부장관
② ㉠ 국토교통부령, ㉡ 과학기술정보통신부장관
③ ㉠ 산업통상자원부장관, ㉡ 국토교통부령
④ ㉠ 산업통상자원부장관, ㉡ 과학기술정보통신부장관

■ 〈건축법영 87조 2〉 건축물에 설치하는 급수·배수·냉방·난방·환기·피뢰 등 건축설비의 설치에 관한 기술적 기준은 국토교통부령으로 정하되, 에너지 이용 합리화와 관련한 건축설비의 기술적 기준에 관하여는 산업통상자원부장관과 협의하여 정한다.

47 건축법령상 건축물의 주요구조부에 속하지 않는 것은?

① 기둥
② 바닥
③ 주계단
④ 작은 보

■ 〈건축법 2조7〉 주요구조부"란 내력벽(耐力壁), 기둥, 바닥, 보, 지붕틀 및 주계단(主階段)을 말한다. 다만, 사이 기둥, 최하층 바닥, 작은 보, 차양, 옥외 계단, 그 밖에 이와 유사한 것으로 건축물의 구조상 중요하지 아니한 부분은 제외한다.

해답 43.④ 44.② 45.① 46.① 47.④

48 건축물의 냉방설비에 대한 설치 및 설계기준에 정의된 심야시간으로 알맞은 것은?

① 21 : 00부터 익일 07 : 00까지
② 22 : 00부터 익일 08 : 00까지
③ 23 : 00부터 익일 09 : 00까지
④ 24 : 00부터 익일 09 : 00까지

■ 〈냉방설비기준 3조〉 심야시간 – 23:00부터 익일 09:00까지

49 건축물의 에너지절약 설계기준에 따른 건축부문의 권장사항으로 옳지 않은 것은?

① 공동주택은 인동간격을 좁게 하여 저층부의 일사 수열량을 감소시킨다.
② 공동주택의 외기에 접하는 주동의 출입구와 각 세대의 현관은 방풍구조로 한다.
③ 건축물의 체적에 대한 외피면적의 비 또는 연면적에 대한 외피면적의 비는 가능한 작게 한다.
④ 거실의 층고 및 반자 높이는 실의 용도와 기능에 지장을 주지 않는 범위 내에서 가능한 낮게 한다.

■ 〈에너지절약기준 7조〉 공동주택은 인동간격을 넓게 하여 저층부의 일사 수열량을 증대시킨다.

50 상업지역 및 주거지역에서 건축물에 설치하는 냉방시설 및 환기시설의 배기구는 도로면으로부터 최소 얼마 이상의 높이에 설치하여야 하는가?

① 1.5m
② 1.8m
③ 2.0m
④ 2.5m

■ 〈설비기준 23조〉 배기구는 도로면으로부터 2미터 이상의 높이에 설치할 것

51 문화 및 집회시설 중 공연장의 개별관람석 각 출구의 유효너비는 최소 얼마 이상으로 하여야 하는가?(단, 바닥면적이 300㎡ 이상인 경우)

① 1m
② 1.5m
③ 2m
④ 2.5m

■ 〈피난방화구조기준 10조〉 문화 및 집회시설 중 공연장의 개별관람석(바닥면적이 300제곱미터 이상인 것에 한한다)의 출구는 다음 각 호의 기준에 적합하게 설치하여야 한다.
1. 관람석별로 2개소 이상 설치할 것
2. 각 출구의 유효너비는 1.5미터 이상일 것
3. 개별 관람석 출구의 유효너비의 합계는 개별 관람석의 바닥면적 100제곱미터마다 0.6미터의 비율로 산정한 너비 이상으로 할 것

52 다음 중 철근콘크리트조로써 두께가 10cm 이상인 경우에만 내화구조에 속하는 것은?

① 보
② 바닥
③ 지붕
④ 계단

■ 〈피난방화구조기준 3조〉 바닥, 벽에서 철근콘크리트조로써 두께가 10cm 이상인 경우 내화구조에 속한다.

해답 48.③ 49.① 50.③ 51.② 52.②

53 다음은 건축법상 건축허가에 관한 기준 내용이다. ( ) 안에 알맞은 것은?

> 건축물을 건축하거나 대수선하려는 자는 특별자치시장·특별자치도지사 또는 시장·군수·구청장의 허가를 받아야 한다. 다만, ( ) 이상의 건축물 등 대통령령으로 정하는 용도 및 규모의 건축물을 특별시나 광역시에 건축하려면 특별시장이나 광역시장의 허가를 받아야 한다.

① 10층 ② 16층
③ 21층 ④ 41층

■ 〈건축법 11조〉 21층 이상

54 거실의 바닥면적이 50㎡ 이상인 지하층에 설치하는 비상탈출구에 관한 기준 내용으로 옳지 않은 것은?(단, 주택의 경우 제외)
① 비상탈출구는 출입구로부터 3m 이내의 장소에 설치할 것
② 비상탈출구의 유효너비는 0.75m 이상으로 하고, 유효높이는 1.5m 이상으로 할 것
③ 비상탈출구의 문은 피난방향으로 열리도록 하고, 실내에서 항상 열 수 있는 구조로 할 것
④ 비상탈출구는 피난층 또는 지상으로 통하는 복도나 직통계단에 직접 접하거나 통로 등으로 연결될 수 있도록 설치할 것

■ 〈피난방화구조기준 25조 2항〉 비상탈출구는 출입구로부터 3m 이상의 떨어진 곳에 설치할 것.

55 높이 31m를 넘는 각 층의 바닥면적이 각각 5,000㎡인 사무소 건축물에 설치하여야 하는 비상용 승강기의 최소 대수는?
① 1대 ② 2대
③ 3대 ④ 4대

■ 〈건축법령 90조〉 비상용 승강기 : 1,500㎡ 이하 1대
초과 3,000㎡마다 1대 가산 → 5,000㎡ 3대

56 다음은 건축법령상 지하층의 정의이다. ( ) 안에 알맞은 것은?

> 지하층이란 건축물의 바닥이 지표면 아래에 있는 층으로서 바닥에서 지표면까지 평균높이가 해당 층 높이의 ( ) 이상인 것을 말한다.

① 3분의 1 ② 2분의 1
③ 3분의 2 ④ 4분의 3

■ 〈건축법 2조 정의〉 2분의 1

57 다음 중 방화구조가 아닌 것은?

① 심벽에 흙으로 맞벽치기한 것
② 철망모르타르로서 그 바름두께가 2cm인 것
③ 시멘트모르타르 위에 타일을 붙인 것으로서 그 두께의 합계가 2cm인 것
④ 석고판 위에 시멘트모르타르를 바른 것으로 그 두께의 합계가 2.5cm인 것

■ 〈피난방화구조기준 4조〉 시멘트모르타르 위에 타일을 붙인 것으로 그 두께의 합계가 2.5cm 이상인 것

58 다음 중 거실의 용도에 따른 조도기준이 가장 높은 것은?(단, 건축물의 피난·방화구조 등의 기준에 관한 규칙에 따른 조도기준)

① 거주(식사)
② 작업(제조)
③ 집무(계산)
④ 집회(회의)

■ 〈피난방화구조기준 17조〉 집무(계산) : 700룩스 이상

1. 거주	독서·식사·조리(150), 기타(70)
2. 집무	설계·제도·계산(700), 일반사무(300), 기타(150)
3. 작업	검사·시험·정밀검사·수술(700), 일반작업·제조·판매(300), 포장·세척(150), 기타(70)
4. 집회	회의(300), 집회(150), 공연·관람(70)
5. 오락	오락일반(150), 기타(30)

59 공동주택과 오피스텔의 난방설비를 개별난방방식으로 하는 경우에 관한 기준 내용으로 옳지 않은 것은?

① 보일러실의 윗부분에는 그 면적이 0.5m² 이상인 환기창을 설치할 것
② 기름보일러를 설치하는 경우에는 기름저장소를 보일러실 외의 다른 곳에 설치할 것
③ 보일러의 연도는 내화구조로 공동연도로 설치할 것
④ 보일러를 설치하는 곳과 거실 사이의 경계벽은 출입구를 제외하고는 방화구조의 벽으로 구획할 것

■ 〈설비기준 13조〉 보일러를 설치하는 곳과 거실 사이의 경계벽은 출입구를 제외하고는 내화구조의 벽으로 구획할 것

60 건축물의 바깥쪽에 설치하는 피난계단의 유효너비는 최소 얼마 이상으로 하여야 하는가?

① 0.7m
② 0.8m
③ 0.9m
④ 1.0m

■ 〈피난방화구조기준 9조〉 계단의 유효너비는 0.9미터 이상으로 할 것

57.③ 58.③ 59.④ 60.③

2024년 2회 CBT 건축설비산업기사 과년도 출제문제

제1과목　건축설비 계획

01 다음 설명에 알맞은 보일러는?

> • 수직으로 세운 드럼 내에 연관 또는 수관이 있는 소규모의 패키지형으로 되어 있다.
> • 설치면적이 작고, 취급이 용이하며, 수처리가 필요없다.
> • 사용압력이 낮고, 용량이 적으며 효율도 낮다.

① 연관 보일러　　　　　　② 입형 보일러
③ 수관 보일러　　　　　　④ 주철제 보일러

■ 입형 보일러는 수직으로 세운 드럼 내에 연관 또는 수관이 있는 소규모의 패키지형 보일러이다.

02 Sabine의 잔향시간(RT)을 구하는 식으로 옳은 것은?(단, V : 실의 용적, A : 실내 총 흡음력)

① $0.16\dfrac{A}{V}$(초)　　　　② $0.16\dfrac{V}{A}$(초)

③ $1.6\dfrac{A}{V}$(초)　　　　　④ $1.6\dfrac{V}{A}$(초)

■ Sabine의 잔향시간은 용적(V)에 비례하고 흡음력(실표면 흡음량 A)에 반비례한다.

03 다음의 습공기에 관한 설명 중 옳지 않은 것은?

① 습공기를 가열하면 엔탈피가 증가한다.
② 습공기를 가열하면 상대습도는 감소한다.
③ 습공기를 냉각하면 비체적은 감소한다.
④ 습공기를 냉각하면 절대습도는 증가한다.

■ 습공기를 냉각할 때 노점온도 이상에서는 수평으로 냉각되어 절대습도가 일정하고 노점온도 이하에서는 수증기 응축으로 결로가 일어나며 절대습도가 감소한다.

해답　1.②　2.②　3.④

04 호칭 지름 20A의 관을 그림과 같이 나사 이음할 때, 배관 중심 간의 길이가 200 mm라 하면 실제 소요되는 강관 길이(mm)는 얼마인가?(단, 이음쇠(엘보)의 중심에서 엘보 끝단면까지의 길이는 32mm, 나사가 물리는 최소의 깊이는 13mm이다.)

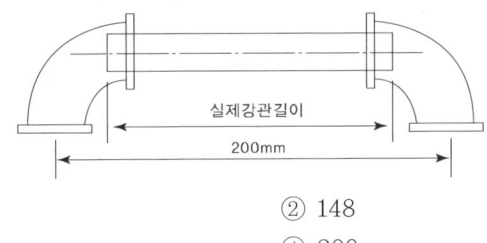

① 136　　② 148
③ 162　　④ 200

■ 배관실제길이는 중심 간 길이(200)에서 양쪽으로 이음쇠(엘보)의 중심에서 단면까지의 길이(32mm)와 나사가 물리는 최소의 길이(13mm)의 차(32-13=19mm)를 빼 준 값이다.
$L = 200 - 2(32 - 13) = 162mm$

05 간접가열식 급탕방식에 관한 설명으로 가장 거리가 먼 것은?
① 직접가열식에 비해 열효율이 낮다.
② 간접가열식의 열매로 증기만이 사용된다.
③ 가열보일러는 난방용 보일러와 겸용할 수 있다.
④ 일반적으로 규모가 큰 건물의 급탕에 적용된다.

■ 간접가열식의 열매로 증기가 주로 쓰이나 고온수, 전기 등도 사용된다.

06 다음 중 광도의 단위는?
① cd　　② lx
③ lm　　④ sb

■ ② 조도, ③ 광속, ④ 휘도

07 다음 설명에 알맞은 밸브의 종류는?

> 유체가 밸브의 아래로부터 유입하여 밸브 시트의 사이를 통해 흐르게 되어 있어 유체의 흐름이 갑자기 바뀌기 때문에 유체에 대한 저항은 크나 개폐가 쉽고 유량 조절이 용이하다.

① 콕　　② 체크 밸브
③ 글로브 밸브　　④ 게이트 밸브

■ 유체에 대한 저항은 크나 유량 조절이 용이한 밸브는 글로브 밸브이다.

08 표준품셈에서의 공구손료 관련하여 ( ) 들어갈 적용 기준은?

> 공구손료는 일반공구 및 시험용 계측기구류의 손료로서 공사 중 상시 일반적으로 사용하는 것을 말하며 인력품(노임할증과 작업시간 증가에 의하지 않은 품할증 제외)의 ( )까지 계상하며 특수공구(철골공사, 석공사 등) 및 검사용 특수계측기류의 손료는 별도 계상한다.

① 3%   ② 2%
③ 1.5%   ④ 1%

■ 공구손료는 원칙적으로 3%까지 계상한다.

09 환기방식 중 정확한 환기량과 급기량 변화에 의해 실내압을 정압 또는 부압으로 유지할 수 있는 것은?

① 자연환기 방식   ② 급기팬과 배기팬의 조합
③ 급기팬과 자연배기의 조합   ④ 자연급기와 배기팬의 조합

■ 환기량과 급기량을 변화할 수 있는 것은 1종환기로 급기팬과 배기팬의 조합이다.

10 다음 중 초고층 급수조닝 방식 중 중간수조 방식의 특징이 아닌 것은?

① 각 층에서 수압이 일정하다.
② 중간수조실이 필요하다.
③ 감압밸브 방식에 비해 에너지가 많이 소모된다.
④ 세퍼레이트 방식이 주로 사용된다.

■ 중간수조 방식은 하향 급수 방식이며, 하향 급수 시 중력을 이용하므로 감압밸브 방식에 비해 에너지를 절약할 수 있다.

11 수도직결방식에서 수도본관으로부터 수직 높이 3m에 설치되어 있는 일반수전의 사용을 위해 필요한 수도본관의 최저압력은?(단, 배관 내 전 마찰손실수두는 3mAq이며, 일반수전의 최저 필요압력은 30kPa이다.)

① 0.03MPa   ② 0.09MPa
③ 0.36MPa   ④ 0.63MPa

■ 수도본관압력
 =기구필요압+수직높이+배관마찰손실수두
 =30kPa+3m+3mAq
 =30kPa+30kPa+30kPa
 =90kPa=0.09MPa
 (※1mAq=9.8kPa≒10kPa)

해답 8.① 9.② 10.③ 11.②

12 결로의 원인으로 보기 어려운 것은?

① 생활습관에 의한 잦은 환기 실시
② 시공직후 콘크리트, 모르타르 등의 미건조 상태
③ 실내와 실외의 큰 온도차
④ 실내 습기의 과다 발생

■ 결로는 막힌 공간에서 발생하기 쉬우므로 생활습관에 의한 잦은 환기 실시는 오히려 결로를 방지한다.

13 다음 중 습공기 선도에 직접 표현되지 않는 상태값은?

① 비체적　　　　　　② 엔탈피
③ 열용량　　　　　　④ 상대습도

■ 습공기 선도는 건구온도, 습구온도, 노점온도, 엔탈피, 비체적, 상대습도, 절대습도, 수증기분압, 현열비, 열수분비로 구성된다.

14 기계식 냉동기에 관한 설명으로 가장 적합한 것은?

① 흡수식 냉동기는 압축식 냉동기에 비해 소음 및 진동이 심하다.
② 왕복동식 냉동기는 주로 대규모의 중앙식 공조에서 냉방용으로 사용된다.
③ 흡수식 냉동기는 증발기, 흡수기, 재생기(또는 발생기), 응축기로 구성된다.
④ 증기 압축식 냉동기는 기계적 에너지가 아닌 열에너지에 의해 냉동효과를 얻는다.

■ 흡수식 냉동기는 압축식 냉동기에 비해 소음 및 진동이 적고, 왕복동식 냉동기는 주로 중소규모의 중앙식 공조에서 냉방용으로 사용되며, 증기 압축식 냉동기는 기계적 에너지(모터)를 이용하여 냉동효과를 얻는다.

15 강관 이음쇠와 사용 용도의 연결이 옳지 않은 것은?

① 엘보 – 관의 방향을 바꿀 때　　② 와이 – 관을 도중에서 분기할 때
③ 니플 – 관경이 같은 관을 연결할 때　　④ 플러그 – 관경이 다른 관을 연결할 때

■ 플러그는 관(부속)의 끝을 막을 때 사용하며, 관경이 다른 관을 연결할 때는 레듀셔를 사용한다.

16 다음 중 통기관을 설치하는 목적으로 옳지 않은 것은?

① 트랩의 봉수를 보호하기 위해서
② 배수관 내의 물의 흐름을 원활하게 하기 위해서
③ 배수관의 워터해머(water hammering)를 방지하기 위하여
④ 배수관 내의 환기를 위하여

■ 통기관은 배수관을 대기압에 개방하여 배수 흐름 시 압력변화를 막아 봉수를 보호하고 배수흐름을 원활히 하기 위한 것이다. 워터해머와는 거리가 멀다.

해답　12.①　13.③　14.③　15.④　16.③

17 온도 20℃, 길이 100m인 동관에 온수가 흘러 60℃가 되었을 때, 동관의 팽창되는 길이는 얼마인가?(단, 동관의 선팽창계수는 0.171×10⁻⁴/℃이다.)

① 34.2mm　　　　② 68.4mm
③ 136.8mm　　　④ 171mm

■ $\triangle L = L\alpha \triangle t = 100 \times 0.171 \times 10^{-4}(60-20) = 0.0684m = 68.4mm$

18 공기조화 시 조절대상이 되는 공기조화의 4요소에 속하지 않는 것은?

① 습도　　　　　② 기류
③ 복사열　　　　④ 청정도

■ 공기조화의 4요소는 온도, 습도, 기류, 청정도이며, 유효온도(ET) 3요소(온도, 습도, 기류)와 구분해서 정리하세요.

19 다음 중 게이트 밸브를 나타내는 기호는?

① ─▷◁─　　　　② ─▷│
③ ─Ｎ─　　　　　④ ─│♀│─

■ ② 앵글밸브, ③ 체크밸브, ④ 공기빼기밸브

20 복사난방 방식에 관한 설명으로 옳지 않은 것은?

① 실내 온도분포에서 상하의 온도차가 작다.
② 열용량이 작기 때문에 간헐난방에 적합하다.
③ 천장고가 높은 공간에서도 난방감을 얻을 수 있다.
④ 실내에 방열기를 설치하지 않으므로 바닥이나 벽면을 유용하게 이용할 수 있다.

■ 복사난방 방식은 구조체를 가열하므로 열용량이 커서 간헐난방에 부적합하다.

제2과목 건축설비 설계

21 보일러의 상용출력을 바르게 표시한 것은?

① 상용출력=난방부하+급탕부하
② 상용출력=난방부하+급탕부하+배관부하
③ 상용출력=난방부하+급탕부하+배관부하+예열부하
④ 상용출력=난방부하+급탕부하+정격출력

해답　17.② 18.③ 19.① 20.② 21.②

■ 상용출력=난방부하+급탕부하+배관부하
정격출력=난방부하+급탕부하+배관부하+예열부하

22 송풍기의 풍량제어법 중 축동력이 가장 적게 소요되는 것은?
① 회전수제어
② 토출댐퍼제어
③ 흡입댐퍼제어
④ 흡입베인제어

■ 축동력 절감 순서 : 회전수제어<흡입베인제어<흡입댐퍼제어<토출댐퍼제어

23 냉동기의 성적계수에 관한 설명 중에서 옳지 않은 것은?
① 일반적으로 냉동기의 성적계수는 1보다 크다.
② 냉동기의 냉동능률은 성적계수 값이 클수록 좋아진다.
③ 냉동기의 성적계수는 증발온도가 낮을수록 커진다.
④ 냉동기의 성적계수는 응축온도가 커질수록 작아진다.

■ 냉동기의 성적계수는 증발온도가 낮고 응축온도가 높을수록 압축일량이 증가하기 때문에 작아진다.

24 급탕설비에서 순환 배관에서의 열손실이 7,200kJ/h, 급탕과 환탕의 온도차가 5℃일 경우 순환펌프의 순환량은?(단, 물의 비열은 4.2kJ/kg · K, 밀도는 1kg/L이다.)
① 1.4L/min
② 2.9L/min
③ 5.7L/min
④ 8.2L/min

■ $q = WC\Delta t$ 에서 $W = \dfrac{q}{C\Delta t} = \dfrac{7,200}{4.2 \times 5} = 342.9 L/h = 5.7 L/min$

25 증기 또는 물을 고속으로 노즐로부터 분사하면 노즐 주위의 압력이 떨어지는 것을 이용하여 물을 흡상·양수하는 펌프는?
① 마찰펌프
② 제트펌프
③ 기어펌프
④ 볼류트펌프

■ 제트펌프는 증기 또는 물을 인젝터(노즐)에서 고속으로 분사하면 동압증가로 노즐 주위의 정압이 감소(진공압)하여 이 압력이 떨어지는 것을 이용하여 물을 흡상·양수하는 펌프이다.

26 실내를 항상 정압(+) 상태로 유지할 수 있어서 오염된 공기의 침입을 방지하고, 연소용 공기가 필요할 경우 적합한 환기법은?
① 제1종 환기
② 제2종 환기
③ 제3종 환기
④ 자연 환기

■ 제2종 환기는 급기 송풍기와 배기구를 조합한 것으로 실내를 정압(+) 상태로 유지할 수 있어서 오염된 공기의 침입을 방지하는 클린룸에 적용한다.

해답 22.① 23.③ 24.③ 25.② 26.②

27 상수의 급수·급탕계통과 그 외의 급수로 사용하기가 곤란한 계통의 물배관이 장치를 통하여 직접 접속되는 것을 의미하는 용어는?

① 더블 옵셋　　　　　　　　② 루프 드레인
③ 크로스 커넥션　　　　　　④ 버큠 브레이커

■ 크로스 커넥션이란 급수로 사용될 수 없는 물이 급수로 공급되는 잘못된 접속을 말한다.

28 사무실의 북측 외벽이 다음과 같은 조건에 있을 때, 난방 시 이 벽체로부터의 손실열량은?

> ㉠ 벽체의 면적 : 50㎡　　　　　㉡ 벽체의 열관류율 : 0.4W/㎡·K
> ㉢ 실내온도 : 21℃, 외기온도 : -4℃　㉣ 방위계수(북쪽) : 1.1
> ㉤ 대기복사에 대한 외기온도의 보정은 무시

① 500W　　　　　　　　② 550W
③ 600W　　　　　　　　④ 650W

■ 난방부하 계산 시 외벽은 방위계수를 적용한다.
$q = KA \triangle t\,k = 0.4 \times 50(21-(-4)) \times 1.1 = 550\,W$

29 다음의 송풍기 유형 중 전곡형인 것은?

① 터보형 송풍기　　　　　② 에어 포일형 송풍기
③ 관류형 송풍기　　　　　④ 다익형 송풍기

■ 다익형 송풍기는 전곡형 팬이며, 나머지 보기는 모두 후곡형 팬이다.

30 양수량이 500L/min이고 펌프의 양정이 50m일 때 펌프의 축동력은 몇 KW인가? (단, 펌프의 효율은 55%)

① 4.5kW　　　　　　　　② 5.1kW
③ 7.4kW　　　　　　　　④ 9.8kW

■ 펌프의 축동력 $kW = \dfrac{Q \cdot H}{102 \cdot E} = \dfrac{500 \times 50}{60 \times 102 \times 0.55} = 7.4$
Q : 양수량(L/s)

31 주철제 보일러에 대한 설명 중 가장 거리가 먼 것은?

① 부식이 작다.　　　　　　② 고압에 잘 견딘다.
③ 조립식이므로 분할 반입이 용이하다.　④ 구조가 복잡하여 청소 검사가 어렵다.

■ 주철제 보일러는 주철의 특성으로 충격에 약하므로 증기에서 0.1MPa 이하, 온수에서 0.3MPa 이하에 쓰인다.

해답　27.③　28.②　29.④　30.③　31.②

32 급수설비 계획에서 헌터의 부하곡선에서 구할 수 있는 것은?
① 압력 ② 마찰계수
③ 손실수두 ④ 동시사용유량

■ 헌터의 부하곡선은 급수부하단위(FU)로부터 동시사용유량(L/min)을 구하는 선도이다.

33 열펌프에 대한 설명으로 틀린 것은?
① 흡수식 냉동기에는 적용할 수 없다.
② 열펌프는 응축기 방열을 난방에 이용할 수 있다.
③ 기본적인 구성요소는 저온부의 열교환기인 증발기, 고온부의 열교환기인 응축기, 압축기, 팽창밸브 등이다.
④ 열펌프는 한 장치로 4방밸브를 이용하여 냉각 및 가열에 모두 이용할 수 있다.

■ 흡수식 냉동기에도 증발기와 응축기를 통해 히트펌프의 열원 활용이 가능하다.

34 냉동기의 성적계수에 관한 설명으로 가장 거리가 먼 것은?
① 냉동기의 성적계수는 증발온도가 낮을수록 커진다.
② 냉동기의 성적계수는 응축온도가 커질수록 적어진다.
③ 냉동기의 냉동능률은 성적계수 값이 클수록 좋아진다.
④ 일반적으로 냉동기의 성적계수는 1보다 큰 값을 갖는다.

■ 냉동기의 성적계수는 증발온도가 높을수록 응축온도가 낮을수록 커진다. 즉, 증발온도와 응축온도 사이의 온도차가 작을수록 성적계수가 커진다.

35 냉각탑에서 쿨링 어프로치란 무엇인가?
① 냉각수 입구수온-외기 습구온도
② 냉각수 출구수온-입구외기 습구온도
③ 냉각수 입구수온-냉각수출구 수온
④ 외기습구 온도-냉각수입구 온도

■ 이론적으로 냉각수 출구 수온은 입구 공기 습구온도까지 냉각될 수 있어서 이들이 얼마나 접근했는가를 어프로치라 하고 어프로치가 작을수록 냉각탑 효율이 좋은 것이다. 냉각수 입출구 수온차는 쿨링랜지이다.

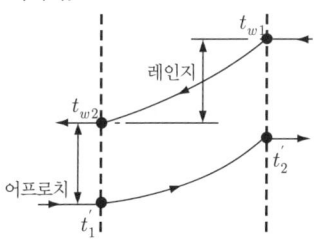

t_{w1}, t_{w2} : 냉각수 입·출구 수온
t_1', t_2' : 외기(입구공기) 습구온도, 냉각탑 출구 습구온도

해답 32.④ 33.① 34.① 35.②

36 급탕설비에서 스팀 사이렌서(steam silencer)가 사용되는 것은?
① 순간 온수기 ② 즉시 온수기
③ 저탕형 온수기 ④ 기수혼합식 온수기

■ 스팀 사이렌서(steam silencer)는 기수혼합식에서 소음을 제거하는 장치이다.

37 일반적인 공기조화기(AHU)의 내부 구성을 공기의 흐름 순서에 따라 바르게 조합시킨 것은?
① 가습기-팬-에어필터-냉·온수 코일 ② 냉·온수 코일-에어필터-팬-가습기
③ 팬-가습기-냉·온수 코일-에어필터 ④ 에어필터-냉·온수 코일-가습기-팬

■ 공기조화기의 구성 : 혼합박스(설치하는 경우)→ 에어필터→ 냉·온수 코일→ 가습기→ 팬

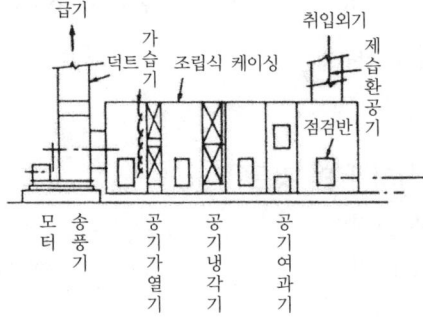

38 급탕설비에서 서모스탯(thermostat)은 어떤 용도로 사용되는가?
① 체적 팽창 흡수 ② 유량 분배 조절
③ 온수 온도 자동 조절 ④ 안전 밸브 역할

■ 서모스탯은 저탕조 급탕온도를 감지하여 증기공급량 등 가열장치를 조절하여 급탕온도를 일정하게 유지시켜 준다.

39 L(m)인 냉각수관이 수평으로 설치되어 있다. 이 관의 마찰손실압력 P(Pa)는 얼마인가?[단, 마찰계수는 λ, 관경은 d(m), 유속은 w(m/s), 물의 밀도 ρ(kg/m³)]

① $P = d \cdot \dfrac{l}{\lambda} \cdot \dfrac{w^2}{2} \cdot \rho$ ② $P = \lambda \cdot \dfrac{l}{d} \cdot \dfrac{w^2}{2g}$

③ $P = \lambda \cdot \dfrac{l}{d} \cdot \dfrac{w^2}{2} \cdot \rho$ ④ $P = \dfrac{l}{\lambda \cdot d} \cdot \dfrac{w^2}{2} \cdot \rho$

■ 마찰손실식은 수두공식(mmAq)과 압력 공식(Pa)이 병용되므로 두 식을 잘 정리하세요!!
$h = \lambda \cdot \dfrac{l}{d} \cdot \dfrac{w^2}{2g} \cdot \gamma$ (mmAq), $P = \lambda \cdot \dfrac{l}{d} \cdot \dfrac{w^2}{2} \cdot \rho$ (Pa)

해답 36.④ 37.④ 38.③ 39.③

40 실내에 열을 발산하는 기기가 있으며 기기로부터 실내 공기에 가해진 열량이 9kW이고, 실용적이 1,000㎥인 실을 20℃로 유지하기 위한 필요 환기량은?(단, 외기온도는 15℃, 공기의 정압비열은 1.01kJ/kg·K, 공기의 밀도는 1.2kg/㎥이다.)

① 약 2,041㎥/h ② 약 2,792㎥/h
③ 약 5,347㎥/h ④ 약 7,627㎥/h

■ $Q = \dfrac{q}{\rho C \Delta t} = \dfrac{9}{1.2 \times 1.01(20-15)} = 1.485 m^3/s = 5,347 m^3/h$

※ 문제 풀이에서 실용적은 관계가 없다.
만약 환기회수를 구하라 하면 $N = \dfrac{5,347}{1,000} = 5.3$회$/h$가 된다.

제3과목 건축설비 관련 법규

41 허가 대상 건축물이라 하더라도 미리 특별자치시장·특별자치도지사 또는 시장·군수·구청장에게 신고를 하면 건축허가를 받은 것으로 보는 건축물의 대수선 기준은?

① 연면적이 200㎡ 미만이고 3층 미만인 건축물의 대수선
② 연면적이 200㎡ 미만이고 5층 미만인 건축물의 대수선
③ 연면적이 300㎡ 미만이고 3층 미만인 건축물의 대수선
④ 연면적이 300㎡ 미만이고 5층 미만인 건축물의 대수선

■ 〈건축법 14조〉 연면적이 200㎡ 미만이고 3층 미만인 건축물의 대수선

42 급수·배수·난방 및 환기설비를 건축물에 설치하는 경우, 건축기계설비기술사 또는 공조냉동기계기술사의 협력을 받아야 하는 대상 건축물의 연면적 기준은?(단, 창고시설 제외)

① 1,000㎡ 이상 ② 2,000㎡ 이상
③ 5,000㎡ 이상 ④ 10,000㎡ 이상

■ 〈건축법령 91조 3〉 건축기계설비기술사 또는 공조냉동기계기술사의 협력을 받아야 하는 대상 건축물의 연면적 기준 10,000㎡ 이상

43 건축물의 냉방설비에 대한 설치 및 설계기준에 정의된 심야시간은?

① 21:00부터 다음날 09:00까지 ② 22:00부터 다음날 09:00까지
③ 23:00부터 다음날 09:00까지 ④ 24:00부터 다음날 09:00까지

■ 〈냉방설비설치 3조〉 심야시간 : 23:00부터 다음날 09:00까지

44 다음은 초고층 건축물에 설치하는 피난안전 구역에 관한 기준 내용이다. ( ) 안에 알맞은 것은?

> 초고층 건축물에는 피난층 또는 지상으로 통하는 직통계단과 직접 연결되는 피난안전구역을 지상층으로부터 최대 ( ) 층마다 1개소 이상 설치하여야 한다.

① 10개　　　　　　　　　② 20개
③ 30개　　　　　　　　　④ 50개

■ 〈건축법령 34조 3항〉 초고층 건축물 피난안전구역 최대 30개 층마다 1개소 이상 설치

45 다음 중 주요구조부를 내화구조로 하여야 하는 대상 건축물은?
① 장례시설의 용도로 쓰는 건축물로 집회실의 바닥면적의 합계가 200㎡인 건축물
② 판매시설의 용도로 쓰는 건축물로 그 용도로 쓰는 바닥면적의 합계가 200㎡인 건축물
③ 운수시설의 용도로 쓰는 건축물로 그 용도로 쓰는 바닥면적의 합계가 200㎡인 건축물
④ 문화 및 집회시설 중 전시장의 용도로 쓰는 건축물로 그 용도로 쓰는 바닥면적의 합계가 200㎡인 건축물

■ 〈건축법령 56조〉 장례시설 : 200㎡ 이상, 판매시설, 운수시설, 전시장 500㎡ 이상인 건축물

46 문화 및 집회시설 중 공연장의 개별관람석 각 출구의 유효너비는 최소 얼마 이상으로 하여야 하는가?(단, 바닥면적이 300㎡ 이상인 경우)
① 1m　　　　　　　　　② 1.5m
③ 2m　　　　　　　　　④ 2.5m

■ 〈피난방화구조기준 10조〉 문화 및 집회시설 중 공연장의 개별관람석(바닥면적이 300제곱미터 이상인 것에 한한다)의 출구는 다음 각 호의 기준에 적합하게 설치하여야 한다.
1. 관람석별로 2개소 이상 설치할 것
2. 각 출구의 유효너비는 1.5미터 이상일 것
3. 개별 관람석 출구의 유효너비의 합계는 개별 관람석의 바닥면적 100제곱미터마다 0.6미터의 비율로 산정한 너비 이상으로 할 것

47 건축법령상 초고층 건축물의 정의로 옳은 것은?
① 층수가 30층 이상이거나 높이가 90m 이상인 건축물
② 층수가 30층 이상이거나 높이가 120m 이상인 건축물
③ 층수가 50층 이상이거나 높이가 150m 이상인 건축물
④ 층수가 50층 이상이거나 높이가 200m 이상인 건축물

■ 〈건축법령 2조〉 고층-30층, 120m 이상, 초고층-50층 200m 이상

해답　44.③　45.①　46.②　47.④

48 다음은 거실 등의 방습에 관한 기준 내용이다. ( ) 안에 알맞은 것은?

> 숙박시설의 욕실의 바닥과 그 바닥으로부터 높이 ( )까지의 안벽의 마감은 이를 내수재료로 하여야 한다.

① 0.5m ② 1m
③ 1.2m ④ 1.5m

■ 〈피난방화구조기준 제18조〉 (거실 등의 방습)
② 영 제52조에 따라 다음 각 호의 어느 하나에 해당하는 욕실 또는 조리장의 바닥과 그 바닥으로부터 높이 1미터까지의 안벽의 마감은 이를 내수재료로 하여야 한다.
  1. 제1종 근린생활시설 중 목욕장의 욕실과 휴게음식점의 조리장
  2. 제2종 근린생활시설 중 일반음식점 및 휴게음식점의 조리장과 숙박시설의 욕실

49 건축법령상 다중주택이 갖춰야 할 요건에 속하지 않는 것은?
① 19세대 이하가 거주할 수 있을 것
② 독립된 주거의 형태를 갖추지 아니한 것
③ 1개 동의 주택으로 쓰이는 바닥면적의 합계가 330㎡ 이하일 것
④ 학생 또는 직장인 등 여러 사람이 장기간 거주할 수 있는 구조로 되어 있는 것

■ 〈건축법령 3조 5 별표1〉 나. 다중주택 : 다음의 요건을 모두 갖춘 주택을 말한다.
1) 학생 또는 직장인 등 여러 사람이 장기간 거주할 수 있는 구조로 되어 있는 것
2) 독립된 주거의 형태를 갖추지 아니한 것(각 실로 욕실은 설치할 수 있으나, 취사시설은 설치하지 아니한 것을 말한다. 이하 같다)
3) 연면적이 330제곱미터 이하이고 층수가 3층 이하인 것

50 다음 중 제2종 근린생활시설이 아닌 것은?
① 한의원 ② 일반음식점
③ 독서실 ④ 사진관

■ 한의원은 제1종 근린생활시설에 해당한다.

51 6층 이상의 거실면적의 합계가 12,000㎡인 업무시설에 설치하여야 하는 승용승강기의 최소 대수는?(단, 8인승 승강기의 경우)
① 4대 ② 5대
③ 6대 ④ 7대

■ 〈설비기준 5조〉 업무시설인 경우 거실면적 합계가 3,000까지 1대+2,000마다 1대=1+5=6대
※ 설비기준 5조 별표를 찾아서 승강기 대수 산정 기준을 정리하세요.

해답 48.② 49.① 50.① 51.③

52 건축물 관련 건축기준의 허용오차 범위가 3% 이내인 것은?

① 출구 너비
② 반자 높이
③ 벽체 두께
④ 건축물 높이

■ 〈건축법 규칙 20조〉 벽체 두께, 바닥판 두께는 3% 이내이고, 높이, 길이는 2% 이내(허용오차 범위를 숙지할 때 그 길이가 작은 것(약 50cm 이내)은 3%, 그 이상은 2%이다.

53 상업지역 및 주거지역에서 건축물에 설치하는 냉방시설 및 환기시설의 배기구는 도로면으로부터 최소 얼마 이상의 높이에 설치하여야 하는가?

① 1.5m
② 1.8m
③ 2.0m
④ 2.5m

■ 〈설비기준 23조〉 배기구는 도로면으로부터 2미터 이상의 높이에 설치할 것

54 다음은 신축하는 30세대 이상의 공동주택에 설치하는 기계환기설비에 관한 기준 내용이다. ( ) 안에 알맞은 것은?

> 세대의 환기량 조절을 위하여 환기설비의 정격풍량을 최소·적정·최대의 3단계 또는 그 이상으로 조절할 수 있는 체계를 갖추어야 하고, 적정 단계의 필요 환기량은 공동주택의 세대를 시간당 ( )로 환기할 수 있는 풍량을 확보하여야 한다.

① 0.3회
② 0.5회
③ 0.7회
④ 1.2회

■ 〈설비기준 11조〉 신축하는 30세대 이상의 공동주택에 설치하는 기계환기설비는 시간당 0.5회 이상

55 외기에 직접 면하고 1층 또는 지상으로 연결된 출입문을 방풍구조로 하여야 하는 것은?

① 아파트의 출입문
② 너비가 1.8m인 출입문
③ 바닥면적이 300㎡인 개별 점포의 출입문
④ 사람의 통행을 주목적으로 하지 않는 출입문

■ 〈에너지절약기준 6조〉 라. 외기에 직접 면하고 1층 또는 지상으로 연결된 출입문은 제5조제10호아목에 따른 방풍구조로 하여야 한다. 다만, 다음 각 호에 해당하는 경우에는 그러하지 않을 수 있다.
1) 바닥면적 3백 제곱미터 이하의 개별 점포의 출입문
2) 주택의 출입문(단, 기숙사는 제외)
3) 사람의 통행을 주목적으로 하지 않는 출입문
4) 너비 1.2미터 이하의 출입문

56 다음은 직통계단의 설치와 관련된 기준 내용이다. ( ) 안에 알맞은 것은?

> 건축물의 피난층 외의 층에서는 피난층 또는 지상으로 통하는 직통계단을 거실의 각 부분으로부터 계단(거실로부터 가장 가까운 거리에 있는 계단을 말한다)에 이르는 보행거리는 ( ) 이하가 되도록 설치하여야 한다.

① 10m ② 20m
③ 30m ④ 40m

■ 〈건축법령 34조〉 보행거리는 (30m) 이하가 되도록 설치하여야 한다.

57 에너지절약 설계기준 중 다음 용어의 정의에서 잘못된 것은?

① "외피"라 함은 거실 또는 거실 외 공간을 둘러싸고 있는 벽·지붕·바닥·창 및 문 등으로서 외기에 직접 면하는 부위를 말한다.
② "거실의 외벽"이라 함은 거실의 벽 중 외기에 직접 또는 간접 면하는 부위를 말한다. 다만, 복합용도의 건축물인 경우에는 해당 용도로 사용되는 공간이 다른 용도로 사용되는 공간과 접하는 부위를 외벽으로 볼 수 있다.
③ "최하층에 있는 거실의 바닥"이라 함은 최하층(지하층을 포함한다)으로서 거실인 경우의 바닥과 기타 층으로서 거실의 바닥부위가 외기에 직접 또는 간접적으로 면한 부위를 말한다. 다만, 복합용도의 건축물인 경우에는 해당 용도로 사용되는 층중 최하층에 있는 거실의 바닥을 포함한다.
④ "외기에 직접 면하는 부위"라 함은 외기가 직접 통하지 아니하는 비난방 공간(지붕 또는 반자, 벽체, 바닥 구조의 일부로 구성되는 내부 공기층은 제외한다)에 접한 부위이다.

■ 〈에너지절약기준 5조 10〉 "외기에 간접 면하는 부위"라 함은 외기가 직접 통하지 아니하는 비난방 공간(지붕 또는 반자, 벽체, 바닥 구조의 일부로 구성되는 내부 공기층은 제외한다)에 접한 부위이다.

58 건축물의 에너지절약 설계기준에서 건축부문의 권장사항으로 옳지 않은 것은?

① 공동주택의 외기에 접하는 주동의 출입구와 각 세대의 현관은 방풍구조로 한다.
② 건축물의 체적에 대한 외피면적의 비 또는 연면적에 대한 외피면적의 비는 가능한 작게 한다.
③ 건축물은 대지의 향, 일조 및 주풍향 등을 고려하여 배치하며, 남향 또는 남동향 배치를 한다.
④ 거실의 층고 및 반자 높이는 실의 용도와 기능에 지장을 주지 않는 범위 내에서 가능한 높게 한다.

■ 〈에너지절약기준 7조〉 거실의 층고 및 반자 높이는 실의 용도와 기능에 지장을 주지 않는 범위 내에서 가능한 낮게 한다.

해답 56.③ 57.④ 58.④

59 다음은 건축설비 설치의 원칙에 관한 기준 내용이다. ( ) 안에 알맞은 것은?

> 연면적이 ( ) 이상인 건축물의 대지에는 국토교통부령으로 정하는 바에 따라 「전기사업법」 제2조제2호에 따른 전기사업자가 전기를 배전(配電)하는데 필요한 전기설비를 설치할 수 있는 공간을 확보하여야 한다.

① 100㎡
② 200㎡
③ 500㎡
④ 1,000㎡

■ 〈건축법령 87조〉 연면적이 500제곱미터 이상인 건축물의 대지에는 국토교통부령으로 정하는 바에 따라 「전기사업법」 제2조제2호에 따른 전기사업자가 전기를 배전(配電)하는 데 필요한 전기설비를 설치할 수 있는 공간을 확보하여야 한다.

60 비상용 승강기 승강장의 구조에 관한 기준 내용으로 옳지 않은 것은?

① 채광이 되는 창문이 있거나 예비전원에 의한 조명설비를 할 것
② 벽 및 반자가 실내에 접하는 부분의 마감재료는 불연재료로 할 것
③ 노대 또는 외부를 향하여 열 수 있는 창문이나 배연설비를 설치할 것
④ 옥외에 승강장을 설치하는 경우, 승강장의 바닥면적은 비상용승강기 1대에 대하여 6㎡ 이상으로 할 것

■ 〈설비기준 제10조〉 승강장의 바닥면적은 비상용 승강기 1대에 대하여 6제곱미터 이상으로 할 것. 다만, 옥외에 승강장을 설치하는 경우에는 그러하지 아니하다.

2024년 3회 CBT 건축설비산업기사 과년도 출제문제

제1과목 건축설비 계획

01 물의 경도는 물속에 녹아있는 칼슘, 마그네슘 등의 염류의 양을 무엇의 농도로 환산하여 나타낸 것인가?
① 염화칼슘
② 탄산칼슘
③ 염화나트륨
④ 탄산나트륨

■ 경도는 물속에 녹아있는 칼슘(Ca^{++}), 마그네슘(Mg^{++}) 등의 2가(++) 염류의 양을 탄산칼슘($CaCO_3$)으로 환산하여 mg/L 단위로 표기한다.

02 다음 중 온수공급관 기호로 올바른 것은?
① --- HWR ---
② --- HWS ---
③ --- HTR ---
④ --- HTS ---

■ ① 온수 환수관, ③ 고온수 환수관, ④ 고온수 공급관

03 연면적이 10,000㎡인 사무소 건물에 필요한 1일당 급수량은?(단, 유효면적비율은 60%, 1인 1일당 급수량은 100L, 유효면적당 거주인원은 0.2인/㎡)
① 12㎥/d
② 20㎥/d
③ 120㎥/d
④ 200㎥/d

■ Q=10,000×0.6×0.2×100=120,000L/d=120㎥/d

04 조명설비에서 시야의 불편함이 가중되는 사항으로 옳지 않은 것은?
① 광원의 크기가 클수록
② 광원의 휘도가 작을수록
③ 광원이 시선에 가까울수록
④ 광원의 발광면이 작을수록

■ 광원의 휘도가 클수록 눈부심이 야기되어 시야의 불편함이 가중된다.

해답 1.② 2.② 3.③ 4.②

05 외기 CO_2 농도는 400ppm이며, 실내 CO_2의 허용농도를 1,000ppm으로 할 때 호흡 시의 1인당 CO_2 배출량이 0.025㎥/h일 경우 1인당 요구되는 필요 환기량은 얼마인가?

① 24.9㎥/h · 인   ② 37.5㎥/h · 인
③ 41.7㎥/h · 인   ④ 45.6㎥/h · 인

■ $Q = \dfrac{오염가스발생량}{농도차} = \dfrac{M}{C_i - C_o} = \dfrac{0.025}{0.001 - 0.0004} = 41.7 m^3/h$ 인

06 배수수직관 내의 압력변화를 방지 또는 완화하기 위해, 배수수직관으로부터 분기·입상하여 통기수직관에 접속하는 통기관은?

① 습통기관   ② 루프통기관
③ 결합통기관   ④ 공용통기관

■ 결합통기관은 배수수직관과 통기수직관을 연결하여 배수수직관 내의 압력변화를 방지 또는 완화하는 것으로 보통 5개층마다 설치한다.

07 배관 시공 시 바닥이나 벽에 배관을 통과시키기 위해 설치하는 것은?

① 앵커   ② 슬리브
③ 지수밸브   ④ 스트레이너

■ 슬리브는 덧관으로 배관이나 덕트가 구조물을 통과할 때 설치하는 것으로 진동이 구조물에 전달되는 것을 방지하고 신축이 자유롭고 수리 시 제거가 쉽다.

08 홀 용적 5,000㎥ 잔향시간 1.6초인 실에서 잔향시간을 1초로 만들기 위해 필요한 여분 흡음력은 얼마인가?

① 약 250㎡   ② 약 275㎡
③ 약 300㎡   ④ 약 450㎡

■ 잔향시간(T) $= 0.164 \times \dfrac{실용적(m^3)}{흡음력(m^2)}$ 에서 $1.6 = 0.164 \times \dfrac{5,000}{A}$
※ 흡음력 A=513㎡ 잔향시간이 1초일 때
$1 = 0.164 \times \dfrac{5,000}{A}$, A=820㎡
∴ 여분흡음력=820−513=307㎡≒300㎡

09 다음 중 적산 순서로 옳지 않은 것은?

① 시공순서대로   ② 큰 관에서 작은 관으로
③ 가격이 고가에서 저가순으로   ④ 주관에서 지관으로

■ 가격의 크고 낮음은 적산 순서의 원칙에 해당하지 않는다.

해답 5.③ 6.③ 7.② 8.③ 9.③

10 급수방식 중 고가수조방식에 관한 설명으로 옳은 것은?
① 대규모의 급수 수요에 대응할 수 없다.
② 단수 시에도 일정량의 급수를 계속할 수 있다.
③ 급수공급압력의 변화가 심하고 취급이 까다롭다.
④ 위생성 및 유지·관리 측면에서 가장 바람직한 방식이다.

■ 고가수조방식은 대규모의 급수 수요에 적합하고, 단수 시에도 고가탱크에 저수한 물로 일정시간 급수가 가능하고, 급수공급압력의 변화가 없으나, 물탱크에서 수질오염이 심하여 위생성 및 유지·관리 측면에서 불리한 방식으로 최근에는 적용 예가 감소하고 있다.

11 대기압하에서 10℃의 물 150kg과 80℃의 물 100kg을 혼합할 경우, 혼합된 물의 온도는 몇 도인가?(단, 물의 비열은 $4.2 kJ/kg K$)
① 28℃   ② 38℃
③ 45℃   ④ 63.2℃

■ 혼합하는 2 물질의 비열이 다르면 비열을 각각 고려하지만 비열이 같을 경우에는 질량과 온도의 평균으로 구한다.
$$t = \frac{m_1 t_1 + m_2 t_2}{m_1 + m_2} = \frac{150 \times 10 + 100 \times 80}{150 + 100} = 38$$

12 벽체를 통과하는 관류열량에 관한 설명으로 가장 적합한 것은?
① 벽체의 열저항이 클수록 관류열량은 커진다.
② 관류열량은 실내외 온도 차와는 관계가 없다.
③ 표면 열전달률이 작을수록 관류열량은 커진다.
④ 벽체 구성재료의 열전도율이 클수록 관류열량은 커진다.

■ 벽체를 통과하는 관류열량은 열저항이 클수록 작아지며, 실내외 온도 차에 비례하고, 표면 열전달률이나 열전도율 작을수록 작아진다.

13 냉동기에 관한 설명으로 가장 적합한 것은?
① 흡수식 냉동기는 전기가 주 에너지원이다.
② 흡수식 냉동기는 압축식 냉동기에 비해 소음진동이 적다.
③ 설비비의 면에서는 압축식 냉동기가 흡수식에 비해서 불리하다.
④ 흡수식 냉동기의 냉동사이클은 압축 → 응축 → 증발 → 팽창의 순이다.

■ 흡수식 냉동기는 열원(증기, 고온수)이 주에너지원이고, 압축식 냉동기에 비해 소음진동이 적다. 설비비의 면에서는 흡수식이 불리하며, 흡수식 냉동기의 냉동사이클은 흡수 → 재생 → 응축 → 팽창 → 증발의 순이다.

해답 10.② 11.② 12.④ 13.②

14 급탕설비의 순환배관에서 관마찰저항으로 인한 순환량의 불균등을 방지하기 위한 배관방식은?

① 상향배관방식 ② 하향배관방식
③ 강제순환방식 ④ 리버스리턴방식

■ 리버스리턴방식은 존별 급탕부하의 배관길이가 불규칙할 때 역환수 배관으로 순환길이를 균등히 하여 급탕 순환량을 균등히 한다. 최근에는 정유량밸브를 이용하여 순환량을 균등히 하는 방법도 이용한다.

15 배관이 바닥 또는 벽을 관통할 때 슬리브(sleeve)를 사용하는데 그 이유로 가장 적당한 것은?

① 방진을 위하여
② 신축흡수 및 수리를 용이하게 하기 위하여
③ 방식을 위하여
④ 수격작용을 방지하기 위하여

■ 배관이 바닥이나 벽을 관통할 때 슬리브(덧관)를 사용하는 주된 이유는 배관이 벽체에 매립되지 않게 하여 배관 수리 시 배관 교체를 용이하게 하기 위함이다. 또한 배관의 신축이나 진동이 벽체에 응력을 주지 않게 하는 기능도 있다.

16 건축물의 난방 시 발생하는 굴뚝효과에 관한 설명으로 옳지 않은 것은?

① 난방 시 중성대 상부에서는 내부공기가 외부로 유출된다.
② 건물 내부온도가 상승하면 중성대 위치는 상부로 이동한다.
③ 건축물 내부의 공기유동은 온도차에 의한 밀도차가 원인이다.
④ 중성대 하부에 개구부를 많이 설치하면 중성대 위치가 하부로 이동한다.

■ 난방 시 건물 내부온도가 상승하면 상부층 공기 온도가 상승하여 중성대 위치는 하부로 이동한다.

17 다음 중 스케일이 보일러에 미치는 영향과 가장 거리가 먼 것은?

① 보일러의 전열면이 과열된다.
② 워터 햄머(water hammer)를 일으킨다.
③ 열의 전달을 방해하여 보일러 효율을 저하시킨다.
④ 보일러의 철판이나 관 등을 부식시키는 원인이 된다.

■ 스케일은 워터햄머와 직접적인 관계가 없다.

18 다음 중 배관의 신축·팽창량을 흡수 처리하기 위해 사용되는 신축이음에 속하지 않는 것은?

① 슬리브형 이음 ② 벨로즈형 이음
③ 플랜지형 이음 ④ 스위블형 이음

해답 14.④ 15.② 16.② 17.② 18.③

■ 플랜지는 배관 연결 부속으로 50A 이상 배관에 주로 사용하며 분해 조립이 필요한 최종 조립부에 이용된다.

19 그림과 같은 습공기 선도에 표시된 P점의 상태량이 가장 거리가 먼 것은?

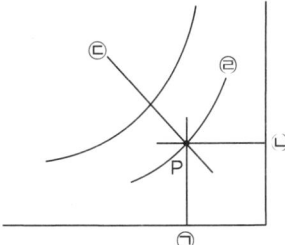

① ㉠ : 건구온도
② ㉡ : 절대습도
③ ㉢ : 엔탈피
④ ㉣ : 습구온도

■ 선도에서 ㉣은 상대습도선이다.

20 다음의 냉방부하 요소 중에서 현열부하만 발생하는 것은?
① 인체의 발생열량
② 유리로부터의 취득열량
③ 극간풍에 의한 취득열량
④ 실내 기구로부터의 발생열량

■ 냉방부하 계획에서 현열부하는 온도차로 발생하며, 잠열부하는 수증기로 발생하는데, 유리로부터의 취득열량은 현열부하만 있으며, 실내 기구 중 컴퓨터 등은 현열부하만 있고, 물을 사용하는 커피포트, 조리기구등은 잠열부하가 발생한다.

제2과목 건축설비 설계

21 다음 중 냉각탑 설치 관련하여 옳지 않은 것은?
① 통풍이 잘 되는 곳에 설치한다.
② 백연등에 유의하여 설치한다.
③ 외기 오염 농도가 높은 곳에서는 개방형 냉각탑을 설치한다.
④ 냉각탑의 진동 방지를 위해 방진스프링을 설치한다.

■ 외기 오염 농도가 높은 곳에서는 개방형이 아닌 밀폐형을 설치하여 냉각수의 오염을 방지해야 한다.

22 다음 중 공기를 가습하는 방법으로 부적당한 것은?
① 에어와셔의 이용
② 증기의 직접분무
③ 히트파이프의 이용
④ 물 또는 온수의 직접 분무

■ 히트파이프는 지열이나 폐열을 이용하여 공기를 가열할 수 있다.

해답 19.④ 20.② 21.③ 22.③

23 냉각코일의 입구공기온도 t_1, 출구공기온도 t_2, 냉각코일표면온도가 t_s일 때 바이패스팩터(BF)를 바르게 표기한 것은?

① $BF = \dfrac{t_1 - t_2}{t_1 - t_s}$ ② $BF = \dfrac{t_2 - t_s}{t_1 - t_s}$

③ $BF = \dfrac{t_2 - t_s}{t_1 - t_2}$ ④ $BF = \dfrac{t_1 - t_s}{t_2 - t_s}$

■ 바이패스팩터란 코일을 통과하는 공기 중에 코일을 접촉하지 않고 통과하는 비율을 말하며
$$BF(\text{바이패스팩터}) = \frac{\text{냉각되지 못한 온도}}{\text{최대로 냉각될 온도}} = \frac{\text{출구공기온도} - \text{코일표면온도}}{\text{입구공기온도} - \text{코일표면온도}} = \frac{t_2 - t_s}{t_1 - t_s}$$

24 다음과 같은 조건에 있는 양수펌프의 축동력은?

- 실양정 : 10m
- 토출구 필요 압력 수두 : 0.7mAq
- 양수량 : 3,000L/min
- 배관 마찰손실수두 : 2mAq
- 펌프의 효율 : 80%

① 1.22kW ② 6.13kW
③ 7.78kW ④ 8.57kW

■ $kW = \dfrac{QH}{102E} = \dfrac{3,000(10 + 2 + 0.7)}{60 \times 102 \times 0.8} = 7.78 kW$
(펌프양정 H=실양정+마찰손실+토출속도수두=10+2+0.7)

25 다음 중 온도조절식 증기트랩에 속하는 것은?

① 버킷 트랩 ② 드럼 트랩
③ 벨로즈 트랩 ④ 플로트 트랩

■ 벨로즈 트랩은 온도차를 이용하는 방식이고, 버킷, 드럼, 플로트 방식은 응축수 액위에 의한 부력을 이용하는 기계식이다.

26 다음 중 현열만을 취득하게 되는 냉방부하는 어떤 부하인가?

① 인체의 발생열량 ② 벽체로부터의 취득열량
③ 외기로부터의 취득열량 ④ 틈새바람에 의한 취득열량

■ 벽체나 유리창 부하는 현열부하뿐이며, 공기나 습기와 관계하는 부하(인체, 외기, 극간풍등)는 잠열부하가 있다.

27 다음 설명에 알맞은 공기조화부하와 관련된 용어는?

환기를 위해 외기를 공조기로 도입하여 실내의 온·습도 상태까지 냉각·감습하거나 가열·가습하는데 필요한 열량을 말한다.

해답 23.② 24.③ 25.③ 26.② 27.①

① 외기부하   ② 열원부하
③ 공조기부하   ④ 예냉/예열부하

■ 환기를 위해 외기를 실내 온·습도 상태까지 냉각·감습하는데 필요한 열량은 외기부하라 하며, 예냉/예열부하는 외기를 환기와 혼합하기 전에 먼저 일정 온도까지 냉각·가열하는데 필요한 열량을 말한다.

28 공조설비 시스템에서 부속류(제어밸브 등)를 보호하기 위하여 배관에 설치하여 관내에 흐르는 유체에 섞여 있는 모래 등 이물질을 제거하기 위하여 설치하는 부속류는?

① 트랩   ② 스트레이너
③ 밸브   ④ 볼조인트

■ 스트레이너는 관 내의 유체에 혼입된 이물질을 제거하여 기기를 보호하는 부속으로 펌프전단, 트랩이나 제어밸브 전단에 설치한다.

29 급탕설비에서 시간당 배관 열손실량은 4,000kJ/h이고 급탕온도는 60℃, 환탕온도 55℃일 때 급탕 순환펌프 유량은 얼마(L/min)인가?(단, 탕의 평균 비열은 4.2 kJ/kg · K이다)

① 1.17   ② 2.17
③ 3.17   ④ 4.17

■ $q = mC\Delta t$ 에서

$$W = \frac{q(\text{배관손실열량})}{C(\text{비열}) \times \Delta t(\text{온도차})} = \frac{4,000}{4.2(60-55)} = 190.5 L/h = 3.17 L/\min$$

30 냉온수배관 설계 시 유량을 알고 있을 때, 관마찰선도를 통해 배관경을 구하려면 알아야 되는 것으로 올바로 짝지어진 것은?

① 유속, 밀도   ② 유속, 허용 관마찰손실수두
③ 밀도, 허용 관마찰손실수두   ④ 비중, 허용 관마찰손실수두

■ 배관마찰저항선도에서 배관경을 구하기 위해서는 유량, 유속, 허용 관마찰손실수두를 알아야 한다. 유량은 알고 있으므로 유속과 허용 관마찰손실수두를 알면 배관경을 구할 수 있다.

31 어떤 덕트 내부의 풍속을 측정한 결과 7m/s이었다. 이때의 동압은 얼마인가?(단, 공기의 밀도는 1.2kg/m³이다.)

① 3Pa   ② 24.5Pa
③ 29.4Pa   ④ 49Pa

■ 동압 $P = \dfrac{v^2 \rho}{2} = \dfrac{7^2 \times 1.2}{2} = 29.4 Pa$

(수주단위)동압 $P = \dfrac{v^2 \gamma}{2g} = \dfrac{7^2 \times 1.2}{2 \times 9.8} = 3 mmAq$

해답   28.②   29.③   30.②   31.③

32 지역난방에 관한 설명으로 가장 거리가 먼 것은?

① 연료비가 절감된다.
② 대기오염을 줄일 수 있다.
③ 보일러 설비가 대용량이 된다.
④ 각 세대의 설비 스페이스가 증대된다.

■ 지역난방은 건물별, 세대별로 열원장치가 생략되므로 각 세대의 설비 스페이스는 감소한다.

33 장변의 길이가 1.2m이고, 단변의 길이가 0.7m인 장방형 덕트 내로 풍속 5m/s로 공기가 통과할 경우 송풍량은?(기타 손실은 무시한다.)

① 42㎥/min
② 252㎥/min
③ 300㎥/min
④ 420㎥/min

■ $Q = Av = 1.2 \times 0.7 \times 5 = 4.2 m^3/s = 252 m^3/min$

34 송풍량 300㎥/min, 정압 30mmAq인 송풍기의 회전수를 높여 풍량을 360㎥/min로 변화시킬 경우 정압은?

① 36mmAq
② 43.2mmAq
③ 51.8mmAq
④ 64.6mmAq

■ 송풍량은 회전수에 비례하고 정압은 회전수의 제곱에 비례하므로
$\dfrac{p_2}{p_1} = (\dfrac{N_2}{N_1})^2$ 에서
$p_2 = p_1(\dfrac{N_2}{N_1})^2 = 30(\dfrac{360}{300})^2 = 43.2 \text{mmAq}$

35 진공환수 시 방열기보다 높은 곳에 환수횡주관을 배관하거나 환수주관보다 높은 위치에 진공펌프를 설치하는 경우 환수관의 응축수를 끌어올리기 위해 사용하는 것은?

① 팽창관
② 증발탱크
③ 리프트 이음
④ 응축수 트랩

■ 리프트 이음은 진공환수 시 방열기보다 높은 곳에 환수 횡주관을 배관하여 환수관의 응축수를 끌어올리는 배관이다.

36 다음 중 실별 개별제어가 가장 불리한 공조방식은?

① 정풍량 방식
② 변풍량 방식
③ 이중덕트 방식
④ 멀티존 유닛 시스템

■ 정풍량 방식은 전체 실들의 부하 중 가장 큰(최대) 부하를 산정하여 동일 풍량으로 취출하는 방식으로 각 실의 개별제어가 난해한 특징을 갖고 있다.

해답 32.④ 33.② 34.② 35.③ 36.①

37 흡수식 냉동기에 관한 설명으로 옳지 않은 것은?
① 소음, 진동이 크다.
② 냉각탑 등 장치 용량이 크다.
③ 증기 또는 고온수를 열원으로 하므로 사용전력량이 적다.
④ 진공으로 운전되므로 고압가스 취급법의 적용을 받지 않는다.

■ 흡수식 냉동기는 압축식 냉동기에 비해 소음진동이 적다.

38 배관 내를 흐르는 유체의 마찰에 의해 발생되는 압력손실에 관한 설명으로 가장 적합한 것은?
① 관 내경에 반비례한다.
② 관 길이에 반비례한다.
③ 유체의 밀도에 반비례한다.
④ 유체속도의 제곱에 반비례한다.

■ 압력손실은 관경에 반비례하고, 관길이에 비례하고, 유속의 제곱과 밀도에 비례한다.

39 펌프의 캐비테이션에 관한 설명으로 가장 거리가 먼 것은?
① 캐비테이션을 방지하기 위해 펌프의 흡입양정을 크게 한다.
② 캐비테이션을 방지하기 위해 설계상의 펌프 운전범위 내에서 항상 유효 NPSH가 필요 NPSH보다 크게 되도록 배관계획을 한다.
③ 캐비테이션이 진행되면 펌프의 양수량, 양정 및 효율이 저하되어간다.
④ 비정상적인 소음과 진동이 발생한다.

■ 캐비테이션은 흡입관에 진공압이 걸릴 때 발생하므로 캐비테이션을 방지하기 위해 펌프의 흡입양정은 작게(짧게) 한다.

40 급수방식 중 수도직결방식에 관한 설명으로 가장 거리가 먼 것은?
① 고층으로의 급수가 어렵다.
② 정전으로 인한 단수의 염려가 없다.
③ 급수압력이 일정하다.
④ 위생성 측면에서 바람직한 방식이다.

■ 수도직결방식은 수도 본관의 압력으로 급수하므로 피크아워 시에 본관에 접속한 주변 급수관의 사용량에 따라 압력변화가 크다.

제3과목 | 건축설비 관련 법규

41 건축법령상 다중이용 건축물에 속하지 않는 것은?
① 16층 이상인 건축물
② 종교시설의 용도로 쓰는 바닥면적의 합계가 5,000㎡ 이상인 건축물

③ 판매시설의 용도로 쓰는 바닥면적의 합계가 5,000㎡ 이상인 건축물
④ 업무시설의 용도로 쓰는 바닥면적의 합계가 5,000㎡ 이상인 건축물

■ 〈건축법령 2조 17〉 다중이용 건축물이란 문화, 집회, 종교, 판매, 운수, 종합병원, 관광숙박시설로 5,000㎡ 이상인 건축물과 16층 이상인 건축물

42 바닥으로부터 높이 1m까지의 안벽의 마감을 내수재료로 하여야 하는 대상건축물이 아닌 것은?

① 단독주택의 욕실
② 제1종 근린생활시설 중 휴게음식점의 조리장
③ 제2종 근린생활시설 중 휴게음식점의 조리장
④ 제2종 근린생활시설 중 일반음식점의 조리장

■ 〈피난방화구조기준 18조〉 다음 각 호의 어느 하나에 해당하는 욕실 또는 조리장의 바닥과 그 바닥으로부터 높이 1미터까지의 안벽의 마감은 이를 내수재료로 하여야 한다.
1. 제1종 근린생활시설 중 목욕장의 욕실과 휴게음식점의 조리장
2. 제2종 근린생활시설 중 일반음식점 및 휴게음식점의 조리장과 숙박시설의 욕실

43 건축법령상 다세대주택의 정의로 가장 적합한 것은?

① 주택으로 쓰는 1개 동의 바닥면적 합계가 330㎡ 이하이고, 층수가 4개 층 이하인 주택
② 주택으로 쓰는 1개 동의 바닥면적 합계가 330㎡ 초과하고, 층수가 4개 층 이하인 주택
③ 주택으로 쓰는 1개 동의 바닥면적 합계가 660㎡ 이하이고, 층수가 4개 층 이하인 주택
④ 주택으로 쓰는 1개 동의 바닥면적 합계가 330㎡ 초과하고, 층수가 4개 층 이하인 주택

■ 〈건축법령 3조 5〉 다세대주택(바닥면적 합계가 660㎡ 이하이고, 층수가 4개 층 이하)
다가구주택(바닥면적 합계가 660㎡ 이하이고, 층수가 3개 층 이하)
연립주택(바닥면적 합계가 660㎡ 초과, 층수가 4개 층 이하)

44 내화구조에 속하지 않는 것은?(단, 바닥의 경우)

① 철근콘크리트조로서 두께가 10cm인 것
② 무근콘크리트조로서 두께가 10cm인 것
③ 철골철근콘크리트조로서 두께가 10cm인 것
④ 철재의 양면을 두께 5cm의 철망모르타르로 덮은 것

■ 〈피난방화구조기준 3조〉 무근콘크리트조는 해당 없음

해답 42.① 43.③ 44.②

45 건축물의 에너지 절약설계기준상 단열계획에 대한 건축부분의 권장사항으로 옳지 않은 것은?

① 외벽 부위는 내단열로 시공한다.
② 외피의 모서리 부분은 열교가 발생하지 않도록 단열재를 연속적으로 설치한다.
③ 건물의 창 및 문은 가능한 작게 설계하고, 특히 열손실이 많은 북측 거실의 창 및 문의 면적은 최소화한다.
④ 태양열 유입에 의한 냉·난방부하를 저감할 수 있도록 일사조절장치, 태양열투과율, 창 및 문의 면적비 등을 고려한 설계를 한다.

■ 〈에너지절약 7조〉 외벽 부위는 외단열로 시공한다. 외단열은 열교현상방지와 결로방지에 유리하다.

46 건축법령상 다중이용건축물에 속하지 않는 것은?(단, 15층 이하이며, 해당 용도로 쓰는 바닥면적의 합계가 5000㎡ 이상인 건축물)

① 종교시설　　　　　　　　　　② 판매시설
③ 위락시설　　　　　　　　　　④ 의료시설 중 종합병원

■ 〈건축법령 2조〉17. "다중이용 건축물"이란 다음 각 목의 어느 하나에 해당하는 건축물을 말한다.
　가. 다음의 어느 하나에 해당하는 용도로 쓰는 바닥면적의 합계가 5천제곱미터 이상인 건축물
　　1) 문화 및 집회시설(동물원 및 식물원은 제외한다)　2) 종교시설
　　3) 판매시설　　　　　　　　　　　　　　　　　　4) 운수시설 중 여객용 시설
　　5) 의료시설 중 종합병원　　　　　　　　　　　　6) 숙박시설 중 관광숙박시설
　나. 16층 이상인 건축물

47 바닥면적이 100㎡인 초등학교 교실에 채광을 위하여 설치하여야 하는 창문 등의 면적은 최소 얼마 이상이어야 하는가?(단, 거실의 용도에 따른 조도기준 이상의 조명장치를 설치하지 않은 경우)

① 5㎡　　　　　　　　　　　　② 10㎡
③ 20㎡　　　　　　　　　　　　④ 50㎡

■ 〈피난방화구조기준 17조〉 (채광 및 환기를 위한 창문 등) 영 제51조에 따라 채광을 위하여 거실에 설치하는 창문 등의 면적은 그 거실의 바닥면적의 10분의 1 이상이어야 한다. 다만, 거실의 용도에 따라 별표 1의 3에 따라 조도 이상의 조명장치를 설치하는 경우에는 그러하지 아니하다.
채광창문면적=바닥면적(100)×(1/10)=10[㎡]

48 건축물의 설비기준 등에 관한 규칙에 따라 피뢰설비를 설치하여야 하는 대상 건축물의 높이 기준은?

① 높이 10m 이상인 건축물　　　② 높이 20m 이상인 건축물
③ 높이 30m 이상인 건축물　　　④ 높이 50m 이상인 건축물

■ 〈설비기준 20조〉 피뢰설비 대상건물 : 높이 20m 이상인 건축물

해답　45.①　46.③　47.②　48.②

49 문화 및 집회시설 중 공연장의 개별관람석의 바닥면적이 1,200㎡인 경우, 이 개별관람석의 출구는 최소 몇 개소 이상 설치하여야 하는가?(단, 각 출구의 유효너비가 1.8m인 경우)

① 2개소 ② 3개소
③ 4개소 ④ 5개소

■ 〈피난방화기준 10조〉 100㎡마다 유효너비 0.6m
유효너비=(1,200/100)×0.6=7.2m
출구수=7.2/1.8=4개소

50 건축물의 출입구에 설치하는 회전문에 관한 기준 내용으로 옳지 않은 것은?

① 회전문과 바닥 사이의 간격은 5cm 이하로 한다.
② 회전문과 문틀 사이의 간격은 5cm 이상으로 한다.
③ 계단이나 에스컬레이터로부터 2m 이상 거리를 두어야 한다.
④ 회전문의 회전속도는 분당회전수가 8회를 넘지 않도록 한다.

■ 〈피난방화구조기준 12조〉 회전문과 바닥 사이의 간격은 3cm 이하

51 건축물의 경사지붕 아래에 설치하는 대피공간에 관한 기준 내용으로 옳지 않은 것은?

① 특별피난계단 또는 피난계단과 연결되도록 할 것
② 관리사무소 등과 긴급 연락이 가능한 통신시설을 설치할 것
③ 대피공간의 면적은 지붕 수평투영면적의 20분의 1 이상일 것
④ 출입구는 유효너비 0.9m 이상으로 하고, 그 출입구에는 갑종방화문을 설치할 것

■ 〈피난방화구조기준 13조〉 대피공간의 면적은 지붕 수평투영면적의 10분의 1 이상일 것

52 다음 중 건축법상 칸막이벽에 대하여 차음구조로 하지 않아도 되는 것은?

① 사무소의 사무실 간의 칸막이벽 ② 기숙사의 침실 간의 칸막이벽
③ 학교의 교실 간의 칸막이벽   ④ 의료시설의 병실 간의 칸막이벽

■ 〈건축법령 53조 경계벽 설치〉
1. 단독주택 중 다가구주택의 각 가구 간 또는 공동주택(기숙사는 제외한다)의 각 세대 간 경계벽(제2조제14호 후단에 따라 거실·침실 등의 용도로 쓰지 아니하는 발코니 부분은 제외한다)
2. 공동주택 중 기숙사의 침실, 의료시설의 병실, 교육연구시설 중 학교의 교실 또는 숙박시설의 객실 간 경계벽
3. 제1종 근린생활시설 중 산후조리원의 다음 각 호의 어느 하나에 해당하는 경계벽
    가. 임산부실 간 경계벽
    나. 신생아실 간 경계벽
    다. 임산부실과 신생아실 간 경계벽
4. 제2종 근린생활시설 중 다중생활시설의 호실 간 경계벽

해답 49.③ 50.① 51.③ 52.①

53 공동주택과 오피스텔의 난방설비를 개별난방방식으로 하는 경우에 관한 기준 내용으로 옳지 않은 것은?

① 보일러실의 윗부분에는 그 면적이 0.5m² 이상인 환기창을 설치할 것
② 기름보일러를 설치하는 경우에는 기름저장소를 보일러실 외의 다른 곳에 설치할 것
③ 보일러의 연도는 내화구조로 공동연도로 설치할 것
④ 보일러를 설치하는 곳과 거실 사이의 경계벽은 출입구를 제외하고는 방화구조의 벽으로 구획할 것

■ 〈설비기준 13조〉 보일러를 설치하는 곳과 거실 사이의 경계벽은 출입구를 제외하고는 내화구조의 벽으로 구획할 것

54 다음의 옥상광장 등의 설치에 관한 기준 내용 중 ( ) 안에 들어갈 수 없는 건축물의 용도는?

> 5층 이상인 층이 ( )의 용도로 쓰는 경우에는 피난 용도로 쓸 수 있는 광장을 옥상에 설치하여야 한다.

① 종교시설
② 의료시설
③ 장례식장
④ 판매시설

■ 〈건축법령 40조〉 5층 이상인 층이 제2종 근린생활시설 중 공연장·종교집회장·인터넷컴퓨터게임시설제공업소(해당 용도로 쓰는 바닥면적의 합계가 각각 300제곱미터 이상인 경우만 해당한다), 문화 및 집회시설(전시장 및 동·식물원은 제외한다), 종교시설, 판매시설, 위락시설 중 주점영업 또는 장례시설의 용도로 쓰는 경우에는 피난 용도로 쓸 수 있는 광장을 옥상에 설치하여야 한다.(의료시설은 해당 없음)

55 건축물의 출입구에 회전문을 설치하는 경우 계단이나 에스컬레이터로부터 최소 얼마 이상의 거리를 두고 설치하여야 하는가?

① 1.5m
② 2.0m
③ 2.5m
④ 3.0m

■ 〈피난방화구조기준 12조〉 2m

56 건축물의 냉방설비에 대한 설치 및 설계기준상 포접화합물(Clathrate)이나 공융염(Eutectic Salt) 등의 상변화물질을 심야시간에 냉각시켜 동결한 후 그 밖의 시간에 이를 녹여 냉방에 이용하는 냉방설비로 정의되는 것은?

① 빙축열식 냉방설비
② 수축열식 냉방설비
③ 물질축열식 냉방설비
④ 잠열축열식 냉방설비

■ 〈냉방설비기준 3조〉 잠열축열식 냉방설비"라 함은 포접화합물(Clathrate)이나 공융염(Eutectic Salt) 등의 상변화물질을 심야시간에 냉각시켜 동결한 후 그 밖의 시간에 이를 녹여 냉방에 이용하는 냉방설비를 말한다.

해답 53.④ 54.② 55.② 56.④

57 다음은 지하층과 피난층 사이의 개방공간 설치와 관련된 기준 내용이다. ( ) 안에 알맞은 것은?

> 바닥면적의 합계가 ( ) 이상인 공연장·집회장·관람장 또는 전시장을 지하층에 설치하는 경우에는 각 실에 있는 자가 지하층 각 층에서 건축물 밖으로 피난하여 옥외 계단 또는 경사로 등을 이용하여 피난층으로 대피할 수 있도록 천장이 개방된 외부 공간을 설치하여야 한다.

① 1,000㎡   ② 2,000㎡
③ 3,000㎡   ④ 4,000㎡

■ 〈건축법령 37조〉 3,000㎡ 이상

58 건축물의 내부에 설치하는 피난계단의 구조에 관한 기준 내용으로 옳지 않은 것은?
① 계단실에는 예비전원에 의한 조명설비를 할 것
② 계단실의 실내에 접하는 부분의 마감은 준불연 재료로 할 것
③ 계단은 내화구조로 하고 피난층 또는 지상까지 직접 연결하도록 할 것
④ 건축물의 내부에서 계단실로 통하는 출입구의 유효너비는 0.9m 이상으로 할 것

■ 〈피난방화구조기준 9조〉 계단실의 실내에 접하는 부분의 마감은 불연 재료로 할 것

59 방송 공동수신설비를 설치하여야 하는 대상 건축물에 속하지 않는 것은?
① 공동주택
② 바닥면적의 합계가 5,000㎡으로서 판매시설의 용도로 쓰는 건축물
③ 바닥면적의 합계가 5,000㎡으로서 업무시설의 용도로 쓰는 건축물
④ 바닥면적의 합계가 5,000㎡으로서 숙박시설의 용도로 쓰는 건축물

■ 〈건축법령 87조〉 방송 공동수신설비를 설치하여야 하는 대상 건축물 - 공동주택, 5,000㎡ 이상 업무시설, 숙박시설

60 비상용 승강기 승강장의 바닥면적은 비상용 승강기 1대에 대하여 최소 얼마 이상으로 하여야 하는가?(단, 옥내에 승강장을 설치하는 경우)
① 5㎡   ② 6㎡
③ 8㎡   ④ 10㎡

■ 〈설비기준 10조〉 비상용 승강기 승강장의 바닥면적은 승강기 1대에 대하여 6㎡ 이상

2025년 1회 CBT | 건축설비산업기사 과년도 출제문제

제1과목 | 건축설비 계획

01 건축물의 조명 설계에서 연색성이 의미하는 것으로 옳은 것은?
① 인공광원의 빛의 세기
② 인공광원의 눈부심
③ 인공광원의 명암
④ 사물의 색상에 대한 인공광원의 구현능력

■ 조명설계에서 연색성이란 색상을 연출하는 성질 즉, 색상 구분능력을 말하며 자연광에 가까울수록 연색성이 우수하다 말하는데, 미술관, 사진 작업실 등에서는 연색성이 중요하며, 색상구분이 상대적으로 덜 중요한 운동장, 체육관, 가로등에서는 경제성을 중시한다.

02 다음 보기의 설명이 의미하는 음향효과는 무엇인가?

> 2가지 음이 동시에 귀에 들어와서 한쪽의 음 때문에 다른 쪽의 음이 작게 들리는 현상이다.

① 마스킹 효과　　② 정재파 현상
③ 회절　　　　　④ 확산

■ ② 정재파 현상 : 같은 주파수음의 간섭에 의해서 입사음파가 반사음파와 중첩되어서 음압의 변동이 고정되는 현상이다.
③ 회절 : 음이 진행 중 장애물이 있을 때 직진하지 못하고 돌아가는 현상이다.
④ 확산 : 음파가 요철면에 부딪쳐 여러 개의 작고 약한 파형으로 나뉘는 현상이다.

03 급수설비에서 급수압력이 과대하게 설계된 경우, 발생할 수 있는 현상은?
① 유수음이 약화된다.　　② 캐비테이션이 발생한다.
③ 물의 사용량이 증대한다.　　④ 위생기구의 세정력이 약화된다.

■ 급수압력이 과대하게 설계된 경우 수압이 증가하여 유수음이 크고, 수 사용량이 증가하고, 세정력은 증가하며, 워터해머 가능성이 증가한다.

해답 1.④ 2.① 3.③

04 건축화 조명에 관한 기술 중 가장 거리가 먼 것은?
　① 건축화 조명은 눈부심이 적으며 명쾌한 감각을 준다.
　② 건축화 조명방식은 공사비나 유지비가 싸다.
　③ 건축화 조명은 발광면이 크기 때문에 음영이 부드럽다.
　④ 건축화 조명은 조명 능률이 높다.

■ 건축화 조명이란 건축물의 일부(천정, 보, 벽체 등)에서 발광하도록 한 것으로 비경제적(조명능률이 낮다)이나 분위기 연출과 시 환경에는 좋다.

05 방위별 조닝을 한 대형 사무소 건물에서 재열부하가 발생하기 가장 쉬운 곳은?
　① 추분의 건물 남쪽 존(zone)　　② 동지의 건물 북쪽 존(zone)
　③ 하지의 건물 남쪽 존(zone)　　④ 장마철의 건물 북쪽 존(zone)

■ 재열부하란 잠열부하가 많은 곳에서 습기 제거를 위해 충분히 냉각한 후 취출온도까지 가열(재열)할 때 부하를 말하며 장마철의 건물 북쪽 존(zone)은 습기가 많아 재열부하가 많이 발생하는 편이다.

06 수도직결방식의 급수방식에서 수도 본관의 압력이 160kPa, 수전의 높이가 6m, 마찰손실 수두가 2mAq일 때, 이 수전이 받는 압력은?
　① 약 40kPa　　　　　② 약 80kPa
　③ 약 152kPa　　　　 ④ 약 240kPa

■ 본관압력에서 수전높이와 마찰손실만큼 압력이 감소하고, 수전의 높이 6m는 60kPa, 마찰손실 수두 2mAq는 20kPa이므로 본관압력 160에서 60과 20을 빼면 80kPa이 된다.(1m=9.8kPa=약 10kPa)

07 건축설비 도면을 그릴 때 선이 겹칠 경우 최우선하는 선은 무엇인가?
　① 중심선　　　　　　② 외형선
　③ 숨은선　　　　　　④ 점선(절단선)

■ 2개 이상의 선이 겹칠 경우 최우선 순위는 외형선, 숨은선, 점선(절단선), 중심선 순이다.

08 다음 설명에 알맞은 공조용 에어필터의 종류는?

> 비교적 관성이 큰 조립먼지를 여과하는 곳에 사용되며, 통과되는 공기 중에 기름의 혼입이 있으므로 식품관계의 공조용으로는 사용이 곤란하다.

　① 전기식　　　　　　② 건성 여과식
　③ 충돌 점착식　　　　④ 활성탄 흡착식

■ 기름의 점착력을 이용하는 충돌 점착식은 기름혼입의 우려가 있다. 입자크기에 의한 여과 특성을 이용하는 것은 건성여과식으로 건축설비에서 가장 보편적으로 이용한다.

해답　4.④　5.④　6.②　7.②　8.③

09 급수관 내에 공기실(Air chamber)을 설치하는 이유는?
① 수압시험을 하기 위해서
② 누출시험을 하기 위해서
③ 수격작용을 방지하기 위해서
④ 배관의 신축을 흡수하기 위해서

■ 수격작용(워터해머)을 방지하기 위해서 공기실을 설치한다.

10 증기난방에 관한 설명으로 옳지 않은 것은?
① 온수난방에 비해 열용량이 크다.
② 한랭지에서 동결의 우려가 적다.
③ 방열면적을 온수난방보다 작게 할 수 있다.
④ 증발잠열을 이용하기 때문에 열의 운반능력이 크다.

■ 증기난방은 온수난방에 비해 열용량이 작다. 열용량은 일반적으로 액체가 기체(증기)보다 크다.

11 고가수조 급수방식에 관한 설명으로 가장 거리가 먼 것은?
① 급수압력이 일정하다.
② 단수 시에도 일정량의 급수를 할 수 있다.
③ 일반적으로 상향급수 배관방식이 사용된다.
④ 저수시간이 길어지면 수질이 나빠지기 쉽다.

■ 고가수조 급수방식은 일반적으로 하향급수방식(상부 탱크에서 하부 수전으로 급수)이 사용된다.

12 화장실, 부엌 및 욕실 등과 같이 부압을 유지해야 하는 공간에 주로 적용되는 환기 방식은?
① 제1종 환기
② 제2종 환기
③ 제3종 환기
④ 자연환기

■ 제3종 환기는 실내가 부압으로 오염공기가 주변에 확산되지 않으므로 화장실, 주방에 적합하다.

13 국소식 급탕방식에 관한 설명으로 가장 적합한 것은?
① 배관 및 기기로부터의 열손실이 중앙식보다 많다.
② 배관에 의해 필요 개소 어디든지 급탕할 수 있다.
③ 건물 완공 후에도 급탕 개소의 증설이 중앙식보다 쉽다.
④ 기구의 동시이용률을 고려하므로 가열장치의 총용량을 적게 할 수 있다.

■ 국소식 급탕방식은 가열장치가 사용장소에 설치되므로 배관 및 기기로부터의 열손실이 중앙식보다 적고, 배관이 적게 소요되고, 건물 완공 후에도 급탕 개소의 증설이 중앙식보다 쉽다. 기구의 동시이용률을 고려하면 가열장치의 총용량은 커진다.

14 공조설비 부하계산에서 설계 외기조건을 선정하기 위한 위험률(TAC)에 관한 설명으로 옳지 않은 것은?

① 위험률을 크게 잡으면 장치용량도 커진다.
② 요구조건이 엄격한 건물일수록 위험률은 작게 한다.
③ 위험률 5%는 위험률 2.5%보다 설계외기 기준 온도를 벗어나는 시간이 2배이다.
④ 위험률은 난방 또는 냉방기간의 총 시간에 대한 온도 출현 빈도분포로부터 구한다.

■■ 위험률을 크게 잡으면 온도차가 작아져서 부하가 감소하고 공조설비 장치용량도 감소한다.

15 다음의 냉방부하 요소 중에서 현열부하만 발생하는 것은?

① 인체의 발생열량
② 유리로부터의 취득열량
③ 극간풍에 의한 취득열량
④ 실내 기구로부터의 발생열량

■■ 냉방부하 계획에서 현열부하는 온도차로 발생하며, 잠열부하는 수증기로 발생하는데, 유리로부터의 취득열량은 현열부하만 있으며, 실내 기구 중 컴퓨터 등은 현열부하만 있고, 물을 사용하는 커피포트, 조리기구 등은 잠열부하가 발생한다.

16 배수수직관 내의 압력변화를 방지 또는 완화하기 위해, 배수수직관으로부터 분기·입상하여 통기수직관에 접속하는 통기관은?

① 습통기관
② 루프통기관
③ 결합통기관
④ 공용통기관

■■ 결합통기관은 배수수직관과 통기수직관을 연결하여 배수수직관 내의 압력변화를 방지 또는 완화하는 것으로 보통 5개층마다 설치한다.

17 건축물 지붕의 수평투영 면적이 600㎡인 경우, 4개의 우수수직관을 설치하고자 한다. 최대 강우량이 130mm/h일 때 우수수직관의 관경으로 가장 적당한 것은?(단, 허용최대 지붕면적은 강우량이 100mm/h일 경우이다.)

관경(mm)	허용최대 지붕면적(㎡)
50	67
65	121
75	204
100	427
125	804

① 65mm
② 75mm
③ 100mm
④ 125mm

■■ 강우량 130mm/h, 투영면적 600㎡을 강우량 100mm/h일 때 면적으로 환산하면 600(130/100)=780㎡, 4개 수직관으로 처리하므로 1개 수직관이 담당하는 면적은 780/4=195㎡ 그러므로 표에서 195직상인 204㎡항으로 관경은 75mm이다.

해답 14.① 15.② 16.③ 17.②

18 공기조화의 4요소에 속하지 않는 것은?

① 기류 ② 습도
③ 복사 ④ 청정도

■ 공기조화의 4요소는 온도, 습도, 기류, 청정도이며, 또한 쾌적지표 중 수정유효온도(CET)의 4요소는 온도, 습도 기류, 복사열이다. 잘 구분해서 정리하세요.

19 공기조화방식 중 전공기방식에 관한 설명으로 옳지 않은 것은?

① 덕트 스페이스가 필요하다.
② 중간기에 외기냉방이 가능하다.
③ 전수방식에 비해 반송동력이 작다.
④ 청정도가 요구되는 병원 수술실 등에 적합하다.

■ 전공기방식은 동일한 열량을 공급할 때 물보다 공기량이 대단히 크므로(약 1000배 이상) 반송동력은 훨씬 커진다.

20 배관이 바닥 또는 벽을 관통할 때 슬리브(sleeve)를 사용하는데 그 이유로 가장 적당한 것은?

① 방진을 위하여
② 신축흡수 및 수리를 용이하게 하기 위하여
③ 방식을 위하여
④ 수격작용을 방지하기 위하여

■ 배관이 바닥이나 벽을 관통할 때 슬리브(덧관)를 사용하는 주된 이유는 배관이 벽체에 매립되지 않게 하여 배관 수리 시 배관 교체를 용이하게 하기 위함이다. 또한 배관의 신축이나 진동이 벽체에 응력을 주지 않게 하는 기능도 있다.

제2과목 | 건축설비 설계

21 다음과 같은 조건에서 재실인원이 20명인 실내의 냉방에 요구되는 외기부하량은 얼마인가?

- 실내공기의 엔탈피 : 55.4kJ/kg(DA)
- 외기의 엔탈피 : 84.8kJ/kg(DA)
- 1인당 필요외기량 : 25㎥/h
- 공기의 밀도 : 1.2kg/㎥

① 3.4kW ② 4.2kW
③ 4.9kW ④ 5.7kW

■ 도입외기량 = 20×25 = 500 m^3/h
외기 부하 = $m\triangle h$ = 500×1.2(84.8−55.4) = 17,640 kJ/h = 4.9 kW

해답 18.③ 19.③ 20.② 21.③

22 다음 중 COP가 가장 낮은 냉동 방식은?

① 왕복동식　　　　　　② 원심식
③ 회전식　　　　　　　④ 흡수식

■ 압축식(COP 약 3~5)에 해당하는 왕복동식, 원식식, 회전식이 흡수식(COP 약 0.7~1.5) 냉동기에 비해 높은 COP 값을 갖는다.

23 보일러의 출력 표시방법 중 난방부하, 급탕부하, 배관부하, 예열부하의 합으로 나타내는 것은?

① 정미출력　　　　　　② 정격출력
③ 상용출력　　　　　　④ 과부하출력

■ 정미출력=난방부하+급탕부하
상용출력=난방부하+급탕부하+배관부하
정격출력=난방부하+급탕부하+배관부하+예열부하

24 현열량과 잠열량의 합인 전열량에 대한 현열량의 비율을 의미하는 것은?

① 현열비　　　　　　　② 포화도
③ 비체적　　　　　　　④ 열수분비

■ 현열비$(SHF) = \dfrac{현열}{현열+잠열} = \dfrac{현열}{전열}$

25 덕트 내에 흐르는 공기의 온도가 20℃, 풍속이 13m/s, 정압이 20mAq일 때 전압은 얼마인가?(단, 공기의 비열은 $1.01 kJ/kg K$, 밀도는 1.2kg/㎡이다.)

① 20.34mAq　　　　　② 28.84mAq
③ 30.35mAq　　　　　④ 36.25mAq

■ 전압 = 정압+동압 = $20 + \dfrac{V^2}{2g}\rho = 20 + \dfrac{12^2 \times 1.2}{2 \times 9.8} = 30.35[mAq]$

26 공기조화기의 에어필터에 관한 설명으로 옳지 않은 것은?

① 송풍기 및 코일의 흡입 측에 설치한다.
② 필터에 공기의 흐름방향이 있는 경우에는 역방향으로 설치한다.
③ 필터의 설치위치 전후에는 점검과 보수를 위한 충분한 공간과 점검문을 설치한다.
④ 유닛형 필터를 여러 개 조합하여 설치하는 경우에는 지그재그로 하여 통과면적을 크게 한다.

■ 공기조화기 에어 필터에 공기의 흐름방향이 있는 경우에는 흐름방향대로 설치한다.

해답　22.④　23.②　24.①　25.③　26.②

27 증기난방설비에 사용되는 플래시 탱크(flash tank)의 역할로 가장 알맞은 것은?
① 고온, 고압의 응축수로부터 재증발 증기를 회수한다.
② 스팀보일러부터 발생한 증기를 각 계통으로 분배한다.
③ 환수주관보다 높은 위치에 진공펌프를 설치할 때 사용한다.
④ 보일러의 저수위면이 안전수위 이하로 내려가는 것을 방지한다.

■ 플래시 탱크는 고온, 고압의 응축수를 저압으로 감압시켜 이때 발생하는 재증발 증기를 저압 생증기로 회수하는 일종의 열회수 방식이다.

28 급탕 인원수 150명인 아파트의 1일당 최대예상급탕량은?(단, 1일 1인당 급탕량은 140/L/c/d이다.)
① 17,800L/d
② 21,000L/d
③ 24,000L/d
④ 16,800L/d

■ $Q = Nq = 150 \times 140 = 21,000 L/d$

29 다음 중 온도조절식 증기트랩에 속하는 것은?
① 버킷 트랩
② 드럼 트랩
③ 벨로즈 트랩
④ 플로트 트랩

■ 벨로즈 트랩은 온도차를 이용하는 방식이고, 버킷, 드럼, 플로트 방식은 응축수 액위에 의한 부력을 이용하는 기계식이다.

30 트랩의 유효봉수깊이는 일반적으로 50~100mm이다. 봉수깊이가 100mm 이상으로 너무 깊을 경우에 관한 설명으로 가장 적합한 것은?
① 봉수가 쉽게 파괴된다.
② 사이폰 현상이 커지게 된다.
③ 급탕의 온도저하를 막을 수 없게 된다.
④ 통수능력이 감소되며 그에 따라 자정작용이 없어지게 된다.

■ 봉수깊이가 100mm 이상으로 깊으면 통수능력이 감소되며 그에 따라 오물이 침전하거나, 자정작용이 감소하고, 봉수깊이가 50mm 이하로 얕으면 봉수 파괴가 심해진다.

31 펌프의 캐비테이션에 관한 설명으로 가장 거리가 먼 것은?
① 캐비테이션을 방지하기 위해 펌프의 흡입양정을 크게 한다.
② 캐비테이션을 방지하기 위해 설계상의 펌프 운전범위 내에서 항상 유효 NPSH가 필요 NPSH보다 크게 되도록 배관계획을 한다.
③ 캐비테이션이 진행되면 펌프의 양수량, 양정 및 효율이 저하되어간다.
④ 비정상적인 소음과 진동이 발생한다.

해답 27.① 28.② 29.③ 30.④ 31.①

■ 캐비테이션은 흡입관에 진공압이 걸릴 때 발생하므로 캐비테이션을 방지하기 위해 펌프의 흡입양정은 작게(짧게) 한다.

32 냉각탑의 쿨링 어프로치(cooling approach)란 무엇인가?

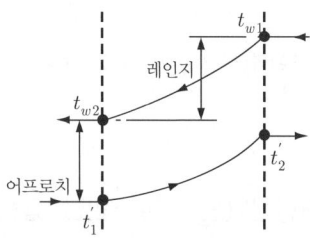

tw1, tw2 : 냉각수 입·출구 수온
t1′, t2′ : 외기(입구공기) 습구온도, 냉각탑 출구 습구온

① 냉각탑 입구수온(℃)-냉각탑 출구수온(℃)
② 냉각탑 입구수온(℃)-입구공기의 습구온도(℃)
③ 냉각탑 출구수온(℃)-입구공기의 습구온도(℃)
④ 냉각탑 입구수온(℃)-입구공기의 건구온도(℃)

■ 이론적으로 냉각수 출구 수온은 입구 공기 습구온도까지 냉각될 수 있어서 이들이 얼마나 접근했는가를 어프로치라 하고 어프로치가 작을수록 냉각탑 효율이 좋은 것이다. 냉각수 입출구 수온차는 쿨링랜지이다.

33 배관에 설치하여 관속의 유체에 섞여 있는 모래 등의 이물질을 제거하여 기기의 성능을 보호하는 기구로서 여과기라고도 불리는 것은?
① 트랩   ② 밸브
③ 볼조인트   ④ 스트레이너

■ 스트레이너는 펌프나 제어밸브 전단에 설치하여 모래 등의 이물질을 제거하여 기기의 성능을 보호한다.

34 다음과 같은 조건에 있는 양수펌프의 축동력은?

- 실양정 : 10m
- 토출구 필요 압력 수두 : 0.7mAq
- 양수량 : 3,000L/min
- 배관 마찰손실수두 : 2mAq
- 펌프의 효율 : 80%

① 1.22kW   ② 6.13kW
③ 7.78kW   ④ 8.57kW

■ $kW = \dfrac{QH}{102E} = \dfrac{3,000(10+2+0.7)}{60 \times 102 \times 0.8} = 7.78 kW$

(펌프양정 H=실양정+마찰손실+토출속도수두=10+2+0.7)

해답 32.③ 33.④ 34.③

35 냉각코일의 입구공기온도 t_1, 출구공기온도 t_2, 냉각코일표면온도가 t_s일 때 바이패스 팩터(BF)를 바르게 표기한 것은?

① $BF = \dfrac{t_1 - t_2}{t_1 - t_s}$ ② $BF = \dfrac{t_2 - t_s}{t_1 - t_s}$

③ $BF = \dfrac{t_2 - t_s}{t_1 - t_2}$ ④ $BF = \dfrac{t_1 - t_s}{t_2 - t_s}$

■ BF(바이패스 팩터) = $\dfrac{냉각되지\ 못한\ 온도}{최대로\ 냉각될\ 수\ 있는\ 온도}$ = $\dfrac{출구온도 - 코일표면온도}{입구온도 - 코일표면온도}$ = $\dfrac{t_2 - t_s}{t_1 - t_s}$

※ CF(컨택 팩터) = $\dfrac{냉각된\ 온도}{최대로\ 냉각될\ 수\ 있는\ 온도}$ = $\dfrac{t_1 - t_2}{t_1 - t_s}$

36 증기코일의 배관법에 관한 설명으로 옳지 않은 것은?
① 각 코일에는 별개의 트랩을 설치한다.
② 응축수가 발생하는 곳에는 상향구배를 한다.
③ 코일을 쉽게 떼어낼 수 있는 곳에 플랜지를 접속한다.
④ 증기의 횡주관으로부터 지관의 분기는 횡주관의 윗부분에서 한다.

■ 응축수가 발생하는 곳에는 중력으로 응축수가 환수되도록 하향구배를 한다.

37 다음은 공기조화기와 주위 덕트 구성을 나타낸 것이다. Ⓐ와 같이 설치되는 기기는?

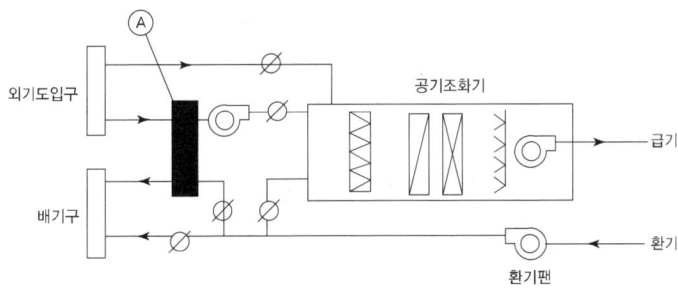

① 에어필터 ② 전열교환기
③ 공기청정기 ④ 유해가스 감지 센서

■ A는 도입하는 외기와 배기 사이에 설치하여 열을 회수하는 전열교환기이다. 계통도에서 중간기(봄, 가을) 전열교환기를 사용하지 않을 경우 교환기 저항을 회피하기 위해서 바이패스 덕트와 댐퍼가 적용되어 있다.

38 급탕설비의 부속장치 중 온도조절장치는 무엇인가?
① 써모스텟(themostat) ② 다이어프램(diaphragm)
③ 스팀 트랩(steam trap) ④ 스팀 사일렌스(steam silencer)

■ 써모스텟(themostat)은 물(탕)의 온도를 감지하여 일정 온도를 유지하도록 열매(증기 등) 공급량을 조절하는 온도조절장치를 말한다.

해답 35.② 36.② 37.② 38.①

39 다음 중 난방용 온수배관 설계 순서에 있어서 가장 먼저 이루어져야 하는 작업은?

① 배관경 결정 ② 난방부하 계산
③ 온수순환펌프 결정 ④ 각 구간별 온수 순환량 산출

■ 난방용 온수배관 설계 순서 : 난방부하 계산 → 구간별 온수 순환량 산출 → 배관경 결정 → 온수순환 펌프 결정

40 압축식 냉동기의 냉동사이클로 가장 적합한 것은?

① 팽창밸브-증발기-압축기-응축기 ② 압축기-팽창밸브-증발기-응축기
③ 증발기-압축기-팽창밸브-응축기 ④ 응축기-증발기-압축기-팽창밸브

■ • 증기압축식 냉동사이클 : 팽창밸브-증발기-압축기-응축기
  • 흡수식 냉동사이클 : 증발기-흡수기-재생기-응축기-(팽창밸브)

제3과목 건축설비 관련 법규

41 비상용 승강기 승강장의 바닥면적은 비상용 승강기 1대에 대하여 최소 얼마 이상으로 하여야 하는가?(단, 옥내에 승강장을 설치하는 경우)

① 5m² ② 6m²
③ 8m² ④ 10m²

■ 〈설비기준 10조〉 비상용 승강기 승강장의 바닥면적은 승강기 1대에 대하여 6m² 이상

42 문화 및 집회시설 중 공연장의 개별 관람실 출구의 설치기준 내용으로 옳지 않은 것은?(단, 개별 관람실의 바닥면적이 300m² 이상인 경우)

① 관람실별로 2개소 이상 설치할 것
② 관람실로부터 바깥쪽으로의 출구로 쓰이는 문은 안여닫이로 할 것
③ 각 출구의 유효너비는 1.5m 이상일 것
④ 개별 관람실 출구의 유효너비의 합계는 개별 관람실의 바닥면적 100m2마다 0.6m의 비율로 산정한 너비 이상으로 할 것

■ 〈피난방화구조기준 10조〉 관람실로부터 바깥쪽으로의 출구로 쓰이는 문은 안여닫이로 해서는 안 된다.

43 건축법상 다음과 같이 정의되는 용어는?

> 자기의 책임으로 이 법으로 정하는 바에 따라 건축물, 건축설비 또는 공작물이 설계도서의 내용대로 시공되는지를 확인하고, 품질관리·공사관리·안전관리 등에 대하여 지도·감독하는 자

해답 39.② 40.① 41.② 42.② 43.③

① 건축주 ② 설계자
③ 공사감리자 ④ 공사시공자

■ 〈건축법 2조〉 공사감리자

44 건축물의 출입구에 설치하는 회전문에 관한 기준 내용으로 옳지 않은 것은?

① 회전문과 바닥 사이의 간격은 5cm 이하로 한다.
② 회전문과 문틀 사이의 간격은 5cm 이상으로 한다.
③ 계단이나 에스컬레이터로부터 2m 이상 거리를 두어야 한다.
④ 회전문의 회전속도는 분당회전수가 8회를 넘지 않도록 한다.

■ 〈피난방화구조기준 12조〉 회전문과 바닥 사이의 간격은 3cm 이하

45 다음의 옥상광장 등의 설치에 관한 기준 내용 중 ( ) 안에 들어갈 수 없는 건축물의 용도는?

> 5층 이상인 층이 ( )의 용도로 쓰는 경우에는 피난 용도로 쓸 수 있는 광장을 옥상에 설치하여야 한다.

① 종교시설 ② 의료시설
③ 장례식장 ④ 판매시설

■ 〈건축법령 40조〉 5층 이상인 층이 제2종 근린생활시설 중 공연장·종교집회장·인터넷컴퓨터게임시설제공업소(해당 용도로 쓰는 바닥면적의 합계가 각각 300제곱미터 이상인 경우만 해당한다), 문화 및 집회시설(전시장 및 동·식물원은 제외한다), 종교시설, 판매시설, 위락시설 중 주점영업 또는 장례시설의 용도로 쓰는 경우에는 피난 용도로 쓸 수 있는 광장을 옥상에 설치하여야 한다.(의료시설은 해당 없음)

46 다음 중 신고대상에 속하는 건축물의 용도변경은?

① 운동시설에서 수련시설로의 용도변경
② 숙박시설에서 종교시설로의 용도변경
③ 위락시설에서 방송통신시설로의 용도변경
④ 운수시설에서 자동차 관련시설로의 용도변경

■ 〈건축법 19조 2항, 영14조 5항〉 하위그룹에서 상위그룹으로 용도변경할 때는 허가 대상이며, 상위그룹(운동)에서 하위그룹(수련)으로 변경은 신고대상이다.

47 다음은 건축물의 바깥쪽으로의 출구의 설치에 관한 기준 내용이다. ( ) 안에 알맞은 것은?

> 판매시설의 용도에 쓰이는 피난층에 설치하는 건축물의 바깥쪽으로의 출구의 유효너비의 합계는 해당 용도에 쓰이는 바닥면적이 최대인 층에 있어서의 해당 용도의 바닥면적 100m²마다 ( )의 비율로 산정한 너비 이상으로 하여야 한다.

해답 44.① 45.② 46.① 47.①

① 0.6m ② 1.2m
③ 1.5m ④ 1.8m

■ 〈피난방화구조기준 11조 4항〉 100㎡마다 0.6m의 비율로 산정한 너비 이상

48 방송공동수신설비를 설치하여야 하는 대상 건축물에 속하지 않는 것은?
① 아파트 ② 연립주택
③ 다가구주택 ④ 다세대주택

■ 〈설비기준 87조〉 건축물에는 방송수신에 지장이 없도록 공동시청 안테나, 유선방송 수신시설, 위성방송 수신설비, 에프엠(FM)라디오방송 수신설비 또는 방송 공동수신설비를 설치할 수 있다. 다만, 다음 각 호의 건축물에는 방송 공동수신설비를 설치하여야 한다.
1. 공동주택(아파트, 연립주택, 다세대주택)
2. 바닥면적의 합계가 5천제곱미터 이상으로서 업무시설이나 숙박시설의 용도로 쓰는 건축물

49 건축물을 건축하는 경우 국토교통부령으로 정하는 구조 기준 등에 따라 그 구조의 안전을 확인하여야 하는 대상 건축물에 속하지 않는 것은?
① 층수가 3층인 건축물 ② 높이가 14m인 건축물
③ 처마높이가 9m인 건축물 ④ 기둥과 기둥 사이의 거리가 9m인 건축물

■ 〈건축법령 32조〉 구조안전 확인 건축물은 기둥과 기둥 사이의 거리가 10m 이상, 처마높이 9m 이상인 건축물

50 철근콘크리트조인 경우 두께와 상관없이 내화구조에 속하는 것은?
① 벽 ② 바닥
③ 지붕 ④ 외벽 중 비내력벽

■ 〈피난방화구조기준 3조〉 철근콘크리트조인 경우 두께와 상관없이 내화구조에 속하는 것은 지붕과 보이다.

51 다음은 지하층과 피난층 사이의 개방공간 설치와 관련된 기준 내용이다. ( ) 안에 알맞은 것은?

> 바닥면적의 합계가 ( ) 이상인 공연장·집회장·관람장 또는 전시장을 지하층에 설치하는 경우에는 각 실에 있는 자가 지하층 각 층에서 건축물 밖으로 피난하여 옥외 계단 또는 경사로 등을 이용하여 피난층으로 대피할 수 있도록 천장이 개방된 외부 공간을 설치하여야 한다.

① 1,000㎡ ② 2,000㎡
③ 3,000㎡ ④ 4,000㎡

■ 〈건축법령 37조〉 3,000㎡ 이상

해답 48.③ 49.④ 50.③ 51.③

52 다음은 공동주택 거실의 환기에 관한 기준 내용이다. ( ) 안에 알맞은 것은?

> 환기를 위하여 거실에 설치하는 창문 등의 면적은 그 거실의 바닥면적의 ( ) 이상이어야 한다. 다만, 기계환기장치 및 중앙관리방식의 공기조화설비를 설치하는 경우에는 그러하지 아니하다.

① 10분의 1
② 15분의 1
③ 20분의 1
④ 30분의 1

■ 〈피난방화구조기준 17조〉 창문면적은 환기용도 20분의 1 이상, 채광용도 1/10 이상

53 6층 이상의 거실면적의 합계가 20,000m²인 15층 아파트에 설치하여야 할 승용승강기의 최소 대수는?(단, 12인승 승용승강기의 경우)

① 5대
② 6대
③ 7대
④ 8대

■ 〈설비기준 5조〉 공동주택 3,000 이하 1대 3,000 초과마다 1대 추가
대수=1+(20,000-3,000)/3,000=6.7=7대

54 공동주택의 난방설비를 개별난방방식으로 하는 경우에 관한 기준 내용으로 옳지 않은 것은?

① 난방구획을 방화구획으로 구획할 것
② 보일러의 연도는 내화구조로써 공동연도로 설치할 것
③ 보일러실의 윗부분에는 그 면적이 0.5m² 이상인 환기창을 설치할 것
④ 보일러를 설치하는 곳과 거실 사이의 경계벽은 출입구를 제외하고는 내화구조의 벽으로 구획할 것

■ 〈설비기준 13조〉 난방구획마다 내화구조로 구획한다.

55 건축법령상 초고층 건축물의 정의로 옳은 것은?

① 층수가 30층 이상이거나 높이가 90m 이상인 건축물
② 층수가 30층 이상이거나 높이가 120m 이상인 건축물
③ 층수가 50층 이상이거나 높이가 150m 이상인 건축물
④ 층수가 50층 이상이거나 높이가 200m 이상인 건축물

■ 〈건축법령 2조〉 고층-30층, 120m 이상, 초고층-50층 200m 이상

56 다음 중 방화구조에 속하지 않는 것은?

① 심벽에 흙으로 맞벽치기한 것
② 철망모르타르로서 그 바름 두께가 2cm인 것

해답 52.③ 53.③ 54.① 55.④ 56.④

③ 시멘트모르타르 위에 타일을 붙인 것으로서 그 두께의 합계가 2.5cm인 것
④ 석고판 위에 시멘트모르타르 또는 회반죽을 바른 것으로서 그 두께의 합계가 2cm인 것

■ 〈피난방화구조기준 4조〉 석고판 위에 시멘트모르타르 또는 회반죽을 바른 것으로서 그 두께의 합계가 2.5cm 이상인 것

57 건축물의 에너지절약설계기준에 따른 건축 부문의 권장사항으로 옳지 않은 것은?
① 공동주택은 인동간격을 넓게 하여 저층부의 일사 수열량을 증대시킨다.
② 건물의 창 및 문은 가능한 작게 설계하고, 특히 열손실이 많은 북측 거실의 창 및 문의 면적은 최소화한다.
③ 건축물의 체적에 대한 외피면적의 비 또는 연면적에 대한 외피면적의 비는 가능한 크게 한다.
④ 거실의 층고 및 반자 높이는 실의 용도와 기능에 지장을 주지 않는 범위 내에서 가능한 낮게 한다.

■ 〈에너지절약기준 7조〉 건축물의 체적에 대한 외피면적의 비 또는 연면적에 대한 외피면적의 비는 가능한 크게 한다. 건축물에서 동일체적인 경우 외표면적이 클수록 에너지 절약면에서 불리하다.

58 연면적이 200㎡를 초과하는 오피스텔에 설치하는 복도의 유효너비는 최소 얼마 이상으로 하여야 하는가?(단, 양옆에 거실이 있는 복도의 경우)
① 1.2m ② 1.5m
③ 1.8m ④ 2.4m

■ 〈피난방화 기준 15조 2〉 양옆에 거실이 있는 복도의 경우 오피스텔, 공동주택에 설치하는 복도의 유효너비(1.8m) 기타 1.2m

59 건축법령상 다중이용 건축물에 속하지 않는 것은?(단, 16층 미만의 건축물로 해당 용도로 쓰는 바닥면적의 합계가 5,000㎡ 이상인 건축물의 경우)
① 업무시설 ② 종교시설
③ 판매시설 ④ 의료시설 중 종합병원

■ 〈건축법령 5조 5〉 업무시설은 해당 없음

60 건축법령상 용도에 따른 건축물의 종류가 옳지 않은 것은?
① 공동주택-다세대주택 ② 숙박시설-유스호스텔
③ 제1종 근린생활시설-한의원 ④ 제2종 근린생활시설-일반음식점

■ 〈건축법령 3조 5〉 유스호스텔은 수련시설에 속한다.

해답 57.③ 58.③ 59.① 60.②

2025년 2회 CBT | 건축설비산업기사 과년도 출제문제

제1과목 건축설비 계획

01 다음 중 배기덕트 표시기호로 올바른 것은?

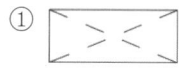

■ ① 급기덕트, ② 환기덕트, ④ 외기덕트

02 아래 공조설비 배관 평면도를 보고 필요한 부속 수량을 구하시오.

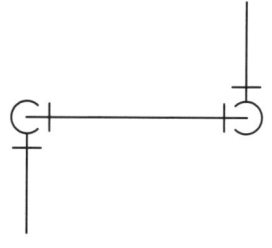

① 엘보 2개, 티이 2개
② 엘보 3개, 티이 2개
③ 엘보 4개
④ 티이 2개

■ 위 평면도를 겨냥도(입체도)로 그려보면 아래와 같고 부속류는 엘보이고 수량은 4개이다.

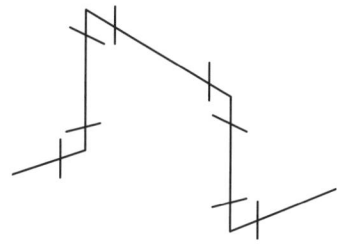

03 개별제어가 쉽고 덕트방식에 비해 유닛의 위치 변경이 쉬우나, 각 실에 수배관으로 인한 누수의 염려가 있고 외기량이 부족하여 실내공기의 오염가능성이 높은 공기조화방식은?

해답 1.③ 2.③ 3.①

① 팬코일 유닛방식　　　　　② 멀티존 유닛방식
③ 각층 유닛방식　　　　　　④ 유인 유닛방식

■ 팬코일 유닛방식은 전수 방식으로 실내에 냉온수를 공급하여 열만을 공급하기 때문에 외기량이 부족하여 실내공기의 오염가능성이 높다.

04 배관 이음쇠 중 관을 직선으로 접합할 때 사용되는 것은?
① 소켓, 플랜지　　　　　　② 플러그, 캡
③ 엘보, 밴드　　　　　　　④ 크로스, 티

■ • 소켓, 플랜지, 유니언 : 관 직선 연결　　• 플러그, 캡 : 막을 때
• 엘보, 밴드 : 방향전환　　　　　　　　• 크로스, 티 : 분기

05 급탕설비에서 서모스탯(thermostat)은 어떤 용도로 사용되는가?
① 안전밸브 역할　　　　　② 유량분배 조절
③ 체적팽창 흡수　　　　　④ 온수온도 자동조절

■ 서모스탯(thermostat)은 온도를 감지하여 작동하는 것으로 급탕 탱크 안에 일정 온도의 급탕이 저장되도록 가열장치를 제어한다.

06 2개 이상의 엘보를 사용하여 이음부의 나사회전을 이용, 배관의 신축을 흡수하는 신축이음쇠는?
① 스위블형　　　　　　　② 슬리브형
③ 벨로즈형　　　　　　　④ 루프형

■ 스위블형 신축이음(스위블조인트)은 2개 이상의 엘보로 주로 방열기 주변 배관의 신축을 흡수한다.

07 다음 그림에서 ① 외기, ② 실내공기, ⑤ 취출공기의 상태일 경우 공조장치에서 상태변화 과정으로 가장 적합한 것은?

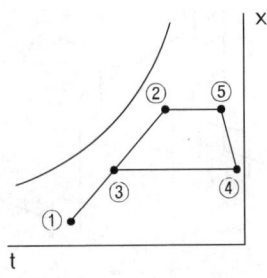

① 혼합-가습-가열　　　　② 가열-혼합-가습
③ 예열-가습-취출　　　　④ 혼합-가열-가습

■ ① 외기와 ② 실내공기를 〈혼합〉하여 ③ 혼합공기를 만들고 이를 〈가열〉하여 ④ 공기를 만든 후 〈가습〉하여 ⑤ 취출공기를 만든다.

해답　4.① 5.④ 6.① 7.④

08 물의 경도는 물속에 녹아 있는 칼슘, 마그네슘 등의 염류양을 무엇의 농도로 환산하여 나타낸 것인가?

① 탄산칼슘
② 염화칼슘
③ 탄산마그네슘
④ 염화마그네슘

■ 경도는 칼슘, 마그네슘 등의 염류양(Ca^{++}, Mg^{++})을 탄산칼슘($CaCO_3$)으로 환산한다. 단위는 mg/L이다.

09 배수설비에서 트랩의 가장 주된 역할은?

① 배수관 내의 유속을 조정한다.
② 급수관 내의 급수흐름을 원활히 한다.
③ 유도사이폰작용에 의한 봉수파괴를 방지한다.
④ 배수관 내의 악취나 가스가 실내로 역류하여 유입되는 것을 방지한다.

■ 트랩에 채워진 봉수로 배수관 내의 악취가 실내로 역류되는 것을 방지한다.

10 다음과 같은 특징을 갖는 대변기 세정급수방식은?

- 세정의 경우에는 대변기로의 공급수량이나 압력이 일정하다.
- 세정효과가 양호하며 소음이 적다.
- 우리나라의 주택에 널리 사용되고 있다.

① 로 탱크식
② 기압 탱크식
③ 하이 탱크식
④ 플러시 밸브식

■ 로 탱크식은 세정효과가 양호하고 소음이 적어서 우리나라 주택에 가장 널리 사용되고 있다.

11 습공기의 상태변화를 표현하는 것으로 절대습도 변화량에 대한 전열량의 변화량 비율로 나타낸 것은 무엇인가?

① 현열비
② 포화도
③ 비체적
④ 열수분비

■ 열수분비는 공기 상태변화 중에 전열량을 절대습도 변화량으로 나누어 표현한 것이다.
열수분비=(전열/수분량)으로 예를 들면 100℃ 증기의 열수분비는 수증기 1kg당 전열량(엔탈피)이 2,268kJ/kg이므로 열수분비=2,268kJ/kg이다.

12 동관의 두께별 분류에 속하지 않는 것은?

① K형
② L형
③ M형
④ J형

■ 동관 두께는 K>L>M순이다.

해답 8.① 9.④ 10.① 11.④ 12.④

13 에너지절감을 목적으로 사용하는 전열교환기는 어떤 열을 회수하는 장치인가?

① 복사열 ② 대류열
③ 엔탈피 ④ 엔트로피

■ 전열교환기는 엔탈피=전열(현열+잠열)제거에 적합하다.

14 어떤 압력용기의 게이지 압이 0.5MPa일 때 절대압력은 얼마인가?(단 대기압은 0.1MPa이다)

① 0.4MPa ② 0.5MPa
③ 0.6MPa ④ 0.7MPa

■ 절대압=대기압+게이지압=0.1+0.5=0.6MPa

15 급탕설비의 안전장치에 관한 설명으로 옳지 않은 것은?

① 도피관의 배수는 간접배수로 한다.
② 팽창관 및 도피관에는 밸브류를 설치한다.
③ 도피관은 팽창탱크 수면보다 높게 입상한다.
④ 안전밸브는 가열장치 내의 압력이 설정압력을 넘는 경우에 압력을 도피시키기 위해 설치하는 밸브이다.

■ 팽창탱크와 연결되는 팽창관 및 도피관에는 밸브류를 설치하지 않는다. 밸브류를 설치하면 혹시 밸브를 닫을 경우 안전기능을 상실하기 때문이다.

16 다음 그림의 방열기 도시기호 중 'W-H'가 나타내는 의미는 무엇인가?

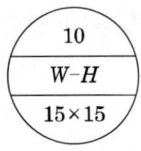

① 방열기 쪽수
② 방열기 높이
③ 방열기 종류(형식)
④ 연결배관의 종류

■ 방열기 도시기호에서 W-H는 방열기 형식 종류(W : 벽걸이, H : 수평형)이며, 10은 (방열기 쪽수= 절수), 15×15는 방열기 입구 출구관경이다.

17 공기세정기(에어워셔) 속의 플러딩 노즐(flooding nozzle)의 역할은?

① 분무수의 분무 ② 균일한 공기흐름 유지
③ 물방울의 기류에 혼입 방지 ④ 엘리미네이터 청소

■ ① 분무 노즐-분무수의 분무
② 유입루버-균일한 공기흐름 유지
③ 엘리미네이터-세정기 출구에서 공기 중의 물방울을 차단하여 덕트로 유출 방지
④ 플러딩 노즐-세정기 출구 측의 엘리미네이터는 먼지 등이 많이 묻으므로 물을 뿌려 청소한다.

해답 13.③ 14.③ 15.② 16.③ 17.④

18 상당외기온도차(ETD, Equivalent Temperature Difference)에 관한 설명으로 가장 적합한 것은?

① 난방부하의 계산에 있어서, 벽체를 통한 손실열량을 계산할 때 사용한다.
② 냉방부하의 계산에 있어서, 벽체를 통한 취득열량을 계산할 때 사용한다.
③ 벽체 외부에 흐르는 공기의 속도에 따른 열전달량을 고려한 온도차이다.
④ 주로 외기에 접하고 있지 않은 칸막이 벽, 천장, 바닥 등으로부터 열전달량을 구하는데 사용한다.

■ 상당외기온도차는 냉방부하 계산 시 외벽체가 일사를 받아 부하가 증가하는 일사부하를 외기온도로 환산하여 계산하는 부하계산법이다.

19 건축계획 시 빛환경에서 다음과 같이 설명하는 빛의 단위는 무엇인가?

> 빛 에너지가 단위 입체각을 통과하는 비율로서, 단위는 루멘(lm)을 사용한다.

① 조도
② 광도
③ 광속
④ 휘도

■ 조도 단위는 룩스(lx), 광도 단위는 칸델라(cd) 광속 단위는 루멘(lm), 휘도 단위는 cd/m²이다. 광속은 광원의 빛의 양을 의미한다.

20 통기관의 종류 중 2개 이상인 기구트랩의 봉수를 모두 보호하기 위해 설치하는 것으로 최상류의 기구배수관이 배수수평지관에 접속하는 위치의 직하에서 입상하여 통기수직관 또는 신정통기관에 접속하는 것은?

① 습통기관
② 루프통기관
③ 각개통기관
④ 결합통기관

■ 배수수평지관에서 여러 개의 트랩을 담당하는 통기관은 루프(환상, 회로)통기관이다.

제2과목 | 건축설비 설계

21 실양정이 15m이고 배관 전체에서 발생하는 마찰손실 수두의 합을 실양정의 70%로 할 때 매시 10m³의 물을 퍼올릴 수 있는 펌프의 축동력은?(단, 유속은 1.5m/sec이고 펌프 효율은 75%로 한다.)

① 0.75kW
② 0.85kW
③ 0.93kW
④ 1.25kW

■ $kW = \dfrac{QH}{102E} = \dfrac{10 \times 1,000(15 \times 1.7)}{3,600 \times 102 \times 0.4} = 0.93 = 1.75kW$

해답 18.② 19.③ 20.② 21.③

22 다음과 같은 급수 계통과 조건(상당관표, 동시사용률)을 참조하여 균등관법으로 (d) 구간의 급수 관경을 구하시오.

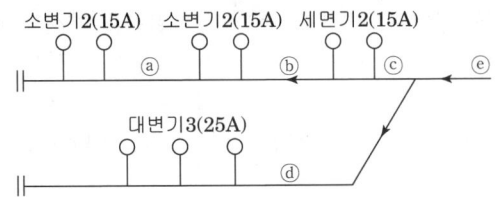

[상당관표]

관경	15A	20A	25A	32A	40A
15A	1				
20A	2	1			
25A	3.7	1.8	1		
32A	7.2	3.6	2	1	
40A	11	5.3	2.9	1.5	1
50A	20	10	5.5	2.8	1.9
65A	31	15	8.5	4.3	2.9

[동시사용률]

기구수	2	3	4	5	6	7	8	9	10	17
%	100	80	75	70	65	60	58	55	53	46

① 20A ② 25A
③ 32A ④ 40A

■ 균등관(상당관)법은 모든 급수관경을 15A로 환산한다. 대변기 25A는 15A로 3.7개이다. 그러므로 (d)구간 상당수(15A) 합계는 (3×3.7)=10.1
동시사용률은 기구수로 구하고 기구는 3개이므로 80%일 때 동시개구수는 상당수 합계와 동시사용률로 구한다. 동시개구수=10.1×0.8=8.08
다시 상당관표에서 15A, 8.08은 11개항에서 40A를 선정한다.

23 아래 그림은 공기조화기 내부에서의 공기의 변화를 나타낸 것이다. 이 중에서 냉각 코일에서 나타나는 상태변화는 공기선도상 어느 점을 나타내는가?

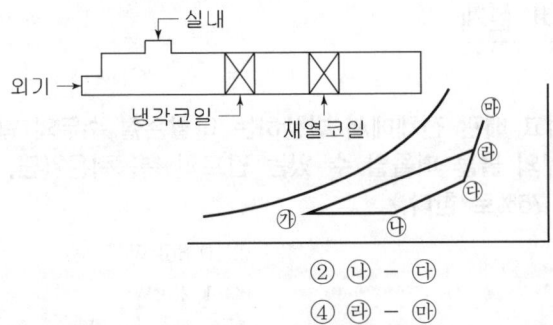

① ㉮ - ㉯ ② ㉯ - ㉰
③ ㉱ - ㉮ ④ ㉱ - ㉲

■ 공기선도상 재열기가 있는 냉방시스템으로 외기(㉲)와 환기(㉯)를 혼합하여 (㉱) 냉각한 후 (㉮) 재열하여 (㉰)취출하는 것이다. 냉각코일에서는 혼합공기(㉱)가 (㉮)로 냉각된다.

해답 22.④ 23.③

24 어떤 실내의 취득현열량이 8,000W, 잠열량이 2,000W이다. 실내의 공기조건을 26℃, 50%RH로 유지하기 위하여 취출온도를 17℃로 송풍하고자 할 때 현열비(SHF)는?

① 0.8 ② 0.75
③ 0.7 ④ 0.25

■ 현열비$(SHF) = \dfrac{현열}{전열} = \dfrac{8,000}{8,000+2,000} = 0.8$

만약 실내 송풍량을 구하라 하면

$m = \dfrac{q_s}{C \triangle t} = \dfrac{8}{1.01(26-17)} = 0.88 kg/s = 3,168 kg/h$

25 보일러의 출력 중 난방부하와 급탕부하를 합한 용량으로 표시되는 것은?

① 상용출력 ② 정미출력
③ 정격출력 ④ 과부하출력

■ • 정미출력=난방부하+급탕부하
• 상용출력=난방부하+급탕부하+배관부하
• 정격출력=상용출력=난방부하+급탕부하+배관부하+예열부하
• 과부하출력=정격출력+과부하

26 공기조화배관의 배관회로방식 중 개방회로 방식에 관한 설명으로 가장 거리가 먼 것은?

① 배관의 말단이 대기에 개방된 회로이다.
② 개방식 냉각탑의 냉각수배관 등에 응용된다.
③ 공기와의 접촉으로 배관 부식의 우려가 높다.
④ 펌프의 양정에 실양정은 포함되지 않으므로 동력비가 적게 든다.

■ 개방회로 방식에서는 펌프 양정에 실양정이 포함되어 동력비가 증가한다.

27 다음 설명에 알맞은 덕트의 설계법은 무엇인가?

> • 결정된 덕트는 먼지나 산업용 분말을 이송시키는데 적당하다.
> • 각 구간마다 압력손실이 다르기 때문에 송풍기 용량을 구하기 위해 전체 구간의 압력손실을 구해야 하는 번거로움이 있다.

① 정압법 ② 정압재취득법
③ 등속법 ④ 전압법

■ 등속법은 덕트 내 풍속이 일정하여 먼지나 산업용 분말을 이송시키는데 적당하며 각 구간마다 압력손실은 다르다.

28 가열코일을 통과하는 풍량이 30,000kg/h, 정면 풍속이 2.5m/s일 때 코일의 정면 면적은?(단, 공기의 밀도는 1.2kg/m³이다.)

① 1.47m² ② 2.78m²
③ 3.33m² ④ 4.95m²

■ 풍량을 체적으로 환산하면 $Q = \dfrac{30,000}{1.2} = 25,000 m^3/h$

$A = \dfrac{Q}{v} = \dfrac{25,000}{3,600 \times 2.5} = 2.78 m^2$

29 상수의 급수·급탕계통과 그 외의 급수로 사용하기가 곤란한 계통의 물배관이 장치를 통하여 직접 접속되는 것을 의미하는 용어는?

① 더블 옵셋 ② 루프 드레인
③ 크로스 커넥션 ④ 버큠 브레이커

■ 크로스 커넥션이란 급수로 사용될 수 없는 물이 급수로 공급되는 잘못된 접속을 말한다.

30 진공환수식 증기난방에서 리프트 이음(lift fitting)을 적용하는 경우는?

① 방열기보다 환수주관이 높을 때
② 환수배관법을 역환수식으로 할 때
③ 방열기보다 응축수 온도가 너무 높을 때
④ 진공펌프를 환수주관보다 낮게 설치할 때

■ 진공환수식 증기난방에서 리프트 이음은 진공펌프(환수주관) 아래쪽의 응축수를 흡상하기 위한 배관 접속으로 방열기(응축수 발생부분)보다 환수주관이 높을 때 적용한다.

31 전손실열량 15kW인 사무실에 설치할 증기 난방용 방열기의 필요 섹션수는?(단, 표준상태이며, 표준방열량은 756W/m², 방열기 섹션 1개의 방열면적은 0.20m²이다.)

① 80섹션 ② 90섹션
③ 100섹션 ④ 120섹션

■ 손실열량을 상당방열면적으로 계산하면
$EDR = \dfrac{손실열량(W)}{표준방열량} = \dfrac{15 \times 1,000}{756} = 19.84 m^2$

섹션수(쪽수, 절수)=EDR/섹션방열면적=19.84/0.2=99.2=100쪽

32 오수 중의 분해 가능한 유기물이 용존 산소의 존재하에 미생물의 작용에 의해 산화 분해되어 안정한 물질로 변해갈 때 소비하는 산소량을 무엇이라 하는가?

① PPM ② COD
③ BOD ④ SS

해답 28.② 29.③ 30.① 31.③ 32.③

■ BOD는 생물학적 산소요구량으로 오수 중의 분해 가능한 유기물이 용존 산소의 존재하에 호기성 미생물의 작용에 의해 산화 분해되어 안정한 물질로 변해갈 때 소비하는 산소량을 BOD라 하는데 곧 오염물질량을 의미한다.

33 환기방식에 관한 설명으로 가장거리가 먼 것은?

① 제3종 환기방식은 지붕에 설치된 모니터를 이용한다.
② 중력환기에 의한 환기량은 실내외 온도차에 비례한다.
③ 치환환기는 실내 온도보다 낮은 온도의 공기를 이용하는 방식이다.
④ 제2종 환기방식은 오염 공기의 침입을 방지하거나 연소용 공기가 필요한 경우에 적합하다.

■ 제3종 환기방식은 강제 배기 송풍기와 하부 급기구를 설치하여 실내를 부압(-)으로 유지하며, 지붕에 모니터(자연 통풍구)를 설치하여 자연 통풍을 이용하는 것은 3종환기에 부적합하다.

34 길이 20m인 배관 내로 증기가 간헐적으로 흐르고 있다. 증기가 통과할 때의 관온도가 100℃, 흐르지 않고 있을 때의 관온도가 20℃라고 하면, 증기가 통과할 때 늘어나는 관길이는?(단, 배관재료의 선팽창계수는 $1.2 \times 10^{-5}/℃$이다.)

① 19.2mm ② 25.2mm
③ 29.4mm ④ 38.4mm

■ $L' = L \times \alpha \times \Delta t = 20 \times 1.2 \times 10^{-5}(100-20) = 0.0192m = 19.2mm$

35 실내 현열부하 15kW인 사무실에 난방하는 경우 실내 송풍량 10,000kg/h일 때 취출공기 온도를 구하시오.(단 실내온도 20℃, 공기비열 1.01kJ/kgK)

① 22.3℃ ② 23.3℃
③ 24.3℃ ④ 25.3℃

■ 취출온도차 $q_s = mC\Delta t$
$\Delta t = \dfrac{q_s}{mC} = \dfrac{15 \times 3,600}{10,000 \times 1.01} = 5.3℃$
그러므로 취출온도는 실내온도보다 5.3도 높으므로 t=20+5.3=25.3℃

36 다음과 같은 조건에 있는 체적이 200㎥인 실의 겨울철 환기횟수가 0.5회/h일 때 실내로 들어오는 틈새바람에 의한 현열 손실량은 얼마(W)인가?

- 실내온도 20℃, 외기온도 -10℃
- 공기의 밀도 1.2kg/㎥
- 공기의 비열 1.01kJ/kg·K

① 337W ② 1,010W
③ 1,212W ④ 3,636W

해답 33.① 34.① 35.④ 36.②

■ 틈새바람량= $NV = 0.5 \times 200 = 100 m^3/h$
현열손실 $q = mC\Delta t = 100 \times 1.2 \times 1.01(20-(-10)) = 3,636 kJ/h = 3,636 \times (1,000/3,600) = 1,010 W$
(부하계산 시 3,636kJ/h 단위와 1,010W 단위를 조심해야 합니다.)

37 다음 설명에 알맞은 공기조화부하와 관련된 용어는?

> 환기를 위해 외기를 공조기로 도입하여 실내의 온·습도 상태까지 냉각·감습하거나 가열·가습하는데 필요한 열량을 말한다.

① 외기부하
② 열원부하
③ 공조기부하
④ 예냉/예열부하

■ 환기를 위해 외기를 실내 온·습도 상태까지 냉각·감습하는데 필요한 열량은 외기부하라 하며, 예냉/예열부하는 외기를 환기와 혼합하기 전에 먼저 일정 온도까지 냉각·가열하는데 필요한 열량을 말한다.

38 다음 설명에 알맞은 증기트랩의 종류는?

> 실로폰트랩이라고도 하며, 금속 벨로즈 안에 휘발성 액체를 봉입하여 증기가 벨로즈에 닿으면 안의 액체가 팽창하여 밸브를 닫고, 냉각된 응축수 또는 공기가 닿으면 수축하여 밸브를 연다.

① 버킷트랩
② 열동트랩
③ 충격트랩
④ 플로트트랩

■ 방열기 증기트랩에서 가장 많이 쓰이는 벨로즈트랩(실로폰트랩)은 열에 의한 온도차로 작동하여 열동트랩이라 한다.

39 물의 경도에 관한 설명으로 옳지 않은 것은?

① 경도의 표시는 도(度) 또는 ppm이 사용된다.
② 일반적으로 지표수는 경수, 지하수는 연수로 간주한다.
③ 연수는 쉽게 비누거품을 일으키지만, 음료용으로는 적합하지 않다.
④ 물 속에 녹아있는 칼슘, 마그네슘 등의 염류의 양을 탄산칼슘의 농도로 환산하여 나타낸 것이다.

■ 일반적으로 지표수는 빗물로 연수, 지하수는 광물질이 많아서 경수로 간주한다.

40 증기보일러에서 환수관의 일부가 파손되어 보일러수가 유출되면서 보일러가 빈 상태로 가동되는 것을 방지하기 위해 보일러 내의 안전수위를 유지하도록 배관하는 보일러 주변 배관 접속법은 무엇인가?

① 트랩 접속법
② 리프트 접속법
③ 하트포드 접속법
④ 리버스리턴 접속법

■ 하트포드 접속법은 증기보일러의 수위를 안정되게 한다.

해답 37.① 38.② 39.② 40.③

제3과목 건축설비 관련 법규

41 다음은 직통계단의 설치와 관련된 기준 내용이다. ( ) 안에 알맞은 것은?

> 건축물의 피난층 외의 층에서는 피난층 또는 지상으로 통하는 직통계단을 거실의 각 부분으로부터 계단(거실로부터 가장 가까운 거리에 있는 계단을 말한다)에 이르는 보행거리는 ( ) 이하가 되도록 설치하여야 한다.

① 10m ② 20m
③ 30m ④ 40m

■ 〈건축법령 34조〉 보행거리는 (30m) 이하가 되도록 설치하여야 한다.

42 건축물의 거실(피난층의 거실 제외)에 국토교통부령으로 정하는 기준에 따라 배연설비를 하여야 하는 대상 건축물에 속하지 않는 것은?(단, 6층 이상인 건축물의 경우)

① 종교시설 ② 판매시설
③ 운동시설 ④ 공동주택

■ 〈건축법령 51조〉 배연설비는 대부분의 공공성 건물(문화 및 집회시설, 종교시설, 판매시설, 운수시설, 의료시설(요양병원 및 정신병원은 제외한다), 노유자시설 중 아동 관련 시설, 노인복지시설(노인요양시설은 제외한다), 수련시설 중 유스호스텔, 운동시설 업무시설, 숙박시설, 위락시설, 관광휴게시설, 장례시설)이 설치 대상이지만 공동주택등 주택은 해당 없다.

43 건축물 관련 건축기준의 허용오차 범위가 3% 이내인 것은?

① 출구 너비 ② 반자 높이
③ 벽체 두께 ④ 건축물 높이

■ 〈건축법 규칙 20조〉 벽체 두께, 바닥판 두께는 3% 이내이고, 높이, 길이는 2% 이내(허용오차 범위를 숙지할 때 그 길이가 작은 것(약 50cm 이내)은 3%, 그 이상은 2%이다.

44 다음의 ( ) 안에 해당되지 않는 건축물의 용도는?

> ( )의 용도에 쓰이는 건축물의 관람석 또는 집회실로서 그 바닥면적이 200제곱미터 이상인 것의 반자의 높이는 4미터 이상이어야 한다. 다만, 기계환기장치를 설치하는 경우에는 그러하지 아니하다.

① 장례식장 ② 종교시설
③ 위락시설 중 유흥주점 ④ 문화 및 집회시설 중 전시장

■ 〈피난방화구조기준 16조〉 문화 및 집회시설(전시장 및 동·식물원은 제외한다), 종교시설, 장례식장 또는 위락시설 중 유흥주점의 용도에 쓰이는 건축물의 관람실 또는 집회실로서 그 바닥면적이 200제곱미터 이상인 것의 반자의 높이는 제1항에도 불구하고 4미터(노대의 아랫부분의 높이는 2.7미터) 이상이어야 한다. 다만, 기계환기장치를 설치하는 경우에는 그렇지 않다.

해답 41.③ 42.④ 43.③ 44.④

45 건축물에 급수·배수(配水)·배수(排水)·환기·난방 등의 설비를 설치하는 경우 건축기계설비기술사 또는 공조냉동기계기술사의 협력을 받아야 하는 대상 건축물에 속하지 않는 것은?

① 아파트
② 다세대주택
③ 의료시설로서 해당 용도에 사용되는 바닥면적의 합계가 2,000㎡인 건축물
④ 숙박시설로서 해당 용도에 사용되는 바닥면적의 합계가 2,000㎡인 건축물

■ 〈설비기준 2조〉 공동주택 중에서 아파트나 연립주택은 해당하나 다세대주택은 속하지 않는다.

46 건축법상 면적 산정방법이 틀린 것은?

① 대지면적 : 대지의 수직투영면적으로 한다.
② 건축면적 : 건축물(지표면으로부터 1미터 이하에 있는 부분을 제외한다)의 외벽의 중심선으로 둘러싸인 부분의 수평투영면적으로 한다.
③ 바닥면적 : 건축물의 각 층 또는 그 일부로서 벽·기둥 기타 이와 유사한 구획의 중심선으로 둘러싸인 부분의 수평투영면적으로 한다.
④ 연면적 : 하나의 건축물의 각 층의 바닥면적의 합계로 하되, 용적률의 산정에 있어서는 조건에 해당하는 면적을 제외한다.

■ 〈건축법령 119조〉 대지면적은 대지의 수평투영면적으로 한다.

47 거실의 바닥면적이 50㎡ 이상인 지하층에 설치하는 비상탈출구에 관한 기준 내용으로 옳지 않은 것은?(단, 주택의 경우 제외)

① 비상탈출구는 출입구로부터 3m 이내의 장소에 설치할 것
② 비상탈출구의 유효너비는 0.75m 이상으로 하고, 유효높이는 1.5m 이상으로 할 것
③ 비상탈출구의 문은 피난방향으로 열리도록 하고, 실내에서 항상 열 수 있는 구조로 할 것
④ 비상탈출구는 피난층 또는 지상으로 통하는 복도나 직통계단에 직접 접하거나 통로 등으로 연결될 수 있도록 설치할 것

■ 〈피난방화구조기준 25조 2항〉 비상탈출구는 출입구로부터 3m 이상의 떨어진 곳에 설치할 것.

48 건축법령상 다음과 같이 정의되는 용어는?

> 건축물의 실내를 안전하고 쾌적하며 효율적으로 사용하기 위하여 내부 공간을 칸막이로 구획하거나 벽지, 천장재, 바닥재, 유리 등 대통령령으로 정하는 재료 또는 장식물을 설치하는 것

① 실내건축　　　② 실내장식
③ 리모델링　　　④ 실내디자인

해답　45.② 46.① 47.① 48.①

■ 〈건축법 2조〉 "실내건축"이란 건축물의 실내를 안전하고 쾌적하며 효율적으로 사용하기 위하여 내부 공간을 칸막이로 구획하거나 벽지, 천장재, 바닥재, 유리 등 대통령령으로 정하는 재료 또는 장식물을 설치하는 것을 말한다.

49 다음은 지하층과 피난층 사이의 개방공간 설치에 관한 기준 내용이다. ( ) 안에 알맞은 것은?

> 바닥면적의 합계가 ( ) 이상인 공연장, 집회장, 관람장 또는 전시장을 지하층에 설치하는 경우에는 각 실에 있는 자가 지하층 각 층에서 건축물 밖으로 피난하여 옥외 계단 또는 검사로 등을 이용하여 피난층으로 대피할 수 있도록 천장이 개발된 외부 공간을 설치하여야 한다.

① 1,000㎡ ② 2,000㎡
③ 3,000㎡ ④ 4,000㎡

■ 〈건축법령 37조〉 바닥면적의 합계가 (3000㎡) 이상인 공연장, 집회장, 관람장 또는 전시장을 지하층에 설치하는 경우에는 각 실에 있는 자가 지하층 각 층에서 건축물 밖으로 피난하여 옥외 계단 또는 검사로 등을 이용하여 피난층으로 대피할 수 있도록 천장이 개발된 외부 공간을 설치하여야 한다.

50 공동주택에서 환기를 위하여 거실에 설치하는 창문 등의 면적은 그 거실의 바닥면적의 최소 얼마 이상이어야 하는가?(단, 기계환기장치 및 중앙관리방식의 공기조화설비를 설치하지 않은 경우)

① 10분의 1 ② 20분의 1
③ 30분의 1 ④ 50분의 1

■ 〈피난방화구조기준 17조〉 (채광 및 환기를 위한 창문 등)
① 영 제51조에 따라 채광을 위하여 거실에 설치하는 창문 등의 면적은 그 거실의 바닥면적의 10분의 1 이상이어야 한다. 다만, 거실의 용도에 따라 별표 1의3에 따라 조도 이상의 조명장치를 설치하는 경우에는 그러하지 아니하다.
② 영 제51조의 규정에 의하여 환기를 위하여 거실에 설치하는 창문 등의 면적은 그 거실의 바닥면적의 20분의 1 이상이어야 한다. 다만, 기계환기장치 및 중앙관리방식의 공기조화설비를 설치하는 경우에는 그러하지 아니하다.

51 6층 이상의 거실면적의 합계가 10,000㎡인 숙박시설에 설치하여야 하는 승용승강기의 최소 대수는?(단, 8인승 승용승강기의 경우)

① 3대 ② 4대
③ 5대 ④ 6대

■ 〈설비기준 15조 별표〉
숙박시설 3,000까지 1대 초과 2,000마다 1대
대수=1+(10,000−3,000)/2,000=5대

해답 49.③ 50.② 51.③

52 건축물의 바깥쪽에 설치하는 피난계단의 구조에 관한 기준 내용으로 옳지 않은 것은?

① 계단의 유효너비는 0.9m 이상으로 할 것
② 계단실에는 예비전원에 의한 조명설비를 할 것
③ 계단은 내화구조로 하고 지상까지 직접 연결되도록 할 것
④ 건축물의 내부에서 계단으로 통하는 출입구에는 60분+ 방화문 또는 60분 방화문을 설치할 것

■ 〈피난방화구조기준 2조〉 건축물 바깥쪽에 설치하는 피난계단의 구조에는 예비전원에 의한 조명설비 조건이 없으며 내부에 설치하는 피난계단에는 조명설비가 필요하다.

53 다음은 건축법상 지하층의 정의이다. ( ) 안에 알맞은 것은?

> "지하층"이란 건축물의 바닥이 지표면 아래에 있는 층으로서 바닥에서 지표면까지 평균 높이가 해당 층 높이의 ( ) 이상인 것을 말한다.

① 2분의 1
② 3분의 1
③ 3분의 2
④ 4분의 3

■ 〈건축법 2조〉 지표면 아래로 1/2 이상이 묻히면 지하층으로 본다.

54 특별피난계단의 구조에서 출입구의 유효너비는 몇 미터 이상으로 하고 피난의 방향으로 열 수 있도록 하는가?

① 0.6미터
② 0.75미터
③ 0.9미터
④ 1.2미터

■ 〈피난방화구조기준 9조〉 건축물의 내부에서 계단실로 통하는 출입구의 유효너비는 0.9미터 이상으로 하고, 그 출입구에는 피난의 방향으로 열 수 있는 것으로서 언제나 닫힌 상태를 유지할 것.

55 문화 및 집회시설 중 공연장의 개별 관람실의 출구에 관한 기준 내용으로 옳지 않은 것은?(단, 개별관람실의 바닥면적이 300m² 이상인 경우)

① 관람실별로 2개소 이상 설치하여야 한다.
② 각 출구의 유효너비는 1.2m 이상으로 한다.
③ 관람실로부터 바깥쪽으로의 출구로 쓰이는 문은 안여닫이로 하여서는 안 된다.
④ 개별 관람실 출구의 유효너비의 합계는 개별관람실의 바닥면적 100m²마다 0.6m의 비율로 산정한 너비 이상으로 한다.

■ 〈피난방화구조 10조〉 공연장의 개별 관람실의 각 출구의 유효너비는 1.5m 이상으로 한다.

해답 52.② 53.① 54.③ 55.②

56 다음은 초고층 건축물에 설치하는 피난안전구역에 관한 기준 내용이다. ( ) 안에 알맞은 것은?

> 초고층 건축물에는 피난층 또는 지상으로 통하는 직통계단과 직접 연결되는 피난안전구역(건축물의 피난·안전을 위하여 건축물 중간층에 설치하는 대피공간을 말한다.)을 지상층으로부터 최대 (   ) 층마다 1개소 이상 설치하여야 한다.

① 10개 ② 20개
③ 30개 ④ 40개

■ 〈건축법령 34조 3〉 초고층 건축물에는 피난층 또는 지상으로 통하는 직통계단과 직접 연결되는 피난안전구역을 지상층으로부터 최대 30층마다 1개소 이상 설치하여야 한다.

57 연면적 200㎡을 초과하는 중·고등학교에 설치하는 복도의 유효너비는 최소 얼마 이상으로 하여야 하는가?(단 양옆에 거실이 있는 복도의 경우)

① 1.5m 이상 ② 1.8m 이상
③ 2.1m 이상 ④ 2.4m 이상

■ 〈피난방화구조기준 15조 2〉 중·고등학교 복도 유효너비(양옆에 거실이 있는 복도의 경우) - 2.4m 이상

58 다음은 피난계단의 설치에 관한 기준 내용이다. ( ) 안에 알맞은 것은?(단, 갓복도식 공동주택이 아닌 경우)

> 공동주택의 (   ) 이상인 층(바닥면적이 400제곱미터 미만인 층은 제외한다)으로부터 피난층 또는 지상으로 통하는 직통계단은 특별피난계단으로 설치하여야 한다.

① 6층 ② 11층
③ 16층 ④ 21층

■ 〈건축법령 35조〉 공동주택 16층 이상인 층으로부터 피난층 또는 지상으로 통하는 직통계단은 특별피난계단으로 설치하여야 한다.

59 건축물에 설치하는 굴뚝에 관한 기준 내용으로 옳지 않은 것은?

① 금속제 굴뚝은 목재 기타 가연재료로부터 10cm 이상 떨어져서 설치할 것
② 굴뚝의 옥상 돌출부는 지붕면으로부터의 수직 거리를 1m 이상으로 할 것
③ 금속제 굴뚝으로서 건축물의 지붕 속·반자위 및 가장 아랫바닥 밑에 있는 굴뚝의 부분은 금속 외의 불연재료로 덮을 것
④ 굴뚝의 상단으로부터 수평거리 1m 이내에 다른 건축물이 있는 경우에는 그 건축물의 처마보다 1m 이상 높게 할 것

■ 〈피난방화구조기준 20조〉 금속제 굴뚝은 목재 기타 가연재료로부터 15cm 이상 떨어져서 설치할 것

해답 56.③ 57.④ 58.③ 59.①

60 피난안전구역의 설치에 관한 기준 내용으로 옳지 않은 것은?

① 피난안전구역의 내부마감재료는 불연재료로 설치할 것
② 피난안전구역의 높이는 2.1m 이상일 것
③ 비상용 승강기는 피난안전구역에서 승하차할 수 있는 구조로 설치할 것
④ 건축물의 내부에서 피난안전구역으로 통하는 계단은 피난계단의 구조로 설치할 것

■ 〈피난방화구조기준 8조 2〉 건축물의 내부에서 피난안전구역으로 통하는 계단은 특별피난계단의 구조로 설치할 것

해답 60.④

2025년 3회 CBT | 건축설비산업기사 과년도 출제문제

제1과목 건축설비 계획

01 공기조화의 단일덕트 정풍량 방식의 특징에 관한 설명으로 틀린 것은?

① 각 실이나 존의 부하변동에 즉시 대응할 수 있다.
② 보수관리가 용이하다.
③ 외기냉방이 가능하고 전열교환기 설치도 가능하다.
④ 고성능 필터 사용이 가능하다.

■ 단일덕트 정풍량 방식은 동일한 온도의 일정한 풍량을 공급하므로 각 실이나 존의 부하변동에 대응하기에는 부적합하다.

02 직접가열식 급탕방식에 관한 설명으로 옳지 않은 것은?

① 간접가열식에 비해 열효율이 높다.
② 일반적으로 저압 보일러를 사용한다.
③ 보일러 내부에 방식처리를 고려할 필요가 있다.
④ 저탕조와 보일러를 직결하여 순환가열하는 방식이다.

■ 직접가열식 급탕방식은 건물 높이가 높을 때 고압보일러가 필요하고, 간접가열식은 저압보일러로 가능하다.

03 다음 중 에어와셔에 엘리미네이터(eliminator)를 설치하는 이유로 가장 알맞은 것은?

① 기내의 기류분포를 고르게 하기 위해
② 섬유 등의 먼지를 효율적으로 제거하기 위해
③ 공기의 감습이 효과적으로 이루어지게 하기 위해
④ 분무된 물방울이 밖으로 나가지 못하도록 하기 위해

■ 에어와셔에서 엘리미네이터는 제수판으로 분무된 물방울이 덕트쪽으로 나가지 못하도록 걸름판 기능을 한다.

해답 1.① 2.② 3.④

04 급기팬과 자연배기의 조합으로 실내를 가압함으로써 오염공기의 침입을 방지하거나 또는 연소용 공기가 필요한 경우에 적합한 환기방식은?

① 자연환기방식　　　　　　　② 압입방식(제2종 환기)
③ 흡출방식(제3종 환기)　　　　④ 압입흡출병용방식(제1종 환기)

■ 급기팬(F)과 자연배기의 조합은 압입방식으로 실내가 양압(+)으로 형성되어 클린룸 등에 주로 적용하며 2종환기라 한다.

05 2개 이상의 엘보를 사용하여 이음부의 나사회전을 이용, 배관의 신축을 흡수하는 신축이음쇠는?

① 스위블형　　　　　　　　　② 슬리브형
③ 벨로즈형　　　　　　　　　④ 루프형

■ 스위블형 신축이음(스위블조인트)은 2개 이상의 엘보로 주로 방열기 주변 배관의 신축을 흡수한다.

06 다음 설명에 알맞은 통기관의 종류는?

> 최상부의 배수수평관이 배수수직관에 접속된 위치보다도 더욱 위로 배수수직관을 끌어올려 대기 중에 개구하여 통기관으로 사용하는 부분을 말한다.

① 각개통기관　　　　　　　　② 신정통기관
③ 루프통기관　　　　　　　　④ 도피통기관

■ 신정통기관은 배수수직관 정부(최상부)를 연장하여 대기 중에 개구한 것으로 길이가 짧지만 길이에 비하여 통기효과는 우수한 편이다.

07 지역난방에 관한 설명으로 가장 거리가 먼 것은?

① 연료비가 절감된다.　　　　　② 대기오염을 줄일 수 있다.
③ 보일러 설비가 대용량이 된다.　④ 각 세대의 설비 스페이스가 증대된다.

■ 지역난방은 세대별로 열원장치가 생략되므로 각 세대의 설비 스페이스는 감소한다.

08 펌프의 흡입양정이 3m, 토출양정이 10m, 관내 마찰손실이 0.02MPa일 때 양수펌프의 전양정은?

① 12m　　　　　　　　　　② 13m
③ 15m　　　　　　　　　　④ 20m

■ 전양정=실양정(흡입+토출)+마찰손실=3+10+(0.02×100)=15m

09 다음 중 난방 시 발생하는 콜드 드래프트의 발생원인과 가장 거리가 먼 것은?

① 주위 벽면의 온도가 낮을 때 ② 인체 주위의 공기 온도가 낮을 때
③ 인체 주위의 공기 습도가 낮을 때 ④ 인체 주위의 기류 속도가 낮을 때

■ 콜드 드래프트란 냉기류가 재실자에게 직접 접촉하여 재실자가 추위를 느끼는 것으로 인체 주위 온도가 낮고, 기류 속도가 클 때 느낀다.

10 온도 30℃, 절대습도 0.0271 kg/kg인 습공기의 엔탈피는?(단 공기비열은 1.01kJ/kgK, 0℃ 증발잠열은 2,501kJ/kg, 수증기비열 1.85kJ/kgK이다)

① 99.58kJ/kg ② 47.88kJ/kg
③ 23.73kJ/kg ④ 11.98kJ/kg

■ $h = C_{pa}t + x(\gamma + C_{pv}t) = 1.01 \times 30 + 0.0271(2{,}501 + 1.85 \times 30) = 99.58\,kJ/kg$

11 습공기 상태변화 성분을 절대습도 변화량에 대한 전열량의 변화량 비율로 나타낸 것은?

① 현열비 ② 포화도
③ 비체적 ④ 열수분비

■ 열수분비(μ)
- 열수분비란 공기의 상태 변화 시 엔탈피 변화량과 절대 습도 변화량의 비를 말한다.
- 열수분비(μ) = $\dfrac{\text{엔탈피의 변화량}}{\text{절대습도의 변화량}}$

12 다음과 같은 조건에서 실의 환기량이 2,500㎥/h인 경우, 환기에 의한 잠열부하는?

[조건]
- 실내공기상태 $t_r = 24℃$, $x_r = 0.012\,kg/kg'$
- 외기상태 $t_o = -5℃$, $x_o = 0.003\,kg/kg'$
- 0℃에서 물의 증발잠열 $2{,}501\,kJ/kg$
- 공기의 밀도 $1.2\,kg/m^3$

① 10.91kW ② 14.19kW
③ 18.76kW ④ 23.73kW

■ $q_s(kW) = Q\rho\gamma\triangle x$

$= 2{,}500㎥/h \times \dfrac{1}{3{,}600\sec} \times 1.2\,kg/㎥ \times 2{,}501\,kJ/kg \times (0.012 - 0.003)$

$= 18.758 = 18.76\,kW$

여기서, Q : 환기량(㎥/h)
ρ : 밀도($kg/㎥$)
γ : 0℃ 물의 증발잠열(kJ/kg)
$\triangle x$: 실내외 절대습도차

해답 9.④ 10.① 11.④ 12.③

13 냉방부하의 종류 중 잠열과 관계가 없는 것은?
① 유리로부터의 취득열량
② 인체의 발생열량
③ 외기도입으로 인한 취득열량
④ 극간풍 부하

■ 인체부하, 극간풍부하, 외기부하 등은 현열과 잠열로 구성되며, 유리창부하는 현열 요소

14 복사난방에 대한 설명으로 가장 거리가 먼 것은?
① 복사난방은 쾌감도가 우수하다
② 복사난방은 열용량이 작아서 간헐난방에 적합하다.
③ 복사난방은 대류난방에 비해서 실내온도를 낮게 유지할 수 있어 난방부하가 감소한다.
④ 복사난방은 천장이 높은 실에 난방에 적합하다.

■ 복사난방은 구조체(바다, 벽체)에 코일을 매립하여 구조체를 가열하여 복사열을 이용하므로 열용량이 커서 예열과 여열시간이 길어 연속난방에 적합하다.

15 압축식 냉동기의 냉동사이클에서 냉매 흐름순서에 의한 구성기기로 가장 적합한 것은?
① 팽창밸브 → 증발기 → 압축기 → 응축기
② 압축기 → 팽창밸브 → 증발기 → 응축기
③ 증발기 → 압축기 → 팽창밸브 → 응축기
④ 응축기 → 증발기 → 압축기 → 팽창밸브

■ • 증기압축식 냉동기 : 팽창밸브 → 증발기 → 압축기 → 응축기
　• 흡수식 냉동기 : 증발기 → 흡수기 → 재생기 → 응축기

16 어떤 압력용기의 게이지 압이 0.5MPa일 때 절대압력은 얼마인가?(단 대기압은 0.1MPa이다)
① 0.4MPa
② 0.5MPa
③ 0.6MPa
④ 0.7MPa

■ 절대압=대기압+게이지압=0.1+0.5=0.6MPa

17 배수관에서 청소구(Clean out)를 설치하여야 하는 장소로 적합하지 않는 곳은?
① 배수수직관의 최상부
② 배관길이가 긴 배수 수평관의 도중
③ 배수수평지관 및 배수수평주관의 기점
④ 배수관이 45°를 초과하는 각도에서 방향을 전환하는 개소

■ 청소구는 막힐 우려가 있는 곳에 설치하므로 배수수직관의 최상부가 아니고 최하부에 청소구(Clean out)를 설치한다.

해답 13.① 14.② 15.① 16.③ 17.①

18 최대강우량 120mm/h의 지역에 있는 지붕의 수평투영면적이 1,200㎡인 건물에 4개의 우수수직관을 설치할 경우, 우수수직관의 관경은?

〈강우량 100mm/h일 때 우수수직관의 관경〉

관경(mm)	허용최대지붕면적(㎡)
50	67
65	121
75	204
100	427
125	804

① 50mm ② 65mm
③ 75mm ④ 100mm

■ 강우량 120mm/h과 투영면적 1,200㎡을 강우량 100mm/h으로 환산하면 면적은
$A = \dfrac{120 \times 1,200}{100} = 1,440 m^2$
4개 수직관을 설치하면 1개 수직관 담당면적은 1,440÷4=360㎡
수직관 1개의 직경은 표에서 360m2 직상 427m2에서 100mm 선정

19 공기조화방식 중 전수방식의 일반적 특징으로 가장 거리가 먼 것은?
① 전수방식은 반송동력이 적게 든다.
② 전수방식은 덕트 스페이스가 필요 없다.
③ 전수방식은 개별제어, 개별운전이 가능하다.
④ 전수방식은 송풍량이 많아서 실내 공기의 오염이 거의 없다.

■ 전수방식(FCU)은 송풍량이 없어서 실내 공기의 오염이 크다. 그러므로 자연환기가 가능한 창문이 있는 외주부에 적용한다.

20 배관 도시기호 중 신축조인트(신축곡관)의 일반적인 표시기호는?

① 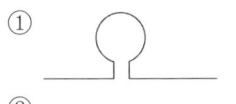   ②
③    ④

■ ① : 루프형 신축곡관, ② : 역지변, ③ : 플랜지, ④ : 유니온

제2과목 건축설비 설계

21 스테인리스 강관에 관한 설명으로 가장 거리가 먼 것은?
① 건축설비에서 위생적인 관재료이다.
② 동결에 대한 저항이 크다.
③ 건축설비에서 급수, 급탕관으로 사용된다.
④ 내식성이 작아 부식되기 쉽다.

■ 스테인리스 강관은 부동태 피막 형성으로 내식성이 커서 부식에 잘 견딘다.

22 다음 중 위생기구별 소요 압력이 가장 낮은 것은?
① 대변기 세정탱크형 ② 대변기 세정밸브
③ 압력식 샤워기   ④ 세정밸브형 소변기

■ 기구별 최소 급수압력

기구명	필요압력(kPa)
세면기, 욕조, 싱크	55
샤워기(일반)	70
샤워기(압력식, 온도감지식)	130
소변기(밸브)	100
대변기(세정밸브)	100
대변기(세정탱크)	55

23 난방부하에 관한 설명으로 옳지 않은 것은?
① 현열부하와 잠열부하로 나눌 수 있다.
② 외벽과 내벽의 부하계산 시는 방위계수를 고려한다.
③ 덕트에서 발생하는 손실열량은 현열만을 고려한다.
④ 일반적으로 일사영향, 조명기구, 재실자의 발생열량은 고려하지 않는다.

■ 부하계산 시 외기(바람)나 일사의 영향을 받는 외벽에 대해서만 방위계수를 고려한다.

24 이중효용 흡수식 냉동기에 관한 설명으로 가장 적합한 것은?
① 냉매로서 LiBr 수용액을 사용한다.
② 기계적 에너지에 의해 냉동효과를 얻는다.
③ LiBr 수용액의 농축을 위하여 증발기를 사용한다.
④ 발생기가 저온발생기와 고온발생기로 구성되어 있다.

■ 이중효용 흡수식 냉동기는 냉매로 H_2O, 흡수제로 LiBr 수용액을 사용한다. 열에너지(증기, 직화)에 의해 냉동효과를 얻으며, LiBr 수용액의 농축을 위하여 발생기(재생기)를 사용하며, 발생기는 저온발생기와 고온발생기로 구성되기 때문에 2중 효용이라 한다.

해답 21.④ 22.① 23.② 24.④

25 옥내의 배수 수평주관 끝에 설치하여 공공하수관으로부터의 유해가스가 건물 안으로 침입하는 것을 방지하는데 사용되는 트랩은?

① P트랩　　② U트랩
③ S트랩　　④ 벨트랩

■ 옥내의 배수 수평주관과 공공하수관의 연결부에는 U트랩(하우스트랩)을 설치하여 공공하수관의 악취가 건물 내로 역류하는 것을 방지한다.

26 복사난방에 관한 설명으로 가장 거리가 먼 것은?

① 증기난방에 비해 쾌적감이 높다.
② 예열시간이 짧기 때문에 간헐난방에 적합하다.
③ 천장고가 높은 경우에도 난방감을 얻을 수 있다.
④ 실내에 방열기를 설치하지 않으므로 바닥이나 벽면을 유용하게 이용할 수 있다.

■ 복사난방은 벽 등의 구조체를 가열하므로 예열시간이 길어 간헐난방에 부적합하다.

27 급탕설비에서 순환 배관경로에서의 열손실이 6,000kJ/h, 급탕과 환탕의 온도차가 5℃일 경우 순환펌프의 순환량은?(단, 물의 비열은 4.2kJ/kg·K, 밀도는 1kg/L이다.)

① 1.46L/min　　② 2.94L/min
③ 4.76L/min　　④ 8.23L/min

■ 급탕 설비에서 배관 열손실(q)을 보충하도록 순환(W)시킨다.
$q = WC\triangle t$ 에서
$W = \dfrac{q}{C\triangle t} = \dfrac{6,000}{4.2 \times 5} = 287.5 kg/h = 4.76 kg/min = 4.76 L/min$

28 기계식 증기트랩에 속하는 것은?

① 벨 트랩　　② 버킷 트랩
③ 벨로즈 트랩　　④ 바이메탈 트랩

■ 버킷 트랩이나 플로트트랩은 기계식 증기트랩이며 벨로즈 트랩, 바이메탈 트랩은 열동식 트랩이다.

29 공기조화용 덕트의 분기부에 설치하여 풍량 조절용으로 사용되나 정밀한 풍량조절이 불가능하며, 누설이 많아 폐쇄용으로의 사용이 곤란한 댐퍼는?

① 루버 댐퍼　　② 볼륨 댐퍼
③ 스플릿 댐퍼　　④ 버터플라이 댐퍼

■ 스플릿 댐퍼는 덕트의 분기부에 설치하여 분기 풍량 조절용으로 사용된다.

해답　25.②　26.②　27.③　28.②　29.③

30 실양정이 15m이고 배관 전체에서 발생하는 마찰손실 수두의 합을 실양정의 70%로 할 때 평균 유량 20㎥/h의 물을 퍼올릴 수 있는 펌프의 축동력은?(단, 유속은 1.5m/sec이고 펌프 효율은 60%로 한다.)

① 0.75kW ② 1.25kW
③ 1.75kW ④ 2.31kW

■ $kW = \dfrac{QH}{102E} = \dfrac{20 \times 1,000(15 \times 1.7)}{3,600 \times 102 \times 0.6} = 2.31 kW$

> 위에서 양정(H)은 실양정+마찰손실(0.7)이므로 실양정에 1.7을 곱한다. 유속은 동력계산에 무관하다.

31 냉각탑의 쿨링 어프로치(cooling approach)란?

① 냉각탑 입구수온(℃) – 냉각탑 출구수온(℃)
② 냉각탑 입구수온(℃) – 입구공기의 습구온도(℃)
③ 냉각탑 출구수온(℃) – 입구공기의 습구온도(℃)
④ 냉각탑 입구수온(℃) – 입구공기의 건구온도(℃)

■ 이론적으로 냉각수 출구 수온은 입구 공기 습구온도까지 냉각될 수 있어서 이들이 얼마나 접근했는가를 어프로치라 하고 어프로치가 작을수록 냉각탑 효율이 좋은 것이다. 냉각수 입출구 수온차는 쿨링랜지이다.

32 설계 외기조건을 선정하기 위한 위험률(TAC)에 관한 설명으로 옳지 않은 것은?

① 위험률을 크게 잡으면 장치용량도 커진다.
② 요구조건이 엄격한 건물일수록 위험률은 작게 한다.
③ 위험률 5%는 위험률 2.5%보다 설계외기기준 온도를 벗어나는 시간이 2배이다.
④ 위험률은 난방 또는 냉방기간의 총시간에 대한 온도 출현 빈도분포로부터 구한다.

■ 위험률을 많이 잡게 되면, 외기온도의 가혹도가 낮아지게 되므로 장치용량은 작아지게 된다.(예를 들어 겨울의 경우 위험률을 크게 할수록 외기온도가 높다고 가정하고 설계하게 되며, 이럴 경우 장치 용량은 작아지게 된다.)

33 간접가열식 급탕설비에서 급탕온도를 일정하게 조절하는 감지기는 무엇인가?

① 순환펌프 ② 써모스탯
③ 가열코일 ④ 증기공급

■ 간접가열식 급탕설비에서 써모스탯에서 급탕온도를 감지하여 증기공급 제어밸브(2방변)를 조절하여 일정한 급탕온도를 유지한다.

해답 30.④ 31.③ 32.① 33.②

34 세정밸브식 대변기에 연결되는 급수관의 최소 관경은?

① 15mm   ② 20mm
③ 25mm   ④ 30mm

■ 세정밸브식 대변기는 세정을 위해 일시에 다량의 분출수가 필요하여 급수관 25mm 이상, 수압 0.1MPa 정도를 요구한다.

35 증기난방설비에 사용되는 플래시 탱크(flash tank)의 역할로 가장 알맞은 것은?

① 고온, 고압의 응축수로부터 재증발 증기를 회수한다.
② 스팀보일러로부터 발생한 증기를 각 계통으로 분배한다.
③ 환수주관보다 높은 위치에 진공펌프를 설치할 때 사용한다.
④ 보일러의 저수위면이 안전수위 이하로 내려가는 것을 방지한다.

■ 플래시 탱크는 고온, 고압의 응축수를 저압으로 감압시켜 이때 발생하는 재증발 증기를 저압 증기로 회수하는 일종의 열회수 방식이다.

36 길이 20m인 배관 내로 증기가 간헐적으로 흐르고 있다. 증기가 통과할 때의 관온도가 100℃, 흐르지 않고 있을 때의 관온도가 20℃라고 하면, 증기가 통과할 때 늘어나는 관길이는?(단, 배관재료의 선팽창계수는 1.2×10^{-5}/℃이다.)

① 19.2mm   ② 25.2mm
③ 29.4mm   ④ 38.4mm

■ $L' = L \times \alpha \times \Delta t = 20 \times 1.2 \times 10^{-5}(100-20) = 0.0192m = 19.2mm$

37 송풍기의 토출측과 흡입측에 설치하여 송풍기의 진동이 덕트나 장치에 전달되는 것을 방지하기 위한 접속기구는 무엇인가?

① 크로스 커넥션(cross connection)   ② 캔버스 커넥션(canvas connection)
③ 리프트 피팅(lift fitting)   ④ 하트포드(hartford) 접속법

■ 캔버스는 송풍기와 덕트의 연결되는 토출 측과 흡입 측에 설치하여 송풍기의 진동이 덕트나 장치에 전달되는 것을 방지하는 플렉시블 접속법이다.

38 버터플라이 댐퍼에 관한 설명으로 가장 거리가 먼 것은?

① 완전히 닫았을 때 공기의 누설이 적다.
② 운전 중에 개폐조작에 큰 힘을 필요로 한다.
③ 주로 대형덕트에서 풍량조절용으로 사용된다.
④ 날개가 중간 정도 열렸을 때 댐퍼의 하류측에 와류가 생기기 쉽다.

■ 버터플라이 댐퍼는 단익댐퍼로 주로 소형덕트에서 개폐용 또는 풍량조절용으로 사용된다.

해답 34.③ 35.① 36.① 37.② 38.③

39 공기조화의 4요소에 속하지 않는 것은?

① 기류　　　　　　　② 습도
③ 복사　　　　　　　④ 청정도

■ 공기조화란 공기의 4요소(온도, 습도, 기류, 청정도)를 제어한다. 쾌적도의 4요소(수정유효온도 : 온도, 습도, 기류, 복사열)과 구분해서 정리해야 한다.

40 다음과 같은 특징을 갖는 축류형 취출구는?

- 도달거리가 길기 때문에 실내공간이 넓은 경우에 벽면에 부착하여 횡방향으로 취출하는 예가 많지만 천장이 높은 경우에 천장에 설치하여 하향취출하는 경우도 있다.
- 소음이 적기 때문에 방송국의 스튜디오나 음악감상실 등에 저속취출하여 사용된다.

① 노즐형　　　　　　② 웨이형
③ 브리즈 라인형　　　④ 아네모스탯형

■ 노즐형 취출구는 축류형으로 저소음 도달거리가 길다.

제3과목 | 건축설비 관련 법규

41 철근콘크리트조로서 두께와 상관없이 내화구조에 속하는 것은?

① 벽　　　　　　　　② 바닥
③ 지붕　　　　　　　④ 외벽 중 비내력벽

■ 〈피난방화구조기준 3조〉 보, 지붕, 계단은 규격에 관계없이 재질에 따라 내화구조로 분류한다.

42 건축물 관련 건축기준의 허용오차 범위가 3% 이내인 것은?

① 출구 너비　　　　　② 반자 높이
③ 벽체 두께　　　　　④ 건축물 높이

■ 〈건축법 규칙 20조〉 벽체 두께, 바닥판 두께는 3% 이내이고, 높이, 길이는 2% 이내(허용오차 범위를 숙지할 때 그 길이가 작은 것(약 50cm 이내)은 3%, 그 이상은 2%이다.

43 6층 이상의 거실면적의 합계가 8,000㎡인 업무시설에 설치하여야 하는 승용승강기의 최소대수는?(단, 8인승 승강기의 경우)

① 3대　　　　　　　　② 4대
③ 5대　　　　　　　　④ 6대

■ 〈설비기준 5조〉 승강기 설치대수에서 업무시설은 3,000까지 1대, 초과 2,000마다 1대
∴ 대수=1대+(8,000−3,000)/2,000=1+2.5=3.5=4대

해답　39.③　40.①　41.③　42.③　43.②

44 건축물의 냉방설비에 대한 설치 및 설계기준에 정의된 심야시간은?

① 21:00부터 다음날 09:00까지
② 22:00부터 다음날 09:00까지
③ 23:00부터 다음날 09:00까지
④ 24:00부터 다음날 09:00까지

■ 〈냉방설비설치 3조〉 심야시간 : 23:00부터 다음날 09:00까지

45 세대수가 7세대인 주거용 건축물에 설치하는 급수관 지름의 최소 기준은?

① 20mm
② 25mm
③ 32mm
④ 40mm

■ 〈설비기준 18조〉 급수관의 지름은 6~8세대 : 32mm

46 건축물에 설치하는 복도의 유효너비 기준이 옳지 않은 것은?(단, 연면적 200㎡를 초과하는 건축물이며, 양옆에 거실이 있는 복도의 경우)

① 초등학교 : 1.8m 이상
② 오피스텔 : 1.8m 이상
③ 공동주택 : 1.8m 이상
④ 고등학교 : 2.4m 이상

■ 〈피난방화구조기준 15조2〉

구분	양옆에 거실이 있는 복도	기타의 복도
유치원·초등학교·중학교·고등학교	2.4미터 이상	1.8미터 이상
공동주택·오피스텔	1.8미터 이상	1.2미터 이상
당해 층 거실의 바닥면적 합계가 200제곱미터 이상인 경우	1.5미터 이상 (의료시설의 복도 1.8미터 이상)	1.2미터 이상

47 지하층으로 그 층 거실의 바닥면적 합계가 최소 얼마 이상인 경우 피난층 또는 지상으로 통하는 직통계단을 2개소 이상 설치하여야 하는가?

① 100㎡
② 200㎡
③ 300㎡
④ 400㎡

■ 〈건축법령 34조〉 200㎡

48 건축물의 에너지절약 설계기준상 다음과 같이 정의되는 용어는?

중간기 또는 동계에 발생하는 냉방부하를 실내 엔탈피보다 낮은 도입외기에 의하여 제거 또는 감소시키는 시스템

① 변풍량제어 시스템
② 이코노마이저 시스템
③ 비례제어운전 시스템
④ 대수분할운전 시스템

■ 〈에너지절약기준 5조 10〉 이코노마이저 시스템은 외기냉방 시스템과 같다.

해답 44.③ 45.③ 46.① 47.② 48.②

49 공동주택과 오피스텔의 난방설비를 개별난방방식으로 하는 경우에 대한 기준 내용으로 옳은 것은?

① 보일러실의 연도는 방화구조로서 개별연도로 설치할 것
② 보일러실의 윗부분과 아랫부분에는 지름 5㎝ 이상의 공기흡입구 및 배기구를 설치할 것
③ 보일러를 설치하는 곳과 거실 사이의 경계벽은 출입구를 제외하고는 내화구조의 벽으로 구획할 것
④ 전기보일러를 사용하는 경우, 보일러실의 윗부분에는 그 면적이 1㎡ 이상인 환기창을 설치할 것

■ 〈설비기준 13조〉보일러실의 윗부분에는 그 면적이 0.5제곱미터 이상인 환기창을 설치하고, 보일러실의 윗부분과 아랫부분에는 각각 지름 10센티미터 이상의 공기흡입구 및 배기구를 항상 열려있는 상태로 바깥공기에 접하도록 설치할 것. 다만, 전기보일러의 경우에는 그러하지 아니하다.

50 건축법령상 다세대주택의 정의로 옳은 것은?

① 주택으로 쓰는 1개 동의 바닥면적 합계가 330㎡ 이하이고, 층수가 4개 층 이하인 주택
② 주택으로 쓰는 1개 동의 바닥면적 합계가 330㎡ 초과하고, 층수가 4개 층 이하인 주택
③ 주택으로 쓰는 1개 동의 바닥면적 합계가 660㎡ 이하이고, 층수가 4개 층 이하인 주택
④ 주택으로 쓰는 1개 동의 바닥면적 합계가 330㎡ 초과하고, 층수가 4개 층 이하인 주택

■ 〈건축법령 3조 5〉
• 다세대주택(바닥면적 합계가 660㎡ 이하이고, 층수가 4개 층 이하)
• 다가구주택(바닥면적 합계가 660㎡ 이하이고, 층수가 3개 층 이하)
• 연립주택(바닥면적 합계가 660㎡ 초과, 층수가 4개 층 이하)

51 다음은 건축물의 냉방설비에 대한 설치 및 설계기준에 따른 축열률의 정의이다. ( ) 안에 알맞은 것은?

축열률이라 함은 통계적으로 (   )을 기준으로 기타 시간에 필요한 냉방열량 중에서 이용이 가능한 냉열량이 차지하는 비율을 말하며 백분율(%)로 표시한다.

① 연중 최소냉방부하를 갖는 날 ② 연중 최대냉방부하를 갖는 날
③ 연중 최소냉방부하를 갖는 달 ④ 연중 최대냉방부하를 갖는 달

■ 축열률[건축물의 냉방설비에 대한 설치 및 설계기준 제3조]
"축열률"이라 함은 통계적으로 연중 최대냉방부하를 갖는 날을 기준으로 그 밖의 시간에 필요한 냉방열량 중에서 이용이 가능한 냉열량이 차지하는 비율을 말하며 백분율(%)로 표시한다.

해답 49.④ 50.③ 51.②

52 비상용승강기 승강장의 바닥면적은 비상용 승강기 1대에 대하여 최소 얼마 이상으로 하여야 하는가?(단, 옥내에 승강장을 설치하는 경우)

① 5m² ② 6m²
③ 8m² ④ 10m²

■ 〈설비기준 10조〉 비상용승강기 승강장의 바닥면적은 승강기 1대에 대하여 6m² 이상

53 다음 중 방화구조에 속하지 않는 것은?

① 심벽에 흙으로 맞벽치기한 것
② 철망모르타르로서 그 바름두께가 2cm인 것
③ 석고판 위에 회반죽을 바른 것으로서 그 두께의 합계가 2.5cm인 것
④ 시멘트모르타르위에 타일을 붙인 것으로서 그 두께의 합계가 2cm인 것

■ 〈피난방화구조기준 4조〉 시멘트모르타르 위에 타일을 붙인 것으로서 그 두께의 합계가 2.5cm 이상인 것

54 건축물의 출입구에 설치하는 회전문에 관한 기준 내용으로 옳지 않은 것은?

① 회전문과 바닥 사이의 간격은 5cm 이하로 한다.
② 회전문과 문틀 사이의 간격은 5cm 이상으로 한다.
③ 계단이나 에스컬레이터로부터 2m 이상 거리를 두어야 한다.
④ 회전문의 회전속도는 분당회전수가 8회를 넘지 않도록 한다.

■ 〈피난방화구조기준 12조〉 회전문과 바닥 사이의 간격은 3cm 이하

55 냉방설비의 축열률에서 축냉식 전기냉방으로 설치할 때에는 전체 축냉방식 또는 몇 % 이상인 부분 축냉방식으로 설치하여야 하는가?

① 20% ② 40%
③ 60% ④ 80%

■ 〈냉방설비기준 5조〉 축냉식 전기냉방으로 설치할 때에는 전체 축냉방식 또는 축열률 40% 이상인 부분 축냉방식으로 설치하여야 한다.

56 방화구획을 설치하여야 하는 건축물이 있다. 이 건축물 11층에 적용되는 방화구획 설치기준으로 가장 거리가 먼 것은?(단, 실내의 마감을 불연재료로 하고 스프링클러설비를 설치한 경우)

① 바닥면적 200m² 이내마다 구획할 것   ② 바닥면적 500m² 이내마다 구획할 것
③ 바닥면적 600m² 이내마다 구획할 것   ④ 바닥면적 1,500m² 이내마다 구획할 것

■ 〈피난방화구조 14조 3〉 실내의 마감을 불연재료로 하고 스프링클러설비를 설치한 경우 1,500m² 이내마다 구획할 것

해답 52.② 53.④ 54.① 55.② 56.④

57 다음 중 건축기준의 허용오차로 옳지 않은 것은?

① 건축선의 후퇴거리 : 3% 이내
② 건축물의 벽체두께 : 3% 이내
③ 건축물의 출구너비 : 5% 이내
④ 인접건축물과의 거리 : 3% 이내

■ 〈건축법규칙 20조〉 건축물의 출구너비 : 2% 이내

58 다음 중 주요구조부를 내화구조로 하여야 하는 건축물은?

① 종교시설의 용도로 쓰는 건축물로써 집회실의 바닥면적의 합계가 150㎡인 건축물
② 판매시설의 용도로 쓰는 건축물로써 그 용도로 쓰는 바닥면적의 합계가 400㎡인 건축물
③ 공장의 용도로 쓰는 건축물로써 그 용도로 쓰는 바닥면적의 합계가 1,000㎡인 건축물
④ 운수시설의 용도로 쓰는 건축물로써 그 용도로 쓰는 바닥면적의 합계가 500㎡인 건축물

■ 〈건축법령 56조〉 주요구조부를 내화구조로 하여야 하는 건축물 : 종교시설(300㎡), 판매시설(500㎡), 공장(2,000㎡), 전시장, 동식물원, 운수시설 등은 500㎡ 이상

59 건축물의 냉방설비에 대한 설치 및 설계기준상 포접화합물(Clathrate)이나 공융염(Eutectic Salt) 등의 상변화물질을 심야시간에 냉각시켜 동결한 후 그 밖의 시간에 이를 녹여 냉방에 이용하는 냉방설비로 정의되는 것은?

① 빙축열식 냉방설비
② 수축열식 냉방설비
③ 물질축열식 냉방설비
④ 잠열축열식 냉방설비

■ 〈냉방설비기준 3조〉 "잠열축열식 냉방설비"라 함은 포접화합물(Clathrate)이나 공융염(Eutectic Salt) 등의 상변화물질을 심야시간에 냉각시켜 동결한 후 그 밖의 시간에 이를 녹여 냉방에 이용하는 냉방설비를 말한다.

60 다음 중 방화에 장애가 되는 용도의 제한과 관련하여 같은 건축물에 함께 설치할 수 없는 것은?

① 기숙사와 오피스텔
② 위락시설과 공연장
③ 아동관련시설과 노인복지시설
④ 공동주택과 제2종 근린생활시설 중 다중생활시설

■ 〈건축법령 47조〉 (방화에 장애가 되는 용도의 제한)
 - 의료시설, 노유자시설(아동 관련 시설 및 노인복지시설만 해당한다), 공동주택 또는 장례식장과 위락시설, 위험물저장 및 처리시설, 공장 또는 자동차 관련 시설(정비공장만 해당한다)은 같은 건축물에 함께 설치할 수 없다.
 - 단독주택(다중주택, 다가구주택에 한정한다), 공동주택, 제1종 근린생활시설 중 조산원 또는 산후조리원과 제2종 근린생활시설 중 다중생활시설은 같은 건축물에 함께 설치할 수 없다.

해답 57.③ 58.④ 59.④ 60.④

건축설비산업기사 필기

1999년	6월 1일	초 판	발행
2008년	1월 15일	1판 6쇄	발행
2009년	1월 10일	2판 1쇄	발행
2010년	1월 10일	3판 1쇄	발행
2011년	1월 10일	4판 1쇄	발행
2012년	1월 10일	5판 1쇄	발행
2013년	1월 10일	6판 1쇄	발행
2014년	1월 10일	7판 1쇄	발행
2015년	1월 10일	8판 1쇄	발행
2016년	1월 10일	9판 1쇄	발행
2017년	1월 10일	10판 1쇄	발행
2018년	1월 10일	11판 1쇄	발행
2019년	1월 10일	12판 1쇄	발행
2020년	1월 10일	13판 1쇄	발행
2021년	1월 10일	14판 1쇄	발행
2022년	1월 10일	15판 1쇄	발행
2023년	1월 10일	16판 1쇄	발행
2023년	11월 10일	17판 1쇄	발행
2024년	10월 31일	18판 1쇄	발행
2025년	9월 30일	19판 1쇄 개정판	발행

편저자 조성안 · 이석훈
발행인 한인환 · 한재성
발행처 도서출판 **기문사**
등 록 1978. 8. 9. NO. 6-0637
주 소 서울시 동대문구 안암로 50-1(용두동) 홍신빌딩 3층
전 화 02) 2265-7214(代)/922-8662~3
팩 스 02) 922-8772

homepage : www.kimoonsa.co.kr
e-mail : book@kimoonsa.co.kr

ISBN : 979-11-94568-24-7 13540

정가 : 45,000원

● 불법복사는 지적재산을 훔치는 범죄행위입니다.
저작권법 제97조의 5(권리의 침해죄)에 따라 위반자는 5년 이하의 징역 또는 5천만 원 이하의 벌금에 처하게 됩니다.

저자 질의응답 카페 주소   http://cafe.daum.net/kimoonsa